E. J. AMBROSE
D. M. EASTY

ZELLBIOLOGIE

E. J. AMBROSE

Professor of Cell Biology, University of London, Chester Beatty Research Institute

D. M. EASTY

Senior Lecturer in Cell Biology, Chester Beatty Research Institute

ZELLBIOLOGIE

Mit 357 Abbildungen

THEORIA CUM PRAXI

AKADEMIE-VERLAG · BERLIN
1974

Titel der englischen Originalausgabe:
Cell Biology
Erschienen 1970 bei Thomas Nelson and Sons Ltd., 36 Park Street, London, England
Nachgedruckt 1971

Abbildungen: K. G. Farrall
Übersetzt von Verena Ceccarelli-Dennler, Foligno (PCs)/Italien

ISBN 3-527-25451-x

Lizenzausgabe für die DDR: Akademie-Verlag, 108 Berlin, Leipziger Str. 3—4
Lizenz-Nummer: 202 · 100/501/74
Einband, Schutzumschlag: Rolf Kunze
Gesamtherstellung: VEB Druckhaus Köthen
Bestell-Nummer: 761 894 0 (6148) · LSV 1315
Printed in GDR

EVP: 68,—

Vorwort

An vielen Universitäten und Hochschulen ist ein Zellbiologie-Kurs Bestandteil der Anfängerkurse für Biologie- und Medizin-Studenten oder Teil einer Einführung in die Allgemeine Biologie. Das Studium der Zellbiologie liefert einen einzigartigen integrierenden Hintergrund für die Biologie insgesamt, der durch spezielle Kurse in anderen biologischen Disziplinen nicht erreicht werden kann. Hinzu kommt, daß in jüngster Zeit das erfolgreiche Verstehen der Zellfunktionen auf molekularer Ebene das Interesse an der Zellbiologie sehr gefördert hat.

Wenn auch auf die Wichtigkeit der Molekularbiologie in diesem Buch sehr hingewiesen wird, so möchten wir uns ihrer nur bedienen, wenn wir die vielfältig verzweigten Funktionen ganzer Zellen betrachten.

Sicher haben einige Studenten, die Zellbiologie studieren wollen, bereits Kurse in Physik und Chemie absolviert, aber bisher noch keinerlei Erfahrungen in der Biologie sammeln können. Kapitel 1 bringt für diese Studenten eine allgemeine Einführung in die Zellbiologie. Andere werden dagegen schon Biologie studiert haben, aber kaum im Besitz der Kenntnisse auf dem etwas speziellen Gebiet der Chemie sein, die man benötigt, um den neuesten Entwicklungen der Molekularbiologie und Biochemie folgen zu können. Kapitel 2 enthält eine Einführung in diese Materie. Beide Kapitel liefern eine Zusammenfassung der praktischen Methoden, die in der Zellbiologie, Molekularbiologie und Biochemie angewendet werden und denen der Student in den Praktika begegnen wird.

Einige Leser werden sicher wünschen, Kapitel 1 oder 2 oder beide auszulassen und gleich mit Teil 2 zu beginnen, in dem Struktur und Funktion der verschiedenen zellulären Komponenten beschrieben werden, die fast überall in Mikroorganismen, Pflanzen- und Tierzellen gefunden werden. Hierzu gehören Zellkern, Mitochondrien, Zellmembran und Ribosomen. Der Zellkern stellt einen Spezialfall dar, da er eine Schlüsselrolle in der Cytologie spielt. Die Chromosomen, die in der Metaphase der Zellteilung deutlich betrachtet werden können, sind vielfach untersucht worden; wir haben es vorgezogen, den Interphase-Kern zuerst als eine funktionale Organelle zu beschreiben, da gerade in dem Interphase-Kern die Gene auf den Chromosomen aktiv an der Kontrolle zellulärer Synthese mitwirken. Während der Mitose werden die Chromosomen zu den beiden Tochterzellen gebracht. Die Mitose stellt eine vielfältig verzweigte Aktivität der gesamten Zelle dar.

Nach der Beschreibung der Funktionen der zellulären Komponenten in den Interphase-Zellen behandelt Teil 3 die zusammenhängenden Funktionen wachsender Zellen, den Zellzyklus, die Mitose, das Verhalten von Keimzellen und die Genetik von Bakterien, Pflanzen- und Tier-Zellen. In Teil 4 wenden wir uns der Dynamik der Zelle zu, den cytoplasmatischen Bewegungen und denen der gesamten Zelle, den zellulären Interaktionen und der Differenzierung während der Entwicklung. Die Biologie der Entwicklung ist ein Bindeglied zwischen der Zellbiologie und der Allgemeinen Biologie — wir beabsichtigen, in diesem Kapitel die Bedeutung einer Betrachtungsweise von der Zelle aus für einen Kurs Allgemeine Biologie besonders herauszustellen. In Teil 5 behandeln wir die Bildung biologischer Strukturen aus biochemischen Bausteinen und diskutieren die Theorien über deren Ursprung.

Unseren Dank möchten wir aussprechen Sir Gavin de Beer, F. R. S., auf dessen Anregung hin das Buch entstand, und Professor M. Abercrombie, F. R. S., für ununterbrochene Hilfe bei der Vorbereitung; weiterhin Herrn Professor E. N. Willmer, F. R. S., Herrn Professor J. M. Thoday, F. R. S., Herrn Doktor D. H. Northcote, Herrn Doktor Robert Cox, Herrn Doktor A. D. Greenwood und ebenfalls Herrn Doktor G. C. Easty, Herrn Doktor R. W. Tindle und Frau Salley Wareham und vielen anderen Kollegen am Chester Beatty Research Institute, die uns so viele nützliche Hinweise gaben oder die Manuskripte von Kapiteln durchlasen. Schließlich danken wir auch den Herren Navin Sullivan und Martin Lewin vom Verlag Thomas Nelson für ihre beständigen Anregungen und Unterstützungen.

E. J. A.
D. M. E.

Wir sehen keine Wörter in der Natur,
sondern immer nur die ersten Buchstaben von Wörtern,
und wenn wir zu buchstabieren beginnen,
stellen wir fest, daß die vermeintlichen neuen Wörter
nur wieder die ersten Buchstaben von andern sind.

LICHTENBERG

Inhaltsverzeichnis

Vorwort

Teil 1 Einführung in die Zellbiologie

1. Eigenschaften der Zellen 2

1.1. Größe und Formen der Zellen, 6; **1.2.** Die Zellstrukturen, 8; **1.3.** Die Zellverbände, 12; **1.4.** Warum Zellen Energie benötigen, 18; **1.5.** Wachstum und Vermehrung der Zelle, 19; **1.6.** Wie sich Zellen bewegen, 23; **1.7.** Lebensdauer der Zellen, 28; **1.8.** Experimentelle Methoden: Wie man Zellen sichtbar macht, 31

2. Chemische und Physikalische Grundbegriffe 46

2.1. Organische Chemie, 47; **2.2.** Kohlenhydrate, 49; **2.3.** Aminosäuren, 52; **2.4.** Nucleotide, 56; **2.5.** Lipide, 58; **2.6.** Wasserstoffionenkonzentration und pH, 58; **2.7.** Energieänderungen bei biochemischen Reaktionen, 60; **2.8.** Oxidations-Reduktions-Reaktionen, 63; **2.9.** Adenosin-phosphatester und energieliefernde Reaktionen, 67; **2.10.** Biologische Katalysatoren, 69; **2.11.** Eigenschaften langkettiger Moleküle, 70; **2.12.** Lösungen langkettiger Moleküle, 71; **2.13.** Verhalten der Lipidmoleküle, 75; **2.14.** Osmose, 77; **2.15.** Experimentelle Methoden, 80

Teil 2 Struktur, Funktion und Synthese der Zellbestandteile

3. Der Interphasekern 97

3.1. Struktur und Replikation der DNA, 98; **3.2.** Aussehen des Interphasekerns, 109; **3.3.** Struktur und Synthese der Ribonucleinsäure, 115; **3.4.** Die Proteine des Zellkerns, 120; **3.5.** Chromosomenstruktur, 122; **3.6.** Der Kern als Funktionseinheit, 128

4. Der genetische Code und die Proteinsynthese 129

4.1. Proteinsynthese, 132; **4.2.** Der genetische Code, 132; **4.3.** Die Aufgabe der Messenger-RNA, 134; **4.4.** Ribosomen, 136; **4.5.** Aufgabe der Transfer-RNA, 137; **4.6.** Die Anheftung der tRNA an die mRNA, 138; **4.7.** Struktur der tRNA, 139; **4.8.** Die ribosomale RNA, 141; **4.9.** Wachstum der Polypeptidketten, 142; **4.10.** Anfang und Ende einer Botschaft, 143; **4.11.** Universalität der Proteinsynthese, 145; **4.12.** Regulierung der Proteinsynthese, 145; **4.13.** Struktur der Proteine, 148; **4.14.** Die α-Helix und das Leben, 153

5. Die Organellen des Cytoplasmas 155

5.1. Geschichtlicher Überblick, 157; **5.2.** Membranstruktur, 157; **5.3.** Cytoplasmatische Membranen, 167; **5.4.** Charakteristische Strukturen der Pflanzenzellen, 180

6. Energiequellen der Zellen 187

6.1. Die Glykolyse, 188; **6.2.** Mitochondrien, 196; **6.3.** Chloroplasten und Photosynthese, 206; **6.4.** Energieumsatz in Zellen, 218

7. Biosynthese von Baueinheiten 221

7.1. Die Enzyme, 221; **7.2.** Aminosäuren, 232; **7.3.** Nucleotide, 242; **7.4.** Kohlenhydrate, 253; **7.5.** Lipide, 264

8. Eigenschaften des Zelloberflächen-Komplexes 273

8.1. Permeabilität und Transport, 275; **8.2.** Membranpotential, 284; **8.3.** Isolierung und Analyse von Plasmamembranen, 285; **8.4.** Lipid-Fraktion von Plasmamembranen, 287; **8.5.** Proteinfraktion der Plasmamembranen, 289; **8.6.** Blutgruppensubstanzen und Transplantations-Antigene, 291; **8.7.** Zellelektrophorese, 291; **8.8.** Oberflächentopographie der Membranen, 295; **8.9.** Membran-Turnover, 296; **8.10.** Gibt es einen Zelloberflächen-Überzug (surface coat)?, 296; **8.11.** Plasmamembran und Zellwand der Pflanzenzellen, 297; **8.12.** Zusammenfassung, 299

Teil 3 Das Leben der Zellen

9. Mitose und Kontrolle des Zellzyklus 305

9.1. Historische Einführung, 306; **9.2.** Stadien der Mitose, 306; **9.3.** Die Teilung der Pflanzenzellen, 316; **9.4.** Theorien über die Mitose, 318; **9.5.** Synthese während des Zellzyklus, 321; **9.6.** Das Replicon, 326; **9.7.** Cytoplasmatische Teilung, 328; **9.8.** Regulation des Wachstums, 329

10. Zelluläre Aspekte der Vererbung 335

10.1. Die Arbeiten von Mendel, 336; **10.2.** Meiose, 342; **10.3.** Chromosomen und Vererbung, 348; **10.4.** Genkartierung an *Drosophila,* 353; **10.5.** Genkartierung an Mikroorganismen, 359; **10.6.** Bakteriengenetik, 361; **10.7.** Phagengenetik, 366; **10.8.** Mutationen und Mutagene, 370; **10.9.** Was ist ein Gen?, 372

Teil 4 Zelldynamik

11. Zellbewegungen 381

11.1. Cytoplasmastruktur, 382; **11.2.** Cytoplasmabewegungen, 384; **11.3.** Muskelkontraktion, 394; **11.4.** Ortsveränderungen von Zellen, 395; **11.5.** Mechanismen der Zellbewegung, 404

12. Zellbiologie der Entwicklung 409

12.1. Geschichtliche Einführung, 409; **12.2.** Gameten, 412; **12.3.** Befruchtung, 417; **12.4.** Frühentwicklung, 420; **12.5.** Anlagepläne der Embryonen, 436; **12.6.** Experimentelle Embryologie, 440

13. Zelluläre Mechanismen bei der Entwicklung und Differenzierung 449

13.1. Funktion des Zellkerns, 449; **13.2.** Cytoplasmatische Faktoren, 450; **13.3.** Wechselwirkungen zwischen Zellkern und Cytoplasma, 454; **13.4.** Biochemische Veränderungen während der frühen Entwicklung, 457; **13.5.** Kern — Cytoplasma — Rückkopplung, 460; **13.6.** Interzelluläre Kontrollmechanismen, 464; **13.7.** Zellbewegungen und Adhäsion, 465; **13.8.** Zusammenfassung der Faktoren, die bei der Zelldifferenzierung eine Rolle spielen, 472

Teil 5 Frühe und einfache Lebensformen

14. Struktur und Organisation von Viren und Bakterien 477

14.1. Viren, 477; **14.2.** Wirkungsweise der Viren, 479; **14.3.** Viren-Formen, 484; **14.4.** Viren und Krebs, 488; **14.5.** Viren und die Hybridisierung von Zellen, 489; **14.6.** Bakterien, 490; **14.7.** Allgemeine Struktur der Bakterien, 491; **14.8.** Bakterien-Kern, 493; **14.9.** Cytoplasma und Plasmamembran, 496; **14.10.** Bakterien-Zellwände, 499; **14.11.** Bakteriengeißeln, 502; **14.12.** Bakterienkolonien, 504; **14.13.** Überlebens-Mechanismen, 504

15. Der Ursprung des Lebens 507

15.1. Geologische Funde, 508; **15.2.** Experimentelle Untersuchungen, 512; **15.3.** Nucleinsäuren und Proteine, 515; **15.4.** Entstehung der Zellen und Ausnutzung der Energie, 516; **15.5.** Evolution und Proteinstruktur, 517; **15.6.** Leben auf anderen Planeten, 518

Register 521

TEIL 1. Einführung in die Zellbiologie

Man kann sich der Zellbiologie entweder von der Biologie oder von der Chemie und Physik her nähern, ist sie doch zu einem großen Teil gemeinsamer Treffpunkt für Biologen und für Wissenschaftler, die nur molekulare Vorgänge untersuchen. Die Kapitel 1 und 2 enthalten daher die Grundlagen für Physiker, Chemiker und Biologen.

Wir beginnen das Kapitel 1 mit einer geschichtlichen Einführung in die Zellbiologie. Dann beschreiben wir allgemein Ausmaße, Formen und Strukturen von Zellen und diskutieren, wie diese Gewebe und vielzellige Organismen bilden. Zuletzt befassen wir uns kurz damit, wie Zellen sich bewegen, wie sie wachsen und sich teilen.

Kapitel 2 enthält physikalische und chemische Grundlagen, die für das Verständnis der Biochemie der Zellen und der Molekularbiologie wichtig sind. Auf die Eigenschaften der Makromoleküle wird dabei besonders eingegangen, da diese einen wesentlichen Teil der Zellstrukturen aufbauen.

Laborarbeit ist für einen Zellbiologiekurs von besonderer Bedeutung. Daher werden einige der gebräuchlichen optischen, biophysikalischen und biochemischen Methoden jeweils am Ende der Kapitel 1 und 2 beschrieben.

1. Eigenschaften der Zellen

Omnis cellula e cellula (Jede Zelle entsteht aus einer Zelle)
Virchow, 1855

Wie genial ein Wissenschaftler auch sein mag und wie sorgfältig und systematisch er seine Beobachtungen auch ausführt, es sind ihm immer Grenzen gesetzt in den Apparaten und Methoden, die in seiner Epoche zur Verfügung stehen. Kein Mensch hatte die Monde des Jupiters gesehen, bevor Galilei 1609 das erste astronomische Teleskop entwickelte und die Revolution in Gang setzte, die das Ptolemäische System umstürzte und die Kopernikanische Weltanschauung durchsetzte.

In der Biologie ermöglichte erst die Erfindung des Mikroskops die Entdeckung, daß die Lebewesen aus einzelnen Bausteinen, den Zellen, zusammengesetzt sind. Das einfache Mikroskop wurde 1610 von Galilei erfunden; Robert Hooke baute das erste zusammengesetzte Mikroskop. Hooke untersuchte 1665 dünne Korkscheiben (Abb. 1—1) unter seinem Mikroskop und entdeckte, daß der Kork aus schachtelähnlichen Abteilungen zusammengesetzt war, die er Zellen nannte. Er schrieb:

> Doch die Leichtigkeit und die nachgebende Beschaffenheit des Korks beurteilend ... daß ich ihn möglicherweise, wenn ich noch etwas Fleiß aufwende, mit dem Mikroskop sichtbar machen könnte, schnitt ich mit dem gleichen, geschliffenen Taschenmesser ein außerordentlich dünnes Stück von der vorherigen, glatten Oberfläche weg, und nachdem ich es auf einen schwarzen Objektträger gelegt, da es selbst ein weißer Körper war und das Licht darauf mittels einer tiefen, plankonvexen Linse gebrochen hatte, konnte ich sehr deutlich erkennen, daß er ganz durchlöchert und porös war, ähnlich einer Honigwabe ...
> ... diese Poren, oder Zellen, waren nicht sehr tief, aber sie setzten sich aus einer großen Zahl von kleinen Schachteln zusammen ...
> Ich untersuchte diese nicht eingehender; es waren wahrhaftig die ersten, mikroskopischen Poren, die ich je sah und die vielleicht je gesehen wurden ... aber mich dünkte, daß mir ihre Entdeckung jetzt die Ursachen aller Eigenschaften des Korks andeutete; ...

Ungefähr zur gleichen Zeit, als Robert Hooke in London arbeitete, baute sich ein holländischer Tuchhändler, Anton van Leeuwenhoek, selbst ein einfaches Mikroskop mit Linsen kurzer Brennweite, die er in seiner Freizeit schliff. Durch dieses Mikroskop beobachtete er einzellige Lebewesen in einem Wassertropfen eines Tümpels. Er schrieb:

> Zu meiner großen Überraschung entdeckte ich, daß er viele mikroskopisch kleine Tierchen enthielt, deren Bewegungen man mit Vergnügen betrachtete. Die Bewegung dieser kleinen Geschöpfe könnte man mit der einer großen Zahl von Mücken oder Fliegen vergleichen, die sich in der Luft tummeln.

Leeuwenhoek war auch der erste, der Kerne in lebenden Zellen, den roten Blutkörperchen des Lachsbluts, beobachtete. Natürlich konnte er die Bedeutung seiner Entdeckung nicht richtig einschätzen. Er bemerkte ebenfalls, daß Zahnsteinablagerungen Bakterien enthielten. Seine Arbeit am Mikroskop veranlaßte ihn, an der in jener Zeit allgemein anerkannten Theorie zu zweifeln, nach der Lebewesen aus toter Substanz entstehen sollten. Leeuwenhoek war sicher, daß Bakterien, „sowie alle anderen kleinen Lebewesen aus ihresgleichen hervorgehen durch Eier, Samen oder Laich, je nach der Natur, die ihnen in der ersten Generation eingepflanzt worden war".

Diese ersten experimentellen mikroskopischen Beobachtungen waren der Beginn der Zellbiologie. Anfang des 19. Jahrhunderts wußte man, daß alle Organe der Tiere aus Geweben wie Muskel, Knochen, Knorpel und Fett bestehen; und ebenso war bekannt, daß Stengel, Wurzeln, Blätter und andere Organe der höheren Pflanzen aus unter-

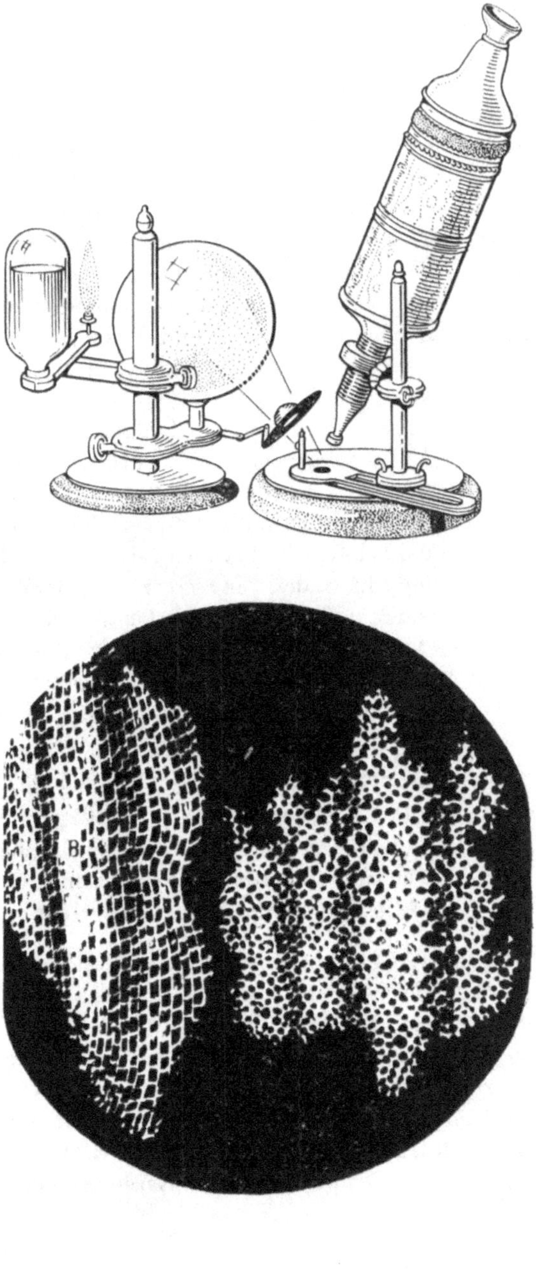

(a)

(b)

Abb. 1—1. (a) Das Mikroskop, das Robert Hooke benutzte. Es ist ein zusammengesetztes Mikroskop mit einem Objektiv und einer Okularlinse. Die Glaskugel enthält eine klare Salzlösung. Dieses Mikroskop lieferte ungefähr 270-fache Vergrößerungen. (b) Eine Zeichnung des Korks von Robert Hooke. Hooke nannte die Abteilungen Zellen; es sind aber in Wirklichkeit Pflanzen-Zellwände.

schiedlichen Geweben zusammengesetzt sind. Dutrochet stellte Anfang des 19. Jahrhunderts eine zusammenfassende Theorie über die Zusammensetzung der Gewebe auf, die auf seinen sorgfältigen Studien an pflanzlichem und tierischem Material beruhte. Er nahm an, daß alle Gewebe aus „kugelförmigen Zellen von außerordentlicher Kleinheit" zusammengesetzt waren, dennoch aber in Gestalt und Struktur sehr verschieden sein konnten. Er schloß weiter, daß diese von ihm beobachteten Zellen „nur durch Kohäsionskräfte" im Gewebe zusammengehalten werden. Dutrochets Ideen stellten einen wichtigen Fortschritt dar und stimmen noch sehr gut mit der heutigen Ansicht über die Organisation von Zellen in Gewebe überein.

Die Arbeit von Schleiden über Pflanzenzellen und diejenige von Schwann über tierische Zellen, die beide 1839 publiziert wurden, führten zu einer klaren Definition der Zellen und ihrer Funktion. Schleiden schloß aus seinen Beobachtungen an Pflanzen, daß jede Zelle eines jeden Gewebes, das er untersuchte, zwar als unabhängige Einheit betrachtet werden konnte, daß sie aber zum Leben des ganzen Organismus, welchem sie angehörte, beitragen mußte. Schwann arbeitete gleichzeitig mit verschiedenen tierischen Zellen und zog ähnliche Schlußfolgerungen. Die Erkenntnisse der beiden Mikroskopiker bildeten die Grundlage für die später formulierte *Zelltheorie*. Diese legte nur klarer als bisher fest, daß alle Lebewesen, vom einfachsten einzelligen Organismus bis zu den sehr komplexen höheren Pflanzen und Tieren, aus Zellen zusammengesetzt sind, daß jede Zelle für sich allein wirken kann, aber auch als integraler Teil des ganzen Organismus funktioniert.

Im Laufe des folgenden Jahrzehnts beschäftigten sich Biologen mit dem Problem der Entstehung neuer Zellen. Schleiden wie auch Schwann nahmen an, daß sehr kleine, neue Zellen innerhalb von älteren gebildet werden könnten oder daß Zellen vielleicht einfach durch Kristallisation aus Flüssigkeiten gebildet würden. Untersuchungen an sich entwickelnden Embryonen zeigten aber, daß sich die Zellen während des Wachstums verdoppeln, indem aus einer Mutterzelle zwei Tochterzellen entstehen. Dieser Vorgang wurde als *Zellteilung* bekannt. Die entsprechenden Beobachtungen wurden 1855 von Virchow in der lateinischen Aussage, die wir an den Anfang dieses Kapitels gestellt haben, zusammengefaßt. Sie bedeutet, daß alle Zellen aus anderen lebenden Zellen hervorgegangen sind. Virchow schrieb:

> „Wo eine Zelle vorhanden ist, muß eine Zelle vorher existiert haben, genauso wie ein Tier nur aus einem Tier und eine Pflanze nur aus einer Pflanze hervorgeht. Das Prinzip kann so formuliert werden, wenn es auch nicht bis ins letzte Detail bewiesen ist, daß für die Gesamtheit aller Lebensformen, seien es ganze tierische oder pflanzliche Organismen oder ihre Bestandteile, ein ewiges Gesetz der fortlaufenden Entwicklung oder der ununterbrochenen Fortpflanzung gilt."

Etwa Mitte des 19. Jahrhunderts erkannten die Biologen, daß der Zellinhalt von grundlegender Bedeutung sein mußte. Im Jahre 1839 führte Purkinje die Bezeichnung „Protoplasma" für den Zellinhalt ein. Als man die Strukturen innerhalb der Zellen genauer untersuchte, wurde allerdings deutlich, daß es nicht nur eine einzige Substanz sein konnte, die man Protoplasma nannte. Wie schon erwähnt, hatte van Leeuwenhoek innerhalb der roten Lachsblutkörperchen einen Bereich beobachtet, der sich vom übrigen Inhalt unterschied. Fontana beschrieb 1781 in den Zellen der Aalhaut ovale Körper, die seiner Beschreibung nach Kerne gewesen sein mußten. 1833 beobachtete Robert

Brown einen dichten, kreisförmigen Bereich innerhalb von Pflanzenzellen, den er *Zellkern* nannte. Nachdem er verschiedene Arten von Blütenpflanzen untersucht hatte, stellte er fest, daß kernhaltige Zellen offenbar allen gemeinsam waren. Nach und nach erkannte man deutlich, daß der Kern grundsätzlich am Prozeß der Zellteilung beteiligt ist. Seine genaue Funktion blieb jedoch unbekannt, bis Ende des 19. Jahrhunderts Farbstoffe entwickelt wurden, die das Kernmaterial spezifisch anfärbten, so daß die Mikroskopiker nun das Verhalten des Kerns genau beobachten konnten.

Heute weiß man, daß im Innern der Zellen viele unterschiedliche Strukturen eine große Zahl von Aufgaben erfüllen (s. Abb. 1—3). An diesen Vorgängen sind zahlreiche chemische Verbindungen beteiligt, und das Innere einer Zelle befindet sich in einem Zustand dauernder Veränderung und Aktivität. Wir wollen nun zeigen, wie sich die modernen Vorstellungen über die Biologie der Zellen aus der Zelltheorie des 19. Jahrhunderts entwickelt haben. Wir möchten jedoch an dieser Stelle eine Warnung aussprechen. Es ist zutreffend, daß das Studium der Biologie von Zellen eine ausgezeichnete und in keiner anderen Weise erreichbare Grundlage für eine einheitliche Auffassung der allgemeinen Biologie schafft, so wie das Studium atomarer Vorgänge, ausgehend von der Dalton'schen Atomtheorie, die Grundlage für die heutige Chemie und Physik bildet. Im Falle der Biologie wurde jedoch in der Vergangenheit zuviel Gewicht auf die Strukturen und Funktionen von einzelnen Zellen gelegt und zu wenig auf die Wechselwirkung der Zellen bei der Entwicklung und Funktion ganzer Organismen. Dies war sicher teilweise durch experimentelle Grenzen bedingt, wie sie auch in anderen Gebieten der Wissenschaft vorkommen. Es ist jedoch wichtig, einen Organismus als zusammengesetztes Ganzes zu betrachten, dessen Eigenschaften nicht mit den Begriffen erklärt werden können, die für einzelne Zellen gelten.

Eine weitere Gefahr brachte der große Fortschritt, der in den letzten zwanzig Jahren in der Molekularbiologie gemacht wurde. Chemiker und Physiker versuchten gelegentlich, die Biologie hauptsächlich von den Desoxyribonucleinsäuremolekülen (deoxyribonucleic acid; DNA) des Zellkerns her zu erklären. Das DNA-Molekül gleicht ein wenig einer Bibliothek, die sehr wichtige Informationen enthält, die die Zellen für die Erfüllung verschiedener Aufgaben benötigen. Die DNA ist aber eine Informationsquelle innerhalb einer lebenden Zelle, in der die verschiedenen Substanzen und Vorgänge in einem außerordentlich genauen Gleichgewicht stehen. Wenn die DNA aus den Zellen isoliert und damit von den Substanzen getrennt wird, die ihre Informationen zu anderen Teilen der Zellen tragen, nützt sie nicht mehr als die staubigen Bücher einer Bibliothek, die nicht mehr als Informationsquellen von Lesern benutzt werden.

Zum Schluß betonen wir nochmals, wie wichtig in der experimentellen Zellbiologie die Arbeit mit lebenden Organismen, Geweben oder Zellen ist. Fixierte und angefärbte Präparate können nur begrenzt Auskunft darüber geben, wie die Strukturen und Funktionen zusammenhängen. Wir werden in allen Abschnitten versuchen, die funktionellen Gesichtspunkte der Strukturen, die in der lebenden Zelle beobachtet werden, zu berücksichtigen.

1.1. Größe und Formen der Zellen

In diesem Buch werden hauptsächlich zwei Maßeinheiten benutzt, nämlich das *Mikrometer* (μm), das das 1/1000000 eines Meters ist (10^{-6} m), sowie die *Ångström-Einheit* (Å), die 10^{-4} Mikrometer oder 10^{-10} Meter entspricht. Das Mikrometer ist die geeignete Einheit, um die Ausmaße der Zellen zu beschreiben, während man mit der Ångström-Einheit die Größen der Atome und Moleküle, aus denen die Zellen aufgebaut sind, erfassen kann. Das *Nanometer* (nm), das 10^{-9} m oder 10 Å entspricht, ist die international eingeführte Maßeinheit nach dem SI-System.

Abb. 1—2 zeigt die Ausmaße einiger typischer Zellen von Mikroorganismen, Pflanzen und Tieren. Um Größenbereiche von Zellen in einem einzigen Diagramm darstellen zu können, ist es notwendig, die Größenmaße logarithmisch aufzuzeichnen. In Abb. 1—2 sind auf der linken Seite der Skala zu Vergleichszwecken die Größen eines Wasserstoffatoms, eines Hämoglobinmoleküls und eines Virus dargestellt. (Viren können strenggenommen nicht als Zellen bezeichnet werden, da sie hauptsächlich aus einem Nucleinsäuremolekül, umgeben von einer Proteinhülle, bestehen und sich nur innerhalb einer Wirtszelle vermehren können.) Die kleinsten, freilebenden Organismen sind die sog. *Mycoplasmen.* Diese winzigen Zellen, deren kleinste Vertreter einen Durchmesser von nur 1000 Å haben, wurden aus dem Erdboden isoliert und als Erreger verschiedener tierischer Infektionskrankheiten identifiziert. Sie werden auch als PPLO's bezeichnet (engl. pleuropneumonia-like organisms), seit Iwanowsky 1892 erstmals ihre Existenz als Erreger der Pleuropneumonie erkannte und zeigte, daß sie bakteriendichte Filter durchdringen konnten. Wir werden die Struktur der Mycoplasmen und der anderen, in Abb. 1—2 dargestellten Zellen in diesem Kapitel später besprechen.

Die nächstgrößeren Zellen sind die der *Bakterien,* deren Ausmaße sehr unterschiedlich sein können: sie reichen von den 5000 Å großen Kokken bis zu etwa 20 μm langen, fadenförmigen Bakterien. Auch die Formen der Bakterienzellen variieren stark: die Kokken sind kugelförmig, die Bazillen stäbchenförmig, die Spirillen haben, wie ihr Name schon andeutet, die Form eines Korkenziehers, und die fadenförmigen Bakterien sind langgestreckt. Die Bakterien sind überall zu finden: sie leben sowohl im Süßwasser, als auch im Meerwasser, im Boden sowie in Pflanzen und Tieren, wo ihre Anwesenheit nützlich, schädlich oder harmlos sein kann. Das Gesamtgewicht aller lebenden Bakterienformen beträgt schätzungsweise das Zwanzigfache aller übrigen Organismen.

Innerhalb der Größenordnung der Bakterien liegen die Zellen der *blaugrünen Algen.* Diese Algen können als Einzeller von ungefähr 10 μm Durchmesser vorkommen (etwas größer als die menschlichen roten Blutkörperchen mit 7—8 μm im Durchmesser), aber gewöhnlich sind sie miteinander zu lockeren Kolonien verbunden. Einige dieser fadenförmigen Kolonien können bis zu mehreren Zentimetern lang werden. Die blaugrünen Algen kommen außer im Süßwasser und im Meer auch auf so unterschiedlichen Standorten wie Felsoberflächen in Wüsten und in den kalten Seen der Antarktis vor. Die Kontrolle über ihr Wachstum ist, da sie sich in verhältnismäßig unfruchtbaren Gebieten fortpflanzen und in Form von Sporen über weite Strecken durch die Luft verbreiten, in gewissen Teilen der Erde zu einem größeren Problem geworden.

Viele der größeren, einzelligen Organismen sind beweglich. Die *Flagellaten* und die *Ciliaten* bewegen sich zum Beispiel mit Hilfe von cytoplasmatischen Fortsätzen (Flagellen und Cilien, s. Abschn. 1.6). Als Beispiel eines Flagellaten führen wir *Euglena*

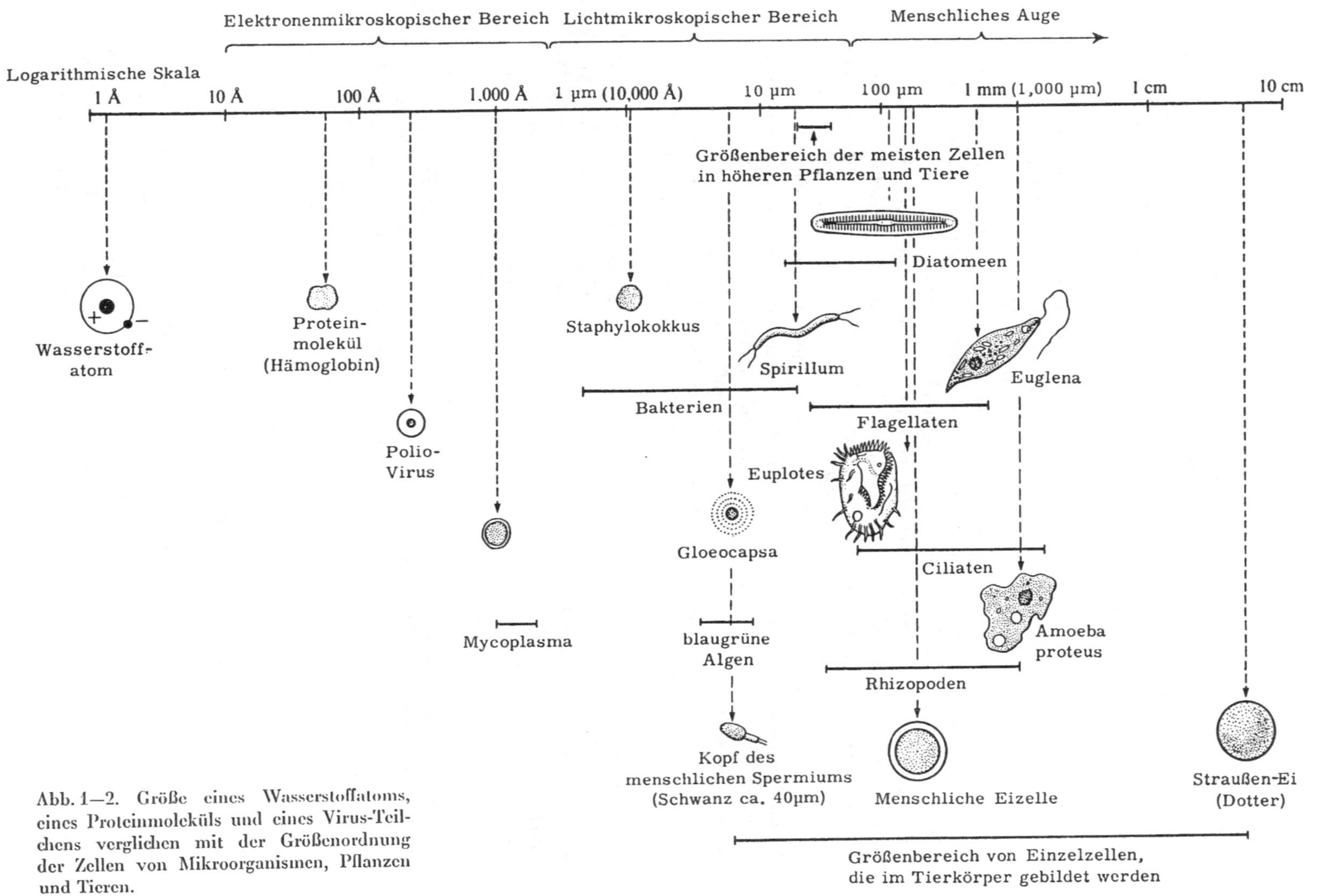

Abb. 1–2. Größe eines Wasserstoffatoms, eines Proteinmoleküls und eines Virus-Teilchens verglichen mit der Größenordnung der Zellen von Mikroorganismen, Pflanzen und Tieren.

an, die überall in Süßwassertümpeln, im Boden und im Schlamm lebt. Ein großer Teil der vielen verschiedenen Arten ist von spindelförmiger Gestalt, wobei die größten eine Länge von 0,5 mm (500 μm) erreichen können. *Euplotes* ist ein Beispiel eines Ciliaten, der ebenfalls häufig in Tümpeln zu finden ist.

Einzellige Kieselalgen oder *Diatomeen* sind die wichtigsten, primären Nährstoffproduzenten in den Meeren. Sie können bis zu 100 μm lang werden. Ihr auffälligstes Merkmal ist eine äußere Schale, die aus Kieselsäure besteht.

Einer der größten, einzelligen Organismen ist die ungefähr 1 mm (1000 μm) große *Amoeba proteus*. Amöben, die vorwiegend im Süßwasser leben, sind für ihre ungewöhnliche Fortbewegung mittels Pseudopodien bekannt (s. Abschn. 1.6).

Bis jetzt haben wir uns in diesem Abschnitt nur mit einzelligen Organismen befaßt. Die meisten Zellen, die die Pflanzen- und Tierkörper aufbauen, fallen in einen sehr engen Größenbereich, der von 20—30 μm reicht (vgl. Abb. 1—2). Die größte Einzelzelle, die in einem Tierkörper gebildet wird, ist sicher der Dotter eines Straußeneies, dessen Durchmesser ungefähr 5 cm beträgt. Der Durchmesser der menschlichen Eizelle beträgt im Vergleich dazu nur 200 μm, während der Kopf einer menschlichen Samenzelle sogar nur 5 μm lang ist mit einem Schwanz von 30—50 μm Länge.

Die untere Grenze der Zellgröße ist wahrscheinlich bestimmt durch das kleinste Volumen, in das gerade noch die für das Funktionieren einer Zelle notwendigen Komponenten hineinpassen. Die Ausmaße einiger Makromoleküle, die für die Zellen unentbehrlich sind, lassen darauf schließen, daß die Größe der Mycoplasmen sehr nahe an dieser unteren Grenze liegt. Die obere Grenze der Zellgröße wird durch verschiedene Faktoren festgelegt. (Die Eizellen nehmen dabei eine Sonderstellung ein, weil sie die Nährstoffe für den sich entwickelnden Embryo enthalten.) Da der Zellkern die vielen Vorgänge im Cytoplasma steuert und überwacht, ist offensichtlich das Verhältnis zwischen Kern- und Cytoplasmavolumen wichtig; es muß eine obere Grenze der Cytoplasmamenge geben, die ein Kern bestimmter Größe noch kontrollieren kann. Bei einigen größeren einzelligen Organismen, zum Beispiel bei der Amöbe *Chaos chaos*, wird diese Schwierigkeit dadurch umgangen, daß das Cytoplasma mehrere Kerne enthält. Weiterhin ist die Diffusion lebenswichtiger Substanzen von einem Teil der Zelle zu einem anderen bei zunehmender Zellgröße verlangsamt. Schließlich ist auch die Beziehung der Zellen zu ihrer Umgebung zu berücksichtigen. Je größer die Zelle wird, desto kleiner wird ihre Oberfläche im Verhältnis zum Volumen, wodurch der Kontakt der Zelle mit ihrer Umgebung erschwert wird. Einige Zellen vergrößern ihre Oberfläche durch die Ausbildung langer, dünner Fortsätze oder durch Einstülpung der Zelloberfläche.

1.2. Die Zellstrukturen

Bei den Mycoplasmen und den blaugrünen Algen kann man den Kern und das Cytoplasma nicht deutlich voneinander unterscheiden (Abb. 1—3 a). Die Nucleinsäuren, die die verschiedenen Zellvorgänge, beispielsweise die Bildung der Proteinmoleküle, steuern und ordnen, sind gleichmäßig im Zellinnern verteilt. Bei den Bakterien ist das Kerngebiet schon deutlicher abgegrenzt, während das Kernmaterial aller höheren Pflanzen und der Tiere von einer eigenen Membran umgeben ist, so daß der Kern sowohl in lebenden als auch in fixierten Zellen als deutlich abgegrenzter Teil zu sehen ist (Abb.

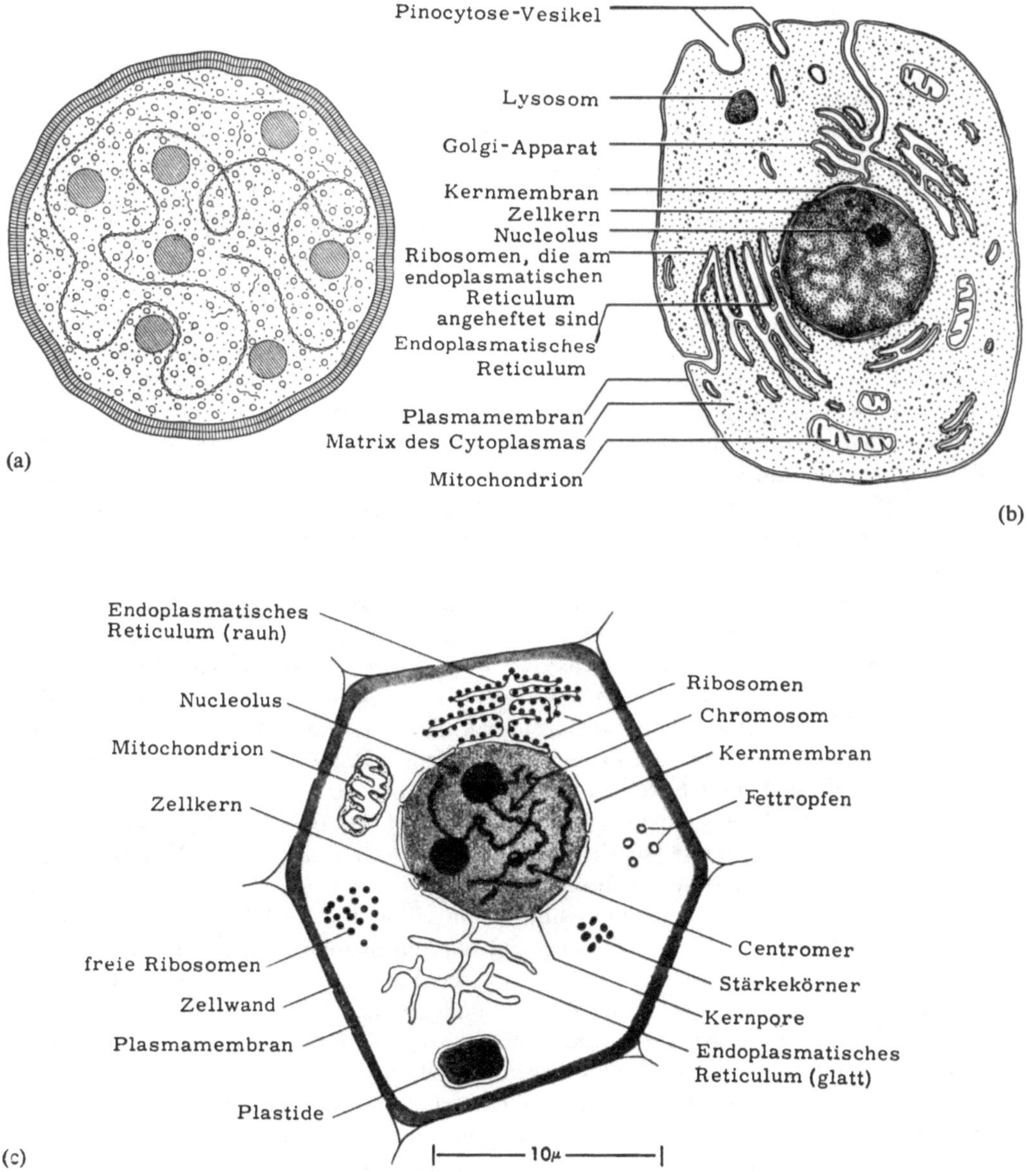

Abb. 1—3. (a) Mycoplasmen sind die kleinsten, bekannten lebenden Zellen. Die schematische Darstellung zeigt das *Mycoplasma gallisepticum.* Der Doppelstrang stellt die DNA, die großen Kugeln die Ribosomen, die kurzen Fäden die lösliche RNA und die kleinen Kreise lösliche Proteine dar. Die äußere Hülle ist eine Doppelschicht aus Phospholipiden und Proteinen. (Aus H. J. Morowitz und M. E. Tourtellotte: The smallest living cells. Copyright © März 1962 von Scientific American Inc. Alle Rechte vorbehalten.) (b) Verallgemeinerte schematische Darstellung einer tierischen Zelle, in der alle subzellulären Bestandteile eingezeichnet sind. (Abdruck mit Erlaubnis von Dodd, Mead and Company, Inc. aus Biology in Action von N. J. Berrill. Copyright © 1966 Dodd, Mead and Company Inc.) (c) Verallgemeinerte, schematische Darstellung einer Pflanzenzelle; diese besitzt zusätzlich zu den Strukturen, die auch in der tierischen Zelle vorkommen, Plastiden (einschließlich der Chloroplasten), Stärkekörner und eine äußere Zellwand. (Aus J. D. Watson: Molecular Biology of the Gene. W. A. Benjamin Inc., New York 1965.)

1—3 b und 1—3 c). Alle Zellen besitzen eine äußere oder Plasmamembran, die den Zellinhalt gegen die Umgebung abgrenzt und schützt.

Die neuesten biochemischen und molekularbiologischen Forschungen haben gezeigt, daß die Strukturen und Funktionen der die Zellen aufbauenden Moleküle sowohl im Tier- als auch im Pflanzenreich einander erstaunlich ähnlich sind. Die vier wichtigsten Gruppen der Moleküle, die in den Zellen vorkommen, sind die Nucleinsäuren, die Proteine, die Lipide und die Kohlenhydrate. Wir werden die chemischen Strukturen dieser Substanzen in Kap. 2 besprechen.

Nucleinsäuren sind langkettige Moleküle: sich wiederholende Einheiten von verhältnismäßig kleinen Molekülen sind zu einer Kette verknüpft. Diese einfache Bauweise hat zahlreiche interessante physikalische und chemische Eigenschaften zur Folge, die wir in den späteren Kapiteln beschreiben werden. Man kennt zwei Arten von Nucleinsäuren, nämlich die Desoxyribonucleinsäure (DNA) und die Ribonucleinsäure (RNA). Die DNA führt bei der Vererbung, bei dem Wachstum und der Entwicklung, bei der Zellteilung sowie bei der Bildung der Proteinmoleküle und anderer Zellbestandteile äußerst wichtige Funktionen aus. Die RNA ist bei der Bildung der Proteine unentbehrlich.

Proteine sind ebenfalls langkettige Moleküle, deren Bausteine (Aminosäuren) aber voneinander verschieden sind. Es gibt sehr viele verschiedene Proteinarten, wovon die wichtigsten wahrscheinlich die Enzyme sind. Diese erleichtern oder ermöglichen als biologische Katalysatoren den Ablauf vieler biochemischer Reaktionen, die im Zellinnern stattfinden. Proteine üben weiterhin wichtige Strukturfunktionen in tierischen und, in einem kleineren Ausmaß, in pflanzlichen Zellen aus. Zelluläre Membranen, wie beispielsweise Plasma- und Kernmembran, bestehen aus einem Komplex aus Lipiden und Proteinen, der ihnen einmalige Eigenschaften verleiht. Bei den vielzelligen Organismen sezernieren bestimmte, spezialisierte Zellen Proteine, die für die Funktion von anderen Teilen des Lebewesens verantwortlich sind.

Die eigentliche Proteinsynthese findet mit Hilfe der RNA-Moleküle statt, die zwischen dem DNA-Molekül, das die notwendigen Informationen trägt, und dem Synthesevorgang selbst als Vermittler wirken. Dieser Vorgang läuft an den *Ribosomen* ab; diese sind aus RNA und Proteinen zusammengesetzte Einheiten im Cytoplasma. Bei den Zellen, die keine Kernmembran besitzen (zum Beispiel die Mycoplasmen), sind die Ribosomen frei im gesamten Zellinnern verteilt (Abb. 1—3 a). Ist dagegen eine Kernmembran vorhanden, so liegen die Ribosomen im Cytoplasma. Sie können darin frei verteilt oder, vor allem in Protein-sezernierenden Zellen, einem zusammenhängenden Membransystem, dem sog. *endoplasmatischen Reticulum,* angeheftet sein (Abb. 1—3 b und 1—3 c).

Lipide bilden unter den biologischen Substanzen eine weitere wichtige Gruppe. Lipidmoleküle sind sowohl in den intrazellulären Membranen als auch in der äußeren Plasmamembran der Zellen vorhanden. Sie bestehen im wesentlichen aus langkettigen Verbindungen, die Ketten sind aber viel kürzer als diejenigen der Nucleinsäuren und der Proteine und sind, abgesehen von den geladenen Endgruppen, in Wasser unlöslich. Die Membranen verdanken ihre besonderen Eigenschaften zum Teil dieser Wasserunlöslichkeit der Lipide. Die Plasmamembran vermag zum Beispiel das Cytoplasma einzuschließen und es wirksam gegen äußere Einflüsse zu schützen, während die verschiedenen intrazellulären Membranen Zellregionen mit spezifischen Funktionen gegeneinander isolieren. Da die Membranen Komplexe aus Lipiden und Proteinen sind, besitzen sie hinsichtlich der Diffusion und des Transports von verschiedenen Substanzen sehr interessante Eigenschaften. Die Plasmamembran läßt selektiv verschiedene, für die Zellfunktionen wichtige Substanzen (Metaboliten) in die Zelle eintreten und stößt unerwünschte oder schädliche Substanzen aus der Zelle aus. Die meisten Zellen enthalten einen Vorrat an Lipidmolekülen, der in Form von Granula im Cytoplasma gespeichert wird.

Kohlenhydrate bilden die letzte Gruppe der biologisch wichtigen Substanzen. Die Glucose, ein einfaches Zuckermolekül, dient den meisten Zellen als Energiequelle. Sie entsteht während der Photosynthese in den Pflanzenzellen und wird in Form von langkettigen Molekülen — in den tierischen Zellen als *Glykogen* und in den pflanzlichen als *Stärke* — gespeichert. *Cellulose,* der Hauptbestandteil der Wand, die die Plasmamembran der höheren Pflanzenzellen umgibt, ist ebenfalls ein langkettiges Molekül, das aus Glucoseeinheiten besteht. Auch die feste, äußere Zellwand der Bakterien und die eher gallertartige Zellwand der Algen bestehen zur Hauptsache aus Kohlenhydraten. Außerdem findet man Kohlenhydratmoleküle an der Oberfläche der meisten Säugetierzellen, wo sie offenbar bei den spezifischen, interzellulären Wechselwirkungen bestimmte Funktionen ausüben.

Nahezu alle Zellen der pflanzlichen und der tierischen Organismen enthalten in ihrem Cytoplasma *Mitochondrien,* fadenähnliche oder runde Körper, die von einer lipidhaltigen Membran umgeben sind. Ihr Innenraum wird durch die *Cristae* in einzelne Abschnitte unterteilt (Abb. 1—3 b und 1—3 c). Die Mitochondrien sind die energieproduzierenden Strukturen der Zellen, denn sie enthalten die Enzyme, die die Energie aus den Abbauprodukten der Glucose und der anderen Nährstoffe freisetzen, so daß sie für die Zelle nutzbar gemacht werden kann. Bei den Bakterien- und den Mycoplasmazellen, die keine Mitochondrien enthalten, sind diese spezifischen Enzyme an die Plasmamembran gebunden.

Die pflanzlichen Zellen unterscheiden sich von den tierischen vor allem dadurch, daß sie einen grünen Farbstoff, das *Chlorophyll,* enthalten, mit dessen Hilfe sie die *Photosynthese* durchführen können. Die Chlorophyllmoleküle sind in besonderen Organellen, den *Chloroplasten,* enthalten. Auch der Chloroplast ist von einer lipidhaltigen Membran umgeben. Er enthält in seinem Inneren oft hochorganisierte, scheibenähnliche Strukturen, die sog. *Grana,* die durch ein Membransystem verbunden sind. In den Chloroplasten wird die Energie des Sonnenlichts von den Chlorophyllmolekülen absorbiert und für die Bildung der Glucose aus einfachen, anorganischen Molekülen nutzbar gemacht. Bei gewissen Photosynthese-Bakterien, den Rhodobacteriaceae, ist die grüne Farbe des Chlorophylls durch einen roten oder purpurfarbenen Farbstoff überdeckt. Sowohl bei den blaugrünen Algen als auch bei den Photosynthese-Bakterien sind die Strukturen, die den Chlorophyllfarbstoff enthalten, viel kleiner als bei den übrigen Algen und höheren Pflanzen. Diese Membranstrukturen werden *Chromatophoren* genannt. Alle anderen Zellen, eingeschlossen auch die tierischen Zellen, sind von der Zufuhr energiereicher Substanzen (meistens Glucose) aus der Umgebung abhängig, da sie keine Photosynthese durchführen können.

Diese kurze Beschreibung der Hauptbestandteile der tierischen und der pflanzlichen Zellen ist in den Abb. 1—3 b und 1—3 c schematisch zusammengefaßt. Die Chromosomen sind in dem Schema der Pflanzenzelle als fadenförmige Strukturen im Kern dargestellt, obwohl sie in Wirklichkeit in den sog. „ruhenden" Zellen (Zellen, die sich nicht aktiv teilen) nicht sichtbar sind. Die Interphasekerne der pflanzlichen und tierischen Zellen erscheinen, wie es in der Abb. 1—3 b dargestellt ist, sehr viel einheitlicher; die einzige Struktur, die deutlich hervortritt, ist hier der *Nucleolus,* der den größten Teil der Kern-RNA enthält.

1.3. Die Zellverbände

Ein einzelliger Organismus kann wohl einen erstaunlich hohen Grad an struktureller und funktioneller Differenzierung erreichen, dennoch sind seine Möglichkeiten beschränkt. In der Tat sind alle höheren Organismen vielzellig, denn auf diese Weise können sie viele Einschränkungen, die den Einzellern durch die Größe und die Form auferlegt sind, überwinden. Bei einem vielzelligen Organismus ist eine wirksame Arbeitsteilung zwischen den Zellen möglich, denn hier teilen sich verschiedene Zellen in die Aufgaben, die bei einem Einzeller von einer einzigen Zelle bewältigt werden müssen. Folglich kann sich dort ein Teil der Zellen für gewisse Aufgaben spezialisieren, so daß diese Zellen in ihrem Bereich leistungsfähiger sind. Außerdem ist ein vielzelliger Organismus besser vor Unglücksfällen geschützt, denn er kann als Ganzes überleben, auch wenn einige seiner Zellen sterben. Ein einzelliger Organismus kann dagegen durch einen Unfall, wobei zum Beispiel die Zellwand und die Plasmamembran durchlöchert werden, zugrunde gehen.

Wenn sich gleichartige Zellen miteinander verbinden, so besitzt dieser Zellverband Eigenschaften und Verhaltensweisen, die von denen der Einzelzellen verschieden sind. Diese Erscheinung läßt sich an dem zellulären Schleimpilz *Dictyostelium* besonders gut untersuchen (Abb. 1—4 a). Man betrachtet die Schleimpilze entweder als bewegliche Pilze oder als Protozoen. Da sie keine Photosynthese ausführen können, sind sie keine echten Pflanzen; andererseits sind sie aber zu wenig beweglich, um ihre Nahrung aktiv zu suchen. Sie gedeihen deshalb nur, wenn sie auf nährstoffreichen Substanzen wachsen können (zum Beispiel auf faulenden Pflanzen). Der Entwicklungsgang von *Dictyostelium* schließt sowohl Zellverbände als auch amöboid bewegliche Einzelzellen in sich ein (s. Abschn. 1.6). Wenn sich eine Spore festgesetzt hat, platzt sie auf und entläßt eine einzelne, amöbenartige Zelle. Diese Zelle wächst und teilt sich, wenn ihre Nahrungsquelle, die Bakterien, vorhanden ist. Die Teilungen dauern so lange an, bis sich eine Fläche aus unabhängigen Einzelzellen gebildet hat. Wenn dann eine gewisse Zahl von Zellen gebildet worden ist, entstehen mehrere Aggregationszentren. Bei diesem Vorgang müssen sich die Zellen gegenseitig anziehen, was durch eine besondere Substanz, das *Acrasin,* bewirkt wird. Das Acrasin wird von einer oder von mehreren Zellen ausgeschieden und stimuliert die Ausscheidung in weiter entfernten Zellen. Die Aggregate, die in diesem Stadium immer noch beweglich sind, können eine Länge von mehr als 2 mm erreichen und sind aus sehr vielen Zellen zusammengesetzt. Schließlich bildet sich eine dichte Zellmasse, ein sog. *Conus,* die sich nicht mehr bewegt. Der Conus richtet sich allmählich auf, wobei die vorderen Zellen einen Stiel bilden, der in einer Cellulosescheide steckt. Der Stiel wächst dadurch, daß sich weitere Zellen an seiner Oberfläche nach oben bewegen. Die letzten dieser nach oben gewanderten Zellen bilden an dem Stielende eine runde Zellansammlung, die als *Sporangium* bezeichnet wird. Darin entwickeln sich einige Zellen zu Sporen, die den ganzen Entwicklungsgang wieder neu beginnen können. Dieser Entwicklungszyklus birgt noch viele ungelöste Fragen: Durch welchen Mechanismus kann sich der Zellverband als Ganzes bewegen? Wie wandelt sich

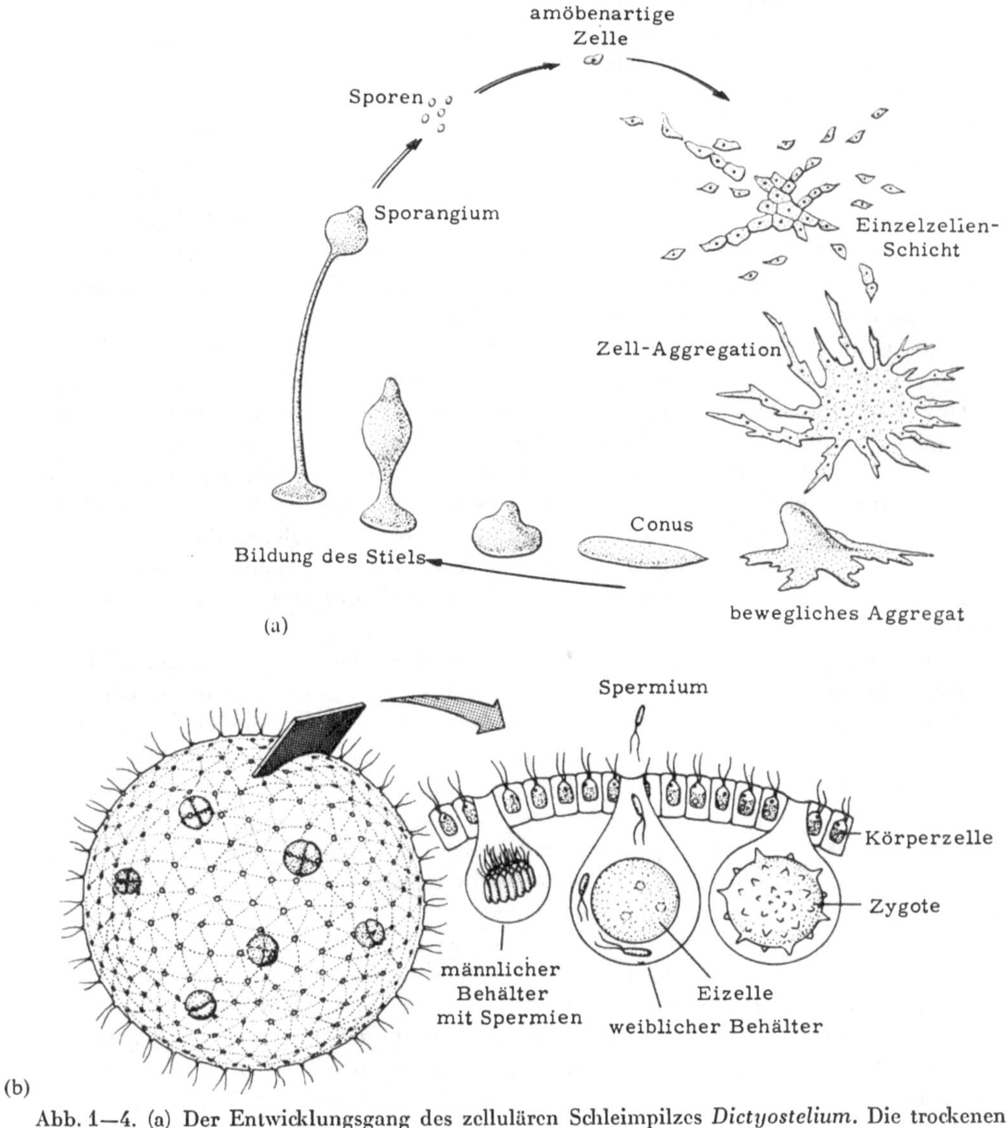

Abb. 1—4. (a) Der Entwicklungsgang des zellulären Schleimpilzes *Dictyostelium*. Die trockenen Sporen wandeln sich in amöbenartige Zellen um, die um bestimmte Einzelzellen aggregieren. Daraus entsteht zuerst ein bewegliches Aggregat und dann ein Conus; der letztere setzt sich fest und entwickelt einen Stiel, der sich in ein Sporangium umwandelt. (b) Die freischwimmende Pflanze *Volvox*. Die Abbildung zeigt eine Kolonie, in deren gallertartiger Grundsubstanz Tochterkolonien eingebettet sind, und daneben einen Schnitt durch die Oberfläche. (Aus W. T. Keeton: Biological Science. W. W. Norton, New York 1967. Abgeändert aus College Botany von H. J. Fuller und O. Tippo. Copyright © 1949 Holt, Rinehart and Winston Inc. Verändert wiedergegeben mit Erlaubnis von Holt and Winston Inc., Publishers, New York.)

der Conus in ein gestieltes Sporangium um? Wird die Lage der einzelnen Zellen im Sporangium durch ihre Lage, die sie ursprünglich im Conus eingenommen hatten, bestimmt? Jedenfalls geht aus der Beobachtung dieses Entwicklungsganges deutlich hervor, daß sich eine Zellanhäufung ganz anders als eine Einzelzelle verhalten kann.

Zellkolonien kommen auch bei bestimmten einfachen Pflanzen vor. Als Beispiel dazu dient uns die vielzellige Süßwasseralge *Volvox*. Jede *Volvox*-Kolonie ist eine ungefähr stecknadelkopfgroße Hohlkugel, die aus 500 bis 50 000 Zellen besteht, die in eine gallertartige Grundsubstanz eingebettet sind. Diese Zellen sind der einzelligen Alge *Chlamydomonas* sehr ähnlich, da sie wie diese einen Kern und Cytoplasma sowie einen Chloroplasten, einen Augenfleck und zwei Geißeln zur Fortbewegung besitzen. Jede Zelle der *Volvox* ist durch dünne Plasmastränge mit der Nachbarzelle verbunden. Die Zellen sind in der Kugel so angeordnet, daß die Geißeln nach außen über die Gallertschicht hinausragen (Abb. 1—4 b). Die *Volvox*-Kolonie verhält sich so, als ob sie ein einzelner Organismus wäre. Eine Polarität zeigt sich bei der Fortbewegung im Wasser, da ein Pol der Kugel immer nach vorn gerichtet ist, außerdem dreht sich die Kugel, während sie sich vorwärts bewegt, gleichzeitig um sich selbst. Dies erfordert einen genau koordinierten Geißelschlag der einzelnen Zellen, da sonst nur eine zufällige Bewegung zustande käme. Die Zellen befinden sich also in einer Art Arbeitsverband, der sich ganz anders als jede einzelne Zelle bewegt. Einige Zellen, die sich am Ende der schwimmenden Volvox befinden, sind etwas größer als die übrigen, so daß wir hier den Anfang einer Zellspezialisierung finden. Diese Zellen dienen der Vermehrung, die sowohl vegetativ (ungeschlechtlich) als auch sexuell sein kann. Die Abb. 1—4 b zeigt einige Tochterkolonien, die noch in der Gallerthülle der Mutterkolonie eingebettet sind.

Für wasserlebende Pflanzen besteht das Haupterfordernis in ausreichenden Lichtverhältnissen für die Photosynthese. Dies bedeutet, daß sie nicht zu weit von der Wasseroberfläche entfernt leben können. In seichten Gewässern bestehen für die unbeweglichen Organismen keine Schwierigkeiten, aber auch die tieferen Gewässer können von ihnen bewohnt werden, wenn die Pflanzen eine Haftvorrichtung besitzen, mit der sie sich nicht zu tief unter der Oberfläche verankern können. Derartige Pflanzen müssen nicht unbedingt komplexe Organismen mit vielen verschiedenen Zellarten sein. Zum Beispiel besteht der Meersalat *Ulva* (eine Grünalge) im wesentlichen aus zwei Zellreihen (Abb. 1—4 c), die in eine schleimige, als dünnes Blatt ausgebreitete Substanz eingebettet sind. Der *Thallus*, wie dieses Gebilde genannt wird, ist ungefähr 30 cm lang und heftet sich mittels verzweigter Auswüchse aus spezialisierten Zellen an eine Unterlage an. Die Zellen sind im Thallus so angeordnet, daß der Kern gegen das Thallusinnere und der einzige Chloroplast gegen die Außenseite gerichtet sind. Da der Thallus dünn ist, können sowohl Wasser als auch Salze die Zellen schnell erreichen, und auch das Licht dringt leicht bis zu den Chloroplasten vor. Jede Zelle des Thallus kann sich von einer vegetativen in eine reproduktive (Fortpflanzungs-) Zelle umwandeln; in dem kleinen Schema der Abb. 1—4 c bilden beispielsweise die beiden Zellen am Thallusende reproduktive Zellen.

Im Vergleich zu den wasserlebenden Pflanzen treffen die auf dem Lande lebenden in verschiedener Hinsicht auf große Schwierigkeiten. Da sie nicht mehr vom Wasser umgeben sind, müssen sie dieses in ihrem Innern speichern können, um ein Austrocknen des Gewebes zu verhindern. Höhere Pflanzen besitzen meistens Wurzeln, die nach

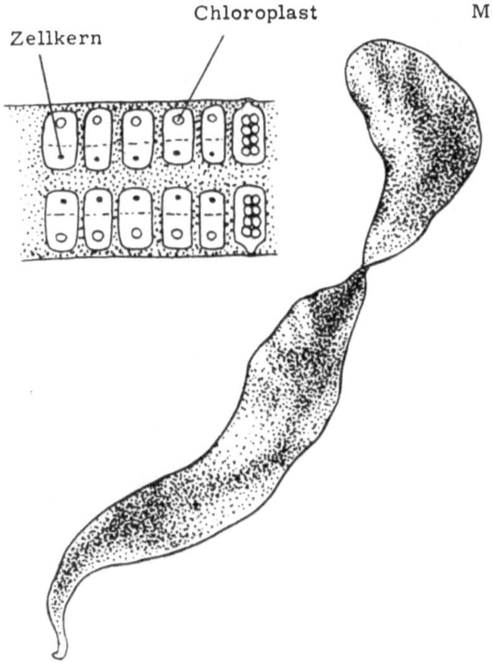

(c)

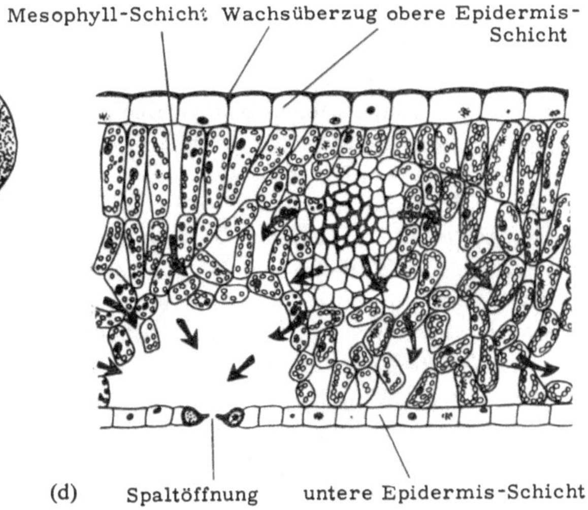

(d)

Abb. 1—4. (c) Ulva oder Meersalat. (Mit Erlaubnis von Dodd, Mead and Company Inc.. aus: Biology in Action von N. J. Berrill. Copyright © 1966 von Dodd, Mead and Company, Inc.) (d) Querschnitt durch das Blatt einer mesophytischen Blütenpflanze. (Mit Erlaubnis von Dodd, Mead and Company, Inc., aus Biology in Action von N. J. Berrill. Copyright © 1966 Dodd, Mead and Company, Inc.)

unten in den Boden wachsen, wo sie das notwendige Wasser und Salze aufnehmen, und einen festen Stengel oder Stamm, der die Blätter trägt, die die Photosynthese ausführen. Der Stamm enthält in seinem Innern ein ununterbrochenes Transportsystem zwischen den Wurzeln und den Blättern, das in beiden Richtungen funktioniert. Die Zellen sind natürlich in einem derartigen komplexen Organismus sehr stark differenziert. Abb. 1—4 d zeigt einen schematischen Schnitt durch ein Laubblatt. Die obere Blattseite besteht aus Epidermiszellen, die von einer Wachsschicht überzogen sind, damit keine Feuchtigkeit durch Verdunstung verlorengeht. Durch die Epidermiszellen dringt Licht in die dicke Mesophyllschicht, wo die Photosynthese in den chloroplastenhaltigen Zellen stattfindet. Daneben ist ein Querschnitt durch ein Leitbündel zu sehen. Dieses versorgt die Blätter mit Wasser und Mineralsalzen, die aus den Wurzeln stammen (die Pfeile geben die Richtung an, in der die Nährsalzlösung aus dem Leitbündel fließt). Schließlich folgt die untere Epidermisschicht, die die Spaltöffnungen oder Stomata enthält. Besondere Schließzellen stellen deren Öffnungsweite ein, so daß die Zufuhr von Kohlendioxid (das zur Photosynthese benötigt wird) und die Abgabe von Wasser kontrolliert werden.

Bei Tieren treffen wir von den einfachen, vielzelligen bis zu den äußerst kompliziert gebauten Organismen eine reiche Vielfalt an Formen und Größen an. Wie die einzelligen Protozoen, so müssen sich auch alle anderen Tiere ihre Nahrung in Form von Lebewesen beschaffen. Sie tun dies, indem sie sich entweder selbst bewegen, um eine Beute zu verfolgen, oder aber, indem sie ihre Umgebung in Bewegung setzen, so daß die Nahrung zu ihnen gelangt. Der ganze Organismus ist auf eine bestimmte Lebensweise ausgerichtet, die seiner Umgebung angepaßt ist und die ihm optimale Lebensbedingungen verschaffen.

Schwämme, die aus verhältnismäßig wenigen Zellarten bestehen, weisen unter den Tieren einen niedrigen Organisationsgrad auf. Sie sind im wesentlichen eine Anhäufung von Epithelzellen, die durch eine Grundsubstanz zusammengehalten werden. Diese Grundsubstanz, die meistens aus Horn- oder Kieselmaterial besteht, bildet ein Kanalsystem, durch das das nährstoffhaltige Wasser zu den Zellen gelangt. Schwämme sind seßhafte Tiere, die am Meeres- oder Flußgrund angeheftet sind und vom Wasser umspült werden.

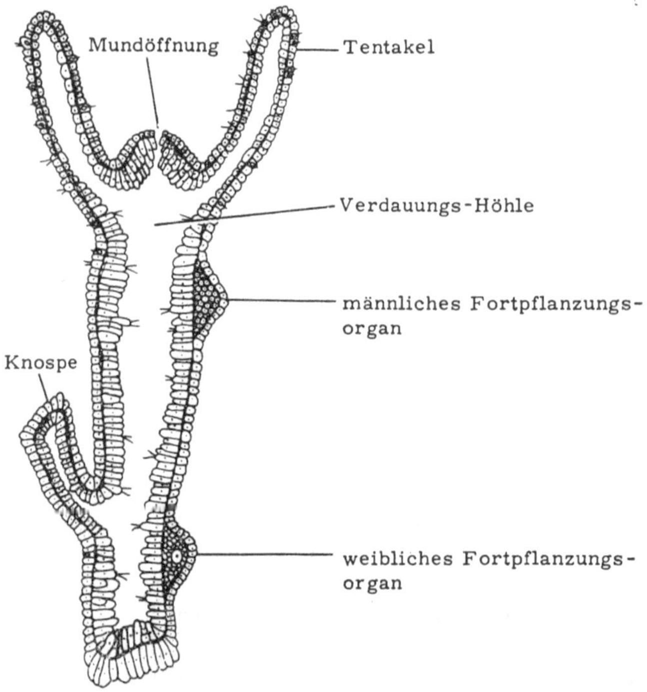

Abb. 1—4. (e) Längsschnitt durch den Coelenteraten *Hydra.* (Mit Erlaubnis von Biological Sciences Curriculum Study, Biological Science: Molecules to Man. Houghton Mifflin Company, Boston 1963.)

Der Süßwasserpolyp *Hydra,* ein wirbelloser Coelenterat, weist eine größere Zahl von Zellarten und damit einen höheren Organisationsgrad auf. Die im Süßwasser lebende Hydra besitzt einen biegsamen, hohlen Körper von ungefähr 1 cm Länge (Abb. 1—4 e). Ihr Fuß haftet an einer Unterlage, während das gegenüberliegende Ende, das den Mund enthält, frei ist. Der von einem Tentakelring eingefaßte Mund ist die einzige Körperöffnung, durch die sowohl die Nahrung aufgenommen als auch die Abfallstoffe ausgestoßen werden. Der Körper und die Tentakel bestehen aus zwei Schichten von Epithelmuskelzellen, die durch eine zellfreie Stützlamelle voneinander getrennt sind. Die äußere Zellschicht bildet die Körperwand, während die innere den Darmraum umschließt. Viele Zellen der Darmschicht tragen Geißeln. Dank der kontraktilen Muskelfibrillen der Epithelzellen können sich die Tentakel und der Körper je nach Bedarf verkürzen, verlängern oder wellenförmig bewegen. Diese Muskeltätigkeit wird durch ein Nervensystem kontrolliert, das zwischen den beiden Zellschichten ein Netzwerk bildet und dessen Zellen mit gewissen Sinneszellen verbunden sind. In der Körperwand befinden sich zudem Nesselzellen, die die Beutetierchen lähmen, so daß diese mit Hilfe der Tentakel zum Mund geführt und dann in das Körperinnere gezogen werden können. Dort wird die Beute durch Verdauungsenzyme, die von Zellen der Darmschicht ausgeschieden werden, aufgelöst. Die *Hydra* pflanzt sich entweder durch Knospung fort, oder unter bestimmten Bedingungen durch Geschlechtszellen. Der ganze Organismus, der aus weniger als zehn grundsätzlich voneinander verschiedenen Zellarten besteht, weist schon einen erstaunlich hohen Organisationsgrad auf.

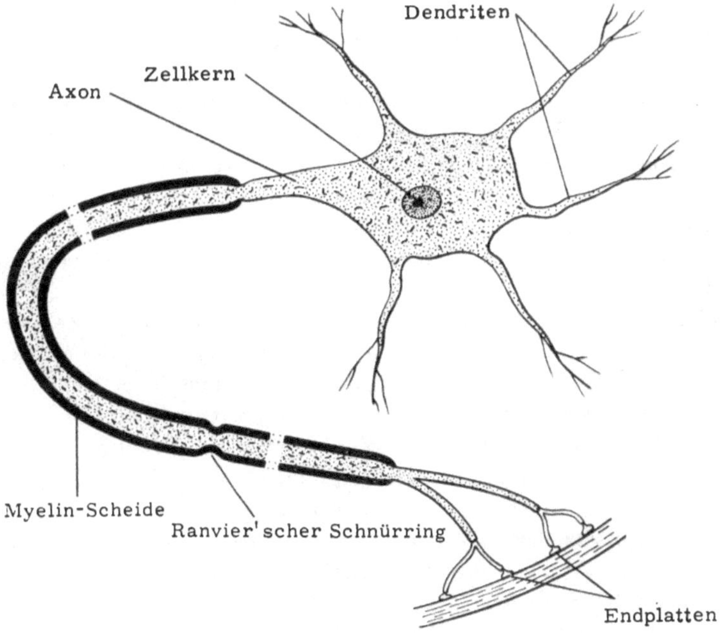

Abb. 1—4. (f) Eine motorische Nervenzelle der Wirbeltiere.

Wie Pflanzen so müssen sich auch Tiere an das Leben außerhalb des Wassers besonders gut anpassen. Vor allem muß der Körper ausreichend gestützt werden, was durch eine besondere Skelettstruktur geschieht. Ferner benötigen diese Lebewesen Gliedmaßen, die den Körper deutlich vom Boden abheben und ihm die Fortbewegung ermöglichen. Weitere wichtige Veränderungen des Körperbaues gegenüber pflanzlichen Organismen betreffen die Atmung, das Kreislaufsystem und den Wasserhaushalt (besonderer Schutz vor Feuchtigkeitsverlust ist erforderlich). Unter den Tieren stellen die Säugetiere die am höchsten entwickelte Gruppe dar, und unter diesen erreichen die Zelldifferenzierung und die Wechselwirkungen zwischen den Zellen den höchsten Grad bei den höheren Säugetieren. Als Beispiel für eine hochdifferenzierte Zelle ist in Abb. 1—4 f eine motorische Nervenzelle schematisch dargestellt. Die Nervenzelle muß eine Erregung von einer Stelle des Körpers zu einer anderen leiten. Die Fortsätze, die man als Dendriten bezeichnet, übertragen dabei die Signale zu dem Nervenzellkörper hin, während das Axon die Signale von dem Zellkörper wegleitet. Das Axon ist von einer Myelinscheide umgeben, die an zahlreichen Stellen von sog. Schnürringen unterbrochen ist, welche eine wichtige Rolle für die Geschwindigkeit der Singnalübertragung spielen. Wenn eine Erregung die motorische Endplatte erreicht hat, so wird sie auf eine Muskelzelle übertragen, wo sie die Kontraktion des Muskels bewirkt.

Der Mensch besitzt unter den Säugetieren das höchstentwickelte Gehirn. Zudem bestehen seine verschiedenen Organe und Gewebe aus vielen unterschiedlich spezialisierten Zellen, deren Funktionen alle aufeinander abgestimmt sein müssen, damit der ganze Organismus wirksam funktionieren kann.

1.4. Warum Zellen Energie benötigen

Eine Zelle benötigt eine ununterbrochene Energiezufuhr, damit der hohe Organisationsgrad in ihrem Innern aufrechterhalten werden kann. (Nach dem zweiten thermodynamischen Gesetz neigen isolierte Systeme dazu, von selbst einen Zustand größerer Unordnung anzunehmen.) Wenn die Energiezufuhr zu einer Zelle unterbrochen wird, bricht deren innere Ordnung zusammen, und sie stirbt. Eine Zelle verwendet die ihr zugeführte Energie zu verschiedensten Arbeitsprozessen, die alle darauf ausgerichtet sind, die Strukturen und Funktionen im Zellinnern aufrechtzuerhalten und zu erneuern. Chemische Arbeit wird beispielsweise dazu verwendet, Zellbestandteile wie Proteine zu bilden und die verschiedenen Aufbauvorgänge während des Wachstums und der Zellteilung sowie bei der Wiederherstellung und beim Ersetzen verschiedener Gewebe der vielzelligen Organismen zu ermöglichen. Osmotische und elektrische Arbeit werden vor allem dazu benötigt, den Transport von Molekülen und Ionen in beiden Richtungen durch die Plasmamembran zu regulieren (s. Abschn. 2.14.). Mechanische Arbeit ist schließlich bei verschiedenen Zellbewegungen (Muskelkontraktionen, Schlagen von Cytoplasmafortsätzen, z. B. Geißeln) sowie bei Zellteilungsbewegungen erforderlich.

Alle Organismen sind letztlich von der Photosynthese abhängig, durch die die Energie des Sonnenlichts für die Zellen nutzbar gemacht wird. Grüne Pflanzen können diese Energie unmittelbar verwenden, während sie die Tiere aus den Kohlenhydraten, den Fetten und den Proteinen beziehen müssen, die von den Pflanzen unter Ausnutzung der Lichternergie produziert wurden. Diese gespeicherte Energie wird während des Atmungsstoffwechsels der Zellen, bei dem diese Nährstoffe chemisch abgebaut werden, freigesetzt (s. Abschn. 2.8.). Die auf diese Weise gewonnene Energie wird, analog der Energie, die während der Photosynthese gewonnen wird, zum Aufbau der phosphorhaltigen Verbindung Adenosintriphosphat oder ATP verwendet (s. Abschn. 2.9). ATP liefert dann die Energie, die für die Durchführung der vielen verschiedenen biochemischen Reaktionen innerhalb der Zellen benötigt wird. Mit Hilfe dieser Schlüsselsubstanz kann die Energie, die aus dem Sonnenlicht oder aus dem Nahrungsstoffwechsel stammt, im Zellinnern kontrolliert gespeichert und bei Bedarf freigesetzt werden.

1.5. Wachstum und Vermehrung der Zelle

Wenn eine Zelle eine gewisse Größe erreicht hat, teilt sie sich in zwei Tochterzellen. Die Ausmaße, die eine bestimmte Zelle vor der Teilung erlangt, sind artweise sehr unterschiedlich. Der eigentliche Vorgang der Zellteilung, die sog. *Mitose*, läuft jedoch bei allen Zellarten in erstaunlich ähnlicher Weise ab. Wir werden die verschiedenen Mitosestadien im Kap. 9 beschreiben; an dieser Stelle wollen wir nur erwähnen, daß eine Zelle, die sich mitotisch teilt, zwei mehr oder weniger übereinstimmende Tochterzellen hervorbringt. Folglich muß dabei eine hochorganisierte Kernteilung stattfinden, bei der die genetische Substanz (DNA) der Ausgangszelle in genauen Kopien auf die Tochterzellen übertragen wird. Wenn dies nicht geschehen würde, so besäßen die Tochterzellen unterschiedliche genetische Informationen, und die Eigenschaften der Zellen würden nicht über Generationen hinweg erhalten bleiben. Da neben dem Kern auch das Cytoplasma bei der Zellteilung aufgeteilt wird, müssen sich alle anderen Zellbestandteile (RNA, Proteine, Lipide und Kohlenhydrate) verdoppeln. Viele Strukturen (z. B. Mitochondrien und Ribosomen) sind verhältnismäßig zahlreich im Cytoplasma vorhanden, so daß sie mengenmäßig nicht ganz genau verteilt werden müssen.

Die meisten einfachen, einzelligen Organismen (Mycoplasmen, Amöben, einzellige Algen und Bakterien, s. u.) pflanzen sich durch Zellteilung fort. Mit Ausnahme der Amöben besitzen diese Zellen keinen organisierten, von einer Membran umschlossenen Zellkern, so daß hier der Teilungsvorgang weniger kompliziert als der Mitosevorgang ist. Aber auch bei diesen einfachen Zellen muß jede Tochterzelle eine genaue Kopie der DNA der Mutterzelle erhalten. Abb. 1—5 stellt die Vermehrung von stäbchenförmigen

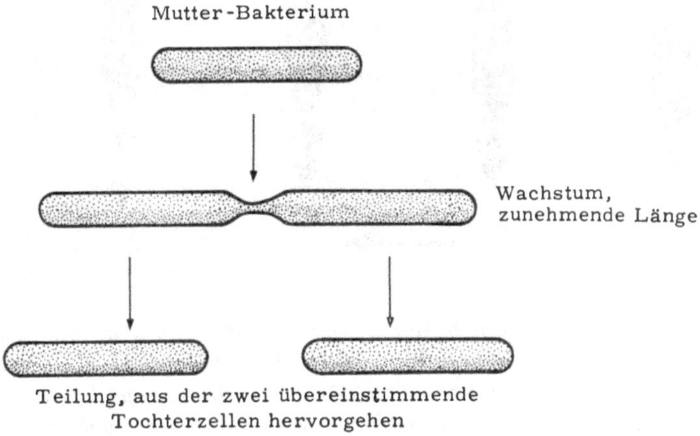

Abb. 1—5. Fortpflanzung durch einfache Teilung bei Bakterien.

Bakterien schematisch dar. Dabei verdoppeln sich alle Zellbestandteile, und die Zelle verlängert sich. Wenn diese eine bestimmte Länge erreicht hat, lagert sich in ihrer Mitte neue Zellwandsubstanz ab. Dann teilt sich die Ausgangszelle quer durch, so daß daraus zwei Tochterzellen entstehen. Obwohl die asexuelle Vermehrung hauptsächlich bei den Mikroorganismen vorkommt, findet man sie auch bei einigen vielzelligen Organismen. Bei diesen kann das Tochterindividuum beispielsweise aus dem mütterlichen Körper auswachsen. Diesen Vorgang, der als „Knospung" bezeichnet wird, trifft man unter anderen bei den einzelligen Hefepilzen an. Hier wächst und entwickelt sich die Knospe an der Mutterzelle so weit, bis sie deren Form und Funktionsfähigkeit erreicht hat, bevor sie sich ablöst. Einen ähnlichen Vorgang kann man mitunter bei der *Hydra* beobachten (vgl. Abb. 1—4 e). Ihr zweischichtiges Epithel bildet dabei an der Körperseite eine Knospe aus, die sich dort zu einem vollständigen, neuen Individuum entwickelt. Bei bestimmten Pflanzen, zum Beispiel bei den Erdbeeren, ist die Bildung von Ausläufern ein der Knospung nahe verwandter Vorgang. In diesem Fall bleibt der Auswuchs, auch nachdem er die ausgewachsene Form erreicht hat, mit der Mutterpflanze verbunden.

Die Fähigkeit der meisten Tierembryonen, gewisse Gewebe zu regenerieren, ist bei einigen ausgewachsenen Tieren und Pflanzen immer noch vorhanden und stellt dort eine weitere Art asexueller Vermehrung dar. Dies trifft zum Beispiel für die Planarien (Plattwürmer) zu, die selten länger als 0,5 cm werden. Wenn der Körper einer Planarie quer eingeschnürt und dann abgezwickt wird, so entwickelt das hintere Stück einen neuen Kopf und neue, innere Organe, während das vordere Stück die Schwanzteile neu bildet (Abb. 1—6). Ähnlich entwickeln die Stecklinge einiger Pflanzen, wie z. B. der Rosen, Wurzeln und wachsen schließlich zu vollständigen, neuen Pflanzen heran. Ein „Auge" einer Kartoffel kann zu einer Kartoffelpflanze auswachsen, und eine einzelne Zelle der Mohrrübe hat sogar die Fähigkeit, sich zu einer vollständigen Karottenpflanze zu entwickeln.

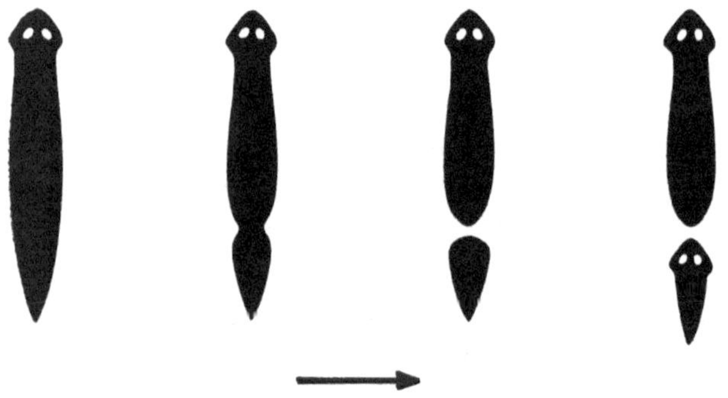

Abb. 1—6. Die Entwicklung eines neuen Individuums aus dem abgezwickten Schwanz einer Planarie.

Bei den meisten höher entwickelten Pflanzen und Tieren geschieht die Vermehrung jedoch auf sexuellem Weg. Auch bei Bakterien kann eine Art von Paarbildung vorkommen (s. Abschn. 10.6.). Während dieser sog. *Konjugation* wird die DNA aus dem männlichen in das weibliche Bakterium übertragen. Ein ähnlicher Vorgang spielt sich bei vielen Ciliaten ab. Hier bildet jede Zelle zwei Kerne aus, wobei sich während der Konjugation der eine als weiblicher und der andere als männlicher Kern verhält. Die höheren Organismen bilden aber bei der sexuellen Fortpflanzung immer besondere weibliche und männliche Keimzellen aus, die als *Gameten* bezeichnet werden. Das Verschmelzungsprodukt eines weiblichen und eines männlichen Gameten ist die *Zygote*, aus der sich das neue Individuum entwickelt. Diese Einrichtung hat für die stammesgeschichtliche Entwicklung der Organismen eine große Bedeutung, da durch sie die Zusammensetzung der genetischen Substanz eines Individuums variiert wird. Nur auf diese Weise können sich die Organismen an die vorkommenden Umweltveränderungen anpassen. Die Gameten sind *haploide* Zellen, d. h. sie enthalten die Hälfte der genetischen Substanz einer gewöhnlichen, *diploiden* Körperzelle. Die Gameten werden durch eine besondere Reduktionsteilung, die *Meiose,* die wir im Kap. 10 beschreiben, gebildet. Wenn zwei Gameten miteinander verschmelzen, so enthält die dadurch entstandene Zygote den diploiden genetischen Satz, denn ein haploider Satz stammt von dem einen, der andere von dem andern Elternteil.

Bei bestimmten, sehr einfachen Organismen vereinigen sich zwei äußerlich gleiche Gameten miteinander zu einer Zygote. Dies ist zum Beispiel bei der Grünalge *Chlamydomonas* der Fall (Abb. 1—7). Hier kapselt sich die Zygote ein, die aus zwei gleichartigen Gameten gebildet worden ist, und durchläuft dann die Meiose, aus der vier haploide Zellen hervorgehen. Diese Zellen können sich unbeschränkt asexuell vermehren. Wenn aber die Bedingungen dazu geeignet sind, verhalten sich die Zellen als Gameten, die sich paaren, um dann miteinander zu verschmelzen und eine neue Zygotengeneration hervorzubringen.

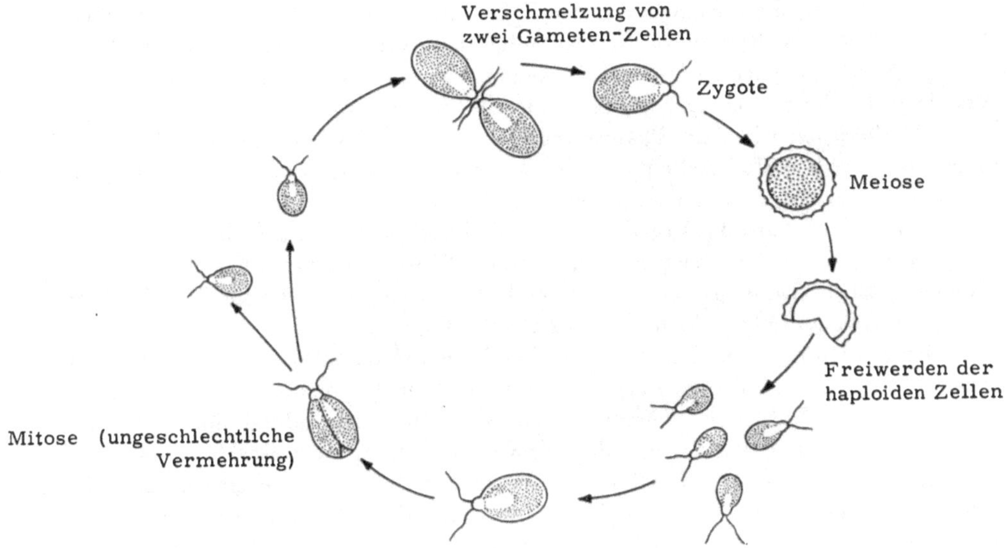

Abb. 1—7. Der Entwicklungsgang des grünen Flagellaten *Chlamydomonas.* Je zwei einzelne Zellen verbinden sich zu Paaren und verschmelzen miteinander zu einer Zygote, die sich einkapselt. Nach den Meiose-Teilungen öffnet sich die Kapsel und entläßt vier freischwimmende Zellen, von denen jede zwei Flagellen trägt. Die Zellen teilen sich mitotisch (ungeschlechtliche Fortpflanzung), aber gelegentlich verschmelzen zwei davon miteinander, um eine neue Zygote zu bilden.

Die meisten höheren Pflanzen und viele niedere Organismen enthalten weibliche und männliche Gameten in dem gleichen Elternindividuum. Wir haben in diesem Kapitel früher erwähnt, daß sich die *Volvox*-Zellkugel sexuell vermehren kann. Dabei bilden die spezialisierten Fortpflanzungszellen entweder eine Reihe von männlichen, oder aber einen einzigen großen weiblichen Gameten. Bei gewissen *Volvox*-Arten kommen die beiden Gametentypen in der gleichen Kolonie vor. Diese Einrichtung ist für das Überleben der Art offensichtlich dann vorteilhaft, wenn die Wahrscheinlichkeit, daß sich zwei Individuen verschiedenen Geschlechts treffen, klein ist. Beispiele dieser Art findet man auch bei einigen niederen Tieren, z. B. bei einigen *Hydra*-Arten, bei denen die weiblichen und männlichen Geschlechtsorgane in dem gleichen Tier gebildet werden (Abb. 1—4 c). Sowohl die *Hydra*- als auch die *Volvox*-Arten können sich, je nach den Umweltbedingungen, entweder vegetativ oder sexuell vermehren, was wiederum für das Überleben der Arten sehr vorteilhaft ist.

Der Fortpflanzungsvorgang der meisten Pflanzen unterscheidet sich von demjenigen der Tiere im wesentlichen dadurch, daß bei den Pflanzen nicht sofort nach der Meiose die Gameten gebildet werden. Statt dessen wachsen die haploiden Zellen und entwickeln sich eine Zeitlang durch mitotische Teilungen, bevor sie am Schluß dieser Phase die echten Gameten bilden. Die Dauer dieser haploiden Wachstumsphase ist bei den verschiedenen Pflanzengruppen sehr unterschiedlich. Zum Beispiel verbringen die Moose den größten Teil ihres Entwicklungsganges in der haploiden Phase. Die diploide Pflanze, die sich aus der Zygote entwickelt, ist nicht selbständig, sondern sie bleibt mit der haploiden Pflanze, die ihr einen Teil der Nährstoffe liefern muß, fest verbunden. Wenn die diploide Pflanze herangewachsen ist, bildet sie durch die Meiose haploide Sporenzellen, die sich in einer geeigneten Umgebung zu haploiden Moospflanzen entwickeln (vgl. dazu die Fortpflanzung beim Schimmelpilz *Neurospora*, Abschn. 10.5.).

Die höchstentwickelten Pflanzen sind die Blütenpflanzen, die normalerweise diploide, selbständige Formen entwickeln. Die haploide Wachstumsphase ist bei ihnen sehr stark reduziert. Blütenpflanzen zeigen zudem eine Reihe von wichtigen Anpassungen, die ihre Fortpflanzung sicherstellen, damit beispielsweise die männlichen Gameten eines Individuums die weiblichen einer zweiten Pflanze erreichen können. Eine andere Anpassung ist die Bildung von Samen, die der jungen Pflanze, die sich aus der Zygote entwickelt, Nährstoffe bereithalten und Schutz gewähren.

Bei einigen niederen Tieren werden weibliche und männliche Gameten im gleichen Individuum gebildet. Im Gegensatz dazu entstehen bei den meisten höheren Tieren, zu denen auch die Wirbeltiere gehören, in einem bestimmten Individuum in besonders dafür eingerichteten Organen entweder nur weibliche (Eier oder *Ova*) oder nur männliche (*Spermien*) Gameten. Jedes Spermium kann mit Hilfe eines beweglichen Schwanzes (oder Flagellums) die unbewegliche Eizelle aktiv erreichen. Die meisten wasserlebenden Tiere schütten ihre Eizellen und Spermien frei in das sie umgebende Medium aus, wo die beiden Gametenarten zufällig aufeinandertreffen und verschmelzen. Diese *äußere Befruchtung* ist natürlich wenig wirksam, da viele Spermien absterben, ohne eine Eizelle getroffen zu haben, und anderseits viele Eizellen unbefruchtet bleiben. Überdies sind die sich entwickelnden Nachkommen ungenügend geschützt, so daß viele von ihnen gefressen werden oder sterben.

Bei den meisten höheren Tieren wird die Eizelle viel wirksamer im Innern des Weibchens von einer Samenzelle befruchtet (*innere Befruchtung*). Die Reptilien und die Vögel bilden um die befruchtete Eizelle eine schützende Schale. Darin ist der sich entwickelnde Embryo zusammen mit Nährstoffen in einer wasserhaltigen Umgebung eingeschlossen. Die am höchsten entwickelte Fortpflanzungsweise finden wir bei den Säugetieren, wo sich der Embryo gut geschützt im Innern des weiblichen Körpers entwickelt und nach der Geburt noch eine Zeitlang von der Mutter ernährt und beschützt wird.

1.6. Wie sich Zellen bewegen

Die Fähigkeit zur Bewegung ist auch für einzellige Organismen, die die Photosynthese ausführen können, vorteilhaft, denn dadurch können sie aktiv die bestmöglichen Lichtbedingungen aufsuchen. Alle Organismen, die ihre Energie nicht direkt aus dem Sonnenlicht gewinnen, müssen Bewegungen ausführen können, entweder um der Nahrung nachzugehen oder sie herbeizustrudeln. Die Bewegungsmechanismen der Zellen lassen sich in drei Hauptgruppen einteilen: 1. Bewegungen von spezialisierten Strukturen der Zelloberfläche (Geißeln und Cilien); 2. strömende Bewegung des Cytoplasmas, die man bei der amöbenartigen Bewegung beobachtet; 3. Kontraktionen von Muskelfasern, die man bei höheren Tieren antrifft und die entweder in besonderen Muskelzellen oder in Muskelepithelschichten stattfinden.

Geißeln und Cilien sind peitschenähnliche Cytoplasmafortsätze, die aus der Zelloberfläche ragen. Sie können eine Einzelzelle durch aktive Kontraktionen fortbewegen. Bei vielzelligen Organismen befördert ein regelmäßiger Cilienschlag Flüssigkeiten über die Zelloberfläche. Man findet Cilien und Geißeln nicht nur bei allen ein- und vielzelligen tierischen Organismen, sondern auch bei einigen niederen Pflanzen. Diese Strukturen sind zuerst bei den Protozoen entdeckt worden, aber schon ungefähr in der Mitte des 19. Jahrhunderts beobachtete man sie auch auf den Epithelzellen höherer Tiere. Später haben elektronenmikroskopische Untersuchungen gezeigt, daß zwischen Cilien und Geißeln kein grundsätzlicher Unterschied besteht. Cilien sind aber im Verhältnis zur Zellgröße kurz und kommen in großer Zahl auf einer Zelle vor, während Geißeln verhältnismäßig lang und weniger zahlreich (oft nur eine pro Zelle) sind. Cilien erreichen höchstens eine Länge von 5 bis 10 μm, Geißeln dagegen können bis 150 μm lang werden. Der Achsenfaden sowohl der Cilien als auch der Geißeln besteht aus regelmäßig angeordneten Proteinfibrillen, die wiederum von einer Membran umschlossen sind, die in Verbindung mit der Plasmamembran steht (s. Abschn. 11.4.). Die Grundbewegung dieser Strukturen ist ein peitschenartiger, abwärts gerichteter Schlag des starr ausgestreckten Achsenfadens, gefolgt von einem rückwärts gerichteten Schlag, bei dem die Struktur an der Basis gekrümmt ist (Abb. 1—8). Da die Geißeln um einiges länger als die Cilien sind, können sie verschiedenartige Bewegungen ausführen, die sich aber alle von dem Grundschlag ableiten. Die Fibrillen des Achsenfadens müssen sehr genau zusammenwirken, damit diese geordnete Bewegung zustande kommen kann, aber bisher ist ihr genauer Mechanismus noch nicht geklärt (s. Abschn. 11.4). Man vermutet, daß bei der Bewegung eine Impulsleitung stattfindet, ähnlich wie bei der Anregung der Muskelzellen, wobei die dazu benötigte Energie wahrscheinlich von der Basis des Achsenfadens kommt.

Die Gruppe der begeißelten Einzeller umfaßt eine Vielzahl verschiedener Arten, die von den chlorophyllhaltigen Zellen (z. B. *Euglena* der Abb. 1—9) bis zu den charakteristischen, tierischen Einzellern (z. B. *Trypanosoma*) reichen. Eine weitere Flagellatengruppe, die Dinoflagellaten, besitzt eine panzerartige Zellwand, die aus zusammengesetzten Celluloseplatten besteht. Neben diesen Organismengruppen besitzen auch die Fortpflanzungszellen (meistens nur die männlichen) der niederen Pflanzen sowie die Spermatozoen der Tiere Geißeln. Aus den elektronenmikroskopischen Untersuchungen der Spermienschwänze geht hervor, daß diese grundsätzlich den gleichen Feinbau wie Geißeln und Cilien anderer Zellen aufweisen. Bei den Spermien ist die schraubenförmige Bewegung des Schwanzes, die einen Propellereffekt hervorruft, besonders interessant.

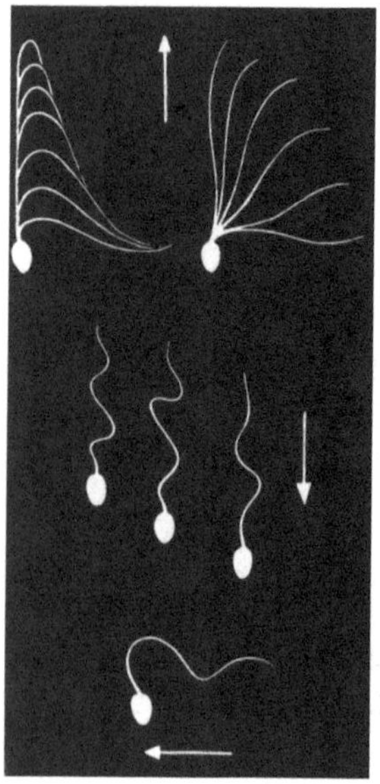

Abb. 1—8. Geißelbewegung des grünen Flagellaten *Monas*. *Oben rechts*, der eigentliche Schlag; *oben links*, der Rückschlag; *Mitte und unten*, kompliziertere Arten von Geißelbewegungen. Die Pfeile geben die Bewegungsrichtungen der Zellen an. (Mit Erlaubnis von Dodd, Mead and Company, Inc., aus: Biology in Action von N. J. Berrill. Copyright © 1966 Dodd, Mead and Company, Inc.)

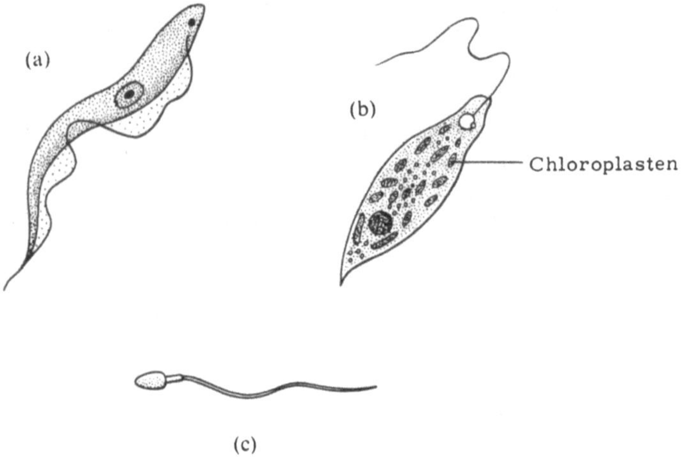

Abb. 1—9. (a) *Trypanosoma*, ungefähr 50 μm lang. (b) *Euglena*, ungefähr 200 μm lang. (c) Menschliches Spermium, ungefähr 50 μm lang.

Cilien sind nur bei sehr kleinen Organismen ein wirksames Fortbewegungsmittel (*Euplotes* ist ein Beispiel eines solchen Ciliaten, vgl. Abb. 1—2). Bei komplexeren, vielzelligen Organismen haben die Cilien die Aufgabe, gewisse Substanzen über die Zelloberflächen zu bewegen. Abb. 1—10 zeigt als Beispiel dazu die Mantelhöhle einer Muschel. Hier bewirkt der regelmäßige Cilienschlag auf den Muschelkiemen das Einströmen des Wassers in die Mantelhöhle. Die mikroskopisch kleinen Futtertierchen, die sich in diesem Wasser befinden, werden mit Hilfe der Cilien ausfiltriert und zum Mund geleitet, während das jetzt nährstoffarme Wasser der Atmungsröhre entströmt. Beim Menschen finden sich Cilien auf dem Luftröhrenepithel; hier hilft der regelmäßige Cilienschlag, der in allen Zellen gleichzeitig erfolgt, unerwünschte Verunreinigungen (Staubteilchen) nach außen zu befördern und die Zelloberflächen sauberzuhalten, da durch diese Bewegung ein Flüssigkeitsfilm über das Epithel hinweg bewegt wird. Ferner sind bei den meisten Tieren verschiedene Sinneszellen vorhanden, die sich von Cilien- oder Geißelzellen ableiten lassen. Die Impulsrichtung ist hier aber umgekehrt, da die Sinneszellen nicht auf einen inneren, sondern auf einen äußeren Reiz antworten müssen. In den komplizierten, lichtempfindlichen Stäbchenzellen der Wirbeltiernetzhaut sind die Membran- und die Fibrillenstruktur der Cilien so abgeändert, daß sie Licht aufnehmen und dieses in eine elektrochemische Erregung umwandeln können.

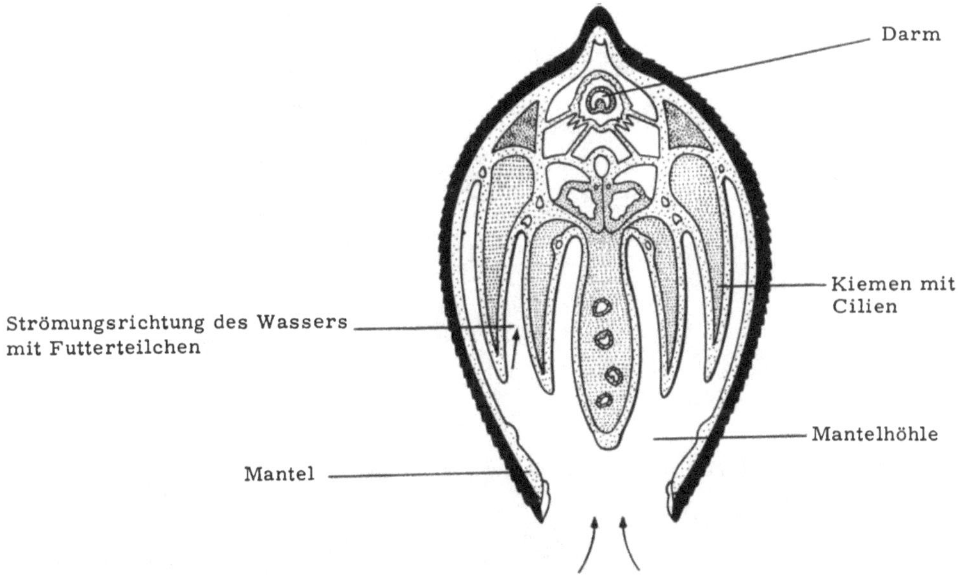

Abb. 1—10. Vertikaler Querschnitt durch eine Muschel, der die Mantelhöhle zeigt.

Die zweite der drei am Anfang dieses Abschnittes erwähnten Bewegungsarten betrifft die Strömungsbewegungen des Cytoplasmas. Man beobachtet sie bei Amöben und vielen anderen Protozoen, aber auch bei bestimmten Schleimpilzen und bei den weißen Blutkörperchen (Makrophagen) der Wirbeltiere. In den Pflanzenzellen strömt das Cytoplasma auf eine etwas einfachere Art durch den Zellkörper. Die Amöbenzelle verändert während der Bewegung ununterbrochen ihre Form. Das Cytoplasma strömt hier aus der Zelle aus, so daß dabei Scheinfüßchen oder *Pseudopodien* entstehen (Abb. 1—11 a). Das sind einfache Erweiterungen einer stark dehnungsfähigen Plasmamembran, die dem Druck des ausströmenden Cytoplasmas nach allen Seiten nachgeben kann. Während der Bildung der Pseudopodien wird das Vorderende der Zelle stetig aufgebaut, und das Hinterende zieht sich gleichzeitig in den Zellkörper zurück. Bei diesem Vorgang fließt nur das innere *Endoplasma* in der Bewegungsrichtung (Abb. 1—11 b). Wenn das Endoplasma das Vorderende der Zelle erreicht hat, fließt es seitwärts und

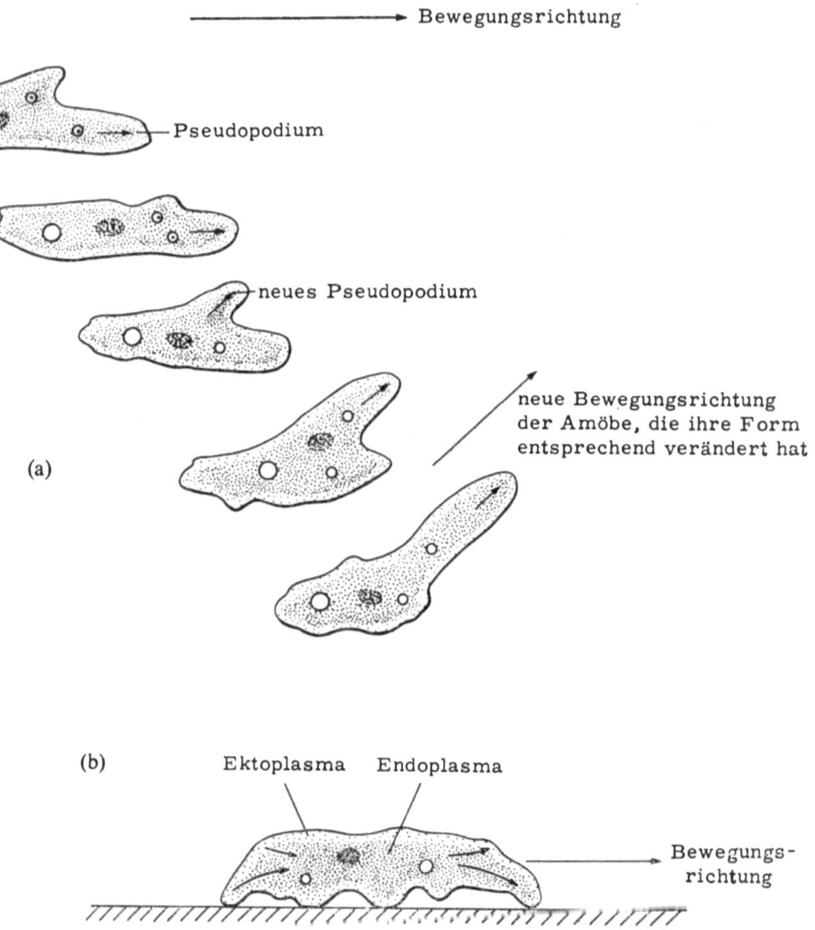

Abb. 1—11. Fortbewegung einer Amöbe. (a) Bildung der Pseudopodien. (b) Querschnitt mit eingezeichneter Bewegungsrichtung des Cytoplasmas.

wandelt sich dann in das starre, unbewegliche *Ektoplasma* um. Am Hinterende der Zelle spielt sich der umgekehrte Vorgang ab, indem sich dort das Ektoplasma in das bewegliche Endoplasma umwandelt, das nach vorn strömt. Man hat die Kräfte und den genauen Mechanismus, die an diesen sehr komplexen Vorgängen beteiligt sind, mit verschiedenen Theorien zu erklären versucht (s. Kap. 11).

Die vielzelligen, tierischen Organismen bewegen sich hingegen mittels hoch spezialisierter Muskelzellen. Die Wirksamkeit dieser Zellen hängt von den Eigenschaften der Muskelfasern ab, die sich in ihrem Innern befinden. Die Muskelfasern bestehen aus Proteinen, die ihre Formen verändern und sich verkürzen können. Mit Hilfe der Elektronenmikroskopie wurden die Zusammenhänge zwischen dem Verhalten der Muskeln und den Geschehnissen auf molekularer Ebene geklärt. Wir werden diese Zusammenhänge im Kap. 11 genauer besprechen. Das Muskelgewebe wird je nach seinem Aussehen unter dem Lichtmikroskop in quer gestreifte oder glatte Muskulatur klassifiziert. Die gestreifte Muskulatur weist im Mikroskop erkennbare Streifen auf (Abb. 1—12), während die glatte Muskulatur strukturlos erscheint. Diesem äußerlichen Unterschied entspricht auch ein Funktionsunterschied zwischen den beiden Muskelarten. Die gestreiften Muskeln bewegen die Gliedmaßen und reagieren deshalb schnell und unter willkürlicher Kontrolle, während die glatte Muskulatur beispielsweise des Darmes, der Arterien und der Gebärmutter langsam und unwillkürlich arbeitet. Die glatten Muskelschichten, die auch den Verdauungskanal umschließen, dienen vor allem dazu, große Substanzmengen fortzubewegen, da die Cilien nur Teilchen oder Flüssigkeiten, die sich innerhalb ihrer kurzen Reichweite befinden, transportieren können. Die Kontraktionen dieser Muskelschichten rufen eine wellenartige Bewegung hervor, die man als *Peristaltik* bezeichnet. Dabei folgt einer Kontraktionswelle, die dem Muskelrohr entlang läuft, eine Erschlaffungswelle. Bei höheren Tieren wird auf diese Weise das Blut durch die Arterien und

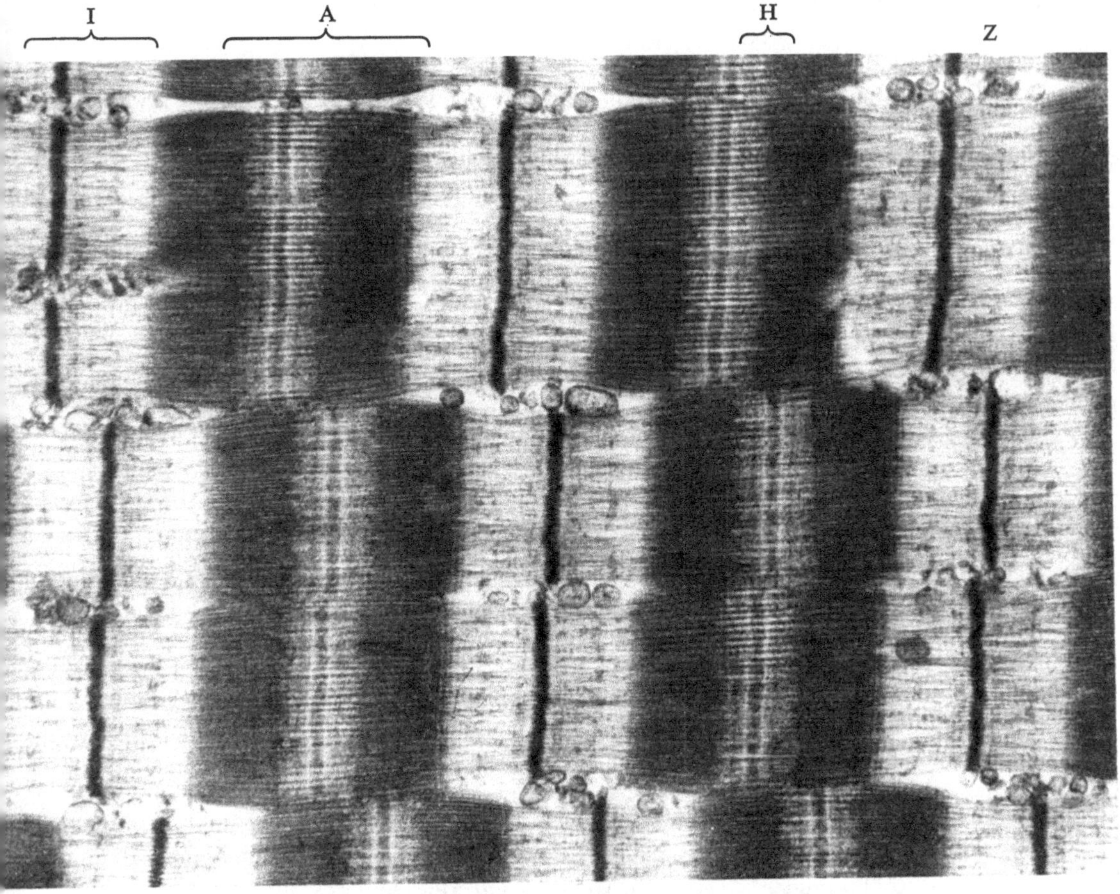

Abb. 1—12. Elektronenmikroskopische Aufnahme eines gestreiften Muskels des Kaninchens (21 000fache Vergrößerung). Die einzelnen Muskelfasern verlaufen von rechts nach links. Die Fasern sind von einer regelmäßigen Bandenstruktur durchquert, die aus der A-Bande, I-Bande, Z-Linie und H-Zone besteht. (Mit Erlaubnis von H. E. Huxley.)

die Nahrung durch den Verdauungskanal befördert. Bei einigen niederen Tieren dient die Peristaltik als Grundlage für die Fortbewegung. Beispielsweise besitzt der Plattwurm eine flache Bauchseite, wodurch die Bewegung auf einer Unterlage erleichtert wird; das Tier kriecht einerseits durch die peristaltischen Bewegungen der Muskelschichten, die vom Kopf bis zum Fuß reichen, und anderseits durch einen regelmäßigen Cilienschlag gegen eine Schleimspur, die von speziellen Zellen der Bauchfläche ausgeschieden wird.

Die Bewegungen der tierischen Gewebezellen, die man an kultivierten Zellen (*in vitro*) beobachten kann, sind sehr kompliziert. Sowohl wellenförmige Bewegungen der Plasmamembran, als auch Wechselwirkungen zwischen den Membranen von verschiedenen Zellen sind daran beteiligt. Wir werden diese Bewegungen in den Kap. 11 und 13 eingehender besprechen.

1.7. Lebensdauer der Zellen

Einzellige Lebewesen sind gewissermaßen unsterblich, denn sie können, wenn sie nicht durch einen Zufall zerstört werden, durch die Mitose zwei Tochterzellen hervorbringen, aus denen wiederum neue Tochterzellen entstehen. Im Laboratorium können die Zellen unter optimalen Bedingungen wachsen und sich vermehren, da sie hier immer genügend Nahrung und genügend Lebensraum zur Verfügung haben. In der Natur sind jedoch die Bedingungen meistens nicht so vorteilhaft. Das Wachstum eines bestimmten einzelligen Organismus kann z. B. durch schlechte Licht- oder Temperaturverhältnisse eingeschränkt werden. Andere Lebewesen erhalten vielleicht nicht genügend Stickstoff, der für die Bildung der Proteine benötigt wird, oder es fehlt an Phosphor, der für die Energievorgänge unerläßlich ist. Die Zellen müssen also ständig miteinander um die begrenzten Lebensfaktoren wetteifern, und viele gehen dabei zugrunde. Bewegliche Zellen haben den Vorteil, daß sie eine neue Umgebung aufsuchen können, wenn die alte überbevölkert ist. Aber die einzelnen Organismen erreichen wegen der ständigen Konkurrenz um die Nährstoffe und um den Lebensraum die Unsterblichkeit auf molekularer Ebene nur sehr selten. Wenn ein Organismus überleben will, muß er sich seiner Umwelt anpassen können.

Bei vielzelligen Lebewesen sind die Verhältnisse ganz anders, da der Organismus als Ganzes länger als seine einzelnen Zellen leben kann. Wenn wir von den Vorgängen der Wundheilung und der Regeneration von Geweben absehen, die als Reaktionen auf bestimmte Verletzungen folgen, so werden einzelne, abgestorbene Zellen während des Lebens des Organismus dauernd ersetzt. Die hohen Körpertemperaturen der Säugetiere und der Vögel haben eine rege Stoffwechseltätigkeit der Zellen zur Folge, die das Leben der Einzelzelle verkürzt. Hier ist deshalb der Unterschied zwischen der Lebensdauer der Einzelzellen und derjenigen des ganzen Organismus viel ausgeprägter als bei anderen Lebewesen. Eine Ausnahme bilden die Zellen der Keimbahn und der sich entwickelnden Zygote (s. Kap. 12). Die Zellen des Zentralnerven- und des Muskelsystems werden in sehr großen Zeitabständen ersetzt, die Gehirn- und Rückenmarkszellen erneuern sich überhaupt nicht, so daß diejenigen, die im jungen Tier vorhanden sind, während des ganzen Lebens funktionieren müssen. Das hängt vielleicht damit zusammen, daß die Stabilität der Nervenleitung gestört werden könnte, wenn einzelne Zellen darin ersetzt würden. Es ist möglich, daß auch in vielen anderen Organen die meisten Zellen, die im jungen Erwachsenen vorhanden sind, während des ganzen Lebens erhalten bleiben.

Gewisse Zellarten werden jedoch schon in jungen Tieren ununterbrochen ersetzt, so daß dort gleichzeitig Zellen absterben und neu gebildet werden. Ein junger Organismus, der sich noch im Wachstum befindet, muß aber mehr neue Zellen bilden, als alte zerstören. Wenn der Organismus ausgewachsen ist, wird ein Gleichgewicht zwischen der Bildungsrate und der Absterberate seiner Zellen erreicht. Dabei hat jede Zellart ihre charakteristische Umsatzgeschwindigkeit; die weißen Blutkörperchen leben beispielsweise 1 bis 3 Wochen, die roten Blutkörperchen ungefähr 120 Tage, während die Knochen- und die Knorpelzellen verhältnismäßig lange leben und deshalb sehr langsam ersetzt werden. Die Vorgänge des Zellwachstums und des Zellersatzes werden durch verschiedene Mechanismen geregelt, die das Wachstum kontrollieren (s. Kap. 9). Dank dieser Mechanismen bleiben die Strukturen und die aufeinander abgestimmten Funktionen der verschiedenen Teile eines Lebewesens erhalten. Wenn sie durch bösartige Erkrankungen (Krebs) gestört werden, so wachsen und teilen sich die Zellen ungehindert, da diese nicht mehr unter den normalen Kontrollbedingungen stehen; überdies können sich dann diese Zellen auch freier als normale Gewebezellen bewegen (s. Kap. 13). Dadurch erlangen sie die Fähigkeit, in die normalen Gewebe einzudringen, sie zu schädigen und durch das Blut- oder Lymphsystem in andere Teile des Organismus zu gelangen. Bösartige Zellen können in jedem Gewebe entstehen, in dem Zellteilungen stattfinden. Eine der Theorien über die Krebsentstehung besagt, daß die bösartigen Zellen aus somatischen Mutationen hervorgehen, d. h. aus Mutationen, die nicht in den Keimzellen, sondern in einer normalen Körperzelle eines Individuums entstehen (s. Kap. 10). Die Zahl der mutierten Zellen, die in den verschiedenen Organen vorkommen, nimmt offensichtlich mit dem Alter eines Lebewesens zu.

Ein vielzelliger Organismus stirbt an Altersschwäche, sofern er nicht durch Krankheiten oder an Verletzungen zugrunde geht. Der *Alterungs*vorgang nimmt in den verschiedenen Zellarten unterschiedliche Formen an. Die zugrunde liegenden Mechanismen sind noch nicht geklärt, aber man vermutet, daß die Zellen dann altern, wenn sie sich wegen ihres hohen Spezialisierungsgrades nicht mehr teilen können. Wir haben in diesem Abschnitt schon erwähnt, daß die Zahl der neu entstehenden Zellen abnimmt, wenn ein Organismus ausgewachsen ist, so daß sich schließlich zwischen der Entstehungsrate und der Absterberate ein Gleichgewicht einstellt. Je älter aber ein Organismus wird, um so weniger Zellen entstehen neu, obwohl sich die Lebensdauer der einzelnen Zellen nicht merklich verändert. Dies hat zur Folge, daß nicht mehr alle abgestorbenen Zellen ersetzt werden, so daß die Gewebe und die Organe einerseits an Gewicht verlieren und anderseits nicht mehr voll funktionsfähig sind. Das Herz pumpt zum Beispiel bei alten Tieren nicht mehr so viel Blut wie bei den jungen Erwachsenen in einer bestimmten Zeiteinheit durch die Gefäße, zudem kann das Blut bei seinem Durchfluß durch die Lungen nicht mehr so viel Sauerstoff aufnehmen (auch die Lungen haben einen Teil ihrer Funktionsfähigkeit eingebüßt); weiter nimmt das Blutvolumen ab, weil die Gewebe weniger Wasser zurückhalten können und weil weniger rote Blutkörperchen gebildet werden. Es ließen sich hier noch weitere Beispiele anführen, die alle zeigen, daß die verbleibenden Zellen in einem alternden Organismus immer stärker belastet werden.

Auch die Veränderungen im Hormonhaushalt, die das Funktionieren verschiedener Organe schädigen, ferner die Ansammlung von Abfallsubstanzen aus den verschiedenen Stoffwechselprozessen im Innern bestimmter Zellen sowie der Verlust der Elastizität in den elastischen Fasern und eine Zunahme der Kollagenmenge in den Bindegeweben spielen bei den Alterungsvorgängen eine Rolle. Alle diese Veränderungen führen zu den wohlbekannten Alterserscheinungen (Gelenkversteifung und Arterienverkalkung). Im Nervensystem werden zwar keine neuen Nervenzellen gebildet, aber auf molekularer Ebene werden die intrazellulären Substanzen fortlaufend ersetzt; auch dieser Vorgang verlangsamt sich bei alternden Organismen. Diese natürlichen Altersveränderungen führen schließlich zum Tod des Individuums, wenn eine lebenswichtige Struktur ihre Funktion einstellt (wenn sich beispielsweise eine Arterie verschließt oder wenn ein Blutgefäß platzt).

Die Ursachen, die den verschiedenen Alterungsvorgängen zugrunde liegen, sind noch nicht geklärt. Eine der Theorien besagt, daß zumindest bei den Säugetieren die Strahlung ein ausschlaggebender Faktor sein könnte, wobei man vor allem an Röntgen- und kosmische Strahlen denkt. Es ist bekannt, daß das Leben eines Individuums verkürzt wird, wenn man dieses den Strahlen aussetzt. Vielleicht geschieht dies deshalb, weil die Veränderungsvorgänge, die später auf natürliche Weise eintreten, durch die Strahlung beschleunigt werden. Laboratoriumsuntersuchungen an Mäusen haben jedoch gezeigt, daß Strahlen die Reihenfolge der natürlich auftretenden Todesursachen verändern. Dieses Ergebnis deutet darauf hin, daß die Strahlung nicht einfach die natürlichen Alterungsvorgänge beschleunigt.

Die durchschnittliche Lebensdauer ist bei den verschiedenen Tier- und Pflanzengruppen sehr unterschiedlich, wobei es scheint, daß ein Individuum, das während seiner ganzen Lebenszeit wachsen kann, durchschnittlich länger lebt. Bei den Pflanzen stehen z. B. die Mammutbäume und die Borstenkiefern an dem einen Ende der Lebensdauerskala, da sie mehrere tausend Jahre alt werden und immerfort wachsen können. Auf der anderen Seite der Skala stehen die meisten einjährigen Pflanzen, die bald nach der Blütezeit, wenn sich die Früchte auszubilden beginnen, das Wachstum einstellen und anschließend absterben. Unter den Tieren ist der Alterungsvorgang bei den Warmblütern von deutlich wahrnehmbaren, körperlichen Veränderungen begleitet, während er bei einigen langlebigen Tieren (zum Beispiel beim Stör, der über 100 Jahre, und bei der Schildkröte, die 150 Jahre alt werden kann), die ununterbrochen bis zu ihrem Tod wachsen, so langsam ist, daß man ihn kaum nachweisen kann. Diese Beobachtungen deuten darauf hin, daß ein Tier, das unbegrenzt lange wachsen könnte, wahrscheinlich überhaupt nie altern würde.

Die charakteristischen Altersveränderungen sind wahrscheinlich in der genetischen Substanz eines Individuums verankert, so daß die Umwelt diese Vorgänge einzig beschleunigen oder verlangsamen kann. Wir haben in diesem Abschnitt schon erwähnt, daß die Zahl der somatischen Mutationen, die in einem Organismus auftreten, mit steigendem Alter zunimmt. Wenn nämlich gewisse Säugetierzellen *in vitro* kultiviert werden, ist ihre Lebensdauer auf einige Zellgenerationen beschränkt. Danach sterben sie entweder ab, oder sie entwickeln sich gelegentlich von selbst in eine sog. etablierte Zellinie. Eine derartige Zellinie wächst unbeschränkt, wobei der Chromosomensatz ihrer Zellen meistens von demjenigen des ursprünglichen Lebewesens verschieden ist, so daß sich diese Zellen folglich anders als die ursprünglich kultivierten verhalten. Es scheint, daß sich weder die menschlichen, noch die Hühnchen-Fibroblasten zu etablierten Zellinien entwickeln können (Hayflick, 1966). Sie wachsen eine Zeitlang mit gleichbleibender Geschwindigkeit, dann nimmt diese Wachstumsgeschwindigkeit während einiger darauffolgender Generationen stetig ab, bis die Zellen schließlich sterben. Bei den menschlichen, kultivierten Fibroblasten findet man während dieses verlangsamten Wachstums immer mehr Chromosomenabnormitäten und morphologische Veränderungen der Zellen, die mit dem Alterungsvorgang des ganzen Lebewesens verglichen worden sind.

Wenn man alle in diesem Abschnitt besprochenen Vorgänge verstehen will, muß man sehr viel mehr über die allgemeinen Entwicklungsvorgänge wissen, denn die Alterungsvorgänge sind grundsätzlich die natürliche Weiterführung eines Entwicklungsablaufes, der schon im Embryonalstadium beginnt (z. B. die Vermehrung und Verdikkung der Kollagenfasern im Bindegewebe, oder die Verdickung und der Elastizitätsverlust der elastischen Fasern). Die Fragen nach dem Zelltod (der bei der Embryonalentwicklung der Tiere eine wichtige Rolle spielt, s. Abschn. 13.7), nach dem Zellwachstum, der Bösartigkeit der Zellen und nach den Alterungsvorgängen betreffen Gesichtspunkte der Zelldifferenzierung, die noch nicht endgültig geklärt sind.

Am Anfang dieses Kapitels haben wir betont, daß die Zellbiologie als Einführung in die allgemeine Biologie eine wichtige Aufgabe erfüllt. Ebenso wichtig ist die Kenntnis der Zellveränderungen für die Behandlung derartig komplexer Fragen, die beispielsweise das Altern betreffen. Das Leben der Organismen hängt von der Erhaltung der Funktionen der einzelnen Zellen ab, die ihn aufbauen. In den nächsten Kapiteln wenden wir unsere Aufmerksamkeit ausschließlich diesen Zellfunktionen zu. In Kap. 12 und 13, die die Zellen während der Entwicklung der Organismen beschreiben, beschäftigen wir uns nochmals mit den Zellfunktionen und mit der Kontrolle dieser Funktionen durch andere Zellen des Lebewesens. Da dieses Buch einen beschränkten Umfang hat, können wir uns nur mit einigen wenigen dieser Gesichtspunkte befassen, die die Zellfunktionen bei höheren Organismen betreffen.

1.8. Experimentelle Methoden: Wie man Zellen sichtbar macht

Wir haben in der Einführung zu dem vorliegenden Kapitel die Bedeutung der neuen, experimentellen Methoden, die in der Zellbiologie angewendet werden, hervorgehoben. Diese Methoden können aber nur durch die praktischen Erfahrungen im Labor erlernt werden. Im vorliegenden Abschnitt werden wir die allgemeinen Grundbegriffe der wichtigsten dieser experimentellen Methoden beschreiben; praktische Einzelheiten können wir an dieser Stelle nicht ausführlich behandeln.

Das Mikroskop. Objekte kleiner als 50 μm können nur mit Hilfe eines Mikroskops sichtbar gemacht werden. Im Laufe der Zeit sind viele verschiedene Ausführungen von Mikroskopen entwickelt worden, wobei eine jede einem bestimmten Zweck dient. Das am häufigsten verwendete Mikroskop ist das zusammengesetzte Mikroskop.

Alle modernen Labormikroskope sind aus dem ursprünglichen, zusammengesetzten Mikroskop von Robert Hooke entwickelt worden. Abb. 1—13 zeigt den schematischen Strahlengang durch ein derartiges Mikroskop. Die Objektivlinse des modernen Mikroskops ist aus verschiedenen Elementen zusammengesetzt, wodurch sowohl die chromatische Aberration (Veränderung der Brennweite im Verhältnis zur Wellenlänge des Lichtes) als auch die sphärische Aberration ausgeschlossen werden. Durch die Ver-

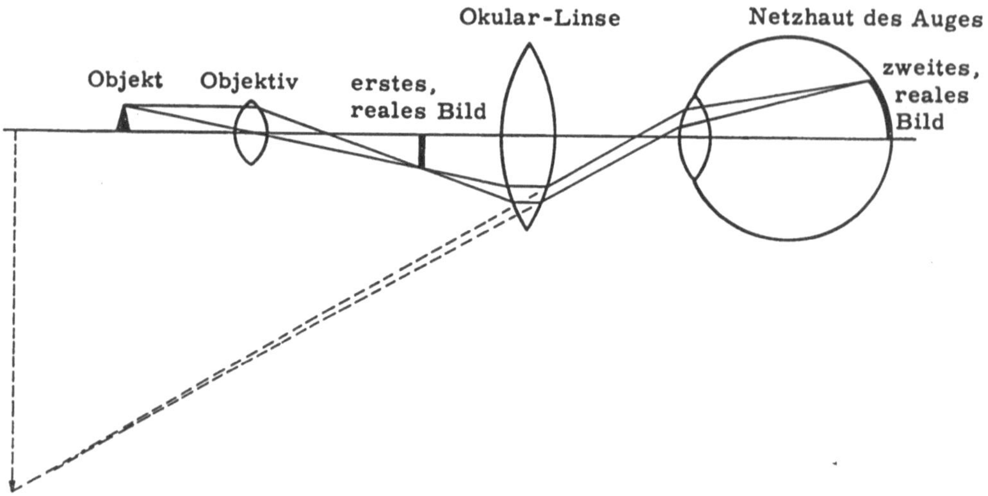

Abb. 1—13. Strahlengang durch ein zusammengesetztes Mikroskop. Das Objektiv erzeugt ein reales umgekehrtes Bild des Objekts. Das Bild wird durch die Okularlinse auf die Netzhaut des Auges geworfen und dort als ein virtuelles umgekehrtes Bild wahrgenommen.

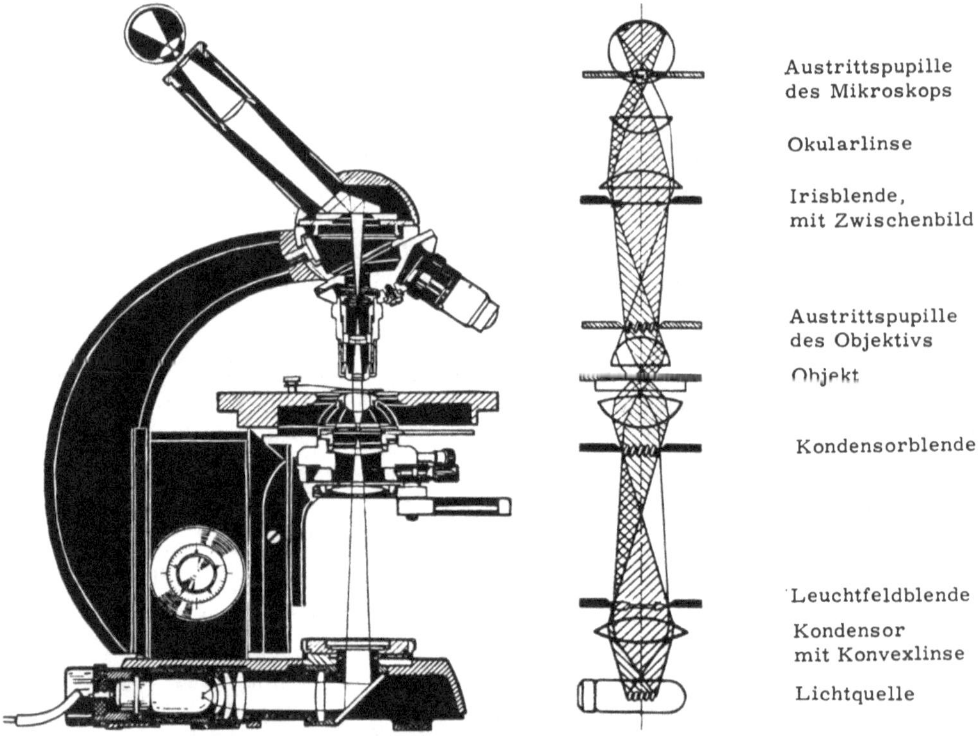

Abb. 1—14. Schematischer Querschnitt durch ein modernes Forschungsmikroskop. Der Strahlengang ist so eingestellt, daß das Objekt unter optimalen Bedingungen abgebildet wird (Köhlersche Beleuchtung). (Wiedergabe aus Carl Zeiß, von R. Schenk und G. Kistler: Photomicrography. Chapman and Hall, London 1962.)

wendung einer großen Kondensoröffnung wird zudem ein hohes Auflösungsvermögen erreicht (breites, konvergentes Strahlenbündel) (Abb. 1—14).

Bei lebenden Zellen kann man in dem optischen Mikroskop viele ihrer Strukturen nur sehr schwer erkennen, da sie beinahe durchsichtig sind. Um diese Strukturen sichtbar zu machen, kann man dem Medium, in dem die Zellen beobachtet werden, bestimmte Vitalfarbstoffe beifügen, die die Zellen nicht abtöten. Eine schwach konzentrierte Neutralrotlösung färbt beispielsweise die Zellen an, ohne sie zu schädigen. Die ersten mikroskopischen Untersuchungen wurden jedoch an toten, fixierten und gefärbten Zellen ausgeführt. Ein Fixiermittel in der Biologie ist eine chemische Substanz, durch die die Proteine koagulieren. Die meisten Organellen (z. B. Zellkern, Chromosomen und Mitochondrien) bleiben nach der Fixierung in ihrer ursprünglichen Form erhalten. Das Fixiermittel kann eine Säure sein, z. B. Essigsäure, oder ein organisches Lösungsmittel, z. B. Alkohol oder Aceton, oder aber eine wasserlösliche Substanz, die mit bestimmten Gruppen der cytoplasmatischen Proteinmoleküle reagiert; Formaldehyd ist ein derartiges Fixierungsmittel. Nach der Fixierung kann man die Zellen im Wasser waschen, ohne daß ihr Aussehen dadurch verändert wird. Darauf werden sie in eine Farblösung gebracht, die die verschiedenen Zellbestandteile anfärbt. Man wählt den Farbstoff je nach dem Zellbestandteil, den man untersuchen möchte. Die Feulgenfärbung wird beispielsweise angewandt, wenn man nachweisen will, ob in einer bestimmten Struktur DNA vorhanden ist; eine Mischung aus Methylgrün und Pyronin färbt dagegen neben der DNA (grün) auch die RNA (rot) an. Karmin, Eosin und Kristallviolett sind weitere Farbstoffe, die in der Cytologie häufig verwendet werden. Nach dem Anfärben der Zellen werden diese zur Entfernung des überschüssigen Farbstoffes in Alkohol vorsichtig gewaschen, anschließend in Xylol eingebracht, schließlich mit einem Tropfen Kanadabalsam bedeckt und dann unter einem Deckglas aufbewahrt.

Fast alle Untersuchungen der Zellen, die sich im Innern von Geweben befinden, sind an derartigen fixierten und gefärbten Präparaten ausgeführt worden, da man die Zellen, die in den tieferen Gewebeschichten liegen, nicht am unversehrten Organ beobachten kann. In diesem Fall wird das Gewebestück nach der Fixierung folgendermaßen eingebettet: Man bereitet in einem Becken geschmolzenes Paraffin vor; dann überträgt man das Objekt aus dem Xylol in das Paraffinbad. Wenn das Paraffin sich abgekühlt hat und hart geworden ist, wird der Block, in dem sich das Objekt befindet, mit Hilfe eines Mikrotoms in dünne Scheiben geschnitten. In einigen Fällen wird anstelle des geschmolzenen Paraffins ein flüssiger Kunststoff verwendet, der später zu einem festen Plastikblock polymerisiert. Abb. 1—15 zeigt, wie diese Blöcke geschnitten

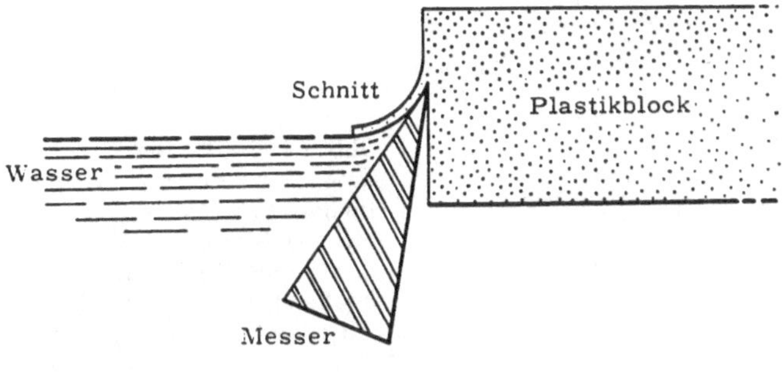

Abb. 1—15. Herstellung von Dünnschnitten für die Elektronenmikroskopie; das Objekt wird dazu in einen Plastikblock eingebettet. Die Schnitte werden mit einem Glasmesser hergestellt und schwimmen dann auf der Wasseroberfläche.

werden. Die Schnitte schwimmen dann auf der Wasseroberfläche, von der sie mit Hilfe eines Objektträgers, den man unter den betreffenden Schnitt taucht und dann hochhebt, abgenommen werden. Danach können diese Schnitte in der gleichen Weise wie Einzelzellsuspensionen gefärbt und weiterverarbeitet werden. Diese Methoden, die wir hier kurz beschrieben haben, werden in allen Histologie- und Pathologielaboratorien routinemäßig angewendet.

Man verwendet also auch heute noch häufig fixierte und gefärbte Präparate für verschiedene Untersuchungen, obwohl man erkannt hat, daß einige Zellbestandteile durch die Fixierung verändert oder zerstört werden.

Das Phasenkontrast-Mikroskop. Wenn man die Zellbewegungen untersuchen will, muß man mit gesunden, lebenden Zellen arbeiten können. Canti führte um 1920 mit Hilfe eines Mikroskops zwar einige schöne Untersuchungen über die Zellbewegungen durch, aber erst durch die Entwicklung von neuen Mikroskoparten sind die Möglichkeiten auf diesem Gebiet stark erweitert worden. Diese Mikroskope zeigen selbst dann hohe Kontraste, wenn sich die Brechungsindizes der verschiedenen Teile des Objektes nur wenig voneinander unterscheiden. Das Phasenkontrastprinzip wurde 1940 von Zernicke ausgearbeitet. Wenn ein Lichtstrahl in eine Wasserschicht oder in eine Glasplatte von konstanter Dicke und Brechungszahl einfällt, dringt er ohne Ablenkung hindurch (Abb. 1—16, Strahlen 7). In einem Präparat von lebenden Zellen kann sich der Brechungsindex zwischen dem Zellinnern und der Umgebung, sowie zwischen dem Zellkern und dem Cytoplasma plötzlich verändern. Abb. 1—17 zeigt eine Vergrößerung

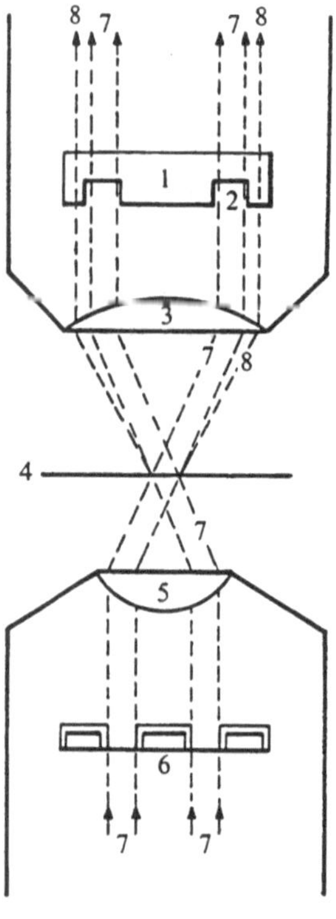

Abb. 1—16. Strahlengang durch ein Phasenkontrast-Mikroskop. Der Kondensor enthält eine Ringblende; eine ähnliche Blende befindet sich auch oberhalb des Kondensors. Die Strahlen, die durch das Objekt abgelenkt werden, gehen nicht durch die Objektivblende. 1 Phasenplättchen; 2 Ringkerbe; 3 Objektivlinse; 4 Objektebene; 5 Kondensor; 6 Ringblende; 7 direkte Strahlen; 8 gebeugte Strahlen.

der Objektebene im Querschnitt. Eine Ringblende dient dazu, ein hohles Strahlenbündel zu erzeugen. Wenn nämlich das Objekt mit einem vollen Strahlenbündel beleuchtet würde, überlagerten sich die direkten und die gebrochenen Strahlen. Das Gebiet, das in der Mitte der Abb. 1—17 liegt, weist einen niederen Brechungsindex auf, während der Brechungsindex des äußeren Bereiches hoch ist. Die durchdringenden Strahlen, die gebrochen werden, treten nicht in die Ringkerbe 2 des Phasenplättchens

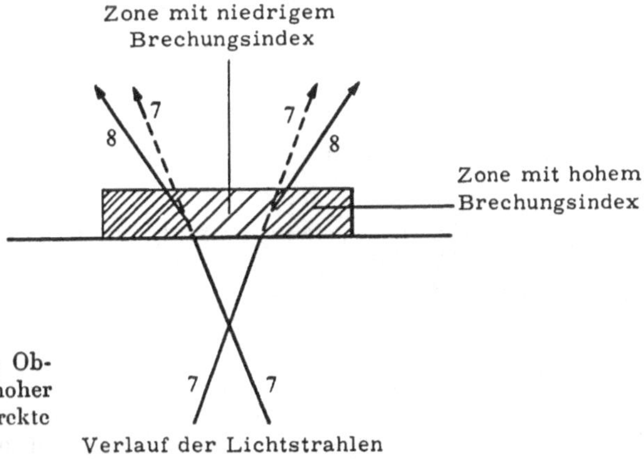

Abb. 1—17. Strahlengang durch ein Objekt, das Zonen niedriger und hoher Brechungsindizes aufweist: 7 direkte Strahlen; 8 gebeugte Strahlen.

(Abb. 1—16) ein, so daß das entsprechende Gebiet dunkel erscheint. Die gebrochenen und die ungebrochenen Strahlen durchlaufen unterschiedliche Teile des Phasenplättchens, wobei die Phasenverhältnisse und auch die Amplitude verändert werden. Die Brechungsmuster werden schließlich durch Interferenz und Verstärkung der Lichtwellen erzeugt. An den Grenzen zwischen verschiedenen Brechungsindizes entstehen Helligkeitsunterschiede, die die charakteristischen Lichthöfe (Halo) des Phasenkontrastes erzeugen.

Die Interferenzmikroskopie. Die bekannten Farben, die man in den dünnen Ölschichten beobachtet, die sich gelegentlich auf der Straßenoberfläche befinden, werden durch die Interferenz zwischen zwei Lichtstrahlen erzeugt. Wenn sich zwei Strahlen, die von der gleichen Lichtquelle ausgehen, in gleicher Phase befinden (Abb. 1—18 a und 1—18 b), so ergänzen sie einander und ergeben die Helligkeitszone, die in Abb. 1—18 c dargestellt ist. Sind die Strahlen aber nicht in Phase (Abb. 1—18 d und 1—18 e), so können sie sich gegenseitig aufheben, und das Feld erscheint dunkel. Mikroskope, die auf dieser Grundlage beruhen, sind von Merton, Ambrose, Dyson, Smith und anderen Forschern entwickelt worden. Beim Smith(Baker)-System werden die beiden Strahlen, die die Interferenz hervorrufen, an dem Objekt getrennt. Einer der Strahlen dringt dann durch das Objekt hindurch, während der andere an dem Objekt vorbeigeht. Die zwei Strahlen vereinigen sich über dem Objektiv (Abb. 1—19). In diesem Fall hängt der Kontrast nicht, wie bei dem Phasenkontrastprinzip, von Differenzen des Brechungsindex im Objekt ab, sondern vom Brechungsindex und der Dicke des Objektes selbst. Das Bild, das dadurch erzeugt wird, gibt die wirklichen Zellformen genauer wieder als ein Phasenkontrastbild. Die Veränderung des Kontrastes, die eine Veränderung des

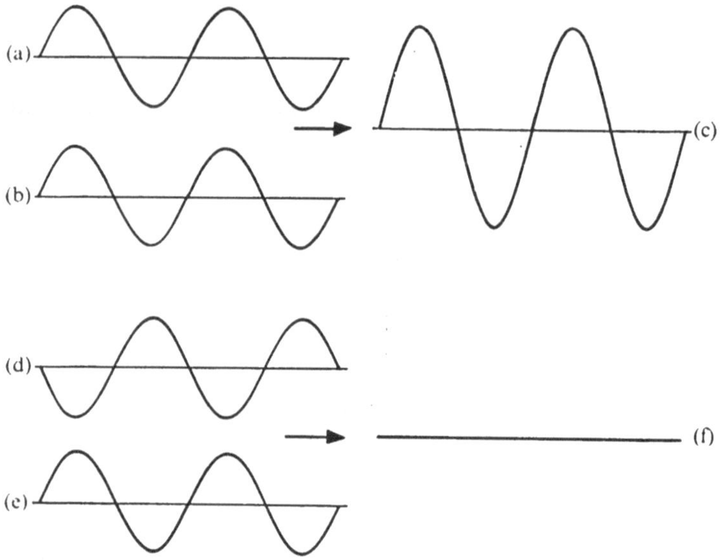

Abb. 1—18. Zwei Lichtwellen, die in einer Ebene liegen und bei bestimmten Überlagerungen Interferenz-Erscheinungen hervorrufen. Die Wellen (a) und (b), die in Phase sind, erzeugen die Welle (c) mit der doppelten Amplitude. Die Wellen (d) und (e) sind gegenphasig und erzeugen eine Null-Amplitude (f).

optischen Weges $\Delta\lambda$ zur Folge hat, hängt quantitativ mit dem Brechungsindex und der Dicke des Objektes wie folgt zusammen:

$$\Delta\lambda = t\,(\mu_o - \mu_m),$$

dabei bedeutet t die Dicke des Objektes, μ_o der Brechungsindex des Objektes und μ_m der Brechungsindex des umgebenden Mediums. $\Delta\lambda$ kann mit Hilfe des Analysators, der an dem Interferenzmikroskop angebracht ist, gemessen werden. Dadurch kann die Trockenmasse (z. B. das Proteingewicht) der einzelnen Zellen oder gar der einzelnen Organellen bestimmt werden. Da diese Methode äußerst empfindlich ist, lassen sich mit ihr sehr kleine Massenunterschiede feststellen.

Bei diesen quantitativen Messungen verwendet man eine monochromatische Lichtquelle. Bei Verwendung einer weißen Lichtquelle erscheinen die Teile der Zelle, die unterschiedliche Dicke und Brechungsindizes aufweisen, in den kontrastierenden Interferenzfarben, so daß verschiedene Gebiete leichter beobachtet werden können.

Ultraviolettmikroskopie. Die Wellenlängen des sichtbaren Spektralbereichs reichen von 6500 Å (dunkelrot) bis zu 4500 Å (violett). Lichtwellen, die kürzer als 4000 Å sind, liegen im ultravioletten (UV-) Bereich. Einige Zellbestandteile (z. B. Nucleinsäuren und Proteine) absorbieren in diesem Bereich bestimmte Wellenlängen. Verbindet man die UV-Mikroskopie mit der Lichtmikroskopie, so kann man viele interessante Informationen über die Zellstrukturen erhalten. Caspersson und andere Forscher bestimmten mittels dieser Methode den Nucleinsäuregehalt von Zellkernen. Ultraviolettes Licht wird in diesem Mikroskop mit Hilfe von Quarzlinsen oder -spiegeln übermittelt. Die Me-

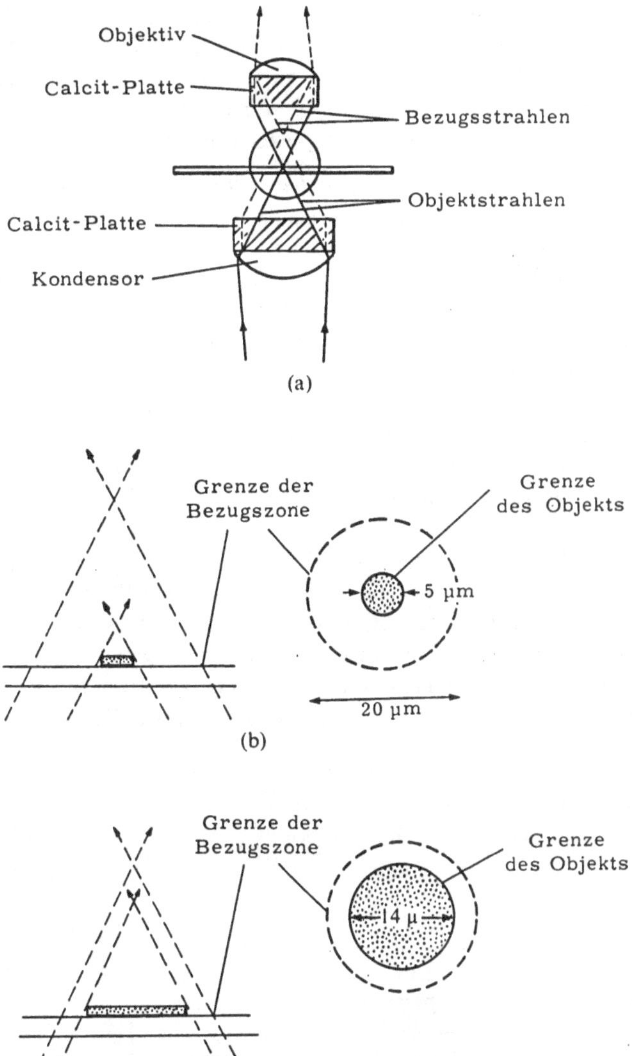

Abb. 1–19. (a) Strahlengang durch das Doppelfokus- (Baker) Interferenzmikroskop. (b) Äußerer Kegel von Bezugsstrahlen und kleiner Strahlenkegel, der durch das Objekt fällt. (c) Ähnlich wie bei (b), aber hier ist der zentrale Strahlenkegel wegen des großen Objektes breit.

thode kann aber nur beschränkt bei lebenden Zellen angewendet werden, da diese durch die ultravioletten Strahlen schnell getötet werden. Zudem ist es wichtig, die Augen durch Filter zu schützen, damit sie durch die ultraviolette Strahlung nicht geschädigt werden.

Fluoreszenzmikroskopie. Beim Bestrahlen bestimmter chemischer Substanzen mit ultraviolettem Licht absorbieren diese die Strahlung und senden dann sichtbares Licht aus. Strukturen innerhalb der lebenden Zellen, die derartige chemische Substanzen enthalten, können deshalb bei einer Bestrahlung mit ultraviolettem Licht als fluoreszierende Zonen beobachtet werden. Die Methode ist äußerst empfindlich, so daß man damit kleinste Substanzmengen nachweisen kann. Sie wird vor allem dann angewendet, wenn man untersuchen will, auf welche Weise bestimmte Moleküle wie z. B. Proteine in die Zellen eindringen oder an deren Oberflächen absorbiert werden. Dazu wird ein fluoreszierender Farbstoff mit dem zu untersuchenden Molekül verbunden und das Verhalten dieses markierten Komplexes beobachtet.

Elektronenmikroskopie. *Durchstrahlungs-Mikroskopie.* Die untere Grenze des Auflösungsvermögens eines Lichtmikroskops liegt bei Objekten in der Größenordnung der Wellenlänge des verwendeten Lichts. Objekte, deren Durchmesser zwischen 2000 Å und 3000 Å liegen, können im Lichtmikroskop eben noch gesehen werden, aber sie sind nicht deutlich abgebildet (vgl. Abb. 1—2). Die Wellenlängen von Elektronen, die sich in einem Hochspannungsfeld unter Hochvakuum bewegen, können so kurz sein, daß dadurch 10 Å große oder noch kleinere Objekte aufgelöst werden können. Die ganze Einrichtung muß in einem Hochvakuum liegen, damit sich die Elektronen mit großer Geschwindigkeit fortbewegen können und nicht mit Sauerstoff- oder Stickstoffmolekülen der Luft zusammenstoßen. Die Elektronen wandern wie im Innern einer Kathodenstrahlröhre, und magnetische Felder, die durch elektrische Spulen erzeugt werden, wirken als Linsen (Abb. 1—20 a). Das optische System eines vollständigen Mikroskops ist in Abb. 1—20 b dargestellt. Das endgültige Bild erscheint entweder auf einem fluoreszierenden Schirm oder auf einer fotografischen Platte.

Objekte, die im Elektronenmikroskop betrachtet werden, müssen als sehr dünne Schnitte vorliegen. Zu ihrer Herstellung verwendet man ein äußerst empfindliches Mikrotom, das mit einem Glasmesser (aus den Bruchstücken einer Glasplatte) ausgestattet ist. Wenn man auf hohe Auflösung wertlegt, dürfen die Schnitte nicht viel dicker als

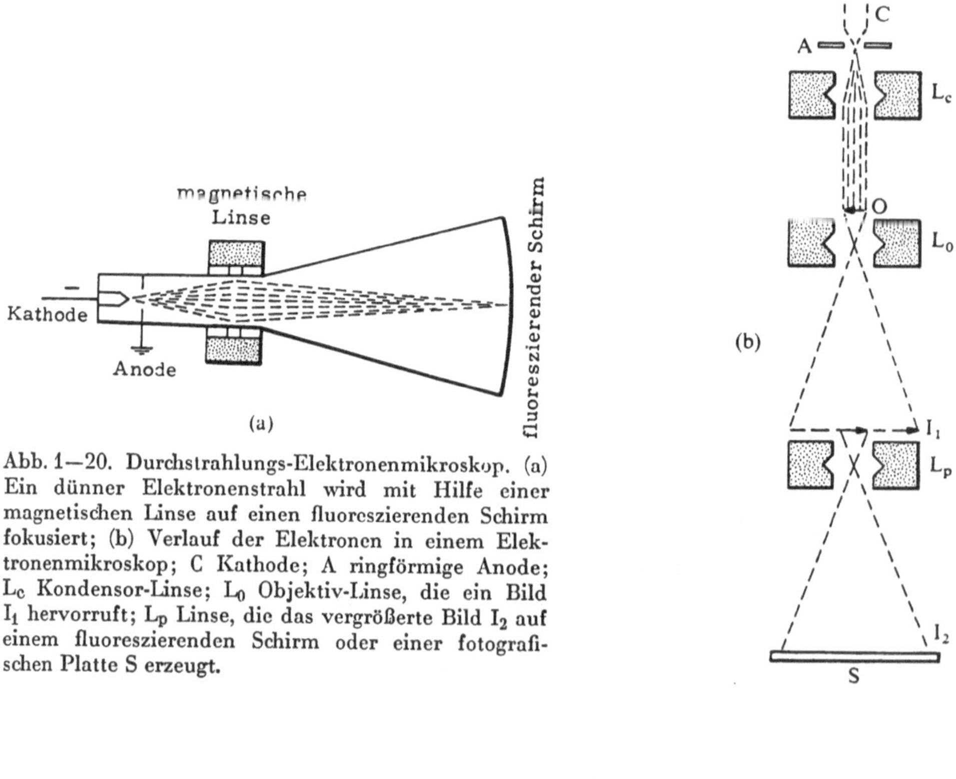

Abb. 1—20. Durchstrahlungs-Elektronenmikroskop. (a) Ein dünner Elektronenstrahl wird mit Hilfe einer magnetischen Linse auf einen fluoreszierenden Schirm fokusiert; (b) Verlauf der Elektronen in einem Elektronenmikroskop; C Kathode; A ringförmige Anode; L_c Kondensor-Linse; L_0 Objektiv-Linse, die ein Bild I_1 hervorruft; L_p Linse, die das vergrößerte Bild I_2 auf einem fluoreszierenden Schirm oder einer fotografischen Platte S erzeugt.

100 Å sein. Auch die Fixierung der Zellen ist äußerst schwierig, da die feinen Zellstrukturen, die man dank dem großen Auflösungsvermögen des Elektronenmikroskops erkennen kann, durch ungeeignete Fixierungen zerstört werden können. Das beste Fixiermittel, das man bis jetzt gefunden hat, ist die Osmiumsäure, die fast augenblicklich mit den Zellbestandteilen reagiert. Durch diese plötzliche Fixierung bleiben die Strukturen des Cytoplasmas sehr gut erhalten. Wir werden in diesem Buch verschiedene Bilder zeigen, die auf die eben besprochene Weise entstanden sind. Glutaraldehyd eignet sich besonders gut für die Fixierung von bestimmten Cytoplasmastrukturen. Bis jetzt hat man jedoch noch keine Substanz gefunden, die den Interphasekern befriedigend fixiert.

Rasterelektronenmikroskopie. Das Raster-Elektronenmikroskop ist vor verhältnismäßig kurzer Zeit entwickelt worden. Bei diesem Mikroskop wird die Oberfläche des Objekts mittels eines sehr dünnen Elektronenbündels abgetastet, ähnlich wie der Elektronenstrahl in einer Fernsehröhre den Bildschirm abfährt (Abb. 1—21 a). Die Oberflächenpunkte des Objekts, die der Elektronenstrahl abtastet, senden sekundäre Elektronen aus. Diese werden von dem positiv geladenen Gitter (G) aufgefangen. Das Signal, das von dem Gitter ausgeht, wird auf eine Fernsehröhre übertragen, die mit dem Strahlenbündel des Mikroskops synchronisiert ist (b). Schließlich wird das Bild des Objekts auf dem Schirm sichtbar. Das Raster-Elektronenmikroskop erzeugt das Bild auf die gleiche Weise, wie wir die Gegenstände mit bloßem Auge wahrnehmen. Das Auge fängt Licht auf, das von den festen Gegenständen zurückgeworfen wird, ganz ähnlich wie das Gitter des Raster-Elektronenmikroskops die Elektronen, die das Objekt aussendet, auffängt. Das Bild, das dieses Mikroskop erzeugt, erscheint deshalb dreidimensional (s. Abb. 11—24). Die Fixierung der Zellen, die damit untersucht werden,

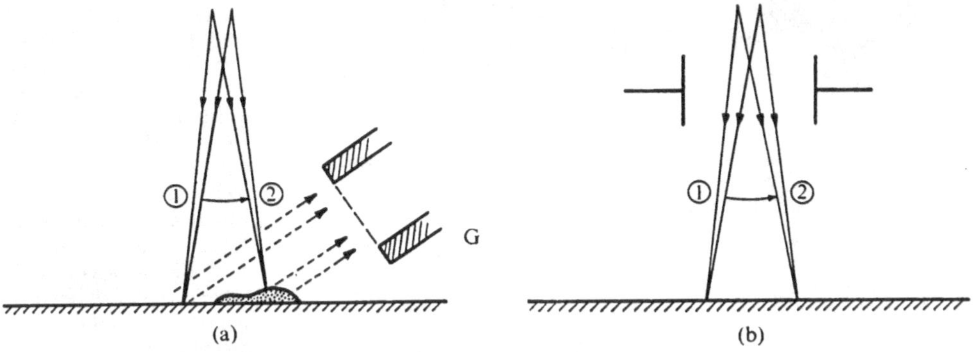

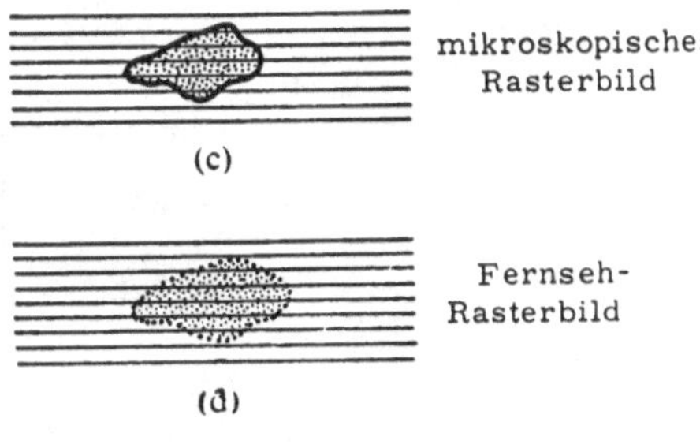

Abb. 1—21. Das Raster-Elektronenmikroskop. (a) Ein Raster-Elektronenbündel, das sich von 1 nach 2 quer über das Objekt tastet; G ist das positiv geladene Gitter, das die Elektronen auffängt. (b) Ein Raster-Elektronenbündel, das sich in einer Fernsehröhre von 1 nach 2 quer über einen fluoreszierenden Schirm tastet. (c) Die Rasterform eines mikroskopischen Objektes. (d) Die Rasterform des Fernsehbildes.

gelingt am besten, wenn man diese bei —180 °C in flüssiges Propan taucht (das in flüssigem Stickstoff aufbewahrt wird). Man kann sie trocknen, nachdem man das Wasser bei —70 °C durch Alkohol ersetzt hat. Bei dieser Fixiermethode bleiben die Zellformen recht gut erhalten.

Das Polarisationsmikroskop. Licht ist polarisiert, wenn alle Lichtwellen in der gleichen Ebene schwingen. Zum Beispiel wäre das Licht in Abb. 1—18 polarisiert, wenn alle Strahlen in den Ebenen schwingen würden, die parallel zu der Papierebene liegen. Man kann derartiges Licht mittels eines Kalkspatkristalls erzeugen, das die Lichtstrahlen in zwei Bündel teilt, oder durch selektive Absorption einer der beiden polarisierten Komponenten in einem Plastikmaterial, in dem alle Moleküle parallel orientiert sind. In dem Schema (Abb. 1—22 a) liegt ein Plastikblock, dessen langkettige Moleküle parallel zu der Richtung *p′* angeordnet sind, in einem Strahlenbündel aus polarisiertem Licht. Der Brechungsindex eines derartigen Materials ist für Licht, das so polarisiert ist, daß es in der Längsrichtung der Moleküle (*p′*) schwingt, höher als für Licht, das im rechten Winkel dazu schwingt. Abb. 1—22 a zeigt die Anordnung, bei der die Licht-

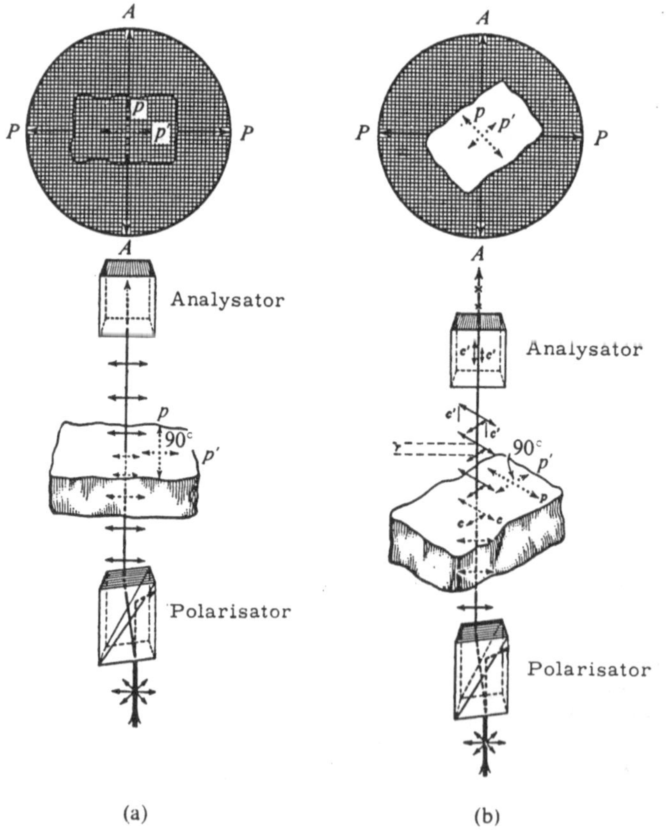

Abb. 1—22. (a) Durchtritt von polarisiertem Licht durch eine optisch anisotrope Substanz. Polarisator und Analysator sind kreuzweise zueinander angeordnet. Die optischen Achsen des Objekts liegen parallel zur Ebene des polarisierten Lichtbündels (dunkles Feld — Auslösch-Stellung). *A—A* und *P—P* sind die Bezugsachsen; *p* und *p′* sind die zwei senkrecht aufeinander stehenden Durchlaß-Ebenen. (b) Dasselbe wie bei (a), wobei aber das Objekt in der 45°-Stellung liegt (Hell-Stellung). *c* und *c* sind die senkrecht aufeinander stehenden Anteile der einfallenden Schwingung; *c′* und *c′* sind die Schwingungsanteile, die durch den Analysator hindurchtreten; *r* ist die Verzögerung eines dieser Anteile. (Aus E. M. Chamot und C. W. Mason: Handbook of Chemical Microscopy, Vol. 1. John Wiley, New York 1958.)

strahlen in der Längsrichtung der Moleküle schwingen. Hier erscheint das Gesichtsfeld im Mikroskop dunkel, weil der Analysator, der im rechten Winkel zu der Schwingungsrichtung des Lichtes steht, die Lichtwellen nicht hindurchläßt. Wenn das Objekt aber so hingelegt wird, daß seine langkettigen Moleküle in einem Winkel von 45° zur Schwingungsrichtung der einfallenden Lichtstrahlen liegen, so tritt ein Teil davon durch den Analysator hindurch (Abb. 1—22 b). In diesem Fall ist das Objekt im Mikroskop sichtbar. Die Objekte treten, wenn die Polarisatoren gekreuzt sind, hell hervor; diese Erscheinung beruht auf der Doppelbrechung des Objekts. Die Methode der Polarisationsmikroskopie ist sehr empfindlich, wenn die Polarisatoren einen hohen Polarisationsgrad erzeugen. Man wendet sie vor allem bei den Untersuchungen der Spindelbildung in sich teilenden Zellen und anderer Strukturen lebender Zellen an.

Erforschung der Zellbewegungen. Die Zellbewegungen können zwar im Phasenkontrast- oder im Polarisationsmikroskop unmittelbar beobachtet werden, aber diese Bewegungen lassen sich erst dann genau erforschen, wenn sie auf Filmen festgehalten worden sind. Dies geschieht beispielsweise dadurch, daß man einen fotografischen Film lange belichtet, so daß die sich bewegende Zelle eine Spur darauf zurückläßt. Die Bewegungen lassen sich jedoch am besten dann untersuchen, wenn sie auf einem Kinofilm aufgezeichnet sind. Abb. 1—23 zeigt das Schema einer Zeitrafferfilm-Apparatur. Das Mikroskop steht dabei in einem geheizten Thermostaten, der eine Temperatur von 37 °C aufrechterhält. Der Filmapparat ist über dem Mikroskop befestigt. Das Mikroskopokular enthält einen sog. Beschauer, der den einen Teil des Lichtes in den Filmap-

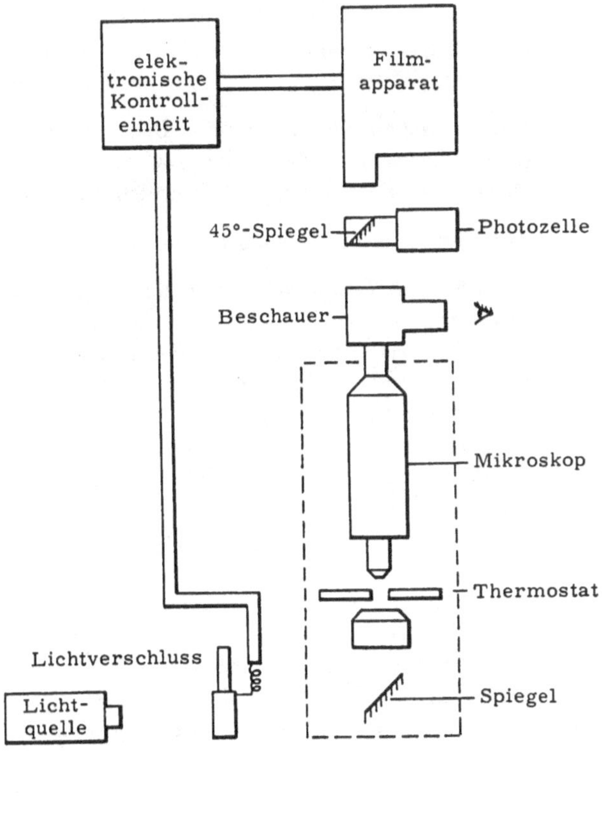

Abb. 1—23. Die Anordnung der Zeitrafferfilm-Ausrüstung.

parat und den anderen in das Beobachtungsteleskop leitet. Dadurch ist es dem Forscher möglich, das Objekt auf dem Objekttisch scharf einzustellen, während der Filmapparat läuft. Eine in die Apparatur eingebaute Fotozelle mißt fortwährend die Lichtstärke, so daß die Filme immer richtig belichtet werden. Eine elektronische Kontrollzelle überwacht die Zeitraffereinrichtung. Die Bewegung der Zellen wird zum Beispiel 10 × 16 (= 160)mal beschleunigt, wenn die Belichtungen in Zeitabständen von 10 Sekunden aufeinanderfolgen und der fertige Film danach mit 16 Bildern pro Sekunde vorgeführt wird.

Methoden der Zellkultivierung. Zellkulturen sind heute aus den Laboratorien der Biochemiker, der Molekularbiologen und der Zellphysiologen nicht mehr wegzudenken. Die am häufigsten kultivierten Zellen sind Bakterien- und Säugetierzellen, aber man beginnt jetzt immer mehr, auch Amphibien- und Pflanzenzellen *in vitro* zu züchten. Bakterien lassen sich verhältnismäßig leicht kultivieren. Ein Grundmedium, in dem die Bakterien wachsen können, muß die folgenden Substanzen und Eigenschaften aufweisen:

Eine Kohlenstoff- und eine Stickstoffquelle, aus denen die Bakterien ihre organischen Verbindungen aufbauen können.

Eine Energiequelle. Dies ist gewöhnlich eine Substanz, die dann Energie liefert, wenn sie durch Bakterien oxidiert wird. Es gibt Bakterien, die eine einzige Verbindung, z. B. eine Aminosäure, sowohl als Kohlenstoff- als auch als Stickstoff- und Energiequelle verwenden können.

Mineralsalze. Bakterien benötigen für ihr Wachstum größere Mengen von Phosphor, Schwefel, Calcium und Kalium. Daneben sind Spuren von Magnesium, Mangan, Kupfer, Zink und Kobalt ebenfalls wichtig.

Wachstumsfaktoren. Bestimmte Bakterienarten sind nicht imstande, einige der unentbehrlichen, biochemischen Zwischensubstanzen der Zellen selbst herzustellen. Diese müssen deshalb dem Kulturmedium beigefügt werden.

Der Säuregrad oder das pH des Mediums muß zwischen pH 6 und pH 8 liegen.

Die optimale Temperatur ist je nach der Bakterienart verschieden; bei einigen Arten liegt sie zwischen 15—20 °C, bei anderen zwischen 30—37 °C.

Man kann die Bakterien zum Beispiel in großen, drehbar aufgehängten Flaschen, in denen sie suspendiert sind, kultivieren. Gelegentlich wird dem Kulturmedium auch Agar zugefügt, ein Gel, das sich am Boden einer Petrischale zu einer Schicht verfestigt. In diesem Fall setzt man eine stark verdünnte Bakteriensuspension auf die Agaroberfläche, wo dann einzelne Bakterien Kolonien bilden.

Das Kulturmedium, in dem die Säugetierzellen gezüchtet werden, ist sehr viel komplexer als das Bakterienmedium. Der Grund liegt darin, daß Säugetierzellen viele der unentbehrlichen, biochemischen Zwischensubstanzen des Stoffwechsels nicht selbst aufbauen können. Die ersten dieser Zellen wurden in einem Medium gezüchtet, das aus Serum und Hühnerembryoextrakt zusammengesetzt war; diese Mischung enthielt alle für das Wachstum der Zellen erforderlichen Faktoren. In den letzten Jahren sind künstliche Medien entwickelt worden, die sehr viele Bestandteile enthalten. Das künstliche Medium „Parker 199“ enthält zum Beispiel viele verschiedene Metaboliten. Meistens muß man aber auch bei diesen kompliziert zusammengesetzten Medien etwas embryonales Kalbserum oder Pferdeserum hinzufügen, damit die Zellen zu wachsen beginnen.

Die einfachste Züchtungsmethode, die bei Vogel- und Säugetierzellen angewendet werden kann, ist die *Explantations*methode (Abb. 1—24). Man bedeckt dabei ein kleines Gewebestück, das auf einem Deckglas liegt, mit einem Tropfen aus Hühnchenplasma und Wachstumsmedium. Das Plasma verfestigt sich rasch zu einem Klümpchen. Dann bringt man das Deckglas so auf einem hohlgeschliffenen Objektträger an, daß das Klümpchen gegen den Hohlraum gerichtet ist. Dieser enthält den notwendigen Sauerstoff für das Gewebestück und erlaubt gleichzeitig den Kohlendioxidaustausch. Die Zellen wachsen jetzt innerhalb des Plasmaklümpchens flächenartig aus dem Gewebestück heraus.

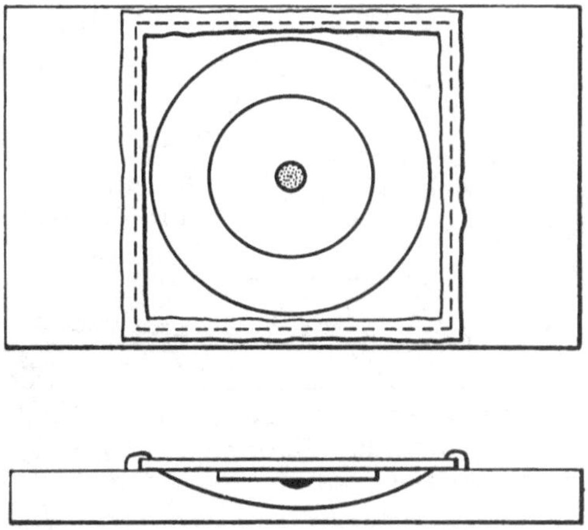

Abb. 1—24. Doppel-Deckglas-Methode von Maximow für die Kultivierung von Explantat-Stücken; die Kammer ist von oben und im Querschnitt dargestellt.

Wenn man sehr viele Zellen auf einmal züchten will, so wird die sog. *Monolayer-* (Einschicht-)Methode angewendet (Abb. 1—25). Bei dieser Methode behandelt man das Gewebestück mit einer verdünnten Trypsinlösung. Trypsin ist ein Enzym, das die interzelluläre Kittsubstanz auflöst, so daß eine Suspension von einzelnen Zellen entsteht. Nach der Trypsinbehandlung des Gewebestückes wird das Enzym durch Waschen in einer Zentrifuge entfernt, bevor man diese in eine mit Kulturmedium gefüllte Glasflasche überträgt. Die Zellen setzen sich dann auf dem Glasboden ab und haften an der Oberfläche. Von hier aus wachsen sie in einer einzigen Schicht (Monolayer) über die Glasoberfläche hinweg. Wenn schließlich die ganze Oberfläche bedeckt ist, können die Zellen mit Hilfe von Trypsin von dem Glas abgelöst werden. Die so gewonnenen Zellen werden entweder gleich untersucht oder als Ausgangsmaterial für neue Monolayer-Kulturen verwendet. So kann man mit dieser Methode aus einem kleinen Gewebestück sehr viele einzelne Zellen erhalten.

Die Monolayer-Kulturen eignen sich zwar für die Untersuchung des Zellwachstums sehr gut, aber die Zellen verlieren bei diesen künstlichen Bedingungen viele ihrer charakteristischen Eigenschaften. Damit man die Eigenschaften studieren kann, die die Zellen *in vivo* aufweisen, verwendet man besser die Methode der *Organ*kultur. Bei diesen werden aber nicht ganze Organe, sondern eher kleine Gewebestücke (ungeführ 1,5 mm groß) gezüchtet. Bei größeren Stücken ist es nämlich schwierig, den Gasaustausch aufrechtzuerhalten. Man legt diese Gewebestücke dabei auf eine durchlässige Platte, z. B. auf ein Millipore-Filter (vgl. Trowell-Methode, Abb. 1—26).

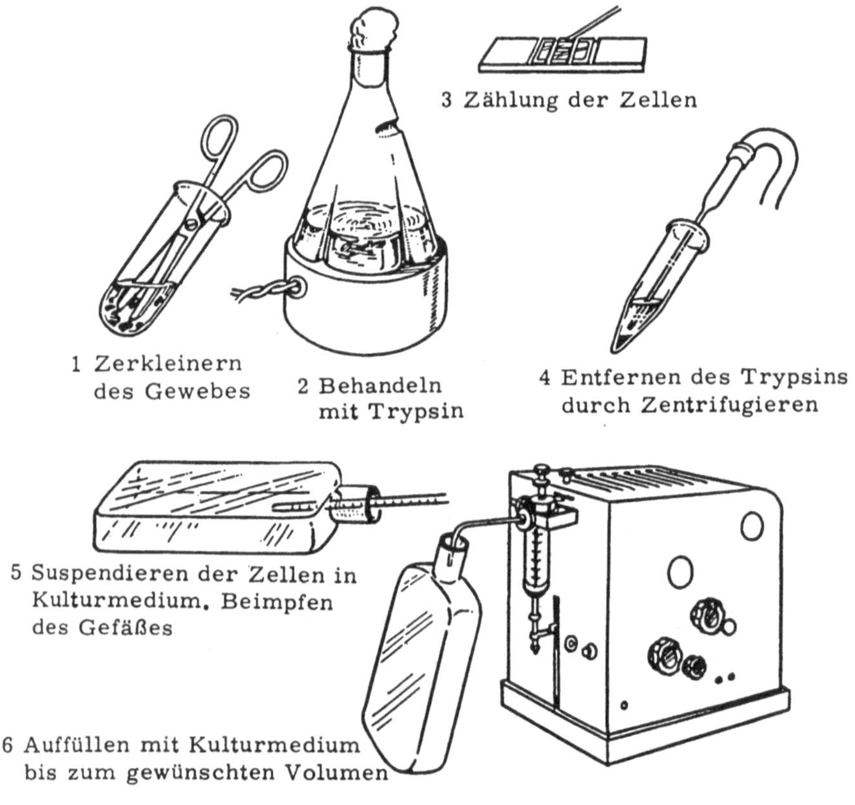

Abb. 1—25. Verfahren zur Gewinnung einer Einzelzell-Suspension für die Monolayer Kulturmethode aus einem frischen Gewebestück. (Aus J. Paul: Cell and Tissue Culture. E. & S. Livingstone, Edinburgh (1970.)

Damit man die Bewegungen und das Verhalten der Zellen mit Hilfe der Zeitrafferfilm-Methode untersuchen kann, schließt man die Zellen, die auf Deckgläsern kultiviert werden, in eine von Rose entwickelte Kammer ein (s. Abb. 1—27). Diese Kammern gleichen im wesentlichen einem Sandwich, dessen äußere Schichten aus zwei Metallplatten bestehen, die mit Bolzen zusammengehalten werden. Jede Metallplatte weist in der Mitte ein Loch auf, um mikroskopische Untersuchungen zu ermöglichen. Zwei Deckgläser bilden die obere und untere Begrenzung der eigentlichen Kulturzelle (auf der Innenseite eines Deckglases wachsen die Zellen), während besondere Silicium-Gummi-Abdichtungen die Wände der Rose-Kammer bilden. Das Kulturmedium kann verändert werden, indem man mittels einer Injektionsnadel verschiedene Substanzen durch diese Gummidichtung einspritzt. Wenn die Nadel dann zurückgezogen wird, verschließt sich die Dichtung selbständig. Rose hatte entdeckt, daß sich die Zellen besser differenzieren, wenn sie auf dem Deckglas mit einem Zellophanstreifen bedeckt werden.

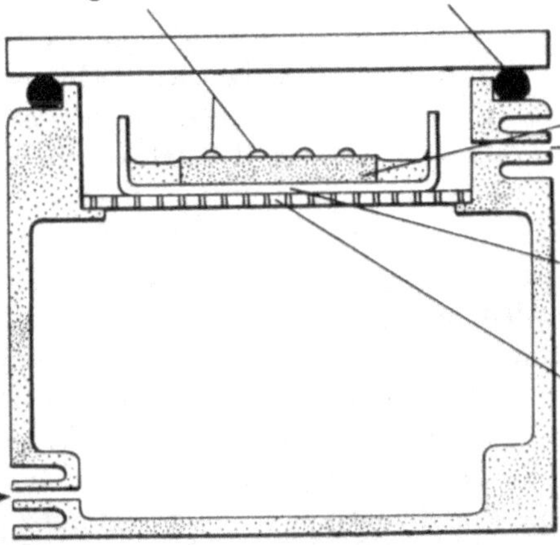

Abb. 1—26. Organkultur-Kammer (die Kammer des Typs II von Trowell ist dargestellt).

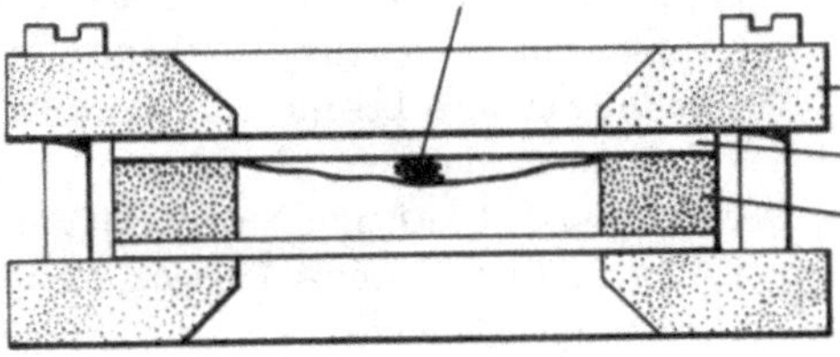

Abb. 1—27. Rose-Kammer für die Zeitrafferfilm-Aufnahmen; Querschnitt durch eine vollständig zusammengesetzte Kammer.

Literatur

Durand, M., u. P. Favard: Die Zelle. Vieweg, Braunschweig 1970.
Fuller, H.: Zellen, Bausteine des Lebens. Urania Verlag Leipzig, Jena, Berlin 1970.
Klima, J.: Einführung in die Cytologie. G. Fischer, Stuttgart 1970.
Klug, H.: Bau und Funktion tierischer Zellen. Franckh, Stuttgart 1965.
Loewy, A. G., u. P. Siekevitz: Die Zelle. Bayerischer Landwirtschaftsverlag, München 1967.
Metzner, H. (Hrsg.): Die Zelle. Struktur und Funktion. Wissenschaftl. Verlagsgesellschaft, Stuttgart 1971.
Porter, K. R., u. M. A. Bonneville: Einführung in die Feinstruktur von Zellen und Geweben. Springer, Berlin-Heidelberg-New York 1965.
Sitte, P.: Bau und Feinbau der Pflanzenzelle. G. Fischer, Stuttgart 1965.

2. Chemische und physikalische Grundbegriffe

Erste Hinweise über Untersuchungen zur stofflichen Zusammensetzung von lebenden Organismen sind bereits in den Schriften des Alchimisten Theophrastus Bombastus von Hohenheim (1493—1541), der sich Paracelsus nannte, zu finden, die aus dem 16. Jahrhundert stammen. Die Chemiker des 16. Jahrhunderts waren entweder praktisch arbeitende Männer, die Töpfereiwaren, Glas und andere Substanzen herstellten, oder Alchimisten, die versuchten, unedle Metalle in Gold umzuwandeln. Paracelsus hat beide Gesichtspunkte der damaligen Chemie studiert und versucht, die Ergebnisse in der Medizin anzuwenden; er legte damit den Grundstein zu dem wissenschaftlichen Fach Iatrochemie (medizinische Chemie). Die ersten wissenschaftlich wertvollen Ergebnisse stammen aus den Untersuchungen des schwedischen Apothekers Carl Wilhelm Scheele (1742—1782). Es gelang ihm unter anderem, Citronensäure aus Zitronensaft, Harnsäure aus Urin und Glycerin aus tierischen Fetten zu gewinnen. Die wichtigen Untersuchungen über die Beziehungen zwischen der Atmung und der Zellchemie, die Lavoisier eingeleitet hatte, werden wir im Kap. 6 besprechen. Ursprünglich wurde das Gebiet, das man heute unter der „Organischen Chemie" zusammenfaßt, als „Biochemie" bezeichnet, da man glaubte, daß die lebende Materie von der nicht lebenden oder anorganischen grundsätzlich verschieden sei. Die Synthese von Harnstoff aus anorganischen Substanzen durch Friedrich Wöhler (1828), von Essigsäure durch Hermann Kolbe (1845) und besonders die Untersuchungen von Marcellin Berthelot (1827—1907) zeigten, daß die sog. „organischen" Verbindungen ihre besonderen Merkmale den Eigenschaften der sie aufbauenden Kohlenstoffatome verdankten. Der Name „Organische Chemie" blieb aber trotzdem bestehen. Der Ausdruck „Biochemie" wurde dann, vor allem dank der Arbeiten von Claude Bernard (1813—1878) und Louis Pasteur (1822—1895), mehr allgemein auf die dynamischen Eigenschaften der lebenden Systeme bezogen.

Man begann jetzt nämlich zu verstehen, daß die gesamte, lebende Materie grundsätzlich den gleichen biochemischen Prinzipien gehorchte. Rudolf Virchow (1821—1902) prägte den folgenden Satz : „*Omnis cellula e cellula*" (jede Zelle entsteht wieder aus einer Zelle); auch Pasteur erklärte: „*Omne vivum e vivo*" (alle lebenden Dinge gehen aus lebendem Material hervor). Hans und Eduard Buchner trugen 1897 zu einem großen Fortschritt in der Biochemie bei, als es ihnen gelang, das erste Enzym aus Hefezellen zu isolieren. Sie entdeckten dabei, daß die Anwendung von hohen Temperaturen oder von bestimmten Lösungsmitteln die Wirksamkeit der Substanz, die sie zu isolieren versuchten, zerstörte. Sie preßten deshalb die Flüssigkeit mittels einer hydraulischen Presse aus den zerriebenen Hefezellen aus. Auf diese Weise erhielten sie eine Lösung, die das Enzym *Zymase* enthielt. Die Zymase, die in der unverletzten Hefezelle die Umwandlung der Glucose in Alkohol katalysiert, behielt in dem Extrakt ihre volle Wirksamkeit bei. Die Biochemie wurde dann vor allem dank der Arbeiten, die Sir Frederick Gowland Hopkins Anfang des 20. Jahrhunderts in England ausgeführt hatte, als ein selbständiges, akademisches Fach anerkannt. Hopkins erkannte 1906, daß die Nahrung der Tiere gewisse Zusatzfaktoren (die man später Vitamine nannte) enthalten mußte, da bei ihrem Fehlen Mangelkrankheiten entstanden.

2.1. Organische Chemie

Kohlenstoffatome sind die Hauptbestandteile der biologisch wichtigen Moleküle. Wenn man die besonderen Eigenschaften der biochemischen Verbindungen verstehen will, ist deshalb das Studium der Kohlenstoff- oder organischen Chemie unerläßlich. Diese Verbindungen enthalten neben Kohlenstoff nur wenige andere Elemente, von denen Wasserstoff, Sauerstoff und Stickstoff die wichtigsten sind; weiterhin kommen Phosphor, Schwefel und einige Metalle vor. Da sich die Kohlenstoffatome untereinander zu stabilen und oft sehr kompliziert aufgebauten Ketten und Ringen verbinden können, findet man, obwohl nur wenige Elemente beteiligt sind, eine riesige Zahl von unterschiedlichen organischen Molekülen. Kohlenstoffverbindungen sind deshalb sehr stabil, weil das Kohlenstoffatom vierwertig ist und entweder mit sich selbst, oder mit den oben erwähnten Atomen *Kovalenzbindungen* bilden kann. Bevor wir auf die Kovalenzbindung eingehen, besprechen wir kurz die *Ionenbindung* (auch Elektrovalenzbindung genannt). Diese elektrostatische Bindung entsteht zwischen zwei entgegengesetzt geladenen Ionen. Die Bindung kommt dadurch zustande, daß ein Elektron (oder mehrere Elektronen) von einem Atom auf das andere übertragen wird (Abb. 2—1 a), wodurch die stabile Konfiguration von acht Elektronen in der äußeren Schale, wie auch bei Edelgasen, gebildet wird. Bei einer *Kovalenz*bindung hingegen gehört ein Elektronenpaar (oder mehrere Elektronenpaare) gleichzeitig zu zwei Atomen, wobei jedes Elektron gleich stark an der jeweiligen Bindung beteiligt ist (Abb. 2—1 b). Bei einer Ionenbindung wird für eine einzelne Elektronenübertragung sehr viel Energie benötigt. Aus diesem Grunde werden selten mehr als drei Elektronen auf einmal übertragen. Das Kohlenstoffatom besitzt aber vier Elektronen in seiner äußeren Schale, daher ist die Bildung von Ionenbindungen aus energetischen Gründen höchst unwahrscheinlich.

Da das Kohlenstoffatom immer vierwertig ist, bildet es vier Kovalenzbindungen, um die stabile Edelgasstruktur zu erreichen, bei der die äußerste Schale acht Elektronen

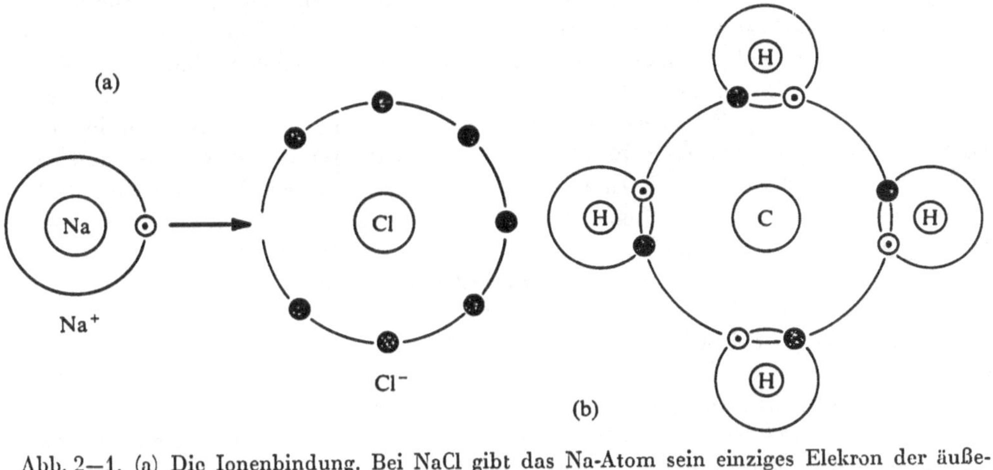

Abb. 2—1. (a) Die Ionenbindung. Bei NaCl gibt das Na-Atom sein einziges Elekron der äußeren Schale an die des Cl-Atoms ab, in der sich 7 Elektronen befinden. ● Elektronen des Cl-Atoms; ⊙ Elektron des Na-Atoms. (b) Die kovalente Bindung. Die Konfiguration der Elektronen im Methan, CH_4; es ist nur die äußerste Schale des C-Atoms dargestellt. ● Elektron des C-Atoms; ⊙ Elektron des H-Atoms.

enthält, (die zwei Atomen gemeinsamen Elektronen können als eine Wolke negativer Ladung betrachtet werden, die sich zwischen den zwei Atomkernen aufhält). Da die Elektronen einer kovalenten Bindung beiden Atomen angehören, haben sie immer eine feste Raumanordnung. Im Falle des Kohlenstoffs sind die vier Bindungen tetraedrisch um das mittelständige Kohlenstoffatom angeordnet (Abb. 2—2). Die Vierwertigkeit des Kohlenstoffatoms, durch die eine stabile, äußere Elektronenhülle entstehen kann, sowie die hoch symmetrische Anordnung der vier Kovalenzbindungen verleihen den Kohlenstoffverbindungen ihre große Stabilität. Da sich die Kohlenstoffatome nicht nur mit sich selbst, sondern ebenso leicht mit Wasserstoff, Sauerstoff oder Stickstoff verbinden, können unzählige verschiedenartige organische Verbindungen entstehen.

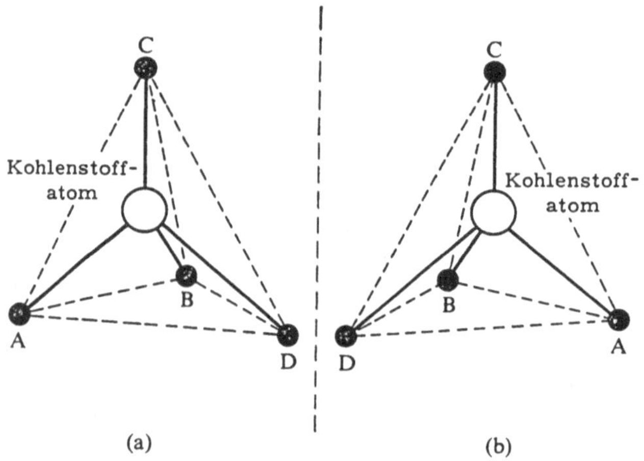

Abb. 2—2. Die asymmetrische Anordnung von vier unterschiedlichen Gruppen um ein Kohlenstoffatom. Die beiden Formen sind Spiegelbilder.

Wenn ein Kohlenstoffatom mit vier voneinander verschiedenen Atomen oder Gruppen verbunden ist, so ist das Molekül *asymmetrisch* (Abb. 2—2). Die unterschiedlichen Gruppen können dabei auf zwei Arten räumlich um das Kohlenstoffatom herum angeordnet sein; man bezeichnet diese zwei Formen, die Spiegelbilder sind (Abb. 2—2), als *Stereoisomere*. Liegen beide Isomere in Lösung vor, so sind sie dadurch zu unterscheiden, daß das eine die Ebene des polarisierten Lichtes im Uhrzeigersinn dreht (dies wird als *Dextro-Rotation* oder Rechtsdrehung definiert und mit dem Symbol *d* bezeichnet), während das andere Isomere diese Ebene gegen den Uhrzeigersinn dreht (*Laevo-Rotation* oder Linksdrehung, das Symbol ist hier *l*). Wegen dieser Eigenschaft der Moleküle werden sie auch als *optische Isomere* bezeichnet. Die Asymmetrie des Kohlenstoffatoms ist mit ein Faktor, daß eine bestimmte Zahl organischer Verbindungen sehr viele unterschiedliche Moleküle bilden kann.

Die bekannteste Ring- oder cyclische Kohlenstoffverbindung ist das Benzol, bei dem sich sechs Kohlenstoffatome zu einem Ring, C_6H_6, zusammenschließen (Abb. 2—3). Unter den biologischen Molekülen findet man den Benzolring vor allem als Seitenkette verschiedener Aminosäuren (s. Abb. 4—1 a). Die Struktur des Benzolringes wird meistens wie in der Abb. 2—3 a dargestellt. Die Doppel- und Einfachbindungen werden nicht fest eingezeichnet, da man annimmt, daß sie durch ein schnelles Pendeln der Elektronen ihren Platz ständig wechseln. Man nimmt heute auf Grund von chemischen und physikalischen Beweisen an, daß der Benzolring eine sog. *Resonanz*struktur besitzt.

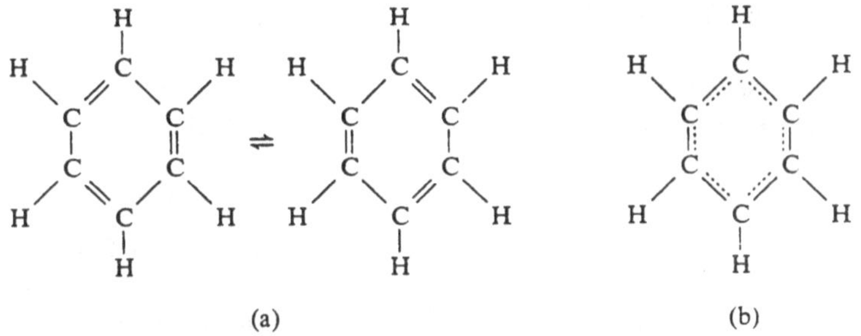

Abb. 2—3. Struktur des Benzolrings. (a) Resonanz-Grenzstrukturen; (b) Hybridstruktur.

Eine derartige Struktur ist ein *Hybrid* zwischen den zwei Strukturen die in Abb. 2—3 a dargestellt sind (Abb. 2—3 b). Ein Resonanzhybrid ist aber eine eindeutig bestimmte Struktur, dessen Eigenschaften zwischen den möglichen *Grenz*strukturen liegen und dessen Stabilität immer größer als diejenige seiner Grenzstrukturen ist. Wir werden in Abschn. 2.9 die Beziehung besprechen, die zwischen den Resonanzstrukturen und der erhöhten Stabilität besteht.

Die wichtigsten Ringverbindungen, die in den Zellen vorkommen, sind heterocyclisch, ihre Ringstruktur enthält neben Kohlenstoff auch Sauerstoff oder Stickstoff. Ein Beispiel ist das Pyridin, das im Vitamin Nicotinsäure oder als Nicotinamid für die Funktion des Coenzyms Nicotinamid-dinucleotid eine wichtige Rolle spielt (Abb. 2—4). Weitere wichtige Ringverbindungen sind die Purine und Pyrimidine (s. Abb. 2—10), Bestandteile der Nucleotid-Untereinheiten, aus denen die Nucleinsäuren aufgebaut sind.

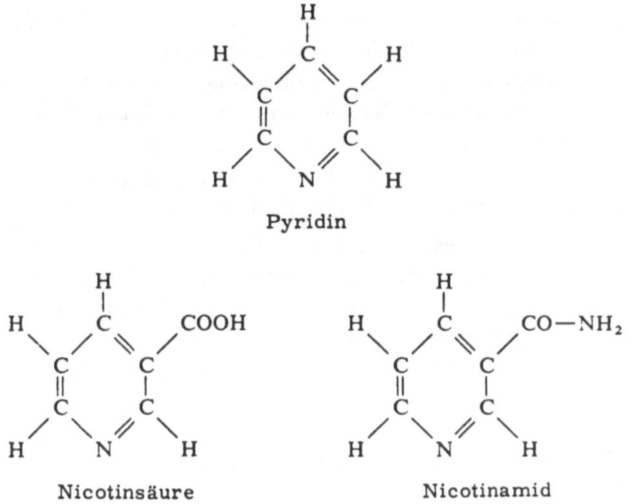

Abb. 2—4. Heterocyclische Ringverbindungen.

2.2. Kohlenhydrate

Wie aus ihrem Namen hervorgeht, sind die Kohlenhydrate im wesentlichen aus Kohlenstoff, Wasserstoff und Sauerstoff aufgebaut; daneben enthalten einige biologisch wichtige Kohlenhydrat-Derivate auch Stickstoff und Schwefel.

Die *Monosaccharide* sind einfache Zucker, die durch Hydrolyse nicht mehr in kleinere Zuckereinheiten zerlegt werden können. Der wichtigste Zucker, der in den Zellen vorkommt, ist die Glucose, eine Hexose, die aus einer Kette von sechs Kohlenstoffatomen besteht. Abb. 2—5 zeigt, daß das Kohlenstoffatom 1 eine Aldehydgruppe $-C\langle{}^{H}_{O}$ trägt, während jedes der fünf anderen Kohlenstoffatome mit einer Hydroxylgruppe (—OH) verbunden ist. Die Glucose liegt in zwei Formen vor, als offene Kettenstruktur (Abb. 2—5 a) und als Ringstruktur (Abb. 2—5 b). Diese zwei Strukturen finden sich bei allen Monosaccharid-Molekülen, da die tetraedrischen Bindungswinkel der Kohlenstoffatome keine lineare, sondern eine gekrümmte Kohlenstoffkette bilden. Aus diesem Grunde kommen sich die Molekülenden so nahe, daß sich beispielsweise bei der Glucose die Aldehydgruppe mit der OH-Gruppe des fünften Kohlenstoffatoms zu einem sog. Halbacetal verbindet (Abb. 2—5 b). Die Halbacetal-Verbindung der Glucose wird als ein Pyranosering bezeichnet. Die Monosaccharide können aus stereochemischen Gründen entweder fünf- oder sechsgliedrige Ringe bilden; es ist unwahrscheinlich, daß ein siebengliedriger Ring entsteht, da hier die Ringspannung zu groß würde.

Die Fructose, ein Zucker, der eine Ketogruppe $>C=O$ enthält, bildet den Ring zwischen der Ketogruppe und entweder der Hydroxylgruppe am C-6, was einen Pyranosering ergibt, oder der Hydroxylgruppe am C-5, wodurch ein sog. Furanosering entsteht (Abb. 2—6 d). Bei den Pentosezuckern, die aus fünf Kohlenstoffatomen aufgebaut sind (z. B. Ribose), wird immer ein fünfgliedriger Furanosering gebildet. Die einfachen Zuckerbausteine liegen in den zusammengesetzten Zuckermolekülen immer in Ringform vor (s. unten). Die Ringstrukturen der einfachen Zuckermoleküle können nach dem Vorschlag von Haworth (1927) zweckmäßig auf die in den Abbildungen 2—5 c, 2—6 c und 2—6 e dargestellte Weise aufgezeichnet werden. Man nimmt an, daß der Pyranose- oder der Furanosering in einer Ebene liegt, die senkrecht zur Papierebene steht. Die Kohlenstoffatome 2 und 3 der Glucopyranose liegen folglich vor der Papierebene, während sich das Kohlenstoffatom 5 und der Ringsauerstoff hinter dem Papier befinden und die Hydroxylgruppen entweder über oder unter der Ringebene liegen. Wir werden in diesem Buch immer diese Darstellungsweise anwenden.

Die einfachen Zuckermoleküle enthalten mehrere asymmetrische Kohlenstoffatome, so daß sie eine ganze Reihe von optischen Isomeren bilden können. Die offene Kettenstruktur der Glucose weist zum Beispiel vier asymmetrische Kohlenstoffatome auf; dies bedeutet (da die substituierten Gruppen an jedem Atom auf zwei spiegelbildliche Arten angeordnet sein können), daß an diesen vier Kohlenstoffatomen $2 \times 2 \times 2 \times 2$ (das heißt, 2^4 oder 16) verschiedene Anordnungen der Substituenten möglich sind. Da alle diese Isomere die gleiche Summenformel besitzen, gibt es 16 verschiedene Hexosen, die entweder als D- oder als L-Hexosen bezeichnet werden. Diese Bezeichnung bezieht sich nach einer Übereinkunft auf die Strukturformel des Glycerinaldehyds. Wenn nämlich die OH-Gruppe des asymmetrischen Kohlenstoffatoms mit der höchsten Nummer (C-5 im Fall der Glucose) nach rechts zeigt, wenn die Aldehydgruppe oben in der Formel steht, so wie im rechtsdrehenden Glycerinaldehyd (Abb. 2—5 d), so gehört das Molekül zur D-Reihe. Steht die OH-Gruppe links, so gehört das Molekül zur L-Reihe. Nach dieser Übereinkunft sind sowohl Glucose als auch Fructose D-Hexosen. Da diese Einteilung ausschließlich mit der Struktur zusammenhängt, stimmt die D-

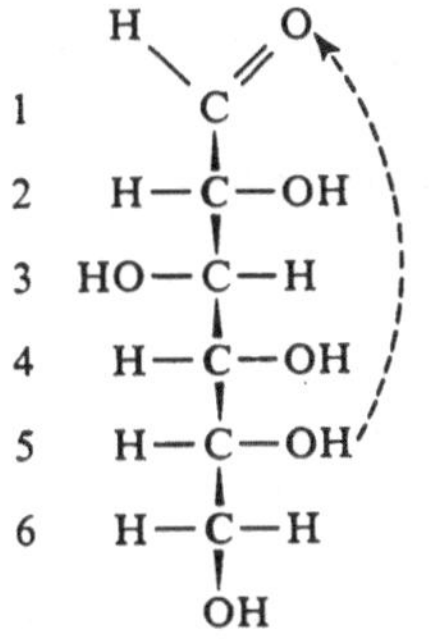

Glucose: offene Kette
(a)

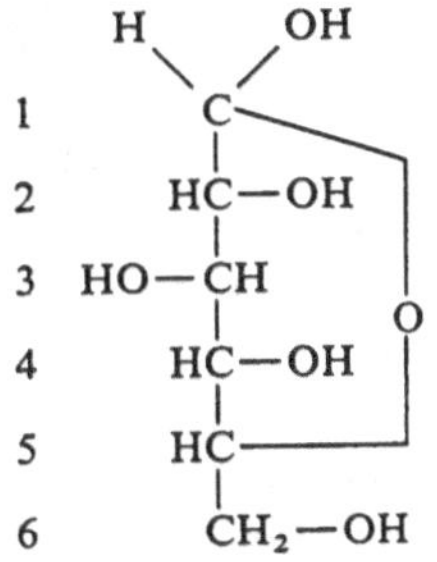

Glucose: Ringstruktur
(b)

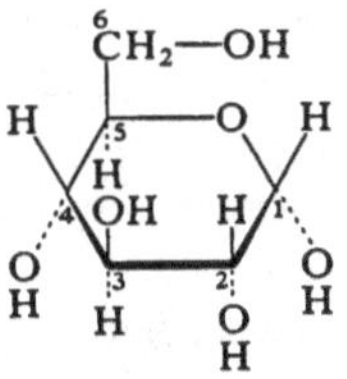

Glucose: Darstellung nach Haworth
(c)

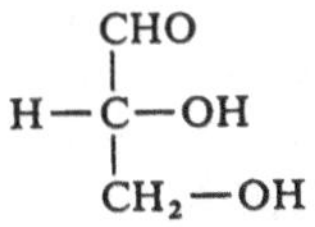

D-Glycerinaldehyd
(d)

Abb. 2—5. (a), (b) und (c) Struktur der Glucose. (d) D-Glycerinaldehyd ist die Bezugsverbindung, auf die andere Verbindungen mit asymmetrischen Gruppen bezogen werden.

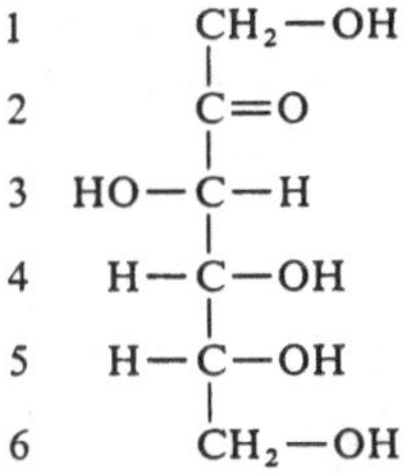

(a)
Fructose: offene Kette

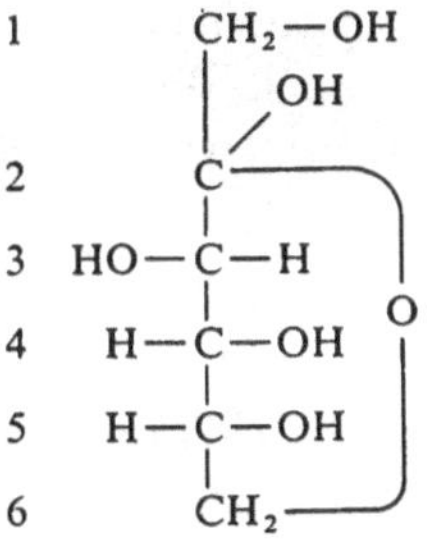

(b)
Pyranose-Ring

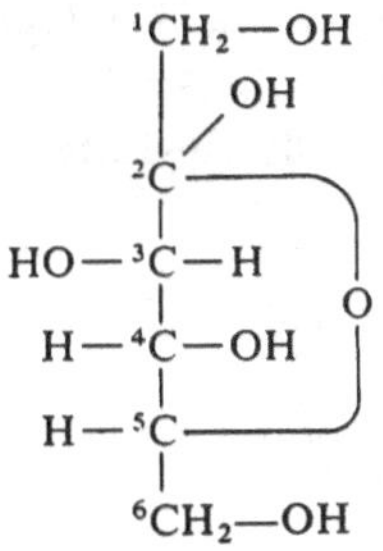

(d)
Furanose-Ring

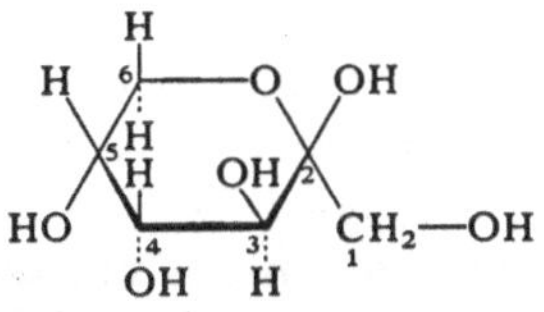

Darstellung des Pyranose-Rings nach Haworth
(c)

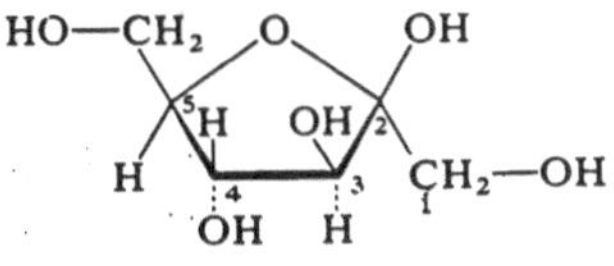

Darstellung des Furanose-Rings nach Haworth
(e)

Abb. 2—6. Struktur der Fructose.

Struktur nicht unbedingt mit der rechtsdrehenden Eigenschaft der Moleküle oder die L-Struktur mit der linksdrehenden überein.

In der Biochemie der Zelle spielen auch zusammengesetzte, kompliziertere Zucker eine wichtige Rolle. Oligosaccharide (griech. *oligos*, wenig) sind zusammengesetzte Zucker, die bei der Hydrolyse in zwei bis sechs einfache Zuckermoleküle zerfallen. Sie bilden meistens Kristalle, sind wasserlöslich und haben einen süßen Geschmack. Die kleinsten Oligosaccharide sind die Disaccharide, die bei der Hydrolyse zwei einfache Zuckermoleküle liefern. Das bekannteste Beispiel ist das Disaccharid Saccharose (Abb. 7—26), das aus einem Glucose- und einem Fructosemolekül zusammengesetzt ist, die durch eine glycosidische oder Zucker-Bindung miteinander verbunden sind. Die glycosidische Bindung kommt dadurch zustande, daß zwischen zwei OH-Gruppen von angrenzenden Zuckermolekülen ein H_2O-Molekül abgespalten wird. Bei der Bildung der Saccharose wird das H_2O-Molekül zwischen der Hydroxylgruppe des Halbacetals der Glucose und der Hydroxylgruppe am C-2 der Fructose, die in der Furanoseform vorliegt, abgespalten. Die glycosidische Bindung spielt in der Kohlenhydratchemie eine ähnliche Rolle wie die Peptidbindung in der Proteinchemie. Bei der Saccharose ist die Bindung zwischen den zwei Monosacchariden α-glycosidisch, da die Glucose hier in der α-Form vorliegt (d. h., die OH-Gruppe am C-1 liegt unter der Ringebene, Abb. 2—5 c). Daneben gibt es auch eine β-Glucose, bei der die OH-Gruppe am C-1 über der Ringebene und das H-Atom darunterliegt. Man findet die β-Glucose zum Beispiel in der Cellobiose, wo sie mit anderen Zuckermolekülen die β-glycosidische Bindung eingeht (Abb. 7—27 b).

Polysaccharide sind zusammengesetzte Zucker, die aus zahlreichen, durch glycosidische Bindungen verknüpften Monosacchariden bestehen. Diese Monosaccharide werden bei der Hydrolyse des Polysaccharids frei. Zum Beispiel ist die Stärke aus vielen Glucoseeinheiten zusammengesetzt. Die Polysaccharide, die meistens sehr hohe Molekulargewichte besitzen, sind amorph, wasserunlöslich und geschmacklos.

2.3. Aminosäuren

Aminosäuren sind die Bausteine der Proteine und besitzen folgende allgemeine Formel:

$$H_2N-\overset{\displaystyle R}{\underset{\displaystyle H}{\overset{|}{\underset{|}{C}}}}-COOH$$

wobei die Zusammensetzung des Rests R für jede Aminosäure charakteristisch ist. Die Proteine der Zellen enthalten gewöhnlich zwanzig verschiedene Aminosäuren (s. Abb. 4—1 a). (Andere Aminosäuren, wie z. B. Ornithin und γ-Aminobuttersäure, können zusätzlich in den Zellen vorkommen.) Sie werden als α-Aminosäuren bezeichnet, da ihre NH_2-Gruppe immer mit dem C-Atom verbunden ist, das am nächsten bei der Carboxylgruppe liegt (mit dem sog. α-C-Atom). Mit Ausnahme der einfachsten Aminosäure Glycin, bei der R gleich H ist (s. Abb. 4—1 a), ist das α-Kohlenstoffatom stets asymmetrisch substituiert, so daß für jede Summenformel zwei optische Isomere vorhanden sind. Wie die Zucker so werden auch die Aminosäuren je nach ihrer Konfiguration, bezogen auf D-Glycerinaldehyd, der D- oder L-Reihe zugerechnet. Die Proteine enthalten aus-

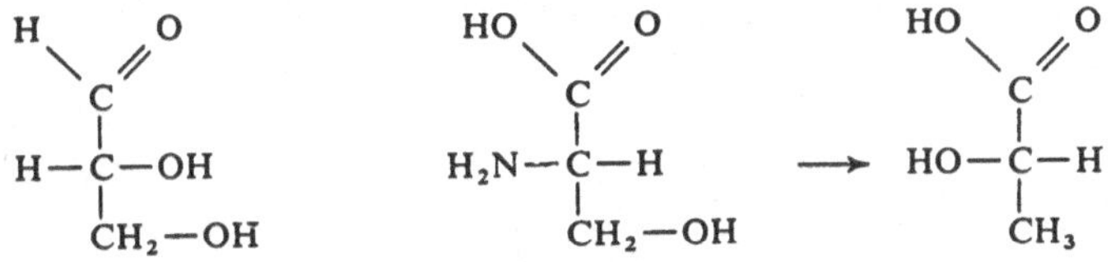

D-Glycerinaldehyd L-Serin L-Milchsäure

Abb. 2—7. Die sterische Beziehung einer natürlichen Aminosäure (L-Serin) zum D-Glycerinaldehyd. Wird das Serin zu Milchsäure umgewandelt, so entsteht die L-Form; folglich besitzt auch das Serin selbst, in bezug auf den D-Glycerinaldehyd, die L-Konfiguration.

schließlich Aminosäuren der L-Konfiguration (s. Serin in Abb. 2—7). Daneben findet man in der Natur aber auch die D-Aminosäuren, die von gewissen Pflanzen und Mikroorganismen hergestellt werden. Verschiedene Antibiotika, die von den Bakterien gebildet werden — z. B. das Penicillamin bestimmter Penicilline — enthalten D-Aminosäuren. (Diese Antibiotika sind keine Proteine, sondern sie enthalten kleinere Einheiten, die Peptide, bei denen die Aminosäuren auf die gleiche Weise wie bei den Proteinen durch Peptidbindungen untereinander verknüpft sind.) Ein anderes Beispiel ist die D-Glutaminsäure, die in der Kapselsubstanz des Anthrax-Bazillus vorkommt.

Abb. 4—1 a zeigt, daß gewisse in Proteinen vorkommende Aminosäuren, zu denen auch das Threonin gehört, zwei asymmetrische Kohlenstoffatome besitzen, so daß hier vier Isomere auftreten können. Man findet aber in der Natur jeweils nur eines davon. Zwei Aminosäuren, Methionin und Cystein, enthalten Schwefel; einige besitzen als Seitenkette einen Benzolring (z. B. Phenylalanin) und andere, wie z. B. Tryptophan, einen heterocyclischen Kohlenstoff-Stickstoff-Ring.

Aminosäuren lösen sich im allgemeinen gut in Wasser und sind in unpolaren, organischen Lösungsmitteln (z. B. Äther) völlig unlöslich. Ihr Schmelzpunkt liegt ziemlich hoch, und sie werden beim Schmelzvorgang oft zersetzt. Alle diese Eigenschaften weisen darauf hin, daß die Aminosäuren, im Gegensatz zum ungeladenen Molekül, das wir als allgemeine Formel an den Anfang dieses Abschnittes gestellt haben, hoch geladene, polare Gruppen enthalten müssen. Man hat weitere Auskünfte über die Struktur der gelösten Aminosäuren erhalten, als man untersuchte, wie sie sich als Elektrolyte verhielten. Da die Aminosäuren neben einer sauren Carboxylgruppe auch eine basische Aminogruppe besitzen, müssen sie in einer Lösung *amphotere* Eigenschaften zeigen, d. h., sie müssen sowohl mit Basen als auch mit Säuren reagieren können. Untersuchungen, die mit dem Alanin durchgeführt wurden, haben ergeben, daß diese Aminosäure in einer neutralen Lösung, an die ein elektrisches Feld angebracht worden ist, nicht wandert. Wenn man aber eine Base zu der Lösung gibt, so bewegt sich das Alanin gegen die Anode hin, da es negativ geladen wird; umgekehrt wandert es, wenn man eine Säure zu der Lösung gibt, wegen der jetzt positiven Ladung in Richtung der Kathode. Bjerrum schlug 1923 vor, die gelösten Aminosäuren durch folgende Zwitterionen-Formel darzustellen:

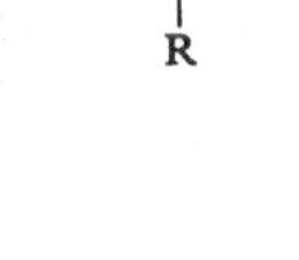

Hier ist die Carboxylgruppe negativ geladen, da ein Proton zu der NH_2-Gruppe gewandert ist, die dadurch eine positive Ladung erhalten hat; ein Zwitter-Ion ist in Wirklichkeit ein inneres Salz. Wenn man eine Base zu einer neutralen Aminosäurelösung hinzufügt, so wird diese Base durch das Proton der Aminogruppe neutralisiert:

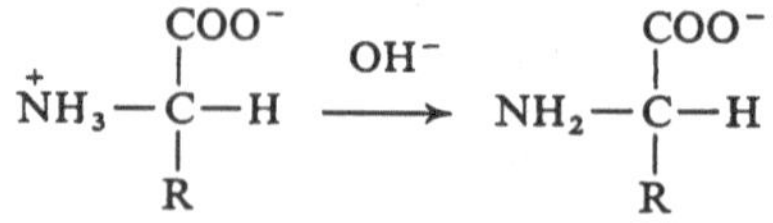

Umgekehrt wird eine Säure dadurch neutralisiert, daß die Carboxylgruppe der Aminosäure ein Proton aufnimmt:

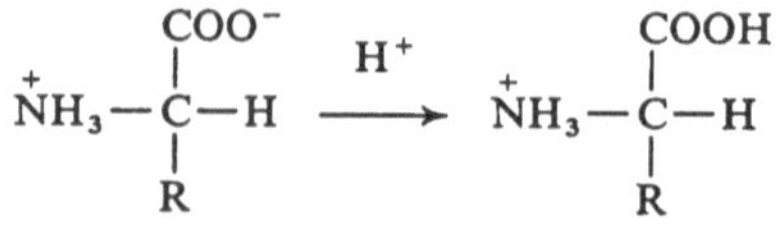

In Abb. 2—8 ist der Vorgang schematisch dargestellt.

Aminosäurelösungen sind wegen dieser amphoteren Eigenschaft der Aminosäuren sog. *Puffer*lösungen, da sie durch die pH-Änderungen ihrer Umgebung nicht beeinflußt werden (s. Abschn. 2.6). Man nimmt auf Grund von bestimmten Beobachtungen an, daß auch die festen Aminosäuren als Zwitter-Ionen vorliegen. Dadurch konnte unter anderem ihre gute Wasserlöslichkeit erklärt werden (organische Verbindungen, die keine Ionen bilden können, sind in der Regel in Wasser unlöslich).

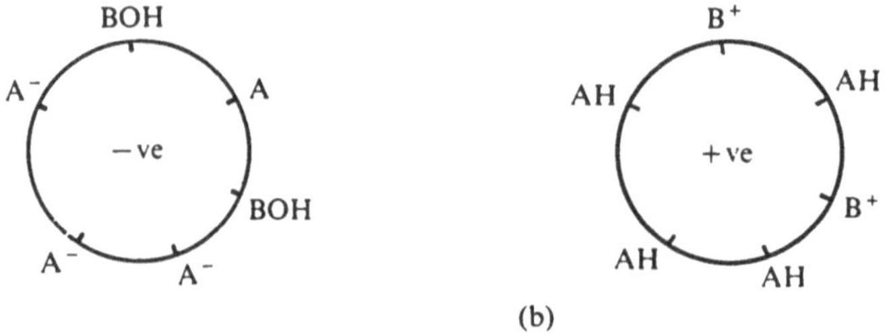

Abb. 2—8. Proteinmoleküle mit negativ (A^-) und positiv (B^+) geladenen Seitenketten. (a) In einer basischen Lösung. (b) In einer sauren Lösung.

Peptide und *Proteine* sind aus Aminosäuren aufgebaut, die durch *Peptidbindungen* miteinander verknüpft sind. Bei dieser Bindung ist die Carboxylgruppe einer Aminosäure mit der Aminogruppe einer zweiten Aminosäure verknüpft:

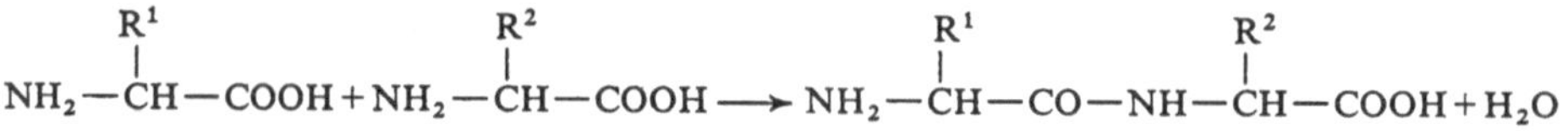

Wir werden in Kap. 4 den komplizierten Vorgang besprechen, durch den die Peptidbindungen in den lebenden Zellen entstehen. Zwei Aminosäuren, die sich auf diese Weise miteinander verbinden, bilden ein sog. Dipeptid, aus drei Aminosäuren entsteht ein Tripeptid, während viele Aminosäuren zusammen eine langkettige Verbindung, ein sog. Polypeptid bilden. Proteine schließlich bestehen aus einer oder mehreren Polypeptidketten; viele Proteine sind äußerst kompliziert aufgebaut und können Molekulargewichte von mehreren Millionen aufweisen. Die Proteine enthalten verhältnismäßig wenig freie α-Amino- und α-Carboxylgruppen, da diese die Peptidbindungen bilden. Aus diesem Grund hängen die elektrolytischen Eigenschaften der Proteine von den ionisierbaren Gruppen (den basischen und den sauren) in den Seitenketten der einzelnen Aminosäuren ab. Wenn die gelösten Proteine in einem elektrischen Feld wandern, so hängt ihre Bewegungsrichtung von der Art und Anzahl dieser verschiedenen Ionengruppen ab. Es gibt dabei für jedes Protein einen besonderen pH-Wert (s. Abschn. 2.6), bei dem es sich nicht bewegt; dieser Wert wird als der *isoelektrische Punkt* eines Proteins bezeichnet (Abb. 2—9).

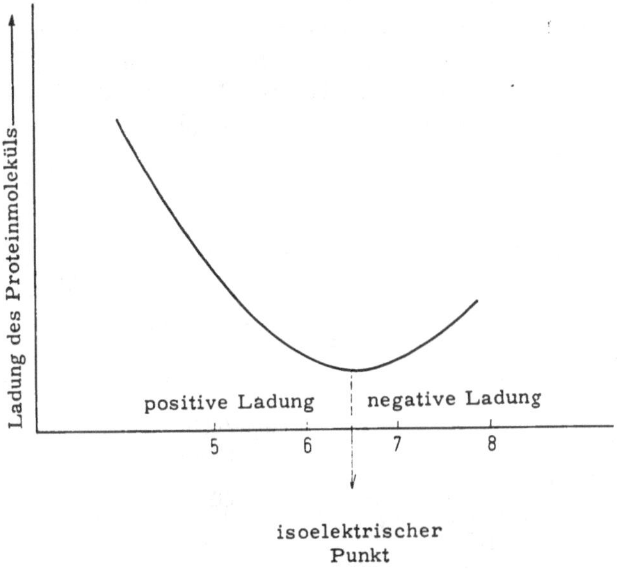

Abb. 2—9. Ladungsdiagramm eines gelösten Proteinmoleküls, das den isoelektrischen Punkt des Moleküls bei einem spezifischen pH-Wert zeigt.

Ein Protein besitzt wegen seines hohen Molekulargewichts und der vielen ionisierten Gruppen seiner Seitenketten eine sehr hohe Pufferkapazität; diese Eigenschaft der Proteine ist für die biologischen Systeme von großer Bedeutung. Das pH des Säugetierblutes wird beispielsweise vor allem dank der Pufferkapazität des Hämoglobins in den engen Grenzen zwischen pH 7,3 und pH 7,5 gehalten. Die Proteine können sich überdies wegen der Vielfalt der Gruppen, die sich an ihren Seitenketten befinden, mit sehr vielen verschiedenen kleinen Molekülen verbinden und dadurch gewisse Substanzen transportieren oder speichern.

Alle Aminosäuren, die in den Proteinen vorkommen, besitzen die L-Konfiguration an dem α-Kohlenstoffatom, so daß die Molekularstrukturen der Proteine asymmetrisch sind. Diese Asymmetrie der Proteinstruktur ist biochemisch deshalb sehr wichtig, weil alle bekannten Enzyme, die die biologischen Reaktionen katalysieren, Proteine sind und einen hohen Grad an sterischer Spezifität aufweisen (s. Abschn. 7.1).

2.4. Nucleotide

Die Nucleotide sind die Bausteine der Nucleinsäuremoleküle. Jedes Nucleotid besteht aus drei Untereinheiten, nämlich aus einer basischen, stickstoffhaltigen Ringverbindung, einem Pentosezucker und einer Phosphatgruppe. Der wichtigste Teil des Moleküls ist immer entweder ein substituierter Pyrimidinring (Abb. 2—10 a, ein heterocyclischer, sechsgliedriger Ring) oder ein substituiertes Purin (Abb. 2—10 b, ein Pyrimidin, das mit einem fünfgliedrigen, heterocyclischen Ring verbunden ist). DNA sowie RNA enthalten je zwei Purine und zwei Pyrimidine. Abb. 2—10 zeigt, wie die Atome der Purine und der Pyrimidine numeriert werden. Wenn diese Verbindungen Sauerstoff enthalten, was beim Uracil, einem substituierten Pyrimidin der RNA, der Fall ist, so besteht ein Gleichgewicht zwischen der *Keto*-(Lactam-) und der *Enol*-(Lactim-)form des Moleküls (Abb. 2—11). Beim physiologischen pH-Wert herrscht die Ketoform vor; dies ist auch die Form, die mit dem Pentosezucker eine glycosidische Bindung eingeht.

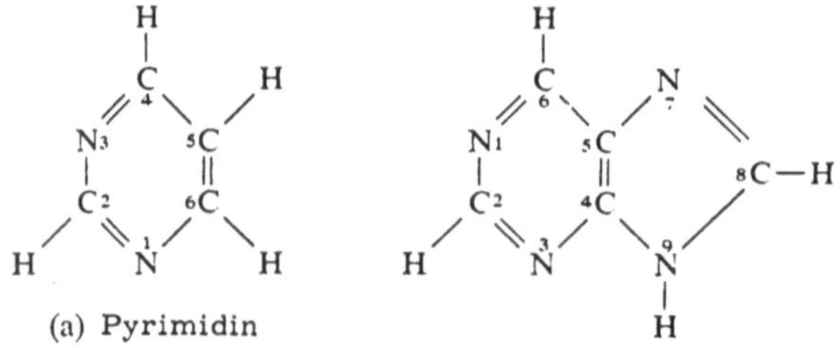

(a) Pyrimidin

(b) Purin

Abb. 2—10. Heterocyclische Ringstrukturen.

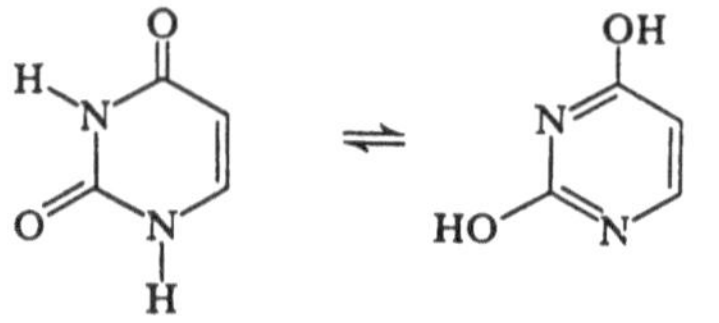

Keto-oder Lactam-Form   Enol-oder Lactim-Form

enthält >C=O   enthält >C-OH

Uracil

Abb. 2—11. Isomere Strukturen des Uracils.

Der Pentosezucker der Nucleinsäuren ist immer eine *Ribose*; in der RNA kommt die D-Ribose vor, während die DNA, wie ihr Name schon sagt die Desoxy-D-ribose enthält (Abb. 2—12). Die Base ist in den Nucleinsäuren immer mit der OH-Gruppe am C-1 der Ribose verbunden. Die Pyrimidine werden dabei mit ihrem N-1-Atom und die Purine mit ihrem N-9-Atom an die OH-Gruppe der Ribose gebunden (Abb. 2—12). Um Verwechslungen zu vermeiden, werden die Kohlenstoffatome des Zuckerringes mit 1′, 2′ und so weiter, bezeichnet. Wenn die Ribose an eine Purin- oder Pyrimidinbase gebunden ist, so liegt ein sog. *Nucleosid* vor (das ein Ribosid oder ein Desoxyribosid der entsprechenden Base ist). Der Phosphatester eines Nucleosids wird dagegen als *Nucleotid* be-

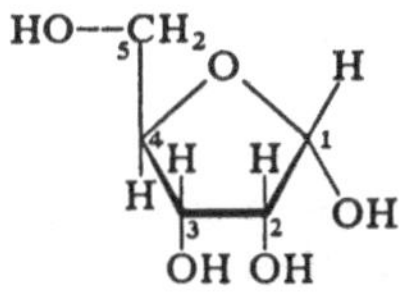

D-Ribose

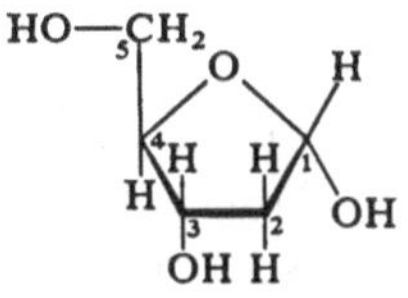

2-Desoxy-D-ribose

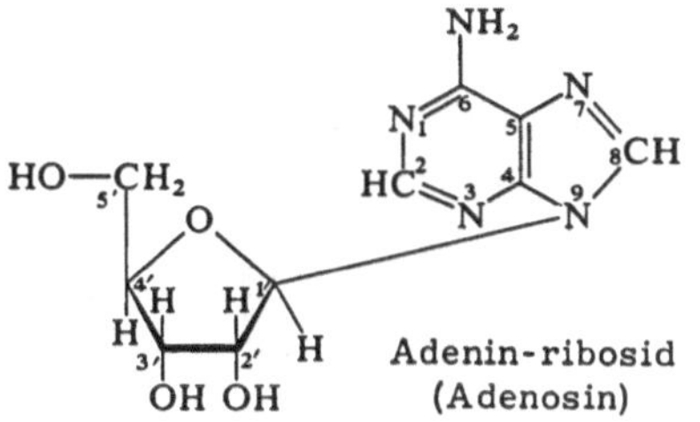

Adenin-ribosid (Adenosin)

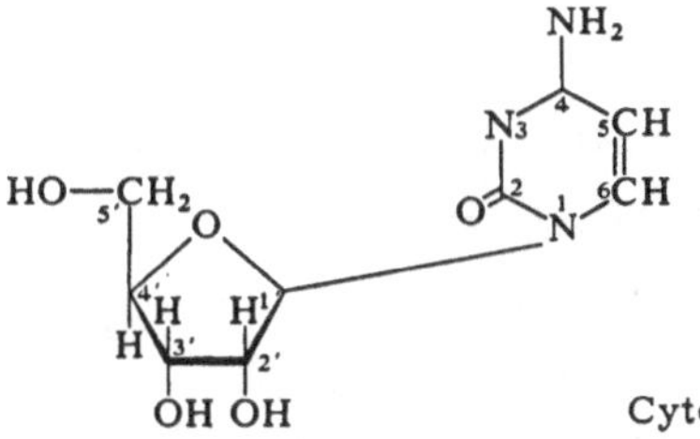

Cytosin-ribosid (Cytidin)

Abb. 2—12. Struktur von Ribose, Desoxyribose und zwei Nucleoside.

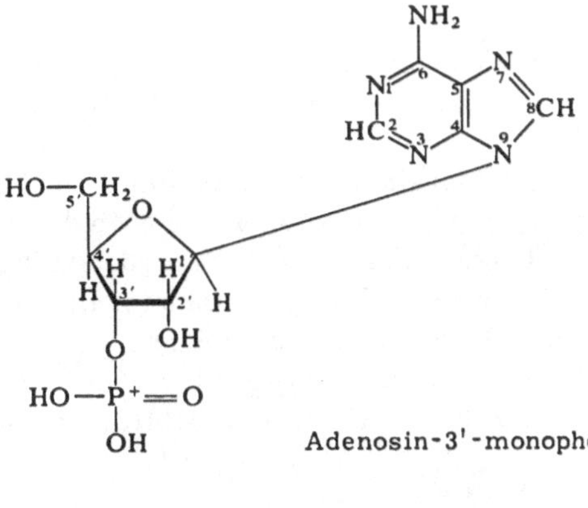

Abb. 2—13. Struktur eines Nucleotids.

Adenosin-3'-monophosphat

zeichnet; die Phosphorsäure H_3PO_4 geht dabei eine Esterbindung mit einer der freien Hydroxylgruppen der Ribose (oder der Desoxyribose) ein (Abb. 2—13). Die Nucleotideinheiten werden in den Nucleinsäuren durch Diesterbindungen der Phosphorsäure zusammengehalten; dabei verbindet sich ein Phosphatmolekül mit zwei Nucleosideinheiten, so daß es mit der Hydroxylgruppe des 3'-Atoms eines Zuckers eine Esterbindung und mit der Hydroxylgruppe des 5'-Atoms des benachbarten Nucleosid-Zuckers eine zweite Esterbindung eingeht (s. Abb. 3—3).

Es kommen auch Diphosphat- und Triphosphatester der Nucleoside vor. Adenosintriphosphat (ATP) und Adenosindiphosphat (ADP) spielen bei den Zellvorgängen, bei denen Energie gebildet oder verbraucht wird, eine sehr wichtige Rolle, da sie einzelne Phosphatgruppen aufnehmen oder abgeben und damit Energie speichern oder liefern können (s. Abb. 7—13).

2.5. Lipide

Die Lipide, die in den Zellen vorkommen, bestehen aus langkettigen Fettsäuren, die mit einem Alkohol verestert sind (allgemeine Formel $R^1 \cdot COOR^2$). Die allgemeine Formel der Fettsäuren lautet $R^1 \cdot COOH$, wobei das R^1 eine Kohlenwasserstoffkette ist; die Alkohole besitzen die allgemeine Formel R^2OH, wobei R^2 wiederum eine Kohlenwasserstoffkette darstellt. Der fettbildende Alkohol, der in den Pflanzen- und Tierzellen am häufigsten vorkommt, ist das Glycerin (Abb. 2—14); bei Tieren findet man daneben auch das Cholesterin (s. Abb. 7—39), das in einigen wichtigen Lipiden den Alkoholteil bildet.

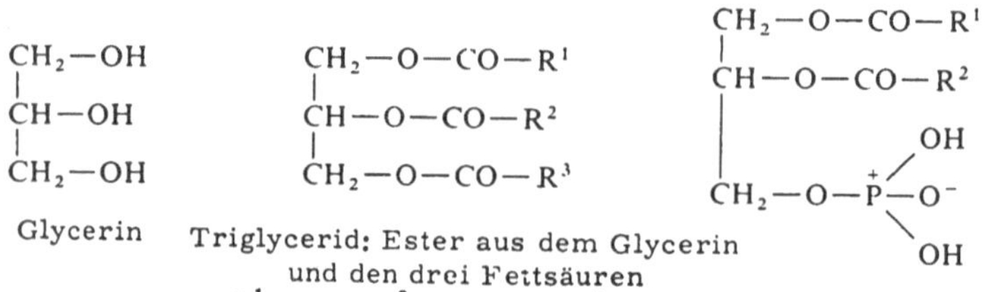

Glycerin — Triglycerid: Ester aus dem Glycerin und den drei Fettsäuren R^1COOH, R^2COOH und R^3COOH — Phosphatidsäure

Abb. 2—14. Struktur von Glycerin, von einem Triglycerid und einem Phospholipid.

Neutrale Fette (oder Triglyceride) sind Ester, die aus Glycerin und drei Fettsäuren bestehen, so daß hier alle drei freien Hydroxylgruppen des Glycerins verestert sind (Abb. 2—14).

Die Phospholipide (z. B. Lecithin der Abb. 7—37, wie üblicherweise das Phosphatidylcholin genannt wird) enthalten außer Glycerin und Fettsäuren zusätzlich eine geladene Phosphatgruppe und eine stickstoffhaltige Base. Die Phospholipide können auch als Derivate der Phosphatidsäure betrachtet werden (Abb. 2—14), weshalb man sie gelegentlich als Phosphatide bezeichnet.

Lipide besitzen vorwiegend wasserabstoßende oder hydrophobe Eigenschaften; sie sind deshalb in Wasser sehr schlecht, in organischen Lösungsmitteln dagegen gut löslich.

2.6. Wasserstoffionenkonzentration und pH

Die pH-Werte dienen dazu, den sauren oder alkalischen Charakter einer Lösung auszudrücken. In Wasser befindet sich immer eine geringe Menge dissoziierter H^+-Ionen (eigentlich sind es hydratisierte H_3O^+-Ionen) und OH^--Ionen. Diese reversible Dissoziation kann man wie folgt formulieren:

$$H_2O \rightleftharpoons H^+ + OH^-.$$

Der stärkere Pfeil gibt an, daß das Gleichgewicht dieser Reaktion sehr stark nach der linken Seite verschoben ist. Wenden wir für dieses Gleichgewicht das Massenwirkungsgesetz an (welches besagt, daß die Geschwindigkeit einer chemischen Reaktion zu den Konzentrationen der reagierenden Substanzen direkt proportional ist), so findet man bei konstanter Temperatur den folgenden Zusammenhang:

$$\frac{[H^+]\,[OH^-]}{[H_2O]} = K$$

wobei K eine Konstante ist, $[H^+]$ und $[OH^-]$ geben die Konzentrationen der Ionen bei Gleichgewichtsbedingungen in Mol pro Liter an, und $[H_2O]$ ist die Konzentration des undissoziierten Wassers in Mol pro Liter. (Strenggenommen sollte man hier mit Aktivitäten rechnen; diese sind aber in stark verdünnten Lösungen praktisch gleich den molaren Konzentrationen, s. u.) Da Wasser nur sehr schwach dissoziiert ist, bleibt die Konzentration des undissoziierten Wassers nahezu unverändert, auch wenn die Ionenkonzentration verhältnismäßig stark schwankt. Sie kann daher als konstant angesehen werden, so daß wir schreiben können:

$$[H^+]\,[OH^-] = K_w$$

wobei K_w das *Ionenprodukt* des Wassers ist. Da in reinem Wasser gleiche Mengen von H^+- und OH^--Ionen gebildet werden, ist $[H^+] = [OH^-]$. Diese Konzentration, die experimentell bestimmt worden ist, beträgt bei 25 °C ungefähr 1×10^{-7} Mol pro Liter.

$$K_w = [H^+]\,[OH^-] = (1 \times 10^{-7})\,(1 \times 10^{-7}) = 1 \times 10^{-14}\ \text{mol/l (bei 25 °C)}.$$

Die Wasserstoffionenkonzentration ist nur in neutraler Lösung der Hydroxidionenkonzentration gleich, aber das Ionenprodukt ist bei gleichbleibender Temperatur immer konstant. Wenn die Wasserstoffionenkonzentration 10^{-7} Mol pro Liter übersteigt und die Hydroxidionenkonzentration folglich niedriger als 10^{-7} ist, so wird die Lösung als *sauer* bezeichnet. Umgekehrt nennt man eine Lösung *alkalisch* oder *basisch*, wenn ihre Wasserstoffionenkonzentration niedriger als 10^{-7} und die Hydroxidionenkonzentration höher als dieser Wert ist. Man kann also den Charakter einer sauren oder alkalischen Lösung dadurch bestimmen, daß man lediglich ihre Wasserstoffionenkonzentration mißt, da das Produkt aus der Wasserstoffionenkonzentration und der Hydroxidionenkonzentration immer gleich der Konstanten K_w ist.

Es hat sich als zweckmäßig erwiesen, die Werte der Wasserstoffionenkonzentration auf einer logarithmischen Skala aufzutragen, da sie sehr stark variieren können. Man verwendet dabei den negativen dekadischen Logarithmus der Wasserstoffionenkonzentration in Mol pro Liter, der als pH einer Lösung bezeichnet wird. In neutraler Lösung ist das pH, da $[H^+] = 10^{-7}$ Mol pro Liter beträgt,

$$\text{pH} = -\log_{10}[H^+] = -\log_{10}(10^{-7}) = 7.$$

Man hat das Vorzeichen nur deshalb umgekehrt, damit die Werte auf der Skala positiv werden. In saurer Lösung sind die pH-Werte kleiner als 7 (wenn zum Beispiel $[H^+]$ 10^{-3} mol/l beträgt, so wird das pH $= -\log_{10}(10^{-3}) = 3$). Umgekehrt ist das pH einer alkalischen Lösung größer als 7 (wenn $[H^+]$ 10^{-9} mol/l beträgt, so wird das pH $= -\log_{10}(10^{-9}) = 9$).

Wir können zusammenfassen, daß saure Lösungen, die eine hohe Wasserstoffionenkonzentration besitzen, einen niederen pH-Wert aufweisen, während bei alkalischen Lösungen, die eine niedere Wasserstoffionenkonzentration haben, der pH-Wert hoch ist (Abb. 2—15). Die pH-Werte werden gewöhnlich mit Hilfe eines pH-Meters schnell und genau gemessen (s. Abschn. 2.15).

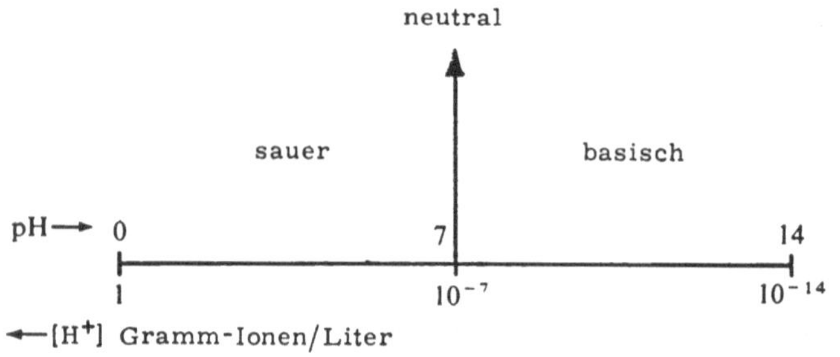

Abb. 2—15. pH-Werte von sauren und basischen Lösungen.

2.7. Energieänderungen bei biochemischen Reaktionen

Alle biochemischen Reaktionen, die in den Zellen ablaufen, schließen Energieänderungen in sich ein, indem sie entweder Energie verbrauchen oder freisetzen. Die Nährstoffe (z. B. Zucker, Fette und Proteine) sind eine der Energiequellen der Zellen, da sie Energie abgeben, wenn sie im Zellinnern abgebaut werden (dieser Vorgang wird als *katabolischer Stoffwechsel* bezeichnet). Diese Energie wird nun dazu verwendet, um einerseits die verschiedenen Zellbestandteile aufzubauen (*anabolischer Stoffwechsel*) und anderseits die Arbeiten, die die Zellen für die Aufrechterhaltung ihrer Funktionen leisten müssen, zu ermöglichen (die Zelle leistet z. B. bei den Zellbewegungen und den Muskelkontraktionen mechanische Arbeit, bei der Erregungsleitung der Nerven elektrische Arbeit und bei der Osmose Arbeit gegen osmotische Kräfte). Grüne Pflanzen nutzen bei dem anabolischen Vorgang der Photosynthese die Sonnenenergie dazu, aus CO_2 und H_2O Glucose aufzubauen, wobei Sauerstoff freigesetzt wird.

Die Zelle, in der alle diese biochemischen Vorgänge ablaufen, darf aber nicht als ein abgesondertes System betrachtet werden, sondern sie steht mit ihrer Umgebung in Beziehung. Eine Zelle gibt zum Beispiel die Wärme, die bei einer bestimmten Reaktion entstanden ist, an ihre Umgebung ab, so daß die Temperatur im Zellinnern nahezu konstant bleibt. Dasselbe gilt, wenn der Druck einer Zelle verändert wird; die Zellreaktionen finden meistens bei atmosphärischem Druck statt, und dieser wird durch Wechselwirkungen mit der Umgebung aufrecht erhalten. Erfolgt zum Beispiel eine Volumenzunahme, weil aus Feststoffen oder Flüssigkeiten im Zellinnern Gase gebildet worden sind, so muß die Zelle gegen ihre Umgebung Arbeit leisten, damit der atmosphärische Druck in ihrem Innern wieder hergestellt wird. Man muß deshalb die Energieveränderungen, die bei biochemischen Reaktionen entstehen, immer bei *konstanter Temperatur* und *konstantem Druck* untersuchen. Die meisten Zellreaktionen werden durch Enzyme katalysiert und sind umkehrbar (s. Kap. 7); man kann sie daher folgendermaßen darstellen:

$$A + B \rightleftharpoons C + D$$

Das nützlichste Maß für die Energetik ist die maximale Arbeit, die von einer reversiblen Reaktion unter konstanter Temperatur und konstantem Druck geleistet wird. Diese sog. *Änderung der freien Energie* der Reaktion wird mit dem Symbol ΔF angegeben. Wenn die freie Energie der Endprodukte einer Reaktion kleiner als die freie Energie der Ausgangsstoffe ist, so haben die Endprodukte freie Energie verloren, und das ΔF der Reaktion wird negativ ($-\Delta F$); derartige Reaktionen werden als *exergonische* Reaktionen bezeichnet (s. Abb. 7—3). Sind die Energieverhältnisse nach Reaktionsabschluß umgekehrt, so wird am Schluß freie Energie gewonnen, und das ΔF der Reaktion wird positiv; diese Reaktionen nennt man *endergonisch*. Die Energie, die eine Zelle durch exergonische Reaktionen gewinnt, wird praktisch immer dazu verwendet, andere endergonische biochemische Reaktionen in der Zelle voranzutreiben.

Befindet sich die reversible Reaktion

$$A + B \rightleftharpoons C + D$$

im Gleichgewicht, so sind die Geschwindigkeiten der Rückreaktion und der Vorwärtsreaktion gleich. Die Reaktionsgeschwindigkeiten sind proportional dem Produkt der Aktivitäten der Reaktanden. (Die Aktivitäten müssen bei nicht-idealen Lösungen verwendet werden; in stark verdünnten Lösungen sind die Aktivitäten den Konzentrationen, in mol/l ausgedrückt, praktisch gleich.) Wir können also das Gleichgewicht der reversiblen Reaktion in folgender Weise ausdrücken:

$$\frac{(C) \times (D)}{(A) \times (B)} = K$$

Hier sind (A), (B) usw. die Aktivitäten der verschiedenen Reaktanden und Produkte im Gleichgewichtszustand, K ist die Gleichgewichtskonstante der Reaktion. Man sieht aus dieser Formel, daß die Konstante um so höher wird, je weiter das Reaktionsgleichgewicht nach rechts verschoben ist.

Ein aus der Thermodynamik hergeleiteter Ausdruck ist die *Änderung der freien Energie unter Standardbedingungen*, ΔF^0. Diese gibt die größtmögliche Nutzarbeit an, die bei der Umwandlung von einem Mol reagierender Substanz mit der Aktivität Eins in ein Mol Reaktionsprodukt erhalten wird (bei pH 0; wenn das pH von 0 verschieden ist, so wird die Standardänderung der freien Energie als $\Delta F'$ bezeichnet unter Angabe des pH-Werts.) ΔF^0 steht mit der Gleichgewichtskonstanten in folgendem Zusammenhang:

$$\Delta F^0 = -1363 \log_{10} K \text{ (bei 25 °C)}$$

Diese Gleichung wird dazu benutzt, im Laboratorium die ΔF^0-Werte für reversible Reaktionen zu bestimmen. Man mißt dazu die Konzentrationen der Reaktanden und der Produkte im Gleichgewichtszustand. Bei Reaktionen, deren Standardänderung der freien Energie negativ ist, wird der Wert für K größer als 1, während Reaktionen mit positivem ΔF^0 einen K-Wert kleiner als 1 haben.

Jede Störung der Gleichgewichtsbedingungen verändert die relativen Konzentrationen der Ausgangsstoffe und der Endprodukte, so daß die Reaktion durch eine Konzentrationserhöhung von A oder B, oder aber durch eine Konzentrationserniedrigung von C oder D, jedesmal nach rechts verschoben wird.

Die Zelle verwendet die Energie, die sie aus den exergonischen Reaktionen gewinnt, meistens dazu, verschiedene endergonische Reaktionen voranzutreiben. Dies geschieht durch einen Kopplungsvorgang, bei dem die verschiedenen Reaktionen *gemeinsame Reaktionspartner* benutzen. Die Reaktionen $A \rightleftharpoons B$ und $B \rightleftharpoons C$ werden zum Beispiel zu der einzigen Reaktion

$$A \rightleftharpoons B \rightleftharpoons C$$

gekoppelt.

Wenn die Reaktion A ⇌ B einen positiven ΔF-Wert besitzt und normalerweise im Gleichgewicht fast nur die Substanz A vorliegen würde, die Reaktion B ⇌ C dagegen einen negativen ΔF-Wert hat, so wird die Energie, die aus der zweiten Reaktion stammt, zum Vorantreiben der ersten verwendet. Die Substanz B wird dabei fortlaufend für die Bildung der Substanz C aufgebraucht, so daß die Reaktion A ⇌ B immer weiter nach rechts ablaufen muß, damit das Gleichgewicht aufrechterhalten bleibt. Wenn die Gleichgewichtskonstante der Reaktion B ⇌ C hoch ist, d. h. wenn die Änderung der freien Energie stark negativ ist, so wird die Substanz A über die Zwischensubstanz B, die am Ende nur noch in sehr kleinen Mengen vorhanden ist, sehr wirksam in die Substanz C umgewandelt. In Abb. 2—16 ist der negative ΔF_2-Wert der Reaktion B ⇌ C größer als der positive ΔF_1-Wert der Reaktion A ⇌ B. Dies bedeutet, daß die Endstufe der freien Energie der Substanz C tiefer als jene der Substanz A liegt, so daß die Änderung der freien Energie der Reaktion A ⇌ C auch negativ ist.

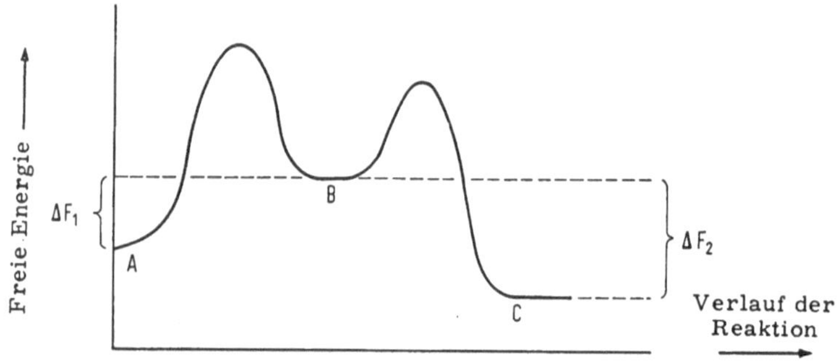

Abb. 2—16. Energiestufen einer chemischen Reaktion.

Es ist jedoch wichtig zu wissen, daß die meisten biochemischen Reaktionen, obwohl sie aus thermodynamischen Gründen ablaufen können, durch Enzyme katalysiert werden müssen, damit ihre Geschwindigkeiten wahrnehmbar sind. Überdies befinden sich die wenigsten Reaktionen (vielleicht gar keine), die in den Zellen ablaufen, in einem thermodynamischen Gleichgewicht. Weiter trennen sich Substanzen, die sich nicht mischen lassen, in zwei oder mehrere Phasen auf. Ein lebender Organismus ist kein homogenes, sondern ein heterogenes System, das aus vielen verschiedenen Phasen besteht. Auch eine einzelne Zelle stellt ein vielphasiges System dar, in dem die unzähligen Reaktionsvorgänge alle untereinander zusammenhängen. Ein derartiges System befindet sich nicht in einem thermodynamischen Gleichgewicht, sondern in einem „Fließgleichgewicht" (engl. steady state), in dem sich die Geschwindigkeiten der chemischen Synthese und Degradation die Waage halten. Jede Veränderung von außen (wenn z. B. ein Metabolit hinzugefügt oder ein Reaktionsprodukt entfernt wird) hat zur Folge, daß sich die Gleichgewichte der einzelnen, intrazellulären Reaktionen verändern, damit dieses Fließgleichgewicht erhalten bleibt. Es ist folglich sehr schwierig, den ΔF-Wert einer biochemischen Reaktion genau zu bestimmen. Auch die Bestimmung des ΔF-Wertes einer homogenen, umkehrbaren biochemischen Reaktion *in vitro* ist nur dann möglich, wenn man mehrere vereinfachende Annahmen macht (s. Abschn. 2. 15). Man muß deshalb die meisten ΔF-Werte, die man in der biochemischen Literatur findet, als Näherungswerte betrachten, die einen Fehler von ± 10% einschließen. Der Begriff der Standardänderung der freien Energie einer Reaktion hat sich aber trotzdem bei den Untersuchungen von biochemischen Reaktionssystemen als sehr wertvoll erwiesen.

2.8. Oxidations-Reduktions-Reaktionen

Früher hat man mit dem Ausdruck *Oxidation* die Reaktionen beschrieben, bei denen sich bestimmte Substanzen mit Sauerstoff verbanden; ein Beispiel ist die folgende Reaktion:

$$2Mg + O_2 \rightarrow 2MgO$$

während der Ausdruck *Reduktion* den umgekehrten Vorgang, nämlich den Entzug von Sauerstoff bezeichnete, zum Beispiel:

$$PbO + H_2 \rightarrow Pb + H_2O$$

Der Oxidationsbegriff ist dann später so erweitert worden, daß er auch Reaktionen wie die Umwandlung des Eisen(II) -Ions in das Eisen(III)-Ion einschloß:

$$\underset{\text{(reduziert)}}{Fe^{2+}} \rightleftharpoons \underset{\text{(oxidiert)}}{Fe^{3+} + e}$$

Dieser eindeutigen Oxidationsreaktion entspricht die Umwandlung des Oxids FeO zu dem Oxid Fe_2O_3.

Heute wird die *Oxidation* viel allgemeiner definiert: Die Oxidation ist ein Vorgang, bei dem *Elektronen entfernt* werden, während ein Oxidationsmittel Elektronen aufnehmen kann. Die *Reduktion* ist der umgekehrte Vorgang, bei dem *Elektronen hinzugefügt* werden, und Substanzen, die ihre Elektronen an andere Substanzen abgeben können, werden als Reduktionsmittel bezeichnet. Die beiden Vorgänge ergänzen sich also gegenseitig, und eine Oxidation ist immer mit einer Reduktion gekoppelt; sie sind lediglich zwei verschiedene Gesichtspunkte der gleichen Reaktion, nämlich der Elektronenübertragung von einer Substanz auf eine andere. Man nennt diese Reaktionen deshalb Oxidations-Reduktionsreaktionen, oder kurz *Redox*-Reaktionen.

Substanzen, die man als Reduktionsmittel bezeichnet, sind bestimmte Verbindungen, die ihre Elektronen leichter als andere abgeben. In ähnlicher Weise zeigen die verschiedenen Oxidationsmittel sehr unterschiedliche Elektronenaffinitäten für die verschiedenen Verbindungen, die sie oxidieren. Damit man diese unterschiedlichen Tendenzen, Elektronen aufzunehmen oder abzugeben, zahlenmäßig miteinander vergleichen kann, ordnet man sie in einer bestimmten Reihenfolge in einer Tabelle an. Die Zahlenwerte dieser sog. *Redoxreihe* können, je nach dem Redoxpotential der einzelnen Substanzen, positiv oder negativ sein. Man bestimmt das Redoxpotential eines Redoxpaares so, daß man sein Elektronenpotential mit demjenigen des Wasserstoffs vergleicht, das als willkürlicher Standard gewählt worden ist. Das Potential der Wasserstoffelektrode ist definitionsgemäß Null, wenn eine Edelmetallelektrode in eine Lösung von pH 0 getaucht wird (das ist eine Lösung mit einer Protonenaktivität = 1, s. Abb. 2—15), die bei einem Druck von 1 Atomsphäre mit Wasserstoffgas im Gleichgewicht steht. Die Reaktion kann in folgender Weise dargestellt werden:

$$^1/_2 H_2 \rightleftharpoons H^+ + e.$$

Das Potential jedes beliebigen Redox-Systems kann somit bestimmt werden, wenn das System Elektronen an eine Metallelektrode abgeben oder von ihr aufnehmen kann. Man verbindet dazu dieses System mit der Standard-Wasserstoffelektrode (oder mit einer anderen Elektrode, die standardisiert worden ist) und mißt den Potentialunterschied zwischen den zwei Elektroden. Im Falle eines Metall-Redox-Systems besteht die Elektrode aus dem Metall selbst, das in eine Lösung seiner eigenen Ionen (eines seiner Salze) getaucht wird; zum Beispiel stellt man einen Zinkstab in eine Zinksulfatlösung. Einige der Metallatome geben ihre Elektronen an das Metall ab und gehen als positiv geladene Ionen in Lösung, während gleichzeitig einige der gelösten Metall-Ionen Elektronen aus dem Metall aufnehmen und sich als neutrale Atome an diesem niederschlagen:

$$Zn \rightleftharpoons Zn^{2+} + 2e$$

Ein Element wird dann, je nachdem ob mehr Ionen in Lösung gehen oder sich mehr Atome an das Metall anlagern, negativ oder positiv geladen. Wenn aber am Ende das Gleichgewicht erreicht ist, d. h. wenn die Aktivitäten der oxidierten und der reduzierten Formen gleich sind, so wird bei unveränderten äußeren Bedingungen ein konstanter Potentialunterschied aufrechterhalten. Man definiert das gemessene Potential (im Vergleich zu einer Wasserstoffelektrode) dann als Standard-Elektrodenpotential E_0 des Elementes, wenn sich die Elektrode bei 25 °C in einer 1-molaren Lösung ihrer eigenen Ionen befindet. Der Wert E_0 ist für die Beschreibung der Redox-Reaktionen sehr gut geeignet, denn er gibt die relative Elektronenaffinität eines bestimmten Redox-Systems wieder; er wird auch als das *Standard-Redoxpotential* eines Redox-Systems bezeichnet. Als Beispiel führen wir Zink an, dessen Redoxpotential in bezug auf Wasserstoff negativ ist (s. Abb. 2—17).

Redox-System	Standard-Redoxpotential Volt
$K \rightleftharpoons K^+ + e$(pH 8)	−2,92
$Ca \rightleftharpoons Ca^{2+} + 2e$	−2,87
$Zn \rightleftharpoons Zn^{2+} + 2e$	−0,76
$^1/_2H_2 \rightleftharpoons H^+ + e$ (pH 7)	−0,41
(pH 0)	0,00
$Fe^{2+} \rightleftharpoons Fe^{3+} + e$	+0,77
$2H_2O \rightleftharpoons O_2 + 4H^+ + 4e$	+1,24
$Cl^- \rightleftharpoons {}^1/_2Cl_2 + e$	+1,36

Abb. 2—17. Standard-Redoxpotentiale einiger gebräuchlicher Elemente.

Substanzen, die hohe, positive Redoxpotentiale aufweisen, sind im Vergleich zu Substanzen mit niederen, positiven Potentialen starke Oxidationsmittel, da sie leichter Elektronen aufnehmen als diese. Substanzen mit niederen positiven Potentialen nehmen ihrerseits leichter Elektronen auf als diejenigen, die negative Potentiale besitzen. Die Tabelle stellt also eine Reihe zunehmender Elektronenaffinitäten dar. Diese Tabelle enthält auch ein Redox-System, das zwei unterschiedliche Ionen des gleichen Elementes enthält (Fe^{2+} und Fe^{3+}). Dieses System besitzt ein positives Normal-Redoxpotential, so daß das Eisen(III)-Ion ein Oxidationsmittel darstellt und durch H_2 oder theoretisch durch die reduzierte Form eines jeden Redox-Systems, dessen E_0-Wert niedriger ist, reduziert wird. Diese Redox-Reihe ist also von großer praktischer Bedeutung, da mit ihrer Hilfe theoretisch mögliche Reaktionen vorauszusagen sind.

Die Redoxpotentiale spielen in der Biochemie deshalb eine sehr wichtige Rolle, weil die lebenden Zellen viele Reaktionen ausführen, in denen Elektronenübergänge stattfinden. Ein sehr wichtiger Vorgang, der sich in den Zellen abspielt, ist die Oxidation der Glucose, die sehr viel Energie liefert. Man kann die Gesamtreaktion dieser Oxidation wie folgt darstellen:

$$C_6H_{12}O_6 + 6\,O_2 \rightarrow 6\,CO_2 + 6\,H_2O \;(\Delta F' = -\,685\,000\ \text{cal})$$

Die Oxidation der Glucose ist ein umgekehrter Vorgang des photosynthetischen Prozesses; hier aktiviert die Lichtenergie der Sonne Elektronen, die in eine Reihe von Reaktionen einbezogen werden, durch die schließlich aus Kohlendioxid und Wasser organische Verbindungen aufgebaut werden. Die Oxidation der Glucose läuft, wie auch die Photosynthese, nicht in einem einzigen Schritt ab, sondern in einer Reihe von Einzelreaktionen. Wir werden diese einzelnen Reaktionen in Kap. 6 besprechen. Die Änderung der freien Energie der Gesamtreaktion zeigt, daß diese stark exergonisch ist. Diese Energie, die die Zelle ausnutzen kann, wird bei den einzelnen Schritten der Reaktionsreihe in kleinen „Paketen“ freigesetzt.

Bei diesem Oxidationsvorgang spielen bestimmte Verbindungen, die sowohl in ihrer oxidierten als auch in ihrer reduzierten Form vorliegen und deshalb als Elektronenüberträger wirken können, eine sehr wichtige Rolle. So ist beispielsweise die reduzierte Form des Coenzyms Nicotinamid-adenin-dinucleotid (NADH, s. Abb. 7—14 und Abb. 7—15) ein Glied der Atmungskette in Mitochondrien. Diese schließt eine Reihe von gekoppelten Oxidations-Reduktionsreaktionen in sich ein (s. Abschn. 6.2). In der Atmungskette spielen die eisenhaltigen Verbindungen, die Cytochrome, eine Schlüsselrolle; das Eisen ist in seiner oxidierten Form dreiwertig und in der reduzierten Form zweiwertig. Bei den Reaktionen der Atmungskette wird die Energie aus den NADH-Molekülen in kleinen Paketen freigesetzt und mit der Bildung der energiespeichernden Verbindung ATP aus ADP gekoppelt. Dieser Prozeß hat einen hohen Wirkungsgrad. Die Standardänderung der freien Energie der Glucose-Oxidation beträgt —685 000 cal. Wenn ein Glucosemolekül oxidiert wird, so wandeln sich dabei 38 ADP-Moleküle in ATP-Moleküle um. Jedes ATP-Molekül benötigt für seine Bildung unter Standardbedingungen freie Energie von ungefähr +8 900 cal; die Änderung der freien Energie beträgt deshalb für 38 Moleküle +338 000 cal. Dies bedeutet, daß die Zelle die Glucose mit einem Wirkungsgrad von 40 bis 50% ausnutzen kann, was — verglichen mit den meisten Maschinen, die der Mensch konstruiert hat — sehr hoch ist.

In der Tabelle der Abb. 2—17 finden sich für das Redoxpotential des Wasserstoffs zwei Werte: der eine ist der willkürliche Nullwert bei pH 0, während der andere Wert (ungefähr minus 0,4) für pH 7 gilt. Da pH 7 der physiologische pH-Wert ist, hat bei den biochemischen Reaktionen nur der zweite Wert eine praktische Bedeutung. Abb. 2—18 zeigt die Standard-Redoxpotentiale einiger wichtiger biochemischer Redox-Systeme bei pH 7. Diese werden meistens durch potentiometrische Titration bestimmt; man geht dabei entweder von der vollständig reduzierten Form eines Systems aus, fügt dann ein Oxidationsmittel hinzu und bestimmt auf den verschiedenen Oxidationsstufen die Potentialdifferenz gegen eine Normalelektrode; oder man kehrt den ganzen Vorgang um, indem man ein Reduktionsmittel zu der vollständig oxidierten Form des Systems hinzufügt. Abb. 2—19 zeigt die entsprechende Titrationskurve. Der Wendepunkt der Kurve liegt an dem Punkt, an dem 50% der Substanz in der reduzierten und 50% in der oxidierten Form vorliegen. An diesem Punkt ist die Potentialdifferenz gleich dem Wert E_0, d. h. er zeigt das Standard-Redoxpotential des Systems an.

System			E_0 bei pH 7
$^1/_2\,H_2$	⇌	$H^+ + e$	−0,41
NADH	⇌	$NAD^+ + H^+ + 2e$	−0,32
Lactat	⇌	Pyruvat	−0,19
CH_3		CH_3	
|		|	
CH — OH		C = O + $2H^+ + 2e$	
|		|	
COO^-		COO^-	
Cytochrom α (reduziert)	⇌	Cytochrom α (oxidiert)	+0,29
Fe^{2+}	⇌	$Fe^{3+} + e$	+0,771
$2H_2O$	⇌	$O_2 + 4H^+ + 4e$	+0,812

Abb. 2—18. Standard-Redoxpotentiale bei pH 7 von einigen biochemischen Redoxsystemen.

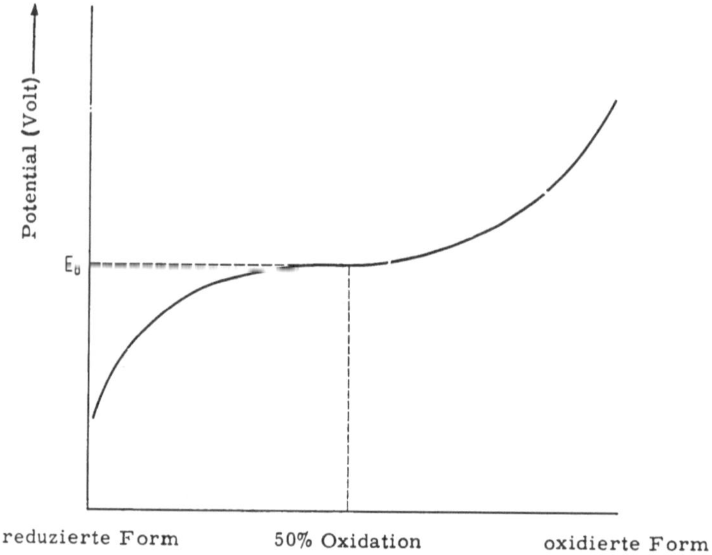

Abb. 2—19. Potentiometrische Titrationskurve.

Es gibt viele biochemische Redox-Systeme, bei denen es nicht möglich ist, eine direkte potentiometrische Messung durchzuführen. Wenn aber ein System mit unbekanntem Redoxpotential mit einem System, dessen Potential bekannt ist, reversibel reagiert, so kann man die Gleichgewichtskonstante dieser Reaktion berechnen, indem man die Konzentrationen der verschiedenen Reaktionspartner im Gleichgewichtszustand bestimmt. Man kann mit Hilfe der Thermodynamik zeigen, daß die Änderung des Redoxpotentials dieses kombinierten Systems mit dem Logarithmus der Gleichgewichtskonstanten zusammenhängt; dadurch kann man den E_0-Wert des unbekannten Systems berechnen.

Aus Abb. 2—18 kann man erkennen, daß das System NADH $\rightleftharpoons$ NAD^+ einen negativen E_0-Wert besitzt; deshalb ist die reduzierte Form NADH ein sehr gutes Reduktionsmittel innerhalb von Zellen. Da das System

$$2\,H_2O \rightleftharpoons O_2 + 4\,H^+ + 4e$$

einen hohen, positiven E_0-Wert aufweist, können wir voraussagen, daß die Oxidation von NADH durch O_2 aus thermodynamischen Gründen möglich ist. Es ist jedoch wichtig zu wissen, daß ein begünstigendes Redoxpotential den tatsächlichen Ablauf einer bestimmten Reaktion nicht unbedingt sicherstellt, sondern lediglich bedeutet, daß die Reaktion aus thermodynamischen Gründen ablaufen kann. Viele Reaktionen finden nur dann mit einer merklichen Geschwindigkeit statt, wenn gleichzeitig ein spezifischer Katalysator vorhanden ist. Zum Beispiel läuft die Oxidation des NADH-Moleküls in der Zelle nur in Gegenwart spezifischer Enzyme ab:

$$NADH + H^+ + {}^1/_2\,O_2 \xrightarrow{\text{Enzyme}} NAD^+ + H_2O$$

Diese Oxidation liefert eine negative Änderung der freien Energie, da sie aus thermodynamischen Gründen stattfinden kann; der ΔF-Wert beträgt hier ungefähr −52 000 cal.

2.9. Adenosin-phosphatester und energieliefernde Reaktionen

Die Zellen enthalten ein Molekül, das oft als Bindeglied zwischen endergonischen und exergonischen Reaktionen funktioniert. Es ist das Adenosintriphosphat (ATP), das Energie sowohl speichern als auch unmittelbar liefern kann.

ADP und ATP sind der Di- bzw. Triphosphatester des Adenin-ribonucleosid-Moleküls (s. Abb. 7—13); daneben findet man auch das Monophosphat, AMP. Bei allen drei Molekülen ist die CH_2OH-Gruppe der Ribose mit der Phosphatgruppe der Phosphorsäure, H_3PO_4, verestert. Die Phosphatgruppe wird abgekürzt oft als Ⓟ geschrieben, so daß man das ATP als Adenosin — Ⓟ — Ⓟ — Ⓟ darstellt. ATP wird in der Gegenwart entweder eines spezifischen Enzyms, verdünnter Säuren oder Basen hydrolysiert. Bei der Hydrolyse wird das endständige Ⓟ abgespalten, so daß ADP zurückbleibt:

$$\text{Adenosin} - Ⓟ - Ⓟ - Ⓟ + H_2O \rightleftharpoons \text{Adenosin} - Ⓟ - Ⓟ + H_3PO_4$$

Die Standardänderung der freien Energie dieser Reaktion beträgt beim pH 7 ungefähr −8 000 cal, d. h. daß diese Reaktion sehr viel Energie liefert.

Es gibt dafür zwei Erklärungen. Erstens erhält das elektronenanziehende Sauerstoffatom einer jeden Phosphatgruppe des ATP-Moleküls eine negative Ladung, so daß dadurch im benachbarten Phosphoratom eine positive Ladung induziert wird (s. Abb. 7—13). Dies bedeutet, daß das ATP-Molekül Energie aufwenden muß, um die elektrostatische

Abstoßung zwischen den positiven Ladungen seiner Phosphoratome zu überwinden. Diese Energie wird dann wieder freigesetzt, wenn durch die Hydrolyse eine Phosphatgruppe abgespalten wird. Zweitens besitzen sowohl die Ausgangsstoffe als auch die Endprodukte der Hydrolyse mehrere Resonanzformen; wir haben in Abschn. 2.1 erwähnt, daß ein Molekül um so stabiler ist, je mehr Resonanzformen es bilden kann. Die anorganische Phosphorsäure, eines der Reaktionsprodukte, besitzt folgende Resonanzstrukturen:

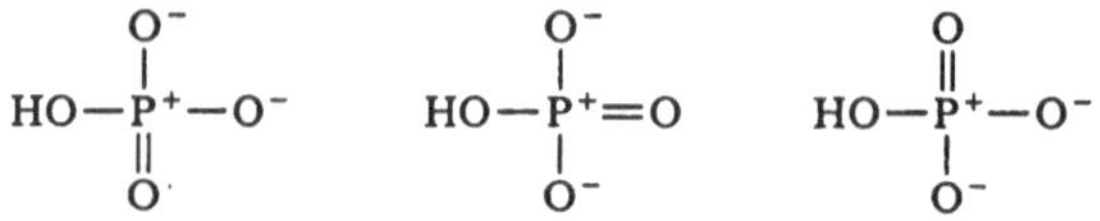

ATP besitzt dagegen weniger Resonanzstrukturen, da zwei (und im Falle von ADP nur ein) Sauerstoffmoleküle an der Phosphatbindung beteiligt sind. Die Stabilität ist folglich auf der rechten Seite der Reaktion ATP ⇌ ADP + Ⓟ größer als auf der linken, und die Energiewerte sind somit kleiner.

Bei der Hydrolyse der zweiten Phosphatgruppe, bei der ADP in AMP umgewandelt wird, liegen ähnliche Verhältnisse vor:

$$\text{Adenosin} - Ⓟ - Ⓟ + H_2O \rightleftharpoons \text{Adenosin} - Ⓟ + H_3PO_4$$

Die Änderung der freien Energie ist auch bei dieser Reaktion ziemlich hoch; der ΔF-Wert bei pH 7 beträgt $-6\,500$ cal. Hingegen ist die Änderung der freien Energie bei der Hydrolyse der dritten Phosphatgruppe viel kleiner ($\Delta F = -2\,200$ cal). Das AMP-Molekül besitzt wie die anderen, einfachen Phosphatester eine Reihe von Resonanzstrukturen, was zu größerer Stabilität und somit niedrigeren freien Energiewerten führt.

Es gibt neben ATP noch weitere biochemische Verbindungen, die bei der Hydrolyse große Energiemengen liefern; viele davon enthalten eine Phosphatgruppe, wie z. B. die Phosphoenol-brenztraubensäure, die zu Brenztraubensäure hydrolysiert wird und dabei 12 000 cal liefert ($\Delta F = -12\,000$ cal).

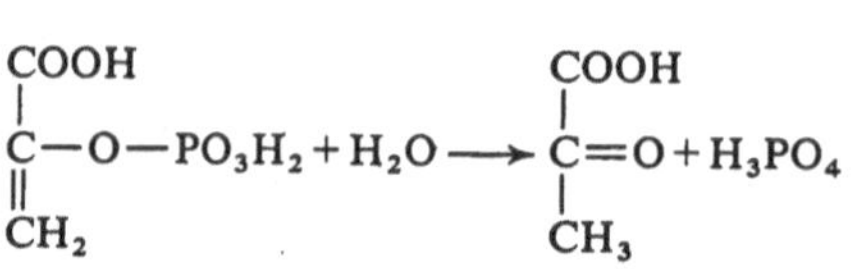

Ein Grund für den hohen Energiegewinn aus dieser Reaktion liegt darin, daß die Phophatverbindung der Brenztraubensäure in der instabilen Enolform vorkommt, während die Brenztraubensäure nach der Hydrolyse in der viel stabileren Ketoform, die auf einer niedrigeren Energiestufe steht, vorliegt.

ATP speichert die Energie, die bei vielen biochemischen Reaktionen entsteht, indem es aus ADP aufgebaut wird. Diese Energie wird dann später bei der Rückverwandlung von ATP zu ADP wieder freigesetzt und von der Zelle ausgenutzt.

Man verwendet gelegentlich den Ausdruck „energiereiche Phosphatbindung“, der aber sehr irreführend ist. Es ist nämlich nicht die Bindungsenergie der endständigen Phosphatgruppe, die hoch ist, sondern der ΔF-Wert bezieht sich auf das ganze ATP-Molekül und spezifisch auf dessen Hydrolyse und die Endprodukte dieser Hydrolyse.

2.10. Biologische Katalysatoren

Gewisse chemische Reaktionen laufen nur dann ab, wenn gleichzeitig ein Katalysator vorhanden ist. Zum Beispiel wird bei der Herstellung der Schwefelsäure durch das Kontaktverfahren Schwefeldioxid bei hohen Temperaturen und in Gegenwart eines Vanadiumpentoxid-Katalysators zu Schwefeltrioxid oxidiert:

$$2\,SO_2 + O_2 \rightarrow 2\,SO_3$$

Hier werden das Schwefeldioxidmolekül und das Sauerstoffmolekül nebeneinander auf der Oberfläche des Katalysators adsorbiert. Durch diese Adsorption wird die Schwelle der Aktivierungsenergie der Reaktion erniedrigt (s. Abb. 7—3). Wenn man diese Schwelle mit einer Hürde vergleicht, so erniedrigt der Katalysator die Höhe der Hürde, so daß bei einer bestimmten Temperatur mehr Moleküle die Hürde überspringen können. Der Katalysator selbst bleibt am Ende der Reaktion chemisch unverändert und beeinflußt weder den Verlauf noch die Änderung der freien Energie der Reaktion.

Die biologischen Katalysatoren sind *Enzyme,* die immer Proteinmoleküle sind und im Zellinnern hergestellt werden. Die Aufgabe eines Enzyms besteht darin, eine Zellreaktion, die aus thermodynamischen Gründen ablaufen kann, so zu beschleunigen, daß sie zu den vielen verschiedenen biochemischen Vorgängen, die im Zellinnern stattfinden, paßt. Enzyme wirken höchst spezifisch, und die Zellen benötigen Tausende von verschiedenen Enzymarten, damit alle ihre Reaktionen katalysiert werden können. Die Polypeptidketten eines jeden Enzymmoleküls sind auf eine besondere Art zusammengefaltet, so daß sie kugelförmige Moleküle von ungefähr 50—100 Å Durchmesser bilden. An bestimmten Stellen des Moleküls liegt eine Aminosäuregruppe (z. B. A, B und C in Abb. 2—20 a), die eine besondere räumliche Anordnung besitzt (Abb. 2—20 b). Diese Aminosäuregruppe ist die spezifische *aktive Stelle* eines Enzymmoleküls, an der die Reaktionsteilnehmer adsorbiert werden; sie spielt also eine ähnliche Rolle wie das Vanadiumpentoxid bei der Herstellung des Schwefeltrioxids. Jedes Enzymmolekül besitzt seine ganz spezifische aktive Stelle, wodurch es eine bestimmte biochemische Reaktion katalysieren kann.

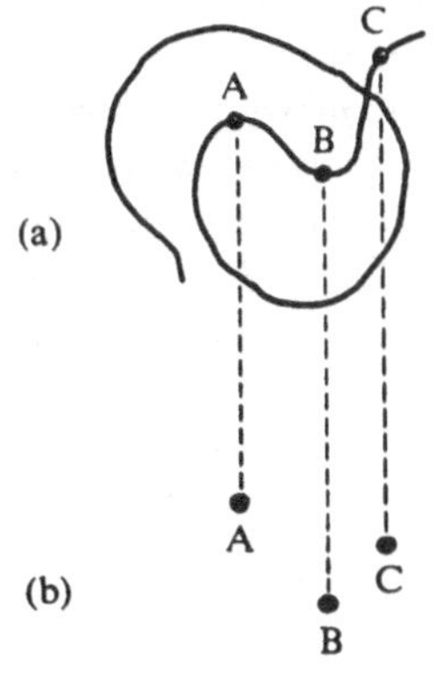

Abb. 2—20. Aktive Stelle eines Enzym-Moleküls. (a) Eine lineare Polypeptid-Kette faltet sich zu einem dreidimensionalen Enzym-Molekül. (b) Die drei Aminosäureseitenketten A, B und C sind an der Moleküloberfläche in bestimmten Stellungen angeordnet; dadurch entsteht eine aktive Stelle für die katalytische Wirkung des Enzyms.

2.11. Eigenschaften langkettiger Moleküle

Die langkettigen Moleküle der Nucleinsäuren, Proteine und Polysaccharide sowie die etwas kürzeren Lipidmoleküle besitzen interessante physikalische Eigenschaften. Die künstlichen, langkettigen Polymere (z. B. Nylon, Perlon oder Dacron) werden in großen Mengen hergestellt und überall in der Textilindustrie verwendet. Die Erforschung der künstlichen Polymere war für die Biologie sehr wertvoll, da diese langkettigen Moleküle dieselben allgemeinen Eigenschaften wie die biologischen Polymere aufweisen.

Die einfachsten biologischen Polymere sind aus vielen, untereinander gleichen Einheiten, Monomere genannt, zusammengesetzt. Ein Beispiel dafür ist die Cellulose, die ein wichtiges Strukturpolysaccharid der Pflanzen ist. Sie besteht aus vielen Glucosemolekülen, die durch 1,4-Bindungen miteinander verknüpft sind (s. Abschn. 7.4 und Abb. 7—27 b). Diese Celluloseketten, die bis zu 20 000 Glucoseeinheiten enthalten können, besitzen Molekulargewichte, die bis zu 2 Millionen gehen können. Auch die Stärke ist ein Polysaccharid, das aus Glucosemonomeren besteht (Abb. 7—27 a).

Nucleinsäuren sind etwas kompliziertere Verbindungen, da sie aus vier voneinander verschiedenen Monomeren zusammengesetzt sind. Drei davon kommen sowohl in der DNA als auch in der RNA vor, während sich das vierte in den zwei Molekülarten in einer bestimmten Pyrimidinbase unterscheidet. Die Nucleotideinheiten können in verschiedener Reihenfolge verbunden sein, so daß ihre Zusammensetzung stark variieren kann.

Die Polymeren, die man weitaus am häufigsten in den Zellen findet, sind die Proteine, die über 90% der Trockensubstanz der meisten Zellen ausmachen. Die Proteine sind aus den zwanzig häufigsten Aminosäuren aufgebaut, die in Abb. 4.1 dargestellt sind. Diese Aminosäuren können in den Polypeptidketten auf sehr unterschiedliche Arten angeordnet sein.

Proteinmoleküle werden durch mehrere Bindungsarten zusammengehalten. Bei einer Kovalenzbindung wird das Elektronenpaar, das an der Bindung beteiligt ist, zwischen den zwei miteinander verbundenen Atomen geteilt. Wenn aber eines dieser Atome eine größere Elektronenaffinität als das andere besitzt, so sind diese Elektronen, die als Elektronenwolke bezeichnet werden, nicht gleichmäßig zwischen den zwei Atomen verteilt, sondern sie werden aus der mittleren Stellung gegen den Atomkern verschoben, der sie stärker anzieht. Diese asymmetrische Ladungsverteilung hat eine Polarität zur Folge, die durch das Dipolmoment ausgedrückt wird, das proportional den Ladungen und ihren Abständen voneinander ist. Wenn sich Wasserstoff mit stark elektronenanziehenden Elementen wie Sauerstoff oder Stickstoff verbindet (z. B. in Wasser oder Ammoniak), so wird die Polarität der kovalenten Bindung so angegeben, daß im flüssigen Zustand der positive Pol des einen Moleküls mit dem negativen Pol des benachbarten in Wechselwirkung tritt, z. B.

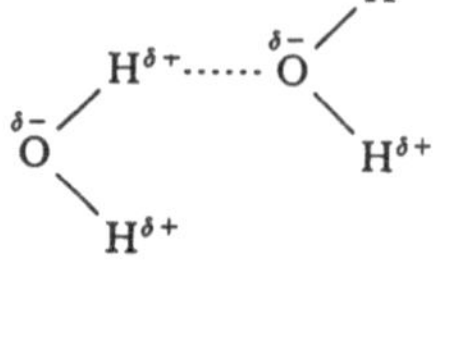

Die Moleküle werden infolge dieser Dipol-Dipol-Wechselwirkungen in einzelnen Paaren oder sogar in Ketten zusammengehalten. Man spricht in diesem Fall von *Wasserstoffbrücken*, da das Wasserstoffatom sehr klein ist und sich deshalb den elektronegativen Elementen stark annähern kann. Die Wasserstoffbrücken sind viel schwächere Bindungen als die kovalenten oder die Ionen-Bindungen, so daß sie durch Wärmebewegungen leicht auseinanderbrechen. In den Lösungen der Polypeptid- und Polynucleotidketten bilden sich die Wasserstoffbrücken zwischen den >NH und den >C=O Gruppen aus; sie sind für die räumliche Anordnung der Moleküle ausschlaggebend. Diese Wasserstoffbrücken sind einerseits dafür verantwortlich, daß die langkettigen Moleküle in bestimmten Anordnungen festgehalten werden, und anderseits dafür, daß diese Anordnungen Wassermoleküle anlagern können. Strukturen, die durch die Wasserstoffbrücken zusammengehalten werden, sind verhältnismäßig labil, da für die Bildung dieser schwachen Bindungen wenig Energie aufgebracht werden muß. Die räumliche Struktur der Proteinmoleküle kann aus diesem Grund äußerst leicht verändert werden.

Es treten noch schwächere Kräfte zwischen Molekülen auf, die als *van der Waals-Kräfte* bezeichnet werden. Ihre genaue Wirkungsweise ist noch nicht bekannt, aber man weiß, daß es Kräfte sind, die dann auftreten, wenn die primären chemischen Anziehungskräfte zwischen den Atomen abgesättigt sind. Man nimmt an, daß die van der Waals-Kräfte bei Wechselwirkungen der Elektronen entstehen, die sich in benachbarten Molekülen mit großer Geschwindigkeit bewegen. Man findet sie beispielsweise zwischen den Kohlenwasserstoffketten der Lipide:

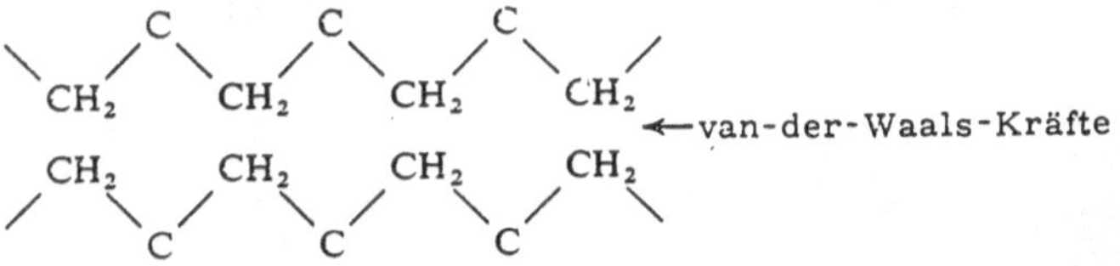

Die van der Waals-Kräfte sind zum großen Teil für die Wechselwirkungen zwischen den unpolaren Seitenketten der Proteine verantwortlich und tragen dazu bei, die spezifischen Molekülstrukturen aufrechtzuerhalten.

2.12. Lösungen langkettiger Moleküle

Kolloidale Eigenschaften. In einem Kolloidsystem ist eine Substanz in einer bestimmten Phase homogen verteilt in Form von sehr kleinen Teilchen, Tröpfchen oder Bläschen (je nachdem, ob die dispergierte Phase fest, flüssig oder gasförmig ist) in einem Medium von unterschiedlicher Phase. Ein derartiges System unterscheidet sich von einer echten Lösung dadurch, daß diese nur aus einer Phase besteht. Biologische Substanzen in Lösung ergeben *Sole*, in denen ein Feststoff in einem flüssigen Dispersionsmedium verteilt ist, und *Gele*, in denen eine Flüssigkeit in einem festen Medium verteilt ist. Die Eigenschaften eines kolloidalen Sol-Systems liegen zwischen denen einer echten Lösung und einer groben Suspension; diese drei Zustände gehen je nach der Teilchengröße fließend ineinander über. In einem Sol sind die Teilchen so klein, daß sie einerseits durch ihre eigenen Wärmebewegungen und anderseits durch die Energie, die die Moleküle des Dispersionsmediums beim Auftreffen auf sie übertragen, die Schwerkraft zum Teil überwinden können und deshalb mit kaum wahrnehmbarer Geschwindigkeit sedimentieren.

Es ist von großer Bedeutung für die lebenden Systeme, daß Proteinmoleküle kolloidale Eigenschaften haben (wie auch Stärke, Agar und Fetttröpfchen). Proteine bilden zwar in wäßrigem Medium oft echte Lösungen, aber da sie sehr große Moleküle sind, verhalten sie sich physikalisch wie Kolloidteilchen. Dies ist für die Zellfunktionen wichtig, da die Zellen zum größten Teil aus Proteinen bestehen. Der Zellinhalt (das Protoplasma) ist nicht nur eine komplexe Lösung, die neben den Proteinen auch anorganische Salze, einfache Zucker und Aminosäuren enthält, sondern auch ein heterogenes Kolloid-System. Kolloide von lebendem Material weisen eine hohe Affinität für ihr Dispersionsmedium auf, d. h. sie sind *lyophil* oder, wenn das Medium aus Wasser besteht, *hydrophil*. Kolloide sind meistens solvatisiert (in diesem speziellen Fall hydratisiert), wenn sie durch schwache Bindungen die Moleküle des Dispersionsmediums anlagern. Eine derartige kolloidale Lösung ist sehr viel stabiler als eine Lösung, die aus einer hydrophob dispergierten Phase besteht. Es ist typisch für lyophile Kolloide, daß sie entweder im Sol- oder Gelzustand vorliegen und leicht von einem Zustand in den anderen übergehen. Gelatine, ein Protein aus abgebautem Kollagen, stellt ein bekanntes Beispiel für diese Erscheinung dar.

Im Gelzustand werden die langkettigen Moleküle an bestimmten Stellen durch Wasserstoffbrücken oder durch andere schwache Bindungskräfte zusammengehalten (Abb. 2—21 a). Sie bilden dabei ein unregelmäßiges, dreidimensionales Netzwerk, das sich durch das Dispersionsmedium hindurchzieht, so daß beide Phasen miteinander

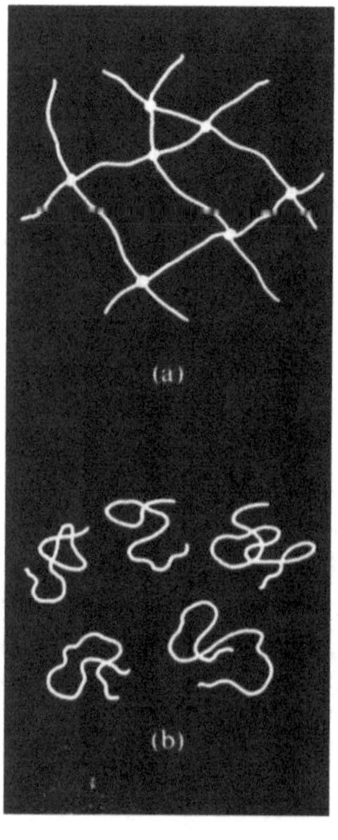

Abb. 2—21. (a) Struktur eines Gels, das aus einem Netzwerk von langkettigen Molekülen besteht, die von Wassermolekülen umgeben sind. (b) Langkettige, aufgeknäulte Moleküle in Lösung bilden ein Sol.

zusammenhängen. Ein Gel ist ein Halbfeststoff, der hohe Viskosität und Elastizität aufweist und zudem einer hohen Scherkraft widerstehen kann. Im vorwiegend flüssigen Solzustand sind dagegen die Kolloidteilchen einzeln und zufällig im Medium verteilt (Abb. 2—21 b). Die Umwandlungen vom Gel- in den Solzustand und umgekehrt können durch Änderungen der Temperatur (Gelatine bildet unter 34 °C ein Gel, bei steigender Temperatur geht sie in den Solzustand über), des Druckes, der Konzentration, des pH-Wertes und der Salzkonzentration bewirkt werden. In einigen Fällen wird bei der Umwandlung Energie in Form von ATP benötigt (s. Kap. 1.), und in anderen muß die Lösung geschüttelt werden. Die gelartigen Lösungen einiger langkettiger Moleküle, die beim Schütteln oder Rühren flüssig werden, sind *thixotrop*. Offensichtlich bilden sich beim Stehenlassen dieser Lösungen schwache Verbindungen zwischen den Molekülen aus, die den Gelzustand aufrecht erhalten. Wenn die Lösungen dann aber geschüttelt oder gerührt werden, lösen sich diese Verbindungen auf, so daß der Solzustand hergestellt wird. Der Gelzustand stellt sich wieder ein, wenn die Lösungen erneut stehengelassen werden.

Viskosität. Die Viskosität einer Lösung kann durch den Widerstand ausgedrückt werden, den die Lösung einem Objekt entgegenstellt, das sich darin bewegt. Gewöhnlich bezieht man diesen Widerstand auf das Verhalten des Wassers unter gleichen Bedingungen. Ein Beispiel einer hochviskosen Lösung ist der Sirup, der eine hohe Zuckermolekülkonzentration besitzt. Nucleinsäuren und Proteine können schon bei sehr geringen Konzentrationen viskose Lösungen bilden; die Viskosität hängt bei diesen lang-

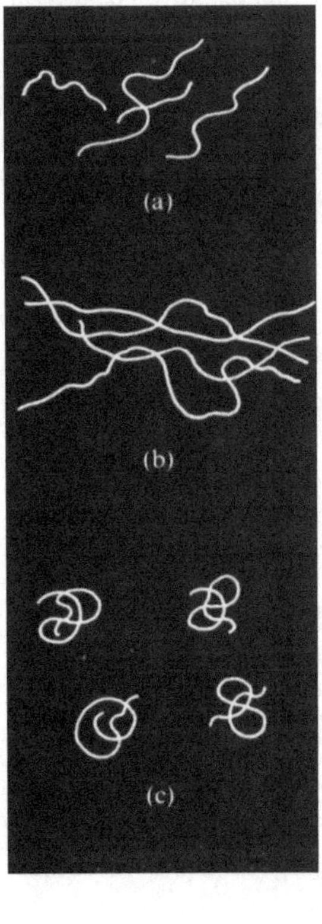

Abb. 2—22. Einfluß von molekularer Größe und Form auf die Viskosität von Lösungen. (a) Eine Lösung von kurzkettigen Molekülen, die wenige intermolekulare Kontakte bilden, besitzt eine niedrige Viskosität. (b) Eine Lösung von langkettigen Molekülen, die viele intermolekulare Kontakte bilden, besitzt eine hohe Viskosität. (c) Eine Lösung von aufgeknäulten langkettigen Molekülen, die wenige intermolekulare Kontakte bilden, besitzt eine niedrige Viskosität.

kettigen Molekülen in komplizierter Weise mit der Kettenlänge und dem Molekulargewicht zusammen. Abb. 2—22 zeigt, daß die Wahrscheinlichkeit der Kontaktbildung oder Vernetzung zwischen Molekülen mit geringem Molekulargewicht und kurzer Kettenlänge (Abb. 2—22 a) kleiner ist als zwischen gleich viel Molekülen mit großer Kettenlänge und hohem Molekulargewicht (Abb. 2—22 b). Viele Proteine (z. B. Enzyme) liegen nicht als fadenförmige Moleküle vor, sondern ihre langen Polypeptidketten werden wegen der Wechselwirkungen zwischen den Seitenketten ihrer Aminosäuren zu sehr kompakten, kugelförmigen Strukturen aufgefaltet. Eine Lösung dieser Moleküle besitzt eine niedrige Viskosität (Abb. 2—22 c).

Strömungs-Doppelbrechung. Wenn eine Lösung langkettiger Moleküle zwischen zwei Scherflächen gebracht wird (Abb. 2—23 a und Abb. 2—23 b), so ordnen sich die Moleküle parallel zueinander und zu den Scherflächen an. Dieses Verhalten kann erreicht werden, wenn man eine derartige Lösung zwischen zwei parallele Platten oder zwischen zwei koaxiale Zylinder bringt. Der Brechungsindex, der jetzt parallel zu den Molekülketten gemessen wird, ist meistens höher als derjenige, der im rechten Winkel dazu gemessen wird (Abb. 2—23 b). Man kann solche Objekte im Polarisationsmikroskop, bei dem die Polarisatoren gekreuzt sind, beobachten (s. Abb. 1—22). Die Zonen, in denen die Moleküle parallel zueinander liegen, erscheinen dabei als helle Stellen in einem sonst dunklen Feld. Diese Zonen weisen eine sog. *Doppelbrechung* auf. Wenn sich die Moleküle infolge eines Strömungsgradienten, der durch eine Scherkraft erzeugt worden ist, parallel anordnen, so spricht man von der *Strömungs-Doppelbrechung.* Moleküle ordnen sich auch dann parallel zueinander an, wenn eine Lösung aus langkettigen Molekülen langsam über einer festen Oberfläche verdunstet (Abb. 2—24 a und Abb. 2—24 b). Auch hier ist der Brechungsindex, der parallel zu den Molekülketten gemessen wird, höher als derjenige, der rechtwinkelig dazu gemessen wird.

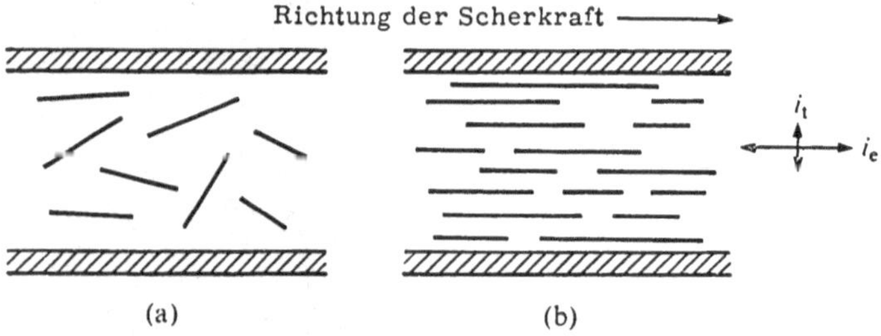

Abb. 2—23. Strömungsdoppelbrechung einer Lösung langkettiger Moleküle. (a) Eine Lösung von langkettigen Molekülen wird zwischen zwei parallele Platten gebracht. (b) Wirkt jetzt eine Scherkraft, so richten sich die langkettigen Moleküle parallel zueinander und zu den Scherflächen aus; i_e Brechungsindex, der parallel zu den Molekülen gemessen wird; i_t Brechungsindex, der senkrecht zu den Molekülen gemessen wird.

Alle Eigenschaften der langkettigen Moleküle, die wir bis jetzt beschrieben haben, tragen zu der besonderen Struktur und dem einmaligen Verhalten des Cytoplasmas der lebenden Zellen bei. Die Struktur des Zellinhalts bleibt beispielsweise dank der Sol- und Gelzustände im Cytoplasma als Ganzes erhalten, obwohl das Zellsystem vorwiegend aus Wasser besteht. Verschiedene Abschnitte oder Strukturen des Cytoplasmas

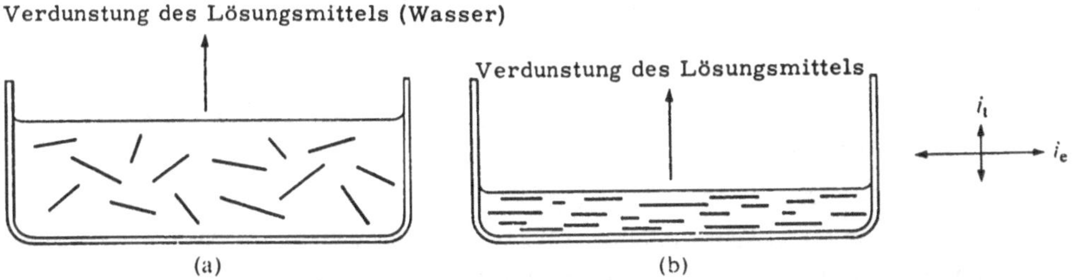

Abb. 2—24. (a) Langkettige Moleküle in Lösung. (b) Während der Verdunstung des Lösungsmittels richten sich die Moleküle von selbst aus; i_e Brechungsindex, der parallel zu den Molekülen gemessen wird; i_t Brechungsindex, der senkrecht zu den Molekülketten gemessen wird.

befinden sich zu unterschiedlichen Zeitpunkten entweder im Sol- oder im Gelzustand, und die gegenseitigen Umwandlungen werden durch bestimmte Veränderungen der örtlich begrenzten Umgebung hervorgerufen. Wir haben in Abschn. 1.6 die fortlaufenden Umwandlungen vom Sol- in den Gelzustand und umgekehrt, die bei amöbenartiger Bewegung vorkommen, erwähnt und werden sie in Kap. 11 weiter diskutieren.

2.13. Verhalten der Lipidmoleküle

In Kap. 1 haben wir angedeutet, daß die Lipidmoleküle bei der Organisation der lebenden Zellen eine sehr wichtige Rolle spielen, da sie der Hauptbestandteil sowohl der äußeren Plasmamembran als auch der Membranen sind, die das Zellinnere unterteilen und den Kern, die Mitochondrien und die Lysosomen umgeben. Wenn man gewisse Zellfunktionen betrachten will, so muß man zuerst die allgemeinen, physikalisch-chemischen Eigenschaften der Lipide verstehen.

Lipid-Wasser-Gemische. Da die neutralen Lipide oder Triglyceride als einzelne Tröpfchen im Cytoplasma der Zellen verteilt sind, ist es wichtig, das Verhalten der Lipid-Wasser-Gemische zu untersuchen (vgl. Abb. 2—14). Mischt man einen neutralen, flüssigen Kohlenwasserstoff (z. B. Paraffinöl) durch Schütteln mit Wasser, so verteilt er sich in winzigen Tröpfchen im Wasser. Diese Tröpfchen vereinigen sich, wenn man das Gemisch eine Zeitlang stehenläßt, und bilden eine eigene Ölschicht an der Wasseroberfläche. Öl mischt sich nicht mit dem Wasser, weil die Wassermoleküle untereinander eine stärkere Anziehungskraft besitzen als zu Lipidmolekülen, und in ähnlicher Weise werden die Lipidmoleküle durch stärkere Kräfte von anderen Lipidmolekülen als von Wassermolekülen angezogen. Es gibt gewisse kleine, intrazelluläre Moleküle, die sowohl in Öl als auch in Wasser löslich sind. Beispielsweise ist die Citronensäure:

$$\begin{array}{r} H_2C-COOH \\ | \quad\quad\quad \\ HO-C-COOH \\ | \quad\quad\quad \\ H_2C-COOH \end{array}$$

dank ihrer polaren Säure- und Hydroxylgruppen äußerst gut wasserlöslich. Ihr Methylester hingegen

$$\begin{array}{c} H_2C-COOCH_3 \\ | \\ HO-C-COOCH_3 \\ | \\ H_2C-COOCH_3 \end{array}$$

der viel weniger polare Eigenschaften besitzt, ist in Wasser viel weniger leicht löslich. Die drei Methylgruppen sind aber gut fettlöslich. Wenn man daher eine wässerige Lösung des Methylesters der Citronensäure mit einer Lipidschicht überdeckt, treten so viele Trimethyl-Citronensäuremoleküle in die Lipidschicht über, bis schließlich zwischen der Wasser- und der Lipidphase ein Verteilungsgleichgewicht erreicht ist. Ist in diesem Fall C_1 die Konzentration der Trimethyl-Citronensäure in Wasser und C_2 ihre Konzentration in der Lipidschicht, so ergibt sich daraus die folgende Gleichung: $C_2/C_1 = K$, wobei K der *Verteilungskoeffizient* zwischen der Lipid- und der Wasserphase ist. Je lipophiler ein Molekül ist, um so höher wird die Konzentration C_2 und mit ihr der K-Wert. Es ist sehr wichtig, den K-Wert verschiedener kleiner Moleküle der Zellen zu kennen, da er angibt, wie leicht diese Moleküle in die Zellen eindringen können und wie sie im Zellinnern verteilt werden.

Polare Lipide an Grenzflächen. Phospholipide enthalten in ihren Molekülen eine Phosphatgruppe und eine stickstoffhaltige Base; beispielsweise besitzt das Lecithin (oder Phosphatidylcholin) die folgende Formel:

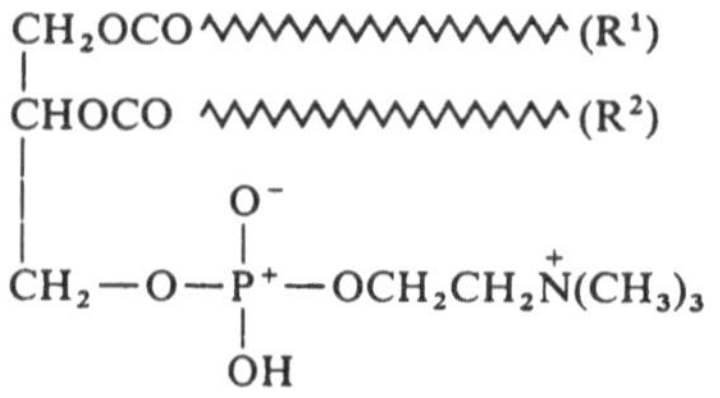

R^1 und R^2 sind lange Kohlenwasserstoffketten.

Das Grundmolekül im Lecithin ist das Cholin, ein Aminoalkohol, der die Formel $CH_2OH—CH_2N(CH_3)_3OH$ besitzt. Die Phospholipide sind ein wichtiger Bestandteil der Zellmembranen. Der Phosphatteil des Moleküls ist sehr polar und deshalb wasserlöslich, während die Kohlenwasserstoffketten R^1 und R^2 fettlöslich sind. Die Phospholipide gleichen in diesem Sinn den Seifenmolekülen, die die Na- und K-Salze (polare Gruppen) langkettiger Fettsäuren sind (Kohlenwasserstoffteil des Moleküls).

Derartige Moleküle sind für die Oberflächenchemie sehr interessant. Bringt man eine alkoholische Lösung dieser Moleküle auf eine Wasseroberfläche, so löst sich der Alkohol rasch in Wasser, während sich die polaren Lipidmoleküle an der Luft-Wasser-Grenzfläche in der Weise anordnen, daß ihr polarer Teil im Wasser liegt und ihr hydrophober Lipidanteil in die Luft ragt (Abb. 2—25 a). Diese Moleküle können nun dadurch dicht gepackt werden, daß man auf der Wasseroberfläche dünne wachsbeschichtete Begrenzungsplättchen seitlich gegeneinanderdrückt (Abb. 2—25 b). Der Oberflächendruck, der als die Kraft gemessen wird, die erforderlich ist, um die Schicht zusammenzudrücken, steigt an diesem Punkt der Dichtestpackung steil an. Polare Lipide, die sich an einer Öl-Wasser-Grenzschicht befinden, ordnen sich in ähnlicher Weise an; dies entspricht schon eher der Situation in einer Zelle, wo viele Lipidmembran-Wasser-Grenzschichten vorhanden sind. Es ist allerdings viel leichter, die Experimente mit dem Luft-Wasser-System durchzuführen, und die meisten der ersten derartigen Untersuchungen von Rideal, Schulmann und anderen Forschern sind an dieser Grenzschicht durchgeführt worden.

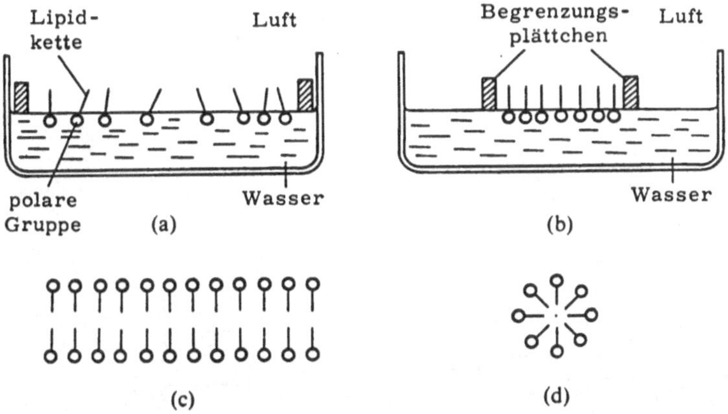

Abb. 2—25. Verhalten von Lipidmolekülen in Wasser. (a) Polare Lipidmoleküle an einer Luft-Wasser-Grenzschicht; die Lipid-Anteile der Moleküle ragen in die Luft, während sich die polaren Anteile in der wäßrigen Phase befinden. (b) Dasselbe wie bei (a), nachdem die Lipidmoleküle durch zwei seitliche Begrenzungsplättchen zusammengedrückt worden sind. (c) Eine Doppelschicht aus Phospholipiden, wobei die polaren Enden der Moleküle gegen die wäßrige Phase gerichtet und die unpolaren Zonen im Inneren der Doppelschicht angeordnet sind. (d) Eine kugelförmige Micelle, in der die Moleküle ähnlich wie bei (c) angeordnet sind, da die polaren Enden der Moleküle in die wässerige Phase ragen.

Wenn die polaren Lipidmoleküle vollständig vom Wasser umgeben sind, so neigen sie dazu, eine Lipid-Doppelschicht zu bilden (Abb. 2—25 c). Dabei richten sich die polaren Gruppen nach beiden Seiten gegen die Wasserphase, während die unpolaren Kohlenwasserstoffketten gegeneinander gerichtet sind und einander durchdringen. In anderen Fällen können auch kugelförmige Micellen gebildet werden (Abb. 2—25 d, s. auch Abb. 5—5). Wir werden in Kap. 5 und 8 diese Strukturen im Zusammenhang mit intrazellulären Membranen und der Plasmamembran besprechen.

2.14. Osmose

Die Eigenschaften der Membranen, die in den lebenden Zellen vorkommen, rufen gewisse physikalisch-chemische Erscheinungen hervor, die für das Verhalten der biologischen Systeme sehr wichtig sind. Bringt man ein kleines Volumen einer konzentrierten Lösung irgendeiner Substanz (z. B. von Glucose) in viel Wasser, so verteilt sich diese Substanz rasch im Wasser, bis eine einheitliche Gleichgewichtskonzentration in beiden Lösungen erreicht ist. Es gibt nun bestimmte natürliche und künstliche Membranen, die *semipermeabel* sind, d. h. sie lassen zwar das Wasser, aber nicht die im Wasser gelösten

Moleküle durchdringen. Nehmen wir an, daß sich eine stark konzentrierte Glucoselösung C_A auf der linken Seite A einer semipermeablen Membran M befindet, während auf der Seite B eine schwach konzentrierte Glucoselösung C_B vorliegt (Abb. 2—26 a). Wäre die Membran für Glucose durchlässig, so würden sich die Glucosemoleküle so lange von A nach B bewegen, bis C_A gleich C_B wäre. Da die Membran aber nur für Wasser durchlässig ist, dringen die Wassermoleküle von B nach A, um den Konzentrationsunterschied auszugleichen. Man nennt einen derartigen Wasserdurchtritt durch eine semipermeable Membran *Osmose*. Osmose kann dadurch verhindert

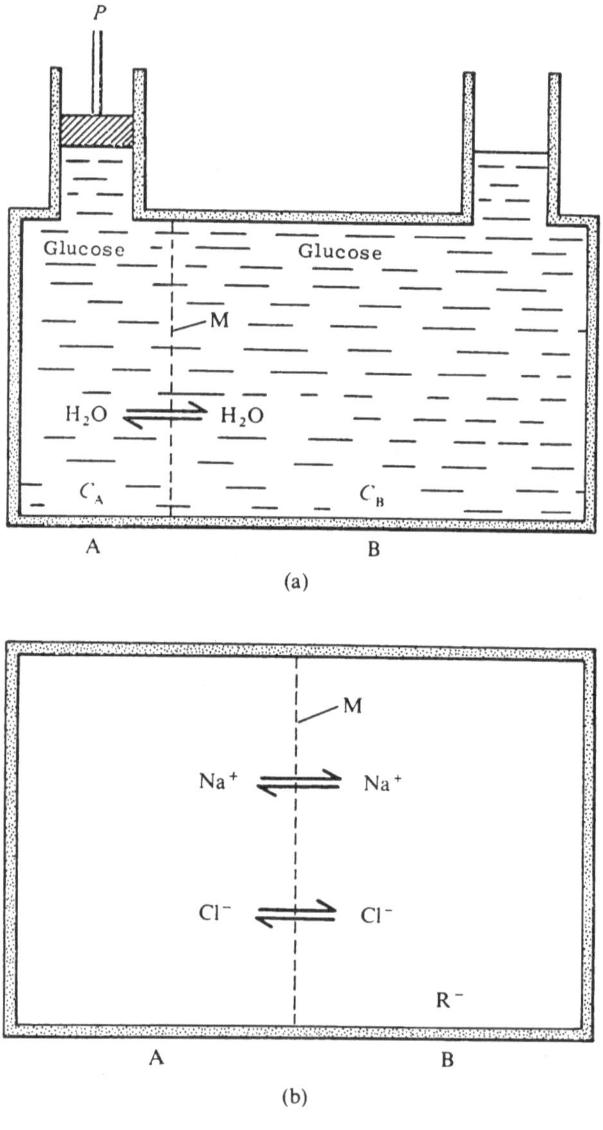

Abb. 2—26. (a) Osmotische Druckunterschiede, die in einer Lösung durch eine semipermeable Membran hervorgerufen werden: C_A hohe Glucose-Konzentration; C_B niedrige Glucose-Konzentration. Die Membran ist für Wasser durchlässig, hält jedoch die Glucosemoleküle zurück. (b) Donnan-Gleichgewicht. Die Membran ist für die negativ geladenen Protein-Ionen R^- undurchlässig. Die Na^+- und Cl^--Ionen dringen durch die Membran und erzeugen dabei einen osmotischen Druck und einen elektrischen Potentialunterschied.

werden, daß ein bestimmter Druck p auf A wirkt; dieser Druck ist der *osmotische Druck*. Es besteht nämlich folgende Beziehung:

$$p = RT(C_A - C_B),$$

wobei R die allgemeine Gaskonstante, T die absolute Temperatur und C_A und C_B die molaren Konzentrationen der gelösten Substanzen sind. Die Gleichung zeigt, daß der osmotische Druck nicht von der Art der gelösten Moleküle, sondern nur von dem Unterschied zwischen ihren molaren Konzentrationen beiderseits der semipermeablen Membran abhängt.

Einige kleine Ionen, z. B. Na^+- und Cl^--Ionen, können durch gewisse semipermeable Membranen hindurchdringen; einige biologische Membranen sind für eine bestimmte kleine Ionenart, aber nicht für eine andere durchlässig. In biologischen Systemen ist oft die Lösung einer Substanz, die aus zwei diffusionsfähigen Ionen besteht, durch eine Membran von einer anderen Lösung getrennt, die das Salz eines nicht diffusionsfähigen Ions, z. B. eines Protein-Ions, enthält. Nehmen wir an, daß eine Natriumchloridlösung (Na^+ und Cl^-), deren Konzentration C_A ist, durch eine semipermeable Membran von der Lösung des Natriumsalzes eines negativ geladenen Proteinmoleküls (Na^+ und R^-, wobei R^- das negative Protein-Ion ist), dessen Konzentration C_B beträgt, getrennt ist (Abb. 2—26 b). Die Na^+ -und Cl^--Ionen können die Membran ungehindert durchdringen, während die R^--Ionen nicht durch sie diffundieren können. Ein Teil der Na^+- und Cl^--Ionen dringt jetzt durch die Membran hindurch, aber wie Donnan 1911 gezeigt hat, sind die Konzentrationen dieser Ionen, wenn das Gleichgewicht erreicht ist, auf beiden Seiten der Membran nicht gleich. Nehmen wir an, daß bei Gleichgewichtsbedingungen eine bestimmte Menge x von Na^+ und Cl^- durch die Membran diffundiert ist, so ergeben sich die folgenden Konzentrationsverhältnisse:

Na^+	Cl^-		Na^+	R^-	Cl^-
$C_A - x$	$C_A - x$		$C_B + x$	C_B	x

Donnan hat gezeigt, daß

$$[Na_A^+][Cl_A^-] = [Na_B^+][Cl_B^-]$$

ist, wobei die eckigen Klammern die Konzentrationen der Ionen angeben (auch hier sollten eigentlich Aktivitäten verwendet werden, ausgenommen stark verdünnte Lösungen). Daraus folgt, daß

$$(C_A - x)\,(C_A - x) = (C_B + x) \cdot x$$

Dieser Zusammenhang, der die unterschiedlichen Ionenkonzentrationen auf beiden Seiten einer semipermeablen Membran zeigt, wird als das *Donnan-Gleichgewicht* bezeichnet. Auf der Seite B befinden sich überdies die Protein-Ionen (mit der Konzentration C_B), die einen kolloid-osmotischen Druck auf die Membran ausüben.

Eine derartige, ungleiche Ionenverteilung auf beiden Seiten einer semipermeablen Membran erzeugt immer ein elektrisches Potential an einer Membran. Diese Potentiale sind ziemlich klein, da ihre Höchstwerte nur ungefähr 70—100 Millivolt (mV) betragen. Wenn man jedoch berücksichtigt, wie dünn die Zellmembranen sind (ungefähr

70—100 Å), so wird das in Volt/cm gemessene elektrische Feld sehr groß. Diese starken elektrischen Felder spielen wahrscheinlich bei der Regulierung vieler Zellfunktionen eine äußerst wichtige Rolle.

2.15. Experimentelle Methoden

Die experimentellen Methoden, die wir im vorliegenden Abschnitt beschreiben, werden vor allem in der Biochemie, in der Molekularbiologie und in anderen biologischen Fächern angewendet. Sie bestehen im wesentlichen aus den

präparativen Methoden, die bei der Trennung von Zellbestandteilen und in der Proteinchemie angewendet werden;

analytischen Methoden, die bei der Bestimmung der Strukturen und anderer Eigenschaften der Moleküle angewendet werden;

Messungen der Atmung, des Stoffwechsels, des pH-Wertes und anderer Größen.

Präparative Methoden. *Homogenisieren von Zellen.* Der erste Schritt der Aufbereitung einzelner Zellbestandteile besteht darin, die Zellen aufzubrechen. Dies geschieht meistens in einem Potter-Homogenisator, der aus zwei konzentrischen Zylindern besteht, deren Wände in geringem Abstand voneinander rotieren. Die Zellen werden in dieser Spalte einer Scherkraft ausgesetzt, die genügt, um die Zellmembranen aufzubrechen.

Bei einer anderen Methode werden die Zellen durch Ultraschallwellen zerrissen. Diese Wellen werden durch einen Piezo-Kristall erzeugt und dann auf einen rostfreien Stahlstab übertragen, der in die Zellsuspension ragt (s. Abb. 2—27). Die Ultraschallwellen erzeugen Schwingungen, die auf das Wasser übertragen werden und die Zellen aufbrechen.

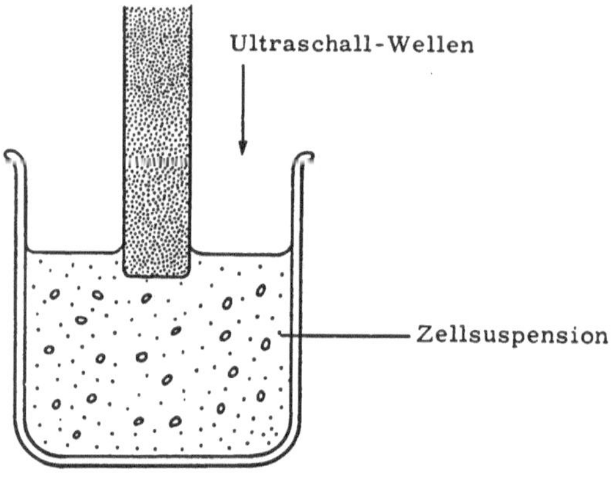

Abb. 2—27. Einleitung von Ultraschall-Wellen in eine Zellsuspension, um subzelluläre Partikel zu erzeugen.

Zentrifugieren. Liegt dann eine Suspension einzelner Zellbestandteile vor, so müssen diese in einzelne Fraktionen aufgeteilt werden. Bei den üblichen Methoden dieses ersten Reinigungsschrittes werden die Massen- oder Dichteunterschiede zwischen den einzelnen Teilchen ausgenutzt. Diese Arbeiten können mit Hilfe verschiedener Zentrifugenarten ausgeführt werden. Eine Zentrifuge besteht aus einem schwenkbar aufgehängten Becher, der sich mit hoher Geschwindigkeit um eine senkrechte Achse dreht (Abb. 2—28 a). Die hohen Drehgeschwindigkeiten rufen Zentrifugalkräfte hervor, die bis zu 100000mal größer als die Schwerkraft sein können; die Rotoren dieser schnell laufenden Maschinen müssen aus Sicherheitsgründen von einem Stahlpanzer umgeben sein. Die schwereren Teilchen einer Zellsuspension lagern sich als erste am Boden des Zentrifugenröhrchens ab (Abb. 2—28 a). Abb. 2—28 b zeigt, wie man durch aufeinanderfolgendes Zentrifugieren die einzelnen Zellfraktionen voneinander trennen kann.

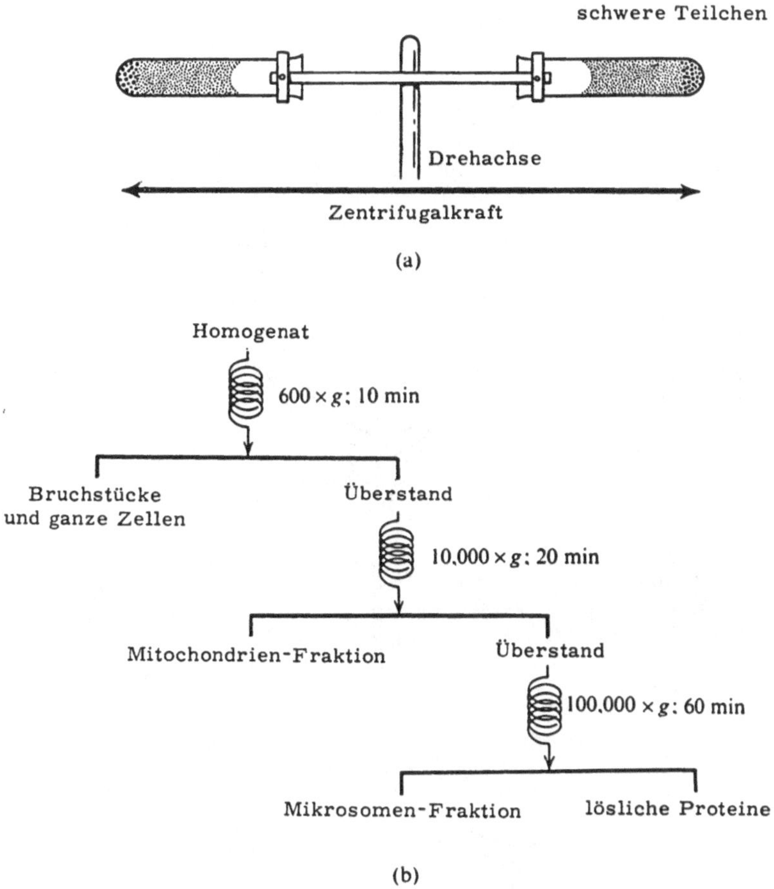

Abb. 2—28. Zentrifugierung von subzellulären Komponenten. (a) Das Grundprinzip der Zentrifugierung. (b) Auftrennung verschiedener Zellbestandteile durch Zentrifugierung. (Aus E. E. Conn und P. K. Stumpf: Outlines of Biochemistry. John Wiley, New York 1964.)

Dichtegradienten. Wenn die zu trennenden Teilchen relativ groß sind, so wendet man eine andere Methode an, bei der die Teilchen bei der Zentrifugation in einem Dichtegradienten bandieren. Das Prinzip dieser Methode ist in Abb. 2—29 dargestellt. Man läßt zwei verschiedene Lösungen (z. B. eine Saccharoselösung mit einer hohen und eine zweite mit einer niederen Dichte) auf den Grund einer Säule fließen, wobei man mit der Lösung niederer Dichte beginnt. Während sich die Säule füllt, verändert man die relativen Einfließgeschwindigkeiten, so daß die Dichte im oberen Teil der Säule jetzt niedrig ist und nach unten allmählich zunimmt. Derartige Dichtegradienten sind äußerst stabil. Jetzt füllt man eine Suspension von Teilchen oder Makromolekülen in die Säule ein. Die Teilchen sinken langsam durch die Säule und bleiben, je nach ihrer Dichte, in bestimmten Höhen liegen.

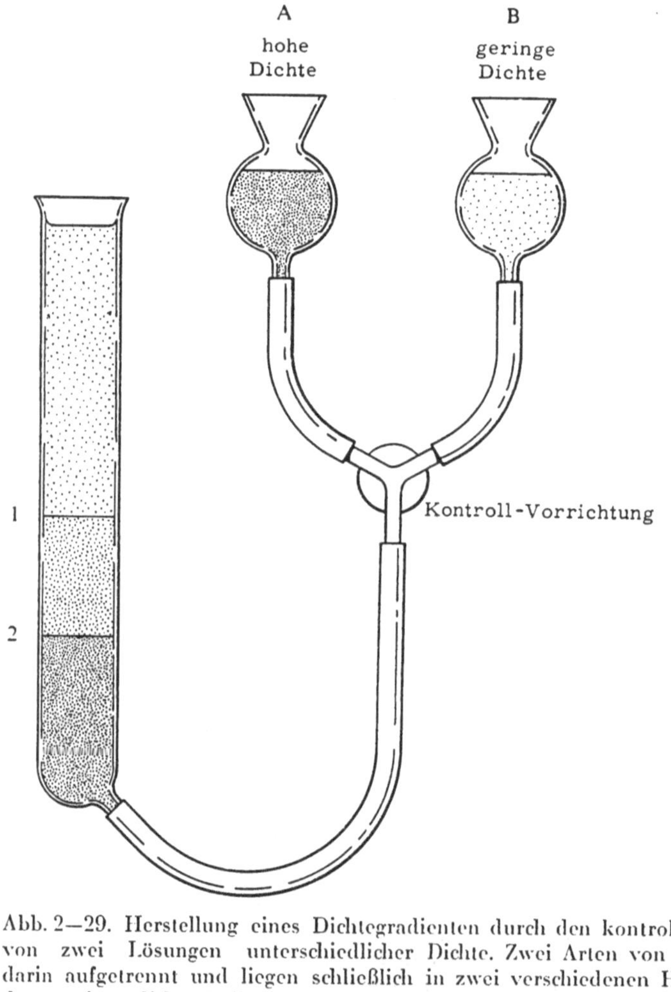

Abb. 2–29. Herstellung eines Dichtegradienten durch den kontrollierten Einfluß von zwei Lösungen unterschiedlicher Dichte. Zwei Arten von Teilchen werden darin aufgetrennt und liegen schließlich in zwei verschiedenen Höhen der Säule; das weniger dichte Teilchen liegt bei 1 und das dichtere bei 2.

Die Methode des Dichtegradienten ist vor allem für die Trennung der Nucleinsäuren sehr wichtig. Man hat jetzt Techniken entwickelt, bei denen derartige Dichtegradienten in rotierenden Zentrifugenröhrchen hergestellt werden können (Zonalrotoren). Auch hier bandieren die Teilchen, wenn sie sich in der Position des Röhrchens befinden, die ihrer Dichte entspricht. Sie können dann fortlaufend unten abgezapft und als getrennte Fraktionen gesammelt werden.

Die Dichtegradienten-Methode wird auch zur Trennung von Mitochondrien, endoplasmatischem Reticulum und weiteren Zellbestandteilen benutzt. Die verschiedenen Fraktionen bandieren auch hier in Schichten, die jeweils ihrer Dichte entsprechen.

Die analytische Ultrazentrifuge funktioniert auf der gleichen Grundlage wie die präparativen Zentrifugen, aber sie ist mit einem optischen System ausgerüstet, durch das wandernde Grenzen beobachtet werden können. Wir werden diese Zentrifuge später in diesem Abschnitt beschreiben.

Reinigung von Makromolekülen. *Dialyse.* Der Reinigungsvorgang von Makromolekülen beginnt oft mit der Dialyse. Dabei nutzt man die Eigenschaft von bestimmten Membranen aus, die für Wasser-, Salz- und andere kleine intrazelluläre Moleküle durchlässig sind, während sie die Makromoleküle zurückhalten. Die am häufigsten verwendete Membran besteht aus Cellophan und ist in Form von Schläuchen im Handel, die man an den Enden zuknotet. Will man eine Proteinlösung reinigen, so wird sie in den Schlauch eingefüllt, der dann oben und unten verschlossen wird. Danach stellt man den gefüllten Schlauch in ein Becherglas, das destilliertes Wasser oder eine Salzlösung enthält. Dies geschieht meistens in einem gekühlten Raum, damit das biologische Material nicht verdirbt. Die kleinen Moleküle diffundieren jetzt durch die Membran hindurch in das umgebende Wasser, während die Makromoleküle im Innern des Dialysierschlauches zurückgehalten werden. Man kann das Wasser im Becherglas mehrmals ersetzen und so die unerwünschten, kleinen Moleküle vollständig aus der Makromolekül-Lösung entfernen.

Aussalzen. Nachdem die Zellen zerstört worden sind, bleiben viele Proteinmoleküle in der Lösung zurück, so daß man sie im Zentrifugenüberstand findet. Eine der ältesten und immer noch weit verbreiteten Methode zur Reinigung solcher Proteingemische ist die Aussalzmethode. Proteine sind amphotere Moleküle, da sie sowohl negativ geladene Säuregruppen als auch positiv geladene Basengruppen tragen. Es kommt oft vor, daß bestimmte Proteine in unterschiedlich konzentrierten Salzlösungen verschieden gut löslich sind. Deshalb können gewisse Proteine aus einer Salzlösung ausfallen und daraus entfernt werden, während andere Proteine in Lösung bleiben. Da die Moleküle amphoter sind, hängt ihre Löslichkeit auch vom pH der Lösung ab. Diese Eigenschaft der Proteine wird ebenfalls zu ihrer Trennung ausgenutzt.

Elektrophorese. Die biologischen Makromoleküle besitzen, da sie geladene Gruppen tragen, in Lösung eine elektrische Netto-Ladung (ausgenommen am isoelektrischen Punkt, wo sie neutral sind). Wenn man in einer derartigen Lösung mit Hilfe von zwei Elektroden ein elektrisches Feld erzeugt, so bewegen sich die positiv geladenen Moleküle zur Kathode, während die negativ geladenen Moleküle in Richtung der Anode wandern. Die Wanderungsgeschwindigkeit der Moleküle hängt von der Größe der elektrischen Ladung ab. Ein Molekül, das eine doppelte Ladung trägt, wandert doppelt so schnell wie ein Molekül mit einfacher Ladung. Diese Unterschiede in der Wanderungsgeschwindigkeit bilden die Grundlage für eine Methode, durch die unterschiedliche Proteinarten aus einer Lösung getrennt werden können.

Die ersten dieser Elektrophoreseversuche (Tiselius, 1937) wurden in einem U-Rohr ausgeführt (Abb. 2—30), in dem sich die Proteine frei bewegen konnten. Heute führt man die Elektrophorese meistens in einem Trägermedium aus Papier oder Gel durch (Abb. 2—31). Diese Medien verhindern eine zu rasche Diffusion der Proteine und

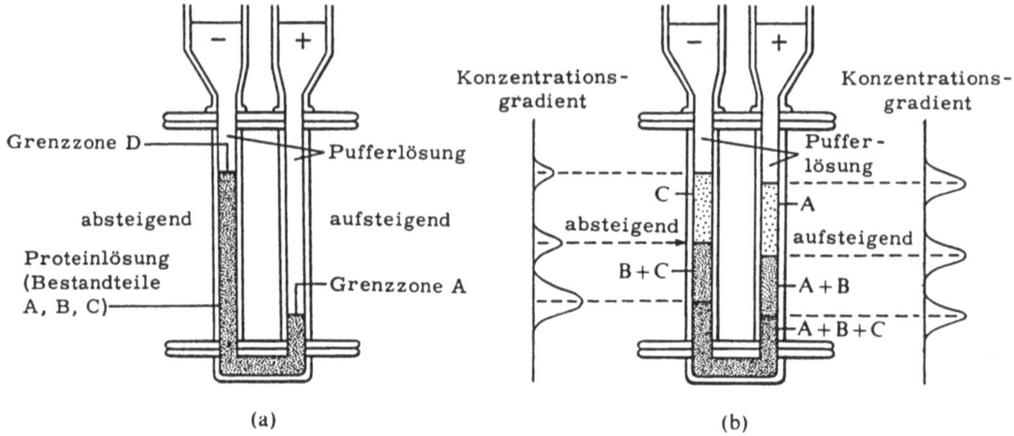

Abb. 2–30. U-Rohr einer Elektrophorese-Zelle. (a) Bildung von Grenzzonen. (b) Trennung der Proteine in den aufsteigenden und absteigenden Grenzzonen.

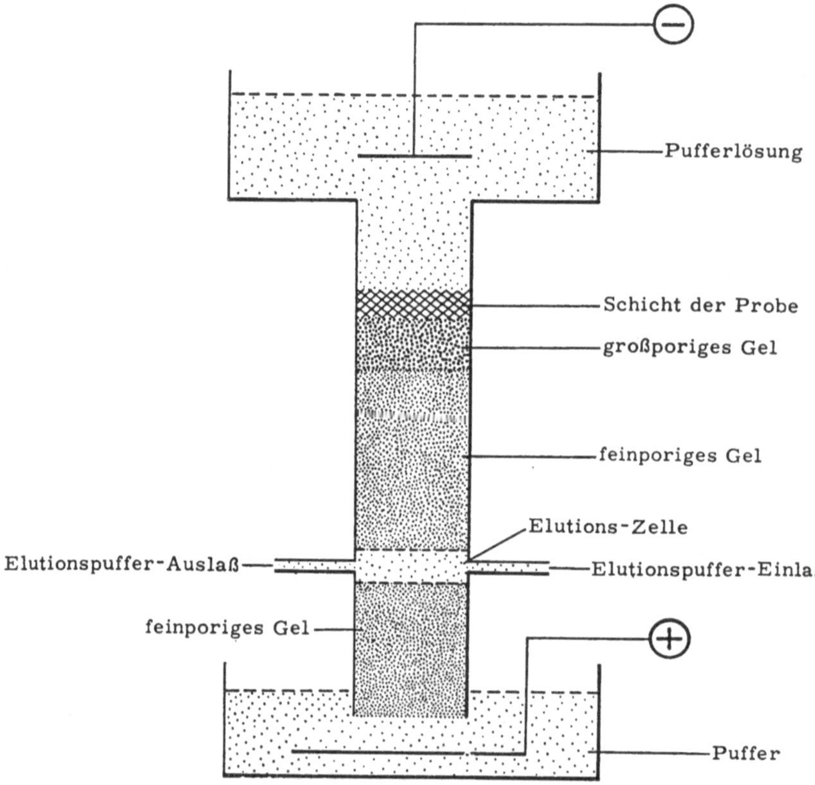

Abb. 2–31. Gel-Elektrophorese. Die zwei Puffer-Kammern enthalten Anode und Kathode. Die Säule ist dicht mit dem Gel ausgefüllt. Die aufzutrennende Probe wird am oberen Ende des Gels aufgebracht und wandert dann nach unten. Die Fraktionen können am Elutions-Auslaß gesammelt werden.

erzeugen außerdem scharf voneinander abgegrenzte Banden. Bei der Papierelektrophorese trägt man einen kleinen Tropfen der Proteinlösung am einen Ende des Papiers auf; danach wird das elektrische Feld mittels einer Salz- oder Pufferlösung, die den Kontakt zwischen den Elektroden und dem Papier herstellt, angelegt. Verwendet man hingegen ein Gel, so wird dieses oft in einer senkrechten Röhre zubereitet und ein Tropfen der Proteinlösung an das obere Ende der Röhre gesetzt. Eine sehr gute Proteintrennung erreicht man mit Acrylamid-Gel (Abb. 2—31).

Bei einer noch besser entwickelten Trennungsmethode wird die Tatsache ausgenutzt, daß die Proteine an ihrem isoelektrischen Punkt keine Netto-Ladung tragen. Wenn man anstelle eines Dichtegradienten einen pH-Gradienten verwendet, so sammeln sich die Proteine in Banden an, die an dem pH ihres isoelektrischen Punktes zu wandern aufhören (Abb. 2—32). Diese Methode ist die sog. isoelektrische Fokussierung (Svensson, 1961). In jüngerer Zeit hat man die Elektrophorese auch für die Untersuchungen *ganzer* Zellen angewendet. Dabei wird eine Zellsuspension, die sich in einem Röhrchen befindet, in ein elektrisches Feld gebracht. Die Wanderungsgeschwindigkeit der Zellen kann jetzt mit Hilfe eines Fadenkreuzes direkt unter dem Beobachtungsmikroskop gemessen werden. Derartige Messungen haben viel zum Verständnis der Oberflächenstrukturen der Zellplasmamembranen beigetragen (James, 1956; Forrester, 1962; Ruhenstroth, 1962).

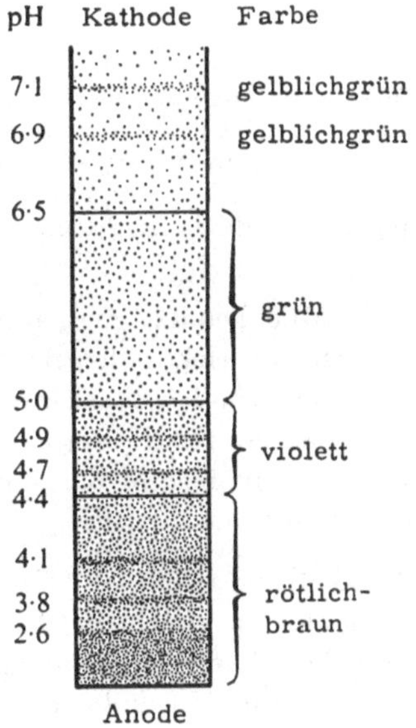

Abb. 2—32. Verwendung eines pH-Gefälles bei der Elektrophorese. Die Proteinmoleküle hören an ihren isoelektrischen Punkten zu wandern auf.

Gel-Filtration. Die neuesten Methoden, durch die unterschiedliche Makromoleküle voneinander getrennt werden können, schließen die Verwendung von sog. Molekularsieben ein. Diese gelartigen Substanzen, meistens vernetzte Dextrane (Cellulosen), tragen den Handelsnamen Sephadex. Ihre Molekularstruktur erlaubt es bestimmten Molekülen, durch sie hindurchzutreten, während andere zurückgehalten werden. Man bereitet dieses Material in einer senkrecht stehenden Säule vor und setzt dann die Lösung, die das Proteingemisch oder andere Makromoleküle enthält, oben auf das Gel. Die kleineren

Moleküle dringen jetzt schneller als die größeren in die Gelstruktur ein und werden dort festgehalten (Abb. 2—33). Aus diesem Grund treten sie sehr langsam, oder überhaupt nicht aus dem unteren Ende der Säule aus, während die größeren Moleküle die Säule durchwandern und unten in einem Fraktionensammler aufgefangen werden können. Letzterer besteht aus einer waagerechten Scheibe, an deren äußerem Rand kleine Sammelröhrchen angebracht sind. Eine elektrische Steuerung dreht die Scheibe um eine senkrechte Achse. Die Tropfen, die die Säule verlassen und in eines der Röhrchen fallen, werden automatisch gezählt. Nach einer bestimmten Tropfenzahl dreht sich die Scheibe, um das nächste Röhrchen unter die Säule zu bringen; dieser Vorgang wiederholt sich so lange, bis die ganze Lösung in getrennten Fraktionen aufgefangen worden ist.

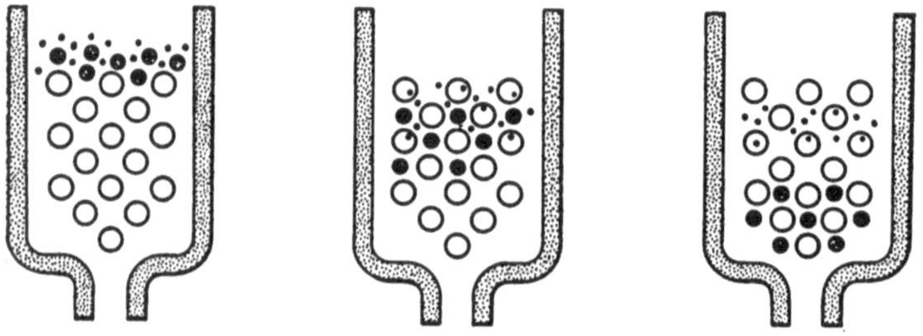

(a) (b) (c)

Abb. 2—33. Trennung von Substanzen mit unterschiedlichen Molekulargewichten mit Hilfe eines Molekularsiebes: große Punkte — Moleküle mit hohem Molekulargewicht; kleine Punkte — Moleküle mit niedrigem Molekulargewicht; große Kreise — Teilchen des Sephadex-Gels. (a) Die Lösung wird am oberen Ende der Säule aufgetragen. (b) Die kleinen Moleküle werden von den Sephadex-Teilchen festgehalten. (c) Die großen Moleküle durchlaufen die Säule.

Man benutzt gelegentlich anstelle der Molekularsiebe sog. Ionenaustauschersubstanzen, die elektrisch geladene Gruppen an ihrer Oberfläche tragen, an der Protein- oder andere Moleküle selektiv adsorbiert werden. Die Ionenaustauschersubstanzen, die aus Sephadex entwickelt worden sind, können die Moleküle also nicht nur sieben, sondern auch selektiv adsorbieren und werden bei der Trennung von Mucopolysacchariden und Proteinen benutzt.

Physikalische Analysen. *Größe und Form von Makromolekülen.* Die erste wichtige Messung, die an einem Protein oder an einem anderen Makromolekül durchgeführt wird, betrifft das Molekulargewicht. Die biologischen Makromoleküle weisen sehr unterschiedliche Molekulargewichte auf, die von 4 000 (Insulin) bis zu 10 000 000 und mehr (Nucleinsäuren) reichen. Die ersten Molekulargewichte wurden um 1930 von Adair und Adair aus einfachen Messungen des osmotischen Druckes bestimmt. Der osmotische Druck p_0 einer Lösung, die von einer anderen Lösung durch eine semipermeable Membran getrennt ist, folgt aus der Gleichung $p_0 v = RT$, wobei eine Lösung, die 1 mol einer nicht ionisierbaren, gelösten Substanz in 22,4 l Flüssigkeit enthält, bei 0 °C einen osmotischen Druck von 1 atm ausübt. Adair und Adair benutzten ein sehr empfindliches Manometer, das es ihnen erlaubte, die Molekulargewichte von gelösten Proteinen zu bestimmen; sie verglichen dabei die osmotischen Eigenschaften dieser Proteine mit denjenigen von bekannten, gelösten Substanzen. Daneben wird für die

Bestimmung der Größe und Form der Makromoleküle auch die analytische Ultrazentrifuge verwendet (Svedberg, 1925). Diese Zentrifuge funktioniert nach dem gleichen Prinzip wie die präparativen Zentrifugen, aber sie erlaubt eine scharfe Begrenzung zwischen der Proteinlösung und dem Puffer. Diese Trennschicht wird, während die Zentrifuge läuft, durch ein optisches System (der sog. Schlieren-Optik) beobachtet. Die Proteine werden je nach Form und Molekulargewicht in verschiedene Banden aufgetrennt.

Auch die Messungen der Viskosität können, da diese von Form und Größe der Moleküle abhängt, wichtige Auskünfte über diese Moleküle geben. Sehr lange Moleküle (z. B. Nucleinsäuren) besitzen eine hohe Viskosität, da sich ihre langen Ketten auch bei sehr niederen Konzentrationen zu einem Netzwerk verflechten. Im Gegensatz dazu ist die Viskosität der kompakten Moleküle (z. B. der Enzyme) niedrig. Zieht man die Messungen aus der Ultrazentrifuge zusammen mit denjenigen der Viskosität in Betracht, so erhält man eine gute Vorstellung über Form und Größe der untersuchten Moleküle. Die Viskosität wird häufig mit Hilfe des Kapillarviskosimeters gemessen, das in Abb. 2—34 a dargestellt ist. Hier fließt eine stark viskose Flüssigkeit sehr langsam durch das Viskosimeter, während eine schwach viskose Flüssigkeit sehr schnell durchläuft. Es werden die relativen Viskositäten gemessen, die sich aus den Durchflußge-

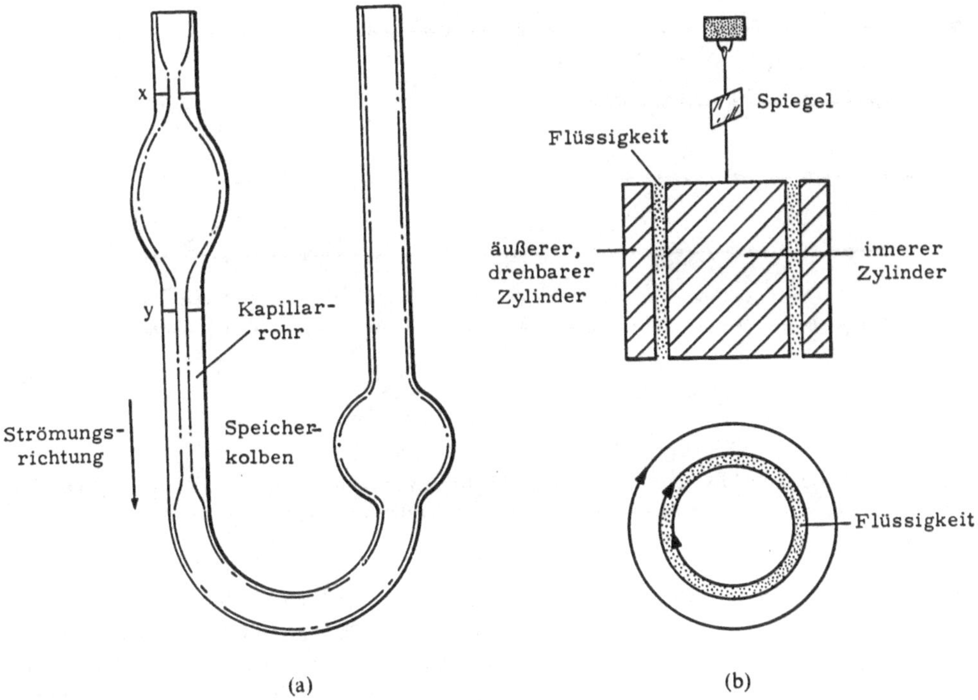

Abb. 2—34. Messung der Viskosität. (a) Kapillar-Viskosimeter; hier wird die Zeit gemessen, die eine Flüssigkeit benötigt, um von x nach y zu fließen. (b) Couette-Viskosimeter; das obere Schema zeigt einen senkrechten und das untere einen waagerechten Schnitt durch das Viskosimeter. Während sich der äußere Zylinder dreht, wird die Winkelverschiebung des inneren Zylinders um die Drehachse durch einen Lichtstrahl, der von einem Spiegel zurückgeworfen wird, aufgezeichnet.

schwindigkeiten ergeben. Ein anderes Viskosimeter ist das Couette-Viskosimeter, das aus konzentrischen Zylindern besteht. Während sich der äußere Zylinder dreht, mißt man die Kraft, die erforderlich ist, um den inneren Zylinder mit zu drehen (Abb. 2—34 b).

Struktur der Proteine und Nucleinsäuren. Die meisten Auskünfte, die man über die Struktur der Proteine und Nucleinsäuren besitzt, sind aus den Untersuchungen der festen Formen dieser Substanzen, entweder der Fasern (Seide, Haarkeratin, Muskelproteine, Nucleinsäuren) oder der Kristalle (Hämoglobin, Myoglobin, Ribonuclease, Insulin) gewonnen worden.

Die wichtigste Methode der Strukturaufklärung dieser Feststoffe ist dabei die Röntgenstrukturanalyse gewesen (Bragg, 1913; Bernal, 1934; Hodgkin, von 1930 an; Wilkins und Franklin, 1953). Diese Methode macht sich die Tatsache zunutze, daß Kristalle in ähnlicher Weise Röntgenstrahlen beugen, wie ein Beugungsgitter Lichtstrahlen ablenkt. Da die Wellenlänge der Röntgenstrahlen viel kürzer als diejenige der Lichtstrahlen ist, so kann man im Kristallinnern zwischen den Atomen Beugungserscheinungen beobachten (Abb. 2—35). Überdies hängt die Stärke der Ablenkungen von

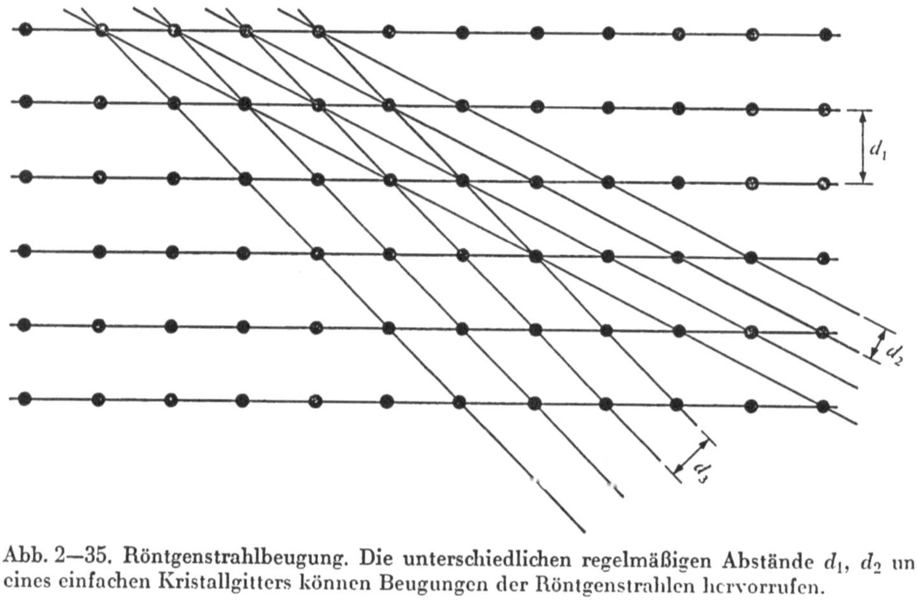

Abb. 2—35. Röntgenstrahlbeugung. Die unterschiedlichen regelmäßigen Abstände d_1, d_2 und d_3 eines einfachen Kristallgitters können Beugungen der Röntgenstrahlen hervorrufen.

der Masse und Lage der Atome in bezug auf die Beugungsebenen ab (Abb. 2—36 und Abb. 2—37). Die ersten Forscher, die die Proteine mittels der Röntgenstrukturanalyse untersucht hatten, konnten dabei nicht entscheiden, ob bestimmte Atome auf der einen oder der anderen Seite eines Bezugspunktes lagen; dies hat man als das „Phasenproblem" bezeichnet. Perutz und seine Mitarbeiter entdeckten 1954, daß man schwere Atome, zum Beispiel Quecksilber, in die Proteine einführen und so die Phasen eindeutig bestimmen konnte. Schwere Atome beugen nämlich die Röntgenstrahlen stärker als andere, so daß ihre Lage bei der Schlußanalyse der Beugungsmuster erkannt werden kann. Die Röntgenstrukturanalyse hat sich bei der Strukturbestimmung der Makro-

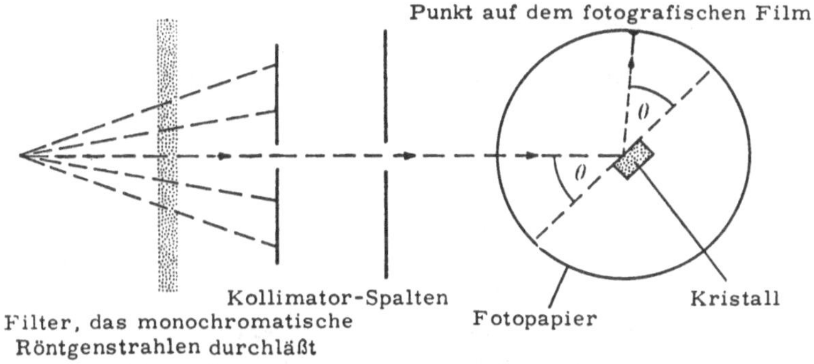

Abb. 2—36. Ausrüstung für eine Röntgenbeugungsuntersuchung: links, die Röntgenröhre mit dem Kollimator-System; rechts, der Kristall, der sich um eine senkrechte Achse dreht. Die aufeinanderfolgenden Ebenen, die z. B. in der Abb. 2—35 dargestellt sind, werfen einzelne Punkte auf den zylinderförmig aufgestellten fotografischen Film. Der Fotoapparat ist in der Abbildung rechts dargestellt.

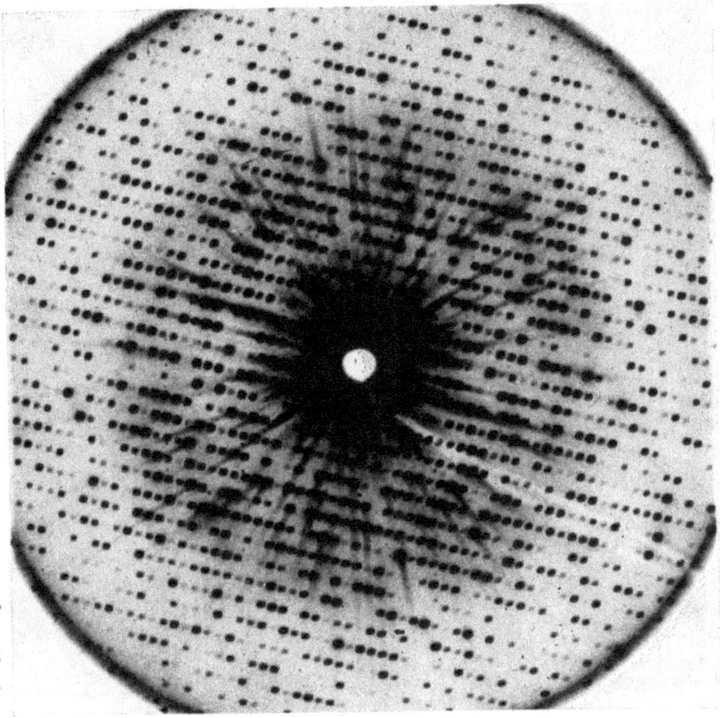

Abb. 2—37. Röntgenstrahl-Diffraktionsmuster eines Einzelkristalls des Proteins Myoglobin. (Aus J. C. Kendrew.)

moleküle als ein äußerst wichtiges und wirksames Hilfsmittel erwiesen. Zum Beispiel sind die Struktureinzelheiten der Desoxyribonucleinsäure (s. Kap. 3) und verschiedener kristallförmiger Proteine (s. Kap. 4) mit dieser Methode ausgearbeitet worden.

Bei der Methode der Infrarotspektroskopie (Ambrose und Elliott, 1950) wird eine andere Eigenschaft der Proteine ausgenutzt. Die Schwingungen der chemischen Bindungen in den Molekülen erzeugen im Infrarotspektrum (Wellenlänge 3—15 μm) bestimmte Absorptionsbanden. Die Peptidbindung

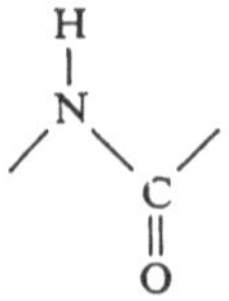

der Proteine zeigt im infraroten Teil des Spektrums charakteristische Absorptionsbanden. Wenn die Infrarotstrahlen polarisiert sind, so kommen diese Absorptionsbanden nur dann zum Vorschein, wenn die Infrarotwellen in der gleichen Richtung wie die chemischen Bindungen schwingen (Abb. 2—38). Dadurch kann die Richtung verschiedener chemischer Bindungen, die die komplexen Moleküle zusammenhalten, bestimmt werden. So hat man beispielsweise gefunden, daß die >NH und die >C=O Bindungen in gefalteten Proteinmolekülen entlang der Längsachse des gefalteten Moleküls liegen, was zur α-Helix-Struktur der Proteine führte.

Eine weitere spektroskopische Methode, die vor allem für die Nucleinsäuren angewendet wird, ist die Ultraviolett-Spektroskopie. Die Nucleinsäuren und auch die

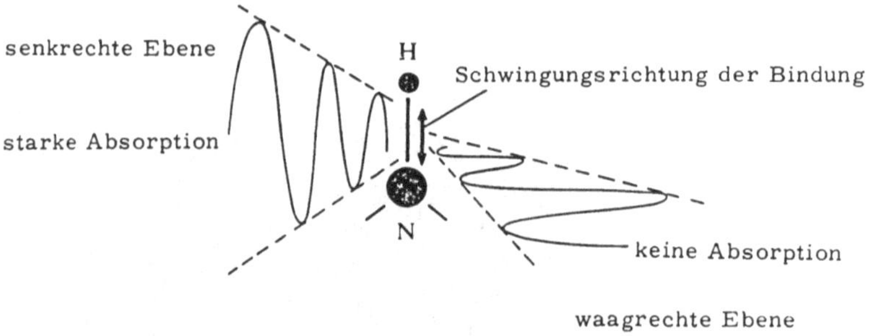

Abb. 2—38. Absorption der polarisierten Infrarot-Strahlung. Sind die Strahlen in der senkrechten Ebene polarisiert, so werden sie durch die N—H-Bindung absorbiert, da die Atomkerne in der Richtung der Bindung schwingen (Valenzschwingung). Sind die Strahlen aber in der waagerechten Ebene polarisiert, so entsteht keine Absorptionsbande.

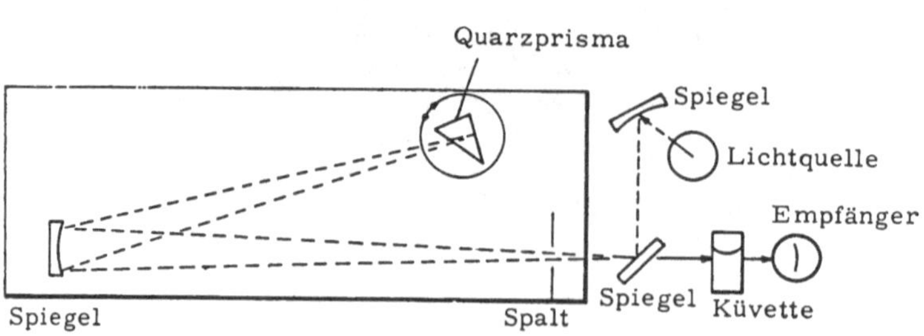

Abb. 2—39. Ultraviolett-Spektrometer. Der einfallende Strahl wird nach seiner Dispersion im Quarzprisma von diesem zurückgeworfen. Die Intensität des austretenden Strahls, der durch die Küvette dringt, wird photoelektrisch gemessen.

Proteine besitzen im Ultraviolett-Bereich des Spektrums (2 000 Å—3 300 Å) charakteristische Absorptionsbanden. Diese Methode wird dazu benutzt, die Trennung der Nucleinsäuren zu verfolgen (Abb. 2—39), während die Fraktionen die Trennsäule verlassen, oder dazu, direkte mikroskopische Beobachtungen an lebenden Zellen durchzuführen (Caspersson 1936, und andere).

Änderungen der freien Energie. Die Bestimmung der Änderung der freien Energie ist von vielen experimentellen Schwierigkeiten begleitet. Wir werden in diesem Abschnitt kurz drei Methoden besprechen, deren Einzelheiten in den Lehrbüchern der physikalischen Chemie beschrieben sind.

Man bestimmt bei einer dieser Methoden die Gleichgewichtskonstante einer reversiblen chemischen Reaktion bei konstanter Temperatur und konstantem Druck in einem homogenen System und berechnet daraus den ΔF^0-Wert (s. Abschn. 2.7). Man nimmt dabei meistens an, daß die Konzentrationen der Ausgangsstoffe und der Endprodukte ihren Aktivitäten gleich sind. Wenn die Reaktion sehr weit nach der einen oder anderen Seite verschoben ist, so ergeben sich bei der Bestimmung der Gleichgewichtskonstanten ziemlich große Fehler; man kann in derartigen Fällen die Genauigkeit dadurch erhöhen, daß man die Ausgangsstoffe mit radioaktiven Isotopen markiert. Ihre Mengen können, auch wenn sie winzig sind, sehr genau bestimmt werden.

Die zweite Methode beruht auf Wärmemessungen. Man kann die freie Energie, die an der Bildung einer Verbindung beteiligt ist, aus den Messungen der Bildungswärme berechnen. Die Werte der freien Bildungsenergie unter Standardbedingungen sind von vielen biochemisch wichtigen Substanzen (z. B. von Kohlendioxid, Essigsäure, Glucose, Glutaminsäure und anderen) bestimmt worden. Die Änderung der freien Energie der verschiedenen Reaktionen wird dann durch die Differenz zwischen den freien Bildungsenergien der Endprodukte und denjenigen der Ausgangsstoffe gegeben.

Eine dritte Methode beruht auf dem Zusammenhang, der zwischen der Änderung der freien Energie einer Reaktion und der Differenz der Redoxpotentiale (ΔE_0) der Ausgangsstoffe besteht. Bringt man zum Beispiel die zwei Redox-Systeme

$$\text{A(reduziert)} \rightleftharpoons \text{A(oxidiert)} \quad \text{und} \quad \text{B(reduziert)} \rightleftharpoons \text{B(oxidiert)}$$

zusammen, so werden sie folgendes Gleichgewicht erreichen:

$$\text{A(reduziert)} + \text{B(oxidiert)} \rightleftharpoons \text{A(oxidiert)} + \text{B(reduziert)}$$

Die Änderung des Redoxpotentials entspricht der Differenz zwischen dem Potential des Systems B(reduziert) $\rightleftharpoons$ B(oxidiert) und demjenigen des Systems A(reduziert) $\rightleftharpoons$ A(oxidiert).

Bringt man den ΔF-Wert in einen thermodynamischen Zusammenhang, so ist bei einem bestimmten pH $\Delta F = -n\mathfrak{F}\Delta E$, wobei n die Elektronenzahl angibt, die bei einer Redox-Reaktion übertragen wird, und $\mathfrak{F}$ die sog. Faraday-Konstante ist. Man kann mit Hilfe dieses Zusammenhangs wiederum die Änderung der freien Energie von gewissen reversiblen Reaktionen experimentell bestimmen.

Anwendung von Isotopen. Heute verwendet man in vielen Experimenten der Biochemie, der Molekularbiologie und der Cytologie radioaktive Isotope. Bei der gebräuchlichsten Methode markiert man ein einfaches Molekül (einen Metaboliten) mit einem Kohlenstoff- oder Wasserstoffisotop. Im Falle des Kohlenstoffs verwendet man meistens ^{14}C, das eine Halbwertszeit von über 5 000 Jahren besitzt, und im Falle des Wasserstoffs ^3H (Tritium), dessen Halbwertzeit ungefähr 12 Jahre beträgt. Der markierte Metabolit wird dann einer Zellkultur oder einem Homogenat beigefügt; ist er ein Nucleotid, so wird er in die Nucleinsäuren eingebaut, während eine Aminosäure in Proteine inkorporiert wird. Diese markierten Nucleinsäuren oder Proteine werden dann mittels der üblichen Methoden in einzelne Fraktionen getrennt, und ihre Radioaktivität wird mit Hilfe eines Geigerzählers gemessen (Abb. 2—40). Eine sehr empfindliche Methode zur Bestimmung der Radioaktivität basiert auf der Anwendung des Szintillationszählers. Hier geben die gelösten, radioaktiven Substanzen Energie ab, die von Szintillatoren absorbiert werden. Die Szintillatoren strahlen dabei sichtbares Licht aus, das von einer photoelektrischen Zelle gemessen wird.

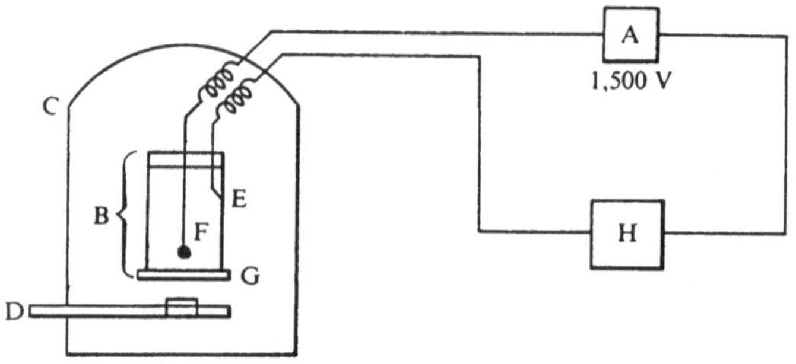

Abb. 2—40. Geiger-Müller-Zähler. Mit seiner Hilfe werden ionisierende Strahlen nachgewiesen: A Spannungs-Quelle; B Geiger-Müller-Zählrohr, das ein ionisierbares Gas enthält; C Bleischirm; D Probegefäß-Halter; E Schirm, der die Kathode enthält; F Anodendraht; G Glimmerfenster, durch das die Strahlen eintreten; H Zähler.

Radioaktiv markierte Zellen oder Gewebeschnitte werden gewöhnlich mit der autoradiographischen Methode untersucht (Howard und Pelc, 1951; J. H. Taylor, 1956, und andere). Dabei wird ein dünner Streifen eines lichtempfindlichen Films auf die Oberfläche des Objektträgers gelegt, der ungefähr einen Monat lang im Dunkeln liegen gelassen wird. Durch die radioaktiven Stellen des Präparats entstehen auf dem Film Silberkörner, die im Mikroskop gleichzeitig mit den Zellen, die unter dem durchsichtigen Film liegen, beobachtet werden können. Mit dieser Methode lassen sich markierte Zellkerne oder markiertes Cytoplasma untersuchen; bei der besten Auflösung ist es sogar möglich, einzelne Chromosomen zu erkennen.

Messung der Respirationsraten. Lebende Zellen müssen ununterbrochen mit Energie versorgt werden. Sie erhalten diese Energie aus der Oxidation der Glucose, bei der Sauerstoff verbraucht und Kohlendioxid freigesetzt wird. Sauerstoff oder Kohlendioxid werden daneben noch in vielen anderen biochemischen Reaktionen gebildet oder verbraucht. Die Respirationsraten (die Menge des verbrauchten Sauerstoffs und des freigesetzten Kohlendioxids) können mit Hilfe eines ursprünglich von Warburg entworfenen Apparates gemessen werden (Abb. 2—41). Man bringt das Gewebestück (oder die Zellsuspension) in ein kleines gesintertes Glasgefäß innerhalb eines Erlenmeyerkolbens. Der Sauerstoffverbrauch wird an der Druckänderung gemessen, die durch ein U-Rohr-Manometer angezeigt wird; das produzierte CO_2 wird dabei in Alkali absorbiert. In einem zweiten Experiment bestimmt man dann die Druckänderung, die sich aus dem O_2-Verlust und der gleichzeitigen CO_2-Zunahme ergibt, so daß am Schluß auch die freigesetzte CO_2-Menge berechnet werden kann. Das Prinzip dieser Messungen ist in

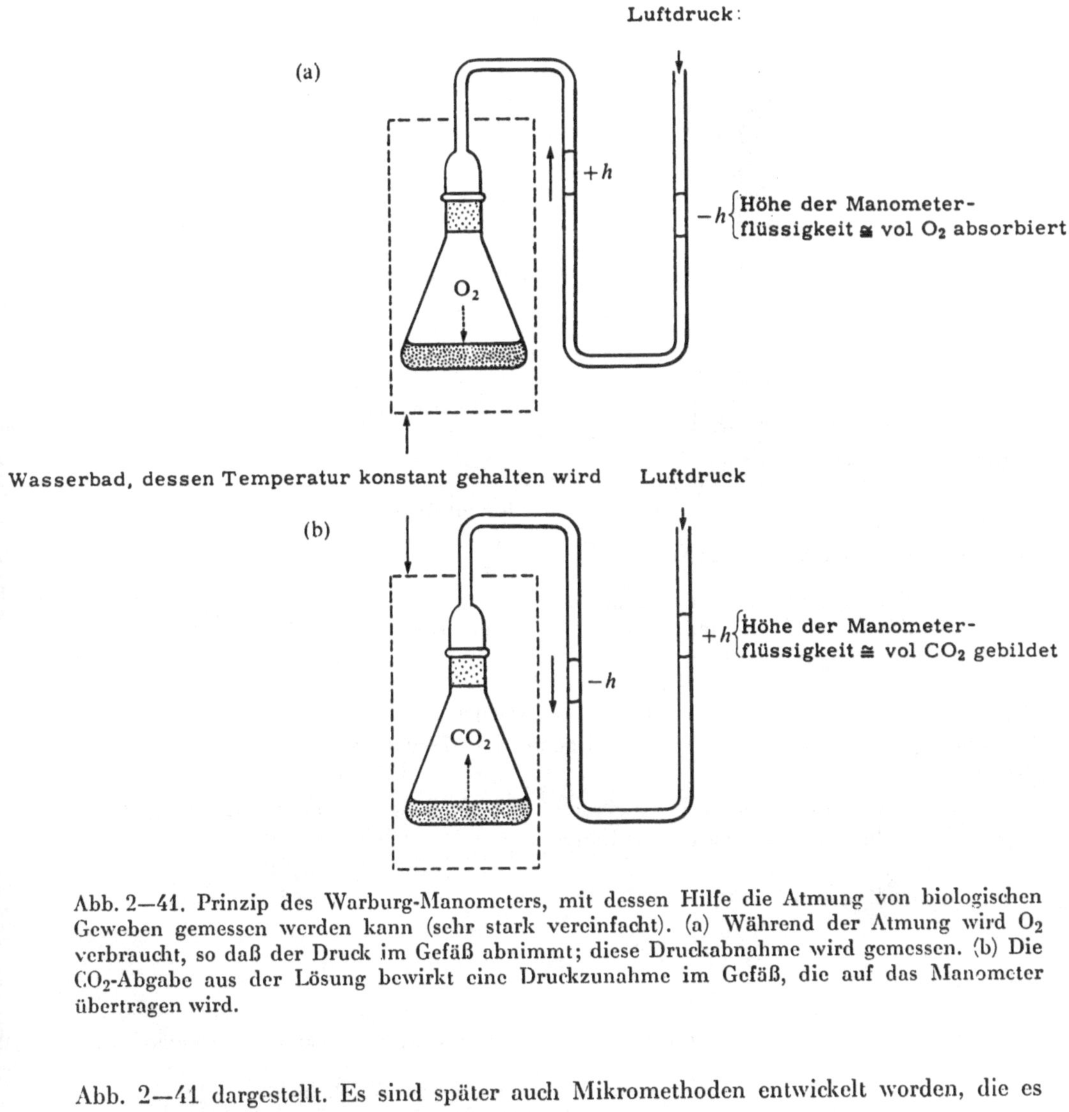

Abb. 2—41. Prinzip des Warburg-Manometers, mit dessen Hilfe die Atmung von biologischen Geweben gemessen werden kann (sehr stark vereinfacht). (a) Während der Atmung wird O_2 verbraucht, so daß der Druck im Gefäß abnimmt; diese Druckabnahme wird gemessen. (b) Die CO_2-Abgabe aus der Lösung bewirkt eine Druckzunahme im Gefäß, die auf das Manometer übertragen wird.

Abb. 2—41 dargestellt. Es sind später auch Mikromethoden entwickelt worden, die es erlauben, die Atmungsgrößen einzelner Zellen zu messen.

pH-Messungen. Der pH-Wert einer Lösung wird gewöhnlich mit Hilfe einer Glaselektrode gemessen (Abb. 2—42). Wenn man eine dünne Glasmembran, die eine hohe elektrische Leitfähigkeit besitzt, zwischen zwei Lösungen mit unterschiedlichem pH stellt, so ergibt sich daraus ein Potentialunterschied, der mit diesem pH-Unterschied zusammenhängt. Man kann diese Glaselektrode in alle Arten von Lösungen stellen, die nicht zu stark sauer oder zu stark basisch sind. Die Abb. 2—42 zeigt den charakteristischen Aufbau einer solchen Glaselektrode; sie enthält einen mit Silber/Silberchlorid überzogenen Platindraht in 0,1 M Salzsäure. Die Bezugselektrode ist meistens eine Kalomel-Elektrode, die mit Quecksilberchlorid überzogenes Quecksilber in einer gesättigten Kalium-

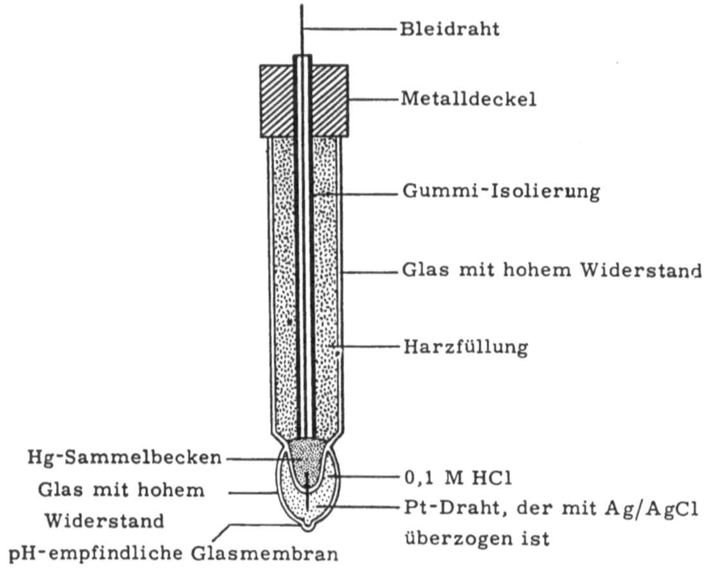

Abb. 2—42. Eine Glas-Elektrode, die bei der pH-Messung verwendet wird. Der Kolben enthält eine 0,1 M HCl-Lösung. Die dünne Glasmembran an der Basis ist leitend und stellt eine elektrische Verbindung zu der Testlösung her.

chloridlösung enthält. Diese beiden Elektroden werden in die Lösungen getaucht, und der Potentialunterschied zwischen ihnen wird gemessen. (Heute wird der pH-Wert meistens direkt an einem pH-Meter abgelesen.)

Der Potentialunterschied E_g (Glaselektrode) — E_{bez} (Bezugselektrode) steht mit dem pH-Wert in folgendem Zusammenhang:

$$pH = \frac{E_g - E_{bez}}{0{,}0591} \text{ bei } 25\ °C$$

Literatur

Barry, J. M. u. E. M. Barry: Die Struktur biologisch wichtiger Moleküle. G. Thieme, Stuttgart 1971.
Bartley, W., L. M. Birt. u. P. Banks: Biochemie. Verlag Chemie, Weinheim 1970.
Bielka, H. (Hrsg.): Molekulare Biologie der Zelle. G. Fischer, Jena, Stuttgart 1969.
Buddecke, E.: Grundriß der Biochemie. W. de Gruyter, Berlin 1970.
Hofmann, E.: Dynamische Biochemie II. Grundlagen und moderne Erkenntnisse. Akademie-Verlag, Berlin 1966.
Karlson, P.: Kurzes Lehrbuch der Biochemie. 8. Aufl., G. Thieme, Stuttgart 1972.
Klotz, J.: Energetik biochemischer Reaktionen. G. Thieme, Stuttgart 1971.
Micheel, F.: Chemie der Zucker und Polysaccharide. Akademische Verlagsgesellschaft Geest und Portig, Leipzig 1956.
Pauling, L.: Grundlagen der Chemie. Verlag Chemie, Weinheim 1973.
Rapoport, S. M.: Medizinische Biochemie. 4. Aufl., VEB Verlag Volk und Gesundheit, Berlin 1966.
Rotzsch, W.: Einführung in die funktionelle Biochemie der Zelle. J. A. Barth, Leipzig 1970.
Ruske, W.: Einführung in die organische Chemie. 2. Aufl., Verlag Chemie, Weinheim 1970.

TEIL 2.
Struktur, Funktion und Synthese der Zellbestandteile

Wir betrachten jetzt die Strukturen, Funktionen und Biosynthesen der verschiedenen Zellbestandteile. Wir fragen uns dabei, welchen Teil der Zelle wir zuerst beschreiben sollen. Die Schwierigkeit liegt darin, daß man keinen einzelnen Zellbestandteil für sich allein betrachten kann. Die Zelle ist ein sehr komplexes System, in dem viele Vorgänge ablaufen, die untereinander zusammenhängen. Um einen jeden dieser Vorgänge ganz verstehen zu können, muß er im Zusammenhang mit allen anderen betrachtet werden. Um zu einem tieferen Verständnis eines einzelnen Teiles zu gelangen, ist es also notwendig, die Zelle als ein funktionierendes Ganzes zu werten. Da wir aber mit irgendeinem Teil beginnen müssen, scheint es uns zweckmäßig, zuerst die Struktur und Funktion des Zellkerns zu beschreiben, da dieser eine zentrale Rolle im Leben der Zelle spielt. Wir werden zuerst in Kap. 3 die Replikation der Desoxyribonucleinsäure(DNA)-Moleküle und die Synthese der Ribonucleinsäure (RNA) beschreiben. Kap. 4 befaßt sich dann mit der Proteinsynthese. Die nachfolgenden Kapitel dieses Buchabschnitts behandeln die Bedeutung der verschiedenen anderen Zellbestandteile und der Lipidmembran-Strukturen, die sowohl die intrazellulären Organellen, als auch die ganze Zelle umschließen und schützen.

Wir werden in allen diesen Kapiteln an verschiedenen Stellen etwas Biochemie einflechten, dies vor allem bei der Besprechung des Zellkerns und der Bildung der Proteine sowie der Energievorgänge in den Zellen. Ausführliche biochemische Beschreibungen der Synthesen der verschiedenen Bausteine der Nucleinsäuren, Proteine, Kohlenhydrate und Lipide sind in Kap. 7 zu finden, das sich auch mit den Enzymfunktionen befaßt.

3. Der Interphasekern

Als *Interphase*kern bezeichnet man den Kern, der zwischen den einzelnen Mitosen in wachsenden und sich teilenden Zellen seine Funktion ausübt (Abb. 9—1). Während der Interphase werden die RNA und verschiedene andere Zellbestandteile gebildet; diese Vorgänge finden hauptsächlich während der G_1-Phase statt und — in einem etwas kleineren Ausmaß — während der Bildung der DNA in der S-Phase vor der Mitose. Der Kern erfüllt während der Mitose und der Meiose, in der die Keimzellen gebildet werden, völlig andere Aufgaben als in der Interphase, da er dann einzig dafür verantwortlich ist, daß die genetische Substanz richtig auf die Tochterzellen übertragen wird. Während dieser Vorgänge verändert sich sein Aussehen stark, da die Kernmembran verschwindet und seine innere Organisation weitgehend umgestellt wird, wobei auch die *Nucleolen* verschwinden. Die Nucleolen sind unregelmäßig gerundete oder ovale Strukturen (einer oder mehrere in einem Kern), die im angefärbten Interphasekern von pflanzlichen und tierischen Zellen deutlich gesehen werden können (vgl. Abb. 1—3 b und Abb. 1—3 c).

In der ersten Hälfte der Interphase kontrollieren die Nucleinsäuren vor allem die Neubildung der Proteine. Wir befassen uns im vorliegenden und im nächsten Kapitel mit den Kernfunktionen, die während dieses und des späten Interphase-Stadiums, in dem sich die DNA verdoppelt, beobachtet werden. Im Kap. 13 werden wir auf die Bedeutung des Kerns während der Differenzierung und der Entwicklung der Organismen eingehen.

Im Jahre 1700 entdeckte van Leeuwenhoek in den roten Lachsblutkörperchen lichtbrechende Strukturen, die Kerne gewesen sein mußten. Der holländische Tuchhändler hatte die einfachen Linsen, mit denen er diese wichtige Beobachtung anstellte, in seiner Freizeit selbst geschliffen. Fontana beobachtete 1781 in den Zellen der Aalhaut ähnliche ovale Körper, und der schottische Botaniker Robert Brown schrieb 1833, daß man im Innern von verschiedenen Gewebezellen der Blütenpflanzen immer Kerne sehen könnte.

Man hatte später entdeckt, als man sich teilende Zellen untersuchte, daß der Kern nicht homogen war, sondern fadenförmige Strukturen enthielt. Hofmeister beobachtete zwischen 1840 und 1850, daß sich bei der Zellteilung auch die Kerne in zwei Tochterkerne teilten; überdies beschrieb er kleine Körperchen, die jedesmal kurz vor der Kernteilung sichtbar wurden. Einige Jahre später gelang es, diese Körperchen mit Anilinfarbstoffen anzufärben, weshalb man sie dann als Chromosomen bezeichnete (aus dem Griechischen ‚*chrôma*' = Farbe und ‚*sôma*' = Körper). Sutton wies 1903 als erster darauf hin, daß die Erbfaktoren oder Gene auf den Chromosomen liegen könnten. Einige Jahre später zeigte dann Morgan, daß Gene, die gewisse Merkmale der Taufliege *Drosophila* bestimmten, tatsächlich auf einzelnen Chromosomen nachgewiesen werden konnten (s. Kap. 10).

In der Zwischenzeit waren viele chemische Eigenschaften der Zellkerne entdeckt worden. 1869 gelang es Miescher, die Kernsubstanz, die er Nuclein nannte, aus den Eiterzellen an Verbandstoffen der Spitäler zu isolieren. Später arbeitete er mit Spermienzellen des Lachses, weil er beobachtet hatte, daß diese fast nur aus Kernen bestanden. Er konnte zeigen, daß diese Kernsubstanz die Elemente Phosphor, Kohlenstoff, Sauerstoff, Wasserstoff und Stickstoff enthielt. Als man entdeckte, daß das gelöste Nuclein saure Eigenschaften hatte, wurde es in der Folge Nucleinsäure genannt.

Der berühmte deutsche Chemiker Fischer entdeckte um 1880 zwei heterocyclische Ringgerüste, die mit der Harnsäure verwandt waren. Es waren die Pyrimidin- und die Purinstruktur (Abb. 2—10):

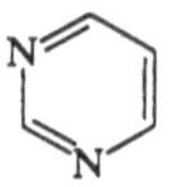

Pyrimidin-Struktur

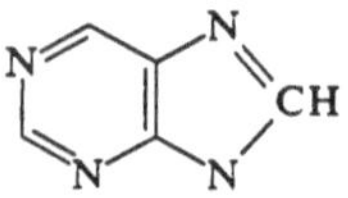

Purin-Struktur

Es gelang dann Kossel, in der Nucleinsäure zwei Pyrimidine (das Cytosin und das Thymin) und zwei Purine (das Adenin und das Guanin) nachzuweisen. Für diese Arbeit wurde ihm 1910 der Nobelpreis verliehen. 1910 entdeckte Levene, ein Biochemiker, der in Rußland geboren war und in New York arbeitete, in der Nucleinsäure einen Zucker, der aus fünf Kohlenstoffatomen zusammengesetzt und als Ribose bekannt war (Abb. 2—12). Später fand der gleiche Forscher eine zweite Nucleinsäurenart, die die Desoxyribose enthielt (Abb. 2—12). Er wies überdies darauf hin, daß der Phosphor in den Nucleinsäuren als Phosphatgruppe vorliegt und daß diese Gruppe das Bindeglied zwischen den einzelnen Bausteinen der Nucleinsäuren, die aus einem Zuckermolekül und einer Purin- oder Pyrimidinbase bestehen, darstellt. Der Engländer Todd synthetisierte Anfang der fünfziger Jahre derartige Strukturen und fand, daß sie mit den Substanzen, die aus den Nucleinsäuren gewonnen wurden, übereinstimmten. Diese Arbeit trug ihm 1957 den Nobelpreis ein.

Die Untersuchungen der Cytologen und Genetiker über die Chromosomen und diejenigen der Chemiker über die Zusammensetzung der Nucleinsäuren konnten 1924 zusammengefaßt werden, als Feulgen eine Färbemethode entwickelt hatte, mit der man nachweisen konnte, daß die Chromosomen die Desoxyribose-Form der Nucleinsäuren besaßen. 1928 entdeckte der Bakteriologe Griffiths zufällig, daß ein Faktor, der in einem durch Hitze abgetöteten Bakterienstamm vorhanden war, bestimmte Merkmale dieses Stammes auf einen von ihm verschiedenen Bakterienstamm übertragen konnte. 1944 zeigten Avery, Macleod und McCarty, daß dieser Faktor aus Desoxyribonucleinsäure bestand; sie hatten damit den ersten Beweis dafür geliefert, daß die Desoxyribonucleinsäure mit dem Vererbungsmechanismus in einem unmittelbaren Zusammenhang steht.

3.1. Struktur und Replikation der DNA

Alle Untersuchungen, die seit den vierziger Jahren auf diesem Gebiet durchgeführt worden sind, haben gezeigt, daß die DNA die genetische Substanz aller Lebewesen ist; eine Ausnahme bilden einzig bestimmte Viren, deren genetische Substanz die RNA ist. Die DNA der Mycoplasmen und der Bakterien kommt wahrscheinlich nicht in Verbindung mit anderen Molekülen vor, während die DNA der Tier- und der Pflanzenzellen in den Chromosomen immer mit bestimmten Proteinmolekülen verbunden ist.

Die Bausteine der DNA sind in der Abb. 3—1 dargestellt. Sie enthalten vier verschiedene Basen, nämlich die zwei Purine Adenin und Guanin und die zwei Pyrimidine

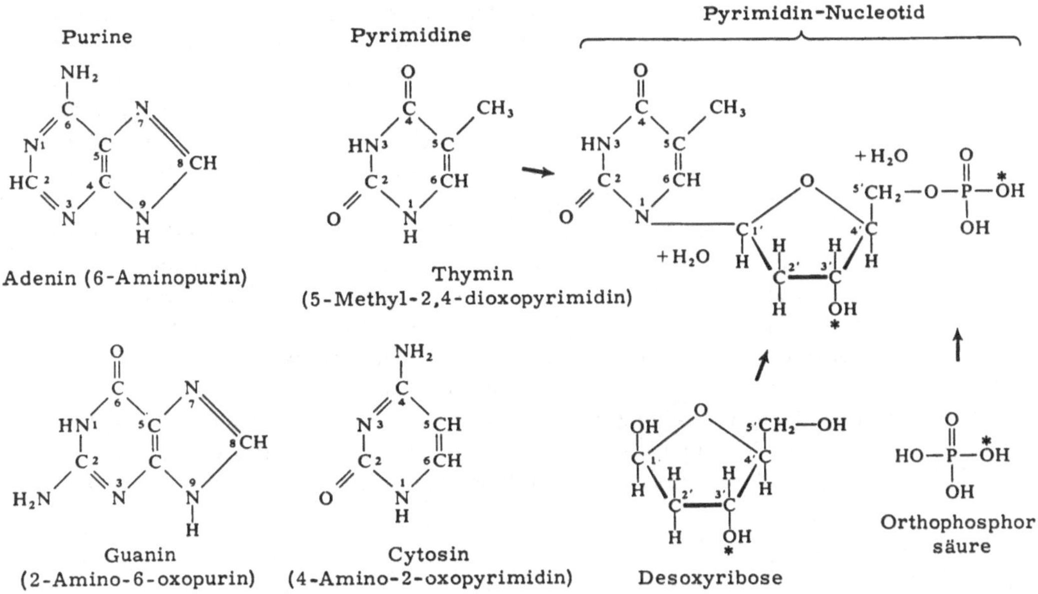

*diese Gruppen verbinden sich miteinander zu der Nucleinsäure-Kette

Abb. 3—1. Die Bausteine der Desoxyribonucleinsäure. *Links,* die vier Basen Adenin, Guanin, Thymin und Cytosin. *Rechts,* ein Pyrimidin-Nucleotid, das aus Thymin, Desoxyribose und Phosphorsäure aufgebaut ist.

Thymin und Cytosin. Verbindet sich eine dieser Basen mit der Desoxyribose, so entsteht ein *Nucleosid* (Abb. 2—12). In einem Nucleosid ist das C-1-Atom des Zuckers mit dem Stickstoffatom 9 einer Purinbase oder mit dem N-1-Atom einer Pyrimidinbase verbunden (s. Abschn. 2.4). Das Phosphatester-Derivat eines Nucleosids wird als *Nucleotid* bezeichnet (Abb. 3—1), das der eigentliche Baustein des DNA-Moleküls ist. Die Nucleotide sind untereinander zu einer langen *Polynucleotid*kette verbunden. Alle diese Einzelheiten der DNA-Struktur sind in den vierziger Jahren entdeckt worden, und man hat damals auch angenommen, daß die Nucleotid-Einheiten durch Phosphatbindungen untereinander zusammengehalten werden. Es gelang jedoch nicht, die genaue räumliche Struktur der DNA zu bestimmen, und ebensowenig verstand man, wie ein derartiges Molekül die vielen genetischen Informationen tragen konnte, die die unzähligen Merkmale eines Lebewesens bestimmen müssen.

Chargaff führte 1947 eine genaue chemische Untersuchung der DNA durch. Er konnte dabei zeigen, daß in der DNA die großen Purin- und die kleineren Pyrimidinbasen in gleichen Teilen vorhanden waren und, was noch interessanter war, daß immer gleich viele Adenin- wie Thyminmoleküle und gleich viele Cytosin- wie Guaninmoleküle vorhanden waren. Die Bedeutung dieser Entdeckung wurde erst einige Jahre später erkannt, als die Struktur der DNA endgültig aufgeklärt wurde.

1950 begannen Wilkins und seine Mitarbeiter, gereinigte DNA-Fasern, die sie aus tierischen Zellen gewonnen hatten, mit Hilfe der Röntgenbeugungsmethode zu untersuchen. Sie verglichen ihre experimentellen Ergebnisse mit den verschiedenen Molekülanordnungen von theoretisch möglichen DNA-Modellen. Sie fanden dabei, daß die Purin- und die Pyrimidinbasen in regelmäßigen Abständen von 3,4 Å der Längsachse des Moleküls entlang angeordnet waren. Daneben beobachteten sie eine weitere Regelmäßigkeit in der strukturellen Anordnung, die sich in Abständen von 34 Å (d. h. immer nach 10 Nucleotideinheiten) wiederholte. Sie schlossen aus diesen Ergebnissen, daß das Molekül nicht linear angeordnet, sondern zu einer Helix verdreht war mit einer Ganghöhe jeder Schraubenumdrehung von 34 Å. Überdies zeigten Dichtemessungen des Moleküls, daß es aus mehr als nur einer Nucleotidkette bestehen mußte.

1951 klärten Pauling und Corey die α-Helix-Struktur der fibrillären Proteine auf (vgl. Abschn. 4.13) und wendeten diese Vorstellungen später auch auf das DNA-Molekül an. Sie vermuteten, daß die DNA aus drei zu einer Helix verdrehten Nucleotidketten bestehen würde, deren Phosphatgruppen im Innern der Struktur lägen, während die Purin- und die Pyrimidingruppen nach außen ragten. Aber die Biochemiker, die die Struktur der DNA aufzuklären versuchten, nahmen an, daß die Stabilität der Molekularstruktur teilweise durch Wasserstoffbrücken zwischen den Basen aufrecht-

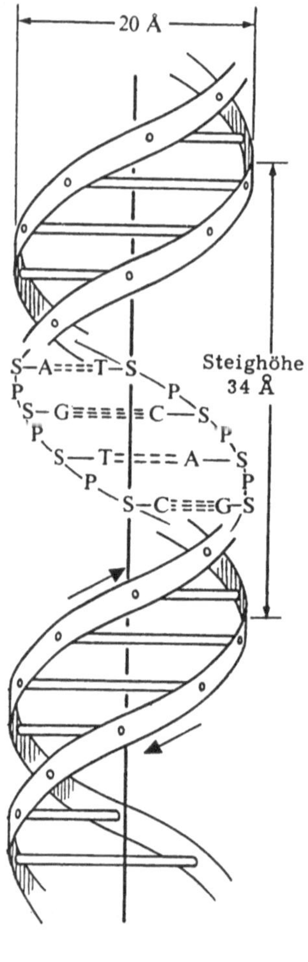

Abb. 3—2. Doppelhelix der DNA (Modell von Watson und Crick). Zwei DNA-Einzelstränge werden durch Wasserstoffbrücken zwischen den Basen zusammengehalten. A Adenin; T Thymin; G Guanin; C Cytosin; P Phosphorsäure; S Desoxyribose-Zucker.

erhalten würde. Dies konnte jedoch nur dann der Fall sein, wenn die Basen der Polynucleotidketten nicht, wie Pauling und Corey vorschlugen, nach außen, sondern gegeneinander nach innen gerichtet waren.

1953 bauten dann Watson und Crick ihr berühmtes *Doppelhelix*-Modell der DNA auf, das alle damals bekannten Eigenschaften dieses Moleküls erklärte und das ihnen und Wilkins später den Nobelpreis eintrug. Das Doppelhelix-Modell ist in der Abb. 3—2 dargestellt. Es besteht aus zwei verdrehten Polynucleotidketten, deren benachbarte Desoxyribosezucker-Moleküle jeweils durch eine Phosphatgruppe zusammengehalten werden, so daß ein Zucker-Phosphat-Rückgrat entsteht. Die Abb. 3—1 zeigt, daß sich die einzigen OH-Gruppen der Desoxyribose einer Nucleotideinheit, die eine Esterbindung eingehen können, an C-3′ und C-5′ befinden. Tatsächlich verbindet eine Phosphatgruppe jeweils das C-3′ des einen Zuckers mit dem C-5′ des Zuckers des benachbarten Nucleotids (Abb. 3—3).

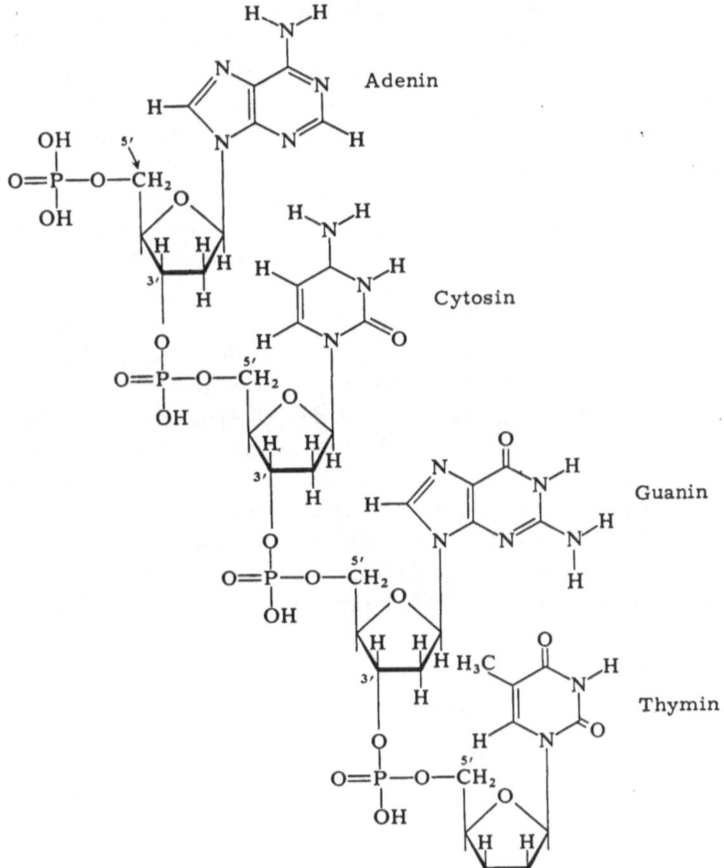

Abb. 3—3. Die Verbindung der Nucleotid-Einheiten zu einem einzelnen DNA-Strang. Die Positionen 3′ und 5′ geben die Kohlenstoffatome der Zuckerringe an, die durch Phosphatgruppen untereinander verbunden sind.

Die Purin- und die Pyrimidinbasen der Nucleotid-Einheiten sind bei diesem Modell nach innen gerichtet und werden durch Wasserstoffbrücken zusammengehalten, so daß jede Base einer Kette mit einer Base der zweiten Kette paarweise verbunden ist. Die Basen paaren sich aber nicht in einer zufälligen Weise, sondern das Adenin verbindet sich immer nur mit dem Thymin, und das Cytosin paart sich immer nur mit dem Guanin. Wenn sich nämlich andere Basenpaare bilden würden, so könnten aus räumlichen Gründen weder regelmäßige Helices noch Wasserstoffbrücken zwischen den Basen entstehen. Die Abb. 3—4 zeigt, wie genau die „richtigen" Basen zusammenpassen; zwischen Adenin und Thymin können sich zwei und zwischen Cytosin und Guanin drei Wasserstoffbrücken ausbilden. Diese Basenpaarungen erklären auch die Beobachtungen, die Chargaff bei seinen chemischen Untersuchungen der DNA machte, nämlich daß das DNA-Molekül gleich viel Adenin wie Thymin und gleich viel Guanin wie Cytosin enthält. Weiter kann das Doppelhelix-Modell alle Ergebnisse aus Wilkins Röntgenbeugungs-Versuchen erklären. Abb. 3—2 zeigt, daß der Durchmesser der Schraube 20 Å beträgt und daß die zwei verdrillten Ketten ein Molekül mit abwechselnd weiten und engen Furchen bilden. Ein vollständiger Umgang der Schraube (Ganghöhe) mißt 34 Å und enthält 10 Nucleotid-Einheiten.

Die zwei Polynucleotidketten einer DNA-Doppelhelix sind *komplementär* zueinander, da die Basen der einen Kette zu denjenigen der anderen komplementär angeordnet sind. Wenn also in einem Kettenabschnitt die Reihenfolge der Basen —Adenin—Guanin—Cytosin—Guanin— lautet, so heißt der entsprechende Abschnitt der komplementären Kette —Thymin—Cytosin—Guanin—Cytosin—. Die Phosphat-Zucker-Bindungen sind wegen der Basenpaarung in den zwei Ketten einander entgegengesetzt gerichtet. Abb. 3—3 zeigt, daß die Phosphat-Zucker-Bindungen, wenn man die Seite von oben nach unten betrachtet, vom C-3′ der Ribose zum C-5′ gehen. Bei der komplementären Kette, bei der die Basen wegen der Ausbildung der Wasserstoffbrücken nach innen gerichtet sind, müssen aber die Phosphat-Zucker-Bindungen (wieder von oben nach unten betrachtet) vom C-5′ zum C-3′ gehen, was man sich veranschaulichen kann, wenn man die Abb. 3—3 um 180° dreht, da dann die sterische Anordnung des komplementären Phosphat-Zucker-Rückgrates erscheint.

Die Wasserstoffbrücken, die sich zwischen den Polynucleotidbasen ausbilden, stabilisieren zwar die Doppelhelix, aber diese Bindungen sind so schwach, daß sie bei Zimmertemperatur verhältnismäßig leicht auseinanderbrechen und sich wieder bilden.

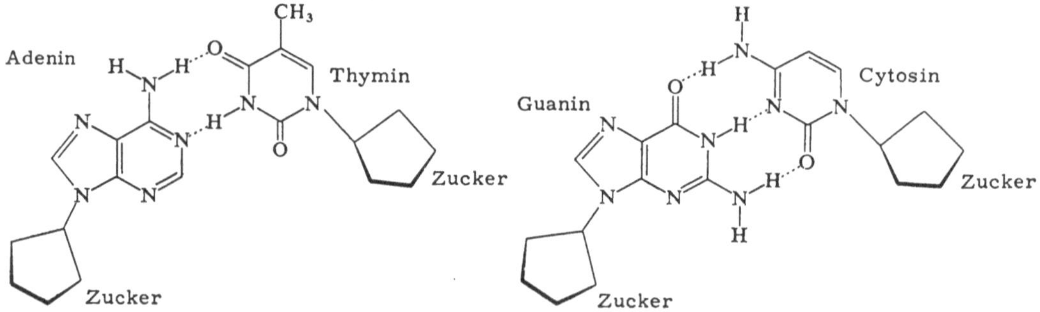

Abb. 3—4. Wasserstoffbrücken zwischen Adenin und Thymin sowie zwischen Guanin und Cytosin.

Dank der ausgezeichneten Arbeiten der Molekularbiologen versteht man heute ziemlich gut, wie die genetische Information im DNA-Molekül verschlüsselt ist (s. Kap. 4). Sie ist enthalten in der Reihenfolge oder Sequenz, in der die vier Basen Adenin, Thymin, Cytosin und Guanin in den DNA-Ketten angeordnet sind. Die DNA-Moleküle können zum Teil sehr lang sein; zum Beispiel ist das ringförmige Molekül des Bakteriums *Escherichia coli* ungefähr 1000 μm lang (s. Abb. 3—8). Nimmt man als Distanz zwischen den einzelnen Basen den Wert 3,4 Å an, so müssen in der DNA von *E. coli* ungefähr 3×10^6 Nucleotidpaare vorhanden sein. Da das Molekulargewicht eines Nucleotidpaares ungefähr 600 beträgt, sollte das Molekulargewicht der *E. coli*-DNA in der Größenordnung von $600 \times 3 \times 10^6$ oder $1{,}8 \times 10^9$ liegen. Die DNA-Moleküle der pflanzlichen und tierischen Zellen sind zum Teil sogar noch länger. Die Reihenfolge der Basen kann bei diesen großen Molekülen, die sehr viele Nucleotid-Einheiten enthalten, sehr stark variieren. Es ist nun aber für den Fortbestand der genetischen Eigenschaften von einer Generation zur anderen äußerst wichtig, daß die genaue Nucleotidbasen-Sequenz der DNA eines Lebewesens unverändert erhalten bleibt; aus diesem Grund muß die DNA vor jeder Kernteilung genau nachgebildet werden (s. Abb. 9—1).

Watson und Crick schrieben 1953: „Es entging unserer Aufmerksamkeit nicht, daß die Doppelhelix-Struktur selbst andeutet, auf welche Weise die DNA-Moleküle repliziert werden.“ Wenn sich nämlich die zwei Stränge in der Gegenwart einzelner Nucleotid-Einheiten zu entwinden und zu trennen beginnen, so erwartet man, daß sich die Basen dieser freien Nucleotide mit den komplementären Basen der Einzelketten verbinden (Abb. 3—5). Dabei kann sich aus räumlichen Gründen (Ausbildung der Wasserstoffbrücken) eine Base immer nur mit ihrer komplementären und keiner anderen Base verbinden. Auf diese Weise würden nach und nach an den zwei ursprünglichen, als Matrize wirkenden Strängen je ein vollständiger komplementärer Satz aus Nucleotid-Einheiten aufgebaut werden. Der letzte Schritt bestünde dann darin, jeden Satz der komplementären Nucleotidreihe untereinander zu verbinden, so daß schließlich *zwei* DNA-Moleküle entstünden, wobei ein jedes eine genaue Kopie des ursprünglichen Moleküls wäre. Diese Art der DNA-Verdoppelung wird als die *semi-konservative Replikation* bezeichnet, da hier jedes der Tochter-DNA-Moleküle aus einem „alten“ Polynucleotid-Strang des Ausgangsmoleküls und einem neu gebildeten Strang besteht.

Der Vorschlag von Watson und Crick, nach dem sich das DNA-Molekül entwindet und auftrennt, so daß jeder Strang als Matrize für einen neuen, komplementären Strang dienen kann, wurde durch Versuche bestätigt. Meselson und Stahl zeigten 1958 in einigen eleganten Experimenten mit den *E. coli*-Bakterien, daß die Replikation der DNA ein semi-konservativer Vorgang ist. Man weiß, daß die genetische Substanz von *E. coli* aus einem langen, kontinuierlichen DNA-Molekül besteht, während Struktur und Organisation der Chromosomen von pflanzlichen und tierischen Zellen sehr viel komplexer sind. Meselson und Stahl züchteten die Bakterien zuerst in einem Medium, das ein schweres Stickstoff-Isotop, ^{15}N, enthielt. Die DNA der Bakterien, die in diesem Medium wachsen, ist schwerer als die DNA der Bakterien, deren Medium eine normale Stickstoffquelle enthält. Sie fanden, daß nach Ultrazentrifugierung der Lösung mit den beiden DNA-Arten, eine von normalen Zellen, die andere extrahiert aus radioaktiv markierten Zellen, zwei DNA-Banden an unterschiedlichen Positionen im Zentrifugenbecher zu finden waren, entsprechend ihrer Dichte (Abb. 3—6). Meselson und Stahl ließen dann die Bakterien, die sich während verschiedener Generationen in dem ^{15}N-haltigen

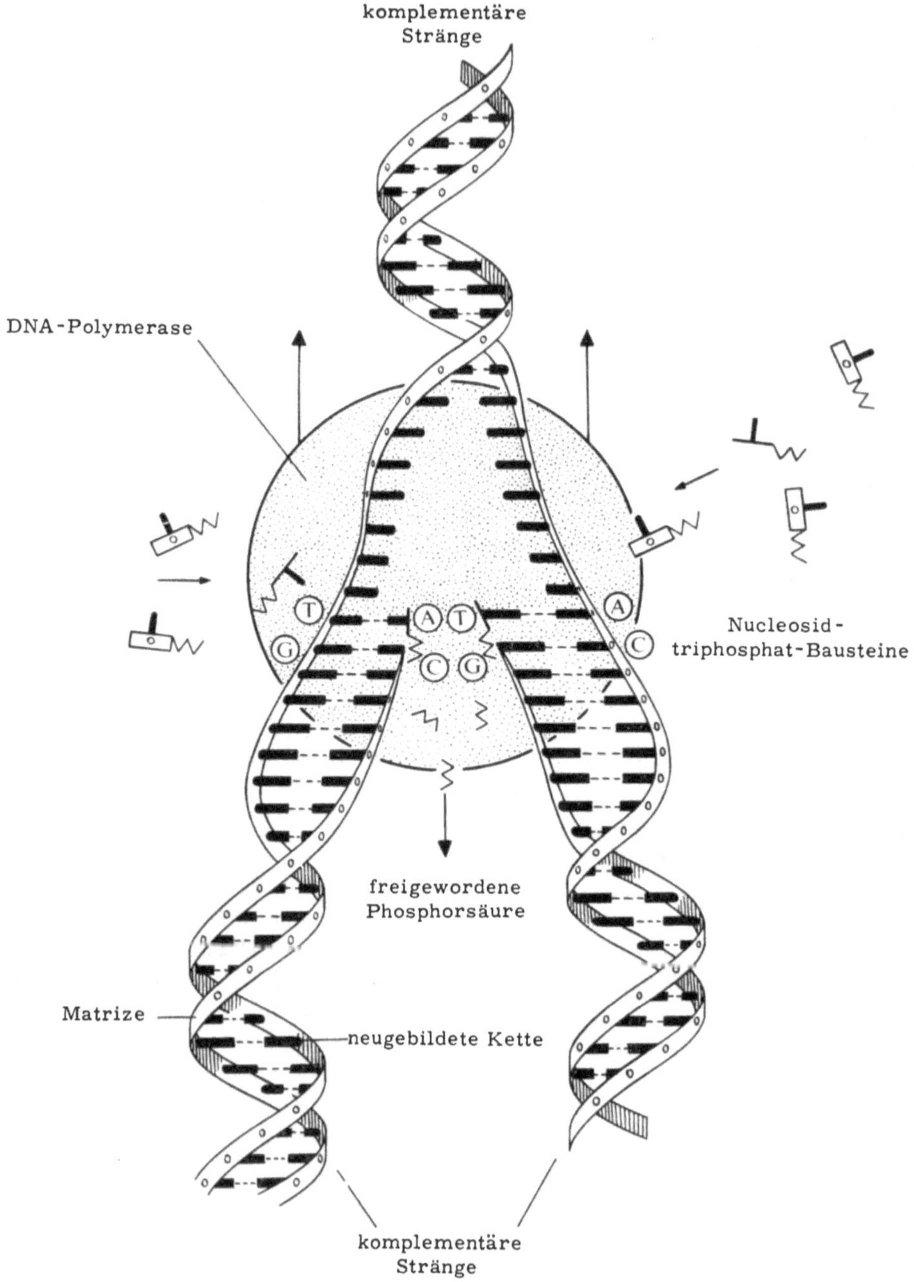

Abb. 3—5. Replikation der DNA-Doppelhelix. Die beiden Stränge entschrauben sich, worauf an jedem eine neue Polynucleotid-Kette aus den Nucleosid-triphosphat-Bausteinen aufgebaut wird. Daraus entstehen zwei miteinander übereinstimmende Doppelschrauben, von denen jede aus einem alten und einem neuen Strang besteht. Wahrscheinlich wird dieser Vorgang durch das spezifische Enzym DNA-Polymerase katalysiert.

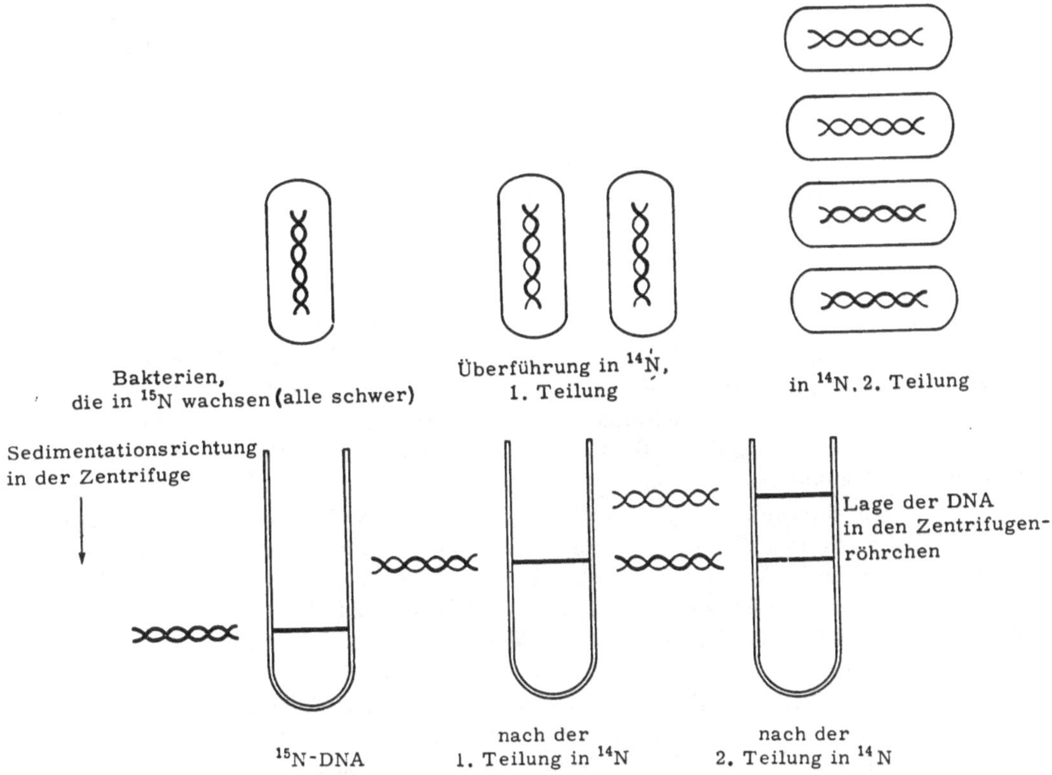

Abb. 3—6. Das Experiment von Meselson und Stahl mit *E. coli*-Bakterien, durch das bewiesen wird, daß die DNA-Replikation ein semi-konservativer Vorgang ist.

Medium vermehrt hatten und deshalb schwere DNA enthielten, in einem normalen Medium wachsen. Wenn das Watson-Crick-Modell richtig war, so mußte in der nächsten Generation die DNA aller Bakterien aus einer Zwischenform bestehen, da sie aus einem schweren und einem normalen Strang zusammengesetzt wäre; diese DNA sollte dann in der Zentrifuge zwischen der schweren und der normalen DNA sedimentieren. Wie Abb. 3—6 zeigt, war dies tatsächlich der Fall. Bei der zweiten Generation, die im normalen Medium gewachsen war, mußte nach dem Modell von Watson und Crick die eine Häfte der DNA die normale Form (da sie am normalen Strang gebildet wurde) und die andere Hälfte die Zwischenform (da sie am schweren Strang gebildet wurde) aufweisen. Auch diese Vermutung konnte durch das Experiment bestätigt werden. Es war damit bewiesen worden, daß die DNA durch einen semi-konservativen Vorgang repliziert wird.

Kornberg zeigte 1956, daß DNA *in vitro* nur in Gegenwart eines spezifischen Enzyms gebildet werden konnte. Wenn sich nämlich die neuen Nucleotid-Einheiten mit dem Matrizen-Strang verbunden haben, so ist ein Enzym, die *DNA-Polymerase,* erforderlich, das alle Nucleotide zu einem ununterbrochenen, komplementären Strang miteinander verbindet. Kornberg konnte in seinem System aus *E. coli*-Material zeigen, daß die DNA in einem zellfreien System durch DNA-Polymerase gebildet werden kann; man ist jedoch nicht sicher, ob dieses Enzym *in vivo* die gleiche Funktion hat. Kornbergs zellfreies System enthielt die vier DNA-Nucleotide, das Enzym DNA-Polymerase, etwas ATP (als Energiequelle), sowie eine kleine Menge von DNA, die als „Starter" wirken mußte. Wenn das System keine DNA enthielt, so wurde keine neue DNA gebildet; diese Tatsache unterstützte die Ansicht, daß die neuen DNA-Moleküle immer nur an schon vorhandener DNA gebildet werden. Kornberg bewies, daß sich die DNA tatsächlich neu gebildet hatte, indem er eine der Nucleotid-Einheiten radioaktiv markierte.

Später benutzte er anstelle der Nucleotide und ATP die Nucleosid-triphosphate (Nucleosid–Ⓟ–Ⓟ–Ⓟ, s. Abschn. 2.4). Die zwei überzähligen Phosphatgruppen werden beim Einbau des Nucleotids in die Kette abgespalten und liefern die Energie für diese Synthese. Kornberg fand, daß die Struktur der neu gebildeten DNA nicht von den relativen Mengen der freien Nucleotide in seinem System abhing, sondern immer eine genaue Kopie der ursprünglichen DNA war. Das war ein weiterer Beweis für die semikonservative Replikation der DNA.

Es ergab sich nun eine Schwierigkeit, als man entdeckte, daß die DNA-Polymerase an dem Strang, den sie kopierte, nur in einer Richtung wirkte, nämlich vom 3′-Ende zum 5′-Ende. Wenn sich aber zwei Stränge zu einer Doppelhelix verdrehen, so laufen sie in einander entgegengesetzten Richtungen, da das 5′-Ende des einen Stranges und das 3′-Ende des anderen am gleichen Ende der DNA liegen. Öffnet sich nun die Doppelhelix zu Beginn der Replikation, so kann nicht an jedem der beiden alten Stränge in der gleichen Richtung ein zusammenhängender, komplementärer Strang aufgebaut werden. Wie Abb. 3—7 zeigt, kann der neue, kontinuierliche Strang nur in der 3′—5′-Richtung (d. h. am linken, alten Strang) gebildet werden.

Kornberg und seine Mitarbeiter schlugen 1967 vor, daß die Replikation am anderen Strang in entgegengesetzter Richtung verläuft (am rechten, alten Strang der Abb. 3—7), wodurch diese Schwierigkeit überwunden wurde, denn so kann das Polymerase-Enzym auch hier in der 3′—5′-Richtung wirken. Dies bedeutet aber, daß dieser neue Strang nicht fortlaufend, sondern nur in kurzen Abschnitten gebildet werden kann und daß sich folglich das Enzym nach jedem Abschnitt vom Matrizenstrang ablösen

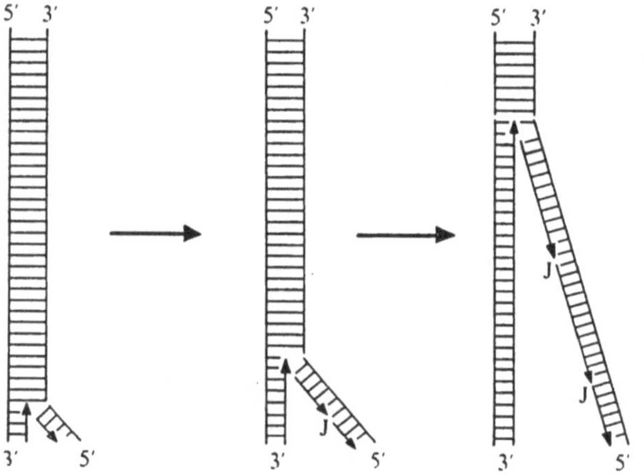

Abb. 3—7. Mechanismus der DNA-Replikation nach Kornbergs Vorschlag. Da das Replikations-Enzym immer nur vom 3′-Ende her gegen das 5′-Ende der DNA-Matrize wandert, muß einer der Mutterstränge in kleinen Abschnitten „nach rückwärts" kopiert werden. Diese kleinen Abschnitte werden durch ein Verbindungs-Enzym oder eine Ligase miteinander verbunden. Die Pfeile geben die Wanderungsrichtung der DNA-Polymerase an; an den Punkten J greift die Ligase an.

und weiter oben am Molekül wieder anheften muß, um den folgenden Abschnitt aufzubauen (Abb. 3—7). Diese einzelnen Abschnitte müssen am Schluß durch einen besonderen Mechanismus miteinander verbunden werden, damit ein ununterbrochener DNA-Strang entsteht. Man hat 1967 tatsächlich ein neues Enzym entdeckt, das kurze DNA-Abschnitte miteinander verbinden kann. Das Enzym, das von Khorana und anderen Forschern zuerst beschrieben wurde, ist die sog. *DNA-Ligase* oder das *DNA-Verbindungsenzym.* Als Kornberg (1968) dieses Enzym in sein zellfreies System der DNA-Synthese einführte, erhielt er biologisch aktive DNA. Die DNA, die er in seinen früheren Experimenten erhalten hatte, war wahrscheinlich deshalb nicht aktiv gewesen, weil der eine Strang der neuen DNA in unzusammenhängenden Abschnitten vorgelegen hatte. Okazaki konnte 1968 durch ein weiteres Experiment beweisen, daß die DNA in kleinen Abschnitten gebildet wird. Er wendete eine besondere radioaktive Markierungsmethode, die sog. Kurzzeit-Markierung, an und fand beinahe die ganze Radioaktivität in kurzen DNA-Abschnitten, die ungefähr 1 000 bis 2 000 Nucleotide lang waren.

Die DNA-Ligase ist beim Ausbesserungsmechanismus der DNA von großer Bedeutung. Viele Bakterien und einige Säugetierzellen können durch ultraviolette und ionisierende Strahlen hervorgerufene Schäden in ihrer DNA ausbessern, indem sie die geschädigten Stellen entfernen und durch neu gebildete Nucleotidkettenabschnitte ersetzen. Dafür ist ein Enzym notwendig, das die Enden des neuen Abschnittes mit dem schon vorhandenen Polynucleotid-Strang verbindet. Kornberg hat bewiesen (1969), daß die DNA-Polymerase am Ausbesserungsmechanismus der DNA beteiligt ist. Es ist möglich, daß dies in den lebenden Zellen ihre hauptsächliche, wenn nicht gar ihre einzige Funktion ist und daß *in vivo* vielleicht ein anderes Enzym für die DNA-Replikation verantwortlich ist.

Ein weiterer, interessanter Gesichtspunkt des Modells der DNA-Replikation betrifft den Entschraubungsmechanismus des alten DNA-Moleküls. Crick hatte schon hervorgehoben, daß sich das Molekül wegen seiner beachtlichen Länge wahrscheinlich nicht vollständig entschraubt, bevor die Bildung des neuen Polynucleotid-Stranges beginnt. Er hatte vielmehr angenommen, daß die beiden Vorgänge gleichzeitig ablaufen, indem sich die zwei neuen Stränge zu bilden beginnen, sobald der alte Doppelstrang anfängt, sich zu entschrauben und aufzutrennen.

Cairns konnte dann diese Annahme durch seine autoradiographischen Untersuchungen, die er an radioaktiv markierter und sorgfältig isolierter *E. coli*-DNA durchgeführt hatte, eindrucksvoll bestätigen. Wenn die Entschraubung des Doppelstranges und die Replikation gleichzeitig ablaufen, so sollte auf dem Autoradiogramm eine Y-förmige Stelle beobachtet werden; der senkrechte Teil des Y stellt die doppelsträngige, alte DNA dar, die noch nicht entschraubt ist, und der V-förmige Teil entspricht den zwei aufgetrennten, alten Strängen, an denen die Replikation stattfindet. Abb. 3—8 zeigt ein solches Autoradiogramm. Bei dem Versuch wurden die Bakterien während zweier Generationen mit ^{3}H-Thymidin markiert, so daß das ringförmige DNA-Molekül, das aus diesen Bakterien gewonnen wurde, vollständig sichtbar ist. Das Molekül, das in Abb. 3—8 dargestellt ist, ist ungefähr zu zwei Dritteln repliziert. Man kann zwei Y-förmige Verzweigungen sehen, wobei die eine an dem Punkt liegt, an dem die Replikation begonnen hatte (und wo sie aufhören wird), und die andere an der Verzweigungsstelle. Die Stärke der Markierung läßt darauf schließen, daß B der Startpunkt in Abb. 3—8 ist und die beiden langen Schleifen (links und in der Mitte) von B nach A die zwei Tochter-DNA-Moleküle darstellen; A wäre dann der Verzweigungspunkt, und das ursprüngliche DNA-Molekül wäre in der kurzen, rechten Schleife noch verdrillt. Dieses Autoradiogramm zeigt deutlich, daß die Entschraubung des alten und die Bildung der neuen DNA-Stränge gleichzeitig stattfindet.

Wie kann sich aber ein geschlossenes Molekül, das aus zwei verdrillten Strängen besteht, vollständig entwinden? Das Molekül, das sich verdoppelt, kann mit zwei um-

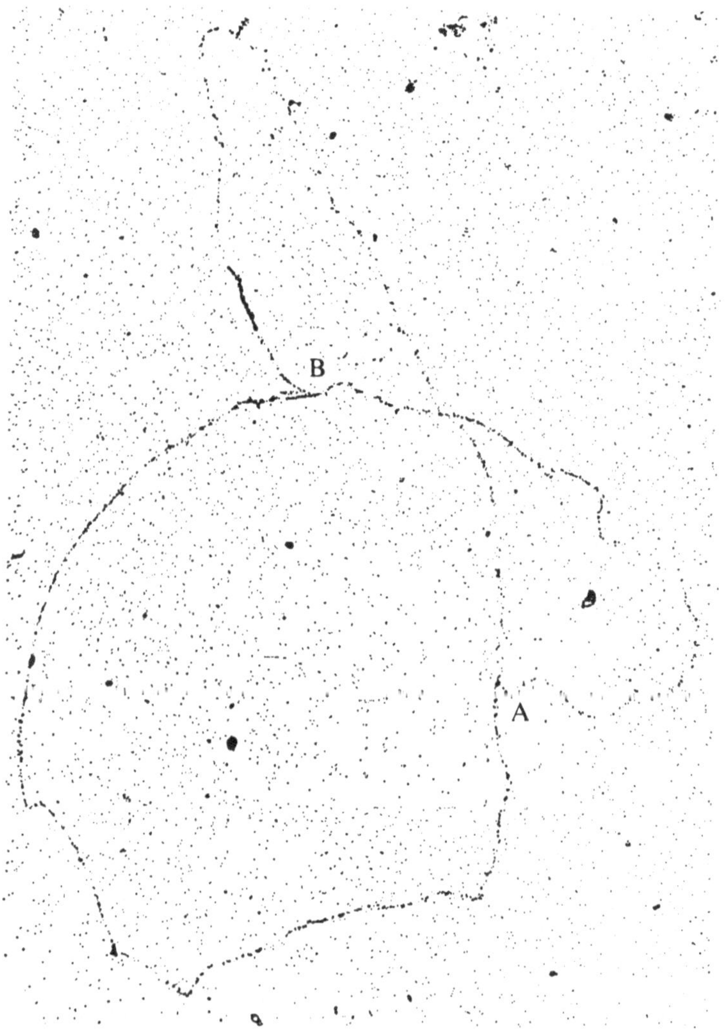

Abb. 3–8. Autoradiogramm der *E. coli*-DNA, die den Y-förmigen Verzweigungspunkt zeigt. Das ringförmige Molekül ist zu zwei Dritteln schon verdoppelt worden. Der Punkt A ist wahrscheinlich der Verzweigungspunkt des Moleküls und B der Anfangs- und Endpunkt der Replikation. 270fache Vergrößerung. (Aus J. Cairns.)

einander gewundenen Wollsträngen verglichen werden, bei denen die Aufschraubung der beiden Stränge an einem bestimmten Punkt (B in Abb. 3—8) beginnt. Je weiter die Aufschraubung fortschreitet, um so stärker wird die Torsion in dem noch verwundenen Teil (von A nach B), und die Trennung wird um so schwieriger, je mehr man sich dem Endpunkt nähert. Cairns nahm deshalb an (1963), daß die Bakterien-DNA an der Stelle, an der die Replikation beginnt, eine Kupplungsstelle besitzt, an der der noch aufgeschraubte Teil des Moleküls gegenüber dem Rest rotiert, so daß die Torsion nicht stärker wird und sich die Stränge leichter voneinander trennen. Bei *E. coli* und bei *Bacillus subtilis* ist das DNA-Molekül im Interphase-Stadium jedoch sehr stark in sich gefaltet (s. Abb. 14—14), so daß man sich kaum vorstellen kann, wie es in seiner ganzen Länge rotieren könnte. Diese Schwierigkeit ist bei den Chromosomen der pflanzlichen und der tierischen Zellen noch größer, da hier das DNA-Molekül nicht nur in sich selbst gefaltet und stark verdrillt ist, sondern dazu noch Proteine enthält. Man muß deshalb mehrere solcher Kupplungsstellen oder aber bestimmte Bruch- und Wiedervereinigungspunkte annehmen, welche kurzen Abschnitten des DNA-Moleküls erlauben würden zu rotieren, sich aufzuschrauben und leicht zu replizieren.

3.2. Aussehen des Interphasekerns

Die Kerne der Zellen, die sich im Teilungsstadium befinden, sind meistens kugelförmig, während die Interphasekerne der pflanzlichen und der tierischen Zellen sehr unterschiedliche Formen und Größen aufweisen. Abb. 3—9 a zeigt einen menschlichen, neutrophilen Leukocyten, dessen Kern polymorph ist und aus mehreren (gewöhnlich drei) unregelmäßigen, ovalen Lappen besteht, die durch dünne DNA-haltige Fäden untereinander verbunden sind. Im Gegensatz dazu sind die Kerne der glatten Muskelzellen des menschlichen Darmes (Abb. 3—9 b) in der Längsachse der Zellen verlängert und besitzen eine zylindrische oder ovale Form mit zugespitzten oder abgerundeten Enden. Diese Kerne falten und verdrehen sich, wenn sich die Zellen bei der peristaltischen Darmbewegung kontrahieren.

Der Interphasekern zeigt gewöhnlich weder im Licht- noch im Elektronenmikroskop irgendwelche Strukturen (s. Abb. 5—11), abgesehen von dem Nucleolus (oder den Nucleolen). Die Chromosomen sind auch in angefärbten Präparaten nur sehr schwer erkennbar: man sieht einzig ein Netzwerk oder Reticulum des chromosomalen Materials (das sog. *Chromatin*). Dies liegt daran, daß die Chromosomen während der ganzen Interphase stark hydratisiert und deshalb aufgequollen sind. Der Brechungsindex dieser aufgequollenen, gelartigen Chromosomen ist beinahe derselbe wie derjenige des umgebenden *Kernsaftes.* Das Chromatin wird je nach seiner Anfärbbarkeit in das *Heterochromatin,* das sich stark anfärbt, und in das *Euchromatin,* das nur schwach gefärbt wird, eingeteilt. Man nimmt heute an, daß diese unterschiedlich anfärbbaren Chromatinarten auch unterschiedliche Funktionen ausüben; die heterochromatischen Teile scheinen Chromosomenabschnitte zu sein, die sich zwar replizieren können, die aber nicht imstande sind, die Synthese anderer Moleküle zu steuern. Die Chromosomen werden erst während der Mitose und der Meiose als deutliche Fäden sichtbar, da sich bei diesen Vorgängen ihre schon vorhandenen Strukturen verdichten und kondensieren, wodurch die Lichtbrechung erhöht wird.

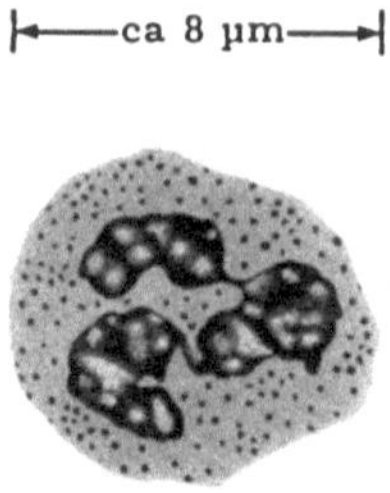

(a)

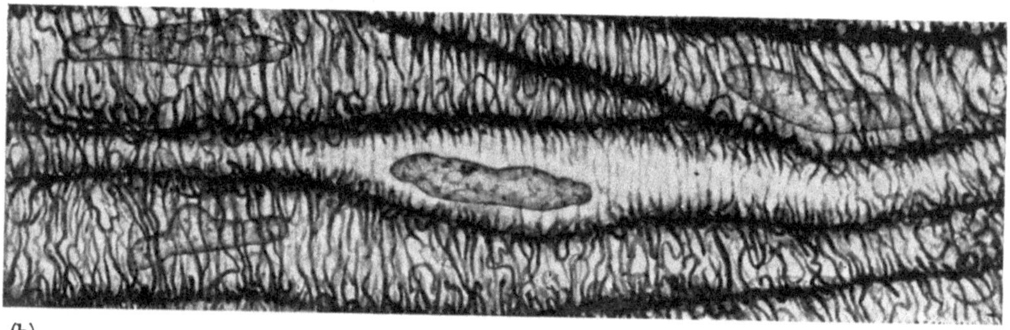

(b)

Abb. 3—9. (a) Lichtmikroskopische Aufnahme eines menschlichen neutrophilen Leukocyten (Wright's Färbung). (b) Zeichnung eines Längsschnitts durch die glatten Muskelzellen des menschlichen Darms; mit Hämatoxylin und der Bielschowsky-Silber-Methode (Sichtbarmachung der Reticulum-Netzfasern) gefärbt (2000fache Vergrößerung). Die durchschnittliche Länge dieser Zellen beträgt ungefähr 200 µm. (Zeichnung von E. Bohlman und Wiedergabe aus A. A. Maximov und W. Bloom: Textbook of Histology, 5. Aufl. W. B. Saunders, Philadelphia 1948.)

Durch eine sehr empfindliche Mikroskopiermethode kann man aber die Chromosomen auch in bestimmten Interphasekernen sichtbar machen (s. Abb. 3—10, die mittels des Interferenzkontrastes aufgenommen wurde). Ris und Mirsky zeigten 1949, daß sich die Interphasechromosomen in lebenden Zellen von Heuschrecken deutlich vom Kernsaft abhoben, wenn sie die Salzkonzentration des Mediums sorgfältig einstellten.

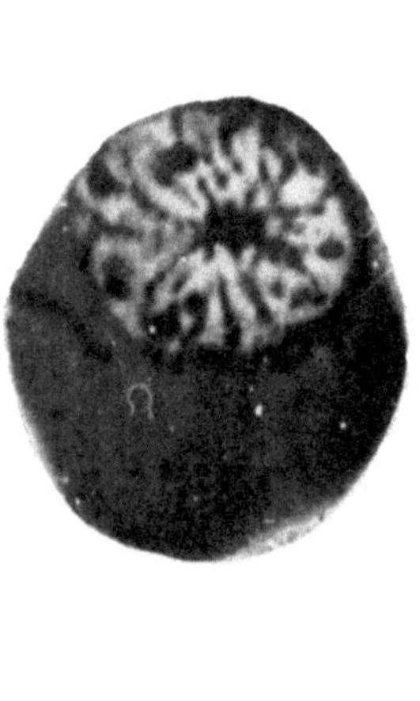

Abb. 3—10. Chromosomen im Ruhekern einer somatischen Zelle (Nervenzelle einer Heuschrecke). (Aus E. J. Ambrose und A. R. Gopal-Ayengar.)

Man kennt einen oder zwei ungewöhnliche Fälle, bei denen die Interphasechromosomen immer deutlich sichtbar sind. Der erste betrifft die Riesenchromosomen der Speicheldrüsenzellen von Dipterenlarven, die im späten 19. Jahrhundert erstmals von Balbiani beobachtet worden waren und deren Untersuchung viel zum Verständnis der Struktur und des Verhaltens der Chromosomen beigetragen hat. Die Besonderheit dieser Speicheldrüsenzellen besteht darin, daß sie, anstatt sich bei einer bestimmten Größe zu teilen, weiter wachsen und sehr groß werden, ohne die Mitose durchzuführen. Die Chromosomen dieser Zellen wachsen zu einer beachtlichen Größe, weil sich ihre einzelnen Stränge viele Male verdoppeln, wobei die neu kopierten Stränge mit dem ursprünglichen Chromosom verbunden bleiben. Auf diese Weise entstehen Strukturen, die viel länger und breiter als normale Chromosomen sind; diese sog. *polytänen* Chromosomen können unter dem Lichtmikroskop leicht gesehen und untersucht werden. Die polytänen Chromosomen der älteren *Drosophila*-Larven sind ungefähr 100mal länger als die Metaphase-Chromosomen ihrer somatischen Zellen (das sind alle Gewebezellen, die von den Keimzellen verschieden sind). Während der Entwicklung vom Larven- zum Puppenstadium zerfallen alle Zellen vollständig, die solche Riesenchromosomen enthalten. Die biochemischen Substanzen, aus denen diese Zellen aufgebaut sind, werden in den „Schmelztiegel" geworfen und bei dem Differenzierungsvorgang, der schließlich zu der Bildung der ausgewachsenen Fliege führt, wieder verwendet.

Abb. 3—11 zeigt die Fotografie eines dieser Riesenchromosomen. Man erkennt eine Struktur, die in viele, dichte Querscheiben unterteilt ist. Diese Querscheiben färben sich sehr stark an, wenn man die Feulgen-Methode anwendet, während die Zonen zwischen den Scheiben kaum gefärbt erscheinen; dies deutet darauf hin, daß die DNA fast vollständig in den Scheiben konzentriert ist. Man hat mit Hilfe der UV-Absorptions- und anderer Methoden und durch die Behandlung der Chromosomen mit Proteasen (das sind Enzyme, die die Proteinmoleküle zu Peptiden abbauen) Proteine in den

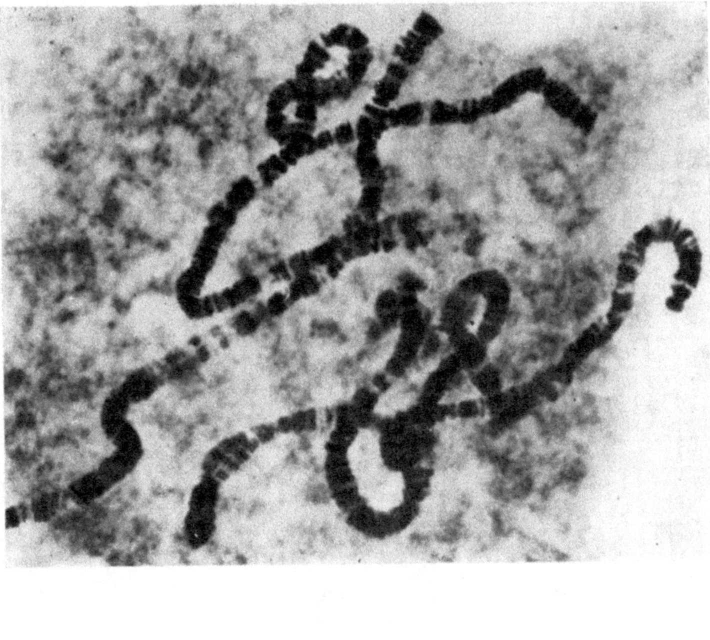

Abb. 3—11. Speicheldrüsenchromosomen von *Sciara coprophila*. (Aus H. Crouse.)

Querscheiben und in den Zwischenzonen entdeckt. Obwohl gewisse Beweise dafür vorhanden sind, ist es noch nicht sicher, ob die DNA in dem Riesenchromosom als ein ununterbrochener Strang vorliegt. Bei anderen sehr großen Chromosomen, die in den Amphibieneiern vorkommen, hat man ebenfalls Hinweise darauf gefunden, daß die DNA in dem ganzen Chromosom als ununterbrochener Strang vorliegt (s. „Lampenbürstenchromosomen"). Diese Lampenbürstenchromosomen konnten mit Hilfe eines Mikromanipulators bis zu ihrer 10fachen Länge ausgestreckt werden und kehrten dann wieder in ihre Ausgangsform zurück. Man vermutet deshalb, daß ihre Grundstruktur eine lange Fibrille sein könnte, die normalerweise stark aufgefaltet ist. Dies stimmt mit der Ansicht überein, die heute über die Chromosomenstruktur der somatischen Zellen vorherrscht und nach der die Chromosomen-Grundstruktur aus einem ununterbrochenen Nucleinsäurestrang, der mit Proteinen verbunden ist, besteht.

Seit man erkannt hat, daß gewisse Genloci (s. Kap. 10) bestimmten Querscheiben der polytänen Chromosomen entsprechen, haben die Genetiker diese Chromosomen oft dazu benutzt, die Zusammenhänge zwischen Genen und Chromosomen zu untersuchen. Es wurde schon 1881 beobachtet, daß sich die Struktur der Riesenchromosomen an bestimmten Stellen verändern kann. Dabei vergrößert sich eine der Querscheiben und bläht sich in extremen Fällen auf, so daß sie einen großen Ring um diese Chromosomenstelle bildet (Abb. 3—12 a). Derartige Strukturen sind als *Chromosomenpuffs* oder *Balbianiringe* bekannt. Spezifische Färbungen zeigten dann, daß in den Puffs nicht nur DNA und Proteine, sondern auch große Mengen der zweiten Nucleinsäure-Art, nämlich

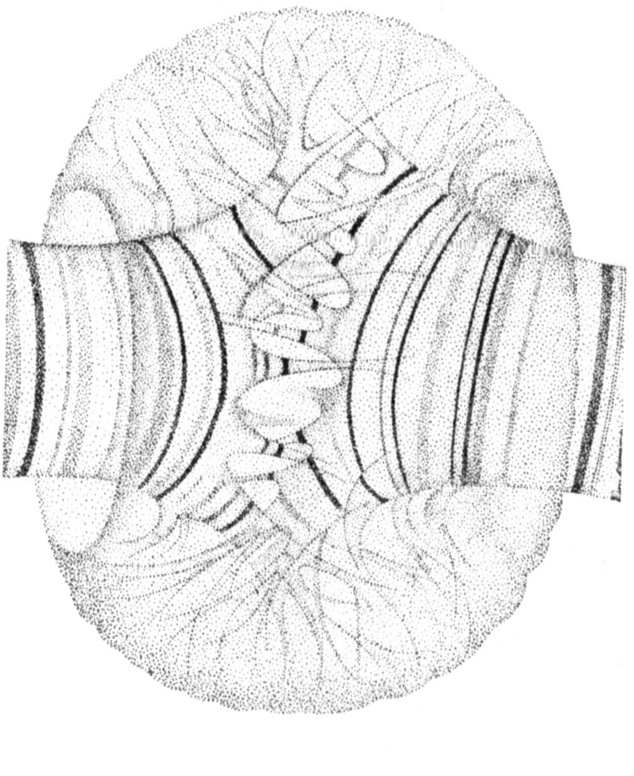

Abb. 3—12. (a) Schematische Darstellung der Struktur eines großen Chromosomen-Puffs, wie sie im Lichtmikroskop erscheint. Man kann einige der Fasern erkennen, die ihn aufbauen. (Aus W. Beermann und U. Clever, Chromosome puffs. Copyright © April 1964 von Scientific American, Inc. Alle Rechte vorbehalten.)

der Ribonucleinsäure (RNA), vorkommen. Man hat mit Hilfe der Autoradiographie, bei der man einen radioaktiv markierten Baustein der RNA benutzt hat, in den Puffs tatsächlich neu gebildete RNA nachweisen können; die Menge dieser neu gebildeten RNA steht dabei mit der Größe der Puffs in einem direkten Zusammenhang. Man stellt sich die Entstehung der Puffs so vor, daß sich die Chromosomenfasern, die normalerweise in den Querscheiben stark gefaltet und aufgedreht sind, entwinden oder entknäueln und als Schleifen nach außen treten (Abb. 3—12 b). Die Dipteren-Larven besitzen nicht nur in den Speicheldrüsen, sondern auch in anderen Geweben derartige Riesenchromosomen, deren Puffmuster in jedem Gewebe anders und für dieses charakteristisch ist. Wahrscheinlich sind in den verschiedenen Geweben unterschiedliche Gene aktiv an der Bildung der RNA beteiligt.

Man kennt eine weitere Riesenchromosomen-Art, bei der eine starke Genaktivität beobachtet werden kann. Sie werden „Lampenbürsten"-Chromosomen genannt (weil sie den Bürsten gleichen, die früher zur Reinigung der Glaszylinder von Petroleumlampen benutzt wurden) und kommen in den Oocyten von Amphibien und wahrscheinlich von anderen Wirbeltieren vor. Die Lampenbürstenchromosomen sind ungefähr 200 μm lange Stränge mit vielen Schleifen, die nach beiden Seiten symmetrisch aus dem Mittelstrang hervortreten (Abb. 3—13) und unter dem Lichtmikroskop deutlich gesehen werden können. Es scheint, als ob sie mit einem Flaum überdeckt wären, der nach der Behandlung mit RNAse (einem Enzym, das die RNA abbaut) verschwindet, während die Schleife selbst unversehrt bleibt (Callan). Spezifische Färbungsmethoden weisen eben-

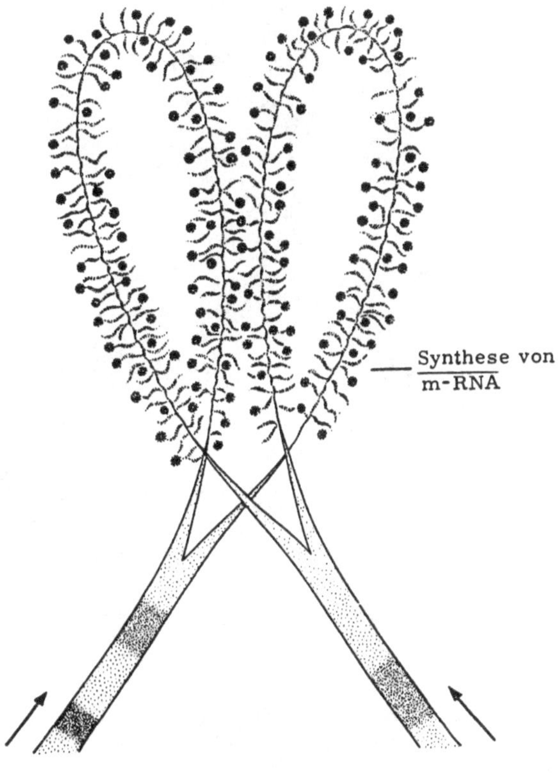

Abb. 3—12. (b) Möglicher Aufbau einer einzelnen Schleife in einem chromosomalen Puff. (Aus W. Beermann und U. Clever, Chromosome puffs. Copyright © April 1964 von Scientific American, Inc. Alle Rechte vorbehalten.)

falls auf das Vorkommen von RNA in den Schleifen hin. Wahrscheinlich sind die Schleifen Stellen des Chromosoms, an denen die RNA aktiv an der DNA der Schleife gebildet wird. Spezifische Enzymbehandlungen und elektronenmikroskopische Untersuchungen der Lampenbürstenchromosomen weisen darauf hin, daß diese aus einem ununterbrochenen DNA-Strang bestehen; sie sind, wie die polytänen Chromosomen der Dipteren, stark dehnbar (Abb. 3—13 b und 3—13 c).

Es gibt eine weitere Stelle im Interphasekern, der große Mengen von RNA enthält, nämlich der Nucleolus, dessen Struktur und Funktion wir später besprechen werden.

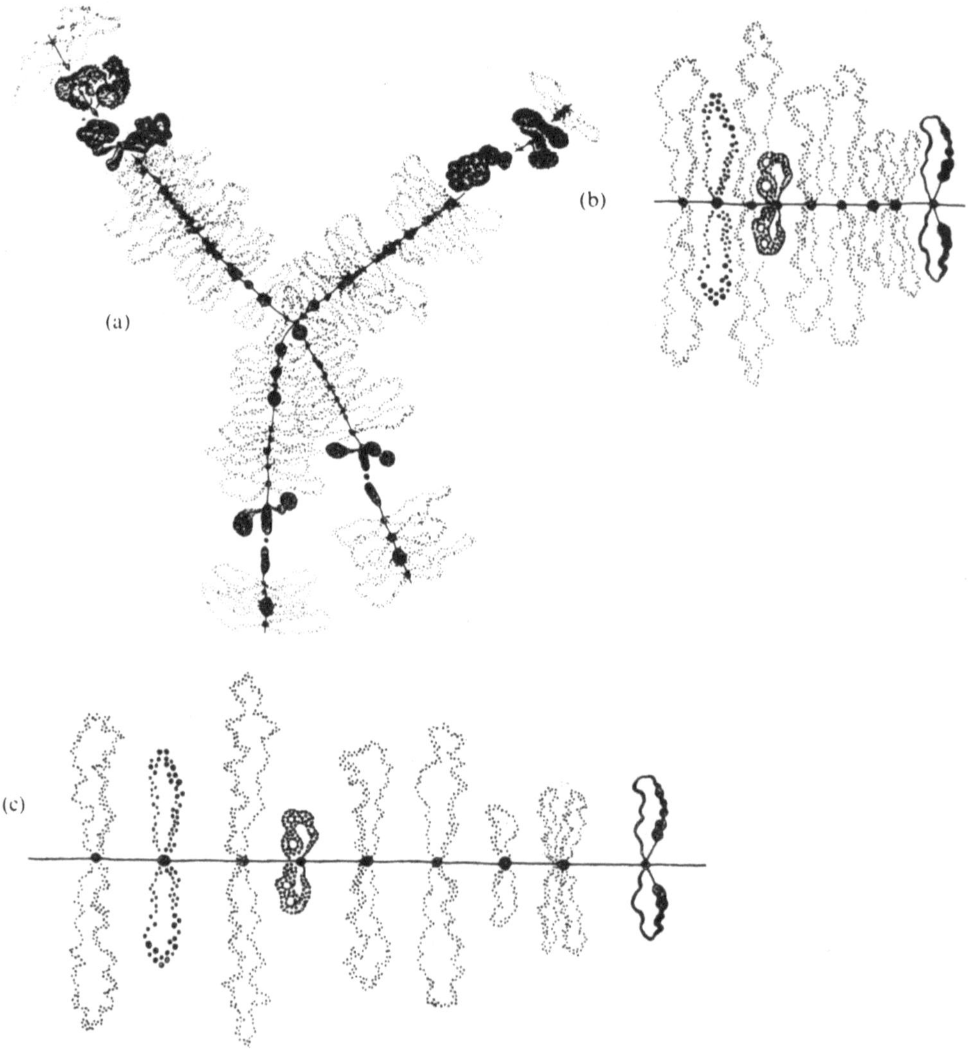

Abb. 3—13. Struktur der Lampenbürstenchromosomen. (a) Normale Anordnung der Schleifen. (b) und (c) Auswirkung der Streckung. (Mit Erlaubnis von H. G. Callan. Die Zeichnungen wurden von Mrs. L. Lloyd angefertigt.)

3.3. Struktur und Synthese der Ribonucleinsäure

Die RNA ist wie die DNA ein langkettiges Molekül, das aus vier verschiedenen Nucleotid-Einheiten aufgebaut ist, die durch 3′—5′-Phosphatdiesterbindungen zusammengehalten werden. Die Bausteine der RNA und DNA unterscheiden sich in zwei Merkmalen: erstens ist der Zuckerbestandteil der RNA nicht Desoxyribose, sondern Ribose (Abb. 3—14), und zweitens ist das Thymin der DNA in der RNA durch *Uracil* ersetzt, das eine Methylgruppe weniger besitzt als das Thymin; die anderen drei Basen, Adenin, Cytosin und Guanin, sind bei DNA und RNA dieselben. Gelegentlich findet man in einer der drei RNA-Arten zusätzlich noch andere Basen.

Die Untersuchungen über die Bildung der RNA, die in den fünfziger und sechziger Jahren ausgeführt worden sind, haben ergeben, daß die RNA meistens in einer der DNA-Replikation analogen Weise entsteht. Das RNA-Molekül wird durch einen Kopier-Mechanismus aus Nucleosidtriphosphat-Einheiten aufgebaut, wobei ein Strang des DNA-Moleküls als Matrize wirkt. Die DNA-Stränge müssen sich wie bei der DNA-Replikation öffnen, damit die RNA an ihnen gebildet werden kann. Auch bei diesem Vorgang ist ein spezifisches Enzym erforderlich (die *RNA-Polymerase*), das die einzelnen Ribonucleotid-Einheiten durch Esterbindungen miteinander verknüpft. Die RNA wird wahrscheinlich bei den meisten Organismen auf diese Weise gebildet. Es gelang auch, sie *in vitro* herzustellen, indem man dem System neben den notwendigen Bausteinen und der RNA-Polymerase auch, wie bei der DNA-Replikation, etwas DNA als Matrize hinzufügte.

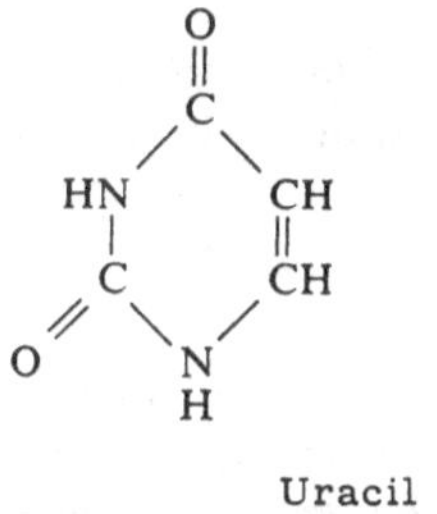

Uracil
(2,4-Dioxopyrimidin)

Uridin 5′-monophosphat

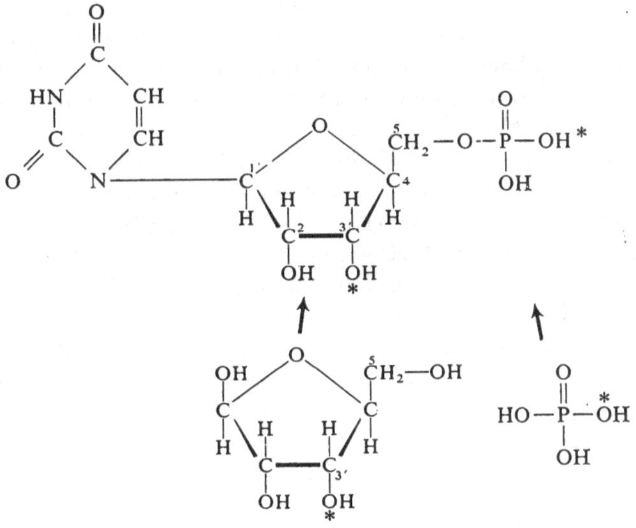

*diese Gruppen verbinden sich untereinander zu der Nucleinsäure-Kette.

Abb. 3—14. Bausteine der Ribonucleinsäure sind die Basen Adenin, Guanin, Cytosin (wie bei der DNA) und Uracil (*links*), das an der Stelle des Thymins steht. *Rechts,* das Pyrimidin-Nucleotid, das aus Uracil, Ribose und Phosphorsäure zusammengesetzt ist (Uridin-5-monophosphat).

Bautz und Hall (1962) untersuchten die Zusammensetzung der RNA, die bestimmte Bakterienzellen nach einer Virusinfektion gebildet hatten, und fanden, daß Cytosin und Guanin, die in der DNA Basenpaare bilden und folglich in gleichen Mengen vorkommen, in der RNA in unterschiedlichen Mengen vorliegen. Dieses Ergebnis läßt den Schluß zu, daß die RNA nicht aus zwei komplementären Strängen besteht, sondern als ein Einzelstrang vorkommt. Eine Hypothese besagt, daß dieser Einzelstrang nur an einem Strang der DNA-Doppelhelix gebildet wird. Folglich sollte die neugebildete RNA nur zu einem Strang der Matrizen-DNA komplementär sein. Man hat diese Annahme durch einige elegante Experimente tatsächlich bestätigen können; erhitzt man nämlich doppelsträngige DNA bis zu beinahe 100 °C, so brechen die Wasserstoffbrücken auseinander, und die zwei Ketten trennen sich. Kühlt man dann die zwei Einzelstränge unter geeigneten Bedingungen sorgfältig ab, so können sie sich wieder zu dem ursprünglichen Doppelstrang vereinigen. Hall und Spiegelmann, die mit *E. coli* arbeiteten, fügten zu jedem dieser getrennten DNA-Stränge RNA hinzu und entdeckten, daß die RNA mit einem bestimmten DNA-Abschnitt eine enge Verbindung eingehen konnte (Abb. 3—16). Dieser Vorgang, der als *Hybridisierung* bezeichnet wird, ist sehr spezifisch und findet nur dann statt, wenn in den zwei Molekülen komplementäre Basensequenzen vorhanden sind. Diese Hybridisierungsmethode hat sich als ein sehr wertvolles Hilfsmittel zur Untersuchung der Basensequenzen von DNA- und RNA-Molekülen erwiesen.

Abb. 3—15 zeigt, daß sich der RNA-Strang sofort, nachdem er an der DNA-Matrize gebildet worden ist, von ihr ablöst, worauf die zwei aufgetrennten Einzelstränge der DNA wieder zusammenkommen. Die DNA-DNA-Doppelhelix ist sehr wahrscheinlich energetisch stabiler als die DNA-RNA-Hybridstruktur, so daß der neu gebildete RNA-Strang leicht durch den ursprünglichen DNA-Strang ersetzt wird, wenn sich das Polymerase-Enzym vom Ort der Synthese weiterbewegt hat.

Untersuchungen an wachsenden RNA-Ketten haben gezeigt, daß sich die einzelnen Ribonucleotide am 3′-Ende des DNA-Moleküls anheften, wobei an dem Nucleotid, das am Anfang steht, eine Triphosphatgruppe sitzt (diese muß sich am C-5 befinden, s. Abb. 3—14). Die RNA-Ketten wachsen also wie die DNA-Ketten bei der Replikation in der 5′—3′-Richtung (vgl. Abb. 3—7).

An einem DNA-Molekül können gleichzeitig mehrere RNA-Moleküle gebildet werden, die alle viel kürzer als die Matrizen-DNA sind. Das DNA-Molekül muß folglich bestimmte Stellen besitzen, an denen sich die RNA-Polymerase anheften kann, um die Bildung des RNA-Moleküls zu beginnen. Gleichzeitig müssen bestimmte Stellen des DNA-Moleküls das Signal „RNA-Synthese beendet" geben. Burgess und Travers (1969) und Dunn und Bautz (1969) haben in dem RNA-Polymerase-Molekül der *E. coli*-Bakterien einen Bestandteil gefunden, der zu bestimmen scheint, an welchem Punkt der DNA-Matrize die RNA-Bildung beginnen soll. Dieser Bestandteil wird als Sigmafaktor bezeichnet.

Man kennt eine oder zwei Ausnahmen von der Regel, nach der die RNA an einer DNA-Matrize gebildet wird; zum Beispiel wirkt bei bestimmten Viren, deren genetische Substanz die RNA ist, das RNA-Molekül selbst als Matrize für seine Replikation (s. Abschn. 14.2).

Da die RNA nur an einem der zwei DNA-Stränge gebildet wird, ist ein Mechanismus erforderlich, durch den immer der „richtige" DNA-Strang kopiert wird. Wie wir in diesem Kapitel schon erwähnt haben, bestimmt die Basensequenz des DNA-Moleküls

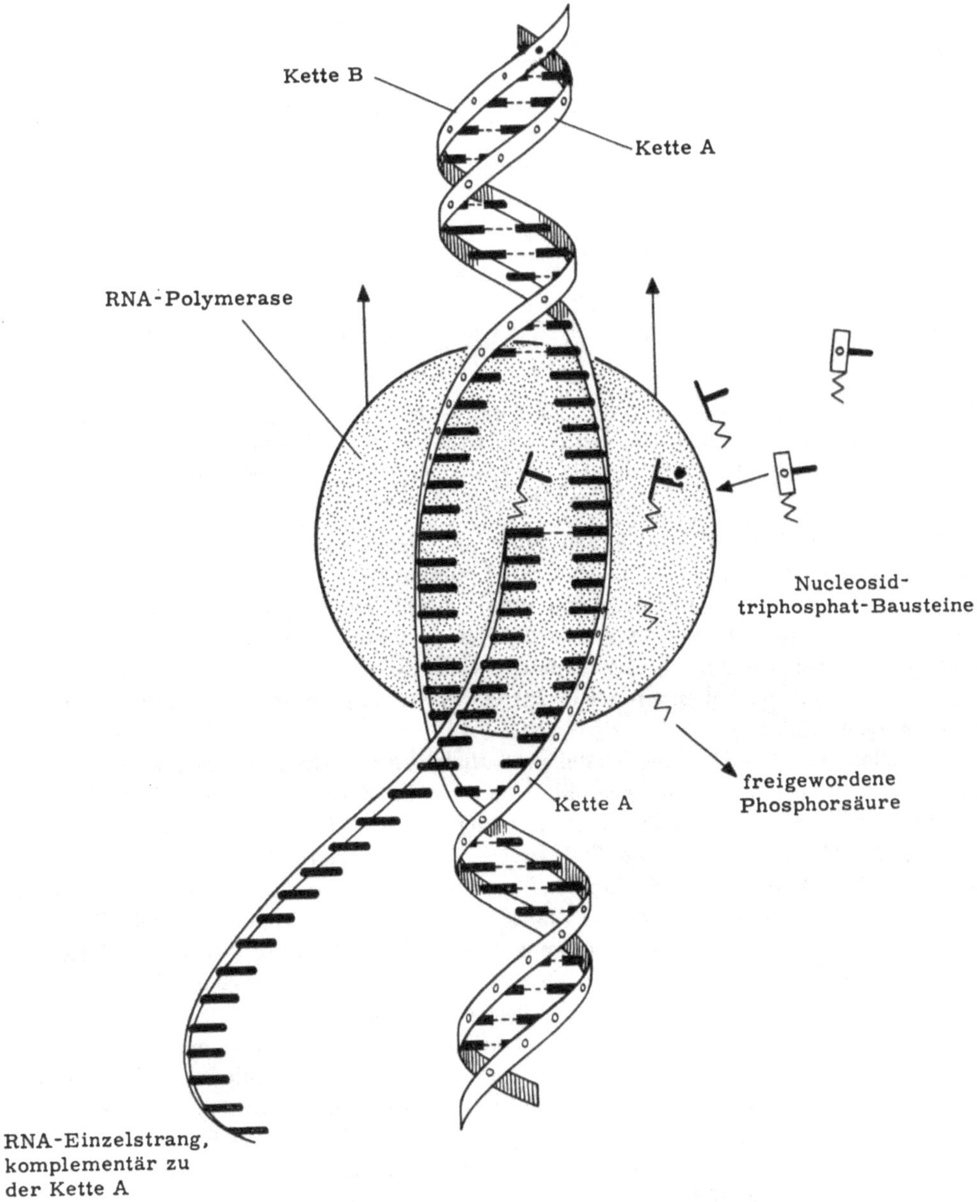

Abb. 3—15. Bildung der RNA an einer DNA-Matrize. Die Doppelhelix der DNA entschraubt sich wie bei deren Replikation, worauf an einem der zwei Stränge eine Kette aus Ribonucleotid-Bausteinen zusammengesetzt wird. Dazu ist das spezifische Enzym RNA-Polymerase erforderlich.

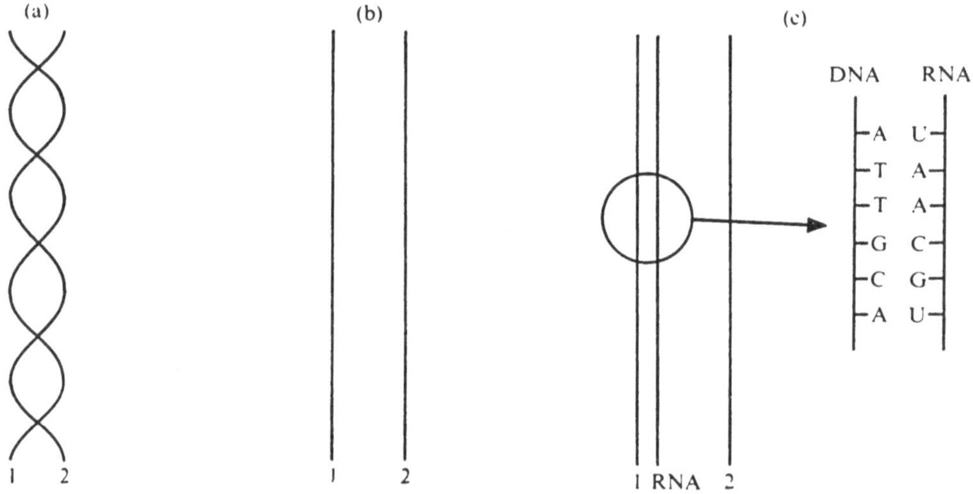

Abb. 3—16. Hybridisierung von DNA und RNA. (a) Doppelsträngige DNA. (b) Denaturierte DNA (die Stränge sind voneinander getrennt worden). (c) Hybridisierung der RNA mit einem DNA-Strang. Die Basensequenzen der Hybridstruktur müssen komplementär sein.

die Sequenz der Aminosäuren in den Proteinen. Die RNA-Moleküle übertragen dabei diese Sequenzen des DNA-Moleküls in das Cytoplasma, wo die Proteine gebildet werden. Wenn aber gleichzeitig an jedem Strang des DNA-Moleküls eine RNA gebildet würde, so enthielten diese Botschafter-Moleküle zwei unterschiedliche Basensequenzen und folglich unterschiedliche Informationen, wodurch falsche Proteine gebildet würden. Der Mechanismus, nach dem ein bestimmter DNA-Strang dem anderen vorgezogen wird, ist noch nicht geklärt.

Zellen, die viele Proteine herstellen, enthalten große RNA-Mengen, während man in den Zellen, die keine Proteine bilden, sehr wenig RNA nachweisen kann. Bei der Biosynthese der Proteine im Cytoplasma werden drei verschiedene RNA-Arten benötigt, nämlich die *Messenger-RNA*, die *Transfer-RNA* und die *ribosomale RNA* (wir werden diese drei RNA-Arten in Kap. 4 eingehend behandeln). Alle drei RNA-Typen werden an der DNA-Matrize gebildet. Beermann und seine Mitarbeiter konnten zeigen, daß die RNA, die man in den Puffs der Riesenchromosomen findet, tatsächlich Messenger-RNA ist. Da diese Puffs in den verschiedenen Gewebearten an unterschiedlichen Chromosomenstellen auftreten, kann man daraus schließen, daß in der einen Zellart gewisse Chromosomenabschnitte genetisch aktiv sind, d. h. mRNA bilden, während in anderen Zellarten andere Gene mRNA bilden. Aus diesem Grund müssen viele verschiedene mRNA-Moleküle vorkommen, deren Größen und Basenzusammensetzungen sehr stark variieren. Wir werden in Kap. 4 zeigen, daß auch die Transfer-RNA-Moleküle eine Reihe unterschiedlicher Strukturen besitzen. Die ribosomale RNA (sie kommt in den Ribosomen vor, an denen die Proteine gebildet werden) zeigt hingegen eine Gesamt-Basenzusammensetzung, die bei Bakterien, Tier- und Pflanzenzellen ungefähr gleich ist. Man hat schon früh einen Zusammenhang vermutet zwischen der ribosomalen RNA und dem Nucleolus, der sehr viel RNA enthält, und heute wissen wir, daß die ribosomale RNA tatsächlich im Nucleolus gebildet wird.

Der Nucleolus (Abb. 3—17 und Abb. 5—11) ist ein unregelmäßig geformter, meist dichter und kompakter Körper, der hauptsächlich aus RNA und Proteinen besteht (die Proteine machen dabei bis zu 80% seines Trockengewichts aus). Ein Kern enthält, je nach der Art des Lebewesens, einen oder mehrere Nucleolen, die in den verschiedenen Zellarten unterschiedliche Mengen an RNA und Proteinen enthalten können. Der Nucleolus ist an eine spezifische Stelle, an den sog. *Nucleolus-Organisator,* eines bestimmten Chromosoms gebunden und bleibt wahrscheinlich während der Interphase an dieser Stelle angeheftet; er ist also mit der DNA des Organisators eng verbunden. Elektronenmikroskopische Aufnahmen zeigen, daß der Nucleolus aus zwei Abschnitten besteht; der eine ist aus fibrillärem, der andere aus granulärem Material aufgebaut, und beide bestehen aus Ribonucleinsäure, die mit Proteinen verbunden ist; die Grundsubstanz ist ein Netzwerk aus Proteinen. Es ist keine Membran vorhanden, die den Nucleolus vom Rest des Kerns abtrennt. Zellen, die sehr viele Proteine bilden, besitzen einen größeren und folglich aktiveren Nucleolus als andere Zellen. Die Chromosomenabschnitte, die sich

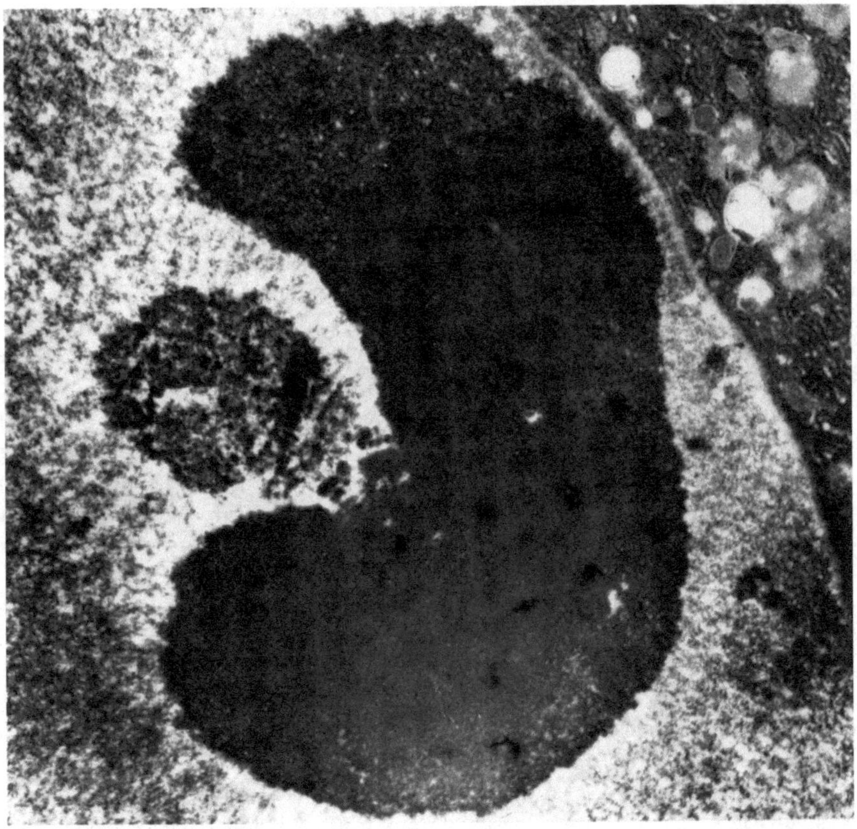

Abb. 3—17. Elektronenmikroskopisches Autoradiogramm einer Zelle von *Smittia.* Der Schnitt verläuft quer durch ein Chromosom in der Zone des Nucleolus. Das Chromosom befindet sich links von dem zentral gelegenen, großen, unregelmäßig geformten Körper, der den Nucleolus darstellt. Die Silberkörner geben die Stellen an, an denen RNA gebildet wird. (Aus J. Jacob.)

im Nucleolus befinden, sind bei diesen aktiven Zellen, ähnlich wie bei den Lampenbürstenchromosomen, in Schleifen ausgebreitet, an denen wahrscheinlich die RNA gebildet wird. Die Hauptaufgabe des Nucleolus besteht sicher darin, die ribosomale RNA und vielleicht auch ganze Ribosomenuntereinheiten (s. Abschn. 4.4) aus RNA und ribosomalen Proteinen zu bilden.

Der Nucleolus hat aber wahrscheinlich noch eine andere wichtige Aufgabe zu erfüllen — die der Informationsübertragung. Man hat nämlich beobachtet, daß die genetische Information nicht vom Kern in das Cytoplasma übertragen wird, wenn die Zelle keinen funktionstüchtigen Nucleolus besitzt (H. Harris, 1967). Der Nucleolus schützt vielleicht die mRNA (und möglicherweise andere RNA-Arten, die bei der Informationsübertragung eine Rolle spielen) vor den Enzymangriffen und vor dem Abbau durch RNAsen im Kern. Ribosomenähnliche Partikel wurden aus Nucleolen isoliert (Birnstiel, 1963); da aber sehr wenig vollständige Ribosomen im Kern beobachtet werden, ist es höchst wahrscheinlich, daß Ribosomen erst aus ihren Untereinheiten zusammengesetzt werden, wenn sie die Kernmembran bei ihrem Übergang ins Cytoplasma passiert haben.

3.4. Die Proteine des Zellkerns

Der Zellkern enthält neben den Nucleinsäuren auch einen bestimmten Anteil an Proteinen. Die Chromosomen der pflanzlichen und tierischen Zellen bestehen nicht nur aus DNA, wie die genetische Substanz der Bakterien, sondern ihre DNA ist immer mit Proteinen verbunden. Man hat beispielsweise in den polytänen Riesenchromosomen sowohl in den Querscheiben als auch in den Zwischenzonen und in den Puffabschnitten, in denen die Gene aktiv sind, Proteine gefunden. Auch die Schleifen der Lampenbürstenchromosomen enthalten Proteine. Überdies besitzen die Nucleolen einen hohen Proteinanteil, und natürlich finden sich auch Proteine im Nucleoplasma, sowie in der Kernmembran, wo sie mit Lipiden verbunden sind (s. Abschn. 5.3).

Die chemische Zusammensetzung der Chromosomen konnte dank der verbesserten Isolierungs- und Fraktionierungsmethoden, die einerseits auf die Chromosomen der sich teilenden Zellen und anderseits auf das Chromatin der Interphasezellen angewendet wurden, weitgehend aufgeklärt werden. Die DNA und RNA der Chromosomen sind mit zwei in großen Mengen vorhandenen Proteinarten verbunden, mit den basischen *Histonen* und sauren Proteinen. Daneben findet man auch kleinere Mengen anderer Proteine. Wir werden in Kap. 4 die Struktur der Proteine ausführlich beschreiben und erwähnen an dieser Stelle nur, daß die Histone einen hohen Gehalt der basischen Aminosäuren Lysin und Arginin (s. Abb. 4—1 a) besitzen, während in den sauren Kernproteinen wahrscheinlich viele dicarboxylische Aminosäuren vorkommen; von den sauren Proteinen sind jedoch viel weniger Einzelheiten bekannt als von den Histonen. Diese zwei Proteinarten verbinden sich mit der DNA zu den sog. *Nucleoproteinen.* Man ist noch weit davon entfernt, die wirkliche Natur dieser Verbindungen zu kennen, aber ihre physikalischen Eigenschaften weisen darauf hin, daß dabei die Nucleinsäuren und die Proteine miteinander reagieren. Eine wäßrige Lösung der DNA ist stark viskos, während das Nucleoprotein gelbildende Eigenschaften besitzt. Das Verhalten des Nucleoproteins in Wasser hängt von dessen Konzentration ab, was wiederum auf eine starke Wechselwirkung dieser Moleküle untereinander hindeutet. Das Nucleoprotein-Gel bildet sich wahrscheinlich dadurch, daß sich die DNA-Stränge mit den Proteinmolekülen zu einer vernetzten Struktur verbinden. Dabei könnten die basischen Gruppen der Histone mit den sauren Phosphatgruppen der DNA, und gleichzeitig die sauren Proteingruppen mit den Basen der DNA Verbindungen herstellen.

Viele Untersuchungen über die Kernproteine sind auf die Histone beschränkt worden. Diese wurden fraktioniert und je nach ihrem relativen Gehalt an basischen Aminosäuren in verschiedene Gruppen eingeteilt (Butler, Johns, Phillips und andere, seit 1960). Die Forscher haben lange nach den biologischen Aufgaben der Histone gesucht. Eine der Funktionen, die man diesen Proteinen zuschreibt, ist die eines „Chromosomenleims", der die genetischen DNA-Einheiten zusammenhält. Überdies weiß man, daß die Komplexe aus DNA und Histonen durch Hitze weniger rasch als die DNA allein zerstört werden, und zudem können die Proteine (vor allem die Histone) des Nucleoproteinkomplexes die DNA teilweise vor Strahlenschäden schützen. Die wichtigste Aufgabe der Histone besteht jedoch nach der heutigen Ansicht darin, die Genaktivität in den Zellen zu unterdrücken.

Stedman und Stedman konnten 1950 zeigen, daß sich die Histone in einer spezifischen Weise mit der DNA verbinden, so daß diese nicht mehr als Matrize für die Biosynthese der RNA wirken kann; dadurch wird aber die Übertragung der genetischen Information von der DNA in das Cytoplasma verhindert. Diese sog. „Maskierungstheorie" ist später durch die Ergebnisse anderer Forscher unterstützt worden (Barr und Butler, 1963; Bonner, Huang und Gilden, 1964). Zum Beispiel nimmt *in vitro* die Bildung der RNA an der DNA-Matrize, wenn sich durch allmähliche Zugabe von Histonen zu dem System Komplexe aus DNA und Histonen bilden, direkt proportional zu der Menge des hinzugefügten Histons ab. Da die Histone die verschiedensten DNA-Abschnitte inaktivieren können, vermutete man, daß viele verschiedene Histonarten vorkämen, von denen ein jeder für einen bestimmten DNA-Abschnitt spezifisch sei. Die Zusammensetzung der Histone ist aber nicht nur in unterschiedlichen Geweben eines Lebewesens, sondern auch bei den verschiedensten Arten (z. B. bei Kühen, Hühnchen, Erbsen und Seeigeln) auffallend ähnlich (Bonner und andere, seit 1966). Man muß deshalb annehmen, daß die Spezifität der Histone in ihrer Struktur liegt und die kleinste Änderung die Histone inaktivieren kann. Die Histone sind nach Bonners Vorschlag die „großen Schalthebel", die die DNA-Aktivität unterdrücken, während andere Moleküle als „kleine Schalthebel" funktionieren, die die genaue Chromosomenstelle bestimmen, an der die Histone wirken müssen.

Balis und seine Mitarbeiter vermuteten 1964, daß die sauren Kernproteine als De-Repressormoleküle wirken könnten. Paul und Gilmour (1969) konnten diese Annahme durch ihre Experimente, die sie *in vitro* durchführten, bestätigen; sie gaben zu ihrem RNA bildenden System einmal reine DNA, dann DNA plus Histone und zuletzt DNA plus Histone plus saure Kernproteine (d. h. rekonstituiertes Nucleoprotein) hinzu und beobachteten, daß die sauren Proteine wirklich spezifische Stellen der DNA für die RNA-Bildung freigaben. Man kennt den Mechanismus dieser Vorgänge noch nicht, aber man vermutet, daß sich dabei ein spezifischer Abschnitt des Histonmoleküls mit einem spezifischen, sauren Kontroll-Nucleoprotein verbindet.

Die DNA befindet sich in fast allen untersuchten Zellen zum größten Teil in einem blockierten Zustand, in dem sie keine RNA bilden kann. Bei der Mitose müssen deshalb auch die Kernproteine verdoppelt werden, damit sie sich nach beendeter Mitose sofort mit der DNA der Tochterchromosomen verbinden können. Die Histone werden vielleicht im Nucleolus gebildet (Birnstiel, 1964), denn man hat beobachtet, daß Nucleolen Proteine bilden können, und ribosomale Partikel wurden aus ihnen isoliert.

In den Spermien sind die in somatischen Zellen vorkommenden Histone teilweise oder ganz durch die stärker basischen *Protamine* ersetzt, deren Proteinstruktur einfacher als diejenige der Histone ist. Die Protamine sind überdies *in vitro* im Vergleich zu den Histonen weniger wirksame Repressoren der DNA-Aktivität. Diese Eigenschaft könnte wichtig sein, damit bei der Befruchtung die Blockierung der genetischen Substanz des Spermiums leicht aufgehoben würde, so daß die Gene zu Beginn der Entwicklung sofort wirken könnten (s. Abschn. 13.4). Die Protamine beanspruchen zudem in den Spermienkernen weniger Platz, da sie kleiner als die Histone sind, so daß sich diese leichter und schneller bewegen können.

3.5. Chromosomenstruktur

Die Chromosomenstruktur kann im Interphasekern weder unter dem Lichtmikroskop, noch unter dem Elektronenmikroskop genau gesehen werden. Auf Grund der Untersuchungen, die vor allem an den Mitose- und Meiosechromosomen durchgeführt worden sind, kann man sie aber schematisch darstellen, wie Abb. 3—18 zeigt. Man stellt sich das Chromosom als eine lange fibrilläre Struktur mit dichten, unterschiedlich großen Abschnitten vor, die unregelmäßig über die ganze Länge der Struktur verteilt sind. Diese Abschnitte, die als *Chromomeren* bezeichnet werden, treten in den frühen Meiosestadien deutlich hervor. Man hat sie mit den dichten Querscheiben der polytänen Riesenchromosomen (falls sie vielfach multipliziert sind) und mit den Regionen der Lampenbürstenchromosomen verglichen, von denen die lateralen Schleifen ausgehen. Der Nucleolus ist mit einer bestimmten Stelle des Chromosoms verbunden, die als Nucleolus-Organisator bezeichnet wird. Die Größe der Chromosomen und die Menge der DNA, die sie enthalten, sind bei tierischen und bei pflanzlichen Zellen und sogar bei nahe verwandten Organismen sehr unterschiedlich.

Man hat sich schon oft die Frage gestellt, ob die DNA in den Chromosomen als ein einzelner Doppelhelix-Strang oder als vielsträngige Struktur vorliegt, die wie ein Kabel aus einer Anzahl von Doppelhelices zusammengesetzt ist. Die Genetiker haben immer die erste Möglichkeit bevorzugt, da es sonst schwierig gewesen wäre, die Mutation und Rekombination zu erklären. Viele Cytologen wollen aber vielsträngige Chromosomen beobachtet haben. Es ist jedoch sehr schwierig, im Lichtmikroskop zwischen einer echten vielsträngigen Struktur und einem Chromosom, bei dem ein ununterbrochener DNA-Faden viele Male in sich aufgefaltet ist, zu unterscheiden. Viele Beobachtungen sprechen dafür, daß die Chromosomen aus einem einzigen DNA-Strang bestehen. Darunter befinden sich zum Beispiel die Streckungsversuche, die mit den Lampenbürstenchromosomen durchgeführt wurden, dann die Beobachtungen über die Wirkung verschiedener Enzyme auf die Struktur dieser Riesenchromosomen (Gall, 1963; Miller, 1964), weiter die Markierungsexperimente an sich verdoppelnden Chromosomen (Peacock, 1963; Taylor, 1965; und andere), sowie die Untersuchungen über Chromosomenschädigungen, die durch Röntgenstrahlen hervorgerufen werden (Evans, 1967). Das ein-

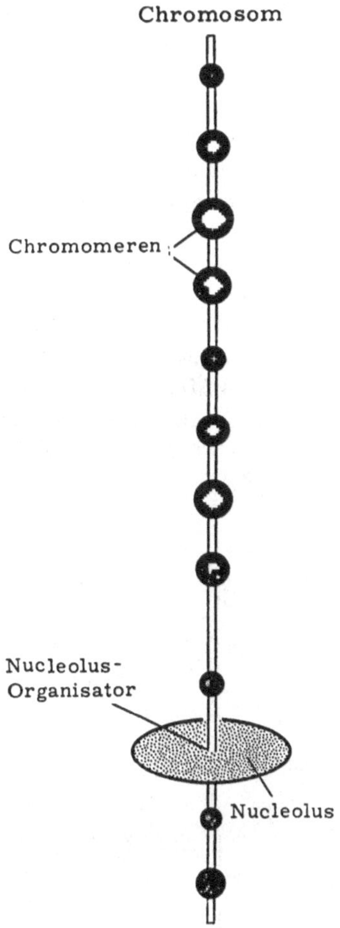

Abb. 3—18. Schematische Darstellung eines Interphase-Chromosoms.

fachste Chromosomen-Modell besteht deshalb aus einem sehr langen DNA-Molekül, das allerdings viele Male gefaltet oder aufgewickelt sein kann.

Die Chromosomen bestehen aus DNA, RNA, Histonen und sauren Proteinen, aber man weiß noch nicht, auf welche Weise dieser Nucleoprotein-Komplex zusammengesetzt ist. Man stellt sich vor, daß die RNA auf bestimmte Stellen des Chromosoms beschränkt ist, während sich die Proteine über die ganze Länge des DNA-Moleküls hinziehen. Die Stabilität eines Chromosoms ist sicher zu einem großen Teil den elektrischen Eigenschaften des Nucleoproteins zuzuschreiben. Wie wir in diesem Kapitel schon erwähnt haben, werden die negativen Phosphatgruppen der DNA teilweise durch die Histone neutralisiert. Daneben tragen auch die Calciumbrücken, die die Ca^{2+}-Ionen zwischen den Phosphatgruppen bilden, zu dieser Neutralisierung bei. Diese Faktoren, die einen Teil der negativen Ladungen des Nucleoproteins aufheben, führen zu der Bildung einer kompakten Chromosomenstruktur, während auf der anderen Seite jeder Faktor, der weitere negative Ladungen in das Chromosom einführt, abstoßende Kräfte erzeugt, die es ausdehnen. Ambrose und Gopal-Ayengar konnten diese Erscheinung 1952 durch Experimente zeigen, die sie *in vitro* mit den Riesenchromosomen der *Chironomus*-Larven durchgeführt hatten. Sie veränderten dabei die Salzkonzentration des Mediums, das diese Zellen umgab, und beobachteten, daß sich die Chromosomen je nach der effektiven elektrischen Ladung der Nucleoprotein-Moleküle reversibel ausdehnten und wieder zusammenzogen.

Es sind mehrere Modelle der Nucleoprotein-Komplexe vorgeschlagen worden. Wilkins vermutete 1957, daß die Proteinketten der Histone in den Rinnen der DNA-Doppelhelix liegen könnten (s. Abb. 3—2), so daß man einen Nucleohistonfaden von ungefähr 30 Å Durchmesser beobachten sollte. Die Röntgenstrukturanalyse, die Wilkins und seine Mitarbeiter 1967 durchführten, ergab dann ein Nucleohiston, das selbst zu einer Helix von ungefähr 100—130 Å Durchmesser aufgewunden war. Nach dem Vorschlag von Ris (1967) ist das Histon in einer regelmäßigen, aber unspezifischen Art mit dem DNA-Molekül verbunden und dann nochmals schraubenartig gewunden oder gefaltet, so daß eine Nucleohistonfaser von ungefähr 100 Å Durchmesser entsteht (Abb. 3—19). Diese Faser wird durch Calciumbrücken nochmals zu einer Grundfaser

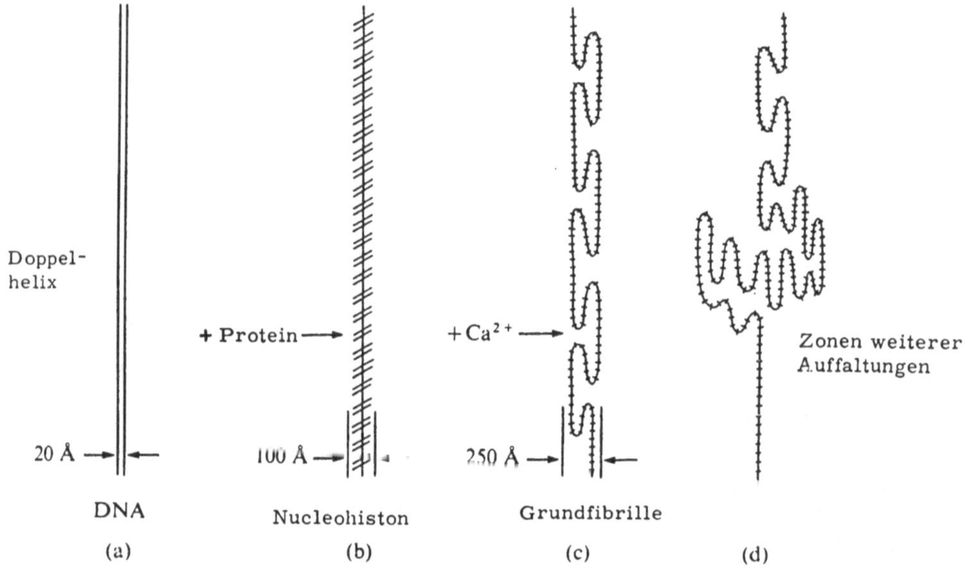

Abb. 3—19. Modell der Chromosomenfasern nach Ris. (a) DNA-Doppelhelix, 20 Å Durchmesser. (b) DNA, die mit Histonen verbunden ist, ungefähr 100 Å Durchmesser. (c) Die Struktur wird durch Calciumbrücken aufgefaltet und weist jetzt einen Durchmesser von ungefähr 250 Å auf. (d) Nach Ris entstehen dann Zonen weiterer Auffaltungen.

von ungefähr 200—250 Å aufgefaltet. Nachdem Ris die Chromosomen an einer Luft-Wasser-Grenzfläche gespreitet hatte, konnte er im Elektronenmikroskop sowohl die 100-Å-als auch die 250-Å-Fasern beobachten (Abb. 3—20). Er nimmt noch weiter aufgefaltete Abschnitte der Fasern an. Du Praw und andere Forscher haben im Elektronenmikroskop ebenfalls 200—250 Å dicke Fasern beobachtet. Du Praw nimmt aber an, daß sich der Nucleoproteinfaden zuletzt nicht auffaltet, sondern helical aufschraubt.

Das mögliche Modell der Chromosomenstruktur, das unter Berücksichtigung all dieser Beobachtungen aufgebaut werden kann, besteht aus einem langen Nucleoprotein-Strang, der stark aufgewunden und in sich selbst gefaltet ist und äußerst dichte Abschnitte aufweist, in denen die Struktur noch weiter aufgefaltet ist. Man nimmt an, daß diese dichten, kompakten Abschnitte den Chromomeren entsprechen.

Belling betrachtete die Chromomeren schon 1928 als getrennte Einheiten von funktionellen genetischen Aktivitäten der Chromosomen, d. h. als einzelne *Gene* (s. Abschn. 10.9), von denen jedes eine bestimmte Zellfunktion steuert. Bellings Vermutung wurde zu seiner Zeit wenig beachtet, da die Chromomeren für diese Funktion viel zu

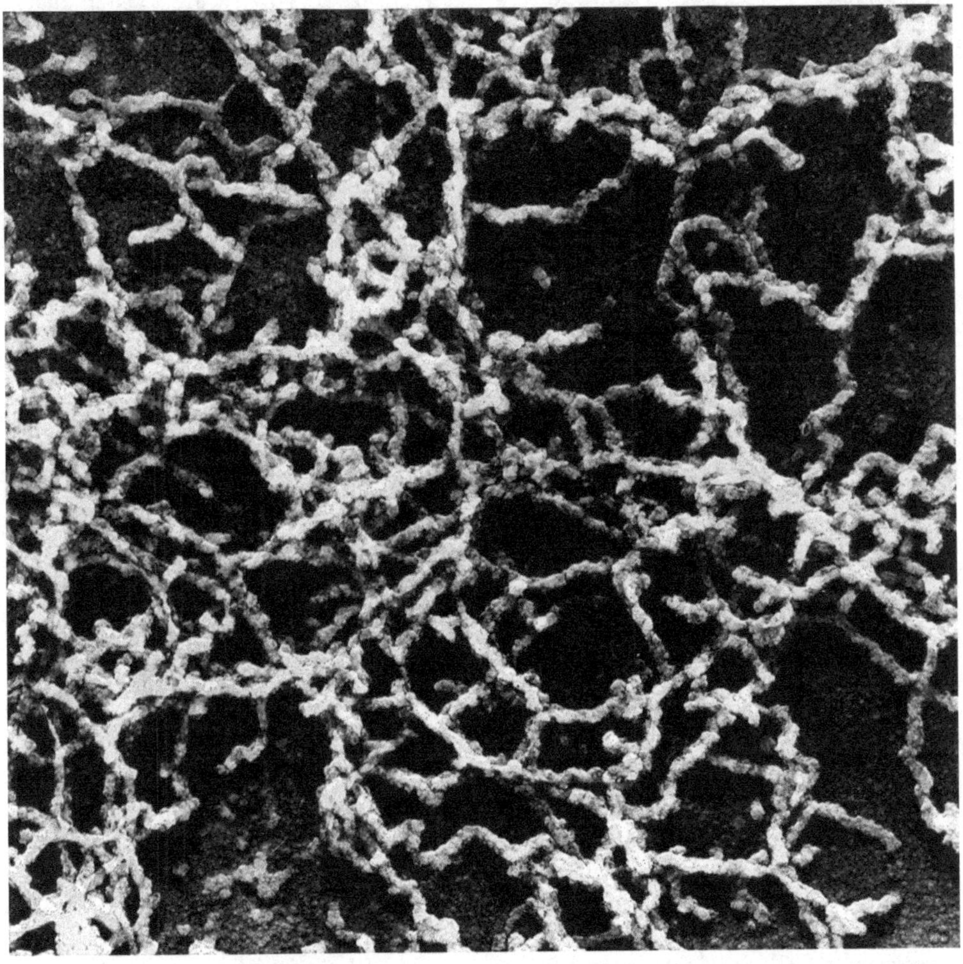

Abb. 3—20 (a). Fibrillen von 250 Å Durchmesser, die aus Erythrocyten-Kernen von *Triturus viridescens* isoliert und auf Wasser gespreitet, mit Äthanol fixiert und mit Kohle-Platin beschattet worden sind. Die Fibrillen enthalten DNA und Histone. Calciumbrücken sind vorhanden. (56 000fache Vergrößerung.)

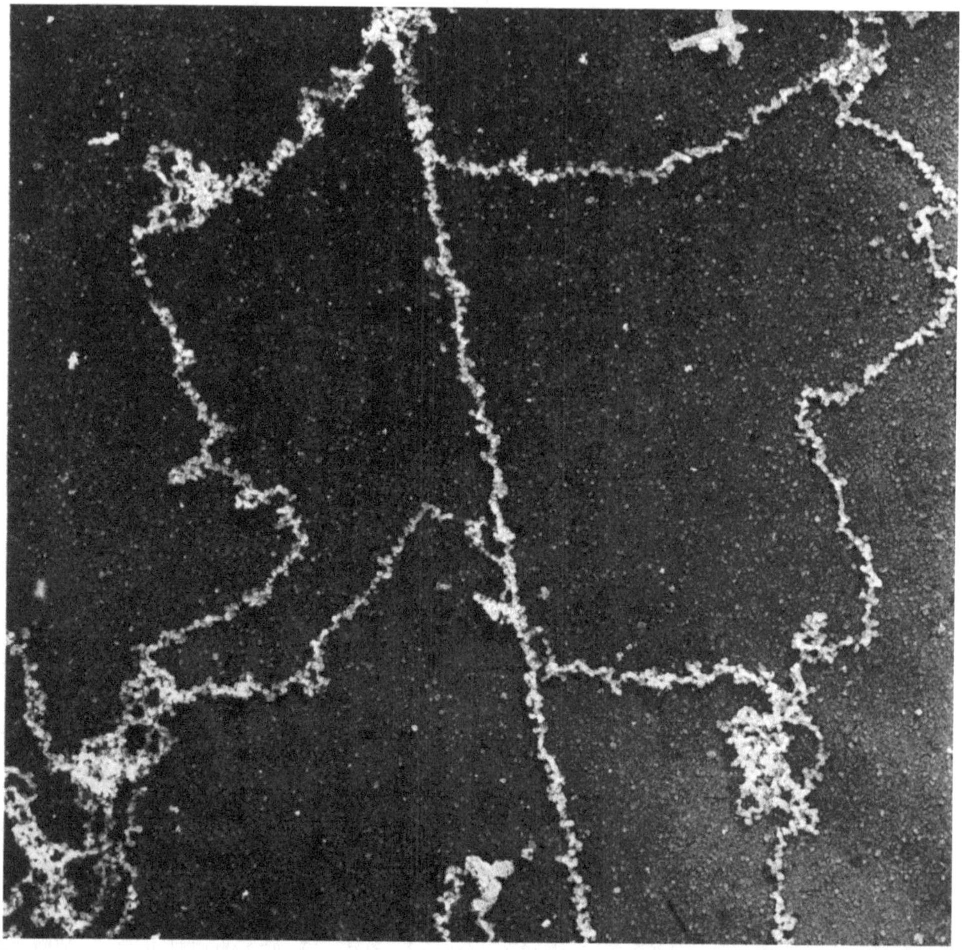

Abb. 3—20 (b). 100 Å-Fasern aus demselben Material wie in Abb. 3—20 (a), bei dem die Calciumbrücken durch eine Natriumcitrat-Lösung zerstört worden sind; die Fasern wurden mit Äthanol fixiert und mit Kohle-Platin beschattet. (56 000fache Vergrößerung.) [Aus H. Ris, von V. V. Koningsberger und L. Bosch (Hrsg.): Regulation of Nucleic Acid and Protein Synthesis. Elsevier, Amsterdam 1967.]

groß zu sein schienen. Neuere Untersuchungen weisen aber darauf hin, daß die Chromomeren tatsächlich die Grundeinheiten der Chromosomen sein könnten. Callan und Lloyd (1960) konnten bei den Lampenbürstenchromosomen mit Hilfe morphologischer Studien und mit Markierungs- und Vererbungsexperimenten jedem Schleifenpaar (das einem Chromomer entspricht) eine bestimmte Genaktivität zuordnen. Auch Beermanns Untersuchungen (1967) der Mutationen, die sich in den polytänen Riesenchromosomen ereignen, unterstützen die Vorstellung, nach der ein Chromomer einem Gen entspricht; bei den Riesenchromosomen lassen sich, wie wir schon früher erwähnt haben, die dichten Querscheiben mit den Chromomeren der normalen Chromosomen vergleichen.

Die Chromomeren und Schleifen der Lampenbürstenchromosomen sind nach den Vorstellungen von Callan und Lloyd so groß, weil jede Schleife nicht nur ein Gen, sondern mehrere, linear angeordnete Kopien eines Gens enthält. Dabei übergibt jeweils die „Meister"kopie eines Chromomers seine Information allen seinen „Sklaven"kopien, um sich zu versichern, daß diese Sklaven mit ihm übereinstimmen. Die Hypothese der Meister- und Sklavenkopien ist in der Abb. 3—21 dargestellt. Sie zeigt acht Schleifen, die acht Chromomeren oder Genen entsprechen. Die doppelten Querstriche geben die Stellen an, an denen ein Gen endet und ein anderes beginnt, während die einfachen Querstriche die Enden der Genkopien bedeuten. Gall und Callan hatten bei den Lampenbürstenchromosomen an den Ansatzstellen der Schleifen immer ein dünnes und ein viel dickeres Ende beobachtet (vgl. Abb. 3—13 c). Sie nahmen an, daß die Schleifen an ihren dünnen Enden aus dem Chromosom „ausgesponnen" und mit den dicken Enden wieder „aufgewickelt" werden; diese Enden erscheinen deshalb dicker, weil sich dort mehr RNA angesammelt haben könnte. Die Meisterkopie nimmt nach Callans Vorstellung nicht an der Bildung der RNA teil, sondern nur die Sklavenkopien, die sich in den Schleifen befinden. Die Bedeutung von mehreren Kopien eines einzelnen Gens liegt darin, daß dadurch mehr RNA gebildet werden kann. Fügt man zu den Lampenbürstenchromosomen Histone hinzu, so wird, wie bei der DNA, die *in vitro* mit Histonen behandelt worden war, die Bildung der RNA gehemmt, und überdies ziehen sich die Schleifen in die Chromosomen zurück.

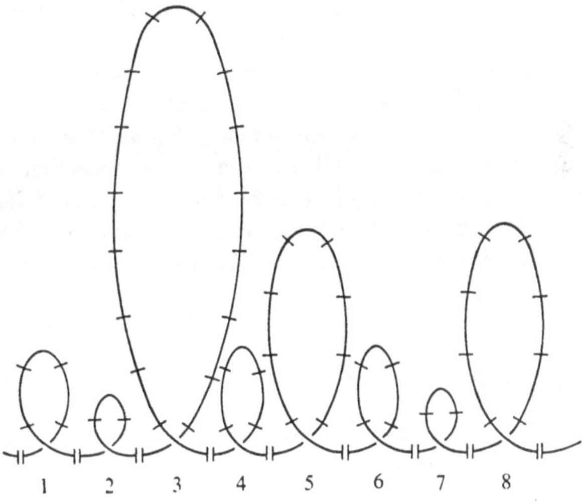

Abb. 3—21. Ein Modell der Chromosomen-Struktur, das Callan und seine Mitarbeiter auf Grund der Untersuchungen an Lampenbürstenchromosomen vorgeschlagen haben. (Aus H. L. K. Whitehouse: Towards an Understanding of the Mechanism of Heredity, 2. Aufl. Edward Arnold, London 1969.)

Die RNA, die man in den Puffs der polytänen Riesenchromosomen findet, besitzt in jedem Puff eine charakteristische Basensequenz, was wiederum auf die spezifische Genaktivität eines bestimmten Puffs hinweist. Nach Callans Hypothese besteht ein Puff aus den vielen Strängen eines Riesenchromosoms, von denen jeder eine Reihe von Kopien des gleichen Gens trägt.

Auch der Nucleolus-Organisator entspricht einem Chromomer mit sehr vielen Kopien eines Gens, an denen die ribosomale RNA gebildet wird. Die Transfer-RNA wird wahrscheinlich ebenfalls an vervielfachten Kopien des genetischen Materials gebildet.

Aus bestimmten Experimenten kann geschlossen werden, daß die Chromomeren auch die Replikations-Einheiten (*Replicons*) der Chromosomen sind (s. Kap. 9).

Britten und seine Mitarbeiter haben Hinweise dafür gefunden, daß Zellen höherer Organismen einen beträchtlichen Anteil des genetischen Materials in Einzelkopien enthalten, linear entlang dem DNA-Molekül angeordnet; die restliche DNA liegt aber in Sequenzen vor, die sich verschieden oft wiederholen. Wir werden in Kap. 13 auf die Rolle eingehen, die diese sich ständig wiederholenden DNA-Sequenzen spielen, und erwähnen an dieser Stelle nur, daß sie wahrscheinlich an der Kontrolle der Genaktivität beteiligt sind.

3.6. Der Kern als Funktionseinheit

Wir können die Aufgaben, die der Zellkern zu erfüllen hat, folgendermaßen zusammenfassen: Der Kern schützt einerseits die genetische Substanz vor äußeren Einflüssen und gibt sie unverändert von einer Generation zur anderen weiter; und anderseits steuert er die Bildung der RNA, die ihrerseits für die Bildung der Proteine und anderer Zellbestandteile benötigt wird. Obwohl der Kern eine strukturelle Einheit ist, kann er seine Form verändern, denn die Chromosomen des Kerns sind dehnbare Körper, und der Kernsaft ist flüssig. Wir werden in Kap. 9 und 10 auf die radikale Reorganisation eingehen, die der Kern während der Mitose und der Meiose erfährt. Der Kern verändert seine Form aber auch während der Interphase, da seine Größe zunimmt, wenn die verschiedenen Zellbestandteile hergestellt werden. Später passieren diese Substanzen (z. B. mRNA-Moleküle und ribosomale Prekursoren) die Kernmembran, um in das Cytoplasma zu gelangen. Gleichzeitig werden aus dem Cytoplasma Signale zum Kern zurückgesendet. Wird die äußere Umgebung der Zelle verändert, so paßt sich die Zelle den veränderten Bedingungen entsprechend an. Wir werden in Abschn. 9.5 die Vorteile besprechen, die der ständige Abbau und die gleichzeitige Synthese der mRNA mit sich bringen.

Literatur

Beyersmann, D.: Nucleinsäuren. Verlag Chemie, Weinheim 1971.
Bresch, C., u. R. Hausmann: Klassische und molekulare Genetik. 2. Aufl., Springer, Berlin-Heidelberg-New York 1970.
Harbers, E.: Nucleinsäuren. G. Thieme, Stuttgart 1969.
Kidnadze, I. I.: Die Funktionsstruktur der Chromosomen. Izd. Nauka, Leningrad 1972.
Knippers, R.: Molekulare Genetik. G. Thieme, Stuttgart 1971.
Mohr, H., u. P. Sitte: Molekulare Grundlagen der Entwicklung. BLV München, Basel, Wien 1971.
Wallwitz, U., W. Gosda u. H. Schmidt: Probleme der Molekularbiologie. Akademie-Verlag, Berlin 1966.
Watson, J. B.: Molecular Biology of the Gene. W. A. Benjamin, New York 1965.
Watson, J. B.: Die Doppel-Helix. Rowohlt, Hamburg 1971.
Wieland, Th., u. G. Pfleiderer (Hrsg.): Molekularbiologie. 3. Aufl., Umschau-Verlag, Frankfurt 1969.

4. Der genetische Code und die Proteinsynthese

Die Proteine haben als weit verbreitete biologische Moleküle in lebenden Systemen die verschiedensten Aufgaben zu erfüllen. Beispielsweise sind alle bekannten Enzyme Proteine; ferner findet man Proteine in den Zellmembranen und Zellwänden; auch die Faserstrukturen der Haare, des Kollagens und der Muskeln bestehen aus Proteinen; das Hämoglobin, das in den roten Blutkörperchen vorkommt, sowie das Hormon Insulin, das den Blutzuckerspiegel überwachen hilft, sind ebenfalls Proteine.

Die Proteine (griech. „erste Stelle“) wurden 1838 von Mulder so genannt, da man damals die Rolle, die die Nucleinsäuren bei der Bildung der Proteine spielen, noch nicht kannte und vermutete, das erste Leben sei aus Proteinen entstanden. (Wir werden in Kap. 15 diskutieren, ob bei der Entstehung der biologischen Moleküle die Proteine oder die Nucleinsäuren an erster Stelle standen.) Im Jahre 1897 isolierten die Brüder Buchner aus der Hefe einen zellfreien Extrakt, der unzweifelhaft Proteine enthielt. Sie zeigten, daß der Extrakt die Gärung des Zuckers zu Alkohol förderte, und hatten damit bewiesen, daß Proteine als biologische Katalysatoren oder Enzyme wirken können.

Im 19. Jahrhundert dachte man, die Proteine besäßen keine Struktur. Haeckel (1868) sprach von den Proteinen als homogene Massen, die strukturlos und formlos seien. Diese Ansicht mußte aber nach den physikalischen und biochemischen Untersuchungen, die später an den Proteinen durchgeführt wurden, geändert werden. Die Proteine sind in Wirklichkeit hoch organisierte komplexe Strukturen, die aus kleinen Einheiten, nämlich den Aminosäuren, aufgebaut sind. Die einzelnen Aminosäuren werden in den Proteinen durch Peptidbindungen zusammengehalten und bilden lange Ketten, die man als Polypeptide bezeichnet. Bei einer Peptidbindung verbindet sich die Carboxylgruppe einer Aminosäure mit der Aminogruppe der benachbarten Aminosäure, wobei ein Molekül Wasser freigesetzt wird, wie es das folgende Beispiel zeigt:

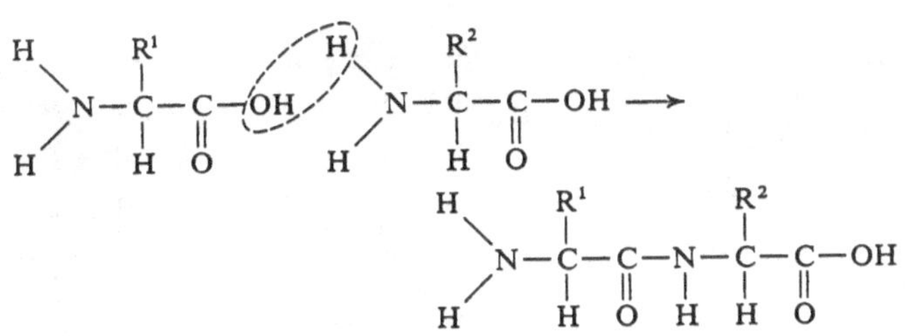

wobei R^1 und R^2 die Seitenketten zweier verschiedener Aminosäuren sind. Die riesigen Proteinmoleküle sind aus den 20 gewöhnlichen Aminosäuren (Abb. 4—1 a) aufgebaut.

Die Polypeptidketten sind wegen der räumlichen Anordnung der verschiedenen Aminosäure-Gruppen zick-zack-förmig aufgefaltet. Abb. 4—1 b zeigt eine Polypeptidkette, die, von links nach rechts gelesen, aus den Aminosäuren Glycin, Lysin, Alanin, Serin, Glutaminsäure und Phenylalanin zusammengesetzt ist. Das Polypeptid der Abb. 4—1 c besteht aus den gleichen Aminosäuren, die aber in der folgenden Reihenfolge angeordnet sind: Serin, Alanin, Glutaminsäure, Lysin, Glycin und Phenylalanin. Diese zwei Ket-

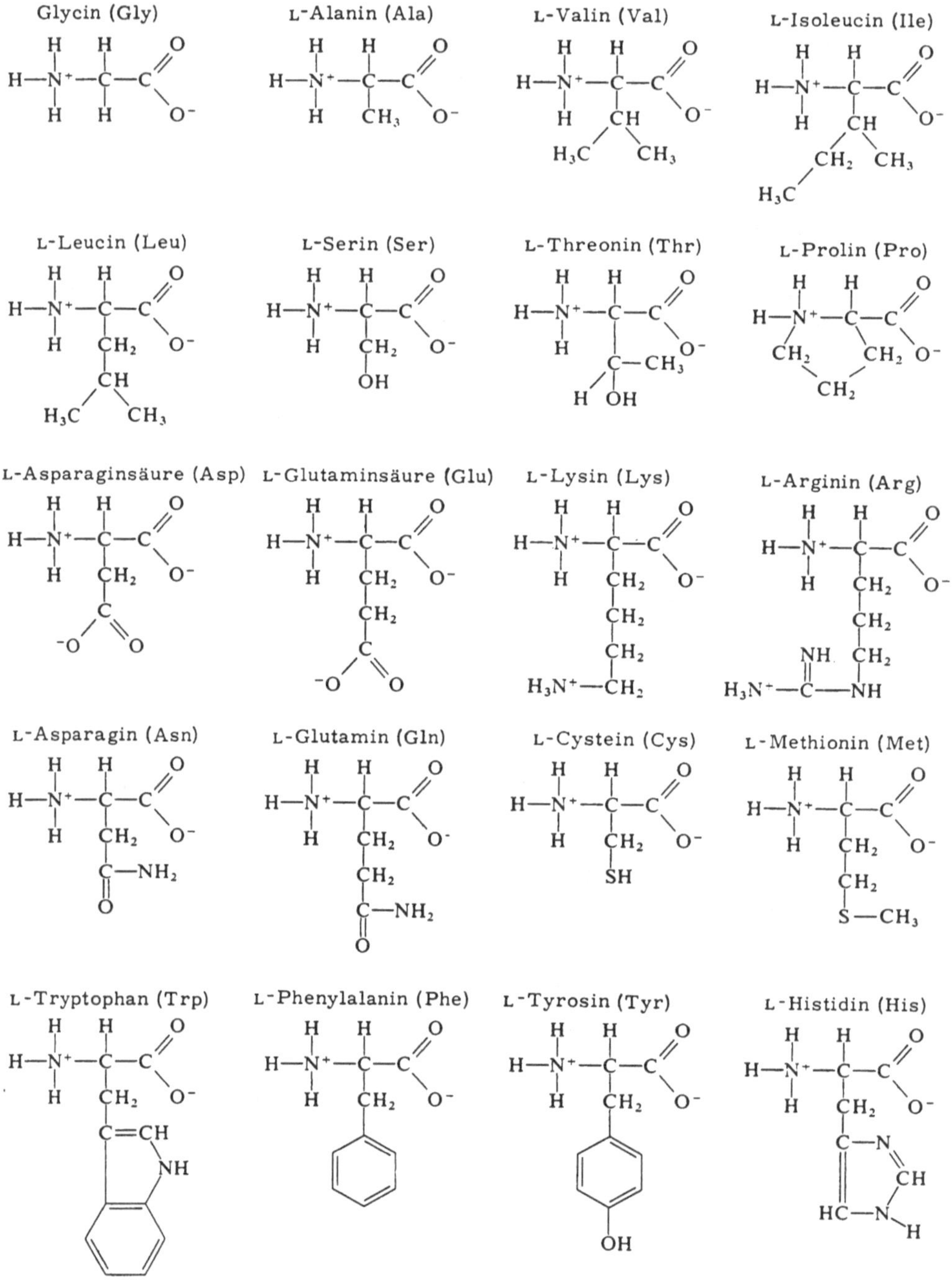

(a)

Abb. 4—1. (a) Die zwanzig Aminosäuren, die in den Proteinen vorkommen. (b) Eine Polypeptid-Kette, die (von links nach rechts gelesen) aus den Aminosäuren Glycin, Lysin, Alanin, Serin, Glutaminsäure und Phenylalanin zusammengesetzt ist. (c) Eine Polypeptid-Kette, deren Aminosäuren die gleichen wie bei (b), aber in einer anderen Reihenfolge angeordnet sind; von links nach rechts Serin, Alanin, Glutaminsäure, Lysin, Glycin und Phenylalanin.

(b)

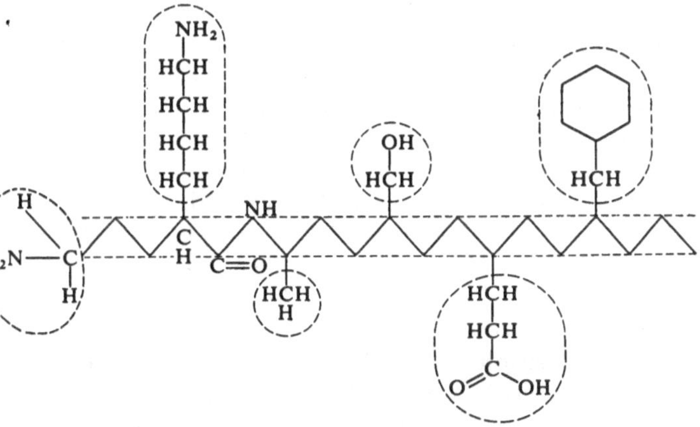

(c)

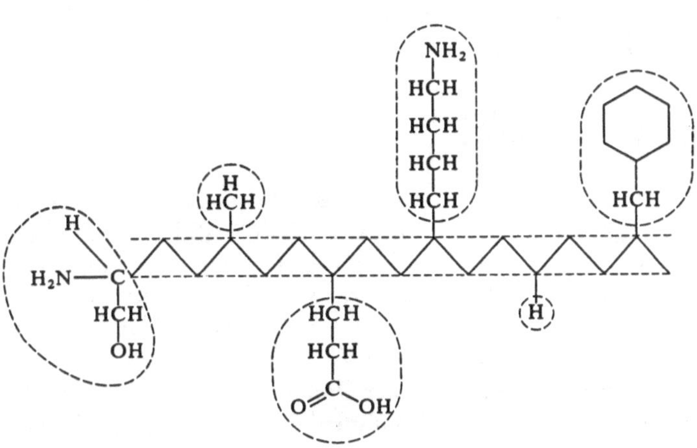

Abb. 4—1(b), (c).

ten besitzen unterschiedliche Eigenschaften, da die gleichen Aminosäuren in unterschiedlichen Sequenzen vorkommen. Die besonderen Eigenschaften der vielen Proteinmolekülarten liegen also einzig in der charakteristischen Reihenfolge begründet, in der die Aminosäuren in den Polypeptidketten angeordnet sind. Durch diese Sequenz wird auch die Art festgelegt, in der sich eine Polypeptidkette zu einem kompakten Proteinmolekül auffaltet.

Aristoteles und Theophrastus schrieben schon im 4. Jahrhundert v. Chr., daß alle Tiere und Pflanzen, wie kompliziert sie auch seien, aus wenigen, sich immer wiederholenden Grundelementen bestünden. Die Ergebnisse aus den modernen zellbiologischen und molekularbiologischen Untersuchungen der Proteinstrukturen bestätigen heute diese Behauptung auf molekularer Ebene.

Die Proteine sind mit den verschiedensten Methoden untersucht worden. Svedberg hatte 1926 die schnellaufende (Ultra-) Zentrifuge entwickelt; er benutzte sie, um die Molekulargewichte der Proteine zu bestimmen, und fand heraus, daß sie zwischen 20 000 und 200 000 liegen. 1928 gelang es Meyer und Mark, Röntgenbeugungsmuster von Seidenfasern herzustellen, und Astbury benutzte die gleiche Methode, um die

Strukturen der Woll- und Haarfasern zu studieren. In den dreißiger Jahren wendete man die röntgenkristallographischen Methoden auch für die Untersuchung der nicht faserigen oder globulären Proteine an, da es gelungen war, diese Proteine zu kristallisieren. In den gleichen Jahren entwickelte Caspersson eine UV-Absorptionsmethode, mit der er die Menge der DNA, der RNA und der Proteine in einzelnen Zellen messen konnte. Er entdeckte dabei in den Zellen, die viele Proteine herstellten, mehr RNA als in anderen Zellen und schloß daraus, daß die RNA die Biosynthese der Proteine kontrollieren könnte. Brachet, der mit Seeigeleiern arbeitete, äußerte unabhängig davon ähnliche Vermutungen. Die Einzelheiten der Vorgänge, die an der Biosynthese der Proteine beteiligt sind, stammen aber zum größten Teil aus den Untersuchungen der Mikrobiologen. Da sich gewisse Bakterien alle 20 Minuten teilen können, dauern die Experimente mit diesen Bakterien nur wenige Stunden, die sich sonst mit anderen Zellen über mehrere Wochen hinziehen würden. Wir werden im nächsten Abschnitt die Biosynthese der Proteine besprechen, wie sie bei den Bakterien beobachtet wird. Es kann sein, daß sie in den komplizierteren Zellen der Pflanzen und Tiere in bestimmten Einzelheiten anders verläuft.

4.1. Proteinsynthese

Die Proteinstruktur wird durch die Sequenz der Nucleotidbasen des DNA-Moleküls festgelegt. Diese Basensequenz der DNA, die die Aminosäurensequenz der Proteine bestimmt, wird als der *genetische Code* bezeichnet. Die Information, die in der Basensequenz des DNA-Moleküls vorhanden ist, wird zuerst auf die mRNA übertragen. Die mRNA trägt diese Informationen in das Cytoplasma, wo die entsprechenden Proteinmoleküle zusammengesetzt werden.

Bei der Biosynthese der Proteine im Cytoplasma sind zwei weitere Ribonucleinsäure-Arten erforderlich, nämlich die Transfer-RNA (tRNA) und die ribosomale RNA (rRNA). Die tRNA-Moleküle verbinden sich mit bestimmten Aminosäuren, die sich im Cytoplasma befinden, und tragen sie an den Ort, an dem sie in die Proteine eingebaut werden. Der Ort der Proteinsynthese ist das Ribosom, das die rRNA enthält.

Beim ersten Schritt der Proteinsynthese, der sog. *Transkription,* wird die Basensequenz der DNA auf die mRNA überschrieben (dabei wird das Thymin der DNA in der RNA durch Uracil ersetzt, s. Kap. 3). Beim zweiten Schritt, bei der *Translation,* wird die Sprache der mRNA-Basensequenz in die Sprache der Aminosäurensequenz der Proteine übersetzt. Die hochspezifischen Reaktionen, die bei diesen komplizierten Vorgängen ablaufen, erfordern Energie und spezifische Enzyme.

4.2. Der genetische Code

Die vier Basen der mRNA, Adenin, Cytosin, Guanin und Uracil, werden meistens mit den Buchstaben A, C, G und U abgekürzt (Abb. 4—2 a). Diese Basen müssen auf irgendeine bestimmte Weise die 20 verschiedenen Aminosäuren festlegen. Wir fragen uns zuerst, wieviele Basen notwendig sind, um eine Aminosäure zu bestimmen. Würde eine Nucleotid-Base eine Aminosäure festlegen, so könnten nur vier verschiedene

Aminosäuren bestimmt werden. Die Kombination von zwei Basen ergibt $4 \times 4 = 16$ verschiedene Basenanordnungen. Es muß also eine Kombination von mindestens drei Basen angenommen werden, damit jeder der 20 Aminosäuren eine eigene Basenanordnung zugeordnet werden kann (eine solche Triplett-Kombination erlaubt $4 \times 4 \times 4 = 64$ verschiedene Anordnungsmöglichkeiten).

Abb. 4—2. (a) Die vier Basen der mRNA. (b) Die Code-Tripletts, die die Aminosäuren der Polypeptid-Kette der Abb. 4—1(b) festlegen. (c) Die Code-Tripletts, die die Aminosäuren der Polypeptid-Kette der Abb. 4—1(c) festlegen.

(a)		A, C, G, U				
(b)	GGU Gly	AAA Lys	GCU Ala	UCU Ser	GAA Glu	UUU Phe
(c)	UCU Ser	GCU Ala	GAA Glu	AAA Lys	GGU Gly	UUU Phe

Crick und seine Mitarbeiter (1961) konnten anhand der Ergebnisse, die sie aus genetischen Untersuchungen an Bakteriophagen T4 erhielten, die Triplett-Anordnung des genetischen Codes direkt beweisen. Sie behandelten die Viren mit der chemischen Substanz Proflavin, durch die entweder eine Base aus der Viren-DNA entfernt oder eine zusätzliche Base hinzugefügt wurde, so daß dadurch veränderte oder mutierte Virenformen entstanden (Abb. 4—3 a und Abb. 4—3 b). Wurde eine zusätzliche Base in die DNA eingebaut und nicht weit davon eine andere Base aus ihr entfernt, so entstand ein normales Virus. Die normale Basensequenz des DNA-Moleküls war also durch diese zweite Änderung wieder hergestellt worden (Abb. 4—3 c). Crick konnte weiter zeigen, daß drei gleichartige Änderungen (entweder drei hinzugefügte oder drei ausgelassene Basen), die wieder nahe beisammenliegen mußten, ebenfalls normale Viren hervorbrachten (Abb. 4—3 d). Diese Ergebnisse zeigten, daß der Code aus Sequenzen von drei Basen bestehen muß, die entlang dem DNA-Molekül angeordnet sind und sich nicht überlappen dürfen. Ein derartiges Basen-Triplett, das eine bestimmte Aminosäure festlegt, wird als ein *Codon* bezeichnet.

Abb. 4—3. Wirkung der Einschiebung und Auslassung von einzelnen Basen auf den genetischen Code. (a) Ein normaler Triplett-Code. (b) Wird eine Base X* zugefügt, so verändert sich der Triplett-Code zu CAB. (c) Wird im nächstfolgenden Triplett die Base A‡ ausgelassen, so wird der ursprüngliche Code ABC wieder hergestellt. (d) Bei der Einschiebung von drei nahe beisammenliegenden Basen X°, Y° und Z° entsteht am Schluß ebenfalls wieder der normale Code.

(a)	/ ABC / ABC / ABC / ABC /
(b)	/ ABC / AX*B / CA‡B / CAB /
(c)	/ ABC / AXB / CBC / ABC /
(d)	/ ABC / AX°B / CAY° / BZ°C / ABC /

Die nächste Frage, die wir uns stellen, betrifft die Zuordnung eines bestimmten Codons zu einer bestimmten Aminosäure. Nirenberg und seine Mitarbeiter kamen 1961 der Antwort auf diese Frage einen großen Schritt näher, als es ihnen gelang, ein künstliches Protein *in vitro* herzustellen. Sie bildeten zuerst *in vitro* eine künstliche mRNA, die nur die Base Uracil enthielt. Dann fügten sie dieses Poly-U einem Bakterienextrakt bei, der Ribosomen, tRNA, Aminosäuren und die verschiedenen Enzyme enthielt, die für die Biosynthese der Proteine benötigt werden. Dieses System bildete zusammen mit dem Poly-U, aber nicht bei dessen Fehlen, rasch ein Protein. Indem Nirenberg die verschiedenen Aminosäuren seines Systems radioaktiv markierte, konnte er zeigen, daß dieses künstliche Protein nur die Aminosäure Phenylalanin enthielt, weshalb es als Poly-Phenylalanin bezeichnet wurde. Damit war bewiesen, daß Uracil die Aminosäure Phenylalanin festlegt, oder, wenn man einen Triplett-Code voraussetzt, das Triplett UUU das Codon für Phenylalanin ist.

Nirenberg, und unabhängig von ihm Ochoa, stellten dann aus den vier Basen weitere, künstliche mRNA-Moleküle her, und, indem sie die Menge der Aminosäuren, die in eine bestimmte Polypeptidkette eingebaut wurde, mit der errechneten Triplett-Basenzusammensetzung ihrer künstlichen mRNA-Moleküle verglichen, konnten sie ein bestimmtes Basen-Triplett einer bestimmten Aminosäure zuordnen. Durch diese Experimente wurden die Codons für alle Aminosäuren, aber nicht die Basensequenzen innerhalb der Codons, bestimmt.

Nirenberg und Leder waren dann die ersten, die 1964 ein Codon „buchstabieren" konnten. Sie stellten aus den Basen Uracil und Guanin eine künstliche mRNA her, indem sie zwei Teile Uracil und einen Teil Guanin verwendeten. Dann brachen sie diese mRNA in Stücke, die aus je drei Basen bestanden, und trennten die drei Kombinationen GUU, UGU und UUG voneinander. In einem System, das wiederum tRNA und radioaktiv markierte Aminosäuren enthielt, konnten sie dann zeigen, daß das Triplett GUU die Aminosäure Valin codiert.

In der Folge sind von Nirenberg und von Khorana und seinen Mitarbeitern weitere Codons entziffert worden. Khorana stellte künstliche mRNA-Moleküle her, deren genaue Basensequenzen bekannt waren. Die Analysen der Polypeptidketten, die durch diese künstlichen mRNA-Moleküle gebildet worden waren, lieferten weitere Beweise dafür, daß der Code aus Nucleotiden-Tripletts besteht, die sich nicht überlappen. Zum Beispiel wurden durch die künstliche mRNA, die die Basen Uracil und Cytosin in abwechselnder Folge enthielt: UCUCUCUC..., die beiden Aminosäuren Serin und Leucin ebenfalls in abwechselnder Folge in das künstliche Polypeptid eingebaut. Nimmt man einen Triplett-Code an, so lautet er bei dieser mRNA abwechselnd UCU und CUC, wodurch die zwei verschiedenen Aminosäuren bestimmt werden.

Aus diesen und anderen Experimenten geht hervor, daß der genetische Code aus Basen-Tripletts besteht, deren Sequenzen entlang dem DNA-Molekül abgelesen werden und die sich nicht überlappen.

Die Codons für die zwei Peptidketten der Abb. 4—1 b und der Abb. 4—1 c sind in den Abbildungen 4—2 b und 4—2 c dargestellt.

4.3. Die Aufgabe der Messenger-RNA

Jacob und Monod forderten 1961 einen „Botschafter", der die Informationen des genetischen Codes der DNA vom Kern in das Cytoplasma überträgt. Wir wissen heute, daß dieser Botschafter die mRNA ist, die als eine Matrize für die Translation des DNA-Codes in ein spezifisches Protein wirkt.

Die Längen der verschiedenen mRNA-Moleküle sind je nach den Längen der Polypeptidketten, die sie bestimmen, sehr unterschiedlich. Aus diesem Grund besitzen die verschiedenen mRNA-Moleküle auch sehr unterschiedliche Molekulargewichte und in der Ultrazentrifuge sehr unterschiedliche Sedimentationswerte (der Sedimentationskoeffizient s, der gewöhnlich in Svedberg-Einheiten S angegeben wird, hängt von der Größe und Dichte eines Teilchens ab und ist für ein bestimmtes Teilchen in einem bestimmten Medium konstant). Da man sehr wenige Polypeptidketten kennt, die weniger als 100 Aminosäuren enthalten, so besitzen sehr wenige mRNA-Moleküle weniger als 3 × 100 Nucleotid-Einheiten. Die meisten mRNA-Moleküle sind viel größer.

Derjenige DNA-Abschnitt, der ein mRNA-Molekül codiert, das die Information für eine ganze Polypeptidkette eines Proteinmoleküls enthält, wird als ein *Cistron* bezeichnet. Der Begriff des Cistrons ist von Benzer eingeführt worden; er entdeckte bei seinen Untersuchungen über die Genetik bestimmter Viren, daß die genetische Substanz dieser Viren in Wirkungseinheiten, die er Cistronen nannte, unterteilt werden konnte, deren Veränderung eine mutierte Virenform zur Folge hatte (s. Abschn. 10.9). Gewisse mRNA-Moleküle tragen die Information für die Bildung mehrerer Polypeptidketten; diese Moleküle werden als *polycistronische* mRNA-Moleküle bezeichnet.

Obwohl man die mRNA-Moleküle zuerst in einem Bakteriensystem nachgewiesen hatte, war es zunächst nicht möglich, diese Moleküle zu isolieren und zu bestimmen. Sie nehmen nämlich nur 3 bis 5% der gesamten RNA der Zellen ein und besitzen keine spezifischen Eigenschaften, durch die sie charakterisiert werden könnten.

Die mittlere Lebensdauer der verschiedenen mRNA-Moleküle ist sehr unterschiedlich. Bei einigen Bakterien sind die mRNA-Moleküle so unstabil wie die Stoffwechselprodukte, die bei 37 °C nur wenige Minuten lang leben, bevor sie durch spezifische Enzyme abgebaut werden. Die Nucleotide, die bei diesem Abbau frei werden, dienen dann zum Aufbau neuer mRNA-Moleküle. Dieser Mechanismus ist für die Bakterienzelle von großem Vorteil, da sie sich auf diese Weise den Umweltänderungen rasch anpassen kann. Im Gegenteil dazu bilden die Säugetier-Reticulocyten (das sind die unreifen, roten Blutkörperchen, die keinen Zellkern mehr besitzen) während vieler Tage weiter Hämoglobin. Da diese Zellen keine neuen mRNA-Moleküle mehr bilden können, muß die schon vorhandene mRNA langlebig sein. Die verschiedenen mRNA-Moleküle leben also, je nach der Lebensdauer und den Aufgaben der Zellen, unterschiedlich lange. Wahrscheinlich wird ihre Lebensdauer genetisch durch ihre eigenen Nucleotid-Sequenzen bestimmt.

Um den Weg der mRNA-Moleküle in den Zellen verfolgen zu können, hat man die Zellen mit den radioaktiv markierten Bausteinen der RNA zusammen inkubiert und dann die Radioaktivität in der Kern-RNA, wo sie zuerst erscheint, und in der RNA des Cytoplasmas, wo sie später festgestellt wird, gemessen. Die Ergebnisse dieser Untersuchungen zeigen, daß die mRNA nach ihrer Bildung an der DNA-Matrize durch die Kernmembran hindurch in das Cytoplasma wandert. Dort bewegt sie sich zu den Ribosomen, an denen die Proteine gebildet werden. Die mRNA verbindet sich dann lose mit der Oberfläche der kleineren Ribosomen-Untereinheit (d. h. mit der 30 S-Einheit, s. Abschn. 4.4). An der Bildung dieses Komplexes zwischen der mRNA und dem Ribosom sind immer Magnesium-Kationen, Mg^{2+}, beteiligt.

4.4. Ribosomen

Die Ribosomen sind aus RNA und Proteinen aufgebaut. Die Ribosomen des Bakteriums *E. coli* enthalten doppelt so viel RNA wie Proteine, während die Ribosomen der meisten anderen Organismen ungefähr gleiche Mengen von RNA und Proteinen besitzen. Die Proteine, die in den Ribosomen vorkommen, sind wahrscheinlich überwiegend Strukturproteine. Bei *E. coli* besteht ungefähr ein Viertel der gesamten Zellmasse aus Ribosomen; diese große Menge zeigt, wie wichtig die Biosynthese der Proteine für die Zellaktivität ist. Die elektronenmikroskopischen Bilder der Ribosomen lassen zwei abgerundete Untereinheiten erkennen, die zusammen eine ganze Einheit von ungefähr 200 Å Durchmesser bilden (Abb. 4—4). Die eine dieser Untereinheiten ist ungefähr

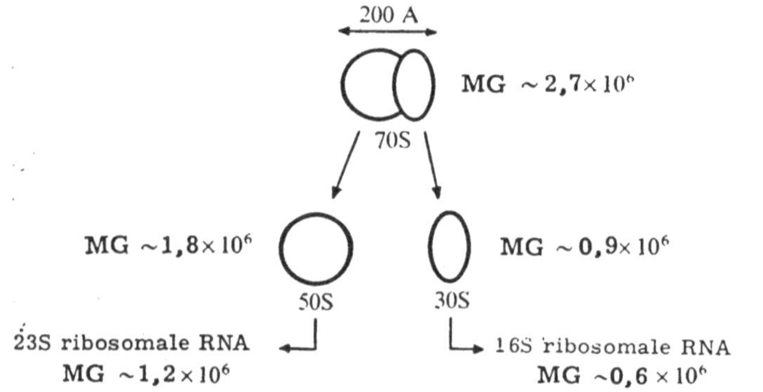

Abb. 4—4. Physikalische Eigenschaften ganzer Ribosomen und ribosomaler Untereinheiten.

doppelt so groß wie die andere. Man hat durch eine besondere Methode, bei der das Ribosomen-Material rasch abgekühlt und später mit Metallatomen „beschattet" wurde, zeigen können, daß die größere Untereinheit eine regelmäßige Ikosaederstruktur besitzt; die gerundeten Strukturen, die man gewöhnlich beobachten kann, sind wahrscheinlich auf einen Zusammenbruch des Ikosaeders während der Fixierung zurückzuführen (Nanninga, 1968). Wir werden in Kap. 14 die Vorteile einer Ikosaederstruktur bei gewissen Viren besprechen.

Der Sedimentationskoeffizient, der in der Ultrazentrifuge bestimmt wird, beträgt für die ganzen Ribosomen 70 S, während die Untereinheiten Werte von 50 S (große Untereinheit) und 30 S (kleine Untereinheit) aufweisen. Die zwei Untereinheiten vereinigen sich nur bei einer bestimmten Magnesiumkonzentration zu einem ganzen Ribosom; wird die Mg^{2+}-Konzentration zu niedrig, so trennen sich die Untereinheiten wieder. Die Ribosomen enthalten zwei unterschiedlich große RNA-Arten. Die kleinere, die einen Sedimentationswert von 16 S besitzt, kommt in der kleineren Untereinheit vor, während die größere, deren Sedimentationswert 23 S beträgt, in der größeren Untereinheit liegt. Wir werden weiter unten auf die Bedeutung der rRNA bei der Biosynthese der Proteine eingehen.

Nomura hat 1968 *in vitro* aus der 16 S-rRNA und Proteinen aus verschiedenen Bakterien eine Einheit hergestellt, die der 30 S-Untereinheit der Ribosomen glich und *in vitro* Polypeptide bildete. Nach Nomuras Ansicht haben während der Evolution nur kleine Abschnitte der rRNA eines bestimmten Bakteriums die Fähigkeit konserviert, sich mit den 30 S-ribosomalen Proteinen verschiedener Bakterien zu verbinden. Die „nicht-konservierten" Abschnitte, die für das Ausgangs-Bakterium spezifisch sind, haben wahrscheinlich andere wichtige Funktionen zu erfüllen, die nichts mit direkten Wechselwirkungen mit Proteinen beim Zusammenbau der ribosomalen Partikel zu tun haben.

4.5. Aufgabe der Transfer-RNA

Crick hatte eine Transfer-RNA gefordert, und Hoagland und seine Mitarbeiter konnten sie 1955 tatsächlich nachweisen. Die Aufgabe der tRNA (die gelegentlich auch als lösliche oder sRNA bezeichnet wird) besteht darin, die freien Aminosäuren des Cytoplasmas zu den Ribosomen zu tragen, wo die Proteine zusammengesetzt werden. Die Transfer-RNA ist folglich das Vermittler- oder Adaptor-Molekül zwischen einer bestimmten Aminosäure und dem Triplett auf der mRNA, das diese bestimmt. Jede Aminosäure besitzt deshalb ihr besonderes, spezifisches tRNA-Molekül.

Der Teil des tRNA-Moleküls, der sich mit seiner spezifischen Aminosäure verbindet, scheint bei allen tRNA-Molekülen gleich zusammengesetzt zu sein. Es ist das 3'-Ende des Moleküls, dessen Basensequenz immer —Cytosin—Cytosin—Adenin (—C—C—A) ist. Wenn diese Sequenz anders lautet, so wird keine Aminosäure an die tRNA angeheftet. Das 5'-Ende des Moleküls trägt immer die Base Guanin (Abb. 4—5). Die Aminosäuren werden durch ein spezifisches Adaptor-Enzym (eine Aminoacyl-tRNA-Synthetase) an ihre spezifischen tRNA-Moleküle angeheftet. Ein tRNA-Molekül muß deshalb zwei spezifische Stellen aufweisen, wobei die eine für die Bildung des Enzym-Aminosäure-Komplexes und die zweite für die Bindung der tRNA an das richtige Basen-Triplett der mRNA verantwortlich ist. Die tRNA trägt folglich ein Wort in der Sprache der Nucleotid-Tripletts und eines in der Sprache der Aminosäuren.

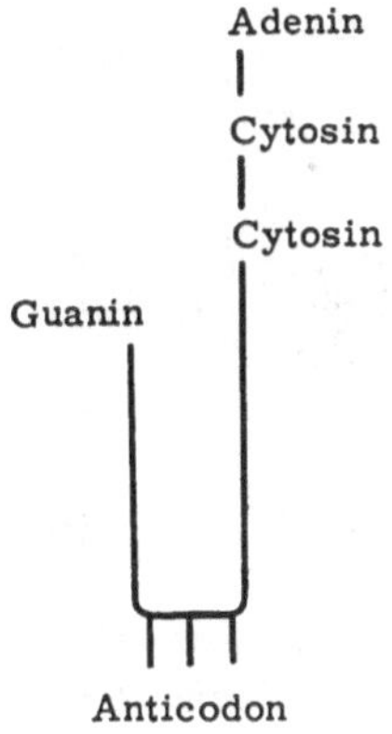

Abb. 4—5. Strukturen, die im tRNA-Molekül vorkommen.

Der Vorgang, durch den eine Aminosäure an ihre tRNA gebunden wird, ist ziemlich kompliziert. ATP wird dabei benötigt, da die zwei Moleküle so miteinander verbunden werden, daß ihre Bindungsenergie später zur Bildung der Peptidbindungen der Proteinmoleküle ausgenutzt werden kann. Die Aminosäure wird zuerst durch das ATP aktiviert, wozu das spezifische Enzym Aminoacyl-tRNA-Synthetase erforderlich ist (Abb. 4—6). Die aktive Stelle dieses Enzyms muß nicht nur eine spezifische Aminosäure, sondern auch eine bestimmte Basensequenz an der richtigen tRNA erkennen können. Die Aminosäure wird dann durch eine kovalente Bindung zwischen ihrer Carboxylgruppe und der Ribose des endständigen Adenin-Nucleotids der tRNA an diese gebunden (Abb. 4—6). Bei dieser Reaktion ist also neben der spezifischen Aminosäure und der spezifischen tRNA auch ein spezifisches Enzym erforderlich. Beim Aufbau der Proteine verbinden sich dann diese Aminosäure-tRNA-Komplexe mit dem Ribosom.

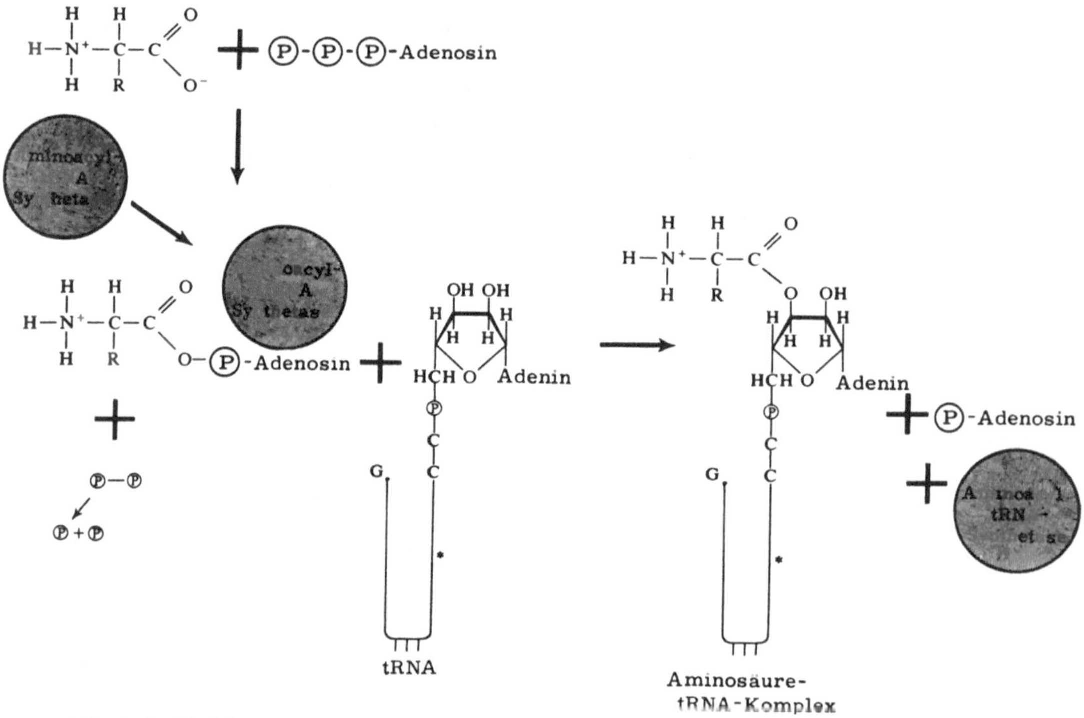

Abb. 4—6. Verbindung einer Aminosäure mit der spezifischen tRNA; * markiert die spezifische Stelle des tRNA-Moleküls, die sich mit der passenden Aminoacyl-tRNA-Synthetase verbindet.

4.6. Die Anheftung der tRNA an die mRNA

Die spezifische Stelle des tRNA-Moleküls, die sich an die mRNA anheftet, besteht aus einer Sequenz von drei Basen, die zu dem Codon der mRNA komplementär ist und deshalb als das *Anticodon* bezeichnet wird. Experimente mit künstlichen mRNA-Molekülen haben gezeigt, daß die ersten zwei Buchstaben eines Codons, das eine bestimmte Aminosäure festlegt, fast immer gleich sind (Abb. 4—7), während sich der dritte Buchstabe manchmal ändern kann. Serin (Ser) wird beispielsweise nicht nur durch das Codon AGU, sondern auch durch das Codon AGC bestimmt. Aus diesem Grund bestimmen gewöhnlich die ersten zwei Basen allein die Codonstelle für das tRNA-Molekül, während die dritte Base des Codons nicht immer genau zu dem Anticodon passen muß. Crick stellte 1966 auf Grund dieser Beobachtungen seine „Wobble"-Hypothese auf, bei der das ungenaue Zusammenpassen des dritten Basenpaares, im Gegensatz zu dem genauen Passen der zwei ersten, als „Wackeln" bezeichnet wird. Man nennt einen derartigen Code, bei dem verschiedene Codons die gleiche Aminosäure festlegen können, einen *degenerierten* Code.

Erste Position	Zweite Position U	C	A	G	Dritte Position
U	Phe	Ser	Tyr	Cys	U
	Phe	Ser	Tyr	Cys	C
	Leu	Ser	non.	non.	A
	Leu	Ser	non.	Trp	G
C	Leu	Pro	His	Arg	U
	Leu	Pro	His	Arg	C
	Leu	Pro	Gln	Arg	A
	Leu	Pro	Gln	Arg	G
A	Ile	Thr	Asn	Ser	U
	Ile	Thr	Asn	Ser	C
	Ile	Thr	Lys	Arg	A
	Met (Groß-buchstabe)	Thr	Lys	Arg	G
G	Val	Ala	Asp	Gly	U
	Val	Ala	Asp	Gly	C
	Val	Ala	Glu	Gly	A
	Val	Ala	Glu	Gly	G

Abb. 4—7. Der genetische Code. Der erste Buchstabe eines Codons steht in der linken Kolonne, der zweite Buchstabe in der oberen Reihe und der dritte in der rechten Kolonne; „non" bedeutet „Unsinn"- oder Ablöse-Codon. „Großbuchstabe" ist das Codon, das den Anfang einer Protein-Kette festlegt.

Heute sind vor allem dank der Arbeiten von Nirenberg und Khorana, die die einzelnen Codes ihren spezifischen Aminosäuren zugeordnet haben, 61 der möglichen 64 Tripletts bekannt, die die 20 gewöhnlichen Aminosäuren bestimmen. Viele Aminosäuren werden deshalb durch mehrere alternative Codes festgelegt. Die drei verbleibenden Codons spielen wahrscheinlich beim Abschluß einer Polypeptidkette eine Rolle.

4.7. Struktur der tRNA

Jedes tRNA-Molekül ist aus ungefähr 80 Nucleotiden aufgebaut. Das 3′-Ende des Moleküls trägt immer die Sequenz —CCA, die sich wahrscheinlich durch einen besonderen Mechanismus im Cytoplasma an die RNA anheftet; das 5′-Ende besteht immer aus Guanin. Holley hat 1964 bei einer tRNA der Hefe die erste, vollständige Nucleotid-Sequenz bestimmt. Diese enthält, wie die meisten tRNA-Moleküle, einige ungewöhnliche Basen (zum Beispiel das Inosin (I) und das Pseudouracil (ψ), Abb. 4—8 a), sowie einige methylierte, normale Basen. Diese ungewöhnlichen Nucleotide entstehen wahrscheinlich unter der Einwirkung bestimmter Enzyme nachträglich an der schon gebildeten Polynucleotidkette aus normalen Nucleotiden. Die tRNA-Moleküle besitzen Doppelhelix-Stellen, an denen die komplementären Basenpaare durch Wasserstoffbrücken zusammengehalten werden. Es kann sein, daß die ungewöhnlichen Basen, die meistens keine normalen Basenpaare bilden können, die Paarung in verschiedenen Abschnitten des Moleküls verhindern und dadurch bestimmte Gruppen freistellen. Diese freien Gruppen können dann entweder mit der mRNA oder mit dem spezifischen Enzym, durch das eine bestimmte Aminosäure an die tRNA angeheftet wird, oder aber mit einem Ribosom sekundäre Bindungen eingehen.

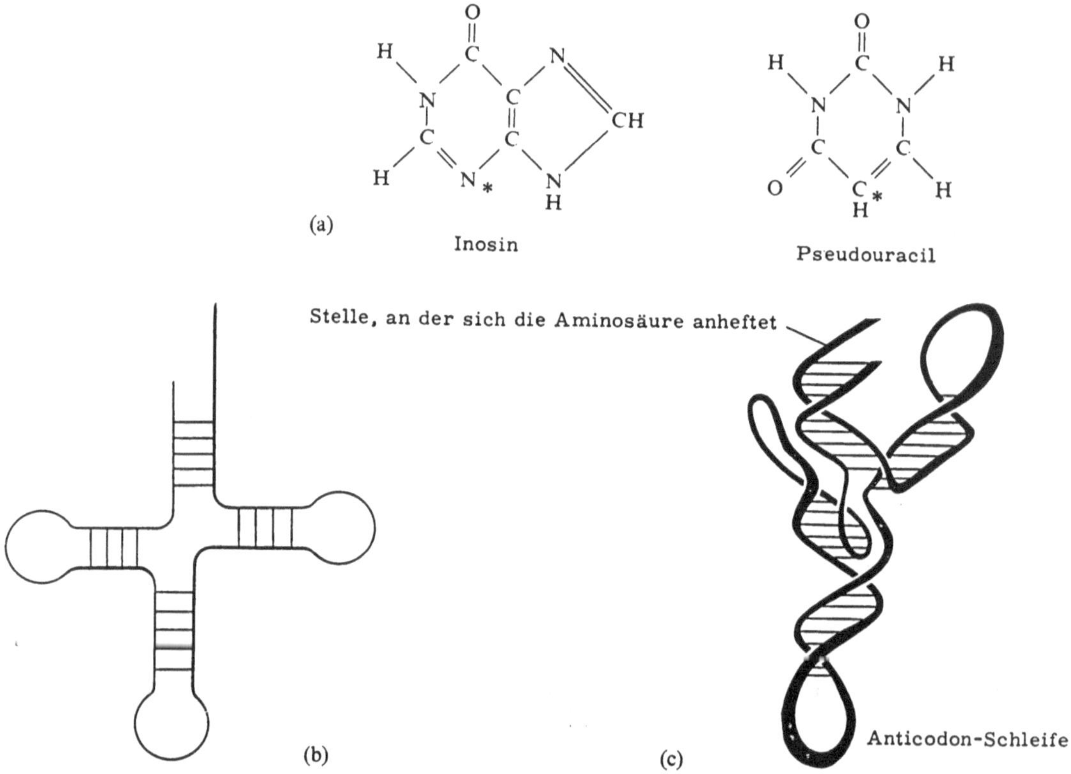

Abb. 4—8. Struktur der tRNA. (a) Die ungewöhnlichen Basen Inosin (I) und Pseudouracil (Ψ). * markiert die Stelle, an die Ribose gebunden wird. (b) Das Kleeblatt-Modell der tRNA nach Holley. (c) Eine mögliche, dreidimensionale Anordnung des Kleeblatt-Modells (nach Ninio et al. 1969).

Obwohl man die Basensequenz bestimmter tRNA-Moleküle kennt, ist es noch nicht gelungen, deren wirkliche dreidimensionale Struktur zu bestimmen. Der Grund liegt darin, daß man von einem unregelmäßigen Molekül keine genauen Röntgenbeugungsbilder herstellen kann. Holley schlug auf Grund seiner Untersuchungen über die Nucleotid-Sequenz der Hefen-tRNA ein Kleeblatt-Modell vor, das aus vier Abschnitten besteht (Abb. 4—8 b). Die Schwierigkeit bei diesem Modell besteht darin, die räumliche Anordnung der vier Kleeblatt-Arme zu bestimmen. Es sind dazu verschiedene Möglichkeiten vorgeschlagen worden, wovon eine in der Abb. 4—8 c dargestellt ist. Der Arm, der das Anticodon trägt, ist dabei von den anderen drei deutlich abgetrennt, damit sich der Rest des Moleküls mit der Ribosomen-Oberfläche verbinden kann. Der Arm, der die Aminosäuren erkennt, wird durch die verbleibenden zwei Arme in einer spezifischen räumlichen Anordnung gehalten. Diese ist wahrscheinlich bei jeder tRNA-Art leicht von der anderen verschieden, da die Form des ganzen Moleküls eine spezifische Aminosäure erkennen hilft.

4.8. Die ribosomale RNA

Die ribosomale RNA ist ein notwendiger Bestandteil der Ribosomenstruktur. Wird sie aus den Ribosomen entfernt, so bricht deren Struktur zusammen. Die Molekulargewichte der zwei verschieden großen rRNA-Arten, die wir in diesem Kapitel schon beschrieben haben, betragen ungefähr 6×10^5 und 1×10^6. Beide Arten enthalten Abschnitte, in denen die Basen, wie bei der tRNA, gepaart sind und eine Doppelhelix bilden. Auch hier erhält man wegen der unregelmäßigen Formen der Moleküle nur undeutliche Röntgenbeugungsbilder.

Man kennt die Aufgabe der rRNA-Moleküle bei der Biosynthese der Proteine noch nicht. Vielleicht binden die ungepaarten Basen der rRNA-Moleküle die mRNA und die tRNA an das Ribosom, wobei möglicherweise zwischen den Phosphatgruppen der beteiligten Moleküle Mg^{2+}-Bindungen gebildet werden. Daneben könnte die rRNA bei der Biosynthese der Ribosomenproteine als Matrize wirken; wenn dann aber gewisse Basen der rRNA methyliert worden sind (dies geschieht hier ebenso wie bei der tRNA), so wird diese RNA ein Teil der Ribosomenstruktur, die nicht länger als Matrize wirken kann.

Die Aufgabe der Ribosomen besteht im wesentlichen darin, die an sie angehefteten RNA-Moleküle in die richtigen, räumlichen Stellungen zu bringen, so daß die Codons der mRNA in der Nähe der richtigen Anticodons der tRNA-Moleküle liegen und es stereochemisch möglich ist, deren Aminosäuren zu einer Polypeptidkette zu verbinden.

In Wirklichkeit heftet sich aber nicht ein mRNA-Strang an eine Ribosomeneinheit, sondern eine Anzahl dieser Einheiten verbindet sich mit einem mRNA-Molekül zu einem Komplex, den man als Polyribosom bezeichnet. Dieser Komplex erlaubt die gleichzeitige Bildung vieler, untereinander gleicher Polypeptidketten, da eine mRNA gleichzeitig von vielen Ribosomen abgelesen wird. Der ganze Mechanismus gleicht einer Montagerampe in einer Fabrik für Massenprodukte.

Man kann sich fragen, weshalb das Ribosom aus zwei Untereinheiten besteht. Die Untersuchungen von Nomura und Lowry (1967) zeigen nämlich, daß sich die mRNA nur dann an die kleinere Untereinheit anheftet, wenn die größere nicht mit dieser verbunden ist. Sobald sich aber die erste tRNA an den Komplex angeheftet hat (s. Abschn. 4.10), lagert sich die größere Untereinheit wieder an die kleinere an, um ein vollständiges Ribosom zu bilden. Wahrscheinlich sichert dieser Mechanismus, daß sich die Proteine nicht in der Mitte, sondern am richtigen Anfangspunkt eines mRNA-Moleküls zu bilden beginnen.

Die zwei Ribosomen-Untereinheiten können ihre Partner ständig wechseln, was aus den oben besprochenen und anderen Experimenten hervorgeht. Bretscher (1968) und Spirin (1968) haben Ribosomen-Modelle, die auf dieser Grundlage beruhen, ausgearbeitet. Dabei verschieben sich die tRNA-Moleküle, an denen die wachsenden Polypeptidketten angeheftet sind, so daß die Abtrennungsgefahr sehr klein ist. Die Molekularstruktur der Ribosomen weist geschützte Kanäle oder Rinnen auf, wie man aus bestimmten Untersuchungen schließen kann; Cox (1968) schlug deshalb ein Modell vor, bei dem die mRNA in einer Rinne zwischen den zwei Ribosomen-Untereinheiten liegt, während die wachsende Polypeptidkette aus einem Loch heraustritt, das sich in der Mitte der großen Untereinheit befindet.

4.9. Wachstum der Polypeptidketten

Ein tRNA-Molekül, das mit seiner spezifischen Aminosäure verbunden ist, heftet sich in der Nähe seines spezifischen Codons der mRNA an das Ribosom an (Abb. 4—9). Dann verbindet sich in der gleichen Weise ein weiterer tRNA-Aminosäure-Komplex, der für das benachbarte Codon der mRNA spezifisch ist, mit dem Ribosom. Jetzt bricht die Kovalenzbindung zwischen der ersten tRNA und ihrer Aminosäure auseinander,

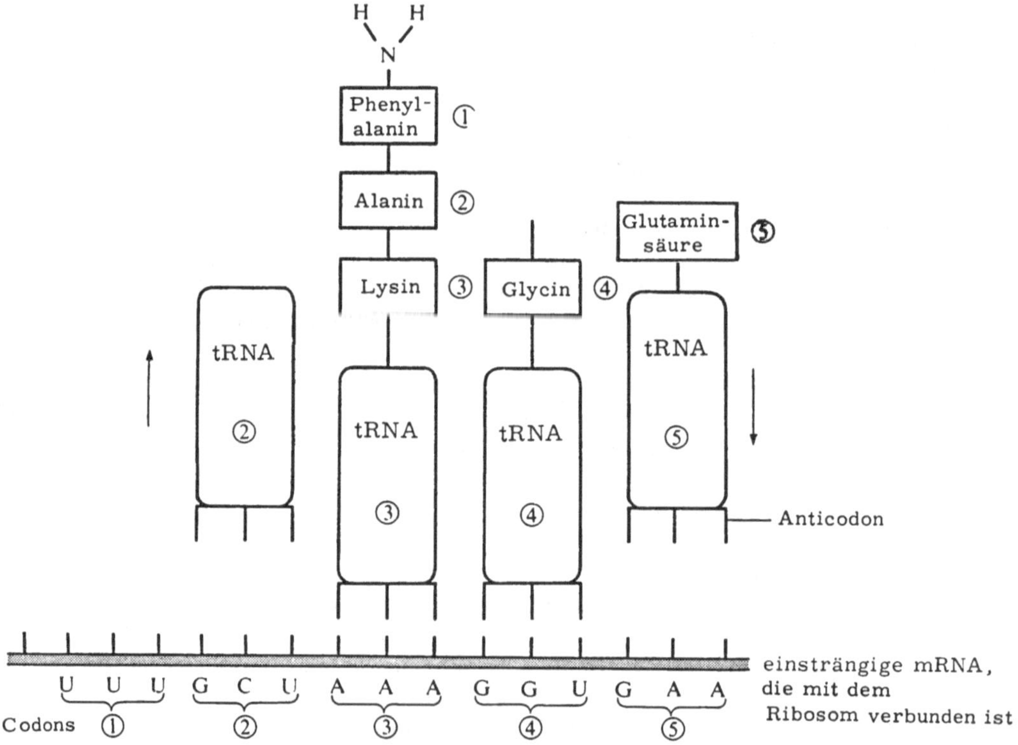

Abb. 4—9. Bildung einer Polypeptid-Kette; im Schema werden die Codons der mRNA von links nach rechts abgelesen.

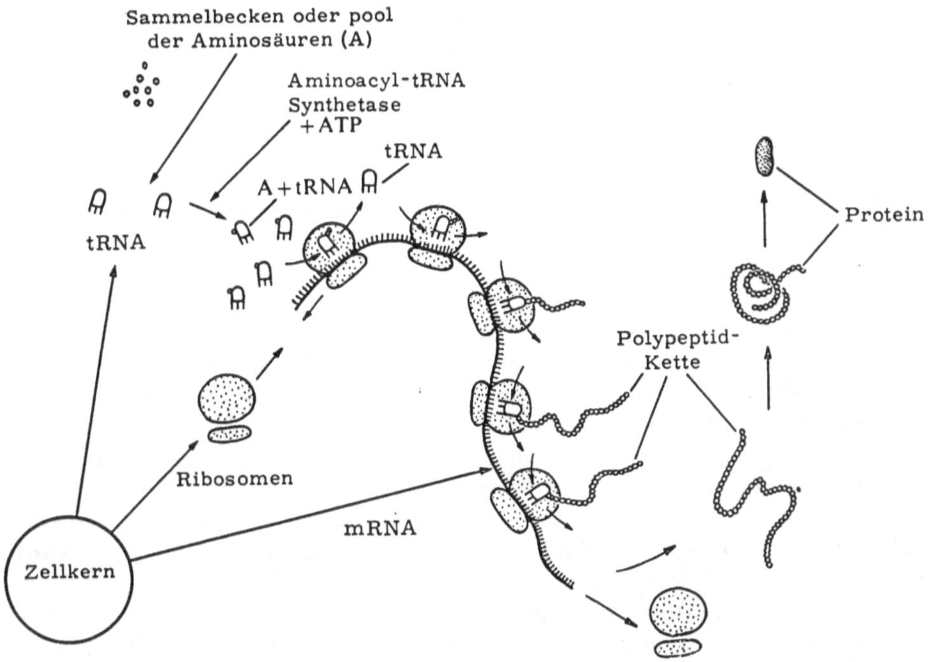

Abb. 4—10. Proteinsynthese. Das Schema zeigt die Aufgaben der mRNA und der tRNA beim Aufbau einer Peptidkette aus Aminosäureeinheiten. Nach den neuesten Ergebnissen vereinigen sich die Ribosomen-Untereinheiten erst, nachdem sich ein tRNA-Molekül an die größere Einheit angeheftet hat, zu einem vollständigen Ribosom.

wobei die dadurch frei gewordene Carboxylgruppe der Aminosäure mit der endständigen Aminogruppe der zweiten Aminosäure, die immer noch durch ihre tRNA am Ribosom angeheftet ist, eine Peptidbindung bildet. Die erste tRNA entfernt sich dann von dem Ribosom. Die Polypeptidkette wächst durch die Wiederholung dieses Vorganges, indem jedesmal eine neue Aminosäure hinzugefügt wird (Abb. 4—10).

Die Peptidbindungen zwischen den Aminosäure-Einheiten bilden sich nur in Gegenwart des Enzyms Peptidsynthetase, das für alle Aminosäuren dasselbe zu sein scheint; überdies ist eine Energiezufuhr aus ATP erforderlich, obwohl beim Lösen der Kovalenzbindung zwischen der Aminosäure und ihrer tRNA eine bestimmte Energiemenge frei wird. Bei der Bildung der Polypeptide trägt der Anfang der Kette immer eine endständige —NH_2- oder —NHR-Gruppe, während die Carboxylgruppe der Aminosäure, die zuletzt hinzugefügt worden ist, immer noch durch ihre tRNA an das Ribosom gebunden ist.

4.10. Anfang und Ende einer Botschaft

Marcker fand 1965, daß bei den Bakterien viele Polypeptidketten mit einer besonderen Form der Aminosäure Methionin, nämlich mit dem Formylmethionin, beginnen; diese entspricht sozusagen einem „Großbuchstaben"-Codon der mRNA. Marcker und Sanger zeigten, daß sich Ameisensäure erst an Methionin anlagert, wenn dieses schon mit seiner spezifischen tRNA verbunden ist. Nach Adams und Capecchi (1966) leitet die Formylmethionin-tRNA tatsächlich die Bildung der Polypeptidketten ein. Bei den fertigen Polypeptidketten, die kein endständiges Formylmethionin mehr besitzen, muß daher ein Mechanismus (wahrscheinlich enzymatischer Art) bestehen, durch den Formylmethionin am Schluß der Biosynthese abgespalten wird. Formylmethionin wird durch ein AUG-Triplett (oder manchmal durch ein GUG-Triplett, offenbar durch „wobbeln" der dritten Stelle des Anticodons verursacht) festgelegt.

Die Arbeiten von Steitz und von Hindley und Staples (1969) über die RNA-Bakteriophagen R 17 und Qβ zeigen etwas deutlicher, wie dieses Triplett (bei diesen Viren ist es nur das AUG) am Beginn einer Botschaft ausgewählt werden könnte, während die gleiche Sequenz in der Mitte einer Botschaft dagegen nicht ausgewählt wird. Der entscheidende Faktor ist dabei nicht einfach die benachbarte Lage zum 5'-Ende des Moleküls. In einer polycistronischen mRNA folgt nämlich auf das Ende einer Botschaft nicht unmittelbar der Anfang einer anderen, sondern die einzelnen Cistronen können ziemlich weit voneinander entfernt liegen. Wahrscheinlich liegen zu beiden Seiten der Anfangs-Codons spezifische Nucleotid-Abschnitte, und die Polynucleotidkette könnte schleifenförmige Strukturen bilden, an deren Wendepunkten das Codon vorstehen würde.

Eine Polypeptidkette muß nicht nur durch einen besonderen Mechanismus richtig begonnen werden, sondern sie muß auch an der richtigen Stelle aufhören. Man hat sich deshalb vorgestellt, daß die mRNA an dieser Stelle ein „Ablösung"- oder „Unsinn"-Codon trägt (d. h. eine Gruppe von drei Basen, die am Ende der Botschaft für keine Aminosäure codieren), durch das die Polypeptidkette abgelöst wird. Brenner und seine Mitarbeiter und, unabhängig von ihnen, Weigert und Garen fanden 1965 tatsächlich derartige Codons. Es sind die Tripletts UAA, UAG und UGA, die auf eine noch unbekannte Weise als Ablösungs-Codons wirken.

Die Synthese der RNA an der DNA beginnt am 5'-Ende des Moleküls und endet an dessen 3'-Ende (s. Abb. 4—11 und Abschn. 3.3). Bei der Biosynthese der Proteine wird der Code der mRNA ebenfalls vom 5'-Ende her nach seinem 3'-Ende hin abgelesen

(a)

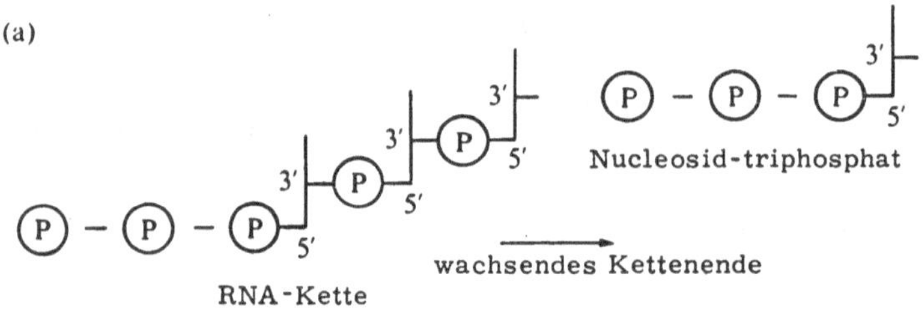

(b)

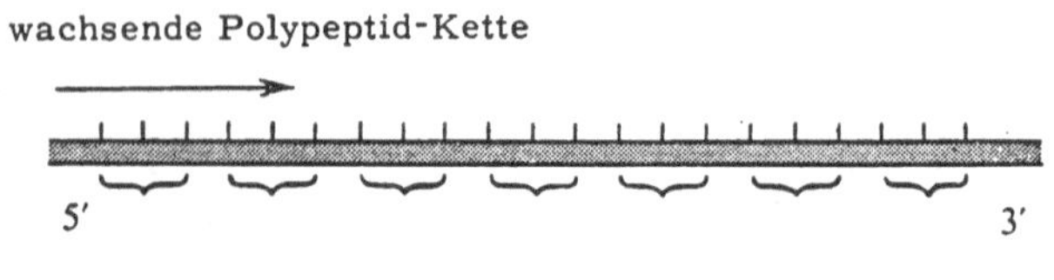

Abb. 4—11. (a) Die RNA entsteht an der DNA-Matrize in der 5'-zu-3'-Richtung. (b) Die m-RNA wird in der 5'-zu-3'-Richtung abgelesen.

(Abb. 4—11). Aus diesem Grund kann man in den Bakterienzellen, die ja keine Kernmembran besitzen, mRNA-Moleküle beobachten, deren 5'-Enden an die Ribosomen angeheftet sind, wo schon Polypeptidketten gebildet werden, während das 3'-Ende immer noch an der DNA-Matrize hängt. Die Ribosomen erleichtern dabei die Ablösung der mRNA vom DNA-Molekül. Bei den kernhaltigen Zellen muß die langlebige mRNA vollständig in das Cytoplasma übertreten, bevor sie sich mit den Ribosomen verbinden kann. Wenn dann der ganze Code entlang dem mRNA-Molekül abgelesen worden ist, so trennt sich die mRNA vom Ribosom ab und kann erneut für die Bildung der gleichen Polypeptidkette verwendet werden. Auch die tRNA löst sich, wenn ihre Aminosäure eine Peptidbindung gebildet hat, vom Ribosom und kann erneut eine ihrer Aminosäuren „aufladen". Bei der Biosynthese der Proteine werden also weder die tRNA noch die mRNA verbraucht.

4.11. Universalität der Proteinsynthese

Die Biosynthese der Proteine scheint bei allen Lebewesen unseres Planeten in genau der gleichen Weise ablaufen. Alle pflanzlichen und tierischen Zellen, sowie die kleinsten Bakterien- und Mycoplasmazellen verwenden für diesen Vorgang die gleichen Moleküle. Auch Viren, die in ihre Wirtszellen eindringen und deren Zellfunktionen kontrollieren, besitzen die gleichen Molekülarten wie alle anderen Lebewesen. Wir finden in allen Zellen Ribosomen und mRNA, die den genetischen Code überträgt, sowie die tRNA. Die Ribosomen sind aber bei den höheren Organismen größer, und die Zusammensetzung der tRNA-Moleküle ist von einer Art zur anderen verschieden.

Die Biosynthese der Proteine läuft nicht immer ohne Fehler ab. Diese können entweder während der Replikation der DNA entstehen, oder bei der Bildung der mRNA an der DNA-Matrize; weiter können fehlerhafte Komplexe zwischen den verschiedenen tRNA-Molekülen und ihren Aminosäuren entstehen, oder die Wechselwirkungen zwischen diesen Komplexen und der mRNA am Ribosom funktionieren gelegentlich nicht richtig.

4.12. Regulierung der Proteinsynthese

Einige Proteine werden von den Zellen ununterbrochen und unabhängig von der äußeren Umgebung gebildet; sie werden als *konstitutive Proteine* bezeichnet. Meistens bildet aber eine Zelle ihre Enzyme und andere Proteine nach dem jeweiligen Bedarf, der gewöhnlich von der Umwelt abhängt.

Fügt man zum Beispiel einer Kultur von *E. coli* Bakterien Lactose hinzu, so beginnen diese Bakterien sofort mit der Synthese von β-Galactosidase (das Enzym, das die Lactose abbaut). Die Bildung der β-Galactosidase hört wieder auf, sobald alle Lactose abgebaut worden ist. Dies ist ein Beispiel eines *induzierbaren Enzymsystems*, bei dem eine Zelle unter dem Einfluß der äußeren Umgebung ein Enzym bildet, das dieser veränderten Umgebung angepaßt ist.

Wenn sich das Endprodukt eines bestimmten Biosynthese-Vorganges in der Zelle anhäuft, so wird dadurch in gewissen Fällen der Vorgang selbst unterdrückt. Monod und Cohen-Bazire konnten zeigen, daß die *E. coli*-Bakterien in einem Medium mit hoher

Tryptophan-Konzentration keine Tryptophan-synthetase (das Enzym, das die Zellen zur Bildung des Tryptophans benötigen) mehr herstellen. Dies ist ein Beispiel eines *reprimierbaren Enzymsystems.*

Die Biosynthese der Proteine wird also auf irgendeine Weise gesteuert, denn die Zellen können bestimmte Proteine „auf Befehl" herstellen. Wie funktioniert aber dieses Steuerungs-System? Man weiß über das Kontroll-System der Säugetierzellen wenig, aber Jacob und Monod konnten es 1961 für die Bakterienzellen weitgehend aufklären; sie studierten dazu die Produktion der β-Galactosidase bei *E. coli.*

Ein Teil der genetischen Substanz von *E. coli* bestimmt die Aminosäurenzusammensetzung dieses Enzyms; Jacob und Monod nannten diesen Teil ein *Strukturgen.* Sie fanden ein weiteres Gen, das die Bildung des Enzyms steuerte, da eine Mutante der Bakterien, der dieses Gen fehlte, das Enzym bei jeder Lactose-Konzentration ununterbrochen herstellte. Die Biosynthese des Enzyms kann also nur dann gesteuert werden, wenn dieses Gen aktiv ist. Jacob und Monod nannten dieses zweite Gen ein *Regulatorgen.* Sie entdeckten zudem ein drittes Gen, das die Enzymbildung auch dann unterdrückte, wenn das Regulatorgen funktionstüchtig war. Dieses dritte Gen ist das sog. *Operatorgen.* Genetische Experimente zeigten dann, daß der Operator sehr nahe beim Strukturgen liegt (meistens ist es allerdings eine Gruppe von Genen), das er steuert; die ganze Gruppe wird deshalb als ein *Operon* bezeichnet. Im Falle des β-Galactosidase-Systems liegt auch das Regulatorgen nahe beim Operon.

Jacob hat das Operon als eine Gruppe von mehreren, nahe beisammenliegenden Genen definiert, die auf die verschiedenen Schritte eines einzigen biosynthetischen Vorganges einwirken. Eine derartige Gengruppe wird in ein einziges mRNA-Molekül transkribiert, so daß man das Operon als eine Transkriptions-Einheit betrachten kann. Das Bakterium *E. coli* besitzt in dem System, das den Lactose-Stoffwechsel steuert, drei Strukturgene, von denen ein jedes die Bildung eines besonderen Enzyms steuert. Man hat dieses System als das *lac*-Operon von *E. coli* bezeichnet. Beckwith und seine Mitarbeiter konnten 1969 einen kurzen Abschnitt von doppelhelicaler DNA aus diesen Bakterien isolieren, der dem größten Teil des *lac*-Operons entsprach.

Sie benutzten dazu bestimmte Bakteriophagen, deren DNA in die Nähe des *lac*-Operons der Wirts-DNA eingebaut wird und die diesen Abschnitt manchmal in den nächsten Wirt übertragen. Beckwith konnte Phagen isolieren, die das *lac*-Operon auf komplementären DNA-Strängen trugen. Diese Abschnitte hybridisierten daher, wenn die zwei extrahierten DNA-Moleküle *in vitro* miteinander gemischt wurden, während die restliche, nicht komplementäre DNA durch ein Enzym, das nur einsträngige DNA abbaute, entfernt werden konnte. Diese elegante Methode ermöglicht das Studium eines einzelnen Operons im Reagensglas.

Abb. 4—12 a zeigt die Steuerung der Proteinsynthese, die nach Jacob-Monods Vorschlag für ein induzierbares Enzymsystem gilt. Das Operatorgen O steuert hier die zwei Strukturgene A und B, die zwei entsprechende mRNA-Moleküle codieren. Ist der Operator ausgeschaltet, so wird keine mRNA und folglich kein Protein gebildet. Wenn der Operator angeschaltet wird, so läuft die Transkription von der DNA zur mRNA ab, und das Protein beginnt sich zu bilden. Dieses An- und Abschalten des Operators wird durch den Regulator kontrolliert. Das Signal, das vom Regulator zum Operator gelangt, wird durch das *Repressor*-Molekül übertragen, das vom Regulator gebildet wird. Der Repressor inaktiviert dabei den Operator, indem er sich direkt mit diesem verbindet,

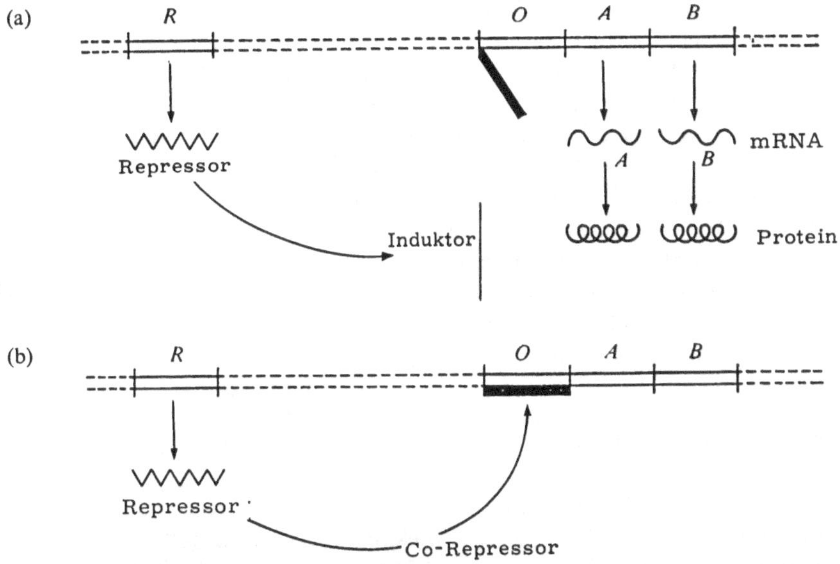

Abb. 4—12. Regulierung der Proteinsynthese bei Bakterien nach Jacob und Monod. (a) Ein induzierbares Enzymsystem; der Repressor wird durch den Induktor gehemmt. (b) Ein reprimierbares Enzymsystem; der Repressor wird durch den Co-Repressor aktiviert.

so daß das System abgeschaltet wird. Ist aber ein bestimmtes Stoffwechselprodukt, das als *Induktor* bezeichnet wird, vorhanden, so verbindet sich dieses mit dem Repressor und verhindert dessen Verbindung mit dem Operator; auf diese Weise kehrt das System in die angeschaltete Stellung zurück, in der die Proteine erneut gebildet werden können.

Abb. 4—12 b stellt die Steuerung eines reprimierbaren Enzymsystems dar. Hier genügt das Repressormolekül allein nicht, um den Operator zu inaktivieren, sondern es muß sich zuerst mit einem Stoffwechselprodukt, dem sog. *Co-Repressor* (eines der Endprodukte der Biosynthese) verbinden; dadurch wird der Repressor aktiviert und kann sich mit dem Operator verbinden, so daß keine Proteine mehr gebildet werden.

Die kleinen Moleküle, die als Induktoren und Co-Repressoren wirken, bilden wahrscheinlich mit dem Repressor keine Kovalenz-, sondern nur sehr schwache Bindungen, die leicht gebildet und wieder gelöst werden können. Dadurch kann der Aktivierungszustand eines bestimmten Repressors den physiologischen Bedürfnissen der Zelle rasch angepaßt werden.

Wir fragen uns nun nach der Natur des Repressors, der ja für einen bestimmten Abschnitt (das Operatorgen) des DNA-Moleküls spezifisch sein muß. Man könnte vermuten, daß er ein Protein ist, da seine Wirksamkeit durch die Wechselwirkungen mit bestimmten kleinen Molekülen bestimmt wird. Die Struktur und die Eigenschaften der Proteinmoleküle werden nämlich meistens durch solche Wechselwirkungen ziemlich stark verändert. Gilbert und Muller-Hill fanden 1966 tatsächlich ein Protein, das als Repressormolekül des *lac*-Operons wirkt.

Die Regulierung der Proteinsynthese bei gewissen Bakterien findet nach der Theorie von Jacob und Monod auf der Transkriptionsebene statt. Weiter hängt nach dieser Theorie die Geschwindigkeit der Proteinsynthese mit der Geschwindigkeit der Bildung der entsprechenden mRNA direkt zusammen. Bei den pflanzlichen und tierischen Chromosomen, die sehr viel komplizierter als die DNA der Bakterien sind, wird die Proteinsynthese durch verschiedene Mechanismen gesteuert. Wir haben in Kap. 3 angedeutet, wie in den Säugetierzellen die Histone als Repressoren der mRNA-Bildung wirken, und wir werden in Kap. 9 auf die Steuerung der Proteinsynthese durch die Hormone eingehen. Die Regulierung findet hier nicht immer auf der Transkriptionsebene statt, da sich die verschiedenen Proteine, die durch eine polycistronische mRNA gebildet werden, manchmal mit unterschiedlichen Geschwindigkeiten formen. Es müssen deshalb andere Steuerungsmechanismen wirken, die vielleicht auf der Translationsebene funktionieren. Die Genaktivität könnte auch durch sich wiederholende DNA-Sequenzen gesteuert werden (s. Kap. 13).

4.13. Struktur der Proteine

Die neugebildeten Polypeptidketten, die die Montagerampe des Ribosoms verlassen, werden am Schluß zu kompakten Molekülen zusammengefaltet (vgl. Abb. 4—10). Die Aminosäurensequenz eines Proteinmoleküls wird als dessen *Primärstruktur* bezeichnet. Durch die Wechselwirkungen dieser primären Polypeptidketten entsteht die regelmäßige *Sekundärstruktur* eines Proteins, während durch weiteres Auffalten oder Aufwinden der letzteren die äußerst spezifische, komplizierte *Tertiärstruktur* gebildet wird. Die Sekundär- und die Tertiärstruktur eines Proteins werden folglich durch dessen Primärstruktur bestimmt. Die Aufklärung der Proteinstrukturen ist einer der größten Erfolge der Molekularbiologie.

Die Aminosäurensequenz. Die Zusammensetzung und die Sequenz der Aminosäuren konnten durch sorgfältige, chemische Analysen zahlreicher Polypeptidketten bestimmt werden. Die erste, vollständige Aminosäurensequenz eines Proteins, des Rinder-Insulins, wurde 1953 von Sanger bestimmt (Abb. 4—13). Dies war eine großartige Leistung, denn obwohl das Insulin ein verhältnismäßig kleines Molekül ist, enthält es 51 Aminosäuren. Vergleicht man die Aminosäurensequenzen der Insulinmoleküle verschiedenartiger Lebewesen, so findet man in einem der Schleifenabschnitte des Moleküls kleine Unterschiede (Abb. 4—13). Seit 1953 sind dann mit neueren Methoden die Aminosäurensequenzen weiterer Proteine bestimmt worden. Das erste Proteinmolekül, das *in vitro* hergestellt wurde, war zufälligerweise auch das Insulin. Diese bedeutende Leistung wurde 1965 von einer Gruppe chinesischer Wissenschaftler erbracht. 1969 stellten zwei voneinander unabhängige, amerikanische Gruppen (Denkewalter und Hirschmann; Merrifield und Gutte) Ribonuclease her, die im Gegensatz zum Insulin nicht 51, sondern 124 Aminosäuren enthält.

Die Sekundärstruktur. Die Strukturaufklärung der Proteinmoleküle machte rasche Fortschritte, als man entdeckt hatte, daß die Fibrillärproteine Röntgenbeugungsmuster ergaben. Meyer und Mark (1928), die diese Methode bei ihren Untersuchungen von Seidenfäden anwendeten, konnten als erste zeigen, daß ein Proteinmolekül als ausgestreckte Kette vorliegen kann. Man hatte vorher geglaubt, alle Proteinmoleküle seien von kugelförmiger oder nahezu kugelförmiger Gestalt.

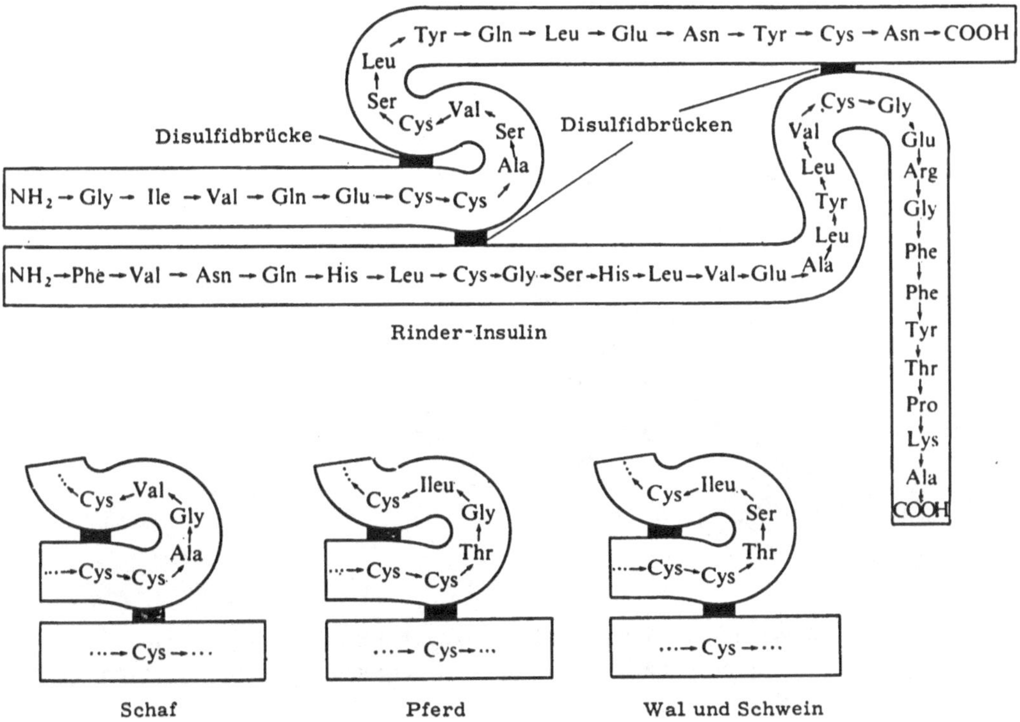

Abb. 4—13. Primärstruktur des Insulins. Verschiedene Arten weisen in einer Falte einer der Polypeptid-Ketten leicht unterschiedliche Aminosäurensequenzen auf.

Astbury teilte zu Beginn der dreißiger Jahre die Proteine in folgende zwei Gruppen ein: 1. Fibrilläre Proteine (Faserproteine) wie Seide (Fibroin), Wolle und Haare (Keratin), sowie Muskelfasern (Actomyosin) und 2. globuläre Proteine, die das Hämoglobin und Myoglobin einschließen. Er nahm an, daß diese zwei Gruppen grundsätzlich aus gleichartigen, primären Ketten aufgebaut seien, die unter bestimmten Bedingungen ihre Formen ändern und sich auffalten könnten.

Im Jahre 1933 konnten Astbury und Street Woll- oder Haarfasern unter Wasserdampf zu ihrer doppelten Länge ausstrecken, wobei die ausgestreckten Fasern ähnliche Röntgenbeugungsmuster wie die Seidenfasern zeigten; diese Muster unterschieden sich wesentlich von denjenigen der ungestreckten Wollfasern. Astbury und Street bezeichneten das ungestreckte Keratin als die α-Form und die ausgestreckten Fasern als die β-Form der Moleküle. Abb. 4—14 zeigt die Struktur der β-Form, modifiziert nach Pauling und Corey. Hier bilden parallele, zick-zack-förmig angeordnete Polypeptidketten eine faltblattähnliche Struktur, die durch die Wasserstoffbrücken zwischen den $>$NH und den $>$C=O-Gruppen von benachbarten Ketten gefestigt wird. Die Seitenketten der Aminosäurereste liegen über und unter den Blättern, die durch Wasserstoffbrücken zusammengehalten werden. Eine derartige Struktur ist stabil und nicht verdreht, wenn die erwähnten Seitenketten klein sind, wie es bei dem Seidenprotein Fibroin der Fall

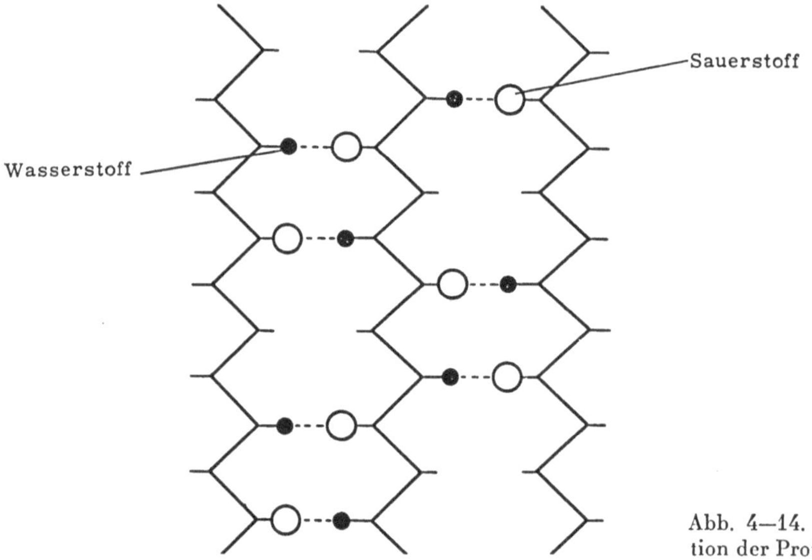

Abb. 4—14. β-Konfiguration der Proteine.

ist. Die Polypeptidketten laufen beim Fibroin entgegengesetzt parallel zueinander, so daß die freien Amino-(oder Carboxyl-)gruppen benachbarter Ketten an entgegengesetzten Enden liegen.

Astbury hatte erkannt, daß beim Keratin die Polypeptidketten der α-Form irgendwie aufgefaltet sein mußten, aber die genaue Struktur konnte erst aufgeklärt werden, als es gelang, hochmolekulare Polypeptidketten *in vitro* herzustellen. Diese Ketten wurden dann von Ambrose, Elliott und anderen Forschern (1950) im polarisierten Infrarotlicht spektrometrisch untersucht. Sie fanden dabei die Wasserstoffbrücken zwischen den $>$NH- und den $>$C=O-Gruppen der α-Form parallel zu den Längsachsen der Ketten angeordnet, während sie bei der β-Form rechtwinkelig dazu lagen (Abb. 4—15 a). Sie vermuteten deshalb, daß die Polypeptidketten durch Wasserstoffbrücken innerhalb der Kette aufgefaltet wurden. Später entwickelten Pauling und Corey (1951) auf Grund ihrer kristallographischen Untersuchungen der Proteine das α-Helix-Modell, das in der Abb. 4—15 b dargestellt ist. Bei diesem Modell ist das Polypeptid-Rückgrat zu einer Helix verdreht. Perutz bewies später die Richtigkeit dieses Modells, als er zeigen konnte, daß die vorausgesagten und die gemessenen Abstände zwischen den Seitenketten übereinstimmend 1,5 Å betragen.

Die α-Helix-Struktur ist die wichtigste, regelmäßige Grundanordnung der Polypeptidketten. Das Myoglobin-Molekül besteht beispielsweise zu einem großen Teil aus der α-Helix-Struktur, und man nimmt an, daß diese Struktur in sehr vielen, unterschiedlichen Proteinen vorkommt.

Die Tertiärstruktur. Es gibt sehr wenige Proteinmoleküle, die als einfache α-Helix-Strukturen vorliegen. Die Polypeptidketten falten und knäueln sich vielmehr weiter auf, bis eine komplizierte, dreidimensionale Struktur entsteht, die oft nebeneinander schraubenartig gedrehte und nicht gedrehte Abschnitte aufweist. Zum Beispiel verdrillt sich

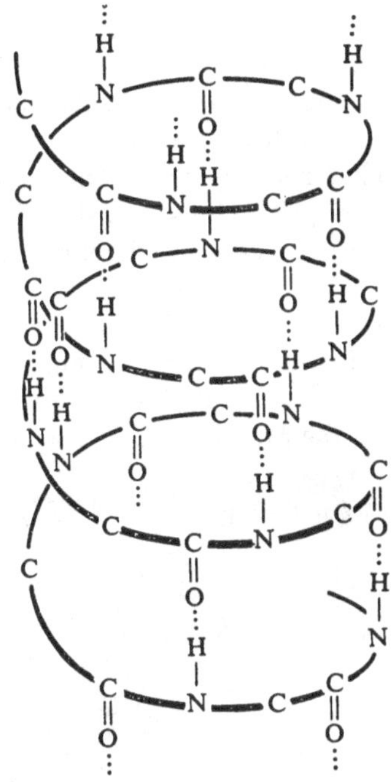

(a)

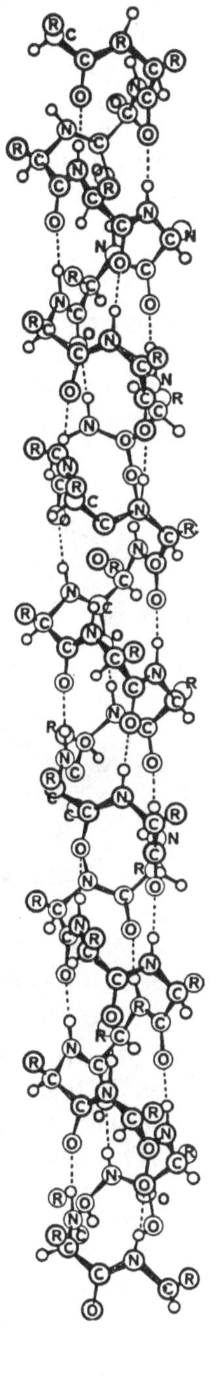

(b)

Abb. 4—15. α-Helix-Modell der Proteine. (a) Die Wasserstoffbrücken im Ketteninnern verleihen dem Molekül eine gewisse Festigkeit. [Aus J. C. Dearden, New Scientist *37*, 589, 629 (1968).] (b) Das Molekular-Modell der α-Helix nach Pauling und Corey. (Aus J. A. Ramsey: The Experimental Basis of Modern Biology. Cambridge University Press, London 1965.)

die α-Helix-Struktur des Keratins so, daß eine aufgewundene Knäuelstruktur entsteht; Hämoglobin und Myoglobin (Abb. 4—16) sind wegen der starken Faltung und Verdrillung ihrer Polypeptidketten globuläre oder korpuskuläre Moleküle.

Es gibt verschiedene Erklärungen für die Entstehung dieser unregelmäßigen Tertiärstrukturen. Sie sind zur Hauptsache der großen Vielfalt der Aminosäure-Seitenketten zuzuschreiben. Diese Seitenketten suchen immer solche Lagen im Raum einzunehmen, in denen sie gegenseitig aufeinander einwirken können, um energetisch stabile Strukturen zu bilden. Sie ordnen sich beispielsweise so an, daß Wasserstoffbrücken ausgebildet werden können — dies ist unter anderem beim Serin der Fall, dessen Hydroxylgruppe versucht, mit anderen Gruppen Wasserstoffbrücken zu bilden. Daneben neigen polare Gruppen dazu, mit entgegengesetzt geladenen Gruppen zu reagieren — die Carboxylgruppe der Glutaminsäure kann mit der Aminogruppe des Lysins reagieren. Weiter werden zwischen den Cysteinresten Disulfidbrücken gebildet, und zwischen nicht polaren Gruppen können van der Waalssche Anziehungskräfte wirken.

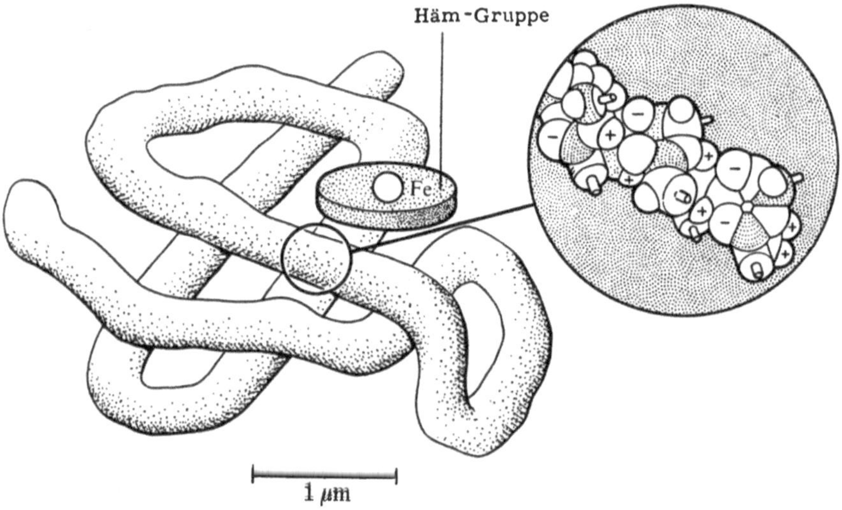

Abb. 4—16. Die dreidimensionale oder tertiäre Struktur des Myoglobin-Moleküls.

Die α-Helix-Struktur faltet sich immer dort auf, wo die Aminosäure Prolin vorhanden ist. Prolin enthält nämlich anstelle der Aminogruppe eine Iminogruppe (=NH), die die inneren, stabilisierenden Wasserstoffbrücken der α-Helix-Struktur unterbricht.

Die stabile Anordnung eines Proteins wird folglich durch alle die eben erwähnten Faktoren seiner eigenen Aminosäure-Zusammensetzung bestimmt.

Die globulären Proteinmoleküle nehmen in Lösung gewöhnlich Ellipsenform an (dies ging aus den Untersuchungen mit Hilfe der Ultrazentrifuge hervor), aber die endgültige Aufklärung ihrer Struktur ist erst durch die röntgenkristallographischen Studien ermöglicht worden. 1933 gelang es nämlich Bernal und Crawfoot, globuläre Proteine zu kristallisieren und von diesen Kristallen Röntgenbeugungsmuster herzustellen. Die Peptidbindungen und Wasserstoffbrücken, die in den fibrillären Proteinen vorkommen, konnten 1950 von Ambrose und Elliott in globulären Proteinen durch Infrarot-Untersuchungen deutlich nachgewiesen werden. Die ersten vollständigen Strukturen von globulären Proteinen wurden aber erst nach vielen Jahren sorgfältigster Forschungsarbeit von den Röntgenkristallographen Kendrew und Perutz und von Sir Lawrence Bragg aufgeklärt. Die Struktur des Myoglobins ist in der Abb. 4—16 schematisch dargestellt (Kendrew, 1958). Myoglobin besteht aus einer einzigen Polypeptidkette, die aus 153 Aminosäuren zusammengesetzt ist. Die α-Helix-Struktur der Kette wird sekundär zu einem sehr komplizierten, asymmetrischen Molekül aufgefaltet. Eine genauere Untersuchung hat ergeben, daß durch diese Auffaltung sich gewisse Seitenkettengruppen annähern, die miteinander reagieren können. Der größte Teil der geraden Abschnitte des Moleküls weist die α-Helix-Struktur auf, während die Prolinmoleküle erwartungsgemäß an den Ecken der Polypeptidketten liegen. Die gute Löslichkeit des Myoglobins hängt damit zusammen, daß die unlöslichen Seitenketten im Innern des Moleküls angeordnet sind, während die löslichen nach außen ragen.

Die Struktur des Hämoglobins, die von Perutz und seinen Mitarbeitern (1960) aufgeklärt worden ist, ähnelt derjenigen des Myoglobins sehr stark. Das Hämoglobin ist aber insofern ein noch höher organisiertes Proteinmolekül, als es aus vier Polypeptidketten aufgebaut ist; ein derartiges zusammengesetztes Molekül besitzt deshalb auch eine Quartärstruktur. Alle vier Ketten des Hämoglobins, zwei sog. α-Ketten und zwei sog. β-Ketten, zeigen nachträglich aufgefaltete Tertiärstrukturen. Diese sind in einer kompakten, tetraedrischen Anordnung zu dem vollständigen, quartären Hämoglobinmolekül vereinigt.

Man kennt jetzt die Strukturen von verschiedenen anderen globulären Proteinen. darunter auch diejenige des Insulins (Hodgkin und Mitarbeiter, 1969). Abb. 4—13 zeigt, daß das Insulinmolekül aus zwei Polypeptidketten besteht, die durch Disulfidbrücken miteinander verbunden sind; das Insulin liegt im Pankreas als ein Hexamer vor.

4.14. Die α-Helix und das Leben

Man findet in der Natur unzählige, verschiedene Proteine. Wahrscheinlich sind alle Enzymmoleküle globuläre Proteine. Da diese Strukturen höhere Organisationsgrade der α-Helix darstellen, ist anzunehmen, daß neu gebildete Polypeptidketten schon während ihres Wachstums an der Montagerampe der Ribosomen die α-Helix-Form annehmen. Wenn sich dann das fertige Proteinmolekül vom Ribosom ablöst, so wird es weiter gefaltet und verdrillt, bis es in seiner charakteristischen Form vorliegt.

Die dreidimensionale Struktur eines Proteins ist für eine besondere Zusammensetzung die stabilste Anordnung, wie experimentell bewiesen wurde. Erhitzt man nämlich ein Protein stark oder setzt es anderen anormalen Bedingungen aus, so zerfällt seine komplexe Struktur in die einzelnen Polypeptidketten, die sich willkürlich im Raum anordnen und biologisch nicht mehr aktiv sind. Dieser Vorgang, der als Denaturierung bezeichnet wird, kann unter gewissen Bedingungen nicht mehr rückgängig gemacht werden, so daß die Zellen sterben, wie es bei der chemischen Fixierung geschieht. Bringt man aber die getrennten Ketten sorgfältig in ihre normale Umgebung zurück, so können einige davon wieder ihre ursprüngliche Struktur annehmen und biologisch aktiv werden.

Die β-Form der fibrillären Proteinstruktur, die zum Beispiel beim Seidenfibroin vorkommt, bildet mit sich selbst starke Bindungen und ist praktisch unlöslich. Nähmen die neu gebildeten Polypeptidketten im Zellinnern sofort diese Struktur an, so würde sich ein dichter Niederschlag bilden, der die Zellen sehr schnell tötete. Im Gegensatz dazu ist die α-Form gut löslich; da ihre Wasserstoffbindungen im Innern der Ketten abgesättigt sind, geht sie keine Verbindungen mit anderen Ketten ein. Es ist also die α-Form der Polypeptidketten, durch die der dynamische und gleichzeitig stabile Zustand der Zellen ermöglicht wird, — eine Voraussetzung für das Leben.

Literatur

Bresch, C., u. R. Hausmann: Klassische und molekulare Genetik, 2. Aufl. Springer, Berlin-Heidelberg-New York 1970.

Dévényi, T.: Strukturelle Grundlagen der biologischen Funktion der Proteine. Akad. Kiado, Budapest 1969.

Dickerson, R. E., u. J. Geis: Struktur und Funktion der Proteine. Verlag Chemie, Weinheim 1971.

Dubinin, N. P.: Obsčaja genetika (Allg. Genetik). Izd. Nauka, Moskau 1970.

Gajewski, W.: Genetyka ogólna i molekularna (Allg. und molekulare Genetik). Pánstw. Wyd. nauk, Warzawa 1972.

Geissler, E.: Desoxyribonukleinsäure — Schlüssel des Lebens, 2. Auflage. Akademie-Verlag, Berlin 1972.

Gröber, K.: Vererbung — ein Rätsel wird gelöst. Urania Verlag, Leipzig, Jena, Berlin 1971.

Günther, E.: Grundriß der Genetik. Gustav Fischer Verlag, Jena 1969.

Fasold, H.: Die Struktur der Proteine. Verlag Chemie, Weinheim 1972.

Kushev, V. V.: Mechanisms of genetic recombination. Izd. Nauka, Leningrad 1971.

Watson, J. B.: Molecular Biology of the Gene. W. A. Benjamin, New York 1965.

5. Die Organellen des Cytoplasmas

Die ersten Forscher, die Zellen unter dem Lichtmikroskop beobachteten, entdeckten bei den meisten zwei Hauptabschnitte, obwohl die Zellformen im einzelnen sehr unterschiedlich sein konnten; die innere dieser Zonen wurde als Kern und die äußere als Cytoplasma bezeichnet. Zudem wurde um die ganze Zelle herum eine begrenzende Schicht oder Membran angenommen, die zwischen der Zelle und ihrer Umgebung als Schutzwall dienen sollte und bei den Säugetierzellen auch die Zellform bestimmte und den Durchtritt von Molekülen nach innen und außen einschränkte. Diese Membran konnte aber wegen ihrer geringen Stärke unter dem Lichtmikroskop nicht beobachtet werden. Erst in den vierziger Jahren, als das Elektronenmikroskop erfunden wurde, konnte man sie wirklich sehen und ihre ungefähre Dicke bestimmen.

Es war ohne das Elektronenmikroskop unmöglich, alle verschiedenen Strukturen oder Organellen zu entdecken, die heute als deutlich abgegrenzte Zonen des Cytoplasmas erscheinen (Abb. 5—1). Es gab jedoch schon früher Anzeichen für das Vorhandensein gewisser cytoplasmatischer Strukturen. 1898 beobachtete der italienische Cytologe Golgi auf besonders angefärbten Präparaten im Cytoplasma bestimmter Nervenzellen eine netzartige Struktur. Seine Beobachtungen erwiesen sich später als richtig, und der *Golgiapparat* wurde von Elektronenmikroskopikern als ein Komplex von zusammenhängenden Membranen erkannt.

1910 beobachtete Gadukov im Ultramikroskop, das ein dunkles Feld erzeugt, in dem die Objekte durch gestreutes Licht beleuchtet werden, im Cytoplasma der Zellen bestimmte Teilchen, die im Lichtmikroskop unsichtbar waren. Diese Teilchen sind später als Mitochondrien identifiziert worden. Bayliss, der 1920 eine ähnliche Methode anwendete, entdeckte im Plasmasol bestimmter Amöben Teilchen, die Brownsche Bewegung zeigten.

Alle Zellorganellen, die in Abb. 5—1 dargestellt sind, werden, ähnlich wie die ganze Zelle, von Grenzschichten oder Membranen umgeben. Diese Grenzschichten, die einschließlich der Zellmembran durch chemische, physikalische und elektronenmikroskopische Methoden untersucht worden sind, bestehen aus einer *Lipidmembran.* Die Lipidmoleküle, die an ihrem einen Ende eine polare Gruppe besitzen, können sich an den Luft-Wasser- und Lipid-Wasser-Grenzschichten zu einschichtigen Strukturen zusammenfügen, wodurch größtenteils die Bildung dieser Lipidmembranen zustande kommt (s. Kap. 2).

Wir besprechen zuerst die Struktur und die Eigenschaften der Lipidmembranen und gehen anschließend auf die einzelnen Organellen des Cytoplasmas ein. Wir werden die Mitochondrien der tierischen und pflanzlichen Zellen, sowie die Chloroplasten der grünen Pflanzen und einiger Mikroorganismen in Kap. 6 gesondert besprechen. In Kap. 8 wird die Plasmamembran eingehender behandelt werden; da sie das einzige Vermittlungsorgan zwischen der Zelle und ihrer Umgebung ist, besitzt sie eine ganz besondere Struktur.

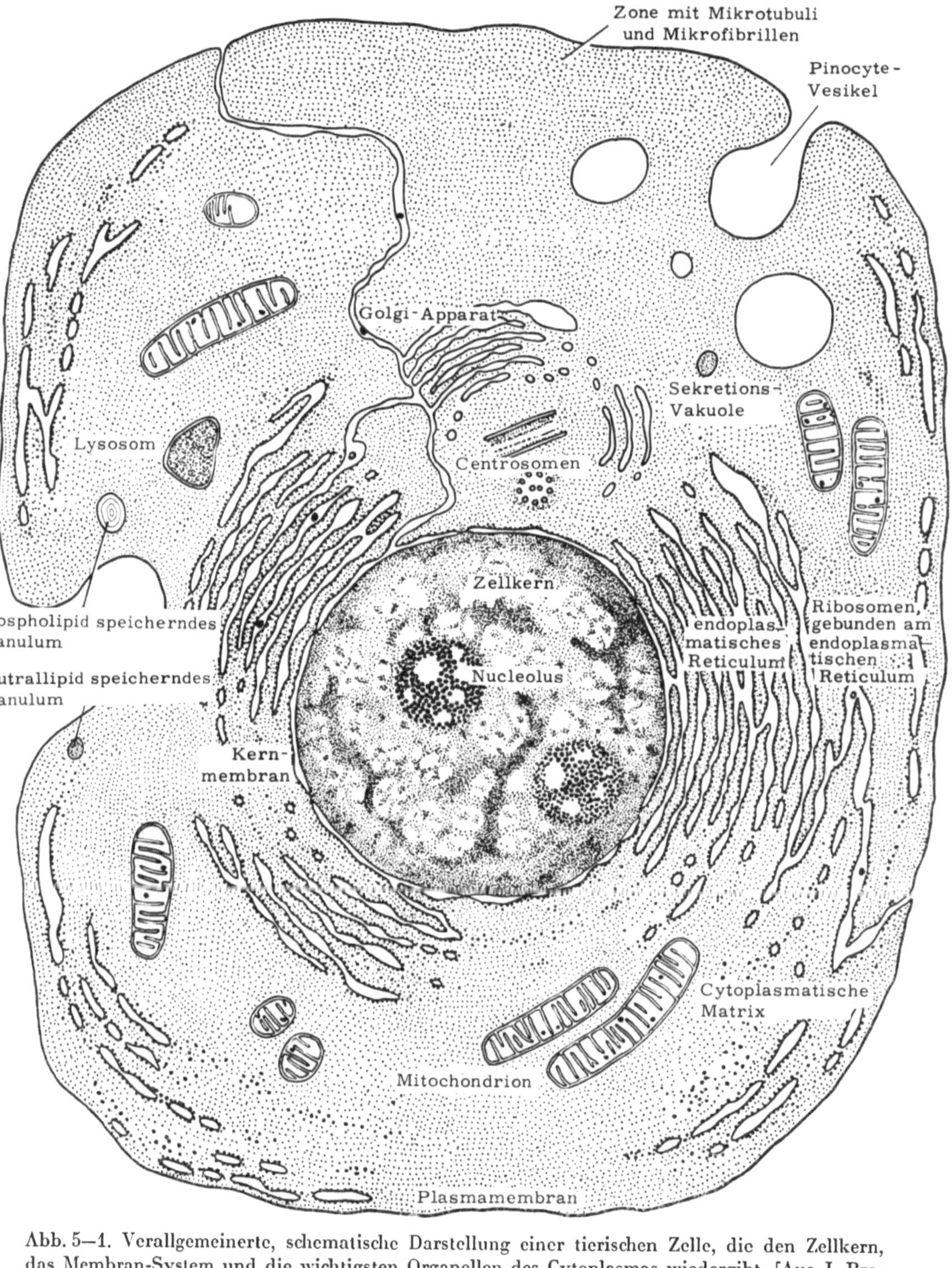

Abb. 5–1. Verallgemeinerte, schematische Darstellung einer tierischen Zelle, die den Zellkern, das Membran-System und die wichtigsten Organellen des Cytoplasmas wiedergibt. [Aus J. Brachet (Verf.): The Living Cell. Copyright © September 1961 von Scientific American, Inc. Alle Rechte vorbehalten.]

5.1. Geschichtlicher Überblick

Die ersten Untersuchungen über die Natur der Zellmembranen beschränkten sich auf die äußere Zelloberfläche, d. h. auf die Plasmamembran selbst. Pfeffer beobachtete 1877 kleine Tröpfchen, die aus den zerquetschten Wurzelhaarzellen der Pflanze *Hydrocharis* austraten und sich in bezug auf die Osmose wie einzelne Zellen verhielten. Diese Beobachtung stimmt sehr gut mit der heutigen Ansicht überein, daß die Plasmamembran nicht starr ist, sondern ihre Form verändern kann. Wenn die Membran zerstört wird, neigen die Bruchstücke dazu, sich neu zusammenzuschließen, um kleinere Aggregate mit ähnlichen Eigenschaften wie die ursprüngliche Membran zu bilden.

Overton entdeckte 1895, als er die Permeabilitätseigenschaften verschiedener unbefruchteter Eizellen untersuchte, daß fettlösliche Substanzen leicht durch die Zellmembranen hindurchdrangen, während fettunlösliche Substanzen nur sehr langsam durchtraten. Er schloß aus diesen Ergebnissen, daß an der Zelloberfläche eine Lipidschicht vorhanden sein mußte, da ionisierte Substanzen (die fettlöslich sind) nur sehr schwer in eine Lipidschicht eindringen können.

Die Lipide der Zelloberfläche sind später durch eine weitere Methode, nämlich durch die Messungen der elektrischen Impedanz der Zellen, nachgewiesen worden. Hober (1910), Fricke (1925) und später andere Forscher konnten zeigen, daß der Zellinhalt eine verhältnismäßig hohe Leitfähigkeit besitzt (was zu erwarten ist, da die Cytoplasmaflüssigkeit aus Salz- und Proteinlösungen besteht), während die Leitfähigkeit der unversehrten Zellen sehr niedrig ist. Aus diesem Grund muß an der Zelloberfläche eine dünne Lipidschicht vorhanden sein, da nur eine Lipidschicht die notwendige hohe elektrische Impedanz besitzt, wähend eine dünne Proteinschicht keinen derartigen Widerstand aufweist. Harvey (1912) und Collander (1927) verglichen das Durchdringungsvermögen verschiedener Substanzen durch künstlich hergestellte Proteinmembranen. Diese Membranen erwiesen sich für die fettlöslichen Moleküle, die besonders leicht durch die Zellmembranen hindurchtreten, nicht als selektiv durchlässig; dies war ein weiterer Hinweis darauf, daß die Zellmembranen nicht vorwiegend aus Proteinen bestehen.

Man konnte die Lipidnatur der Zellmembranen überdies durch das Benetzen von bestimmten Zellen mit Öl bestätigen (Dawson und Belkin, 1929; Mudd und Mudd, 1931; und andere). Berührt zum Beispiel ein kleiner Öltropfen die Oberfläche von *Amoeba dubia,* so heftet er sich an die Amöbe an und breitet sich über ihre ganze Oberfläche aus. Dies Verhalten des Öltropfens ist zu erwarten, wenn an der Oberfläche der Zellplasmamembran Lipide vorhanden sind.

5.2. Membranstruktur

Gorter und Grendel fanden 1925 weitere Hinweise auf das Vorhandensein einer Lipidmembran. Ihre Arbeiten brachten die Forschung auf diesem Gebiet einen großen Schritt vorwärts, da sie das erste Modell einer Membranstruktur enthielten. Gorter und Grendel führten ihre Untersuchungen an den Membranen von Säugererythrocyten durch, da diese Zellen keine deutlich sichtbaren Organellen in ihrem Cytoplasma enthalten, so daß die einzige Membranstruktur diejenige der Zelloberfläche ist. Die Forscher extrahierten alle Lipide aus den Erythrocyten und spreiteten sie an einer Luft-Wasser-Grenzschicht.

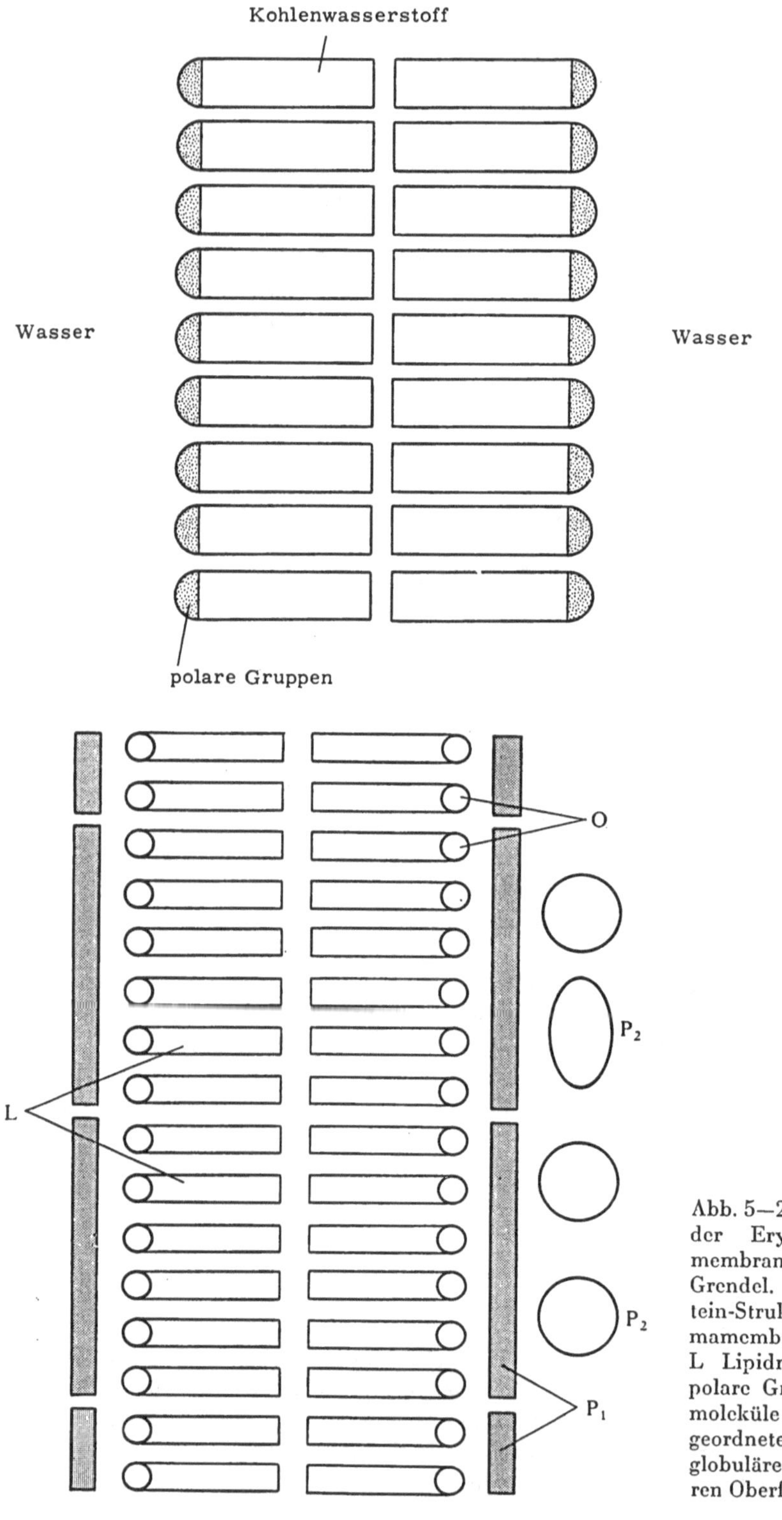

Abb. 5—2. (a) Die Struktur der Erythrocyten-Plasmamembran nach Gorter und Grendel. (b) Die Lipoprotein-Struktur der Zellplasmamembran nach Danielli. L Lipidmolekül-Ketten; O polare Gruppen der Lipidmoleküle; P_1 tangential angeordnete Proteinketten; P_2 globuläre Proteine der äußeren Oberfläche.

Abb. 5–3. Chemische Zusammensetzung von Plasma- und Mitochondrien-Membranen. Die Zahlen bedeuten prozentuale Mengen des Gesamt-Trockengewichts.

	Zelltyp	Phospholipide					Cerebroside (Cerasine, usw.)	Cholesterin	Andere Lipide	Protein	Kohlenhydrate (oder Kohlenhydrat-Bestandteil von Glycoproteinen)
		Phosphatidsäure	Phosphatidyläthanolamin	Phosphatidylcholin	Phosphatidylserin	Andere (Spingomyelin, usw.)					
Plasmamembranen	Rinder-Erythrocyten [1, 6]	weniger als 1 %	~2 %	~3 %	~3 %	10 bis 15 %	sehr wenig	~10 %	weniger als 3 %	60 bis 70 % (a)	Träger der Blutgruppen-Merkmale, bei menschlichen Erythrocyten an der äußeren Oberfläche der Membran
Plasmamembranen	Bakterien-Protoplasten [2] (*Staphylococcus aurens*)	Gesamt-Lipide ~ 20 % (sehr wenig Cholesterin)								~ 40 % (b)	Bis zu 40 %
Plasmamembranen	Schätzungen für die Myelinscheide von Nervenzellen [3, 4]	—	~10 %	5 bis 10 %	~5 %	—	10 bis 15 %	15 bis 20 %	—	20 bis 40 %	Histochemische Färbungen deuten auf das Vorhandensein von Kohlenhydraten hin
	Mitochondrien-Membranen [5]*	—	5 bis 20 %	10 bis 25 %	weniger als 5 %	—	—	~1 %	—	50 bis 60 % (c)	

* Die inneren unterscheiden sich von den äußeren Merkmalen in bestimmten Strukturen und Eigenschaften.
(a) Die Enzyme des aktiven Transports mit eingeschlossen.
(b) Viele Enzym-Arten mit eingeschlossen.
(c) Die Enzyme der Elektronenübertragungskette mit eingeschlossen.

1. Pappart, A. K. and R. Ballentine (1952) in Modern Trends in Biochemistry, ed. E. S. G. Barron, Academie Press, New York.
2. Mitchell, P. (1959) Biochem. Soc. Symposia, **16**, 73.
3. Engstrom, A. and J. B. Finean (1958) Biological Ultrastructure, Academie Press, New York.
4. Dawson, R. M. C. (1957) Biol. Revs., **32**, 188.
5. Ball, E. G. and C. D. Joel (1962) Int. Rev. Cytol., **13**, 99.
6. Dawson, R. M. C., N. Hemington and D. B. Lindsay (1960) Biochem. J., **77**, 226.

Die Fläche dieser monolayer-Lipidschicht war doppelt so groß wie die Gesamtoberfläche der ursprünglichen Zellen, woraus gefolgert werden konnte, daß die Oberflächenmembran der roten Blutkörperchen aus einer doppelten Schicht von Lipidmolekülen bestehen mußte, deren polare Gruppen an den Außenseiten der Schichten lagen. Der prinzipielle Aufbau dieser bimolekularen Struktur (Abb. 5—2 a) hat sich als richtig erwiesen und gleicht grundsätzlich dem Lipoproteinmodell der Zellmembran, das Danielli später vorschlug (Abb. 5—2 b).

Harvey und Cole (1931) untersuchten die Oberflächenspannung von Zellen und fanden sie nur ungefähr 0,2 dyn/cm groß. Dieser Wert ist viel niedriger als der Wert, den man für eine einfache Öl-Wasser-Grenzschicht erwarten würde (ungefähr 35 dyn/cm). Danielli und Harvey (1935) konnten zeigen, indem sie Öl aus Fischeiern extrahierten, daß die Oberflächenspannung an einer Öl-Meerwasser-Grenzschicht ungefähr 10mal höher ist als diejenige an einer Grenzschicht zwischen Meerwasser und Öl, das mit Ei-Extrakt in Berührung stand. Sie fanden ferner ein globulinähnliches Protein, das für diese Spannungsverminderung verantwortlich war. Danielli schlug deshalb eine Zellmembran vor, bei der die Lipidschicht mit einer dünnen Proteinschicht, die die Spannung an der Zelloberfläche erniedrigte, überzogen war. Aus dieser Vorstellung heraus entstand dann nach und nach das Modell der Zellmembran, das aus einer doppelten, 30—50 Å dicken Lipidmolekülschicht besteht, die zwischen zwei Proteinlagen eingeschoben ist (Danielli, 1938) (Abb. 5—2 b). Der Lipidanteil liegt bei diesem Modell so im Innern der Membran, daß die Kohlenwasserstoffketten senkrecht zur Oberfläche stehen, während die polaren Abschnitte der Lipidmoleküle nach außen gerichtet und mit den Proteinmolekülen verbunden sind. Dieses Grundmodell von Danielli ist später nur leicht abgeändert und erweitert worden.

Von 1950 an sind viele Versuche durchgeführt worden, um die Zusammensetzung der Zellmembranen durch direkte chemische Analysen zu bestimmen. Aber sogar bei Erythrocyten, deren Cytoplasma praktisch nur Hämoglobin enthält, ist es sehr schwierig, reine Zellmembranen zu isolieren. Wir wissen heute, daß nicht nur die Membranen verschiedener Arten und Zelltypen unterschiedlich zusammengesetzt sind, sondern daß der gleiche Zelltyp je nach seiner Umgebung die Zusammensetzung seiner Membran verändern kann. Eine Zellmembran kann sich zum Beispiel als Antwort auf eine Ernährungsänderung des ganzen Tieres verändern. Überdies führen häufig die verschiedenen Präparationsmethoden bei den gleichen Zellen zu unterschiedlichen Ergebnissen. Man hat jetzt festgestellt, daß die Membranen der tierischen Zellen im wesentlichen aus Proteinen, Lipiden und einer kleinen Menge von Kohlenhydraten zusammengesetzt sind (Abb. 5—3). Die relativen Protein- und Lipidmengen variieren dabei von einer Zellart zur anderen sehr stark; der Lipidanteil besteht aber in den meisten Fällen aus einem Phospholipid, dem Lecithin (Phosphatidylcholin), und aus einem Steroidmolekül, dem Cholesterin. Abb. 5—4 zeigt die Strukturen einiger Lipidmoleküle, die in Abb. 5—3 aufgeführt sind.

Physikalische Eigenschaften der Lipid-Systeme. Die physikalischen Eigenschaften der Phospholipide als Hauptbestandteile der Zellmembran-Lipide müssen für die Bestimmung des molekularen Aufbaus der Membranen entscheidend sein. Luzzati und Husson (1962) stellten auf diesem Gebiet sehr wertvolle Beobachtungen an. Sie untersuchten Lecithin-Wasser-Gemische (s. Kap. 2) mit Hilfe der Röntgenbeugungs- und der Licht-

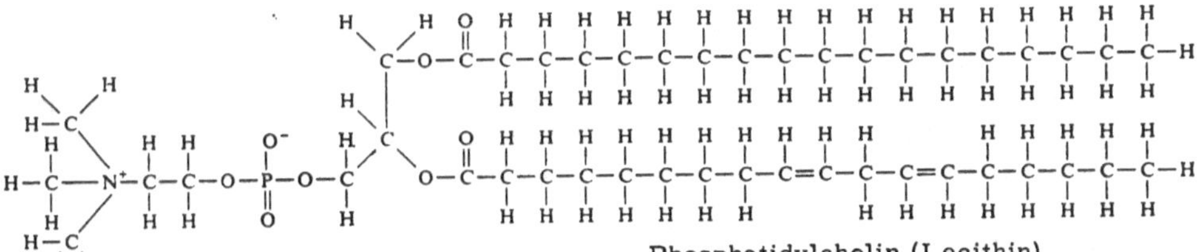

Phosphatidylcholin (Lecithin)

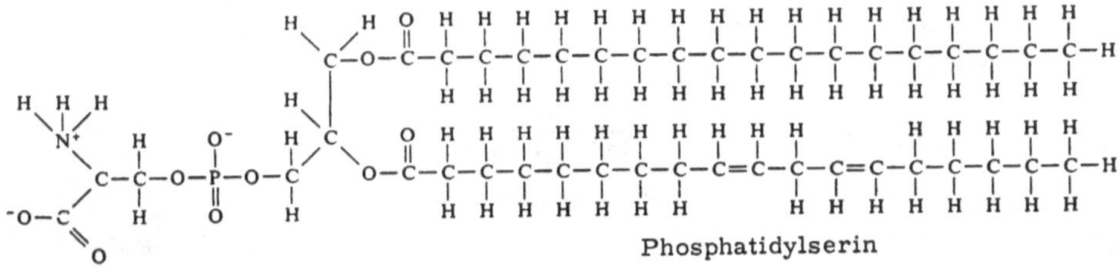

Phosphatidylserin

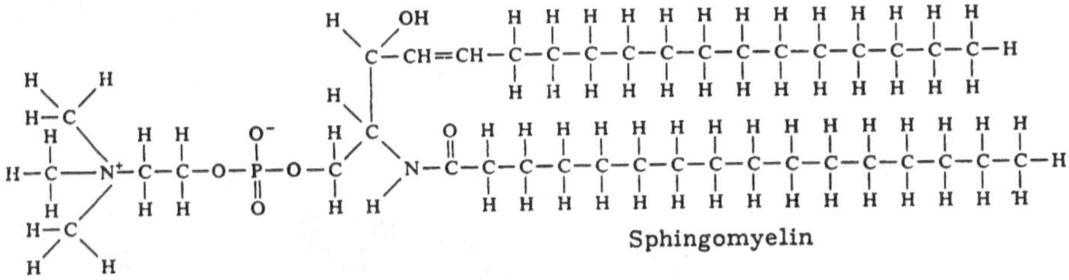

Sphingomyelin

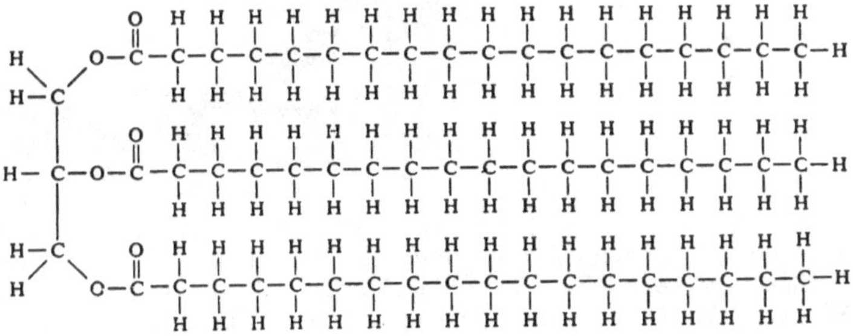

Triglycerid

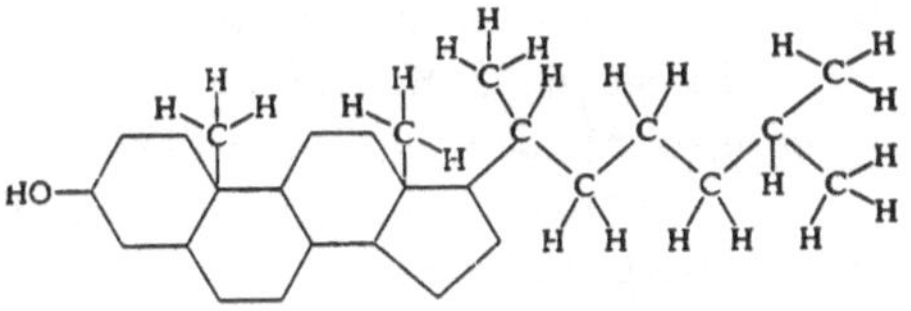

Cholesterin

Abb. 5–4. Chemische Strukturen der Lipidmoleküle, die am häufigsten in den Zellmembranen gefunden werden (dargestellt in den relativen Größenverhältnissen). Die Fettsäure-Ketten der neutralen Lipide und Phospholipide können verschiedene Längen und unterschiedlich viele ungesättigte Bindungen aufweisen.

streuungsmethoden und fanden dabei, daß sich die Phospholipide in einem wässerigen System so zu vereinigen suchen, daß sich ihre Kohlenwasserstoffketten von der wäßrigen Phase abtrennen (Abb. 5—5). Bei sehr niedrigem Wassergehalt richten sich die Ionengruppen der Lecithinmoleküle gegen einen zentralen Wasserkern, wobei sog. Micellen entstehen. Nimmt der Wassergehalt zu, so ordnen sich die Moleküle in Lamellen-(oder flüssiger Kristall-)Form an. Steigt dann der Wassergehalt noch mehr an, so werden wieder Micellen gebildet, bei denen diesmal die Ionengruppen nach außen gerichtet sind; diese letzte Form entsteht bei einer Lecithinkonzentration von ungefähr 5×10^{-7} g/ml Wasser.

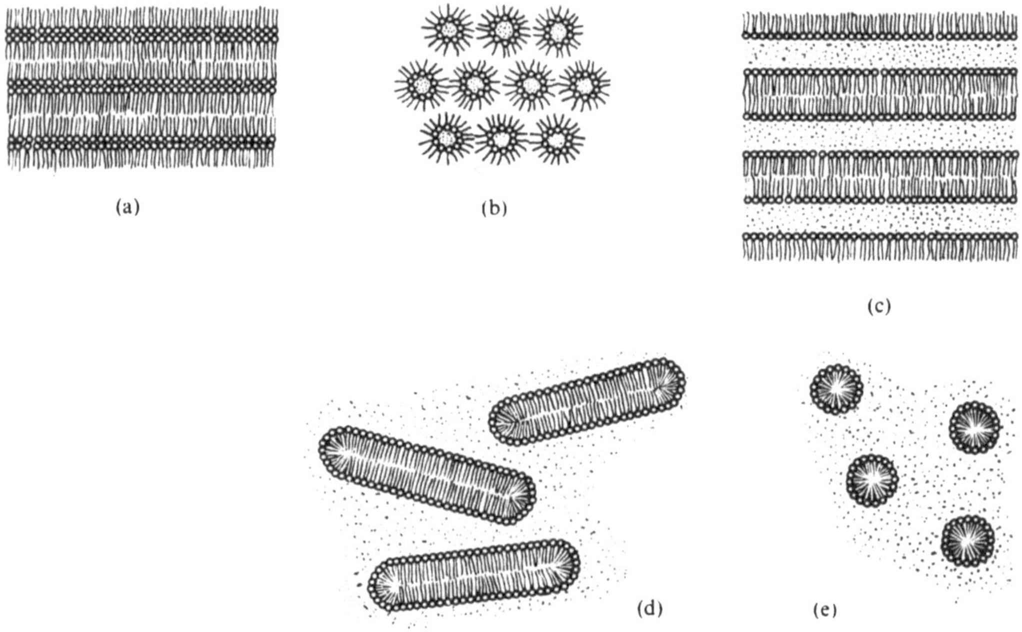

Abb. 5—5. Schematische Darstellung der Molekülanordnungen in Phospholipid-Wasser-Systemen. (a) Entwässertes Phospholipid; (b) Wasser in der Lipid-Phase, hexagonale Anordnung; (c) lamelläre oder flüssig kristalline Phase; (d) und (e) micellare Anordnungen von Lipid in Wasser. [Aus J. B. Finean, The molecular organization of cell membranes. Prog. Biophys. Molec. Biol. *16*, 145 (1966).]

Man kann erwarten, daß die Eigenschaften einer reinen Phospholipidschicht durch das Cholesterin, das sich in der Zellmembran befindet, verändert werden. Aus diesem Grund sind in wäßrigen Medien unterschiedliche Zusammensetzungen von Lecithin und Cholesterin hergestellt und untersucht worden. Diese zwei Lipidarten bilden an einer Luft-Wasser-Grenzschicht gemischte, einschichtige Lagen, deren Fläche kleiner ist als die entsprechenden Flächen jedes einzelnen Bestandteiles. Bernhard (1958) hat diese Beobachtung für eine ganze Reihe von verschiedenen Lecithin : Cholesterin-Verhältnissen bestätigen können (von 2 Teilen Lecithin : 1 Teil Cholesterin bis zu 1 Teil Lecithin : 2 Teilen Cholesterin). Die zwei Molekülarten beeinflussen sich gegenseitig so, daß dadurch eine kompakte, sehr stabile Struktur entsteht. Man kennt den Mechanismus dieses Zusammenschlusses zwischen beiden Molekülen noch nicht. Abb. 5—4 zeigt, daß Cholesterin praktisch keine ionischen Eigenschaften besitzt und viel kürzer als die Phospholipidmoleküle ist.

Finean (1953) nahm an, daß das polare Ende des Phospholipidmoleküls wie bei einem Spazierstock umgebogen sei und dieses Ende eine Verbindung mit dem Cholesterin eingehe, das parallel zu einer der Kohlenwasserstoffketten liegt (Abb. 5—6 a). Bei einem anderen Modell, das Vandenheuvel 1963 vorgeschlagen hat, ist das Phospholipidmolekül weniger stark gebogen; zwei Kohlenwasserstoffketten liegen in nächster Nähe des Cholesterins, und die Kette, deren neuntes Kohlenstoffatom ungesättigt ist, wickelt sich um das Cholesterinende (Abb. 5—6 b). Es ist möglich, daß die Packungen unter verschiedenen Umständen unterschiedliche Formen annehmen; überdies können die Verhältnisse bei einer doppelten Molekülschicht, wie sie bei den Membranen vorliegen, ganz anders sein als bei den untersuchten Einzelschichten.

Es sind daneben auch Modellsysteme entwickelt worden, um die Wechselwirkungen zwischen den Proteinen und den Lipidschichten zu studieren. Matalon und Schulman (1949) beobachteten an einer Luft-Wasser-Grenzschicht eine Veränderung des

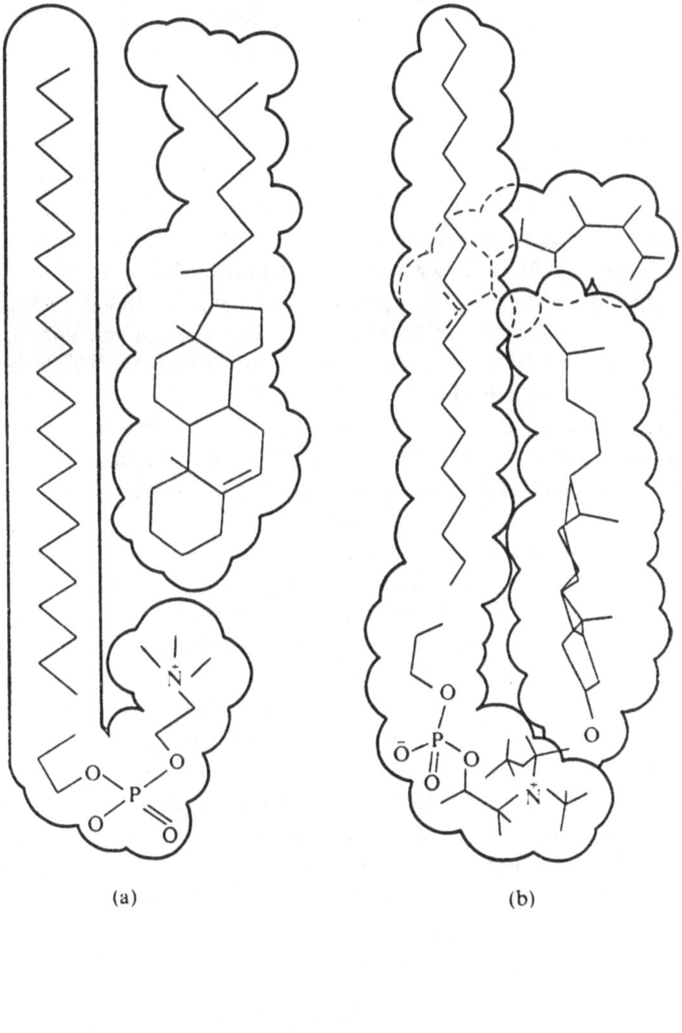

Abb. 5—6. Mögliche Anordnungen des Phospholipid-Cholesterin-Komplexes in Zellmembranen: (a) nach Finean (1953); (b) nach Vandenheuvel (1963). [Aus J. B. Finean, The molecular organization of cell membranes. Prog. Biophys. Molec. Biol. *16,* 145 (1966).]

Oberflächendrucks der Phospholipidschicht, wenn sie dieser Einzelschicht von unten her lösliche Proteine zufügten. Dies deutete auf ein teilweises Eindringen der Proteinseitenketten in die Phospholipidschicht hin. Man hat zudem im Elektronenmikroskop beobachtet, daß sich die Oberfläche der Micellen verdickt, wenn zu wäßrig dispergierten Phospholipiden Proteine zugefügt werden (Stoeckenius, 1959). Diese Erscheinung weist wiederum auf eine Verbindung zwischen den Proteinen und der Lipidschicht hin, bei der die Proteinmoleküle partiell in die Lipidschicht eindringen.

Bei den meisten Untersuchungen über Wechselwirkungen zwischen Lipiden und Proteinen sind wasserlösliche Proteine verwendet worden. Da deren Oberflächen geladene Gruppen tragen, sind derartige Wechselwirkungen weitgehend elektrostatischer Natur, indem die Ladungen auf den Phospholipiden neutralisiert werden. Green und Fleischer (1964) zeigten jedoch, daß mit anderen Proteinarten vorwiegend unpolare Wechselwirkungen entstehen. Bei der Bestimmung der Mitochondrienstruktur spielen wahrscheinlich sowohl die elektrostatischen als auch die unpolaren Wechselwirkungen zwischen Proteinen und Phospholipiden eine Rolle.

Die Struktur der Membranen wird von weiteren Faktoren beeinflußt; zum Beispiel scheinen Ca^{2+}-Ionen eine kompaktere und weniger durchlässige Phospholipidschicht hervorzurufen. Die Vorstellung einer Struktur aus verschiedenen Lipiden und an der Oberfläche adsorbierten Proteinen stellt jedoch ein befriedigendes Modell der Zellmembran dar.

Elektronenmikroskopische Untersuchungen. Elektronenmikroskopische Untersuchungen geben wenig Auskünfte über die Chemie der Membranen, aber sie sind sehr wertvoll für die Entscheidung, ob die beobachteten Strukturen mit den Modellen übereinstimmen, die aus physikalischen und chemischen Daten aufgebaut worden sind. Tatsächlich stimmt das Modell der Membranstruktur, das mit Hilfe der Elektronenmikroskopie aufgebaut worden ist, sehr gut mit dem Danielli-Modell überein.

Die elektronenmikroskopischen Untersuchungen von Sjöstrand und seinen Mitarbeitern (seit 1953) und diejenigen von Robertson (1959) zeigen, daß die Zellplasmamembran wirklich eine dreischichtige Struktur ist (Abb. 5—7). Nach der Osmiumfixierung kann man zwei dichte Streifen beobachten (entsprechend den Protein- und den polaren Schichten des Danielli-Modells), die durch eine helle Mittelzone aus Lipiden getrennt sind. Robertson nahm auf Grund seiner Untersuchungen eine Einheitsmembran an, deren mittlere Lipidschicht von zwei äußeren Lagen aus Proteinen oder auch Kohlenhydraten eingefaßt ist. Die genauen Maße dieser Struktur hängen von der Methode ab, mit der das Gewebe präpariert worden ist; die Gesamtdicke der drei Schichten liegt aber zwischen 75 und 100 Å. Die Lipidlage ist, je nach der angewendeten Präparationsmethode, 25—30 Å dick, die äußere Proteinschicht mißt 25 Å und die innere 25—35 Å.

Die Deutung elektronenmikroskopischer Aufnahmen wird dadurch erschwert, daß durch die verschiedenen Fixierungs-, Einbettungs- und Schneidemethoden unterschiedliche Ergebnisse erzielt werden. Es ist aber trotzdem sehr nützlich, eine bestimmte Struktur sowohl mit dem Elektronenmikroskop als auch mit einer anderen Methode zu studieren, um anschließend die verschiedenen Ergebnisse miteinander zu vergleichen. Man hat zum Beispiel die Myelinscheide der Nervenzellen, die sich aus der Membran der Schwannschen Zelle ableitet, auf diese Weise studiert. Dabei wickelt sich ein Zellfortsatz, der von einer Oberflächenmembran eingehüllt ist, in einer engen Schraube um das Nervenaxon herum; diese Membranschicht, die aus vielen Lagen besteht, bildet die Myelinscheide. Schmidt hat diese Struktur im Polarisationsmikroskop untersucht und aus seinen Beobachtungen gefolgert, daß die langen Ketten der Lipidmoleküle rechtwinklig zu der Membranoberfläche stehen, während die Proteine in tangentialer Rich-

Abb. 5—7. Elektronenmikroskopische Aufnahme der menschlichen Erythrocyten-Membran; Permanganat-Fixierung (280 000fache Vergrößerung). (Aus J. David Robertson.)

tung zwischen den Windungen der Lipid-Schraube liegen; diese Deutung stimmt sehr gut mit Daniellis Modell der Zellmembranen überein. Die Myelinscheide erscheint im Elektronenmikroskop als eine Reihe von dunklen und hellen Streifen, die sich in regelmäßigen Abständen von 120 Å folgen und zwei sehr nahe beisammenliegende Plasmamembranen darstellen. Die Myelinscheide läßt sich wegen ihrer regelmäßigen Struktur auch mit Hilfe der Röntgenbeugungsmethode untersuchen. Finean (seit 1958), der auf diese Weise lebendes und fixiertes Material studiert hat, konnte an fixierten Myelinscheiden den sich wiederholenden Abstand von 120 Å bestätigen. Alle die eben beschriebenen Untersuchungen der Nerven-Myelinscheide haben zum besseren Verständnis dieser Membran-Struktur (d. h. der Packung von Lipiden mit Proteinen) beigetragen.

Stoeckenius stellte künstliche, bimolekulare Lipidschichten her, an deren Oberflächen Proteine adsorbiert waren, um sie im Elektronenmikroskop zu untersuchen (Abb. 5—8). Nachdem er sie mit Osmium fixiert hatte, beobachtete er zwei 25—30 Å dicke, dunkle Streifen, in deren Mitte eine helle Zone von 20—25 Å Breite lag. Diese Erscheinung glich den Bildern der Zellmembranen von Gewebeschnitten sehr auffällig.

Die Membranen der cytoplasmatischen Strukturen sehen im Elektronenmikroskop den Zellplasmamembranen sehr ähnlich, so daß das Danielli-Modell als die Grundstruktur aller Membranen betrachtet werden kann, die in den Zellen vorkommen. In seiner einfachsten Form bietet dieses Modell jedoch keine ausreichende Erklärung für die vielen unterschiedlichen Funktionen der Zellmembranen. Es gibt interessante Hinweise darauf, daß bei gewissen Zellen Micellar-Membranstrukturen vorkommen.

Dourmashkin und seine Mitarbeiter (1962) beobachteten in den Zellplasmamembranen, die sie mit Saponin behandelt hatten, eine sich wiederholende, hexagonale

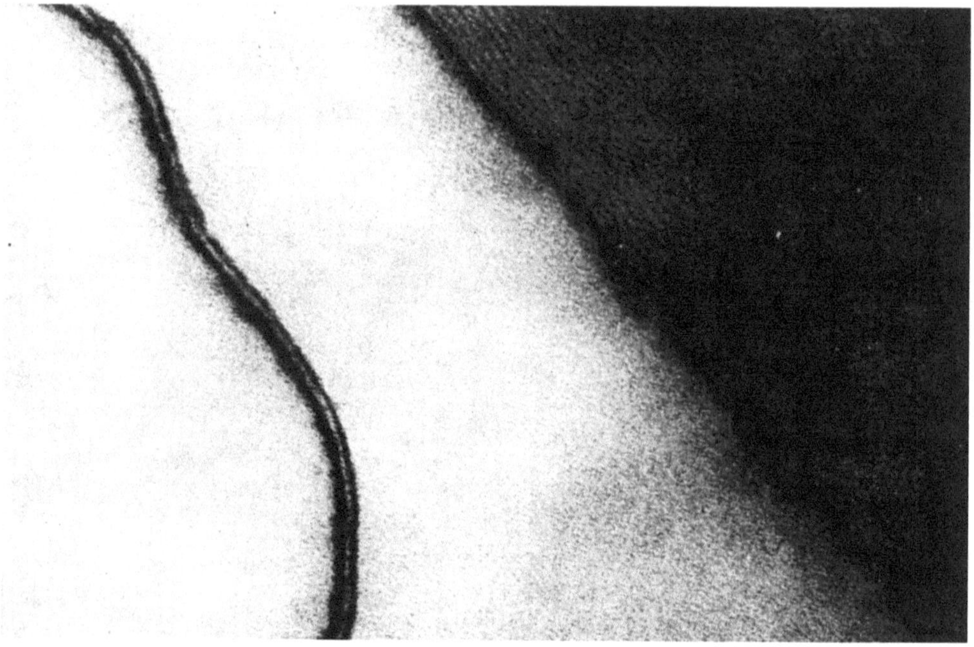

Abb. 5—8. Elektronenmikroskopische Aufnahme der dreischichtigen Struktur, die sich in einem Protein-Lipid-Wasser-Gemisch ausbildet. Die zwei osmiophilen 25—50 Å dicken Linien, die die polaren Lipid- und Protein-Enden repräsentieren, sind durch die helle Zone der Kohlenwasserstoffketten der Lipide voneinander getrennt (20—25 Å breit). (Aus W. Stoeckenius.)

Struktur. Diese war aber nicht der Grundstruktur der Plasmamembran, sondern vielmehr einem Saponin-Lipid-Komplex zuzuschreiben. Trotzdem regte diese Arbeit gewisse Forscher an, Gemische aus Lecithin und Cholesterin in Gegenwart des Saponins zu untersuchen (Bangham und Horne, 1964; Lucy und Glauert, 1964). Sie entdeckten dabei, daß Phospholipid, mit anderen Fettsubstanzen gemischt, verschiedene Lamellen-, Kanälchen- und Schraubenstrukturen annehmen kann, die wahrscheinlich aus Micellen von ungefähr 35—40 Å Durchmesser aufgebaut sind und leicht ineinander umgewandelt werden können (vgl. Abb. 5—5).

Es könnte sein, daß die kurzzeitige Umwandlung selbst einer kleinen Fläche der Zellmembran von der normalen bimolekularen in eine micellenartige Struktur für die Membranfunktion eine sehr wichtige Rolle spielt. Die globulären Micellenstrukturen und die hexagonalen Anordnungen sind in verschiedenen Membranen beobachtet worden; zum Beispiel entdeckten Benedetti und Emmelot 1965 in den Membranen der Ratten-Leberzellen ein hexagonales Muster von sich wiederholenden Einheiten (Abb.

5—9). Diese Anordnung konnte aber erst nach besonderen Fixierungs- und Behandlungsmethoden der Membranen erkannt werden. Möglicherweise ist diese micellenartige Anordnung eine weniger stabile Form der Zellmembran als die bimolekulare Schicht des Danielli-Modells, so daß die Membran nur unter bestimmten Bedingungen die micellare Form annimmt.

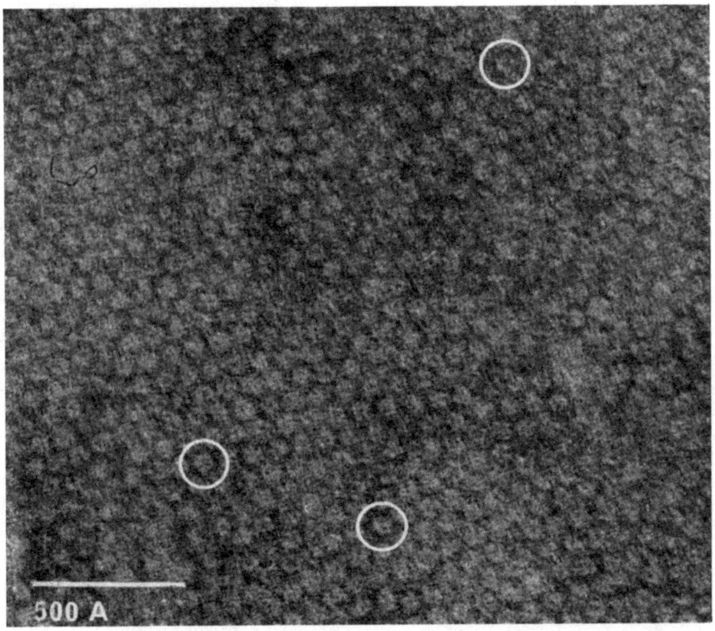

Abb. 5—9. Stark vergrößerte elektronenmikroskopische Aufnahme einer isolierten und bei 37 °C negativ kontrastierten Plasmamembran; man kann das hexagonale Gitter, in dem einige pentagonale Einheiten (eingekreist) eingefügt sind, erkennen. (Aus E. L. Benedetti und P. Emmelot.)

5.3. Cytoplasmatische Membranen

Jeder der verschiedenen Bestandteile des Cytoplasmas hat für die Zelle eine lebenswichtige Aufgabe zu erfüllen. Die Kernmembran schützt die genetische Substanz vor den vielen unterschiedlichen Aktivitäten des Cytoplasmas. Die Mitochondrien der tierischen und pflanzlichen Zellen und die Chloroplasten der pflanzlichen Zellen steuern die Erzeugung der Energie, die für die verschiedenen Stoffwechselvorgänge benötigt wird; ihre Aufgabe ist für die Zelle so wichtig, daß wir diese Organellen in Kap. 6 gesondert behandeln werden. Das endoplasmatische Reticulum ist ein Netzwerk von Membranen, an denen die Ribosomen (Orte der Proteinsynthese) angeheftet sind. Der Golgiapparat besteht aus einer Gruppe von Membransäcken; er spielt bei der Bildung der Membranen — auch der Membranen der Speicher- und Sekretionsvakuolen — eine wichtige Rolle. Die Lysosomen sind Vakuolen verschiedener Größen und Formen, die für die Zellen wichtige Enzyme enthalten, die aber dennoch die Zellen auflösen würden, wenn sie nicht irgendwo eingeschlossen wären. Die meisten Strukturen des Cytoplasmas, die man in den tierischen Zellen findet, kommen auch bei den Pflanzen vor; daneben gibt es bestimmte Strukturen, die allein für die Pflanzenzellen charakteristisch sind und die wir in einem besonderen Abschnitt besprechen werden.

Alle Strukturen, die wir hier kurz vorgestellt haben, sind von Lipidmembranen abhängig.

Kernmembran. Alle tierischen Zellen mit Ausnahme der Bakterien und der Mycoplasmen, sowie alle pflanzlichen Zellen mit Ausnahme der blaugrünen Algen besitzen eine Membran, die den Kern gegen das Cytoplasma abgrenzt. Man weiß nicht, warum bei einigen Zellen die Kernmembran fehlt, aber man nimmt an, daß diese Zellen niedrigere Evolutionsstufen darstellen.

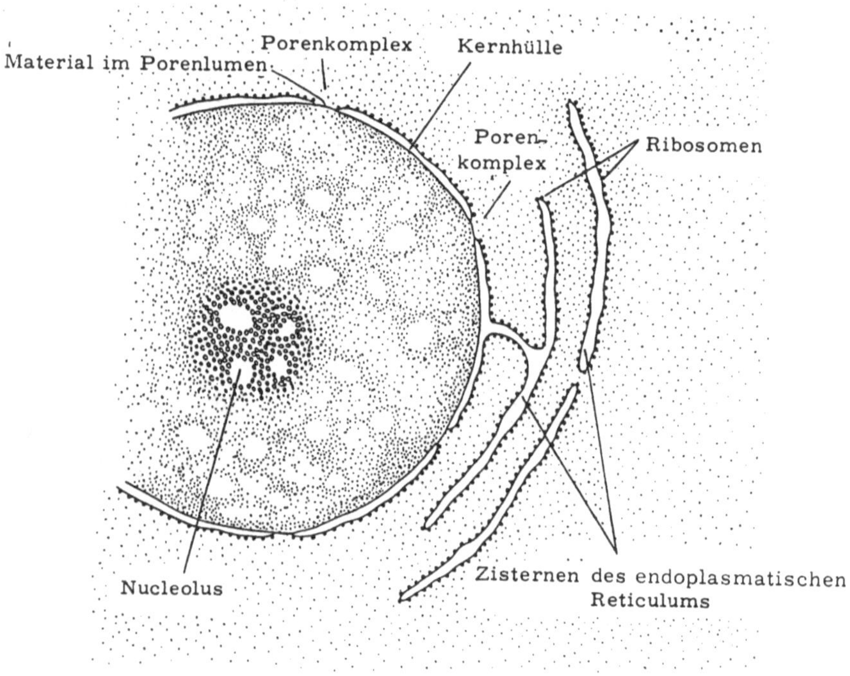

Abb. 5—10. Schematische Darstellung, die zeigt, wie die Kernmembran mit dem endoplasmatischen Reticulum verbunden sein könnte.

Die Kernmembran (Abb. 5—10) besteht aus zwei der oben beschriebenen Einheitsmembranen, die aber etwas dünner sind als diejenigen der Zellplasmamembran. Jede dreischichtige Membran ist 40—60 Å dick, während der freie Raum zwischen den beiden Membranen ungefähr 200 Å breit ist (seine Breite kann aber sehr unterschiedlich sein) (Abb. 5—11).

Über die ganze Oberfläche der Kernmembran sind große Poren oder Öffnungen verteilt, die dadurch entstehen, daß die innere mit der äußeren Membran verschmilzt. Diese Poren, deren Durchmesser ungefähr 500 Å beträgt, bedecken bei den Säugetierzellen ungefähr 10% der gesamten Kernoberfläche. Ihre Aufgabe ist nicht genau bekannt; sie hängt wahrscheinlich mit dem Transport bestimmter Substanzen durch die Kernmembran zusammen. Die RNA-Moleküle können beispielsweise durch diese Poren vom Kern in das Cytoplasma übertreten. Die Poren sind bei einigen tierischen Zellen

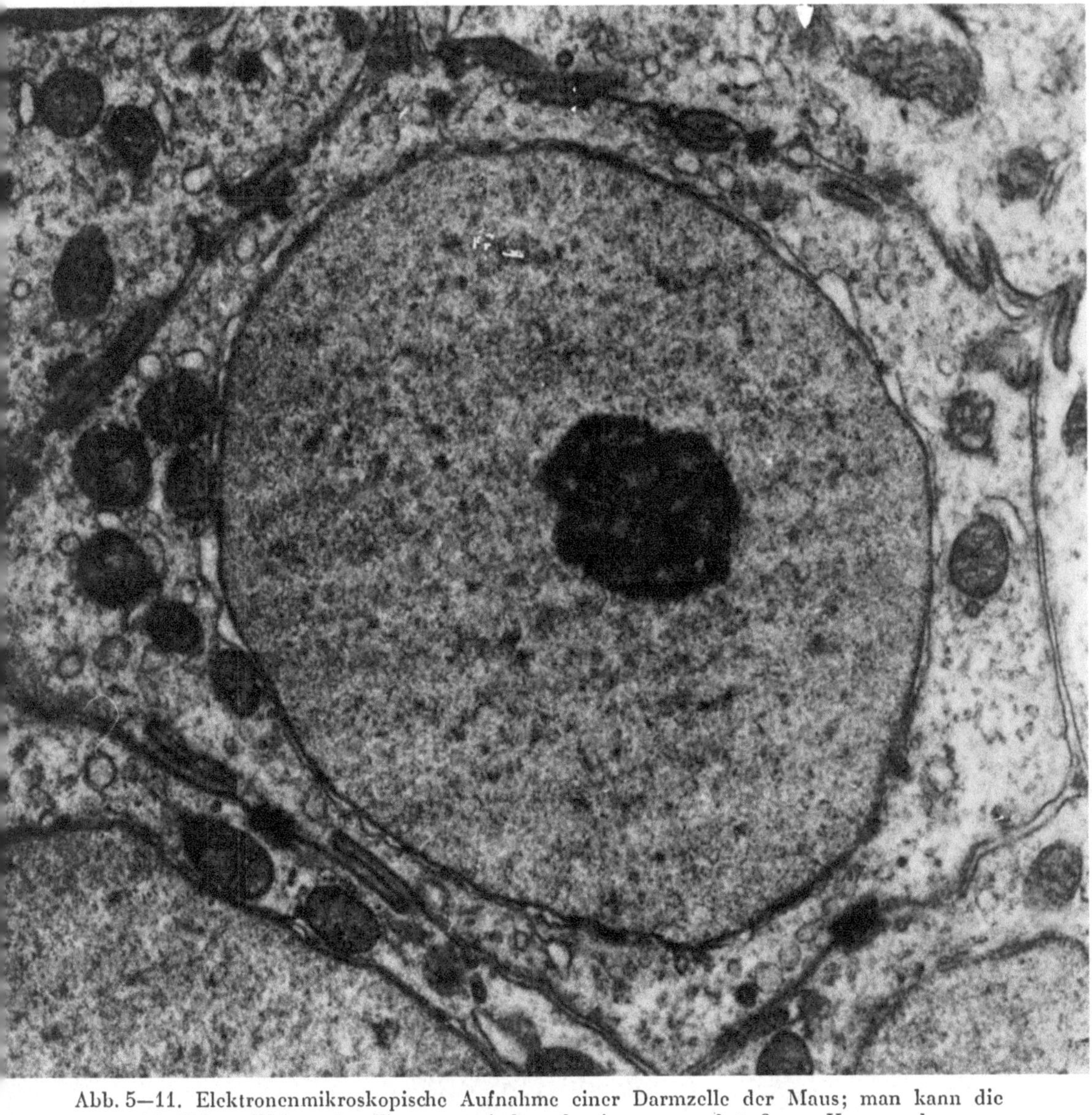

Abb. 5—11. Elektronenmikroskopische Aufnahme einer Darmzelle der Maus; man kann die unterschiedlichen Weiten der Zisterne zwischen der inneren und äußeren Kernmembran erkennen (19 000fache Vergrößerung). (Aus M. S. C. Birbeck.)

teilweise oder ganz durch eine Substanz verschlossen, die eine organisierte, geordnete Struktur aufweist. Diese Substanz besitzt eine sehr niedrige elektrische Leitfähigkeit, so daß sie auch für kleine Ionen wie Na^+ oder K^+ eine wirksame Schranke bildet. Bei einigen Pflanzen sind die Kernporen ebenfalls zum größten Teil geschlossen, während sie bei anderen — z. B. bei Zwiebel und Hefe — offen sind. Es scheint, daß die Poren als eine Art „Torhüter“ wirken.

Die Kernmembran verschwindet während der Zellteilung sowohl bei pflanzlichen als auch bei tierischen Zellen; diese Erscheinung kann bei lebenden Zellen im Phasenkontrastmikroskop sehr gut beobachtet werden. Die Membran zerfällt während der Metaphase in Bruchstücke, die dann im Cytoplasma runde Vesikel bilden. In einem späteren Stadium der Zellteilung wandern diese Vesikel in beide Tochterzellen und vereinigen sich rund um die Chromosomensubstanz dieser Zellen, wo sie sich abflachen und eine neue Kernmembran bilden.

Die äußere Kernmembran der tierischen und pflanzlichen Zellen bildet oft Fortsätze in das Cytoplasma, die mit dem endoplasmatischen Reticulum in Verbindung stehen (Abb. 5—10). Man beobachtet diese Fortsätze häufig bei sich schnell teilenden embryonalen und neoplastischen Zellen, während sie in den Zellen der differenzierten Gewebe selten vorkommen. Diese Verbindung des endoplasmatischen Reticulums mit der Kernmembran ist wohl nur von kurzer Dauer; wahrscheinlich wird sie bald nach der Zellteilung unterbrochen. Auch die Ribosomen, die man gelegentlich an der äußeren Oberfläche der Kernmembran angeheftet findet, weisen auf eine kurzzeitige Verbindung der Kernmembran mit dem endoplasmatischen Reticulum hin. Überdies sind wahrscheinlich bestimmte Abschnitte des endoplasmatischen Reticulums mit der Plasmamembran der Zelle dynamisch verbunden, so daß man darin einen Mechanismus für den direkten Transport von extrazellulären Substanzen zum Zellkern vermuten kann. Vielleicht gelangen die Fetttröpfchen, die von spezialisierten Zellen absorbiert und manchmal in der Zisterne der Kernmembran gefunden werden, durch diesen Mechanismus dorthin. Der gleiche Mechanismus könnte auch dafür verantwortlich sein, daß Acridinfarbstoffe in den Kern eindringen, ohne das Cytoplasma dabei anzufärben.

Endoplasmatisches Reticulum und Golgiapparat. Abb. 5—12 zeigt das Schema der dreidimensionalen Struktur des endoplasmatischen Reticulums. Der Name „endoplasmatisches Reticulum“ bezog sich ursprünglich auf gewisse Strukturen, die Porter und seine Mitarbeiter (1945) auf elektronenmikroskopischen Bildern im Cytoplasma von ausgebreiteten, fibroblastenähnlichen Zellen aus Hühnerembryo-Gewebekulturen beobachtet hatten; heute wird dieser Ausdruck allgemein für die Beschreibung ähnlicher Strukturen angewandt, die fast in allen Zellen vorkommen. Man konnte das endoplasmatische Reticulum auch in kultivierten Zellen beobachten, die unter dem Licht-

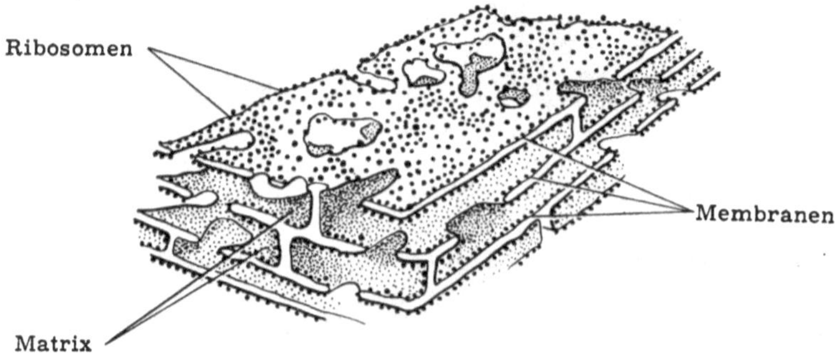

Abb. 5—12. Schematische Darstellung der dreidimensionalen Struktur des endoplasmatischen Reticulums. (Aus E. D. P. De Robertis, W. W. Nowinski und F. A. Saez: Cell Biology, 4. Aufl. W. B. Saunders, Philadelphia 1965.)

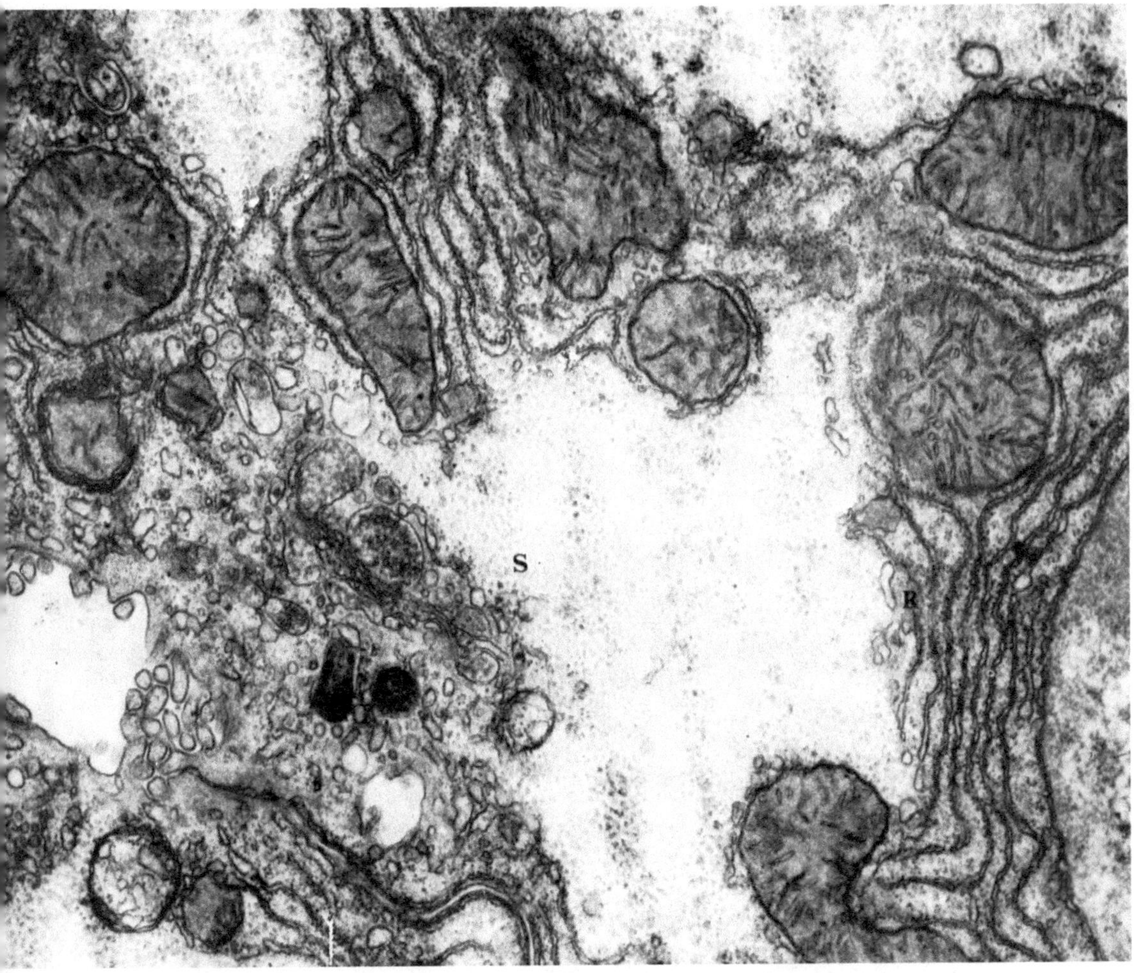

Abb. 5—13. Elektronenmikroskopische Aufnahme einer Leberzelle der Maus, bei der das rauhe (R) und das glatte (S) endoplasmatische Reticulum erkennbar sind (27 000fache Vergrößerung). (Aus M. S. C. Birbeck.)

mikroskop gefilmt worden waren. Es besteht aus einem komplizierten, verzweigten Netzwerk von Hohlräumen (oder Zisternen), die von Membranen begrenzt sind; sein Name stammt daher, daß es in der inneren endoplasmatischen Zone der Zelle dichter ist als in der äußeren ektoplasmatischen Region. Die Form des endoplasmatischen Reticulums ist nicht einheitlich; es kann aus Bläschen, Kanälchen und großen, abgeflachten Säcken oder Zisternen bestehen und ist häufig zu Membranstapeln aufgefaltet.

Die Verzweigungen dieses Netzwerks stehen alle untereinander in Verbindung, so daß das Cytoplasma in zwei Hauptabschnitte unterteilt ist: eine innere Zone, die im Membransystem eingeschlossen ist, und eine äußere Zone, die als die cytoplasmatische

Matrix bezeichnet wird. Die umhüllende Membran des endoplasmatischen Reticulums erscheint im Elektronenmikroskop als zwei parallele Einheitsmembranen (s. Abschn. 5.2). Das endoplasmatische Reticulum ist entweder rauh (granulär), wenn an seiner äußeren Oberfläche Ribosomen angeheftet sind (Abb. 5—13), oder glatt, wenn die Ribosomen fehlen. Die Ausdehnung des endoplasmatischen Reticulums in einer Zelle hängt vom Alter und den Aufgaben der betreffenden Zelle, sowie von den extrazellulären Bedingungen ab.

Die Golgiregion wurde erstmals in bestimmten Nervenzellen beobachtet. Später fand man aber diese charakteristische Struktur, außer in den Bakterien- und Mycoplasmazellen, in allen Zellen, so daß sie in tierischen und pflanzlichen Zellen offenbar eine wichtige Rolle spielt. Der Golgiapparat der tierischen Zellen besteht aus einem verwickelten und charakteristischen Muster von abgeflachten, parallelen Doppelmembranen, deren Oberflächen glatt sind, sowie aus vielen kleinen Bläschen (Abb. 5—14).

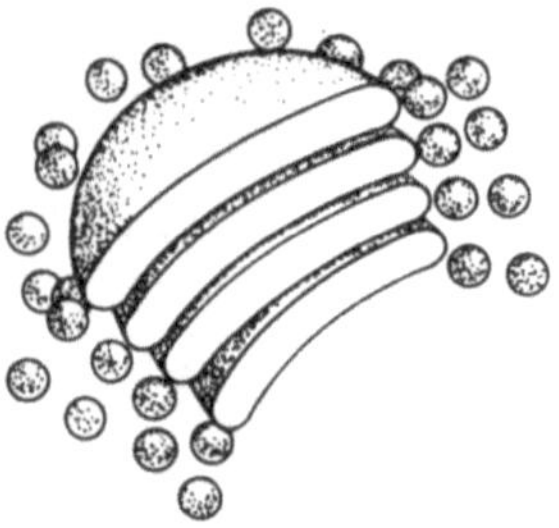

Abb. 5—14. Schematische Darstellung der dreidimensionalen Struktur des Golgi-Apparats. (Aus The Plant Cell, von William A. Jensen. © 1964 von Wadsworth Publishing Company, Inc., Belmont, Kalifornien, 94002. Wiedergabe mit Erlaubnis des Verlages.)

Oft ist eine bestimmte Lagebeziehung zum Kern zu erkennen. Man nimmt heute an, daß sich der Golgiapparat aus dem glatten endoplasmatischen Reticulum ableitet. In den Pflanzenzellen sind ebenfalls Strukturen beobachtet worden, die denen des Golgiapparats ähnlich sind. Die Botaniker nennen sie Dictyosomen. Sie sind im Gegensatz zum Golgiapparat der tierischen Zellen meistens willkürlich im Cytoplasma verteilt (Abb. 5—15).

Wenn man von den cytoplasmatischen Strukturen spricht, so benutzt man oft den Ausdruck „Mikrosomen“. Dieser beschreibt lediglich dasjenige Material, das man in der leichtesten Fraktion findet, nachdem der Zellinhalt in der Ultrazentrifuge aufgetrennt worden ist. Die Mikrosomen sind also keine echten Cytoplasmastrukturen, sondern kleine, kugelförmige Vesikel, die sich aus dem zerrissenen endoplasmatischen Reticulum bilden. Die Mikrosomenfraktion von homogenisierten Zellen kann deshalb auch Ribosomen enthalten.

Die elektronenmikroskopischen Untersuchungen haben ergeben, daß die Hauptaufgabe des endoplasmatischen Reticulums und des Golgikörpers wahrscheinlich darin besteht, die von der Zelle synthetisierten Substanzen (vor allem Proteine) zu speichern, zu trennen und schließlich an den Verbrauchsort zu befördern, der oft außerhalb der Zelle liegt.

Palade hat in der Mitte der fünfziger Jahre zwischen der Menge des rauhen endoplasmatischen Reticulums einer bestimmten Zelle und der Proteinmenge, die diese Zelle für den extrazellulären Gebrauch bildet, einen engen Zusammenhang festgestellt.

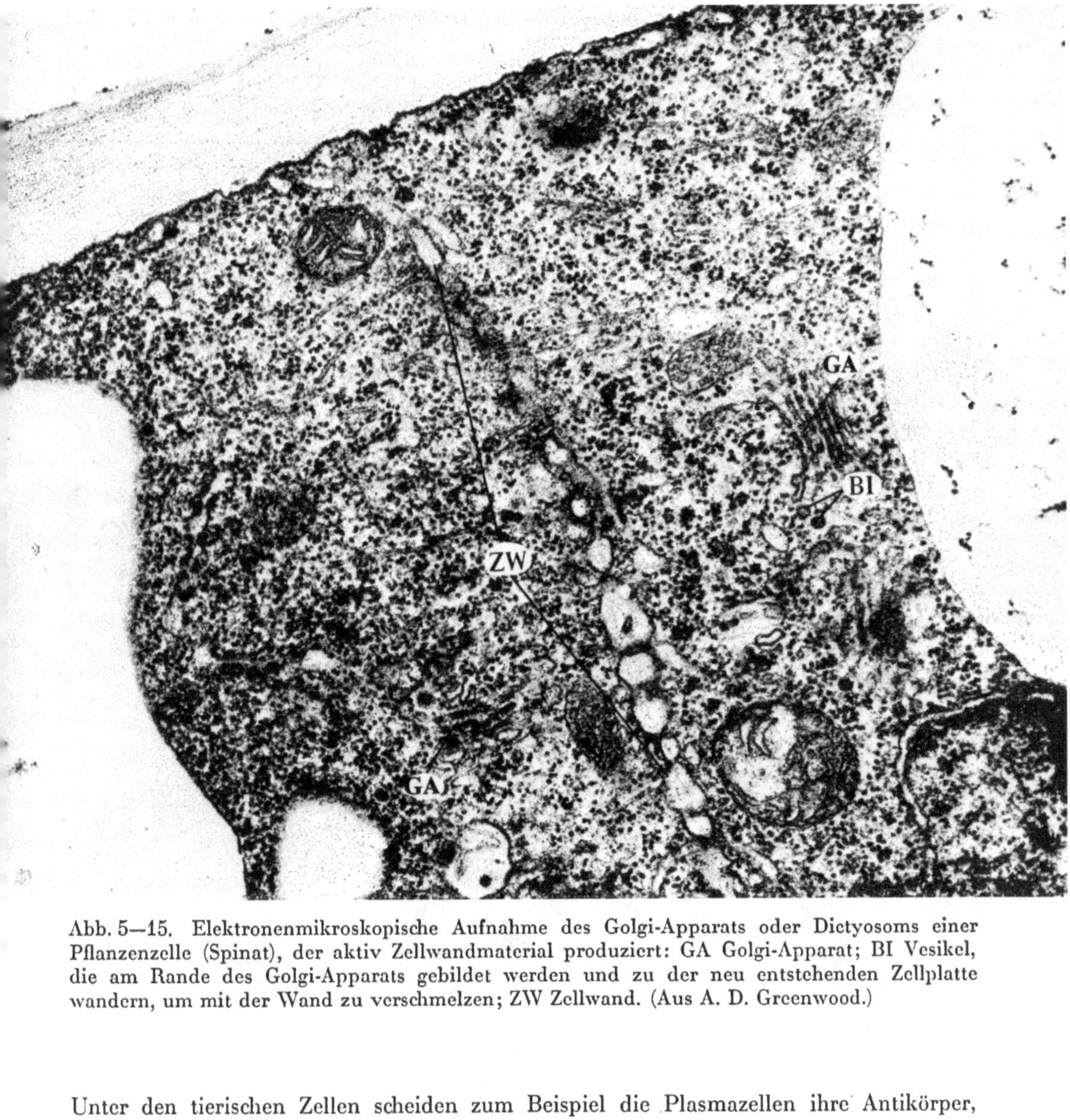

Abb. 5—15. Elektronenmikroskopische Aufnahme des Golgi-Apparats oder Dictyosoms einer Pflanzenzelle (Spinat), der aktiv Zellwandmaterial produziert: GA Golgi-Apparat; BI Vesikel, die am Rande des Golgi-Apparats gebildet werden und zu der neu entstehenden Zellplatte wandern, um mit der Wand zu verschmelzen; ZW Zellwand. (Aus A. D. Greenwood.)

Unter den tierischen Zellen scheiden zum Beispiel die Plasmazellen ihre Antikörper, die Fibroblasten ihr Kollagen und die Pankreaszellen ihre Verdauungsenzyme aus. Diese Zellen besitzen in ihrem aktiven Zustand ein hochentwickeltes rauhes endoplasmatisches Reticulum, das aus großen, ausgebreiteten Zisternen besteht, die mit unterschiedlichen Substanzmengen gefüllt sind. Auch solche Pflanzenzellen, die andere Zellen ernähren müssen, besitzen ein gut entwickeltes endoplasmatisches Reticulum. Die Proteine, die an den Ribosomen gebildet werden, dringen in die Hohlräume des endoplasmatischen Reticulums ein, wo sie vom übrigen Cytoplasma abgetrennt und gespeichert werden. Dies ist für das γ-Globulin der Antikörper mit Hilfe von Ferritin, das als elektronendichte Markierung benutzt wurde, nachgewiesen worden. Man findet das γ-Globulin in den Plasmazellen ausschließlich in den Zisternen des endoplasmatischen Reticulums, wo es wahrscheinlich bis zu seiner Ausfuhr gespeichert wird.

Zellen, die ihre Proteine selbst verwenden oder einbauen (z. B. die Reticulocyten, die Vorstufen der roten Blutkörperchen, die das Hämoglobin herstellen, oder die Muskelzellen, die die fibrillären Proteine bilden), enthalten ein schwach entwickeltes oder gar kein endoplasmatisches Reticulum. Die Proteine werden hier an freien Ribosomen gebildet und anschließend in der Zellmatrix gespeichert.

Der genaue Transportmechanismus der für den Export bestimmten Proteine zur Plasmamembran ist noch nicht genau geklärt. Es kann sein, daß die Proteine, die am rauhen endoplasmatischen Reticulum gebildet werden und sich in den Zisternen ansammeln, in Vesikel eingeschlossen werden, die vor allem in der Golgizone aus dem glatten endoplasmatischen Reticulum entstehen (Abb. 5—16). Diese Bläschen wandern dann an die Zelloberfläche, wo sie ihren Inhalt ausschütten. Die Pankreaszellen sind in dieser Hinsicht besonders interessant, da sie verschiedene charakteristische Enzyme bilden, die beim Abbau der Nährstoffe im Darmtrakt eine wichtige Rolle spielen. Die Enzyme Trypsin, Chymotrypsin, Lipase und Amylase könnten auf die Proteine, Lipide und Kohlenhydrate der Zellen, in denen sie gebildet werden, eine verheerende Wirkung

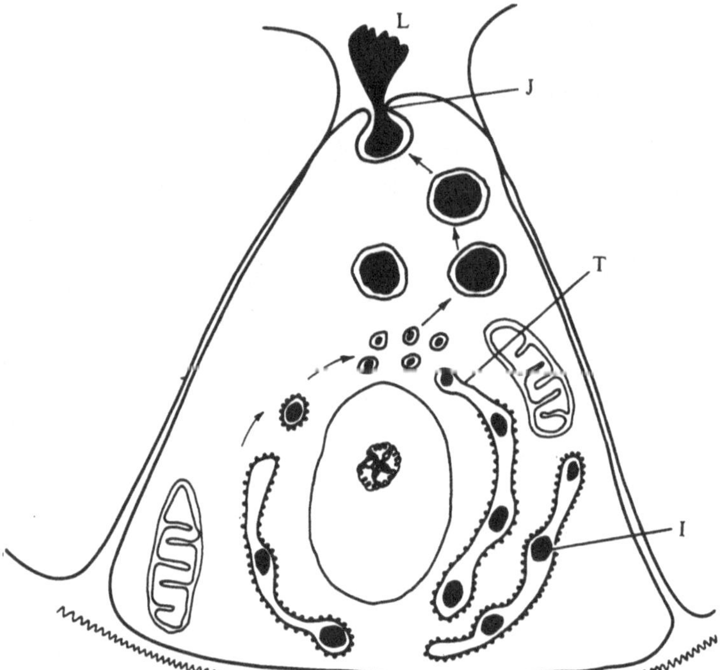

Abb. 5—16. Ein möglicher Sekretionsmechanismus bei Pankreaszellen. Die Vesikel verschmelzen mit der Plasmamembran und entlassen ihren Inhalt in das Lumen des Acinus: J Plasmamembran; L Lumen des Acinus; I kleine Zymogen-Granula in den Hohlräumen des endoplasmatischen Reticulums; T Übergang vom rauhen endoplasmatischen Retikulum zu glatten Membranvesikeln in der Golgi-Zone. [Aus G. H. Haggis (Verl.): Introduction to Molecular Biology. Longmans Green, London, und John Wiley, New York 1964.]

haben, wenn sie nicht unmittelbar nach ihrer Bildung und während des Transports sorgfältig vom Cytoplasma abgetrennt oder inaktiviert würden. Trypsin und Chymotrypsin werden beispielsweise in einer inaktiven Form hergestellt und transportiert; diese sog. Zymogene werden dann erst im Zwölffingerdarm in ihre aktiven Formen umgewandelt. Siekevitz und Palade (1960), sowie Caro und Palade (1964) führten umfangreiche Studien über die Bildung und den Transport der Zymogene in den exokrinen Zellen des Meerschweinchen-Pankreas durch. Sie konnten zeigen, daß die inaktiven Formen der Enzyme in die Zisternen des endoplasmatischen Reticulums ausgeschieden wurden und sich später in der Golgizone anhäuften, wo die Zymogengranula gebildet wurden. Dann schnürten sich die Teile der Golgizone, die die Granula enthielten, ab und wanderten zur Zellplasmamembran. Die Bläschen verschmolzen mit der Plasmamembran und stießen so ihren Inhalt aus der Zelle aus (Abb. 5—16). Man findet diesen Mechanismus wahrscheinlich auch bei anderen Zellen, die Proteine ausscheiden.

Auch die Parenchymzellen der Leber sind in dieser Hinsicht untersucht worden. Diese Zellen verwenden einen Teil der gebildeten Proteine selbst, während sie einen anderen Teil ausscheiden; die wichtigste Substanz, die ausgeschieden wird, ist das Serumalbumin. Untersuchungen von Bruni und Porter (1965) weisen darauf hin, daß die zwei Proteinarten in der Golgizone voneinander getrennt werden, aber man weiß noch nicht, wie die Zelle bestimmen kann, welche Proteine sie zurückhalten und welche sie ausscheiden muß.

Das glatte endoplasmatische Reticulum der Pflanzenzellen entwickelt sich an der Zelloberfläche, wo die Cellulosewand gebildet wird; dies deutet auf einen Zusammenhang dieses Reticulums mit dem Polysaccharid-Stoffwechsel hin. Auch in den Leberzellen findet man das glatte endoplasmatische Reticulum in den Zellabschnitten, die große Ansammlungen des Polysaccharids Glykogen enthalten. Biochemische Untersuchungen haben aber ergeben, daß das glatte endoplasmatische Reticulum keine Enzyme enthält, die für die Bildung des Glykogens notwendig sind, so daß es mit diesem Vorgang nicht in Zusammenhang steht. Hingegen spielt es beim Stoffwechsel der Lipide und der Steroide eine wichtige Rolle, weil es für deren Speicherung in Vakuolen (bei tierischen Zellen) und Plastiden (bei pflanzlichen Zellen, siehe unten), sowie für deren Ausfuhr aus der Zelle verantwortlich ist.

Da das endoplasmatische Reticulum ein Vakuolensystem bildet, das das Cytoplasma in zwei Zonen unterteilt, können an seiner Membran Ionengradienten und elektrische Potentiale aufgebaut werden. Dies ist besonders der Fall bei einer spezialisierten Form des endoplasmatischen Reticulums, die man in den gestreiften Muskelzellen findet und als sarcoplasmatisches Reticulum bezeichnet. Das sarcoplasmatische Reticulum wird heute als ein intrazelluläres Leitungssystem betrachtet, durch das die Impulse von den Oberflächenmembranen her bis tief in die Muskelzellen hinein übertragen werden.

Die Beziehung zwischen dem endoplasmatischen Reticulum und der Zellmembran ist noch nicht genau bekannt. Robertson (1962) hat vermutet, daß die zwei Systeme durch Kanäle miteinander verbunden sind und sowohl das endoplasmatische Reticulum, als auch die Kernmembran durch Einstülpungen der Zellplasmamembran entstehen könnten. Ein derartiges, ununterbrochenes Membransystem würde einen direkten Verbindungsweg vom Zellkern zur extrazellulären Umgebung herstellen (Abb. 5—1). Einige

Forscher nehmen an, daß das endoplasmatische Reticulum der Pflanzenzellen ebenfalls aus der eingestülpten Zellmembran entsteht, während andere glauben, es sei mit der Membran der Zellvakuole (siehe unten) verbunden. Elektronenmikroskopische Aufnahmen zeigen, daß das endoplasmatische Reticulum der Pflanzen bei der Verbindung der Zellen untereinander, die durch Cytoplasmastränge oder Plasmodesmen hergestellt wird, eine besondere Rolle spielt.

Die Organellen, die als primäre Lysosomen bezeichnet werden, entstehen sehr wahrscheinlich aus dem endoplasmatischen Reticulum.

Lysosomen. Das Lysosom ist eine Vakuole, die verschiedene hochkonzentrierte Enzyme enthält, die bei Verdauungsprozessen innerhalb der Zelle benötigt werden; es ist von einer einzelnen Einheitsmembran umgeben. Sowohl die Biochemie als auch die Elektronenmikroskopie waren an der Entdeckung der lysosomalen Partikel beteiligt.

1949 trennten de Duve und seine Mitarbeiter in der Ultrazentrifuge Homogenate von tierischen Zellen in einzelne Fraktionen und maßen deren Enzymmengen. Sie entdeckten dabei, daß in der Mitochondrienfraktion die Menge des sauren Phosphatase-Enzyms stark zunahm, wenn diese Fraktion einige Tage lang stehengelassen wurde; dieses Enzym mußte also während des Alterns der Lösung aus irgendeiner Quelle freigesetzt worden sein. Man wußte zudem, daß Zellen mit viel saurer Phosphatase auch viele Phosphatester enthalten konnten, die von dem Enzym offenbar nicht angegriffen wurden. Dieses Enzym mußte folglich in irgendeinem Organell vom Rest der Zelle abgetrennt sein und konnte nur dann austreten, wenn die Membran, die das Organell umgab, durchlässig wurde. Da bei den biochemischen Untersuchungen sanfte Homogenisierungs-Methoden angewendet wurden, waren wahrscheinlich im Ausgangs-Homogenat die Teilchen mit der sauren Phosphatase noch unversehrt, und das Enzym wurde erst nach und nach während des Stehenlassens der Lösung freigesetzt.

Es war äußerst schwierig, diese Teilchen im Elektronenmikroskop nachzuweisen, da sie weder eine kennzeichnende Form, noch eine innere Struktur besitzen. Ihre Größen und Formen, sowie ihre Einschlüsse können je nach ihrem Aktivitätszustand sehr stark variieren. 1955 gelang es dann Novikoff, die Lysosomen der Rattenleberzellen im Elektronenmikroskop deutlich nachzuweisen. Er wendete dazu eine besondere Kontrastierungsmethode an, durch die die Lysosomen viel leichter gesehen werden konnten. Man nimmt heute an, daß die Lysosomen in allen tierischen Zellen vorhanden sind. Auch in gewissen Pflanzenzellen hat man lysosomenähnliche Vakuolen beobachtet, aber ihre Biochemie ist noch nicht systematisch untersucht worden.

Die Lysosomen, die im Elektronenmikroskop beobachtet wurden, enthalten mehr als zwölf Enzyme, darunter Proteasen, Nucleasen und Glycosidasen. Dies sind Verdauungsenzyme, die entsprechend ihren Eigenschaften Proteine, Nucleinsäuren und Polysaccharide abbauen. Der Name Lysosom bezieht sich auf die Eigenschaften ihrer Enzyme (Lysosom = ein Körper, der Substanzen lysiert). Diese Verdauungsenzyme müssen natürlich sehr wirksam vom übrigen Zellinhalt abgetrennt sein, damit sie die Zelle nicht tödlich schädigen können. Die Lysosomen werden gelegentlich als „Selbstmordbeutel" bezeichnet. Sie sind in den Makrophagen, die besondere Verdauungsfunktionen haben, besonders zahlreich und groß. Die Lysosomen spielen außer bei der Zellverdauung wahrscheinlich auch bei den Befruchtungsvorgängen, der Morphogenese und beim Altern, sowie bei gewissen Krankheitserscheinungen eine Rolle; sie sind vielleicht auch an der Krebsentstehung, d. h. bei der Umwandlung von normalen in Krebs-Zellen, beteiligt.

Gewisse Zellen, die *in vitro* gezüchtet werden, können Tröpfchen des Mediums in ihr Cytoplasma aufnehmen; die Abb. 5—1 und 11—11 zeigen den Vorgang dieser sog. *Pinocytose.* Die Zellmembran stülpt sich zunächst ein, um sich dann im Zellinnern abzuschnüren. Das auf diese Weise gebildete Bläschen, das den Tropfen Medium einschließt, wird als ein *Pinocytose-Vesikel* bezeichnet. Einige Protozoen und bestimmte Zellen des reticulo-endothelialen Systems können auf diese Weise auch feste Teilchen aufnehmen. In diesem Fall wird der Vorgang *Phagocytose* genannt, und die Vakuole, die sich dabei bildet, ist eine Nahrungsvakuole oder ein *Phagosom.*

Die meisten Nährstoffe, die die Zellen benötigen, werden als kleine Moleküle durch die Zellmembran hindurch absorbiert. Bestehen die Substanzen aus großen, komplizierten Molekülen, so muß sie die Zelle zuerst zu einfacheren Formen abbauen, da nur diese ausgenutzt werden können. Die Zelle nimmt die großen Moleküle durch den Phagocytose-Vorgang auf und baut sie mit Hilfe der Enzyme aus den Lysosomen ab. Abb. 5—17 stellt diesen Vorgang schematisch dar. Sobald das Phagosom ein Lysosom berührt, verschmelzen die Membranen der zwei Vakuolen miteinander zu einer einzigen Verdauungsvakuole. Die großen Moleküle werden darin abgebaut, und die Endstoffe dringen durch die Membran hindurch in das Cytoplasma, wo sie für die verschiedenen Biosynthese-Vorgänge verwendet werden. Schließlich bleibt die Vakuole, die jetzt als Restkörper bezeichnet wird, zurück und wird durch einen umgekehrten Phagocytose-Vorgang nach außen befördert. Die Lysosomen konnten in allen diesen Stadien beobachtet werden, d. h. von den Speichergranula über die Verdauungsvakuolen bis zum Restkörper.

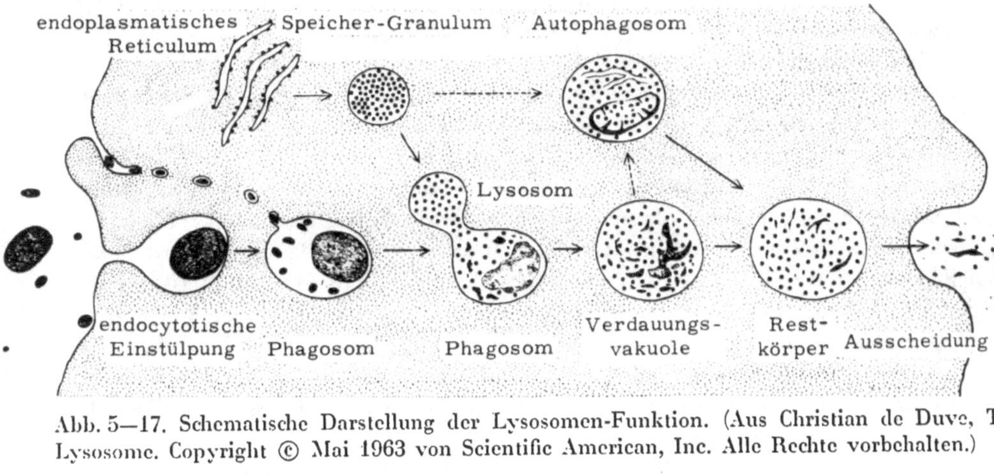

Abb. 5—17. Schematische Darstellung der Lysosomen-Funktion. (Aus Christian de Duve, The Lysosome. Copyright © Mai 1963 von Scientific American, Inc. Alle Rechte vorbehalten.)

Die primäre Lysosomen-Speichervakuole entsteht wahrscheinlich aus dem endoplasmatischen Reticulum (Abb. 5—18). Novikoff (1965) konnte zeigen, daß sich das endoplasmatische Reticulum von bestimmten, *in vitro* kultivierten menschlichen Zellen, die verletzt wurden, aufwickelt und zugleich der Gehalt an sauren Phosphatasen erhöht wird. Man kann sich eine Zunahme der Lysosomenaktivität in den lebenden Zellen

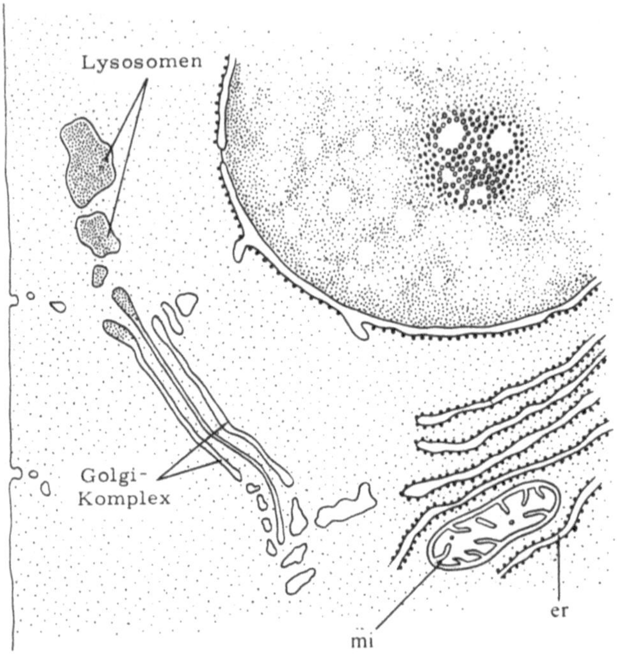

Abb. 5–18. Schematische Darstellung der möglichen Entstehung der primären Lysosomen-Speichervakuolen aus dem Golgi-Apparat: er endoplasmatisches Reticulum; mi Mitochondrion.

vorstellen, wodurch die Kultur von den Abfällen der verletzten oder toten Zellen gesäubert würde. In diesem besonderen Fall ist das endoplasmatische Reticulum sicher an der Bildung der Lysosomen und am Transport der sauren Phosphatasen zu den Lysosomen beteiligt.

In beschädigten Zellen zeigen die Lysosomen eine besondere Funktionsweise, die als Selbstverdauung oder Autophagie bezeichnet wird, da sie einen Teil des eigenen Zellinhaltes in sich aufnehmen und verdauen. Wird die Schädigung zum Beispiel durch Aushungern hervorgerufen, so können die Zellen durch die Autophagie einen Teil ihrer eigenen Substanz für den Aufbau anderer, lebenswichtiger Moleküle verwenden, die sie nicht mehr von außen erhalten können und ohne die sie tödlich geschädigt würden.

Die Lysosomen haben neben ihrer deutlich umgrenzten Aufgabe als Verdauungsorganellen noch weitere wichtige biologische Funktionen. Eine der auffälligsten hängt mit der Rückbildung des Kaulquappenschwanzes in den späteren Stadien der Kaulquappenentwicklung zusammen. Weber hat gezeigt, daß diese Rückbildung durch die Enzyme aus den Lysosomen bewirkt wird, da gleichzeitig im Innern der Schwanzzellen eine sehr starke Lysosomenaktivität herrscht. Der Zelltod ist also für das Wohlbefinden des ganzen Lebewesens nicht immer nachteilig.

Die Lysosomen spielen wahrscheinlich auch bei der Befruchtung der Eizellen eine Rolle, da die Spermatozoen Lysosomen-Enzyme ausscheiden, die bestimmte Strukturen der äußeren Eihüllen abbauen.

Die Zellen können unter ungewöhnlichen Bedingungen gezwungen sein, große Mengen von Substanzen aufzunehmen, die sie nicht abbauen können. Diese Substanzen häufen sich dann in den Phagosomen so lange an, bis sie schließlich die Zelle schädigen, was z. B. bei der Silicose vorkommt (es handelt sich dabei um eine Krankheit, die durch das Einatmen von Kieselstaub verursacht wird). Bei einer anderen Krankheit, bei der die Glykogenspeicherung gestört ist, wird ebenfalls eine unverdauliche Substanz angehäuft, da das Enzym, das diese Substanz normalerweise abbaut, in den Lysosomen fehlt.

Allison und Mallucci (1964) beobachteten *in vitro* kultivierte Zellen, die bestimmte, krebserzeugende Kohlenhydratverbindungen aufnahmen und selektiv in den Lysosomen anhäuften, wo sie während einer verhältnismäßig langen Zeit eingeschlossen und deshalb harmlos blieben. Drei der wirksamsten Co-Carcinogene (das sind Substanzen, die die Wirkung der Carcinogene fördern) sind Croton-Öl, ferner eine bestimmte Gruppe von Detergentien, sowie hoher Sauerstoffgehalt. Da diese Co-Carcinogene die Durchlässigkeit der Lysosomenmembran erhöhen, nahmen Allison und Mallucci an, daß die Lysosomen und die freigesetzten Lysosomenzyme an der Krebsbildung beteiligt sein könnten.

Die Lysosomen werden aber auch durch Sauerstoffmangel zerstört. Offensichtlich brechen die Lysosomen der Zellen, denen der Sauerstoff plötzlich entzogen wird, auf und entlassen die Enzyme, die die Zelle dann verdauen. Fell und ihre Mitarbeiter (1961) konnten überdies zeigen, daß die Lysosomen-Enzyme durch einen Überschuß an Vitamin A in den Knorpeln und Knochen von Tieren frei gesetzt werden, was möglicherweise für die spontanen Brüche und andere Verletzungen verantwortlich ist, die bei einer Vitamin-A-reichen Ernährung auftreten können. Im Gegensatz dazu haben Cortison und

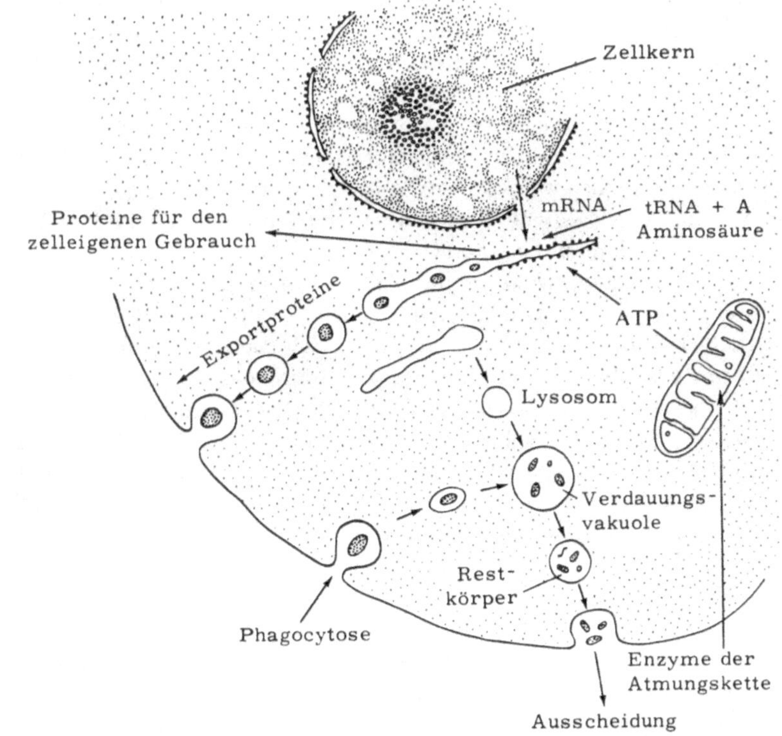

Abb. 5—19. Verallgemeinerte schematische Darstellung der Funktionen von verschiedenen cytoplasmatischen Strukturen der tierischen Zellen.

Hydrocortison (Cortisol) einen stabilisierenden Einfluß auf die Lysosomenmembran. Vielleicht wird man in Zukunft diese beiden entgegengesetzt wirkenden Substanzgruppen dahingehend ausnutzen können, daß man mit den stabilisierenden Substanzen gewisse Zellen schützt und mit den Substanzen, die die Lysosomenmembran angreifen, schädliche Zellen bekämpft.

Die Lysosomen erfüllen in den Zellen also äußerst wichtige Aufgaben und sind weit davon entfernt, Selbstmordbeutel zu sein. Die Zelle kann ihren Stoffwechsel dank der Wirkung der Lysosomen veränderten Bedingungen der Nährstoffversorgung, der Sauerstoffkonzentration und anderer Umweltfaktoren anpassen.

Zusammenfassung. Abb. 5—19 faßt die wichtigsten dynamischen Funktionen der verschiedenen Zellorganellen zusammen, die wir in diesem Kapitel beschrieben haben.

5.4. Charakteristische Strukturen der Pflanzenzellen

Die Vakuole. Wir haben bis jetzt vor allem die Strukturen der tierischen und pflanzlichen Zellen betrachtet, die bei den zwei Organismenreichen auffallend ähnlich sind (Abb. 5—20). Es gibt daneben aber bestimmte Cytoplasmastrukturen, die für die meisten Pflanzenzellen kennzeichnend sind, während sie in den tierischen Zellen fehlen. Die auffälligste dieser Strukturen ist die große zentrale Vakuole, die man in vielen Pflanzenzellen beobachtet (Abb. 5—21). Die Vakuole ist von einer einschichtigen Membran, dem *Tonoplasten*, umgeben; der Tonoplast entsteht wahrscheinlich durch die Ausdehnung der Zisternen des endoplasmatischen Reticulums. Die Vakuole enthält eine Lösung von Salzen, Zuckern und anderen Substanzen.

Die jungen Pflanzenzellen enthalten noch keine große zentrale Vakuole, sondern viele kleine Bläschen, die im Lichtmikroskop kaum sichtbar sind. Diese winzigen Vakuolen vergrößern sich während des Zellwachstums und verschmelzen dann miteinander, so daß die ausgewachsene Zelle meistens nur eine Vakuole besitzt, die manchmal bis zu 90% des Zellvolumens einnimmt.

Die Vakuole erfüllt in der Zelle wichtige physiologische Aufgaben. In Kap. 1 haben wir neben den Größen und Formen der Zellen auch die Bedeutung des Verhältnisses zwischen der Oberfläche und dem Volumen besprochen, da alle Substanzen, die für den Zellstoffwechsel benötigt werden, durch die Zelloberfläche in das Innere treten. Die tierischen Zellen können dazu ihre Oberfläche vergrößern, indem sie ihre Formen verändern, wobei das Volumen nahezu gleich bleibt; die Pflanzenzellen müssen hingegen dieses Problem auf eine andere Weise lösen, da sie starre Zellwände besitzen. Bei ihnen erleichtert die große zentrale Vakuole den Gas- und Nährstoffaustausch, indem sie das Cytoplasma in einer dünnen Schicht an die äußeren Wände der Zelle drängt (Abb. 5—21).

Die Membran der Vakuole weist ganz besondere Permeabilitätseigenschaften auf. Zucker, Salze und andere Substanzen, die in der Vakuole gespeichert werden, sind oft sehr stark konzentriert. Dadurch entwickelt sich ein hoher osmotischer Druck, der einen Wassereinstrom bewirkt und so den Turgor der Zelle aufrechterhält. Daneben enthält die Vakuole häufig verschiedene, hoch konzentrierte Farbstoffe, die der Zelle eine charakteristische Farbe verleihen; zum Beispiel sind die Farbstoffe vieler roter Blüten in den Vakuolen der Blütenblätter konzentriert.

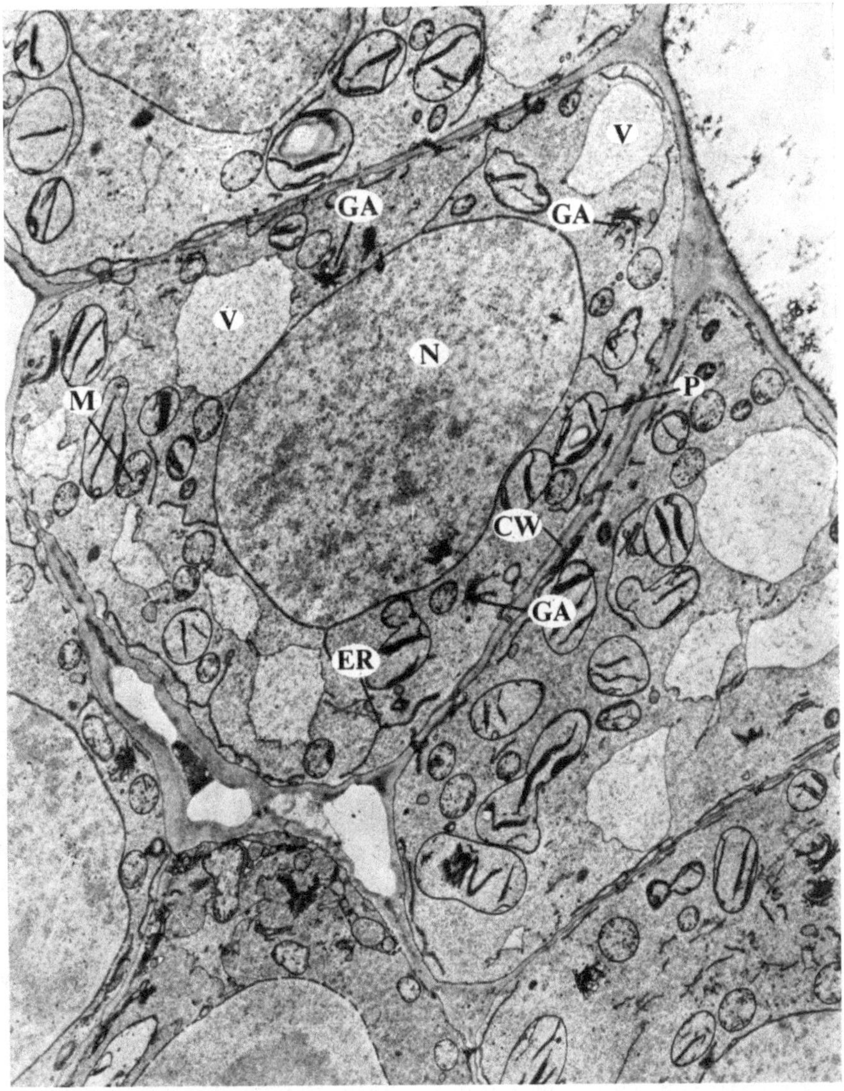

Abb. 5—20. Elektronenmikroskopische Aufnahme einer Pflanzenzelle aus einem jungen Blatt von *Elodea canadensis* (kanadisches Laichkraut). (5500fache Vergrößerung.) CW Zellwand; ER endoplasmatisches Reticulum; GA Golgi-Apparat; M Mitochondrien; N Zellkern; P Plastide; V Vakuole. (Aus R. Buvat.)

In der Vakuole sammeln sich überdies die Substanzen an, die die Zelle nicht mehr gebrauchen kann; man kann deshalb oft die Kristalle dieser Substanzen (besonders die Calciumoxalat-Kristalle) im Innern der Vakuolen beobachten. Gewisse Protozoen besitzen ebenfalls eine Vakuole, die aber komplizierter als diejenige der Pflanzen ist, da sie sich kontrahieren kann. Die Protozoen befreien sich durch diesen Mechanismus

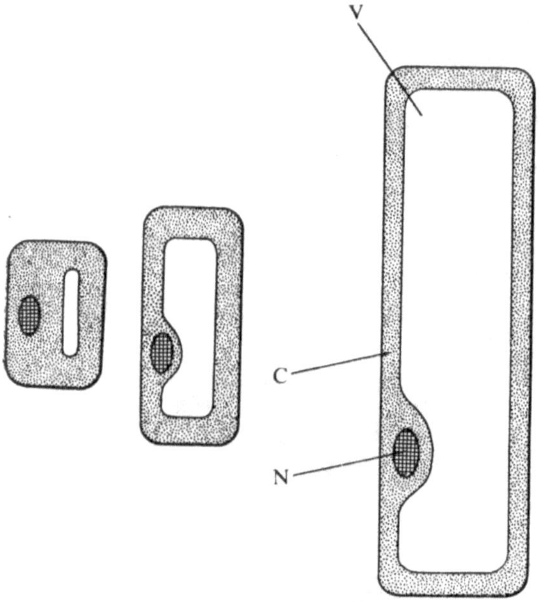

Abb. 5—21. Entwicklung der großen, zentralen Vakuole in einer wachsenden Pflanzenzelle: N Zellkern; V Vakuole; C Cytoplasma.

von den Abfallflüssigkeiten und von überschüssigem Wasser, indem sie beides in die Umgebung ausstoßen.

Plastiden. Eine weitere Organellengruppe, charakteristisch für Pflanzenzellen, bilden die Plastiden (Abb. 5—20). Die zu dieser Gruppe gehörigen Chloroplasten, die das grüne Pigment Chlorophyll enthalten und Ort der Photosynthese sind, wurden am genauesten untersucht (s. Kap. 6). Die Chloroplasten sind, wie alle Plastiden, von einer doppelten Einheitsmembran umgeben und besitzen eine komplizierte, innere Lamellenstruktur. Die anderen Plastiden sind grundsätzlich gleich aufgebaut, obwohl sie sehr unterschiedliche Formen annehmen können (Abb. 5—22) und den verschiedensten Funktionen, wie der Speicherung und Ausscheidung von Substanzen dienen.

Die zweite Hauptgruppe der Plastiden umfaßt die farblosen Leukoplasten (griech. *leukos*, weiß). Sie unterscheiden sich von den Chloroplasten und den Mitochondrien durch ihre schwach entwickelte, innere Lamellen- und Kanälchenstruktur; zudem produzieren sie andere Substanzen, nämlich Stärke (wobei der Leukoplast als Amyloplast bezeichnet wird) und Lipide.

Die dritte Plastidengruppe besteht aus den Chromoplasten, die gefärbt sind und die zweite, wichtige Pigmentgruppe für die Photosynthese, nämlich die Carotinoide, enthalten.

Schließlich kann man in den Pflanzenzellen kleinere, kugelförmige Strukturen beobachten, die man als Proplastiden bezeichnet. Sie sind vermutlich junge, unreife Plastiden, die die gemeinsamen Ausgangsformen für alle Plastiden sein könnten (Abb. 5—23).

Die verschiedenen Plastidenarten produzieren häufig die gleichen Substanzgruppen. Zum Beispiel können sowohl die Chloroplasten als auch die Leukoplasten und Chromoplasten Stärke ausscheiden; dann gibt es Fälle, bei denen in allen drei Gruppen

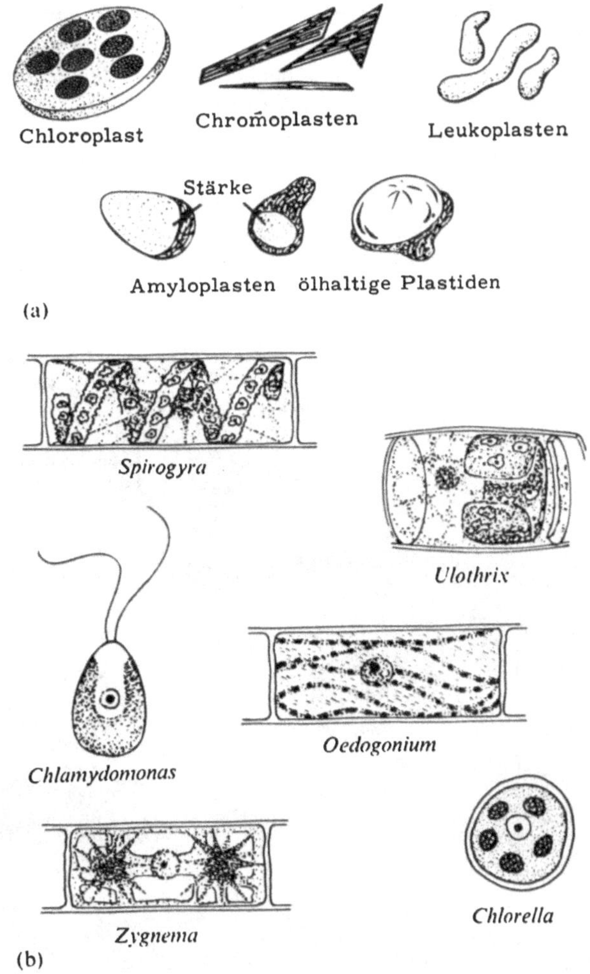

Abb. 5—22. Schematische Darstellung von verschiedenen (a) Plastiden-Arten und (b) Chloroplasten-Arten von Algen. (Aus The Plant Cell von William A. Jensen. © 1964 von Wadsworth Publishing Company, Inc., Belmont, Kalifornien, 94002. Wiedergabe mit Erlaubnis des Verlages.)

Lipide angehäuft werden; weiter können Chloroplasten und Leukoplasten Proteinvorräte ansammeln. Man nimmt deshalb an, daß sich alle Plastiden aus unreifen Proplastiden entwickeln, wobei sie je nach Bedarf der Zelle die eine oder die andere Plastidenart bilden. Die Chromoplasten entstehen wahrscheinlich nicht direkt aus den Proplastiden, sondern durch einen sekundären Differenzierungsvorgang aus den Leukoplasten oder Chloroplasten.

Die Strukturen der Mitochondrien und der Plastiden weisen sehr viele Ähnlichkeiten untereinander auf, weshalb man für sie eine gemeinsame primäre Struktur vermutet. Im Gegensatz zu dieser Vermutung nahm Strugger 1950 auf Grund seiner lichtmikroskopischen Untersuchungen ein „Primärkörnchen" in den Proplastiden an, das mit deren genetischer Kontinuität zusammenhängen soll. In diesem Fall wären die Proplastiden von den Mitochondrien unabhängig. Die Meinungen über einen möglichen Zusammenhang zwischen diesen zwei Strukturen sind immer noch geteilt, denn bis jetzt konnte dieses Problem auch mit dem Elektronenmikroskop nicht gelöst werden.

Mühlethaler entdeckte 1955, daß die Sphärosomen — das sind winzige, lipidhaltige Teilchen, die im Cytoplasma der Pflanzenzellen vorkommen und von einer einzigen Einheitsmembran umgeben sind — den Proplastiden sehr ähnlich sehen, so daß er die Frage nach ihrer Herkunft mit der Frage nach derjenigen der Plastiden verbunden hat. Andere Forscher nehmen jedoch an, daß die Sphärosomen durch Abschnürungen sehr kleiner Bläschen aus dem endoplasmatischen Reticulum entstehen, die sich dann vergrößern. Die Sphärosomen stehen wahrscheinlich mit der Fettherstellung im Zusammenhang, da sich in ihrem Innern ein Fettkörper entwickelt. Man kennt jedoch weder ihre wirkliche Aufgabe, noch ihre Herkunft mit Sicherheit.

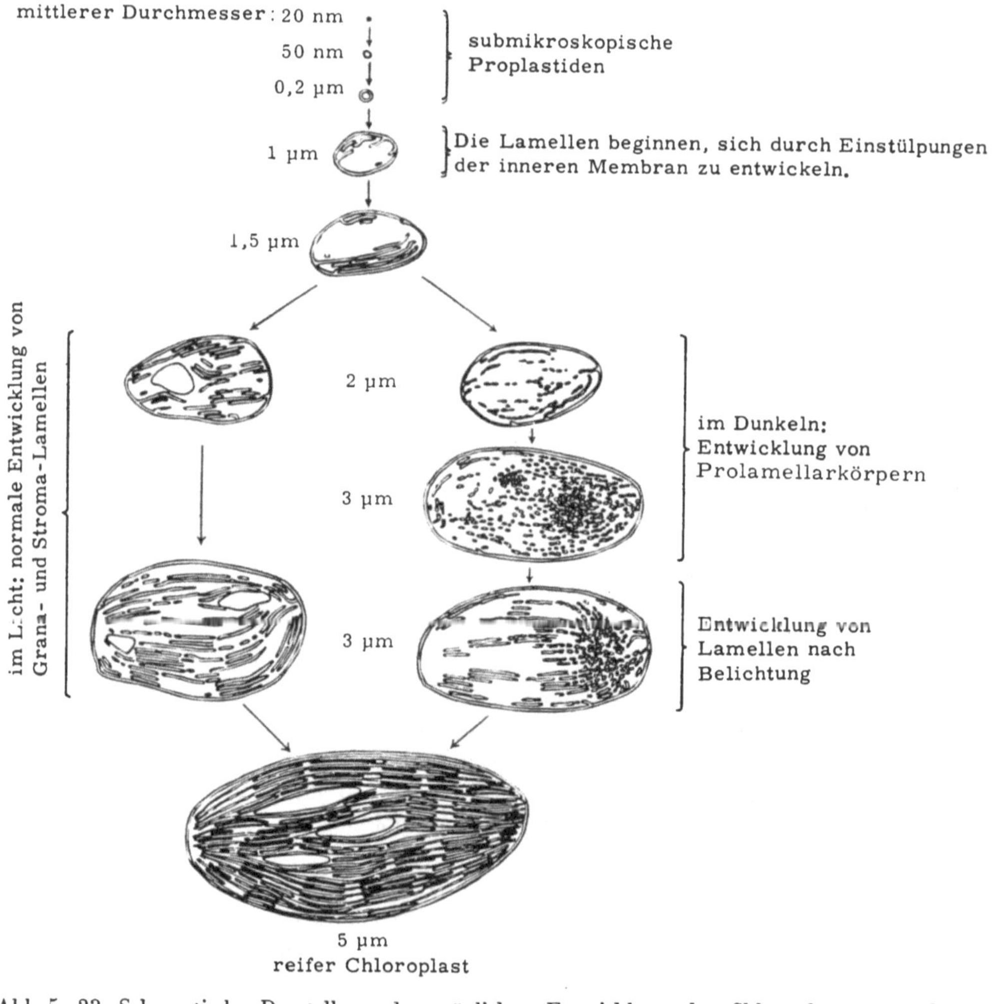

Abb. 5—23. Schematische Darstellung der möglichen Entwicklung der Chloroplasten aus den Proplastiden: *links*, bei genügender Lichtversorgung; *rechts*, bei anfänglich ungenügender Belichtung und später normalen Lichtbedingungen. Die Lamellen bilden sich nur bei genügender Lichtversorgung. (Angepaßt aus K. Mühlethaler und A. Frey-Wyssling. Mit Erlaubnis von R. Buvat.)

Zusammenfassung. In der Abb. 5—24 sind die wichtigsten dynamischen Funktionen der Cytoplasmastrukturen, die nur in den Pflanzenzellen vorkommen, schematisch dargestellt. Der Einfachheit halber sind die Strukturen, die den tierischen und den pflanzlichen Zellen gemeinsam sind, weggelassen.

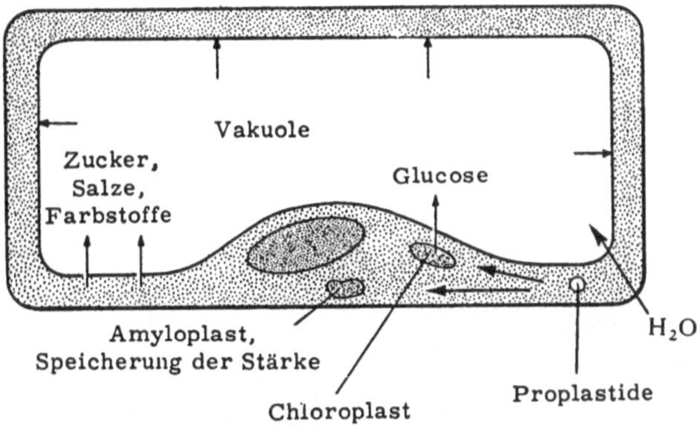

Abb. 5—24. Schematische Darstellung der wichtigsten dynamischen Funktionen der Strukturen, die nur in den Pflanzenzellen vorkommen.

Literatur

Chapman, O.: Biological Membranes. Academic Press. New York 1967.
Internat. Symposium. Stofftransport und Stoffverteilung in Zellen höherer Pflanzen. Schloß Reinhardsbrunn 1968. Veranstaltet v. d. Biologischen Gesellschaft in der DDR. Hrsg. v. Kurth, Mothes, E. Müller u. a. Akademie-Verlag, Berlin 1968.
Klug, H.: Bau und Funktion tierischer Zellen. Franckh, Stuttgart 1965.
Löwe, H.: Struktur und Funktion des endoplasmatischen Retikulums der Säugerzelle. Akademie-Verlag, Berlin 1972.
Metzner, H. (Hrsg.): Die Zelle, Struktur und Funktion. 2. Aufl., Wissenschaftl. Verlagsgesellschaft, Stuttgart 1971.
Porter, K. R., u. M. A. Bonneville: Einführung in die Feinstruktur von Zellen und Geweben. Springer, Berlin-Heidelberg-New York 1965.
Sitte, P.: Bau und Feinbau der Pflanzenzelle. Gustav Fischer Verlag, Jena 1965.
Spirin, A. S., u. L. P. Gavrilova: Ribosomen. Izd. Nauka, Moskau 1968.

6. Energiequellen der Zellen

Lebende Zellen benötigen für ihre Tätigkeit ununterbrochen Energie: die wachsenden Zellen, um Nucleinsäuren, Proteine und andere Zellbestandteile fortlaufend herstellen zu können, die Muskelzellen, um mechanische Arbeit zu leisten, die Pflanzenzellen, um Wasser gegen die Schwerkraft nach oben zu pumpen. Die letztliche Energiequelle ist sowohl für das Pflanzen- als auch für das Tierreich das Sonnenlicht; aber die Energie, die die Zellen unmittelbar ausnutzen können, stammt aus der Umwandlung von Adenosintriphosphat (ATP) in Adenosindiphosphat (ADP). Die Energie des Sonnenlichts wird durch die Photosynthese der grünen Pflanzen eingefangen und in den Kohlenhydratmolekülen gespeichert, bis sie für die Bildung der ATP-Moleküle verwendet wird. Diese Energieumwandlung spielen sich in zwei verschiedenen Zellorganellen ab, in den Chloroplasten der grünen Pflanzen und in den Mitochondrien (Abb. 6—1) tierischer und pflanzlicher Zellen. Im vorliegenden Kapitel besprechen wir die Strukturen und Aufgaben dieser Organellen.

Die Chloroplasten enthalten den grünen Farbstoff Chlorophyll, der Quanten des langwelligen roten Lichtbereichs absorbiert. Die Energie aus diesen Lichtquanten wird dazu verwendet, in mehreren Teilreaktionen Glucose aufzubauen, deren Energie dann

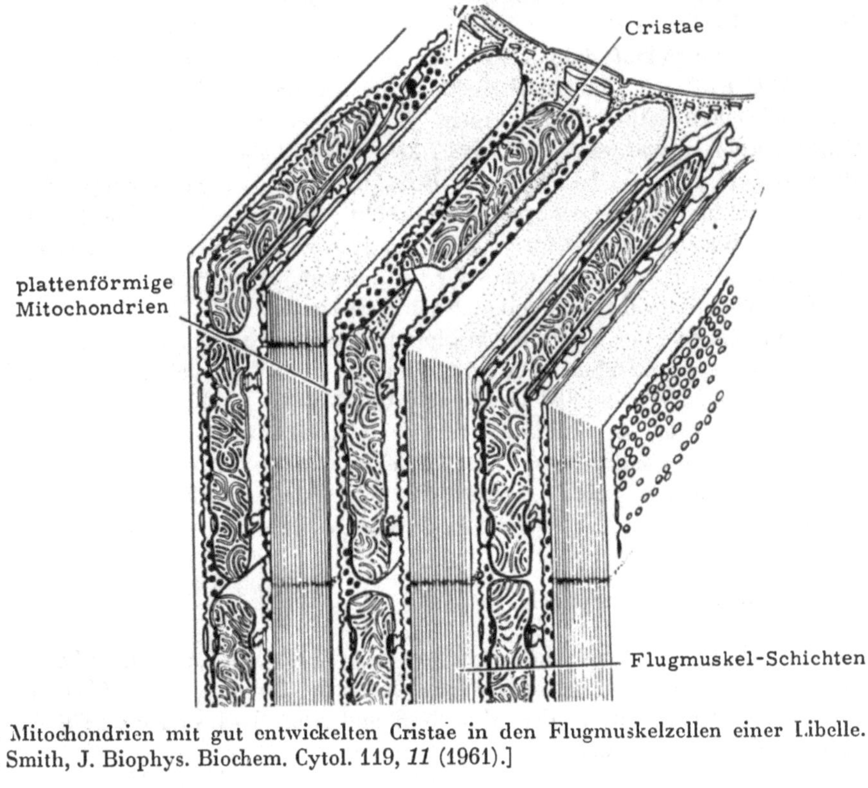

Abb. 6—1. Mitochondrien mit gut entwickelten Cristae in den Flugmuskelzellen einer Libelle. [Aus D. S. Smith, J. Biophys. Biochem. Cytol. 119, *11* (1961).]

bei Bedarf von den pflanzlichen und tierischen Zellen durch Enzyme im Cytoplasma und in den Mitochondrien freigesetzt wird. Die ersten Reaktionen dieser Nutzbarmachung der Energie finden frei im Cytoplasma statt und werden als *Glykolyse* bezeichnet; ferner laufen in den Mitochondrien der Krebs- oder *Citronensäure-Zyklus* (im äußeren Teil) und die *oxidative Phosphorylierung* (im inneren Teil) ab. Im Verlaufe dieser Reaktionen findet eine umfangreiche Produktion von ATP-Molekülen statt.

6.1. Die Glykolyse

Die Glykolyse (der Abbau der Glucose) umfaßt eine Reihe von aufeinanderfolgenden Reaktionen, in denen das Glucosemolekül Energie nach und nach auf andere Moleküle überträgt und Wasserstoffatome verliert, bis am Schluß nur noch Kohlendioxid und Wasser übrigbleiben. Die ersten dieser Reaktionsschritte finden nicht in den Mitochondrien, sondern immer frei im Cytoplasma statt; die daran beteiligten Enzyme sind lösliche Moleküle.

Der Embden-Meyerhof-Weg. In diesem Buch ist der Embden-Meyerhof-Weg das erste Beispiel eines *biochemischen Weges*. Er ist nach den deutschen Biochemikern Embden und Meyerhof benannt worden, die diese Reaktionsfolge als erste ausgearbeitet haben. Ein derartiger biochemischer Weg umfaßt eine Reihe von Reaktionsschritten, von denen ein jeder durch ein spezifisches Enzymmolekül katalysiert wird; die Endprodukte des ersten Reaktionsschrittes werden dabei vom Enzymmolekül des zweiten Schrittes verarbeitet, und so läuft die Kette bis zum letzten Reaktionsschritt weiter.

Abb. 6—2 zeigt die einzelnen Reaktionsschritte und die Namen der Enzyme des Embden-Meyerhof-Abbauwegs. Einige dieser Teilreaktionen sind Oxidations-Reduktions-Reaktionen, wie wir sie in Kap. 2 beschrieben haben; die Wirksamkeit dieser Reaktionen, die an der Oberfläche der Enzymkatalysatoren ablaufen, wird in gewissen Fällen durch bestimmte Coenzyme stark erhöht. Coenzyme sind kleine Moleküle, die am Ende einer Reaktion unverändert sind, so daß sie als ein Teil des Katalysators betrachtet werden können. Sie kommen entweder frei im Cytoplasma vor, oder sie können direkt mit dem entsprechenden Enzymkatalysator verbunden sein. Ihre Aufgabe besteht darin, sich mit einem Atom oder einer bestimmten Gruppe zu verbinden, die dann zum nächsten Reaktionspartner übertragen wird. Ein wichtiges Coenzym des Embden-Meyerhof-Weges ist das Nicotinamid-adenin-dinucleotid (NAD^+; s. Abb. 6—3 a). Der aktive Teil des NAD^+-Moleküls für Oxidations-Reduktions-Reaktionen ist der heterocyclische Pyridinring des Nicotinamids. Das NAD^+-Molekül kann das Äquivalent zweier *Elektronen* aufnehmen, wobei es selbst reduziert wird. Eines dieser Elektronen verbindet sich mit einem Wasserstoffatom des Pyridinrings, während ein zweites Wasserstoffatom als Wasserstoff-Ion H^+ in Lösung geht:

$$NAD^+ + 2\,(H) \rightleftharpoons NADH + H^+$$

Das NADH-Molekül wirkt dann bei späteren Reaktionen als ein äußerst wirksamer Elektronenüberträger. Abb. 6—2 zeigt den Punkt, an dem das NAD^+ im Embden-Meyerhof-Weg eingreift. In der Abb. 6—3 und Abb. 6—4 sind einige andere, ähnlich wirkende Coenzyme dargestellt.

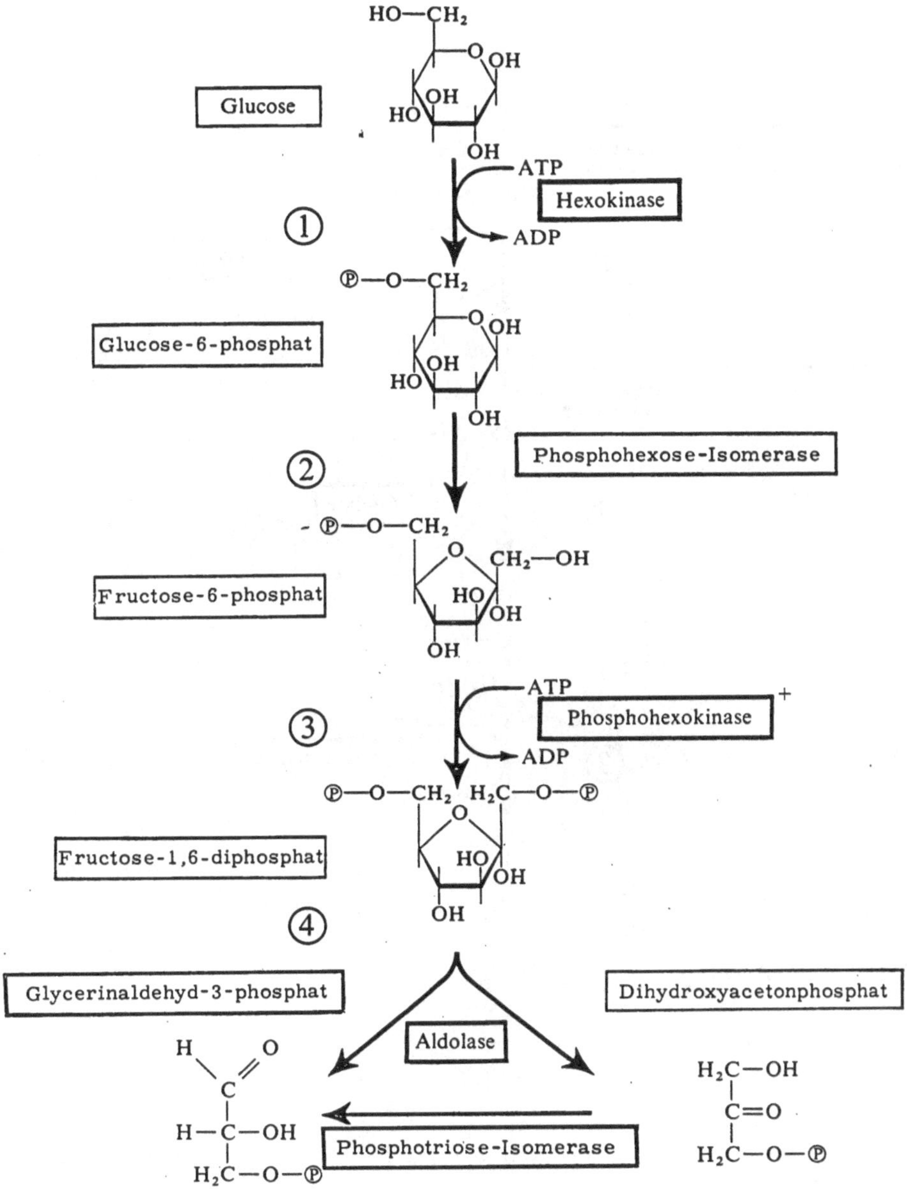

Abb. 6—2. Der Embden-Meyerhof-Abbauweg, durch dessen Reaktionen die Glucose schrittweise bis zur Brenztraubensäure abgebaut wird.

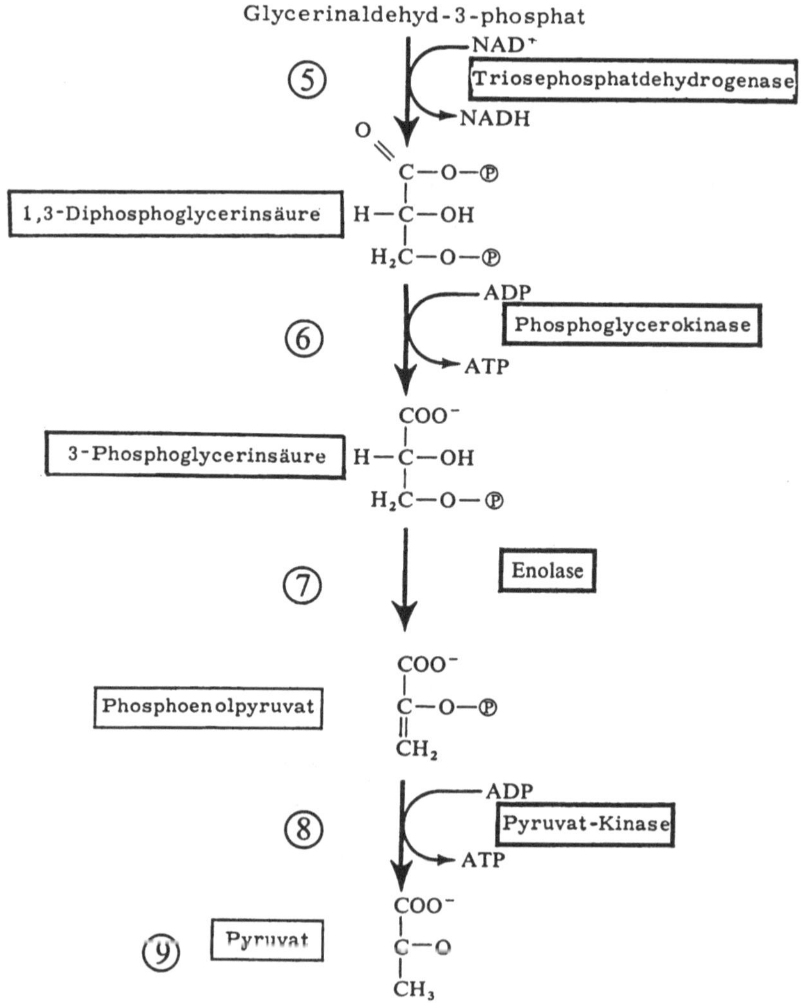

Abb. 6—2. (Fortsetzung.)

Der Reaktionsschritt 5 der Abb. 6—2 verläuft im einzelnen folgendermaßen:

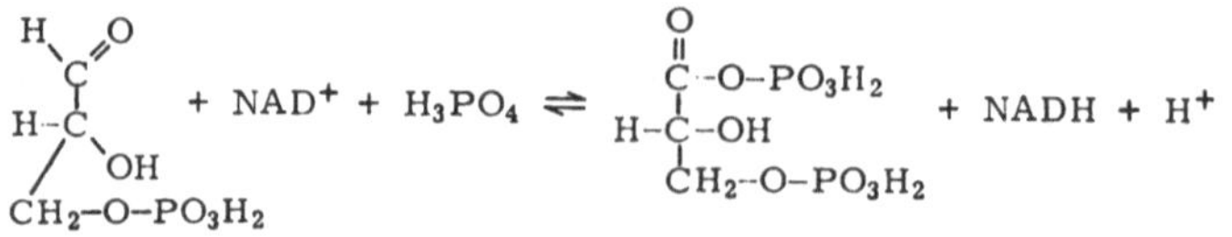

Glycerinaldehyd-3-phosphat 1,3-Diphosphoglycerinsäure

Glycerinaldehyd-3-phosphat wird durch NAD^+ zu 1,3-Diphosphoglycerinsäure oxidiert, wobei sich eine zusätzliche Phosphatgruppe an das Molekül anlagert. NAD^+ wird gleichzeitig zu NADH reduziert. (Ein anderes Coenzym, das in ähnlicher Weise wirkt, ist $NADP^+$, das aus NAD^+ und einer Phosphatgruppe gebildet wird (Abb. 6—3 a).)

Der Embden-Meyerhof-Weg besteht im wesentlichen aus folgenden Reaktionsschritten (Abb. 6—2):

1. Glucose wird durch eine Reaktion phosphoryliert, wobei ein Molekül ATP in ADP umgewandelt wird. Diese Reaktion ist von Mg^{2+}-Ionen abhängig.
2. Glucose-6-phosphat aus der ersten Reaktion wird durch eine *Isomerisierung* in Fructose-6-phosphat umgewandelt.
3. Fructose-6-phosphat verbindet sich mit einem weiteren ATP-Molekül zu Fructose-1,6-diphosphat. Auch diese Reaktion benötigt Mg^{2+}-Ionen.
4. Fructose-1,6-diphosphat wird nun in zwei Moleküle aufgespalten, von denen jedes 3 Kohlenstoffatome besitzt; es sind dies Glycerinaldehyd-3-phosphat und Dihydroxyaceton-phosphat. Das Dihydroxyaceton-phosphat wird aber durch ein Enzym ebenfalls in das Glycerinaldehyd-3-phosphat umgewandelt. Von dieser Reaktionsstufe an sind folglich zwei Moleküle mit je drei Kohlenstoffatomen an den darauffolgenden Reaktionen beteiligt.
5. Jetzt findet die Reduktion des Coenzyms NAD^+ zum NADH statt, wobei 1,3-Diphosphoglycerinsäure entsteht.
6. Bei diesem Schritt spaltet sich eine Phosphatgruppe von der 1,3-Diphosphoglycerinsäure ab, und es entsteht die 3-Phosphoglycerinsäure; bei dieser Reaktion liefert *jedes* der zwei Moleküle mit drei Kohlenstoffatomen ein ATP-Molekül.
7. 3-Phosphoglycerinsäure wird in die 2-Phosphoglycerinsäure umgewandelt, aus der dann das Phosphoenolpyruvat entsteht.
8. Bei der Dephosphorylierung von zwei Phosphoenolpyruvat-Molekülen werden zwei weitere ATP-Moleküle gebildet.
9. Schließlich entstehen zwei Pyruvat-Moleküle.

Die Namen der Enzyme, die diese Reaktionen katalysieren, sind im Schema der Abb. 6—2 angegeben. Wir werden in Kap. 7 die Nomenklatur der Enzyme im einzelnen beschreiben.

Der Abbau von einem Molekül Glucose liefert also schließlich zwei Moleküle ATP.

Die meisten Zellen versehen sich durch die Reaktionen des Embden-Meyerhof-Weges mit einem Vorrat von NADH-Molekülen, die später in den Mitochondrien weiter verwendet werden. In den Muskelzellen hört die Reihe der Reaktionen nicht immer bei der Brenztraubensäure auf. Normalerweise atmen diese Zellen aerob, indem sie die Brenztraubensäure im Krebs-Zyklus (s. Abschn. 6.2) oxidieren; wenn die Muskeln aber stark beansprucht werden, so kann der Sauerstoff nicht schnell genug in das Gewebe eindringen. In diesem Fall erhalten die Muskelzellen aus der Reduktion von Brenztraubensäure zu Milchsäure zusätzliche Energie; bei dieser Reaktion wird ein NADH-Molekül oxidiert.

$$CH_3—CO—COOH + NADH + H^+ \longrightarrow CH_3—CH(OH)—COOH + NAD^+$$

(a)

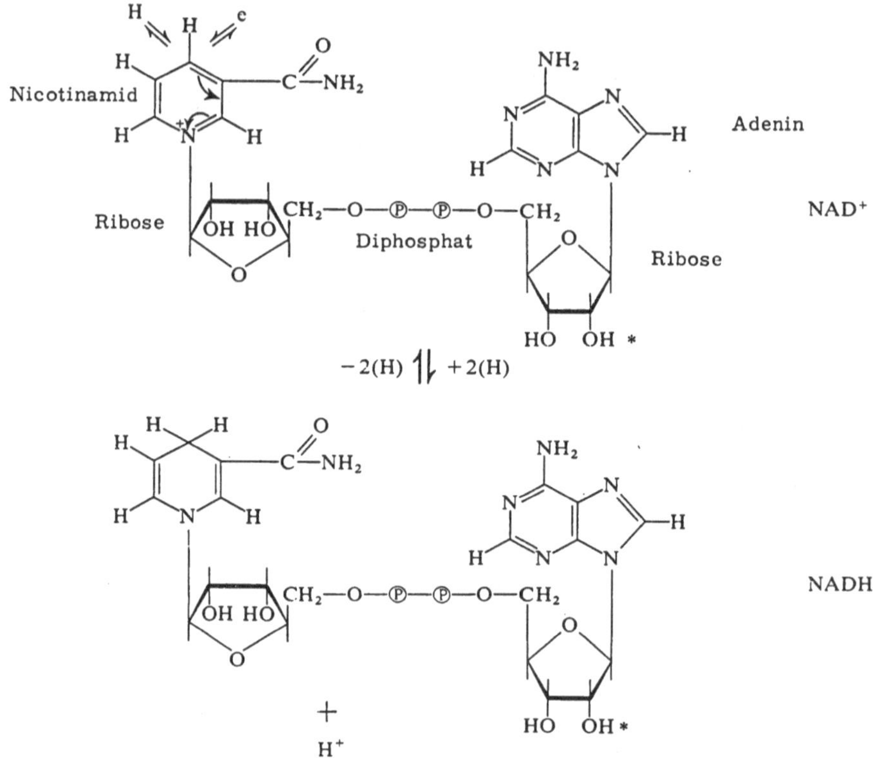

Das NADP⁺-Molekül besitzt eine zusätzliche Phosphat-Esterbindung.

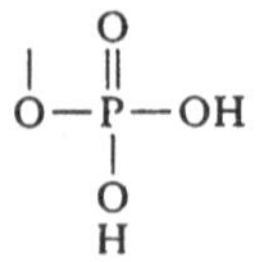

(b)

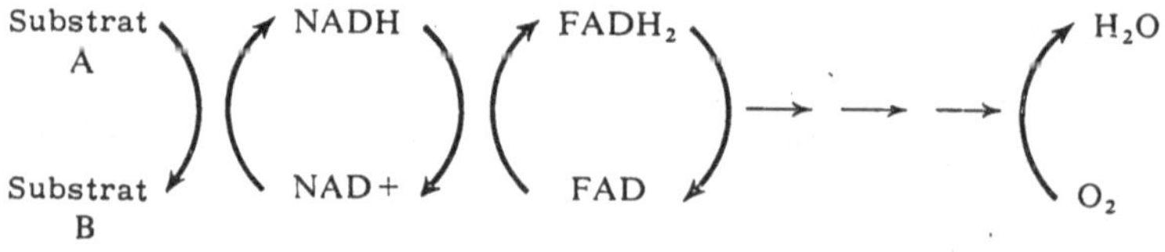

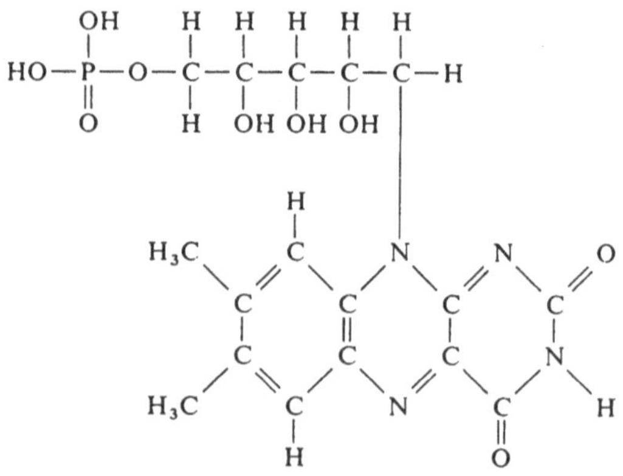

(c) das oxidierte Flavin-mononucleotid (FMN)

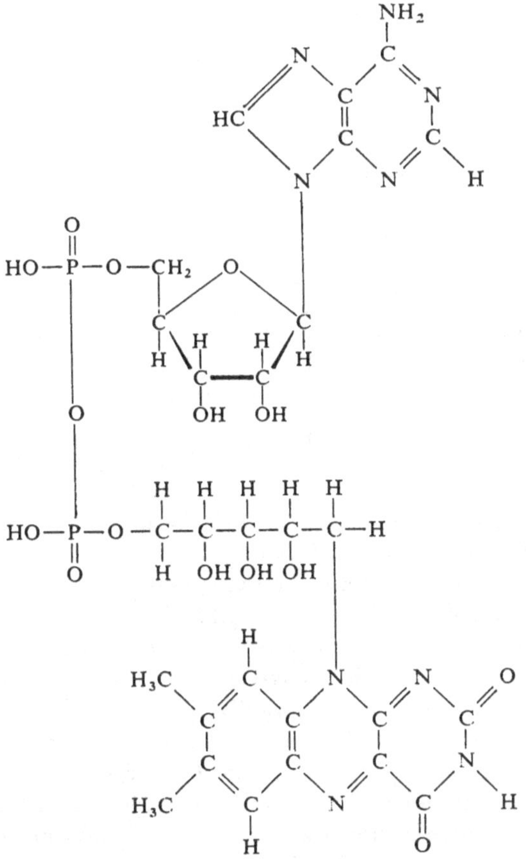

(d) das oxidierte Flavin-adenin-dinucleotid (FAD)

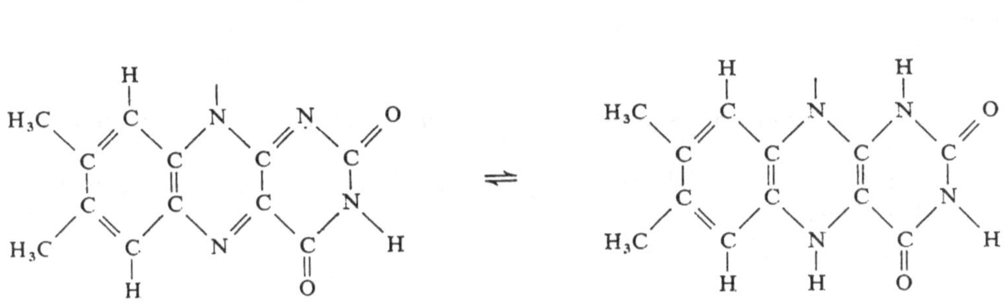

(e) oxidierte Form

(f) reduzierte Form

Abb. 6—3. (a) Die oxidierte und reduzierte Form des Nicotinamid-adenin-dinucleotids. NAD^+ (die oxidierte Form) nimmt H-Atome auf, wobei NADH entsteht (die reduzierte Form, die ein Wasserstoffdonator ist); dadurch wird die freie Energie des Moleküls erhöht. (Bei $NADP^+$ und NADPH ist eine zusätzliche Phosphatgruppe an die OH*-Gruppe gebunden.) (b) Die Übertragung eines Paares von Wasserstoffatomen von einem Coenzym auf ein zweites; im dargestellten Beispiel von NAD auf FAD. Der letzte Wasserstoff-Akzeptor ist in diesem Fall der Sauerstoff. (c) Das oxidierte Flavin-mononucleotid FMN. (d) Das oxidierte Flavin-adenin-mononucleotid FAD. (e) Die Wasserstoff-Akzeptor-Gruppe des FAD in der oxidierten und (f) in der reduzierten Form.

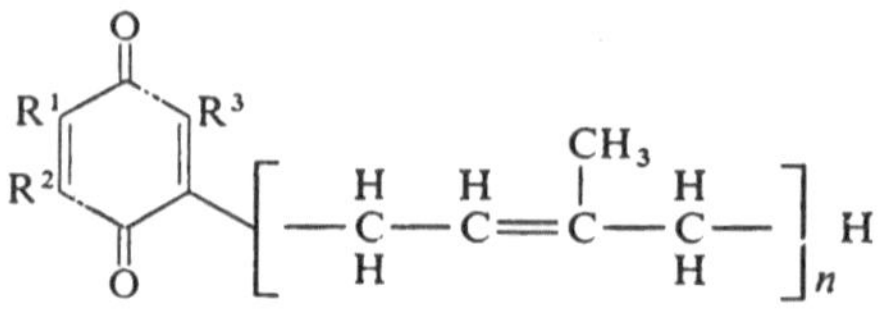

	n	R^1	R^2	R^3
Coenzym Q_{6-10}	6-10	$-O-CH_3$	$-O-CH_3$	$-CH_3$
Plastochinon	9	$-CH_3$	$-CH_3$	H
Vitamin K_2	4-7	$CH(=CH-)$ ———	$CH(=CH-)$	CH_3

Abb. 6—4. Die Strukturen der Verbindungen des Coenzyms Q, des Plastochinons (Chloroplasten) und des Vitamins K. Diese Verbindungen können reduziert und wieder oxidiert werden.

Bei dieser Reaktion ist die Aufgabe des NAD^+-Moleküls als ein Coenzym deutlich zu erkennen. Das NADH wird während der Bildung der Milchsäure zum NAD^+ *oxidiert*, während gleichzeitig die Brenztraubensäure *reduziert* wird. Das NAD^+-Molekül kann dann erneut in der Stufe 5 (Abb. 6—2) des Embden-Meyerhof-Weges reduziert werden. Wie Abb. 6—2 zeigt, wird bei der Glykolyse kein Sauerstoff benötigt. Der Vorgang ist deshalb anaerob (*anaerobe Glykolyse*), bei dem aus jedem Glucose-Molekül zwei Moleküle ATP gewonnen werden. Dies ist im Vergleich zu den 38 ATP-Molekülen, die in den Mitochondrien bei der Oxidation der Brenztraubensäure zu CO_2 (Atmung) entstehen, sehr wenig. Die anaerobe Glykolyse ist für die Zelle wichtig, wenn eine rasche Energiezufuhr benötigt wird — ein Leichtathlet bildet beim Spurt ATP in seinen Muskeln auf diese Weise, wobei aber auch Milchsäure entsteht. Ein Milchsäure-Überschuß kann jedoch den pH-Wert des Blutes auf eine unerträgliche Stufe senken. Die Muskeln haben in diesem Fall ein *Sauerstoffdefizit*. Wenn dann die starke Muskeltätigkeit aufhört, nehmen die Muskelzellen große Sauerstoffmengen auf, um Milchsäure in Brenztraubensäure zurückzuverwandeln.

Bei tierischen Zellen ist das Glucosepolymer Glykogen die Ausgangssubstanz des Embden-Meyerhof-Weges.

Die Hefe benutzt als Ausgangsmaterial für die alkoholische Gärung (Bierherstellung) Glucose.

Brenztraubensäure wird bei der alkoholischen Gärung folgendermaßen zum Acetaldehyd decarboxyliert:

$$CH_3-CO-COOH \longrightarrow CH_3-CHO + CO_2$$

Acetaldehyd wird dann durch NADH reduziert:

$$CH_3-CHO + NADH + H^+ \longrightarrow CH_3-CH_2-OH + NAD^+$$

Das oxidierte NAD^+-Molekül wird wieder bei der Stufe 5 (Abb. 6—2) des Embden-Meyerhof-Weges verwendet.

Ausnutzung der Fettsäuren. Die meisten Zellen benutzen Glucose oder ihr Polymer, das Glykogen, als primäre Energiequelle; einige Zellen (z. B. die Leberzellen der höhe-

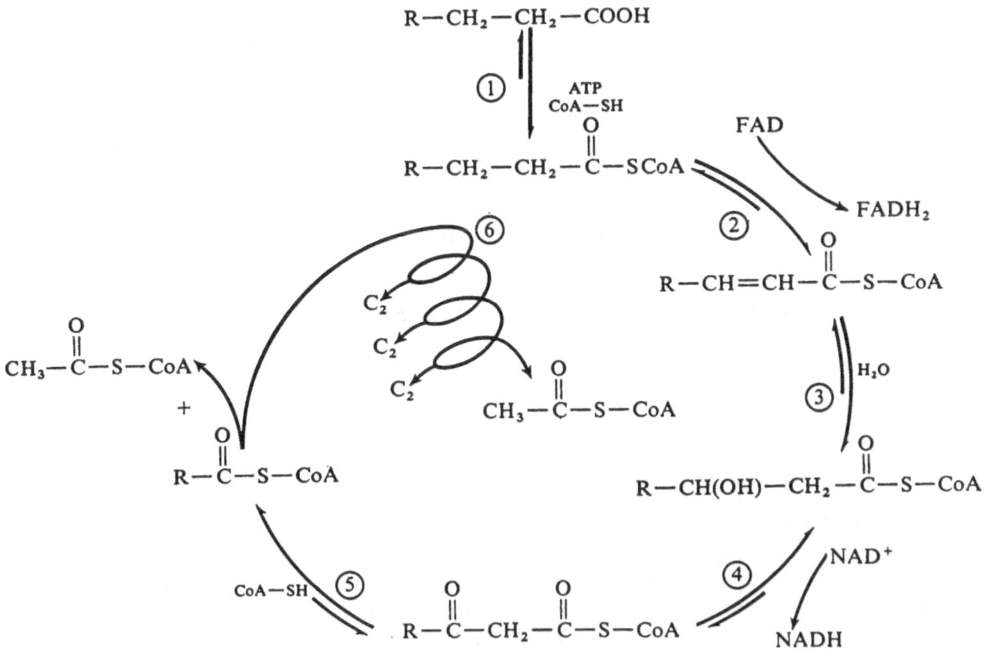

Abb. 6—5. Schematische Darstellung der β-Oxidation, bei der die Fettsäuren abgebaut und ausgenutzt werden. Die einzelnen Reaktionen werden durch die folgenden Enzyme katalysiert: (1) Fettsäure-thiokinasen; (2) Acyl-CoA-dehydrogenasen; (3) Enoyl-CoA-hydratase; (4) β-Hydroxyacyl-dehydrogenase; (5) β-Ketothiolase.

ren Tiere) können aber auch aus dem Abbau der Fettsäuren Energie gewinnen. Abb. 6—5 stellt diese Fettverbrennungs-Reaktionen schematisch dar.

Bei diesen Reaktionen ist ein anderer Cofaktor beteiligt, Coenzym A, dessen Struktur in Abb. 7—16 dargestellt ist. Die aktive Gruppe dieses komplizierten Moleküls ist die SH-Gruppe. Die Schwefelester, die dieses Coenzym mit der Brenztraubensäure oder mit den Fettsäuren bildet, unterscheiden sich von den Sauerstoffestern dadurch, daß Schwefel eine kleinere Elektronenaffinität als Sauerstoff besitzt. Diese Eigenschaft bestimmt folglich die biochemische Reaktionsfähigkeit des Acetyl-Coenzym-A-Moleküls (Abb. 6—8).

Die Fettverbrennung umfaßt die folgenden Reaktionsschritte:

1. Die Fettsäure bildet mit dem Coenzym A einen Thioester (die Reaktion wird durch die Thiokinase katalysiert).
2. Zwei Wasserstoffatome werden entfernt, wobei gleichzeitig FAD zum $FADH_2$ reduziert wird (die Reaktion wird durch die Acyl-dehydrogenase katalysiert).
3. Jetzt wird ein Wassermolekül hinzugefügt (die Reaktion wird durch die Enoylhydratase katalysiert).
4. Weiterer Verlust von Wasserstoff wandelt NAD^+ in NADH um (die Reaktion wird durch die β-Hydroxyacyl-dehydrogenase katalysiert).

5. Das Enzym β-Ketothiolase katalysiert dann die Reaktion, durch die das Acetyl-Coenzym A und der Thioester der zurückbleibenden Fettsäurekette gebildet wird.
6. Diese Fettsäurekette, die durch die oben beschriebenen Reaktionen *um zwei Kohlenstoffatome verkürzt* worden ist, tritt dann erneut in den Zyklus ein, da sie bereits mit einem Coenzym A-Molekül verbunden ist. In jedem Zyklus werden also Einheiten, die zwei Kohlenstoffatome enthalten, aus der Fettsäure entfernt. Diese Reihe von Reaktionen wiederholt sich so lange, bis das Fettsäuremolekül vollständig abgebaut worden ist; man nennt den ganzen Vorgang auch β-Oxidation.

In einigen Fällen werden auch Aminosäuren als Energiequelle ausgenutzt; sie werden dabei zuerst zu den Ketosäuren desaminiert, d. h. sie geben den Stickstoff ab (s. Kap. 7):

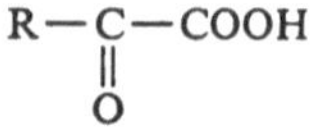

6.2. Mitochondrien

Seit der zweiten Hälfte des 19. Jahrhunderts haben Forscher der verschiedensten Wissensgebiete das gleiche biologische Problem untersucht, nämlich die Zellatmung. Cytologen und Biochemiker hatten die Zellatmung während mehr als hundert Jahren erforscht, bis sie in den vierziger Jahren entdeckten, daß diese in den Mitochondrien abläuft. Die Forschungen begannen in der zweiten Hälfte des 18. Jahrhunderts, als Lavoisier bewies, daß die lebenden Tiere für ihre Atmung Sauerstoff benötigen.

Diese ersten Untersuchungen an lebenden Organismen waren gleichzeitig für die damalige Chemie von großer Bedeutung. Der deutsche Chemiker Liebig beeinflußte die Entdeckung des Gesetzes der konstanten Proportionen zum Teil durch seine Studien über die Atmung und den Stoffwechsel von Tieren. Die Mitochondrien wurden erstmals 1850 von Kölliker entdeckt, als er in den gestreiften Muskeln kleine Körperchen beobachtete. 1888 konnte er diese Körnchenstrukturen aus Insektenmuskeln isolieren, die viele plättchenförmige Mitochondrien enthalten (s. Abb. 6.1), und dabei zeigen, daß sie im Wasser aufquollen und eine Membran besaßen. Flemming wies ebenfalls in den achtziger Jahren des letzten Jahrhunderts mit Hilfe von verbesserten Färbungsmethoden im Cytoplasma vieler anderer Zellen fadenförmige Körperchen nach. Benda färbte diese mit Kristallviolett an und benutzte als erster den Ausdruck „Mitochondrien" (griech. *mitos*, Faden und *chondros*, Korn).

Ein großer Fortschritt auf diesem Gebiet wurde dann 1898 von Michaelis gemacht, als er zeigen konnte, daß die Mitochondrien in einem Farbstoff, der durch Redoxreaktionen seine Farbe wechselte, Farbänderungen hervorrufen konnten; es war die gleiche Erscheinung, die man in der anorganischen Chemie beobachtete, wenn eine gelbe Eisen(III)-salzlösung durch die Reduktion des Eisens grün wurde. Die Biochemiker studierten dann viele Jahre lang die Oxidationsreaktionen in Zell-Extrakten, ohne die Teilchen zu berücksichtigen, in denen diese Reaktionen stattfanden. Der bedeutende französische Physiologe Claude Bernard regte die Durchführung vieler fruchtbarer Untersuchungen auf diesem Gebiet an, als er zwischen 1857 und 1865 zeigen konnte, daß bei den Tieren die Atmung durch Cyanid und Kohlenmonoxid gehemmt wurde.

Kingsburg stellte 1912 die erste Verbindung zwischen den damaligen biochemischen Untersuchungen und den cytologischen Beobachtungen her, als er darauf hinwies, daß die Zell-Oxidationen in den Mitochondrien stattfinden könnten; seine Vermutung erhielt jedoch keine Beachtung. 1923 zeigte dann Keilin, daß Cyanid und Kohlenmonoxid auch die Atmung von unversehrten Insektenmuskeln hemmten, wodurch er ebenfalls auf eine Verbindung zwischen der Atmung und den Mitochondrien hinwies. Die Kluft zwischen der Cytologie und der Biochemie konnte aber erst durch die verbesserten Zentrifugiermethoden überbrückt werden, nach denen Claude und dessen Mitarbeiter in den vierziger Jahren die subzellulären Teilchen isolierten, verbunden mit der Elektronenmikroskopie, die Porter und Palade im Rockefeller Institut von New York ausgeführt hatten. Dank dieser Untersuchungen kennen wir heute die Struktur und die biologische Funktion der Mitochondrien ziemlich genau.

Struktur der Mitochondrien. Alle Mitochondrien sind nach dem gleichen Grundplan aufgebaut (Abb. 6—6). Sie besitzen sowohl eine äußere als auch eine innere Membran. Die innere Membran ist an verschiedenen Stellen zu den sog. Cristae nach innen gefaltet, so daß die effektive Oberfläche zur Anheftung von Enzymmolekülen stark vergrößert ist. Abb. 6—1 zeigt, daß die Cristae aus Doppelmembranschichten bestehen. Sie enthalten Öffnungen (fenestrae), die die Diffusion im Innern der Mitochondrien erleichtern.

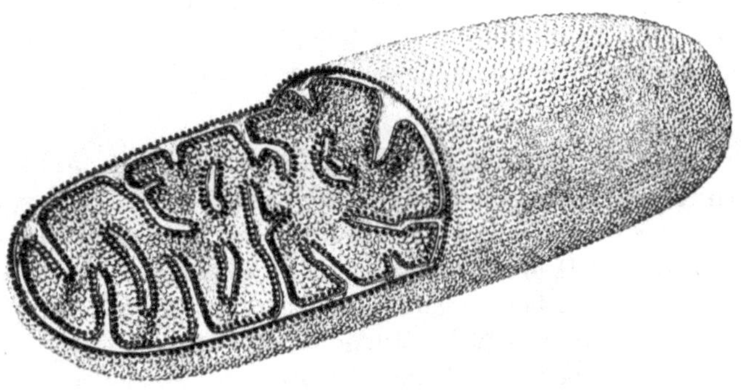

(a)

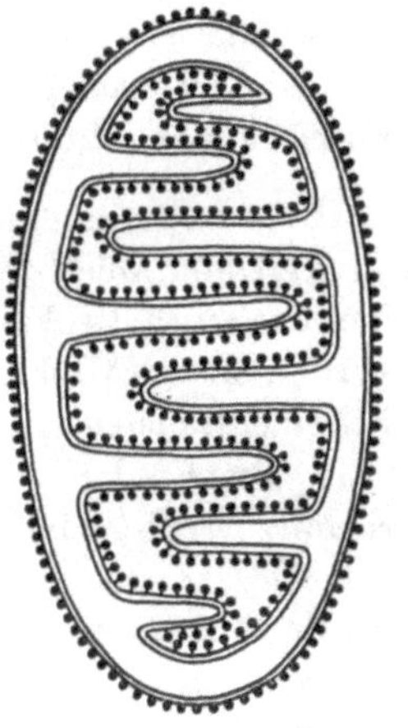

(b)

Abb. 6—6. (a) Dreidimensionale Darstellung eines aufgeschnittenen, typischen Mitochondrions; man erkennt die beiden Membranen, die durch den sog. Intrastrukturraum, der mit Flüssigkeit gefüllt ist, voneinander getrennt sind. Der Raum, der innerhalb der inneren Membran liegt, wird als Interstrukturraum bezeichnet. [Aus David E. Green und J. Brachet (Verl.). Copyright © Januar 1964 von Scientific American, Inc. Alle Rechte vorbehalten.] (b) Schematische Darstellung der Mitochondrienstruktur. Die Teilchen an der äußeren Oberfläche der äußeren Membran und diejenigen an der inneren Oberfläche der inneren Membran spielen bei dem Oxidations-Stoffwechsel eine wichtige Rolle. (Wiedergabe aus Biological Science von William T. Keeton. Illustriert von Paula De Santo Bensadoun. Copyright © 1967 von W. W. Norton & Company Inc., New York, N. Y. Mit Erlaubnis des Verlages.)

Die Mitochondrienmembranen bestehen, wie die anderen Zellmembranen, teilweise aus Phospholipiden (s. Kap. 5); offensichtlich genügen die Lipide aber nicht, um eine bimolekulare Schicht zu bilden. Sjöstrand nimmt an, daß die Struktur aus kugeligen Körpern (Micellen) besteht, die aus einem Lipidkern und einer Proteinhülle zusammengesetzt sind. Fleischer extrahierte mit einem Aceton-Wasser-Gemisch 90% der Lipide aus den Mitochondrienmembranen, wobei die Grundstruktur erhalten blieb. Er konnte daraus schließen, daß diese Struktur zu einem großen Teil aus Proteinmolekülen besteht.

H. Fernandez-Moran konnte in einer bedeutenden Arbeit auf der inneren Mitochondrienmembran deutlich voneinander getrennte Partikel nachweisen (Abb. 6—6 a und Abb. 6—6 b). Diese Partikel besitzen einen Durchmesser von ungefähr 85 Å; sie sitzen an der inneren Membran auf Stielen und ragen nach innen. Der Raum zwischen den zwei Membranen ist mit einer Flüssigkeit ausgefüllt. Der Innenraum der Mitochondrien enthält zwischen den Cristae Proteine und eine kleine Menge von DNA (s. Kap. 9).

Die Mitochondrien waren in lebenden Zellen erstmals 1914 von Lewis und Lewis mit Hilfe der Zeitrafferfilm-Methode beobachtet worden. Die Mitochondrien sind in den Zellen, die sehr viel ATP benötigen, auf eine besondere Art angeordnet (vgl. die Mitochondrien der Insektenmuskeln in Abb. 6—1). ATP, das im Innern der Mitochondrien gebildet wird, kann dank der besonderen Membranstruktur rasch zu den funktionellen Einheiten diffundieren. Beim Insektenmuskel sind diese Einheiten Fibrillen aus kontraktilen Proteinen, die die Energie aus dem ATP in mechanische Arbeit umwandeln. Auch die Zellen der Nierenglomeruli enthalten zahlreiche Mitochondrien, die ihnen die Energie liefern, um das Blutplasma (ohne Proteine) in die Nierenkanälchen zu befördern. Die Mitochondrien sind in den meisten Zellen willkürlich im Cytoplasma verteilt. Ihre Zahl variiert von einer Zellart zur anderen beträchtlich; eine Leberzelle enhält beispielsweise ungefähr 1000 Mitochondrien.

Krebs- oder Citronensäure-Zyklus. Die Enzyme des Krebs-Zyklus befinden sich im Interstrukturraum oder der Matrix des Mitochondrions. Sie katalysieren einen Zyklus von biochemischen Reaktionen, in dessen Verlauf die Brenztraubensäure zu CO_2 abgebaut wird, wobei NADH entsteht. Das NADH wird anschließend im Mitochondrien-Innern bei einer anderen Reaktionsfolge benötigt, bei der am Schluß ATP gebildet wird.

Die Entdeckung des Krebs-Zyklus ist ein Markstein in der Geschichte der Biochemie. Szent-Györgi und Martinus arbeiteten schon früh an diesem Problem, aber erst 1937 gelang es Sir Hans Krebs, die wirkliche Natur des Zyklus aufzuklären; später wurde ihm für diese Entdeckung der Nobelpreis zugesprochen. Diese Folge von Reaktionen ist deshalb ein Zyklus, weil die Citronensäure (* in Abb. 6—7), die die Ausgangssubstanz der Reaktionen ist, am Schluß wieder aus der Oxalessigsäure und dem Acetyl-Coenzym A gebildet wird. Die Reaktionen können dann wieder von vorn beginnen.

Der Krebs-Zyklus besteht aus den folgenden Reaktionsschritten:

1. Pyruvat, im Embden-Meyerhof Abbau gebildet, wird unter Beteiligung von Coenzym A oxidativ decarboxyliert zu Acetyl-Coenzym A.
2. Oxalacetat verbindet sich darauf mit Acetyl-Coenzym A zu Citrat, der Ausgangssubstanz des Krebs-Zyklus (die Reaktion wird durch das „condensing enzym“ katalysiert).
3. Aus Citrat entsteht durch Abspaltung eines Wassermoleküls Aconitat (die Reaktion wird durch die Aconitase katalysiert).

4. Die Addition von Wasser ergibt Isocitrat (die Reaktion wird durch Isocitrat-dehydrogenase katalysiert).

5. Durch die darauffolgende Oxidation von Isocitrat zu Oxalsuccinat wird ein $NADP^+$-Molekül zu NADPH reduziert. Das NADPH-Molekül nimmt dann an anderen Mitochondrien-Reaktionen teil, die schließlich zur Bildung von ATP führen.

6. Oxalsuccinat bildet unter Austritt von Kohlendioxid α-Ketoglutarat (die Reaktion wird durch das gleiche Enzym wie unter Punkt 4 katalysiert).

7. Diese Reaktion, an der wiederum das Coenzym A beteiligt ist, führt zur Bildung von NADH aus NAD^+, wobei CO_2 freigesetzt wird (die Reaktion wird durch den α-Ketoglutarat-dehydrogenase-Komplex katalysiert). Auf diese Weise entsteht Succinyl-Coenzym A.

8. Bei der Umwandlung des Succinyl-Coenzyms A in Succinat entsteht aus Guanosindiphosphat (GDP) ein Guanosin-triphosphat-Molekül (GTP), und das Coenzym A wird freigesetzt (die Reaktion wird durch Succinat-thiokinase katalysiert).

9. Ein Teil der Bernsteinsäure wird bei späteren Reaktionsschritten für die Bildung von ATP verwendet.
Die restliche Bernsteinsäure wird in Fumarat umgewandelt (die Reaktion wird durch Succinat-dehydrogenase katalysiert).

10. Daraus entsteht durch die Addition von Wasser Malat (die Reaktion wird durch Fumarat-hydratase katalysiert).

11. Malat wird zu Oxalacetat oxidiert, wobei ein weiteres NADH-Molekül aus NAD^+ gebildet wird (die Reaktion wird durch Malat-dehydrogenase katalysiert).

Oxalacetat verbindet sich dann wieder mit dem Acetyl-Coenzym A zu Citronensäure, und der ganze Zyklus beginnt von vorn.

Einige der Reaktionen, die in Abb. 6—7 dargestellt sind, bestehen aus mehr als den aufgezeichneten Schritten; man kennt zum Beispiel mehrere Mitochondrien-Enzyme, die an der Bildung des Acetyl-Coenzyms A aus Brenztraubensäure beteiligt sind (unter den Literaturangaben sind Werke zu finden, in denen die Biochemie dieser Vorgänge ausführlich behandelt wird).

Die besondere Struktur der Mitochondrien hängt eng mit deren Funktionen zusammen. Die Glykolyse läuft frei im Cytoplasma der Zellen ab, denn das Produkt einer Teilreaktion wird einfach zum nächsten Enzym übertragen, ohne an eine besondere Struktur gebunden zu sein. Sie kann deshalb ebensogut im Reagensglas stattfinden. Im Krebszyklus (s. Abb. 6—7) entstehen aber die kleinen NADH- und Succinat-Moleküle $^-OOC{-}CH_2{-}CH_2{-}COO^-$. Dabei wird nicht eine große Menge Succinat gebildet (Abb. 6—7, Reaktion 9), sondern die Zelle erhält als Reingewinn reduziertes Flavoprotein (Abb. 6—9 und S. 203). Der reduzierte Zustand dieser Moleküle muß vor den oxidativen Bedingungen des Cytoplasmas geschützt werden. Die Zone, in der sich diese Moleküle befinden, besitzt zum Cytoplasma eine hohe Potentialdifferenz (Redox-Potential); sie wird allein durch die schützende Wirkung der Mitochondrien-Lipidmembranen aufrecht erhalten. Es ist für einen Zyklus von Reaktionen natürlich ein großer Vorteil, wenn die Enzyme in der entsprechenden Reihenfolge angeordnet sind, so daß die Reaktionsprodukte rasch von einem Enzym zum anderen übertragen werden können. Diese Voraussetzung ist in der Matrix der Mitochondrien erfüllt.

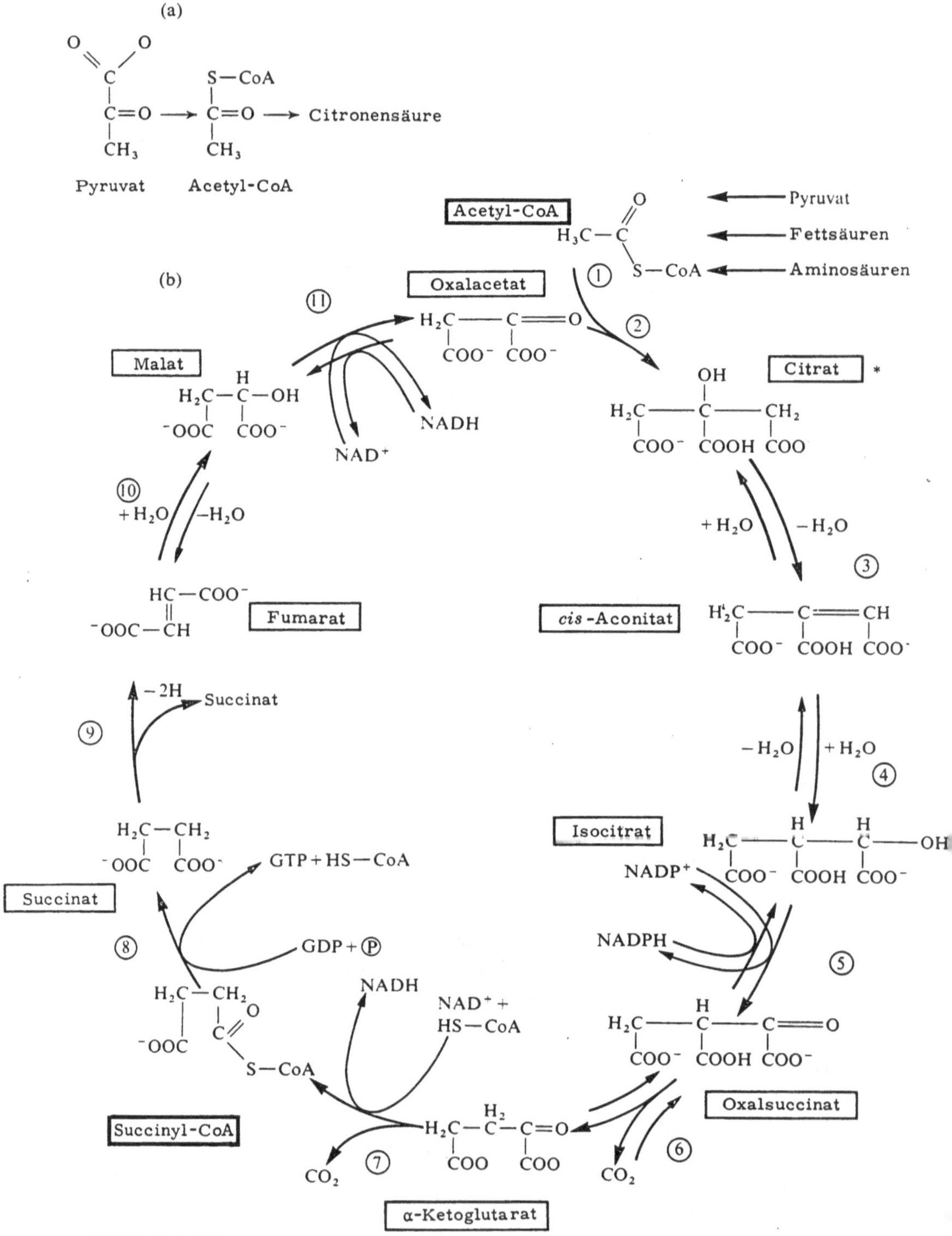

Abb. 6—7. (a) Pyruvat wird zu Acetyl-Coenzym A und anschließend zu Citrat (mit * markiert) umgewandelt; dies ist die eigentliche Ausgangssubstanz des Krebs-Zyklus. (b) Der Citronensäure- oder Krebs-Zyklus.

Im Verlaufe der verschiedenen Reaktionsstufen des Krebszyklus werden für jedes Molekül der aktivierten Essigsäure 2 Moleküle NADH, je 1 Molekül NADPH und $FAD \cdot H_2$ (s. unten) sowie 1 Molekül GTP gebildet. Alle diese kleinen Moleküle wirken

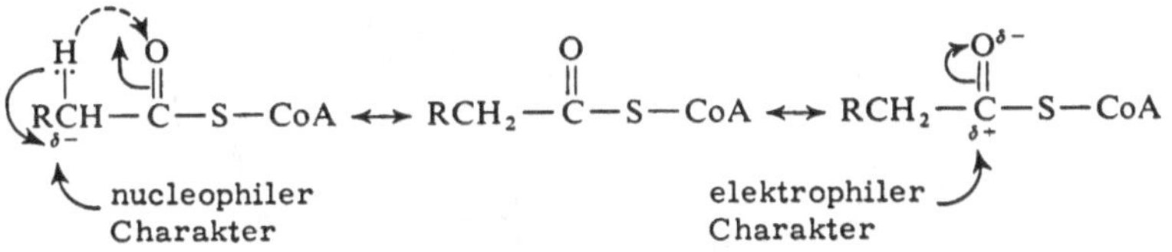

Abb. 6—8. Thioester (z. B. AcylCoA-Moleküle) besitzen eine doppelte Reaktionsfähigkeit, da sie einerseits am Carbonylkohlenstoffatom (ein elektrophiles Zentrum) eine positive Teilladung und anderseits am benachbarten Kohlenstoffatom (ein nucleophiles Zentrum) eine negative Teilladung tragen.

als Überträger der Energie, die schließlich im ATP gebunden wird. Zum Beispiel wandelt das GTP ein ADP in ATP um, indem es eine seiner Phosphatgruppen auf das ADP überträgt.

Atmungskette. Im Verlauf der Atmungskette bilden Bernsteinsäure und NADH, die aus dem Krebs-Zyklus stammen, zusammen mit Sauerstoff viele ATP-Moleküle, sowie am Schluß der Kette Kohlendioxid und Wasser. Während die Elektronen, die aus dem NADH und der Bernsteinsäure stammen, die Atmungskette „hinunter" wandern, geben sie ihre Energie ab; diese wird dann für die Umwandlung von ADP in ATP ausgenutzt.

Die frühen Untersuchungen des Elektronenmikroskopikers F. Moran und der Biochemiker Keilin, Hartree, Lehninger, King und anderer mehr haben gezeigt, daß sich die Enzyme des Elektronentransportes innerhalb der inneren Mitochondrienmembran befinden. Racker hat durch seine Arbeit die Lage dieser Enzyme innerhalb der inneren Membran klären können. Die NADH- und die Bernsteinsäure-Moleküle werden mit Hilfe der Krebszyklus-Enzyme innerhalb der Matrix gebildet. Man weiß heute, daß für den Fall der Bernsteinsäure die Bernsteinsäure-dehydrogenase, die das erste Enzym der Kette ist, auf der Seite der Matrix liegt, während sich das Cytochrom c, das auf der Stufe 5 der Abb. 6—7 wirkt, auf der entgegengesetzten Seite der inneren Membran befindet. Nach Rackers Annahme liegt das Cytochrom a_3 wiederum auf der Seite der Matrix, so daß die Atmungskette aus einer Enzym-Schleife bestehen würde, bei der die Substanzen auf der Seite der Matrix in die Kette eintreten und die Endprodukte der Oxidation diese auch wieder auf der gleichen Seite verlassen würden.

Die Endstufe bei der ATP-Bildung umfaßt die Kopplung der Phosphorsäure an das ADP. Das Enzym, das diesen Schritt katalysiert, ist die ATPase, die sich in den gestielten Teilchen auf der Matrix-Seite der inneren Membran befindet.

Obwohl auch isolierte Membranstücke die verschiedenen Stufen der Atmungs- oder Elektronentransportkette katalysieren können, sind nur unversehrte Membranen und Vesikel dazu imstande, die Endstufe, nämlich die Phosphat-Kopplung an das ADP zu katalysieren. Diese Beobachtung unterstützt Mitchells chemoosmotische Hypothese, nach der durch die Vektor-Anordnung der Enzyme in einer Schleife innerhalb der inneren

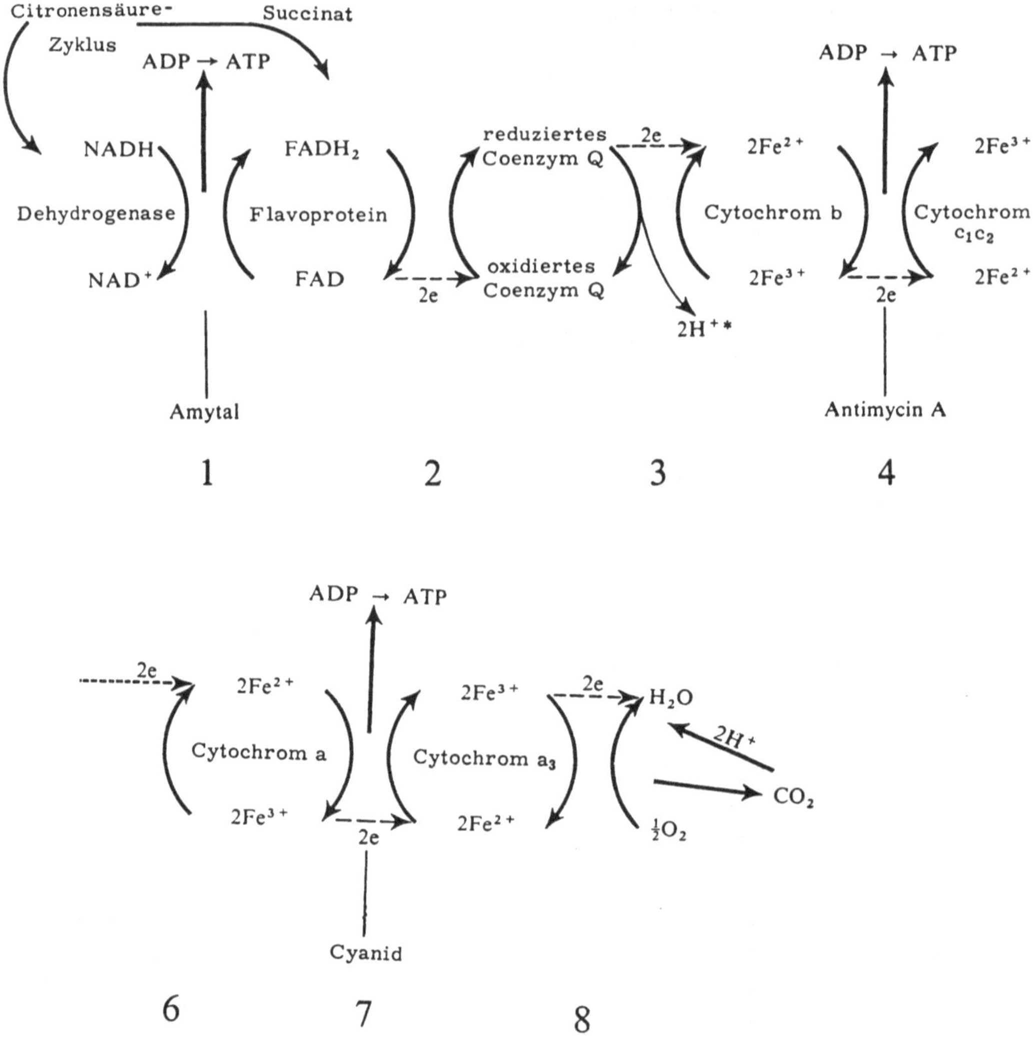

Abb. 6—9. Schematische Darstellung der aufeinanderfolgenden Oxidations-Reduktions-Reaktionen der Atmungskette. Die Stellen, an denen ATP gebildet wird, sind noch nicht genau bekannt. * markiert Wasserstoff-Ionen, die in einer frühen Reaktion der Kette entstehen und bei den Endstufen zur Bildung von Wasser benutzt werden. (Amytal, Antimycin A und Cyanid sind Atmungsgifte, deren Wirkungen im Text beschrieben sind.)

Membran osmotische Erscheinungen (vgl. Kap. 2) hervorgerufen werden, die den Fluß der Elektronen und der Protonen stabilisieren. Die alternative chemische Theorie dazu (s. S. 205) besagt, daß an der Kopplung der Phosphorsäure an das ADP chemische Zwischensubstanzen beteiligt sind.

Wir müssen aber an dieser Stelle betonen, daß die Reaktionsschritte, die in Abb. 6—9 dargestellt sind, nicht einem elektrischen Strom entsprechen. Der Ausdruck „Elektronentransport“ ist in dieser Beziehung irreführend. Die einzelnen Reaktionsschritte unterscheiden sich nicht grundsätzlich von den Redox-Reaktionen der anorganischen Chemie. Bei den hier betrachteten biochemischen Redox-Reaktionen ist einzig die Anordnung der Enzymmoleküle ungewöhnlich, die zusammen mit Lipidträgern in den Membranen der Mitochondrien sitzen. Dadurch kann aber die Bernsteinsäure in einer Reihe von kontrollierten Reaktionsschritten oxidiert werden, wobei die Energie in einzelnen „Paketen“ auf die ATP-Moleküle übertragen wird.

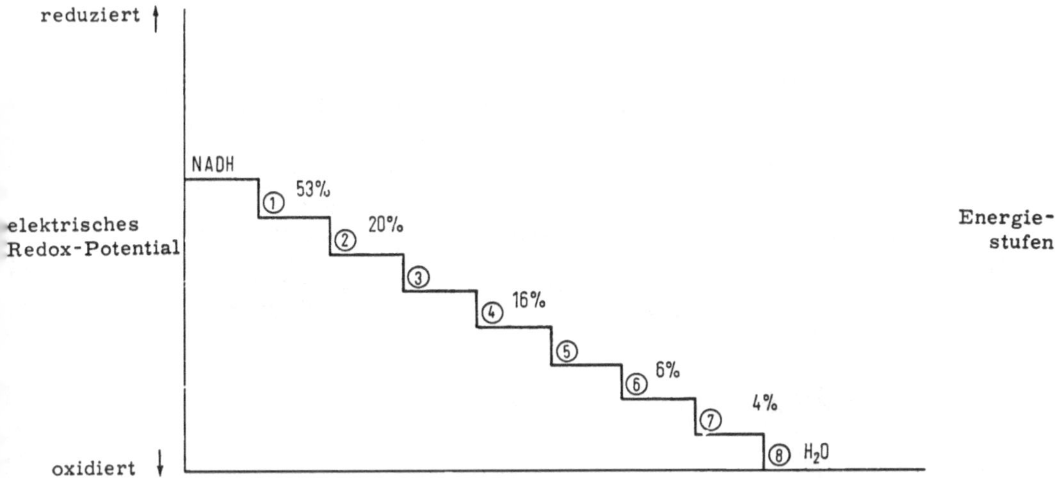

Abb. 6—10. Die Mengen (in %) der reduzierten Moleküle auf den verschiedenen Stufen der Atmungskette (nicht maßstabsgetreu dargestellt). Die Ziffern ①—⑧ entsprechen den Stufen 1 bis 8 der Atmungskette der Abb. 6—9.

Die Atmungskette umfaßt die folgenden Teilreaktionen:

1. Ein im Krebszyklus erzeugtes NADH-Molekül wird zu Beginn der Atmungskette zu NAD^+ oxidiert und kehrt in dieser Form wieder in den Krebs-Zyklus zurück. Bei der Oxidation des NADH-Moleküls wird ein anderes Coenzym, das Flavin-adenin-dinucleotid (FAD), reduziert. Die Struktur der oxidierten und der reduzierten Form dieses Coenzyms sind in der Abb. 6—3 e und 6—3 f dargestellt. FAD ist dauernd mit dem Enzymkatalysator, mit dem es bei dieser spezifischen Reaktion zusammenwirkt, verbunden. Man bezeichnet dieses Enzym deshalb als Flavoprotein (Abb. 6—3 d).

2. Der nächste Schritt schließt die Reaktion mit dem Coenzym Q ein (auch als Ubichinon bezeichnet); man kennt den genauen Ablauf dieser Reaktion noch nicht. Die Struktur des Coenzyms Q ist in der Abb. 6—4 dargestellt.

3. An dieser dritten Reaktionsstufe sind die Cytochrome, eisenhaltige Enzyme, beteiligt. Das Eisenatom liegt bei diesen Enzymen in der Mitte eines Porphyrinrings (s. Abb. 6 bis 11). Derartige Enzyme nehmen immer an Redox-Reaktionen teil, wobei die Reaktion

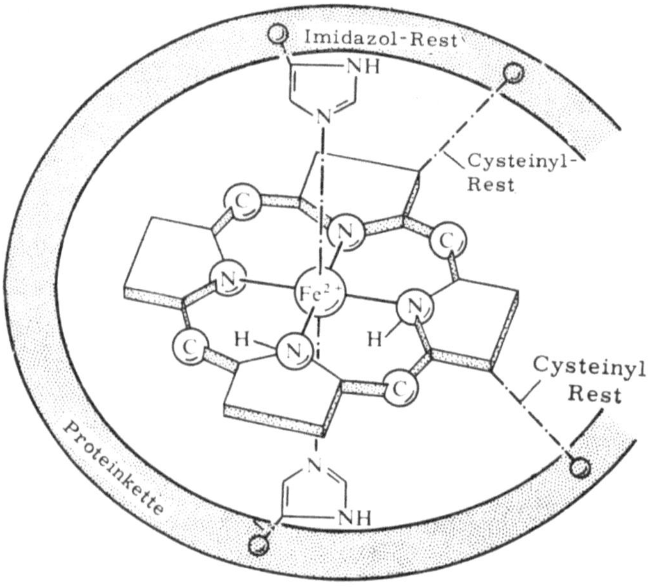

Abb. 6—11. Schematische Darstellung der flachen Porphyrinring-Struktur, die innerhalb einer tertiären Proteinstruktur liegt. Wahrscheinlich reagieren die Imidazol-Reste des Histidins in dem Protein mit dem Eisen des Porphyrins.

$Fe^{3+} + e \rightleftharpoons Fe^{2+}$ abläuft. Der Porphyrinring hat die Struktur

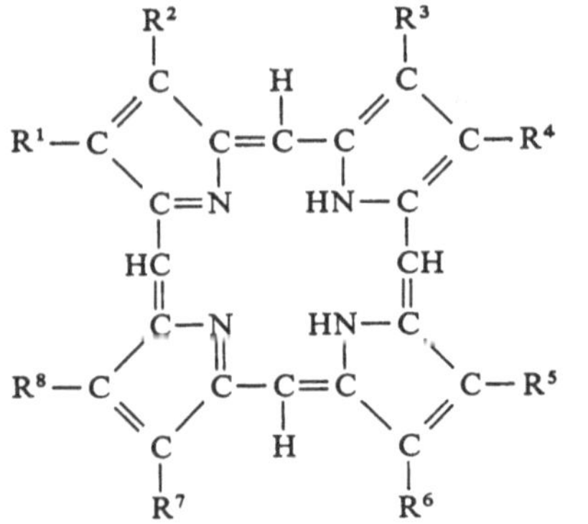

Die Ringe können in der folgenden Weise substituiert sein: Beim Cytochrom *c* ist $R^1 = CH_3$, $R^2 = CH{=}CH_2$, $R^3 = CH_3$, $R^4 = CH{=}CH_2$, $R^5 = CH_3$, $R^6 = CH_2{-}CH_2{-}COOH$ und $R^7 = CH_2{-}CH_2{-}COOH$. Der Porphyrinring ist flach, und die R-Gruppen verbinden sich, wie beim Myoglobin, mit den Seitenketten des Enzym-Proteins (vgl. Kap. 4). Die besonderen Eigenschaften des Enzyms ergeben sich aus dieser Verbindung des Proteins mit dem Porphyrinring. Da die Ringe konjugierte Doppelbindungen haben, besitzen sie Resonanzstrukturen. Man stellt sich vor, daß das Eisenatom gleichzeitig mit allen Stickstoffatomen, die untereinander gleichwertig sind, verbunden ist. Das Eisenatom besitzt in einer derartigen Verbindung ungewöhnliche Eigenschaften, durch die es unter spezifischen biologischen Bedingungen reduziert und wieder oxidiert werden kann.

Bei den Tieren sind mindestens fünf verschiedene Cytochrom-Arten bekannt, die als die Cytochrome b_1, c_1, c_2, a und a_3 bezeichnet werden (Abb. 6—9). Sie unterscheiden sich ein wenig in ihren Redoxpotentialen, da die relativen Anordnungen und die Strukturen der Porphyrinringe und des Proteins leicht variieren. Das Cytochrom a_3 führt die letzte Reaktion der Atmungskette durch, bei der die Elektronen auf den Sauerstoff übertragen werden; dieser verbindet sich dann mit den Wasserstoffatomen, die in einer früheren Reaktion frei geworden sind, zu Wasser.

Diese letzte Stufe der aeroben Atmung ist die einzige, bei der Sauerstoff aus der Luft benötigt wird. Green, Chance, Keilin und andere Forscher haben die komplizierten Cytochrom-Moleküle isoliert und charakterisiert.

Oxidative Phosphorylierung. Aus Abb. 6—9 geht hervor, daß mit Hilfe der Energie, die bei den verschiedenen Reaktionsschritten der Atmungskette entsteht, ADP in ATP umgewandelt wird. Da diese Reaktion endergonisch ist, sammelt sich die Energie im ATP-Molekül an. Der genaue Mechanismus dieser Reaktionen ist aber noch nicht bekannt. Um ihn aufzuklären, sind unter anderem bestimmte Reaktionsstufen der Atmungskette mit Amytal, Antimycin A und mit Cyanid „vergiftet" worden. Diese Gifte blockieren spezifische Gruppen der Enzyme, die für den Elektronentransport verantwortlich sind, indem sie sich mit diesen verbinden. Der Vorgang, bei dem ADP in ATP umgewandelt wird, wird als *oxidative Phosphorylierung* bezeichnet, weil die Energie, durch die die Phosphatgruppe an das ADP gebunden wird, aus einer Oxidation stammt:

$$\text{ADP} + \text{P}_a + \text{Energie} \rightarrow \text{ATP} \qquad (\text{P}_a = \text{anorganisches Phosphat})$$

Die Reaktionen der oxidativen Phosphorylierung umfassen verschiedene bis jetzt noch unbekannte Zwischenstufen.

Wadkins und Lehninger haben für diese Reaktionen die folgenden Mechanismen vorgeschlagen:

$$\text{Ⓟ} - \text{X} + \text{E} \rightleftharpoons \text{Ⓟ} - \text{E} + \text{X}$$

$$\text{Ⓟ} - \text{E} + \text{ADP} \rightleftharpoons \text{ATP} + \text{E}$$

wobei E das letzte Enzym einer Reihe von Reaktionen ist; X ist eine unbekannte Zwischensubstanz.

Abb. 6—10 zeigt, daß im Verlauf der Atmungskette die Zahl der reduzierten Coenzym- und Cytochrom-Moleküle nach und nach abnimmt. Die Änderung des Redoxpotentials, die man bei jedem Reaktionsschritt feststellen kann, ist ein Hinweis auf die Netto-Energieänderung, die bei der betreffenden Reaktion vorkommt.

In der Abb. 6—12 sind die verschiedenen Reaktionsschritte zusammengefaßt, durch die die Zelle mit Hilfe der Energie, die aus der Glucose stammte, ATP herstellt. Sie gewinnt dabei aus 1 mol Glucose 38 mol ATP.

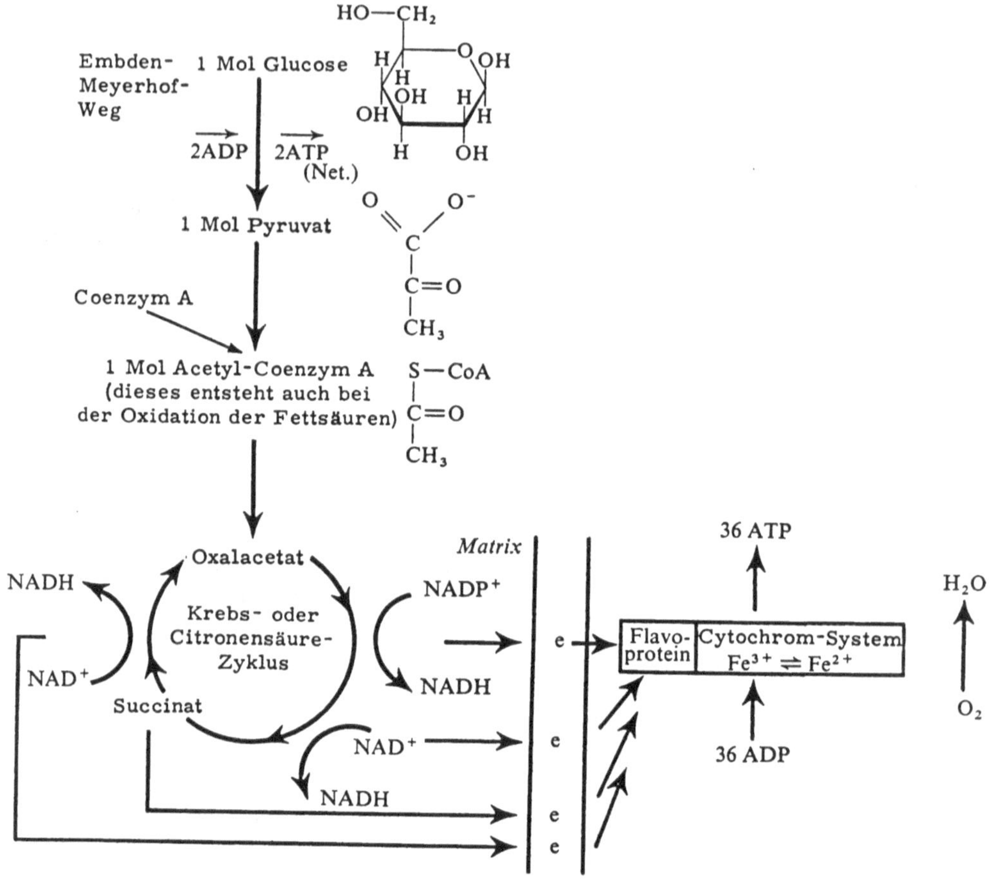

*Aminosäuren können, nachdem sie oxidativ desaminiert und transaminiert worden sind, ebenfalls in diesem biochemischen Weg verwendet werden.

Abb. 6—12. Schematische Darstellung der Schritte, bei denen in den Zellen Glucose für die Bildung von ATP ausgenutzt wird.

6.3. Chloroplasten und Photosynthese

Struktur der Chloroplasten. Vor fast 200 Jahren schrieb Joseph Priestley, daß die grünen Pflanzen „anstatt die Luft wie bei der tierischen Atmung zu benutzen, die Atmungsvorgänge umkehren". 1779 vermutete der holländische Physiker Jan Ingenhousz, daß grüne Pflanzen Kohlendioxid aus der Luft absorbierten und aufspalteten. Sie sollten am Schluß „nur Sauerstoff ausscheiden und den Kohlenstoff für sich als Nahrung behalten".

Die Photosynthese findet nur unter ausreichenden Lichtbedingungen statt: Winogradsky entdeckte aber 1880 gewisse Bakterien, die ihre Energie ohne Licht aus chemischen Quellen bezogen und Kohlendioxid folglich im Dunkeln einbauen konnten. Weiter beobachtete Engelmann in Utrecht, daß die Purpurbakterien, die eine Art von Photosynthese durchführen, *keinen* Sauerstoff ausscheiden. Die Photosynthese blieb folglich ein rätselhafter Vorgang, bis Van Niel (1949) eine neue Hypothese aufstellte, die sich als äußerst fruchtbar erwiesen hatte. Er nahm an, daß die Aufgabe des Lichtes darin besteht, die Wassermoleküle und nicht, wie bisher vermutet, das Kohlendioxid zu spalten. Arbeiten vor allem von Arnon und Calvin und von Benson und Bassham (seit 1948 in den USA) trugen zur Aufklärung der Photosynthesevorgänge wesentliche Daten bei.

Wir besprechen an dieser Stelle die wichtigsten Stufen der Photosynthese, die bei den Photosynthese-Bakterien und den grünen Pflanzen vorkommen. Der Vorgang besteht im wesentlichen aus den folgenden Reaktionsschritten:

Die Lichtreaktion

1. Absorption eines Lichtquants durch den grünen Chlorophyll-Farbstoff (s. Abb. 6—19).
2. Übertragung der Energie durch Übertragung eines Elektrons, das einen Cofaktor reduziert.
3. Die Energie wird in einer Elektronenübertragungs-Kette, ähnlich wie in den Mitochondrien, dazu benutzt, um aus ADP ATP zu bilden.

Bei Bakterien ist diese Folge von Reaktionen hauptsächlich cyclisch (cyclische Phosphorylierung). Bei grünen Pflanzen ist dagegen die acyclische Phosphorylierung wichtiger, da ein ständiger Elektronenfluß vorhanden ist (der aus den OH-Radikalen des Wassers stammt).

Die Dunkelreaktion

Die Dunkelreaktion umfaßt verschiedene biochemische Reaktionswege, durch die unter Verwendung der chemischen Energie aus NADPH (grüne Pflanzen) oder aus FADH (Bakterien), sowie aus ATP, das während der Lichtreaktion gebildet wird, Glucose entsteht.

Wir werden später zeigen, daß die Aufgaben der Chloroplasten und Mitochondrien einander sehr ähnlich sind; diese Tatsache ist aber erst vor wenigen Jahren erkannt worden.

Bereits die ersten Pflanzen-Cytologen hatten beobachtet, daß die Zellen, in denen die Photosynthese abläuft, Chloroplasten enthalten (das sind Organellen, die den grünen Farbstoff Chlorophyll enthalten). Meyer erkannte 1883 und Schimper 1885 in den Chloroplasten winzige Körnchen (*Grana*), die in eine farblose Grundsubstanz (*Stroma*) eingebettet sind; die Grana konnten im Lichtmikroskop gerade noch gesehen werden. Als man später die kolloidalen Eigenschaften der Chloroplasten untersuchte, wurde das Vorhandensein der Grana bestritten. Heitz konnte aber 1935 die Chlorophyll-Grana in den lebenden Zellen der Blätter höherer Pflanzen fotografieren. Die Chlorophyllkörnchen traten auf seinen Fotografien besonders deutlich hervor, da sie im roten Licht, das vom Chlorophyll absorbiert wird, aufgenommen worden waren. Heitz zeigte an diesen Fotografien, daß die Grana in Wirklichkeit Plättchen sind, die im Lichtmikroskop von der Seite her als Scheibchen erscheinen. Die Struktur der Chloroplasten konnte aber, wie alle anderen Cytoplasma-Strukturen, erst nach der Erfindung des Elektronenmikroskops endgültig aufgeklärt werden (erstmals 1940 durch Kausche und Ruskey).

Abb. 6—13 ist eine schwach vergrößerte, elektronenmikroskopische Aufnahme eines Chloroplasten, dessen Grana aus scheibenähnlichen Strukturen bestehen. 1951

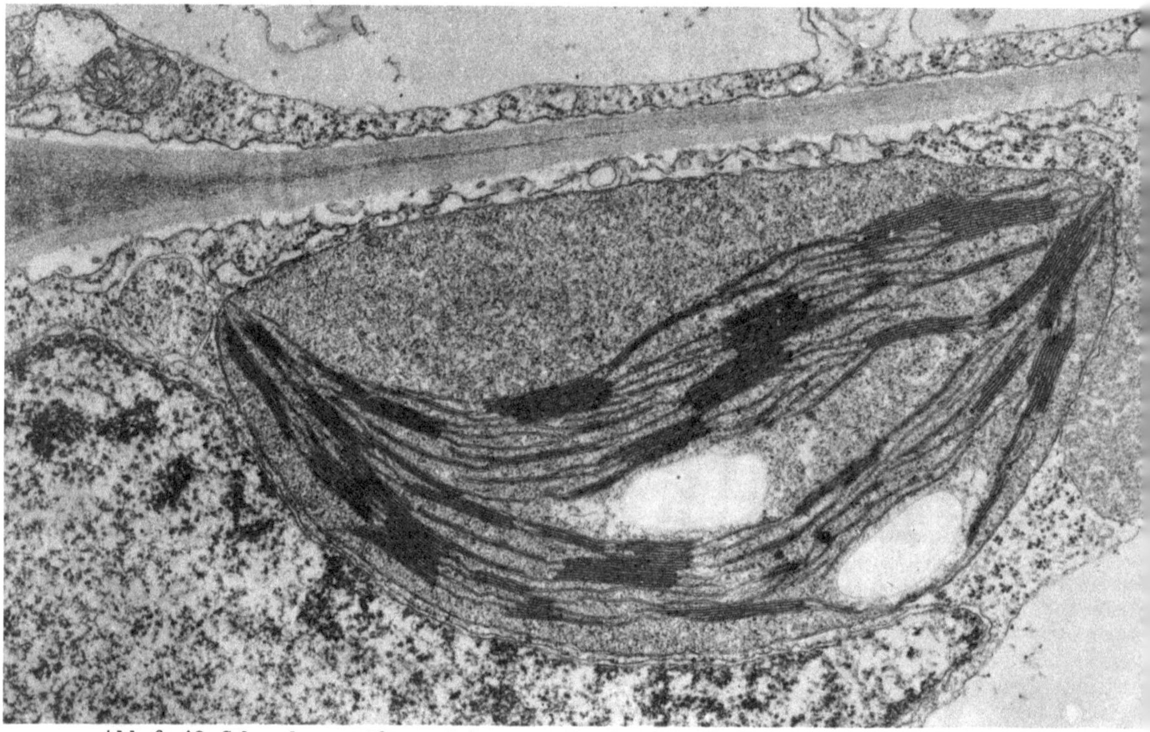

Abb. 6—13. Schwach vergrößerte, elektronenmikroskopische Aufnahme eines Chloroplasten. Die hellen Zonen sind stärkehaltige Plastiden. 22 000fache Vergrößerung. (Aus A. Greenwood.)

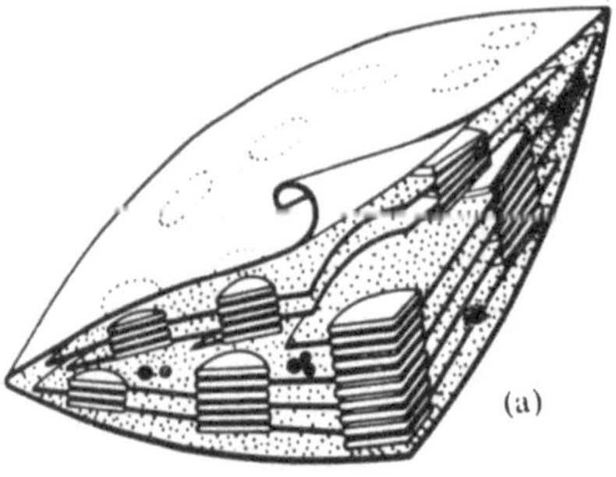

(a)

(b)

Abb. 6—14. (a) Schematische Darstellung eines Chloroplasten, dessen innere Struktur aus Grana-Stapeln besteht, die senkrecht zur Oberfläche angeordnet sind. (Aus D. von Wettstein.) (b) Schematische Darstellung der Ultrastruktur dreier Grana-Stapel, die durch anastomosierende Kanälchen untereinander verbunden sind. (Aus T. Elliot Weier.)

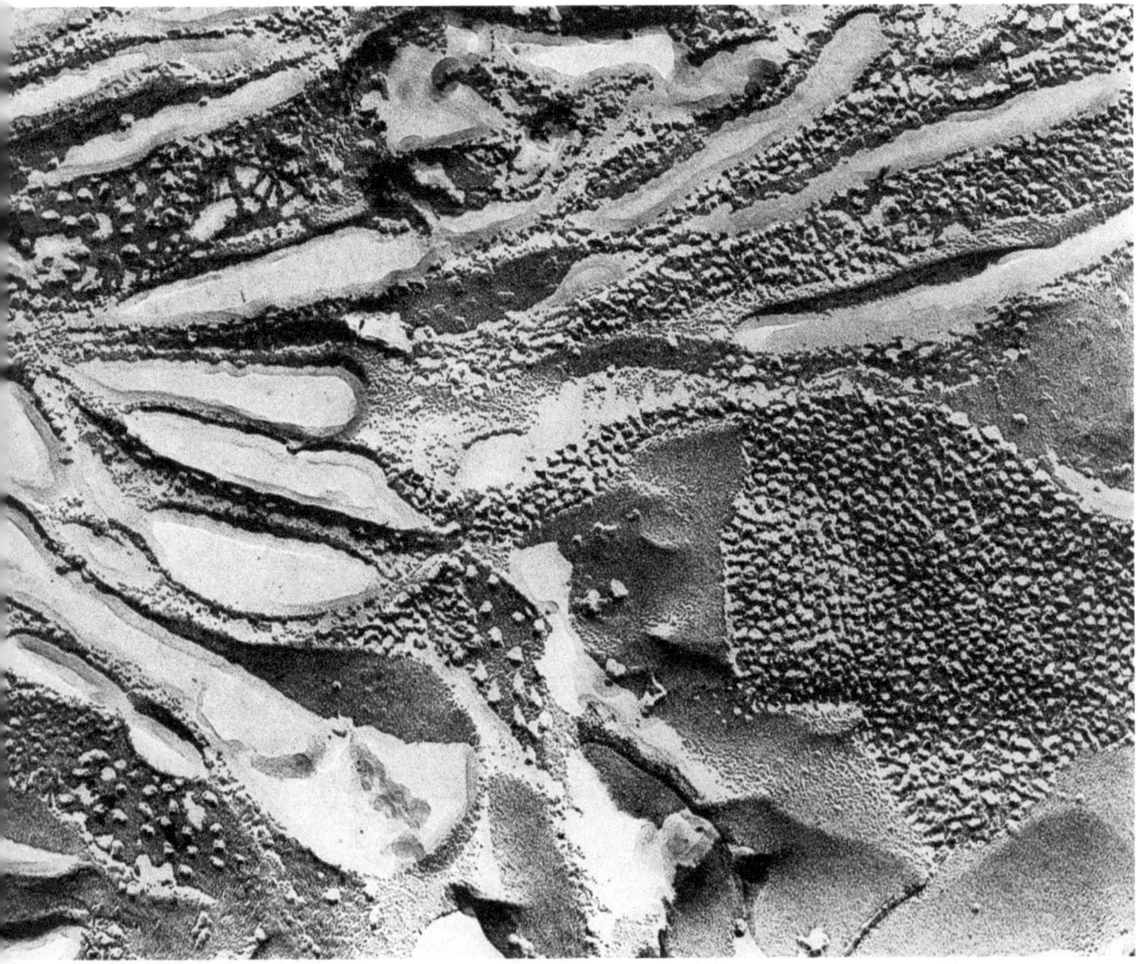

Abb. 6—15. Aufnahme eines Gefrierätz-Schnittes der „Quantosomen", die sich auf der Chloroplastenmembran von *Nicotiana tobaccum* befinden. 120 000fache Vergrößerung. (Aus K. H. Moor.)

führte Strugger mit den Chloroplasten Quellungsexperimente durch, die denjenigen glichen, die mit den Riesenchromosomen gemacht worden waren (s. Kap. 13). Dabei quoll der ganze Chloroplast seitlich auf, und Strugger konnte darin Lamellen nachweisen, die gleich einem Stapel von Geldstücken angeordnet waren. Zahl und Form der Lamellen sind in den verschiedenen Zellarten sehr unterschiedlich. Bei *Euglena gracilis* besteht jedes Granum aus 20 parallelen Lamellen, die 180--320 Å dick sind und in Abständen von 300—500 Å vorkommen. Die Chloroplasten von *Amphidinium elegans* werden hingegen ihrer ganzen Länge nach von Lamellenpaketen durchzogen. Bei den Algen fehlen die Grana meistens, und die langen Lamellen sind parallel zueinander angeordnet.

Abb. 6—14 b stellt die Lamellen als ein Netzwerk von anastomosierenden Doppelmembranen dar, die an verschiedenen Stellen aus den Lamellen auswachsen und miteinander verschmelzen. Der Zwischenraum ist vom *Stroma* ausgefüllt (in Abb. 6—14 a punktiert dargestellt). Alle Chloroplastenlamellen bestehen, im Gegensatz zu der einfachen Plasmamembran der Zelle, aus *Doppelmembranen*. Die Membranen sind zur Hauptsache aus Phospholipiden zusammengesetzt.

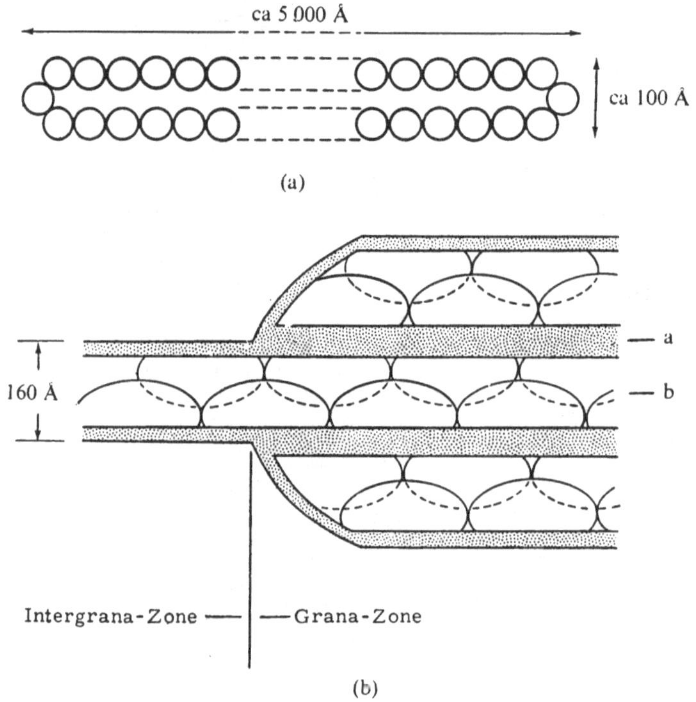

Abb. 6—16. (a) Die Struktur der Grana-Membranen, die aus einer Reihe von Partikeln aufgebaut sind; nach A. Frey-Wyssling. (Aus A. Frey-Wyssling.) (b) Die Partikel b sind einer Einheitsmembran a angeheftet; nach R. G. Park und N. G. Pon. (Aus R. B. Park.)

Zusammensetzung der Chloroplasten. Die Chloroplasten enthalten Protein, Lipide und Chlorophyll. Betrachtet man ganze Pflanzenzellen im Ultraviolett-Mikroskop, so zeigen sie einen Fluoreszenzeffekt, der vom Chlorophyll herrührt. Moor und Weier sowie Benson wiesen in neuerer Zeit in den Granamembranen, die sie im Elektronenmikroskop bei 300 000facher Vergrößerung untersucht hatten, feine Partikel nach. Diese wurden früher als Quantosomen bezeichnet, da man sie als die Grundeinheiten betrachtete, in denen die Photosynthese ablaufen sollte (Abb. 6—15). Moor benutzte bei seinen Untersuchungen die Gefrierätz-Methode, durch die er aufeinanderfolgende Schichten des Chloroplasten wie Zwiebelschalen wegbrechen konnte.

Man ist heute über die Grundstruktur der Granamembranen geteilter Meinung. Eine Forschergruppe unterstützt das sog. Granulamodell, das in Abb. 6—16 a dargestellt ist (Frey-Wyssling). Bei diesem Modell bestehen die Membranen aus einer Reihe von Partikeln, die dicht gepackt an der Außenseite liegen und wahrscheinlich aus einer

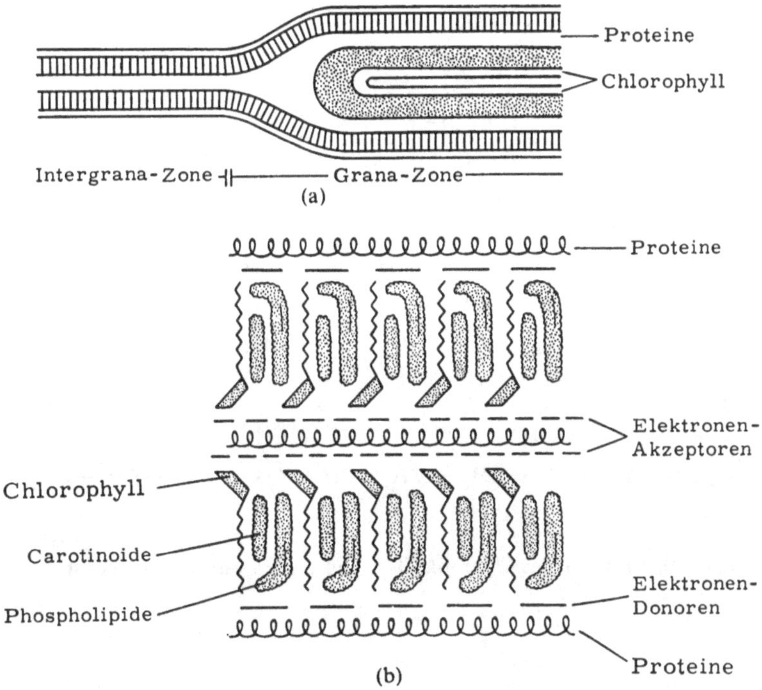

Abb. 6—17. (a) Die Lage des Chlorophylls innerhalb der Grana-Zone. (b) Die Chlorophyll-Moleküle schieben sich zwischen die Phospholipide; auf diese Weise könnten die Elektronendonoren und -akzeptoren wirksam angeordnet sein. [(a) und (b) nach J. Paul mit dessen Erlaubnis.]

Lipidhülle und einem Proteinkern bestehen. Nach einem anderen Modell sind die Partikel an eine Einheitsmembran gebunden und durchdringen sie (Abb. 6—16 b; Mühlethaler; Park und Pon). Die Partikel sind in diesem Modell stark ausgedehnt, wobei sich diejenigen von benachbarten Membranen jeweils überlappen. Diese gegenseitige Durchdringung ist in Abb. 6—17 b im Detail gezeigt. Man nimmt an, daß die Grana aus Schichten aufgebaut sind, in denen die Chlorophyllmoleküle in einer bestimmten Lage zwischen Elektronendonoren und -akzeptoren eingeschlossen sind. Die Chlorophyllmoleküle unterhalten durch ihre Lichtabsorption einen ständigen Elektronenfluß zwischen diesen Elektronendonoren und -akzeptoren.

Chemische Struktur und Funktion des Chlorophylls. Man kennt zwei Chlorophyll-Arten, das Chlorophyll *a* und das Chlorophyll *b*. Die Struktur des Chlorophylls *a* ist mit derjenigen der schon beschriebenen Cytochrome nahe verwandt, die in den Mitochondrien vorkommen. Auch hier ist ein Porphyrinring vorhanden, dessen konjugierte Doppelbindungen die Resonanzstruktur des Chlorophyll-Moleküls bedingen (Abb. 6—18). Das Eisenatom der Cytochrome ist beim Chlorophyll durch ein Magnesiumatom ersetzt. Das Chlorophyllmolekül erhält durch eine sehr lange Seitenkette des Porphyrinrings ein kaulquappenartiges Aussehen. Sein Ringsystem ist an den Punkten, die mit einem * gekennzeichnet sind, mit Essigsäure und Formaldehyd kondensiert, wodurch der ganze

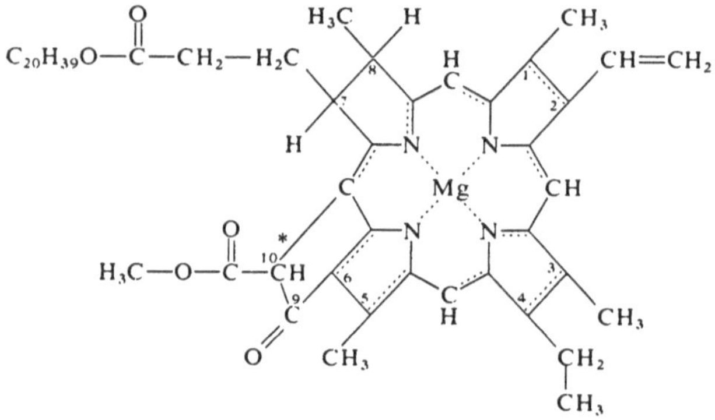

Chlorophyll *a*

$$C_{20}H_{39}OH = CH_3-\underset{}{\overset{CH_3}{\overset{|}{C}}}H-CH_2-[CH_2-CH_2-\overset{CH_3}{\overset{|}{C}}H-CH_2]_2-CH_2-CH_2-\overset{CH_3}{\overset{|}{C}}=CH-CH_2-OH$$

Phytol

Abb. 6—18. Struktur des Chlorophylls a und dessen Phytol-Seitenkette.

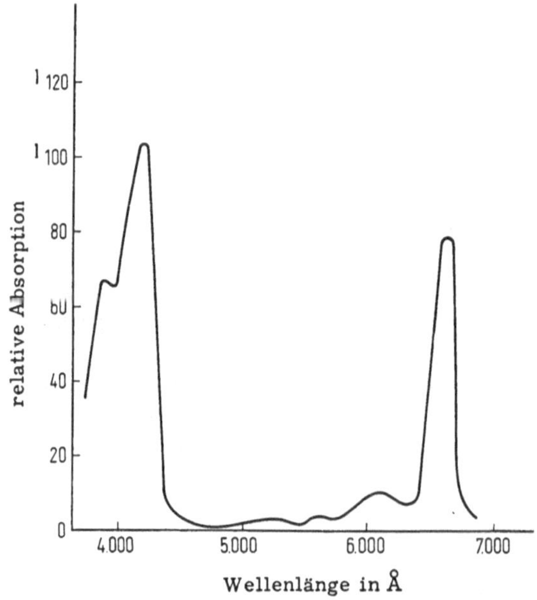

Abb. 6—19. Absorptionsspektrum von Chlorophyll.

Komplex weiter kompliziert wird. Chlorophyll *b* unterscheidet sich nur durch die Substitution einer Methylgruppe am Porphyrinring vom Chlorophyll *a*.

Die grüne Farbe der chlorophyllhaltigen Pflanzen stammt daher, daß Chlorophyll hauptsächlich die Lichtwellen des roten Spektralbereichs absorbiert (weiß minus rot ergibt grün). Die zweite Art von Pigmentmolekülen, die in den grünen Pflanzen vorkommen, sind die Carotinoide. Sie bestehen aus einer Kohlenstoffkette mit konjugierten Doppelbindungen; die zwei endständigen Gruppen sind aber nicht Porphyrin-, sondern Iononringe. Ihre Hauptaufgabe besteht darin, das Absorptionsspektrum des Chlorophylls zu verschieben.

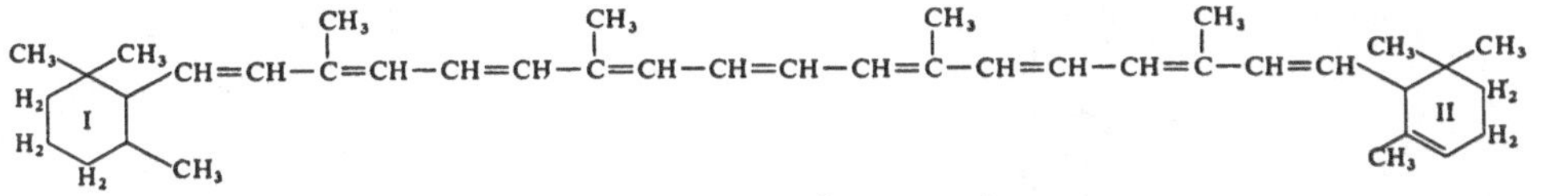

I β-Ionon-Ring
II α-Ionon-Ring

Reaktionsschritte der Photosynthese. Seit van Niel in seiner Arbeit über die Photosynthese der grünen Pflanzen gezeigt hatte, daß der erste Reaktionsschritt in der Spaltung von Wassermolekülen besteht, hat man diese Lichtreaktion der Photosynthese sehr genau untersucht und auch verstehen gelernt. Auch hier ist, wie bei der Atmung in den Mitochondrien, eine Elektronentransportkette beteiligt, in der die Cytochrome eine wichtige Rolle spielen; die Elektronen, die in die Reaktionskette der Photosynthese eintreten, stammen aber nicht aus dem Krebs-Zyklus, sondern werden durch die von Lichtquanten angeregten Chlorophyllmoleküle emittiert. Der englische Botaniker R. Hill lokalisierte alle Reaktionen, die bei der Photosynthese vorkommen, in den Chloroplasten. Er konnte zeigen, daß isolierte und belichtete Chloroplasten Sauerstoff ausscheiden (Hill-Reaktion).

Das allgemein angenommene Schema des Photosynthese-Vorgangs ist in Abb. 6—20 a dargestellt. Wir fassen an dieser Stelle die Reaktionsschritte dieses Vorgangs zusammen.

Die Lichtreaktion

a) Cyclische Phosphorylierung

Bei den Photosynthese-Bakterien findet die Photosynthese oft als cyclischer Vorgang statt. Es gelang Frenkel, in den isolierten Chromatophoren (das sind Zonen, die das Chlorophyll enthalten) des Bakteriums *Rhodospirillum rubrum* die Reaktionen der Photosynthese nachzuweisen. Die einzelnen Reaktionsschritte sind in Abb. 6—20 a dargestellt. Diese Reaktionen gleichen grundsätzlich denjenigen, die bei der Atmung in den Mitochondrien ablaufen. Auch hier wird ATP gebildet, wobei aber die Energie ursprünglich aus den absorbierten Lichtquanten und nicht, wie bei der Atmung, aus Glucose stammt. Die cyclische Phosphorylierung umfaßt die folgenden Reaktionsschritte:

1. Ein Elektron des Chlorophyllmoleküls wird durch ein absorbiertes Lichtquant auf eine höhere Energiestufe gehoben.

2. Dieses angeregte Elektron wird dann auf Vitamin K oder auf einen anderen Cofaktor vom Typ der auf Abb. 6—4 gezeigten Cofaktoren übertragen.

3. Das Elektron reduziert FAD zu $FADH_2$.

4. Als nächstes wird das Elektron, wie bei der Atmung in den Mitochondrien, auf eine Cytochrom-Kette übertragen. Die Energie aus dem Elektron dient dazu, aus ADP ATP aufzubauen.

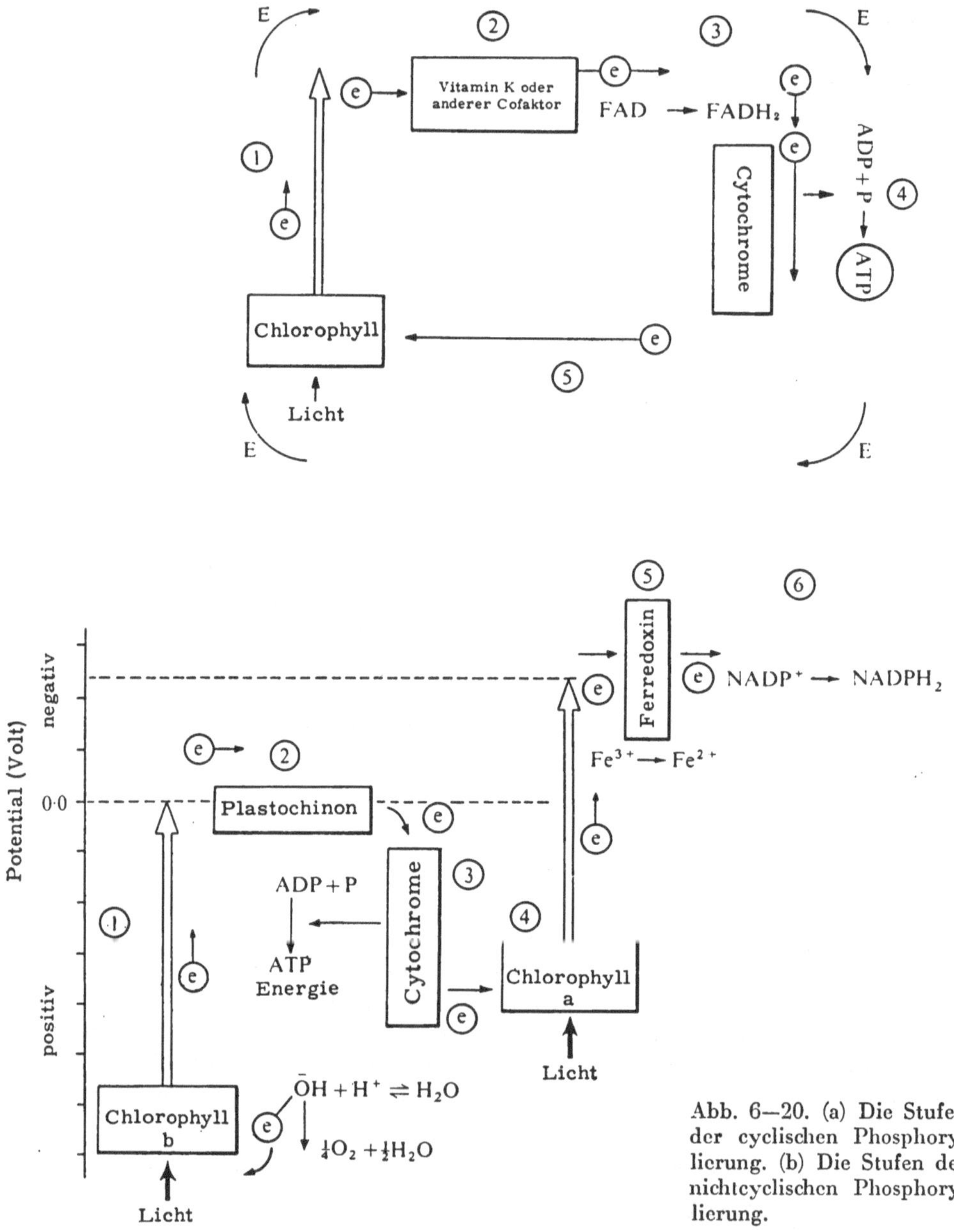

Abb. 6—20. (a) Die Stufen der cyclischen Phosphorylierung. (b) Die Stufen der nichtcyclischen Phosphorylierung.

5. Das Elektron kehrt dann wieder auf die niedrige Energiestufe im Chlorophyllmolekül zurück. (Man sollte korrekterweise nicht von einem individuellen Elektron sprechen, da in Wirklichkeit ein ständiger Elektronenfluß vorhanden ist.)

b) Nichtcyclische Phosphorylierung

Die nichtcyclische Phosphorylierung, bei der Lichtquanten durch die Chlorophylle *a* und *b* absorbiert werden, läuft in den grünen Pflanzen ab. Sie unterscheidet sich von der cyclischen Phosphorylierung im wesentlichen dadurch, daß die Elektronen des Chlorophylls nicht mehr zu diesem zurückkehren, sondern dazu verwendet werden, aus $NADP^+$ NADPH zu bilden; sie werden durch Elektronen aus einem Wassermolekül ersetzt. Dieser Vorgang besteht aus folgenden Reaktionsschritten:

1. Ein Chlorophyll *b*-Molekül absorbiert ein Lichtquant. Das Elektron des Chlorophylls, das dadurch auf eine höhere Energiestufe gehoben wird, verläßt das Chlorophyllmolekül; dieses System verhält sich wahrscheinlich wie ein Halbleiter. Die „Lücke" im Chlorophyllmolekül wird durch ein Elektron besetzt, das aus den OH^--Ionen des Wassers stammt. Das $Chlorophyll^+$ (dem ein Elektron fehlt) fungiert folglich als Elektronenempfänger. Wasser enthält bei pH 7 wegen des Dissoziationsgleichgewichts ($H_2O \rightleftharpoons H^+ + OH^-$) ständig OH^--Ionen. Die OH-Radikale, die nach der Übertragung des Elektrons auf das $Chlorophyll^+$ zurückbleiben, bilden dann Sauerstoff und Wasser ($4\,OH^\bullet \rightarrow 2\,H_2O + O_2$).

2. Das angeregte Elektron, das aus dem Chlorophyll stammt, reduziert zuerst Plastochinon.

3. Anschließend wird das Elektron auf eine Cytochromkette übertragen, wobei seine Energie für die Bildung von ATP (2 mol) ausgenutzt wird.

4. Das Elektron, das sich jetzt wieder in einem niedrigen Energiezustand befindet, besetzt die freie Energiestufe eines angeregten Chlorophyll *a*-Moleküls. Dieses hatte zuvor ein Lichtquant absorbiert, wodurch ein angeregtes Elektron emittiert wurde.

5. Das angeregte Elektron des Chlorophylls *a* erreicht eine äußerst hohe Energiestufe (−0,423 V, als Redoxpotential ausgedrückt).
Dieses Elektron vermag das Ferredoxin zu reduzieren, das die in der Natur vorkommende Substanz mit der höchsten Elektronegativität ist.

6. Ferredoxin reduziert seinerseits $NADP^+$ zum NADPH.

Bei der acyclischen Phosphorylierung besteht also ein ständiger Elektronenfluß von den OH^--Ionen aus dem Wasser zu den NADPH-Ionen; letztere werden bei der Dunkelreaktion benötigt.

Wie bei den Mitochondrien, so wird auch bei den Chloroplasten der Elektronentransport verhindert, wenn ihre Lipide bei niedrigen Temperaturen extrahiert werden. Sobald aber die Lipide wieder in die Chloroplasten eingebaut werden, beginnt der Elektronentransport erneut. Daraus geht hervor, daß auch diese Kette von Redox- und Elektronenübertragungsreaktionen in einer hochorganisierten Struktur ablaufen muß, in der die einzelnen Reaktionen räumlich voneinander getrennt sind.

Die Dunkelreaktion

Die NADPH- und ATP-Moleküle, die während der Lichtreaktion gebildet worden sind, treten jetzt in einen Reaktions-Zyklus ein, in dem das CO_2 fixiert wird. Diese Reihe von Reaktionen gleicht gewissermaßen derjenigen des Krebs-Zyklus, aber die Dunkelreaktionen der Photosynthese laufen mit Hilfe der Energie, die im Verlaufe der Lichtreaktion aus der Sonnenenergie eingefangen worden war, in entgegengesetzter Richtung ab. Folgendes Energieverhältnis liegt bei dieser Reaktion vor:

$$6\,CO_2 + 6\,H_2O \rightarrow C_6H_{12}O_6 + 6\,O_2\ (\Delta F' = +685\,000\ \text{cal})$$

1940 begannen Ruben und Kamen als erste damit, die Dunkelreaktionen und die damit verbundene Fixierung des Kohlenstoffs aufzuklären. Sie führten ihre Untersuchungen mit ^{14}C-markiertem CO_2 aus, das sie den Chloroplasten zuführten. Calvin, Benson und Bassham wendeten diese Markierungsmethode bei den einzelligen Algen *Chlorella pyrenoidosa* und *Scenedesmus obliquus* an. Sie unterbrachen die Dunkelreaktionen auf verschiedenen Stufen ganz plötzlich, indem sie die Algen in Alkohol (als Fixiermittel) fallen ließen, und konnten so die Zwischensubstanzen bestimmen. Sie fanden dabei 30 Sekunden nach Zugabe von markiertem $^{14}CO_2$ die Radioaktivität in der Carbonylgruppe der 3-Phosphoglycerinsäure (Abb. 6—21) konzentriert. Wir wissen heute, daß die 3-Phosphoglycerinsäure (PGA) nicht aus einer C_2-Verbindung, sondern aus einer C_5-Verbindung, nämlich aus dem D-Ribulose-1,5-diphosphat entsteht. Diese wird dabei in zwei Bruchstücke aufgespalten, wobei zugleich CO_2 und Wasser gebunden werden (Abb. 6—21).

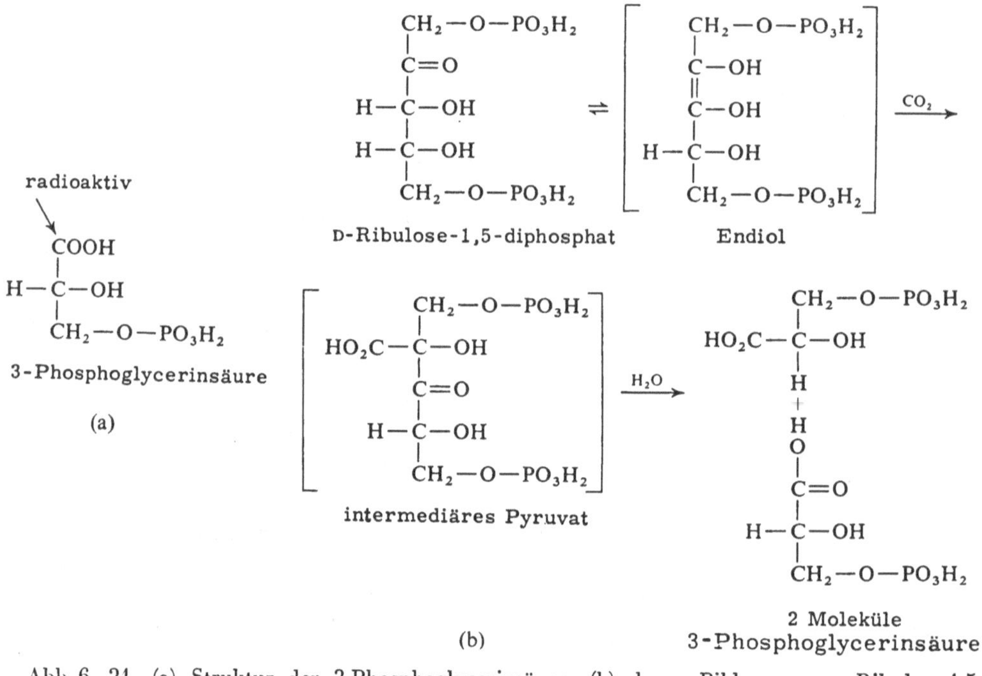

Abb. 6—21. (a) Struktur der 3-Phosphoglycerinsäure; (b) deren Bildung aus D-Ribulose-1,5-diphosphat.

Aus 3-Phosphoglycerinsäure bildet sich mit Hilfe eines ATP- und eines NADH-Moleküls, die bei der *Lichtreaktion* entstanden sind, das Zuckermolekül *Triosephosphat*. Die Reaktionen, die an dieser Zuckerbildung beteiligt sind, gehören zu einem Kohlenstoff-Zyklus, der in der Abb. 6—22 dargestellt ist. Bei diesem Zyklus werden beide

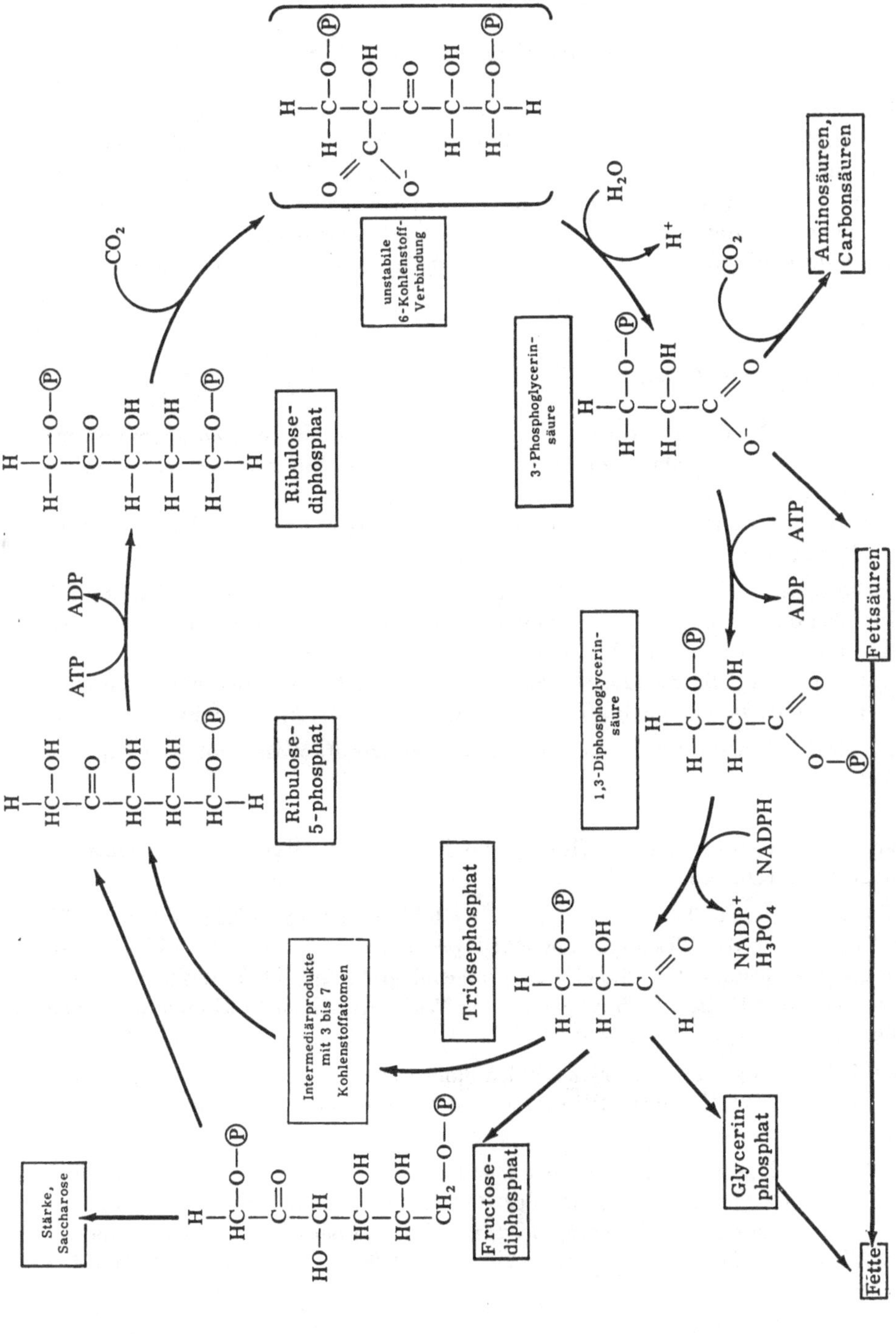

Abb. 6–22. Endprodukte der Photosynthese sind Kohlenhydrate und weiterhin Fettsäuren, Fette, Carbonsäuren und Aminosäuren. Das Schema stellt einen stark vereinfachten Kohlenstoff-Zyklus dar.

ATP-Moleküle und das NADPH-Molekül, die bei der Lichtreaktion entstanden sind, verbraucht. In dem Zyklus werden die Zuckermoleküle hergestellt, die die Pflanzen dann in Form von Stärkemolekülen speichern.

Synthese von Fetten, Aminosäuren und Carbonsäuren. Abb. 6—22 faßt die verschiedenen anderen Dunkelreaktionen zusammen, die in den Pflanzenzellen ablaufen. Ein Teil des Triosephosphats, das in diesem Zyklus gebildet wird, wird in Fructosephosphat und später in Stärke umgewandelt, ein anderer Teil wird in *Glycerinphosphat* überführt; aus dem Rest entsteht Ribulose-5-phosphat, das erneut in den Kohlenstoff-Zyklus eintritt. Der Anteil der 3-Phosphoglycerinsäure, der nicht durch weitere Phosphorylierung zur 1,3-Diphosphoglycerinsäure im Zyklus verbleibt, dient anderen biochemischen Reaktionen als Ausgangssubstanz, aus der dann *Fettsäuren, Aminosäuren* und *Carbonsäuren* entstehen.

6.4. Energieumsatz in Zellen

Gewisse Bakterien beziehen ihre Energie aus der Oxidation von gelösten anorganischen Salzen; diese Salze wären aber ohne die photosynthetische Tätigkeit der grünen Pflanzen kaum verfügbar.

Der Energieumsatz bei der Photosynthese in Bakterien (Abb. 6—20 a) umfaßt die folgenden Reaktionsschritte:

1. Die Lichtenergie tritt in Form von Photonen, mit der Energie $h\nu$ in das Chlorophyll ein; h ist dabei die Planckscho Konstante und ν die Frequenz der Lichtwellen. Die Energie des Lichtes der Wellenlänge 6500 Å beträgt $h\nu = 3{,}05 \times 10^{-12}$ erg.
Ein Elektronenvolt ist die Energie, die ein Elektron beim Durchlaufen einer Spannung von 1 Volt gewinnt; sie beträgt $1{,}601 \times 10^{-12}$ erg. Folglich ist $h\nu = 1{,}9$ eV.

2. Zwei Moleküle Wasser werden in molekularem Sauerstoff, Wasserstoff-Ionen und in Elektronen gespalten.

$$2\,H_2O \rightarrow O_2 + 4\,H^+ + 4e$$

Bei dieser Reaktion gewinnt jedes Elektron ein Redoxpotential von 0,82 eV, gemessen bei Standardtemperatur und -druck.

3. Die Potentialänderung bei Reaktion $FAD^+ \rightarrow FADH_2$ beträgt $-0{,}28$ eV; das heißt, daß die Übertragung des Elektrons zum $FADH_2$ $+\,0{,}82 - (-0{,}28) = 1{,}1$ eV erfordert. Die Energie des Lichtquanten (1,9 eV) ist genügend groß, um die Reduktion des Cofaktors zu bewirken. Es ist jedoch schwierig, den Wirkungsgrad des Lichtquanten genau zu bestimmen.

4. In der Reihe der Cytochrom-Enzyme finden dann weitere Energieübertragungen statt, die zu der Bildung von ATP aus ADP führen. Die Änderung der freien Energie ist dabei jedesmal $\Delta F' = +8900$ cal.

5. Wie Abb. 6—22 zeigt, werden bei der Bildung eines Hexosezuckers 18 ATP- und 12 NADPH-Moleküle benötigt. Das $\Delta F'$ der Reduktion des $NADP^+$ zum NADPH beträgt +52 600 cal, so daß die Änderung der freien Energie bei der Bildung der Glucose aus den ATP- und den NADPH-Molekülen $-160\,200 - 631\,200 = -791\,400$ cal beträgt.

Wie wir schon erwähnt haben, beträgt bei der Bildung der Glucose aus CO_2 und Wasser die Änderung der freien Energie +685 000 cal. Die Energie, die in den 18 ATP- und den 12 NADPH-Molekülen gespeichert ist, reicht deshalb für die Bildung eines Moleküls Glucose sehr gut aus.

6. Die Energie, die jetzt in der Glucose gespeichert ist, kann von den pflanzlichen und tierischen Zellen auf mehrere Arten nutzbar gemacht werden. Am wirksamsten wird sie dabei durch die Glykolyse, den Krebs-Zyklus und die oxidative Phosphorylierung ausgenutzt.

a) *Glykolyse*

$$\underset{\text{Glucose}}{C_6H_{12}O_6} + 2\,NAD^+ \rightarrow 2\,\underset{\text{Pyruvat}}{CH_3{-}CO{-}COOH} + 2\,NADH + 2\,H^+$$

$$(\Delta F' = -37\,000\ \text{cal})$$

Im Verlaufe dieser Reaktionen werden 2 mol ATP ($\Delta F' = +17\,800$ cal) gewonnen; der Wirkungsgrad bis hierher beträgt ungefähr 48%.

b) *Krebs-Zyklus und oxidative Phosphorylierung*

Für jedes Wasserstoffatom-Paar, das zu Wasser oxidiert wird, entstehen drei Moleküle ATP (vgl. Abb. 6—9):

$$NADH + H^+ \rightarrow NAD^+ + 2\,H \qquad (\Delta F' = -52\,000\ \text{cal})$$

$$2\,H \xrightarrow{+1/2\,O_2} H_2O$$

Die Bildung von drei Molekülen ATP erfordert 3 × 8 900 = 26 700 cal. Der Wirkungsgrad beträgt auch bei diesen Reaktionen ungefähr 50%.

Es ist immer wieder hervorzuheben, wie wichtig bei der Photosynthese, der Glykolyse und der Atmung die Phosphatester sind. Das ATP kann dabei auf folgende Weise dargestellt werden (s. Kap. 2.):

$$\text{Adenosin} —— \underset{\substack{(\Delta F' = \\ 2200\ \text{cal})}}{Ⓟ} —— \underset{\substack{(\Delta F' = \\ 6500\ \text{cal})}}{Ⓟ} —— \underset{\substack{(\Delta F' = \\ 8900\ \text{cal})}}{Ⓟ}$$

Dient jetzt das ATP zur Bildung eines Esters, z. B. des Zuckers Ribulose-diphosphat (Abb. 6—22), so wird die Energie aus dem ATP auf das Zuckermolekül übertragen und dort gespeichert. Mit dieser Energie können dann weitere Reaktionsschritte der Photosynthese vorangetrieben werden.

In ähnlicher Weise liefert im Embden-Meyerhof-Weg (s. Abb. 6—2) die Veresterung der Glucose, die zur Bildung des Glucose-1-phosphats führt (wobei die Phosphatgruppe aus dem ATP stammt) die Energie, die die Stabilität des Glucoserings erniedrigt; dieser Ring wandelt sich deshalb ohne weitere ATP-Moleküle in Glucose-6-phosphat und dann in Fructose-6-phosphat um. Dient Glykogen als Energiequelle der Zellen, so wird die Energie, die durch die Polymerisierung im Molekül gespeichert worden ist, bei der Phosphorylierung wieder verwendet; bei diesem Reaktionsschritt wird deshalb kein ATP benötigt. Die späteren Reaktionsschritte des Glucose-Abbaues liefern dann große Mengen von ATP, bis die Glucose schließlich vollständig zu Kohlendioxid und Wasser oxidiert worden ist.

Literatur

Hofmann, E.: Dynamische Biochemie II. Enzyme und energieliefernde Stoffwechselreaktionen. Akademie-Verlag, Berlin 1972.
Klotz, J. M.: Energetik biochemischer Reaktionen. 2. Aufl., G. Thieme, Stuttgart 1971.
Lehninger, A. L.: Bioenergetik. G. Thieme, Stuttgart 1970.
Lehninger, A.: The Mitochondrion. W. A. Benjamin, New York 1964.
Mohr, H.: Lehrbuch der Pflanzenphysiologie. 2. Aufl., Springer, Berlin-Heidelberg-New York 1971.
Rapoport, S. M.: Medizinische Biochemie. 4. Aufl., VEB Verlag Volk und Gesundheit, Berlin 1966.
Richter, G.: Stoffwechselphysiologie der Pflanze. 2. Aufl., G. Thieme, Stuttgart 1972.
Rotzsch, W.: Einführung in die funktionelle Biochemie der Zelle. J. A. Barth, Leipzig 1970.
Skulačev, V. P.: Energietransformation in Biomembranen. Izd. Nauka, Moskau 1972.
Vartapetjan, B. B.: Molekularer Sauerstoff und Wasser im Metabolismus der Zelle. Izd. Nauka, Moskau 1970.

7. Biosynthese von Baueinheiten

Es ist bedauernswert, aber wahrscheinlich unvermeidlich gewesen, daß in der Vergangenheit die Chemiker und sogar die Molekularbiologen einen großen Teil der Biochemie nur vom analytischen Gesichtspunkt aus untersucht haben, ohne dabei die Struktur und die Funktion der lebenden Zellen als Einheit berücksichtigt zu haben. Wir werden in diesem Kapitel die Biochemie nur als einen, aber sehr wichtigen Zweig der Zellbiologie betrachten. Die besonderen Gesichtspunkte dieses Gebietes sind in früheren Kapiteln besprochen worden (die Biosynthese der Nucleinsäuren in Kap. 3, die Biosynthese der Proteine in Kap. 4 und die Energiequellen der Zellen in Kap. 6).

Die biochemischen Reaktionen, durch die die Zellen ihre Makromoleküle rasch herstellen, werden durch Enzyme katalysiert, welche die Aktivierungsenergie der Reaktionen erniedrigen. Die Makromoleküle, d. h. Nucleinsäuren, Proteine, Lipide und Polysaccharide, werden von den wachsenden und sich teilenden Zellen zum Aufbau der Zellstrukturen benutzt, während sie in den ausgewachsenen Zellen, die sich nicht mehr teilen, gewisse Strukturen ersetzen und Energie speichern. Für Nucleinsäuren werden Purine und Pyrimidine benötigt, für Proteine Aminosäuren, für neutrale Lipide und Phospholipide Fettsäuren und für Polysaccharide einfache Zucker.

Die Zellen können bestimmte Zwischensubstanzen für den Aufbau von mehreren unterschiedlichen Molekülen ausnutzen, wodurch die Wirksamkeit der Reaktionen und damit die Überlebensfähigkeit der Zelle erheblich gesteigert wird; zum Beispiel werden aus den Purinen und den Pyrimidinen nicht nur die Nucleinsäuren, sondern auch andere wichtige Nucleotide (Adenosin-triphosphat, ATP, und Nicotinamid-adenin-dinucleotid, NAD^+) hergestellt. Die Biochemie der Zellen ist wegen der vielen unterschiedlichen biochemischen Wege, die durch gemeinsame Zwischensubstanzen untereinander zusammenhängen, ein äußerst kompliziertes Gebiet. Jeder einzelne Reaktionsschritt ist aber eine einfache chemische Reaktion, die durch ein spezifisches Enzymmolekül katalysiert wird. Wir werden in diesem Kapitel nur wenige wichtige biochemische Reaktionen beschreiben.

7.1. Die Enzyme

Seitdem die Brüder Buchner das erste Enzym isoliert hatten, sind sehr viele weitere Enzymproteine mit immer besseren Methoden isoliert und gereinigt worden. Willstätter und seine Mitarbeiter stellten in den zwanziger Jahren eine große Zahl von Enzymen rein dar; Dixon und Kodama isolierten 1926 die Xanthinoxidase, und Northrop und seine Mitarbeiter konnten in den späten zwanziger Jahren einige gereinigte proteolytische Enzyme sogar kristallisieren. Diese kristallisierten globulären Proteine konnten dann mit Hilfe der Röntgenbeugungs-Methode genauer untersucht werden. Man kennt heute die Gesamtstruktur mehrerer Enzyme, da man die Aminosäurensequenz ihrer Proteinketten bestimmt und die Moleküle einer Kristallstrukturanalyse unterzogen hat. Abb. 7—5 zeigt die Struktur des Enzyms Lysozym, das wir im folgenden besprechen werden.

Viele der biochemischen Reaktionen laufen in den lebenden Zellen äußerst rasch ab. Eine Bakterienzelle stellt zum Beispiel als Antwort auf eine bestimmte Umwelt-Änderung in wenigen Minuten ein erforderliches Protein her. Diese Leistung wäre ohne Enzymkatalysatoren nicht möglich.

Die Geschwindigkeit einer bestimmten Enzym-Reaktion hängt von der Konzentration der Substanz (des *Substrates*) ab, auf die das Enzym einwirkt. Ein Makromolekül wird auf biochemischem Wege um so schneller gebildet, je schneller die Reaktionsprodukte des einen enzymkatalysierten Reaktionsschrittes zu dem Enzym des nächsten Schrittes übertragen werden; die Synthesegeschwindigkeit hängt folglich von den Entfernungen der Enzyme zueinander ab. Wir haben ein derartiges Montagerampen-System schon bei der Atmungskette beobachten können (s. Kap. 6). Die Substratmoleküle können bei dieser Anordnung der Enzyme an bestimmten Stellen der Zelle verhältnismäßig hohe Konzentrationen erreichen. In Abb. 7—1 ist die Lokalisation einiger wichtiger Enzymgruppen der tierischen Zellen dargestellt. Bei den grünen Pflanzen sind zudem die Enzyme, die bei der Photosynthese benötigt werden, in den Chloroplasten lokalisiert (s. Kap. 6).

Die Enzymreaktionen laufen in Gegenwart von *Cofaktoren* sogar noch wirksamer ab. Da die Cofaktoren durch die Reaktionen nicht verändert werden, kann man sie als Teile der Enzym-Katalysatoren betrachten. Sie werden in die folgenden drei Hauptgruppen eingeteilt: 1. Die *Coenzyme* — das sind kleine, organische Moleküle, die leicht von den Enzymen abgetrennt werden können und häufig als Überträger von besonderen Gruppen wirken; 2. die *prosthetischen Gruppen*, die ein Teil der Enzyme selbst sind; und 3. die *Metallaktivatoren*. In Abb. 7—2 sind einige wichtige Coenzyme und prosthetische Gruppen und deren Funktionen aufgeführt. Die Coenzyme enthalten meistens eine Vitamin-Untereinheit; wahrscheinlich spielen die Vitamine deshalb in der tierischen Nahrung eine äußerst wichtige Rolle.

Ein Beispiel für ein Coenzym ist das Nicotinamid-adenin-dinucleotid (NAD^+; s. Abb. 7—14). Der Mensch muß die Nicotinsäure oder das Nicotinsäureamid (ein Vitamin aus der B-Gruppe) aus der Nahrung beziehen. Das NAD^+ wirkt bei den enzymkatalysierten Redox-Reaktionen als Wasserstoffüberträger (s. Kap. 6).

Die prosthetischen Gruppen sind fest mit dem Enzym selbst verbunden. Ein Beispiel ist das Flavin-adenin-dinucleotid (FAD), das sich mit den Enzymproteinen zu den Flavoproteinen verbindet, die bestimmte Redox-Reaktionen katalysieren (vgl. Abb. 6—3).

Die Metallaktivatoren sind die ein- oder zweiwertigen Metall-Kationen Na^+, K^+, Mg^{2+}, Zn^{2+}, Ca^{2+}, Fe^{2+} und Co^{2+}. Da diese Metall-Cofaktoren von vielen Enzymen benötigt werden, ist die Wichtigkeit der Spurenelemente in der Nahrung verständlich. Die Größe der Kationen spielt eine wichtige Rolle, denn die Ionenkristallradien der meisten Metallaktivatoren liegen in dem engen Größenbereich von 0,78 Å bis 1,0 Å. Die Metallaktivatoren können nicht untereinander ausgetauscht werden, so daß ähnliche Ionen oft als Antagonisten wirken; zum Beispiel hemmt Na^+ in vielen Fällen die K^+-Aktivierung, und Ca^{2+} hemmt in ähnlicher Weise eine Anzahl von Reaktionen, die durch Mg^{2+} aktiviert werden. Die Metall-Ionen aktivieren bestimmte Reaktionen auf unterschiedliche Arten; in einigen Fällen konnte der genaue Mechanismus dieser Aktivierung aufgeklärt werden. Das Metall-Kation kann entweder ein unentbehrlicher Teil des aktiven Zentrums des Enzymmoleküls sein (siehe unten) und bei Oxidations-Re-

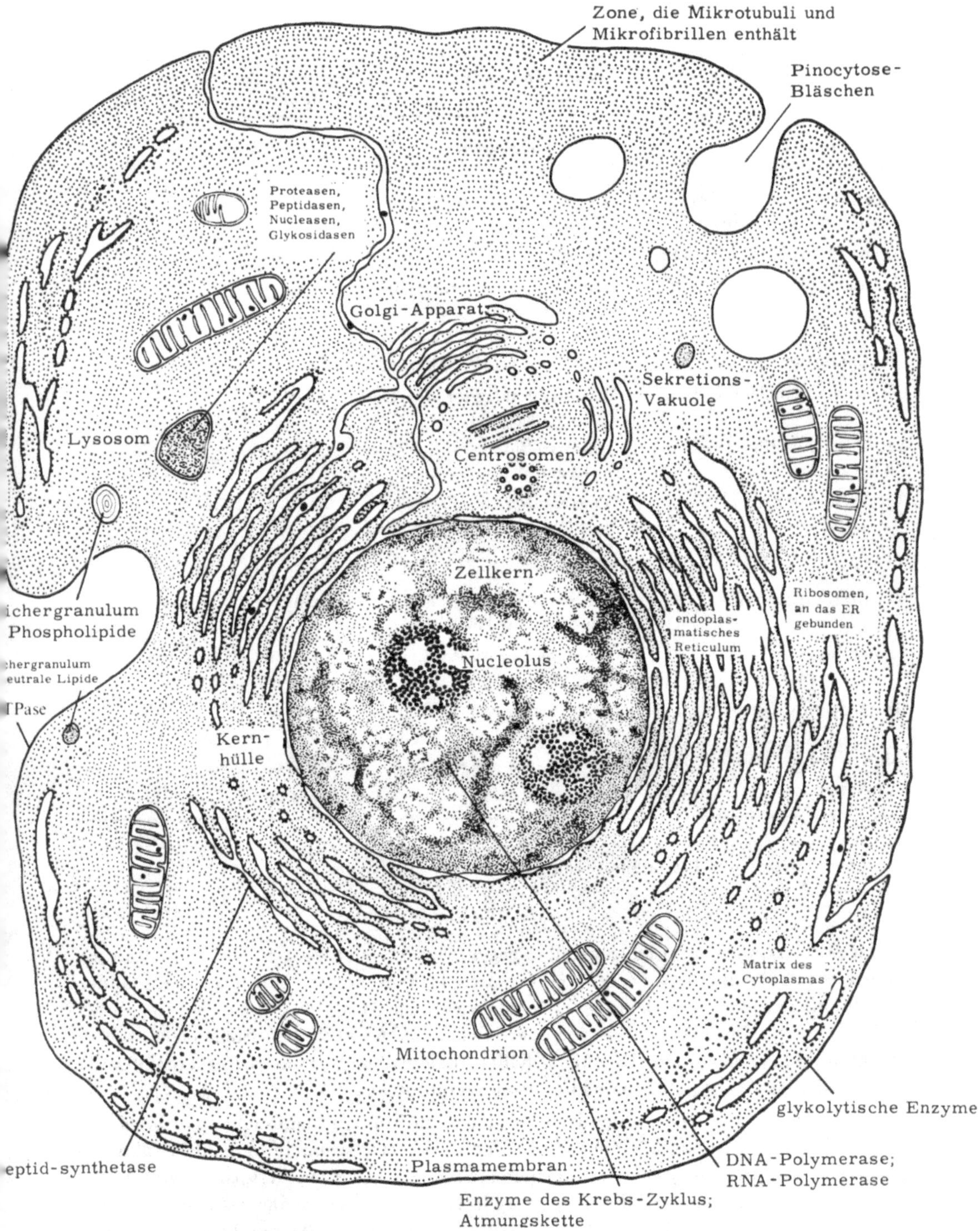

Abb. 7–1. Enzymlokalisation in einer tierischen Zelle. (Aus J. Brachet, The Living Cell. Copyright © September 1961 von Scientific American, Inc., alle Rechte vorbehalten.)

Coenzym oder prosthetische Gruppe	*Enzym- und andere Funktionen*	*Essentieller Nahrungsbestandteil oder Vitamin*
Nicotinamid-adenin-dinucleotid (NAD^+)	Wasserstoffakzeptor der Dehydrogenasen	Nicotinsäure
Nicotinamid-adenin-dinucleotid-phosphat ($NADP^+$)	Wasserstoffakzeptor der Dehydrogenasen	Nicotinsäure
Adenosin-triphosphat (ATP)	Transphosphorylierung	keiner
Pyridoxalphosphat	Transaminasen, Aminosäure-decarboxylasen, Racemasen usw.	Pyridoxin
Thiamin-pyrophosphat	oxidative Decarboxylierung	Thiamin oder Vitamin B_1
Flavin-mononucleotid (FMN)	Wasserstoffakzeptor der Dehydrogenasen	Riboflavin
Flavin-adenin-dinucleotid (FAD)	Wasserstoffakzeptor der Dehydrogenasen	Riboflavin
Coenzym A (CoA)	Übertragung von Essigsäure oder anderen Acyl-Gruppen; Synthese der Fettsäuren und Oxidation	Pantothensäure
Eisen-Protoporphyrin	in Katalasen, Peroxidasen, Cytochromen, Hämoglobin	keiner
Liponsäure	oxidative Decarboxylierung; Wasserstoff- und Acyl-Akzeptor	wird von einigen Mikroorganismen benötigt
Tetrahydrofolsäure	Übertragung von C_1-Bruchstücken	Folsäure
Biotin	Übertragung von CO_2	Biotin
Cobamid	Gruppentransfer	Cobalamin

Abb. 7—2. Liste einiger wichtiger Coenzyme und prosthetischer Gruppen sowie der Nahrungs-Faktoren, die für deren Bildung notwendig sind

duktions-Reaktionen als Elektronenüberträger wirken; oder es aktiviert eine Reaktion, indem es als Verbindungsglied zwischen Enzym und dessen Substrat wirkt; andere Metall-Cofaktoren verschieben das Gleichgewicht der Reaktion, indem sie möglicherweise eines der Produkte entfernen, oder wieder andere entfernen Substanzen, die die Reaktion hemmen würden. In einigen Fällen besteht die Wirkung dieser Cofaktoren in einer Änderung der Oberflächenladung des Enzymproteins.

Bestimmte Enzyme werden in ihren inaktiven Formen hergestellt; man bezeichnet diese Formen als *Zymogene* (oder Proenzyme). Wie wir schon in Kap. 5 erwähnt haben, entstehen im Pankreas die wichtigen Verdauungsenzyme Trypsin und Chymotrypsin, die bestimmte Peptidbindungen hydrolysieren, in Form ihrer Zymogene Trypsinogen und Chymotrypsinogen. Diese werden dann erst im Darmtrakt in die aktiven Formen umgewandelt. Dabei katalysiert ein besonderes Enzym die Entfernung einer kurzen Peptidgruppe und die Umordnung der Proteinketten des Moleküls. Pepsin, ein weiteres Verdauungsenzym, entsteht im Magensaft in Form seines Zymogens Pepsinogen. Es wird dann unter der Wirkung von Salzsäure in die aktive Form umgewandelt, die die Hydrolyse der inneren Bindungen von Polypeptidketten katalysiert.

Wirkung der Enzyme auf den Energiebedarf und die Reaktionsgeschwindigkeiten. Die Aufgabe eines Enzyms besteht darin, die anfängliche Energiebarriere einer chemischen Reaktion, d. h. ihre Aktivierungsenergie, zu erniedrigen. Das Enzym hat dabei weder auf den Reaktionsverlauf, noch auf die Reaktionsprodukte oder die Gesamtänderung der freien Energie der Reaktion einen Einfluß. Eine Energiebarriere kann beispielsweise durch abstoßende Kräfte zwischen den reagierenden Molekülen entstehen. In Abb. 7—3 wird der Verlauf einer enzymkatalysierten Reaktion mit dem-

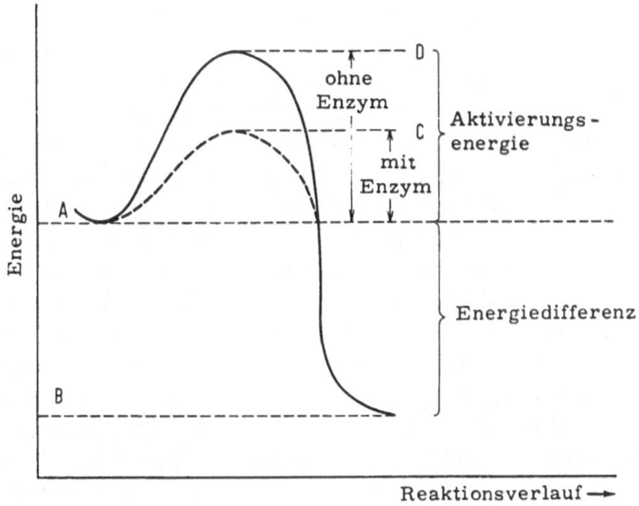

Abb. 7—3. Aktivierungsenergie einer chemischen Reaktion — einmal mit und einmal ohne Enzym.

jenigen der gleichen Reaktion verglichen, bei der das Enzym fehlt. Die Energiestufe der Ausgangsstoffe liegt bei A. Die Höhe der Aktivierungsenergie, die erreicht werden muß, damit die Reaktion beginnt, liegt beim Fehlen des Enzyms bei D; ist aber ein Enzymkatalysator vorhanden, so wird sie bis zum Punkt C erniedrigt. Die Energiestufe B der Endprodukte ist aber in beiden Fällen dieselbe. In unserem Beispiel ist die Energiestufe B niedriger als die anfängliche Energiestufe A, so daß die Änderung der freien Energie negativ ist; die Reaktion ist folglich exergonisch. Läge die Stufe B höher als die Ausgangsstufe A, so wäre die Reaktion endergonisch.

Die katalytische Funktion eines Enzyms besteht also darin, die Aktivierungsenergie einer bestimmten Reaktion so zu erniedrigen, daß der Ablauf merklich beschleunigt wird. Enzyme sind dabei wirksamer als anorganische Katalysatoren, da sie die Aktivierungsenergie viel stärker erniedrigen und deshalb eine Reaktion stärker beschleunigen können als die letzteren. Zudem sind die Enzyme sehr spezifisch, denn ihre komplizierten Strukturen können nur wenige Molekülarten (häufig sogar nur eine einzige) als Substrat benutzen. Die verschiedenen Enzyme verhalten sich in bezug auf ihre Substratspezifität sehr unterschiedlich; viele wirken für eine Gruppe von ähnlichen Verbindungen als Katalysatoren, da sie für einen bestimmten Reaktionstyp spezifisch sind. Es gibt beispielsweise ein Enzym, das die Phosphorylierung einer ganzen Reihe von Aldosezuckern katalysiert (s. Abschn. 7.4).

Struktur und aktive Stellen der Enzyme. Alle bekannten Enzyme sind Proteine, Die Aminosäurensequenz der Proteine wird durch den Code der DNA-Moleküle bestimmt und ist für jede Proteinart charakteristisch. Bestimmte Stellen der Polypeptidketten falten sich zu einer α-Helix auf (Sekundärstruktur). Die Wechselwirkungen zwischen den Seitenketten der Aminosäuren, die das Protein aufbauen, haben weitere Auffaltungen zur Folge, so daß am Schluß eine sehr komplizierte, dreidimensionale Struktur (Tertiärstruktur) entsteht. Jede Proteinmolekülart besitzt seine einmalige charakteristische Tertiärstruktur, deren unregelmäßige Oberfläche dem Protein einen hohen Grad an chemischer Affinität für spezifische Substratmoleküle verleiht.

Die Enzymaktivitäten sind von vielen Forschern studiert worden. Bei der Untersuchung des ersten Schrittes, der Verbindung des Enzyms mit seinem Substratmolekül, verändert man meistens die relativen Konzentrationen des Enzyms und des Substrats, um die Änderung der Reaktionsgeschwindigkeit zu beobachten. Die Stelle der Enzymoberfläche, die sich mit dem Substrat verbindet, ist die *aktive Stelle* des Enzyms. Ein Enzymmolekül kann mehrere aktive Stellen besitzen. Der Aufbau dieser Stellen und die Art, in der sie sich mit dem Substrat verbinden, werden schrittweise aufgeklärt. Man kann zum Beispiel die unwichtigen Teile des Enzymmoleküls mit Hilfe von anderen Enzymen sorgfältig und kontrolliert abspalten, bis am Schluß die aktiven Stellen unverändert zurückbleiben. Diese Methode ist natürlich sehr mühsam und zeitraubend.

Die Enzyme verbinden sich in einer sehr spezifischen Weise mit ihren Substratmolekülen (s. Abb. 7—4 a und Abb. 7—4 b). Von den Enzymen, die die Peptidbindungen hydrolysieren, spaltet ein jedes nur die Bindungen zwischen ganz bestimmten Aminosäuren (Abb. 7—4 a). So greift Trypsin nur die Carboxylgruppen der Peptidbindungen zwischen Arginin und Lysin an; Chymotrypsin wirkt auf die Peptidbindungen, die Phenylalanin, Tyrosin und Tryptophan bilden, während die Carboxypeptidasen jene Peptidbindungen spalten, die unmittelbar vor einer endständigen Carboxylgruppe liegen. Abb. 7—4 b zeigt ein weiteres Beispiel der Spezifität der Enzymwirkungen: die β-Galactosid- und die β-Glucosid-Bindungen unterscheiden sich nur in der Stellung der OH-Gruppe am C-4-Atom (in der gleichen Weise, in der sich Galactose und Glucose voneinander unterscheiden). Trotzdem katalysiert das Enzym β-Galactosidase nur die Hydrolyse der β-Galactosid-Bindung, während für die Spaltung der β-Glucosid-Bindung ein anderes Enzym, nämlich die β-Glucosidase, benötigt wird. Auch bei bestimmten optisch aktiven Isomeren baut ein Enzym das D-Isomere und ein anderes das L-Isomere ab.

Enzyme reagieren folglich auf kleine stereochemische Änderungen der Substratmoleküle äußerst empfindlich, so daß man daraus auf eine enge sterische Verwandtschaft der zwei Molekülarten schließen kann. Emil Fischer (1894) stellte auf Grund dieser Beobachtungen seine „Schlüssel-Schloß“-Theorie auf. Nach ihr ergänzen sich Enzym und Substratmolekül gegenseitig und passen sterisch so zusammen, wie ein Schlüssel in sein Schloß paßt. Diese Art des Zusammenpassens verlangt einen hohen Grad an Spezifität der aktiven Stellen der Enzyme. Die Schlüssel-Schloß-Theorie wird durch die Tatsache unterstützt, daß die Enzymaktivität oft durch Verbindungen gehemmt wird, die

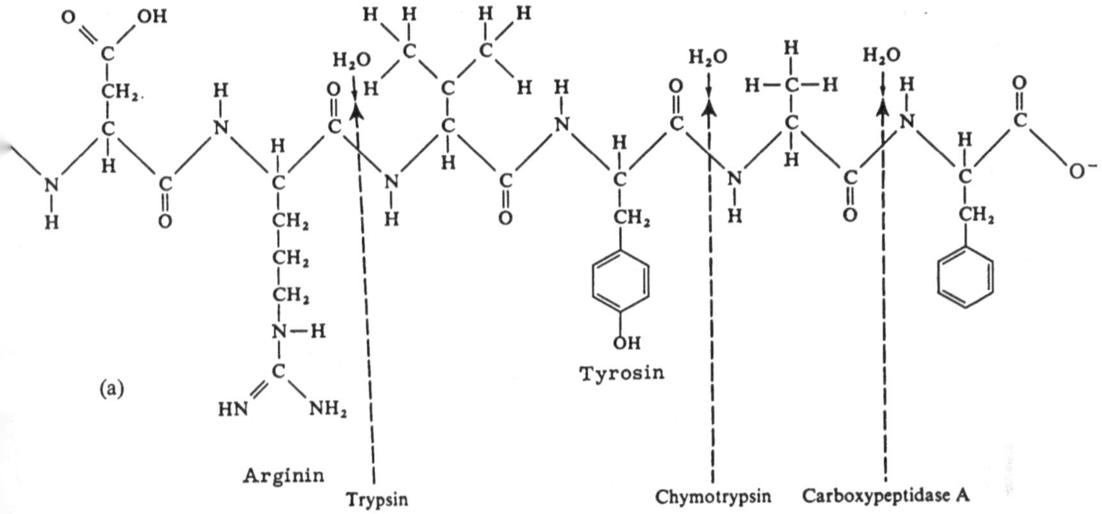

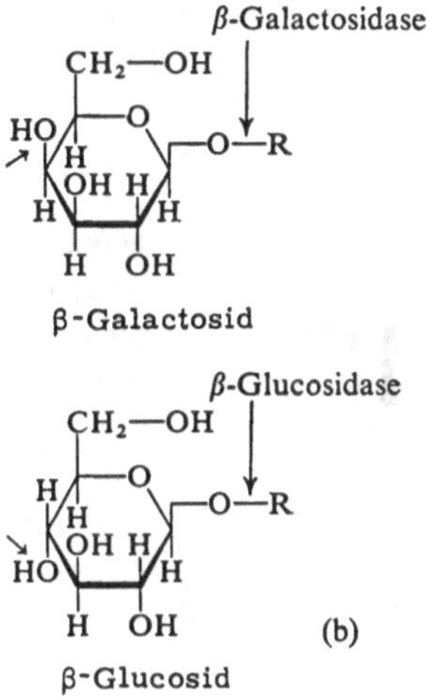

Abb. 7—4. (a) Bestimmte Peptidbindungen werden durch spezifische Enzyme gespalten. (b) β-Galactosidase und β-Glucosidase sind zwei hoch spezifische Enzyme, deren Substrate sich aber nur durch die Stellung einer einzigen OH-Gruppe voneinander unterscheiden.

dem Substrat sehr ähnlich sind. So wird beispielsweise die Umwandlung der Bernsteinsäure

$$HOOC{-}CH_2{-}CH_2{-}COOH$$

in Fumarsäure

$$HOOC{-}CH{=}CH{-}COOH$$

durch das Enzym Succinatdehydrogenase katalysiert. Wenn aber zugleich Äpfelsäure

$$HOOC{-}CH_2{-}COOH$$

vorhanden ist, so wird die erste Reaktion gehemmt; eine Erhöhung der Bernsteinsäure-Konzentration stellt die Enzymaktivität wieder her. Die Äpfelsäure, die der Bernsteinsäure sterisch und chemisch sehr ähnlich ist, konkurriert mit dieser um die aktive Stelle des Enzymmoleküls, indem sie sich mit ihr verbindet und deren Aktivität hemmt.

Die Untersuchungen über das Verhalten des Lysozym-Enzyms, das in den Tränen, in anderen Ausscheidungen und Geweben des menschlichen Körpers und im Eiweiß vorkommt, haben die enge sterische Bindung zwischen dem Enzym und dessen Substrat bestätigt. Das Lysozym wird deshalb so genannt, weil es bei verschiedenen Bakterienzellen die Hydrolyse bestimmter Struktur-Polysaccharide der Zellwände katalysiert, so daß die Bakterien dadurch aufgelöst (lysiert) werden. Phillips und andere Forscher bestimmten 1965 mit Hilfe kristallographischer Methoden die dreidimensionale Struktur des Lysozymmoleküls (Abb. 7—5). Sie entdeckten dabei, daß die unpolaren, hydrophoben Seitenketten im Innern des Proteinmoleküls liegen, während sich die polaren ionischen Seitenketten, wie auch beim Myoglobinmolekül, an der Enzym-Oberfläche befinden. Die gefalteten Proteinketten bilden durch die räumliche Anordnung der Atome auf der einen Seite des Moleküls Wülste, zwischen denen eine tiefe Rinne liegt.

Durch Untersuchungen mit Hilfe der Röntgenbeugungs-Methoden und durch die allmähliche Aufklärung der chemischen Eigenschaften des Moleküls konnte ein Modell aufgebaut werden, bei dem diese Rinne die aktive Stelle des Moleküls ist. Ein Teil des Substrats, der aus sechs Aminozuckerringen besteht (in Abb. 7—5 mit A bis F bezeichnet), paßt genau in diese Rinne, wo er durch Wasserstoffbrücken an das Enzym gebunden wird. Das Substrat wird zwischen den Ringen D und E an dem hervorgehobenen Punkt des Schemas gespalten; es paßt aber nur dann genau in die Rinne des Lysozyms, wenn der Ring D, der dem Spaltungspunkt am nächsten liegt, stark verdreht wird. Die Enzymchemiker haben mehrere Theorien aufgestellt, die den Bruch einer Substrat-Bindung erklären sollten; nach einer dieser Theorien aktiviert das Enzymmolekül das Substrat, indem es dieses verdreht, so daß die Substrat-Bindungen leichter auseinanderbrechen. Aus den Beobachtungen des Lysozym-Substrat-Komplexes ist zu schließen, daß diese Theorie sicher auf die Spaltung der Substrat-Bindung durch das Lysozym zutrifft.

Die Strukturaufklärung des Pflanzen-Enzyms Papain hat ergeben, daß sich auch hier die aktive Stelle in einer Oberflächen-Rinne befindet, die durch die Auffaltungen einzelner Polypeptidketten entstanden ist und das Molekül in zwei Teile trennt.

Reaktionsgeschwindigkeiten. Die Geschwindigkeit einer Reaktion, die durch ein Enzym katalysiert wird, ist direkt von der Enzymkonzentration abhängig. Abb. 7—6 a zeigt, wie sich die Reaktionsgeschwindigkeit verändert, wenn bei einem Substrat-Überschuß die Enzymkonzentration erhöht wird. Die Kurve der Reaktionsgeschwindigkeit, die man bei konstanter Enzym- und zunehmender Substratkonzentration aufzeichnen kann, ist in Abb. 7—6 b dargestellt. Hier steigt die Reaktionsgeschwindigkeit bei zunehmender Substratkonzentration zunächst steil an, um dann aber bei einer weiteren Substrat-Zugabe abzunehmen (die Kurve wird flacher) und schließlich bei einer bestimmten, hohen Substratkonzentration konstant zu bleiben. Damit ist unter diesen bestimmten Bedingungen die Höchstgeschwindigkeit der Reaktion erreicht worden.

Die Substratkonzentration, bei der die Reaktion mit der halben Höchstgeschwindigkeit abläuft, wird als die *Michaeliskonstante* K_m bezeichnet. Sie ist eine sehr wich-

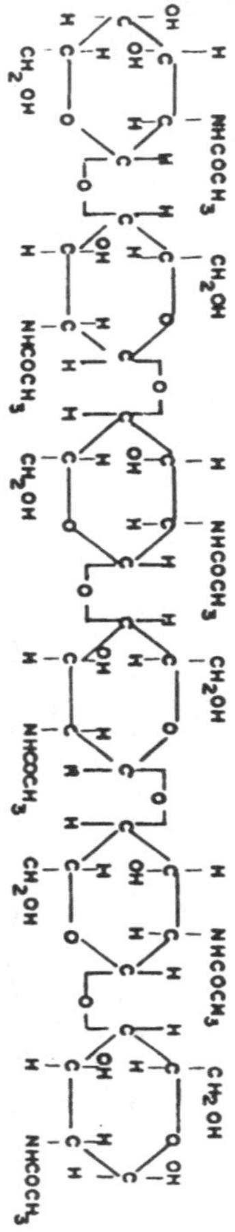

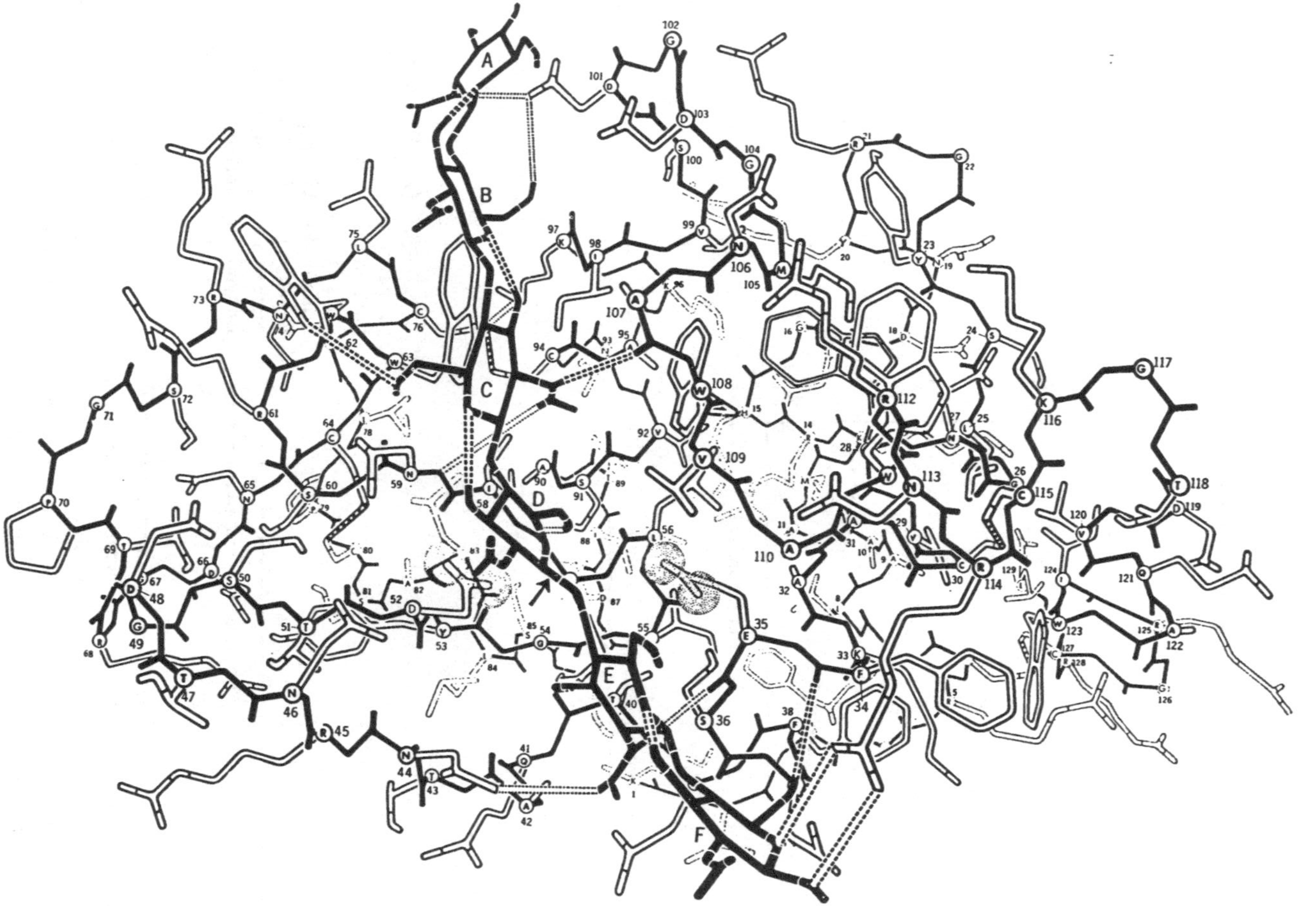

Abb. 7—5. Das Lysosom-Molekül, das auf Grund von dreidimensionalen Modellen gezeichnet worden ist; das Substrat (schwarze Linien) paßt genau in eine Rinne des Enzym-Moleküls hinein. Bei dem vorliegenden Beispiel ist das Substrat ein künstliches Hexamer aus N-Acetylglucosamin (nebenstehende Formel), das durch Wasserstoffbrücken an mehrere Stellen des Enzym-Moleküls gebunden ist. A, B, C, D, E und F sind die Zuckerringe des Substrat-Moleküls. Das Substrat wird zwischen den Ringen D und E gespalten (Pfeil). Die punktierten Kugeln stellen die van der Waals-Oberflächen der Sauerstoffatome der Glutaminsäure (E) in der Position 35 und der Asparaginsäure (D) in der Position 52 dar, von denen man annimmt, daß sie bei den aktivierten Enzym-Substrat-Komplexen eine wichtige Rolle spielen. (Aus Margaret O. Dayhoff und Richard V. Eck: The Atlas of Protein Sequence and Structure. National Biochemical Research Foundation, Silver Spring, Maryland 1967—68.)

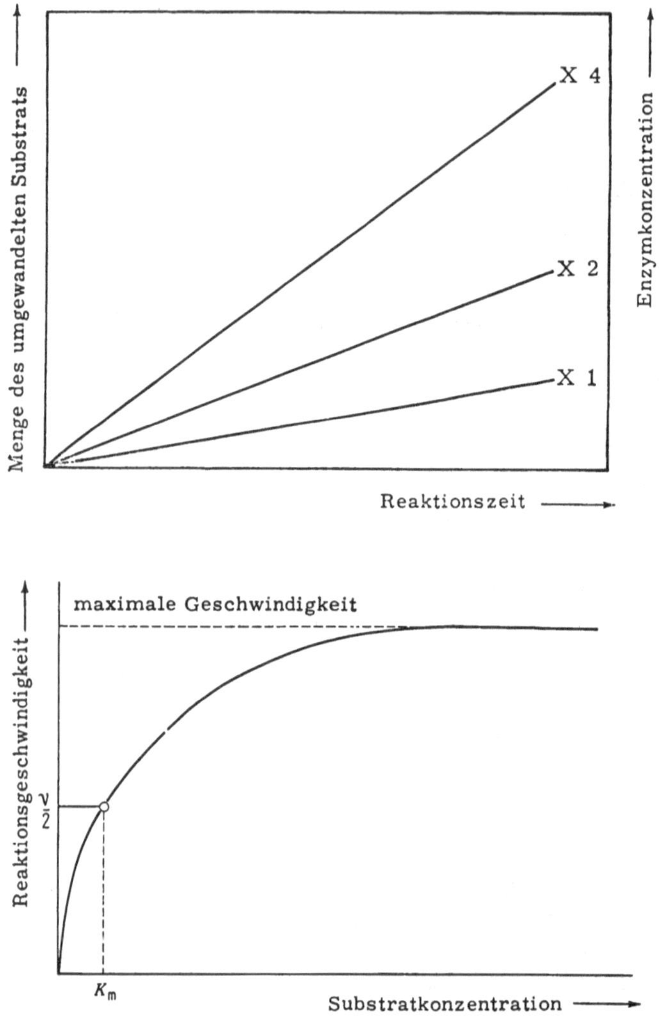

Abb. 7–6. (a) Wirkung einer Erhöhung der Enzymkonzentration bei überschüssiger Substratkonzentration. (b) Wirkung einer Erhöhung der Substratkonzentration bei konstanter Enzymkonzentration.

tige Größe in der Enzym-Biochemie, da ihr reziproker Wert ($1/K_m$) ein Maß für die Substrat-Affinität eines bestimmten Enzyms ist. Wird nämlich eine hohe Substratkonzentration benötigt, um die halbe Höchstgeschwindigkeit der Reaktion zu erreichen, so zeigt das Enzym eine niedere Substrat-Affinität, und umgekehrt gilt das Entsprechende. Enzym-Reaktionen, die eine verhältnismäßig hohe Substratkonzentration erfordern, laufen folglich in den Zellen langsam ab, wenn das Substrat nicht an der Stelle, an der das Enzym wirkt, hoch konzentriert ist.

Temperatur. Auch die enzymkatalysierten Reaktionen werden, wie alle chemischen Reaktionen, durch Temperaturänderungen beeinflußt; die Reaktionen laufen um so schneller ab, je höher die Temperatur ist. Da die Enzyme aber Proteine sind, werden sie durch hohe Temperaturen schnell denaturiert. Ihre komplexen dreidimensionalen Strukturen, die von den Wechselwirkungen zwischen ihren Seitenketten abhängen, können tatsächlich schon bei Temperaturen über 45 °C zerstört werden. Aus diesem Grund wirkt bei den enzymkatalysierten Reaktionen die Denaturierung bei allmählichem Erhitzen des Systems der Erhöhung der Reaktionsgeschwindigkeit immer stärker entgegen, bis sie schließlich bei ungefähr 55 °C vollständig überwiegt. Bei dieser Temperatur werden die meisten Enzyme so schnell denaturiert, daß sie als Katalysatoren unwirksam werden.

pH-Werte. Die Enzyme enthalten viele ionisierte Seitengruppen, die entweder basische oder saure Eigenschaften haben; der Ionencharakter dieser Gruppen wird deshalb durch pH-Änderungen der Umgebung verändert. Tatsächlich ist jedes Enzym nur innerhalb eines bestimmten engen pH-Bereichs (optimaler pH-Wert) voll wirksam. Ist der pH-Wert zu hoch oder zu niedrig, so wird die Proteinstruktur, wie bei der Wärmedenaturierung, zerstört und die Enzymaktivität gehemmt. Man weiß noch wenig darüber, wie sich pH-Änderungen auf molekularer Ebene auf Enzyme auswirken.

Hemmung von Enzymreaktionen. Es gibt zwei Möglichkeiten, die Verbindung eines Enzyms mit seinem Substratmolekül zu verhindern: einerseits die kompetitive Hemmung und anderseits die irreversible Hemmung. Bei der kompetitiven Hemmung konkurriert eine Substanz, die dem Substrat sterisch und chemisch sehr ähnlich ist, mit diesem um die aktive Stelle des Enzymmoleküls. Wir haben bereits das Enzym-System der Succinatdehydrogenase erwähnt, bei dem die Äpfelsäure anstelle des richtigen Substrats, nämlich der Bernsteinsäure, die aktive Stelle im Enzym besetzt und so die Reaktion hemmt. Gibt man aber einen Überschuß an Bernsteinsäure hinzu, so wird die Hemmwirkung aufgehoben, und die Reaktionsgeschwindigkeit nimmt erneut zu. Diese Erscheinung kann man bei der kompetitiven Hemmung allgemein beobachten, da die kompetitiven Inhibitoren (in unserem Beispiel die Äpfelsäure) nicht sehr stabil mit dem Enzym verbunden sind, so daß die Hemmung durch Erhöhung der Substratkonzentration aufgehoben wird.

Im Gegensatz dazu geht bei der irreversiblen Hemmung der Inhibitor mit dem Enzym eine starke Bindung ein, die auch durch einen Substrat-Überschuß nicht mehr gespalten wird. Eine enzymkatalysierte Reaktion kann deshalb vollständig und unwiderruflich gehemmt werden, wenn so viele Inhibitor-Moleküle wie Enzymmoleküle vorhanden sind. Ein Beispiel einer derartigen irreversiblen Hemmung ist die Wirkung der sog. Nervengase auf die Cholinesterase-Enzyme, die bei der Nervenfunktion eine wichtige Rolle spielen. Schwermetallsalze, z. B. von Quecksilber und Blei, hemmen bei hoher Konzentration die meisten Enzymaktivitäten; einige Enzyme sind auch für niedrige Konzentrationen dieser Metalle äußerst empfindlich.

Enzym-Reaktionen können überdies durch die Verbindung einer bestimmten Substanz mit dem Substrat, mit einem Coenzym oder einem Metallaktivator gehemmt werden. Cyanide und Schwefelwasserstoff bilden z. B. mit den Schwermetall-Katalysatoren (mit dem Eisen im Cytochrom-oxidase-System) stabile Komplexe. Das Cyanid wirkt deshalb in vielen Geweben als Inhibitor der Zellatmungsreaktionen.

In den letzten Jahren wurde die Wirkung von verschiedenen Enzym-Inhibitoren sehr genau untersucht; diese können nicht nur für die Bestimmung von Zwischensubstanzen der verschiedenen biochemischen Prozesse verwendet werden, sondern sie helfen auch bei der Lösung von grundlegenden Problemen der Pharmakologie. Viele Drogen wirken als Inhibitoren von spezifischen Enzym-Reaktionen, aber man kann erst dann spezifische Gegenmittel entwickeln, wenn man die Hemmwirkungen der Gifte genau kennt.

Nomenklatur der Enzyme. Man bezeichnet die Enzyme zweckmäßig mit dem Namen der spezifischen Reaktion, die sie katalysieren. Dabei wird meistens an den Namen des Substrates die Endung -ase angehängt; so werden zum Beispiel die Lipide durch die Lipasen und der Harnstoff (Urea) durch die Urease abgebaut. Namen wie Trypsin und Pepsin, mit denen bestimmte Enzyme bezeichnet wurden, bevor eine systematische Namengebung bestand, sind aber auch heute noch allgemein gebräuchlich.

Eine Kommission für Enzyme (International Union of Biochemistry, 1961) hat ein vollständiges, aber ziemlich kompliziertes System der Einteilung und der Bezeichnung der Enzyme ausgearbeitet. Die Enzyme werden in diesem System, je nach der Art der Reaktion, die sie katalysieren, in sechs Hauptgruppen eingeteilt. Wir beschreiben an dieser Stelle kurz diese Gruppen:

1. *Oxidoreduktasen.* Diese Enzyme, die die Redox-Reaktionen in den Zellen katalysieren, umfassen die Oxidasen, Peroxidasen und Dehydrogenasen (z. B. Malatdehydrogenase).

2. *Transferasen.* Die Enzyme dieser Gruppe katalysieren die Übertragung einer chemischen Gruppe von einem Molekül auf ein anderes — Beispiele dazu sind die Transaminasen.

3. *Hydrolasen.* Eine große Gruppe von Enzymen, die bei vielen Substraten die Hydrolyse katalysieren — als Beispiel sind die Peptidasen zu nennen.

4. *Lyasen.* Zu dieser Gruppe gehören die Enzyme, durch die bestimmte Gruppen aus einem Substrat entfernt werden — Beispiele dazu sind die Decarboxylasen.

5. *Isomerasen.* Diese Gruppe schließt die Racemasen, Epimerasen und Mutasen in sich ein, die verschiedene Isomerisierungs-Reaktionen katalysieren.

6. *Ligasen.* Die Aufgabe dieser Enzyme besteht darin, zwei Moleküle miteinander zu verbinden, wobei meistens auch eine Pyrophosphat-Bindung gespalten wird. Beispiele dazu sind die DNA-Ligase, die einzelne DNA-Abschnitte miteinander verbindet, sowie die Acetat-thiokinase, die die Bildung des Acetyl-Coenzyms A aus der Essigsäure und dem Coenzym A katalysiert, wobei ATP in AMP umgewandelt wird.

7.2. Aminosäuren

In Kap. 4 haben wir beschrieben, wie Proteine durch die Ausbildung von Peptidbindungen zwischen den Aminosäurebausteinen entstehen. Die Struktur der zwanzig üblichen Aminosäuren, die in den Proteinen gefunden werden, sind in Abb. 4—1 a dargestellt. Wir haben in diesem Buch schon oft betont, wie wichtig die Proteine für die Strukturen und Funktionen der lebenden Organismen sind. Tierische Gewebe bestehen zum größten Teil (ungefähr 3/4 des Trockengewichts) aus Proteinen.

Der Aminosäurenvorrat der Zellen wird deshalb vor allem für den Aufbau der Proteine verwendet. Daneben werden aber viele weitere, wichtige Stoffwechselprodukte aus Aminosäuren gebildet, worunter wir die Bausteine der Nucleotide, die Purine und Pyrimidine (s. Abschn. 7.3), sowie die Porphyrine (s. Abschn. 7.1) erwähnen wollen. Aminosäure-Strukturen kommen auch im Vitamin Pantothensäure (s. Abschn. 7.3) vor, das β-Alanin, $H_2N-CH_2-CH_2-COOH$, enthält, und in der wichtigen jodhaltigen Verbindung der Schilddrüse, dem Thyroxin oder 3,5,3',5'-Tetrajodothyronin:

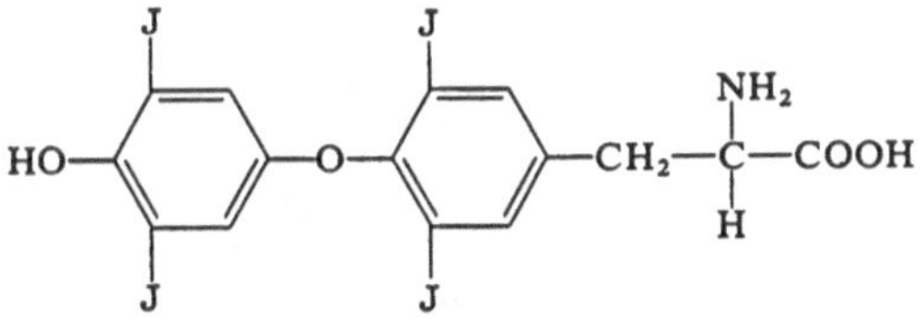

Im Zellstoffwechsel dienen die Aminosäuren durch Umwandlung in die entsprechenden Amine meistens als Kohlendioxidquellen:

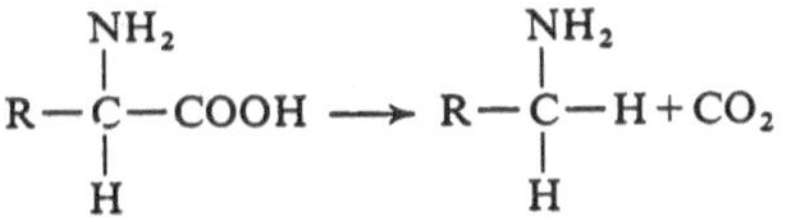

Methionin kann zudem durch Transmethylierung eine Methylgruppe abgeben, und Glutaminsäure liefert bei den Transaminierungs-Reaktionen eine Aminogruppe (siehe unten).

Alle Zellen können Aminosäuren aus der äußeren Umgebung aufnehmen und verwenden. Die höheren Tiere beziehen den größten Teil ihres Stickstoffs aus den Aminosäuren der Nahrungsproteine; die Aminosäuren gelangen dabei durch einen der Transportmechanismen, die in Kap. 8 beschrieben sind, in das Zellinnere. Die Pflanzenzellen und Mikroorganismen können hingegen ihre Aminosäuren aus Ammoniak (in Form des Ammonium-Ions) als Stickstoffquelle und den passenden Kohlenstoff-Verbindungen selbst herstellen. Ammoniak wird für die Pflanzen durch die bakterielle Reduktion des Luftstickstoffs oder des Nitrats im Boden zugänglich gemacht. Es wird dann von den Pflanzenzellen und Mikroorganismen in drei enzymkatalysierten Haupt-Reaktionen verwendet, um Glutaminsäure, Glutamin und Carbamylphosphat herzustellen (Abb. 7—7).

Pflanzen und viele Mikroorganismen (mit Ausnahme der grampositiven Bakterien, die Ammoniak nicht als Stickstoffquelle benutzen können) stellen alle Aminosäuren, die in den Proteinen vorkommen, selbst her, da sie alle Kohlenstoffgerüste der Aminosäuren bilden können. Die tierischen Zellen sind hingegen nicht oder nicht mehr imstande, ungefähr die Hälfte der notwendigen Kohlenstoffstrukturen herzustellen, so daß sie die entsprechenden Aminosäuren mit der Nahrung aufnehmen müssen. Es handelt sich um die *essentiellen Aminosäuren,* die in der tierischen Nahrung entweder frei oder in Proteinen vorhanden sein müssen; im letzteren Fall werden die Proteine im Verdauungstrakt durch einen Hydrolysevorgang in die einzelnen Aminosäuren zerlegt. (Der Ausdruck „essentiell" bezieht sich ausschließlich auf diese Forderung an die Nahrung, nicht etwa auf eine besondere Funktion dieser Aminosäuren im Zellstoffwechsel, da sie dort weder wichtiger noch weniger wichtig als die nicht essentiellen Aminosäuren sind, die die tierischen Zellen selbst herstellen können.) Die essentiellen Aminosäuren des erwachsenen Menschen sind Histidin, Leucin, Isoleucin, Lysin, Methionin, Phenylalanin, Threonin, Tryptophan und Valin.

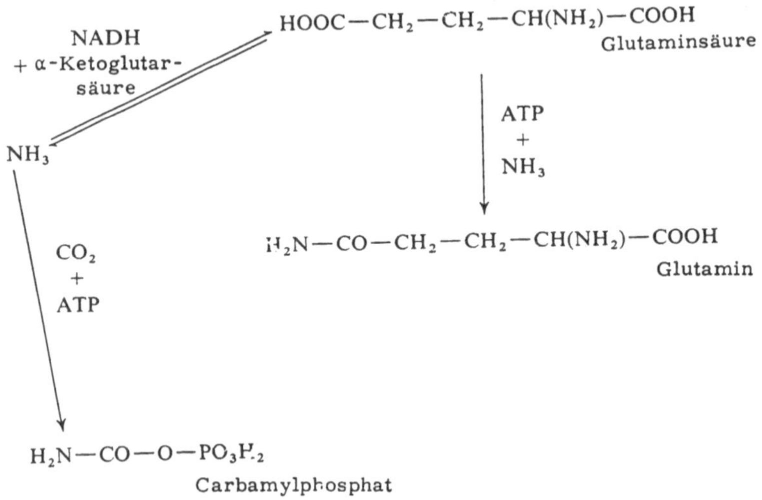

Abb. 7—7. Die Reaktionen der Ammoniak-Fixierung in Pflanzenzellen und Mikroorganismen.

Die Biosynthese der Aminosäuren bei höheren Tieren. Die Tiere können etwas mehr als die Hälfte ihrer Aminosäuren selbst herstellen. Diese *nicht essentiellen Aminosäuren* werden aus den α-Ketosäuren Brenztraubensäure und Oxalessigsäure, die im Kohlenhydrat-Stoffwechsel entstehen, aufgebaut; die Aminogruppe wird dabei von einer anderen Aminosäure auf die Kohlenstoffkette übertragen. Diese Reaktion wird als *Transaminierung* bezeichnet, die folgendermaßen abläuft:

$$R^1-\underset{}{\overset{NH_2}{\overset{|}{C}H}}-COOH + R^2-\underset{\underset{O}{\|}}{C}-COOH \rightleftharpoons R^1-\underset{\underset{O}{\|}}{C}-COOH + R^2-\overset{NH_2}{\overset{|}{C}H}-COOH$$

Katalysiert werden diese Reaktionen durch spezifische Enzyme, die sog. Transaminasen, die im ganzen tierischen Körper verteilt, aber vor allem in der Leber konzentriert sind (Braunstein und Kritzmann, 1937). Ist der Stickstoff einmal in Glutaminsäure eingebaut worden (in Pflanzen und Mikroorganismen), so können alle nicht essentiellen Aminosäuren durch die Transaminierungs-Reaktionen gebildet werden. In den tierischen Geweben nimmt das Säurepaar Glutaminsäure und α-Ketoglutarsäure fast an allen Transaminierungs-Reaktionen teil. Alanin entsteht z. B. durch die Wechselwirkung zwischen Glutaminsäure und Brenztraubensäure, die aus dem Embden-

Meyerhof-Weg stammt, auf folgende Weise:

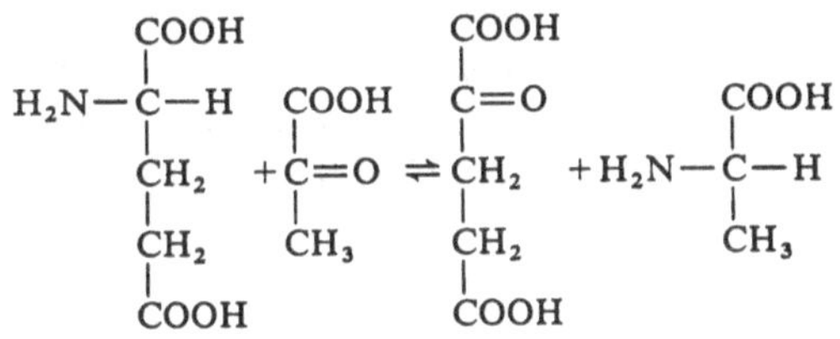

L-Glutaminsäure Pyruvatsäure α-Ketoglutarsäure L-Alanin

Diese Reaktionen lassen sich leicht umkehren, so daß dadurch der Stickstoff wieder an ein anderes Molekül gebunden werden kann. Wenn beispielsweise ein Tier mit seiner Nahrung eine Aminosäure-Mischung aufnimmt, die von der optimalen Mischung für seinen Stoffwechsel stark abweicht, so kann eine Aminosäure, die in zu großen Mengen vorhanden ist, durch die Transaminierung in eine zweite Aminosäure umgewandelt werden, deren Menge anfänglich zu klein ist. Dabei finden folgende Reaktionen statt:

Aminosäure 1 + α-Ketoglutarsäure $\rightleftharpoons$ Ketosäure 1 + Glutaminsäure

Glutaminsäure + Ketosäure 2 $\rightleftharpoons$ α-Ketoglutarsäure + Aminosäure 2

Der Stickstoff einer Aminosäure kann noch auf eine andere Art für die Bildung einer zweiten Aminosäure verfügbar gemacht werden. Diese Reaktionen sind die *Desaminierungen*, bei denen zuerst Ammoniak entsteht, der anschließend an eine Kohlenstoffkette gebunden wird (siehe oben). Die Desaminierungen können oxidativ oder nicht oxidativ sein. Die oxidativen Desaminierungen werden in zwei Untergruppen eingeteilt, nämlich in die Desaminierungen, die durch ein Enzym katalysiert werden, das das Coenzym NAD^+ benötigt, und in diejenigen, die durch Flavoproteine katalysiert werden. Das wichtigste Beispiel der ersten Untergruppe ist die Reaktion, die durch das Enzym Glutaminsäure-dehydrogenase katalysiert wird:

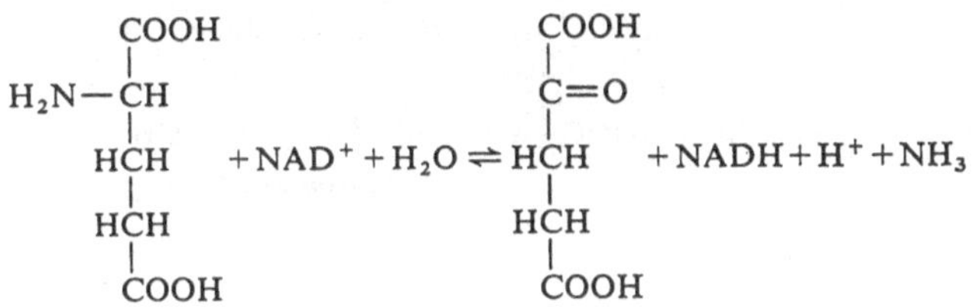

Glutaminsäure α-ketoglutarsäure

Diese Reaktion kann leicht in der umgekehrten Richtung ablaufen, wobei Ammoniak in Gegenwart von α-Ketoglutarsäure, Glutaminsäure-dehydrogenase und NADH-Molekülen fixiert wird, um die Glutaminsäure zu bilden (s. Abb. 7—7). Bei der Umwandlung der α-Aminogruppe in das NH_3 findet wahrscheinlich bei den meisten Aminosäuren zuerst eine Transaminierung mit der α-Ketoglutarsäure statt, wodurch die entsprechende α-Ketosäure und die Glutaminsäure gebildet werden; anschließend wird die letztere oxidiert.

Die zweite Untergruppe der oxidativen Desaminierungsreaktionen wird durch das Enzym L-Aminosäure-oxidase (dieses ist ein Flavoprotein, dessen prosthetische Gruppe das FAD ist) katalysiert. Dieses Enzym weist aber weder in der Leber, noch in den Nieren eine hohe Aktivität auf, so daß diese Art der Desaminierung unter normalen Bedingungen wahrscheinlich nicht wichtig ist. Die allgemeine Reaktion kann in der folgenden Weise dargestellt werden:

$$R-CH(NH_2)-COOH + H_2O + O_2 \rightleftharpoons R-CO-COOH + NH_3 + H_2O_2$$

H_2O_2 wird durch das Enzym Katalase, das in allen Zellen vorkommt, in H_2O und O_2 aufgespalten.

Ammoniak kann daneben durch eine nicht oxidative Desaminierung entstehen. Dabei wirken die Dehydratasen, die Pyridoxalphosphat als Coenzym benötigen, auf Serin, Cystein, Threonin und wahrscheinlich auf andere Aminosäuren ein. Hier entsteht durch eine Neuanordnung des Moleküls über verschiedene Zwischenstufen immer die Ketosäure; wir zeigen dies am Beispiel des Serins:

$$\underset{\text{L-Serin}}{CH_2(OH)-CH(NH_2)-COOH} \longrightarrow \underset{\text{Pyruvatsäure}}{CH_3-CO-COOH} + NH_3$$

In diesem Abschnitt haben wir die allgemeinen Vorgänge beschrieben, durch die Aminosäuren in tierischen Zellen gebildet werden. Die Biosynthese bestimmter einzelner Aminosäuren schließt aber noch zusätzliche, spezifische Mechanismen ein. Wir beschreiben im folgenden die Biosynthese einiger dieser Aminosäuren etwas genauer.

Biosynthese nicht essentieller Aminosäuren bei höheren Tieren. Wir haben die Entstehung der Schlüsselsubstanz, der *Glutaminsäure*, und die anschließende Bildung des *Alanins*, das durch Transaminierung aus Glutaminsäure entsteht, schon beschrieben, Auch *Asparaginsäure* wird durch Transaminierung aus Glutaminsäure mit Oxalessigsäure gebildet:

$$\underset{\text{Glutaminsäure}}{HOOC-CH_2-CH_2-CH(NH_2)-COOH} + \underset{\text{Oxalessigsäure}}{HOOC-CH_2-\underset{\underset{O}{\|}}{C}-COOH} \rightleftharpoons$$

$$\underset{\alpha\text{-ketoglutarsäure}}{HOOC-CH_2-CH_2-\underset{\underset{O}{\|}}{C}-COOH} + \underset{\text{Asparaginsäure}}{HOOC-CH_2-CH(NH_2)-COOH}$$

Abgesehen von den Aminosäuren in den Proteinen kommen diese drei Aminosäuren in den Zellen am häufigsten vor.

Glutaminsüre ist überdies die unmittelbare Vorstufe des *Glutamins* (Abb. 7—7), sowie des *Prolins, Hydroxyprolins* und *Ornithins.* Bei der Bildung der drei letzten Aminosäuren wird zuerst eine der Carboxylgruppen der Glutaminsäure in eine Aldehydgruppe umgewandelt (Abb. 7—8). Darauf geht aus einer direkten Transaminierung das Ornithin hervor, während Prolin durch eine Kondensationsreaktion entsteht, bei der sich ein Ring bildet, der dann durch NADH zum Prolin reduziert wird; Hydroxyprolin entsteht durch eine Oxidations-Reaktion aus dem Prolin.

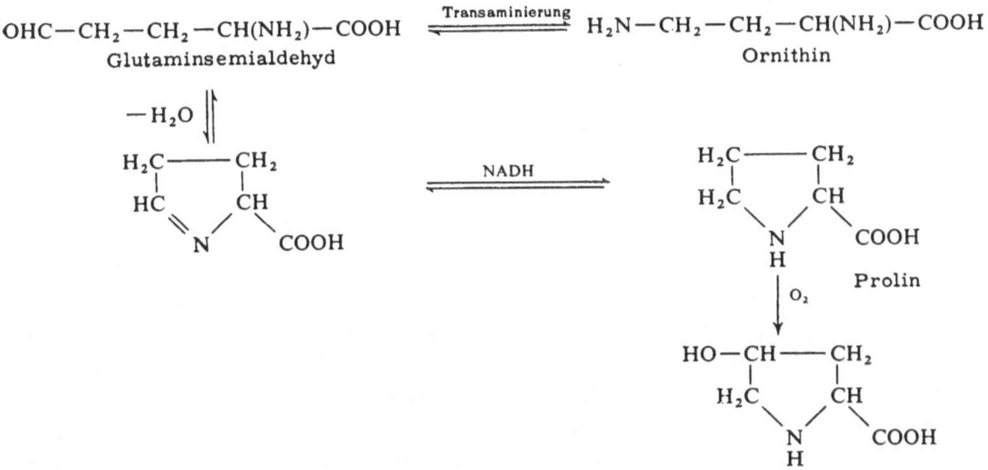

Abb. 7—8. Bildung weiterer Aminosäuren von Glutaminsäure aus.

Arginin,

$$H_2N-\underset{\underset{NH}{\|}}{C}-\overset{\overset{H}{|}}{N}-CH_2-CH_2-CH_2-\underset{\underset{NH_2}{|}}{CH}-COOH,$$

nimmt hinsichtlich der Einteilung in essentielle und nicht essentielle Aminosäuren eine Zwischenstellung ein. Die tierischen Zellen können nämlich eine beschränkte Menge von Arginin bilden, die aber gewöhnlich für ein normales Wachstum nicht ausreicht. Die Ausgangssubstanzen für die Biosynthese des Arginins sind Ornithin (das aus der Glutaminsäure gebildet wird))und Carbamylphosphat. Bei einem späteren Reaktionsschritt wird die Asparaginsäure (die ebenfalls durch eine Transaminierung aus der Glutaminsäure entsteht) benötigt. Die Bildung des Arginins ist also ebenfalls von der Glutaminsäure abhängig.

Die Kohlenstoffkette des *Serins*

$CH_2(OH)—CH(NH_2)—COOH$

stammt aus der 3-Phosphoglycerinsäure, die bei der Glykolyse entsteht. Das Serin dient seinerseits bei der Bildung der schwefelhaltigen Aminosäure *Cystein*, $HS—CH_2—CH(NH_2)—COOH$, als Kohlenstoff- und Aminogruppe-Quelle. Die Schwefelgruppe des Cysteins stammt aus der essentiellen Aminosäure Methionin. Auch *Glycin* entsteht aus Serin, indem das letztere seine β-ständige Hydroxymethylgruppe abgibt:

$$\underset{\underset{OH}{|}}{CH_2}-\underset{\underset{NH_2}{|}}{CH}-COOH \rightleftharpoons \underset{\underset{NH_2}{|}}{CH_2}-COOH$$

Serin Glycin

Tyrosin, das einen Benzolring enthält, wird durch die Hydroxylierung der essentiellen Aminosäure Phenylalanin gebildet:

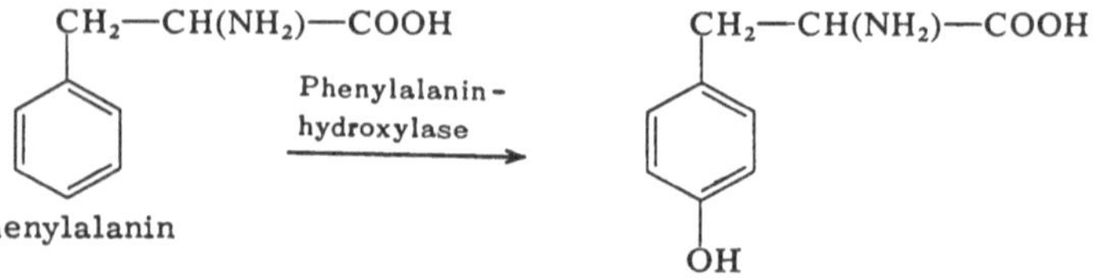

Phenylalanin

Tyrosin

Phenylalanin dient im normalen Stoffwechsel nur als Vorläufer des Tyrosins, wenn man von seinem Einbau in die Proteine absieht. Das spezifische Enzym Phenylalanin-hydroxylase fehlt bei bestimmten erbkranken Individuen, deren Abnormalität durch ein rezessives Gen hervorgerufen wird. Bei diesen Menschen wird das Phenylalanin in andere biochemische Stoffwechselwege geleitet. Durch eine Transaminierung entsteht Phenylbrenztraubensäure, die bei einer Anhäufung im frühen Kindesalter zu schweren geistigen Schäden führt (Phenylketonurie). Man kann diese schädigende Wirkung weitgehend unterdrücken, wenn man die betroffenen Kinder mit einer phenylalaninarmen Diät ernährt.

Biosynthese von Aminosäuren in Pflanzen und Mikroorganismen. Die nichtessentiellen Aminosäuren der Tiere können von den Pflanzen und Mikroorganismen auf anderen Wegen als bei den Tieren hergestellt werden. Während bei der Biosynthese der Aminosäuren in Säugetieren Glutaminsäure eine Schlüsselrolle spielt, verwenden verschiedene Mikroorganismen Asparaginsäure oder Alanin (oder beide) als Grundsubstanz für die Bildung ihrer Aminosäuren.

Man weiß noch nicht, auf welche Weise in den tierischen Zellen *Asparagin*

$$H_2N{-}CO{-}CH_2{-}CH(NH_2){-}COOH$$

gebildet wird; bei den Pflanzen und Mikroorganismen verläuft die Biosynthese dieser Aminosäure entsprechend derjenigen des Glutamins, d. h. Asparagin wird aus Asparaginsäure, Ammoniak und ATP gebildet:

$$\underset{\text{Asparaginsäure}}{HOOC{-}CH_2{-}CH(NH_2){-}COOH} \xrightarrow[\text{ATP}]{NH_3} \underset{\text{Asparagin}}{H_2N{-}CO{-}CH_2{-}CH(NH_2){-}COOH}$$

Asparagin dient den Pflanzen als eine Ammoniak- und Asparaginsäure-Quelle.

Asparaginsäure ist auch eine Vorstufe des *Threonins;* durch die Reduktion ihrer zweiten Carboxylgruppe mit Hilfe von NADH (über die Phosphat-Zwischenstufe) entsteht zuerst der Aldehyd und dann der Alkohol Homoserin:

$$\underset{\text{Asparaginsäure}}{\begin{array}{l}COOH\\ |\\ CH_2\\ |\\ CH{-}NH_2\\ |\\ COOH\end{array}} \xrightarrow{\text{NADH}} \underset{\text{Homoserin}}{\begin{array}{l}CH_2{-}OH\\ |\\ CH_2\\ |\\ CH{-}NH_2\\ |\\ COOH\end{array}} \longrightarrow \underset{\text{Threonin}}{\begin{array}{l}CH_3\\ |\\ CH{-}OH\\ |\\ CH{-}NH_2\\ |\\ COOH\end{array}}$$

Die Hydroxylgruppe des Homoserins gelangt darauf wieder über eine Phosphatzwischenstufe und in Gegenwart eines spezifischen Enzyms und Coenzyms in die *β*-Stellung.

Lysin kann auf zwei unterschiedlichen Wegen gebildet werden. Höhere Pflanzen, Hefe und *Neurospora* benutzen als Vorstufe die *α*-Ketoglutarsäure. In einer Reihe von Reaktionen (s. Abb. 7—9) wird die *α*-Ketoglutarsäure zuerst in *α*-Ketoadipinsäure umgewandelt (man kennt den Mechanismus dieser Reaktion noch nicht), die dann durch eine Transaminierung in *α*-Aminoadinpinsäure umgewandelt wird. Die *α*-Amino-*δ*-aldehydsäure wird darauf nochmals aminiert, wobei Lysin entsteht. Bei *E. coli*, das als Vorstufe des Lysins Asparaginsäure benutzt, verläuft die Biosynthese dieser Aminosäure in einer sehr komplizierten Weise.

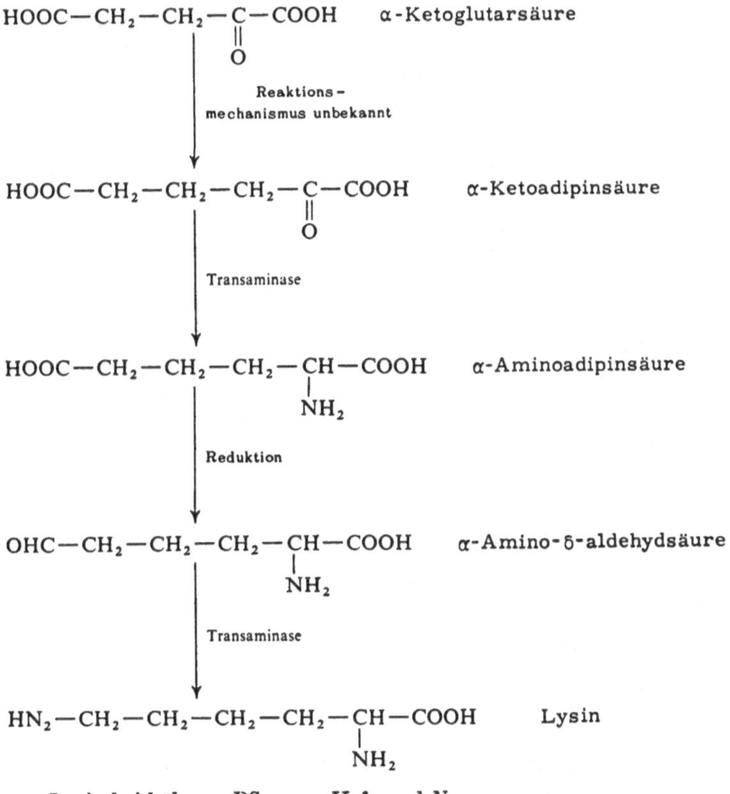

Abb. 7—9. Biosynthese von Lysin bei höheren Pflanzen, Hefe und *Neurospora*.

Cystein und *Methionin* stehen bei Pflanzen und vielen Mikroorganismen in einer umgekehrten Beziehung zueinander im Gegensatz zu den Tieren. Die ersteren bilden zuerst Cystein, indem sie den anorganischen Schwefel direkt an die entsprechende Kohlenstoffkette binden; darauf wird für die Bildung des Methionins der Schwefel vom Cystein auf eine andere Kohlenstoffkette übertragen. Schwefel kommt in der Natur hauptsächlich als anorganisches Sulfat vor, das vor der Bindung an die organischen

Kohlenstoffketten von den Pflanzenzellen und von vielen Mikroorganismen (aber von den wenigsten Tieren) reduziert wird. Man kennt den genauen Mechanismus dieser Reduktionsreaktion noch nicht; der erste Schritt ist wahrscheinlich eine Reaktion zwischen dem Sulfat und ATP, wobei Adenosinphosphat-sulfatphosphat entsteht.

Viele Organismen können das Sulfat über Sulfit zu Schwefel und sogar zu Schwefelwasserstoff reduzieren. Wahrscheinlich wird dann der Schwefel in einer Reaktion gebunden, die wir im folgenden darstellen, wobei ein spezifisches Enzym und ein Coenzym erforderlich sind:

$$\underset{\text{Pyruvatsäure}}{CH_3-CO-COOH} + NH_3 + H_2S \rightleftharpoons \underset{\text{Cystein}}{HS-CH_2-\overset{\overset{\displaystyle NH_2}{|}}{C}H-COOH}$$

Bei der Bildung des *Methionins* wird die Schwefelgruppe des Cysteins zuerst auf Homoserin übertragen, das aus Asparaginsäure entsteht (Abb. 7—10). Dieser Thioäther wird dann durch ein spezifisches Enzym in Homocystein und Serin gespalten. Schließlich entsteht durch die Methylierung des Homocysteins Methionin.

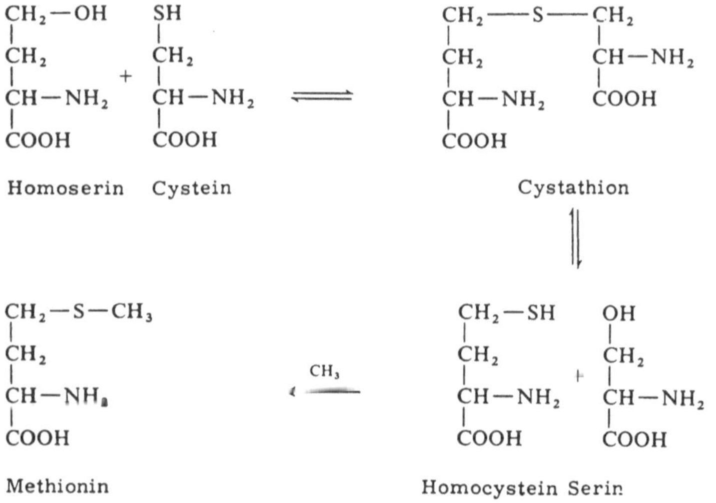

Abb. 7—10. Biosynthese der Aminosäure Methionin, einer für Tiere essentiellen Aminosäure.

Der biochemische Weg, durch den die Mikroorganismen und wahrscheinlich auch die höheren Pflanzen die Ringstruktur des *Phenylalanins* aufbauen, ist mit Hilfe von ^{14}C-markierten Vorstufen aufgeklärt worden. Alle Kohlenstoffatome des Ringes stammen aus Erythrose-4-phosphat; diese Verbindung kommt einerseits bei der Photosynthese und beim oxidativen Stoffwechsel der Glucose als Zwischensubstanz vor und entsteht anderseits aus dem Glykolyse-Produkt Phosphoenolbrenztraubensäure (Abb. 7—11). Eine ringförmige Zwischensubstanz bei der Biosynthese des Phenylalanins ist, wie bei der *Tryptophan*synthese von *E. coli*, das Phosphat-Derivat der Shikimisäure (Abb. 7—11). Der Mechanismus der Biosynthese des Tryptophans bei höheren Pflanzen ist noch nicht bekannt.

Bedeutung des Glycins bei der Biosynthese der Porphyrine. Die biologisch wichtigen Verbindungen Chlorophyll, Hämoglobin und die Cytochrome besitzen als gemeinsame Molekül-Struktur den *Porphyrin*-Ring; dieser besteht aus vier Pyrrolringen, die durch

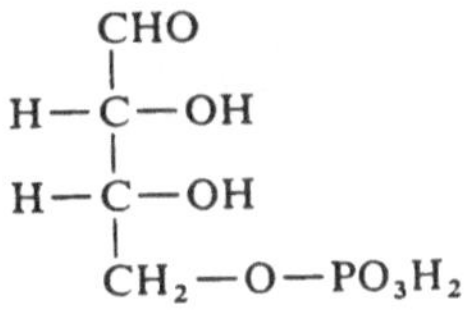

Erythrose-4-phosphat

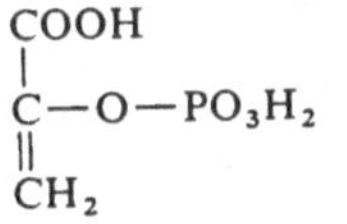

Phosphoenol-brenztrauben-säure

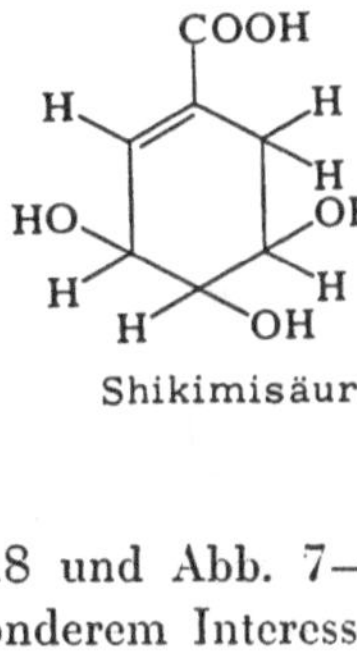

Shikimisäure

Abb. 7—11. Verbindungen, die in den Mikroorganismen und höheren Pflanzen an der Biosynthese des Phenylalanins beteiligt sind.

Methinbrücken (—CH=) zusammengehalten werden (Abb. 6—18 und Abb. 7—12 a). Die Biosynthese dieser wichtigen Verbindung ist daher von besonderem Interesse. Die Ausgangssubstanzen sind Succinyl-Coenzym A, das aus dem Krebs-Zyklus stammt, und die Aminosäure Glycin. Ihr Reaktionsprodukt ist α-Amino-β-ketoadipinsäure, die sofort Kohlendioxid abgibt, wodurch δ-Aminolävulinsäure entsteht (Abb. 7—12 b). Dieser Reaktionsschritt läuft in den Mitochondrien ab, in denen Succinyl-Coenzym A vorhanden ist, und wird durch eine spezifische Synthese katalysiert, die wahrscheinlich in den Mitochondrien lokalisiert ist; an dieser Reaktion ist zudem noch das Pyridoxalphosphat beteiligt. Beim nächsten Reaktionsschritt schließen sich, wieder in Gegenwart eines spezifischen Enzyms, zwei δ-Aminolävulinsäure-Moleküle zu der Porphobilinogen-Einheit zusammen. Schließlich verbinden sich in einer komplizierten Reihe von Reaktionen vier dieser Einheiten miteinander zu der Porphyrin-Struktur. Aus diesem biochemischen Prozeß geht hervor, daß der gesamte Stickstoff, der im Porphyrinring enthalten ist, aus der Aminogruppe des Glycins stammt. Weiterhin haben Untersuchungen mit Isotopen ergeben, daß für die Synthese von einem Porphyrin-Grundgerüst acht Methylen-Kohlenstoffatome von Glycin benutzt werden.

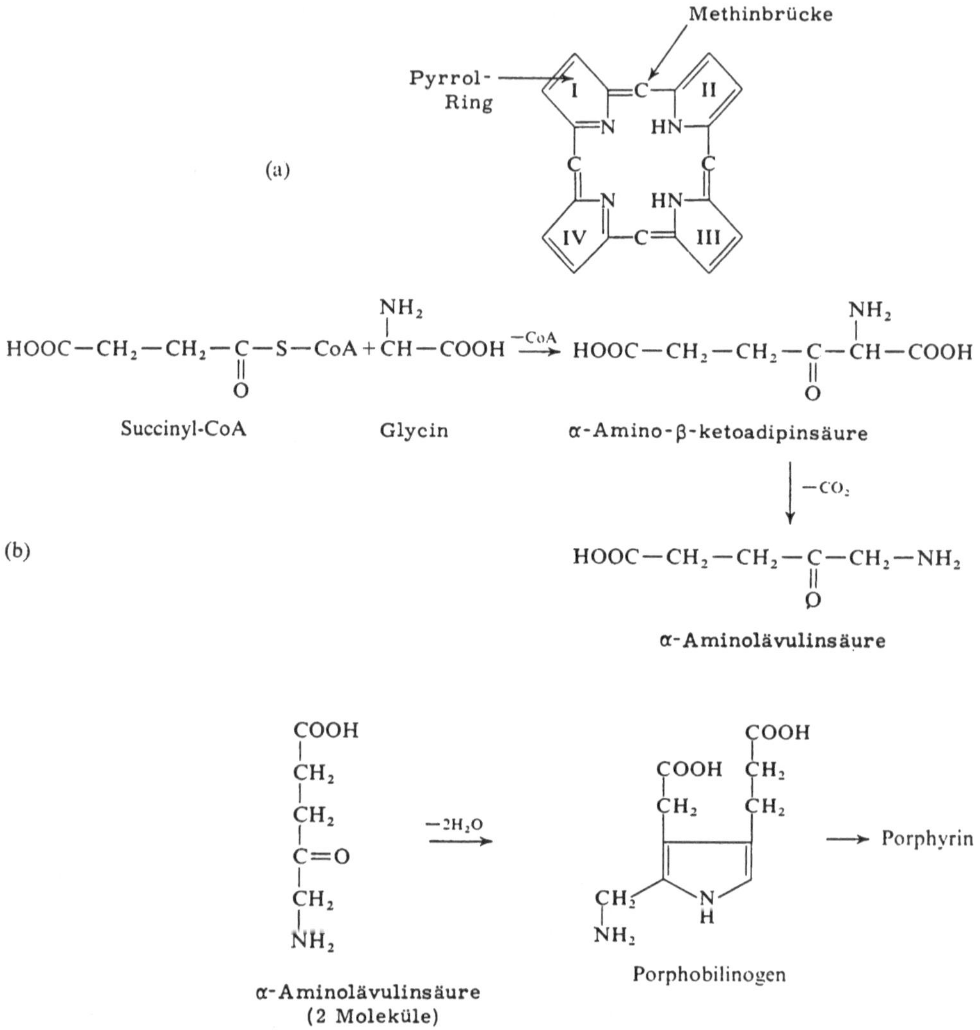

Abb. 7—12. (a) Die Grundstruktur des Porphyrin-Rings; (b) Biosynthese der Porphobilinogen-Einheit.

7.3. Nucleotide

Der Ausdruck Nucleotid wurde ursprünglich auf eine Gruppe von Verbindungen angewendet, die bei partieller Hydrolyse der Nucleinsäuren zurückblieb. Wir haben in Kap. 3 beschrieben, wie die DNA und RNA in den Zellen aus den Nucleotid-Bausteinen gebildet werden, die aus einer Purin- oder Pyrimidinbase, einem Pentosezucker und einer Phosphatgruppe bestehen. Nucleinsäuren sind in jeder lebenden Zelle vorhanden, wo sie einerseits die Erbsubstanz unverändert von einer Generation auf die andere übertragen und anderseits die Biosynthese der vielen Zellproteine steuern.

Daneben kennt man aber weitere wichtige Nucleotide, die nicht in den Nucleinsäuren vorkommen und deren Basen sich von den Purinen und Pyrimidinen unterscheiden können. Wir definieren folglich heute ein Nucleotid allgemein als eine Verbindung, die aus einer Base und einem phosphorylierten Zucker besteht, wobei die zwei Bestandteile durch eine glykosidische Bindung verknüpft sind. Ein Nucleotid kann durch alkalische Hydrolyse, durch die die Phosphatgruppe abgespalten wird, in ein sog. Nucleosid umgewandelt werden:

$$\underset{\text{Nucleotid}}{\text{Base-Zucker-Phosphat}} \xrightarrow[\text{Hydrolyse}]{\text{alkalische}} \underset{\text{Nucleosid}}{\text{Base-Zucker}} + H_3PO_4$$

Ein wichtiges Nucleotid, das in der Natur vorkommt, besteht aus Adenin (6-Aminopurin), Ribose und einer in der 5′-Stellung angehefteten Phosphatgruppe (Abb. 7—13). Das Nucleosid, das nur Adenin und Ribose enthält, wird als Adenosin bezeich-

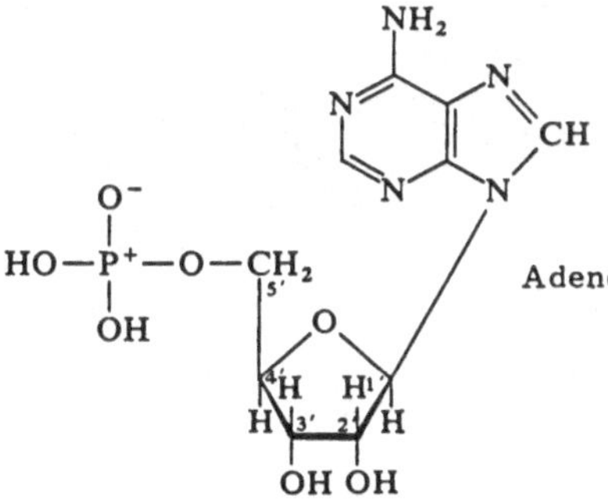

Adenosin-5′-monophosphat (AMP)
(Adenylsäure)

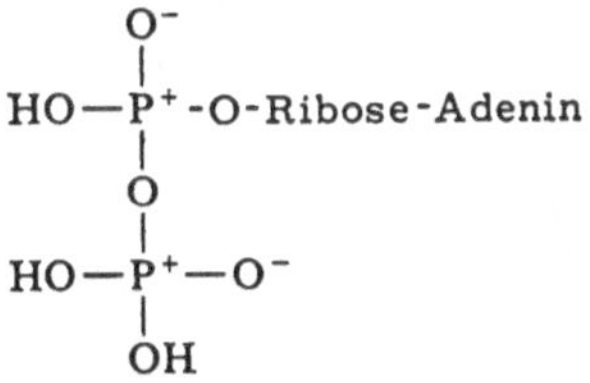

Adenosin-diphosphat (ADP)

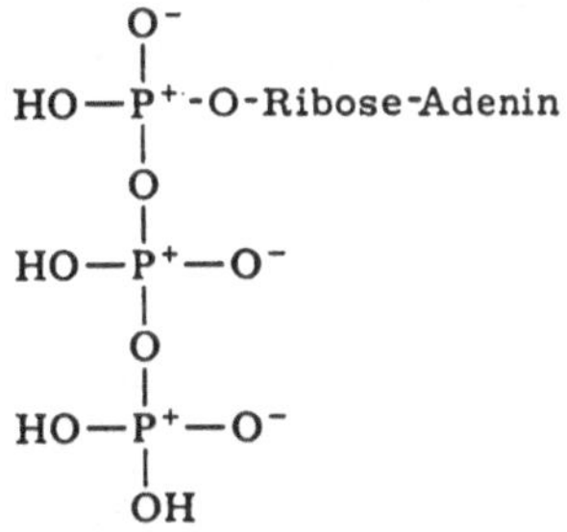

Adenosin-triphosphat (ATP)

Abb. 7—13. Mono-, Di- und Triphosphate des Adenosins. Die Phosphatgruppe ist an das C-5′-Atom des Zuckerrings gebunden.

net, während das Nucleotid das Adenosin-5'-monophosphat (AMP) oder die 5'-Adenylsäure ist. Die Derivate des AMP, das ADP (Diphosphat) und ATP (Triphosphat), sind Beispiele der wichtigsten natürlichen Nucleotide. Diese Moleküle spielen bei der Speicherung und der Nutzbarmachung der Energie, die die Zellen für ihre vielen biochemischen Reaktionen benötigen, eine äußerst wichtige Rolle, denn sie sind imstande, Phosphatgruppen abzugeben und wieder aufzunehmen.

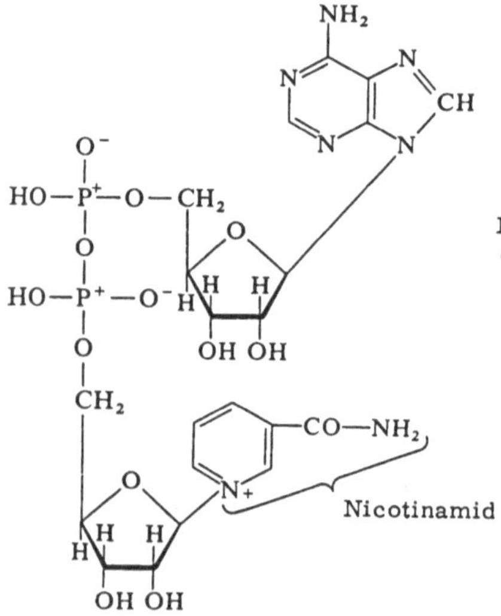

Nicotinamid-adenin-dinucleotid (NAD^+)

(a)

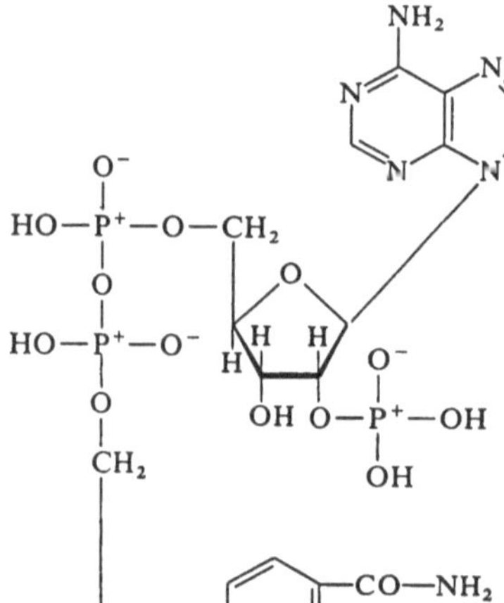

Nicotinamid-adenin-dinucleotid-phosphat ($NADP^+$)

(b)

Abb. 7—14. (a) Nicotinamid-adenin-dinucleotid (NAD^+); (b) Nicotinamid-adenin-dinucleotid-phosphat ($NADP^+$).

Ein anderes wichtiges Nucleotid ist das Nicotinamid-adenin-dinucleotid (NAD+) (Abb. 7—14). Bei diesem Molekül ist ein Adenin-mononucleotid mit einem Nicotinamid-mononucleotid durch eine Anhydridbindung zwischen den zwei Phosphatgruppen verbunden. Das Nicotinamid oder Niacin, das in allen pflanzlichen und tierischen Geweben vorkommt, ist der Vitaminbestandteil des Moleküls. In Abb. 7—14 ist ferner das Phosphat-Derivat des Nicotinamid-adenin-dinucleotids (NADP+) dargestellt. Diese beiden Coenzyme, die in den Zellen weit verbreitet sind, spielen bei den biologischen Oxidations-Reaktionen eine wichtige Rolle. Ihre reduzierten Formen (NADH und NADPH) entstehen dabei durch die Reduktion des Pyridinrings im Nicotinamid-Teil des Moleküls (Abb. 7—15).

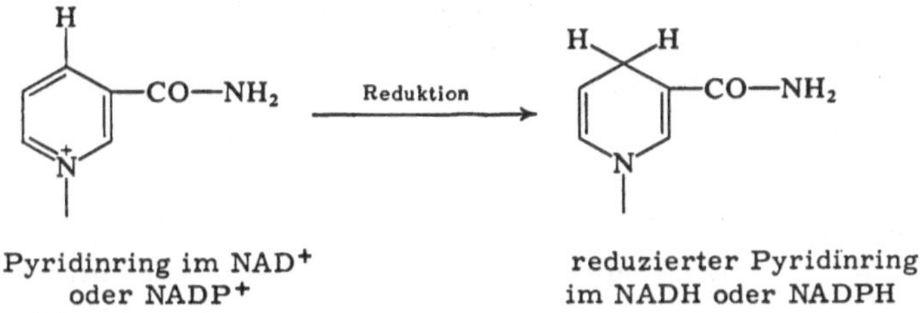

Abb. 7—15. NAD^+ und $NADP^+$ katalysieren Oxidationsreaktionen und werden dabei reduziert.

Die nächste wichtige Verbindung, die eine Nucleotid-Untereinheit enthält, ist das Coenzym A (Abb. 7—16). Dieses Molekül entsteht bei der Verbindung der Phosphatgruppe des Adenin-nucleotids mit dem Phosphat des nichtcyclischen Panthetcins; der

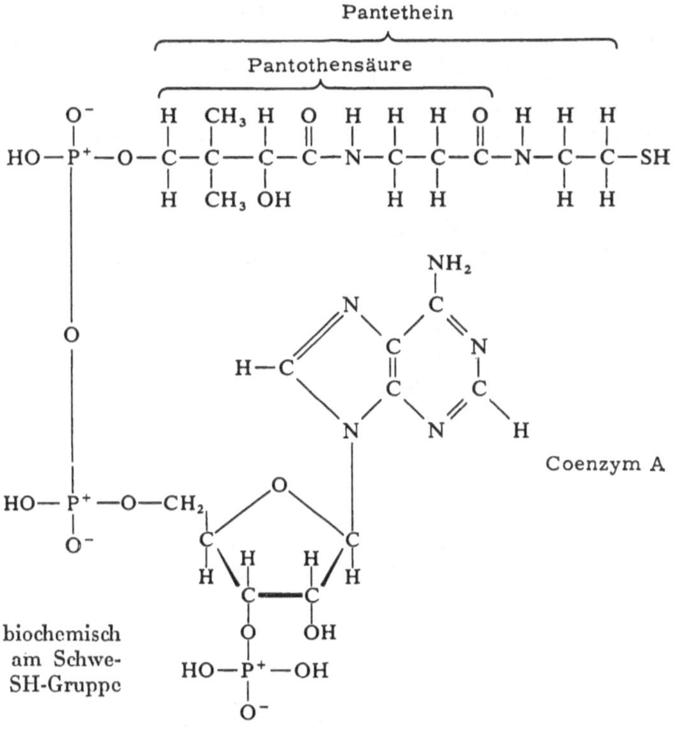

Abb. 7—16. Coenzym A. Die biochemisch wichtigen Reaktionen finden am Schwefelatom der endständigen SH-Gruppe statt.

Vitaminbestandteil des Moleküls ist in diesem Fall Panthotensäure. Das Coenzym A bildet mit den Carbonsäuren die Thioester, die bei vielen biochemischen Reaktionen von Bedeutung sind (vor allem bei der Biosynthese und der β-Oxidation der Fettsäuren).

Die Phosphatgruppe eines Nucleotids stammt immer aus dem ATP, und sein Zuckerbestandteil (auch bei den Nucleotiden der Desoxyribose) aus der Ribose. Wir werden in Abschn. 7.4 die Herkunft der Ribose in den Zellen besprechen; im vorliegenden Abschnitt befassen wir uns mit der Herkunft der Nucleotid-Basen, also mit den Purin- und Pyrimidinbasen. Diese Basen sind die einzigen, die in den Nucleinsäuren vorkommen, und zudem werden sie in andere wichtige Nucleotid-Verbindungen der Zellen eingebaut. Tiere können die Purine und Pyrimidine selbst herstellen und müssen sie daher nicht mit der Nahrung aufnehmen. Im Gegensatz dazu benötigen viele Mikroorganismen bestimmte Purine oder Pyrimidine, oder sogar ganze Nucleoside (z. B. Thymidin).

Biosynthese der Pyrimidine. Die Untersuchungen, die in den vierziger Jahren mit radioaktiv markierten Vorstufen der Pyrimidine durchgeführt worden sind, haben ergeben, daß diese Basen aus den verhältnismäßig einfachen Verbindungen Ammoniak, Kohlendioxid und Asparaginsäure aufgebaut werden (Abb. 7—17 a). Diese einfachen Substanzen werden aber auf eine ziemlich komplizierte Weise zusammengesetzt. Die einzelnen Reaktionsschritte dieses biochemischen Weges sind in Abb. 7—17 b aufgezeichnet. Eine der Zwischensubstanzen ist die Orotsäure; sie reagiert mit Ribose-5'-phosphat (auf oxidativem oder anaerobem Wege aus der Glucose gebildet), das eine zusätzliche Pyrophosphatgruppe aus dem ATP erhalten hat. Diese Pyrophosphatgruppe wird bei der Kopplung mit Orotsäure abgespalten, wobei sich zwischen dem Stickstoff der letzteren und dem C-1'-Atom des Zuckers eine glykosidische Bindung ausbildet; auf diese Weise entsteht das Nucleotid Orotidin-5'-phosphat, das durch eine Decarboxylierung in das Uridin-5'-phosphat umgewandelt wird. Uridin-5'-phosphat ist nicht nur einer der Pyrimidinnucleotid-Bausteine der RNA, sondern auch die Schlüsselsubstanz, aus der alle anderen Pyrimidine der Nucleinsäure entstehen.

Der einzig bekannte biochemische Prozeß, durch den Cytidin gebildet wird, führt über die Aminierung des Uridin-triphosphats. Das letztere entsteht dadurch, daß in Gegenwart von Magnesium-Ionen zwei Phosphatgruppen aus dem ATP an Uridin-5-phosphat angehängt werden:

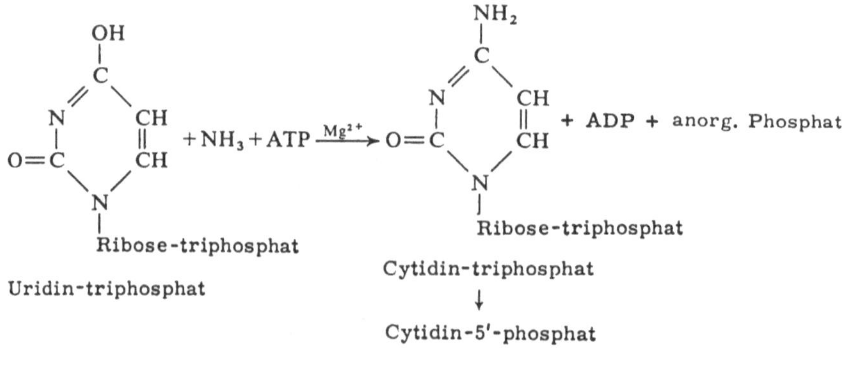

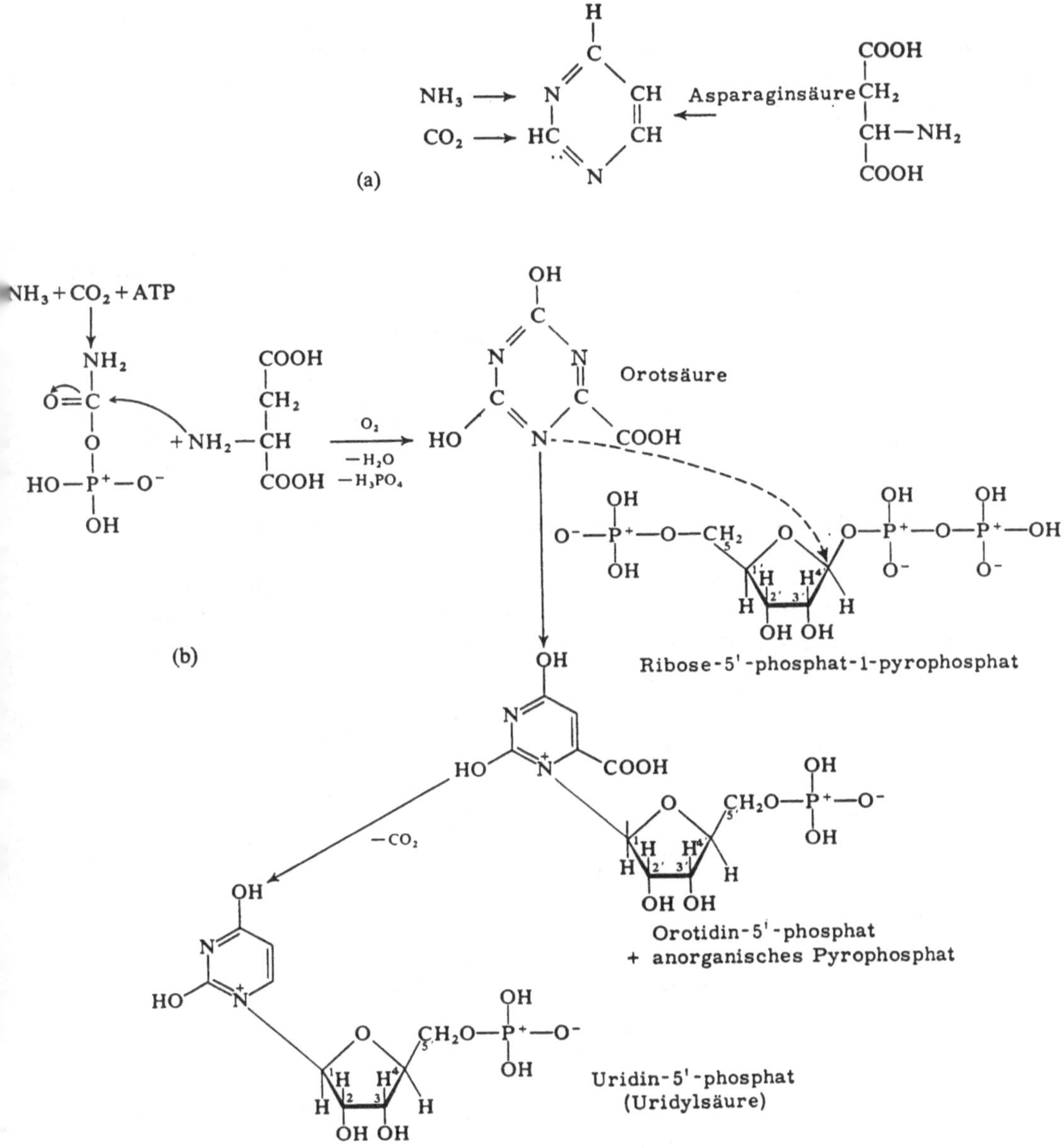

Abb. 7—17. (a) Die Biosynthese des Pyrimidinrings aus einfachen Vorstufen. (b) Die wichtigsten Schritte, die an der Biosynthese des Pyrimidin-nucleotids Uridin-5'-phosphat beteiligt sind.

Auf diese Weise werden also beide Pyrimidin-Nucleotide, die in der RNA vorkommen, aus dem Uridin-5'-phosphat gebildet.

Es ist unwahrscheinlich, daß die DNA-Pyrimidin-Nucleotide in einer entsprechenden Weise wie die RNA-Pyrimidine aus der Desoxyribose gebildet werden. Vielmehr bestehen Hinweise auf eine Reduktion der Ribose auf der Stufe der Nucleotide, wobei Vitamin B_{12} vorhanden sein muß (Abb. 7—18). Wir führen hier das folgende Beispiel an:

$$\text{Cytidin-5'-phosphat} \xrightarrow{\text{Vitamin } B_{12}} \text{Desoxycytidin-5'-phosphat}$$

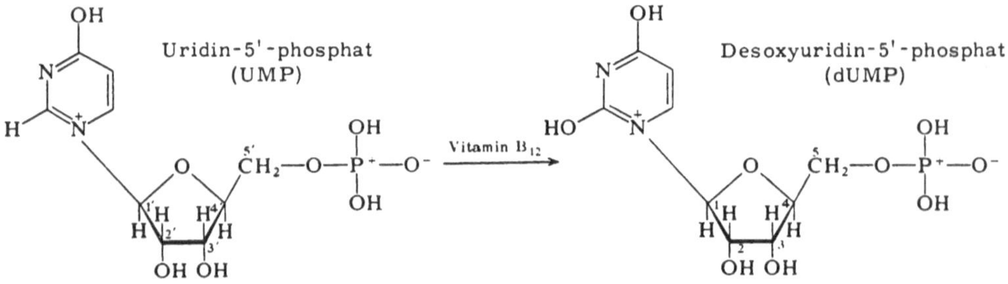

Abb. 7—18. Reduktion der Ribose, die bei der Bildung der DNA verwendet wird.

Das zweite Desoxy-Pyrimidin-Nucleotid (das Thymidin-5'-phosphat) wird offensichtlich durch Reduktion der Ribose des Uridin-5'-phosphats gebildet, wobei wiederum Vitamin B_{12} erforderlich ist; anschließend wird der Pyrimidinring methyliert (Abb. 7—18).

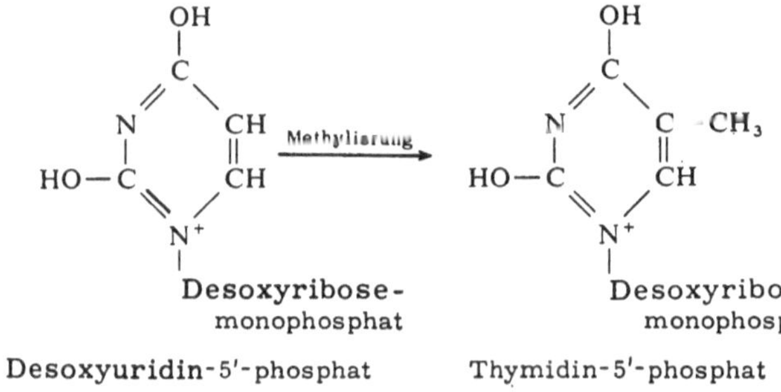

Abb. 7—19 faßt die Biosynthesen aller Pyrimidin-Nucleotide zusammen, die in der DNA und in der RNA vorkommen.

Biosynthese der Purine. Die Herkunft der Atome des Purinrings wurde ebenfalls mit Hilfe von radioaktiv markierten Vorstufen bestimmt (Buchanan, 1959, und andere). Die Bausteine der Purin-Basen sind Kohlendioxid, Ameisensäure, Glycin, Asparaginsäure und Glutamin (Abb. 7—20 a). Auch dieser Ring wird in einer Reihe von komplizierten Reaktionen zusammengesetzt; in Abb. 7—20 b sind die Reaktionsschritte aufgezeichnet, die wahrscheinlich bei allen Organismen identisch sind. Das Purinring-System wird nach und nach an der C_1-Stellung des Ribose-5'-phosphats aufgebaut, wobei am Schluß nicht freies Purin, sondern direkt ein Purin-ribonucleotid entsteht. Auch hier wird, wie bei den Pyrimidinen, ein Schlüsselmolekül gebildet (in diesem Fall ist es die Inosinsäure), das dann in alle anderen Purin-Nucleotide umgewandelt wird.

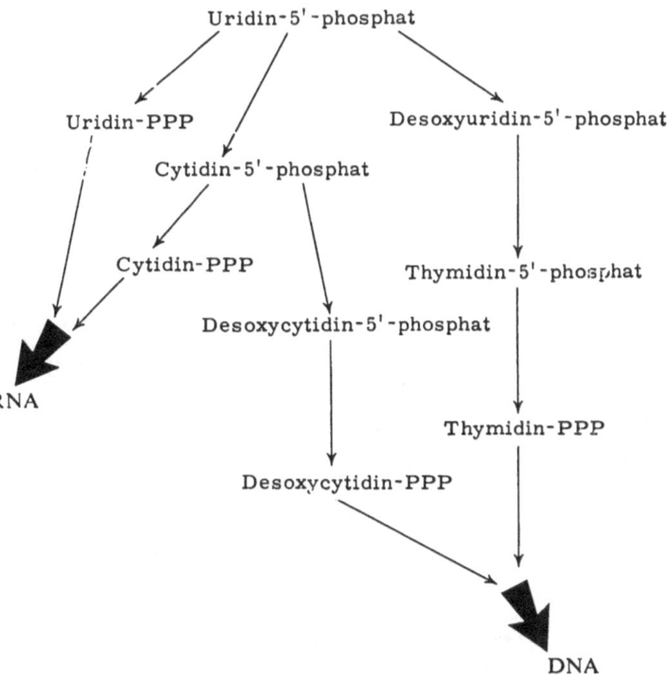

Abb. 7—19. Biosynthese der Pyrimidin-nucleotid-Vorstufen der RNA und DNA aus dem gemeinsamen Schlüssel-Nucleotid Uridin-5'-phosphat (Uridylsäure). PPP bedeutet Triphosphat.

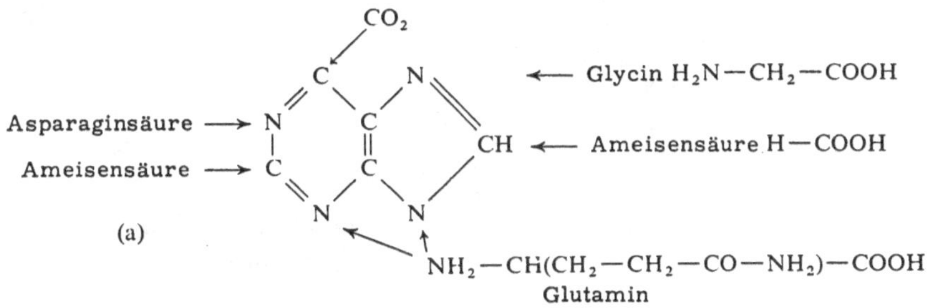

Abb. 7—20. (a) Biosynthese des Purinring-Systems aus einfachen Vorstufen.

Inosin-5'-phosphat wird in Gegenwart von Asparaginsäure und GTP (Guanosintriphosphat, ein anderes Nucleosid-triphosphat, das bei der Hydrolyse eine große Energiemenge liefert) über die Zwischensubstanz Bernsteinsäure in Adenosin-5'-phosphat

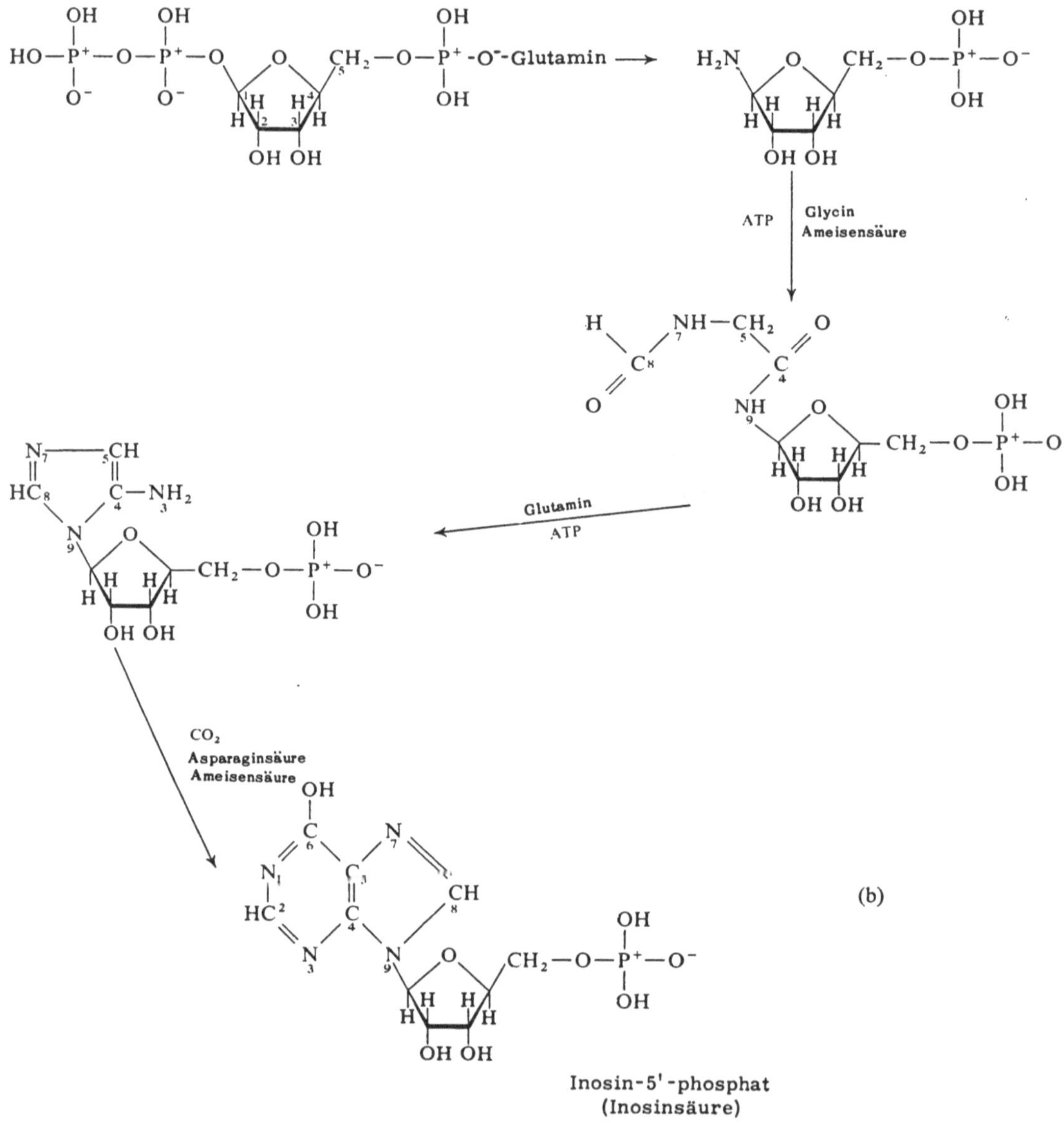

Abb. 7—20. (b) Die wichtigsten Reaktionsschritte bei der Biosynthese des Purin-nucleotids Inosin-5′-phosphat.

umgewandelt:

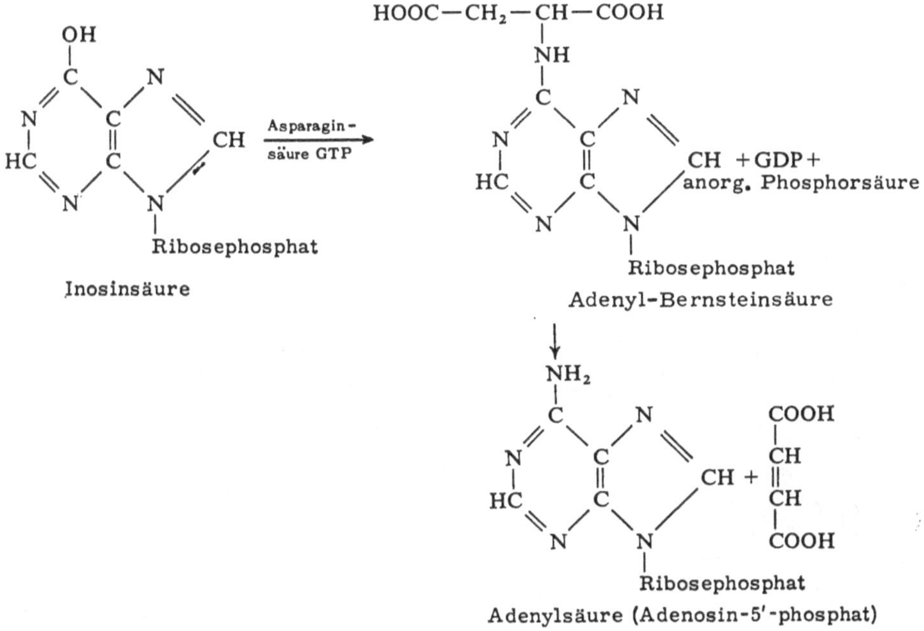

wird die Inosinsäure zu Xanthylsäure oxidiert und anschließend in Gegenwart von Glutamin und ATP aminiert, so entsteht Guanylsäure:

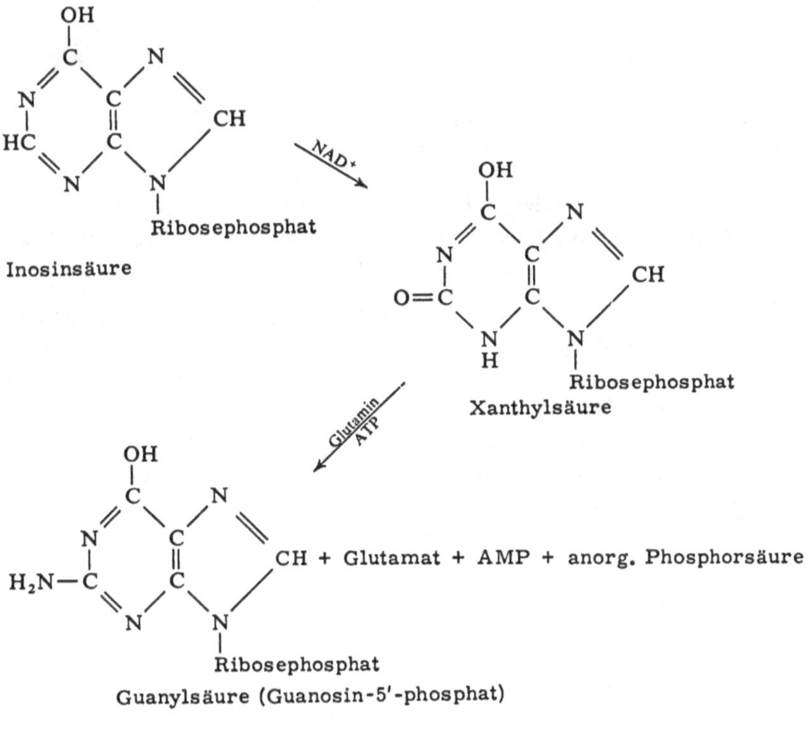

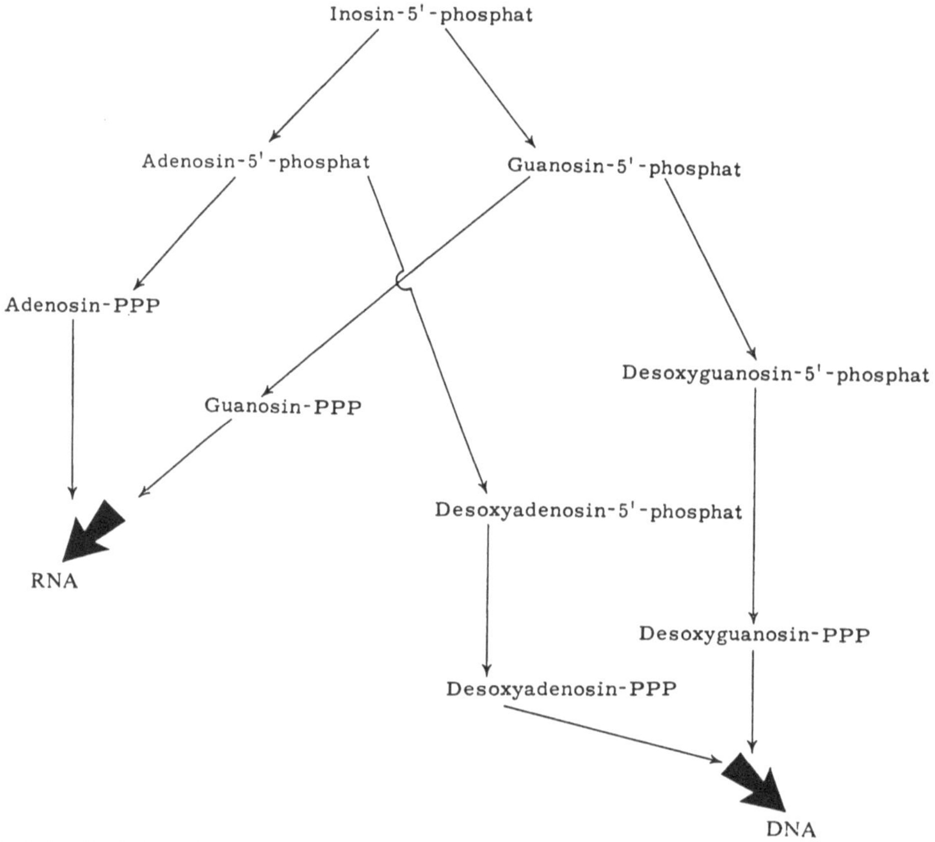

Abb. 7—21. Biosynthese der Purin-nucleotid-Vorstufen der RNA und DNA aus dem gemeinsamen Schlüssel-Nucleotid Inosin-5'-phosphat (Inosinsäure). PPP stellt das Triphosphat dar.

Die Desoxy-Ribonucleotid-Derivate entstehen auch hier durch die Reduktion des Ribosezuckers in Gegenwart von Vitamin B_{12}. Abb. 7—21 faßt die Reaktionsschritte zusammen, durch die alle Purin-Nucleotide entstehen.

Biosynthese der Coenzym-Nucleotide. Alle Ribonucleotide, die in der RNA vorkommen, werden auch bei anderen Stoffwechselvorgängen verwendet, wo sie gelegentlich mit Molekülen verbunden sind, die in den Nucleinsäuren fehlen; Beispiele dazu sind Coenzym Nicotinamid-adenin-dinucleotid (NAD^+) und Coenzym A.

Beim NAD^+ (Abb. 7—14) entsteht zuerst das Nicotinamid-mononucleotid durch eine Reaktion zwischen Nicotinamid (einem wichtigen Vitaminbestandteil der Säugetiernahrung) und dem Pyrophosphat-Derivat des Ribose-5'-phosphats. Dieses Mononucleotid reagiert dann mit Adenosin-5'-phosphat, das in der Form des Triphosphats (ATP) vorliegt. Die Reaktion wird durch ein spezifisches Enzym katalysiert:

Nicotinamid-mononucleotid + Adenosin-triphosphat

↓ Enzym

Nicotinamid-adenin-dinucleotid + anorganisches Phosphat

(NAD^+)

Obwohl Nicotinsäure *in vivo* gebildet werden mag, kann das Nicotinamid nicht direkt aus der Nicotinsäure entstehen. Die Biosynthese der Nicotinsäure führt nämlich zur Bildung des Nicotin-mononucleotids, das dann mit Hilfe von ATP in das Dinucleotid umgewandelt wird; die Amidgruppe wird erst am Schluß durch eine Reaktion, an der Glutamin und ATP beteiligt sind, an das Dinucleotid gebunden.

Beim Coenzym A ist der Pantothensäure-Anteil des Moleküls ein essentieller Bestandteil der Säugetiernahrung, während ihn die Mikroorganismen selbst herstellen können. Bei der Biosynthese des Coenzyms A (Abb. 7—22) entsteht das Pantothein (Abb. 7—16) als eine Zwischensubstanz. Der erste Reaktionsschritt besteht in der Phosphorylierung der endständigen Methylgruppe der Pantothensäure. Das Carboxylende dieses Phosphat-Derivats verbindet sich dann in Gegenwart von ATP und Cystein zum Phospho-pantothein; daraus entsteht schließlich in Gegenwart von Magnesium-Ionen und ATP das Coenzym A.

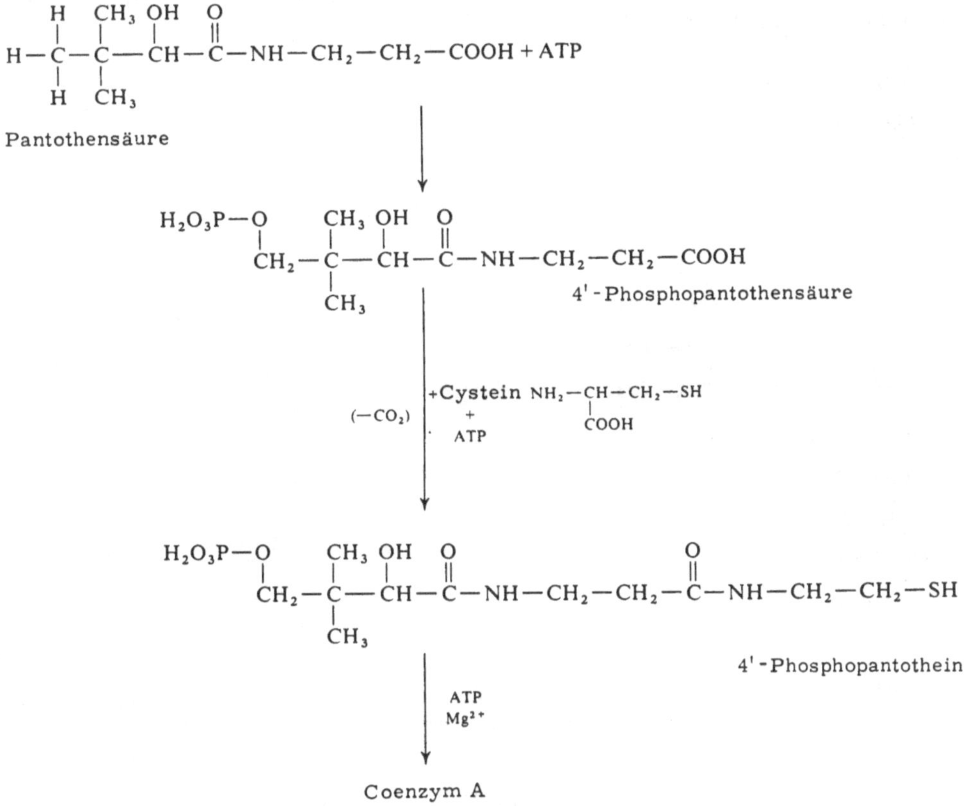

Abb. 7—22. Bildung von Coenzym A aus Pantothensäure in tierischen Zellen.

7.4. Kohlenhydrate

Wir haben in Kap. 2 kurz die Chemie und die offenkettige und ringförmige Struktur (Pyranose- und Furanoseform) der einfachen Zucker besprochen. Dabei haben wir auch die verschiedenen stereoisomeren Formen der Zucker, sowie die Bedeutung der glykosidischen (Zucker-)Bindung erwähnt.

Glucose und Fructose entstehen durch die Photosynthese aus Kohlendioxid und Wasser, die alle notwendigen Kohlenstoff-, Sauerstoff- und Wasserstoffatome dieser Zucker liefern (Kap. 6). Die Glucose dient den höheren Pflanzen und den Tieren nicht nur als Energiequelle, sondern sie wird auch in andere wichtige Zucker umgewandelt, die für den Aufbau der Strukturen und für die Funktionen der Zellen notwendig sind. Zum Beispiel wird der Pentosezucker Ribose von den Zellen dazu verwendet, Nucleotide herzustellen.

Zuckeralkohole entstehen aus den Zuckern durch Reduktion der Aldehyd- oder der Ketogruppe zu der entsprechenden Alkoholgruppe. So bildet sich beispielsweise durch die Reduktion der Glucose Sorbit (Abb. 7—23). Sorbit und die weiteren C_6-Verbindungen dieser Reihe haben keine besondere chemische Bedeutung, obwohl sie bei den Pflanzen weit verbreitet sind. Die C_3-Verbindung, das Glycerin, spielt hingegen bei der Biosynthese der Lipide eine äußerst wichtige Rolle (s. Abschn. 7.5).

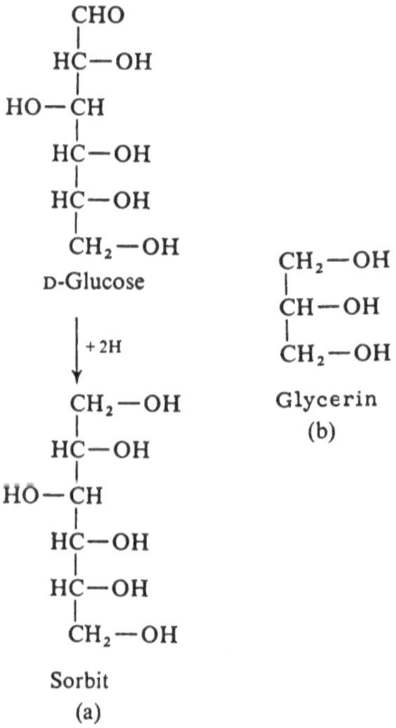

Abb. 7—23. Struktur von Zucker-Alkoholen. (a) Reduktion der Glucose zu Sorbit; (b) Glycerin.

Die wichtigsten Zuckersäuren sind die Uronsäuren (Abb. 7—24), die als Bestandteile der Strukturpolysaccharide eine große Bedeutung haben (siehe unten). Die Zuckersäuren neigen dazu, innere Ester oder Lactone zu bilden; dabei entstehen meistens fünfgliedrige (γ-Lactone) oder sechsgliedrige (δ-Lactone) Ringe. Eine biologisch sehr wichtige Zuckersäure ist das Vitamin C (Ascorbinsäure), das sowohl bei Tieren als auch bei Pflanzen weit verbreitet ist. Vitamin C ist das γ-Lacton einer C_6-Säure, die zwischen dem C-2- und dem C-3-Atom eine ungesättigte Bindung besitzt (Abb. 7—24).

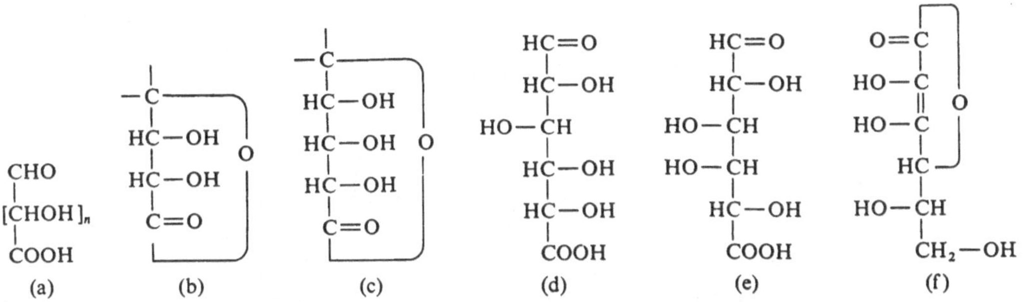

Abb. 7—24. Struktur einiger Uronsäuren. (a) Allgemeine Formel; (b) γ-Lacton; (c) δ-Lacton; (d) D-Glucuronsäure; (e) D-Galacturonsäure; (f) Ascorbinsäure.

Die Aminozucker haben anstelle einer der Hydroxylgruppen eine Aminogruppe. Beispiele von Aminozuckern sind D-Glucosamin und D-Galactosamin; diese substituierten Aldohexosen (Abb. 7—25) sind wichtige Bestandteile der Struktur-Polysaccharide.

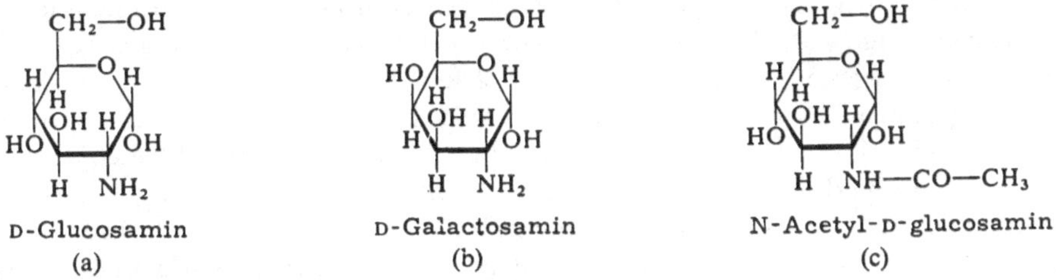

Abb. 7—25. Struktur einiger Aminozucker. (a) D-Glucosamin; (b) D-Galactosamin; (c) N-Acetyl-D-glucosamin.

Die meisten natürlichen Oligosaccharide kommen eher bei Pflanzen als bei Tieren vor. Das bekannteste Oligosaccharid ist wohl Saccharose — der gewönliche Haushaltszucker, der in der Zuckerrübe und im Zuckerrohr in besonders großen Mengen vorkommt. Es ist ein Heterodisaccharid, das durch Hydrolyse in ein Molekül D-Glucose und in ein Molekül D-Fructose gespalten wird. Diese zwei Bausteine des Moleküls werden durch eine glykosidische Bindung zwischen dem C-1-Atom der Glucose und dem C-2-Atom der Fructose zusammengehalten (Abb. 7—26).

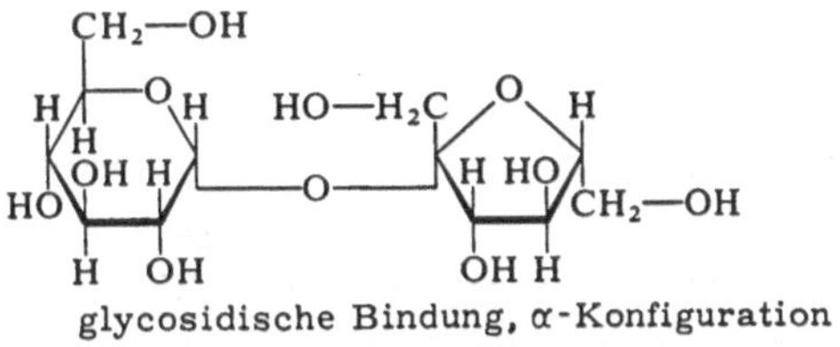

Abb. 7—26. Struktur des Disaccharids Saccharose.

Maltose ist ein anderes Disaccharid, das aber gewöhnlich nicht als solches in der Natur vorkommt; es ist das Hauptprodukt bei der enzymatischen Hydrolyse der Stärke (Abb. 7—27 a). Maltose besteht aus zwei Glucosemolekülen, die zwischen dem C-1-Atom des einen und dem C-4-Atom des anderen Glucosemoleküls durch eine α-Bindung miteinander verknüpft sind (s. Abschn. 2.2). Ein weiteres Disaccharid aus zwei Glucosemolekülen ist die Cellobiose, die bei der Hydrolyse der Cellulose entsteht; die zwei Glucosemoleküle werden hier durch eine β-Bindung zusammengehalten (Abb. 7—27 b).

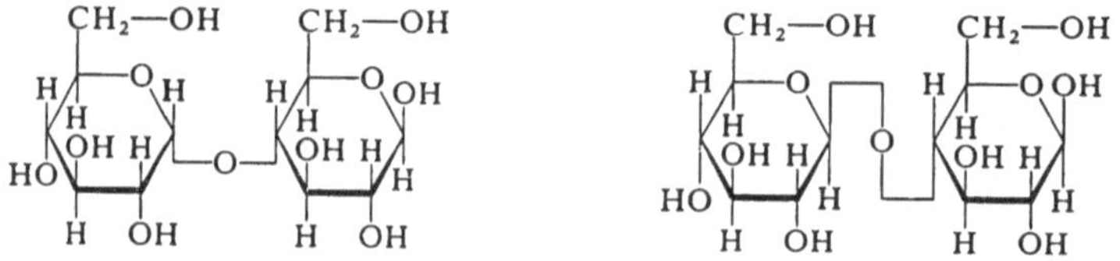

(a) Maltose (α-1,4-Bindung) (b) Cellobiose (β-1,4-Bindung)

Abb. 7—27. (a) Maltose, der Baustein der Stärke (α-1,4-Bindung). (b) Cellobiose, der Baustein der Cellulose (β-1,4-Bindung).

Ein weiteres wichtiges Disaccharid ist die Lactose, die in der Milch vorkommt. Bei der Hydrolyse entsteht 1 Molekül D-Glucose und 1 Molekül D-Galactose. Die 2 Monosaccharide werden durch eine β-Bindung zusammengehalten.

Andere Oligosaccharide sind ebenfalls aus zwei oder mehreren einfachen Zuckermolekülen aufgebaut. Daneben findet man in der Natur die sogenannten Glykoside, bei denen ein Zucker- und ein Nicht-Zucker-Molekül durch eine glykosidische Bindung zusammengehalten werden. Das Molekül, das kein Zucker ist, wird als Aglykon bezeichnet. Die meisten Glykoside kommen nur bei den Pflanzen vor. Wir können als Beispiele Indican (eine Verbindung, die mit dem Farbstoff Indigo verwandt ist) — ein Glucosid-Derivat des Indoxyls — sowie das Amygdalin anführen; letzteres ist ein Glykosid, das im Öl der Bittermandeln vorkommt und durch Hydrolyse in zwei Moleküle Glucose, ein Molekül Benzaldehyd und ein Molekül Blausäure gespalten wird. Die Giftstoffe der Digitalis-Gruppe sind Glykoside, die aus Di- und Trisacchariden und einem Aglykon zusammengesetzt sind, das eine enge Verwandtschaft zu den Steroiden aufweist.

Die meisten natürlichen Kohlenhydrate sind hochmolekulare Polysaccharide, die entweder für die Ernährung oder zur Aufrechterhaltung von Strukturen wichtig sind. Die bedeutendsten Nahrungs-Polysaccharide sind die Stärke der Pflanzenzellen und das Glykogen der tierischen Zellen. Beide Molekülarten sind aus D-Glucose-Einheiten aufgebaut.

Man kennt zwei Arten von Stärke, nämlich die Amylose und das Amylopektin, die in den Pflanzenzellen in unterschiedlichen Mengen vorkommen. Amylose ist ein langkettiges, gestrecktes Molekül, das nur aus Maltose-Einheiten besteht — die Bindungen zwischen Glucosemolekülen sind folglich bei der Amylose immer α-1,4-Bindungen (Abb. 7—27 a). Das Molekulargewicht der Kartoffel-Amylose reicht von 4 000 bis 150 000. Amylopektin ist ein Polysaccharid, dessen Ketten — im Gegensatz zu den Amylose-Ketten — verzweigt sind. Die Ketten des Amylopektins bestehen aus 24—30 Maltose-Einheiten, die an den Verzweigungspunkten durch α-1,6-Bindungen miteinander verknüpft sind; die Glucose-Reste sind deshalb an diesen Punkten sowohl am C-6- als auch am C-4-Atom substituiert (Abb. 7—28 a). Eines der Hydrolyse-Produkte des Amylopektins ist erwartungsgemäß das α-1,6-Disaccharid oder die Isomaltose (Abb. 7—28 b). Das Molekulargewicht des Amylopektins beträgt 500 000 oder mehr. Die polymeren Ketten sind beim Amylopektin nicht ausgestreckt, sondern zu Helices aufgerollt (Abb. 7—28 c und Abb. 7—28 d).

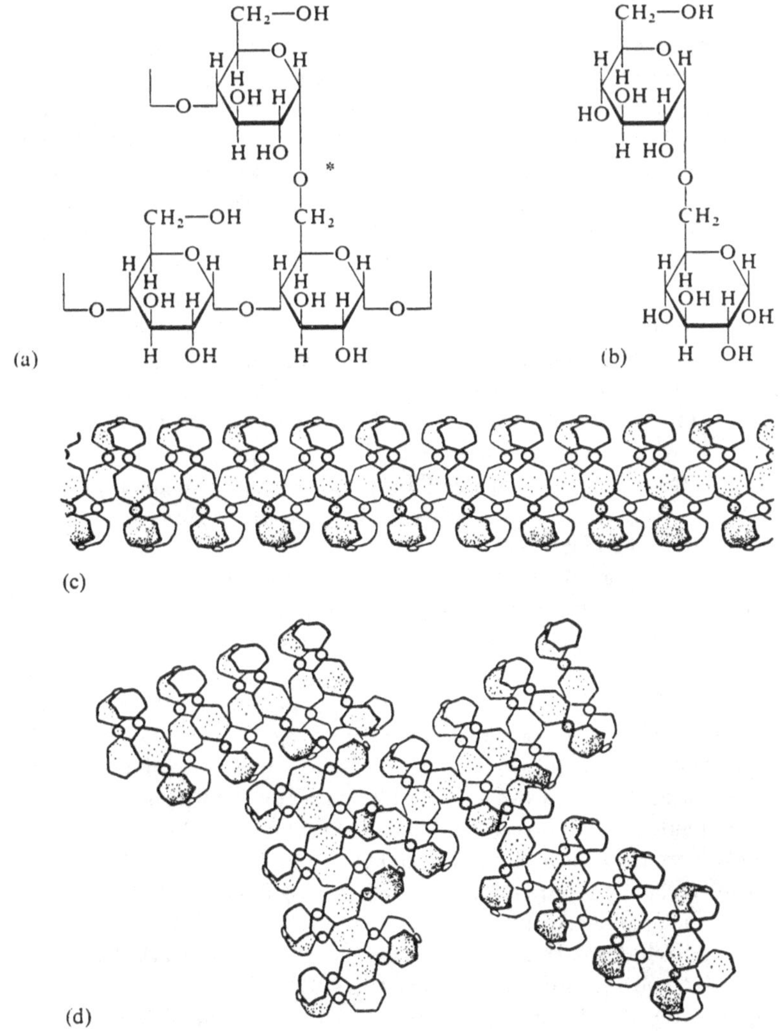

Abb. 7—28. (a) Ein Verzweigungspunkt des Amylopektins (oder Glykogens) an einer α-1,6-Bindung*. (b) Die Isomaltose-Einheit, die bei der partiellen Hydrolyse des Amylopektins oder des Glykogens entsteht. (c) Die Molekularstrukturen der polymeren Ketten der Stärke — die unverzweigte Form (Amylose) und (d) verzweigte Form (Amylopektin). (Aus James Bonner und Arthur W. Galston: Principles of Plant Physiology. W. H. Freeman and Company. Copyright © 1952.)

Die Zelle macht ihre Stärke-Vorräte, die sie in Stärkekörnern speichert, mit Hilfe der Amylase-Enzyme für ihre Stoffwechselvorgänge nutzbar. Die Amylasen, die die Hydrolyse der Stärken katalysieren, können in zwei Gruppen eingeteilt werden: Die eine spaltet die α-1,4-Bindungen zwischen den Glucose-Einheiten rein zufällig auf, wobei am Schluß ein Gemisch aus Glucose- und Maltosemolekülen vorhanden ist. Die zweite Amylase-Gruppe spaltet dagegen eine Maltose-Einheit nach der anderen von den

Polysaccharid-Ketten ab. Diese Enzyme greifen die α-1,6-Bindungen des Amylopektins nicht an, so daß die Hydrolyse unvollständig ist und am Schluß Polysaccharid-Bruchstücke zurückbleiben, die man als Grenzdextrine bezeichnet.

Tierische Zellen enthalten anstelle von Stärke das Polysaccharid Glykogen, das vor allem in der Leber und in den Muskeln gespeichert wird. Die Glykogenstruktur ist derjenigen des Amylopektins sehr ähnlich: Glykogen ist ein verzweigtes Polysaccharid mit α-1,4-Bindungen zwischen den Glucosemolekülen der geraden Ketten und α-1,6-Bindungen an den Verzweigungspunkten (Abb. 7—28 a). Die Ketten sind aber kürzer als die Amylopektin-Ketten (nur 8 bis 20 Glucosemoleküle), so daß die Struktur noch stärker verzweigt ist. Die Glykogenmoleküle, die viel größer als die Amylopektine sind, können Molekulargewichte von bis zu 100 000 000 aufweisen. Das Glykogen kommt in den tierischen Zellen in Form von Partikeln vor, die viel kleiner als die Stärkekörner der Pflanzen sind.Wenn Glykogen in den tierischen Zellen durch die Phosphorylase-Enzyme abgebaut wird, so entsteht am Schluß nicht Glucose, sondern ihre phosphorylierte Form (Glucose-1-phosphat). Glucose-1-phosphat wird dann durch spezifische Enzyme rasch in sein Isomeres, Glucose-6-phosphat, umgewandelt, das in den Embden-Meyerhof-Weg eintritt, ohne weitere Energie zu verbrauchen. Der ganze Vorgang ist deshalb sehr efficient.

Es gibt neben den Stärken und dem Glykogen noch weitere Nahrungs-Polysaccharide, die aber weniger wichtig sind, Ein derartiges Beispiel ist Inulin, das in bestimmten Pflanzen gefunden wird und aus Fructose-Einheiten besteht.

Cellulose ist das am weitesten verbreitete Struktur-Polysaccharid, enthält sie doch ungefähr die Hälfte des Kohlenstoffs des gesamten Pflanzenreichs. Cellulose ist ein Hauptbestandteil der Strukturen höherer Pflanzen; man findet sie in ihrer reinsten Form in der Baumwolle, die zu ungefähr 90% aus reiner Cellulose besteht. Cellulose ist im Gegensatz zu Amylopektin ein geradkettiges unverzweigtes Polysaccharid, dessen Glucose-Einheiten durch β-1,4-Bindungen zusammengehalten werden (Abb. 7—27 b). Ihr Molekulargewicht liegt zwischen 200 000 und 2 000 000. Die Ketten sind bei großen Molekülverbänden parallel zueinander angeordnet. Partielle Hydrolyse der Cellulose liefert die Cellobiose-Einheiten, die wir in diesem Abschnitt schon beschrieben haben, während nach der vollständigen Hydrolyse D-Glucose zurückbleibt.

Ein anderes pflanzliches Struktur-Polysaccharid ist das Xylan, das im Holz zusammen mit der Cellulose vorkommt. Dieses Polymer, dessen Kettenstruktur wahrscheinlich verzweigt ist, besteht aus D-Xylose-Einheiten; D-Xylose ist ein Pentose-Zucker:

$$OHC-[CH(OH)]_3-CH_2(OH).$$

Viele Pflanzengewebe (vor allem Früchte) enthalten als interzelluläre Substanzen die sog. Pektine — Polymere aus Galactose (ein Hexose-Zucker), Arabinose (eine Pentose) und Galacturonsäure. Der Säurebestandteil des Pektinmoleküls besteht aus den Ketten der Zuckersäure D-Galacturonsäure (Abb. 7—24).

Das wichtige Struktur-Polysaccharid der wirbellosen Tiere ist das Chitin, das in den Panzern der Krebse und Insekten in großen Mengen vorkommt und wahrscheinlich nach der Cellulose das häufigste Polysaccharid ist. Chitin ist ein Polymer des N-Acetyl-D-glucosamins (Abb. 7—25), bei dem die Aminogruppe am C-2-Atom des Glucosamins durch eine Acetylgruppe ersetzt ist.

Die tierischen Bindegewebe enthalten große Mengen von bestimmten Polysacchariden, deren Bausteine Disaccharide aus einem Aminozucker und einer Uronsäure sind. Das häufigste dieser Polysaccharide ist die Hyaluronsäure (Abb. 7—29), die in den subcutanen Bindegeweben als Kittsubstanz wirkt. Die Hyaluronsäure-Lösungen sind sehr viskos, und die Gelenkschleimflüssigkeit verdankt ihre Schmierwirkung hauptsächlich ihrem Hyaluronsäure-Gehalt. Die Hyaluronsäure und ihre verwandten Verbindungen werden auch als Mucopolysaccharide bezeichnet. Die Bausteine der Hyaluronsäure sind die D-Glucuronsäure und das N-Acetyl-D-glucosamin, die durch abwechselnde β-1,3- und β-1,4-Bindungen miteinander verknüpft sind (Abb. 7—29).

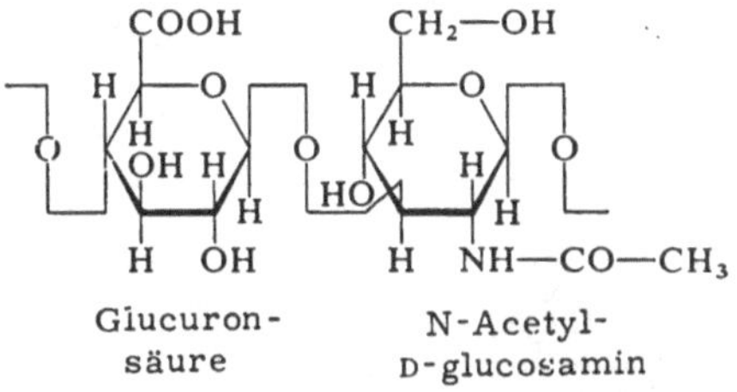

Abb. 7—29. Der Baustein der Hyaluronsäure.

Chondroitin, ein weiteres tierisches Polysaccharid, unterscheidet sich von der Hyaluronsäure nur dadurch, daß es anstelle des Glucosamins das Galactosamin besitzt. Man findet Chondroitin in den Knorpeln und in den Sehnen vor allem in der Form zweier Sulfat-Derivate. Der Unterschied zwischen diesen zwei Derivaten, dem Chondroitinsulfat A der Knorpel und dem Chondroitinsulfat C der Sehnen besteht in der unterschiedlichen Stellung der Sulfatgruppe (Abb. 7—30).

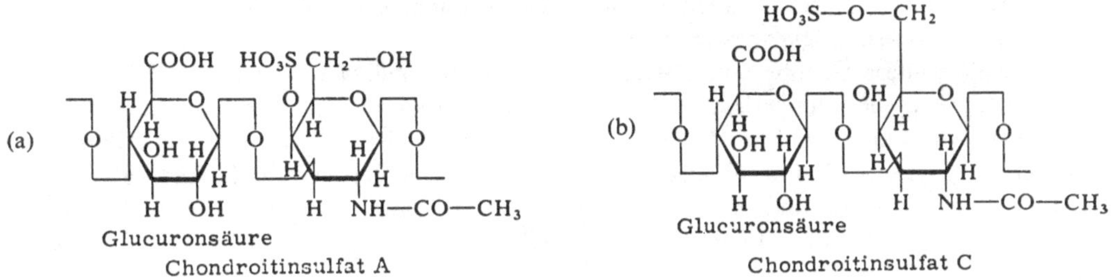

Abb. 7—30. (a) Der Baustein von Chondroitinsulfat A. (b) der Baustein von Chondroitinsulfat C.

Ein anderes wichtiges Mucopolysaccharid, das Sulfat enthält, ist das Heparin; dieser sehr wirksame Blutgerinnungshemmer, der aus Glucuronsäure und Glucosamin besteht, kommt hauptsächlich in der Leber, in den Lungen und in den Wänden der großen Arterien vor. Beim Heparin sind sowohl die Glucuronsäure, als auch das Glucosamin mit einer Sulfatgruppe verestert.

Die sauren Mucopolysaccharide bilden in den tierischen Geweben, zusammen mit bestimmten Proteinen, die Mucoproteine. Zum Beispiel enthält der Zelloberflächen-Komplex der Säugetierzellen Mucoproteine, deren häufigster Zuckersäurebestandteil die Sialinsäure (N-Acetylneuraminsäure) ist. Daneben kommen vor allem im Nervengewebe und in der Milz die Glykolipide oder Ganglioside vor, die Verbindungen von Oligosacchariden mit Lipiden sind. Auch die Spezifität der Blutgruppensubstanzen und die Antigeneigenschaften von tierischen Gewebezellen und von Bakterien hängen von bestimmten Polysacchariden ab. Wir werden einige dieser Verbindungen in Kap. 8 genauer besprechen.

Schließlich werden die Zellwände der Bakterien durch ein ungewöhnliches Polysaccharid fest und widerstandsfähig gemacht; dieses Polymer ist aus N-Acetyl-glucosamin-Einheiten und einem komplexen Zucker-Derivat, der Muraminsäure, zusammengesetzt (Abb. 7—31). Die Muraminsäure ist ebenfalls ein N-Acetyl-aminozucker, der mit der C-3-Verbindung Milchsäure verknüpft ist. Diese zwei Aminozucker werden in den Bakterien-Zellwänden durch β-1,4-Bindungen zusammengehalten. Wir haben in Abschn. 7.1 erwähnt, daß diese Bindungen durch das Enzym Lysozym gespalten werden können.

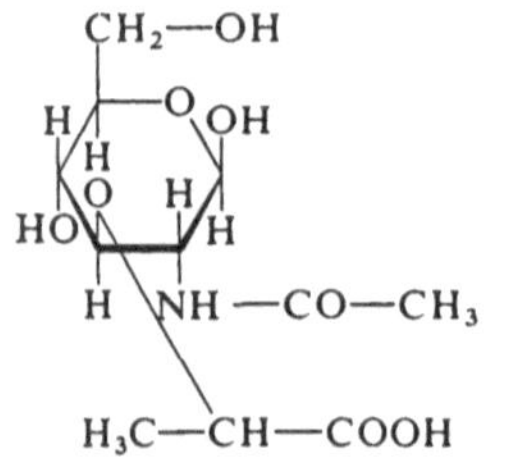

N-Acetyl-muraminsäure

Abb. 7—31. Struktur der Muraminsäure.

Bestimmte Bakterien und einige Hefen verarbeiten Dextrane. Diese Polysaccharide bestehen aus Glucose-Einheiten, die meistens durch α-1,6-Bindungen miteinander verknüpft und geringfügig verzweigt sind.

Eine weitere Gruppe von Polymeren, die in den Zellwänden und im Zellinnern von Bakterien gefunden wird, besteht aus den Teichonsäuren. Diese geradkettigen Polymere sind keine Polysaccharide, sondern Polyole, bei denen einzelne Alkoholzuckerphosphate durch Phosphodiesterbindungen miteinander verknüpft sind. Sie enthalten Alaninmoleküle und Kohlenhydrate, die an die Hydroxylgruppen der Alkohole gebunden sind. Wir werden die Bakterien-Zellwände in Kap. 14 eingehender besprechen.

Biosynthese der Kohlenhydrate. *Hexosen.* Alle Hexose-Zucker entstehen aus der Glucose und können sich durch wenige, einfache Reaktionen gegenseitig ineinander umwandeln. Der erste dieser Reaktionsschritte besteht immer in der Phosphorylierung der Glucose mit Hilfe von ATP, wobei Glucose-6-phosphat entsteht. Glucose-6-phosphat und Fructose-6-phosphat wandeln sich bei der Glykolyse in Gegenwart des Enzyms Phosphoglucose-isomerase gegenseitig ineinander um. Die Mannose, deren C-2-ständige OH- und H-Gruppen in bezug auf diejenigen der Glucose vertauscht sind, entsteht durch eine Umordnung dieser Gruppen aus dem Fructose-6-phosphat (Abb. 7—32). Hierbei wirkt das Enzym Phosphomannose-isomerase als Katalysator.

Bei vielen wichtigen Reaktionen des Kohlenhydratstoffwechsels spielen die Nucleosid-diphosphatester von Zuckermolekülen eine wichtige Rolle. Abb. 7—33 zeigt die Biosynthese der Uridin-diphosphatglucose (auch UDP-Glucose genannt), die durch eine spezifische Pyrophosphorylase katalysiert wird. Aus UDP-Glucose bildet sich die He-

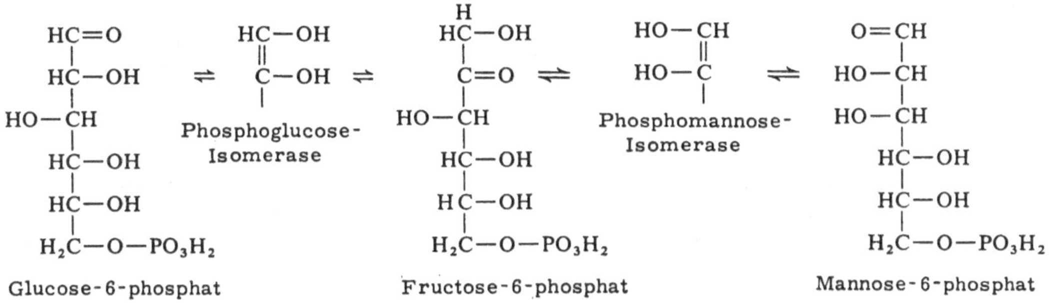

Abb. 7—32. Gegenseitige Umwandlung verschiedener Hexosezucker.

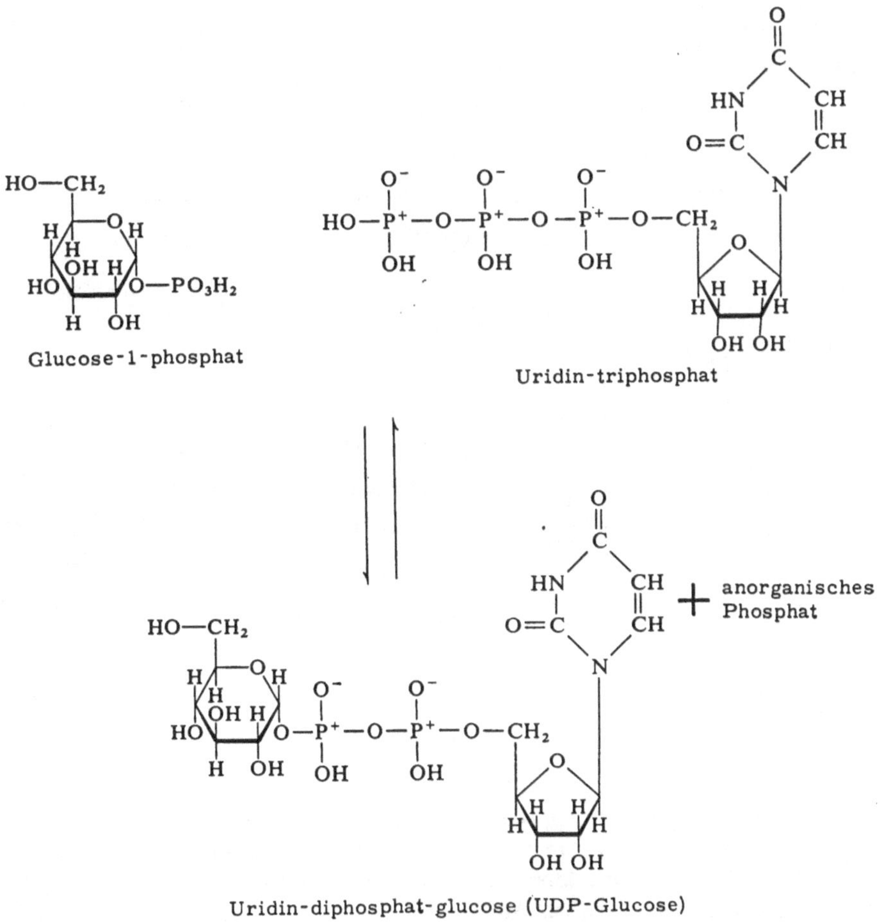

Abb. 7—33. Bildung der wichtigen Zwischensubstanz Uridin-diphosphat-glucose (UDP-Glucose).

xose Galactose — ein Isomeres der Glucose, da die Stellungen ihrer OH- und H-Gruppen am C-4-Atom, verglichen mit denjenigen der Glucose, vertauscht sind. Die Epimerisierung der Gruppen am C-4-Atom, die als Walden-Umkehr bezeichnet wird, wird durch ein spezifisches Epimerase-Enzym katalysiert:

UDP-Glucose ⇌ UDP-Galactose

Die übrigen Hexosen werden ebenfalls mit Hilfe von spezifischen Enzymen (Mutasen und Transferasen) gegenseitig ineinander umgewandelt.

Ribose. Der Pentose-Zucker Ribose entsteht durch eine Reihe von Oxidations-Reaktionen aus der Glucose. Dieser Nebenweg des Glucose-Stoffwechsels ist eine Alternative zum glykolytischen Embden-Meyerhof-Weg. Die einzelnen Reaktionsschritte sind von Warburg und anderen Forschern aufgeklärt worden. Es entsteht zuerst Glucose-6-phosphat, das dann an einer Reihe von Reaktionen teilnimmt (Abb. 7—34). Jede dieser

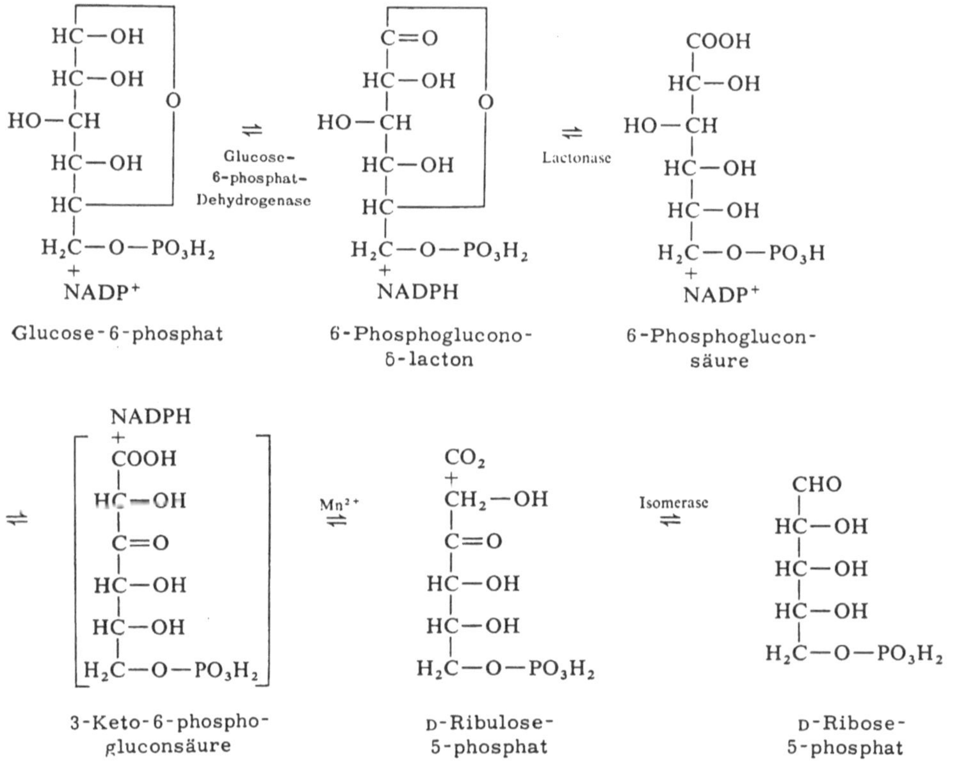

Abb. 7—34. Der oxidative Weg des Glucose-Stoffwechsels.

Reaktionen wird durch ein spezifisches Enzym katalysiert. Die Ketophosphogluconsäure ist in der Abbildung in Klammern gesetzt worden, da man sie nicht isolieren konnte; wahrscheinlich ist sie eine kurzlebige Zwischensubstanz, die sehr rasch zu Ribulose-5-phosphat decarboxyliert wird. Aus dieser Verbindung entsteht durch eine Isomerisierung Ribose-5-phosphat, das sich nach der Pyrophosphorylierung durch ATP bei der

Biosynthese der Nucleotide mit den Purinen und den Pyrimidinen verbindet (s. Abschn. 7.3).

Ribose kann daneben auch auf anaerobem Wege aus Fructose-6-phosphat hergestellt werden. Die einzelnen Reaktionsschritte werden durch die gewöhnlichen glykolytischen Enzyme und durch die Transketolase, die Transaldolase, sowie durch Enzyme, die die Pentosen gegenseitig ineinander umwandeln, katalysiert. Die Gesamtreaktion verläuft dabei folgendermaßen:

Fructose-6-phosphat (2 Moleküle) + 3-Phospho-glycerinaldehyd (1 Molekül)

→Ribose-5-phosphat (3 Moleküle)

Uronsäuren. Die Biosynthese der Uronsäuren ist wiederum ein Beispiel für einen biochemischen Weg, bei dem die Nucleosid-diphosphat-Zucker als aktive Zwischensubstanzen auftreten. Die Alkoholgruppe des Zuckers wird mit Hilfe des NAD^+-Moleküls und eines spezifischen Enzyms zur Carboxylgruppe der Uronsäuren oxidiert. Wir führen hier das folgende Beispiel an:

UDP-Glucose + NAD^+ → UDP-Glucuronsäure + NADH

Aminozucker. Diese entstehen durch die Übertragung der NH_2-Gruppe des Glutamins auf die 6-Phosphatester der Ketozucker. Als Beispiel dient uns hier die Biosynthese des Glucosamins:

Fructose-6-phosphat + Glutamin →

Glucosamin-6-phosphat + Glutaminsäure

Die N-Acetyl-aminozucker, die häufig in den Polysacchariden vorkommen, entstehen durch Acetylierung (mit Acetyl-Coenzym A) der 6-Phosphatester von entsprechenden Aminozuckern.

Disaccharide. Die Disaccharide entstehen oft über das Nucleosid-diphosphat-Derivat eines der einfachen Zuckerbausteine. Man hat z. B. bei der Biosynthese der Saccharose, die in verschiedenen Pflanzenextrakten untersucht wurde, folgende Vorgänge beobachtet:

UDP-Glucose + Fructose-6-phosphat ⇌ Saccharose-6-phosphat + UDP

Disaccharide können auch durch einen anderen Reaktionstyp entstehen, bei dem die Phosphorylase-Enzyme als Katalysatoren wirken. Dabei verbindet sich ein Zuckerphosphat-Molekül mit einem anderen Zucker unter Abgabe eines anorganischen Pyrophosphats zu einem Disaccharid:

α-D-Glucose-1-phosphat + D-Fructose ⇌

Saccharose + anorganisches Phosphat

Diese Reaktion ist umkehrbar, und ihr Gleichgewicht liegt, was aus den Energieverhältnissen folgt, ziemlich weit links, so daß hier die Phosphorolyse der Saccharose wichtiger als deren Bildung ist.

Die Glykoside, die aus einem Mono- oder Disaccharid und einem Aglykon bestehen, werden wahrscheinlich durch eine enzymkatalysierte Reaktion zwischen dem Zuckernucleosid-diphosphat und dem Aglykon gebildet.

Polysaccharide. Viele Bakterien sind imstande, aus schon vorhandenen Disacchariden lineare Polysaccharide herzustellen. *E. coli* kann zum Beispiel aus Maltose Amylose bilden. Diese Reaktion, die durch das Enzym Amylomaltase katalysiert wird, läuft folgendermaßen ab:

Maltose (*n* Moleküle) ⇌ Amylose + Glucose (*n* Moleküle)

Bakterien können bei dieser Reaktion nur die Glucose-Einheit der Maltose in das Polysaccharid einbauen, die ihr C-1-Atom für die glykosidische Bindung zur Verfügung stellt, während die andere Glucose-Einheit frei wird.

Pflanzen und Tiere bilden im Gegensatz zu den Bakterien die meisten Polysaccharide nicht aus den Disaccharid-Bausteinen, sondern direkt aus den entsprechenden Hexose- und Pentose-Einheiten. Dabei ist der Nucleosid-diphosphat- (oder manchmal der Nucleosid-monophosphat-)Zucker beteiligt. Die Amylosekette des Glykogens wird zum Beispiel in der Leber durch folgende Reaktion gebildet (das Enzym, das die Reaktion katalysiert, ist die Glykogen-Synthetase):

UDP-Glucose (*n* Moleküle) ⇌ $\underbrace{(\text{Glucose})_n}_{\text{Amylose}}$ + UDP (*n* Moleküle)

Diese Reaktion läuft nur in Gegenwart eines „Starters" ab; dieser kann eine Spur eines Polysaccharids oder eines Dextrins sein, das aus Polysacchariden abgeleitet ist, oder aber eine geringe Menge eines Glucose-Oligosaccharids, das nicht weniger als vier Glucose-Einheiten enthält. Bei der Biosynthese der Polysaccharide in den Zellen ist diese Bedingung im allgemeinen erfüllt; es können nie Polysaccharide aus den Monosacchariden allein entstehen, sondern es muß immer eine größere Kohlenhydrat-Einheit als Starter zugegen sein.

Bei der oben erwähnten Reaktion werden nur gerade Glykogenketten gebildet, deren Glucose-Einheiten durch α-1,4-Bindungen miteinander verknüpft sind. Die α-1,6-Bindungen, die die Verzweigungen der Struktur hervorrufen, entstehen durch die Wirkung einer Transglykosidase (auch „Verzweigungs-Enzym" genannt), die in der Leber, in den Muskeln und im Gehirn vorkommt. Dieses Enzym spaltet die α-1,4-Bindungen an bestimmten Stellen des linearen Polysaccharids und hängt dann die Bruchstücke mit einer α-1,6-Bindung entweder an das gleiche oder an ein anderes Glykogenmolekül an.

Die Stärke wird bei den Pflanzen in einer entsprechenden Weise wie das Glykogen bei den Tieren gebildet: Aus Adenosin-diphosphat-glucose wird unter Einwirkung eines Synthetase-Enzyms zuerst die geradkettige Amylose hergestellt. Die verzweigte Kette des Amylopektins entsteht ebenfalls mit Hilfe einer Transglykosidase.

Über die Reaktionen, durch die Heteropolysaccharide gebildet werden, ist noch wenig bekannt. Auch hier sind die Nucleosid-diphosphat-Derivate der Monosaccharide die Ausgangsmoleküle, und die Disaccharid-Einheiten schließen sich unter der Wirkung eines Synthetase-Enzyms, wahrscheinlich ebenfalls über das Nucleosid-diphosphat-disaccharid-Derivat, zusammen.

7.5. Lipide

Wir haben in Kap. 5 beschrieben, wie wichtig die Lipidmoleküle für die Strukturen und Funktionen der Zellmembranen sind. Die Lipide oder Fette sind überdies die am stärksten konzentrierten Brennstoffquellen der Tiere, denn ein Gewichtsteil Fett liefert doppelt so viele Kalorien wie ein Gewichtsteil Kohlenhydrate oder Proteine. Die meisten Lipide der tierischen Nahrung sind Triglyceride tierischer oder pflanzlicher Herkunft. Wir haben in Kap. 6 den Abbau der Fettsäureketten der Lipide in den Zellen beschrieben, bei dem Kohlendioxid, Wasser und Energie entstehen. Die Lipide der Säugetiere liegen hauptsächlich als Triglyceride vor, die in den verschiedensten Organen verteilt, aber vor allem im Fettgewebe konzentriert sind, wo in dessen hochspezialisierten Bindegewebezellen ein großer Teil des Cytoplasmas durch Fettröpfchen ersetzt ist; in diesen Cytoplasmabereichen ist folglich sehr viel Energie gespeichert. Das tierische Fettgewebe enthält bis zu 80% und mehr Flüssigkeit. Bei Pflanzen findet man, im Gegensatz zu den Tieren, nur in den Samen und Früchten große Lipidmengen. Dort dienen sie als Nährstoffquelle für den wachsenden Embryo.

Wir haben schon in Kap. 5 erwähnt, daß Lipide, die in den Membranen vorkommen, wichtige elektrische Isolatoren sind. Daneben wirken sie auch als Wärmeisolatoren: aus diesem Grund befindet sich bei den Säugetieren das meiste Körperfett unter der Haut, wo es den Wärmeverlust an die Umgebung auf ein Minimum einschränkt. Das hierfür eindruckvollste Beispiel ist die dicke Fettgewebeschicht der Wale. Die Lipide der Pflanzensamen und Früchte dienen wahrscheinlich auch als thermische Isolatoren und verhindern den Feuchtigkeitsverlust.

Abgesehen von bestimmten ungesättigten Fettsäuren müssen Lipide nicht unbedingt in der Nahrung vorhanden sein; es ist eine bekannte Erscheinung, daß Tiere und Menschen bei einer kohlenhydratreichen, aber fettarmen Ernährung fettleibig werden können. Der Körper kann also die Lipide aus den Abbauprodukten anderer Nährstoffe selbst herstellen. Die Biosynthese der Lipide, die hauptsächlich in den Leberzellen stattfindet, läuft in zwei Hauptschritten ab: zuerst werden die Fettsäureketten aufgebaut, und anschließend werden Esterbindungen zwischen diesen Ketten und einem Alkohol gebildet; auf diese Weise entstehen die neutralen Fette (die Triglyceride) und Phospholipide.

Biosynthese der Fettsäuren. Die natürlichen Fettsäuren sind meistens geradkettige, unverzweigte Monocarboxylsäuren mit einer geraden Anzahl von Kohlenstoffatomen; man findet Ketten mit einer ungeraden Anzahl Kohlenstoffatome nur sehr selten. Die häufigsten, gesättigten Fettsäuren der typischen tierischen Lipide sind die Palmitinsäure mit 16 Kohlenstoffatomen und die Stearinsäure mit 18 Kohlenstoffatomen. Daneben findet man kleinere Mengen von kürzeren (12 bis 14 Kohlenstoffatome) sowie von längeren (bis zu 24 Kohlenstoffatome) Fettsäuren. Da diese natürlichen Fettsäuren fast immer eine gerade Zahl von Kohlenstoffatomen aufweisen, nahm man früher an, daß ihre Bausteine zwei Kohlenstoffatome besäßen.

1926 zeigte Smedley-Maclean, daß die Hefe ihr Fett tatsächlich aus dem C-2-Gerüst der Essigsäure herstellen kann. Später beobachteten Gurin und seine Mitarbeiter den Aufbau von langkettigen Fettsäuren aus der Essigsäure in den löslichen Extrakten der Taubenleber, und Popják und seine Mitarbeiter gelangten zu dem gleichen Ergebnis, als sie Drüsenextrakte von Säugetieren untersuchten. Da sowohl Kohlenhydrate als auch Proteine bis zur Essigsäure-Einheit abgebaut werden können, ist deren Umwandlung in Fette aus diesen Beobachtungen verständlich geworden.

1904 wies Knoop darauf hin, daß die Kohlenstoffketten bei der β-Oxidation der

Fettsäuren jedesmal um zwei Kohlenstoffatome kürzer wurden, wobei jeweils gleichzeitig ein Essigsäure-Derivat freigesetzt wurde. Man vermutete deshalb, in der Biosynthese der Fettsäuren einfach die Umkehrung des Fettsäure-Abbaus durch die β-Oxidation zu finden. Diese Annahme wurde in den dreißiger Jahren durch die Beobachtungen unterstützt, die man an dem Bakterium *Clostridium kluyverii* angestellt hatte. Diese Bakterien bauen unter anaeroben Bedingungen aus Essigsäure Fettsäuren auf, um diese unter aeroben Bedingungen wieder zu Essigsäure abzubauen. Es wurde aber schon damals darauf hingewiesen, daß die Fettsäureketten der Bakterien im Vergleich zu denjenigen der Tiere sehr kurz sind. Überdies beobachtete man in isolierten tierischen Systemen (z. B. in Leberzellen) den gleichzeitigen Aufbau und Abbau der Fettsäuren, was kaum der Fall sein könnte, wenn ein Vorgang einfach die Umkehrung des anderen wäre.

Im Jahre 1953 klärten dann Lynen in der BRD und Green in den USA die einzelnen Reaktionen auf, die am Fettsäure-Abbau beteiligt sind. Dabei verbindet sich die freie Fettsäure R-COOH zuerst mit dem Coenzym A (CoA) zu dem entsprechenden Acyl-Coenzym A, einem Thioester. Obwohl man das Coenzym A allgemein mit CoA abkürzt, ist es bei der Aufzeichnung von chemischen Reaktionen notwendig, seine endständige —SH-Gruppe zu schreiben (Abb.7—16). Es wird in diesem Fall als CoA-SH bezeichnet.

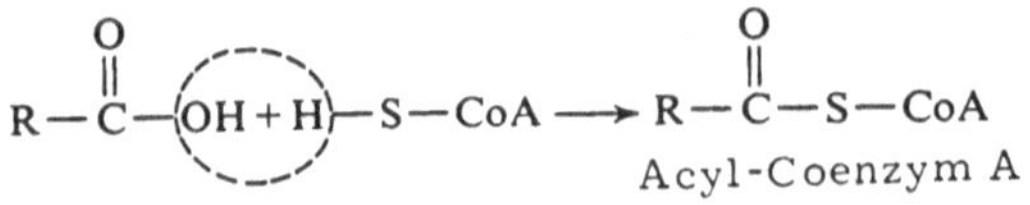

Da die Thioester R—CO—S—CoA bei der Hydrolyse eine verhältnismäßig hohe negative freie Energie besitzen, sind sie energiereiche Verbindungen. Sie treten in die Reaktionsfolge ein, die in Abb. 6—5 dargestellt ist. Dabei entstehen am Ende eines jeden Zyklus eine Einheit aus zwei Kohlenstoffatomen und ein Acetyl-Coenzym A-Molekül. Green und Lynen konnten die fünf Enzyme isolieren, die an diesen Reaktionen beteiligt sind. Nach erfolglosen Versuchen, aus Acetyl-Coenzym A und diesen fünf Enzymen langkettige Fettsäuren herzustellen, erkannte man schließlich, daß die langkettigen Fettsäuren nicht einfach durch einen der β-Oxidation umgekehrten Vorgang aufgebaut werden konnten.

1959 bewiesen Wakil und andere Forscher, daß die Fettsäuren nicht aus dem Acetyl-Coenzym A, sondern aus dem Malonyl-Coenzym A aufgebaut werden; dieses entsteht durch die Verbindung von Kohlendioxid und Acetyl-Coenzym A (Acetyl-Coenzym A wird im Embden-Meyerhof-Abbauweg aus Glucose über Brenztraubensäure gebildet; s. Abb. 6—2 und Abb. 6—7). Diese Reaktion, die ATP-abhängig ist, wird durch einen spezifischen Enzym-Komplex katalysiert, der Biotin, ein Vitamin aus der B-Gruppe, enthält (Abb. 7—35). Malonyl-Coenzym A verbindet sich z. B. mit einem Acetyl-Coenzym A-Molekül zu einem β-Ketoacyl-Enzym-Komplex, wobei Coenzym A freigesetzt wird (Abb. 7—36). Durch anschließende Reduktion, Dehydrierung und den Verlust von Kohlendioxid entsteht schließlich der Coenzym A-Ester einer C-4-Fettsäure, die in unserem Beispiel Butyryl-Coenzym A ist, das sich nun erneut mit einem Malonyl-Coenzym A-Molekül verbinden kann, wodurch der Ester der C-6-Fettsäure entsteht; auf diese Weise werden jedesmal zwei Kohlenstoffatome auf einmal an eine

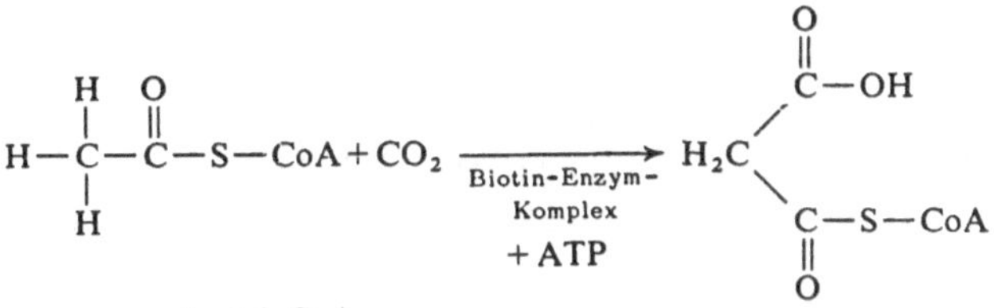

Acetyl-CoA

Malonyl-CoA

Abb. 7—35. Bildung von Malonyl-Coenzym A.

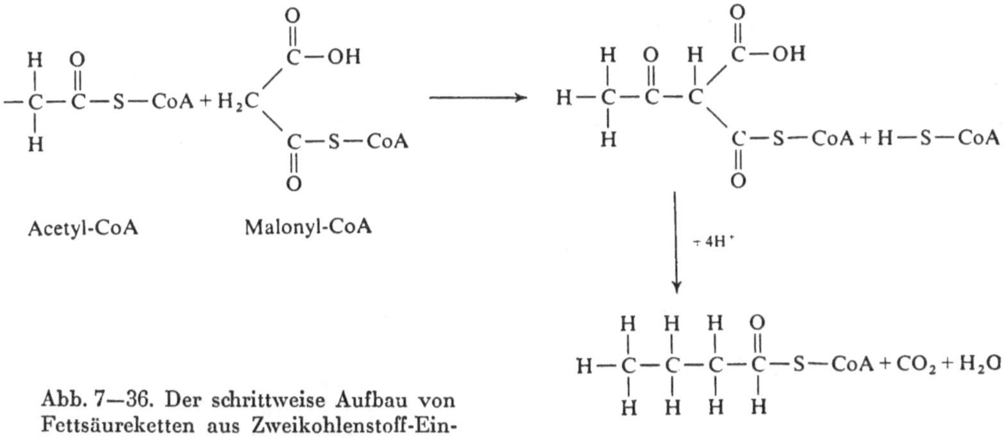

Acetyl-CoA

Malonyl-CoA

Butyryl-CoA

Abb. 7—36. Der schrittweise Aufbau von Fettsäureketten aus Zweikohlenstoff-Einheiten über die Coenzym A-Ester.

schon bestehende Kohlenstoffkette angehängt, bis schließlich die fertige Fettsäure aufgebaut ist. Dabei ist das Malonyl-Coenzym A-Molekül, das sich nur mit geradzahligen Fettsäure-Coenzym A-Estern verbindet, die Quelle dieser C-2-Einheit. Wahrscheinlich sind an diesem Biosynthesevorgang sechs Enzyme beteiligt; weiterhin sind die vier Cofaktoren ATP, NADPH, Mangan-Ionen und Kohlendioxid erforderlich. Man weiß noch nicht, warum dieser Aufbauprozeß in den meisten Zellen bei der C-16-Fettsäure abbricht und nur sehr wenige C-12- und C-14-Säuren produziert.

Der Abbau der Fettsäuren findet in den Mitochondrien statt, während ihr Aufbau an die Cytoplasmamembranen gebunden zu sein scheint, die in der Mikrosomenfraktion anfallen.

Bildung von Glycerin und Biosynthese der Triglyceride (oder Phospholipide). Das Glycerin, das bei der Biosynthese der Lipide benötigt wird, stammt meistens aus dem Dihydroxyaceton-phosphat, das beim anaeroben Abbau der Glucose entsteht (im Embden-Meyerhof-Abbauweg, Abb. 6—2). Dihydroxyaceton-phosphat wird dann in Gegenwart von NADH und unter Einwirkung des Enzyms Glycerinphosphat-dehydrogenase zu L-α-Glycerinphosphorsäure reduziert.

Die Coenzym A-Ester der verschiedenen Fettsäuren verbinden sich mit der L-α-Glycerinphosphorsäure, wobei die L-α-Phosphatidsäure entsteht; letztere ist bei der

Biosynthese der Triglyceride und der Phospholipide die gemeinsame Zwischensubstanz (Abb. 7—37). Die Alkylgruppen R können in den Stellungen 1 und 2 verschieden sein (R^1 und R^2 in der Abb. 7—37). Die Hydrolyse der L-α-Phosphatidsäure, die durch ein Phosphatase-Enzym katalysiert wird, liefert ein 1,2-Diglycerid; dieses Diglycerid verbindet sich dann entweder mit einem weiteren Coenzym A-Ester einer Fettsäure zu einem

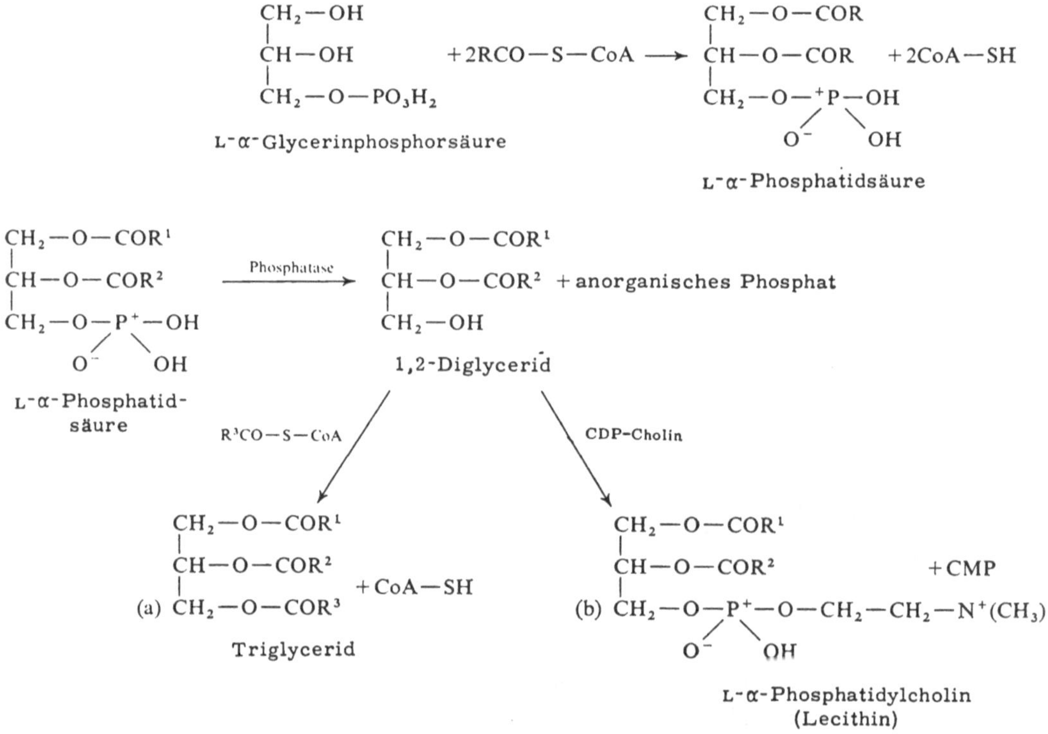

Abb. 7—37. Bildung der Lipide aus Glycerin und Coenzym A-Estern der Fettsäuren. (a) Neutrales Lipid. (b) Phospholipid.

neutralen Triglycerid, oder mit einem phosphorhaltigen Derivat zu einem Phospholipid (z. B. zu Lecithin, Phosphatidylcholin). Die Zwischensubstanz bei der Biosynthese des Lecithins ist das Nucleotid-Derivat Cytidin-diphosphatcholin (CDP-Cholin, s. Abb. 7—37):

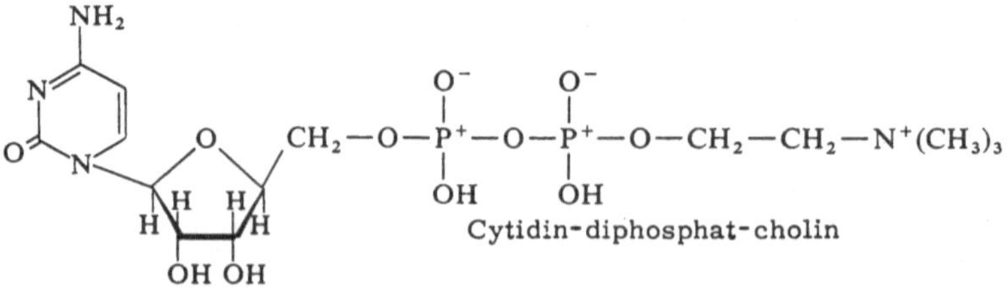

Diese Verbindung bildet zwischen der Phosphorsäure-Gruppe des Cholins und der freien Hydroxylgruppe des 1,2-Diglycerids unter der Abgabe von Cytidinmonophosphat (CMP in der Abb. 7—37) eine Esterbindung.

Die anderen Lipid-Arten werden in der gleichen Weise zusammengesetzt. Wahrscheinlich spielen die Mitochondrien beim endgültigen Zusammenschluß der Lipidbestandteile eine Rolle.

Biosynthese des Cholesterins. Wir haben in diesem Kapitel schon erwähnt, daß die Fettsäuren bei einigen typischen Lipiden nicht mit Glycerin, sondern mit Cholesterin verestert sind. Cholesterin, das in allen tierischen Geweben vorkommt, wird hauptsächlich in der Leber hergestellt.

Das Lebergewebe kann *in vitro* aus Essigsäure, dem Baustein der Fettsäuren, Cholesterin herstellen. Die Reaktionsschritte der Cholesterin-Synthese sind in den fünfziger Jahren von Gurin, Lynen, Popják und anderen Forschern aufgeklärt worden. Der erste Schritt besteht auch hier in der Bildung des Acetyl-Coenzyms A. Darauf verbinden sich drei Acetyl-Coenzym A-Moleküle zum β-Hydroxy-β-methylglutaryl-Coenzym A:

$$2\ CH_3-CO-S-CoA \rightleftharpoons$$
$$CH_3-CO-CH_2-CO-S-CoA + CoA-SH$$

Acetoacetyl-Coenzym A

$$CH_3-CO-CH_2-CO-S-CoA + CH_3-CO-S-CoA \longrightarrow$$

$$HOOC-CH_2-\overset{\overset{\displaystyle OH}{|}}{\underset{\underset{\displaystyle CH_3}{|}}{C}}-CH_2-CO-S-CoA + CoA-SH$$

β-Hydroxy-β-methylglutaryl-Coenzym A

Wir haben diese Verbindung in der Abb. 7—38 in einer Weise dargestellt, in der ihre C_5-Struktur deutlich hervortritt; sechs dieser C_5-Einheiten verbinden sich jetzt in mehreren komplizierten Reaktionen und unter Verwendung vieler Enzyme und Cofaktoren zu der Ringstruktur des Lanosterins (s. Abb. 7—38).

Aus dem Lanosterin entsteht schließlich durch weitere hochspezifische Reaktionen, in denen drei Methylgruppen entfernt, zwei Doppelbindungen gesättigt und eine Doppelbindung an einer anderen Stelle eingeführt werden, das Cholesterin, dessen Formel Abb. 7—39 zeigt. Die Enzyme, die die Biosynthese des Cholesterins katalysieren, sind an die Mikrosomenfraktion der Zellen gebunden.

Wir haben in diesem Kapitel versucht, die Biochemie der Zellbestandteile unter Berücksichtigung der komplexen biologischen Funktionen zu beschreiben. Durch die biochemischen Reaktionen werden die intra- und die extrazellulären Makromoleküle gebildet, deren Bausteine die Lipide, Aminosäuren, Nucleotide und Zucker sind. Die Biochemie der Zellen wird durch die Wechselwirkungen zwischen den einzelnen biochemischen Wegen, in denen diese Bausteine entstehen, kompliziert. Die Reaktions-Wege können sich gegenseitig auf verschiedene Arten beeinflussen:

1. Das Endprodukt eines biochemischen Weges kann in einem oder in mehreren anderen Wegen wieder verwendet werden. Zum Beispiel dient die Brenztraubensäure aus

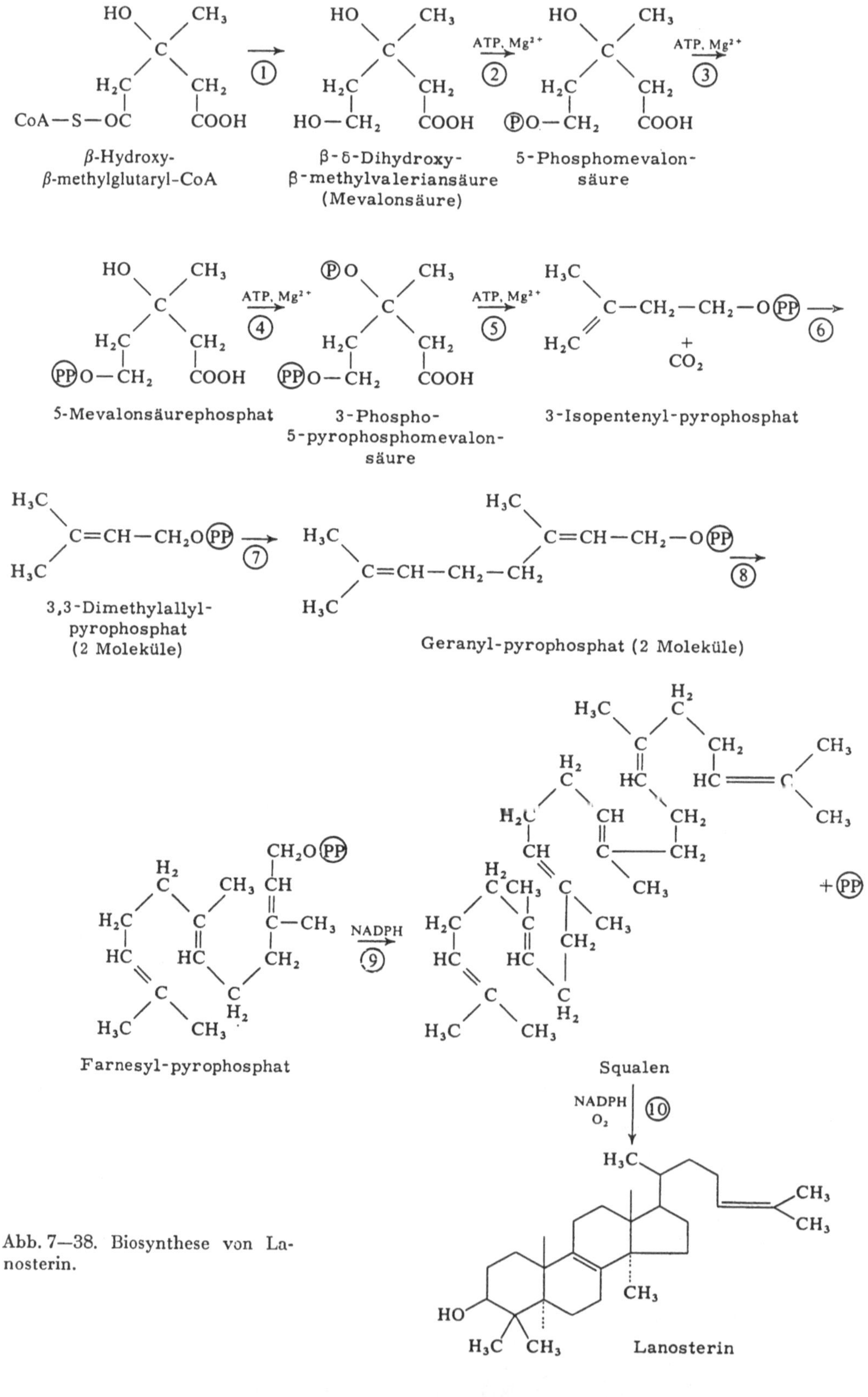

Abb. 7—38. Biosynthese von Lanosterin.

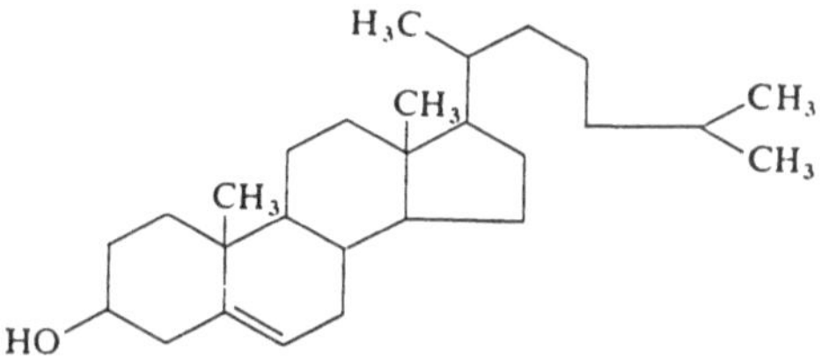

Abb. 7—39. Struktur des Cholesterins.

dem Embden-Meyerhof-Abbauweg im Krebszyklus als Ausgangssubstanz für die Bildung von Aminosäure und Fettsäuren.

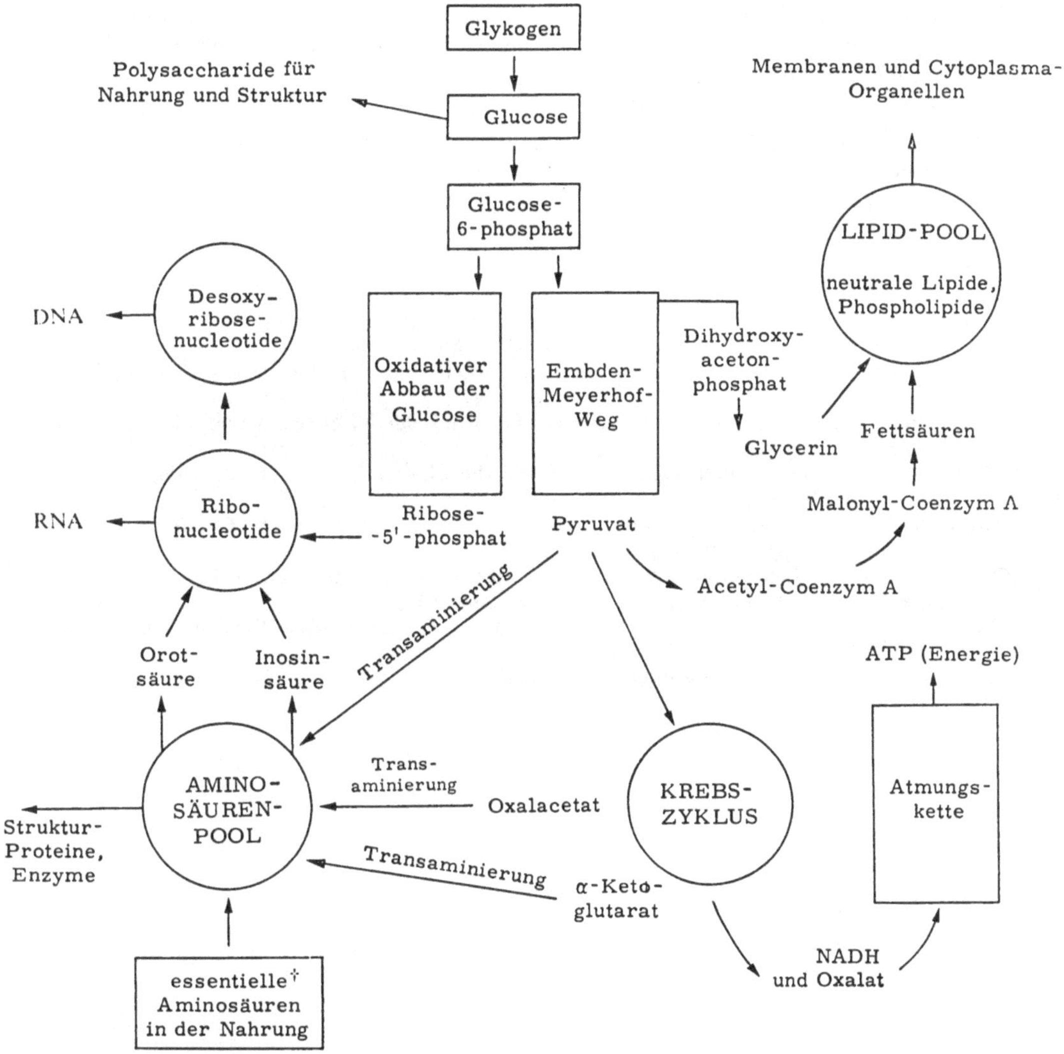

Abb. 7—40. Die wichtigsten biochemischen Prozesse, die in tierischen Zellen ablaufen.

2. Einige Moleküle einer Zwischensubstanz können in einen neuen biochemischen Weg geleitet werden. Zum Beispiel nimmt ein Teil vom Dihydroxyaceton-phosphat (eine Zwischensubstanz des Embden-Meyerhof-Weges) an der Biosynthese des Glycerins teil.

Abb. 7—40 faßt die Zusammenhänge der verschiedenen Stoffwechselwege der Säugetierzelle in groben Zügen zusammen. Die Einzelheiten dieser Zusammenhänge, die äußerst kompliziert sind, können in den Lehrbüchern der Biochemie nachgelesen werden, die wir am Ende dieses Kapitels in der Literaturangabe anführen.

Pflanzen benutzen als Energiequelle (die in Abb. 7—40 mit * bezeichnet ist) die Stärke, während Bakterien Zuckermoleküle direkt aus dem Medium absorbieren. Die Pflanzenzellen und viele Mikroorganismen benötigen in ihrer Nahrung keine essentiellen Aminosäuren (die in Abb. 7—40) mit † bezeichnet sind); im Gegensatz dazu können die Lactobacilli der Milch fast keine ihrer Aminosäuren selbst herstellen, so daß sie diese aus den Milchproteinen beziehen müssen.

Die Zellen der höheren Pflanzen und die Tiere synthetisieren ferner Hormone, Proteine für die Respiration (z. B. Hämoglobin) und andere Substanzen, die der Einfachheit halber in unserem Schema weggelassen worden sind.

Literatur

Buddecke, E.: Grundriß der Biochemie. W. de Gruyter, Berlin 1970.
Chesin, R. B.: Die Biochemie des Zytoplasmas. Akad. Moskau 1960.
Dévényi, T.: Strukturelle Grundlagen der biologischen Funktion der Proteine. Akad. Kiado, Budapest 1969.
Dickerson, R. E., u. J. Geis: Struktur und Funktion der Proteine. Verlag Chemie, Weinheim 1971.
Hofmann, E.: Intermediärstoffwechsel — Dynamische Biochemie, Teil III. 2. Aufl., Akademie-Verlag, Berlin 1970.
Hofmann, E.: Dynamische Biochemie II. Enzyme und energieliefernde Stoffwechselreaktionen. Akademie-Verlag, Berlin 1972.
Karlson, P.: Kurzes Lehrbuch der Biochemie. 8. Aufl., G. Thieme, Stuttgart 1972.
Lehninger, A. L.: Biochemie. Verlag Chemie, Weinheim 1974.
Rapoport, S. M.: Medizinische Biochemie. 4. Auflage, VEB Verlag Volk und Gesundheit, Berlin 1966.
Rotzsch, W.: Einführung in die funktionelle Biochemie der Zelle. J. A. Barth, Leipzig 1970.

8. Eigenschaften des Zelloberflächen-Komplexes

Die äußere Zellmembran oder Plasmamembran (sie wird auch als Plasmalemma bezeichnet) hat für die Zelle eine einmalige Bedeutung, denn sie ist die einzige Schranke, durch die hindurch die Zelle mit ihrer Umgebung in Berührung kommen kann. Man hatte schon um 1850 erkannt, daß diese Membran vor allem eine Permeabilitätsschranke ist, die gewisse Moleküle in die Zelle eintreten ließ, während sie andere ausschloß. Später sind weitere Funktionen der Zellmembran entdeckt worden, worunter die der Kontrolle des osmotischen und des Ionengleichgewichts zwischen der äußeren Umgebung und dem Cytoplasma der Zellen besonders wichtig waren. Da die Ionen nicht frei durch die Membranen hindurchtreten können, entsteht dort ein elektrisches Potential, das für die Physiologie der Zellen von großer Bedeutung ist.

Die ersten Untersuchungen der Plasmamembranen bezogen sich auf deren Permeabilitätseigenschaften. Overton (1895) maß die Geschwindigkeiten, mit der bestimmte gelöste Substanzen in Pflanzenzellen eindrangen, während Grijns (1896) sowie Hedin (1897) Erythrocyten untersuchten. Sie konnten aus ihren Ergebnissen schließen, daß die Permeabilität der Moleküle von deren Fettlöslichkeit abhing. Nach Collander und seinen Mitarbeitern (1933) durchdrangen aber kleine Moleküle die Plasmamembranen leichter, als man aufgrund ihrer Fettlöslichkeit erwartete. Aus dieser Beobachtung heraus betrachtete man dann die Membran als ein Molekular-„Sieb“, deren Lipidstruktur Poren von molekularer Größe besitzt. Davson und Danielli (1943) studierten die Membrandurchlässigkeit für Gase, Wasser, Nicht-Elektrolyte und Ionen sehr genau und deuteten ihre Ergebnisse physikalisch und chemisch.

Daneben wurden auch die Oberflächenspannungen der Plasmamembranen gemessen (Harvey, 1931) und Membranextrakte analysiert (Gorter und Grendel, 1925). Weiter hat man Oberflächenfilme aus Lipiden an Luft-Wasser-Grenzschichten (Adam, 1938) und später an Öl-Wasser-Grenzschichten hergestellt. Die Untersuchungen dieser Lipidfilme durch physikalische und chemische Methoden haben viel dazu beigetragen, die Entstehung der Membranen aus Phospholipiden zu erklären.

Aus allen eben erwähnten Untersuchungsergebnissen ist dann nach und nach das Modell der Plasmamembran aufgebaut worden. Nach dem ersten Modell bestand die Membran aus einer 30—50 Å dicken, bimolekularen Lipidschicht; später fügte man diesem Lipidmembran-Modell zwei äußere Proteinschichten an, wobei die geladenen Enden der Lipidmoleküle gegen das Protein gerichtet waren. Dieses Modell einer zum größten Teil ununterbrochenen Lipidschicht, die mit Proteinen und anderen Nicht-Lipid-Bestandteilen verbunden ist, wird in seinen Grundzügen noch heute als richtig angesehen; es ist aber aufgrund der Ergebnisse, die seit den vierziger Jahren bis heute gesammelt worden sind, erheblich abgeändert worden.

Eine der wichtigsten neueren Untersuchungsmethoden, die auf diesem Gebiet angewendet werden, ist die Elektronenmikroskopie (Sjøstrand, seit 1956; Robertson, seit 1958). Mit ihrer Hilfe konnte das Danielli-Modell der dreischichtigen Membran erstaunlich gut bestätigt werden (s. Abb. 5—7). Emmelot und Benedetti und andere Forscher haben bei bestimmten Zellen, wenigsten in gewissen Teilen der Plasmamembran, micellenartige Anordnungen der Membran beobachtet (Abb. 5—9). Mit Hilfe der Elektronenmikroskopie und in Verbindung mit verschiedenen Gewebekulturmethoden wurden ebenfalls Abdrücke der Oberflächen verschiedener Zelltypen untersucht; die Ergebnisse erbrachten neue Details über deren Topographie.

Viele Forscher haben sich mit den Antigen-Eigenschaften der Zelloberflächen und mit der Chemie von Antigenen befaßt. Bei den Metazoen sind dabei meistens die Blutgruppensubstanzen untersucht worden, die aus unterschiedlich großen Mucopolysacchariden bestehen (Morgan, seit 1949). Das Studium der Antigene ist auch im Zusammenhang mit der Transplantations-Immunität interessant (Moller, 1961).

Relativ gering ist bisher der Fortschritt in der Isolation und Bestimmung der chemischen Zusammensetzung von Plasmamembranen kernhaltiger Säugerzellen im Vergleich zu Erythrocyten-„ghosts" (dem Membransack, der nach Hämolyse roter Blutkörperchen übrigbleibt). Die größte Schwierigkeit besteht darin, saubere Membranpräparate zu erhalten, die nicht mit Teilchen des Zellinhaltes verunreinigt sind.

Die Messungen der Zelloberflächen-Ladungen mittels der Zellelektrophorese haben ebenfalls viel zum Verständnis der Zelloberflächenstruktur beigetragen (Bangham *et al.*, seit 1958; und andere).

Wir können unsere heutigen Vorstellungen über die Natur der Plasmamembran aufgrund der Ergebnisse aus den eben erwähnten Untersuchungen formulieren. Die Membran wird jetzt als eine Struktur betrachtet, die sich in einem sehr dynamischen Zustand befindet; die Grundstruktur der Plasmamembran kann sich wahrscheinlich leicht von der bimolekularen Lipid-Lamellenschicht in eine micellenartige Struktur umwandeln, obwohl die letztere möglicherweise nur kurzfristig existiert.

Auf Zeitrafferfilm-Aufnahmen von *in vitro* kultivierten Zellen (die für die Untersuchung der Zellbewegungen und Wechselwirkungen zwischen den Zelloberflächen sehr wertvoll sind) erkannte man, daß sich die freien Membranen der Zellen in einem sehr aktiven Zustand befinden. Da die Zellen ihre Formen dabei stark verändern, muß ihre Membran sehr elastisch sein, um sich diesen Formveränderungen anpassen zu können. Dicht unterhalb der Plasmamembran liegen *Mikrotubuli* im Cytoplasma, die durch die Elektronenmikroskopie demonstriert wurden. Wir werden die Aufgabe dieser Strukturen bei Zellbewegungen in Kap. 11 besprechen.

Es ist bei der Untersuchung der Zelloberfläche nicht leicht, deren äußere Grenze zu bestimmen. Wir können nicht immer mit Sicherheit sagen, ob eine bestimmte Substanz innerhalb der Lipidstruktur oder an der Membranoberfläche liegt. Gewisse Substanzen sind fest mit der Oberfläche verbunden, während andere nur locker an sie adsorbiert sind; die letzteren (z. B. Proteine) werden besonders leicht wieder von der Membran getrennt. Wir werden in Abschn. 8.10 die Substanzen erwähnen, die bei lebenden, tierischen Gewebezellen außerhalb der Plasmamembran einen Überzug bilden. Bestimmte große Amöben besitzen einen fransenförmigen Oberflächenüberzug, der wahrscheinlich aus einem Polysaccharid-Protein-Komplex besteht (Abb. 8—1 a, b und c).

Die Plasmamebran der Pflanzen- und Bakterienzellen ist von einer festen Zellwand umgeben. Diese verleiht den Zellen nicht nur große Widerstandsfähigkeit, sondern schützt sie auch vor osmotischen Effekten und ist für ihre besonderen Formen verantwortlich. Wir werden in Kap. 14 die besonderen Eigenschaften und Funktionen der Bakterien-Zellwände besprechen.

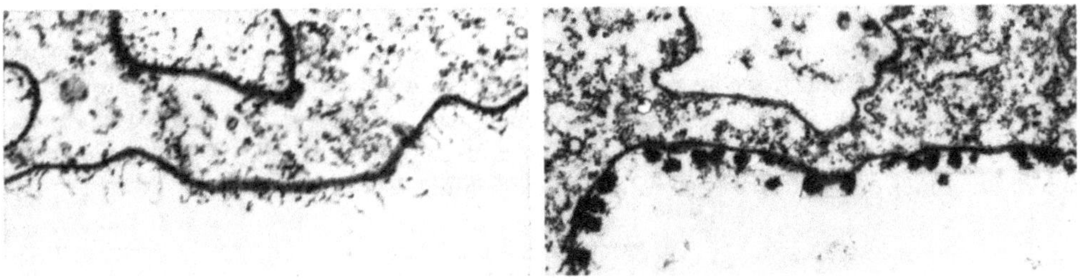

(a) (b)

Abb. 8—1. (a) Elektronenmikroskopische Aufnahme einer nicht kontrastierten Amöben-Membran, die aus dem normalen Polysaccharid-Protein-Komplex besteht. (Aus E. H. Mercer und R. J. Goldacre, aus Proceedings of the Sixth International Congress for Electron Microscopy, Kyoto 1966. Maruzen Ltd., Nihonbashi, Tokyo.) 100 000fache Vergrößerung. (b) Eine Membran, die mit Alcyanblau kontrastiert worden ist; man kann die koagulierten Schleimfransen erkennen. (Aus E. H. Mercer und R. J. Goldacre, aus Proceedings of the Sixth International Congress for Electron Microscopy, Kyoto 1966. Maruzen Ltd., Nihonbashi, Tokyo.)

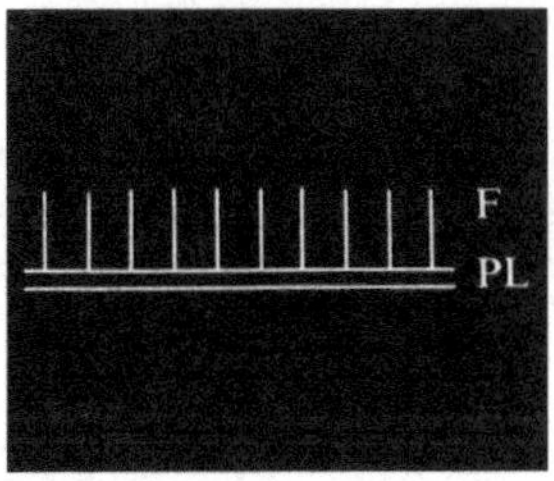

(c) Schematische Darstellung des Zellmembran-Komplexes von *Amoeba proteus:* PL Phospholipid-Protein-Komplex; F Oberflächenfransen des Polysaccharid-Protein-Komplexes, deren Länge bis zu 2000 Å betragen kann.

8.1. Permeabilität und Transport

Als man die Plasmamembran als eine Permeabilitätsschranke erkannt hatte, wurde das Studium der Membran-Permeabilität für verschiedene gelöste Substanzen zu einem der wichtigsten und zugleich fruchtbarsten Untersuchungsgebiete. Die erste dieser Studien sind an den roten Blutkörperchen und an Pflanzenzellen durchgeführt worden. Es war aber äußerst schwierig und langwierig, die Konzentrationen der Substanzen innerhalb und außerhalb der Zellen durch direkte chemische Methoden zu bestimmen; man wendete deshalb bei den Erythrocyten die Hämolyse-Methode an (Abb. 8—2 a). Die Erythrocyten werden dabei in die Lösung eines Nicht-Elektrolyten gebracht, der in die Zellen eindringt; darauf fließt zum Ausgleich des osmotischen Drucks so lange Wasser nach, bis die Zellen platzen. Je weiter die Hämolyse fortschreitet, um so durchsichtiger wird dabei die Lösung, da immer weniger ganze Zellen vorhanden sind. Jacobs (1930) bestimmte auf diese Weise bei verschiedenen Lösungen die Zeit, die verging, bis ein bestimmter Hämolysegrad erreicht worden war; er erhielt so ein Maß für die relativen Penetrationsraten verschiedener Lösungen.

Bei den Pflanzenzellen wird die Methode der Plasmolyse angewendet (Abb. 8—2 b). Bringt man eine Pflanzenzelle in eine hypertonische Salzlösung, bewirkt der Unterschied des osmotischen Drucks, daß Wasser aus der Zelle austritt. Als Folge davon vermindert sich das Volumen des Zellsaftes, und die Zellmembran löst sich von der steifen Zellwand ab; diese Erscheinung wird als Plasmolyse bezeichnet. Ist das äußere Medium hypertonisch durch eine Substanz, die die Zelle langsam penetriert, dann wird diese Substanz allmählich in die Zelle eindringen, um den osmotischen Druck auszugleichen. Dadurch folgt auf die Plasmolyse wieder eine Erhöhung des Zellsaftvolumens (Deplasmolyse). Die relativen Geschwindigkeiten der Plasmolyse und der Deplasmolyse liefern auch hier ein Maß der Penetrationsrate der hinzugefügten Substanz.

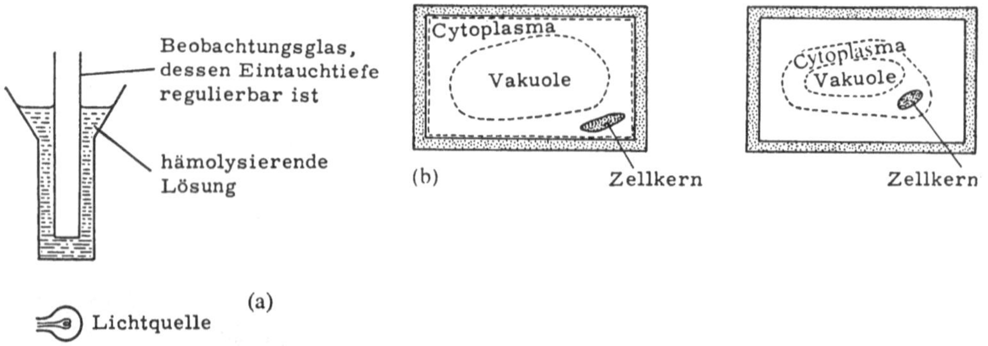

Abb. 8—2. (a) Der Apparat, mit dem Jacobs die quantitative Bestimmung der Hämolyse durchgeführt hat. (b) Plasmolyse in einer Pflanzenzelle: *links*, eine normale Zelle in isotonischer Salzlösung; *rechts*, plasmolysierte Zelle in einer hypertonischen Salzlösung.

Man hat auch beim unbefruchteten Ei des Seeigels *Arbacia punctulata* Volumenveränderungen studiert. Da diese Eier beinahe vollkommene Kugeln sind, lassen sich ihre Volumenänderungen leicht mit verschiedenen physikalischen Hilfsmitteln bestimmen. In neuerer Zeit sind oft radioaktiv markierte Isotopen verwendet worden, um die Penetrationsraten von verschiedenen Substanzen in die Zellen zu bestimmen.

Die Eigenschaften der Plasmamembranen haben sich bei allen untersuchten Zellen als sehr ähnlich erwiesen. Die Substanzen, die in die Zellen eindringen, können zweckmäßigerweise in folgende drei Gruppen eingeteilt werden: 1. lipidlösliche Substanzen, 2. einige sehr kleine Moleküle und Ionen, 3. Substanzen, die durch besondere Mechanismen in die Zellen eintreten, wie z. B. bestimmte Kationen, Anionen, Zuckermoleküle und Aminosäuren.

Lipidlösliche Substanzen dringen um so leichter in die Zellen ein, je höher ihr Lipid-Wasser-Verteilungskoeffizient ist, d. h. je besser sie sich in Lipiden lösen (Abb. 8—3; vgl. auch Abschn. 2.13). Die Molekülgröße hat dabei oberhalb einer bestimmten Größe keinen Einfluß auf das Eindringungsvermögen der Moleküle. Ein derartiges Verhalten ist zu erwarten, wenn die Plasmamembran aus einer bimolekularen Lipidschicht besteht.

Da kleine Moleküle (z. B. Wasser, Methylalkohol und Formamid, $HCONH_2$), sowie kleine solvatisierte Ionen (Na^+, K^+ und Cl^-), die im allgemeinen einen Durchmesser von weniger als 7 Å aufweisen, leicht in die Membran eindringen können, hat man angenommen, daß die sonst ununterbrochene Lipidschicht kleine Poren molekularer Ausmaße enthalten müsse (Abb. 8—4). Diese Poren sind wahrscheinlich mit Proteinen ausgekleidet, deren polare Gruppen gegen die wässerige Phase gerichtet sind.

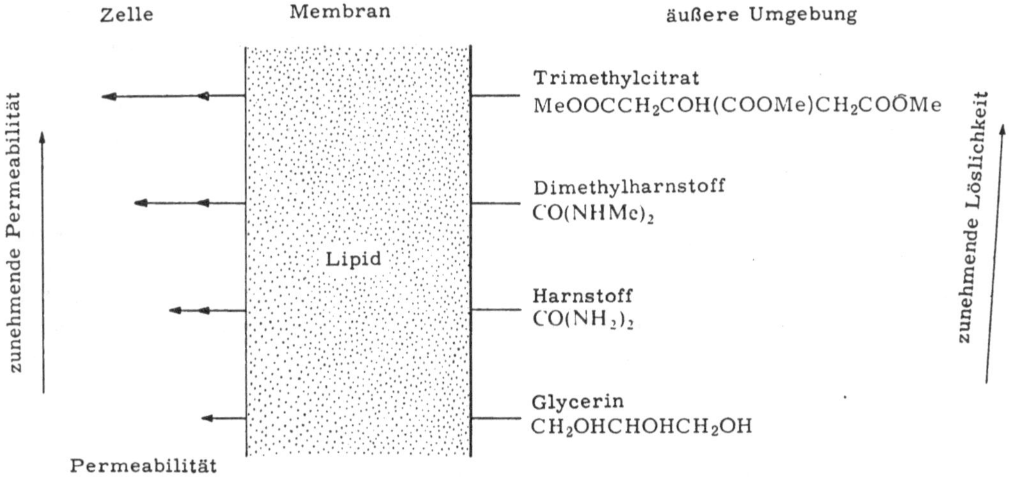

Abb. 8—3. Permeationsrate durch die Zellplasmamembran in Abhängigkeit von der Lipidlöslichkeit der Substanzen.

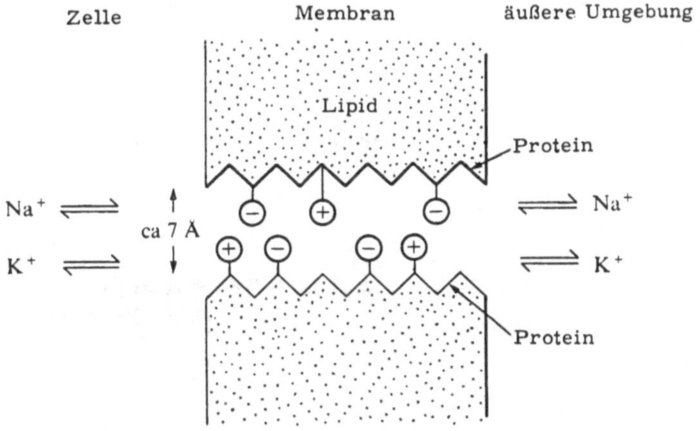

Abb. 8—4. Mögliche Anordnung der Plasmamembran-Poren, durch die kleine Ionen hindurchtreten können.

Mueller, und unabhängig von ihm Bangham, stellten künstliche Membranen *in vitro* her. Bangham verwendete dazu Phospholipid-Micellen und beobachtete, daß die K^+-Ionen viel schneller durch die künstlichen Modell-Membranen hindurchdrangen, wenn er zusätzlich zum Phospholipid ein cyclisches Polypeptid (z. B. Gramicidin) in seine Membran einbaute. Diese Erscheinung liegt wahrscheinlich in der zentralen Protonenakzeptorstelle des Gramicidinmoleküls begründet. Dabei genügt in 10^6 Molekülen Phospholipid ein einziges Molekül Gramicidin, um die Geschwindigkeit des K^+-Einstroms zu verhundertfachen. Die Poreneigenschaften der Plasmamembranen könnten deshalb auf einer derartigen Anordnung von Proteinmolekülen in der Lipidschicht beruhen. Zudem können auf diese Weise nur Substanzen in die Zelle eintreten, deren Größen unter einer genau bestimmten Grenze liegen; für größere Substanzen besteht folglich eine sterische Hinderung, d. h. eine geometrische Grenze, die von der Porengröße abhängt.

Die Porengröße kann durch folgende Faktoren beeinflußt werden: durch die Solvatisierung der geladenen Gruppen an den Proteinseitenketten; durch die Wechselwirkungen zwischen entgegengesetzt geladenen Gruppen; und durch die Ausbildung von Brücken zwischen zwei negativ geladenen Gruppen durch zweiwertige Kationen (zum Beispiel durch Ca^{2+}-Ionen). Man betrachtet heute die Poren nicht unbedingt als dauernde Öffnungen der Plasmamembran, sondern eher als vorübergehend geöffnete Eintrittswege.

Wie wir in diesem Kapitel schon erwähnt haben, kann sich die Lamellenstruktur der Lipidmembran wahrscheinlich vorübergehend ganz oder teilweise in eine micellenartige Struktur umwandeln. Diese Micellen-Anordnung wird dann durch entfaltete Proteinmoleküle stabilisiert, die die neugebildeten Poren auskleiden. Kavanau hat dazu ein Modell vorgeschlagen (Abb. 8—5), das veranschaulicht, wie sich eine ununterbro-

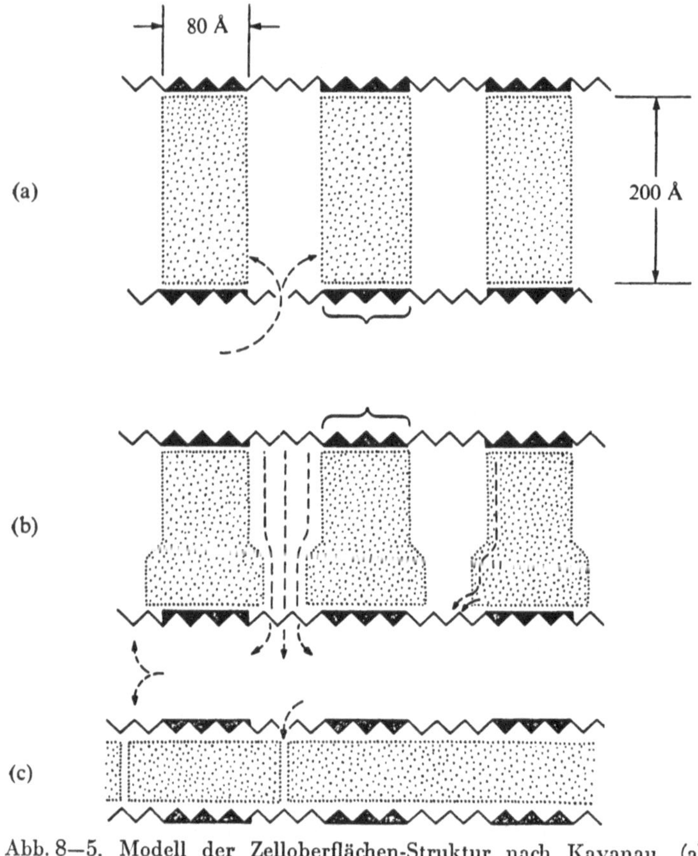

Abb. 8—5. Modell der Zelloberflächen-Struktur nach Kavanau. (a) Einzelne Lipid-Micellen (punktiert), die ungefähr 80 Å dick und 200 Å hoch sind, werden durch eine hydrophile Matrix, die aus dem Cytoplasma in den Oberflächen-Komplex eingedrungen ist, voneinander getrennt. Die Proteinschichten sind durch Zick-zack-Linien dargestellt. (b) Wenn die hydrophile Matrix in das Cytoplasma zurückzufließen beginnt, verändern die Micellen ihre Formen. (c) Die Matrix hat sich vollständig in das Cytoplasma zurückgezogen, wobei sich die Membran zu einer bimolekularen Lipidschicht, die auf beiden Seiten von Proteinschichten eingefaßt ist, umgewandelt hat. (Aus J. L. Kavanau, Nature, *198*, 1968.)

chene Lipidschicht, an deren äußeren Oberflächen aufgefaltete Proteine liegen, in eine Micellenstruktur aus Lipidblöcken und ausgestreckten Proteinketten umwandeln könnte.

Die dritte Gruppe von Substanzen, die in die Zellen eintreten können, enthält die Kationen Na^+ und K^+. Obwohl diese Kationen scheinbar ungehindert durch die Plasmamembranen dringen können, muß auch für sie ein besonderer Transport-Mechanismus vorhanden sein, da sich bei den Tieren die Salzzusammensetzungen des Cytoplasmas und der extrazellulären Flüssigkeit voneinander unterscheiden. Die extrazelluläre Flüssigkeit, die durch die Wände des Kreislaufsystems hindurch bis in alle kleinsten Gewebespalten hineindiffundiert, führt einerseits die Nährstoffe und die Metaboliten für die Gewebezellen mit sich, und andererseits entfernt sie die Abfallstoffe (z. B. Harnstoff und Kohlendioxid). Die relative Salzzusammensetzung dieser Gewebeflüssigkeit ist derjenigen des Meerwassers sehr ähnlich, indem ihre Na^+- und Cl^--Konzentrationen hoch und die Mg^{2+}-, Ca^{2+}- und PO_4^{3-}-Konzentrationen viel niedriger sind. Im Gegensatz dazu enthält das Zellinnere große Kaliummengen und verhältnismäßig wenig Natrium. Eine derartige Zusammensetzung findet man, von einigen wenigen Ausnahmen abgesehen, in allen pflanzlichen und tierischen Zellen. In diesen Fällen können die Begriffe der einfachen Diffusion und der Osmose nicht mehr angewendet wer-

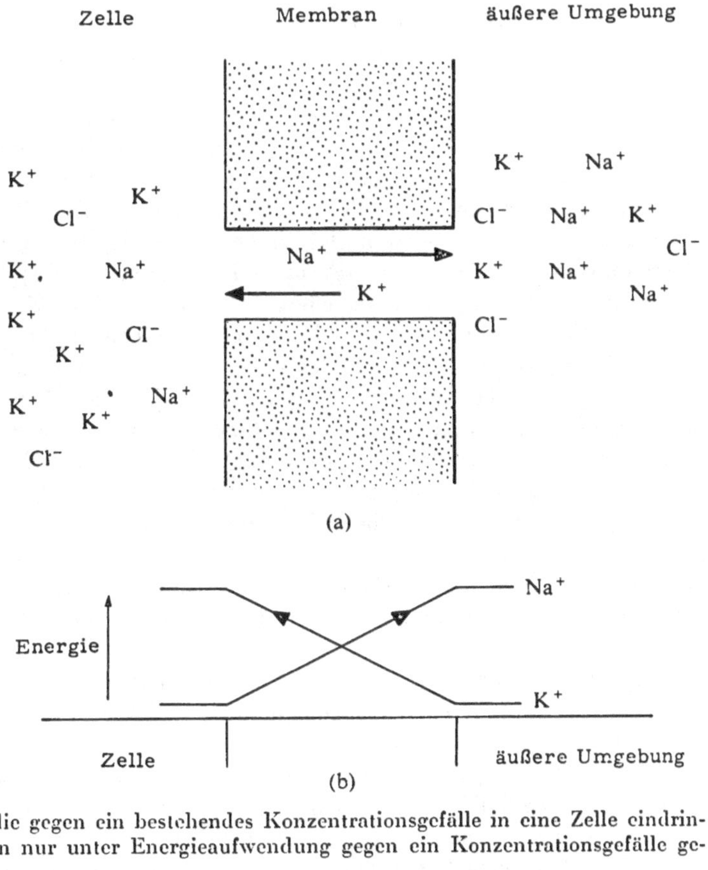

Abb. 8—6. (a) K^+-Ionen, die gegen ein bestehendes Konzentrationsgefälle in eine Zelle eindringen. (b) Die Ionen werden nur unter Energieaufwendung gegen ein Konzentrationsgefälle gepumpt.

den, da die Zellen in der Lage sind, K^+-Ionen gegen das bestehende Konzentrationsgefälle anzuhäufen (Abb. 8—6).

Daneben häufen die Zellen auch andere Substanzen gegen deren Konzentrationsgefälle an; so findet man zum Beispiel im Cytoplasma Aminosäure-Konzentrationen, die bis 10mal oder noch höher als die extrazellulären Konzentrationen sind. Die Zellen können zudem zwischen natürlichen und künstlichen Aminosäuren unterscheiden, indem sie nur die ersteren eintreten lassen, obwohl die letzteren den natürlichen Aminosäuren chemisch sehr ähnlich sind. Gewisse Meeresalgen besitzen in ihrem Cytoplasma eine Jodkonzentration, die 10^6mal höher als diejenige des umgebenden Meerwassers ist.

Die Plasmamembran ist also kein passives Filter, sondern sie muß Substanzen aktiv gegen die Richtung der freien Diffusion befördern. Ein derartiger aktiver Transport von Substanzen durch die Plasmamembran hindurch erfordert Energie. Der Energiebedarf ist bei Gehirn- und Nierenstücken in bezug auf den Na^+- und den K^+-Transport *in vitro* bewiesen worden; die Beförderung dieser Ionen wurde verhindert, indem man die Energiezufuhr auf verschiedene Arten blockierte — so wurden beispielsweise die Gewebestücke unterkühlt, oder man entzog ihnen den Sauerstoff oder die Glucose-Quelle, oder aber man fügte dem Medium Stoffwechselgifte (z. B. Cyanid oder Dinitrophenol) hinzu. Unter diesen Bedingungen sank die hohe K^+-Konzentration im Zellinnern ab, während die Na^+-Konzentration anstieg, bis innerhalb und außerhalb der Zellen die Konzentrationen der beiden Ionen im Gleichgewicht waren. Die Membran verhielt sich folglich so, als ob sie für beide Ionenarten frei durchlässig gewesen wäre. Wurde darauf den Zellen die Energie wieder zur Verfügung gestellt (z. B. indem man die Zellen bis zu 37 °C erwärmte, oder den entzogenen Sauerstoff oder die Glucose wieder hinzufügte, oder die giftigen Substanzen auswusch), so häuften die Zellen erneut aktiv Kalium-Ionen in ihrem Cytoplasma an und stießen die Natrium-Ionen aus. Da die Plasmamembran bei diesem *aktiven Transport* die Ionen gegen ein bestehendes Gefälle pumpt, wird sie auch als *Ionenpumpe* bezeichnet.

Die unmittelbare Energiequelle der Ionenpumpe ist, wie man heute weiß, bei allen Zellen das ATP. Hodgkin, Caldwell und Mitarbeiter (1960) beobachteten beispielsweise beim Einspritzen von ATP in vergiftete Riesen-Nervenzellen eines Tintenfischs, die kein eigenes ATP mehr herstellen konnten, daß darauf die Nervenmembranen erneut Natrium- und Kalium-Ionen zu pumpen begannen und erst damit aufhörten, als kein ATP mehr vorhanden war. Es genügte für die Wiederherstellung der Membranpumpe allerdings nicht, daß das ATP an die Außenseite der Nervenaxonen gelangte. Andere Forscher zeigten, daß die Membranen von hämolysierten Erythrocyten nur dann als Ionenpumpe funktionierten, wenn sich ATP im Zellinnern befand. Der Ionenpumpen-Mechanismus der Zellen erfordert eine große Energiemenge; zum Beispiel werden nach McIlwains Berechnungen im Gehirn bis zu 10% der gesamten ATP-Menge für die Pumparbeiten verwendet.

In der Plasmamembran müssen folglich besondere Stellen vorhanden sein, die nicht nur die Na^+- und die K^+-Ionen voneinander unterscheiden, sondern auch das ATP nutzbar machen können. Diese Stellen werden aber, wenn sie wegen mangelnder Energiezufuhr inaktiviert worden sind, nur von der Membran-Innenseite her wieder aktiviert. Die Zahl dieser besonderen Stellen muß nicht groß sein; nach Glynns Berechnungen (1957) sind für die Erythrocyten nicht mehr als 1000 derartiger Stellen notwendig. Wie Danielli vorschlug, könnte sich das betreffende Ion an diesen Stellen mit einer Trägersubstanz verbinden, die auf der Plasmamembran liegt und das Ion durch die Membran hindurch befördert, um es auf der anderen Seite wieder freizulassen.

Über die Natur dieser Trägersubstanz sind viele Vermutungen ausgesprochen worden. Um sie aufzuklären, hat man einen Bestandteil der Zellmembran gesucht, der beim aktiven Pumpen durch ATP phosphoryliert wird, während dessen Phosphorylierung durch die Substanzen, die die Pumpe inaktivieren, verhindert wird. Heald fand 1956 und Rose 1964 in den Gewebestücken des Gehirns bei einer steigenden Pumpaktivität der Zellen zugleich eine zunehmende Phosphorylierung (durch ATP) im Phosphoprotein der Plasmamembranen. (Die Phosphoproteine enthalten Phosphatreste, die an die Aminosäure Serin der Plasmamembran-Proteine gebunden sind — siehe unten). Später konnte man im Gewebe des Gehirns zwei Enzyme nachweisen, nämlich eine Kinase, die das Phosphat aus dem ATP zum Phosphoprotein überträgt, und eine Phosphatase, die diese Phosphatgruppe selektiv wieder entfernt. Im Gehirn kommt folglich ein gekoppeltes Enzym-System vor, dessen Funktion offenbar mit der Ionenpumpen-Funktion zusammenhängt.

1957 erzielte Skou auf diesem Gebiet einen bedeutsamen Fortschritt, als er in der Nervenzellmembran der Krabbe ein Enzym-System nachweisen konnte, das das ATP sehr schnell zu ADP und Phosphat abbaute. Dieses System, das als ATPase bezeichnet wurde, arbeitete zudem in Gegenwart von Natrium- und Kalium-Ionen noch viel schneller. Man hat dann das ATPase-System in allen untersuchten Plasmamembranen gefunden, die als Ionenpumpe funktionieren. Aus neueren Arbeiten geht hervor, daß auch in den Zellen höherer Pflanzen der Ionentransport mit einem membrangebundenen ATPase-System in Beziehung steht. Dieses Enzym-System scheint aber nur dann zu funktionieren, wenn innerhalb der Membran eine organisierte Struktur, wie das oben erwähnte Phosphoprotein (möglicherweise als eine vorübergehende Zwischensubstanz) vorhanden ist. Die übertragene Phosphatgruppe geht schließlich in die anorganische Phosphat-Fraktion der Membran über.

Abb. 8—7 stellt das vollständige System der vorgeschlagenen Natrium-Kalium-Ionenpumpe der Gehirnzellen schematisch dar. Hier wird eine spezifische Phosphoproteinstelle an der inneren Oberfläche der Plasmamembran durch das ATP phosphoryliert (man weiß, daß dieser Vorgang durch Natrium-Ionen angeregt wird), wo sie sich mit Na^+-Ionen verbindet. Der Phosphoprotein-Natrium-Komplex wird dann durch einen noch unbekannten Mechanismus durch die Membran hindurch an die äußere Oberfläche befördert, wo das Natrium freigelassen wird. Die freie Stelle des Komplexes wird jetzt von einem Kalium-Ion besetzt; dieser Phosphoprotein-Kalium-Komplex kehrt nach einer Dephosphorylierung, die durch die Kalium-Ionen angeregt wird, an die innere Membran-Oberfläche zurück, wo das Kalium freigelassen wird. Darauf beginnt der ganze Vorgang von neuem. Bei jedem Transport sind wahrscheinlich zwei oder mehr Ionen beteiligt. Es kann sein, daß dieses Modell nach einer weiteren Reihe von Versuchen und Erfahrungen abgeändert werden muß und daß es in der vorliegenden Form nicht für alle Zellen gilt, die eine Ionenpumpe besitzen. Zum Beispiel ist nach den Beobachtungen von Hokin und Hokin (1959) in der Salzdrüse des Albatros, die eine sehr aktive Pumpe besitzt, und in gewissen Säugetiergeweben die phosphorylierte Zwischensubstanz, die die Ionen durch die Membran hindurch befördert, die Phosphatidsäure, ein Bestandteil des Phospholipids.

Der Mechanismus, durch den die Trägersubstanz die Ionen durch die Membran

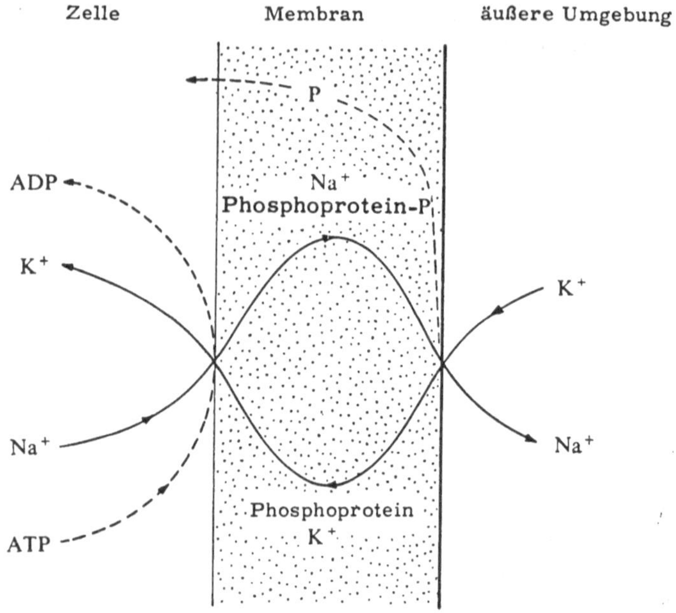

Abb. 8—7. Ein mögliches Modell der Na^+-K^+-Ionenpumpe.

hindurch transportiert, ist noch nicht bekannt. Danielli hat dazu mehrere Möglichkeiten vorgeschlagen: 1. der Träger könnte mit den Ionen durch die Membran hindurchdiffundieren; 2. er könnte sich um eine Achse drehen, die durch die Membranmitte geht; 3. das Ion könnte einer Kette von einander ähnlichen Trägern entlang von einem zum andern wandern und auf diese Weise durch die Membran hindurch übertragen werden.

Neben den Natrium- und den Kalium-Ionenpumpen kommen verschiedene weitere kationische und auch anionische Pumpen vor; Beispiele dazu sind die Ca^{2+}-, die Cl^- und die J^--Pumpen, deren Wirkungsmechanismen jetzt allmählich aufgeklärt werden.

Nicht nur Ionen, sondern auch Glucose und andere Zucker treten durch einen besonderen Mechanismus durch die Plasmemembranen in die Zellen ein. Man weiß aber noch nicht, auf welche Weise Glucose in die Zellen gelangt und ob bei dem Vorgang Energie verbraucht wird. Die tierischen Zellen benötigen dazu wahrscheinlich keine Energie, wenn nicht Arbeit gegen ein Konzentrationsgefälle geleistet werden muß — die Glucose könnte also durch *passiven Transport* in die tierischen Zellen gelangen.

Langdon und Sloan (1967), die den Transport von Glucose und anderen Monosacchariden durch die Plasmamembran von menschlichen Erythrocyten und von Ratten-Fettzellen untersucht haben, sind auf ein Proteinmolekül der Membran gestoßen, das als Trägersubstanz wirkt. Die Zuckermoleküle bilden dabei mit diesen teilweise dissoziierten Protein-Komplexen Iminbindungen (= NH).

Mitchell (1963) hat den Glucose-Transport durch die Bakterienzellmembranen hindurch als Translokationsprozeß bezeichnet. Dabei heftet sich das Glucosemolekül zuerst, wie die Ionen beim Ionentransport-Mechanismus, an eine besondere Stelle der

Plasmamembran an; im Falle der Glucose befindet sich aber diese spezifische Stelle an der Außenseite der Membran. Das Zuckermolekül wird dann auf seinem Träger durch einen noch unbekannten Mechanismus durch die Membran hindurch befördert und im Zellinnern freigelassen. Dieser Vorgang, der durch ein Permease-Enzym-System katalysiert wird, ist als aktiver Transportprozeß von einer Energiequelle abhängig. (Wir werden den Durchtritt von Substanzen durch die Bakterienzellwände in Kap. 14 eingehender besprechen).

Bei bestimmten Säugetierzellen hängt der aktive Transport von Zucker gegen ein Konzentrationsgefälle auf eine noch unbekannte Weise mit der Natriumpumpe zusammen. Crane fand 1961 bei den Darmzellen eine Abhängigkeit zwischen der Anhäufung der Glucose im Zellinnern und dem Natriumtransport nach außen. Er nahm deshalb für die Natrium-Ionen und die Zuckermoleküle einen gemeinsamen Träger an, wobei eher osmotische als chemische Energie ausgenutzt wurde, um den Zucker gegen das Konzentrationsgefälle in die Zelle zu befördern. Wenn nämlich Natrium aus der Zelle gepumpt wird, so steigt das osmotische Gefälle für den Zuckertransport nach innen an, so daß sich die Glucose schließlich im Zellinnern anhäuft (Abb. 8—8).

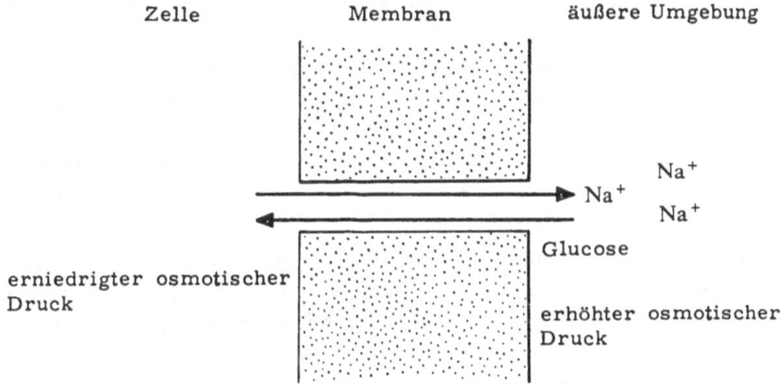

Abb. 8—8. Akkumulation von intrazellulärer Glucose durch einen osmotischen Gradienten.

Man kennt noch andere Beispiele der Wechselwirkung zwischen zwei Transportmechanismen. Die J^--Aufnahme in die Schilddrüsenzellen hängt *in vitro* vom Transport des Na^+ aus den Zellen ab; wird der Natriumtransport durch Hemmsubstanzen verhindert, so können die Zellen kein Jod mehr anhäufen. Bei den Tumorzellen geht der Eintritt von Aminosäuren mit dem Verlust des vorher in den Zellen angehäuften Kaliums einher (Christensen, 1960). Das Kalium verläßt die Zellen in der Richtung des Konzentrationsgefälles, wodurch die Energie frei wird, die für den Aminosäurentransport in das Zellinnere notwendig ist.

Diese Beispiele stehen wahrscheinlich für eine allgemeiner verbreitete Erscheinung. Da die verschiedenen Zellfunktionen durch sehr wirksame Kontrollmechanismen aufrechterhalten und geschützt werden, kann man annehmen, daß viele der Transportmechanismen, durch die verschiedene Substanzen durch die Plasmamembran befördert werden, voneinander abhängen.

8.2. Membranpotential

Wenn eine für kleine Ionen (zum Beispiel Na^+ und Cl^-) durchlässige Membran zwischen zwei Lösungen gebracht wird, von denen die eine diffundierbare Ionen und die andere diffundierbare und nicht diffundierbare Ionen (zum Beispiel die Natriumsalze von Proteinen) enthält, sind nach dem Donnan-Gleichgewicht die Produkte der Konzentrationen der diffundierbaren Ionen auf beiden Seiten der Membran dieselben. Wir haben das osmotische Ungleichgewicht, das sich daraus ergibt, in Kap. 2 besprochen. Die einfachen Diffusionsgesetze können hier, bei Anwesenheit nicht diffundierbarer Ionen, nicht mehr länger angewendet werden, so daß unter den Bedingungen des thermodynamischen Gleichgewichts auf beiden Seiten einer semipermeablen Membran unterschiedliche Ionenkonzentrationen bestehen können. Sind aber die Konzentrationen auf den zwei Seiten einer derartigen Membran nicht im Gleichgewicht, so wird wegen der unterschiedlichen Diffusionsgeschwindigkeiten der Ionen ein elektrisches Potential an der Membran aufgebaut. Da alle Ionen dazu neigen, sich nicht nur in Richtung eines Konzentrationsgefälles, sondern auch in Richtung eines Potentialgefälles zu bewegen, kann sich ein Gleichgewicht einstellen, wenn ein stabiler Konzentrationsunterschied beiderseits der Membran durch einen Potentialunterschied, das sog. Ruhepotential, genau ausgeglichen ist.

Die elektrischen Eigenschaften einer Zelle werden zum Teil durch das Membranpotential bestimmt, das durch den Ionenpumpen-Mechanismus hervorgerufen wird. Man kann bei manchen großen Zellen (zum Beispiel bei den Riesenaxonen der Tintenfische) das Potential durch die Plasmamembran hindurch direkt messen. Das Zellinnere ist dabei normalerweise ungefähr um 80 mV negativer als die äußere Oberfläche der Membran. Bestimmt man zudem auf beiden Seiten der Membran die Ionenkonzentrationen, so kann man das berechnete Ruhepotential mit dem gemessenen Potential vergleichen. Weichen die Unterschiede zwischen den Potentialen vom thermodynamischen Gleichgewicht ab, so muß der Grund dafür ein aktiver Ionentransport durch die Plasmamembran hindurch sein (Abb. 8—9 a).

Die Membranpotentiale haben vor allem bei den tierischen Nerven- und Muskelgeweben eine wichtige physiologische Bedeutung. Bei passender Erregung ermöglichen es diese Potentiale den Nervenzellen, Impulse zu leiten, und den Muskelzellen, sich zu kontrahieren. Dabei wird der erregte Teil der Plasmamembran für einen Moment depolarisiert, die Polarität kann sich sogar umkehren, da die Ionen kurzfristig frei hindurchfließen können (Abb. 8—9 b). Diese Ionenbewegung erzeugt jetzt entlang der Membran einen Strom, der zu einer nicht erregten Stelle fließt; diese wird ihrerseits depolarisiert und erregt auf die gleiche Weise den nächstfolgenden Membranabschnitt. Als Ergebnis dieser Kettenreaktion läuft ein elektrischer Impuls, das sog. *Aktionspotential*, entlang der Zelloberfläche. Die Depolarisierung der Membran ist dabei eine vorübergehende Erscheinung, denn die Ionenpumpe stellt das ursprüngliche Gleichgewicht in wenigen Millisekunden wieder her. Es ist für die physiologische Aktivität der Nerven-, Gehirn- und Muskelzellen natürlich äußerst wichtig, daß das elektrische Potential an der Plasmamembran aufrechterhalten bleibt. Im Gegensatz dazu kann man nicht leicht erklären, wozu das Membranpotential zum Beispiel bei den Erythrocyten dient.

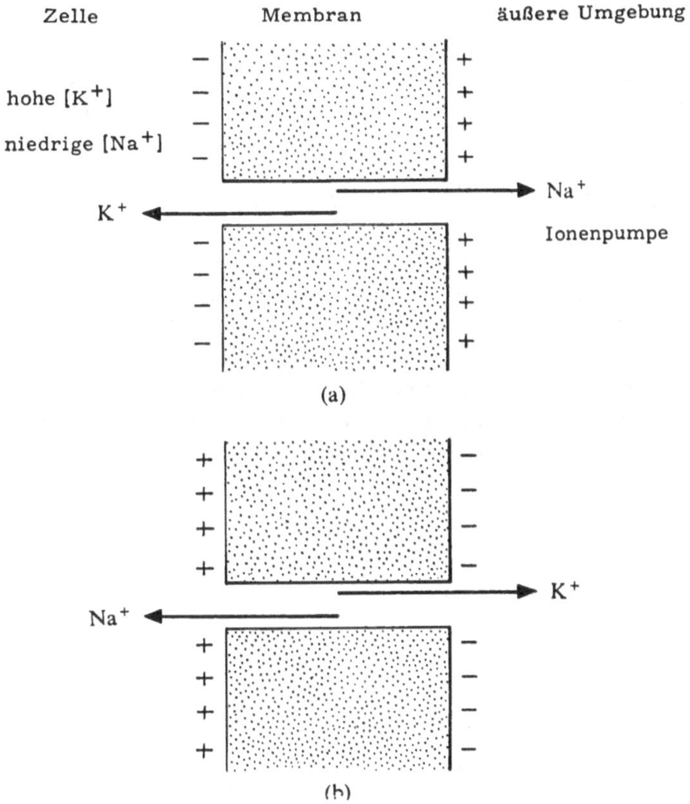

Abb. 8—9. (a) Konzentrations-Unterschiede von Na^+- und K^+-Ionen erzeugen ein elektrisches Potential an einer Membran. (b) Der vorübergehende freie Durchtritt von Ionen durch die Membran hindurch kann von einer Ladungsumkehr begleitet sein.

8.3. Isolierung und Analyse von Plasmamembranen

Es sind schon viele experimentelle Versuche unternommen worden, um die Plasmamembranen in reinem Zustand zu isolieren, aber die Ergebnisse sind wegen der damit verbundenen Schwierigkeiten recht enttäuschend. Damit die Membranen chemisch analysiert werden können, darf keiner ihrer Bestandteile fehlen, aber sie dürfen auch nicht mit anderen Zellsubstanzen verunreinigt sein. Dazu müssen Kriterien bestimmt werden, nach denen das isolierte Material eindeutig dem Zelloberflächen-Komplex zugeschrieben werden kann. Das elektronenmikroskopische Bild dieses Komplexes ist aber demjenigen der intrazellulären Membranen sehr ähnlich, so daß er auf diese Weise nur mit äußersten Schwierigkeiten bestimmt werden kann.

Am leichtesten gelingt die Isolierung der Membranen von Säugetier-Erythrocyten. Der Membranen„ghost“ der roten Blutkörperchen, der nach der Hämolyse zurückbleibt, behält seine charakteristische, bikonkave Form auch ohne den Zellinhalt; die Brauchbarkeit der Erythrocyten„ghosts“ hängt aber auch hier von der Hämolyse-Methode und vom pH ab (Ponder, 1952; Waugh und Schmitt, 1940). Daneben hat man auch aus dem Myelin der Nervenzellen Plasmamembranen gewonnen (Robertson, 1958); da aber die Analysen nicht mit dem reinen Myelin, sondern mit den ganzen Nervenkörpern ausgeführt worden sind, müssen die Ergebnisse wegen der Verunreinigung des Myelins mit Kern- und Cytoplasmasubstanzen korrigiert werden.

Es wurde auch mehrmals versucht, aus anderen Zellarten Plasmamembranen zu isolieren. Rajam und Jackson (1958) brachen zum Beispiel Ehrlich-Ascites-Tumorzellen von Mäusen (das sind Tumorzellen, die in der Bauchhöhle in einer Ascites- oder suspendierten Form wachsen) mit Ultraschallwellen auf. Sie fanden in der isolierten Membransubstanz Antigene, die sich wahrscheinlich auf oder in der Nähe der Zelloberfläche befanden. Wallach und seine Mitarbeiter (seit 1962) brachen die Ehrlich-Ascites-Zellen dadurch auf, daß sie die mit Stickstoff übersättigten Zellen plötzlich in ein Vakuum überführten. Sie erkannten die Membran-Fraktion an deren ATPase-Aktivität und wiederum an bestimmten (wahrscheinlich Oberflächen-)Antigenen. Ihr Material enthielt zudem Sialinsäure (N-Acetylneuraminsäure; Abb. 8—10), die aus der Plasmamem-

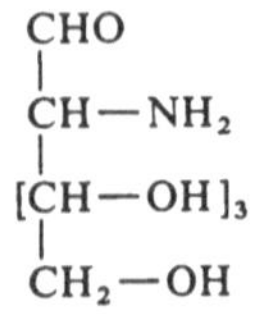

Hexosamin

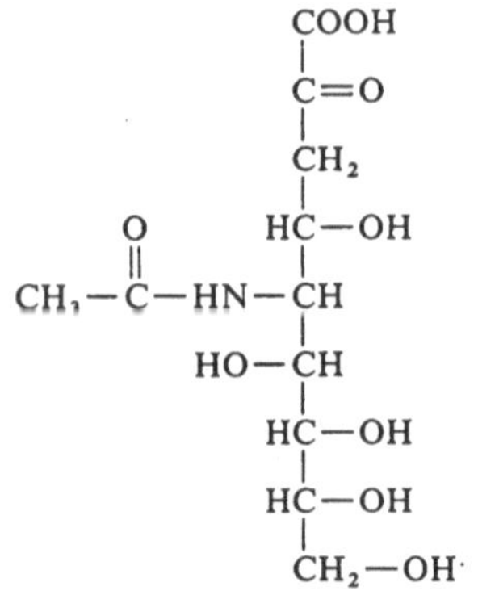

Sialinsäure
(N-Acetyl-neuraminsäure)

Abb. 8—10. Die Strukturen des Hexosamins und der Sialinsäure oder N-Acetyl-neuraminsäure, hier offenkettig dargestellt.

bran stammen mußte. Verschiedene andere Forscher (Neville, 1960; Emmelot und Bos, seit 1962; und andere) benutzten Mäuse- und Rattenleberzellen als Ausgangsmaterial für die Gewinnung der Plasmamembranen. In diesem Fall wurden neben den Antigenen auch Reste von Gallenkanälchen für die Erkennung der Membran ausgenutzt; überdies enthielten diese Membranaufbereitungen Strukturen, die die kennzeichnende Morphologie von zwei oder mehr aneinanderhaftenden Leberzellen besaßen.

O'Neill und Wolpert (1961) isolierten mittels einer Glycerinbehandlung von *Amoeba proteus* deren Oberflächen-Fraktion. Bei dieser Behandlung der Zellen schrumpft der Zellinhalt von der Plasmamembran weg, ohne daß dabei die charakteristische Zellform verändert wird. Die Fraktion wurde dann im Elektronenmikroskop als Zelloberfläche erkannt, da sie die langen, haarähnlichen Fortsätze des Zelloberflächen-Überzuges besaßen (Abb. 8—1 b).

Bei vielen Bakterien können die äußere Wand und die Kapsel enzymatisch abgebaut werden, so daß nur der *Protoplast* zurückbleibt. Dieser ist von einer Membran umgeben, die noch die meisten Permeabilitätseigenschaften des unversehrten Bakteriums aufweist. Die Membransubstanz des Protoplasten hat man, wie die Erythrocyten-„ghosts", für die chemische Analyse aus einer hypotonischen Lösung gewonnen, in der die Zellen platzen (Mitchell, 1959).

Maddy hat 1964 die Membranen von unversehrten Erythrocyten mit einer fluoreszierenden Substanz markiert und nach der Hämolyse fluoreszierende Membranen„ghosts" erhalten; diese Markierungs-Methode läßt sich aber bei anderen Plasmamembranen praktisch nicht anwenden. Warren und Mitarbeiter (1966) behandelten unversehrte L-Zellen (eine Zellinie der Maus, die als Gewebekultur wächst) mit verschiedenen Substanzen, die die Plasmamembran während des Isolierungsvorganges stabilisierten. Die Reinheit der Membranpräparate wurde mit Hilfe von negativen Merkmalen (das Fehlen von Kern- oder Cytoplasmabestandteilen) beurteilt. Es ist aber sehr schwierig, Verunreinigungen der Membran als solche zu erkennen; zum Beispiel ist die Frage, ob das Hämoglobin ein wirklicher Bestandteil der Erythrocytenmembran ist, noch ungelöst. Hämolysiert man nämlich unversehrte Zellen bei pH 6, so enthält das entstehende Membranpräparat bis zu 50% Hämoglobin, während die Membranen, die bei pH 7,4 isoliert worden sind, nur noch ungefähr 1% Hämoglobin aufweisen. Wenn das Hämoglobin auf eine unspezifische Weise locker an die Membran adsorbiert wäre, so könnte es durch einen erhöhten pH-Wert leichter davon abgelöst werden; andererseits könnte die Erhöhung des pH-Wertes zur Spaltung einer festen Bindung zwischen dem Hämoglobin und anderen Membranbestandteilen führen.

Die Hauptbestandteile der Membranpräparate von Tier- und Bakterienzellen sind Lipide (20—40% des Trockengewichts von Erythrocytenmembranen; der genaue Wert hängt von der Aufbereitungsmethode und von der Tierart ab) und Proteine (70—60% des Trockengewichts). Der Kohlenhydratanteil liegt bei den Erythrocytenmembranen in der Größenordnung von 5%; er ist in den kernhaltigen tierischen Zellen etwas niedriger (die Membranen der Mäuse-Leberzellen enthalten ungefähr 1% Kohlenhydrate).

8.4. Lipid-Fraktion von Plasmamembranen

Die wichtigsten Lipidbestandteile der Plasmamembranen sind die Phospholipide (vor allem das Phosphatidylcholin oder Lecithin) und das Steroid Cholesterin (s. Abb. 7—39).

Die Phospholipide enthalten, wie ihr Name andeutet, Phosphatgruppen und meistens auch Glycerin, Fettsäuren und eine stickstoffhaltige Base. Abb. 5—4 zeigt die chemischen Formeln einiger der wichtigsten Phospholipide. Die Kohlenwasserstoffketten dieser Lipide weisen oft unterschiedliche Längen auf. Die Phospholipide passen mit ihren langen Kohlenwasserstoffketten und den polaren Amino- und Phosphatgruppen am einen Ende (s. Abb. 5—4) ebensogut in ein Membran-Modell, das aus einer bimolekularen Schicht besteht, als auch in eines, das eine Micellen-Struktur aufweist. Die Plasmamembranen enthalten nach den Analysen, die in Abb. 5—3 angeführt sind, mehr Cholesterin als die cytoplasmatischen Membranen; beispielsweise sind die Werte für die Rinder-Erythrocyten- und Myelinscheidenmembranen mindestens zehnmal höher als der Wert für die Mitochondrienmembranen der gleichen Zellen (Abb. 5—3). Wahrscheinlich werden die Plasmamembranen durch den erhöhten Cholesteringehalt gefestigt und stabilisiert. Wir haben in Abschn. 5.2 beschrieben, wie die Stabilität der Membranen durch die enge Packung der Phospholipid- und der Cholesterinmoleküle erhöht wird. Die Membranlipide können heute mit verbesserten papier- und gaschromatographischen Methoden sehr genau analysiert werden. Neben der großen Phospholipid-Fraktion und der etwas kleineren Fraktion von neutralen Lipiden (meistens freies Cholesterin, das zu einem kleinen Teil verestert ist) finden sich auch verhältnismäßig kleine Mengen von verschiedenen Lipiden, deren Strukturen erst jetzt aufgeklärt werden. Darunter befindet sich das Triglycerid (Abb. 5—4), sowie eine Glykolipid-Fraktion, die japanische und deutsche Forscher in den Erythrocyten„ghosts" entdeckt und analysiert hatten. Die Glykolipide sind aus Zucker- und Lipidbestandteilen zusammengesetzt. Ihre Fettsäureketten enthalten vorwiegend 24 Kohlenstoffatome, aber die Kettenlängen variieren bei verschiedenen Arten stärker als diejenigen der Sphingomyeline. Auch die Zuckerbestandteile der Glykolipide sind bei den verschiedenen Arten sehr unterschiedlich; zum Beispiel enthält die Glykolipid-Fraktion der menschlichen Erythrocytenmembranen Hexosamin, aber keine Sialinsäure (Abb. 8—10), während im Pferde-Glykolipid nur die Sialinsäure vorkommt. Eine Unterfraktion der Glykolipide weist A- und B-Blutgruppenaktivität auf (siehe unten).

Die Plasmamembran enthält folglich unterschiedliche Lipide, deren Aufgaben aber noch nicht völlig bekannt sind. Der Zusammenhang zwischen der Einbauart der Lipide und der Membran-Permeabilität ist hier von besonderem Interesse. Wir können die Membran-Lipide in bezug auf die Leichtigkeit, mit der sie durch verschiedene organische Lösungsmittel aus den Membranen extrahiert werden können, in drei Gruppen einteilen:

Locker gebunden, mit trockenem Äther extrahierbar.

Schwach gebunden, mit nassem Äther extrahierbar.

Stark gebunden, mit Alkohol/Äther extrahierbar.

Die Gruppe der locker gebundenen Lipide enthält den größten Teil der neutralen Membran-Lipide, sowie eine Mischung von Phospholipiden; die Größe dieser Gruppe variiert je nach dem biologischen Material. Zum Beispiel enthalten die Arten, deren Membranen die Substanz Äthylen-Glykol leicht durchtreten lassen, einen höheren Prozentsatz an locker gebundenen Lipiden als die übrigen Arten. Wahrscheinlich werden die locker gebundenen Lipide nur durch van der Waals-Kräfte zusammengehalten, während bei den fester gebundenen Lipiden zusätzliche, polare Kräfte eine Rolle spielen (Abb. 8—11). Ein hoher Prozentsatz an locker gebundenen Membran-Lipiden weist deshalb auf eine offene Konfiguration der Membran und folglich auf eine bessere Durchlässigkeit hin.

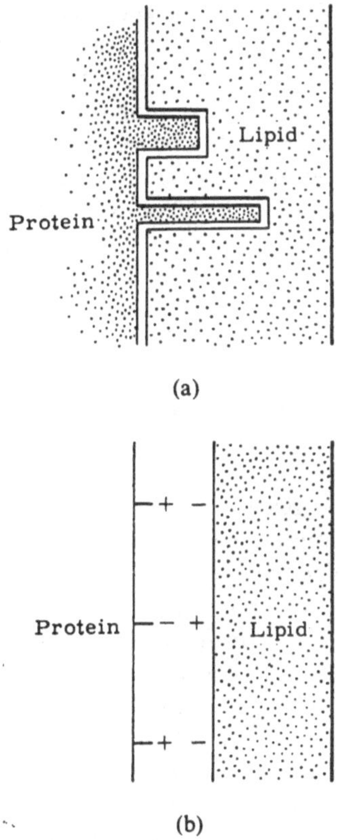

Abb. 8—11. Mögliche Verbindungsarten der Lipide und Proteine in den Zellmembranen. (a) Bindungen, die durch van der Waals-Kräfte zustande kommen. (b) Bindungen, die durch polare Kräfte ausgebildet werden.

8.5. Protein-Fraktion der Plasmamembranen

Als Danielli und Harvey die unerwartet niedrige Oberflächenspannung der Zellmembranen entdeckt hatten, entstand nach und nach Daniellis Modell dieser Membranen, bei dem die Eigenschaften einer ununterbrochenen bimolekularen Lipidschicht durch eine innere und eine äußere Proteinschicht verändert werden. Nach der Ansicht von Danielli und seinen Mitarbeitern kommen diese Oberflächenproteine als ausgestreckte Ketten vor, während sich im Innern der Membranstruktur weitere Proteinbestandteile in einer globulären zusammengefalteten Form befinden.

Man hat während vieler Jahre fast vergeblich versucht, die Struktur der Plasmamembran-Proteine aufzuklären. Der Erfolg war vor allem deshalb mäßig, weil das Protein mit den verschiedenen Lipidbestandteilen zum Lipoprotein-Komplex verbunden ist. Mit Hilfe der Histochemie und der Elektronenmikroskopie konnte eindeutig nachgewiesen werden, daß an den Zelloberflächen Enzyme vorhanden sind. So fand man dort ATPase, die beim Ionenpumpen-Mechanismus der Membran eine wichtige Rolle spielt. Weiterhin gibt es Hinweise, daß an den Oberflächen von bestimmten Säugetier- und Hefezellen auch andere Enzyme vorkommen (Rothstein und Mitarbeiter, 1954).

Weibull und Mitchel haben überdies bei Bakterien die Enzyme der Atmungskette, die bei den Säugetierzellen in den Mitochondrien lokalisiert sind, in der Membran des Protoplasten nachweisen können (Abb. 8—17).

Da die enzymatische Aktivität der Zellmembranen in diesen Fällen immer noch vorhanden ist, muß die dreidimensionale Struktur der aktiven Stellen der Proteine weitgehend erhalten sein. Entweder wird das Protein ohne jegliche Änderung seiner Struktur an die polaren Lipidstellen adsorbiert, oder es gibt im Falle einer stärkeren Bindung an die Membranlipide seine dreidimensionale Struktur nur teilweise auf.

Man hat die Proteinstruktur der Erythrocyten„ghosts" aufzuklären versucht. Löst man nämlich das Lipid mit organischen Lösungsmitteln nach und nach aus den „Ghost"-membranen heraus, so bleibt zunächst ein Lipid-Kohlenhydrat-Protein-Komplex (das Elenin) und schließlich ein Rest von denaturiertem Protein (das Stromatin) zurück. Da die Erythrocyten„ghosts" verhältnismäßig proteinreich sind (s. Abb. 5—3), kann nicht das gesamte Protein an der Membranoberfläche liegen, sondern ein Teil davon ist wahrscheinlich fest in die Lipidstruktur eingebaut. Es ist anzunehmen, daß die Peptidketten der Proteine vollständig ausgestreckt und zufällig zwischen den Lipidmolekülen eingeflochten sind, wobei sich ihr Zustand fortwährend verändern kann. Eine derartige Anordnung würde die Membranstruktur stark stabilisieren, aber die Proteine im Innern der Struktur hätten ihre Enzymaktivität verloren, da sie keine Sekundär- und Tertiärstrukturen mehr besäßen.

Green (1963) studierte die Strukturproteine der Mitochondrien und erstreckte anschließend seine Untersuchungen auf die Erythrocyten„ghost"-Membranen, die Chloroplastenmembranen und auf andere Membran-Systeme. Er konnte dabei jedesmal eine Protein-Fraktion isolieren, deren Eigenschaften denjenigen der Mitochondrien-Strukturproteine glichen. Die verschiedenen Plasmamembranen enthielten aber unterschiedliche Mengen von Strukturproteinen.

Im Nervenzellmyelin, das mit Hilfe der Röntgenbeugungs-Methode studiert worden ist, sind die Proteine auf mehrere Arten an die Lipide gebunden (Finean und Mitarbeiter, 1956). Dabei kommen aber keine kovalenten Bindungen vor, denn die Lipide können mit Hilfe von organischen Lösungsmitteln vollständig von den Proteinbestandteilen getrennt werden. Dieser Lipoproteinkomplex der Plasmamembranen wird wahrscheinlich einerseits durch elektrostatische Wechselwirkungen zwischen den polaren Gruppen der Lipide und der Proteine, und anderseits durch van der Waals-Kräfte zwischen den Kohlenwasserstoffketten der Lipide und den unpolaren Seitenketten der Proteine stabilisiert. Von diesen zwei Kräften überwiegt jeweils die eine in Abhängigkeit davon, ob die Proteinketten an der Oberfläche der Phospholipid-Schicht liegen oder ob sie mit der bimolekularen Lipidschicht verflochten sind. Im ersten Fall könnten elektrostatische Kräfte wirken, obwohl die Protein-Seitenketten zu kurz wären, um sich durch die polaren Phospholipidgruppen hindurch bis zu den Kohlenwasserstoffketten der Lipide zu erstrecken. Im zweiten Fall könnten sich van der Waals-Kräfte ausbilden (Abb. 8—11).

Peptidketten kommen auch bei den Säugetierzellen an verschiedenen Antigenstellen auf oder in der Nähe der Zelloberflächen vor; man findet sie z. B. in den Blutgruppensubstanzen.

8.6. Blutgruppensubstanzen und Transplantations-Antigene

Die Strukturaufklärung der AB0-Blutgruppen-spezifischen-Substanzen, die als Antigene wirken, ist für die Theorien über die Struktur der Zelloberflächen besonders wichtig, denn diese Substanzen sitzen, wie man durch verschiedene immunologische Methoden zeigen konnte, an der Oberfläche der Plasmamembranen.

Die ersten Untersuchungen der AB0-Oberflächen-Antigene von menschlichen Erythrocyten (Morgan, 1949) waren nicht sehr aufschlußreich. Später gelang es aber, Substanzen mit hoher AB0-Aktivität in wasserlöslicher Form aus Urin, Speichel, Magensaft und Ovarialcysten zu gewinnen. Da man annahm, daß ihre Zusammensetzung im wesentlichen derjenigen der Erythrocyten-Substanzen glich, führte man die chemischen Analysen mit den gelösten Substanzen durch. Die Antigen-Eigenschaft dieser Substanzen wird durch den Polysaccharid-Teil des Moleküls bewirkt. Dieser Bestandteil ist bei allen Substanzen aus den gleichen vier Zuckern aufgebaut: nämlich aus D-Galactose, L-Fructose, D-Glucosamin und D-Galactosamin. Die Antigenspezifität dieser Moleküle wird durch unterschiedliche Mengen und strukturelle Anordnungen dieser Zucker bewirkt. Der Peptid-Teil der Moleküle ist aus den folgenden Aminosäuren zusammengesetzt: Asparaginsäure, Glutaminsäure, Arginin, Lysin, Serin, Threonin, Prolin, Glycin, Alanin, Valin, Leucin und Isoleucin. Zudem kommt in allen diesen Substanzen die Sialinsäure vor; man kann deren Menge nur schwer bestimmen, da sie sehr labil an die Moleküle gebunden ist.

Man hat neben den A- und B-Substanzen auch die H- und Lewis- (Le-) Substanzen der Blutgruppen genauer untersucht. Die H-Substanz könnte ein Vorläufer der A- und B-Substanzen sein; die Le-Substanz kommt bei jenen Individuen vor, die keine wasserlöslichen A-, B- oder H-Substanzen ausscheiden (ungefähr 25% der Bevölkerung). Die zwei weiteren Blutgruppen-Antigene (M und N), die genauer untersucht worden sind, unterscheiden sich von den oben erwähnten Substanzen durch ihren Kohlenhydratgehalt (Cook und Eylar, 1965).

Die Gruppe der Antigene, die für die Transplantations-Immunität verantwortlich ist, ist ebenfalls recht gut bekannt. Möller und Möller (seit 1961) studierten die Histokompatibilitäts-Antigene (H-2) der Mäuse. Die chemische Struktur dieser Antigensubstanzen, von denen sicher einige an der Zelloberfläche liegen, ist aber noch unbekannt. Daneben hat man auch in anderen Zell-Fraktionen Antigenaktivität nachweisen können.

Die vorläufigen Arbeiten über die Lokalisierung von anderen Zellantigenen weisen darauf hin, daß sich die Oberflächenantigene nicht nur zwischen verschiedenen Arten unterscheiden, sondern auch zwischen Zellen von genetisch unterschiedlichen Individuen innerhalb einer bestimmten Art, und sogar zwischen Zellen von verschiedenen Organen des gleichen Individuums. Während der Differenzierung der Zellen entstehen folglich auch Unterschiede in der Zusammensetzung der Zelloberfläche.

8.7. Zellelektrophorese

Die negativ geladenen Gruppen der Zelloberfläche ziehen in einer Salzlösung die entgegengesetzt geladenen Ionen an, so daß sich um die Zelle herum eine elektrische Doppelschicht bildet (Abb. 8—12 a). Die Konzentration dieser entgegengesetzt geladenen

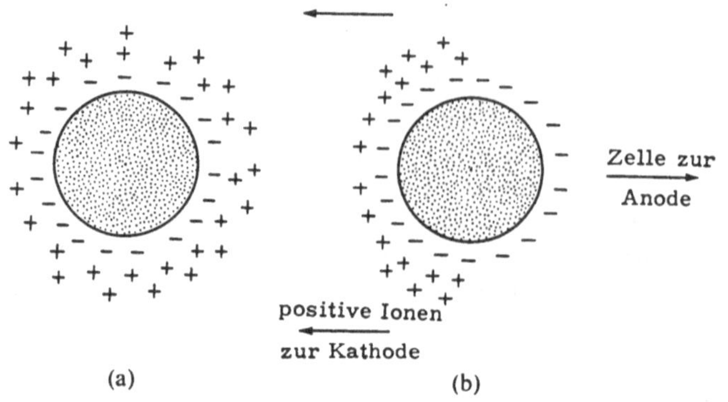

Abb. 8—12. (a) Schematische Darstellung der Ladungen an der Zelloberfläche mit angelagerten, entgegengesetzt geladenen Ionen. (b) In einem elektrischen Feld bewegen sich die Zellen in der einen und die angelagerten Ionen in der entgegengesetzten Richtung.

Ionen nimmt mit steigendem Abstand von der Zelle ab, und das gleiche gilt für das Potential des elektrostatischen Feldes in der Lösung, die die Zelle umgibt. Legt man an eine derartige Zellsuspension ein elektrisches Feld an, so bewegen sich die Zellen in eine bestimmte Richtung, während die entgegengesetzt geladenen Ionen der elektrischen Doppelschicht in die entgegengesetzte Richtung wandern (Abb. 8—12 b). Wir nehmen jetzt an, daß die Zelle eine dünne Schicht des Mediums mit sich trägt, wobei sich zwischen der Außenseite dieser Schicht und dem Rest des Mediums eine Oberflächenscherung ausbildet. Das Potential an dieser Scherungsfläche ist das sog. Zetapotential.

Debye und Hückel haben für ein kleines geladenes Teilchen, das sich in einem elektrischen Feld bewegt, folgende Beziehung aufgestellt:

$$\mu = C \frac{\zeta D}{\eta}$$

wobei μ die Wanderungsgeschwindigkeit (Mobilität) des Teilchens ist, ζ das Zetapotential, D die Dielektrizitätskonstante, C eine von ζ unabhängige Konstante, die aber mit der Teilchengröße zusammenhängt, und η die Viskosität.

Diese Gleichung enthält einige Annahmen und Vereinfachungen; ein Biologe, der sich mit Zellen befaßt, kann damit recht gut aus der beobachteten Mobilität der Zellen das Zetapotential berechnen. Bei Anwendung der davon abgeleiteten Formel

$$\zeta = \frac{4\pi\sigma}{D\varkappa}$$

wobei $\varkappa$ der Debye-Hückel-Faktor ist, können wir σ (die gleichmäßig verteilte Ladungsdichte an der Zelloberfläche) finden.

Die Zellelektrophorese erlaubt es uns also, die Oberflächenladungen der Zellen zu messen. Die Messungen müssen aber unter sorgfältig kontrollierten Bedingungen ausgeführt werden. Vor allem der pH-Wert und die Ionenstärke des Mediums beeinflussen unter anderem Vorzeichen und Dichte der geladenen Gruppen an der Zelloberfläche, die Adsorption oder Desorption von Makromolekülen und die Dicke der elektrischen Doppelschicht; alle diese Faktoren wirken auf die elektrophoretische Mobilität der Zellen. Die chemische Natur der geladenen Gruppen an der Zelloberfläche wurde durch kontrollierte Veränderungen der Meßbedingungen und durch die Behandlung der Zellen mit Enzymen oder anderen spezifischen Substanzen, die mit geladenen Gruppen reagieren und sie inaktivieren, bestimmt.

Viele der zellelektrophoretischen Arbeiten sind mit Säugetier-Erythrocyten durchgeführt worden (Bangham, Pethica und Seaman, 1958; Heard und Seaman, 1960). Diese Zellen besitzen, wie alle anderen bis jetzt untersuchten Zellen, bei physiologischem pH eine negative Oberflächenladung.

Ein großer Teil der Oberflächenladung von Erythrocyten — vielleicht sogar aller Säugetierzellen — ist nicht, wie man früher annahm, den Phosphatgruppen der Phospholipide, sondern den Sialinsäuren (insbesondere der N-Acetylneuraminsäure) zuzuschreiben; dies ging aus Untersuchungen über die Wirkung von Enzymen auf die Zelloberflächenladungen hervor. Die Sialinsäuren, die substituierte Zuckermoleküle sind, kommen als Polysaccharid-Teil von bestimmten Mucoproteinen vor — also einem Proteinmolekül, das mit mehreren Oligosacchariden, die Hexosamin enthalten, verbunden ist; Mucoproteine enthalten über 4% Kohlenhydrate. Die negative Ladung der Sialinsäure ist durch die Carboxylgruppe im Molekül bedingt (Abb. 8—10).

Hirst beobachtete 1948 an den Stellen der Erythrocytenoberfläche, an denen bestimmte Viren adsorbiert wurden, mucoproteinartige Eigenschaften; und Hanig zeigte im gleichen Jahr, daß die Mobilität der Erythrocyten merklich abnahm, wenn an die Oberfläche adsorbierte Viren eluiert wurden. Klenk (1958) schrieb diese Mobilitätsabnahme der Entfernung der Sialinsäure von der Zelloberfläche zu. Eylar und seine Mitarbeiter (1962) behandelten dann die Erythrocyten vor der Elektrophorese mit dem Enzym Neuraminidase, das die Sialinsäuren hydrolysiert, und beobachteten eine starke Abnahme der Oberflächenladung. Aus diesem Ergebnis kann man schließen, daß die Sialinsäure an der Zelloberfläche liegt, da die Neuraminidase nicht in das Zellinnere eindringt und dennoch fast die gesamte Sialinsäure der Zelle entfernt.

Cook (1962) und Ruhenstroth (1962), die die Mobilität von anderen Säugetierzellen untersucht hatten, beobachteten nach der Neuraminidase-Behandlung von Ehrlich-Ascites-Tumorzellen der Maus und von HeLa-Zellen (eine Zellinie, die von einem menschlichen Tumor abgeleitet ist) ebenfalls eine Abnahme der Oberflächenladung. Sehr wahrscheinlich ist also bei den Säugetierzellen im allgemeinen ein großer Teil der Oberflächenladung auf die Sialinsäure zurückzuführen. Die Ehrlich-Ascites-Zellen besitzen an ihren Oberflächen neben einer weiteren Säuregruppe, die vielleicht die Carboxylgruppe einer Aminosäure oder eines Membranlipids ist, auch eine basische Aminogruppe. Derartige basische Aminogruppen fehlen auf der Oberfläche von menschlichen Erythrocyten vollständig, während sie auf den Oberflächen der roten Blutkörperchen anderer Arten vorkommen können. Auch die Bakterien (Hill und Mitarbeiter, 1963), die wegen ihrer festen Zellwand weitaus mehr Behandlungsarten als die empfindlicheren Tierzellen ertragen, enthalten wenigstens bei einigen Bakterien Aminogruppen an ihren Zelloberflächen.

Bei den Tumorzellen geht die Bösartigkeit im allgemeinen mit einer Zunahme der negativen Ladung auf der Zelloberfläche einher. Forrester und seine Mitarbeiter entdeckten 1962, daß die Zellen einer Nierenfibroblastenlinie des Hamsters, die *in vitro* durch einen Polyoma-Virus in bösartige Zellen umgewandelt worden waren, Klone (d. h. Zellkolonien, die sich aus einer Einzelzelle entwickelt haben) erzeugten, in denen die Hälfte der Zellen eine höhere negative Oberflächenladung als die ursprünglichen Fibroblasten aufwiesen. Ruhenstroth fand dann 1963 auch eine erhöhte Mobilität der Knochenmarkszellen von Menschen, die an Leukämie erkrankt waren. Wahrscheinlich hängt diese allgemein größere Mobilität der Tumorzellen mit einem erhöhten Sialinsäure-Gehalt der Oberflächen zusammen sowie mit dem Verlust der Haftfähigkeit und dem Unvermögen, Kontakte mit anderen Zellen herzustellen.

Elektrophoretische Untersuchungen zeigen, daß die Sialinsäuren auf der Außenseite oder sehr nahe der Außenseite der Plasmamembranen liegen. Wahrscheinlich sind sie echte Membranbestandteile, da sie nicht einfach von den Zellen weggewaschen, sondern nur durch Enzyme entfernt werden können. Man kennt aber weder die Art ihrer Verbindung mit dem Membran-Komplex, noch ihre sterische Anordnung in der Membran. Gasic und Gasic und ihre Mitarbeiter (seit 1962) wiesen mit Hilfe der Hale-Färbung (die Eisenteilchen enthält) auf den Oberflächen von HeLa- und anderen Zellen

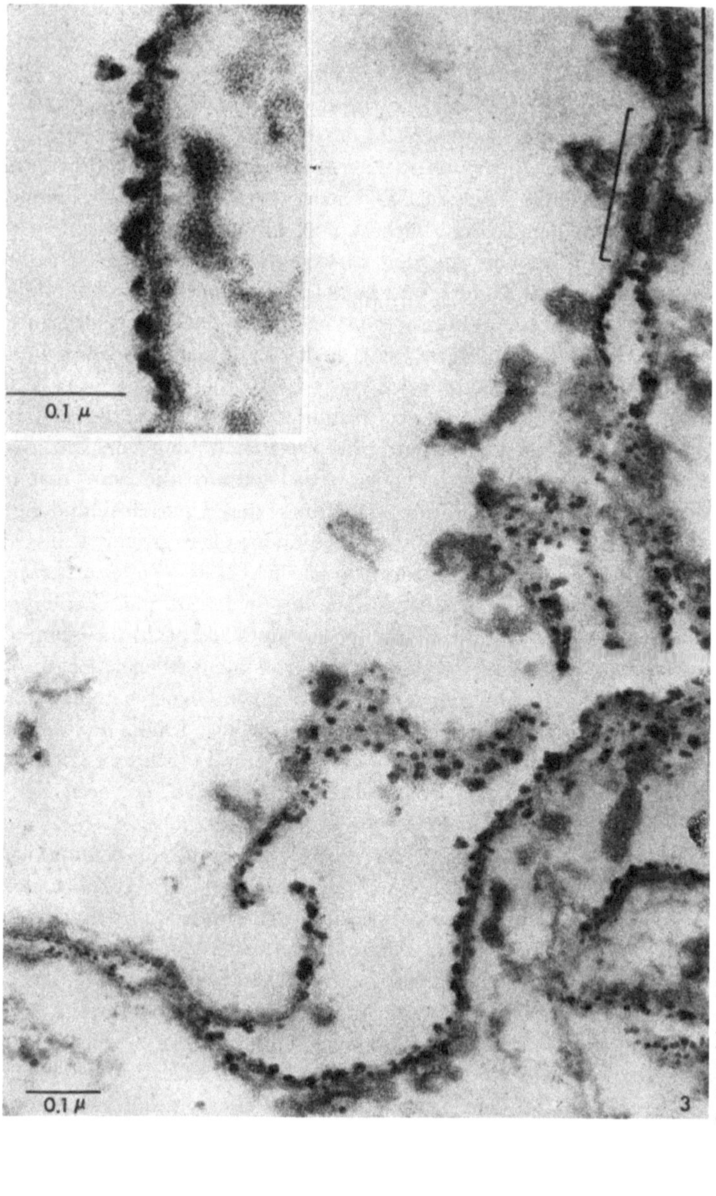

Abb. 8—13. Isolierte Plasmamembran der Ratten-Leber, nach Hale kontrastiert. Die elektronendichten Körnchen befinden sich nur auf der Außenseite der Membran (s. Bild links oben). An den Stellen, an denen zwei Membran-Komplexe aneinanderstoßen (Klammern), ist keine Kontrastierung. 100 000fache Vergrößerung. (Aus E. L. Benedetti und P. Emmelot.)

Mucopolysaccharide nach und bestätigten die Lage der Sialinsäuren auf den Membranoberflächen. Die Eisenteilchen der Kontrastierungslösung erschienen nämlich im Elektronenmikroskop als große, zerstreute Partikel, die nur an die eine Seite der Plasmamembran angeheftet waren; außerdem zeigten die Zellen, die vor der Beobachtung mit Neuraminidase behandelt worden waren, praktisch keine Färbung. Benedetti und Emmelot, die diese Untersuchungen 1967 weiterführten (Abb. 8—13), konnten zeigen, daß Zellen, die keine Hale-Kontrastierung zeigten, aus ihrem Medium Mucopolysaccharide absorbierten und danach den Hale-Farbstoff aufnehmen konnten. Gelegentlich kann man die beobachtete Kontrastierung der Zellen auch auf die Adsorption von Bestandteilen der Körperflüssigkeit an die Zelloberfläche zurückführen.

8.8. Oberflächentopographie der Membranen

Die Oberflächentopographie der Membranen (der Ausdruck stammt von Maddy) ist mit Hilfe des Elektronenmikroskops untersucht worden, wobei man aber Abdrücke der Zelloberfläche verwendet hat. Die Forscher, die auf diesem Gebiet arbeiten, befassen sich vor allem mit der Frage nach den möglichen Unterschieden zwischen normalen und

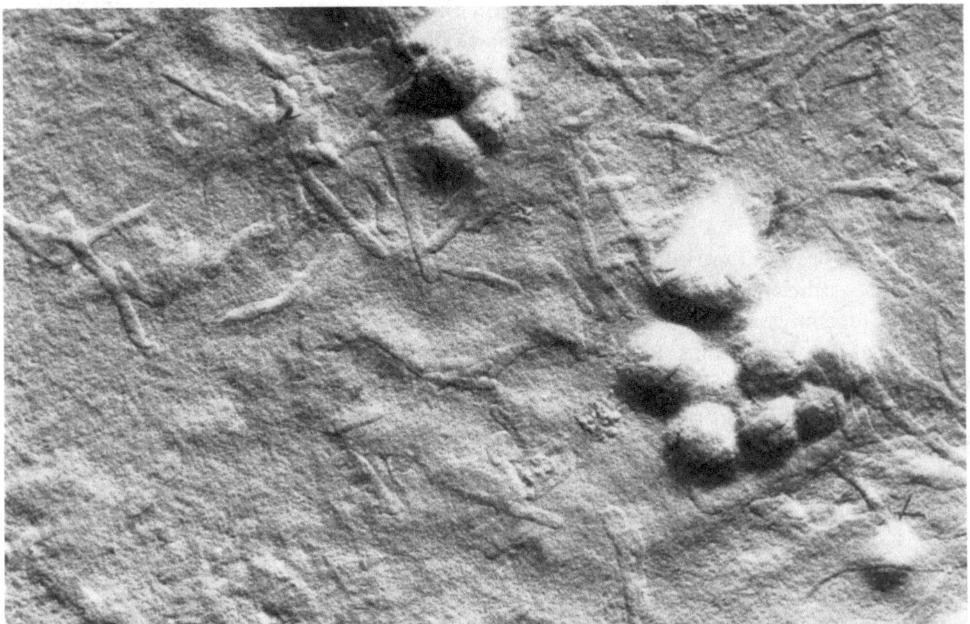

Abb. 8—14. Abdruck der Oberfläche einer HeLa-Tumorzelle, die *in vitro* gewachsen ist. 27 000-fache Vergrößerung. (Aus G. C. Easty.)

Tumorzellen (Coman und Andersson, 1955; Nowell und Berwick 1958; Easty und Mercer, 1960)). Easty und Mercer stellen zum Beispiel Abdrücke von Nierenepithelzellen des Hamsters, sowie von den entsprechenden, hormoninduzierten Tumorzellen her. Abb. 8—14 zeigt den Oberflächenabdruck von HeLa-Tumorzellen, die *in vitro* gewachsen sind. Diese Kultur wurde zuerst gewaschen, fixiert und dann mit Kohle und Gold-Palladium beschattet. Die freien Oberflächen der Zellen weisen viele winzige Fortsätze oder Microvilli auf. Die Microvilli, die sowohl bei normalen als auch bei Tumorzellen vorkommen, sind oft bei den letzteren zahlreicher. Ihr Durchmesser beträgt ungefähr 2000 Å, und sie können bis zu 30000 Å lang werden. Man hat sie auch auf Schnitten von kompakten Tumoren beobachtet, die *in vivo* gewachsen sind. Wahrscheinlich hängen diese Microvilli auf eine noch unbekannte Weise mit der Ernährung der Zellen zusammen, da sie an den freien Zelloberflächen zahlreicher sind und offensichtlich die Zelloberfläche vergrößern.

8.9. Membran-Turnover

Palade, der 1968 die Biosynthese von Lipiden im Cytoplasma der Leberzellen untersuchte, entdeckte dabei einen kontinuierlichen Turnover der Membran-Lipidbestandteile, d. h. Bildung dieser Bestandteile gefolgt von ihrer Degradation in die Lipidbausteine. Die Lipid- und Proteinbestandteile der Membranen werden aber nicht gleichzeitig hergestellt. Die Halbwertszeit der Lipidstrukturen dauert ungefähr 2 Tage, während diejenige der Membran-Proteine ungefähr 3,5 Tage beträgt. Diese Beobachtungen stimmten nicht mit Greens Theorie (1967) überein, nach der sich bei der Bildung der Membranen die Lipid- und Proteinmoleküle gleichzeitig zusammenfügten. Wahrscheinlich ist diese asynchrone Bildung der Lipide und der Proteine ein Stabilisierungsmechanismus — so kann man beispielsweise Phospholipide in die Plasmamembran injizieren, ohne daß dadurch der innere Zusammenhang der Proteine unterbrochen wird.

Gelegentlich werden Bestandteile zwischen der Plasmamembran und der extrazellulären Umgebung ausgetauscht. So steht die Erythrocytenmembran mit gewissen Bestandteilen des Blutserums in einer dynamischen Beziehung: radioaktives Cholesterin wird aus dem Serum aufgenommen und in die Erythrocytenmembranen eingebaut; auch die Phospholipid-Fraktion der Membran wechselt gewisse Bestandteile mit dem Serum aus.

8.10. Gibt es einen Zelloberflächen-Überzug (surface coat)?

Die Oberfläche der Zelle kann mit einer Substanz bedeckt sein, die außerhalb der Plasmamembran liegt. Eine derartige Substanz könnte leicht, und ohne die Plasmamembran zu verändern, entfernt werden.

Moscona (1962 und 1963) entdeckte im Medium von Zellen, die durch Enzyme oder chelatbildende Substanzen (das sind Substanzen, die zweiwertige Kationen wie Ca^{2+} und Mg^{2+} binden) voneinander getrennt worden waren, mucoidartige Makromoleküle. Er vermutete, in diesen Makromolekülen den Oberflächenüberzug der Zellen zu finden, der für die Haftfähigkeit der Zellen untereinander verantwortlich und bei der

Behandlung der Zellen abgestreift worden wäre; er würde also den „extrazellulären Kitt" bilden. Diese Makromoleküle könnten aber auch aus dem Innern von beschädigten Zellen in das Medium übergetreten sein. In ähnlicher Weise könnte der Niederschlag auf den Glasoberflächen, der von trypsinbehandelten Zellen stammt (Rosenberg, 1960), ebensogut Zellüberzugs-Material oder auch Material sein, das die Zellen durch die beschädigte Membran hindurch verloren haben könnten.

Im Elektronenmikroskop kann man meistens zwischen den äußeren kontrastierten Zonen der Plasmamembranen von zwei aneinandergrenzenden Gewebezellen einen ungefähr 100 Å breiten Zwischenraum sehen. Einige Forscher nehmen an, daß diese Zwischenräume artifiziell durch die Behandlung des Gewebes für die mikroskopische Untersuchung entstehen (Sjøstrand, 1962); andere nehmen hingegen an, daß die Zwischenräume auch im unversehrten Gewebe vorhanden sind, wobei aber die Meinungen über die darin enthaltenen Substanzen auseinandergehen. Nach Robertson (1958 und 1963) sind diese Zwischenräume tatsächlich vorhanden und mit einer kolloidalen Substanz ausgefüllt, die keine elektronendichte Kontrastierungsmittel annimmt. Epstein und seine Mitarbeiter (1964) und andere Forscher haben gelegentlich außerhalb der Zellplasmamembran eine schwache Anfärbung beobachten können; Epstein entdeckte dann, daß sich Virusteilchen nicht unmittelbar an die Plasmamembran, sondern an diesen schwach gefärbten Überzug anhefteten. Morgan und seine Mitarbeiter konnten aber diese Beobachtung nicht bestätigen, da die Viren in ihren Präparaten unmittelbar an die Plasmamembran adsorbiert waren. Die schwach gefärbten Zonen könnten deshalb Artefakte sein, die Substanzen darstellten, die während der Fixierung aus der Zelle gesickert sind. Mercer konnte 1957 den interzellulären Raum mit einem Bleihydroxid-Reagens elektronendicht kontrastieren. Die Wirkung dieser Kontrastierung ist aber noch nicht geklärt; sie stellt möglicherweise nicht die Chemie eines Gewebes dar, sondern dessen physikalische Form mit stark anfärbbaren Zonen, die auf Hohlräume hinweisen würden.

Die sich widersprechenden Beobachtungen erschweren natürlich eine Erklärung dieser Erscheinungen. Gewisse Bestandteile der Körperflüssigkeiten, vor allem kollagenähnlich Kolloide, kommen aber ziemlich sicher in den interzellulären Räumen vor. Daneben können sich auch Spuren von Abfallsubstanzen der Zellen außerhalb der Plasmamembran befinden. Eindeutige Beweise für einen Überzug aus lose angehefteten Substanzen, der außerhalb der Plasmamembran liegt, fehlen aber noch, obwohl wir wissen, daß isolierte Säugetierzellen *in vitro* aus dem Suspensionsmedium leicht Proteine an die Zelloberfläche adsorbieren.

8.11. Plasmamembran und Zellwand der Pflanzenzellen

Die Plasmamembran scheint auch bei den Pflanzenzellen eine bimolekulare Schicht aus Lipiden und Proteinen zu sein. Ihre Struktur verändert sich wahrscheinlich mit dem Stoffwechselzustand der Zelle, aber vor allem während der Bildung und des Transports der Zellwand-Substanzen (Northcote, 1968). Die äußere Wand (Abb. 5—20), durch die die Art der Zellteilung und die äußere Form der Zelle bestimmt werden, ist das auffälligste Kennzeichen einer Pflanzenzelle. Die Zusammensetzung und die Morphologie der Zellwand hängen vom Alter und von den Aufgaben der betreffenden Zelle ab. Die Zellwand der jungen Zelle ist im primären Stadium ihrer Bildung elastisch und ungefähr 1—3 μm dick; ihre Oberfläche vergrößert sich während des Zellwachstums stark. Wenn dann die Zelle ihre endgültige Größe erreicht hat, verdickt sich die Wand in ihrer sekundären Wachstumsphase bis zu ungefähr 5—10 μm und wird starrer, so daß sie der Zelle eine große Reißfestigkeit verleiht.

Die Grundsubstanz der Zellwand besteht aus Polysacchariden, in die ein hochorganisiertes Netz von Mikrofibrillen eingelagert ist. Diese Mikrofibrillen bestehen aus Cellulose (das sind Ketten von Glucosemolekülen, die durch β-1,4-Bindungen zusammengehalten werden, Abb. 7—27 b). Die durchgehende Grundsubstanz enthält hingegen Hemicellulosen (das sind Polysaccharide aus Pentose- und Hexosezuckern) und Pektinsubstanzen, deren lange Ketten aus Uronsäure-Derivaten der Hexosen bestehen (Abb. 7—24). Besonders die sekundären Wände der Holzpflanzen enthalten zudem noch das Lignin; dieses besteht aus sich wiederholenden Einheiten einer ringförmigen Kohlenstoffverbindung, die wahrscheinlich ungesättigte Bindungen enthält. Die Bindungen zwischen diesen Kohlenstoff-Einheiten verleihen der Wand eine große Reißfestigkeit, und überdies sind die verholzten Zellwände stark und starr.

Northcote (1968 und 1969) hat einige schöne, elektronenmikroskopische Aufnahmen von Pflanzenzellen veröffentlicht, die er mit Hilfe der Gefrierätzmethode präpariert hatte. Bei dieser Methode werden die Zellen bei —180 °C eingefroren und darauf in gefrorenem Zustand aufgebrochen. Die Brüche laufen in verschiedenen Ebenen durch die Zellen, so daß dadurch unterschiedliche Oberflächen des Zellinnern frei gelegt werden. An diesen aufgebrochenen Zellen kann man nach dem „Ätzen" und Beschatten die Ober-

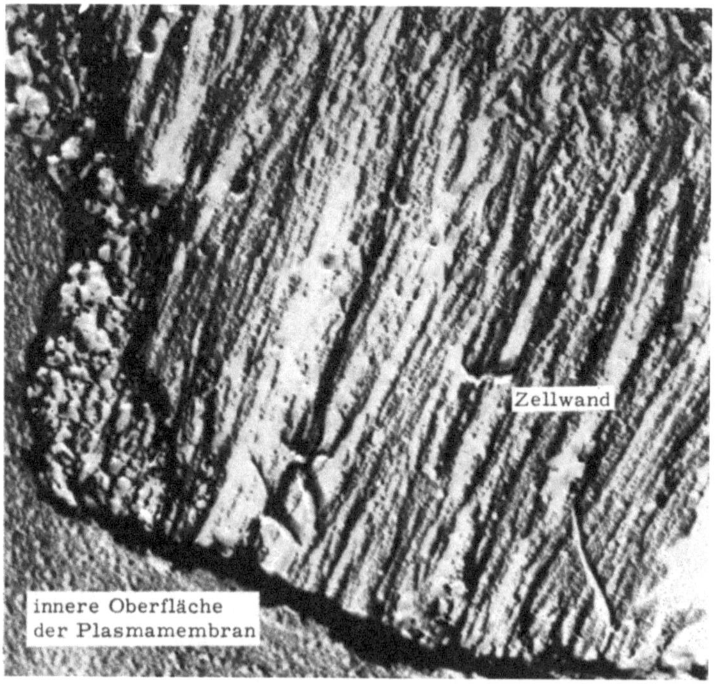

Abb. 8—15. Gefrierätz-Präparat der Plasmamembran und der Wand einer Pflanzenzelle. 68 000fache Vergrößerung. (Aus D. H. Northcote.)

flächenstrukturen im Elektronenmikroskop beobachten. Northcote entdeckte auf diese Weise sowohl an der inneren als auch an der äußeren Oberfläche der Plasmamembran kleine Partikel von ungefähr 90—130 Å Durchmesser. Abb. 8—15 zeigt derartige Partikel auch zwischen den Mikrofibrillen der Zellwände. Diese Partikel könnten Bausteine sein, die sich von der Oberfläche der Plasmamembran zu den Mikrofibrillen der Zellwand bewegen.

Aus ähnlichen Untersuchungen geht hervor, daß die Hemicellulosen der Wandsubstanz im Cytoplasma gebildet und in Vesikeln des Golgi-Apparats eingeschlossen werden; diese Vesikel verschmelzen dann mit der Plasmamembran und befördern so ihren Inhalt zu der Zellwand hin. Während der Mitose wird das Material für die Zellplattenbildung ebenfalls durch Vesikel vom Golgi-Apparat angeliefert. Das Cytoplasma, das unmittelbar unter der Plasmamembran liegt, enthält Mikrotubuli (Abb. 8—16), die einen Durchmesser von 260—300 Å besitzen und eine deutliche Längs-Substruktur aufweisen. Eine ihrer Aufgaben könnte darin bestehen, die Vesikel mit dem Matrix-Material der Zellwand gerichtet zur Plasmamembran zu leiten.

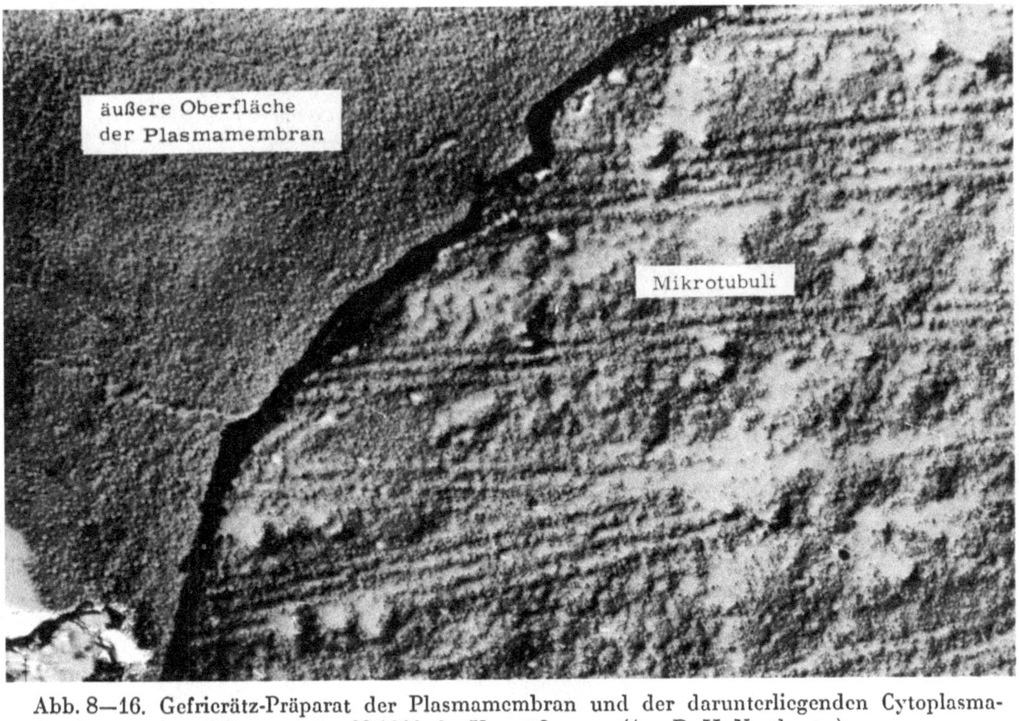

Abb. 8—16. Gefrierätz-Präparat der Plasmamembran und der darunterliegenden Cytoplasma-Strukturen einer Pflanzenzelle. 68 000fache Vergrößerung. (Aus D. H. Northcote.)

8.12. Zusammenfassung

In Abb. 8—17 sind die Strukturen und Eigenschaften der Plasmamembranen von Säugetierzellen, Bakterien- und Pflanzenzellen zusammengefaßt. Wir weisen hier nochmals auf die folgenden Hauptpunkte hin:

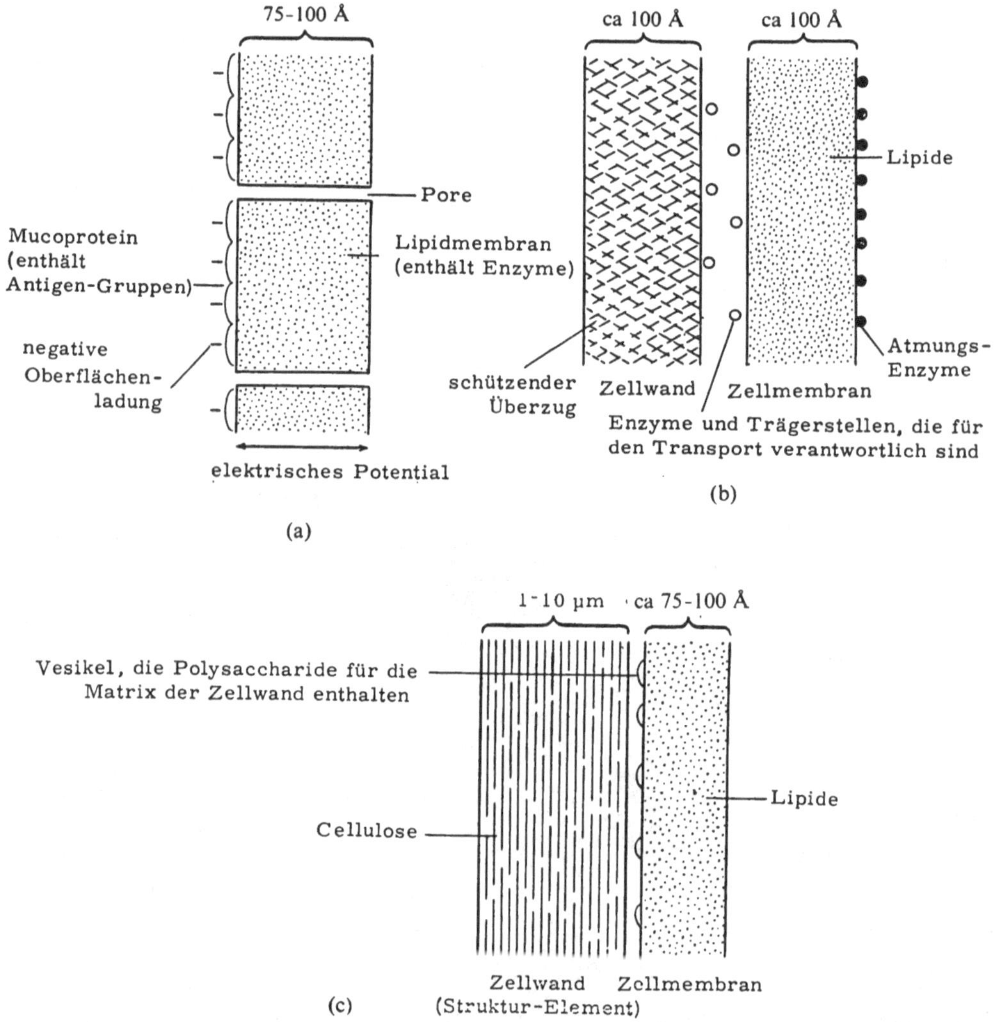

Abb. 8—17. Zusammenfassende Darstellung des Zelloberflächen-Komplexes. (a) Die Plasmamembran einer Säugetierzelle. (b) Die Bakterien-Zellwand (Gram-negative Bakterien) und Membran. Die Zellmembran eines Bakteriums, dessen Wand fehlt, wird als Protoplasten-Membran bezeichnet. (c) Die Wand und die Membran einer Pflanzenzelle.

Die Plasmamembran muß wegen ihrer Permeabilitäts-Eigenschaften eine ununterbrochene, oder nahezu ununterbrochene Lipidschicht sein; die Eigenschaften dieser Schicht werden durch Proteine abgeändert, die mit den Lipiden verbunden sind.

Die Lipidschicht weist bei den Säugetierzellen Poren auf (vielleicht nur vorübergehend ausgebildete), die wahrscheinlich mit polaren Proteingruppen ausgekleidet sind und kleine Ionen durchtreten lassen.

Die Proteine der Zellplasmamembranen kommen in Form von verschiedenen

Enzymen (vor allem von ATPasen) vor. Bei den Bakterien sind zudem die Enzyme der Atmungskette an die Plasmamembranen gebunden.

Die Oberflächen der Säugetierzellen enthalten Mucoproteine, die spezifische Blutgruppensubstanzen und Antigene bilden und für den größten Teil der negativen Oberflächenladung verantwortlich sind.

Die Plasmamembran ist keine starre Grenze, sondern eine sehr dynamische und aktive Struktur. Das Gemisch der verschiedenartigen Lipide, das sich in der Membran befindet, bildet bei physiologischen Temperaturen wahrscheinlich eine flüssige Lipidschicht. Folglich können sich die Kohlenwasserstoffketten dieser Lipide fortwährend bewegen und ihre Konfigurationen verändern, so daß nur die polaren Gruppen der Lipide, die an der Lipid-Wasser-Grenzschicht angeordnet sind, verhältnismäßig still liegen. Die Plasmamembran kann sich leicht und schnell von einer bimolekularen Lipidlamellen-Struktur in eine Micellen-Struktur umwandeln, obwohl die letztere wahrscheinlich nur vorübergehend gebildet wird.

Literatur

Chapman, O.: Biological Membranes. Academic Press, New York 1967.

Curtis, A. S. G.: The Cell Surface. Logos Press 1967.

Internat. Symposium. Stofftransport und Stoffverteilung in Zellen höherer Pflanzen. Schloß Reinhardsbrunn 1968. Veranstaltet v. d. Biologischen Gesellschaft in der DDR. Hrsg. v. Kurth, Mothes, E. Müller u. a. Akademie-Verlag, Berlin 1968.

Kreutz, W.: Strukturprinzipien in Biomembranen. Angew. Chem. *84*, 597—614 (1972).

Saljaev, R. K.: Uptake of substances by plant cells. Izd. Nauka, Moskau 1969.

Singer, S. J., u. G. Nicolson: The fluid mosaic model of the structure of cell membranes. Science *175*, 720—731 (1972).

Skulačev, V. P.: Energietransformation in Biomembranen. Izd. Nauka, Moskau 1972.

TEIL 3. Das Leben der Zellen

Wir werden im nächsten Teil die Funktionen der verschiedenen intrazellulären Bestandteile besprechen, wobei wir die ganze Zelle als eine bis aufs letzte abgestimmte, funktionelle Einheit betrachten. Von grundlegender Bedeutung sind hier wieder die Beziehungen des Kerns zur übrigen Zelle. In Kap. 9 besprechen wir die Teilung der somatischen Zellen, die Wechselwirkungen zwischen dem Cytoplasma und dem Kern während der Zellteilung, sowie die Übertragung der genetischen Substanz von den Eltern- auf die Tochterzellen in den sich mitotisch teilenden Geweben. Die Biosynthese der Proteine und Nucleinsäuren während des Zellzyklus wird dann im Zusammenhang mit den verschiedenen Kontrollmechanismen (einschließlich der hormonalen Kontrolle durch die Umgebung) betrachtet; außerdem werden die Faktoren beschrieben, die die Zellvermehrung steuern.

In Kap. 10 behandeln wir die meiotische Teilung der Keimbahnzellen, wodurch die genetische Substanz von einer Generation auf die nächste übertragen wird, sowie die Art und Weise, auf die der genetische Satz (das Genom) eines sich entwickelnden Lebewesens die Eigenschaften des erwachsenen Individuums bestimmt. Daneben befassen wir uns in diesem Kapitel mit der Molekularbiologie der Bakteriengenetik.

9. Mitose und Kontrolle des Zellzyklus

Zellen wachsen und teilen sich; die Zeitspanne zwischen dem Ende einer Teilung und dem Ende der nächstfolgenden ist der Zellzyklus. In diesem Kapitel befassen wir uns mit den verschiedenen Stadien, die während des Zellzyklus beobachtet werden (Abb. 9—1); es ist die Interphase, also die Zeitspanne zwischen zwei Mitosen, und die Mitose selbst, in der das verdoppelte Chromosomen-Material genau zwischen den zwei entstehenden Tochterzellen aufgeteilt wird. Die Aufgaben des Kerns verändern sich in den wachsenden Zellen im Laufe der Zeit. Dies ist in Abb. 9—1 schematisch dargestellt; Abb. 9—2 b zeigt die Fotografien der Mitose-Stadien in einer Pflanzenzelle. Die wachsende Zelle vergrößert sich, bis sie sich schließlich in zwei Tochterzellen teilt. Man könnte den ganzen Vorgang der Zellteilung vielleicht passender Replikations-Zyklus nennen. Die Wachstumsphase wird dabei in drei Zeitabschnitte unterteilt: in die G_1-Phase, in die S- und in die G_2-Pase (Abb. 9—1). Wir werden diese drei Stadien des Interphase-

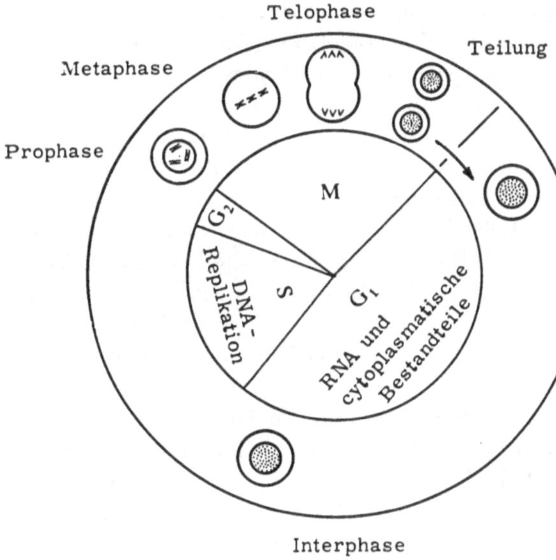

Abb. 9—1. Der Lebenszyklus einer Zelle.

Kerns im vorliegenden Kapitel ausführlich besprechen. Am Ende der G_2-Phase kann man dann die unterschiedlichen Kernveränderungen beobachten, die die Zellteilung einleiten. Während der Mitose wird die replizierte DNA, die in den Chromosomen enthalten ist, genau auf die zwei Tochterzellen aufgeteilt. Setzt man voraus, daß die übertragenen DNA-Sequenzen in den zwei Tochterzellen genau miteinander übereinstimmen, so sind diese Zellen genetisch mit der Ausgangszelle identisch; dies ist für die Erhaltung der Eigenschaften eines Lebewesens äußerst wichtig. Die Mitose hängt von den koordinierten Wechselwirkungen zwischen dem Kern und dem Cytoplasma vor der Teilung ab.

9.1. Historische Einführung

Die Zellteilung wurde erstmals 1882 von Flemming beim Salamander *Triturus maculosa* beobachtet, 1883 studierte sie van Beneden an den Zellen des Wurmes *Parascaris.* Beide Forscher hatten in den in Teilung begriffenen Zellen fadenförmige Körper entdeckt. Der Ausdruck Chromosom (aus dem Griechischen „gefärbter Körper") wurde aber erst 1888 von Waldmeyer eingeführt, als man beobachtet hatte, daß sich diese Fäden anfärben ließen. Die meisten der ersten Beobachtungen über die Zellteilung wurden von den Botanikern an Pflanzenzellen durchgeführt; ein Grund dafür lag sicher darin, daß die Chromosomen in den fixierten Pflanzenzellen besonders deutlich hervortraten. Darlington, La Cour, Revell und andere Forscher haben das Verhalten der Chromosomen während der Mitose-Stadien der Prophase, Metaphase, Anaphase und Telophase ausführlich beschrieben. Da die Zellteilung aber nicht nur die Chromosomen, sondern die ganzen Zellen betrifft, ist es für das volle Verständnis der Mitose unerläßlich, das Verhalten der lebenden Zellen zu beobachten. Dazu hat sich die Zeitrafferfilm-Methode als ein äußerst wertvolles Hilfsmittel erwiesen. Der erste dieser Filme wurde 1913 von Comandon und Jolly hergestellt. Lewis und Lewis filmten etwas später Zellen, die sich gerade teilten; Canti benutzte für seine Filme kultivierte Zellen. Als das Phasenkontrastmikroskop zur Verfügung stand, erzielte Hughes auf diesem Gebiet entscheidende Fortschritte. Bajer und Bajer (1950) stellten ausgezeichnete Filme der Mitose der Endospermzellen her (das Endosperm ist das Gewebe, das in den Pflanzensamen den Embryo umgibt). Abercrombie, Ambrose und Easty (1954) haben dann die Zeitrafferfilm-Methode zusammen mit der Interferenzmikroskopie angewendet und dadurch eine Methode entwickelt, durch die während des Zellwachstums und der Mitose die Massenveränderungen quantitativ bestimmt werden können.

Bělăr hatte in den zwanziger Jahren als erster die Mechanik der Zellteilung genau analysiert. Dabei erwiesen sich die Staubfadenhaare der Pflanzen *Tradescantia* für seine Untersuchungen als besonders geeignet. Später konnte die Teilungsspindel im Polarisationsmikroskop und im Elektronenmikroskop viel genauer beobachtet werden, wobei man Auskünfte darüber erhalten hat, wie sich bestimmte Moleküle vorübergehend orientieren müssen, damit die Chromosomen während der Anaphase-Bewegung gegen die beiden Tochterzellen auseinandergezogen werden (Swann und Mitchison; Mazia; Inoué und andere Forscher). Trotz aller dieser eingehenden Untersuchungen über die Kern- und Cytoplasmaveränderungen während der Mitose ist der Mechanismus des ganzen Vorganges noch nicht völlig geklärt, und die Theorien über die Mitose sind fast so zahlreich wie die Forscher auf diesem Gebiet.

9.2. Stadien der Mitose

Man kann den Zellzyklus (Abb. 9—1) in folgende Stadien unterteilen:

Die Interphase, die die drei Phasen G_1, S und G_2 enthält. Die G_1-Phase folgt unmittelbar auf die vorangegangene Mitose; sie ist die Zeitspanne vor dem Beginn der DNA-Synthese. Die DNA wird während der S-Phase gebildet, der die G_2-Phase folgt. Am Ende der G_2-Phase bereitet sich die Zelle für eine neue Mitose vor.

Die Mitose umfaßt die folgenden Stadien:
Prophase
Metaphase
Anaphase
Telophase

Obwohl sich die Chromosomen verschiedener Arten in Länge, Größe und Zahl sowie in anderen Eigenschaften unterscheiden, verläuft die Mitose in allen Pflanzen- und Tierzellen grundsätzlich gleich. Einzig die späteren Stadien unterscheiden sich bei den Tier- und Pflanzenzellen beachtlich, da sich bei den letzteren eine neue Zellwand oder Zellplatte ausbildet.

Wir besprechen hier zuerst die Teilungsphasen ganz allgemein und fügen dann eine genauere Beschreibung des Mitose-Ablaufs bei den unterschiedlichen Zelltypen an.

Interphase. Während der Interphase kann man gewöhnlich im Kern weder vor noch nach einer Fixierung deutliche Strukturen erkennen. Die zwei Strukturen, die eindeutig anzusprechen sind, sind der Nucleolus und der Teil der Chromosomen, der als Heterochromatin bezeichnet wird. Der Nucleolus, der RNA und Proteine enthält, kann mit einem Gemisch von Methylgrün und Pyronin, das die RNA rot anfärbt, sichtbar gemacht werden. Das Heterochromatin färbt sich hingegen durch die Feulgen-Reaktion an, da es DNA enthält.

Die Aufgabe des Heterochromatins ist noch nicht genau geklärt. Es ist ein Abschnitt der Chromosomen, der während der Interphase im kondensierten Zustand bleibt und durch Hydratation nicht so stark aufquillt wie das Euchromatin des restlichen Chromosoms. Der Nucleolus ist der Ort, wo vor allem die Ribosomen-Substanzen gebildet werden (s. Kap. 3). Während das Bild des Interphase-Kerns in der G_1-, S- und G_2-Phase praktisch gleichbleibt, beobachtet man unmittelbar vor der Prophase auffallende Veränderungen (Abb. 9—2,2). In einigen Interphase-Kernen lassen sich mit Hilfe des Interferenz- oder des Phasenkontrastmikroskops gerade noch Fäden erkennen, die den Chromosomen entsprechen; diese treten dann in der späteren Interphase immer deutlicher hervor. Der Grund dafür liegt zum Teil darin, daß die Chromosomen während der S-Phase verdoppelt worden sind; die Stränge der verdoppelten Chromosomen liegen aber so nahe beisammen, daß sie nicht als Einzelstränge erkannt werden können. Auch das Heterochromatin und der Nucleolus sind während dieses Stadiums noch sichtbar; der größte Teil des Heterochromatins liegt in der Nähe der Kernmembran.

Frühe Prophase. Während der Prophase finden die auffälligsten Veränderungen sowohl des Kerns als auch des Cytoplasmas statt (Abb. 9—2,2). Die Chromosomen beginnen sich zu verdichten; dieser Vorgang läuft während der folgenden Mitosestadien weiter ab. Die Kondensation wird wahrscheinlich durch folgende zwei Faktoren bewirkt: 1. durch den Wasserverlust aus dem stark hydratisierten Gel, in dem sich die Chromosomen während der Interphase ausgestreckt haben; und 2. durch das zunehmende Aufschrauben der Chromosomenfäden. In dem hydratisierten Gel ist jedes Nucleoprotein-Molekül mit vielen Wassermolekülen verbunden. Während der Kondensation der Chromosomen werden zugleich Substanzen (wahrscheinlich RNA) an die Chromosomenstränge abgelagert. Darlington, La Cour und andere Forscher haben gezeigt, daß bei den Pflanzen das Aufschrauben der Chromosomen in zwei Schritten abläuft — sie haben es als primä-

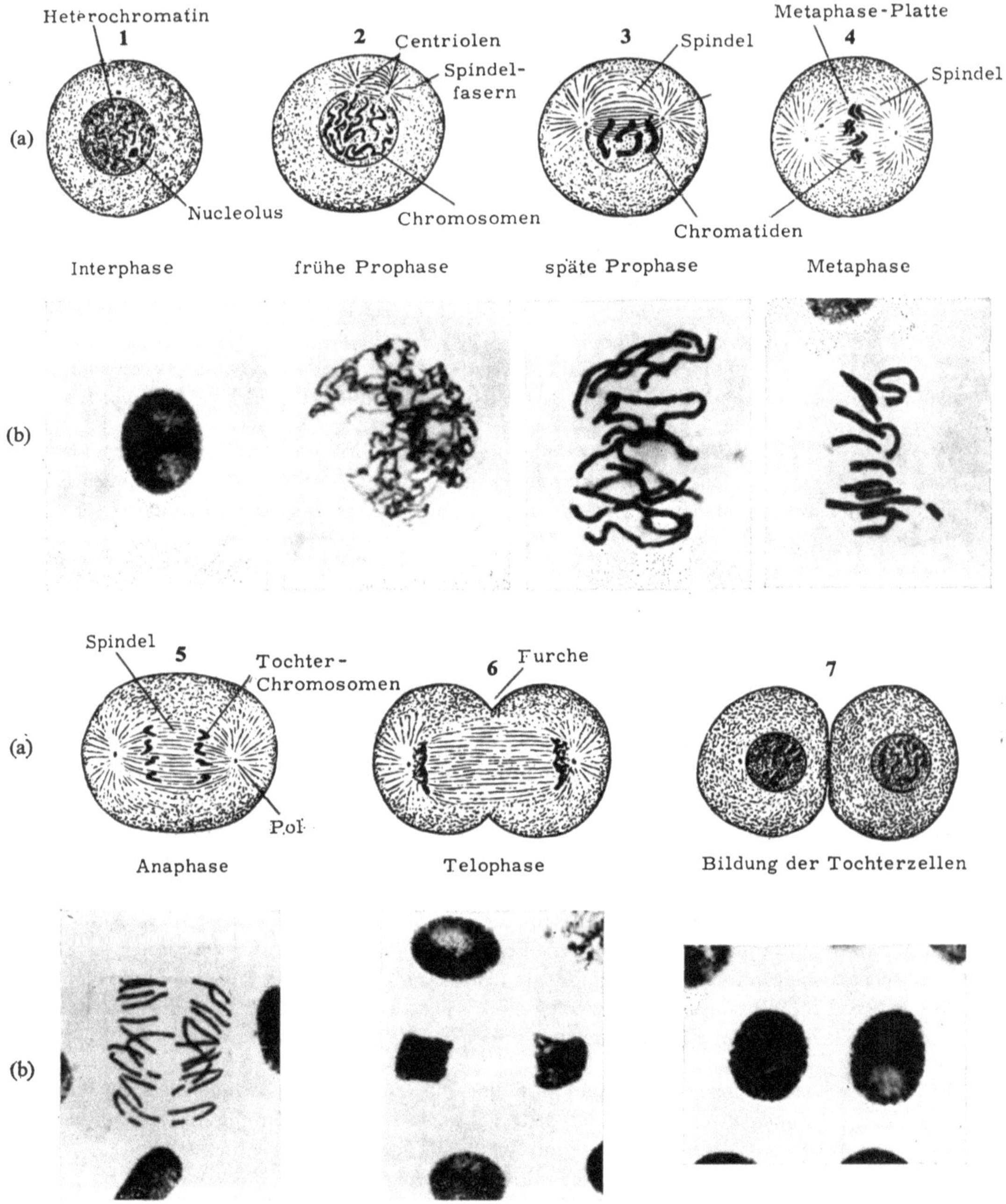

Abb. 9–2. (a) Schematische Darstellung der einzelnen Mitose-Phasen von der Interphase bis zu der Bildung von zwei Tochterzellen. (Verwendet mit der Erlaubnis von Dodd, Mead & Company, Inc., aus Biology in Action von N. J. Berrill. Copyright © 1966 von Dodd, Mead & Company, Inc.) (b) Mikrofotografische Aufnahmen der Mitosephasen in den Zellen von *Vicia faba.* (Aus S. H. Revell.) Bei dem Vorgang der Mitose, der mit fortlaufenden Veränderungen verbunden ist, geht jede Phase gleitend in die nächste über: 1 Interphase-Kern; 2 Prophase; 3 späte Prophase; 4 Metaphase; 5 mittlere Anaphase; 6 Telophase; 7 zwei Tochterzellen.

res und sekundäres Aufschrauben bezeichnet (Abb. 9—3 a und 9—3 b). Beim primären Aufschrauben bilden die Chromosomen einfache Helix-Strukturen; diese winden sich dann nochmals zu großen, sekundären Helices auf. Da die Chromosomen in diesem Stadium schon doppelt vorliegen, darf ihre Trennung in die Tochterchromosomen, die in der Metaphase stattfindet, durch dieses Aufschrauben nicht verhindert werden. Die Abb. 9—3 zeigt drei mögliche Helix-Anordnungen.

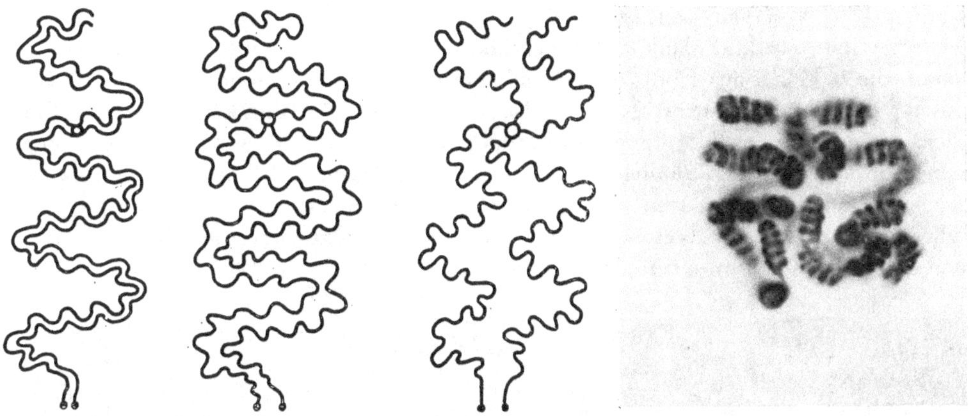

Abb. 9—3. (a) Drei mögliche Darstellungen eines Chromosoms der frühen Metaphase mit dessen Haupt- und Neben-Helices (die dreidimensionale Helix-Struktur ist hier in zwei Dimensionen dargestellt). (Nach C. D. Darlington, 1935.) (b) Aufgerollte Chromosomen von Pflanzenzellen. 1200fache Vergrößerung. (Aus C. D. Darlington u. L. F. LaCour: The Handling of Chromosomes, 5. Aufl. George Allen und Unwin, London 1969.)

Da die Chromosomen während der Interphase verdoppelt werden, kann man ihre Doppelstrang-Struktur erstmals schon in der Prophase beobachten. Die zwei Stränge schrauben sich unabhängig voneinander auf und liegen sehr nahe beisammen. Diese getrennten Einzelstränge der Chromosomen werden *Chromatiden* genannt. In einigen Pflanzenzellen sind die Chromosomen des Prophase-Kerns in ganz bestimmten Stellungen zueinander angeordnet; diese Stellungen werden in den Tochterkernen genau beibehalten — ein weiterer Beweis für die *Kontinuität* der Chromosomen während der Interphase. Bei einigen Pflanzen sind die Chromatiden, die sich getrennt aufgeschraubt haben, nachträglich umeinandergewickelt.

Je stärker sich die Chromosomen verdichten, desto undeutlicher wird der Unterschied zwischen dem Heterochromatin und dem restlichen Chromosom (dem Euchromatin), bis er am Schluß ganz verschwindet. Darlington hat gezeigt, daß bei Pflanzen, die bei tiefen Temperaturen gehalten worden sind, die heterochromatischen Chromosomenabschnitte sehr wenig DNA enthalten; diese Stellen wurden nämlich in der Prophase durch die Feulgen-Reaktion nicht angefärbt. Die Lebensfähigkeit der Pflanzen erlitt aber dadurch keinen Schaden, so daß eine genaue 2:1-Verdoppelung des Heterochromatins für die genetische Kontinuität der Zellen nicht so wichtig zu sein scheint wie die genaue Verdoppelung des Euchromatins. Während der Prophase schrumpft der Nucleolus immer stärker zusammen, bis er schließlich ganz verschwindet. Wahrscheinlich heftet sich dann ein Teil der freien Nucleolus-RNA an andere Chromosomenstellen an. Der Nucleolus ist nur während der Interphase eine Funktionseinheit und besitzt keine hoch organisierte Struktur.

Während sich diese Veränderungen im Kern abspielen, beginnt sich auch das Cytoplasma der Zellen zu verändern (hier zeigen sich bei den pflanzlichen und den tierischen Zellen kleine Unterschiede). Im Cytoplasma der tierischen Zellen liegen die sog. Zentralkörperchen oder *Centriolen* nahe bei der Kernmembran. Diese „*corpuscules polaires*" wurden 1880 von van Beneden in den Zellen von Cephalopoden-Parasiten entdeckt; heute ist ihre Struktur dank elektronenmikroskopischer Untersuchungen sehr gut bekannt. Sie bestehen aus Hohlzylindern oder Zylinderpaaren, die man mit offenen Bierdosen vergleichen könnte (Abb. 9—4). Ihr Querschnitt zeigt Bündel von kleinen Stäbchen, die in neun Dreiergruppen angeordnet sind (Abb. 9—5). Eine derartige Anordnung von neun äußeren Bündeln kann man auch bei Cilien und Flagellen (Abb. 11—15) sowie bei Spermienschwänzen beobachten. Centriolen unterscheiden sich jedoch von der Cilienstruktur dadurch, daß ihre Bündel drei anstelle von zwei Filamenten enthalten und daß sie kein zentrales Bündel besitzen.

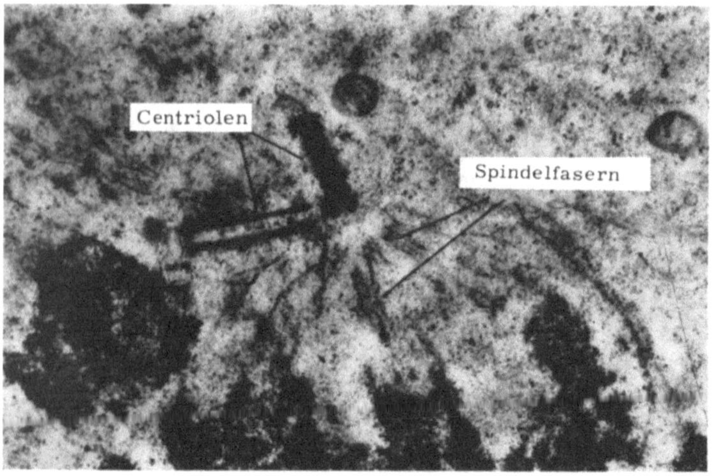

Abb. 9—4.

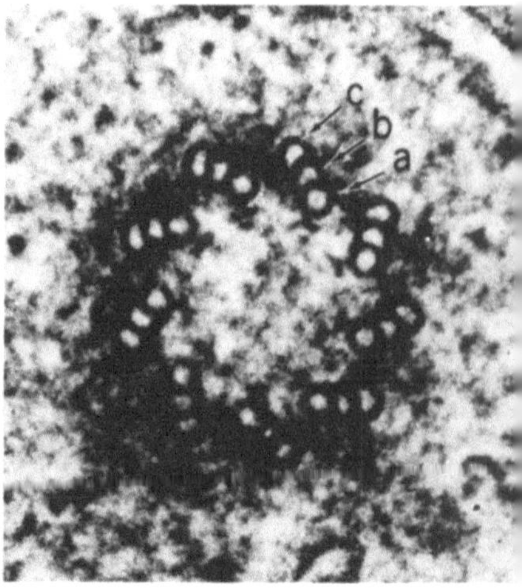

Abb. 9—5.

Abb. 9—4. Elektronenmikroskopische Aufnahme der Centriolen. 14 800fache Vergrößerung. (Aus D. W. Fawcett: The Cell, An Atlas of Fine Structure, W. B. Saunders Co., Philadelphia 1966.)

Abb. 9—5. Elektronenmikroskopische Aufnahme des Querschnitts durch ein Centriol einer Hühnerembryo-Pankreaszelle; man erkennt die Bündel, die aus Gruppen von je drei kleinen Stäbchen bestehen (a, b und c). 130 000fache Vergrößerung. (Aus D. W. Fawcett: The Cell, An Atlas of Fine Structure, W. B. Saunders Co., Philadelphia 1966.)

Jede Zelle, die sich teilt, besitzt zwei Centriolen. Bei den differenzierten, cilientragenden Epithelzellen, die sich nicht mehr teilen, haben sich die Centriolen vermehrt und bilden die *Basalkörper*, aus denen sich die Cilien entwickeln. Die Spindel (Abb. 9—2,2), die für den geordneten Ablauf der Mitose unerläßlich ist, entwickelt sich aus runden Körperchen, die um die Centriolen herum angeordnet sind (Abb. 9—6). Die Spindel-

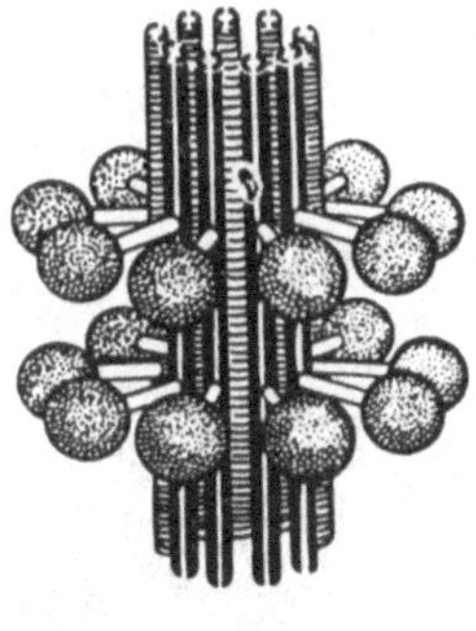

Abb. 9—6. Schematische Darstellung der elektronenmikroskopischen Centriolen-Struktur; sie besteht aus neun Bündeln, die von Makromolekülen umgürtet sind. Ein einzelnes Centriol ist ungefähr 0,2 μm lang. (Aus E. H. Mercer: Cells and Cell Structure. Hutchinson, London 1961.)

fasern breiten sich strahlenförmig vom Centriol her aus, weshalb man die ganze Struktur als einen *Aster* bezeichnet (aus dem griechischen Wort für „Stern"). Die Pflanzenzellen unterscheiden sich von den tierischen Zellen dadurch, daß sie keine Centriolen besitzen. Ihre Spindel ist deshalb in den frühen Ausbildungsstadien weniger deutlich sichtbar als diejenige der tierischen Zellen; sie wird erst dann organisiert, wenn sich die Kernmembran auflöst.

Späte Prophase. Während der späten Prophase (Abb. 9—2,3) entwickelt sich die Spindel weiter, und die Asteren bewegen sich voneinander weg. Zwischen den Asteren bilden sich zusätzliche Spindelfasern aus, und die Kernmembran löst sich auf. Der Kernsaft vermischt sich jetzt mit dem Cytoplasma, was für die spätere Entwicklung der Spindelsubstanz wichtig sein dürfte. Die Struktur der Mitose-Spindel ist in diesem Stadium mit Hilfe des Elektronenmikroskops und des Polarisationsmikroskops sehr eingehend untersucht worden. Lange Zeit wurden die Fasern, die man nach der Fixierung im Lichtmikroskop sehen konnte, als Teil der Spindel betrachtet; heute wissen wir, daß sie nur durch Ausfällung entstandene Artefakte der Fixierung sind. Die Mitose-Spindel der lebenden Zellen enthält aber, wie man aus gültigen Beobachtungen schließen kann, ausgerichtete, faserähnliche Strukturen.

Elektronenmikroskopische Untersuchungen haben gezeigt, daß die Spindelfasern durch die Aggregation von Mikrotubuli entstehen. Mikrotubuli bleiben bei der Fixierung mit Glutaraldehyd, den man erst in neuerer Zeit verwendet, erhalten, während ihre Struktur nur schlecht erhalten bleibt, wenn man die vor dieser Zeit üblichen Fixiermittel einsetzt (z. B. Osmiumtetroxid). Mikrotubuli sind in den ausgezeichneten elektronenmikroskopischen Aufnahmen der Abb. 9—7 sehr deutlich zu sehen. Sie sind in parallelen, gerade verlaufenden Bündeln angeordnet; ihr äußerer Durchmesser beträgt 200—270 Å, und ihre Wände sind 50—70 Å dick. Man kann mit Hilfe der Negativ-Kontrastierung erkennen, daß sie aus 13 Längsfilamenten bestehen, die 55—60 Å weit auseinander liegen. Die Mitrotubuli, die von den Centriolen ausgehen, vereinigen sich in der späten Prophase mit anderen Mikrotubuli. Es gibt bestimmte Hinweise darauf, daß die Mikrotubuli mit noch feineren Fibrillen von ungefähr 40 Å Durchmesser assoziiert sind. Man kann die Spindeln von lebenden Zellen unter einem empfindlichen Polarisationsmikroskop sehr deutlich erkennen (Abb. 9—8 a und Abb. 9—8 b). Das Seeigelei eignet sich für diese Beobachtungen besonders gut, denn es gelingt sogar, seine vollständige Spindel aus ausgebrochenen Zellen zu isolieren (Mazia, Swann und andere, 1955).

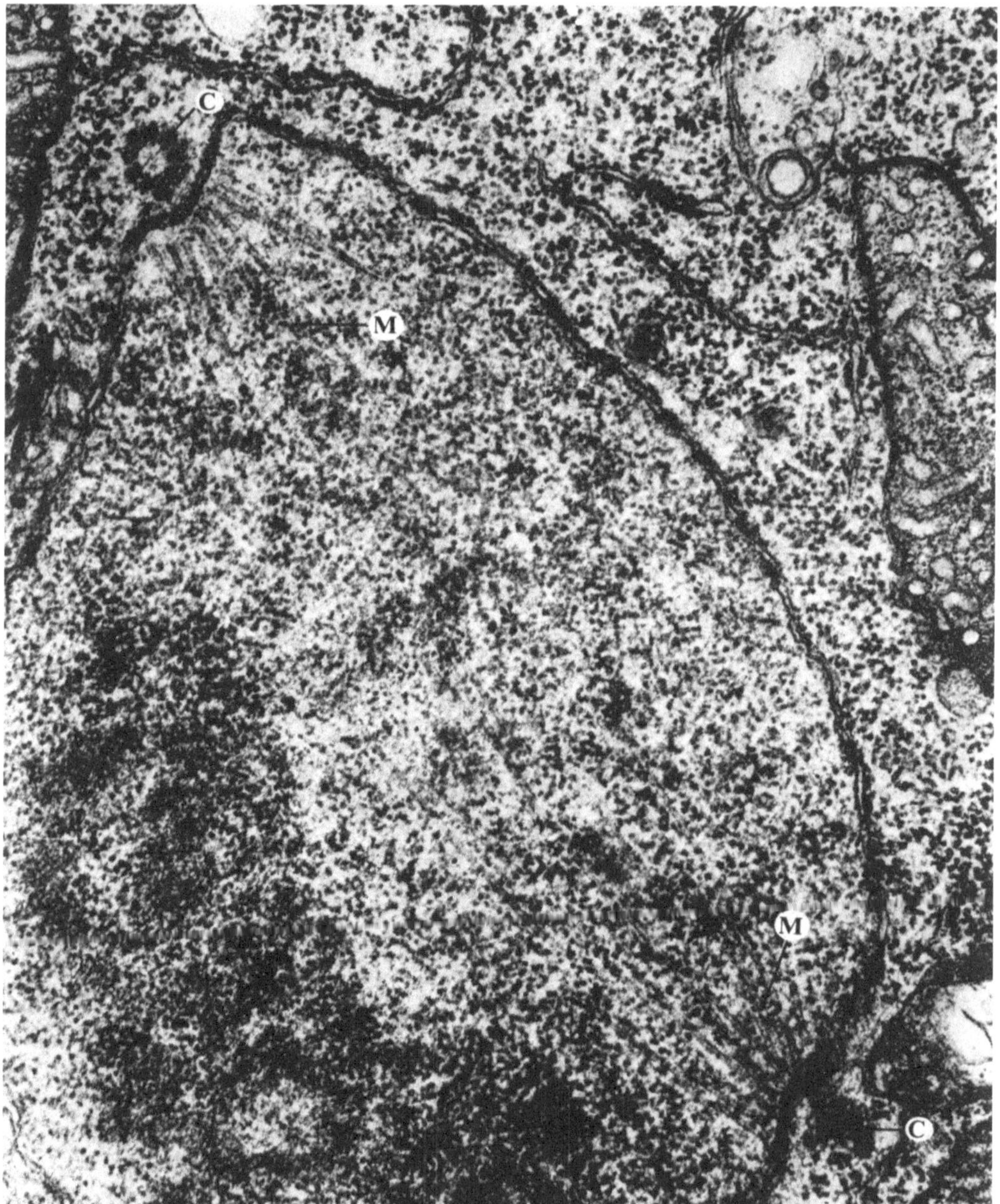

(a)

Abb. 9—7. (a) Elektronenmikroskopische Aufnahme einer sich teilenden Pilzzelle (*Saprolegnia ferax*), bei der die Centriolen (C) und die Mikrotubuli (M) sichtbar sind. (N. B. Die Kernmembran löst sich hier während der Mitose nicht auf; die Mikrotubuli der Spindel dringen nicht durch die Kernmembran hindurch.) 41 000fache Vergrößerung. (Aus J. B. Heath und A. D. Greenwood.)

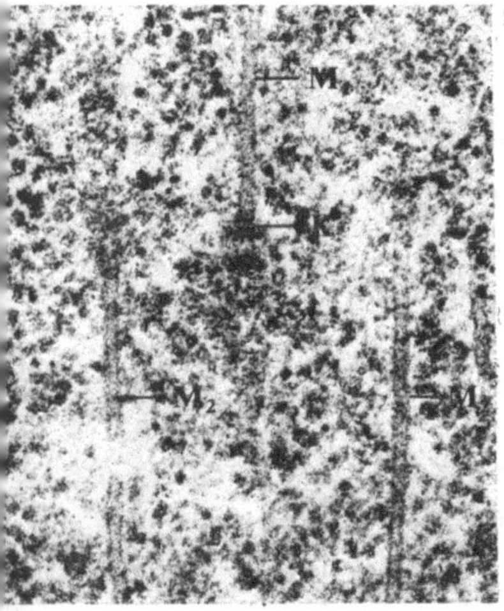

(b)

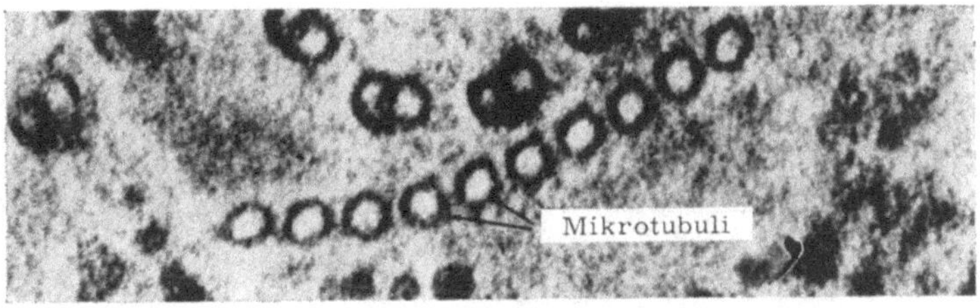

(c)

(b) Dasselbe wie bei (a); einer der Mikrotubuli (M_1) ist an dem Centromer (K) angeheftet (?) (Zug- oder Chromosomen-Faser?), und zwei Mikrotubuli (M_2) laufen ununterbrochen von einem Pol zum anderen. 80 000fache Vergrößerung. (c) Ein Querschnitt durch Mikrotubuli. (Aus D. W. Fawcett. The Cell, An Atlas of Fine Structure. W. B. Saunders Co., Philadelphia 1966.)

Metaphase. In der Metaphase bilden die Chromosomen, zusammen mit der Spindel, die Metaphasenplatte (Abb. 9—2,4). Das Verhalten der einzelnen Metaphase-Chromosomen ist in Abb. 9—9 schematisch dargestellt. Jedes Chromosom besitzt einen besonderen Abschnitt, der *Centromer* oder *Kinetochor* genannt wird und für die Chromosomenbewegungen während der Mitose grundlegend wichtig ist. In den fixierten Präparaten erscheint das Centromer als eine Einschnürung des spiralisierten Chromosoms. Ein Chromosom, das kein Centromer besitzt, wird nicht in den Tochterkern übertragen; man kann dies gelegentlich bei Zellen beobachten, dessen Chromosomen durch Strahlen geschädigt worden sind. Das Centromer ist nämlich die Stelle des Chromosoms, die sich den Spindelfasern anheftet und bei der polwärts gerichteten Bewegung das restliche Chromosom nach sich zieht. Ein Chromosom, dessen Centromer ungefähr in der Mitte liegt, ist ein metazentrisches Chromosom (Abb. 9—9(1 a)), während das Centromer eines telozentrischen Chromosoms endständig ist (Abb. 9—9(1 b)). Der Mikrotubulus M_1 in Abb. 9—7 b ist wahrscheinlich an einem Centromer angeheftet; man kann durch Serienschnitte zeigen, daß sich andere Mikrotubuli (z. B. M_2 der Abb. 9—7 b) ununterbrochen von einem Pol zum anderen erstrecken. Die Mikrotubuli M_1 gleiten wahrscheinlich während der Anaphase innerhalb der M_2-Gruppe zu den Polen.

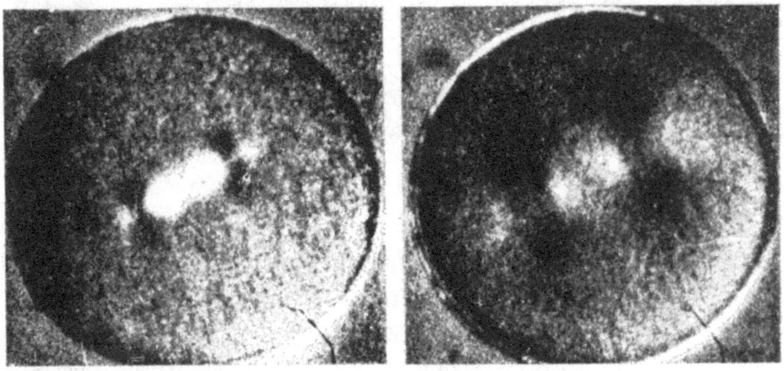

(1) (2)

Abb. 9—8. (a) Polarisationsmikroskopische Aufnahme der Spindel, die sich in der Eizelle des Seeigels *Psammechinus miliaris* ausbildet. (1) 56 min nach der Befruchtung (Metaphase); (2) 62 min nach der Befruchtung (Anaphase). 470f. Vergr. (Aus A. Hughes: The Mitotic Cycle. Butterworth, London 1952.)

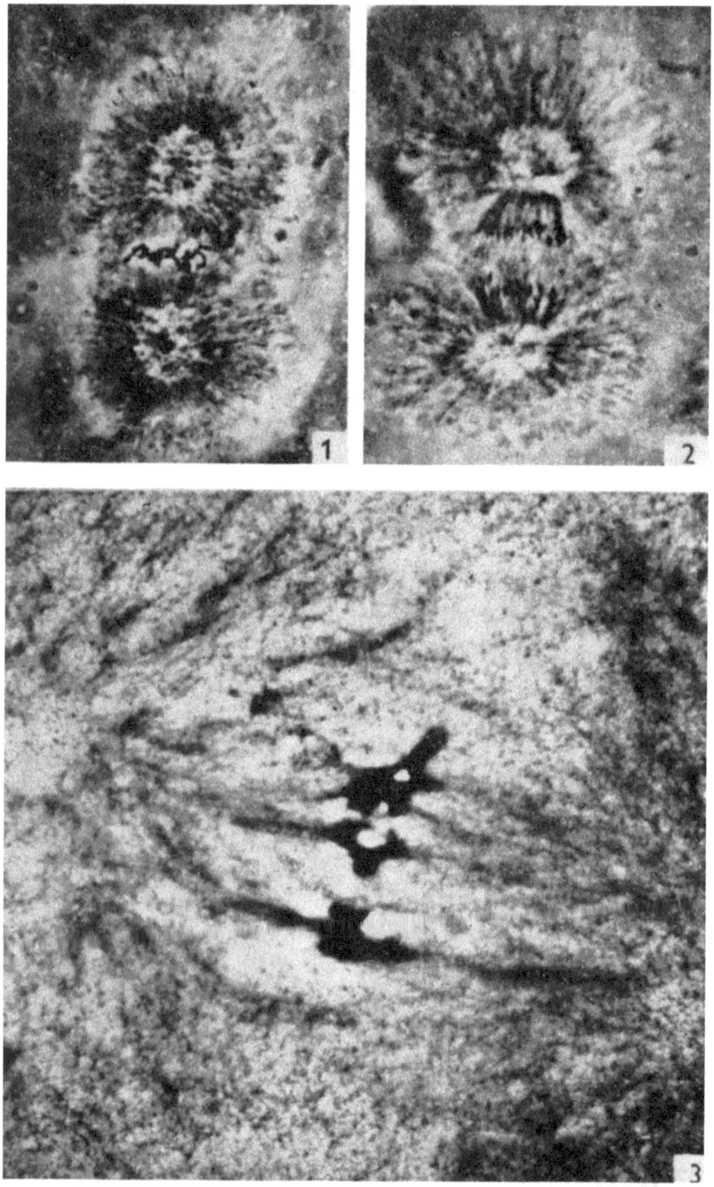

Abb. 9—8.
(b) (1) und (2), ein isolierter und gereinigter Mitose-Apparat aus einem befruchteten Seeigelei; man erkennt die Spindelfasern und Asterstrahlen, wie sie in der Metaphase und in der Anaphase erscheinen. Phasenkontrastmikroskopie, 1080-fache Vergrößerung. (3) Elektronenmikroskopische Aufnahme des isolierten Mitose-Apparates. 6500fache Vergrößerung. (Aus D. Mazia.)

Die Metaphase-Chromosomen sehen anfänglich so aus, wie sie in der Abb. 9—9(1 a) dargestellt sind. Das Centromer, das am Anfang noch nicht als doppelte Struktur erscheint, (2 a), spaltet sich später in zwei einzelne Centromere auf, die sich trennen (Abb. 9—9(3 a)). Bei diesem Vorgang scheinen Abstoßungskräfte zwischen den Tochter-Centromeren zu wirken. Während der normalen Mitose verbinden sich in der Metaphasenplatte die Spindelfasern mit den Centromeren (Abb. 9—9(3 a)). Die Chromosomen

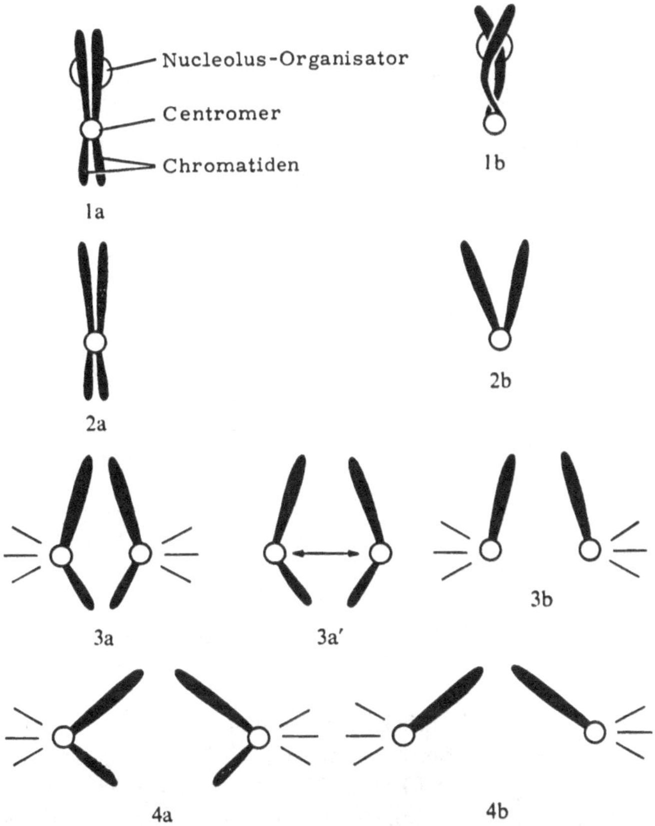

Abb. 9—9. Schematische Darstellung des Verhaltens einzelner Chromosomen während der Metaphase: 1a—4a die Trennungs-Stadien der Tochterchromosomen bei einem metazentrischen Chromosom (das Centromer befindet sich ungefähr in der Mitte des Chromosoms); 3a' Trennung der Centromere durch deren gegenseitige Abstoßung beim Fehlen der Spindelfasern; 1b—4b der gleiche Vorgang wie bei 1a—4a bei einem telozentrischen Chromosom (das Centromer liegt am Chromosomen-Ende).

liegen in der Metaphasenplatte (Abb. 9—9,4) in einer Ebene im Zentrum der Spindel, die senkrecht zur Spindelachse steht. Wir haben in unserem Schema der Zweckmäßigkeit halber die ganzen Chromosomen in dieser Ebene gezeichnet, obwohl in Wirklichkeit nur die Centromere darin angeordnet sind. In lebenden Zellen kann man beobachten, daß sich die Chromosomen um diese Stellungen hin- und herbewegen.

Colchicin ist ein Alkaloid, das bei den Chromosomenuntersuchungen sehr häufig angewendet wird, denn es verhindert in einer spezifischen Weise die Ausbildung der Spindelfasern. Folglich bleiben die sich teilenden Zellen, die mit Colchicin behandelt werden, auf dem Stand der Metaphase. Die Centromere trennen sich in üblicher Weise, wie es die Abb. 9—9(3 b) zeigt. Die abstoßenden Kräfte zwischen den Centromeren sind also noch wirksam, aber die Spindelfasern heften sich nicht an diese an, so daß die Chromosomen die Anaphase-Bewegung nicht ausführen können.

Anaphase. Während der Anaphase bewegen sich die Centromerenpaare in entgegengesetzten Richtungen entlang den Spindelfasern und tragen dabei die Tochterchromosomen an die entgegengesetzten Pole (Abb. 9—2,5). Gleichzeitig zieht sich die Spindel in die Länge. Abb. 9—8 b zeigt die Doppelbrechung der Spindel, wobei der maximale Brechungsindex parallel zur Spindelachse verläuft; die Werte dieser Doppelbrechung, die entlang der Spindelachse gemessen worden sind, findet man in Abb. 9—10 grafisch dargestellt.

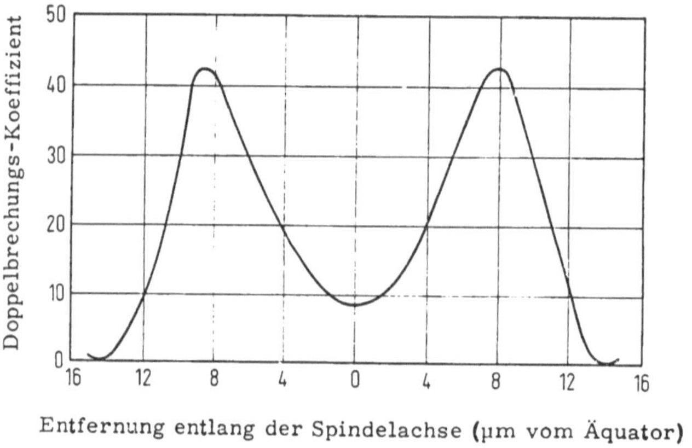

Abb. 9—10. Der Doppelbrechungs-Koeffizient, gemessen entlang der Achse der mitotischen Spindel in einem lebenden Ei von *Psammechinus miliaris*. (Aus M. Swann.)

Telophase. Die Telophase-Chromosomen liegen in einem stark kontrahierten Zustand an den zwei Polen der Zelle; sie sind im Verlaufe der Mitose immer stärker verkürzt und verdickt worden. Gleichzeitig bildet sich an der Zelloberfläche, zumindest bei den tierischen Zellen, die Teilungsfurche aus. Diese erscheint zunächst als eine Verdichtung von Substanzen an der Zellmembran, die anschließend zur Cytoplasma-Mitte fließen. An diesem Punkt teilt sich die Zelle, wobei sich auch die zwei Tochterkerne neu bilden: die Kernmembran und die Nucleolen erscheinen wieder, die Chromosomen schrauben sich auf und verteilen sich im Kern.

Es ist langwierig, die Stadien der Mitose zu beschreiben, doch die Zeitrafferfilme zeigen sie als einen zusammenhängenden Prozeß, der vielleicht die schönste natürliche Erscheinung ist, die man in der Zellbiologie beobachten kann.

9.3. Die Teilung der Pflanzenzellen

Die Pflanzen wachsen hauptsächlich an den Sproß- und an den Wurzelspitzen. Dabei teilt sich meistens die endständige Zelle in zwei Tochterzellen, die durch eine quer durch die Ausgangszelle verlaufende Zellplatte voneinander getrennt werden. Die neue Tochterzelle an der Spitze teilt sich dann wieder, während sich ihre „Schwester" zu einer reifen Zelle entwickelt, in der das Cytoplasma strömende Bewegungen ausführt (Abb. 9—11). Die Zellplatte, die sich zwischen den zwei Tochterzellen ausbildet, ist in Abb. 9—11 und in der elektronenmikroskopischen Aufnahme der Abb. 9—12 zu sehen. Den Zeichnungen der Abb. 9—11 liegen Fotografien der Mitose von lebenden Staubfaden-

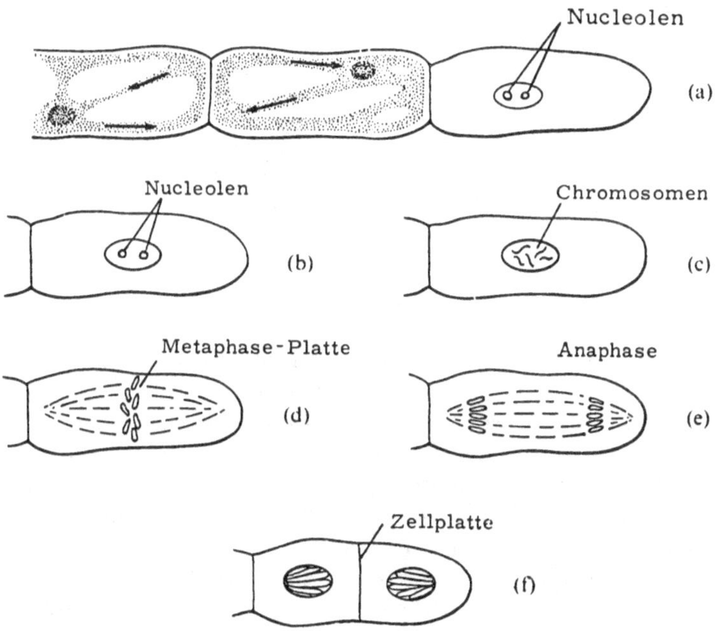

Abb. 9—11. Schematische Darstellung der Mitose-Stadien in einer Staubfadenzelle von *Tradescantia.* Nur die Endzelle teilt sich; in den übrigen Zellen ist die Cytoplasma-Strömung zu beobachten (Strömungsrichtung durch Pfeile angegeben).

Abb. 9—12. Elektronenmikroskopische Aufnahme der neu entstehenden Zellwand während der Mitose in einer Spinat-Zelle: GA Golgi-Apparat (parallel zu seinen Membranstapeln geschnitten; die Abb. 5—15 zeigt einen Golgi-Apparat, der senkrecht dazu geschnitten worden ist). 26 000fache Vergrößerung; CP Zellplatte oder Wand; S Substanzen, die aus dem Golgi-Apparat ausgeschieden und in die Zellplatte eingebaut werden; M Mikrotubuli. (Aus A. D. Greenwood.)

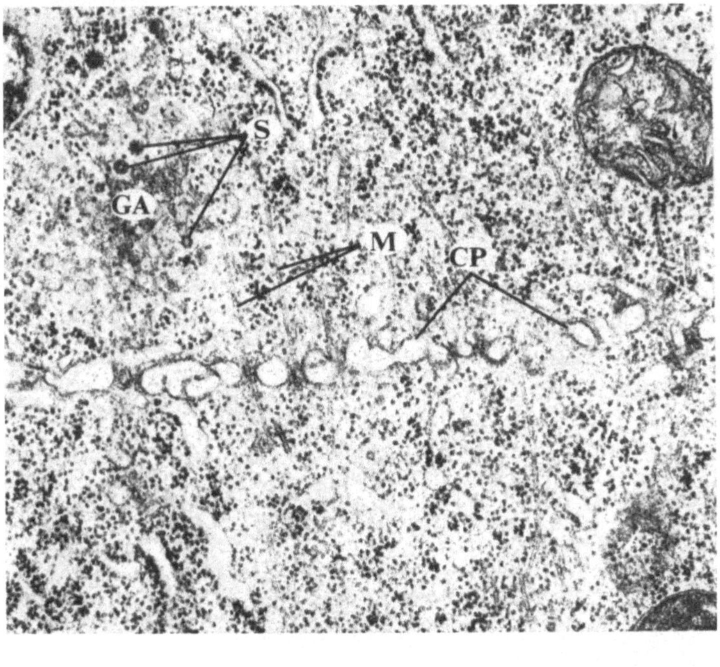

haaren von *Tradescantia* zugrunde; dieses Material ist auch von Bělăr für seine klassischen Arbeiten über die Mitose benutzt worden. Die Zellplatte wird während der späten Anaphase gebildet. Dabei scheidet der Golgi-Apparat Vesikel mit Polysaccharid-Substanzen aus (Abb. 9—12); auf diese Weise wird ganz allgemein die Grundsubstanz der Zellwände gebildet (Kap. 8). Diese Vesikel ordnen sich dann zu dem sog. *Phragmoplasten* an, der sich später in die zwei Plasmamembranen der Tochterzellen und die dazwischenliegende Cellulosewand entwickelt (Abb. 9—11(f)).

9.4. Theorien über die Mitose

Man kann leicht eine Theorie aufstellen, die für die Mitose in einer bestimmten Zellart zutrifft, aber es ist schwierig, eine allgemeine Erklärung der Mitose zu finden, die für alle Zellen gilt. Betrachten wir zum Beispiel die Chromosomenbewegung während der Anaphase, so scheint die Hypothese von van Beneden (1883) richtig zu sein, nach der die Chromosomen durch die Spindelfasern gegen die Pole gezogen werden. Schmidt (1937, 1939) beobachtete zudem, daß die Doppelbrechung der Spindel im Verlauf der Anaphase abnahm, gleich derjenigen der Muskelfibrillen während der Kontraktion. Nach Swann (1952) verminderte sich die Doppelbrechung zuerst in der Nähe der Centromere; er erklärte diese Erscheinung dadurch, daß sich die Spindelfasern unter der Wirkung einer Substanz, die von den Centromeren ausgeschieden wurde, nach und nach verkürzten. Gegen dieses einfache Kontraktions-Modell läßt sich aber ein sehr wichtiger Einwand machen: die Chromosomen werden mitunter über die Centriolen, an denen die Spindelfasern angeheftet sind, hinausgetragen.

Andererseits ziehen sich kultivierte Säugetierzellen während der Teilung in die Länge; so sind beispielsweise die Zellen in einschichtigen Zellkulturen ausgestreckt, und die entsprechenden Tochterzellen werden dann voneinander weggezogen (Abb. 9—13 a). Diese Beobachtungen lassen sich mit der Theorie einer Cytoplasmakontraktion vereinbaren, da eine mechanische Kraft nur von einem Anheftungspunkt aus wirken kann.

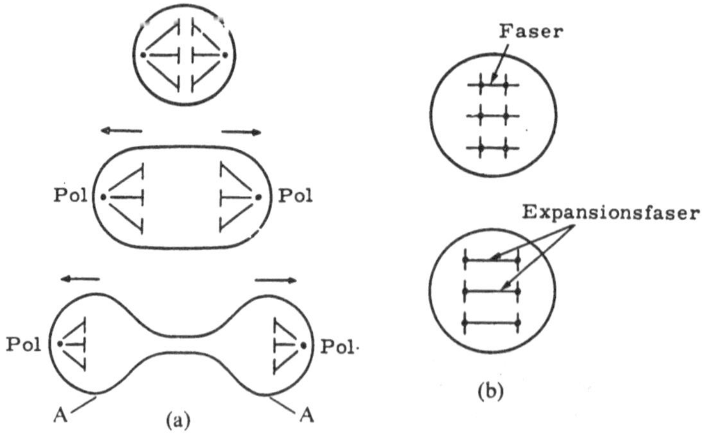

Abb. 9—13. Zwei mögliche Modelle der Mitosebewegungen der Chromosomen.
(a) Zugmodell (A Anheftungspunkt der Zellen einer Monolayer-Kultur am Glas).
(b) Das Modell der Expansionsfasern nach Bělăr.

Die Mannschaft, die ein Seilziehen gewinnt, muß nicht unbedingt am stärksten ziehen, sondern die Männer müssen ihre Füße fest auf dem Boden behalten können. In unserem Beispiel (Abb. 9—13 a) könnten die Stellen, an denen die zwei Tochterzellen am Glas befestigt sind, die Angriffspunkte der Zugkraft darstellen. Derartige Zellen teilen sich aber ebenso leicht in einer Suspension, wo sie nirgends angeheftet sind. Wahrscheinlich bilden dort die Spindelfasern selbst ein genügend starres Gerüst, an dem die Kontraktions-Kraft angreifen kann. Dan drückte die Eier des Seeigels *Pseudocentrotus depressus* während ihrer Teilung entlang der Spindelachse zusammen und beobachtete dabei, daß die Pollänge in der ersten Hälfte des Teilungsvorganges gegen diesen Druckwiderstand weiterhin zunahm, aber während des zweiten Teilungsabschnitts der angelegten Kraft nachgab und sich verkürzte.

Dem Kontraktionsmodell der Chromosomenbewegung entgegengesetzt ist das ursprünglich von Watase (1891) vorgeschlagene Ausdehnungs- oder Stoßmodell. Nach diesem Modell üben die Fasern, die von den Polen ausgehen, auf den Kern einen Druck aus und stoßen dadurch die Chromosomen in die Metaphasenplatte. Daraufhin heften sich besondere Fasern an die Chromosomen an und schieben sie in die Richtung der entgegengesetzten Pole. Bei diesem Modell kann man aber nur sehr schwer erklären, wie die einzelnen Chromosomen der Metaphasenplatte in die Tochterchromosomen getrennt werden, die zu den entgegengesetzten Polen wandern. Bělăr entwickelte ein Modell der Mitose (Abb. 9—13 b), das vielen fruchtbaren Untersuchungen als Grundlage gedient hat und heute in einer etwas abgeänderten Form immer noch gültig ist. Wir fassen hier die Hauptpunkte dieses Modells kurz zusammen:

1. Das Grundgerüst der Spindel besteht aus ununterbrochenen Fasern, die sich von einem Pol zum anderen erstrecken.

2. Jedes Chromosom heftet sich mittels einer Flüssigkeit, die vom Centromer ausgeschieden wird, an eine dieser durchgehenden Spindelfasern an. Die Flüssigkeit breitet sich dann auf der entsprechenden Faser aus, und diese bewegt sich gegen den nächstliegenden Pol. Die mit Flüssigkeit überzogene Faser ist nach Bělăr die *Zugfaser.*

3. Die Tochterchromosomen trennen sich am Anfang von selbst (s. Abb. 9—9, Trennung der Centromeren).

4. Der Teil der durchgehenden Faser, der zwischen den getrennten Tochterchromosomen liegt, dehnt sich jetzt zusammen mit der nicht faserigen Substanz dieser Zone aus (Abb. 9—13 b). Diese Zone wirkt als ein *Stemmkörper.*

5. Jede Zugfaser gleitet dann in einem Netzwerk von durchgehenden Fasern (das als Führung oder Gleis dient) gegen ihren Pol. Die Zugfasern können sich auch verkürzen.

Diese Grundideen von Bělăr stimmen mit einigen der jüngsten Beobachtungen auf diesem Gebiet gut überein. Viele Untersuchungen über die Mitose sind an dem Endosperm der Pflanzen ausgeführt worden. Das Endosperm, das den Pflanzenembryo umgibt, enthält in seiner Cytoplasmamasse viele freie Kerne. Die Prophase-Kerne des Endosperms, die sich leicht kultivieren lassen, können dann auf Zeitrafferfilmen beobachtet werden (Môlé Bajer und Bajer). Bajer, Inoué und andere Forscher entdeckten unter Anwendung der Elektronenmikroskopie, Normarski-Interferenzmikroskopie und empfindlicher Polarisationsmikroskopie in der Spindelstruktur zwei Hauptgruppen von

Mikrotubuli-Verbänden: einerseits die Fasern, die an den Chromosomen-Centromeren angeheftet sind und von diesen ausstrahlen, und anderseits die durchgehenden Fasern, die in elektronenmikroskopischen Dünnschnitten als Flächen erscheinen. Die durchgehenden Fasern vereinigen sich zu Bündeln, die im Lichtmikroskop unter Anwendung des Normarski-Interferenzkontrastes gerade noch gesehen werden können (Allen und Bajer). Daneben kann man auch einige wenige, neozentrische Fasern beobachten, die sich nicht am Centromer, sondern an anderen Chromosomenstellen anheften.

Während der Mitose verändert sich das Aussehen dieser Mikrotubuli-Verbände. Die Centromer-Fasern, die in der Prometaphase ungefähr 10 μm lang sind, verkürzen sich während der Anaphase bis zu ungefähr 3—5 μm. Gleichzeitig *verlängert* sich aber die ganze Spindel, so daß sich der Abstand zwischen den Polen vergrößert (Abb. 9—13 b). Die kontinuierlichen Fasern wachsen während der Spindelverlängerung, indem sie neues Material einbauen, das aus einem „pool" von Mikrotubuli-Material stammt. Die Centromer-Fasern verkürzen sich wahrscheinlich während der Chromosomenbewegung dadurch, daß sie an ihren Polenden abgebaut werden (4 a und 4 b der Abb. 9—9).

Nach der Meinung von Inoué und Sato kommt die Chromosomenbewegung durch das Wachstum der kontinuierlichen Fasern und den Abbau der Centromer-Faserenden zustande. Bajer, Östtergren und andere Forscher nehmen hingegen an, daß sich die Chromosomen aktiv bewegen und die Centromer-Fasern wie „Segelboote" zwischen den kontinuierlichen Fasern dahingleiten. Die Triebkräfte dieser Bewegung könnten dabei Elektroosmose und Elektrophorese sein (Ambrose). Diese beiden Erscheinungen stellen sich ein, wenn ein elektrisches Feld entlang einer Fließrichtung besteht. Im Falle von fixierten geladenen Teilchen ist es Anlaß für die Bewegung von Wasser über die aufgeladene Oberfläche, während es bei frei beweglichen elektrisch geladenen Teilchen für ihre Bewegung sorgt. Derartige Wechselwirkungs-Kräfte treten zwischen den Verbänden der Mikrotubuli tatsächlich auf; sie sind hier dem Abbau von ATP zuzuschreiben, durch den mikroskopische Zonen unterschiedlichen Ionengleichgewichts erzeugt werden. Diese Kräfte wären wahrscheinlich genügend groß, um die Spindelbewegung voranzutreiben.

Aus neueren elektronenmikroskopischen und anderen Untersuchungen von McIntosh, Helper und van Wie, sowie von Krishan und Buck geht hervor, daß zwischen den Mikrotubuli mechanische Brücken vorhanden sein können. Diese Brücken, die im Elektronenmikroskop beobachtet worden sind, gleichen dem Modell der Muskelkontraktion, das in Abb. 11—27 dargestellt ist. Bei diesem Modell werden die Brücken durch einen *aktiven* Vorgang, der von ATP abhängig ist, gebildet und wieder zerstört, so daß die Centromer-Fasern zwischen den kontinuierlichen Fasern dahingleiten und die Chromosomen auf eine Seite ziehen können. Man kann mit diesem Modell und mit der Annahme, daß sich die Spindelfasern aus dem Mikrotubulus-„pool" neu zusammensetzen und wieder auseinanderfallen, die meisten Merkmale der Mitosebewegungen erklären. Wir werden in Abschn. 11.5 diskutieren, wie sich die Brücken gleichzeitig öffnen und schließen könnten, damit eine ununterbrochene Bewegung entsteht.

Die Mitose wird sehr wahrscheinlich auf eine noch unbekannte Weise durch elektrische Erscheinungen kontrolliert, was Lillie schon vor vielen Jahren erkannt hatte, als er darauf hinwies, daß sich das Membranpotential in der Nähe der Zellpole und um die Kernmembran auf Grund von örtlichen Permeabilitätsänderungen ebenfalls verändert. Aus elektrophoretischen Untersuchungen mit Zellen, die sich auf einer Glasoberfläche teilten, ging hervor, daß die Prophase-Chromosomen eine negative Ladung besitzen, die sich aber während der Mitose veränderte. Nach den Modellen von Lillie, von Koller (1934) und Darlington (1936) werden in verschiedenen Zonen der Zelle durch die Änderungen der elektrischen Potentiale elektrische Felder erzeugt, in denen die geladenen Teilchen der Chromosomen wandern können. Als diese Modelle entstanden, waren die Mikrotubuli und die Brücken zwischen ihnen noch nicht entdeckt worden. Es ist aber trotz der Entdeckung dieser Strukturen schwierig, die koordinierte *Kontrolle* der Spindelausbildung und der Mitose zu erklären, ohne elektrische Erscheinungen zu Hilfe zu nehmen. Die Annahme von winzigen Zonen *örtlicher* Potentialunterschiede an den Oberflächen der Mikrotubuli und ihrer Brücken, die sich entlang den Tubuli gegenseitig beeinflussen könnten, würde die zwei Grundideen eines elektrischen und eines Struktur-Modells der Chromosomenbewegungen während der Mitose in Einklang bringen. Teorell (1937) zeigte, daß derartige örtlich beschränkte Potentialunterschiede in einer Lösung durch eine einfache *Ionen*diffusion erzeugt werden können.

9.5. Synthese während des Zellzyklus

Wenn die Interphasekerne in den beiden Tochterzellen gebildet worden sind (Abb. 9—2,7), so kann in der einen oder in beiden Zellen ein neuer Zellzyklus beginnen. Manchmal differenzieren sich die Zellen nach der Mitose und können sich dann nicht mehr teilen. Wie Abb. 9—1 zeigt, folgt bei den wachsenden Zellen die G_1-Phase unmittelbar auf die Mitose. Während der G_1-Phase werden Messenger-RNA, Transfer-RNA und Ribosomen in komplizierten biochemischen Prozessen gebildet, die wir in Kap. 3 beschrieben haben. Der einfachste cytologische Hinweis auf diese Biosynthese-Vorgänge ist die rasche Vergrößerung des Nucleolus, in dem die Ribosomensubstanzen neu gebildet werden.

Im G_1-Stadium konnte die Biosynthese-Geschwindigkeit der RNA im Kern und im Cytoplasma mit Hilfe von radioaktiv markierten Bausteinen der RNA (gewöhnlich benutzt man dazu Tritium-markiertes Uridin) direkt gemessen werden. Autoradiogramme dieser Zellen zeigen dabei die radioaktive Markierung nicht nur im Nucleolus, sondern auch im übrigen Kern, wo sie auf die Bildung der mRNA an den DNA-Matrizen der Chromosomen zurückzuführen ist. Diese neu gebildete RNA dient aber nicht ausschließlich der Proteinsynthese, sondern ein Teil davon wird, ohne in das Cytoplasma zu gelangen, im Kern wieder abgebaut. Die Zelle paßt sich wahrscheinlich durch diese Einrichtung sehr wirksam ihrem schwankenden Protein-Bedarf an. Die Radioaktivität erscheint dann in der G_1-Phase schon sehr bald nach ihrem Einbau in die Kern-RNA auch im Cytoplasma, wo die Translation und die Biosynthese der Proteine stattfinden. Vermutlich haben aber die Proteine schon vorher begonnen, sich an den aus der Mutterzelle stammenden Ribosomen zu bilden. In diesem Stadium werden hauptsächlich die verschiedenen Enzyme gebildet, die für das Zellwachstum erforderlich sind.

Man kann auch die Bildung der Proteine, wie diejenige der RNA, mit Hilfe von radioaktiv markierten Bausteinen (in diesem Fall Aminosäuren) verfolgen. Da die meisten cytoplasmatischen Proteine leicht saurer Natur sind, wird Phenylalanin ziemlich häufig in diese Proteine eingebaut; aus diesem Grund verwendet man meistens radioaktiv markiertes Phenylalanin, um die Biosynthese dieser Proteine zu beobachten. Die basischen Kernproteine (Histone) enthalten hingegen größere Mengen basischer Aminosäuren; hier verwendet man gewöhnlich radioaktives Arginin als Markierungssubstanz. Die basischen unterscheiden sich von den sauren Proteinen nur quantitativ, da die sauren Proteine weniger Arginin und die basischen weniger Phenylalanin enthalten.

Die Cytoplasmaproteine werden hauptsächlich während der gesamten Interphase gebildet, ihre Synthesegeschwindigkeit nimmt aber während der G_2-Phase merklich ab. Die Proteine werden wie die mRNA ebenfalls ständig aufgebaut und wieder in ihre Bestandteile zerlegt; eine Zelle wächst dann, wenn mehr Proteine gebildet als abgebaut werden. Die Histone entstehen während der S-Phase gleichzeitig mit der DNA. Ihre Lebensdauer ist ungefähr zehnmal höher als diejenige der Cytoplasmaproteine.

Caspersson, Walker und andere Forscher konnten als erste an fixierten Zellkulturen zeigen, daß die Replikation der DNA am Anfang der S-Phase einsetzt. Walker maß mit Hilfe der Ultraviolett-Absorptionsspektrometrie, bei der für diese Messungen ein Mikroskop an ein Spektrometer (Mikrospektrophotometer) montiert wurde, die Menge der mit Feulgen angefärbten DNA im Kern. Moderne Kulturmethoden mit synchronen Kulturen (Puck) haben die analytischen DNA-Untersuchungen sehr vereinfacht. In einer synchronen Kultur teilen sich alle Zellen ungefähr gleichzeitig. Bei einer der einfachsten Methoden, durch die synchrone Kulturen hergestellt werden, nutzt man die Tatsache aus, daß die kultivierten Gewebezellen während der Mitose weniger gut am Glas haften als die Interphase-Zellen. Schüttelt man eine derartige wachsende Kultur, so lösen sich deshalb die mitotischen Zellen vom Glas, während die Interphase-Zellen fest daran haften bleiben. Die abgelösten Zellen werden dann gesammelt und in ein neues Kulturgefäß übertragen, wo sie die nächste oder die nächsten zwei Mitosen fast gleichzeitig durchlaufen. Bei den schnell wachsenden Bakterienkulturen beginnt unmittelbar nach der Zellteilung nicht die G_1-, sondern die S-Phase, und überdies wird die DNA in allen Stadien des Zellzyklus synthetisiert. Die G_1-Phase ist bei den verschiedenen pflanzlichen und tierischen Zellen von recht unterschiedlicher Dauer.

Die Dauer der S-Phase wird dadurch bestimmt, daß man einer synchron wachsenden Gewebekultur Tritium-markiertes Thymidin (^{3}H-Thymidin) zufügt, das in die DNA eingebaut wird. Diese Kulturen werden nach der Markierung in verschiedenen Stadien des Zellzyklus fixiert, und es werden Autoradiogramme hergestellt. Das radioaktive Thymidin wird dabei weder in der G_1-, noch in der G_2-Phase in die DNA eingebaut. Howard und Pelc, die erstmalig derartige Untersuchungen ausführten, hatten zu diesem Zweck die ganzen Wurzelgewebe von wachsenden Saubohnen verwendet. Daneben sind auch Markierungsversuche mit Säugetiergeweben *in vivo* ausgeführt worden (vor allem von Lamerton und Steel). Will man nur die Zellen markieren, die sich gerade in der S-Phase (in der die DNA synthetisiert wird) befinden, so wendet man die Kurzzeit-Markierung an; dabei wird ^{3}H-Thymidin nur während einer kurzen Zeit ($^1/_2$ Stunde oder mehr) dem Gewebe angeboten. Diese markierten Zellen treten dann wie üblich in die G_2-Phase und darauf in die Mitose ein. Daraus entstehen markierte Tochterzellen, die erneut den ganzen Zellzyklus durchlaufen.

Wenn man die radioaktiv markierten Gewebe zu unterschiedlichen Zeitpunkten nach der ersten Kurzzeit-Markierung fixiert, ist es möglich, eine Gruppe oder Schar von Zellen durch mehrere aufeinanderfolgende Mitosen hindurch zu beobachten. Zeichnet man die Zahl der markierten Zellen eines jeden Stadiums in einer Kurve auf, so entstehen Scheitelpunkte, die ein Maß der *mittleren Verdopplungszeit* des Gewebes darstellen (Abb. 9—14). Bei den Säugetieren kann auf diese Weise zum Beispiel das Wachstum der Epithelzellen der Haut, der Darmwand und der Tumorgewebe studiert werden. In der normalen Haut teilen sich nur die Zellen der Basalschicht des Epithels; diese wandern dann an die Oberfläche, wo sie durch Einlagerung des unlöslichen Proteins Keratin verhärten und als tote Zellen von der Körperoberfläche abgestoßen werden. Auch in der Darmwand und im Knochenmark (das die Blutzellen ersetzt) findet ein ununterbrochener Umsatz von Zellen statt. Die Zellen dieser normalen Gewebe teilen sich deshalb sehr schnell: in einigen Fällen beträgt die Verdopplungszeit des Gewebes nur 8—10 Stunden. Sie ist kürzer als diejenige von fast allen wachsenden Tumoren, so daß die früher weit verbreitete Meinung, nach der sich die Tumoren — im Gegensatz zu den normalen Geweben der Erwachsenen — schnell und ununterbrochen teilten, nicht mehr haltbar ist. Die Bösartigkeit der Krebszellen wird nicht so sehr durch schnelles Wachstum, als vielmehr durch das Versagen der Kontrollmechanismen hervorgerufen.

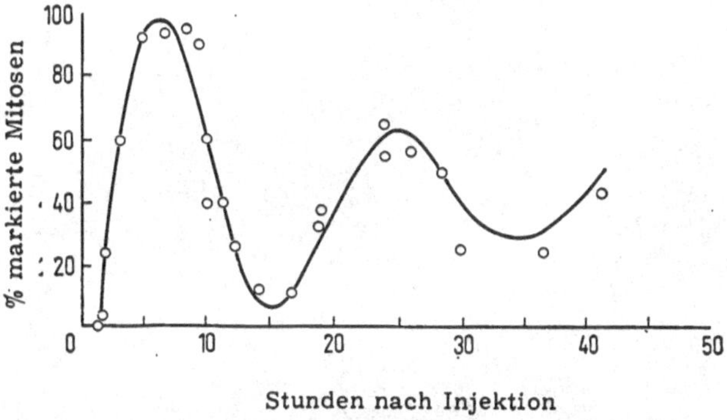

Abb. 9—14. Die Peaks der Mitose-Häufigkeiten, die nach Markierung der Zellen mit radioaktivem Thymidin erscheinen, liefern ein Maß für die mittlere Verdopplungszeit der Zellen. (Aus D. D. Steel und L. F. Lamerton.)

Während der S-Phase verdoppeln sich nicht nur die DNA, sondern auch die anderen Chromosomen-Bestandteile. Wir haben in Kap. 3 die Replikation der komplementären DNA-Stränge der Watson-Crick-Doppelhelix beschrieben. Bei der semi-konservativen Replikation der genetischen Substanz des Bakteriums *E. coli* besteht die Struktur aus einer einzigen Doppelhelix, so daß die Replikation hier grundsätzlich wie bei einer einzigen Helix abläuft. Im Gegensatz dazu sind die Chromosomen der grünen Pflanzen und der Tiere im allgemeinen wesentlich größer als das bakterielle genetische Material, abgesehen davon, daß sie noch Histone und saure Proteine enthalten. In Ausnahmefällen können sie sich sogar zu Riesenchromosomen entwickeln, wie es bei Dipterenlarven geschieht.

Die Synthese der Histone und der sauren Proteine wird sehr oft an regenerierender Rattenleber studiert; dieses Gewebe ersetzt die weggeschnittenen Teile sehr rasch, wobei eine partiell synchrone Zellteilung auftritt. Ist die Regeneration dann vollendet, so sorgt ein Regulationsmechanismus dafür, daß das Gewebe nicht mehr weiter wächst. Evans und andere Forscher haben 20 Stunden nach der Entfernung eines Leberstücks ein Einbau-Maximum von basischen Aminosäuren in die Histone beobachtet; ein zweites Maximum erschien nach 28—43 Stunden. Der Scheitelpunkt der Histon-Synthesekurve liegt ein wenig vor demjenigen der DNA-Replikationskurve. Die sauren Kernproteine erreichen das Synthesemaximum ein wenig früher als die Histone.

Die Replikation der Chromosomen ist hauptsächlich in wachsenden Pflanzengeweben (besonders in den Wurzelspitzen der Saubohne *Vicia faba*) genau untersucht worden. Taylor hat dazu dem Wasser, in dem die Wurzelspitzen wuchsen, das Mitosegift Colchicin zugefügt, so daß in den Zellen keine Mitose-Spindeln entstehen konnten. Colchicin beeinflußt weder die Verdopplung der Chromosomen, noch ihren Aufschraubungsprozeß. Die Chromosomen stehen dann im Metaphase-Stadium still, und nach einer gewissen Zeit bildet sich ein neuer Interphase-Kern, der alle verdoppelten Chromosomen enthält. Ein normaler, somatischer Kern ist *diploid*, d. h. jedes seiner Chromosomen liegt in zwei Kopien vor, wovon eine von jedem Elter stammt. Nach einer Colchicinbehandlung können die Kerne tetraploid oder sogar oktoploid werden.

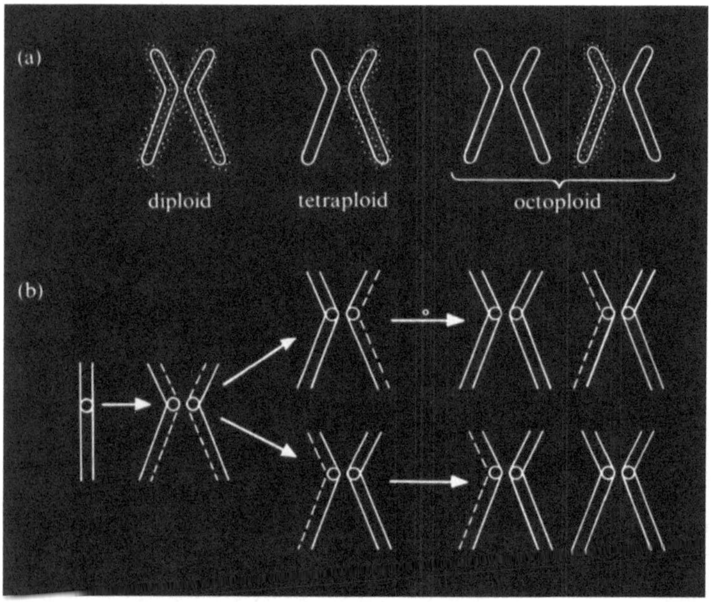

Abb. 9—15. Schematische Darstellung des Experimentes von Taylor, bei dem Wurzelspitzen von *Vicia faba* acht Stunden lang in Tritium-markiertem Thymidin gewachsen waren. (a) Metaphase-Chromosomen; nach der Behandlung der Zellen mit Colchicin werden die zwei Chromatiden eines Chromosoms jeweils am Centromer zusammengehalten. Die feinen Punkte geben die Lage von Tritium an, das in die DNA eingebaut und mit Hilfe der Autoradiographie sichtbar gemacht worden ist. (b) Schematische Darstellung der Ergebnisse. Die Linien stellen die zwei longitudinalen Untereinheiten dar, von denen man annimmt, daß sie in jedem Chromatid vorkommen. Die ununterbrochenen Linien enthalten kein Tritium, die unterbrochenen Linien enthalten Tritium. In jeder Gruppe von vier Linien stellen die äußeren die zwei alten und die inneren die zwei neuen Untereinheiten dar. Nach J. H. Taylor.

Abb. 9—15 zeigt ein derartiges Experiment, das Taylor an *Vicia faba* ausgeführt hat. Er bot dazu den Zellen ^{3}H-Thymidin an, das während der S-Phase beide Chromatiden markierte. Diese hätten bei der normalen Teilung zwei Tochterchromosomen gebildet, aber unter der Einwirkung des Colchicins blieben sie in der Metaphase an ihren Centromeren vereinigt (Abb. 9—15 a). Im tetraploiden Kern war dann nur eines der zwei Chromatiden, und im oktoploiden Kern nur eines der vier Chromatiden radioaktiv markiert. Abb. 9—15 b zeigt eine Deutung dieser Beobachtungen. Sie sind leicht zu erklären, wenn wir uns vorstellen, daß sich jedes Chromosom auf eine *semi*-konservative Art verdoppelt. In der Abb. 9—15 b stellen die unterbrochenen Linien die Tritium-markierten Chromatiden dar.

Diese Vorgänge sind mit verfeinerten Methoden noch genauer analysiert worden. Jedes Chromatid besteht nämlich aus wenigstens einer Watson-Crick-Doppelhelix. Bei der Replikation wird nur einer der zwei Stränge markiert; Taylor zeigte an den Wurzelzellen von *Bellevalia,* die vier große Chromosomen besitzen, daß bei der Replikation Teile von Schwesterchromatiden ausgetauscht werden. Da die zwei Stränge des Watson-Crick-Modells aber in einander entgegengesetzten Richtungen laufen, so kann dieser Austausch erst nach der Replikation der Stränge zwischen den Paaren erfolgen, die in der gleichen Richtung laufen. In der nächstfolgenden Metaphase kann deshalb ein Chromatiden-Abschnitt markiert und ein anderer unmarkiert sein. Diese Erscheinung gleicht grundsätzlich dem Crossing over der Meiose, das sich dort als Chiasma zeigt (s. Kap. 10).

Verschiedene Chromosomen-Modelle sind vorgeschlagen worden, durch die die Replikation während der S-Phase erklärt werden könnte:

a) Jedes somatische Chromosom könnte aus einem einzigen Doppelstrang bestehen. Diese Ansicht wird durch viele Hinweise unterstützt, die unter anderen aus den Arbeiten über die Struktur der Lampenbürstenchromosomen (die aus einer ununterbrochenen DNA-Doppelhelix bestehen), aus den Untersuchungen mit Röntgenstrahlen und aus Markierungsexperimenten stammen. Dieses einfache Modell könnte auch die Mutationsauslösung durch chemische Substanzen erklären, da diese nur mit einer Gruppe in einem einzelnen DNA-Molekül reagieren dürfen. Bei diesem Modell müßte aber die DNA bestimmter Chromosomen ungefähr 1 Meter lang sein! Voraussetzung dafür wäre eine sehr dichte Aufschraubung der DNA, damit sie in den Kern hineinpaßt, dessen Durchmesser nur etwa 10 μm beträgt. Überdies würde die Replikation eines derart langen Stranges viel länger als die S-Phase, ja sogar weit länger als das Leben der Zelle selbst dauern.

b) Die Elektronenmikroskopiker nahmen an, die somatischen Chromosomen bestünden auf Grund ihrer Größe aus vielen DNA-Strängen, denn die Riesenchromosomen der Speicheldrüsenzellen sind, allerdings in einem größeren Maßstab, deutlich vielsträngige Strukturen. Die Hauptschwierigkeit liegt bei diesem Modell der somatischen Chromosomen in der Erklärung, warum durch eine chemische Reaktion an einem einzigen DNA-Strang der ganze vielsträngige Verband an einem bestimmten Punkt (einem genetischen *Locus*) verändert wird.

c) Nach Ambrose und Gopal-Ayengar könnten die Chromosomen aus einzelnen Chromomeren bestehen, die durch sekundäre Anziehungskräfte (z. B. durch Wasserstoffbrücken) zusammengehalten werden. Die Chromosomen werden nämlich durch Substanzen gespalten, die Wasserstoffbrückenbindungen lösen, und durch solche, die Calcium-Ionen entfernen (Kauffmann). Dieses Modell läßt sich aber nicht damit vereinbaren, daß die Lampenbürstenchromosomen unter der Wirkung von Desoxyribonuclease zersprengt werden können, denn diese Reaktion weist auf einen ununterbrochenen DNA-Strang hin.

9.6. Das Replicon

Wir fragen uns jetzt, ob die Replikation ausschließlich an einem bestimmten Punkt des Chromosoms beginnt, oder ob sie gleichzeitig an verschiedenen Chromosomenstellen abläuft. Beim Bakterium *E. coli* beginnt die Replikation an einem Punkt und schreitet dann entlang dem ringförmigen Strang fort; diesen Vorgang zeigt die ausgezeichnete elektronenmikroskopische Aufnahme der Abb. 3—8. Eine derartige Replikationseinheit wird als ein Replicon bezeichnet. Es gibt experimentelle Hinweise dafür, daß die Chromosomen von kultivierten Zellen mehrere Replicons enthalten (Abb. 9—16). Markiert man nämlich diese Zellen während der S-Phase kurzzeitig mit ^{3}H-Thymidin, so werden gewisse Chromosomenstellen in der frühen und andere in der späten S-Phase markiert.

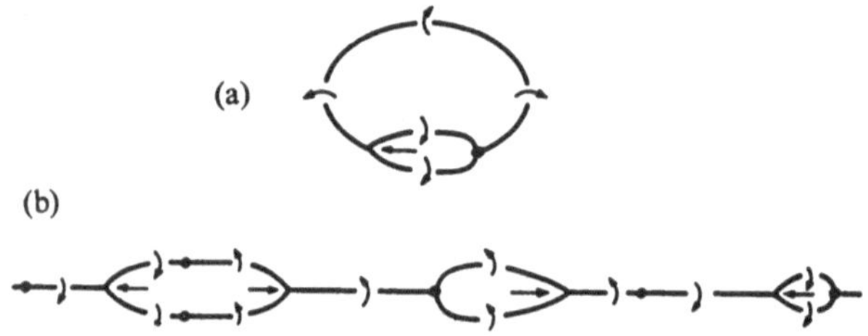

Abb. 9—16. (a) Schematische Darstellung der Replikation der genetischen Substanz von *E. coli*, die dem ringförmigen Molekül entlang immer in der gleichen Richtung abläuft. (b) Vermutliche Replikations-Einheiten oder Replicons eines Pflanzen- oder Tierchromosoms. Die Punkte geben die Verbindungen zwischen den einzelnen Replicons an, um die sich die DNA-Ketten unabhängig voneinander drehen können. Die gebogenen Pfeile zeigen die Drehrichtung an und die geraden Pfeile die Richtung, in der sich die Ketten auftrennen und die Synthese stattfindet. (Aus H. K. L. Whitehouse: Towards an Understanding of the Mechanism of Heredity. 2. Aufl. Edward Arnold, London 1969.)

Man kann die Replikation eines ganzen Chromosoms kaum erklären, wenn man nur ein einziges Replicon annimmt, da das DNA-Molekül mehrere Zentimeter lang sein müßte. Keyl und Pelling haben deshalb als Replikationseinheit im Chromosom das Chromomer vorgeschlagen. Da Inversionen von Chromosomenabschnitten auftreten können (s. Kap. 10), werden wahrscheinlich nicht alle Replicons in der gleichen Richtung repliziert (Abb. 9—16 b). Bei der Replikation des Bakteriengenoms muß man in der DNA-Doppelhelix einen Drehpunkt annehmen, an dem sich die einzelnen Stränge um sich selbst drehen können, damit die Doppelhelix, die sich während der Replikation immer stärker verdrillt hat, wieder ihre normale Struktur annehmen kann. Diese Drehpunkte sind in der Abb. 9—16 als größere, schwarze Punkte dargestellt.

Taylor hat für die Chromosomen der Pflanzen und der Tiere mehrere Modelle der DNA-Replikation vorgeschlagen; eines davon ist in der Abb. 9—17 dargestellt. Wir haben in Kap. 3 darauf hingewiesen, daß jeweils beide Ketten der komplementären DNA-Stränge in der 3'- zu 5'-Richtung verdoppelt werden. Aus diesem Grund kann der nach „rückwärts" gebildete Strang nicht zusammenhängend entstehen (Abb. 3—7). Bei dem Modell der Abb. 9—17 besteht das Chromosom aus einer zusammenhängenden DNA-Doppelhelix, die in einzelne Replicons unterteilt ist (s. Abb. 9—16 a und b).

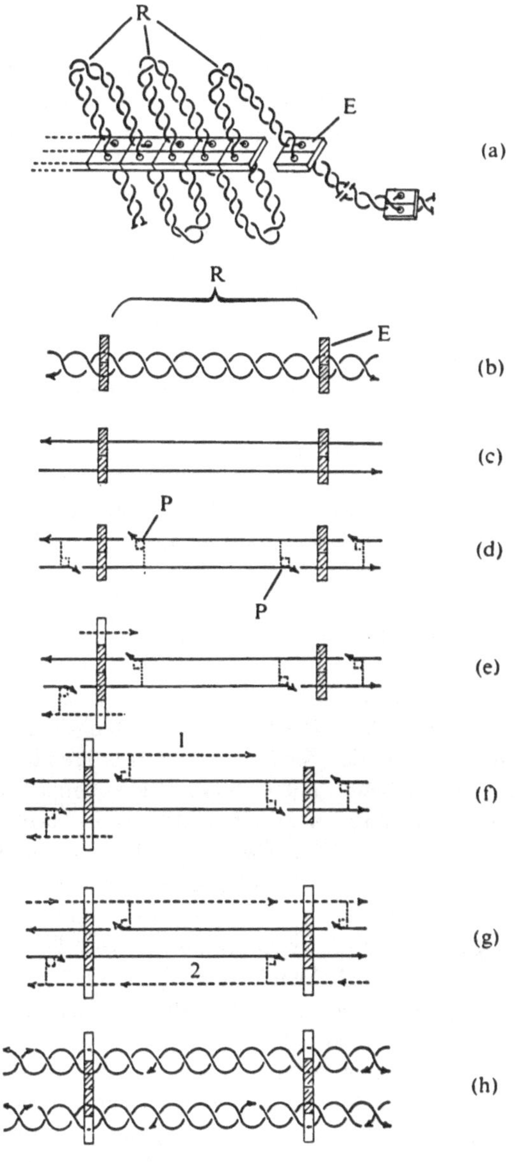

Abb. 9—17. (a) *Rechts,* ein Chromosom, dessen einzelne DNA-Helix Replikationsführungen (E) besitzt, die in bestimmten Abständen zwischen den Replicons (R) angeheftet sind; *links,* dasselbe wie rechts während der Replikation; die Führungen sind jetzt in einer linearen Folge angeordnet. (b) Ein einzelnes Replicon. (c) Ein Replicon, das der Einfachheit halber entschraubt dargestellt ist. (d) Bei P werden die zwei Ketten für die Replikation vorbereitet, die an den 3'-Enden der DNA beginnt. (e) Initiation der Replikation alternierender Stränge von aufeinanderfolgenden Replicons. (f) Replikation der ersten Strang-Gruppe. (g) Replikation der zweiten Strang-Gruppe. (h) Replizierte Chromatiden. (Aus J. H. Taylor.)

Jedes Replicon ist dabei durch die Replikationsführungen (E) von seinen Nachbar-Replicons getrennt. Diese Führungen bereiten die Stränge für die Replikation vor. Während der Replikation schließen sie sich dann so zusammen, daß die DNA in Schleifen aufgeworfen wird (Abb. 9—17 a). Das Chromosom gleicht zu diesem Zeitpunkt einem verkleinerten Lampenbürstenchromosom.

Diese einzelnen, voneinander getrennten Replicon-Schleifen werden nun durch Enzyme vorbereitet, die die Ketten aufbrechen (P). Dann schreitet die Replikation von den

3'-Enden her fort. Zuerst wird die Gruppe 1 und später die Gruppe 2 gebildet. Gleichzeitig verdoppeln sich auch die Replikationsführungen. Die zwei Stränge werden in den entgegengesetzten Richtungen kopiert (s. Abb. 3—7), aber im vorliegenden Modell brechen gewisse Enzyme vor der Replikation beide alten DNA-Stränge auf. Zuletzt muß folglich nicht nur der neue, sondern auch der alte Strang durch eine Ligase wieder zusammengesetzt werden.

Jedes Modell der Chromosomenstruktur muß weiterhin die Tatsache berücksichtigen, daß in vielen Zellen ein großer Teil der Doppelhelices parallel zueinander liegt; man kann dies vor allem in den Spermienzellen bestimmter Arten daran erkennen, daß sie einen hohen Grad an Doppelbrechungs- und Röntgenbeugungsmuster zeigen. Diese Erscheinung könnte beim Öffnen der Replikationsführungen zustande kommen.

Nach der S-Phase durchlaufen die Zellen die G_2-Phase. Während dieses Zeitabschnittes werden wahrscheinlich die Substanzen hergestellt, die zur Ausbildung der Spindel erforderlich sind (z. B. die Vorläufer der Mikrotubuli). Die Zellen beginnen auch. reduzierte Schwefelverbindungen (vor allem mit SH-Gruppen) anzuhäufen, die beim Energiehaushalt der Mitose eine gewisse Rolle spielen könnten. Ihre Konzentration erreicht beispielsweise bei den Seeigeleiern den Höhepunkt in der Metaphase.

9.7. Cytoplasmatische Teilung

Bei der Zellteilung wird nicht nur der Kern, sondern auch das Cytoplasma geteilt (s. Abb. 9—2 a und Abb. 9—2 b). Die meisten Cytoplasma-Organellen sind sehr zahlreich vertreten, so finden sich beispielsweise Hunderte von Mitochondrien, Ribosomen, Fettspeicherbläschen und anderen Organellen im Cytoplasma einer Zelle. Diese Strukturen werden willkürlich zwischen den zwei Tochterzellen aufgeteilt, so daß kleine Zahlenunterschiede entstehen können: die eine der Tochterzellen enthält dann z. B. 120 und die andere nur 80 Mitochondrien. Letztere reichen aber immer noch aus, um die Zelle unmittelbar nach der Telophase mit der notwendigen Energie zu versorgen. Da alle diese Organellen unter der Kontrolle der Kern-DNA neu gebildet werden können, ist die Zelle imstande, das Fehlende schnell zu ergänzen. Man hat in den letzten Jahren Cytoplasma-Organellen gefunden, die sich zum Teil ohne die Kern-DNA selbst verdoppeln können. Sonneborn (1948) entdeckte als erster im Cytoplasma von *Paramaecium* derartige selbstreplizierende Teilchen, die als Kappa-Teilchen bekannt sind. Seither sind noch verschiedene andere Cytoplasma-Teilchen gefunden worden, die sich selbst verdoppeln können und damit zumindest teilweise von der Kern-DNA, die sonst die Matrizen für die Biosynthese der Proteine liefert, unabhängig sind.

Aus den Arbeiten von Chèvremont über kultivierte Säugetierzellen, von Chayen und anderen über Pflanzenzellen und von Saiger über Protozoen geht hervor, daß die Mitochondrien, Chloroplasten und Basalzonen der Cilien DNA enthalten. Diese DNA kann in den Cytoplasma-Organellen, in denen sie vorkommt, die Bildung von Proteinen unabhängig von der Kern-DNA steuern, aber ihre Funktion wird wahrscheinlich trotzdem bis zu einem gewissen Grad vom Kern überwacht.

Chèvremont behandelte bei seinen Experimenten die kultivierten Säugetierzellen einerseits mit dem Enzym DNAase, das die DNA abbaut, sowie andererseits mit einem

Isomer von Adrenochrom (Trihydroxy-N-methylindol). Beide Substanzen verhindern, daß die Zellen in die Mitose eintreten. Nach dieser Behandlung konnte Chévremont durch die Feulgenreaktion in den Mitochondrien DNA nachweisen. Diese Mitochondrien-DNA ist von allen DNA-Arten des Cytoplasmas am eingehendsten studiert worden. Zum Beispiel haben Thomas und Wilkie bei den Erythromycin-resistenten Mutanten der Hefe die Mendelsche Vererbung dieser Resistenz mit der Nicht-Mendelschen oder cytoplasmatischen Vererbung verglichen. Sie haben den cytoplasmatischen Faktor als *petite mutation* bezeichnet (P-Faktor, der wahrscheinlich Mitochondrien-DNA ist). Der Verlust dieses Faktors bewirkte einen dauernden Verlust der Resistenz, aber bei den resistenten Mutanten, die durch Kern-Gene entstanden waren, hatte die *petite mutation* auf die Vererbung der Resistenz keinen Einfluß. Bei *Saccharomyces cerevisiae* kontrolliert die Mitochondrien-DNA hauptsächlich die Bildung der Enzyme, die an die innere Mitochondrien-Membran gebunden sind (d. h. die Cytochrome *a* und *b* und gewisse Dehydrogenasen).

9.8. Regulation des Wachstums

Wir haben einige Kontrollmechanismen der Zellen schon in Kap. 4 besprochen, wo wir darauf hinwiesen, daß bei den Bakterien die Neubildung der Enzyme durch die Zusammensetzung des Wachstumsmediums beeinflußt wird. Fügt man nämlich dem Bakterien-Medium eine bestimmte neue Kohlenstoffquelle zu, so beginnen die Zellen sofort, das besondere Enzym herzustellen, das dieses neue Substrat abbauen kann. In Abschn. 4.12 haben wir die Hypothese von Jacob und Monod über die Gensuppressoren und die Regulatorgene beschrieben. Die Zelle antwortet also auf eine Umweltänderung dadurch, daß sie die passenden Proteine neu bildet oder die Syntheserate bestimmter Proteine je nach Bedarf verändert; die Kontrollmechanismen können dabei sehr unterschiedlich sein und im Kern oder im Cytoplasma wirken. In den Zellen der höheren Pflanzen und Tiere wird die Zellaktivität zudem noch durch weitere Faktoren überwacht, von denen viele das Phänomen der Homöostase betreffen.

Das einfachste Beispiel einer Homöostase ist die Geschwindigkeitsregulierung bei Dampf- und Dieselmaschinen, durch die die Maschinen mit konstanter Geschwindigkeit laufen (Abb. 9—18 a). Wird die Maschine schneller, so werden die Stahlkugeln durch die Zentrifugalkraft gegen die Federkraft nach außen getragen, wobei sie die Dampf- oder Brennstoffzufuhr der Maschine kontrollieren. In unserem Beispiel wird durch die Bewegung der Kugeln das Drosselventil geschlossen, so daß die Geschwindigkeit der Maschine verringert wird. Eine derartige Kontrolle der Drosselöffnung durch die Geschwindigkeit der Maschine ist ein Rückkopplungs-Vorgang (engl. feed back). Auch die Temperatur eines Thermostaten wird durch einen ähnlichen Rückkopplungs-Mechanismus kontrolliert. Hier dehnt sich bei einer Temperaturerhöhung ein Metallband oder eine Quecksilbersäule aus, wodurch ein Relais betätigt wird, das die Heizvorrichtung ausschaltet. Die homöostatischen Mechanismen funktionieren immer mit einer Zeitverzögerung, und das System schwankt dabei um einen mittleren Wert; die Größe dieser Schwankungen hängt von der Empfindlichkeit des Regulators ab und von der Zeitspanne, die vergeht, bis der Regulator wirkt.

In Abb. 9—18 b ist ein einfaches Beispiel der Homöostase dargestellt, wie sie in den lebenden Zellen vorkommt: ein biochemischer Weg (s. Kap. 6). Der Metabolit A reagiert an der Oberfläche des Enzyms E_1 und bildet das Produkt B; dieses wird auf das Enzym E_2 übertragen und bildet dort das Reaktionsprodukt C; die Reaktionen laufen auf diese Weise entlang der Enzymkette weiter. Schließlich entsteht das Endprodukt G, das zum Beispiel ein Sekretionsprodukt der Zelle wie Serumprotein oder Prokollagen sein kann. Ein Teil des Endprodukts wird von der Zelle ausgeschieden, während sich der Rest mit dem Enzym E_1 oder mit den Molekülen A verbindet und diese blockiert. Dadurch kann weniger B hergestellt werden, und folglich entsteht am Schluß auch weniger G. Eine derartige enzymkatalysierte Reaktionsreihe, die sich selbst reguliert, kann sich der Geschwindigkeit anpassen, mit der das Endprodukt ausgeschieden oder von der Zelle verwendet wird. Dieses Beispiel für einen Rückkopplungs-Vorgang zeigt die Wechselwirkung zwischen dem Endprodukt und dem ersten Enzym der Reaktionskette; er wird deshalb als Endprodukt-Hemmung bezeichnet.

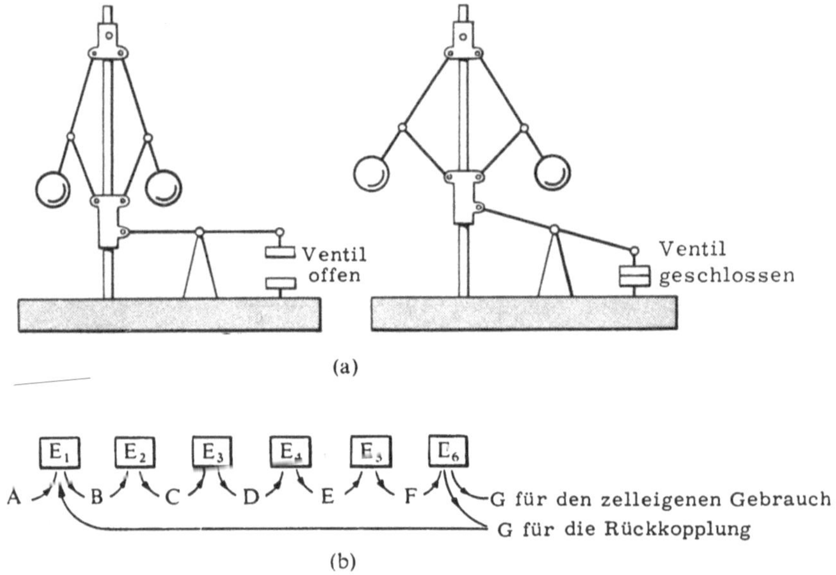

Abb. 9—18. (a) Die Geschwindigkeits-Regulierung bei gewissen Maschinentypen ist ein einfaches Beispiel der Homöostase — links, die Stellung des Reglers bei kleiner Geschwindigkeit der Maschine; rechts, bei großer Geschwindigkeit. (b) Beispiel einer intrazellulären Homöostase. Die Menge des Endprodukts eines sich selbst regulierenden biochemischen Prozesses wird durch die Endprodukt-Hemmung kontrolliert.

Bei einem homöostatischen Kontrollmechanismus ist immer ein Rückkopplungs-Vorgang beteiligt. Einer der einfachsten Kontrollmechanismen dieser Art, die man in den letzten Jahren entdeckt hat, hängt mit der direkten Berührung zwischen den Zellen zusammen. Wir werden in Kap. 13 die Kontrolle von bestimmten Zellvorgängen durch interzelluläre Kontakte (Kontakt-Inhibition) besprechen. Durch die Berührung der Zellen untereinander wird nicht nur deren Bewegung kontrolliert, sondern auch die Wachstumsgeschwindigkeit der Gewebe beeinflußt.

Bei den höheren Pflanzen und Tieren wird das Wachstum vor allem durch gewisse Hormone reguliert, die sich in den zirkulierenden Flüssigkeiten befinden. Das Hormon Indolyl-3-Essigsäure (IES)

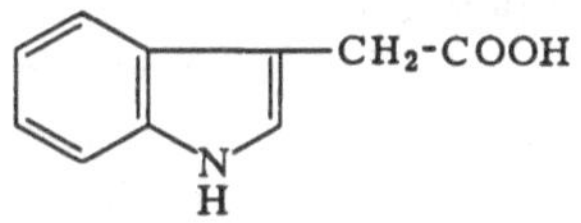

und andere, als Auxine bezeichnete Hormone regen beispielsweise das Wachstum der höheren Pflanzen an. Sie kommen in den Geweben vor, die am schnellsten wachsen (in Koleoptilenspitzen, Sproßspitzen, jungen Blättern und Wurzelspitzen). Das Wachstumshormon der Säugetiere wird im Vorderlappen der Hypophyse gebildet und von dort ausgeschieden. Dieses Hormon ist ein kristallisierbares Protein, dessen Molekulargewicht ungefähr 44 000 beträgt. Es fördert nicht nur das Wachstum der Muskeln und der Knochen, sondern es hält auch die Proteine im Zellinnern zurück und beeinflußt den Kohlenhydrat- und Fettstoffwechsel. Andere Hormone regen die Funktion von bestimmten Organen (den sog. Ziel- oder Erfolgsorganen) an. Zum Beispiel wandelt sich nach der Befruchtung das Follikelgewebe, das die Eizelle umgibt, in einen Gelbkörper um, der das Steroidhormon Progesteron ausscheidet. Dieses Hormon regt die Tätigkeit der Milchdrüsen an. In ähnlicher Weise kontrolliert das Steroidhormon Testosteron, das von den Hoden ausgeschieden wird, die Funktionen der männlichen Fortpflanzungsorgane.

Das Wachstum der höheren Organismen wird aber auch durch wichtige, homöostatische Kontrollmechanismen überwacht. Bei einem Erwachsenen ist zum Beispiel die Größe der verschiedenen Organe genau festgelegt. Wird ein Gewebe beschädigt, so wird bei der Wundheilung das Wachstum eingestellt, sobald das Organ seine ursprüngliche Größe erreicht hat.

Ein gut untersuchtes Hormon ist das Schilddrüsen-stimulierende Hormon Thyreotropin (TSH, von thyroid-stimulating hormone), das aus der Hypophyse gewonnen werden kann. Das TSH ist ein Mucoprotein, dessen Molekulargewicht 26 000—28 000 beträgt; es enthält neben Aminosäuren auch die stickstoffhaltigen Zucker Galactosamin und Glucosamin. Das Hormon ist schon in winzigen Mengen aktiv. Man kann seine Wirkung dadurch studieren, daß man ein Stück unverletzten Schilddrüsengewebes vom Kalb in eine Salzlösung gibt, die etwas Serum enthält. Die Schilddrüsenzellen benötigen Jod für die Bildung der Schilddrüsenhormone; um die Geschwindigkeit zu messen, mit der sie Jod aufnehmen, gibt man in das Medium das radioaktive Isotop ^{131}J. Fügt man jetzt einem derartigen Schilddrüsenstück (oder einem ganzen Tier) TSH zu, so wird die Jod-Aufnahme in die Schilddrüsenzellen bis zu 500mal beschleunigt. Dies ist ein Beispiel für eine der komplizierten Wechselwirkungen, die sich in einem Säugetierkörper abspielen; ein Hormon einer bestimmten Drüse regt eine zweite Drüse an, ihrerseits ein Hormon zu bilden. Man weiß noch wenig über den Angriffspunkt derartiger hormonaler Stimulierungen. Es gibt Hinweise darauf, daß sie auf der Transkriptionsstufe wirken können; auch im Kern hat man Rezeptorstellen nachgewiesen.

Die Gewebezellen der ausgewachsenen Säugetiere teilen sich normalerweise nicht mehr, da sie für bestimmte Aufgaben spezialisiert sind. Das Zellwachstum kann aber zu jedem Zeitpunkt durch einen geeigneten Reiz wieder angeregt werden; derartige Reize sind zum Beispiel die Verletzung des Gewebes, die die Wundheilung auslöst, oder der Einfluß von Wachstumshormonen. Das Stadium, in dem sich die differenzierten, nicht mehr wachsenden Zellen befinden, wird als die G_0-Phase bezeichnet; sie kann sich, je nach der Zellart, über Stunden, Tage oder sogar Jahre hinweg erstrecken. Protein-Turnover findet aber in diesem Stadium immer noch statt, und die Zellen können, wie wir schon erwähnt haben, durch einen geeigneten Reiz in die G_1-Phase übergehen. Während der G_0-Phase sind viele Zellen und Gewebe besonders leicht durch Hormone zu beeinflussen. Zum Beispiel bewirkt das Hormon Adrenalin in Leberscheibchen die Umwandlung der inaktiven Form des Phosphorylase-Enzyms in dessen aktive Form. Dadurch wird das Glykogen der Leberzellen zu Glucose abgebaut, so daß der Blutzuckerspiegel erhöht wird (Sutherland). Abb 9—19 stellt die genaue Wirkung dieses Hormons schematisch dar.

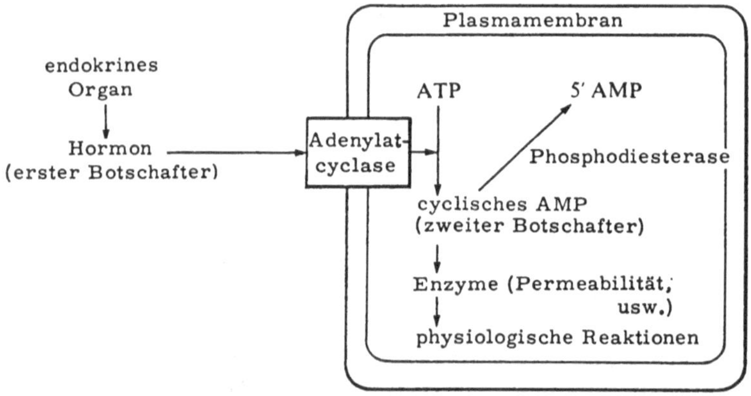

Abb. 9—19. Schematische Darstellung der Wirkung eines Hormons (erster Botschafter) auf eine Zelle mit Hilfe eines zweiten Botschafters. (Aus T. Underwood. New Scientist, 27. 3. 1969.)

Auf oder in der Nähe der Plasmamembran der Zellen befinden sich Enzyme, die als Adenylat-cyclase bezeichnet werden. Diese Enzyme sind für bestimmte Gewebe charakteristisch. Die Cyclase der Leberzellen reagiert zum Beispiel nur auf Adrenalin, während die Cyclase der Nebennierenrinde auf das adrenocorticotrope Hormon (ACTH), aber nicht auf Adrenalin anspricht. Bisher ist noch nicht bekannt, ob sich das Hormon unmittelbar mit seiner entsprechenden Adenylat-cyclase verbindet.

Adenylat-cyclasen wandeln ATP in das cyclische AMP um (die Ringform des Adenosin-monophosphats) (Abb. 9—20). Man hat das cyclische AMP als einen „zweiten Botschafter" bezeichnet, während die Hormonmoleküle die ersten Botschafter sind. Das cyclische AMP beeinflußt unter anderem die Enzymaktivität und die Permeabilität der Zellen. Die Hormone oder ersten Botschafter wirken an der Zelloberfläche wahrscheinlich so, daß sie die Bildung der zweiten Botschafter hervorrufen und außerdem schon vorhandene Enzymmoleküle aktivieren. Ein derartiges Hormon-System kann als ein „schnell wirkendes" Hormon-System bezeichnet werden — zum Beispiel hat das Adrenalin eine sehr rasche Wirkung. Wachstumshormone dagegen wirken wahrscheinlich auf einer anderen Ebene, indem sie Genfunktionen und die Biosynthese der Proteine kontrollieren.

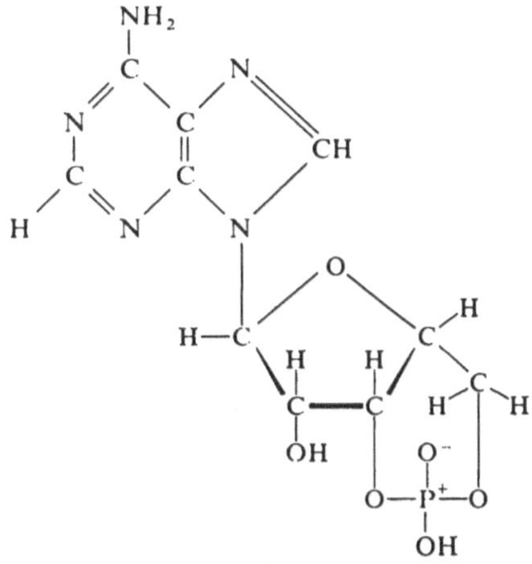

Abb. 9—20. Die Struktur des cyclischen AMP (Adenosin-3',5'-monophosphat).

Die Mitoserate in den Körperzellen der höheren Tiere hängt vom Bedarf der Gewebe an neuen Zellen ab. Werden die differenzierten Zellen fortwährend abgestoßen, wie es bei der keratinhaltigen Haut der Fall ist, so muß das Epithel durch ununterbrochene Mitose den Zellnachschub aufrechterhalten; dies bedeutet aber, daß die Mitoserate und die Differenzierungsrate dieser Zellen von einer wechselseitigen Kontrolle abhängig sind (s. Kap. 12 u. 13).

Literatur

Bielka, H.: Molekulare Biologie der Zelle. Gustav Fischer Verlag, Jena 1969.

Bresch, C., u. R. Hausmann: Klassische und molekulare Genetik. 2. Aufl., Springer, Berlin-Heidelberg-New York 1970.

Eberle, P.: Die Chromosomenstruktur des Menschen in Mitose und Meiose. Gustav Fischer Verlag, Jena 1966.

Geissler, E.: Desoxyribonukleinsäure — Schlüssel des Lebens, 2. Auflage. Akademie-Verlag, Berlin 1972.

Hämmerling, J.: Fortpflanzung im Tier- und Pflanzenreich. 2. Aufl., W. de Gruyter, Berlin 1951.

Kidnadze, I. I.: Die Funktionsstruktur der Chromosomen. Izd. Nauka, Leningrad 1972.

10. Zelluläre Aspekte der Vererbung

Die Menschheit hat sich seit den frühesten Zeiten gefragt, wie und in welchem Ausmaß die Eigenschaften der Eltern auf ihre Nachkommen übertragen werden. Die Versuche, besonders nützliche Rassen von Haustieren und Pflanzen zu erhalten, regten dann viele Züchter dazu an, den Vererbungsgang bestimmter Merkmale genauer zu studieren.

Nach der Vererbungstheorie, an der bis in die Mitte des 19. Jahrhunderts allgemein festgehalten wurde, waren die Erbfaktoren eines bestimmten Individuums eine Mischung der Faktoren seiner Eltern — d. h. die Faktoren der Eltern vereinigten sich im Nachkommen, wo sie sich gegenseitig so veränderten, daß die Eigenschaften des Nachkommen in der Mitte zwischen denjenigen seiner Eltern lagen. Bestimmte Beobachtungen hatten aber mit dieser Mischungstheorie nie befriedigend erklärt werden können. So hatte Becher schon 1669 entdeckt, daß aus einer Kreuzung zwischen einem schwarzen Taubenmännchen und einem weißen Weibchen gewöhnlich nur ganz schwarze und ganz weiße Vögel hervorgingen. Er konnte dabei nie einen grauen oder einen schwarz-weißgefleckten Nachkommen beobachten, wie man es auf Grund der Mischungstheorie erwartet hätte. Erst in der zweiten Generation, die aus den Paarungen zwischen den ganz weißen und den ganz schwarzen Vögeln hervorging, wurden dann schwarz-weiß gefleckte Nachkommen erzeugt.

Darwin ließ in der Mitte des 19. Jahrhunderts die Mischungstheorie noch für gewisse Fälle gelten, aber er wies schon damals auf ernsthafte Einwendungen dagegen hin. Einer dieser Einwände betraf das Vorkommen von Rückschlägen, worunter man die auffallende Ähnlichkeit eines Individuums mit einem seiner Vorfahren der Großeltern- oder einer noch früheren Generation verstand, die bei seinen Eltern nicht vorhanden war. Diese Tatsache ließ sich nicht mit einer Mischung der Erbfaktoren erklären, sondern eher mit dem Vorkommen von Vererbungsteilen, die während der Übertragung von einer Generation zu der nächsten unverändert erhalten blieben.

Die ersten wissenschaftlichen Vererbungs-Studien waren Pflanzenzüchtungsexperimente, die in der ersten Hälfte des 19. Jahrhunderts ausgeführt wurden. Der Gärtner Goss kreuzte in den zwanziger Jahren des vorigen Jahrhunderts Gartenerbsen, die grüne Samen bildeten, mit Pflanzen, deren Samen gelblichweiß waren. In der ersten Generation wurden nur gelblich-weiße Erbsen gebildet. Als er jedoch diese untereinander kreuzte, entstanden in der zweiten Generation drei Arten von Pflanzen, wovon die eine nur grüne Erbsen, die zweite nur gelblich-weiße und die dritte in der gleichen Schote sowohl grüne, als auch gelblich-weiße Samen enthielt. Andere Forscher (darunter auch Darwin) führten ähnliche Versuche durch und erhielten dabei ähnliche Ergebnisse. Darwin, der 1858 seine Evolutionstheorie zusammen mit Wallace (der unabhängig von ihm zu ähnlichen Schlußfolgerungen gelangt war) an die Öffentlichkeit brachte, hatte erkannt, daß die Evolution von der Vererbung besonderer Eigenschaften abhängt, die das Überleben eines bestimmten Individuums in einer gegebenen Umwelt begünstigen. Er führte seine Züchtungsversuche mit *Antirrhinum* (dem Löwenmaul) und mit der Gartenerbse aus; aber es gelang ihm nicht, seine Beobachtungen in Vererbungsgesetzen zusammenzufassen.

1866 veröffentlichte dann der österreichische Mönch Mendel seine grundlegende Arbeit über bestimmte Vererbungsvorgänge, die die Basis der modernen Genetik bildet. Mendels Arbeit, die von seinen Zeitgenossen unbeachtet blieb, wurde erst 1900 gleichzeitig von drei unabhängig tätigen Wissenschaftlern wieder entdeckt.

10.1. Die Arbeiten von Mendel

Mendel führte seine Experimente, wie andere Forscher vor ihm, mit der Gartenerbse durch, aber er war der Erste, der seine Versuche sehr sorgfältig plante und die Ergebnisse dann quantitativ auswertete. Er ging schon bei der Wahl seines Versuchsmaterials sehr gezielt vor, indem er nur Erbsenrassen verwendete, die sich durch gut erkennbare Merkmale voneinander unterschieden (z. B. durch die Samenformen und -farben, Stengellängen, Schotenformen und Farben der Keimblätter). Da sich die Erbsenpflanzen normalerweise selbst befruchten, muß man die Kreuzungen zwischen verschiedenen Rassen meistens künstlich herbeiführen. Mendel ließ jeweils vor den Kreuzungsexperimenten die von ihm ausgewählten Rassen während der Dauer von zwei Jahren isoliert wachsen, um sicher zu sein, daß sie reinrassig waren. Dann übertrug er den Pollen, der die männlichen Keimzellen oder *Gameten* enthielt, aus den Staubbeuteln der Pflanzen einer bestimmten Rasse auf die Narben der Blüten einer zweiten Rasse, so daß die weiblichen Gameten der zweiten Rasse durch die männlichen Gameten der ersten befruchtet wurden. Die daraus entstandenen *Zygoten* entwickelten sich zu den Nachkommen, deren Aussehen Mendel untersuchte. Diese Nachkommen werden in der modernen Fachsprache als Tochter- oder Filialgeneration, kurz als F_1-Hybride bezeichnet. Mendel ließ diese F_1-Samen zu Pflanzen auswachsen, die sich dann selbst bestäuben konnten. Die daraus entstandene Nachkommenschaft, die sog. F_2-Generation, ließ sich dann in verschiedene Gruppen einteilen. Mendels Gedanke, in jeder Gruppe die Anzahl der Nachkommen zu bestimmen und die Zahlen miteinander in Beziehung zu setzen, war für seinen Erfolg maßgebend.

Um die Beobachtungen zu vereinfachen, hatte Mendel in seinen ersten Versuchen Pflanzen miteinander gekreuzt, die sich nur in einem Merkmal voneinander unterschieden (z. B. nur in der Samenform *oder* in der Samenfarbe). So übertrug er den Pollen einer Pflanze, die runde Samen bildete, auf die Narben einer Pflanze, deren Samen runzlig waren, und umgekehrt. Er fand dabei in beiden Fällen in der ganzen Nachkommenschaft nur *runde* Samen. Mendel bezeichnete das Merkmal ‚rund' als dominant und das Merkmal ‚runzlig', das in der F_1-Generation nicht mehr erschienen war, als rezessiv. Er säte diese F_1-Bastard-Samen aus und erhielt daraus die Pflanzen, die er der Selbstbefruchtung überließ. Von den daraus entstandenen 7324 F_2-Samen waren 5474 rund und 1850 runzlig. Das Verhältnis von runden zu runzligen Erbsen war deshalb in diesem Fall 2,96: 1; das liegt, wie auch Mendel bemerkt hatte, sehr nahe beim Verhältnis von 3 : 1. Die zweite Tochtergeneration war also nicht einheitlich oder uniform wie die F_1-Generation, sondern sie enthielt dominante und rezessive Formen, deren Verhältnis ungefähr 3 : 1 betrug.

Mendel führte dann den Versuch weiter, indem er auch die Pflanzen aus den Samen der zweiten Generation aufzog. Diese Pflanzen, die sich wiederum selbst befruchteten, bildeten die Samen der dritten Generation. Mendel fand dabei, daß alle Pflanzen, die sich aus den runzligen F_2-Samen entwickelt hatten (ein Viertel aller Samen der zweiten Generation), nur runzlige Samen bildeten; diese Pflanzen waren folglich reinerbig wie die ursprüngliche, runzlige Elternrasse — Mendel nannte sie deshalb *konstant.* Von den 565 F_3-Pflanzen, die sich aus den runden Samen entwickelt hatten, waren 193 konstant, da sie nur runde Samen hervorbrachten (dies ist ein Drittel der runden F_2-Samen, oder ein Viertel aller F_2-Samen). Der Rest, d. h. die Hälfte der F_2-Samen, brachte wie in der zweiten Generation runde und runzlige Samen im Verhältnis von ungefähr 3 : 1 hervor. Mendel führte diesen Versuch bis in die sechste Generation fort und erhielt jedesmal im wesentlichen die gleichen Ergebnisse.

Mendel nahm bei der Deutung seiner Ergebnisse an, daß jedes Merkmalspaar, das er untersucht hatte, durch ein Faktorenpaar bestimmt wurde, wobei jeder Faktor eines Paares jeweils von einem Elternteil stammte. Die Faktoren vermischten sich dabei in den F_1-Bastarden nicht, sondern blieben als unabhängige Einheiten bestehen, sie ***segregierten,*** d. h. sie wurden einzeln auf die Keimzellen der Bastarde verteilt. Wir haben diese aufeinanderfolgenden Vorgänge in Abb. 10—1 zusammengefaßt, in der *R* den Faktor für runde Samen (dominant) und *r* denjenigen für runzlige Samen (rezessiv) darstellt. Die eine Elternrasse erzeugt dabei Gameten, die den Faktor *R* enthalten, während die Gameten des anderen Elters den Faktor *r* tragen. Je zwei dieser Gameten vereinigen sich zu einer Zygote, die einen Faktor *R* und einen Faktor *r* enthält. Da *R* dominant ist, besitzt die gesamte F_1-Bastardgeneration runde Samen.

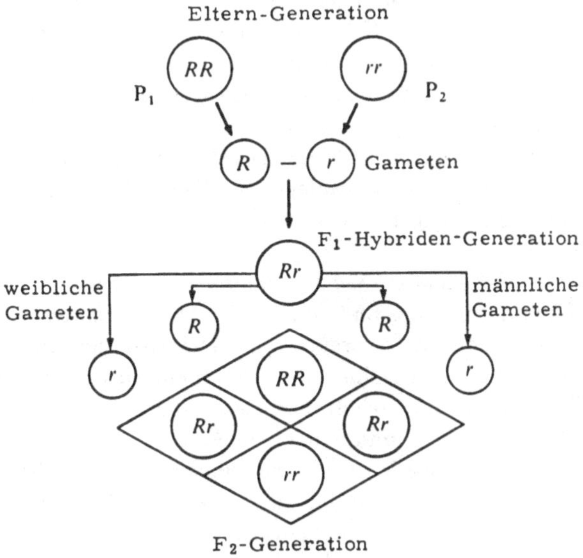

Abb. 10—1. Die Erklärung des 3:1-Verhältnisses von dominanten zu rezessiven Faktoren der F_2-Nachkommenschaft durch das erste Mendelsche Gesetz. *R* stellt den dominanten und *r* den rezessiven Faktor dar. P_1 und P_2 sind die Eltern.

Wir nehmen jetzt an, daß 1. die Faktoren *R* und *r* während der Entwicklung zu der erwachsenen Pflanze unverändert bleiben, 2. diese Generation gleich viele „runde" und „runzlige" Keimzellen, sowohl männliche als auch weibliche, hervorbringt, und 3. sich jede der Pollenarten willkürlich mit jeder der Eizellenarten vereinigen kann. Wir finden dann in der zweiten Generation die folgenden drei Kombinationsmöglichkeiten verwirklicht:

a) Der Nachkomme kann von beiden Elternteilen den dominanten Faktor *R* erben; in diesem Fall entsteht eine reinerbige Rasse mit runden Erbsen (*RR*), die einer der ursprünglichen Elternrassen gleicht (P_1).
b) Die Nachkommen können von beiden Elternteilen den rezessiven Faktor *r* erhalten; in diesem Fall entsteht die konstante, runzlige Rasse (*rr*), die der anderen Elternrasse P_2 gleicht.
c) Der Faktor *R* kann von dem einen Elternteil und der Faktor *r* von dem andern geerbt werden, wobei es nicht wichtig ist, welcher Faktor von der väterlichen und welcher von der mütterlichen Pflanze stammt; die Nachkommenschaft (*Rr*) bringt in diesem Fall, wie die F_1-Hybride, runde Erbsen hervor.

Nach der mathematischen Wahrscheinlichkeit ist in der zweiten Generation das erwartete Verhältnis von runden zu runzligen Erbsen wie 3 : 1. Dieses Verhältnis ist aber in Wirklichkeit nur eine Annäherung, da wir hier mit statistischen Wahrscheinlichkeiten rechnen müssen; es liegt um so näher beim Grenzwert 3 : 1, je größer die Zahl der durchgeführten Versuche ist. Man kürzt gewöhnlich die Zusammensetzung der zweiten Generation auf die folgende Weise ab: $RR + 2Rr + rr$.

Die Hälfte aller F_2-Erbsen (die die Faktoren *R* und *r* tragen) verhält sich wie die F_1-Hybrid-Generation, so daß ihre Nachkommenschaft wieder aus runden und runzligen Erbsen besteht, die im Verhältnis 3 : 1 vorkommen.

In der modernen Fachsprache werden die Individuen der Gruppen a) und b) (das sind die reinerbigen Rassen) als *homozygot* bezeichnet; die Individuen der dritten Gruppe, die beide Faktoren *R* und *r* tragen, werden *heterozygot* genannt.

Diese Arbeit von Mendel zeigt sehr überzeugend, daß alle Erbfaktoren, gleichgültig ob sie dominant oder rezessiv sind, während der Entwicklung der Eltern unverändert bleiben und unabhängig voneinander auf die Nachkommenschaft übertragen werden. Mendels Schlußfolgerungen wurden aber nicht von ihm selbst, sondern erst später von anderen Biologen in Form von Gesetzen zusammengefaßt. Der Grundsatz der unabhängigen Aufspaltung der Erbfaktoren wird als das *erste Mendelsche Gesetz* bezeichnet.

Bei Mendels Versuchspflanzen war jeweils ein Merkmal eines bestimmten Paares dominant und das andere rezessiv. Mendel hatte selbst schon erkannt, daß die Dominanz nicht allgemein verbreitet war. Die Grundgedanken seiner Entdeckungen lassen sich aber auch beim Fehlen der Dominanz anwenden. Ein Beispiel dafür ist die Analyse der Nachkommenschaft aus der Kreuzung zwischen einer reinen Rasse von weißen Löwenmäulchen und einer reinen Rasse von rotblühenden Löwenmäulchen. Da hier weder die weiße noch die rote Farbe dominant ist, sind die Blüten der F_1-Generation intermediär rosa gefärbt. In der zweiten Generation erscheinen aber ein Viertel reinrassiger weißer Blüten, ein Viertel reinrassiger roter Blüten und eine Hälfte intermediärer rosa Blüten. Ist *R* das Merkmal für rot und *W* dasjenige für weiß, so kann die F_2-Generation in der folgenden Weise dargestellt werden:

RR	+	2 *RW*	+	*WW*
rot		rosa		weiß

In diesem Fall läßt sich das Verhältnis von 1 homozygot (rot) : 2 heterozygot (rosa) : 1 homozygot (weiß) wegen der intermediären rosa Farbe der Heterozygoten sehr leicht erkennen.

Mendel dehnte seine Kreuzungs-Versuche auf Pflanzen aus, die sich in mehr als einem Merkmalspaar voneinander unterschieden. Er kreuzte z. B. eine Rasse, die runde Erbsen und gelbe Keimblätter besaß, mit einer zweiten Rasse, deren Erbsen runzlig und deren Keimblätter grün waren. Dabei waren die grüne Farbe der Keimblätter und die runde Form der Erbsen dominant. Alle Erbsen der F_1-Generation waren deshalb rund und besaßen grüne Keimblätter. Die Pflanzen, die aus diesen Erbsen gezogen wurden, befruchteten sich selbst; in der zweiten Generation erschienen dann neben den Elterngruppen zwei neue Erbsenarten, nämlich runde Erbsen mit grünen Keimblättern und runzlige Erbsen mit gelben Keimblättern.

In Abb. 10—2 sind *R* und *Y* die dominanten und *r* und *y* die rezessiven Faktoren, die an dieser Kreuzung beteiligt waren. Alle Erbsen der F_1-Hybrid-Generation enthielten die Faktoren *RrYy* und waren wegen der Dominanz der Faktoren *R* und *Y*

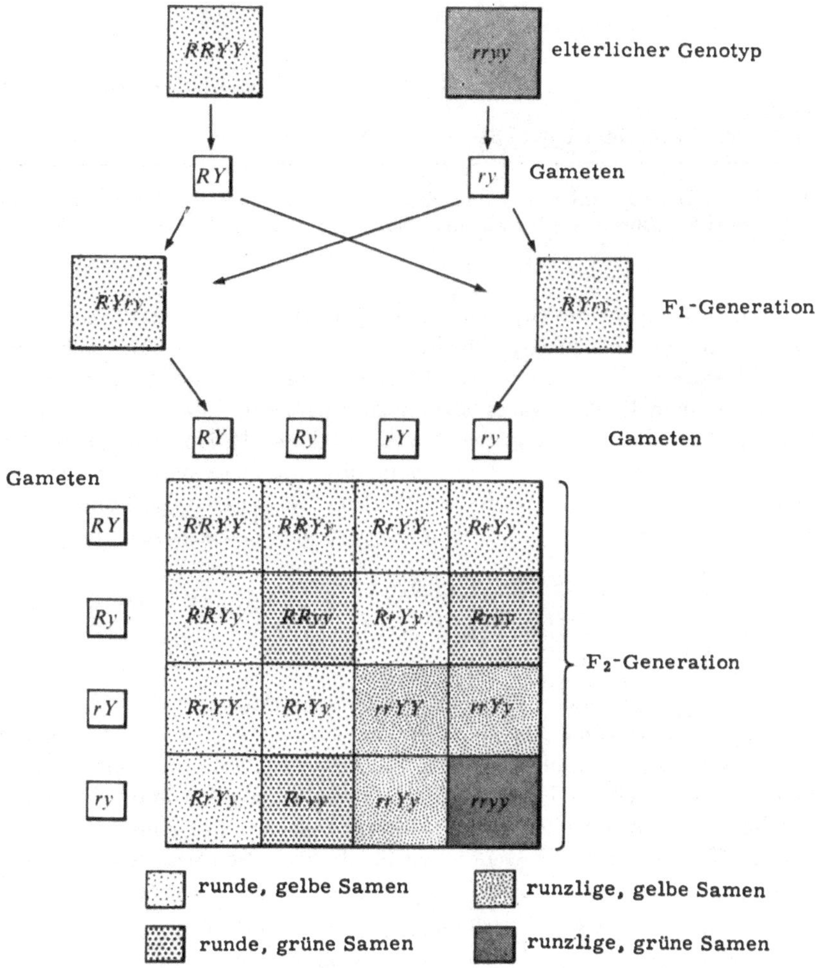

Abb. 10—2. Schematische Darstellung des zweiten Mendelschen Gesetzes. *R* und *Y* sind die dominanten und *r* und *y* die rezessiven Faktoren.

rund und gelb. Wir setzen jetzt voraus, daß die Faktoren *R* und *Y* sowie *r* und *y* unabhängig voneinander auf die nächste Generation übertragen werden; in diesem Fall bilden sich vier mögliche Kombinationen von Faktorenpaaren in den Keimzellen der F_1-Generation, die in Abb. 10—2 dargestellt sind.

Mendel zeigte durch Rückkreuzung der F_1-Generation mit der doppelt rezessiven Rasse, daß diese vier Kombinationen gleich häufig waren (s. Abb. 10—3), da die entsprechenden Erbsenarten bei der Rückkreuzung in ungefähr gleichen Anteilen entstanden. Die Gameten werden bei der Bildung der F_2-Generation rein zufällig miteinander kombiniert, so daß das Ergebnis in dem sog. Kombinationsquadrat dargestellt werden kann (s. die Tabelle der Abb. 10—2).

	Gameten der F_1-Generation			
	RY	*Ry*	*rY*	*ry*
Gameten der runzligen, grünen Rasse —*ry*→	↓ *RrYy*	↓ *Rryy*	↓ *rrYy*	↓ *rryy*
	rund, gelb	rund, grün	runzlig, gelb	runzlig, grün
Zahlen der Nachkommen, die Mendel beobachtet hatte	31	26	27	26

Abb. 10—3. Die Ergebnisse aus den Kreuzungen von Gameten der F_1-Generation mit der doppelt rezessiven Elternrasse bei Mendels Versuchen mit zwei Merkmalspaaren.

Die Gruppen, die sich von den ursprünglichen Elterngruppen unterscheiden, werden in der modernen Fachsprache Rekombinanten genannt. Die männlichen und weiblichen Gameten der F_1-Generation können bei ihrer Vereinigung 16 mögliche Faktoren-Kombinationen bilden. Da es aber nicht wichtig ist, ob ein Faktorenpaar vom Vater oder von der Mutter stammt, werden einige dieser 16 Kombinationen wiederholt (s. die Tabelle der Abb. 10—2). Die Kombination *RrYy* tritt beispielsweise in vier Gruppen von Nachkommen auf. Mendel zeigte dann in weiteren Züchtungs-Versuchen, daß in Wirklichkeit nur die neun folgenden Gruppen gebildet wurden:

RRYY	*RRYy*	*RRyy*
RrYY	*RrYy*	*Rryy*
rrYY	*rrYr*	*rryy*

Von 16 Samen sind die neun, die einen dominanten *R*- und einen dominanten *Y*-Faktor enthalten, rund und gelb; die drei Samen, die wenigstens einen Faktor *R* und zwei Faktoren *y* besitzen, sind rund und grün; weitere drei Samen mit zwei Faktoren *r* und wenigstens einem Faktor *Y* sind runzlig und gelb; und schließlich ist ein Same runzlig und grün, da alle seine Faktoren rezessiv (*rryy*) sind. Mendel fand tatsächlich bei den 556 Samen der F_2-Generation für die vier verschiedenen Gruppen die folgenden Zahlenwerte:

rund, gelb	315	runzlig, gelb	101
rund, grün	108	runzlig, grün	32

Dies entspricht angenähert dem erwarteten Verhältnis von 9 : 3 : 3 : 1.

Aus dieser zweiten Versuchsreihe von Mendel ging daher deutlich hervor, daß die Erbfaktoren eines Elternteils unabhängig voneinander weitergegeben wurden; sie konnten sich deshalb in den Nachkommen willkürlich kombinieren. Diese Beobachtung ist der Inhalt des *zweiten Mendelschen Gesetztes* oder des *Gesetzes der freien Kombinierbarkeit* der Erbfaktoren.

Mendels Methode, nach der das Verhalten der Erbfaktoren in sorgfältig geplanten Kreuzungsexperimenten studiert wurde, findet auch heute noch bei den viel genaueren analytischen Vererbungsversuchen ihre Anwendung. Mendels Schlußfolgerungen haben dabei, von nur einer Änderung abgesehen, durch die Zeiten hindurch ihre Gültigkeit beibehalten. Die Änderung betrifft das Gesetz der freien Kombinierbarkeit, das, wie spätere Versuche gezeigt haben, nicht allgemein gilt. In einigen Fällen werden bestimmte Erbfaktoren immer zusammen übertragen; man nennt diese Erscheinung *Kopplung* (siehe unten).

Mendel hatte acht Jahre lang gearbeitet, bis er seine Untersuchungen abschließen konnte. Er legte seine Ergebnisse und Schlußfolgerungen 1865 der Gesellschaft für das Studium der Naturwissenschaften von Brünn vor, und seine Vorlesungen erschienen im darauffolgenden Jahr in den Protokollblättern dieser Gesellschaft. Seine Arbeiten blieben aber während seiner Lebenszeit unbeachtet. Als er 1884 starb, dauerte es noch 16 Jahre, bis drei Wissenschaftler unabhängig voneinander ähnliche Versuche durchführten und Mendels Schlußfolgerungen neu formulierten. Im Jahre 1900 gelangten De Vries in Holland, Correns in Deutschland und Tschermak in Österreich auf Grund von Pflanzenzüchtungsexperimenten zu ähnlichen Vorstellungen über dominante und rezessive Merkmale, sowie über die Trennung der Erbfaktoren in den Keimzellen. Alle drei Forscher mußten später erkennen, daß ihnen Mendel mit seinen Experimenten und Schlußfolgerungen zuvorgekommen war.

Mendels Arbeiten wurden nach dieser Wiederentdeckung mit großem Interesse aufgenommen. Der Engländer Bateson, der die Vererbungswissenschaft *Genetik* genannt hatte, wurde zu einem großen Verfechter von Mendels Gedanken. Er vermutete, daß die Erbfaktoren materielle Teilchen sein könnten, aber er brachte sie noch nicht mit den Chromosomen in Zusammenhang. Auch der Däne Johannsen war dieser Ansicht, als er den Erbmerkmalen Einheiten zugrunde legte, die er *Gene* nannte und die in den Keimzellen vorkommen mußten.

In der modernen Fachsprache werden die Erbfaktoren immer noch *Gene* genannt, obwohl der Gen-Begriff im Laufe der Zeit stark verändert worden ist (s. Abschn. 10.9). Wir müssen heute auch zwischen dem vollständigen Satz von Erbfaktoren eines Individuums, dem sog. *Genotyp*, und der äußeren Erscheinung dieses Individuums oder seinem *Phänotyp* unterscheiden; der Phänotyp kann je nach den spezifischen Umweltsbedingungen bei gleichem Genotyp verschieden ausfallen.

Die Cytologen haben um 1900 im Hinblick auf Zellbiologie und Genetik beachtliche Fortschritte erzielt. Sie wußten z. B. schon, daß bei der Zellteilung aus der Kernsubstanz die Chromosomen erschienen, und sie kannten die Hauptzüge der Mitose und der Meiose. Sutton wies 1902 als erster auf die Ähnlichkeit zwischen dem Verhalten der Mendelschen aufspaltenden Erbmerkmale und demjenigen der Chromosomen während der Mitose hin. Auch andere Forscher, z. B. de Vries, sahen diesen Zusammenhang. Die Entdeckungen der Cytologen und der Genetiker wurden dann in dem neuen Wissensgebiet der Cytogenetik vereinigt.

10.2. Meiose

Wir haben in Kap. 9 den Vorgang der Mitose beschrieben, bei dem sich einzelne Tier- oder Pflanzenzellen in je zwei Tochterzellen teilen, die genaue Kopien der Mutterzellen sind. Die Vermehrungsweise von ganzen Organismen unterscheidet sich von einer Organismenart zur anderen sehr stark. Zum Beispiel spalten sich gewisse Lebewesen in zwei oder mehr Teile auf, die dann durch mitotische Teilungen zu neuen Individuen heranwachsen; das ist die *vegetative* (*ungeschlechtliche*) Fortpflanzung. Bei der sexuellen Fortpflanzung vereinigen sich hingegen männliche und weibliche Geschlechts- oder Keimzellen zu einzelnen Zygotenzellen, aus denen sich die neuen Individuen entwickeln. 1883 beobachtete van Beneden bei den Mitosen in den befruchteten Eizellen des Pferdespulwurms *Parascaris equorum* doppelt so viele Chromosomen wie in den unbefruchteten Eizellen und in den Spermien desselben Tieres. Er schloß daraus, daß die eine Hälfte der Chromosomen, die in den Zygoten vorhanden waren, von den männlichen Gameten (Spermien) und die andere Hälfte von den weiblichen Eizellen stammen mußten. Weismann erkannte 1887 die Notwendigkeit einer *Reduktionsteilung*, die in jeder Generation in irgendeinem Keimzellen-Stadium stattfinden mußte und bei der die Chromosomenzahl halbiert wurde, damit die Körperzellen einer Generation nicht doppelt so viele Chromosomen wie diejenigen der vorhergehenden besaßen.

Flemming (1887), Strasburger (1888) und andere Forscher beobachteten dann bei den Tieren jedesmal unmittelbar vor der Entstehung von reifen Spermien oder Eizellen (und von Pollenkörnern und Embryosackzellen bei den Blütenpflanzen) zwei ungewöhnliche Kernteilungen, die sehr rasch aufeinanderfolgten. Diese von Weismann geforderten Reduktionsteilungen finden tatsächlich während der Bildung der Gameten statt. Der ganze Vorgang wurde 1905 als *Meiose* (oder Reduktionsteilung) bezeichnet. Die Chromosomenzahl der Zygote wird *diploider Satz* genannt, während die Gameten den halben *haploiden Satz* enthalten. Die Körperzellen der höheren Pflanzen und Tiere besitzen normalerweise den diploiden Chromosomensatz, während die Zellen der niederen Pflanzen (z. B. der Grünalgen und der Pilze) und der Bakterien oft haploid sind. Bei den Grünalgen und Pilzen erfolgt dabei die Reduktionsteilung zum haploiden Zustand meistens unmittelbar nach der Verschmelzung der Geschlechtszellen. Wir werden die Fortpflanzung der Bakterien in Abschn. 10.6 gesondert besprechen.

Die Meiose läuft in allen Zellarten, in denen sie beobachtet wird, im wesentlichen in der gleichen Weise ab. Der Vorgang, der in den unreifen Geschlechtszellen beginnt, umfaßt zwei aufeinanderfolgende Kernteilungen. Die Prophase der ersten Reduktionsteilung dauert viel länger als eine Mitose-Prophase; sie läßt sich zudem in deutlich voneinander unterschiedene Stadien einteilen (s. das Schema der Abb. 10—4).

Prophase 1. a) *Leptotän.* In diesem Prophase-Stadium treten die Chromosomen in den Zellkernen als sehr dünne einzelne Fäden hervor; der Name Leptotän (was ‚dünnes Band' bedeutet) ist auf diese Erscheinung zurückzuführen. Später werden auf den Chromosomen charakteristische, unterschiedlich große Granula beobachtet, die in unregelmäßigen Abständen über die ganzen Chromosomen verteilt sind und sich stark anfärben lassen; dies sind die sog. *Chromomeren.*

b) *Zygotän.* Während dieses Stadiums beginnen sich die Chromosomen zu paaren. Dabei tritt jeweils ein väterliches Chromosom des einen haploiden Satzes mit dem ent-

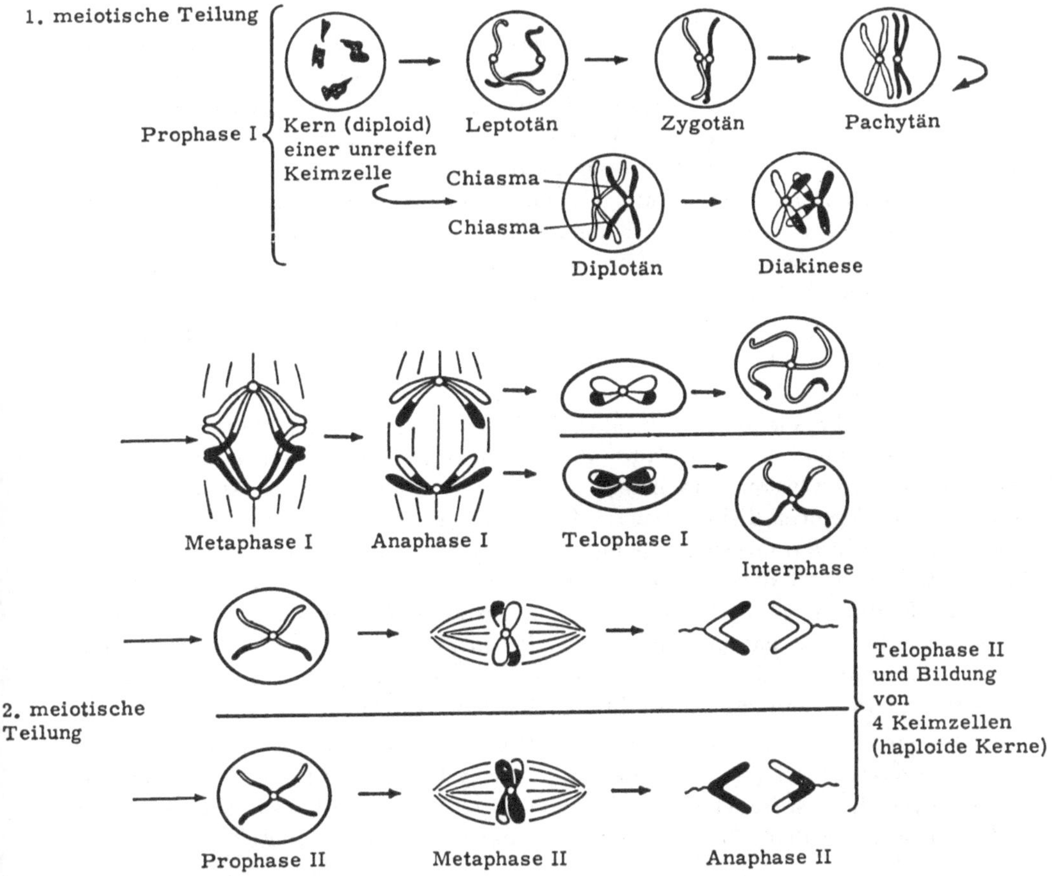

Abb. 10—4. Die Stadien der Meiose.

sprechenden mütterlichen des anderen Satzes zusammen; man nennt diese zusammenpassenden Paare *homologe* Chromosomen. Die homologen Chromosomen stimmen nicht nur in der Länge und in der Lage des Centromers genau miteinander überein, sondern auch in der Lage ihrer Chromomeren (s. Abb. 10—6). Am Ende dieses Vorgangs, den man *Synapse* oder *Zygotänpaarung* nennt, liegt dann die haploide Zahl von Chromosomenpaaren oder *Bivalenten* vor. Wir kennen aber weder den Mechanismus dieser spezifischen Zygotänpaarung, noch die Art der Anziehungskräfte, die daran beteiligt sind.

c) *Pachytän.* Jetzt verkürzen und verdichten sich die zwei Chromosomen eines jeden Bivalents; man hat dieses Stadium deshalb Pachytän (was ‚dicker Faden' bedeutet) genannt.

d) *Diplotän.* Die Anziehungskräfte, die die homologen Chromosomen während der Synapse zusammenhalten, scheinen jetzt schwächer zu werden, denn die Chromosomen eines jeden Paares beginnen sich voneinander zu lösen. Man kann zu diesem Zeitpunkt auch erkennen, daß jedes Chromosom in zwei Tochterchromatiden aufgespalten ist; jede Einheit ist deshalb nicht mehr bi-, sondern deutlich quadrivalent. Die Trennung der homologen Chromosomen, von denen jedes aus zwei Tochterchromatiden besteht, ist aber nicht vollständig, sondern es bleiben je zwei Chromatiden an einer oder an mehreren Stellen miteinander verbunden. Ist nur ein derartiger Haftpunkt vorhanden, so kann man die charakteristische Form eines Kreuzes oder *Chiasmas* (nach dem griechischen Buchstaben χ) beobachten, im Falle von mehreren Haftpunkten hingegen Ringe. Janssen nahm 1909 an, daß bei der Bildung eines Chiasmas Chromatidenabschnitte ausgetauscht werden; dabei würde ein Chromatid am Haftpunkt brechen und sich mit dem zweiten Chromatid, das am Chiasma beteiligt ist, wieder vereinigen (Abb. 10—4).

Man konnte zwar damals diesen Austausch von Chromatiden-Stücken nicht unmittelbar beobachten, aber Janssens Theorie war durch genetische Beweise unterstützt worden, die Morgan (1911) auf Grund seiner Kreuzungsexperimente mit *Drosophila* erbracht hatte. 1937 konnte man an fixierten Präparaten von Riesenchromosomen von *Drosophila* erkennen, daß bestimmte Abnormitäten der Chromosomen untereinander ausgetauscht worden waren: damit hatte man den sichtbaren Beweis für das Crossing over erbringen können. Belling änderte 1928 Janssens Theorie in der Weise ab, daß nach seiner Ansicht das Crossing over nicht im Diplotän-, sondern im früheren Pachytän-Stadium stattfindet, da die homologen Chromosomen dann eng miteinander verbunden seien. Die Folgen dieses Stück-Austauschs konnten daher erst im Diplotän-Stadium beobachtet werden, weil das Crossing over zwischen Nicht-Schwester-Chromatiden (d. h. zwischen Chromatiden, die von verschiedenen Eltern stammten) stattfand, während im Diplotän-Stadium je zwei Schwester-Chromatiden gepaart blieben.

Aus den Kreuzungsexperimenten, die Bridges (1916) und Anderson (1925) mit *Drosophila* ausgeführt hatten, ging zudem hervor, daß sich die Chromosomen *vor* dem Crossing over, das erst im Vierstrang-Stadium zwischen je zwei Chromatiden stattfand, verdoppelten. Diese Beobachtung konnte in späteren Versuchen bestätigt werden (siehe weiter unten).

e) *Diakinese.* Das letzte Stadium der ersten meiotischen Prophase wird als Diakinese bezeichnet, weil sich die zwei Bivalente weiter voneinander entfernen; die Chromosomen sind jetzt sehr kurz und sehr dick geworden.

Metaphase, Anaphase und Telophase der ersten Meiose. Am Ende der Prophase 1 verschwinden sowohl der Nucleolus als auch die Kernmembran, worauf wie bei der Mitose die Spindel ausgebildet wird und die Metaphase 1 beginnt. Die Stadien dieser Metaphase unterscheiden sich von denjenigen der Mitose dadurch, daß die Centromeren der zwei durch die Chiasmen zusammengehaltenen Chromosomen (von denen jedes aus zwei Chromatiden besteht) eines homologen Paares nie in der Äquatorialplatte, sondern jeweils ein jedes auf einer Seite des Äquators angeordnet sind (Abb. 10—4). Zudem teilen sich diese Centromeren, wieder im Gegensatz zu der Mitose, in der Anaphase 1 nicht, sondern diejenigen eines homologen Paares wandern zu den entgegengesetzten Spindelpolen und ziehen dabei ihre ganzen Chromosomen mit sich fort. In diesem Stadium erkennt man sehr deutlich, daß jedes Chromosom aus zwei Chromatiden besteht. Während der Telophase 1 bildet sich an jedem Pol eine Kernmembran um den haploiden Chromosomensatz, und die Zelle teilt sich in zwei Tochterzellen auf.

Nach einer sehr kurzen Interphase, in der die Chromosomen sehr schwer zu sehen sind, tritt jede der Tochterzellen in die zweite meiotische Teilung ein. Diese gleicht insofern einer gewöhnlichen Mitose, als die Chromosomen jetzt aus zwei Chromatiden bestehen, die an einem einzelnen Centromer miteinander verbunden sind, wobei sich diese Centromeren in der Metaphase 2 in der Äquatorialplatte anordnen und in der Anaphase 2 voneinander getrennt werden. Sie unterscheidet sich aber von der gewöhnlichen Mitose dadurch, daß die Chromosomen vor der Teilung nicht verdoppelt werden und zudem nur die halbe Chromosomenzahl (je ein Partner eines homologen Paares) vorhanden ist. Die Centromeren wandern nach ihrer Trennung in der Anaphase 2 den Chromosomen voran zu den Polen. In der Telophase 2 bildet sich um jeden der vier haploiden Kerne, die aus der ursprünglichen diploiden Mutterzelle entstanden sind, eine neue Kernmembran.

Abb. 10—5 zeigt einige Meiosestadien, die bei der Heuschrecke *Schistocerca gregaria* fotografiert worden sind. Diese Fotografien sind mit Hilfe des Interferenzkontrastes aufgenommen worden, da sich diese Methode zum Studium des Verhaltens von abgeflachten lebenden Zellen besonders gut eignet.

Zusammenfassend stellen wir fest, daß die Chromosomen während des ganzen Meiose-Vorganges einmal verdoppelt, einmal aufgeteilt und einmal aufgespalten werden. Die Mechanismen, die diesen Erscheinungen zugrunde liegen, sind aber noch nicht geklärt. Man weiß beispielsweise nicht, welche Kräfte für die Paarung der homologen Chromosomen in den frühen Stadien der Prophase 1 und für ihre Trennung im Diplotän-Stadium verantwortlich sind. Pritchard (1960) hat auf Grund seiner Ergebnisse aus den Crossing over-Versuchen angenommen, daß sich die Chromosomen in einem sehr frühen Stadium, d. h. schon in der Interphase, die vor der Meiose liegt, zu paaren beginnen. Nach seiner Ansicht bewegen sich die Chromosomen in diesem Stadium rein zufällig im Kern, aber entsprechende Stellen von homologen Chromosomen, die sich zufällig berühren, haben dabei die Neigung zusammenzubleiben (Abb. 10—6); auf diese Weise könnte beispielsweise die Frage nach dem Zusammenfinden der Partner beantwortet werden. Weiterhin nimmt Pritchard an, daß das Crossing over an diesen Berührungspunkten stattfindet, bald nachdem sie gebildet worden sind; damit besäßen die Chromosomen schon feste Verankerungspunkte, wenn sie sich später ihrer ganzen Länge nach aneinanderlegen. Das Crossing over wäre in diesem Fall nicht die Folge, sondern die Ursache der Chromosomenpaarung.

Darlington hat 1931 die Meiose als eine verfrühte Mitose betrachtet, bei der die gleiche Kraft, die in der mitotischen Prophase die Tochterchromatiden zusammenhält, auch die homologen Chromosomen in den Zygotän- und Pachytän-Stadien der Meiose gepaart hält. Diese Vorstellung hat sich aber als nicht richtig erwiesen; die Arbeiten von Swift (1950) und von Howard und Pelc (1951) über die DNA-Replikation in den Tier- und Pflanzenzellen haben gezeigt, daß sowohl in der Meiose als auch in der Mitose die gesamte DNA in der Interphase gebildet wird, die vor der entsprechenden Kernteilung liegt.

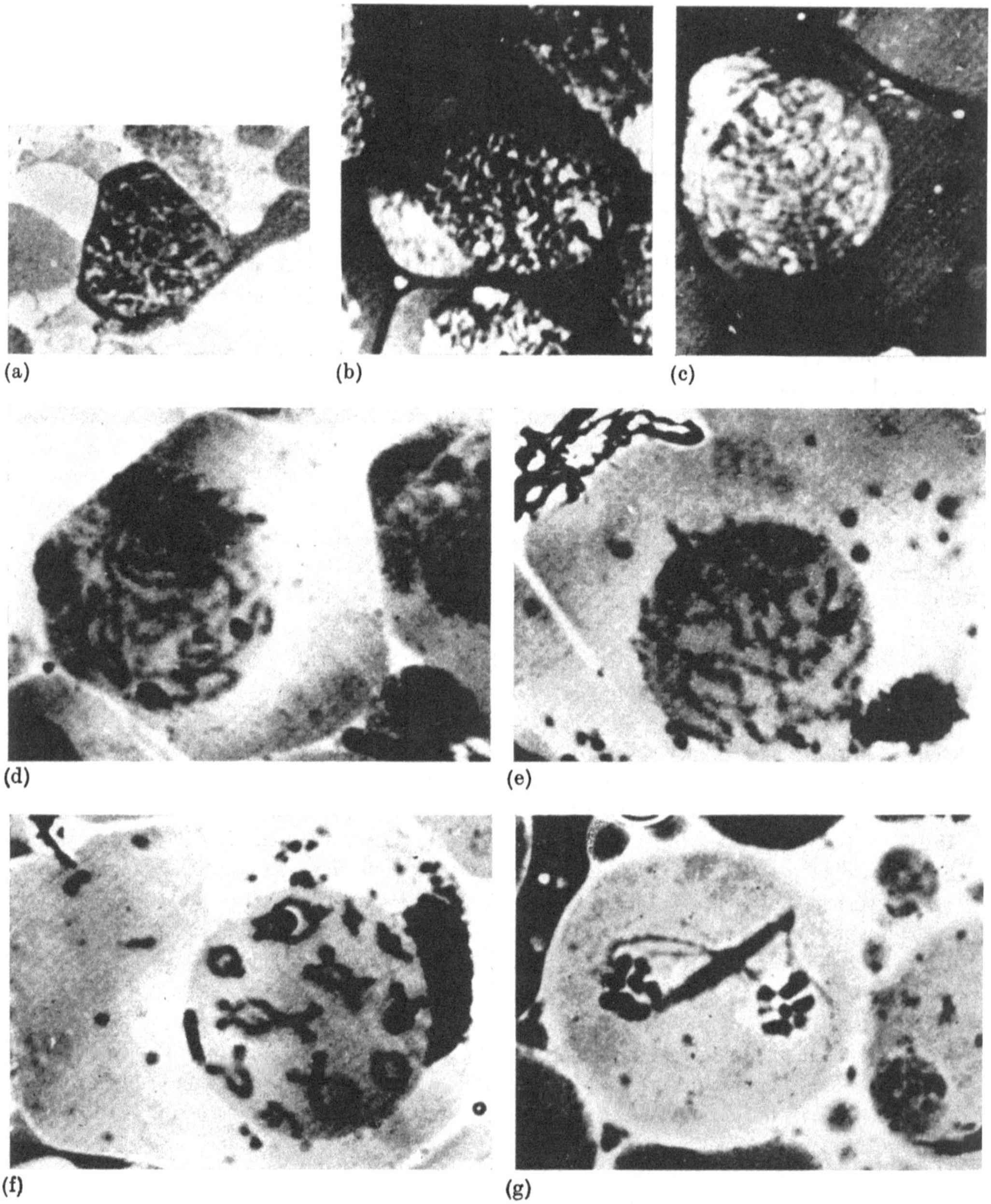

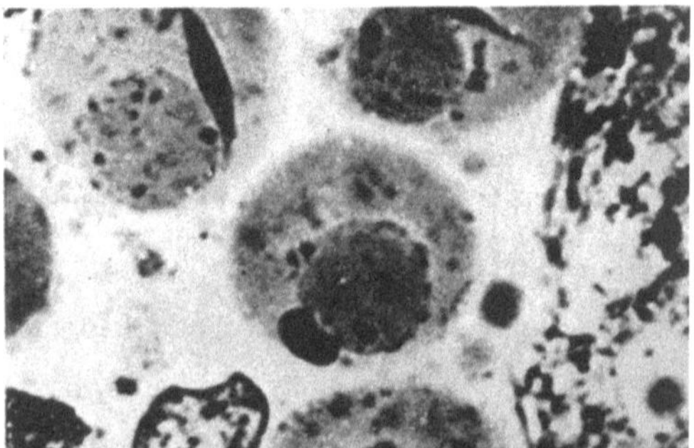

Abb. 10–5. Die Meiose-Stadien in den lebenden Zellen der Heuschrecke *Schistocerca gregaria:* (a) Spermatogonium, Ruhekern; (b) Spermatocyte, ruhendes Stadium; (c) frühes Leptotän; (d) spätes Leptotän; (e) Pachytän; (f) Diakinese, spätes Diplotän; (g) Telophase der 2. meiotischen Teilung; (h) Spermatiden.

Es gibt viele Vermutungen über den Mechanismus, durch den die Brüche und die Wiedervereinigungen der Chromatiden zustande kommen könnten. Nach der alten Vorstellung wickeln sich die gepaarten Chromosomen sehr eng um sich selbst, so daß die Brüche durch Verdrillungskräfte entstehen würden. Nach den modernen Theorien kommen aber die Brüche und die Wiedervereinigungen der Chromatiden durch enzymatische Mechanismen zustande. Entsprechende Chromatiden-Abschnitte werden dabei, von einigen seltenen Ausnahmen abgesehen, so ausgetauscht, daß die zwei neuen Chromatiden weder zuviel noch zuwenig Substanz enthalten.

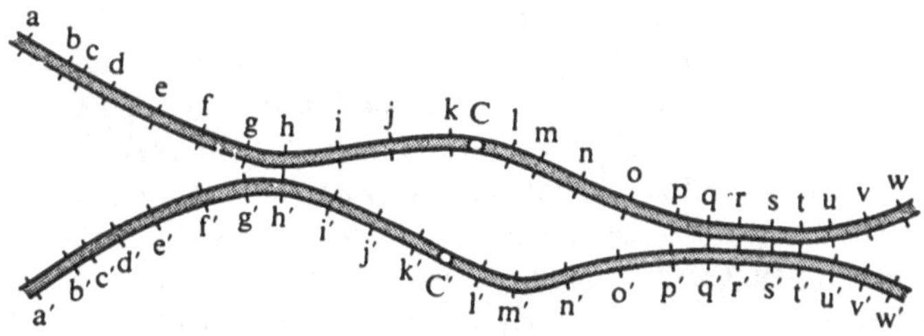

Abb. 10–6. Während der ersten Meiose-Teilung beginnen sich je zwei homologe Chromosomen miteinander zu paaren. C und C′ sind die Centromeren, a und a′, b und b′ usw. sind die einander entsprechenden Stellen auf den homologen Chromosomen.

Abb. 10–7 zeigt schematisch die Entstehung der tierischen Keimzellen. Beim männlichen Lebewesen gehen durch mitotische Teilungen aus den unreifen Keimzellen oder Spermatogonien die Spermatocyten hervor. Jede Spermatocyte bildet dann durch die Meiose vier reife funktionsfähige Spermatozoen. Bei weiblichen Lebewesen entstehen aus den Oogonien, die den Spermatogonien entsprechen, die Oocyten; diese entwickeln

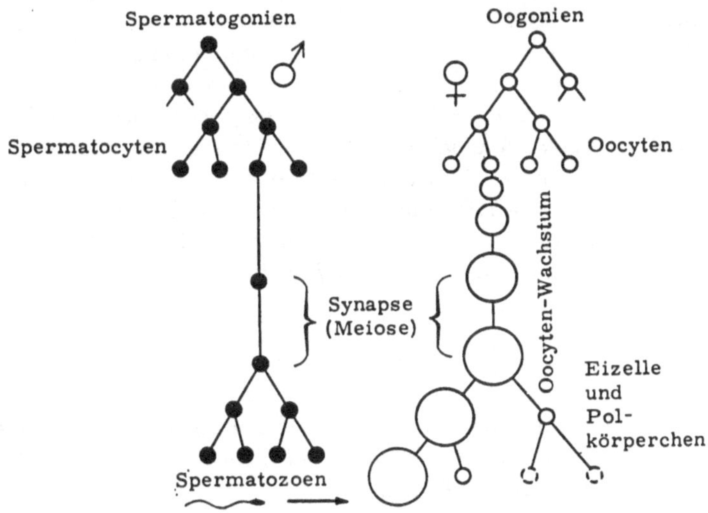

Abb. 10–7. Die unterschiedlichen Vorgänge bei der Reifung von männlichen (Spermatozoen) und weiblichen (Eizellen) Gameten.

sich aber, im Gegensatz zu den Spermatocyten, unmittelbar zu reifen Eizellen, bevor sie die Reduktionsteilung durchlaufen. Aus jeder Oocyte entsteht nur eine einzige Eizelle. Bei der Meiose wird die Oocyte nämlich sehr ungleichmäßig aufgeteilt, so daß neben der Eizelle drei sehr kleine Zellen (die Polkörperchen) entstehen, die nicht befruchtet werden können und ausgestoßen werden. In Kap. 12 werden wir die Bedeutung dieser Unterschiede und die Vorgänge, die mit der Befruchtung und der Entwicklung zusammenhängen, besprechen.

Die Meiose sorgt dafür, daß die Chromosomenzahl von einer Generation zur nächsten konstant bleibt. Von ebenso großer Bedeutung ist, daß durch die Meiose die Erbfaktoren neu gemischt werden, indem einerseits die elterlichen Chromosomen neu verteilt und anderseits durch das Crossing over Chromosomenabschnitte ausgetauscht werden. Wie Carothers (1913) und andere Forscher gezeigt haben, bleibt es in der ersten Metaphase der Meiose dem Zufall überlassen, ob die Centromeren der väterlichen oder mütterlichen Bivalente gegen einen bestimmten Pol gerichtet sind. Da dies für jedes homologe Paar unabhängig von den anderen gilt, besteht am Schluß der haploide Chromosomensatz, der an einem Pol liegt, aus willkürlich gemischten väterlichen und mütterlichen Chromosomen. Die heterozygoten Individuen können deshalb sehr viele unterschiedliche Kombinationen bilden. Die gesamte mögliche Zahl von Anordnungen ist (da jedes Chromosom zum einen *oder* zum anderen Pol wandern kann) 2^n, wobei n die haploide Chromosomenzahl der betreffenden Zelle ist. Hinzu kommt, daß das genetische Material durch Crossing over neu zusammengesetzt wird, so daß die Chromosomen der Gameten anders sein können als diejenigen der elterlichen Körperzellen. Diese zwei Mechanismen, die Neuverteilung der Chromosomen und das Crossing over, sorgen für eine große genetische Variation, so daß in einem Individuum nie zwei genau gleiche Gameten gebildet werden.

Der Mensch enthält in seinen Körperzellen 46 Chromosomen (diploider Satz). Dabei besitzt der Mann 22 homologe Paare, die als *Autosomen* bezeichnet werden, und zwei ungleiche Geschlechtschromosomen oder *Heterosomen*, von denen das größere das X-Chromosom und das kleinere das Y-Chromosom ist. Bei der Frau finden sich hingegen 23 homologe Paare, da ihre Geschlechtschromosomen zwei X-Chromosomen sind. Betrachten wir nun die Gameten, so enthalten alle Eizellen jeweils ein X-Chromosom, während die Hälfte der Spermatozoen ein X- und die andere Hälfte ein Y-Chromosom besitzt. Die gesamte mögliche Zahl von Chromosomenanordnungen in den menschlichen Gameten, die nur auf die Umverteilung der Chromosomen zurückgeführt wird, beträgt 2^{23} (mehr als 8×10^6). Dazu sind durch das Crossing over weitere Neuanordnungen möglich, so daß es uns nicht überrascht, wenn die einzelnen Zygoten, die von den gleichen Eltern stammen, genetisch nie genau gleich sind.

10.3. Chromosomen und Vererbung

Sutton und später auch andere Forscher wiesen auf die erstaunlich große Übereinstimmung zwischen dem Verhalten der Chromosomen während der Meiose und der Aufspaltung der Erbfaktoren hin, die Mendel bei seinen Kreuzungsversuchen beobachtet hatte; man hatte deshalb schon damals vermutet, daß die daran beteiligten genetischen Faktoren, die Gene, auf den Chromosomen liegen könnten. Mendels erste Versuchsreihe kann beispielsweise folgendermaßen aus dem Verhalten der Chromosomen erklärt werden:

Wir nehmen an, daß die Faktoren *R* (runde Erbsen, dominant) und *r* (runzlige Erbsen, rezessiv) durch einen geringfügigen Unterschied korrespondierender Stellen eines homologen Chromosomenpaars bestimmt werden. In der modernen Fachsprache werden diese unterschiedlichen Zustandsformen eines Gens als Allelomorphe oder *Allele* bezeichnet. Da jede der zwei ursprünglichen Elternrassen reinerbig ist, muß bei

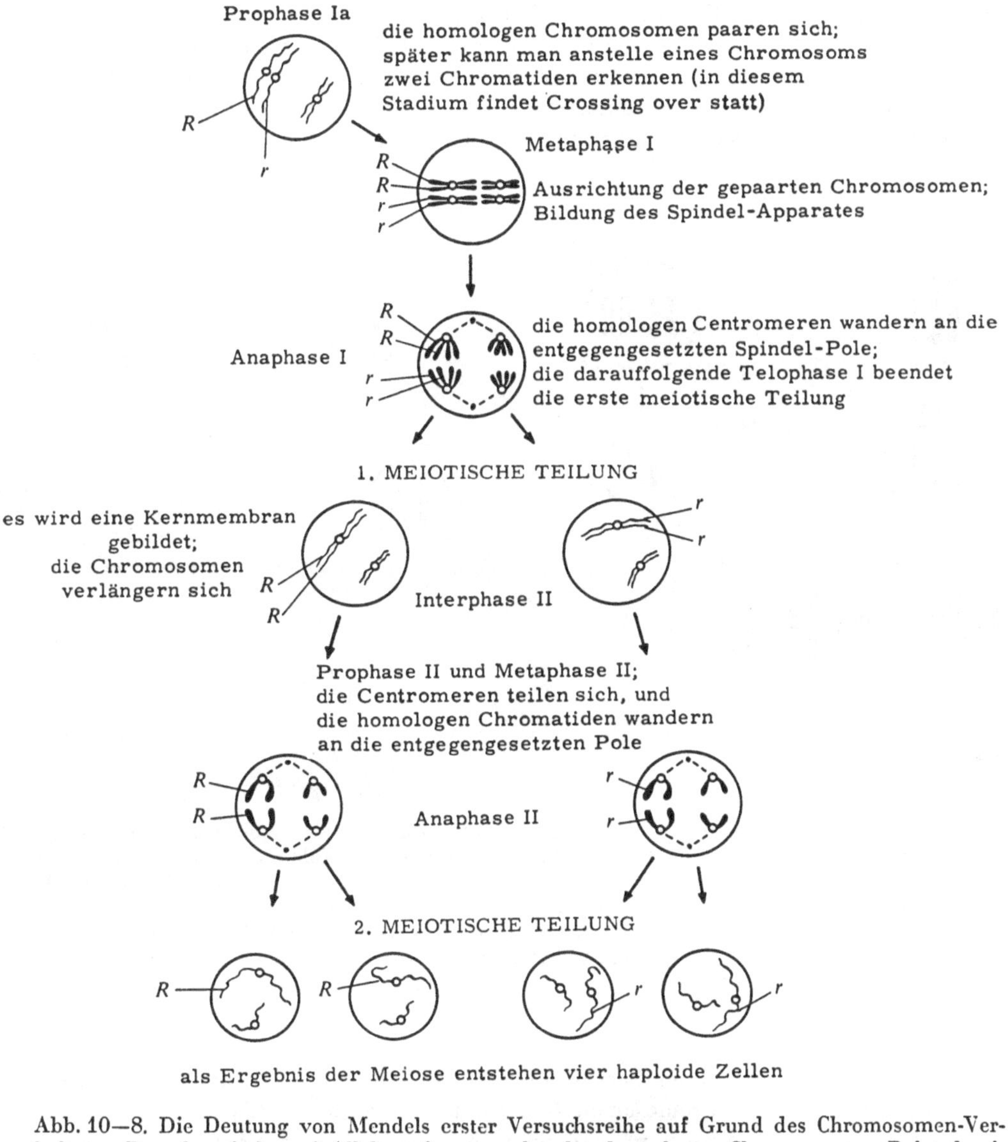

Abb. 10–8. Die Deutung von Mendels erster Versuchsreihe auf Grund des Chromosomen-Verhaltens. *R* und *r* sind zwei Allele auf entsprechenden homologen Chromosomen. *R* ist dominant (runde Schale), *r* ist rezessiv (runzlige Schale).

der einen das Gen *R* und bei der anderen das Gen *r* auf beiden homologen Chromosomen liegen. Folglich enthalten alle Gameten des einen Elternteils das Gen *R*, während alle Gameten des anderen Elters das Gen *r* tragen. Wenn diese Gameten miteinander verschmelzen, so enthalten alle F_1-Zygoten (und später alle Zellen der F_1-Individuen) ein Chromosom mit dem Gen *R* und das homologe mit dem Gen *r*.

In Abb. 10—8 sind die Schritte dargestellt, in denen die Gameten der F_1-Generation gebildet werden. Die Hälfte dieser Gameten trägt das Gen *R* und die andere Hälfte das Gen *r*, wobei es nicht wichtig ist, ob die Gameten weiblich oder männlich sind. Abb. 10—1 zeigt die möglichen Kombinationen dieser Gene in der F_2-Generation.

Mendels zweite Versuchsreihe über die freie Kombinierbarkeit von zwei getrennten Merkmalspaaren kann in einer entsprechenden Weise gedeutet werden (Abb. 10—9(a), (b) und (c)), wenn man voraussetzt, daß die Gene, die diese zwei Merkmalspaare bestimmen, auf zwei unterschiedlichen Chromosomenpaaren liegen.

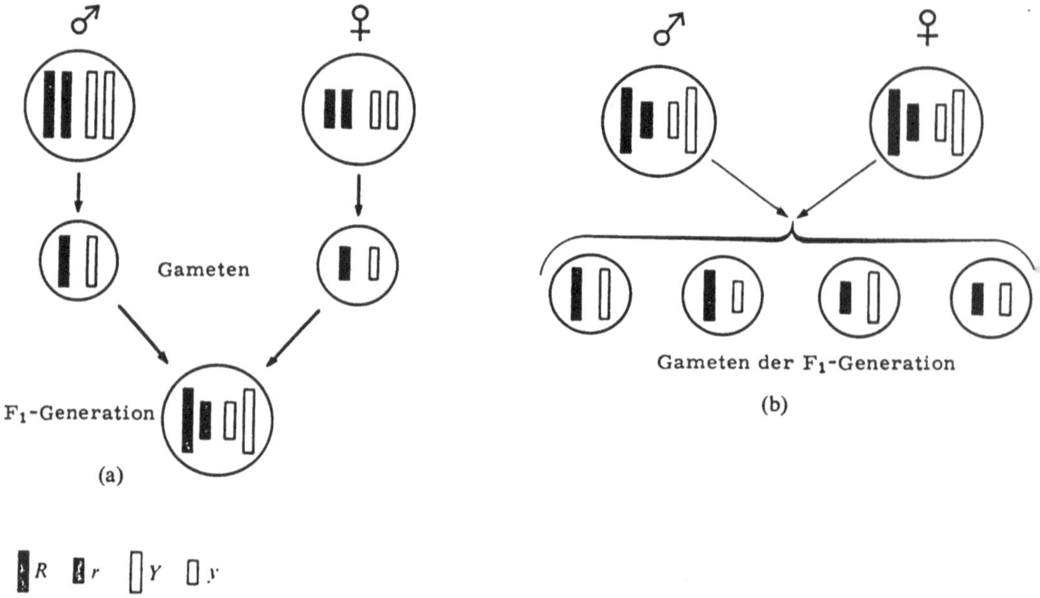

Abb. 10—9. Die Deutung von Mendels Versuchen über die freie Kombinierbarkeit auf Grund des Chromosomen-Verhaltens. (a) Bildung der F_1-Generation. (b) Bildung der F_1-Gameten. Die vier dargestellten Gameten-Arten werden sowohl von den Männchen als auch von den Weibchen gebildet. (c) *gegenüberliegende Seite:* Bildung der F_2-Generation. *R* und *r*, sowie *Y* und *y* liegen auf entsprechenden homologen Chromosomen; die homologen Chromosomen sind nur deshalb ungleich lang dargestellt, damit die Rezessivität von *r* und *y* deutlicher hervortritt.

Sutton hatte aber schon darauf hingewiesen, daß die Tiere und die Pflanzen mehr Erbmerkmale als Chromosomen besitzen und folglich ein Chromosom mehrere Faktoren tragen muß. Diese würden dann nicht unabhängig voneinander übertragen, sondern blieben in einer *Kopplungsgruppe* miteinander verbunden.

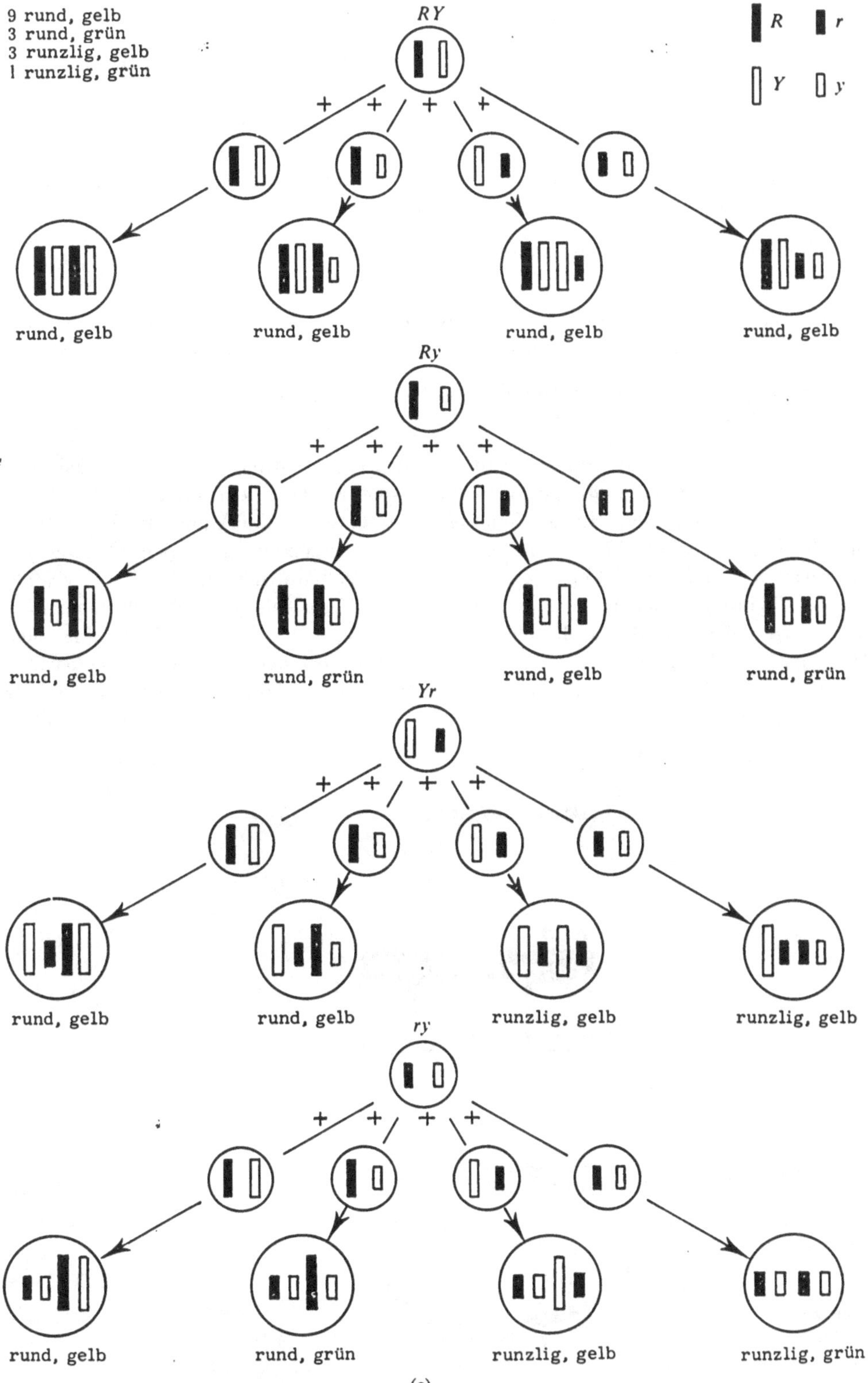
9 rund, gelb
3 rund, grün
3 runzlig, gelb
1 runzlig, grün
R
r
Y
y
RY
+
rund, gelb
rund, gelb
rund, gelb
rund, gelb
Ry
rund, gelb
rund, grün
rund, gelb
rund, grün
Yr
rund, gelb
rund, gelb
runzlig, gelb
runzlig, gelb
ry
rund, gelb
rund, grün
runzlig, gelb
runzlig, grün

(c)

Bateson, Saunders und Punnett (1905 und 1906) beobachteten bei ihren Experimenten mit der Gartenwicke tatsächlich eine derartige Kopplungsgruppe. Sie studierten die Vererbung zweier Merkmalspaare, nämlich der purpurroten (dominanten) und der roten (rezessiven) Blüten, sowie der langen (dominanten) und der runden (rezessiven) Pollenkörner. Die Eltern waren purpurrot lang und rot rund. Die 2132 Pflanzen der F_2-Generation zeigten folgende zahlenmäßige Gruppenaufteilung:

purpurrot lang	purpurrot rund	rot lang	rot rund
1528	106	117	381

Diese Zahlen wichen stark ab vom Verhältnis 9:3:3:1, das man bei der freien Kombinierbarkeit der Gene erwartet hätte. Dieses hätte ungefähr folgendermaßen ausgesehen:

purpurrot lang	purpurrot rund	rot lang	rot rund
1199	400	400	133

Es waren also mehr Pflanzen mit den ursprünglichen elterlichen Kombinationen und weniger Rekombinanten (purpurrot rund und rot lang) entstanden, als man bei einer freien Kombinierbarkeit der Gene erwartet hätte. Die Merkmale der Blütenfarbe und der Pollenkornform blieben während der Meiose irgendwie gekoppelt. Diese Kopplung war aber nicht vollständig gewesen, denn sonst hätte man in der F_2-Generation nur die Pflanzen purpurrot lang und rot rund im Verhältnis von 3:1 gefunden. Man mußte also auf Grund der beobachteten Ergebnisse eine *partielle Kopplung* annehmen. Diese partielle Kopplung der Merkmale wurde auch bei den Kreuzungen beobachtet, bei denen die Eltern purpurrot rund und rot lang waren. Auch hier entstanden in der F_2-Generation zu viele Pflanzen, die den Eltern glichen, und zu wenige Rekombinanten.

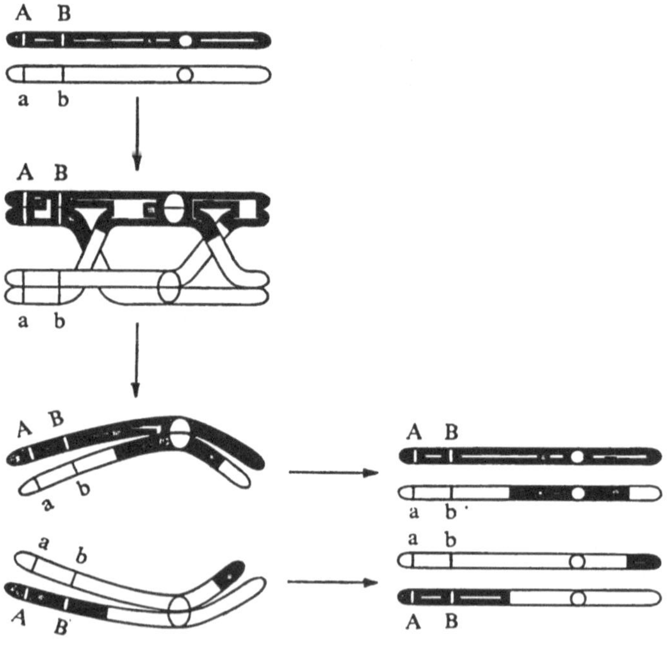

Abb. 10—10. Schematische Darstellung eines möglichen Crossing over-Mechanismus während der Meiose. A und B, sowie a und b bleiben gekoppelt, da kein Crossing over zwischen ihnen stattfindet.

Janssens Beobachtungen (1909) über die Bildung der Chiasmata während der Meiose konnten zu einer möglichen Erklärung für die Entstehung dieser partiellen Kopplung herbeigezogen werden. Dabei entscheidet die genaue Lage eines Crossing over zwischen den Chromatiden darüber, ob zwei Gene, die auf dem gleichen Chromosom liegen, während der Meiose getrennt werden oder gekoppelt bleiben (s. Abb. 10—10). Morgan, der die wichtige Bedeutung von Janssens Entdeckung erkannt hatte, nutzte sie in seiner hervorragenden Arbeit dazu aus, die relativen Lagen der Gene auf den Chromosomen der Taufliege *Drosophila melanogaster* zu bestimmen (von 1911 bis 1915).

10.4. Genkartierung an *Drosophila*

Nach Morgans Theorie ist ein Crossing over zwischen zwei Genen, die auf dem gleichen Chromosom liegen, um so unwahrscheinlicher, je näher diese Gene beisammenliegen; bei den Kreuzungsversuchen entstehen dann um so weniger Rekombinanten in der Nachkommenschaft. Die Rekombinationshäufigkeit beträgt bei der freien Kombinierbarkeit der Gene immer 50% (s. Abb. 10—2 und Abb. 10—9 b, sowie Abschn. 10.1; bei diesem Beispiel sind sowohl Elternkombinationen *RY* und *ry* als auch Rekombinanten *Ry* und *rY* in je der Hälfte der Gameten (50%) der F_1-Generation und folglich in je der Hälfte der Zygoten der F_2-Generation vertreten). Ist die Rekombinanten-Häufigkeit kleiner als 50%, so kann man auf eine partielle Kopplung der Gene schließen. Da die Rekombinanten um so seltener sind, je näher die Gene auf dem bestimmten Chromosom beisammenliegen, kann man ferner die beobachtete Rekombinanten-Häufigkeit als ein Maß für den Abstand zwischen zwei gekoppelten Genen betrachten. Morgan und seine Mitarbeiter wendeten diese Methode erfolgreich an, um bei *Drosophila* die Kopplungsgruppen und die relativen Lagen der Gene auf diesen Kopplungsgruppen (Chromosomen) zu bestimmen.

Aus mehreren Gründen ist *Drosophila* als Objekt für die genetischen Untersuchungen besonders geeignet: Erstens beträgt die Entwicklungszeit vom Ei bis zur ausgereiften Fliege nur wenige Tage, während diejenige der Pflanzen oft monatelang dauert; zweitens weist *Drosophila* viele äußerliche Merkmale auf, deren Veränderungen leicht zu erkennen sind; und drittens besitzt *Drosophila,* was für eine genetische Untersuchung äußerst wichtig ist, nur vier Chromosomenpaare. Drei dieser vier Paare sind Autosomen (zwei davon sind lang und eines sehr kurz), während das vierte Paar aus den Geschlechtschromosomen besteht, die beim Weibchen aus zwei geraden *X*-Chromosomen von mittlerer Länge und beim Männchen aus einem *X*- und einem hakenförmigen Y-Chromosom bestehen (Abb. 10—11). Die Mikrofotografien in Abb. 10—12 zeigen den weiblichen und den männlichen Satz der Riesenchromosomen aus den Speicheldrüsenzellen von *Drosophila.*

Morgan suchte dann in seinem *Drosophila*-Stamm zuerst nach einer Fliege, die sich in irgendeinem äußerlichen Merkmal von den anderen unterschied. Blieb diese Abweichung nach bestimmten Kreuzungsversuchen in den Nachkommen bestehen, so hatte, wie er es ausdrückte, in der ursprünglichen Fliege eine *Mutation* stattgefunden, d. h. das Gen, das für dieses bestimmte Merkmal verantwortlich war, hatte sich verändert. Morgan war dabei von den spontan auftretenden Mutationen abhängig, obwohl er auch versucht hatte, die Mutationen durch Chemikalien, Röntgenstrahlen und andere

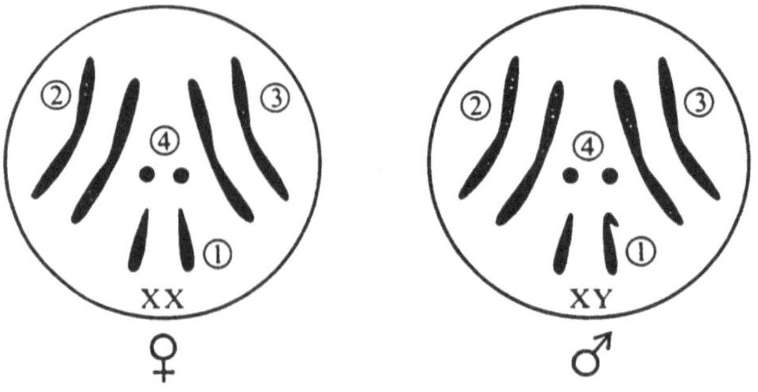

Abb. 10–11. Schematische Darstellung der Chromosomen von *Drosophila melanogaster; links,* weiblicher Chromosomensatz; *rechts,* männlicher Chromosomensatz.

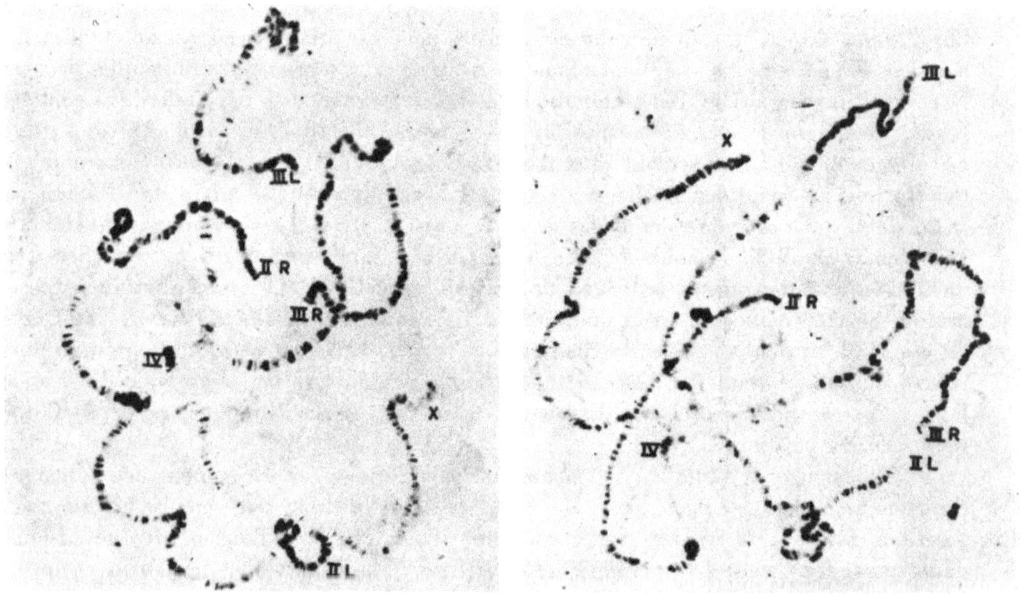

Abb. 10–12. Die Speicheldrüsen-Chromosomen von *Drosophila melanogaster; links,* männlicher Satz; *rechts,* weiblicher Satz. Jeder Chromosomensatz weist fünf Hauptarme auf, einer für das Geschlechts-Bivalent, zwei für jedes der V-förmigen Autosomen sowie ein kleines Stäbchen, das dem IV. oder „Punkt"-Bivalenten entspricht. Die herkömmlichen Bezeichnungen der verschiedenen Arme begründen sich auf deren charakteristische Bänderung. Das Geschlechts-Bivalent des Weibchens (XX) ist dicker und dichter als dasjenige des Männchens (XY), da der größte Teil des Y-Chromosoms im Chromozentrum (dem Vereinigungspunkt aller Chromosomen-Centromeren) liegt. 1000fache Vergrößerung. (Aus O. G. Fahmy und M. Fahmy.)

Mittel künstlich auszulösen. Die Merkmale, bei denen er die Veränderungen von der normalen oder Wildtyp-Form zu der mutierten Form studierte, betrafen unter anderen die Augenfarbe, Körperfarbe, Flügelform und Flügelgröße.

Die erste dieser mutierten Formen, die Morgan entdeckt hatte, war eine männliche Fliege mit weißen Augen, die unter einer großen Zahl von normalen rotäugigen Männchen und Weibchen auffiel. Die Kreuzungsversuche mit diesem Männchen zeigten, daß das Gen für das Merkmal ‚weiße Augen' mit der Geschlechtsbestimmung verbunden war, weshalb es als ein *geschlechtsgekoppeltes* Gen bezeichnet wurde. Morgan konnte nämlich seine Ergebnisse aus dieser Kreuzung nur dann sinnvoll deuten, wenn er das mutierte Gen auf dem *X*-Chromosom, aber nie auf dem *Y* liegend annahm. Die Weibchen besaßen in diesem Fall nur dann weiße Augen, wenn sie für dieses rezessive Gen homozygot waren, während in den heterozygoten Weibchen das dominante Wildtyp-Gen für rote Augen, das auf einem der *X*-Chromosomen liegen mußte, die Wirkung des mutierten Gens auf dem anderen *X*-Chromosom unterdrückte. Da das *Y*-Chromosom der Männchen kein dominantes Gen für rote Augen trug, konnte sich deshalb bei ihnen das mutierte Gen auf dem *X*-Chromosom voll auswirken. Dies war der erste Fall, bei dem ein bestimmtes Gen auf Grund von experimentellen Ergebnissen einem bestimmten Chromosom, das man auf allen mikroskopischen Präparaten erkannte, zugeordnet werden konnte. Heute kennt man mehr als 100 Gene, die auf dem *X*-Chromosom von *Drosophila* liegen.

Morgan und seine Mitarbeiter bestimmten die Kopplungsgruppen der *Drosophila* mit Hilfe der sogenannten 3-Faktor-Kreuzungen. Dabei betrachtet man die Gene *A*, *B* und *C* als auf dem einen und ihre Allele *a*, *b*, und *c* auf dem homologen Chromosom liegend:

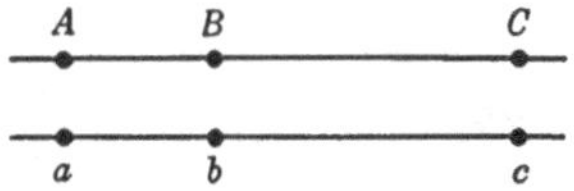

Findet jetzt zwischen *A* und *B* ein Crossing over statt, so entstehen die folgenden Rekombinanten:

A b c
a B C

liegt das Crossing over zwischen *B* und *C*:

A B c
a b C

und schließlich ergeben sich bei einem doppelten Crossing over zwischen *A* und *B* und zwischen *B* und *C* die Rekombinanten

A b C
a B c

Morgan kreuzte *Drosophila*-Fliegen, die drei unterschiedliche Merkmale aufwiesen (diese wurden jeweils durch rezessive Gene bestimmt, die auf dem gleichen Chromosom lagen), mit dem normalen Wildtyp; anschließend kreuzte er diese heterozygoten Nachkommen wiederum mit den homozygot rezessiven Fliegen und analysierte diese neue Nachkommenschaft sehr sorgfältig. Er bestimmte so die prozentualen Häufigkeiten der verschiedenen Rekombinantentypen, die den Häufigkeiten des Crossing over zwischen den drei Genpaaren *A* und *B*, *B* und *C*, sowie *A* und *C* entsprachen. Die Merkmale, die er dabei verwendete, betrafen wieder unter anderem Körperfarbe, Flügelform, Augenfarbe und das Fehlen von Borsten; einige dieser körperlichen Eigenschaften sind in Abb. 10—13 a schematisch dargestellt. Die Symbole, die die mutierten Gene darstellen, beziehen sich immer auf das Aussehen der Mutante, z. B. *vg* (vom Engl. *vestigial wings,* ‚verkümmerte Flügel‘), während für das normale Wildtyp-Gen vg^+, oder gelegentlich, wenn keine Verwechslungen entstehen können, einfach + geschrieben wird.

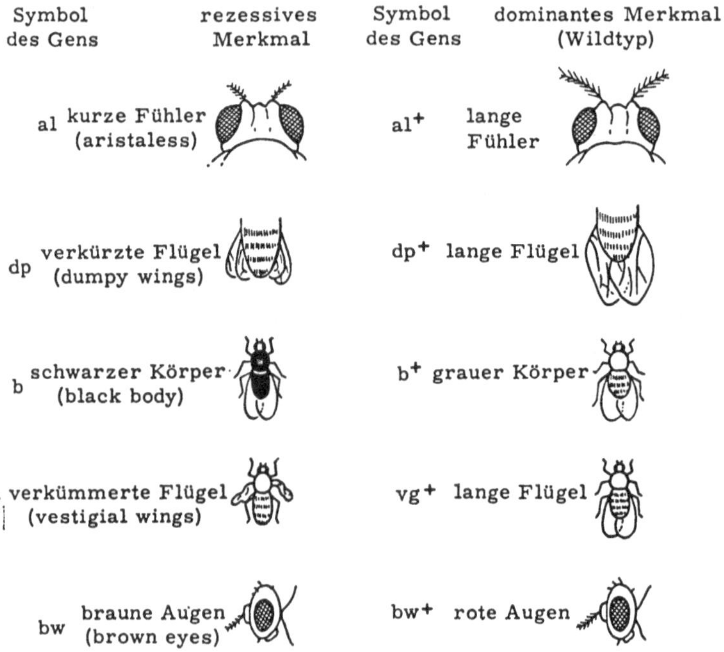

Abb. 10—13. (a) Einige der rezessiven und dominanten Merkmale (mit ihren entsprechenden Symbolen) in *Drosophila,* die Morgan gefunden hatte.

Morgan zeigte, daß die Häufigkeit des Crossing over zwischen einem bestimmten Allelpaar zweier verschiedener Gene (z. B. zwischen *A* und *B*) immer in der gleichen Größenordnung lag, wobei es nicht wichtig war, ob diese Allele ursprünglich auf dem gleichen Chromosom oder auf verschiedenen Chromosomen lagen. Überdies war bei den 3-Faktor-Kreuzungen von Morgan die Häufigkeit des Crossing over zwischen zwei Genen, die aus der Rekombinanten-Häufigkeit bestimmt wurde, angenähert die mathematische Summe der Crossing over-Häufigkeiten zwischen den restlichen zwei Genpaaren (dabei mußte man aber jeweils die Doppel-Crossing over entsprechend berücksichtigen, die zu den Rekombinanten *AbC* und *aBc* führten. Wurde z. B. zwischen *A* und *C* eine Crossing over-Häufigkeit von 30% und zwischen *C* und *B* eine solche von 4% gefunden, so war folglich die Häufigkeit der Crossing over zwischen *A* und *B* ungefähr 34%. Sturtevant, ein Mitarbeiter von Morgan, schlug deshalb 1913 vor, die prozentualen Häufigkeiten der Crossing over zwischen verschiedenen Genen als ein Maß für die Abstände zwischen den betreffenden Genen anzusehen. In unserem Beispiel müßten also

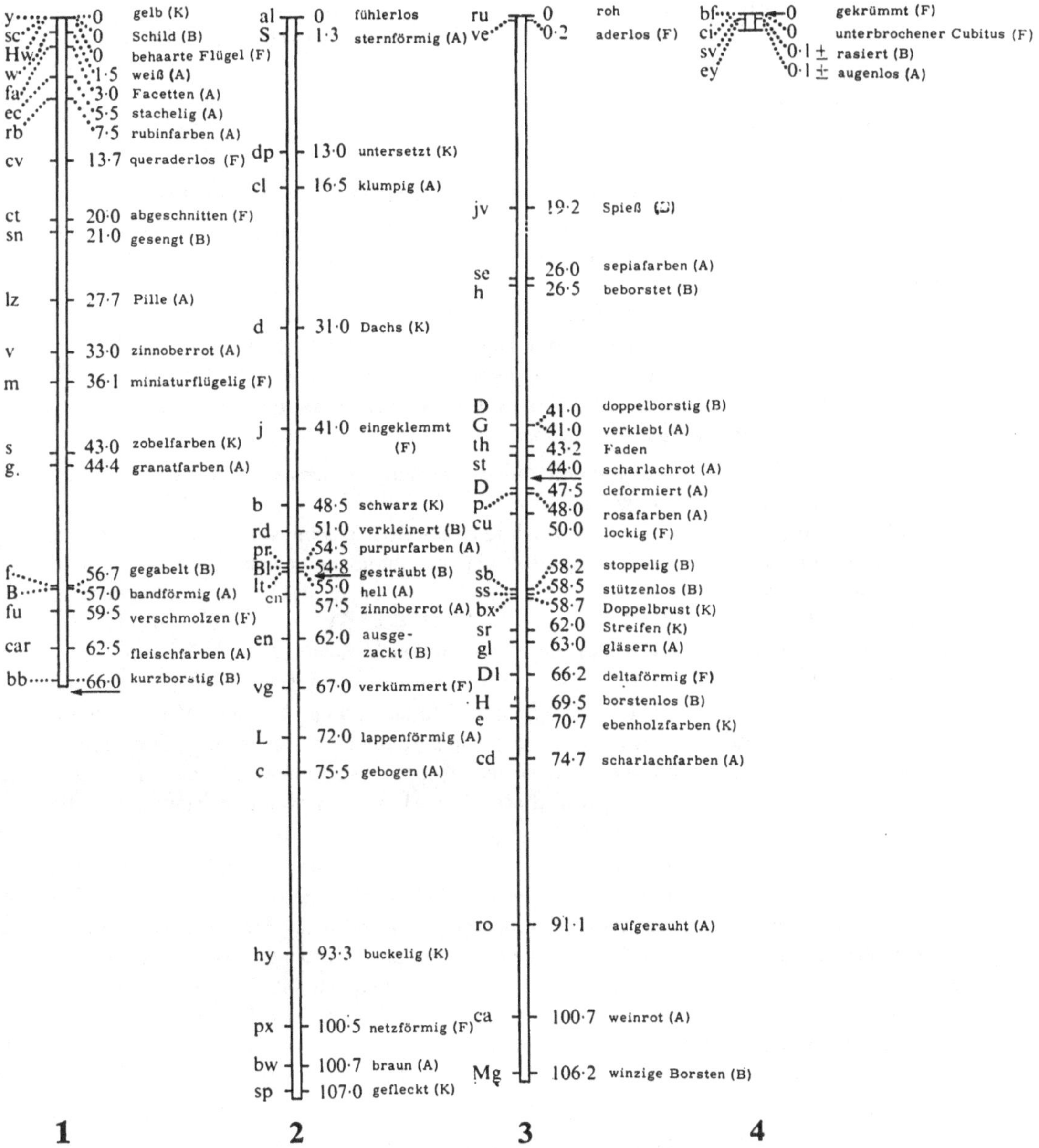

Abb. 10—13. (b) Die lineare Genkarte mit den vier Kopplungsgruppen von *Drosophila,* die den vier Chromosomen entsprechen. In Klammern die Organe, an denen sich die Gene auswirken: A, Augen; B, Borsten; F, Flügel; K, Körper.

die drei Gene auf dem Chromosom in der Reihenfolge *A* — *C* — *B* angeordnet sein, wobei der Abstand zwischen *B* und *C* viel kleiner als derjenige zwischen *A* und *C* wäre:

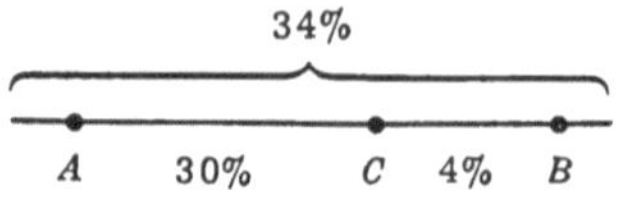

Da sich die Häufigkeiten der einzelnen Crossing over als additiv erwiesen hatten, konnten die Genorte oder Loci folglich nur linear aufgeteilt sein, denn keine andere Anordnung würde den beobachteten Ergebnissen entsprechen. Die Lage der einzelnen Gene konnte deshalb auf einer *linearen Genkarte* aufgezeichnet werden (Abb. 10—13 b). Sturtevant definierte die Abstands-Einheit auf der Genkarte (das sog. centi Morgan) als den Abstand zwischen zwei Genen, deren Rekombinationshäufigkeit 1% ist, d. h. zwischen denen auf 100 Gameten 1 Crossing over vorkommt. Beträgt also die Rekombinationshäufigkeit zwischen zwei Genen z. B. 6%, so liegen diese Gene sechs Rekombinationseinheiten weit voneinander entfernt.

Es gelang Morgan, der zusammen mit Sturtevant, Bridges und Muller viele verschiedene 3-Faktor-Kreuzungen durchführte, bis 1915 die Lage von ungefähr 50 *Drosophila*-Genen auf der Genkarte einzuzeichnen. Diese Versuche sind seither weitergeführt worden, so daß diese Karte heute sehr viel vollständiger geworden ist; auf einem der längeren Chromosomen konnte man beispielsweise mehr als 500 Gene bestimmen. Die Abb. 10—13 b zeigt die vereinfachte Genkarte des *X*-Chromosoms und der drei Autosomen von *Drosophila.* Die Entdeckung der linearen Anordnung der Gene auf einer derartigen Karte unterstützte zudem erneut die Chromosomentheorie der Vererbung, denn die Chromosomen erscheinen ja selbst als fadenförmige Körper. Morgan hatte weiterhin bei *Drosophila* vier Kopplungsgruppen gefunden, in denen alle Gene untergebracht werden konnten; da die Zahl dieser Kopplungsgruppen mit der haploiden Chromosomenzahl übereinstimmte, war diese Entdeckung ein weiterer Beweis für die Richtigkeit der Chromosomentheorie.

Wie Sturtevant aber schon vermutet hatte, entsprechen die Abstände zwischen den gekoppelten Genen einer Genkarte nicht immer den wirklichen räumlichen Abständen auf den Chromosomen, da bestimmte Chromosomenabschnitte ihr Material leichter austauschen als andere. Man hatte bei der Herstellung der Genkarte auch vorausgesetzt, daß ein schon bestehendes Crossing over die Wahrscheinlichkeit für die Entstehung eines zweiten nicht beeinflußte. Dies erwies sich aber als nicht richtig, denn die Wahrscheinlichkeit, daß in der Nähe eines Crossing over ein zweites entsteht, wird durch *Interferenz* meistens verkleinert, gelegentlich auch erhöht (Muller, 1916).

Sturtevant bemerkte weiterhin, daß die Häufigkeiten des Crossing over nur dann genau additiv waren, wenn die betreffenden Gene nahe beisammenlagen. Die Additivität gilt bei hohen Rekombinations-Häufigkeiten deshalb nicht mehr, weil zwischen weiter voneinander entfernten Genen mehrere Crossing over vorkommen können. Immer wenn Gene weit voneinander entfernt liegen, beispielsweise auf den Enden eines langen Chromosoms, werden sie annähernd 50% Rekombinanten hervorbringen, die auf multiple Crossing over zurückzuführen sind. Wenn 2, 4, 6 bis zu jeder geraden Zahl Crossing over zwischen ihnen stattfinden, erscheinen sie gekoppelt, doch bei 1, 3, 5 bis zu jeder ungeraden Zahl von Crossing over erscheinen sie ungekoppelt. Die gekoppelten Gene, die weit voneinander entfernt liegen, verhalten sich deshalb bei der Gametenbildung infolge dieser häufigen Crossing over (wobei geradzahlige und ungeradzahlige ungefähr gleich häufig vorkommen) wie nicht gekoppelte Gene; damit läßt sich die Beobachtung erklären, nach der die Zahl der scheinbar frei kombinierbaren Merkmale die haploide Chromosomenzahl gelegentlich übersteigt. Es ist in der Tat oft unmöglich, beim Aufstellen einer neuen Genkarte zu sagen, ob zwei bestimmte Gene an den entgegengesetzten Enden eines Chromosoms oder auf zwei verschiedenen Chromosomen liegen. Da sich die Rekombinationshäufigkeiten der Gene, die weit voneinander entfernt sind, immer dem Wert von 50% nähern, können die Genkarten gelegentlich anstelle von 100 bis zu 107 Einheiten aufweisen (Abb. 10—13 b); daraus geht ebenfalls deutlich hervor, daß die Methode um so ungenauer wird, je weiter die Gene voneinander entfernt liegen.

1933 begann Painter damit, die Riesenchromosomen der Speicheldrüsen von *Drosophila* sehr genau zu studieren. Da er dabei in allen Präparaten bestimmte charakteristische Chromosomen jeweils wieder erkannte, konnte er einige morphologische Veränderungen der Chromosomen mit den genetischen Veränderungen der Fliege selbst vergleichen und auf diese Weise Chromosomenkarten herstellen, auf denen die tatsächlichen Positionen der Gene eingezeichnet waren. Painter konnte damit die Reihenfolge der Gene auf den statistischen Karten, die Morgan hergestellt hatte, bestätigen, aber die berechneten Abstände zwischen den einzelnen Genen wichen infolge der unterschiedlichen Crossing over-Wahrscheinlichkeiten von seinen Beobachtungen etwas ab. Painter bestätigte auch, daß die vier Kopplungsgruppen den vier Chromosomenpaaren in *Drosophila* richtig zugeordnet worden waren.

Die Genetik ist durch die Leistungen von Morgan und dessen Mitarbeitern auf eine feste Zahlengrundlage gebracht worden, so daß man gewisse Ergebnisse mit einer beachtlichen Genauigkeit voraussagen kann. Wir kennen heute die Genkarten vieler Organismen, die oft mit den wirklichen Chromosomenkarten erstaunlich gut übereinstimmen.

10.5. Genkartierung an Mikroorganismen

Die Suche nach Rekombinanten unter einer großen Zahl von *Drosophila*-Mutanten erforderte vor allem sehr viel Zeit und Arbeit, wenn die betreffenden Gene nahe beisammenlagen und die Zahl der Rekombinanten deshalb sehr klein war. Seit den vierziger Jahren verwendet man daher als Material für genetische Untersuchungen bestimmte Mikroorganismen — Schimmelpilze, Bakterien und Viren. Die großen Vorteile dieser Mikroorganismen bestehen darin, daß diese Organismen einerseits eine kurze Generationsdauer besitzen und anderseits leicht unter kontrollierbaren Bedingungen im Laboratorium gezüchtet werden können. Nachteilig ist jedoch, daß ihre genetischen Veränderungen nicht sichtbar sind, da sie keine leicht erkennbaren morphologischen Merkmale besitzen. Daher wurde der eigentliche Wert der Mikroorganismen als Objekte für genetische Untersuchungen erst erkannt, als die Biochemiker entdeckt hatten, daß diese winzigen Lebewesen auf Grund ihres Nährstoffbedarfs in verschiedene Gruppen einzuordnen sind. Jetzt konnten die Vererbungsversuche mit mehreren Millionen von Individuen ausgeführt werden (bei *Drosophila* ist es hingegen schwierig, mehr als 50 000 Nachkommen auf einmal zu betrachten), und zudem wurde durch die Verwendung von selektierenden Medien der Arbeitsaufwand sehr stark eingeschränkt.

Die ersten genetischen Untersuchungen über die Biochemie der Mikroorganismen wurden Anfang der vierziger Jahre von Beadle am Schimmelpilz *Neurospora* ausgeführt. *Neurospora* kann sich sowohl vegetativ als auch sexuell vermehren. Im zweiten Fall verschmelzen die elterlichen Geschlechtskerne zu einer diploiden Zygote, die sich aber schon bald nach ihrer Bildung meiotisch teilt. Aus dieser Meiose gehen vier haploide Tochterkerne hervor, die sich einmal mitotisch teilen, so daß am Schluß aus einer Zygote acht haploide Kerne entstanden sind (Abb. 10—14). Diese entwickeln sich jetzt zu vier Sporenpaaren, die in einer regelmäßigen Anordnung im Sporenbehälter oder Ascus liegen. Dabei stimmen die Glieder eines jeden Paares genetisch genau miteinander überein, und zudem zeigt ihre Anordnung im Ascus die Reihenfolge an, in der die Kernteilungen stattgefunden haben (vgl. Abb. 10—14).

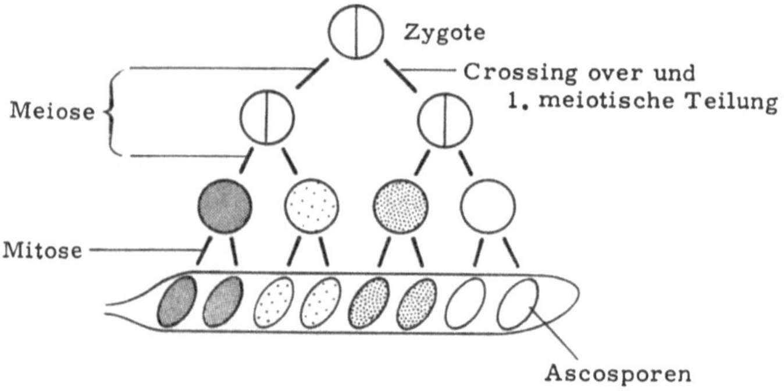

Abb. 10—14. Die Anordnung der Ascosporen im Ascus von *Neurospora*.

Neurospora wurde für diese Untersuchungen gewählt, weil ihre Ascosporen leicht in der richtigen Reihenfolge aus dem Ascus herausgenommen und dann einzeln in unterschiedlich zusammengesetzte Medien übertragen werden können. Weiterhin wird in ihren haploiden Kernen die Wirkung einer rezessiven Mutation nie durch ein dominantes Wildtyp-Allel unterdrückt. Man konnte durch einfache Veränderungen der Mediumzusammensetzung Mutanten finden, die nicht mehr imstande waren, eine bestimmte biochemische Verbindung herzustellen, die für den Stoffwechsel der Zellen erforderlich war; die Verbindung selbst konnte dabei ebenfalls bestimmt werden. Man hat auf diese Weise z. B. einen mutierten *Neurospora*-Stamm gefunden, der nur in einem Medium wachsen konnte, das als Zusatz die Aminosäure Arginin enthielt (s. Abb. 4 bis 1 a), während der Wildtyp in dem künstlichen „Minimalmedium ohne Arginin wuchs. Dies war ein Beispiel für eine Mutation, die Garrod (1908) im Falle von seltenen menschlichen Erbkrankheiten „angeborenen Stoffwechselfehler" genannt hatte.

Beadle und Tatum veröffentlichten ihre ersten Ergebnisse der Untersuchungen mit *Neurospora* in den Jahren 1941 und 1942. Sie hatten in einer kurzen Zeitspanne sehr viele unterschiedliche Mutanten dieses Schimmelpilzes erhalten, von denen jede irgendeinen besonderen Stoffwechselmangel aufwies. Sie kreuzten jeweils jede neue Mutante mit dem Wildtyp und verfolgten das Verhalten der F_1-Ascosporen. Wurde der beobachtete Mangel der ursprünglichen Mutante durch die Veränderung eines einzigen

Gens hervorgerufen, so erwartete man bei den Nachkommen in jedem Ascus vier mutierte und vier nicht mutierte Sporen. Beadle und Tatum konnten diese Verteilung für die Nachkommen aller ihrer Mutanten bestätigen; sie schlossen daraus, daß ein Gen für die Biosynthese eines spezifischen Enzyms verantwortlich sei, da ein Gen jeweils einen bestimmten, biochemischen Reaktionsschritt kontrollierte und zudem jede dieser Reaktionen im allgemeinen ein spezifisches Enzym erforderte. Diese Annahme wurde später die „Ein-Gen-ein-Enzym-"Hypothese genannt.

Die ersten Genetiker mußten sich auf das Erscheinen von spontanen Mutationen verlassen. Muller (1927) bewies dann aber durch seine Experimente, daß die Bestrahlung von Keimzellen mit Röntgenstrahlen Mutationen auslöste; später wurde auch die mutagene Wirkung der UV-Strahlen erkannt. Beadle und Tatum wendeten deshalb diese Strahlen an, um die vielen Mutationen bei *Neurospora* auszulösen. Heute zieht man meistens bestimmte chemische Substanzen (mutagene Agentien) als Mutationsauslöser vor, da durch sie viel mehr mutierte Gene als durch die Strahlen erzeugt werden können.

10.6. Bakteriengenetik

1944 begann man damit, die Genetik der Bakterien in einer ähnlichen Weise wie diejenige von *Neurospora* zu studieren; man suchte also Mutanten, die nicht mehr imstande waren, bestimmte lebensnotwendige Substanzen selbst herzustellen. Daneben verwendete man auch Bakterien-Mutanten, die gegen verschiedene Antibiotika oder gegen die Infektion durch Bakteriophagen (siehe unten) resistent waren.

Lederberg und Tatum gelang 1946 die außerordentlich wichtige Entdeckung der genetischen Rekombination bei *Escherichia coli*, die mit einer Art sexueller Fortpflanzung verbunden ist. Die Forscher gingen dabei von zwei unterschiedlichen Mutantenstämmen aus, von denen ein jeder in seinem Medium einen bestimmten zusätzlichen Wachstumsfaktor benötigte. Diese Stämme wurden gemischt und darauf in ein Medium übertragen, in dem beide Wachstumsfaktoren fehlten, die die Bakterien nicht mehr herstellen konnten; in einem derartigen Medium konnte deshalb keiner der ursprünglichen Stämme wachsen. Lederberg und Tatum fanden aber unter den vielen, abgestorbenen Zellen unerwarteterweise einige wenige, die wachsen konnten und Kolonien bildeten. Diese Zellen mußten deshalb anstelle der mutierten Gene Kopien der funktionsfähigen Normalgene enthalten.

Einige Bakterienzellen können folglich eine geschlechtliche Phase durchlaufen, in der sie gegenseitig Teile ihrer genetischen Substanz austauschen, so daß dadurch ein Genom mit funktionsfähigen Normalkopien von allen Genen entsteht. (Da der Ausdruck ‚Chromosom', wie wir in Kap. 14 zeigen werden, für die Bezeichnung des genetischen Materials der Viren und der Bakterien nicht verwendet werden kann, wird hier zweckmäßiger von einem *Genom* gesprochen.) Man kann sich aber auch vorstellen, daß die „normal" gewordenen Zellen durch eine Rückmutation von der mutierten zu der Wildtyp-Form entstanden sind. Diese Möglichkeit war aber auszuschließen, da die gleichen Ergebnisse auch bei den Bakterienstämmen beobachtet wurden, die in ihrem Medium zwei zusätzliche Wachstumsfaktoren benötigten. Nach Lederberg und Tatum war die Wahrscheinlichkeit, daß im gleichen Bakterium zwei Rückmutationen auftraten (die in der Größenordnung von 1 zu 10^{14} liegt) klein genug, um vernachlässigt zu werden.

Lederberg bestimmte bei *E. coli* auf diese Weise die Rekombinationshäufigkeiten von mutierten Merkmalspaaren, die alle der gleichen Kopplungsgruppe angehörten. Er schloß daraus, daß die genetische Substanz dieser Bakterien aus einem einzigen DNA-Strang bestehen mußte; dies hat sich später als richtig erwiesen. Auch seine Annahme, die Bakterien müßten haploid sein, da er niemals Dominanz oder Rezessivität beobachtet hatte, konnte nachträglich bestätigt werden. Lederberg veröffentlichte 1947 die erste Genkarte von *E. coli,* die die Lage von acht Genloci enthielt.

Der eigentliche geschlechtliche Vorgang der Bakterien, der als Konjugation bezeichnet wird, weist einige besondere Merkmale auf, die ihn von anderen vergleichbaren Prozessen unterscheidet. Man beobachtete nämlich im Elektronenmikroskop, daß die Bakterienzellen nicht miteinander verschmolzen, um sich dann durch einen Meiose-Vorgang aufzuteilen, sondern daß die genetische Substanz durch eine schmale Verbindungsbrücke von der männlichen in die weibliche Zelle übertrat. Die elektronenmikroskopische Aufnahme dieses Vorgangs (Abb. 10—15) stammt von Anderson, der auf diesem Gebiet arbeitet. Das männliche Bakterium *F+* enthält, im Gegensatz zu dem

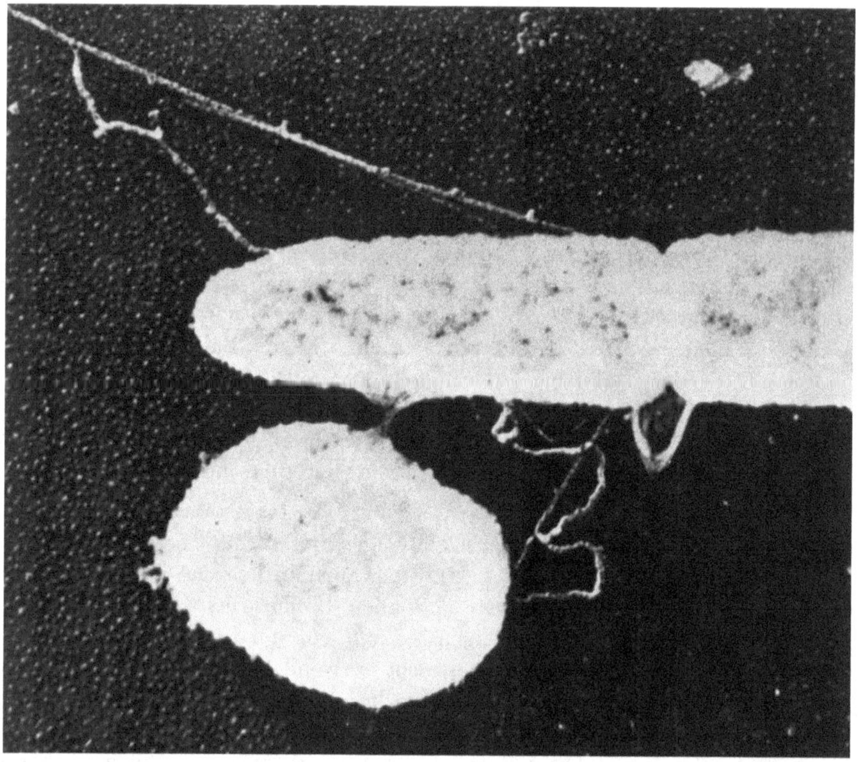

Abb. 10—15. Elektronenmikroskopische Aufnahme der Bakterien-Konjugation. Die lange Zelle im oberen Teil des Bildes ist eine männliche *Hfr*-Zelle, die durch eine kurze Brücke mit einer weiblichen Zelle verbunden ist. 60000fache Vergrößerung. (Aus T. F. Anderson.)

weiblichen F^-, den genetischen Faktor F (engl. ‚*fertility*'). Dieser F-Faktor kommt im männlichen Bakterium entweder als ein sehr kleines selbständiges Genom (von dem man annimmt, daß es wie das Bakteriengenom selbst ringförmig ist) oder als ein eingebauter Teil des Bakteriengenoms vor (Abb. 10—16). Man bezeichnet einen derartigen genetischen Faktor als ein *Episom*.

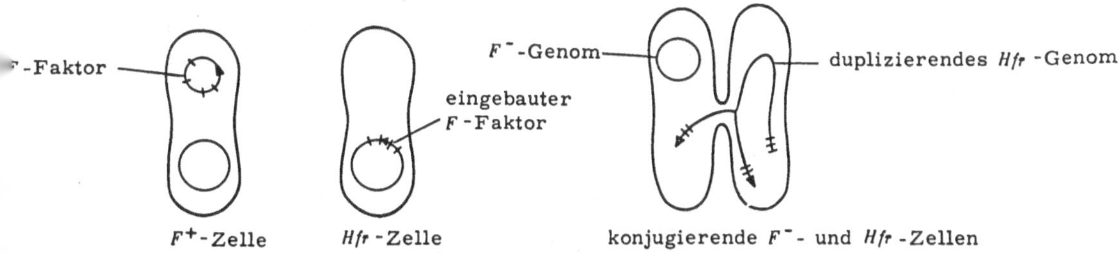

Abb. 10—16. Konjugation der *E. coli*-Bakterien.

Der freie F-Faktor wird dabei durch einen Crossing over-Vorgang in das Bakteriengenom eingebaut. Die männlichen Zellen, deren F-Faktor frei ist, übertragen ihre genetische Substanz verhältnismäßig selten in die weiblichen F^--Zellen; hingegen steigt die Rekombinationshäufigkeit mit den F^--Zellen stark an, wenn der F-Faktor im F^+-Bakteriengenom eingebaut ist. Aus diesem Grund nennt man die F^+-Bakterien, deren F-Faktor ein Teil des Genoms ist, *Hfr*-Bakterien (engl. ‚high frequency of recombination').

Bei der Konjugation bricht das männliche Genom immer dort auf, wo der F-Faktor integriert ist. Dies hängt nach der heutigen Vorstellung mit der Genom-Verdopplung zusammen, da die Replikation jeweils an der aufgebrochenen Stelle beginnt (Abb. 10—16). Anschließend wandert einer der DNA-Tochterstränge nach und nach in das Innere der weiblichen Zelle. Die vollständige Übertragung des genetischen Materials dauert bei *E. coli* ungefähr 90 Minuten, aber meistens bricht sie schon früher ab. Die Kräfte, die an diesem Vorgang beteiligt sind, sind noch nicht bekannt. Nach der Konjugation läuft in der weiblichen Zelle ein Crossing over zwischen dem männlichen Teilgenom und dem weiblichen Genom ab, worauf durch einen Segregations-Vorgang wieder eine haploide Zelle entsteht.

Die konjugierenden Bakterien können zu jedem Zeitpunkt voneinander getrennt werden (z. B. mit Hilfe eines hochtourigen Mixgerätes), wobei die Übertragung des männlichen Genoms unterbrochen wird. Da dieses immer mit dem gleichen Ende voran und zudem in einer festgelegten Reihenfolge in die weibliche Zelle eintritt, kann die Häufigkeit irgendeines männlichen Gens im Rekombinantengenom als ein Maß für den Abstand zwischen diesem Gen und der Eintrittsstelle des männlichen Genoms betrachtet werden. Auf dieser Grundlage entstand nach und nach die Genkarte des *E. coli*-Genoms: Man unterbrach bei konjugierenden Ausgangs-Stämmen, die unterschiedliche mutierte Stoffwechselmerkmale hatten (unter anderen auch Resistenz gegen Antibiotika), nach verschiedenen Zeitabschnitten die Genübertragung und untersuchte dann die entstandenen Rekombinanten.

Hätte es aber nur einen *Hfr*-Bakterien-Stamm gegeben, so wäre es kaum möglich gewesen, die Genorte zu bestimmen, die vom Eintrittsende des männlichen Genoms weit entfernt lagen. Glücklicherweise hatte man aber mehrere *Hfr*-Stämme entdeckt, deren *F*-Faktoren jeweils an einer anderen Stelle im Genom integriert waren. Vor der Konjugation brach deshalb in jedem dieser unterschiedlichen *Hfr*-Stämme das Genom an einer besonderen Stelle auf, so daß sich auch die Rekombinations-Werte voneinander unterschieden. Es gelang durch Zusammenfügen der Ergebnisse, die aus den Versuchen mit diesen unterschiedlichen *Hfr*-Stämmen gewonnen wurden, eine sehr vollständige Genkarte von *E. coli* herzustellen (Abb. 10—17).

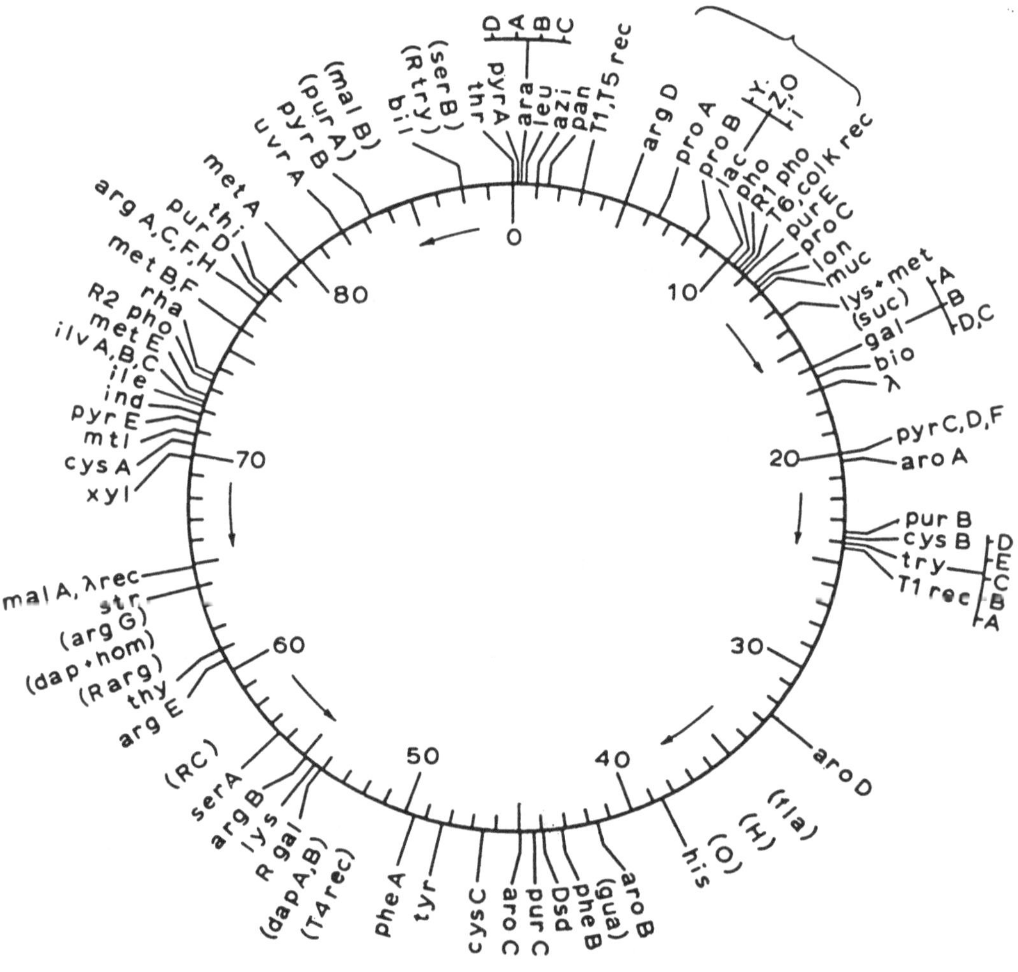

Abb. 10—17. Genkarte von *E. coli*. Die Symbole zeigen die Genorte an. Wenn die Genorte nur annähernd bekannt sind, stehen sie in Klammern. Die Karte ist durch die Zahlen in Zeitabstände von Minuten eingeteilt. [Aus A. L. Taylor und M. S. Thoman: The genetic map of Escherichia coli K-12. Genetics *50*, 659 (1964).]

Eines der interessantesten Ergebnisse ist die Tatsache, daß dieses Bakteriengenom ringförmig ist. Auf der Genkarte der Abb. 10—17 weisen die Pfeile auf die Punkte hin, an denen die Genome der unterschiedlichen *Hfr*-Stämme aufbrechen; die Richtung eines Pfeils zeigt weiterhin die Richtung an, in der die Gensubstanz übertragen wird. Die Symbole beziehen sich dabei auf die Merkmale, die von den betreffenden Genen kontrolliert werden. Die Tabelle in Abb. 10—18 enthält eine Aufzählung der Gene und der von ihnen kontrollierten Enzyme oder Reaktionen (soweit diese bekannt sind), die zwischen etwa 5 und 11 Minuten nach dem Eintritt des männlichen Genoms in die weibliche Zelle übertragen werden.

Angenäherter Zeitpunkt des Geneintritts	Symbol auf der Karte	Durch die Mutation betroffene Enzyme oder Reaktionen	Veränderte Merkmale
5	arg D	Ornithin-transcarb-amylase	die Zelle benötigt Arginin für das Wachstum
7	pro A		benötigt Prolin
9	pro B		benötigt Prolin
10	lac Y	Galactosid-permease	kann keine β-Galactoside anhäufen
10	lac Z	β-Galactosidase	kann keine Lactose als Kohlenstoffquelle ausnutzen
10	lac 0	defektes Operatorgen	bildet die Proteine des Lactose-Operons konstitutiv (größte Syntheserate)
11	pho	basische Phosphatase	kann keine Phosphorsäure-Ester ausnutzen
11	R1 pho	Repressor der basischen Phosphatase	bildet die Phosphatase konstitutiv

Abb. 10—18. Gene, die zwischen 5 und 11 Minuten nach Beginn der Konjugation von einer *Hfr*- in eine F^--Zelle von *E. coli* übertragen werden.

Bei den Bakterien sind zwei weitere Vorgänge bekannt, durch die genetische Rekombinanten entstehen können und die folglich bei der Aufstellung der Genkarte ausgenutzt worden sind. Der erste dieser Vorgänge ist die *Transduktion,* bei der Abschnitte des Bakteriengenoms durch ein infektiöses Virus von einem Bakterium in ein anderes übertragen werden. Bakterien-Viren oder *Bakteriophagen* sind seit 1914 bekannt. Viele grundlegende Untersuchungen über die Virengene selbst sind an den Bakteriophagen T4 durchgeführt worden. Bei der Transduktion nimmt ein Bakteriophage einen kleinen Teil (ungefähr 1%) eines Wirtsbakteriums auf und impft es dann in ein anderes Bakterium ein. In diesem findet das Crossing over zwischen dem eingeführten Teilgenom und dessen eigenen Genom statt; werden bei der Transduktion zwei unterschiedliche Bakterienstämme verwendet, so entsteht durch dieses Crossing over eine genetisch veränderte Bakterienzelle. Da ein einzelner transduzierender Bakteriophage nur eine sehr kleine Zahl von Genen übertragen kann, hat sich die Transduktion, obwohl sie selten vorkommt, bei der Bestimmung von nahe beieinanderliegenden Genen als sehr nützlich erwiesen.

Der dritte Vorgang, bei dem genetische Bakterien-Rekombinanten entstehen, ist die *Transformation.* Dabei wird gereinigte DNA aus einem bestimmten Bakterienstamm in einen zweiten Stamm eingeführt, der sich genetisch vom ersten unterscheidet. Griffiths entdeckte die Transformation 1928 bei Pneumokokken-Stämmen, da bestimmte Merkmale der Zellen, aus denen die DNA extrahiert wurde, auf diese Weise auf die Empfänger übertragen werden konnten. Die Transformation ist als Rekombinations-Mechanismus nicht sehr wirksam; sie kann aber bei der Erstellung der Genkarten benutzt werden, wenn kein passender transduzierender Phage vorhanden ist. Auch hier kann man vor allem wieder die nahe beisammenliegenden Gene bestimmen, da jeweils nur kleine Abschnitte der genetischen Substanz übertragen werden.

10.7. Phagengenetik

Ende der dreißiger Jahre begannen die Genetiker, die verschiedenen Bakteriophagen-Arten, die das Bakterium *E. coli* angriffen, genauer zu untersuchen. Die bekanntesten dieser Phagen sind die ähnlichen Stämme T2, T4 und T6 (Abb. 10—19). Ein charakteristischer Phage besteht aus einem Kopf- und einem Schwanzteil. Der Kopf enthält DNA, die durch eine äußere Proteinhülle geschützt ist; der Schwanz ist hingegen ein hohles Rohr, dessen Wand aus kontraktilen Fasern aufgebaut ist und durch das hindurch die DNA des Kopfes in ein Wirtsbakterium eingeimpft wird. Dabei heftet sich der Phage zunächst mit einer Grundplatte, die sich am Schwanzende befindet und feine Fasern und Zacken trägt, an die Bakterienhülle an. Die Fasern der Grundplatte dienen dazu, das Virus in der richtigen Stellung an das Bakterium zu heften, während es die Zacken fest verankern. Anschließend löst der Phage mit Hilfe des Enzyms Lysozym, das sich im Schwanz befindet, ein kleines Loch in die Bakterienzellwand. Durch diese Öffnung impft jetzt das Virus seine DNA in das Bakterium ein, wo sie sich meistens sehr rasch zu replizieren beginnt (Abb. 10—20). Auf diese Weise entstehen in einer Bakterienzelle

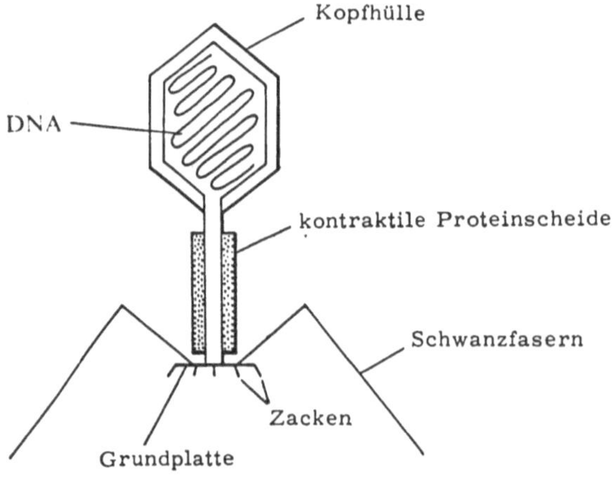

Abb. 10—19. Die Struktur des Bakteriophagen T4.

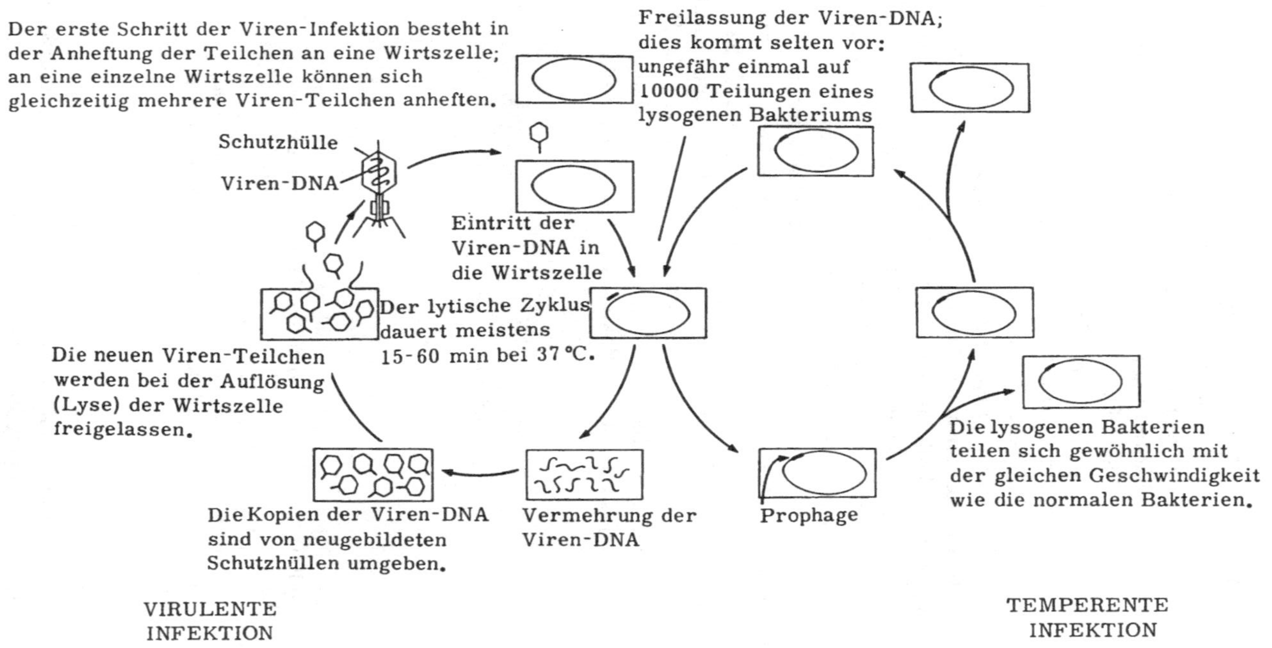

Abb. 10—20. Entwicklungsgang eines lysogenen Bakteriophagen: virulente und temperente Infektion.

in kurzer Zeit zwischen 100 und 1000 neuer Kopien der Virus-DNA. Jede dieser Kopien steuert darauf die Bildung einer neuen Proteinhülle und eines Schwanzes, mit denen neue Phagen aufgebaut werden. Der nur wenige Minuten dauernde Entwicklungsgang eines Phagen ist beendet, wenn die Zellwand des Bakteriums aufbricht, so daß die zahlreiche Phagen-Nachkommenschaft frei wird. Dieser Vorgang wird als *virulente* Infektion bezeichnet, da das Bakterium *lysiert* wird.

Daneben beobachtet man gelegentlich die Erscheinung der *temperenten Infektion.* Dabei werden die Bakterien von *lysogenen* Viren infiziert, die die Lyse nicht immer auf die übliche Art herbeiführen. Die DNA dieser Bakteriophagen kann sich nämlich an das Genom der Wirtszelle anheften, wobei sie sich wie ein Episom verhält (Abb. 10—20), da sie entweder frei oder in das Wirtsgenom eingebaut sein kann. Ist die Phagen-DNA in das Bakterien-Genom eingebaut, so spricht man von einem *Prophagen.* Dieser verhält sich wie ein normaler Abschnitt der genetischen Substanz des Bakteriums und verdoppelt sich deshalb in jeder Bakterienzellgeneration nur einmal. Das Bakteriengenom kann den Prophagen, ohne daß dieser den Wirt schädigt, unbeschränkt lange mit sich tragen. In sehr seltenen Fällen löst er sich aber von dem Wirtsgenom ab und verhält sich wie ein virulenter Phage, der das Bakterium am Schluß lysiert.

Im Labor werden die virulenten Phageninfektionen dadurch erzielt, daß man sog. Bakterienrasen (das sind zusammenhängende Bakterienkulturen, die auf einem festen Medium wachsen) mit wenigen Virus-Teilchen impft. Jedes Virus dringt zunächst in eine Bakterienzelle ein, wo es sich vermehrt. Tritt seine Nachkommenschaft dann aus dem lysierten Bakterium aus, so infiziert diese sofort die Nachbarzellen. In wenigen Stunden entstehen deshalb im sonst unversehrten Bakterienrasen helle Zonen oder *Plaques,* die auf die getöteten Bakterienzellen zurückzuführen sind (Abb. 10—21). Ver-

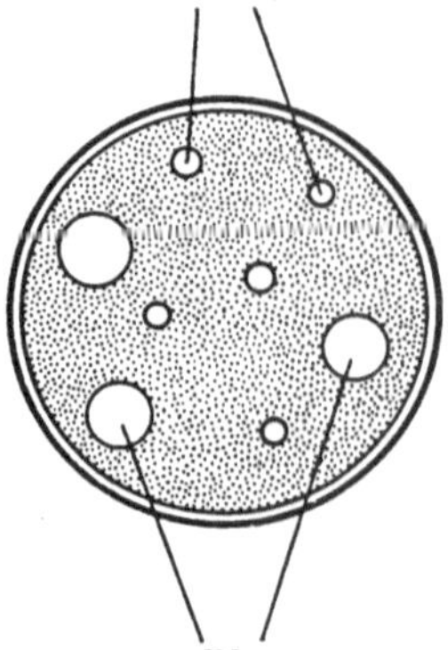

Abb. 10—21. Phagen rufen in einer zusammenhängenden Bakterienkultur durch ihre Vermehrung Löcher oder Plaques hervor. Der normale Wildtyp-Phage (r^+) erzeugt die kleinen Plaques, während eine schnell wachsende Mutante (*r*) die großen Plaques bildet. Daneben kommen auch mittelgroße Plaques vor, die durch das Wachstum von beiden Viren-Arten in einer Wirtszelle entstehen.

schiedene Phagenmutanten können an Hand der Morphologie der Plaques unterschieden werden. Man kennt Stämme, die große Plaques, und andere, die kleine bilden; einige Mutanten rufen Plaques mit deutlichen Begrenzungen hervor, während bei anderen nur trübe und unscharfe Ränder erscheinen. Diese unterschiedlichen Plaques können sehr leicht erkannt und gezählt werden (Abb. 10—21). Es sind heute schon sehr viele Plaque-Mutanten bekannt.

Eine andere Reihe von Phagen-Mutanten greift nur ganz bestimmte Bakterienstämme an. Diese Mutanten besitzen wahrscheinlich veränderte Grundplattenfasern, die sich nicht mehr an bestimmte Bakterienwände anheften können. Eine weitere, große Gruppe von Mutanten umfaßt die temperaturempfindlichen Phagen. Diese Mutanten können sich bei 25 °C normal vermehren, während sie bei 42 °C nicht wachsen, da bei dieser Temperatur wahrscheinlich die Schutzhüllen-Proteine zerstört werden. Man nennt derartige Mutanten auch *bedingt letale* Mutanten. Alle die eben erwähnten Merkmale sind seit 1945 dazu benutzt worden, um die vielen Mutanten des T4-Phagen, die heute bekannt sind, zu entdecken.

Infiziert man eine Bakterienkolonie mit einem einzigen Phagenstamm, so stimmt die ganze Nachkommenschaft mit dem Ausgangsstamm überein, mit Ausnahme der zufällig neu entstandenen Mutanten — ungefähr eine Genmutation auf 10^5 bis 10^6 Phagen. Wenn man jedoch eine Bakterienkultur mit mehreren unterschiedlichen Phagenstäm-

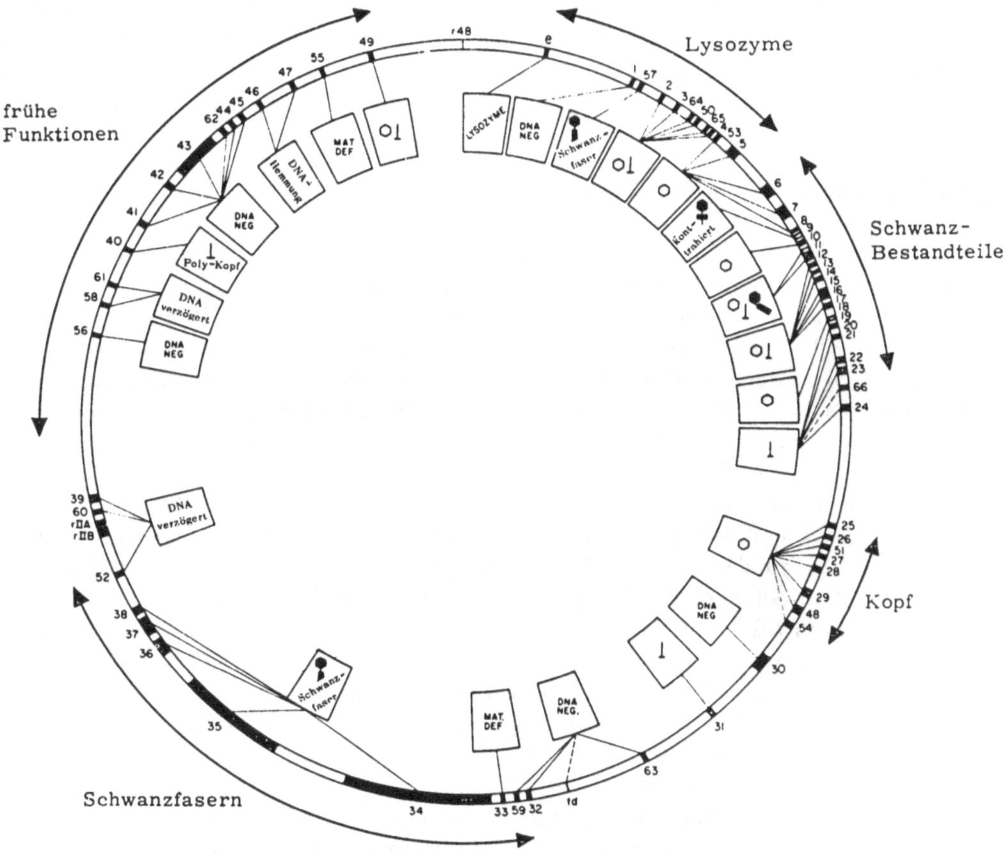

Abb. 10—22. Die Genkarte des Bakteriophagen T4. Die schwarz ausgefüllten Zonen geben die kleinsten Längen der verschiedenen Gene an, während die Symbole die Phagen-Bestandteile darstellen, die in den Lysaten der von mutierten Phagen infizierten Bakterien vorhanden sind. Die erste Hälfte des Entwicklungsganges wird durch die Gene im oberen Teil des Kreises und die zweite Hälfte durch die übrigen Gene kontrolliert. (Aus R. S. Edgar und W. B. Wood.)

men impft, so können sich in einer Bakterienzelle gleichzeitig verschiedene Arten von Viren-DNA vermehren. Unter diesen Bedingungen findet zwischen den unterschiedlichen Viren-Genomen Crossing over statt, so daß in der Viren-Nachkommenschaft mit Hilfe der oben beschriebenen Methoden genetische Rekombinanten nachgewiesen werden können.

Das Crossing over findet dabei während der Zeitspanne, in der sich die Viren-Genome im Innern der Bakterienzelle vermehren, mehrfach statt. Gelangen nämlich gleichzeitig drei unterschiedliche Phagen-Mutanten in ein Bakterium, so beobachtet man in der Viren-Nachkommenschaft einzelne Teilchen, die alle drei Merkmale aufweisen. Man konnte so von dem T4-Phagen, der am besten bekannt ist, eine ziemlich vollständige Genkarte aufstellen, indem man die Häufigkeiten der Rekombinanten aus den verschiedenen Phagen-Mutantenkombinationen bestimmte (Abb. 10—22). Das Genom des T4-Phagen ist, wie dasjenige von *E. coli*, ringförmig; man weiß aber noch nicht, ob dies für alle Viren gilt. Die Gene, die auf dem Kreis der Abb. 10—22 oben links liegen, überwachen die Bildung der Substanzen und die Funktionen des ersten Teils des Entwicklungszyklus, während die anderen Gene die nachfolgenden Entwicklungen und Funktionen des Kopfes, des Schwanzes, der Schwanzfasern und anderer Strukturen kontrollieren.

10.8. Mutationen und Mutagene

Mutationen können sowohl in pflanzlichen als auch in tierischen Zellen spontan entstehen. Eine Mutation kann sich in einem Gameten oder während der Entwicklung eines Lebewesens in irgendeiner Körperzelle ereignen. Im zweiten Fall ist die Zahl der mutierten Zellen im Erwachsenen um so kleiner, je später während der Entwicklung die Mutation entstanden ist. Eine Mutation kann sich auch nur in einer einzelnen Körperzelle (somatische Zelle) ereignen; nach einer der Hypothesen über die Krebsentstehung sind die Tumorzellen die Ergebnisse somatischer Mutationen.

Der Ausdruck Mutation bezieht sich auf jeden Vorgang, der zu einer stabilen Veränderung in einem Chromosom führt. Aus einer Mutation geht eine Mutante hervor. Die Mutationen umfassen von den großen, mikroskopisch sichtbaren Chromosomenveränderungen bis zu den kleinsten Genänderungen, die nur durch sehr feine Methoden entdeckt werden können, alle Übergänge. Unter den großen Veränderungen beobachtet man zum Beispiel den Verlust (Deletion) eines Teils oder gar eines ganzen Chromosoms, der für den Organismus oft letal ist. Oder es kann ein ganzes Chromosom hinzugefügt werden; dies ist z. B. beim Down's Syndrom (mongoloide Idiotie) des Menschen der Fall. Hier sind anstelle von zwei Kopien des Chromosoms 21 drei vorhanden (Trisomie). Weitere wesentliche Veränderungen entstehen, wenn sich ein Abschnitt eines Chromosoms umkehrt (Inversion) oder wenn ein abgebrochenes Chromosomenstück mit dem abgebrochenen Stück eines anderen Chromosoms ausgetauscht wird (Translokation).

Am anderen Ende der Skala stehen die Veränderungen, die durch ein einzelnes Nucleotid-Basenpaar hervorgerufen werden; dieses kann im Chromosom entweder fehlen, oder überzählig sein, oder das normale Basenpaar kann durch ein „falsches“ Paar ersetzt sein. Ein Beispiel zu diesem letzten Fall ist die Veränderung des Hämoglobinmoleküls bei den Menschen, die an der Erbkrankheit Sichelzellanämie leiden. Bei diesen

Kranken ist im Protein des Hämoglobins eine Glutaminsäure durch Valin ersetzt (s. Abb. 4—1 a), was auf eine Veränderung in einem der drei Nucleotid-Basenpaare der DNA, die normalerweise die Glutaminsäure bestimmen, zurückzuführen ist (Abb. 4—7). Betrifft die Mutation nur ein Nucleotidpaar, so ist es möglich, daß der normale Zustand durch eine Rückmutation wieder hergestellt wird. Bei größeren Chromosomenveränderungen kommen hingegen keine Rückmutationen mehr vor.

Die Häufigkeit der spontanen Mutationen liegt in der Größenordnung von einer Mutation auf 10^6 Zellteilungen. Diese niedrige Mutationsrate kann mit Hilfe von mutationsauslösenden oder *mutagenen Agentien* sehr stark erhöht werden, die an zufälligen Stellen direkt oder indirekt auf das DNA-Molekül einwirken. Abb. 10—23 zeigt einige Mutationen, die in den Chromosomen von *Drosophila* ausgelöst worden sind. Die

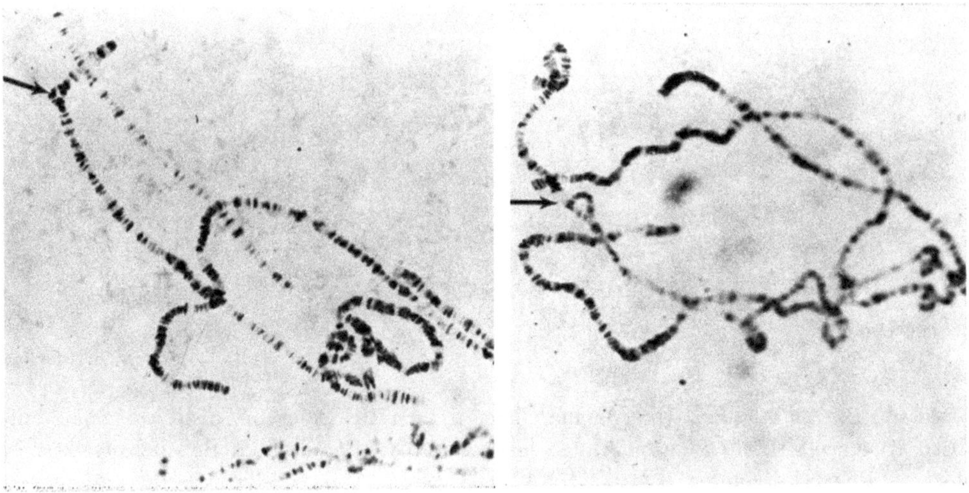

Abb. 10—23. Chromosomenaberrationen in den Speicheldrüsen-Chromosomen von *Drosophila melanogaster*. Links, kleiner Stückverlust oder Deletion im X-Chromosom; rechts, große Deletion im Arm IIIR (rechter Arm des 3. Chromosoms). (Aus O. G. Fahmy und M. Fahmy.)

Röntgen- und γ-Strahlen können durch die Wirkung von freien Radikalen, die bei der Absorption in Wasser entstehen, verschiedene Phosphodiesterbindungen der DNA brechen. Das DNA-Molekül fällt aber nur dann auseinander, wenn diese Brüche in beiden komplementären Strängen einander gegenüberliegen; im anderen Fall wird die Helixstruktur der DNA durch die Wasserstoffbrücken zusammengehalten. Daneben kann die ionisierende Strahlung Wasserstoffbrücken brechen und die Molekularstruktur an diesen Stellen zerstören.

Ein Beispiel eines sehr wirksamen chemischen Mutagens ist die salpetrige Säure, HNO_2; sie entfernt die Aminogruppen einer normalen DNA-Base, so daß dadurch andere Basen entstehen. Abb. 10—24 a zeigt die Desaminierung des Adenins zu seinem Ketoenol-Derivat Hypoxanthin. Dieses kann sich nicht mehr mit Thymin, sondern nur mit Cytosin paaren.

Eine weitere Gruppe von chemischen Mutagenen umfaßt die Verbindungen, die den normalen DNA-Basen sehr ähnlich sind (Basenanaloga) und diese deshalb im DNA-

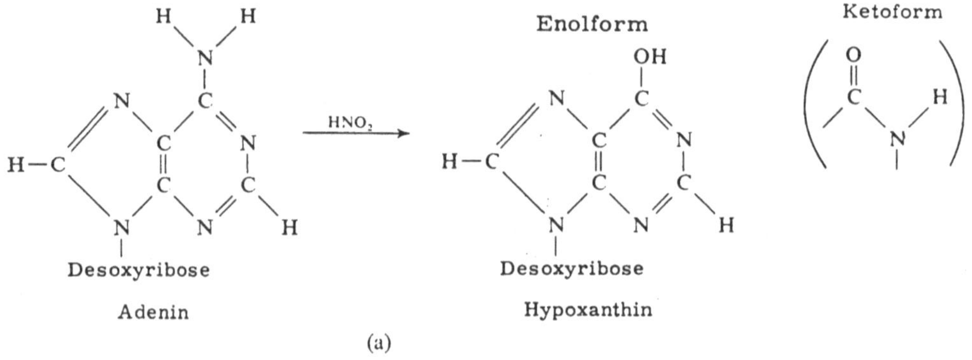

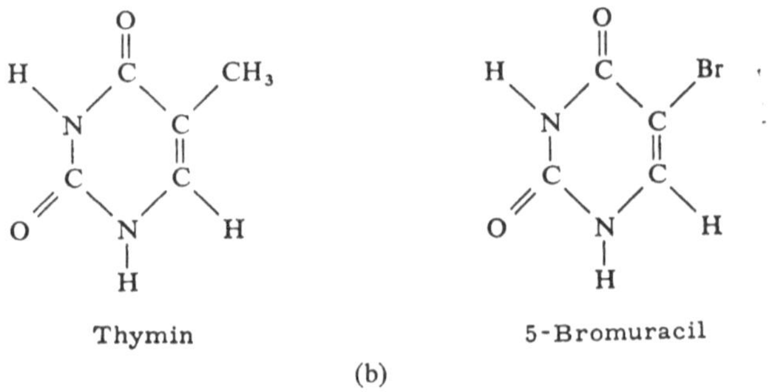

Abb. 10—24. Zwei chemische Mutagene: (a) Die mutagene Wirkung von HNO_2. (b) Das Basenanaloge 5-Bromuracil.

Molekül ersetzen können. Die Basenanaloga paaren sich aber oft nicht so genau mit ihren Partnern wie die entsprechenden normalen DNA-Basen. Zum Beispiel ersetzt das starke Mutagen 5-Bromuracil in der DNA das Thymin (Abb. 10—24 b).

Andere Mutagene bewirken die Einschiebung einer überzähligen Base in das DNA-Molekül. Ein Beispiel dafür ist der Acridinfarbstoff Proflavin, mit dem Crick die Mutanten erzeugt hatte, die den Beweis für die Triplett-Natur des genetischen Codes lieferten.

Die alkylierenden Substanzen (z. B. Senfgase, $RN(CH_2—CH_2—Cl)_2$) erzeugen hingegen die Mutationen dadurch, daß sie zwischen die aneinandergereihten Basen der beiden Stränge des DNA-Moleküls Alkyl-Reste einschieben. Es entstehen Querverbindungen, die während der Replikation die Trennung der Doppelhelices verhindern. Wahrscheinlich werden durch die Alkylierung der Basen eines DNA-Stranges die Wasserstoffbrücken verändert.

10.9. Was ist ein Gen?

Die Vorstellung von kleinen Vererbungseinheiten gehörte schon zu der klassischen Genetik des 19. Jahrhunderts; so sprach Mendel z. B. von „Elementen“. Der Ausdruck „Gen“ wurde aber erst viel später eingeführt, wobei man sich aber immer noch besondere Einheiten vorstellte, die auf einem fadenförmigen Chromosom angeordnet seien.

Nachdem die Ergebnisse aus Morgans Experimenten mit *Drosophila* bekannt geworden waren, definierte man das Gen als eine Rekombinationseinheit, d. h. als den kleinsten Chromosomenabschnitt, der durch Crossing over von seinen Nachbarabschnitten getrennt werden konnte (Abb. 10—25 b). Als dann später mehr Einzelheiten über die Mutationen und die mutagenen Agentien entdeckt wurden, definierte man das Gen neu als den kleinsten Chromosomenabschnitt, der durch eine Mutation verändert werden konnte (Abb. 10—25 a). Ein dritter Gen-Begriff gründete darauf, daß man nicht das Gen selbst, sondern immer nur seine Wirkung erkennen konnte; es wurde deshalb als eine Funktionseinheit betrachtet, die jeweils ein bestimmtes Stoffwechselprodukt festlegte (Abb. 10—25 c). Es gelang aber damals nicht, diesen dritten Begriff genau zu definieren. Die Experimente mit *Drosophila* hatten nämlich gezeigt, daß in bestimmten Fällen ein einzelnes Gen mehrere Merkmale des Phänotyps festlegte, und umgekehrt mehrere Gene auf ein bestimmtes Merkmal, beispielsweise auf die Augenfarbe, einwirken konnten. Man hatte ebenfalls bemerkt, daß die Funktion eines bestimmten Gens von den Wirkungen seiner benachbarten Gene abhängig war, weshalb man annahm, daß sich diese Funktionseinheiten überlappten.

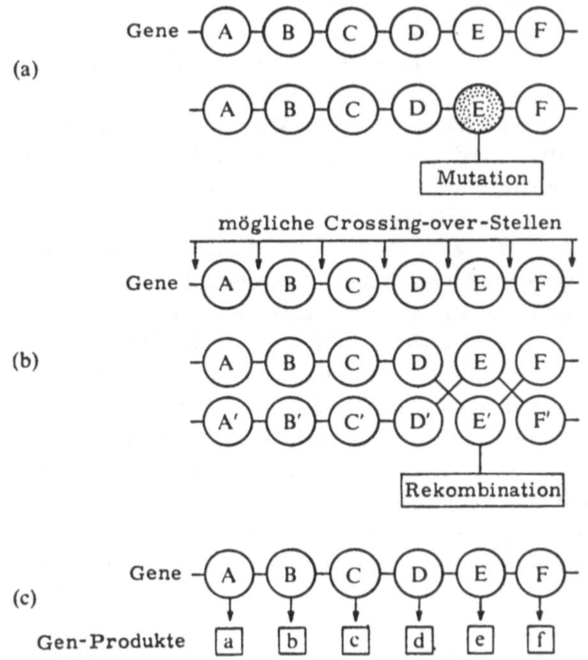

Abb. 10—25. Das Gen als
(a) Mutations-Einheit,
(b) Rekombinations-Einheit,
(c) Funktions-Einheit.

Diese drei ursprünglichen Gen-Definitionen (das Gen als Rekombinationseinheit, als Mutationseinheit und als Funktionseinheit) stimmten sicher nicht miteinander überein. Die Experimente über die Mutationen und die mutagenen Substanzen hatten nämlich gezeigt, daß in bestimmten Fällen die Mutationseinheit viel kleiner als die Funktionseinheit und auch kleiner als die Rekombinationseinheit sein konnte.

Diese sich widersprechenden Vorstellungen über das Gen führten schließlich zu der Annahme eines Gen-Komplexes anstelle einer einzelnen Einheit. Diese sehr unbestimmte Definition wurde durch den „ein Gen — ein Enzym"-Begriff ersetzt, der eine große Vereinfachung bedeutete und überdies den damaligen Kenntnissen der Zell-Biochemie besser angepaßt war.

Aus den Arbeiten von Pontecorvo (1952) über die Mutanten des Schimmelpilzes *Aspergillus nidulans* geht hervor, daß Crossing over auch innerhalb der Funktionseinheit stattfinden kann. Diese Mutanten waren an drei nahe beisammenliegenden Stellen eines Chromosoms defekt, die mit der Biosynthese des Biotins zusammenhingen. Pontecorvo war damit der erste, der die genetischen Analysen *innerhalb* eines Gens ausführte und daraus verfeinerte Genkarten ableitete.

Verbesserte Genkarten stellte auch Benzer (1955) mit Hilfe der *r*H-Mutante des T4-Phagen auf. Man erkennt die *r*H-Mutanten einerseits an der Plaque-Form, die sie auf dem Bakterienrasen bilden, und andererseits an ihrem Unvermögen, auf dem Stamm K von *E. coli* zu wachsen (sie können aber auf dem Stamm B wachsen). Als Benzer eine Kultur von K-Bakterien mit einer Mischung aus zwei unterschiedlichen *r*H-Mutanten impfte, beobachtete er jeweils eine von zwei möglichen Erscheinungen. Entweder zeigten sich, wie erwartet, keine oder sehr wenige Plaques, was auf ein fehlendes oder ein sehr beschränktes Phagen-Wachstum hindeutete. Oder er konnte manchmal überraschenderweise eine große Zahl von Plaques erkennen, die über den ganzen Bakterienrasen verteilt waren. In diesem Fall hatten sich zwei Phagen-Mutanten, von denen keine allein auf den K-Bakterien wachsen konnte, nach ihrer Vermischung wie die Wildtyp-Phagen auf diesen Bakterien vermehrt. Zwei Mutanten mit derartigem Verhalten werden als *komplementäre* Mutanten bezeichnet, da jede die fehlende Funktion der anderen ergänzt, so daß beide zusammen, im Gegensatz zu jeder einzelnen, überleben und sich vermehren können.

Benzer kreuzte viele derartige Mutantenpaare miteinander und bestimmte deren Rekombinationshäufigkeiten, worauf er die mutierten Genorte auf einer Genkarte einzeichnete. Er fand auf diese Weise im *r*H-Abschnitt des T4-Phagen-Genoms in bezug auf den Komplementations-Test zwei Unterabschnitte. Dabei ergänzte jedes Phagenteilchen, das eine Mutation in einem dieser Abschnitte trug, die Funktion eines anderen Phagen, dessen Mutation im anderen Abschnitt lag, während es die Funktionen der defekten Loci des gleichen Abschnitts nicht ergänzen konnte.

Diese Ergebnisse sind in Abb. 10—26 schematisch dargestellt. Bei (a) liegt die Mutation eines jeden Phagen im Abschnitt A des entsprechenden Genoms. Da folglich der Abschnitt A bei keinem der Mutanten funktionsfähig ist (wenn man von dem sehr selten vorkommenden Crossing over und der damit verbundenen Rekombination absieht), überlebt und vermehrt sich keines der Phagenteilchen, so daß man außer den erwähnten seltenen Ausnahmen keine Plaques beobachtet. Bei (b) liegt die Mutation beider Phagen im Abschnitt B, so daß hier dieser Abschnitt nicht voll funktionsfähig ist und man die gleichen Ergebnisse wie bei (a) beobachtet. Bei (c) befindet sich aber der mutierte Genort des einen Phagen im Abschnitt A und derjenige des anderen im Abschnitt B, so daß beim Phagen 1 der Abschnitt B und beim Phagen 2 der Abschnitt A voll funktionsfähig ist. Zwei derartige Mutanten können einander aber gegenseitig komplementieren, da jedes Teilchen den mangelhaften Abschnitt des anderen ersetzt. Aus diesem Grund überleben sie gemeinsam auf den K-Bakterien und bilden, wie der Wildtyp, auf dem Bakterienrasen große Plaques, obwohl weder die eine noch die andere Phagenmutante allein auf diesen Bakterien wachsen kann.

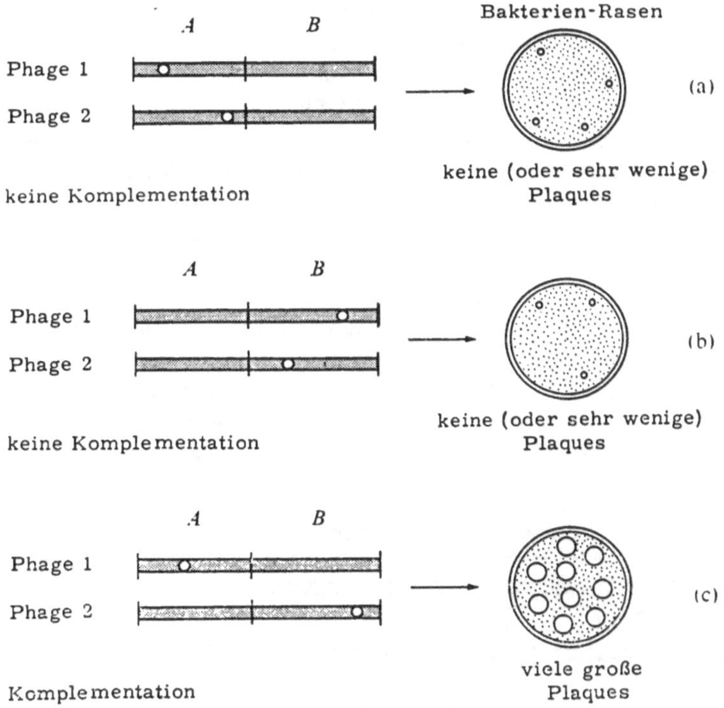

Abb. 10—26. Schematische Darstellung des Komplementations-Tests. O stellt einen mutierten Genort dar.

Diese Beobachtungen brachten Benzer dazu, das Gen als Funktionseinheit neu zu definieren. Er nannte den Chromosomenabschnitt, in dem eine Mutation lag, die keine zweite Mutation des gleichen, wohl aber eine Mutation eines anderen Abschnitts komplementieren konnte, ein *Cistron.* Der Ausdruck ‚Cistron' wurde vom *Cis-Trans-Effekt* abgeleitet, den man bei diploiden Organismen beobachtete. Befinden sich nämlich bei einem heterozygoten Individuum auf dem gleichen Chromosom zwei rezessive Mutationen (sie sind folglich in der *Cis*-Stellung), so ist eines der Chromosomen funktionsfähig, und das Individuum zeigt den normalen (Wild)Phänotyp (Abb. 10—27). Liegt aber die eine der mutierten Stellen auf dem einen und die andere Stelle auf dem homologen Chromosom (in der *Trans-Stellung*), so erscheinen die betreffenden Individuen als Mutanten, da hier beide homologen Chromosomen geschädigt sind.

Abb. 10—27. Der *cis-trans*-Effekt bei diploiden Organismen. (a) Bei der *cis*-Anordnung von zwei mutierten Genen ist ein normales Wildtyp-Chromosom vorhanden: das heterozygote Individuum erscheint als Wildtyp. (b) Bei der *trans*-Anordnung der gleichen, mutierten Gene erscheint das Individuum, da beide Chromosomen mangelhaft sind, als Mutante.

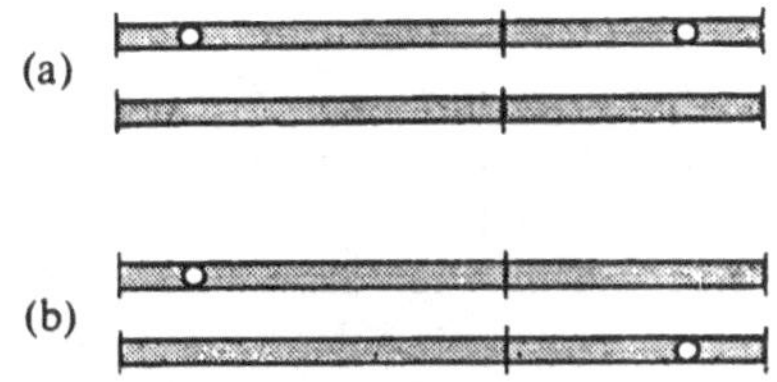

Nach der heutigen Ansicht ist ein Cistron derjenige Abschnitt des DNA-Moleküls, der eine bestimmte Polypeptidkette codiert. Diese Einheit ist aber viel größer als die Rekombinations- oder Mutationseinheit.

Es gelang Benzer, beim T4-Phagen durch die immer bessere Verfeinerung der Genkarte des *r*H-Abschnitts den Wert für die kleinste Rekombinationseinheit zu schätzen. Er bestimmte dabei zuerst mit Hilfe der *Deletionen* den Abschnitt, in dem sich eine Mutation befand. Bei gewissen *r*H-Mutanten fehlen nämlich Abschnitte der genetischen Substanz, deren Ausmaße von kleinen Abschnitten des A- oder B-Cistrons bis zu beiden Cistronen zusammen alle Übergänge aufweisen können. Crossing over-Versuche zwischen einem Phagenteilchen, das eine Mutation an einem unbekannten Genort trug, und einer Reihe derartiger bekannter Deletions-Mutanten halfen, die ungefähre Lage des unbekannten Genortes zu bestimmen, da jeweils nur dann eine funktionsfähige Rekombinante entstand, wenn diese neue Mutation nicht im Deletions-Abschnitt lag (Abb. 10–28). Um den genauen Ort dieser Mutation festzulegen, verfeinerte man anschließend die Genkarte durch die Benutzung einer sehr großen Zahl von Deletions-Mutanten immer mehr.

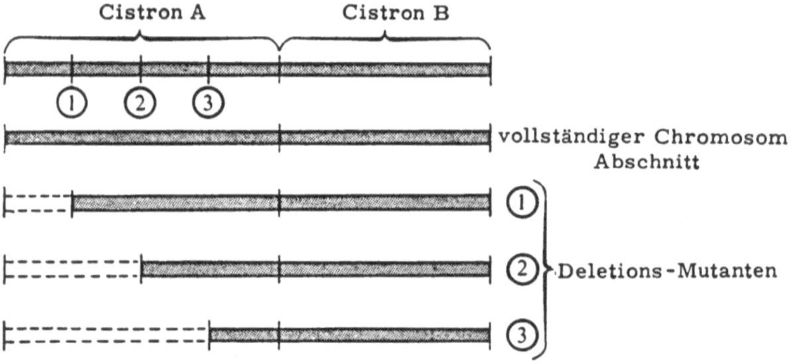

Abb. 10–28. Schematische Darstellung der Bestimmung von Genorten mit Hilfe von Deletionen. Die unterbrochenen Linien zeigen fehlende Regionen an.

Es gelang Benzer, mit Hunderten derartiger Mutanten eine Genkarte des *r*H-Abschnitts herzustellen, deren Auflösungsgrad an der unteren möglichen Grenze liegt. Obwohl mit Benzers Methode theoretisch Rekombinationshäufigkeiten von 1 auf 10^6 nachgewiesen werden können, beobachtet man im äußersten Fall eine Häufigkeit von ungefähr 2 auf 10^6, die folglich die tatsächliche untere Grenze der Rekombinationshäufigkeit ist. Benzer schätzte daraufhin die Zahl der Nucleotidpaare des DNA-Moleküls, das die genetischen Informationen des T4-Phagen trägt. Er zählte dazu alle kurzen Abschnitte zusammen, die er aus den Kartierungs-Versuchen bestimmt hatte, und erhielt so einen angenäherten Wert der Gesamtzahl der Einheiten seiner vollständigen Genkarte (wobei jede Einheit einem Prozent Rekombination entsprach). Daraus berechnete er die angenäherte Zahl der Nucleotidpaare, die im kleinsten DNA-Abschnitt seiner Rekombinationseinheit vorkamen. Diese Zahl, die ungefähr ein bis drei Nucleotidpaare betrug, lag damit erstaunlich nahe bei dem kleinsten theoretischen Rekombinationswert (nämlich von einem Basenpaar). Sehr wahrscheinlich weist die kleinste

Einheit der Rekombination (das *Recon*) folglich die gleichen Ausmaße wie die kleinste Einheit der Mutation (das *Muton*) auf, entsprechend einem einzelnen Nucleotidpaar des DNA-Moleküls.

Nach der heutigen Ansicht entspricht das Gen einer Funktionseinheit oder einem Cistron. Jedes Cistron bestimmt eine vollständige Polypeptidkette, die entweder als solche ein biologisch aktives Protein ist, oder die sich mit weiteren Polypeptidketten zu einem funktionsfähigen Protein verbindet. Die „ein Gen — ein Enzym"-Hypothese kann deshalb jetzt durch den „ein Cistron — eine Polypeptidkette"-Begriff ersetzt werden.

Literatur

Bresch, C., u. R. Hausmann: Klassische und molekulare Genetik. 2. Aufl., Springer, Berlin-Heidelberg-New York 1970.
Dertinger, H., u. H. Jung: Molekulare Strahlenbiologie. Springer, Berlin-Heidelberg-New York 1969.
Dubinin, N. P.: Molekulargenetik. Gustav Fischer Verlag, Jena 1965.
Dubinin, N. P.: Obsčaja genetika (Allg. Genetik). Izd. Nauka, Moskau 1970.
Eberle, P.: Die Chromosomenstruktur des Menschen in Mitose und Meiose. Gustav Fischer Verlag, Jena 1966.
Gröber, K.: Vererbung — ein Rätsel wird gelöst. Urania Verlag, Leipzig, Jena, Berlin 1971.
Günther, E.: Grundriß der Genetik. Gustav Fischer Verlag, Jena 1969.
Hagemann, R.: Plasmatische Vererbung. Gustav Fischer Verlag, Jena 1964.
Hess, D.: Genetik. Herder, Freiburg, Basel, Wien 1972.
Knippers, R.: Molekulare Genetik. G. Thieme, Stuttgart 1971.
Krebs, A.: Strahlenbiologie. Springer, Berlin-Heidelberg-New York 1968.
Kühn, A., u. A. Egelhaaf: Grundriß der Vererbungslehre. 5. Aufl., Quelle u. Meyer, Heidelberg 1971.
Kushev, V. V.: Mechanisms of genetic recombination. Izd. Nauka, Leningrad 1971.
Rieger, R., u. A. Michaelis: Die Chromosomenmutation. G. Fischer, Jena 1967.
Soifer, V. N.: Molekulare Mechanismen der Mutagenese. Verlag „Nauka", Moskau 1969.
Stahl, F. W.: Mechanismen der Vererbung. G. Fischer, Stuttgart 1967.
Stern, C.: Grundlagen der Humangenetik. Gustav Fischer Verlag, Jena 1968.
Stubbe, H.: Kurze Geschichte der Genetik bis zur Wiederentdeckung der Vererbungsregeln Gregor Mendels. Genetik — Grundlagen, Ergebnisse und Probleme. Gustav Fischer Verlag, Jena 1965.
Weidel, W.: Virus und Molekularbiologie. 2. Aufl., Springer, Berlin-Heidelberg-New York 1964.

TEIL 4. Zelldynamik

Im 4. Teil dieses Buches befassen wir uns mit den dynamischen Gesichtspunkten des Zell-Verhaltens, die die Zellbewegungen, die Wechselwirkungen zwischen den Zellen und die interzellulären Kontrollmechanismen einschließen. Die Biologen hatten die koordinierten Zellbewegungen, die vor allem Antworten auf äußere Reize waren, schon früh als eine Reihe der eindrucksvollsten Eigenschaften der lebenden Zellen erkannt. Derartige Bewegungen können bei einzelligen pflanzlichen und tierischen Organismen ganz allgemein beobachtet werden. Bei den Angiospermen und anderen vielzelligen Pflanzen sind die Bewegungen meistens auf die Cytoplasmaströmungen beschränkt, während bei den Wirbeltieren die koordinierten Bewegungen von Gliedmaßen und Geweben durch hoch spezialisierte, glatte und gestreifte Muskelzellen erzeugt werden.

In Kap. 11 und 12 diskutieren wir das Verhalten der Zellen während der Embryonalentwicklung und die Kontrollmechanismen der Zellen. Wir zeigen dabei, wie aus einer einzelnen befruchteten Eizelle zuerst kleine Zellgruppen entstehen, die sich dann durch die Zelldifferenzierung und die Morphogenese zu einem reifen Organismus entwickeln. In diesem Gebiet berühren sich die Zellbiologie und die allgemeine Biologie; daher versuchen wir zu zeigen, wie wichtig das Studium der Zellbiologie als Grundlage für alle Begriffe der allgemeinen Biologie ist.

In Kap. 13 betrachten wir diese Probleme auf molekularer Ebene, einschließlich der intrazellulären Mechanismen, die die Genfunktionen regulieren, und der extrazellulären Regulatoren, sowie der Wechselwirkungen zwischen den sich berührenden Zellen.

11. Zellbewegungen

Die Bewegung lebender Zellen hat für Biologen immer etwas Faszinierendes gehabt, seit van Leeuwenhoek unter seinem einfachen Mikroskop als erster eine neue Welt beweglicher Protozoen entdeckt hatte. Die spätere Verbesserung der Fixierungs- und Färbemethoden hat dann leider viele Cytologen veranlaßt, ihre Aufmerksamkeit mehr fixierten Zellstrukturen und der Zellchemie zuzuwenden. Das Interesse an lebenden Zellen ist erst vor verhältnismäßig kurzer Zeit erneut aufgelebt. Einer der Pioniere auf diesem Gebiet war Sir James Gray, der in den zwanziger Jahren die Bewegungen von Spermienschwänzen und Cilien studiert hatte. Wie bei der Untersuchung der Mitose bedeutete der Einsatz von Zeitrafferfilm- und anderen Registriertechniken eine immense Erleichterung auch beim Studium des Verhaltens lebender Zellen. Mit dieser Methode haben Kamiya und andere japanische Botaniker besonders die Cytoplasmabewegungen verschiedener Pflanzenzellen sehr eingehend untersucht, während sich Goldacre, Allen und andere mit den Bewegungen der Riesenamöbe *Chaos chaos* und *Amoeba proteus* befaßten. Abercrombie, Ambrose und Easty haben die Bewegungen von normalen und malignen Säugergewebezellen studiert, wobei sie Interferenzmikroskopie und Zeitraffertechnik kombiniert anwendeten.

1820 untersuchte der schottische Botaniker Robert Brown unter einem starken Mikroskop in Wasser suspendierte Pollenkörner und bemerkte, daß sie sich ständig bewegten. Ihre unregelmäßigen Bewegungen kommen durch zufälliges Aufprallen von Wassermolekülen auf diese Teilchen zustande. Die kinetische Energie der auf die Partikel auftreffenden Moleküle schwankt; sie ist zeitweise auf einer Seite größer als auf der anderen, so daß das Partikel fortbewegt wird (Fig. 11—1 b). Dieser Typ von Bewegung kommt in jeder Lösung vor und hängt allein von der Temperatur ab; um ihn zu erhalten, bedarf es keinerlei äußerer Energiezufuhr. Für Biologie interessierte Physiker haben gelegentlich versucht, Bewegungen innerhalb lebender Zellen als Folge zufälliger Brownscher Bewegungen zu deuten. Tatsächlich kommen solche Bewegungen in

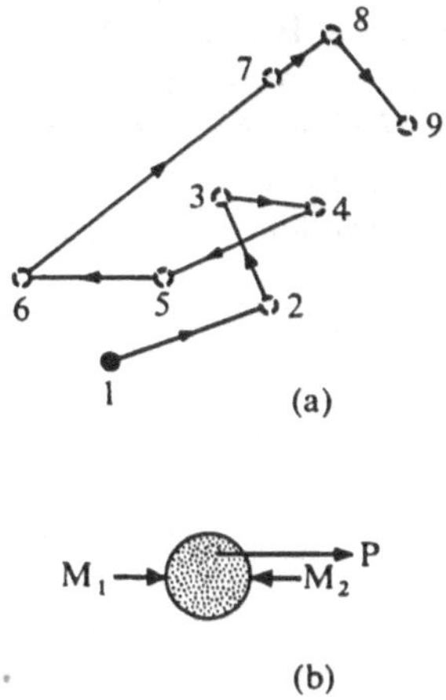

Abb. 11—1. (a) Schematische Darstellung der Brownschen Bewegung. 1—9: Die aufeinanderfolgenden Positionen eines Teilchens, die jeweils nach gleich großen Zeitabschnitten beobachtet wurden. (b) Ein suspendiertes Teilchen wird fortwährend von Molekülen bombardiert, deren kinetische Energien verschieden groß sind. Ist M_1 größer als M_2, so bewegt sich das Teilchen in der Richtung P.

kleinen Bereichen in allen Zellen vor und nehmen in absterbenden Zellen noch zu; die charakteristischen Bewegungen lebender Zellen aber sind davon verschieden: sie erfolgen koordiniert und erfordern eine ständige Quelle chemischer Energie. Neuere Untersuchungen auf molekularer Ebene weisen darauf hin, daß Zellbewegungen von wichtigen und spezifischen Eigenschaften der Makromoleküle und Organellen im Zellplasma abhängig sind. Die Elektronenmikroskopie hat gezeigt, daß viele Zellen Anhäufungen von Fasern oder Tubuli enthalten. Bei Muskelzellen sind die Fasern in einer hochorganisierten Struktur angeordnet. In anderen Zellen ist der Zusammenhang zwischen Fasern und Zellbewegungen weniger klar, doch ist wahrscheinlich, daß Fasern und Tubuli auch hier irgendeine Rolle bei den Bewegungen der Zelle spielen.

11.1. Cytoplasmastruktur

Zu den Strukturelementen des Cytoplasmas gehören Mitochondrien, Ribosomen, Lysosomen, Golgi-Körper, endoplasmatisches Reticulum, Lipidgranula und Glykogen, wie schon in Kap. 5 beschrieben wurde. Nur wenig ist bisher aber von der cytoplasmatischen Grundsubstanz die Rede gewesen. Eine der charakteristischsten Eigenschaften des Cytoplasmas ist die Fähigkeit zur Sol-Gel-Transformation — die Rolle derartiger Umwandlungen bei der amöboiden Bewegung wurde schon kurz in Kap. 1 erwähnt. In lebenden Zellen konnte das Wesen dieser Sol-Gel-Transformationen durch eine Anzahl verfeinerter Techniken studiert werden. So läßt sich die Viskosität messen, indem Stahlkügelchen mit Magneten durch Cytoplasma gezogen werden, oder auch mit anderen Methoden. Die relative Viskosität des Plasma-Sols ist sehr niedrig: nur etwa 2 bis 10mal höher als die von Wasser; im Gegensatz dazu ist das Plasma-Gel eine hoch viskose feste Struktur, die eine gewisse Elastizität aufweist und bei Anlegung einer bestimmten kritischen Kraft bricht.

Das feste Plasma-Gel, das gewöhnlich weder Granula noch andere Einschlüsse enthält, liegt in der Nähe der Plasmamembran, während das niederviskose Plasma-Sol das Innere des Cytoplasmas ausfüllt. Marsland ist es gelungen, mit einem hohen hydrostatischen Druck das Plasma-Gel zu verflüssigen. Mit einer sehr eleganten Methode hat Harvey das Cytoplasma untersucht: Er baute in sein Mikroskop eine Mikrozentrifuge ein und konnte so die Zellen, auf die eine hohe Zentrifugalkraft einwirkte, direkt beobachten. Wurde ein Seeigelei auf diese Weise zentrifugiert, ließen sich jeweils einzelne Schichten erkennen. Die zentripetale Zone enthielt dabei eine Fetttröpfchenschicht, in der mittleren, hellen Zone lag der Kern, und am zentrifugalen Pof befanden sich die Mitochondrien und Pigmentgranula. Das Plasma-Gel selbst verschob sich dabei wegen seiner festen Struktur nicht. In dieser Gelstruktur müssen Calcium-Ionen vorhanden sein: wenn Ca^{2+} fehlt, verflüssigt sich das Gel zum Sol.

Die Struktur der Mikrotubuli, wie man sie in der Mitosespindel findet, wurde bereits in Kap. 9 beschrieben; ähnliche Strukturen kommen auch in Zellen vor, die sich nicht teilen. In jüngerer Zeit konnten Mikrotubuli aus den Axonemata von Cilien und Flagellen isoliert werden; sie sind aus kugeligen Untereinheiten von 40 Å Durchmesser mit einem Molekulargewicht von 60 000 aufgebaut. Ihre Aminosäure-Zusammensetzung ist der des Actins ähnlich, das einer der Bestandteile des Muskelproteins Actomyosin ist. Pro Mol Proteinuntereinheiten findet man 1 Mol des Nucleotids Guanin. Mikrotubuli können in einer Detergenzlösung, die Guanosintriphosphat enthält, zum Zerfallen gebracht werden. Bei Verdünnen einer solchen Lösung mit Wasser bilden sich bandartige Fasern.

Actin-ähnliche Proteine sind schon aus einer ganzen Anzahl von Zellen (die Amöben und die Schleimpilze mit eingeschlossen) isoliert worden. Man hat dabei meistens einen Komplex identifiziert, wahrscheinlich actomyosinähnliches Material, dessen Myo-

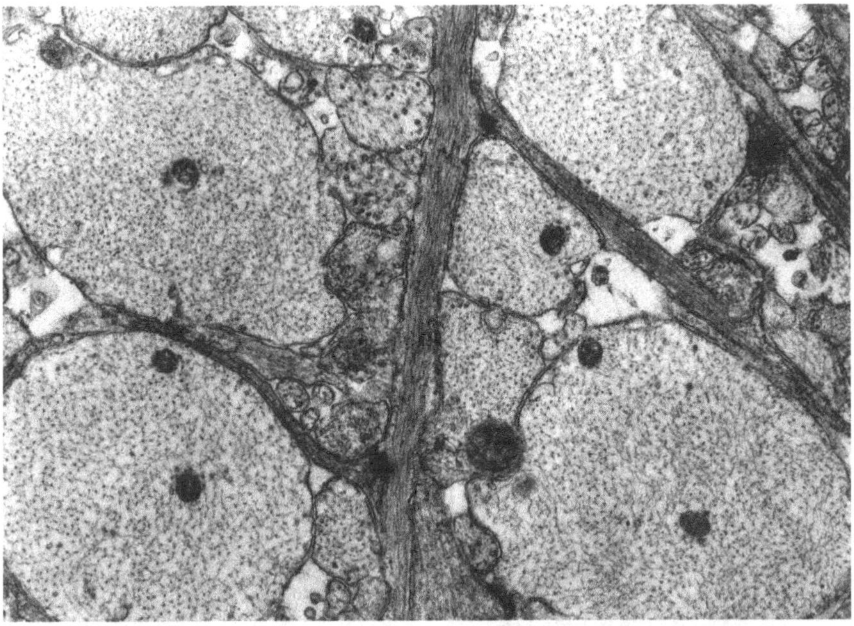

Abb. 11—2. Elektronenmikroskopische Aufnahme des Zentralnervensystems der Larve des Neunauges *Petromyzon fluviatilis*. Das Axoplasma der Nervenzellen enthält Filamente, die parallel zu den Längsachsen der Zellfortsätze laufen und auf den Querschnitten als gleich große Punkte erscheinen, die gleichmäßig über den Querschnitt verteilt sind. Man bezeichnet sie gewöhnlich als Neurofibrillen, aber sie gleichen grundsätzlich den Tonofibrillen der Epithelzellen. 18000fache Vergrößerung. (Aus D. W. Fawcett: The Cell, An Atlas of Fine Structure. W. B. Saunders Co., Philadelphia 1966.)

sin-Bestandteil-Aktivität zeigte. Dieses Enzym ist für die Freisetzung chemischer Energie bei der Muskelkontraktion erforderlich. Im Elektronenmikroskop lassen sich bei bestimmten Zellen Fasern von ungefähr 40 Å Durchmesser erkennen, die entweder parallel zu der Plasmamembran in deren Nähe liegen, oder aber mehr zufällig angeordnet sein können. Derartige Fasern kommen zum Beispiel in den Axonen von Nervenzellen vor (Abb. 11—2). Die Faser-Anhäufungen, die man in den Epithelzellen beobachtet, werden als Tonofilamente bezeichnet.

11.2. Cytoplasma-Bewegungen

Cyclosis in Pflanzenzellen. Die Bewegungen des Cytoplasmas sind vorwiegend an der Amöbe studiert worden; da sich aber dort die ganze Zelle fortbewegt, hat man die Ergebnisse nicht leicht deuten können. Bei den Pflanzenzellen findet man hingegen in der ununterbrochenen und gleichförmigen Bewegung des Cytoplasmas, das meistens kreisförmige Bewegungen ausführt, eine einfachere Erscheinung. Wir werden an dieser Stelle die Cytoplasma-Bewegungen von nur wenigen Zelltypen besprechen. Japanische Botaniker haben für diese Untersuchungen vor allem die Süßwasseralgen *Nitella* und *Chara* verwendet. *Chara*-Zellen werden außerordentlich groß: sie können eine Länge von ungefähr 0,5 bis 2 cm erreichen. In Abb. 11—3 ist die Cytoplasma-Strömung in diesen Zellen schematisch dargestellt. Da das Cytoplasma viele Einschlüsse enthält, kann seine Strö-

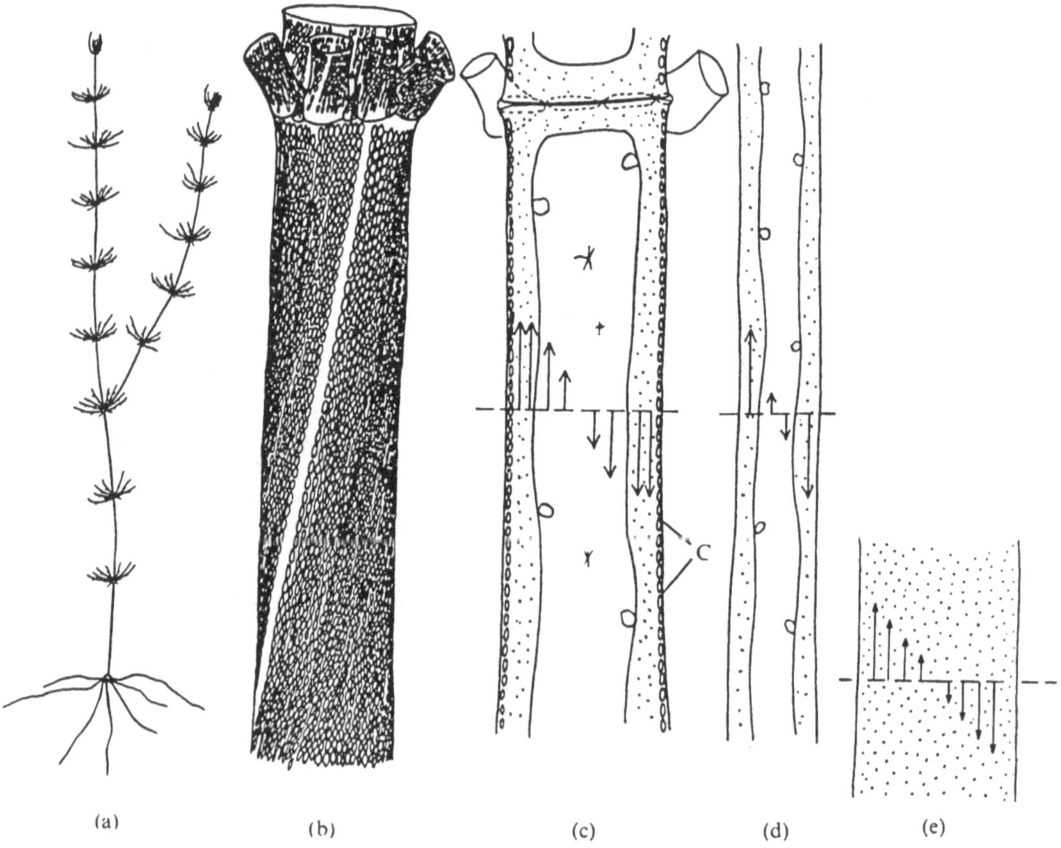

Abb. 11—3. Die Cytoplasmaströmung in den Zellen von *Chara braunii.* (a) Die ganze Pflanze; die Internodien-Zellen sind ungefähr 0,5—2 cm lang. (b) Vergrößerte Darstellung des oberen Endes einer Internodien-Zelle. (c) Längsschnitt von (b). (d) Längsschnitt durch einen Teil des Rhizoids. (e) Die Strömung in einer plasmolysierten Zelle. C Chloroplasten; die Pfeile geben die Richtungen und die relativen Geschwindigkeiten der Cytoplasmaströmung in den Zellen an. [Aus T. Hayashi: Primitive Motile Systems in Cell Biology, R. D. Allen und N. Kamiya (Hrsg.). Academic Press; New York 1964.]

mung im Mikroskop leicht beobachtet werden. Die Chloroplasten liegen in den *Chara*-Zellen nicht, wie in den Blatt-Zellen höherer Pflanzen, frei im Cytoplasma, sondern sie sind an die innere Wand angeheftet.

Interessante Ergebnisse wurden von Hayashi erzielt, der bei Zentrifugation der Zellen mit dem 400fachen der Erdbeschleunigung fand, daß dabei die Chloroplasten an bestimmten Stellen von der Wand abgelöst werden (Abb. 11—4). Er beobachtete dann, daß das Cytoplasma an diesen Stellen nicht mehr entlang der Wand strömte, sondern sich aufstaute (s. Abb. 11—4). Wenn sich aber die Chloroplasten wieder an die Wand

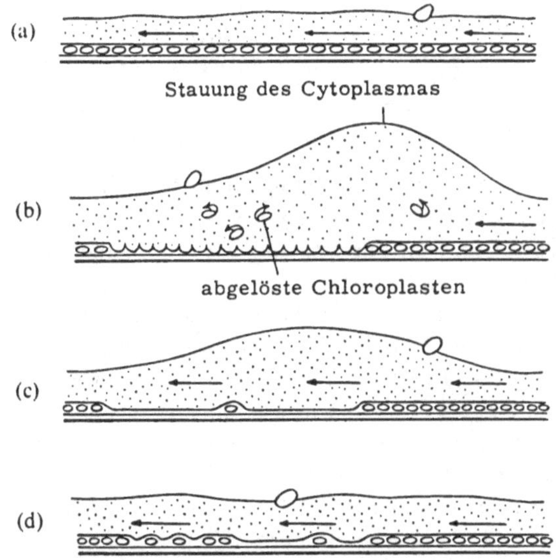

Abb. 11—4. Werden die Zellen zentrifugiert, so lösen sich die Chloroplasten von den Wänden ab, und die Cytoplasmaströmung hört auf: (a) Vor der Zentrifugierung. (b) 5—10 Stunden nach der Zentrifugierung. (c) 3—5 Tage später. (d) Ungefähr zwei Wochen später. (Nach T. Hayashi, 1963.)

anhefteten, begann das Cytoplasma an diesen Stellen erneut zu strömen. Diese Beobachtung könnte am leichtesten so gedeutet werden, daß die treibende Kraft der Cytoplasmaströmung an der Chloroplastenoberfläche läge; aber das Cytoplasma strömt auch in den Rhizoidzellen der *Chara,* die keine Chloroplasten enthalten (Abb. 11—3 d). Rhizoidzellen können in einer 0,2-molaren Calciumchlorid-Lösung plasmolysiert werden; dann verschwindet der Tonoplast (Abb. 11—3 e). In diesem Fall strömt das Cytoplasma mit seiner größten Geschwindigkeit an der inneren Oberfläche des Plasma-Gels entlang, das ungefähr 1 μm dick ist. Wenn aber dieses Plasma-Gel fehlt, findet keine Cytoplasma-Strömung statt. Die treibende Kraft dieser Strömung ist deshalb sehr wahrscheinlich an der inneren Oberfläche des Plasma-Gels. In den chlorophyllhaltigen Internodien-Zellen der Alge sind die Chloroplasten mit einer dünnen Plasma-Gel-Schicht überzogen; an dieser Oberfläche scheint sich die treibende Kraft auszuwirken. Diese Feststellung wird durch Marslands Beobachtung unterstützt, daß hoher hydrostatischer Druck, der das kortikale Gel in ein Sol überführt, bei *Elodea* ebenfalls die Plasmaströmung zum Stehen bringt.

Kodura führte dann mit *Nitella*-Zellen einige elegante Versuche über die Cytoplasma-Strömung durch (Abb. 11—5). Er schnitt unter einem konstanten, negativen hydrostatischen Druck die Zellenden ab (Abb. 11—5). Da das Plasma-Sol weiter der

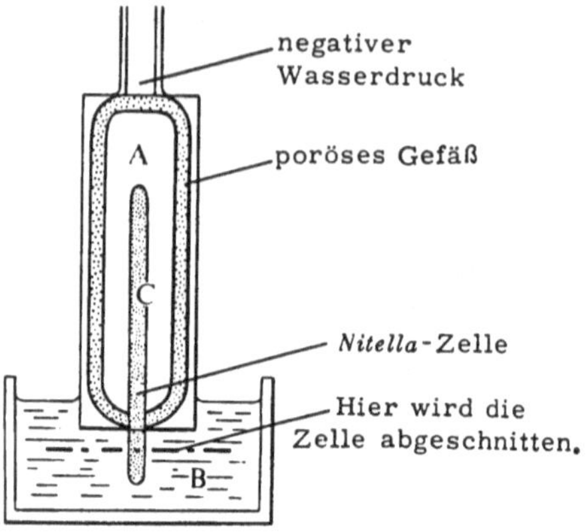

Abb. 11—5. Einrichtung, mit der das Ende einer *Nitella*-Zelle abgeschnitten werden kann. In der Kammer A wird ein negativer Wasserdruck erzeugt; die Zelle C wird in der Küvette B bei der unterbrochenen Linie abgeschnitten. (Nach K. Kuroda.)

Zellwand entlang strömte, sammelte sich mit der Zeit auf der darunterliegenden Glasplatte eine nackte Cytoplasma-Masse an. Diese Cytoplasma-Ablagerungen sind dann vor allem von Jarosch und Kuwada genau untersucht worden, die höchst interessante Bewegungen beobachten konnten:

Isolierte Chloroplasten rotierten schnell um ihre eigene Achse, die Kerne etwas langsamer. Einzelne Teilchen führten gelegentlich sprunghafte (saltatorische) Bewegungen aus. Ringförmige Fasern oder Faserbündel drehten sich kontinuierlich im Cytoplasma. Aus ihnen wurden später Polygone, die auf die Spitze einer Mikromanipulator-Nadel genommen werden konnten, wo sie weiterhin ihre ursprüngliche Bewegung ausführten (Abb. 11—6). Die Bedeutung dieser verschiedenen Bewegungen für das Problem der Cytoplasma-Strömung soll weiter unten diskutiert werden.

Bei gewissen Pflanzenzellen ist das Cytoplasma in Stränge aufgegliedert, die ein untereinander verbundenes Kanal-System bilden. Diese Kanäle durchziehen den Tonoplasten, so daß jeder Vakuolen-Abschnitt von einer besonderen Membran umgeben sein muß. Eine derartige Cytoplasma-Strömung kommt zum Beispiel in den Staubfadenhaaren von *Tradescantia* vor. Dabei zeigt die apicale Zelle, die sich teilt, keine Strömung ihres Cytoplasmas. Erst bei der zweiten, der endständigen benachbarten Zelle, die nach der Teilung weiterwächst, bilden sich die Cytoplasma-Stränge quer durch die Zellvakuole hindurch aus (Abb. 11—7).

Strömung bei Schleimpilzen. Der Schleimpilz *Physarum polycephalum* weist auf einer Agar-Unterlage die kennzeichnende Cytoplasma-Strömung in Kanälen des Plasma-Gels auf. Um diese Strömung genauer zu studieren, zerteilte man den Schleimpilz in fadenförmige Bruchstücke (Abb. 11—8 und Abb. 11—10 a). Die Abb. 11—8 zeigt, daß die Strömungsrichtung periodisch umkehrt. Der Cytoplasmastrang in der Abbildung besitzt die zwei endständigen gelartigen Abschnitte l und r, die in ihrem Innern viele feine Kanäle enthalten, die sich gleich den Nebenflüssen eines Stromes zu einem mittelständigen Kanal vereinigen, in dem das Cytoplasma in einem einzigen Strom dahinfließt. Das Cytoplasma strömt dabei langsam von links nach rechts, indem die gelartige Struktur fortlaufend in ein Sol umgewandelt wird (b), bis sich das Volumen des linken Endes stark verkleinert hat (c). An diesem Punkt hält die Strömung an, um bald darauf in der umgekehrten Richtung erneut zu fließen. Die Dauer zwischen zwei Strömungs-Umkehrungen beträgt, ohne streng periodisch zu sein, ungefähr zwei Minuten.

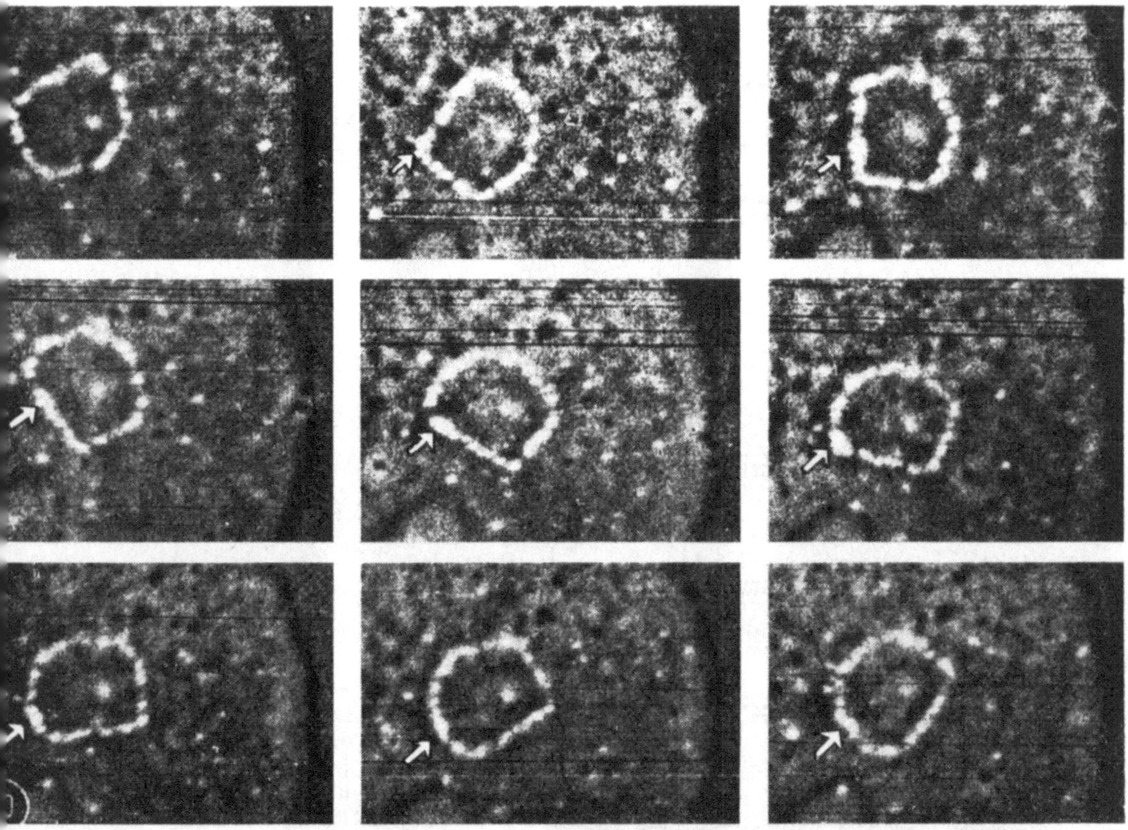

Abb. 11—6. Aufeinanderfolgende Bilder aus einem Zeitrafferfilm; man kann die wellenartige Fortbewegung einer Ecke in einem Kreis von Faserbündeln beobachten; ein einzelnes Teilchen des Kreises (mit einem Pfeil bezeichnet) verändert dabei seine Lage kaum. Die neun Film-Bilder sind in Zeitabständen von 0,25 Sekunden aufgenommen worden. [Aus R. Jarosch in: Primitive Motile Systems in Cell Biology, R. D. Allen und N. Kamiya (Hrsg.). Academic Press, New York 1964.]

Abb. 11—7. In den Zellen von *Tradescantia* laufen untereinander verbundene Cytoplasma-Kanäle quer durch die Vakuole. Die endständige Zelle, die sich teilt, weist keine Cytoplasmaströmung auf.

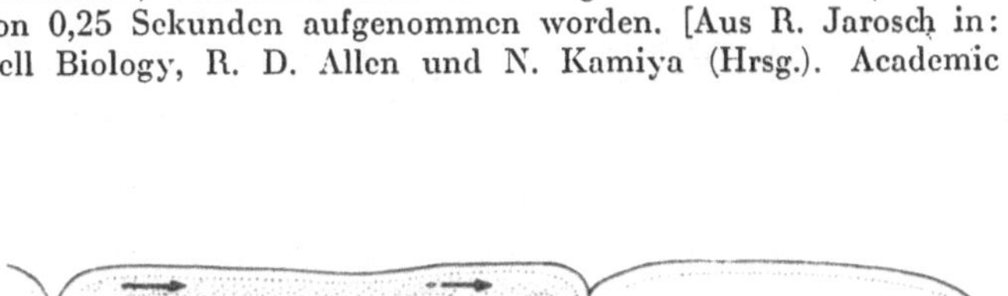

Die Cytoplasma-Masse, die im mittelständigen Kanal strömt, weist eine Strömungs-Doppelbrechung auf, die von langgestreckten, noch unbekannten Strukturen (wahrscheinlich von parallel zueinander angeordneten Proteinmolekülen oder Fasern) herrühren

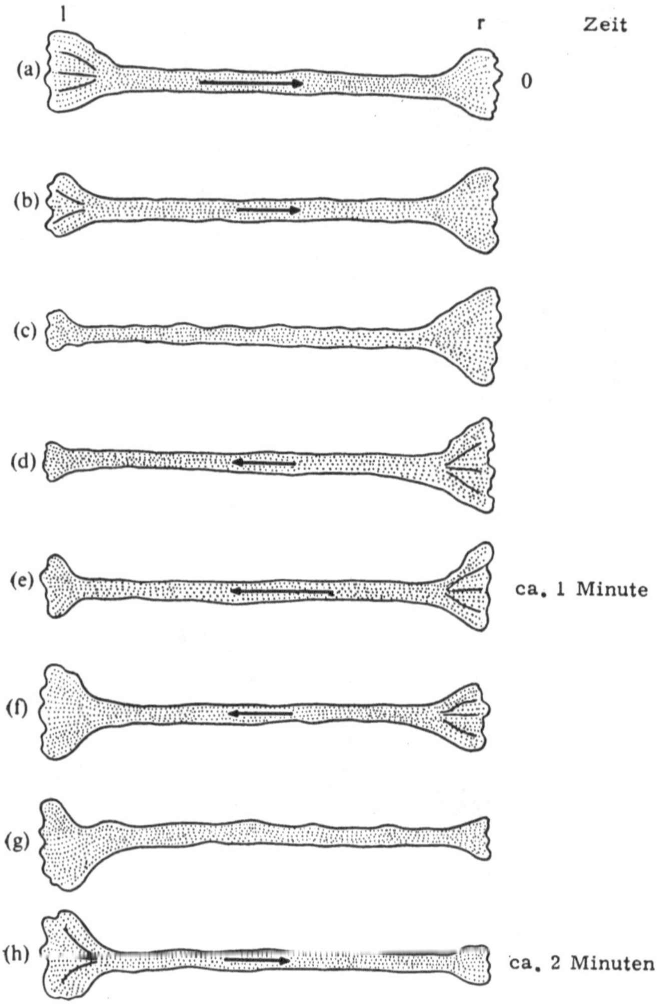

Abb. 11—8. Einzelne Fäden des Schleimpilzes *Physarum polycephalum,* in denen die Cytoplasmaströmung periodisch umkehrt. (a) und (b) Die Strömung läuft von links nach rechts. (c) Die Strömung steht still. (d), (e) und (f) Die Strömung läuft von rechts nach links. (g) Sie steht still und (h) fließt dann wieder von links nach rechts. Die Pfeillängen zeigen die Strömungsgeschwindigkeiten an.

muß. Diese Erscheinung ist in Abb. 11—9 im polarisierten Licht deutlich zu sehen. Bei *Physarum* hängt die Strömung, im Gegensatz zu derjenigen bei *Chara* und bei *Nitella* von einem Druckgefälle ab. Nach Kamiyas Versuchen kehrt die Strömungsrichtung erst bei einem hydrostatischen Druck von 15 cm um. Dabei ist die Strömungsgeschwindigkeit aber viel höher als diejenige, die man bei *Chara* oder bei *Nitella* beobachtet. Kamiya hat gezeigt, daß die Strömung wie bei Wasser erfolgt, das unter hydrostatischem Druck durch ein Rohr fließt. Die höchste Geschwindigkeit wird in der Mitte, und nicht, wie bei *Nitella,* an den Wänden des Kanals erreicht. Wohlfarth-Bottermann, der bei suspendierten Strängen in den Gelabschnitten l und r die Lage der Fasern genauer untersucht hatte, fand den Kanalwänden der Ausflußzone entlang viel mehr Fasern als an den entsprechenden Stellen der Einflußzone (Abb. 11—10 a und Abb. 11—10 b). Zudem stehen die elektrischen Potentialunterschiede zwischen den zwei En-

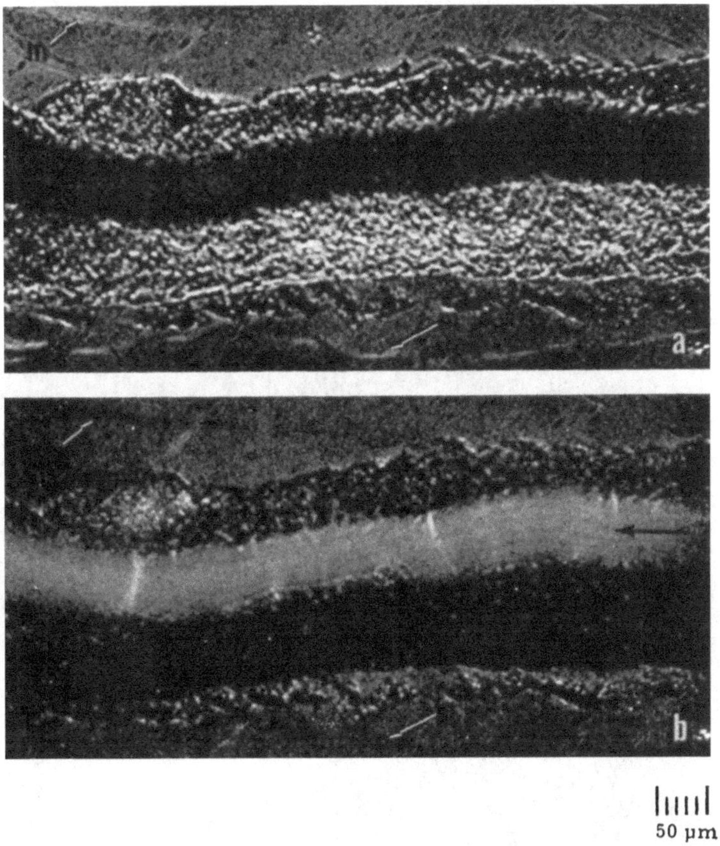

Abb. 11—9. Polarisationsmikroskopische Aufnahme der Doppelbrechung in einem Plasmodienstrang: (a) und (b) sind mit entgegengesetzten Kompensator-Einstellungen aufgenommen worden, um die Kontrast-Umkehrung in den zwei Bildern zu zeigen. m Schleim, der vom Plasmodium ausgeschieden wird; die Skala zeigt Abstände von 10 µm. [Aus H. Nakajima in: Primitive Motile Systems in Cell Biology, R. D. Allen und N. Kamiya (Hrsg.) Academic Press, New York 1964.]

den dieser Stränge mit der Strömungsumkehr in Beziehung. Die Potentialdifferenz zwischen den Enden l und r (Abb. 11—8 a) kehrt bei der Strömungs-Umkehr (Abb. 11—8 d) ebenfalls um, wenn auch nicht gleichzeitig mit der letzteren (Kamiya). Anderson hat zwischen dem vorrückenden Abschnitt, der keine Kanäle enthält, und dem hinteren kanalisierten Abschnitt unterschiedliche Ionenkonzentrationen gefunden. Die Kalium-Ionenkonzentration betrug im vorrückenden Teil 30 mAequiv/kg, während sie hinten nur 20 mAequiv/kg betrug. Auch die Natrium-Ionenkonzentrationen kehrten sich bei der Strömungsumkehr um; die Konzentration betrug in dem Abschnitt ohne Kanäle 3—8 mAequiv/kg und im hinteren Teil 12—15 mAequiv/kg. Diese Veränderungen der Ionenkonzentrationen hängen wahrscheinlich in einer noch unbekannten Weise mit den elektrischen Potentialunterschieden zusammen.

Cytoplasma-Bewegungen bei tierischen Zellen. *Das Verhalten von Säuger-Gewebezellen.* Obwohl die meisten Untersuchungen über die Cytoplasma-Bewegungen tierischer Zellen an großen Amöben ausgeführt worden sind, beschreiben wir zuerst die weniger komplexen Bewegungen, die bei den Zellen von bestimmten Tieren beobachtet werden. Abb. 11—11 zeigt einen Säugetier-Fibroblasten, der aus einer Gewebekultur stammt. Er weist die charakteristische Fächerform auf, die immer dann beobachtet wird, wenn

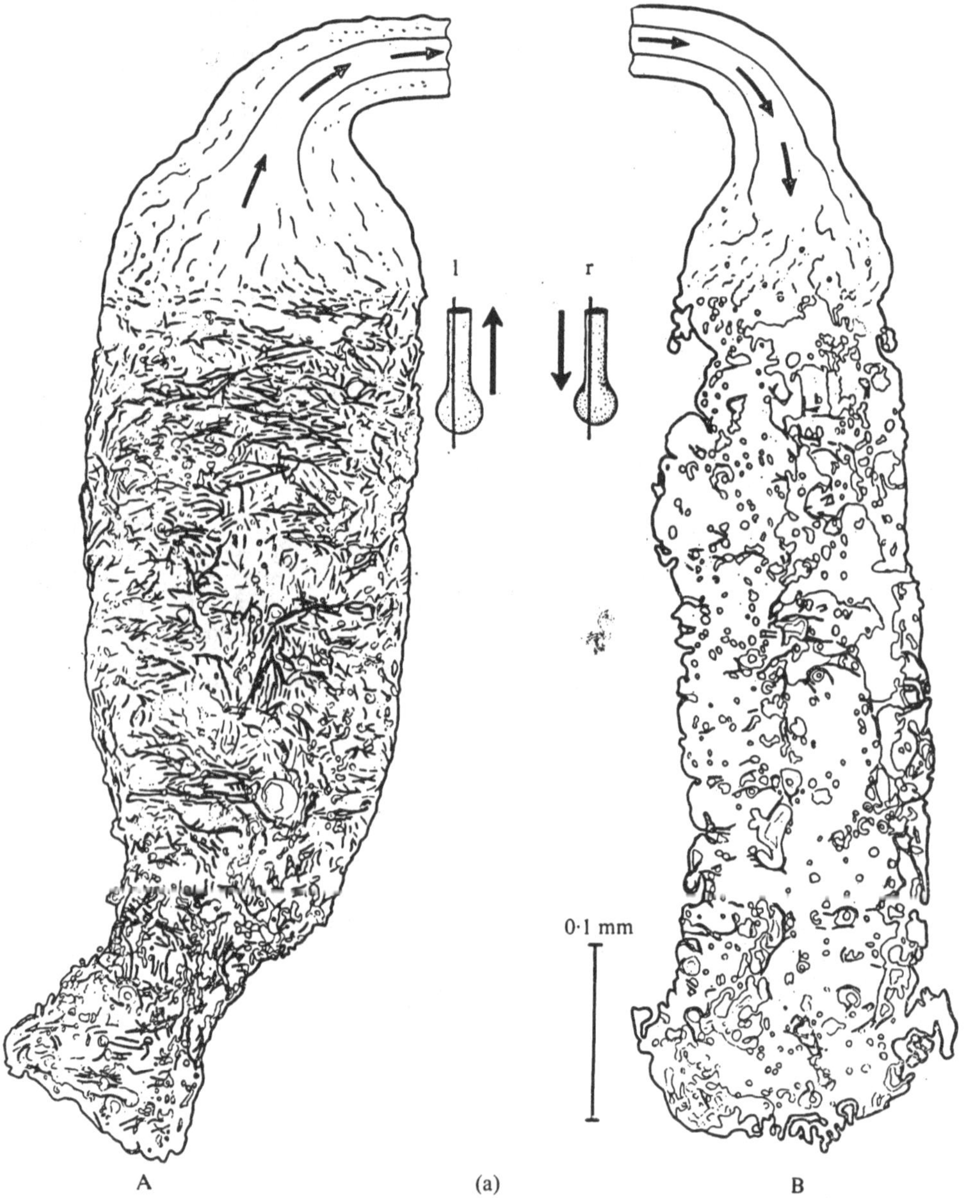

Abb. 11—10. (a) Die funktionellen Anordnungen der Fasern in der hängenden Schleife eines Protoplasma-Stranges von *Physarum*. A Die Ausflußzone des Cytoplasmas, die viele fibrilläre Regionen enthält; B der Cytoplasma-Einfluß. (b) Elektronenmikroskopische Aufnahme der fibrillären Zone A. 26 000fache Vergrößerung. [Aus K. E. Wohlfarth-Bottermann in: Primitive Motile Systems in Cell Biology, R. D. Allen und N. Kamiya (Hrsg.). Academic Press, New York 1964.]

(b)

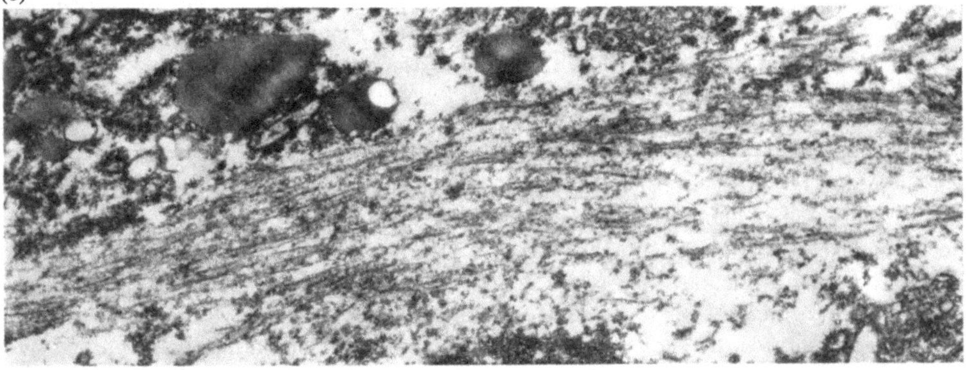

Abb. 11–10. (b).

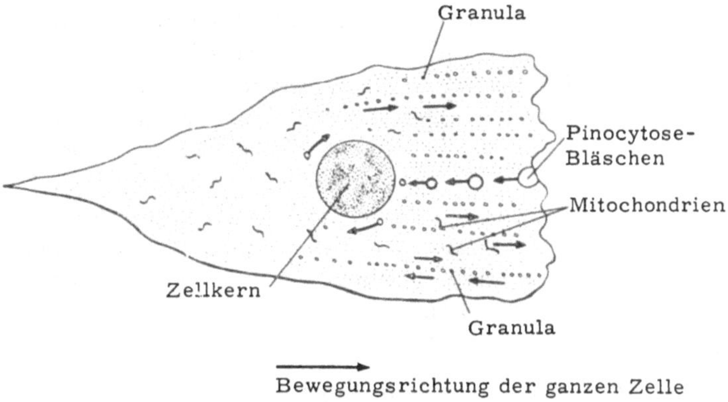

Abb. 11–11. Cytoplasma-Bewegungen in einer Säuger-Fibroblastenzelle.

die Gewebekultur nur wenige Zellen enthält. In diesen Zellen kann man auf Zeitrafferfilmen, die mit hoher lichtmikroskopischer Vergrößerung aufgenommen wurden, die folgenden Bewegungen beobachten:

Allgemeine unregelmäßige Bewegungen von einzelnen Granula, die zum Teil der Brownschen Bewegung zuzuschreiben sind.

Autonome Bewegung einzelner Organellen (besonders von Mitochondrien).

Zufällige kurzzeitige Drehbewegungen des Kerns (Pomerat, Abercrombie, Ambrose und Easty).

Cytoplasmaströmung in begrenzten Abschnitten, die wahrscheinlich durch Kanäle in der Zellstruktur und durch Schichten des endoplasmatischen Reticulums gebildet werden. Gelegentlich beobachtet man in zwei benachbarten Kanälen einander *entgegengesetzt gerichtete Strömungen,* die eine zum Kern, die andere von ihm weg.

Die Zellmembran umschließt an ihrer Vorderseite manchmal Tropfen des Mediums, die dann in das Cytoplasma hineingezogen werden. Man nennt diesen Vorgang Pinocytose.

Die Pinocytose ist mit der Phagocytose verwandt, durch die die Protozoen und andere Zellen feste Teilchen aufnehmen. Sobald die Pinocytose-Vakuole in das Cytoplasma eingeschlossen ist, wird sie durch die Cytoplasma-Strömung zum Zellkern hin befördert (s. Abb. 11—11). Während dieses Transports verkleinert sich ihr Volumen nach und nach. Dabei ist zu beachten, daß in Gewebekulturzellen — obwohl sie auf der Glasoberfläche wandern können (Abb. 11—11) — keine Hauptrichtung der Cytoplasmaströmung existiert, so wie z. B. in Amöben, und daß die Strömung in Säuger-Gewebekulturzellen hauptsächlich nahe der Zellmembran auftritt. Die treibende Kraft der Cytoplasmaströmung scheint bei diesen Zellen, wie bei den Pflanzenzellen, an oder in der Nähe der Grenzfläche zwischen dem Plasma-Sol und dem Plasma-Gel zu liegen. Auch die Bewegungen der Kerne und der Mitochondrien werden wahrscheinlich durch Kräfte hervorgerufen, die sich auf oder in der Nähe ihrer Oberflächen befinden.

Cytoplasma-Bewegungen der Amöben. Amoeba proteus bewegt sich durch einen ununterbrochenen, gerichteten Cytoplasma-Strom vorwärts. Man kann im Lichtmikroskop deutlich erkennen, daß diese Strömung von der Ortsveränderung der ganzen Zelle begleitet ist. Goldacre hat bei seinen Untersuchungen die Amöben in einer Dextran-Lösung von der gleichen Dichte wie die Zellen selbst suspendiert und beobachtet, daß die frei schwebenden Zellen fortfuhren, gleichmäßig dahinzuströmen. Das auffälligste Merkmal dieser fließenden Cytoplasma-Bewegung ist die umkehrbare Umwandlung vom Sol- in den Gel-Zustand, die Mast 1926 als erster beschrieben hatte. Dabei wandelt sich im Teil A (Abb.11—12) das zentrale Plasma-Sol in ein Gel um, das an der inneren Oberfläche der Plasmamembran angeheftet bleibt, während sich das Gel des Teils B in ein Sol zurückverwandelt. Das Cytoplasma von *Amoeba proteus* enthält viele Plasmasol-Kanäle, die ähnlich wie beim Schleimpilz *Physarum polycephalum* das Plasma-Gel durchziehen (Abb. 11—10 a).

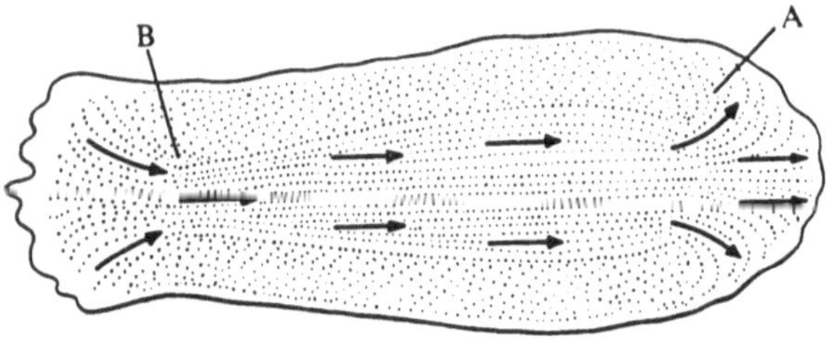

Abb. 11—12. Cytoplasma-Strömung in einer Amöbe: A ist die Zone, in der sich das Plasma-Sol in Plasma-Gel umwandelt; B ist die Zone der Umwandlung vom Gel- in den Solzustand.

Wo liegt in diesen Zellen die treibende Kraft? Nach Goldacres Ansicht ist sie auf den Schwanzteil B der Amöbe beschränkt. In seinem Modell sind die Proteinmoleküle des Cytoplasmas im Gel ausgestreckt, wo sie ein Netzwerk bilden, während sie in der Sol-Zone zu löslichen, kompakten Molekülen aufgefaltet sind. Die aktive Umwandlung findet dabei im Schwanzteil statt, wo sich die Gel-Proteine zu den Sol-Proteinen auffalten. Diese Annahme stützt sich auf Versuche, bei denen ATP in begrenzte Cytoplasma-Abschnitte der Amöben eingespritzt wurde (s. Abb. 11—13). Injizierte man ATP beispielsweise in den Schwanzteil, so verstärkte sich die Kontraktion, während eine Injektion in den Kopfteil die *Umkehr* der Kopf-Schwanz-Polarität zur Folge hatte. Goldacre hat daneben weitere Experimente beschrieben, die seine Theorie unterstützten.

Nach Allens Meinung liegt hingegen die bewegende Kraft im Kopfteil der Amöbe. Seine Theorie (die sog. Quellzonen-Theorie) besagt, daß die Proteinmoleküle des Cytoplasmas im Plasma-Sol ausgestreckt sind. In der Quellzone des Kopfteils werden sie dann aktiv zum Plasma-Gel zusammengezogen, wodurch das übrige Cytoplasma gegen den Kopfteil der Zelle nachgezogen wird. Allen hatte nämlich einer Amöbe, die sich in einem dünnen Kapillarröhrchen befand, den Schwanzteil aufgebrochen, wobei

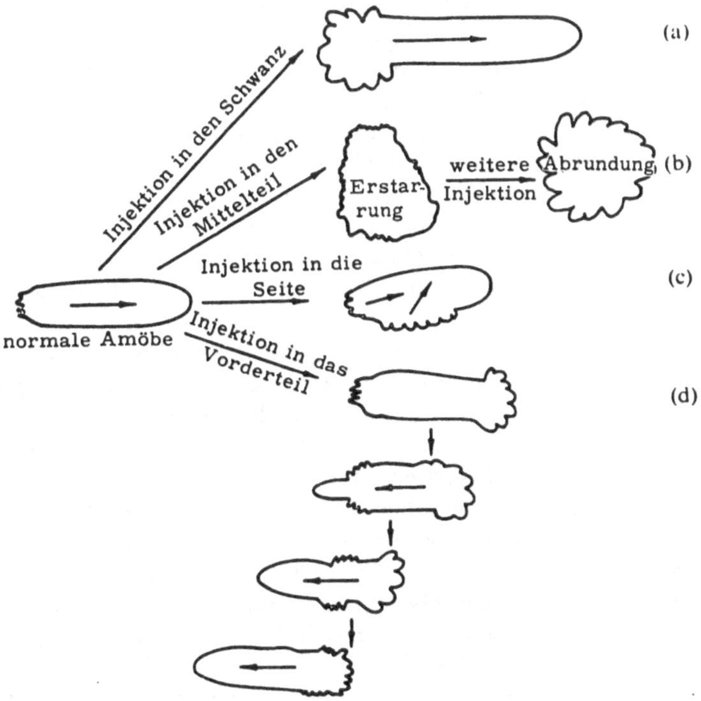

Abb. 11—13. Wirkung von ATP-Mikroinjektionen in verschiedene Teile einer Amöbe. An der Injektionsstelle zieht sich das Plasma-Gel sofort zusammen, so daß sich die Zellmembran auffaltet. Wird ATP in das Vorderende der Zelle eingespritzt, so kehrt die Richtung der Cytoplasma-Strömung um; das Vorderende wird jetzt zum Schwanzende. [Aus R. J. Goldacre in: Primitive Motile Systems in Cell Biology, R. D. Allen und N. Kamiya (Verl.). Academic Press, New York 1964.]

das Cytoplasma während einer gewissen Zeitdauer immer noch nach vorne geflossen war. Er schrieb diese Erscheinung der Wirkung der treibenden Kraft in der Fontäne-Zone zu, die durch den Eingriff nicht unterbrochen worden war. Bei der Cytoplasma-Bewegung der *Amoeba proteus* ist der Druckunterschied, durch den die Bewegung hervorgerufen wird, außerordentlich klein. Kamiya konnte die Strömungsrichtung schon durch einen hydrostatischen Druck von weniger als 0,5 mm umkehren; die Kräfte, die für diese Strömung verantwortlich sind, müssen deshalb äußerst fein ausgeglichen sein.

Wenn die Amöben unter natürlichen Bedingungen am Grund eines Tümpels oder auf einer festen Oberfläche liegen, so bewirkt ihre Cytoplasma-Bewegung die Ortsveränderung der Zellen. Diese Bewegung ist deshalb mit der Fortbewegung von anderen Zelltypen verwandt, die von der Berührung der Zell*oberfläche* mit einer festen Unterlage abhängen (s. Abschn. 11.4).

11.3. Muskelkontraktion

Die Muskelgewebe der Tiere enthalten hoch organisierte, kontraktionsfähige Cytoplasma-Strukturen. Es gibt zwei Haupttypen von Muskelgewebe: glatte Muskeln und gestreifte Muskeln. Da die Struktur der gestreiften Muskeln sehr regelmäßig ist, kann sie unter anderem mit Hilfe der Röntgenbeugungs-Methode und der Elektronenmikroskopie studiert werden. Die elektronenmikroskopische Aufnahme eines Kaninchenmuskels (Abb. 1—12) zeigt die Struktur, die sich rasch zusammenziehen und wieder entspannen kann, so zum Beispiel bei den Gliedmaßen der Wirbeltiere und bei den Flugmuskeln der Insekten. Im Polarisationsmikroskop zeigen die gestreiften Muskelfasern eine Banden-Struktur; einige dieser Banden sind anisotrop (A-Banden) und die anderen isotrop (I-Banden) (eine anisotrope Struktur zeigt Doppelbrechung, während eine isotrope keine Doppelbrechung aufweist).

In Abb. 1—12 kann man zudem in der Mitte der A-Banden weniger dichte Zonen, die sog. H-Zonen erkennen. In der Mitte der I-Banden liegen hingegen die schmalen dichten Z-Banden. In den gestreiften Muskeln liegen alle Myofibrillen in Register, so daß alle A-Banden und alle I-Banden jeweils genau in einer Linie liegen. Aus diesem Grund kann man die gestreifte Struktur auch im Lichtmikroskop deutlich erkennen. Die genauen elektronenmikroskopischen Untersuchungen wurden vor allem von Huxley und Hanson durchgeführt, obwohl die ersten Untersuchungen auf diesem Gebiet von Hall, Jakes, Schmitt und anderen Forschern stammen. Der Durchmesser einer einzelnen Myofibrille beträgt ungefähr 1 μm. In einem völlig entspannten Muskel sind die A-Banden meistens ungefähr 1,3 μm und die I-Banden ungefähr 0,8 μm lang.

Die Myofibrillen selbst sind aus dünnen Filamenten zusammengesetzt. In der dichteren A-Zone liegen zwei Gruppen derartiger Filamente; die erste besteht aus breiten Filamenten von 100 Å Durchmesser und 1,5 μm Länge (in Kaninchenmuskeln), die sich nur innerhalb der A-Banden ausdehnen, während die zweite Gruppe aus dünnen Filamenten von ungefähr 60 Å Durchmesser und 2 μm Länge besteht. Diese dünnen Filamente erstrecken sich auch in die I-Banden, die ihrerseits nur aus dünnen Filamenten bestehen. Bei der Muskelkontraktion gleiten die dünnen Filamente innerhalb der breiteren dahin (Abb. 11—26), wofür heute gewichtige Beweise vorliegen. Die breiten Filamente bestehen aus dem fibrillären Protein Myosin, während die dünnen aus einem globulären Protein, Actin, zusammengesetzt sind. Die langkettigen Proteinmoleküle liegen im Myosin als α-Helix-Strukturen vor (Abb. 4—15 a und Abb. 4—15 b), die in den Filamenten parallel zueinander angeordnet sind. Im Actin sind die Proteinketten als globuläre Strukturen vorhanden. Diese Einheiten verbinden sich dann zu den dünnen Filamenten. In den Muskeln bildet Actin mit dem Myosin den *Actomyosin*-Komplex.

Die glatten Muskeln, die sich nur sehr langsam kontrahieren, sind nicht in A- und I-Banden aufgeteilt. Die molekulare Grundstruktur ist aber derjenigen der gestreiften Muskeln ähnlich, nur bilden die in einer Linie angeordneten Myofibrillen keine Banden-Struktur. Die Banden könnten hier verzogen sein und sich deshalb überlagern

(Hermann und Zebe). Der Kontraktionsmechanismus ist bei den gestreiften und bei den glatten Muskeln grundsätzlich gleich (s. Abschn. 11.5).

Ein wichtiger Bestandteil der Muskelzellen, der für den Beginn einer Muskelkontraktion unentbehrlich ist, ist das Sarcolemm. Es besteht aus vielen, untereinander verbundenen Membranen-Bläschen, die zwischen den Actin- und den Myosin-Verbänden hindurch in die Muskelzellen eindringen. Die motorischen Nervenzellen wirken auf dieses Membranen-System so ein, daß dieses plötzlich Calcium-Ionen in das Cytoplasma einströmen läßt, wodurch die Kontraktion ausgelöst wird (s. Abschn. 11.5).

11.4. Ortsveränderungen von Zellen

Man kennt im wesentlichen zwei unterschiedliche Mechanismen, durch die sich eine Einzelzelle fortbewegen kann: der eine setzt besondere Zelloberflächen-Strukturen voraus (Geißeln und Cilien), der andere bezieht die Cytoplasma-Bewegungen ein. Viele Bakterien besitzen Geißeln, während sich einige der größeren einzelligen Organismen hauptsächlich amöboid fortbewegen, obwohl Cilien und auch Geißeln bei einigen der größten Protozoen vorkommen.

Geißeln und Cilien. Sowohl die Geißeln als auch die Cilien sind peitschenartige Fortsätze der Zelloberflächen. Ist nur einer oder sind zwei derartiger Fortsätze vorhanden. so werden sie Geißeln oder Flagellen genannt (aus dem Lateinischen *‚flagellum'* = Peitsche), während eine größere Anzahl von ihnen, die in einer koordinierten Ordnung schlagen, als Cilien (lateinisch *cilium* = Augenwimper) bezeichnet werden. Geißeln sind bis zu 150 μm lang, Cilien sind im allgemeinen kürzer, nur 5—10 μm lang. Spermienschwänze weisen die gleiche makromolekulare Grundstruktur wie die Geißeln und Cilien auf; auch ihre Bewegung besteht aus dem regelmäßigen Schlagen ihrer Faserstrukturen. Die Ähnlichkeit zwischen diesen drei Strukturen ist auf der elektronenmikroskopischen Abbildung ihrer Querschnitte besonders deutlich zu sehen (Abb. 11—14). Man erkennt dabei jeweils einen Hohlzylinder, der aus neun Paaren von röhrenförmigen Filamenten besteht; diese sind in der gleichen Weise wie bei den Centriolen angeordnet (s. Kap. 9).

Die Centriolen bilden tatsächlich bei den cilientragenden Epithelzellen, die sich nicht mehr teilen, die Basalkörper der Cilien. Abb 11—15 stellt einen Längsschnitt durch ein Flagellum dar, dessen Basalkörper unmittelbar unter der Plasmamembran an ihm angeheftet ist. Die Plasmamembran setzt sich dabei über den Schaft des Flagellums fort und überzieht diesen vollständig. Auf dem Querschnitt beobachtet man neben den neun äußeren Filamenten auch zwei mittelständige, so daß im ganzen elf Filamente vorhanden sind. Dieses Struktur-Grundmuster findet man nicht nur bei den Flagellen, sondern auch bei den Cilien und den Spermienschwänzen verwirklicht. Die Filamente liegen dabei in Form von Mikrotubuli vor; sie enthalten ein actinartiges Protein, das dem Actin der gestreiften Muskeln sehr ähnlich ist. Die äußeren Filamente sind aus je zwei Subfibrillen zusammengesetzt (Abb. 11—14).

Aus den chemischen Analysen der Geißeln und Cilien geht hervor, daß diese Strukturen ATPase enthalten. ATP diffundiert, wie Berechnungen gezeigt haben, sehr schnell aus dem Cytoplasma des Zellkörpers den Schaft entlang nach oben und stellt so die Energie bereit, die für die Schlagbewegung im Schaftinnern benötigt wird.

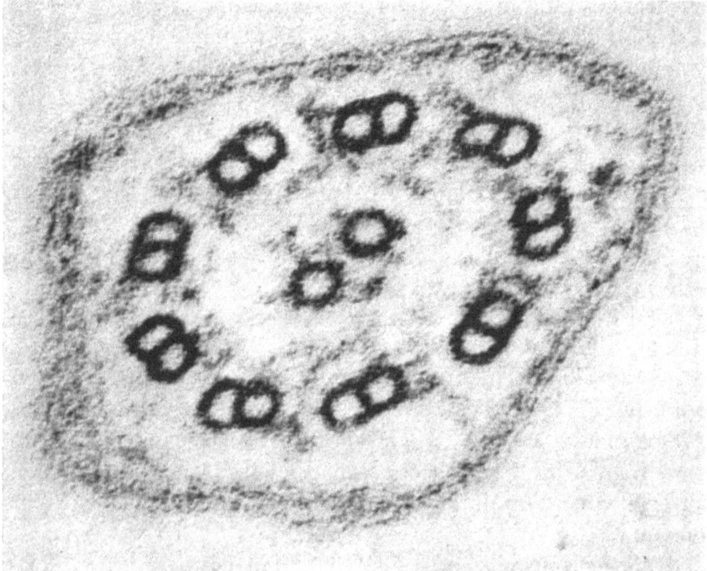

Abb. 11—14. Elektronenmikroskopische Aufnahme eines Geißel-Querschnitts (*Chlamydomonas reinhardii*). 259 200fache Vergrößerung. Man erkennt die neun Paare von tubulären Filamenten oder Fibrillen und die zwei mittelständigen Fibrillen deutlich. [Aus J. R. Warr et al., Genetics Research 7, 3 (1966).]

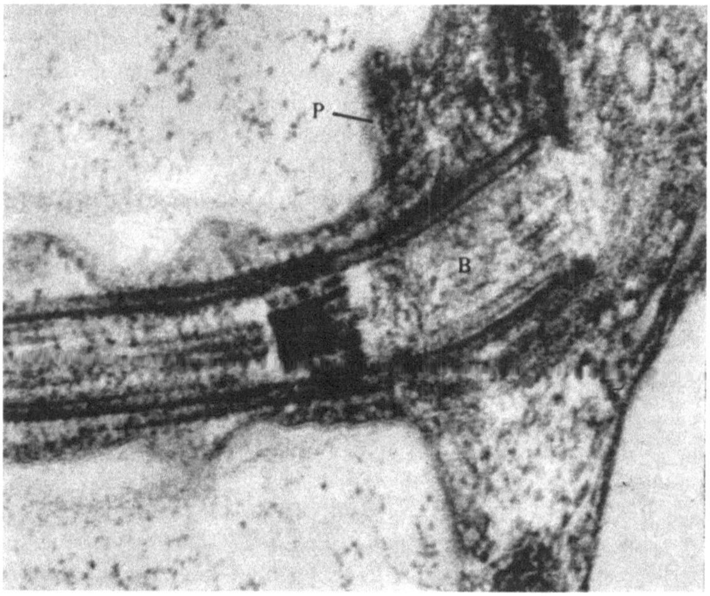

Abb. 11—15. Elektronenmikroskopische Aufnahme des Längsschnitts durch eine Geißel und den Basalkörper von *Chlamydomonas reinhardii.* 124 000-fache Vergrößerung. B Basalkörper; P Plasmamembran. (Aus J. Randall et al. Developmental Biology, Supp. 1, 1967.)

Geißeln, Cilien und Spermienschwänze führen ihre Bewegungsschläge auf mehrere Arten aus (Brockshaw, Sleigh und andere). Die einfachste Art dieser Bewegungen kann man bei den Spermienschwänzen der niederen Organismen beobachten (Abb. 11—16). Sie führen, wie Sir James Gray 1926 gezeigt hat, eine sinusförmige Schwingung in nur einer Ebene aus. Dabei sind gewisse Abschnitte des Schwanzes jeweils gerade, andere gleichmäßig gekrümmt (Abb. 11—16). Schreitet die Wellenbewegung entlang dem Schwanz fort, so gehen jeweils die geraden Abschnitte in die gekrümmte Stellung über, und umgekehrt. Geißeln und Spermienschwänze können daneben auch kompliziertere Bewegungen ausführen, bei denen zusätzliche schraubenförmige Bewegungen die einfachen Wellenbewegungen überlagern. Dazu müssen sich die beweglichen Einheiten der Struktur verdrehen können.

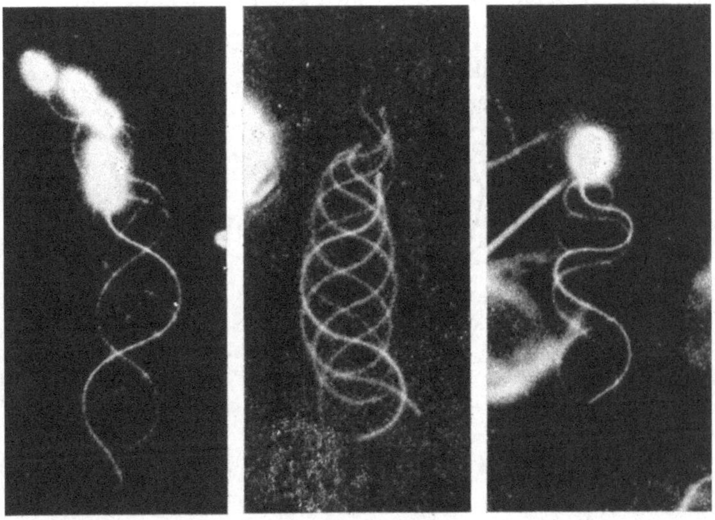

Abb. 11–16. Mikrofotografische Aufnahmen der Bewegung eines Spermienschwanzes. Jede Aufnahme ist bei einer Dunkelfeld-Beleuchtung mit einer Reihe von Blitzen mehrmals belichtet worden; die Bilder sind als Negativ-Abzüge wiedergegeben. (a) Normale Bewegungen der Spermatozoen eines Seeigels. (b) Die Bewegung eines kopflosen Seeigelspermiums. (c) Die Bewegung eines Seeigelspermiums, dessen Kopf an dem Objektträger festgehalten wird. 1050fache Vergrößerung. (Aus C. J. Brokaw.)

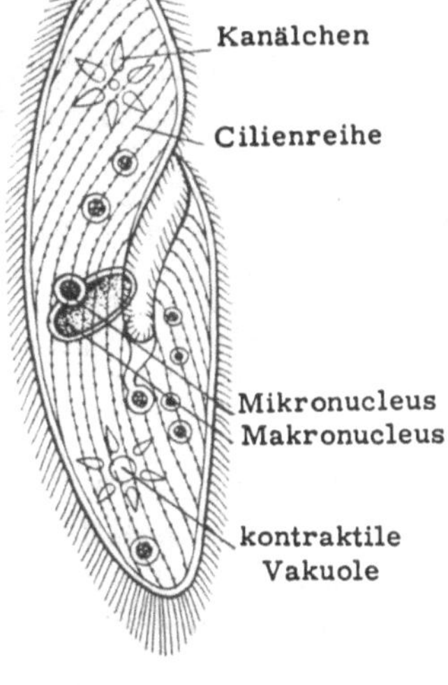

Abb. 11–17. Schematische Darstellung des Ciliaten *Paramecium caudatum,* ventral gesehen (nach Doflein).

Der Cilienschlag umfaßt die koordinierte Bewegung von Gruppen oder Reihen von Einzelelementen (Abb. 11—17). Die Bewegung pflanzt sich dabei wie in einer Kettenreaktion entlang den Cilienreihen fort. Sleigh hat diesen metachronen Bewegungs-Rhythmus mittels Hochfrequenzkinematographie genau analysiert. Er entdeckte dabei, daß sich die Cilienschläge der Mollusken-Kiemen und diejenigen der verschiedenen Protozoenarten grundsätzlich ähnlich sind und nur in Form und Größe der Ausschläge Unterschiede bestehen. Die Abb. 11—18 stellt den Cilienschlag des Einzellers *Stentor polymorphus* schematisch dar. Die Zahlen in der Nähe der Linien (Cilie) geben die verschiedenen Stellungen einer einzelnen Cilie während einer Schlagfolge an. Diese Schlagfolge läßt sich in die folgenden drei Phasen einteilen:

Ruhestellung
eigentlicher Schlag
Erholungsphase.

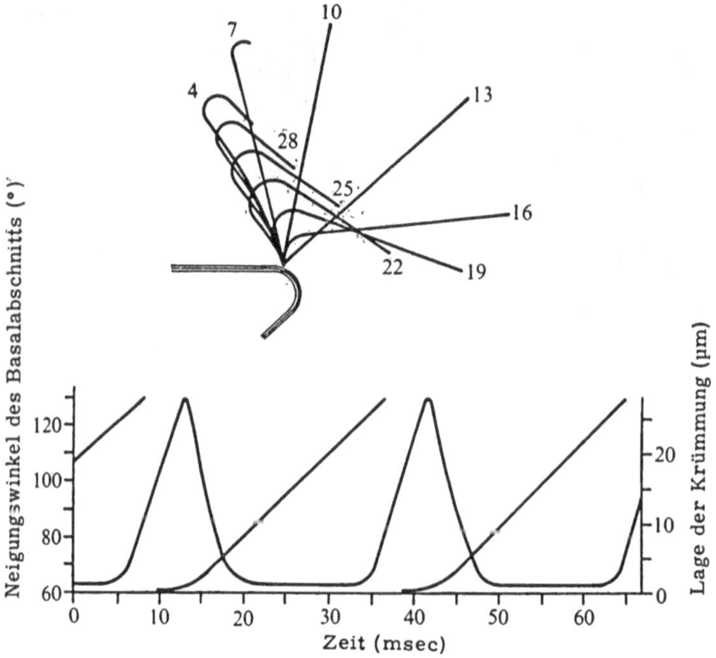

Abb. 11—18. Schematische Darstellung des Cilienschlags bei *Stentor polymorphus* nach einem Film, der bei 22 °C mit 400 Bildern in der Sekunde aufgenommen wurde. (a) Die Zahlen bei den Linien geben die Zeiten der aufeinanderfolgenden Cilienstellungen während einer Schlagfolge an. (b) Die Zeiten auf der grafischen Darstellung entsprechen denjenigen des Schemas (a). (Aus M. A. Sleigh in: Aspects of Cell Motility, Symposium of the Society for Experimental Biology, 1968, Cambridge University Press, London.)

Die Geißeln der Bakterien (Abb. 11—19) haben erwartungsgemäß eine einfachere Struktur als diejenigen der Flagellaten. Sie lassen sich durch Schütteln oder Ultraschallbehandlung der Zellen von deren Oberflächen abtrennen. Bei der Analyse eines derartigen gereinigten Geißel-Präparates läßt sich ein einziges Protein, das Flagellin, nachweisen, dessen Aminosäuren-Zusammensetzung derjenigen des Actins der gestreiften Muskeln gleicht. Die abgetrennten Geißeln können aus der Suspension als parallele Faserbündel abgeschieden und in dieser Anordnung mit Hilfe der Röntgenbeugungs-Methode studiert werden. Astbury und seine Mitarbeiter fanden dabei ein Muster vom α-Typ, das demjenigen des α-Keratins und der Muskelfasern ähnlich war. Entlang der Längsachse ergab sich eine Periode von 5,1 Å und entlang dem Meridian von 9,8 Å. Das α-Muster wird durch die α-Helix hervorgerufen. Astbury, Beighton und Weibull haben die Bakterien-Geißeln als „monomolekulare Muskeln" bezeichnet. Sie enthalten, im Gegensatz zu anderen Geißeln und Cilien, keine ATPase.

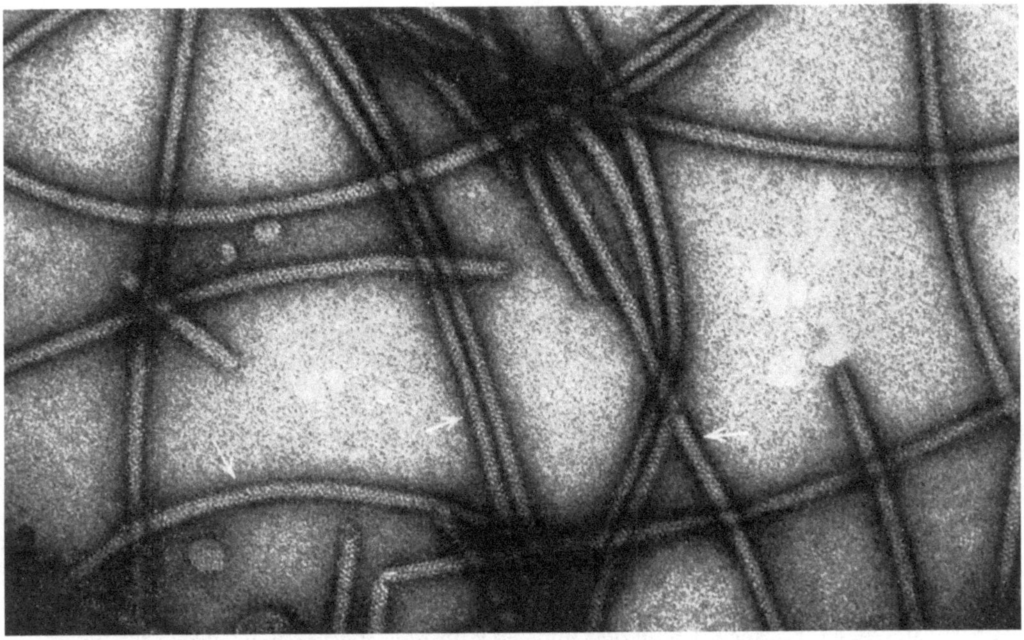

Abb. 11—19. Geißel des Bakteriums *Salmonella typhimurium*, mit Uranylacetat negativ kontrastiert. Die Pfeile weisen auf die Zonen hin, in denen die globulären Einheiten in Reihen angeordnet sind, die mit der Geißelachse einen schiefen Winkel bilden. 125 000fache Vergrößerung. (Aus J. Lowy und M. Spencer.)

Elektronenmikroskopische Aufnahmen von Geißelquerschnitten zeigen, daß sie nicht aus 9 + 2 Filamenten bestehen, sondern als einfache Zylinder erscheinen, die aus globulären Molekülen von 40 Å Durchmesser aufgebaut sind. Diese Einheiten liegen in einer schraubenförmig verdrehten, hexagonalen Packung (Abb. 11—20). Eine Bakterien-Geißel besteht aus drei Abschnitten, einem endständigen Haken, einem Hauptschaft und einer Basalzone, die mit der Zellmembran verbunden ist. Nach Lowys und Spencers Beobachtungen gleicht der Geißelschlag einem Peitschenhieb, der durch eine Drehbewegung des Basalteils hervorgerufen wird (Abb. 11—21); die treibende Kraft dieser Bewegung befindet sich folglich nur am Geißel-Grund. Es ist unwahrscheinlich, daß ATP genügend schnell in den äußerst dünnen Schaft der Bakterien-Geißeln hinein diffundiert, um die treibende Kraft im Innern des Schaftes bereitzustellen, wie es bei den Geißeln und den Cilien der anderen Organismen geschieht. Vielleicht wird eine Dreh- oder Schwingungsbewegung am Geißel-Grund durch eine fortschreitende Veränderung in der Packung der Untereinheiten entlang der Schraube weitergeleitet (Abb. 11—20).

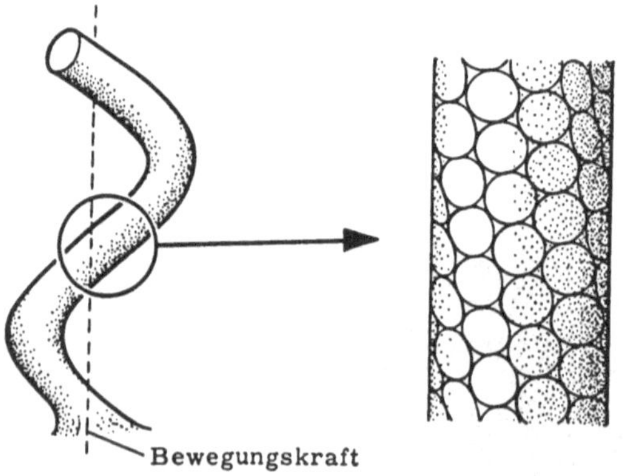

Abb. 11—20. Die Struktur einer Bakterien-Geißel. Die Bewegungskraft ist am Grund des dünnen Schaftes lokalisiert; dieser besteht aus globulären Einheiten von 40 Å Durchmesser, die in einer schraubenförmig verdrehten Sechseck-Anordnung zusammengepackt sind. (Nach J. Lowy und M. Spencer.)

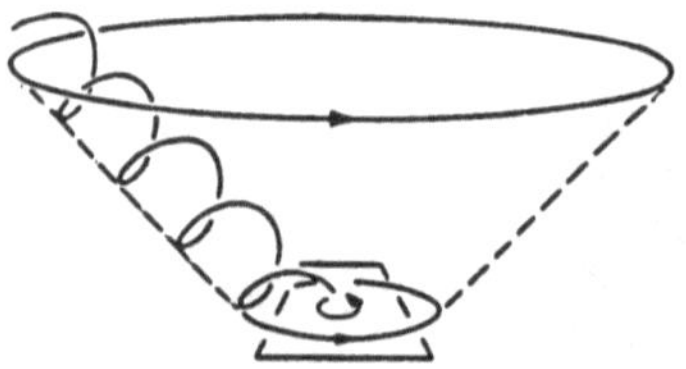

Abb. 11—21. Ein Modell der Geißel-Bewegung: Ein starrer helicaler Stab ist im rechten Winkel zu der Grundplatte in dieser verankert. Der Stab dreht sich in bezug auf seine Basis nicht; die Bewegung entsteht durch die fortschreitende Übertragung einer kleinen Kontraktionswelle von einer Untereinheit der Schraube zu der benachbarten. (Aus J. Lowy und M. Spencer in: Aspects of Cell Motility, Symposium of the Society for Experimental Biology, 1968, Cambridge University Press, London.)

Eine diametral andere Situation findet sich in den Spermienschwänzen der Säugetiere. Sie sind viel größer als die der Invertebraten und haben neben den 9 + 2 Filamenten noch eine äußere Gruppe von Fasern. In diesen großen Strukturen wird das ATP in den Mitochondrien, die an den äußeren Filamenten-Gruppen liegen, direkt am Ort erzeugt.

Fortbewegung der Säuger-Gewebezellen. Die Gewebezellen der Säugetiere bewegen sich durch einen Mechanismus fort, der zwischen dem hochorganisierten Geißel- oder Cilienschlag und der einfachen, amöboiden Cytoplasma-Strömung liegt. Diese Bewegungen sind an kultivierten Zellen von Monolayergewebe-Kulturen mit Hilfe der Zeitraffer-film-Methode studiert worden (Abercrombie, Ambrose und Easty); die Zellen entwickeln dabei vorübergehende Oberflächen-Fortsätze, die als Riffeln oder Wellen der Membran erscheinen. Sie sind in dem schematischen Vertikalschnitt durch einen sich bewegenden Fibroblasten der Abb. 11—22 dargestellt. Die Form dieser Riffeln kann auf der rasterelektronenmikroskopischen Aufnahme einer rasch eingefrorenen Membran deutlich er-

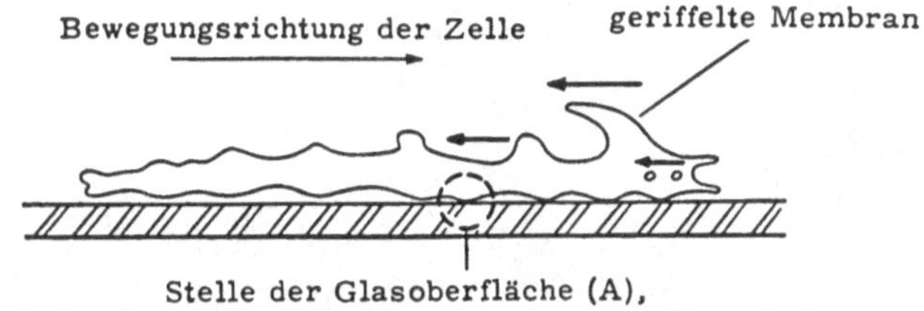

Abb. 11—22. Vertikaler Schnitt durch einen Fibroblasten, der sich auf einer Glasoberfläche fortbewegt.

kannt werden (Abb. 11—23). In einem Mikroskop, durch das die Berührung zwischen der Zelle und der Glasoberfläche, auf der sie sich bewegt, unmittelbar beobachtet werden kann, sieht man immer wiederkehrende, kurzzeitige Kontakte der Zelle mit dem Glas; diese rühren offensichtlich von den wellenförmigen Bewegungen der Membran her. Zudem ermöglicht das Rasterelektronenmikroskop, diese Berührungen unmittelbar von der Seite her zu beobachten (Abb. 11—24). In Abb. 11—24 berührt die Zellmembran die Glasoberfläche nur bei A; diese entspricht einer der Berührungszonen, die in Abb. 11 bis 22 dargestellt sind.

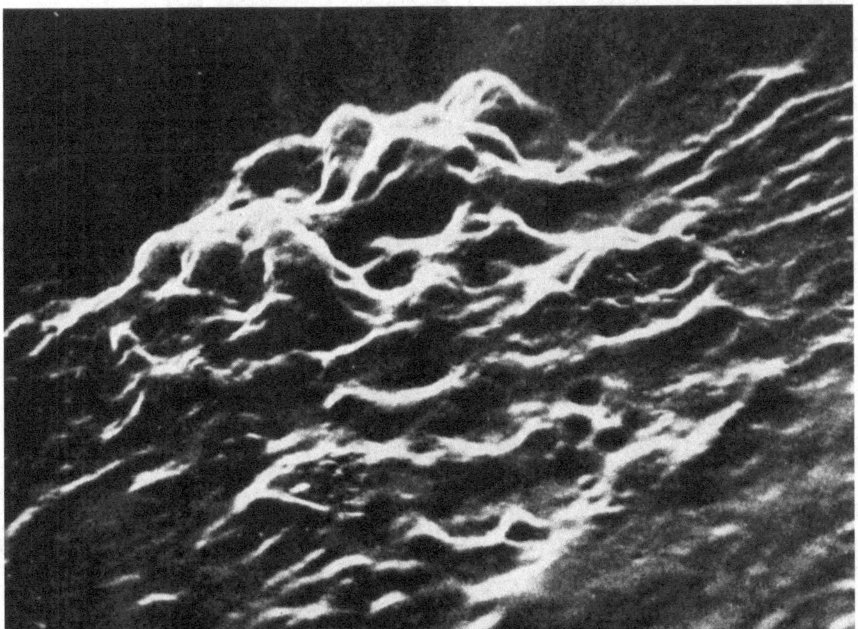

Abb. 11—23. Stereoscan-Aufnahme einer durch Gefrierschock fixierten Zelle, deren Membranstruktur geriffelt ist. 5700fache Vergrößerung.

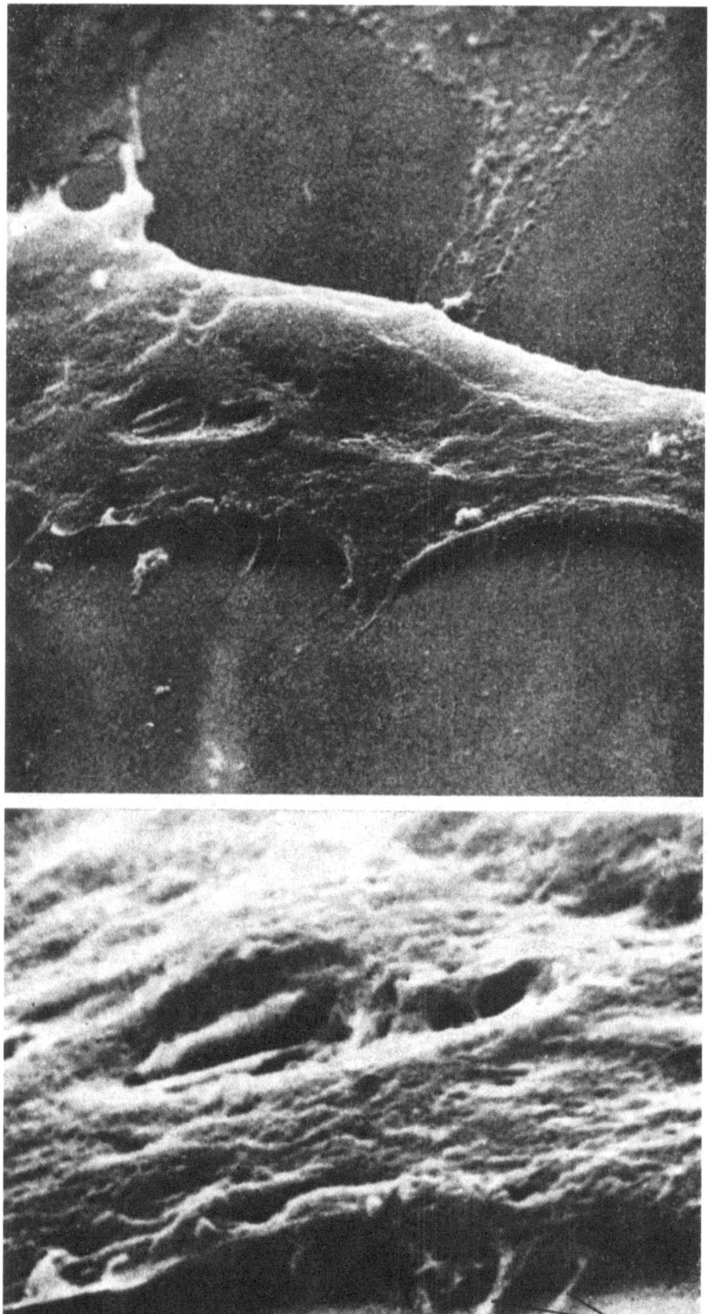

Abb. 11—24. *Oben:* Stereoscan-Aufnahme des Kontakts zwischen der Unterseite eines Fibroblasten und der Glasoberfläche, auf der sich dieser bewegt. 2250fache Vergrößerung. *Unten:* Dasselbe wie oben bei stärkerer Vergrößerung; man erkennt hier die wellenförmige Membran, die mit dem Glas in Berührung steht (Punkt A der Abb. 11—22). 7500fache Vergrößerung.

Die Gewebezellen bewegen sich folglich durch peristaltische Wellenbewegungen der Zelloberfläche fort. Diese Fortbewegungsart gleicht derjenigen der Regenwürmer, die Sir James Gray beschrieben hat. Die peristaltische Bewegung kommt durch Kombination einer transversalen Welle der Zelloberfläche mit einer Druckwelle zustande. Die Anheftungspunkte (A) sind Knotenpunkte, d. h., an ihnen erfolgt keine Bewegung, während sich die Membran in den freien Abschnitten gleichzeitig ausdehnt und nach vorwärts bewegt. Bei dieser Fortbewegungsart braucht das Cytoplasma, im Gegensatz zu der amöboiden Bewegung, nicht nach vorne zu fließen. Die amöboide Cytoplasma-Strömung ist weder in Fibroblasten, noch in Epithelzellen beobachtet worden. Haften diese Zellen in der Kultur in einer Schicht zusammen, so bewegt sich die ganze Zellgruppe in einer koordinierten Weise fort (beispielsweise bei Epithelschichten, die auf einer Glasoberfläche wuchsen). Dabei sind die geriffelten Membranen vor allem an den vorderen Zellgrenzen deutlich ausgeprägt.

Die geriffelten Membranen der Gewebezellen spielen auch bei den dynamischen Wechselwirkungen zwischen den einzelnen Zellen und bei der Kontrolle von Zellbewegungen durch Kontakt mit anderen Zellen eine besondere Rolle. Über diese Fragen werden wir in Kap. 14 weiter diskutieren.

Amöboide Bewegung. Wenn sich die Amöben auf einer festen Unterlage befinden, so bewegen sie sich durch die Strömung ihres Cytoplasmas in einer charakteristischen Weise fort. Die Zahl der nach vorwärts strömenden Pseudopodien ist bei den verschiedenen Amöbenarten sehr unterschiedlich. Einige wenige Arten erzeugen nur ein Pseudopodium; man bezeichnet sie deshalb als monopodiale Arten. Zum Beispiel bildet *Amoeba proteus* ein einziges Pseudopodium, das aus der Hauptzellmasse ‚ausbricht'. Dieses Pseudopodium kontrolliert die Vorwärts-Bewegung der Zelle während einer gewissen Zeitdauer allein. Dann wird ein neues Pseudopodium gebildet, das jetzt die dominierende Rolle übernimmt, während sich das erste langsam zurückzieht. Andere Arten der Foraminiferen- und der Radiolariengruppen können hingegen zu jedem Zeitpunkt viele Pseudopodien zusammen hervorbringen. Neben den Amöben bilden auch andere Zellen gleichzeitig zahlreiche Pseudopodien aus. Ein extremer Fall ist die Erzeugung der Mikrovilli durch kultivierte Gewebezellen. Die Mikrovilli sind sehr feine Cytoplasma-Fortsätze von 1 000—2 000 Å Durchmesser, die plötzlich aus der Zelloberfläche austreten und sich dann wieder zurückziehen.

Entsprechend dem Mechanismus, der für die amöboide Bewegung einerseits von Goldacre (Schwanzkontraktion) und andererseits von Allen (Quellzone) vorgeschlagen worden ist, entsteht das führende Pseudopodium durch einen Druck aus dem Cytoplasma. Es wird dabei wie ein Wassertropfen, der sich auf einer fettigen Unterlage bewegt, nach vorn getrieben (Abb. 11—12). Das heißt, es wird jeweils am Vorderende der Zelle eine neue Membran gebildet, während sich die Membran am Hinterende (in der Schwanzzone) zurückzieht. Betrachtet man eine vorwärtskriechende Amöbe im Mikroskop, so scheint dies tatsächlich der Fall zu sein, denn die Hyalinschicht des Vorderendes (einer Zone, die keine Granula enthält) scheint nach vorwärts gepreßt zu werden, als ob sie von hinten unter einem Druck stünde. Dabei stellt sich aber das Problem, daß der Umsatz der Membranoberfläche langsamer als erwartet vor sich zu gehen scheint. Wolpert, Thompson und O'Neill z. B. markierten die Zelloberflächen der Amöben mit einem fluoreszierenden Antiserum und beobachteten, daß der Farbstoff während vieler Stunden an der Oberfläche angeheftet blieb. Eine mögliche Erklärung für diesen langsamen Membranumsatz könnte darin bestehen, daß der Farbstoff von einem äußeren Mantel oder Überzug aufgenommen wird, unter dem sich die Amöbe bewegt.

Bell, Kamiya und andere Forscher haben zwischen einzelnen Abschnitten von kriechenden Amöben elektrische Potentialunterschiede nachgewiesen. Man kennt aber die Beziehung zwischen diesen Potentialdifferenzen und der Fortbewegung selbst noch nicht (s. auch die Potentialunterschiede bei *Plasmodium).*

Andere Fortbewegungsarten von Zellen. Nach Pipers Beobachtungen können sich Bakterien nach Entfernung der Geißeln durch eine wellenförmige Bewegung der ganzen Zelle immer noch bewegen. Diese Bewegungsart kommt auch bei der Alge *Oscillatoria* vor. Dabei gleitet der ganze Algenzellfaden durch oszillierende Bewegungen vorwärts. Diese Bewegungen sind wahrscheinlich denjenigen der Säugetier-Gewebezellen ähnlich, letztere enthalten aber eine allgemeinere, koordinierte Wellenbewegung der starren Zellwände. Die Fortbewegung anderer Zellen umfaßt gleichzeitig mehrere Bewegungsmechanismen: z. B. zeigen die Makrophagen der Säugetiere nicht nur sehr ausgeprägte Wellenbewegungen der Membran, sondern sie bilden auch Pseudopodien aus wie Amöben; die Lymphocyten erzeugen dagegen gleichzeitig zahlreiche Pseudopodien und scheinen, wenn man sie im Mikroskop betrachtet, zu ‚tanzen'. Viele Zellen können auch den Typus ihrer Fortbewegung in unterschiedlichen Umgebungen verändern. Das auffälligste Beispiel dafür ist *Naegleria gruberi,* die sich in einem konzentrierten Medium amöboid, in einem verdünnten hingegen mit Hilfe von Flagellen fortbewegt (Willmer). Auch positive Ionen begünstigen die Amöbenform, während negative Ionen die Flagellatenform fördern.

11.5. Mechanismen der Zellbewegung

Es ist äußerst schwierig, die komplexen Bewegungen des Cytoplasmas und der ganzen Zellen, die man bei Bakterien, Pilzen, Pflanzen und Tieren beobachtet, zu erklären. Die koordinierten Bewegungen der lebenden Organismen sind auf molekularer und struktureller Ebene sicher weniger leicht zu deuten als alle anderen bisher besprochenen Zelleigenschaften. Die einfachen physikalischen Erklärungen der Zellbewegungen haben sich, je besser die Struktur des Cytoplasmas (durch die Elektronenmikroskopie) und das Verhalten der lebenden Zellen (durch verbesserte physikalische Methoden) aufgeklärt wurden, nicht halten können. Wir diskutieren nun in diesem Abschnitt die verschiedenen Arbeitshypothesen über die Zellbewegungen.

Biochemie, Molekularbiologie und Cytogenetik haben gezeigt, daß die Grundstrukturen und -funktionen der Zelle bei vielen Organismen bemerkenswert ähnlich sind. Spezialisierte Strukturen entstehen dabei meistens durch Veränderung und Verfeinerung schon bestehender Grundstrukturen. Bei der Suche nach vereinheitlichenden Grundbegriffen der Zellbewegungen setzt man ebenfalls derartige Grundstrukturen und -funktionen voraus. Man geht dabei von zwei bestimmten Zelltypen aus, deren Bewegungsformen einander genau entgegengesetzt sind; jeder Typ weist folglich eine ganz besondere spezialisierte Bewegungsart auf. Wir führen an dieser Stelle das folgende Beispiel an:

1. Die Zellen der quergestreiften Muskeln der Säugetiere, die einen äußerst regelmäßigen Kontraktions-Vorgang innerhalb einer hoch organisierten Makromolekularstruktur aufweisen.

2. Die Süßwasseralge *Nitella,* deren Bewegung auf Cyclosis beschränkt ist, wobei sich die treibende Kraft an oder in der Nähe der Oberfläche des Plasma-Gels befindet.

Die Muskelkontraktion hängt nach Huxleys Beobachtungen mit einer Gleitbewegung von Filamenten zusammen. Die gestreiften Muskeln enthalten hauptsächlich die beiden Proteine Myosin und Actin. Myosin besteht aus stäbchenartigen Molekülen, die einen massigen Kopfteil tragen (Abb. 11—25) und in schraubenförmig angeordneten

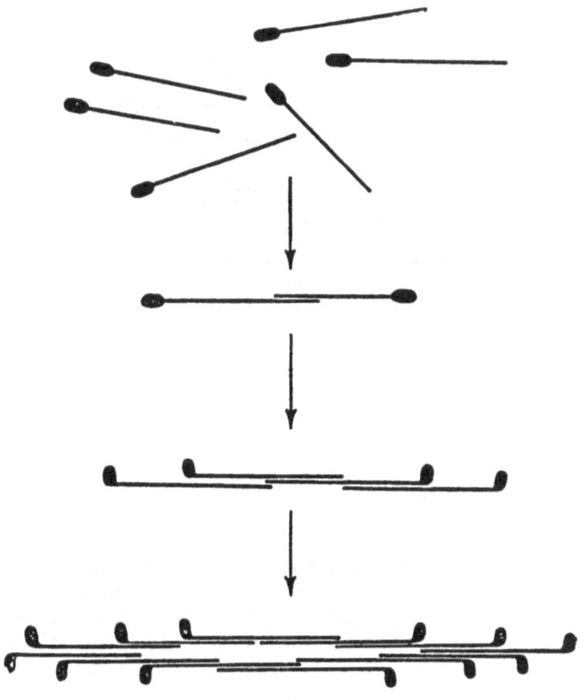

Abb. 11—25. Die Bildung von Faser-Verbänden aus einzelnen Myosin-Molekülen (nach H. E. Huxley, 1963). Die fertig zusammengesetzten Verbände (unten) liegen in einer dreidimensionalen Helix vor.

Bündeln zusammengepackt sind. Während der Muskelkontraktion gleiten dann die Actinfilamente zwischen die Myosinfilamente (Abb. 11—26). Dabei heften sich die Köpfe der Myosinmoleküle an bestimmten Punkten an die Actinfilamente und bilden auf diese Weise Molekülbrücken (Abb. 11—27). Diese Brücken werden wahrscheinlich fortlaufend gebildet und wieder gelöst, denn es ist für den Kontraktionsmechanismus äußerst wichtig, daß sie nicht alle gleichzeitig entstehen und wieder gelöst werden. Bei der Muskelkontraktion scheint der gleiche Grundsatz zu gelten wie bei einer Person, die auf eine Leiter steigt: diese Person muß ebenfalls jeweils mit wenigstens einer Hand oder einem Fuß eine Verbindung zu der Leiter herstellen. Die einzelnen Köpfe der Myosinfilamente bilden und lösen ihre Brücken wahrscheinlich während des Gleitens der Filamente. In den Flugmuskeln der Insekten dagegen, in denen diese Berührungen äußerst rasch hergestellt und wieder unterbrochen werden müssen, werden alle Brücken synchron gebildet und gelöst (Pringle).

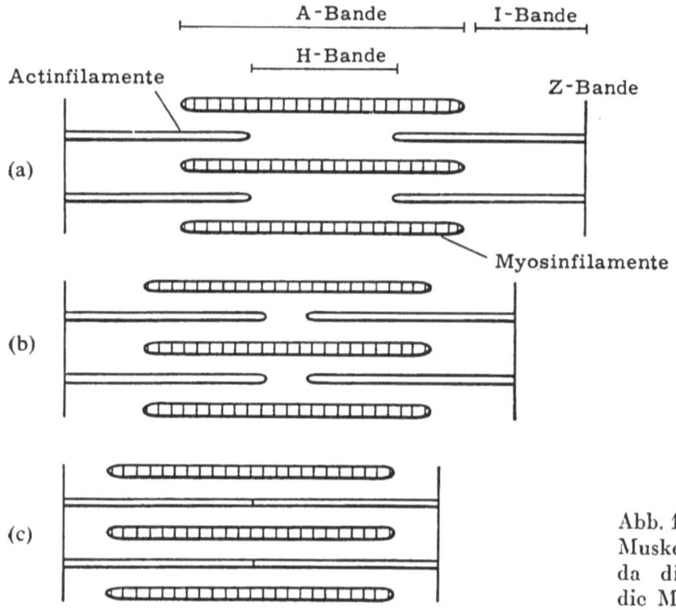

Abb. 11—26. (a), (b) und (c): Der Muskel verkürzt sich allmählich, da die Actinfilamente zwischen die Myosinfilamente gleiten.

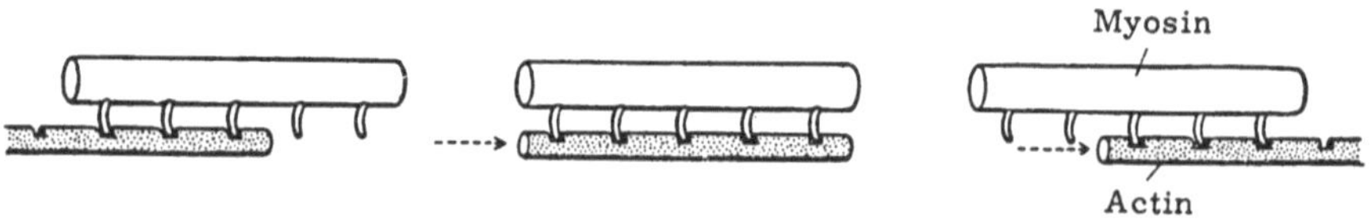

Abb. 11—27. Möglicher Zahnrad-Mechanismus in den gestreiften Muskeln. *Links,* dicke und dünne Filamente des entspannten Muskels; *Mitte,* bei der Kontraktion des Muskels wird die größte Spannung erreicht; *rechts,* weitere Kontraktion führt zu einer Abnahme der Spannung, da weniger Brücken vorhanden sind. (Nach T. Hayashi.)

Die Muskelkontraktion hängt, wie die meisten anderen energieverbrauchenden Zellvorgänge, von der ATP-Zufuhr ab. Die Köpfe der Myosinfilamente enthalten ATPase, die nur durch Calcium-Ionen (Ca^{2+}) und nicht durch Mg^{2+}-Ionen aktiviert wird. Die Muskelkontraktion wird aber durch die Verbindung mit Actin auch von Mg^{2+}-Ionen abhängig. Die Mg^{2+}-Konzentration der Muskeln beträgt $5—10 \cdot 10^{-3}$ M. Dieses System reagiert auf die auslösende Wirkung der Calcium-Ionen äußerst empfindlich. Die Konzentrationsänderungen, die zwischen 10^{-5} und 10^{-7} M liegen, können die Hydrolyse des ATP entsprechend beschleunigen (arbeitender Muskel) oder verzögern (ruhender Muskel). Die Calcium-Ionen werden bei den gestreiften Muskeln aus dem Sarcolemm, das immer einen Ca^{2+}-Vorrat bereithält, in die Muskelzellen freigelassen. Dadurch wird ATP über die Proteine der Myosinköpfe, die mit den Actinfilamenten verbunden sind, hydrolysiert.

Dieses Modell der ineinandergleitenden Filamente (sliding filament model) setzt in den Muskelfasern eine hochorganisierte Anordnung der Moleküle voraus. Einige der älteren Vorstellungen über die Muskelkontraktion gleichen hingegen Goldacres Modell der amöbenartigen Bewegung. Dabei würden die Moleküle in den ruhenden Muskeln als ausgestreckte Ketten vorliegen, die sich dann während der Kontraktion zu zufällig angeordneten Schrauben aufdrehen. Man kannte den umgekehrten Vorgang schon in der Natur: wird nämlich ein Stück Kautschuk ausgestreckt, so liegen die Moleküle vor dem Strecken als willkürlich angeordnete Schrauben vor, während sie im ausgedehnten Zustand als langgezogene Ketten parallel zueinander angeordnet sind. Drückt man diese Zustände in der Sprache der Thermodynamik aus, so besitzen die zufällig angeordneten Schrauben eine niedrige freie Energie (hohe Entropie), während sich die parallele Anordnung in einem geordneteren Zustand eine hohe freie Energie (niedrige Entropie) hat. Nach diesem älteren Modell der Muskelkontraktion sollten deshalb die kontrahierten Muskeln eine niedrigere freie Energie als die ruhenden Muskeln aufweisen, was aber durch die neueren physiologischen Experimente auf diesem Gebiet nicht bestätigt wurde. Die Muskelkontraktion ist nämlich nicht mit einer Änderung der freien Energie verbunden, denn die Moleküle der Muskelzellen sind sowohl im kontrahierten als auch im ruhenden Zustand in der gleichen, hoch organisierten Weise ausgerichtet. Ein derartiges Verhalten stimmt deshalb mit dem Modell der ineinandergleitenden Filamente gut überein (Abb. 11—26).

Wir versuchen jetzt, die hoch organisierten, quergestreiften Muskeln der Säugetiere und Insekten mit den sehr labilen Bewegungen des Cytoplasmas während dessen kreisförmiger Strömung in der *Nitella*-Zelle zu vergleichen. Tatsächlich sind durch die chemischen Analysen bestimmte mögliche Zusammenhänge zwischen diesen zwei Bewegungsarten aufgedeckt worden. Die beiden Proteine der gestreiften Muskelzellen, Actin und Myosin, sind hinsichtlich ihrer Aminosäurezusammensetzung sehr genau untersucht worden. Wie wir in diesem Kapitel schon erwähnt haben, bestehen die Actinfasern aus globulären Untereinheiten von ungefähr 60 Å Durchmesser, die in den Fasern wie in einer Perlenkette aneinandergereiht sind. Bestimmte Fasern, die in anderen Zelltypen vorkommen, zeigen einen ähnlichen Aufbau. Sogar die Mikrotubuli sind auf die gleiche Art aus Untereinheiten aufgebaut, wie z. B. die Bakteriengeißeln aus Flagellin. Aus bestimmten Zellen konnte schließlich ein Proteinkomplex isoliert werden, der viele Eigenschaften des Actomyosins der gestreiften Muskeln besitzt. Eine Eigenschaft dieses Komplexes, die sich als besonders wichtig herausstellte, ist die Superpräzipitation. Fügt man einem Actomyosin-Gel in Gegenwart von Mg^{2+}-Ionen ATP zu, so kontrahiert es sich zu einem sehr kleinen Volumen. Diese Erscheinung hängt wahrscheinlich auf eine noch unbekannte Weise mit der Kontraktion der makromolekularen Struktur der lebenden Muskeln zusammen. Das isolierte Actomyosin-Gel weist aber keine organisierte Struktur auf, so daß man bei der Superpräzipitation nur eine allgemeine Kontraktion des Gel-Netzwerkes beobachtet. Protein-Gele mit ähnlichem Verhalten sind später aus *Plasmodium,* sowie aus bestimmten Amöben und aus anderen Zellen isoliert worden. Bei *Plasmodium* sind sie wahrscheinlich an den Stellen, an denen das Cytoplasma aktiv strömt, in Form von Filamenten in die Oberfläche des Plasma-Gels eingebettet (Abb. 11—10).

Im isolierten Cytoplasma von *Nitella* beobachtet man ebenfalls Filamente (Abb. 11—6), die sich wahrscheinlich von der inneren Oberfläche des Plasma-Gels ablösen und sich dann frei drehen. Das Cytoplasma dieser Zellen enthält auch ein ATPasehaltiges Protein. Wohlfarth-Bottermann hat in der Plasma-Gelzone, wo die stärkste Strömung auftritt, bestimmte Fasern beobachtet (Abb. 11—10), die später auch von Kamiya, der die gleichen Zellen studierte, gefunden worden sind. Die Richtung der Cytoplasma-Strömung ist meistens während einer gewissen Zeitspanne festgelegt. Auch diese Erscheinung kann ihre Erklärung in den Eigenschaften der Actinfilamente finden. Die elektronenmikroskopischen Aufnahmen zeigen, daß die Brücken, die sich zwischen den Myosinköpfen und den Actinfilamenten ausbilden, eine Pfeilkopf-Form haben können, die der Struktur dieser Stränge eine Art von Kopf-zu-Schwanz-Polarität verleiht. Auch die Nucleinsäureketten besitzen ja eine derartige Polarität, die durch die Phosphatester-Bindungen entsteht und die Richtung der Neubildung dieser Makromolekül-Ketten bestimmt. Beim Muskelkontraktions-Modell der ineinandergleitenden Filamente wird durch die Polarität dieser Moleküle die Richtung der Kontraktion, die durch die Ca^{2+}-Ionen ausgelöst wird, bestimmt.

Nach Pringle werden bei der kreisförmigen Cytoplasma-Strömung die Wassermoleküle durch ihre Adsorption an die Proteinmoleküle, d. h. durch die Hydratation der Proteinmoleküle zum Fließen gebracht. Er nimmt dabei ein myosinartiges Protein als Trägerprotein an, das im Plasma-Sol vorkommt und den Myosinköpfen ähnlich ist (Abb. 11—25). Das Trägerprotein wird dann durch eine mechanische zahnradartige Bewegung (ähnlich derjenigen bei der Muskelkontraktion))entlang eines Actinfilaments, das in der Plasmagel-Oberfläche eingebettet ist, befördert. Andererseits ist aber die Ansicht, daß in diesem Fall eher elektroosmotische Kräfte wirken, nicht von vornherein zurückzuweisen. Bei der Elektroosmose strömen ganz allgemein Flüssigkeiten durch enge Röhren, wenn ein elektrisches Feld angelegt wird. Diese Erscheinung wird durch die Hydration von *Ionen* bewirkt; bewegen sich nämlich die Ionen in einem elektrischen Feld, so tragen sie ihre Wassermolekül-Hüllen mit sich. Im Falle der Cytoplasma-Strömung könnte eine fortschreitende Ca^{2+}-Ionenadsorption, die von der Hydrolyse des ATP in der Nähe der Myosinkopf-Proteine gefolgt wäre, die fortschreitende Bewegung eines *Mikro*-Oberflächenpotentials erzeugen, wodurch die Wassermolkül-Hülle den Faseroberflächen entlang befördert würde. Diese Vermutungen lassen sich aber sehr schwer durch experimentelle Methoden beweisen.

Die Theorie der ineinandergleitenden Filamente würde auch zum Bewegungsverhalten der Geißeln und Cilien passen. Nach Sleighs Vorschlag kann dort die Bewegungswelle jeweils durch relative Vorwärts- und Rückwärtsbewegungen benachbarter Filamente um eine Gleichgewichtsstellung erzeugt werden.

Literatur

Hayashi, T.: How Cells move, in: The Living Cell. W. H. Freeman and Co., San Franzisko 1961.

Miller, P. L. (Ed.): Aspects of Cell Mobility. Cambridge University Press, London 1968.

12. Zellbiologie der Entwicklung

12.1. Geschichtliche Einführung

Die Entwicklung der Organismen hat die Menschheit schon immer sehr stark beschäftigt. Zum Beispiel studierte Aristoteles im 4. Jahrhundert v. Chr. Hühnerembryonen, wobei er mit einer genialen Voraussicht vermutet hatte, daß sich die Organismen durch ursächliche Wechselwirkungen zwischen ihren einzelnen Teilen (durch die sog. Epigenese) entwickelten.

Die Embryologie blieb während vieler Jahre eine rein beschreibende Wissenschaft, obwohl es den Biologen des 17. und 18. Jahrhunderts durch die Erfindung des Mikroskops ermöglicht wurde, ihre Beobachtungen auf eine neue Ebene auszudehnen. Sie studierten auf diese Weise vor allem die Spermienzellen, und viele von ihnen (die Animalculisten) glaubten, darin schon vorgebildete Organismen sehen zu können (Abb. 12—1). Die Anhänger dieser Gedankenschule wurden deshalb Präformisten genannt, da nach ihrer Ansicht entweder die Spermien oder die Eizellen in ihrem Inneren verkleinerte Abbilder der Eltern enthielten, die sich während der Entwicklung wie Knospen entfalteten und heranwuchsen. Friedrich Wolff (1738—1796), der die Hühnerembryonen mit verbesserten Beobachtungsmethoden sehr genau studierte, konnte aber darin keine präformierte Strukturen erkennen und unterstützte deshalb die ursprüngliche epigenetische Vorstellung von Aristoteles.

Eine der ersten systematischen Untersuchungen über die Frühentwicklung von Tieren stammte von dem amerikanischen Biologen Louis Agassiz, der 1877 den Seesternembryo sehr genau studiert hatte. Neben der Schule der Präformisten und derje-

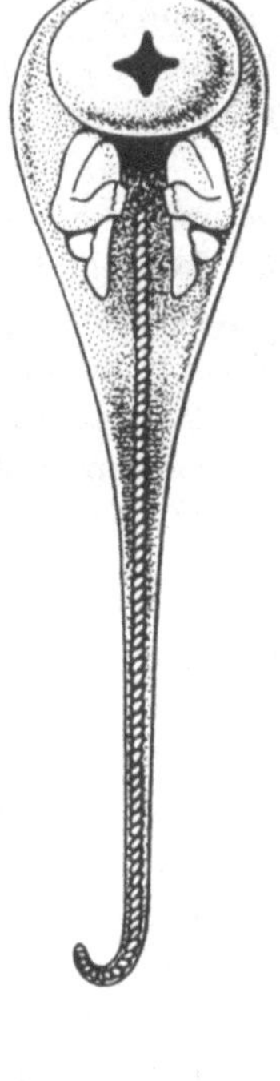

Abb. 12—1. Schema eines menschlichen Spermiums, in dessen Kopf bereits ein präformierter Embryo enthalten ist. (Nach Hartsoecker, etwa 1700.)

nigen der Epigenetiker, die sich gegenseitig bekämpften, entwickelte Meckel 1810 als eine zusätzliche Vorstellung seine Rekapitulations-Theorie, die dann durch Darwins Arbeit über die Evolution der Organismen sehr stark unterstützt wurde. Nach Meckels Ansicht durchlief der sich entwickelnde Embryo, z. B. ein Vogel- oder Säugerembryo, eine Reihe von Stadien, von denen ein jedes der ausgewachsenen Form eines seiner Stammesvorfahren glich. Der Vogelembryo besitzt beispielsweise in einem bestimmten Entwicklungsstadium Kiemenspalten, die bei den ausgewachsenen Fischen eine wichtige Funktion ausüben, während sie beim Vogel wieder verschwinden, bevor er seine Entwicklung beendet hat. Von Baer, der dann diese Strukturen in einer verbesserten Form des Mikroskops genauer studieren konnte, entdeckte zwar eine große Ähnlichkeit zwischen den Kiemenspalten des Vogelembryos und denjenigen des Fischembryos, aber die Kiemenspalten eines ausgewachsenen Fisches sahen den embryonalen Strukturen nur entfernt ähnlich. Meckels Rekapitulations-Theorie, die viele Jahre lang der leitende Grundsatz der Embryologie blieb, wurde vor allem von Haeckel unterstützt.

Nach einer ganzen Reihe von Jahren zeigten dann de Beer und andere Embryologen, daß von Baers Beobachtung der Wirklichkeit sehr viel näher war als Meckels Theorie. Nach der heutigen Ansicht werden wahrscheinlich die *späteren* Embryonalstadien, bei denen nur sehr kleine Strukturänderungen vorkommen, während der stammesgeschichtlichen Entwicklung abgeändert. Die Zwischenstadien sehen sich dagegen sehr ähnlich, weil dort die Entwicklung der Embryonen zu einem großen Teil durch strukturelle und geometrische Gegebenheiten eingeschränkt wird. Die frühen Entwicklungsstadien sind hingegen bei den verschiedenen Gruppen wieder sehr unterschiedlich.

Gegen Ende des 19. Jahrhunderts trat die Embryologie in ein neues Stadium, denn die Biologen begannen nach den Mechanismen zu suchen, die den beobachteten Veränderungen während der Embryonalentwicklung zugrunde lagen. Die deutschen Embryologen Wilhem Roux und Hans Driesch erzielten auf diesem Gebiet die ersten wesentlichen Fortschritte.

Roux bezeichnete sein Wissensgebiet als *Entwicklungsmechanik*. Eines seiner Experimente bestand darin, mit einer heißen Nadel in eine Zelle eines Amphibienembryos im Zweizell-Stadium zu stechen; dabei entwickelte sich jeweils die unverletzte Zelle zu einem halben Embryo. Weismann stellte 1892 auf Grund dieser Beobachtungen eine Theorie auf, nach der in einer befruchteten Eizelle der Entwicklungsablauf schon vorgezeichnet, und überdies in jeder neu entstehenden Zelle das Schicksal ihrer zukünftigen Entwicklung festgelegt war, so daß der junge Embryo als ein Mosaik betrachtet werden mußte. Diese Vorstellung konnte aber durch die experimentellen Ergebnisse von Endres (1895) und von Herlitzka (1897) nicht bestätigt werden. Wurden nämlich die zwei Embryonalzellen sehr sorgfältig mit Hilfe einer Haarschlinge voneinander getrennt (eine Methode, die Spemann später weiterführte), so entwickelte sich aus jeder Zelle ein vollständiger normaler Embryo (Abb. 12—2).

Wahrscheinlich war in dem früheren Experiment von Roux die unbehandelte Zelle irgendwie geschädigt worden. Driesch führte dann mit Seeigel-Embryonen eine ganze Reihe von Experimenten durch, bei denen sich jeweils die einzelnen Zellen nach ihrer Trennung zu normalen Embryonen entwickelten. Er schloß daraus, daß die Eizelle ein harmonisches äquipotentiales System war und daß durch die Entelechie (griech. *entelekhia* = Vervollkommnung) eine normale Entwicklung auch in einem experimentell behandelten Embryo gewährleistet sei.

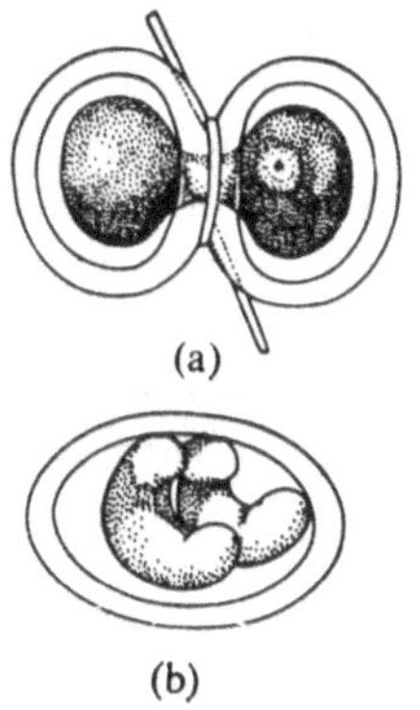

Abb. 12—2. (a) Das Zweizell-Stadium eines Molchembryos wird mit einer Haarschlinge eingeschnürt. (b) Liegt die Einschnürung in der zukünftigen Mittelebene, so entwickeln sich zwei normale Embryonen. (Nach Spemann, 1936. Mit Erlaubnis von L. Saxén und S. Toivonen: Primary Embryonic Induction. Logos Press, London 1962.)

Anfang des 20. Jahrhunderts wurden dann auf dem Gebiet der experimentellen Embryologie durch Spemann und dessen Schule sehr große Fortschritte erzielt. Spemann zeigte unter anderem, daß der Entwicklungsverlauf durch die Verpflanzung von Gewebe aus einem bestimmten Teil eines Embryos auf einen anderen Teil verändert werden konnte. Er unterstützte die ursprüngliche Annahme von Aristoteles, nach der sich die Embryonen durch ursächliche Wechselwirkungen zwischen ihren Teilen entwickelten, durch viele experimentelle Beweise. Wir werden in diesem Kapitel weitere Experimente von Spemann beschreiben, die für die Embryologen von bleibender Bedeutung sind.

Die Embryologie vereinigt die Zellbiologie und die allgemeine Biologie in sich. Wir können in diesem Buch nicht auf alle Einzelheiten der Embryologie eingehen und müssen hier auf die weiterführende Literatur verweisen. In den vorhergehenden Kapiteln haben wir durch Beschreibung der Strukturen und Funktionen von Zellbestandteilen, der Lebensäußerungen von Zellen und der Zelldynamik die notwendigen Grundlagen geschaffen, um die Entwicklungsbiologie im Zusammenhang mit der Zelldifferenzierung, der Molekularbiologie und der allgemeinen Zellbiologie verstehen zu können.

Man kann die Strukturen und die Funktionen von ganzen Organismen, zu denen auch der Mensch gehört, nur dann völlig einsichtig machen, wenn man weiß, wie die einzelnen Zellen entstehen, sich entwickeln und einander beeinflussen. Die Entwicklungsbiologie ist deshalb eine wertvolle Vermittlerin zwischen der Zellbiologie und der allgemeinen Biologie.

In den folgenden Abschnitten dieses Kapitels werden wir zuerst die Entwicklung von ganzen Embryonen schildern, um damit die notwendige Grundlage für die Beschreibung der zellulären Entwicklungsmechanismen zu schaffen. Wir werden dabei die Embryonalentwicklung der Seeigel, der Amphibien und der Vögel behandeln, da diese drei Embryonen sehr oft für experimentelle Untersuchungen verwendet werden. Daneben werden wir auch die Entwicklung von Säugetierembryonen kurz beschreiben. In Kap. 13 befassen wir uns dann mit den biochemischen Untersuchungen der Embryonen; darunter befinden sich Arbeiten über die Biosynthesen der DNA, RNA und Proteine, sowie Untersuchungen über die Atmung und die Energiebedürfnisse der Embryonen.

Bei der Beschreibung der Mitose in Kap. 9 haben wir vorausgesetzt, daß die Tochterzellen nach der Mitose die gleichen Eigenschaften und das gleiche biologische Verhalten wie die Mutterzelle aufweisen. Während der Embryonalentwicklung müssen sich aber einzelne Zellgruppen immer stärker voneinander unterscheiden, um am Schluß die vielen Zellarten (z. B. die Muskelzellen, Bindegewebezellen, Nierenzellen usw.) des wachsenden Embryos bilden zu können. Es ist Vogt und anderen Forschern gelungen, die Entstehung neuer Zellarten überzeugend nachzuweisen. Sie bestimmten die besonderen Zonen eines Embryos, die sich später zu Nerven-, Epidermis- und anderen Geweben entwickelten, und stellten Karten des jungen Embryos her, auf denen sie diese Zonen einzeichneten. Wir werden in späteren Abschnitten dieses Kapitels derartige präsumptive, prospektive, oder ‚Schicksals'-Karten beschreiben. Roux, Driesch und Spemann konnten weiterhin durch ihre Experimente, in denen sie Gewebestücke von einem Embryo in einen anderen Embryo überpflanzt hatten, das Schicksal dieser Gewebestücke verfolgen, das jeweils — den Entwicklungsstadien entsprechend — entweder schon festgelegt war oder in einer anderen Umgebung noch verändert wurde. Diese Experimente haben gezeigt, daß gewisse Zellen, die aus bestimmten Entwicklungsstadien stammten, *pluripotent* sind (sie können sich zu unterschiedlichen Zelltypen entwickeln), während andere dagegen *unipotent* sind, da ihre zukünftige Entwicklung schon festgelegt ist. Eine pluripotente Zelle entwickelt sich unter dem Einfluß der benachbarten Zellen und Gewebe in eine ganz bestimmte Richtung. Dieser wichtige Vorgang wird als *embryonale Induktion* bezeichnet. Wir werden die interessanten Ergebnisse aus derartigen Verpflanzungsexperimenten in einem der folgenden Abschnitte besprechen.

Schließlich werden wir uns mit den Funktionen befassen, die die Gene während der Entwicklung ausüben. Waddington hat diesen Gesichtspunkt der Entwicklungsbiologie treffend als die „Strategie der Gene" bezeichnet. Jede Zelle, die aus der ursprünglichen befruchteten Eizelle hervorgeht, enthält den *diploiden* Chromosomensatz, der sich aus den männlichen und weiblichen Gameten herleitet. Einige Zellen bilden hauptsächlich nur ein oder zwei ganz bestimmte Proteine; zum Beispiel stellen die Reticulocyten nur Hämoglobin her, während die Muskelzellen hauptsächlich Actin und Myosin liefern. Folglich nutzt nicht jede Zelle des Embryos und des erwachsenen Individuums das ganze Genom aus, und in einer bestimmten Zellart sind vielleicht bestimmte Gene nur während einer begrenzten Zeitspanne aktiv. Die richtige Kontrolle der Genfunktionen während der Entwicklung ist sowohl auf biologischer als auch auf molekularer Ebene nicht nur für das normale Wachstum, sondern auch für gewisse Gesichtspunkte der Krebs- und einiger angeborener Stoffwechselkrankheiten sehr wichtig. Wir werden die Genkontrolle während der Entwicklung in Kap. 13 eingehender besprechen.

12.2. Gameten

Während der Bildung der Gameten aus den Keimbahnzellen werden bestimmte Substanzen hergestellt, von denen der Embryo in seinen ersten Entwicklungsstadien abhängt. Abb. 10—7 zeigt die verschiedenen Stufen der Spermienreifung oder Spermatogenese der Tiere, bei der nach der zweiten Meiose-Teilung vier haploide Zellen, die man Spermatiden nennt, vorliegen. Jedes Spermatidium entwickelt sich zu einem reifen Spermium mit einem beweglichen Schwanz und einem großen Kopf, der einen haploiden DNA-Satz enthält. Die DNA des Spermienkopfes ist dort zusammen mit Protamin sehr dicht gepackt. Protamin ist ein verhältnismäßig einfaches Protein, das mehr basische Aminosäuren als das Histon-Protein enthält, das mit der DNA der somatischen Zellen verbunden ist. In Abb. 12—3 ist das Spermium eines Stieres zu sehen. Das Vorderende des Kopfes trägt ein Acrosom, das Lysosomen mit deren Enzymen enthält. Die Formen der Spermienköpfe sind bei verschiedenen Arten sehr unterschiedlich (Abb. 12—4). Im Mittelstück der Spermien befinden sich die dicht gepackten Mitochondrien, die die Energie für die Bewegung in Form von ATP bereitstellen.

Im Gegensatz zu den vier haploiden Zellen, die bei der Spermatogenese aus einem Spermatogonium entstehen, wird bei der Oogenese nur eine Eizelle gebildet (Abb. 10—7). Die Oocyte verbleibt während einer längeren Zeitspanne in einem Stadium vor der ersten meiotischen Teilung. Der Kern befindet sich dabei meistens in der ersten meiotischen Prophase. In diesem Stadium erscheinen z. B. bei den Amphibien die bekannten Lampenbürstenchromosomen. Andere Tiere besitzen einen weniger auffälligen Oocytenkern, obwohl er auch bei ihnen sehr groß wird und sich mit Kernsaft an-

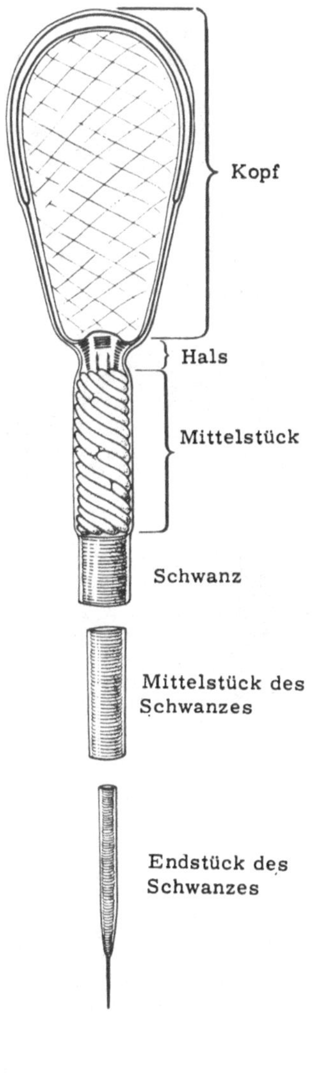

Abb. 12—3. Schematische Darstellung eines Stier-Spermiums. (Aus Interacting Systems in Development von James D. Ebert. Copyright © 1965 von Holt, Rinehart und Winston Inc., Wiedergabe mit Erlaubnis von Holt, Rinehart und Winston, Inc., New York.)

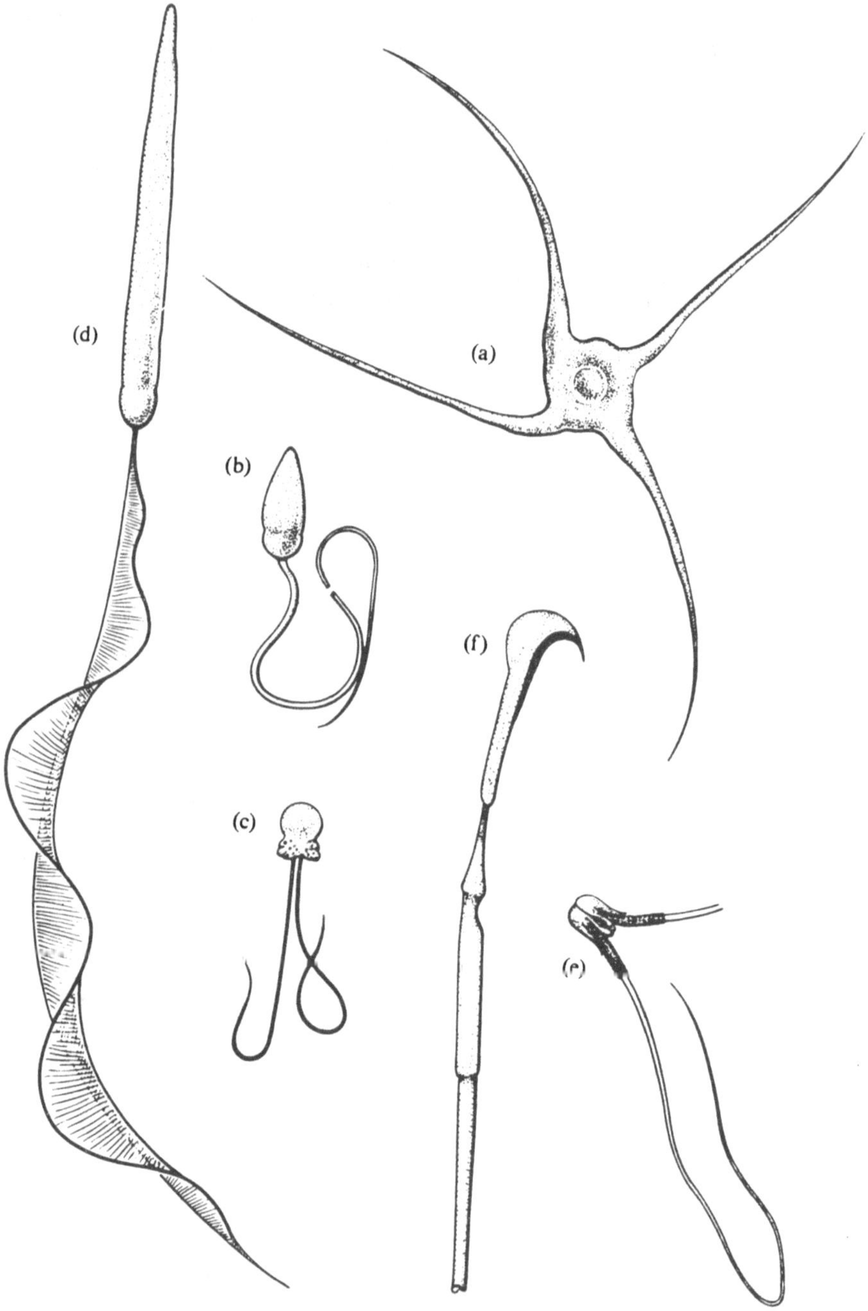

Abb. 12—4. Morphologie verschiedener Spermien: (a) Flußkrebs, (b) Seeigel, (c) Krötenfisch, (d) Kröte, (e) Opossum, (f) Meerschweinchen. (Aus Interacting Systems in Development von James D. Ebert. Copyright © 1965 von Holt, Rinehart und Winston, Inc. Wiedergabe mit Erlaubnis von Holt, Rinehart und Winston, Inc., New York.)

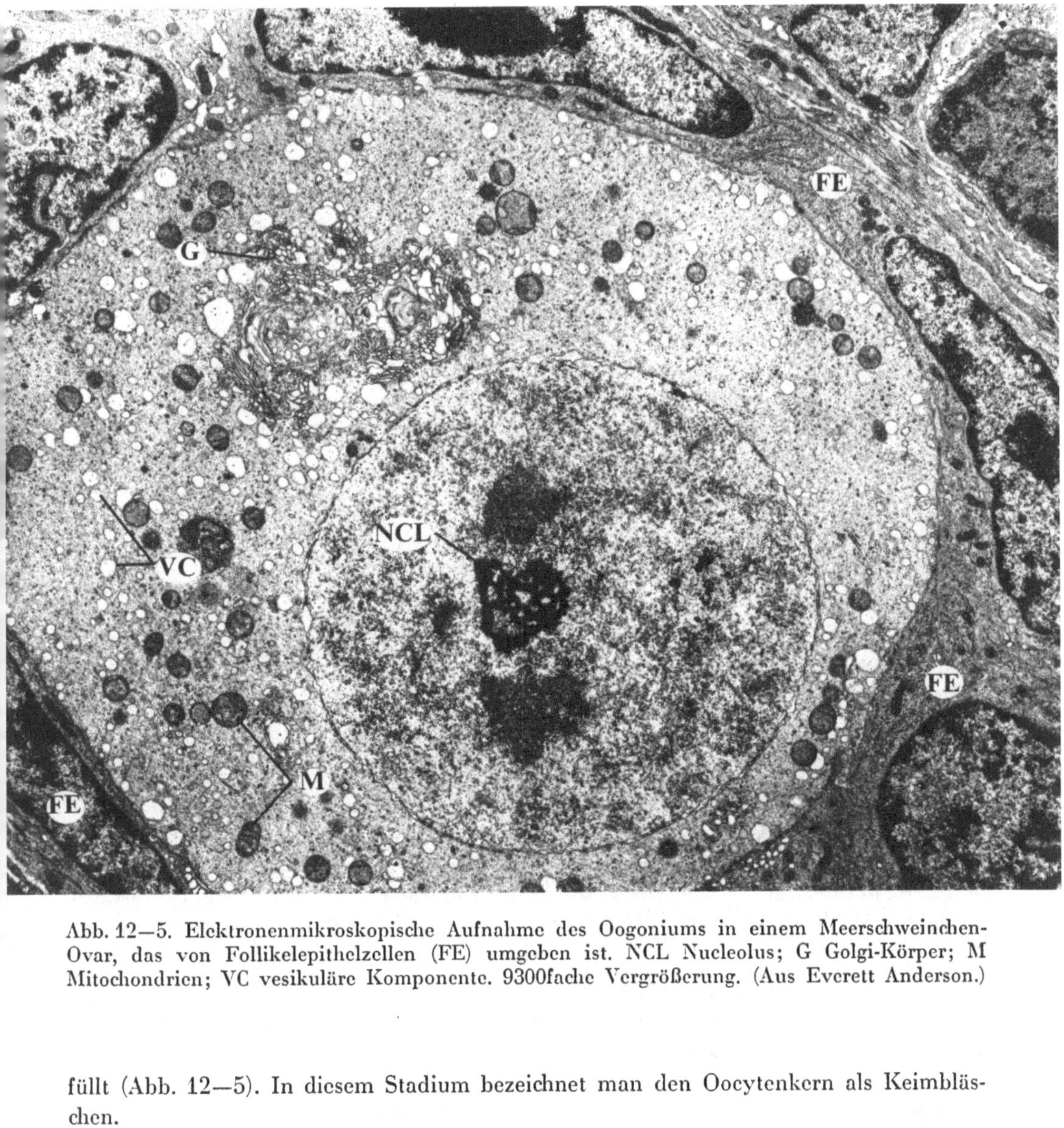

Abb. 12—5. Elektronenmikroskopische Aufnahme des Oogoniums in einem Meerschweinchen-Ovar, das von Follikelepithelzellen (FE) umgeben ist. NCL Nucleolus; G Golgi-Körper; M Mitochondrien; VC vesikuläre Komponente. 9300fache Vergrößerung. (Aus Everett Anderson.)

füllt (Abb. 12—5). In diesem Stadium bezeichnet man den Oocytenkern als Keimbläschen.

Die Ausbildung der seitlichen Schleifen an den Chromomeren der Lampenbürstenchromosomen bedeutet, daß im Zellkern sehr viel RNA und folglich im Cytoplasma viele Proteine gebildet werden. Dabei sind die meisten Gene aktiv, und die „Sklaven"-DNA (mehrere Kopien eines einzelnen Gens; s. Kap. 3) sorgt für die rasche Bildung der Messenger-RNA. Dadurch wird im Cytoplasma der Oocyte schließlich ein Vorrat an Genprodukten abgelagert, den der Embryo später aufbraucht. Die Oocyte ist bei vielen Arten von einem Kranz von Nährzellen umgeben, die die Oocyte mit Substanzen versorgen, die durch Cytoplasmabrücken in das Oocytenplasma gelangen.

Eine wichtige Substanz, die in diesem Stadium gebildet wird, ist der Eidotter, der in Plättchenform ausgeschieden wird und aus Proteinen und Lipiden besteht. Er dient vor allem dem wachsenden Embryo als Nährstoffquelle, die er während der Entwicklung ausnutzt. Die Dottermenge einer Eizelle hängt deshalb von der Nährstoffmenge ab, die der Embryo während der Entwicklung benötigt. Seeigelembryonen vergrößern z. B. während der Entwicklung ihre Maße nicht merklich, so daß sie sehr wenig Dotter brauchen; Vogeleier enthalten dagegen einen großen Dottervorrat, der für das ganze Embryonalwachstum reicht, während die Embryonen der Säugetiere im Uterus von der Mutter ernährt werden, so daß ihre Eizellen keinen großen Nährstoffvorrat besitzen müssen. Die Eizellen, deren Dottermenge klein und gleichmäßig in der Zelle verteilt ist, sind die homolecithalen Eizellen (Echinodermen), jene mit mittleren Dottermengen werden als mesolecithale Eier bezeichnet (Amphibien), während die Eizellen, deren Dottermenge groß ist und gegen den unteren Teil des Eies sinkt, telolecithale Eizellen sind (Elasmobranchier, Reptilien und Vögel). Die Oocyte enthält neben dem Dotter auch andere Bestandteile, die durch Zentrifugierung voneinander getrennt werden können (Abb. 12—6).

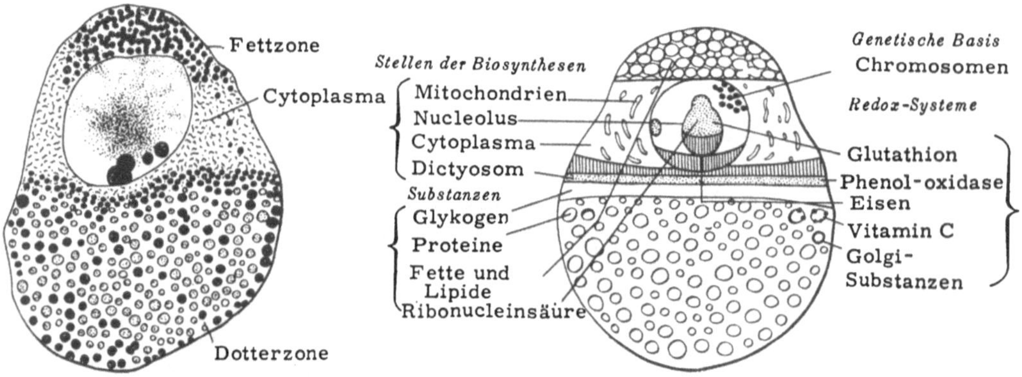

Abb. 12—6. Oocyte der Schnecke *Limnea* nach der Zentrifugierung. *Links,* Zeichnung nach einem Schnitt durch die Oocyte; *rechts,* schematische Darstellung der Verteilung der verschiedenen Bestandteile. (Nach Raven, 1948, und Bretschneider und Raven, 1951.)

Die Oocyten bestimmter Arten beenden die meiotischen Teilungen schon vor der Befruchtung, wodurch Eizellen entstehen, während die Meiose in anderen Fällen erst nach der Befruchtung abgeschlossen wird. Die Teilung des Oocytenkerns führt zur *Reifung* und dem Stadium der Eizelle. Nach den meiotischen Teilungen bleibt von den vier haploiden Kernen nur einer als Eikern bestehen, während die anderen drei zu den kompakten *Polkörperchen* degenerieren (Abb. 10—7). So entsteht aus jeder Oocyte, im Gegensatz zu der Spermatogenese, nur ein reifer Gamet.

Bei einem Ei wird der lebende Teil als Eizelle oder Ovum bezeichnet. Die meisten Arten lagern aber während der Eireifung auch schützende Deckschichten um die lebende Eizelle herum ab. Die Membran, die unmittelbar über der Plasmamembran der Eizelle liegt, ist die sog. Vitellinmembran, deren Herkunft bei den verschiedenen Arten unterschiedlich ist. Sie besteht wie die Plasmamembran aus einer proteinhaltigen Schicht (Bellairs). Die Vitellinmembran ist von einer Gallertschicht umgeben, die bei den Säugetieren noch eine Schicht von Nähr- oder Follikelzellen enthält. Diese Zellen scheiden die Hormone aus, die für den Eireifungs-Zyklus verantwortlich sind. Bei den Säugetieren und Vögeln werden dann als zusätzliche Membranen noch das *Chorion* und *Amnion* gebildet. Vogel- und Reptilieneier enthalten darüber hinaus noch eine Albumin-Schicht und eine Membran oder eine harte Schale, die den ganzen Eiinhalt schützt. Abb. 12—17 zeigt einen Längsschnitt durch ein ablegereifes Hühnerei.

Nach Needhams Ansicht konnte das Festland erst dann durch die Tiere erobert werden, als gewisse Arten entstanden, die ihre Embryonen mit schützenden Membranen umgeben konnten. Die lederartige Haut der Reptilieneier schützt diese zwar vor dem Austrocknen, aber die Eier müssen noch in den feuchten Sand abgelegt werden, um den Wasserverlust zu verhindern. Im Gegensatz dazu sind die Vogeleier dank ihrer harten Schale gegen das Austrocknen besser geschützt, hier müssen aber die Abfallprodukte des wachsenden Embryos durch eine besondere Einrichtung unschädlich gemacht werden. Bei den Säugetieren sind die Membranstrukturen wieder viel einfacher, da der Embryo im Innern der Gebärmutter genügend geschützt ist.

12.3. Befruchtung

Die Eizellen werden bei den verschiedenen Arten auf sehr unterschiedliche Weisen durch die Spermien befruchtet. Bei den wasserlebenden Tieren (z. B. bei den Seeigeln) findet die Befruchtung gewöhnlich erst nach der Eiablage statt. Die Eizellen der Vögel werden vor der Bildung der äußeren Membranen im Innern des Eileiters befruchtet. Auch bei den Säugetieren findet eine innere Befruchtung statt, worauf sich der Embryo im Uterus entwickelt. Bei der Befruchtung lassen sich folgende Stadien unterscheiden (Abb. 12—7 und Abb. 12—8):

1. Aktivierung der Spermien. Die Spermien sind z. B. im Eileiter eines Säugetiers wegen der hohen CO_2-Konzentration teilweise unbeweglich. Treten die Spermien dann in den Uterus ein, so wird ein Hemmfaktor, der sich aus der Samenflüssigkeit auf die Spermien abgelagert hat, durch Enzyme wieder entfernt.

2. Sind die Eizellen von einer Gallert- und Nährzellenschicht umgeben, so muß das Spermium diese durchdringen, um die Vitellinmembran zu erreichen. Das Spermien-Acrosom scheidet dazu Enzyme (unter anderen auch die Hyaluronidase) aus, die diese Durchdringung erleichtern.

3. Bei bestimmten Echinodermenarten nimmt das Ei aktiv an der Befruchtung teil, indem seine Oberfläche kegelförmig vorspringt und dadurch das Spermium einfängt, sobald dessen Acrosom die Plasmamembran berührt.

4. Bei den Anneliden bildet das Acrosom, nachdem es aufgebrochen ist, fädige Tubuli gegen die Plasmamembran der Eizelle hin aus (s. Abb. 12—7 c, d), die schließlich mit ihr verschmelzen. Rothschild und Swann haben bei den Seeigeleiern beobachtet, daß sich das Plasma-Gel des Eies, sobald das Spermium eingedrungen war, in den optischen Eigenschaften veränderte und rigid wurde, wodurch wahrscheinlich das Eindringen weiterer Spermien verhindert werden sollte. Vor der Befruchtung ist die Plasmamembran der Eizelle stark gefaltet und mit vielen Corticalgranula (wahrscheinlich Membranvesi-

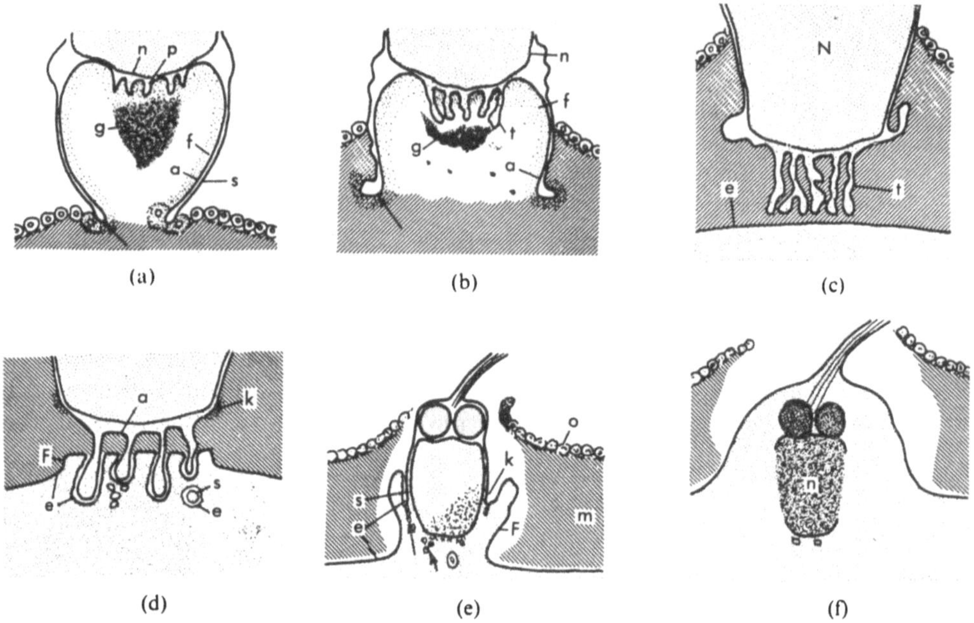

Abb. 12—7. Befruchtung bei *Hydroides:* (a) Die Acrosomenspitze vereinigt sich mit der Plasmamembran des Spermiums. (b) und (c) Die Acrosomenwand stülpt sich nach außen um. (d) Die Plasmamembran des Spermiums trifft auf diejenige der Eizelle, wobei sich der Befruchtungskegel erhebt. (e) Das Spermium dringt weiter in die Eihüllen ein. (f) In der Zygote vermischt sich das Innere des Spermiums mit dem Ei-Cytoplasma. a Acrosomenmembran; e Plasmamembran der Eizelle; F Befruchtungskegel; f feines granuläres Material, das der Acrosomenmembran entlang angeordnet ist; g acrosomales Granulum; k Rest des Acrosoms, durch den die Plasmamembran des Spermiums erkannt werden kann; m mittlere Schicht der Eihüllen (Vitellinmembran); N Zellkern; n Kernmembran oder Teile davon; o äußere Schicht der Vitellinmembran; p Substanz, die das Acrosom umgibt; s Plasmamembran des Spermiums oder der Teil in der Zygote, der von ihr abstammt; t acrosomale Tubuli. [Aus A. L. Colwin und L. H. Colwin. J. Biophys. Biochem. Cytol. *10,* 2 (1961).]

kel) verbunden (Abb. 12—9). Sobald ein Spermium in die Eizelle eindringt, zerplatzen diese Vesikel und rufen dadurch eine örtlich beschränkte Ausdehnung der Membran hervor. Die geplatzten Vesikel verschmelzen miteinander zu einer Membran, die zusammen mit der abgehobenen Vitellinmembran die Befruchtungsmembran bildet. Wir haben in Kap. 5 im Zusammenhang mit anderen Zellmembranen die Bedeutung von Vesikeln diskutiert, die miteinander verschmelzen und dadurch neue Membranstrukturen bilden können. Durch diesen allgemeinen Mechanismus werden nicht nur an den Zelloberflächen, sondern auch im Cytoplasma neue Membranstrukturen gebildet. Die auffälligen Veränderungen, die man bei der Befruchtung der Seeigel-Eizelle beobachtet, sind aber keine allgemein verbreiteten Erscheinungen. Bei den Vögeln können z. B. gleichzeitig mehrere Spermien in eine Eizelle eindringen, obwohl dann nur eines mit

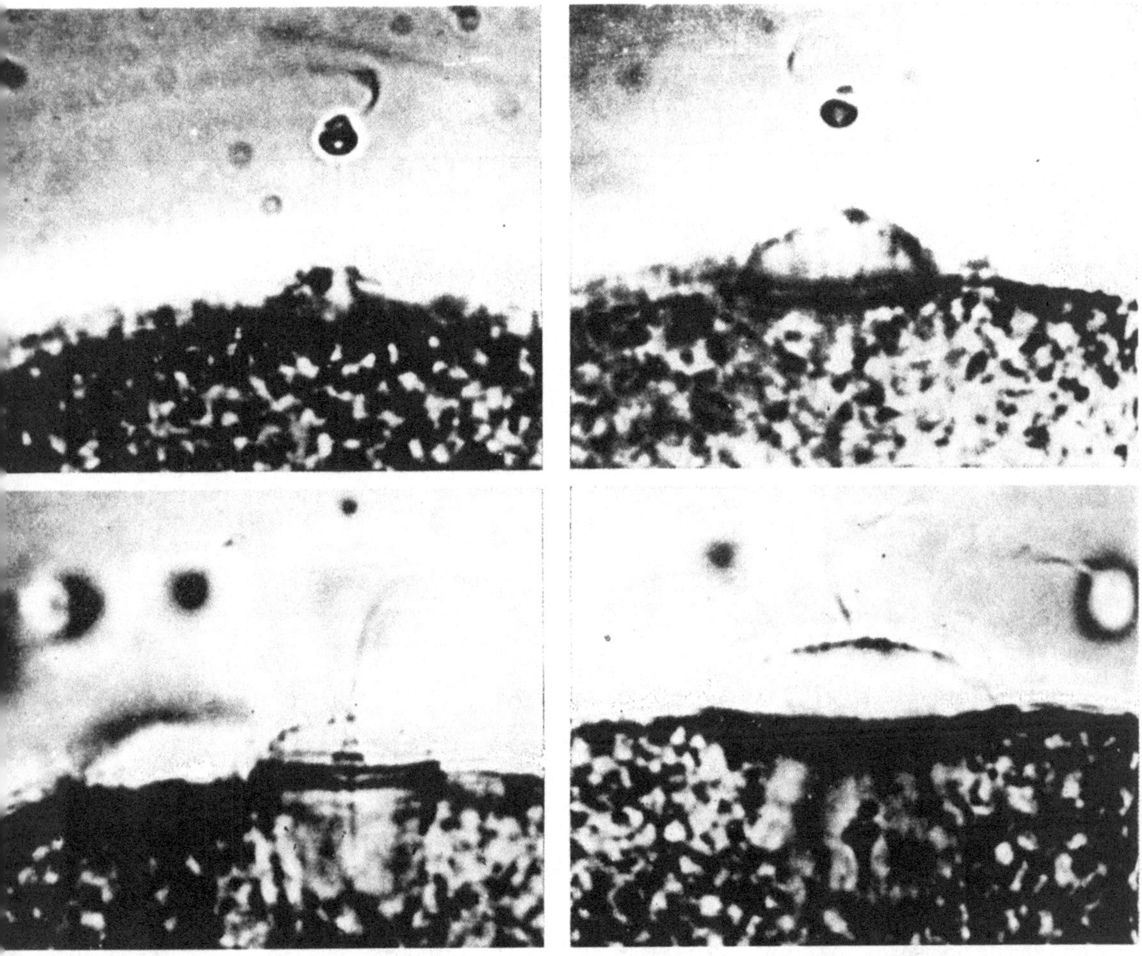

Abb. 12—8. Die Befruchtungsstadien bei lebenden Zellen, dargestellt durch Phasenkontrastmikroskopie. (Aus A. L. und L. H. Colwin.)

dem Eikern verschmilzt, während sich die anderen mit den Dotterplättchen vereinigen. Abb. 12—7 f zeigt, daß der Spermienkern nun zusammen mit seinen Centriolen in das Cytoplasma der Eizelle eintritt.

5. Konjugation. Bei den Eizellen, deren Meiose- oder Reifeteilungen noch nicht stattgefunden haben, treten diese Teilungen ein, wenn das Keimbläschen geplatzt ist und die Centriolen des Spermienkerns die Asteren auszubilden beginnen (Abb. 12—10). Danach folgt die Konjugation (Verschmelzung) des männlichen und des weiblichen Kerns, worauf die erste Furchungsteilung beginnt.

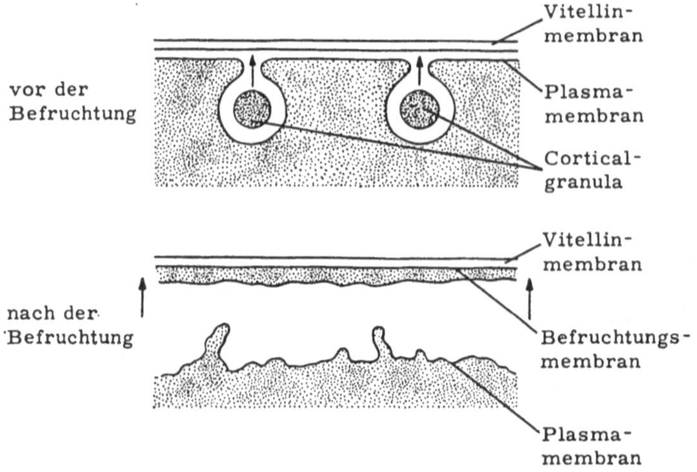

Abb. 12—9. Die Bildung der Befruchtungsmembran bei Seeigeln.

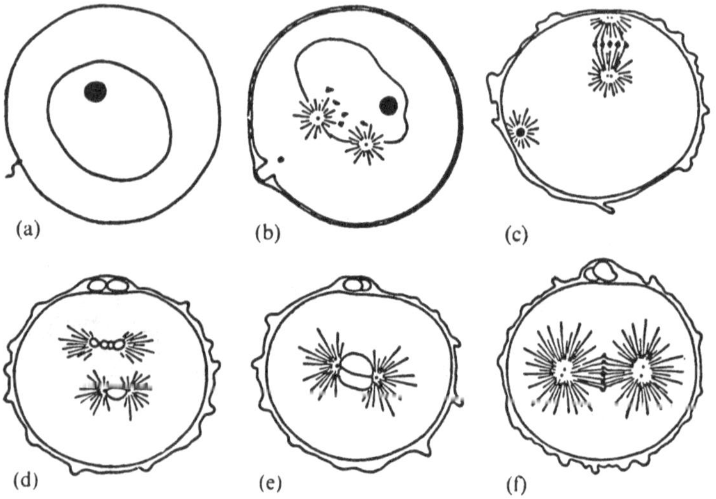

Abb. 12—10. Der Befruchtungsvorgang beim Anneliden *Urechis*. (a) Ein Spermium tritt in eine Eizelle ein. (b) Der Befruchtungskegel hat sich ausgebildet, und das Keimbläschen (Kernzone) platzt auf. (c) Zweite Teilung der Polkörper und Ausbildung der Spermien-Asteren. (d) Gegenseitige Annäherung des Spermien- und des Eikerns; die Polkörper liegen am animalen Pol. (e) Vereinigung oder Konjugation des weiblichen und des männlichen Kerns. (f) Erste Furchungsteilung. (Nach Belar; mit Erlaubnis von C. H. Waddington.)

12.4. Frühentwicklung

Die Schemata der Embryonen, die in diesem Abschnitt vorgestellt werden, können mit Hilfe der Abb. 12—11 orientiert werden. Diese Abbildung zeigt eine Kugel mit dem Zentrum 0 und den drei Achsen 0x, 0y und 0z. Die 0z-Achse, die senkrecht steht,

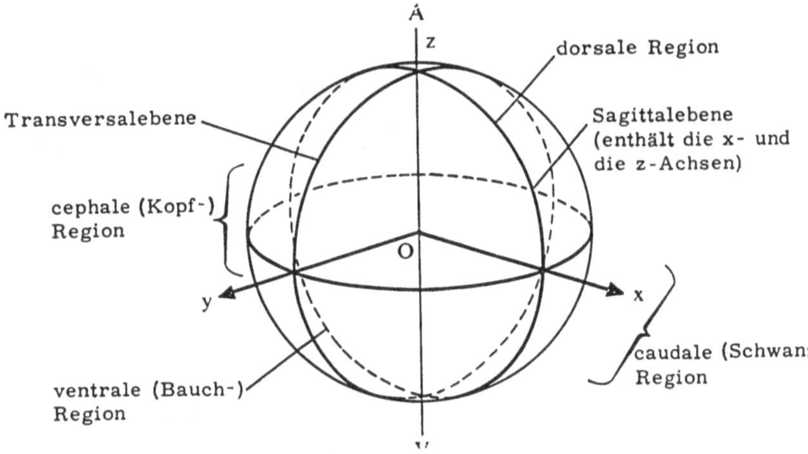

Abb. 12—11. Die Koordinaten, die in den Abb. 12—12, 12—15 und 12—18 benutzt werden, um die relativen Positionen der embryonalen Entwicklung zu zeigen.

dringt durch den oberen Punkt der Kugeloberfläche oder den *animalen Pol* A und durch den unteren Punkt oder den *vegetativen Pol* V. Die Embryonen besitzen in ihren späteren Entwicklungsstadien eine *bilaterale Symmetrieebene.* Diese senkrechte Ebene verläuft z. B. beim menschlichen Körper von hinten nach vorn durch die Wirbelsäule. Der linke und der rechte Arm, die Beine, Augen, Ohren und weitere Körperteile sind in bezug auf diese Ebene symmetrisch angeordnet; nur wenige Organe, so z. B. Herz, Milz und Leber, liegen nicht so vor. Diese Ebene wird von den Embryologen als *Sagittalebene* bezeichnet und enthält die x- und die z-Achsen (s. Abb. 12—11). Bei den Amphibien liegt die cephale oder Kopfzone in der Sagittalebene in der Nähe des animalen Pols A, während die caudale oder Schwanzzone in dieser Ebene am vegetativen Pol V liegt.

Die Sagittalebene ist an den Punkten, an denen sie die Kugel schneidet, durch den großen Kreis (gleich einem Längenkreis) dargestellt. In den Abbildungen laufen die Schnitte durch die Embryonen meistens durch diese Ebene. Gelegentlich durchschneidet man die Embryonen auch in der Transversalebene; das ist die Ebene, die im rechten Winkel zur Sagittalebene steht. Die Ebene, die die x- und y-Achsen enthält, ist die Horizontalebene; sie schneidet die Kugel im Äquatorkreis.

Entwicklung des Seeigels. Das Seeigelei, das im Meerwasser befruchtet wird, erscheint radialsymmetrisch (Abb. 12—12). Es besitzt aber einen vertikalen Gradienten, der durch unterschiedliche Schattierungen zwischen dem animalen und dem vegetativen Pol dargestellt ist. Wir werden die Bedeutung dieses Gradienten noch besprechen.

Die Furchungsteilungen. Die ersten mitotischen Teilungen einer befruchteten Eizelle werden als *Furchungsteilungen* bezeichnet, denn die Eizelle wird dabei in einer senkrechten oder waagerechten Ebene gespalten, ohne daß die Tochterzellen voneinander getrennt werden. Die Richtungen dieser Furchungsebenen werden jeweils durch die Lage der Mitose-Spindel bestimmt, da sie immer im rechten Winkel zu der Achse der letzte-

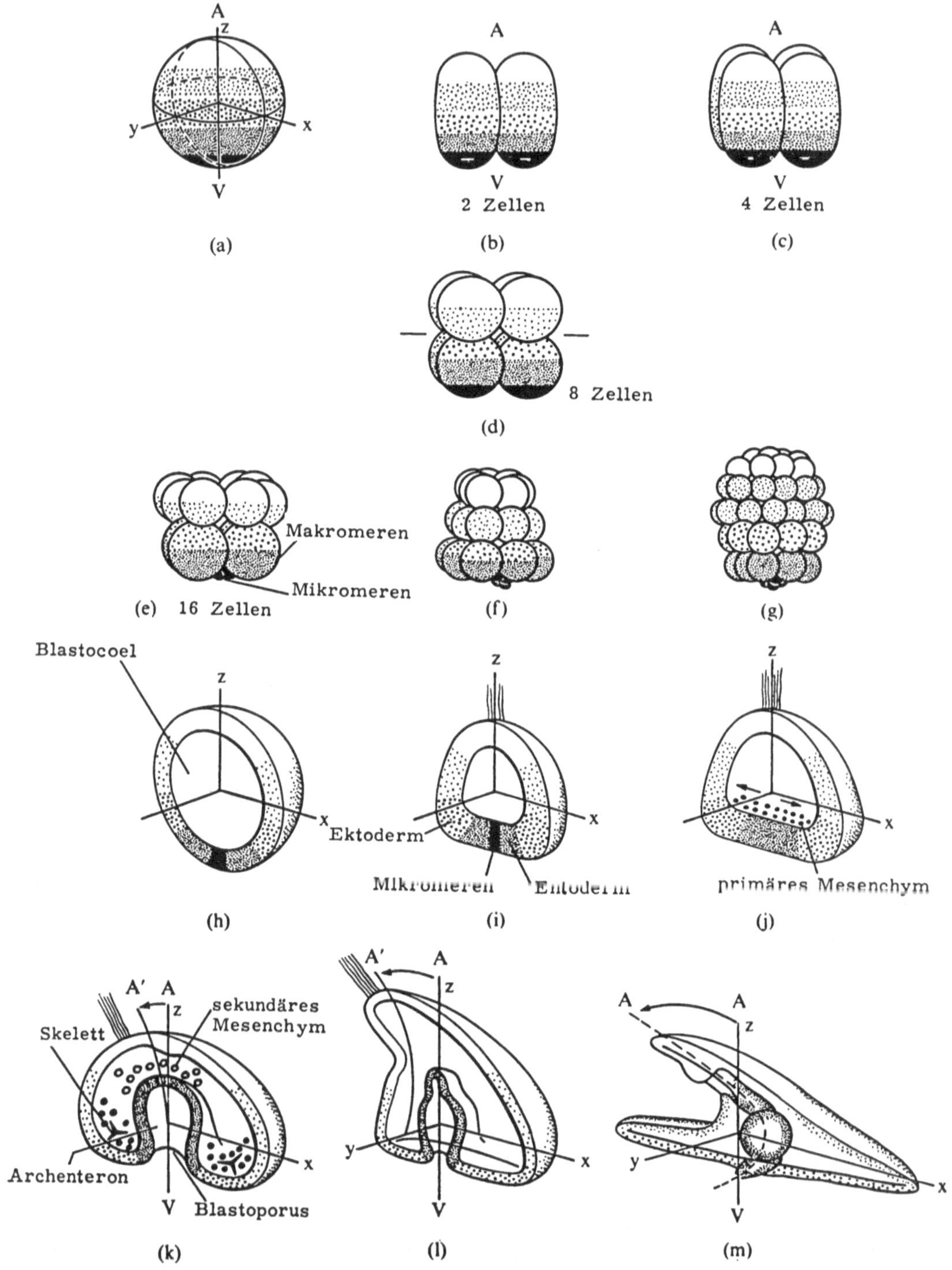

Abb. 12—12. Entwicklungsstadien eines Seeigels. (a—d) Furchungsteilungen; (e—h) Bildung der Blastula; (h—k) Gastrulation; (l—m) Bildung der reifen Larve (Pluteus).

ren liegen. Die Ausbildung der Spindel und die Trennung der Chromosomen verlaufen aber im wesentlichen ebenso wie bei einer gewöhnlichen Mitose-Teilung.

Furchungsteilungen verlaufen wahrscheinlich auf die gleiche Weise wie die Teilungen in anderen tierischen Zellen, aber die Furchungen des Seeigel-Eies sind wegen der Größe dieser Zellen besonders interessant. In Abb. 12—13 sind zwei unterschiedliche Theorien über den Ablauf der Furchungsteilungen dargestellt. Nach dem Modell von Mitchison und Swann (1952) wird die Furchung durch eine Membranausdehnung hervorgerufen; dabei sollen sich durch die Wirkung einer noch unbekannten Substanz, die zuerst die Pole erreicht, kontrahierte Proteinmoleküle in der Plasma-Gelzone entfalten. Die Doppelbrechungswerte des Plasma-Gels beginnen sich zuerst an den Polen und erst später nach und nach auch gegen die Furchungszone hin zu verändern (Abb. 12—13 a). Nach diesem Modell wird also die Membran durch ihre fortschreitende Ausdehnung gegen die Furche geschoben und durch eine Bewegung, die an den Polen beginnt, schließlich nach innen getrieben. Wolpert (1960) hat dagegen ein anderes Modell vorgeschlagen, bei dem die Polzonen durch eine Substanz, die aus den Asteren stammt, plastisch gemacht wird. Diese Zonen dehnen sich dann während der aktiven Kontraktion innerhalb der Furchungszone passiv aus. Die aktive Kontraktion entsteht wahrscheinlich nicht in der Plasmamembran selbst, sondern in einer dichten Schicht unterhalb der Plasmamembran.

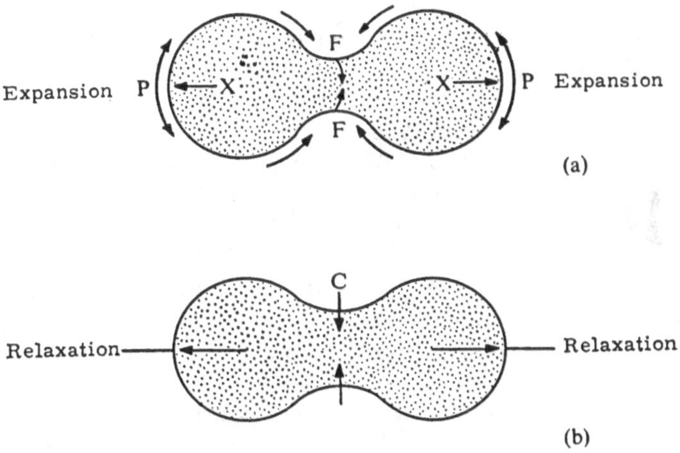

Abb. 12—13. Zwei mögliche Furchungs-Mechanismen. (a) Das Modell der polaren Expansion. (b) Das Kontraktions-Modell. P Pol-Zonen; F Furche; C Kontraktion; X sich verändernde Doppelbrechung.

Die zweite Furchungsteilung des Seeigelembryos steht, wie die erste, in einer senkrechten Ebene, während die dritte waagerecht liegt, so daß dadurch acht Zellen entstehen (Achtzell-Stadium, Abb. 12—12 d). Während dieser Mitosen entwickeln sich die Zellen aber nicht in der gleichen Weise weiter wie die wachsenden Zellen, die wir in Kap. 9 beschrieben haben. Im Achtzell-Stadium sind noch alle Zellen gleich groß, aber bei der nächsten waagerechten Teilung entstehen Kränze von unterschiedlich großen Zellen. Die oberen bilden einen Kreis von acht *animalen Zellen* normaler Größe, während sich die unteren in einen Kreis von vier sehr großen (Makromeren) und einen Kreis von vier sehr kleinen Zellen (Mikromeren) aufteilen; es hat somit eine *inäquale* Teilung des Cytoplasmas stattgefunden. Durch weitere Teilungen entsteht dann eine Hohlkugel, die mit einer Flüssigkeit ausgefüllt ist, die *Blastula.*

Die Blastula. Während des Blastula-Stadiums teilen sich die Zellen weiterhin, wobei sie aber immer kleiner werden. Abb. 12—12 h zeigt einen Schnitt durch die Sagittalebene (x — z) der Seeigel-Blastula. In diesem Stadium bilden sich auf der Oberfläche des Embryos schon früh bewegliche Cilien aus, worauf der Embryo seine schützenden Membranen verläßt. Jetzt entstehen am animalen Pol besonders große starre Cilien, die den *Apical*büschel bilden, und der vegetative Pol flacht sich ab (Abb. 12—12 i). Die unterschiedliche Schattierung verdeutlicht dabei, aus welcher Eiregion die verschiedenen Gewebetypen abgeleitet sind. Aus der oberen animalen Zone entsteht das *Ektoderm*, aus der unteren vegetativen Zone das *Entoderm* und schließlich aus den Mikromeren das *Mesoderm*. Das Ektoderm bildet später die äußeren Teile des Embryos, aus dem Mesoderm entstehen die Muskeln, das Kalkskelett und andere Gewebe, während sich das Entoderm zum Darm entwickelt.

Das Mesoderm der Seeigel entsteht auf eine andere Art als dasjenige der Vögel und der Amphibien. Bei den letzteren zwei Gruppen entwickelt sich das gesamte Mesoderm aus dem Gewebe, das hinter dem Entoderm in die Blastulahöhle einwächst. Bei den Seeigeln lösen sich dagegen vom mittleren Teil der inneren Blastulawand bestimmte Zellen ab, die aus den Mikromeren hervorgegangen sind (schwarz in Abb. 12—12 j) und sich der inneren Blastula-Oberfläche entlang anordnen. Diese Zellen bilden das *primäre* Mesenchym, aus dem später das Kalkskelett entsteht.

Gastrulation. Zwei wichtige Veränderungen finden nun statt. Die erste entsteht durch die Einstülpung oder Invagination des Blastula-Bodens (Abb. 12—12 k). Diese Invagination des vegetativen Embryo-Teils, die man als *Gastrulation* bezeichnet, führt schließlich zu der Bildung des Urdarms oder Archenterons. So entsteht eine Einstülpung, die durch den Urmund oder Blastoporus mit der Umwelt in Verbindung steht. Von der inneren Oberfläche des Urdarmgipfels gliedern sich dann die *sekundären* Mesenchymzellen ab, aus denen das Skelett und die Muskeln entstehen.

Die früheren Stadien in der Entwicklung des Embryos sind hauptsächlich durch Zellteilungen charakterisiert und durch das Auftreten von unterschiedlich großen Zellen. Bei der Gastrulation beginnen dagegen Zellbewegungen die Hauptrolle zu spielen. Abb. 12—14 stellt die Einwanderung der sekundären Mesenchymzellen dar. Diese Zellen bilden sehr lange Pseudopodien aus, die sich, nachdem sie sich an die innere Wand der Blastocoelhöhle angeheftet haben, verkürzen und die Zellen dadurch gegen diese Wand ziehen. (Wir werden derartige Bewegungen in Kap. 13 eingehender besprechen).

Die zweite Formveränderung, die während der Gastrulation stattfindet, betrifft die Krümmung der animalen Polzone in der sagittalen Ebene, wodurch der Embryo seine Radialsymmetrie verliert. Dieser Krümmungsvorgang dauert so lange an, bis der Embryo die kennzeichnende Form der ausgebildeten Larve angenommen hat (in den Abb. 12—12 k, l und m wandert die Polzone von A nach A'). Derartige Formveränderungen in der Sagittalebene finden auch bei Amphibien- und Vogelembryonen statt; bei diesen entsteht dadurch die charakteristische Verlängerung des Rumpfes (vom Kopf zum Schwanz), während sie in bezug auf die Sagittalebene symmetrisch bleiben.

Das Larven-Stadium. Der obere Teil des Urdarms dehnt sich so weit aus, bis er das Ektoderm berührt und mit ihm verschmilzt, wodurch ein Kanal entsteht. Der Urdarm steht also jetzt durch zwei Öffnungen (Mund und After) mit der Umwelt in Verbindung. Er

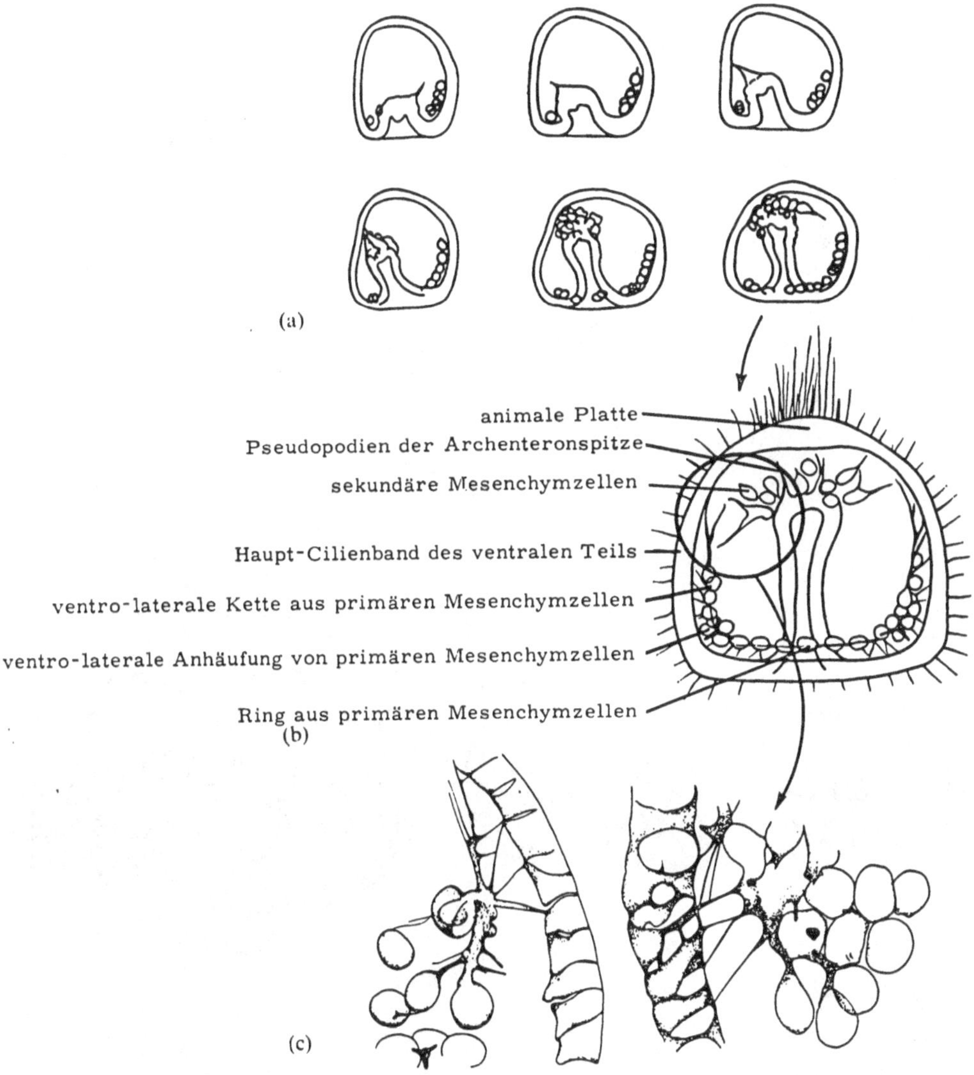

Abb. 12—14. Morphogenese bei der Seeigel-Gastrula. (a) Sekundäre Mesodermzellen wandern aus dem Urdarmgipfel aus. (b) Einzelheiten der Strukturen, die bei (a) dargestellt sind. (c) Die Mesenchymzellen bilden Pseudopodien aus, die Verbindungen mit der Gastrula-Wand herstellen. [Aus T. Gustafson. Exp. Cell Res. *32*, 576 (1963).]

funktioniert dabei als ein einfacher Verdauungskanal. Schließlich entsteht durch weitere Veränderungen die charakteristische Larvenform des Seeigels (die Pluteuslarve).

Entwicklung der Amphibien. Die Frosch- oder Molcheier sind verhältnismäßig groß (sie erreichen einen Durchmesser von 2—3 mm), weshalb sie als Material für embryologische Experimente sehr gut geeignet sind. Die Dottermenge dieser Eier ist ziemlich

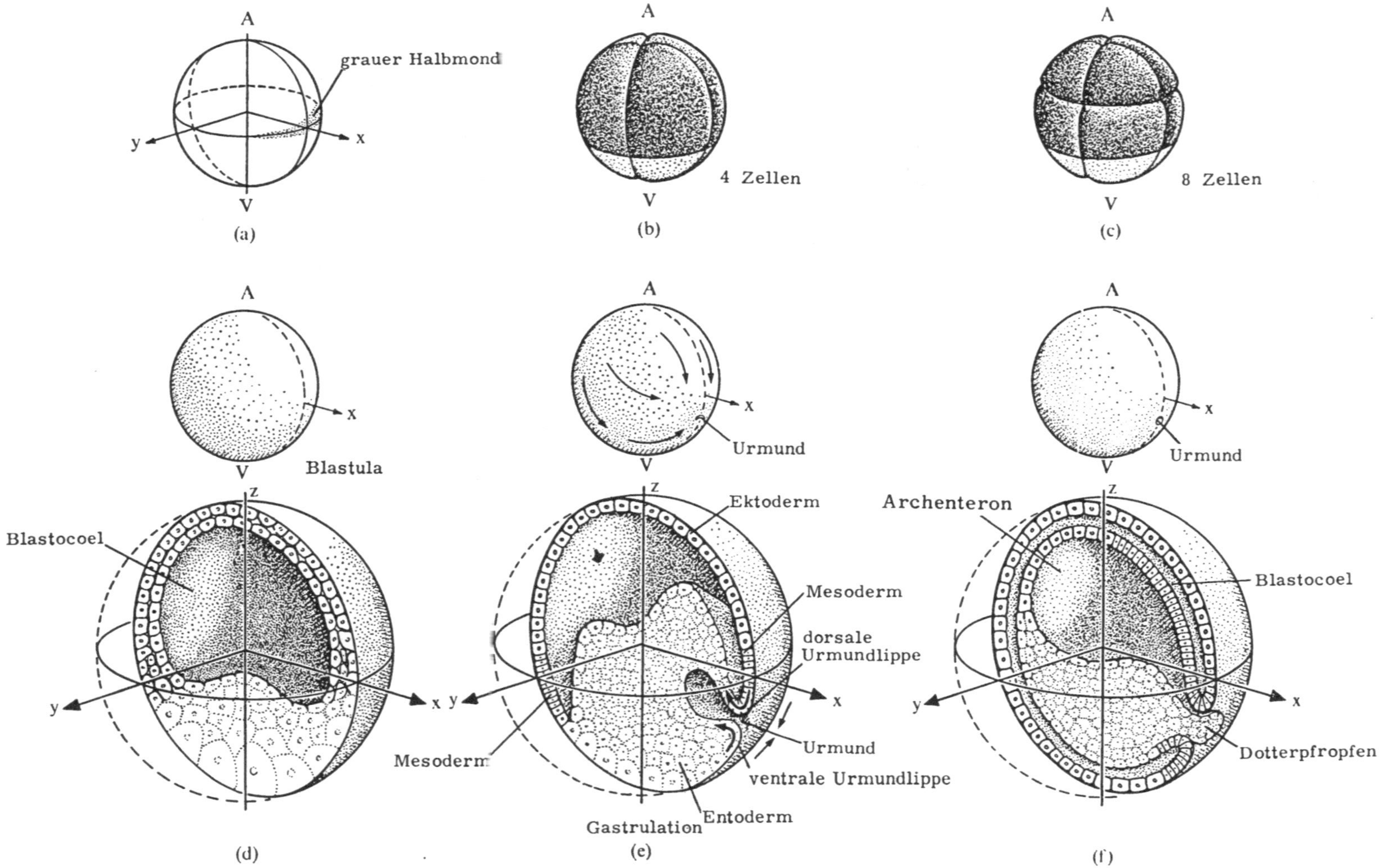

A
V
grauer Halbmond
x
y
(a)
4 Zellen
(b)
8 Zellen
(c)
Blastula
Urmund
z
Blastocoel
Mesoderm
Ektoderm
dorsale Urmundlippe
ventrale Urmundlippe
Entoderm
Gastrulation
(d)
(e)
Archenteron
Dotterpfropfen
(f)

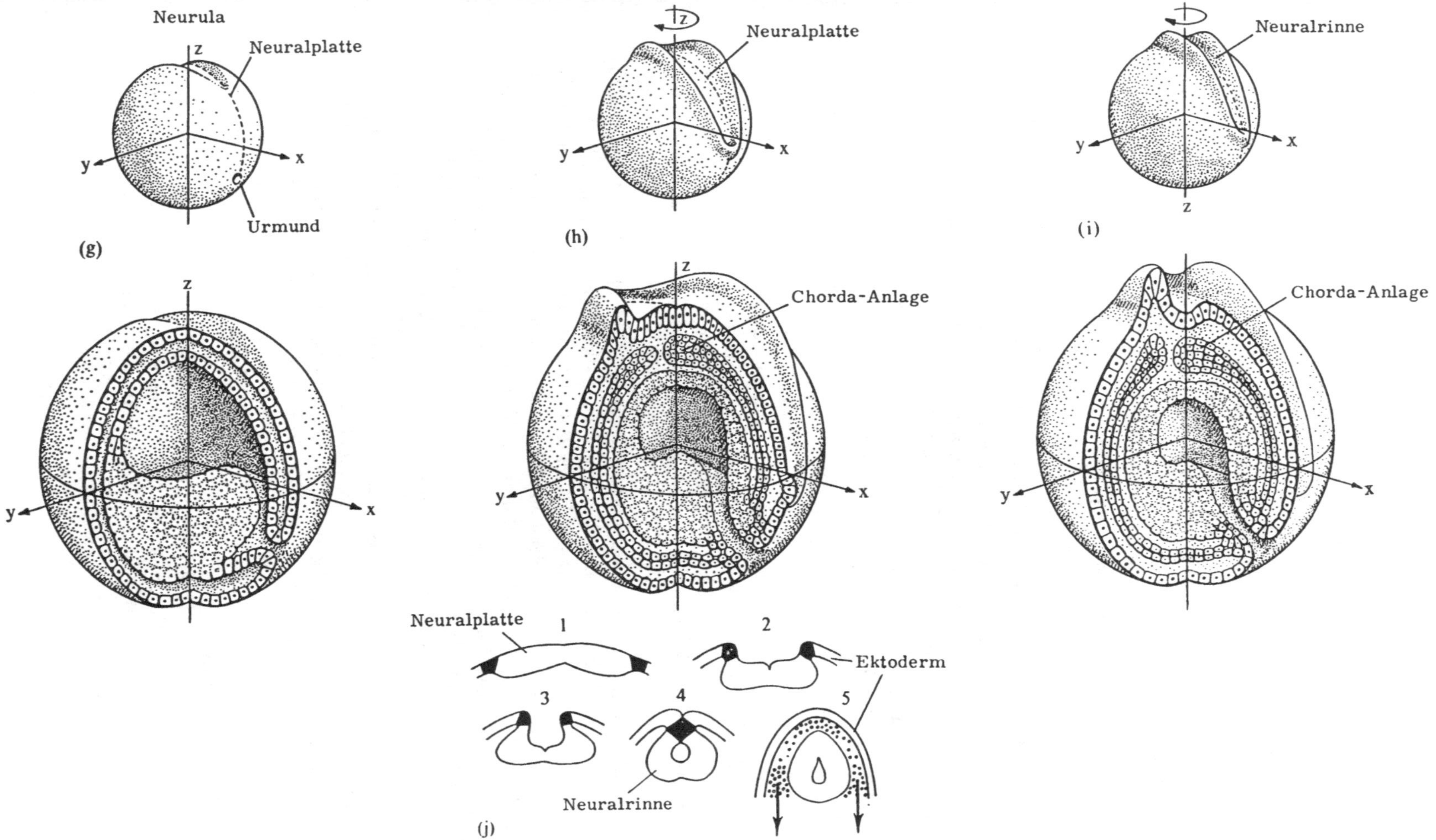

Abb. 12–15. Die Entwicklungsstadien eines Amphibienembryos. (a–c) Bildung des grauen Halbmondes und Furchungsteilungen. (d) Bastula. (e–f) Gastrulation. (g–i) Neurulation. (j) 1–5 Bildung des Neuralrohrs. Isolierte Gruppen von Ektodermzellen ordnen sich auf beiden Seiten des Neuralrohrs diesem entlang an, um die Neuralleisten zu bilden. Die Neuralleistenzellen wandern anschließend in verschiedene Teile des Embryos (Pfeile). Schwarze Zone – Neuralleiste.

groß. Vor der Befruchtung erscheint das Ei, wie dasjenige des Seeigels, radialsymmetrisch. Nach der Befruchtung wird es aber durch den Spermieneintritt asymmetrisch. Diese Asymmetrie wird durch die Bildung des grauen Halbmondes hervorgerufen, dessen Lage mit der Eintrittsstelle des Spermiums in Beziehung steht. Der graue Halbmond ist ein waagerecht liegender Halbmond aus pigmentiertem Material, der sich an der Berührungszone der vegetativen Dottersubstanz und des hellen animalen Bereichs bildet. Die Lage des grauen Halbmondes bestimmt die spätere dorsoventrale Symmetrieebene des Embryos, die die Achsen 0x und 0z enthält (Abb. 12—15 a).

Furchungsteilungen. Die ersten Furchungsstadien der Amphibieneier sehen denjenigen der Seeigeleier sehr ähnlich. Die Größe der Furchungszellen wird aber durch die große Dottermenge der vegetativen Zone beeinflußt. Da in dieser Hälfte die Mitosen langsamer als in der animalen Zone ablaufen, entstehen sehr große Dotterzellen.

Blastula. Die Blastula ist bei den Amphibien, wie bei den Seeigeln, eine Hohlkugel mit einer Blastocoelhöhle. Abb. 12—15 d zeigt einen Querschnitt durch die Blastula-Kugel, an deren Boden die großen, vegetativen Dotterzellen liegen.

Gastrulation. Während der Gastrulation wird die hohlkugelförmige Blastula wie beim Seeigel durch die Einwärtsbewegungen bestimmter Gewebe eingestülpt (Abb. 12—15 e). Der größte Teil des Mesoderms entsteht aber hier, im Gegensatz zu demjenigen des Seeigels, aus dem Gewebe, das um die obere oder dorsale Urmundlippen herum in die Blastocoelhöhle einwandert (Abb. 12—15 e). Selbst der erfahrenste Biologe, der das zeitliche und räumliche Zusammenwirken der Gastrulationsbewegungen auf Zeitrafferfilmen beobachten kann, bewundert die Genauigkeit, mit der diese Bewegungen kontrolliert ablaufen. Wenn dann das gesamte Mesoderm in den Urdarm eingewandert ist, so bewegen sich die Zellen an der Basis nach vorn und verschließen den Urmund mit einem Dotterpfropfen (Abb. 12—15 f).

Neurula. In diesem Stadium verändert sich zunächst die Zone der Gastrula-Oberfläche, die unmittelbar über dem Blastoporus liegt. Die Zellen dieser Zone sind dazu bestimmt, sich zum Nervengewebe zu entwickeln. Dieses Gebiet flacht sich zuerst zu der *Neuralplatte* ab, in deren Mitte anschließend in der Richtung der Sagittalebene eine Rinne entsteht, die zu beiden Seiten von Auffaltungen, den Neuralleisten, eingefaßt ist (Abb. 12—15 g und Abb. 12—15 h). Abb. 12—15 g und i zeigen Schnitte durch Neurulae, die zum Teil durch die Sagittal- und zum Teil durch die Transversalebene verlaufen.

Im Neurula-Stadium zeigen die Neuralleistenzellen, im Vergleich zu den übrigen Zellen der Neuralplatte, ein ganz außergewöhnliches Verhalten (Abb. 12—15 j (5)), da sie aus den Neuralleisten nach den verschiedensten Richtungen auswandern. Dabei entwickeln sich später die Zellen, die aus der Kopfregion der Neuralleisten stammen, zu Knorpelgewebe, jene der Rumpfregion bilden die Spinalganglien und die sensorischen Nervenzellen. Aus den Neuralleistenzellen der mittleren Zone entstehen die Schwannschen Scheidenzellen, die später das Nervenaxon mit der Myelinscheide umhüllen. Schließlich wandern weitere Neuralleistenzellen in das Ektoderm ein, wo sie sich in die Pigmentzellen umwandeln.

Während dieser Vorgänge vertieft sich auch die Rinne der Neuralplatte, und die Neuralwülste nähern sich gleichzeitig einander, bis sie sich berühren und dann miteinander verwachsen. Dadurch entsteht das *Neuralrohr*, aus dem später das Zentralnervensystem hervorgeht.

Unmittelbar unter dem Neuralrohr findet im Urdarmdach eine ganz ähnliche Veränderung statt. Hier entwickelt sich nämlich aus einer Mesodermfalte ein Gewebestab, der als *Chorda* bezeichnet wird. Gleichzeitig verdicken sich die zwei seitlichen Mesodermteile, um später in einzelne Gewebeblöcke zu zerfallen, die auf den zwei Körperseiten der Chorda entlang angeordnet sind. Diese Mesodermblöcke, die zuerst in der Kopfzone entstehen, werden *Ursegmente* oder *Somiten* genannt.

Die weiteren Entwicklungs-Stadien der Amphibien können folgendermaßen zusammengefaßt werden:

Aus dem Vorderende des Neuralrohrs entsteht das Gehirn, während das übrige Neuralrohr die anderen Teile des Zentralnervensystems bildet.

Die Somiten entwickeln sich zu den Muskelsegmenten des Rumpfes und zu den inneren Hautschichten (Bindegewebe).

Das laterale Mesoderm bildet die Nierenanlage aus. Das Seitenplattmesoderm, das noch weiter lateral liegt, bildet die Gliedmaßen, die seitliche Rumpfmuskulatur und die Unterhaut oder *subepidermalen Gewebe.*

Der vordere Teil des Entoderms verwächst mit dem Ektoderm; dadurch entsteht eine Öffnung, die sich zum Mund entwickelt, der über die Speiseröhre in den *Verdauungstrakt* führt.

Die Chorda, die das erste Skelettelement darstellt, verfestigt sich bald nach ihrer Bildung zu einem starren Gewebestab. Dies ist zunächst der Wasseraufnahme in die Chordazellen zuzuschreiben, wodurch diese turgid werden. Später lagern sich dann die Skelettstrukturen ein.

Der Beginn dieser Veränderungen ist in Abb. 12—16 dargestellt.

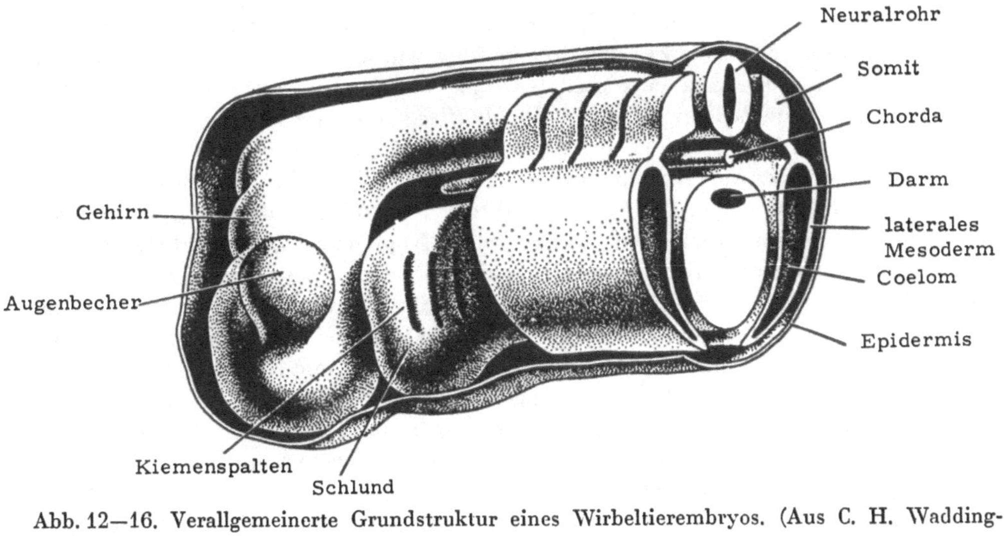

Abb. 12—16. Verallgemeinerte Grundstruktur eines Wirbeltierembryos. (Aus C. H. Waddington.)

Vogelembryonen. Die Embryonalentwicklung der Vögel gleicht derjenigen der Säugetiere, zu denen auch der Mensch gehört. Da die Embryologen bei ihren Experimenten

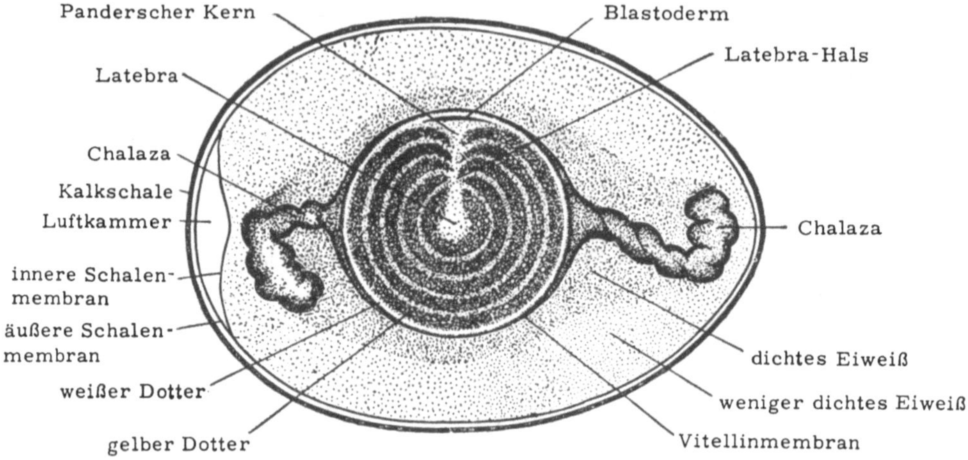

Abb. 12—17. Struktur eines Hühnereies zum Zeitpunkt der Ablage. (Nach Lillie. Mit Erlaubnis von B. M. Patten: Early Embryology of the Chick. McGraw-Hill, New York 1951.)

sehr häufig den Hühnerembryo verwenden, werden wir uns diesen etwas genauer ansehen. Die reife Eizelle eines Vogels ist von der Vitellinmembran, einer Proteinschicht, umgeben (Abb. 12—17). Sie wird in diesem Zustand noch im Eileiter befruchtet. Während die Eizelle weiter durch den Eileiter gleitet, lagern sich nach der Befruchtung zusätzliche Membranen um sie herum ab. Diese Membranen ermöglichen es dem Embryo, sich unabhängig von der äußeren Umwelt und unter konstanten Bedingungen in einer wäßrigen Umgebung zu entwickeln. Der größte Teil der Eizelle ist mit dem Dotter ausgefüllt, so daß sich der Embryo selbst nur in einer winzigen hellen Zone auf dem oberen Teil der Dotteroberfläche entwickelt (s. Abb. 12—17). Aus den Furchungsteilungen dieser Zone geht eine Zellschicht hervor, die als *Blastoderm* bezeichnet wird (Abb. 12—18 a, b und c). Die Zellen furchen sich dabei bis zum 4-Zellen-Stadium in der senkrechten und danach in der waagrechten Richtung. Abb. 12—18 d stellt ein derartiges Blastoderm des Vogelembryos dar. Der Schnitt ist in der x—z- oder zukünftigen *Sagittalebene* durch die Zone geführt worden, in der sich später Kopf und Schwanz entwickeln werden. Unter der Blastodermschicht befindet sich ein heller Zwischenraum, die Subgerminalhöhle. Betrachtet man den scheibenförmigen Embryo von oben, so kann man an seiner Außenseite entlang große Zellen erkennen, die sehr viel Dotter enthalten und am äußeren Rand mit der übrigen Dottermasse verschmelzen. Diese Zone, die verdickt und undurchsichtig ist, wird deshalb *Area opaca* genannt.

Die mittlere Zone des Embryos ist dagegen hell und durchsichtig (*Area pellucida*). Die obere Zellschicht des Blastoderms ist der Epiblast. Die untere Schicht oder der Hypoblast beginnt sich zunächst aus den Zellen zu bilden, die sich aus der oberen Schicht abspalten und nach unten wandern (Delamination, Abb. 12—18 e). In einem späteren Stadium, während der Entwicklung des Primitivstreifens (s. Gastrula), wandern auch Zellen aus der Schwanzzone in den Hypoblasten ein.

Gastrulation. Die Gastrulation beginnt mit der Ausbildung des *Primitivstreifens*, eine verlängerte Region an der Grenze zwischen *Area opaca* und *Area pellucida.*

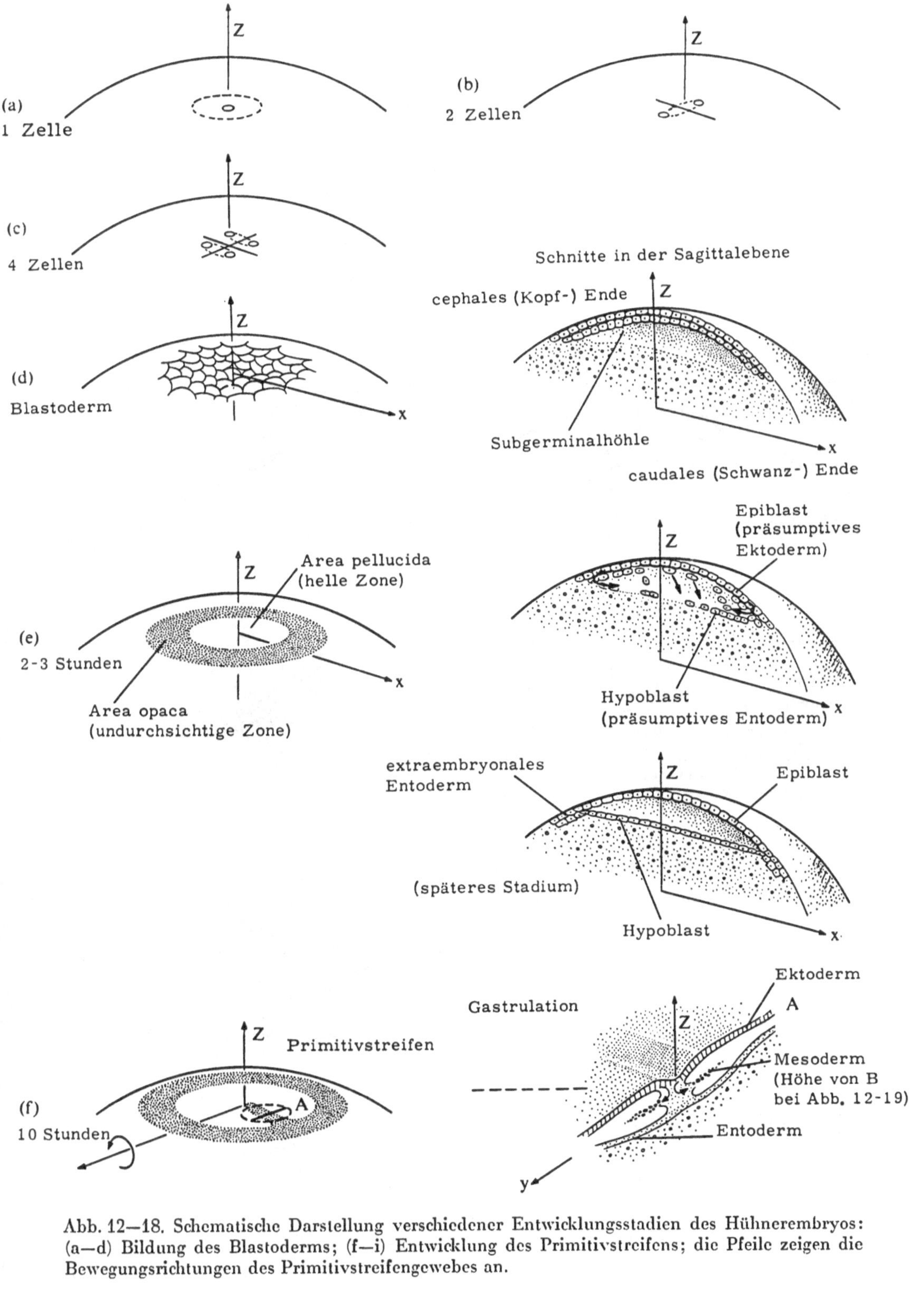

Abb. 12—18. Schematische Darstellung verschiedener Entwicklungsstadien des Hühnerembryos: (a—d) Bildung des Blastoderms; (f—i) Entwicklung des Primitivstreifens; die Pfeile zeigen die Bewegungsrichtungen des Primitivstreifengewebes an.

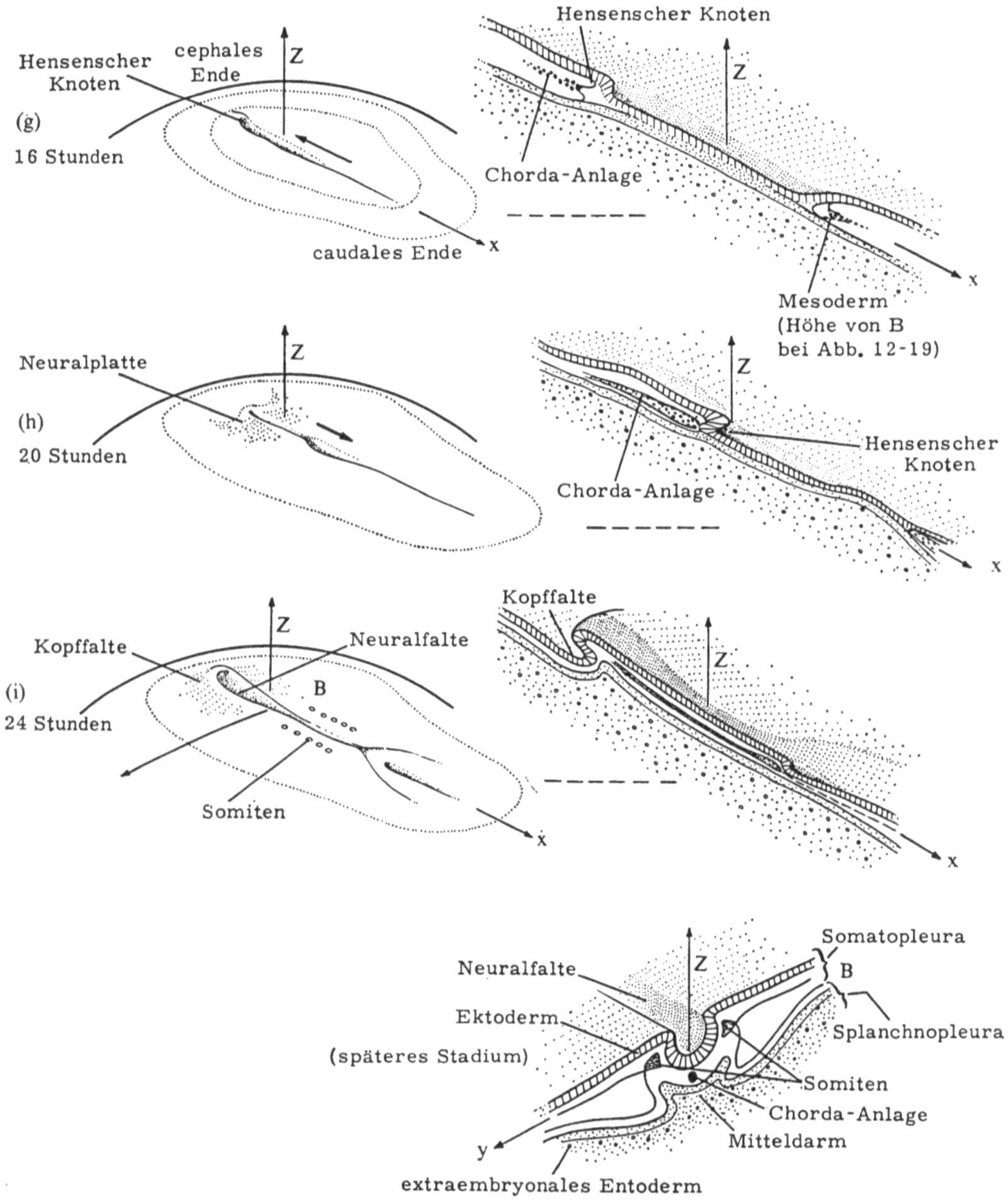

Abb. 12—18. (Fortsetzung.)

In Abb. 12—19 sind die Gastrulations-Stadien des Hühnerembryos im gleichen Koordinatensystem wie in den Abb. 12—11, 12—12 (Seeigel) und 12—15 (Amphibien) dargestellt. Will man die Gastrulationsbewegungen der Hühnerembryonen mit denjenigen der Seeigel- und Amphibienembryonen in Beziehung bringen, so braucht man sich nur vorzustellen, daß der Embryo 10 Stunden nach der Befruchtung (Abb. 12—18 f) in der Richtung der kreisförmigen Pfeile um die y-Achse herum gedreht wird und die Gastrulationsbewegungen deshalb weder am Blastulaboden wie bei den Seeigeln, noch gegen die Unterseite der Kugel wie bei den Amphibien stattfinden, sondern von oben nach unten verlaufen. Die Amphibien-Blastula kann die Gastrulationsbewegungen wegen ihres Dotters nicht wie eine Seeigelblastula durch eine einfache Einstülpung oder Invagination der Gewebe durchführen. Der Vogelembryo, dessen Dottermenge riesengroß ist, muß deshalb sogar einen ganz besonderen Gastrulations-Mechanismus durchlaufen, an dem die Dotterzellen nicht beteiligt sind.

Wie Abb. 12—18 f zeigt, beginnen die Gastrulationsbewegungen im Gebiet des Primitivstreifens. In dieser Abbildung ist ein *Transversal*schnitt, der in der 0y-, 0z-Ebene liegt, dargestellt. Die Zellen, die sich in der mittleren Zone der Primitivstreifen-Grube befinden, wandern dabei zuerst *nach unten* und dann *seitwärts*, so daß sie schließlich zwischen dem Ektoderm und dem Entoderm liegen. Zugleich wächst der Primitivstreifen allmählich in die Länge (Abb. 12—18 g). In dieser sich verlängernden Zone entsteht jetzt auf der Blastula-Oberfläche eine Verdickung, die als Hensenscher Knoten bezeichnet wird. Die Zellen wandern an dieser Stelle *nach unten* und *nach vorn*, um den Kopffortsatz zu bilden, der die Anlage der Chorda enthält. Der Primitivstreifen, der in der Sagittalebene liegt, verlängert sich dabei immer weiter, bis er schließlich über den

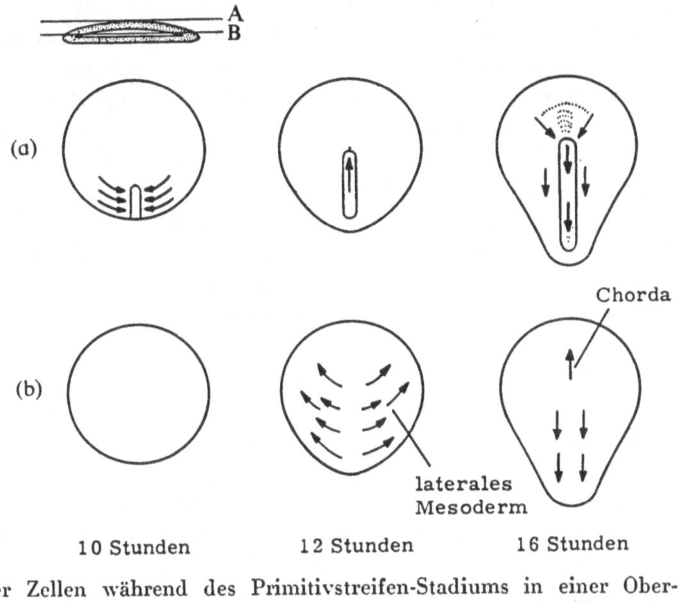

Abb. 12—19. Wanderung der Zellen während des Primitivstreifen-Stadiums in einer Oberflächen- (A) und in einer darunterliegenden Zone (B) (s. die obere Abbildung): (a) an der Oberfläche des Embryos (A). (b) Die Bewegungen des Gewebes, das während der Gastrulation in die unteren Schichten gewandert ist (B).

Mittelpunkt der *Area pellucida* hinauswächst (s. Abb. 12—18 g). Er beginnt sich dann aber beim 16 Stunden alten Embryo wieder zu verkürzen, indem er nach *rückwärts* gegen die Schwanzzone hin wächst (Abb. 12—18 h und Abb. 12—19).

Am Ende dieser Gastrulationsbewegungen liegen Ektoderm, Mesoderm und Entoderm in einer ähnlichen Weise wie bei den Seeigeln und Amphibien im Embryo angeordnet. Bei den Vögeln geht aber der Vorgang von einem Gewebe-Blatt aus, dessen Zellen sich nach unten in die Ektoderm- und Entodermschichten abspalten, zwischen die sich das Mesoderm einschiebt. Da sich der Embryo nicht aus einer Gewebe-Kugel, sondern aus einem Blatt entwickelt, sind bei der Bildung des Verdauungstraktes einige zusätzliche Bewegungen erforderlich (siehe unten).

Neurula. Aus dem Gewebe, das vor dem Hensenschen Knoten liegt, entsteht eine Neuralplatte, die derjenigen der Amphibien gleicht. Die Neuralfalte verlängert sich dann soweit, bis sie das ganze Gebiet ausfüllt, aus dem sich später Gehirn und Rückenmark entwickeln. In diesem Stadium ist der Primitivstreifen nur noch auf die Schwanzzone beschränkt (Abb. 12—18 i). Die Kopffalte dehnt sich dabei bis unter das Neuralgewebe aus. Die oberen Ränder der Neuralwülste verwachsen miteinander zu den Rückenmarks- und Gehirnabschnitten, die später vom Ektoderm überdeckt werden. Gleichzeitig mit diesen Bewegungen beginnen sich zu beiden Seiten der Chorda auch die Somiten auszubilden. Dabei entstehen zuerst die Somiten des Kopfgebietes und dann nach und nach jene der Rumpf- und schließlich der Schwanzzone. Während dieses Stadiums nimmt die Größe des Embryos ziemlich stark zu.

Die späteren Stadien. Die späteren Entwicklungsstadien der Vögel sind in den Sagittalschnitten der Abb. 12—20 dargestellt. Bei dem 24 Stunden alten Embryo ist das Darmgebiet noch nicht zu einem Kanal geschlossen, da nur die obere Oberfläche vom Entoderm überdeckt ist, während der untere Abschnitt der Subgerminalhöhle noch unmittelbar mit der Dottermasse in Verbindung steht. Der Darm wird dann durch zwei Gewebetaschen, durch eine Kopftasche (subcephale Tasche; Abb. 12—20 b), die zuerst gebildet wird, und durch eine Schwanztasche (subcaudale Tasche; Abb. 12—20 c) geschlossen. Weiter entwickeln sich in diesem Stadium die Membranen des Amnions und des Chorions. Der Embryo liegt dadurch in einer Flüssigkeit im Inneren der Amnionhöhle. Dann wächst aus der Allantoisknospe (Abb. 12—20 d) der häutige *Allantoissack* allmählich zwischen das Amnion und das Chorion hinein, bis er schließlich den ganzen Embryo umgibt. Diese embryonalen Häute wirken einerseits als Atmungs- und Ausscheidungsorgane und anderseits als Schutzhüllen des Embryos.

Der menschliche Embryo. Die Säugetierembryonen entwickeln sich, von einigen sehr primitiven Gruppen abgesehen, im Innern der Gebärmutter, wo sie aus der Placenta ununterbrochen mit Nährstoffen versorgt werden. Sie ernähren sich deshalb nicht, wie die Amphibien- und die Vogelembryonen, aus einem Dottervorrat des Eies. Die Furchungen sind bei den Säugetieren total. Dabei entsteht eine Zellmasse (die *Blastocyste*), die in ihrem Inneren einen Hohlraum entwickelt. Die Zellen der Blastocyste differenzieren sich in eine innere Zellmasse, aus der der Embryo entsteht (*Embryoblast*), und in eine äußere Zellschicht (*Trophoblast*), die den Embryo in der Gebärmutterwand befestigt; bei einigen Säugetieren dringen die Trophoblastzellen tief in das Gebärmuttergewebe ein. Abb. 12—21 zeigt Schnitte durch einen sehr jungen Säugetierembryo. Die

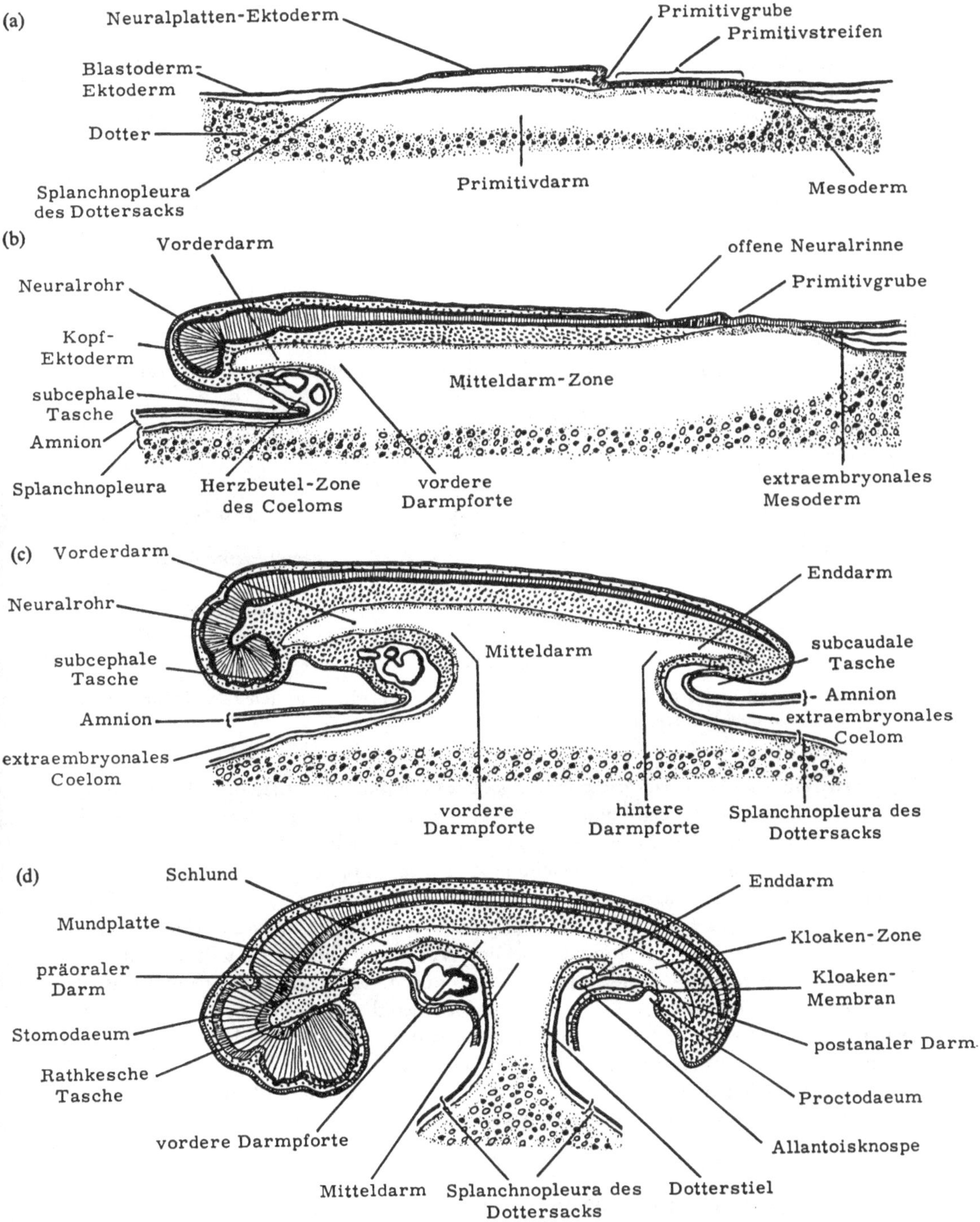

Abb. 12—20. Die späteren Entwicklungsstadien des Hühnerembryos. (a) Primitivstreifen-Stadium (am Ende des ersten Tages). (b) Der Vorderdarm ist ausgebildet (am Ende des zweiten Tages). (c) Vorderdarm, Mitteldarm und Enddarm sind gebildet (nach ungefähr drei Tagen). (d) Vorderdarm und Enddarm verlängern sich auf Kosten des Mitteldarms; der Dotterstiel wird gebildet. (Aus B. M. Patten: Early Embryology of the Chick. McGraw-Hill, New York 1951.)

Trophoblast-Zellen, die unmittelbar über dem Embryoblast liegen, heben sich später ab, wodurch ein Blastocoel entsteht.

Bei einigen Säugetieren verschwindet der Teil des Trophoblasten, der über dem Embryo liegt, so daß eine Amnionhöhle entsteht. In diesem Fall liegt der Embryo frei an der Oberfläche der Blastocysten-Kugel. Er ist nun ein *Blastoderm*, das dem Blastoderm der Hühnerembryonen gleicht. Die weitere Entwicklung verläuft dann in einer ganz ähnlichen Weise wie bei den Vögeln. Der Primitivstreifen des menschlichen Embryos ist aber kürzer als derjenige der Vögel.

Die frühen Entwicklungsstadien der Säugetierembryonen können heute durch neue Kulturmethoden, zu denen auch die Kultivierung von künstlich besamten menschlichen Eizellen gehört, sehr genau untersucht werden. Derartige Methoden haben sich beim Studium von genetisch bedingten Mißbildungen als sehr wertvoll erwiesen.

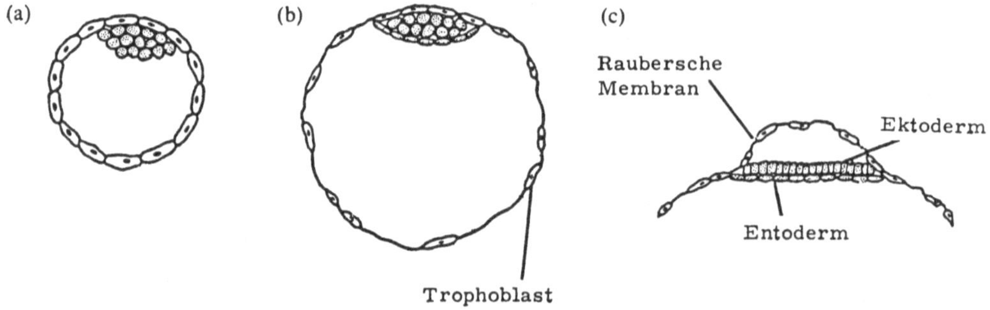

Abb. 12—21. Schnitte durch einen jungen Säugetierembryo, der aus dem Trophoblasten und der inneren Zellmasse besteht. (Aus C. H. Waddington.)

Die Entwicklung anderer Tiergruppen. Die ersten Entwicklungsstadien der Mollusken (mit Ausnahme der Cephalopoden) und der Anneliden sind in bezug auf das Verhalten der einzelnen Zellen besonders interessant. Die zwei ersten Furchungsteilungen liegen in vertikalen Ebenen, die aber leicht gegeneinander geneigt sind; bei der dritten Furchungsteilung, deren Ebene waagrecht liegt, entstehen oben vier sehr kleine Zellen (Mikromeren), die in bezug auf die untere Zellschicht leicht abgedreht sind. Eine derartige Furchung wird als Spiralfurchung bezeichnet. Vor dieser Furchung teilt sich der befruchtete Eikern mehrere Male, ohne daß sich das Cytoplasma entsprechend aufteilt. Dann wandern die Kerne in die äußere Eizellen-Schicht oder Plasma-Gel, wo sie getrennte Furchungszellen bilden. Diese äußere Struktur wird, obwohl sie der Blastula von bestimmten Gruppen gleicht, Blastoderm genannt.

Die Einzelheiten der Embryonalentwicklung von diesen und anderen Tiergruppen sind in den Büchern über Embryologie zu finden.

12.5. Anlagepläne der Embryonen

Wir haben in diesem Kapitel schon kurz auf das *Schicksal* von bestimmten frühembryonalen Zonen hingewiesen, die sich später in Gewebe wie Ektoderm-, Mesoderm- und Neuralplattengewebe entwickeln. In den klassischen Arbeiten des deutschen Embryo-

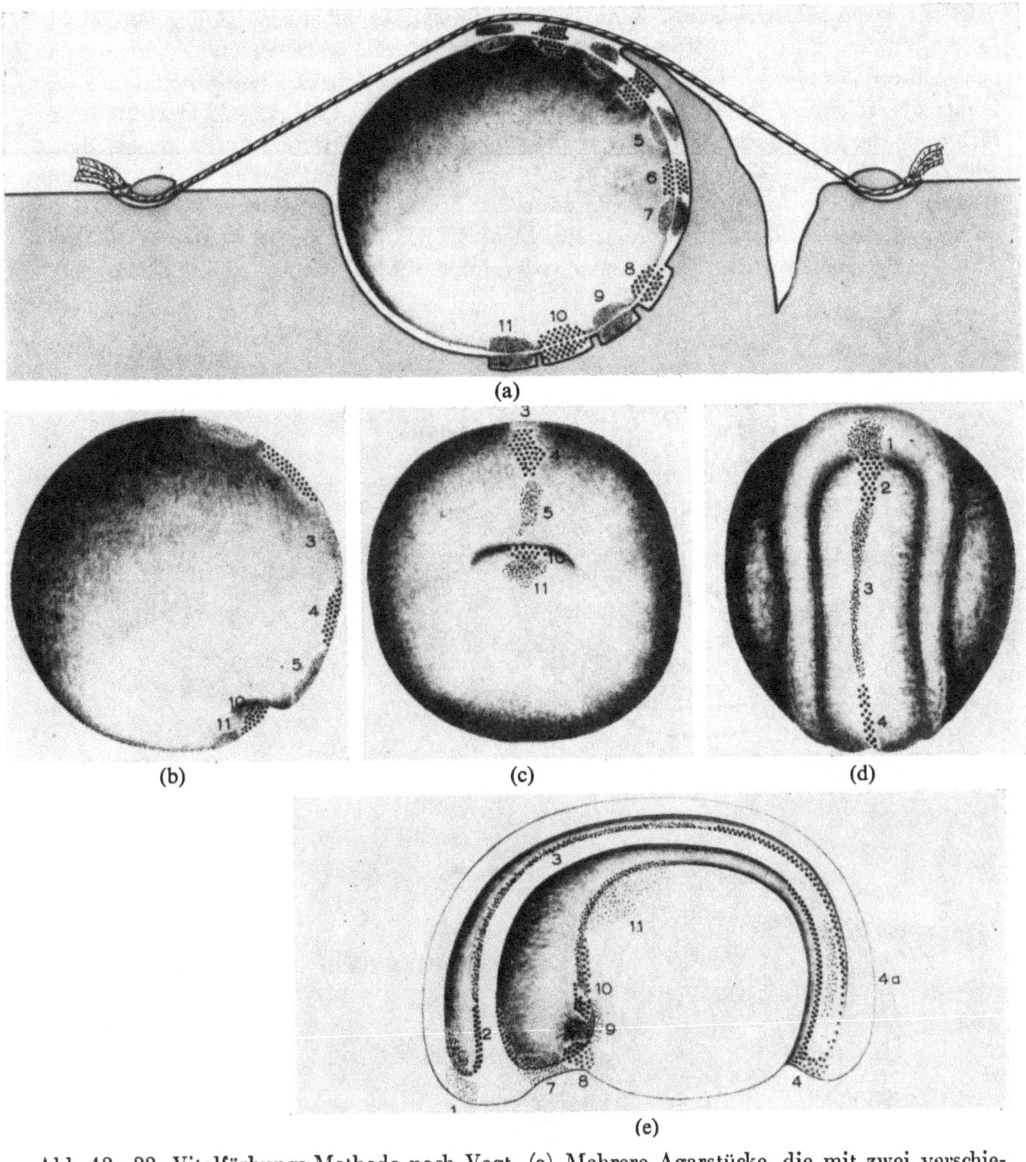

Abb. 12—22. Vitalfärbungs-Methode nach Vogt. (a) Mehrere Agarstücke, die mit zwei verschiedenen Farbstoffen durchtränkt worden sind, drücken Farbflecken auf die Oberfläche eines Molchembryos (die gefärbten Zonen sind von 1—11 beziffert). (b—e) Die Lagen der Zahlen zeigen die Wanderungen der gefärbten Zonen an, die bis in das Schwanzknospen-Stadium verfolgt werden. (Nach Vogt, 1925, 1929. Mit Erlaubnis von L. Saxén und S. Toivonen: Primary Embryonic Induction. Logos Press, London 1962.)

logen W. Vogt und dessen Schule sind diese Zonen bei den Amphibienembryonen genau kartiert worden. Früher hatte man die Embryonalentwicklung ausschließlich anhand von Serienschnitten durch fixierte jüngere und ältere Embryonen studiert. Als dann

Vogt als erster damit begann, seine Untersuchungen an lebenden Embryonen auszuführen, mußten die Embryologen ihre alten Vorstellungen verlassen und erkennen, daß das Studium der lebenden Zellen und Gewebe viel wertvollere Ergebnisse lieferte als dasjenige der fixierten Präparate. Vogts Methode ist in der Abb. 12—22 dargestellt. Er färbte kleine Agar-Stücke mit zwei verschiedenen Farbstoffen und befestigte sie dann, wie es in Abb. 12—22 dargestellt ist, in einer Grube; darauf preßte er eine lebende Blastula gegen die Agar-Stücke. Wenn dann der Embryo aus der Grube entfernt wurde, enthielt seine Oberfläche mehrere unterschiedlich gefärbte Flecken, deren Wanderung während der weiteren Entwicklungsstadien verfolgt werden konnte (Abb. 12—23).

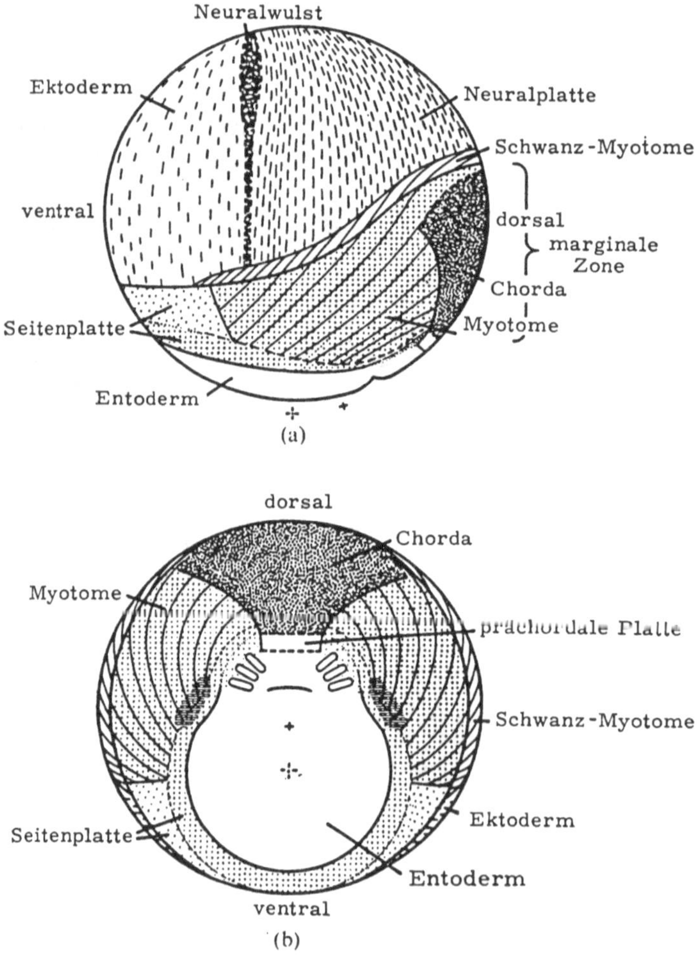

Abb. 12—23. Ein Anlageplan, der mit Hilfe der Vitalfärbungs-Methode hergestellt worden ist. (a) Die linke Seite eines Molchembryos, auf der die verschiedenen präsumptiven Zonen eingezeichnet sind. (b) Der Anlageplan des Molchembryos vom vegetativen Pol her gesehen. (Nach Vogt, 1925, 1929. Mit Erlaubnis von L. Saxén und S. Toivonen: Primary Embryonic Induction. Logos Press, London 1962.)

Vogt zeigte mit Hilfe dieser Farbmarkierungen, daß der untere Teil des Embryos das *Entoderm* enthält, das später den Darm mit dessen Anhängen bildet; aus der ganzen oberen Halbkugel entsteht hingegen das Ektoderm, das sich in das Nervensystem und in die Epidermis mit ihren abgeleiteten Strukturen (Hörblase und Nasenanlage) entwickelt. Dazwischen liegt ein breiter Gürtel, aus dem die mesodermalen Strukturen entstehen. Dabei bildet das Gewebe, das unmittelbar über der *dorsalen* Urmundlippe liegt, die Chorda, während aus den zwei seitlich darunter liegenden Zonen die Muskelsegmente (Somiten) gebildet werden. Die schematischen Darstellungen der Abb. 12—23 sind ursprünglich als *präsumptive* Anlagepläne bezeichnet worden; andere Namen dafür sind prospektive- oder Schicksalskarten. Die Hauptergebnisse von Vogt sind trotz vieler derartiger Untersuchungen in ihren großen Zügen unverändert gültig geblieben.

Wir haben die wichtigen Wanderungen der Gewebe, die bei der Amphibien-Blastula die Urmundgrube umgeben, schon besprochen und in Abb. 12—15 dargestellt. In dieser Zone tritt der Zusammenhang zwischen dem Anlageplan und den Gastrulationsbewegungen besonders deutlich hervor. Die Gewebe fließen dabei, wie etwa das Wasser eines seichten Flusses in eine Felsspalte fließt, um einen unterirdischen Strom zu bilden, von der Oberfläche der Blastula-Hohlkugel in deren Innenraum. Zu Beginn dieser Bewegungen ist der Urmund vom hellen Ektoderm umgeben; in einem späteren Stadium wandern die Gewebe der animalen Zone nach unten in den Urmund hinein, so daß dieser jetzt vom dunkleren Material der animalen Halbkugel umgeben ist.

Die Gastrulationsbewegungen können auch mit Hilfe von Kohlepartikeln statt von Vitalfarbstoffen verfolgt werden. Waddington, Pasteels, Spratt und andere Forscher haben mit dieser Methode die Anlagepläne der Hühnerembryonen hergestellt (Abb.

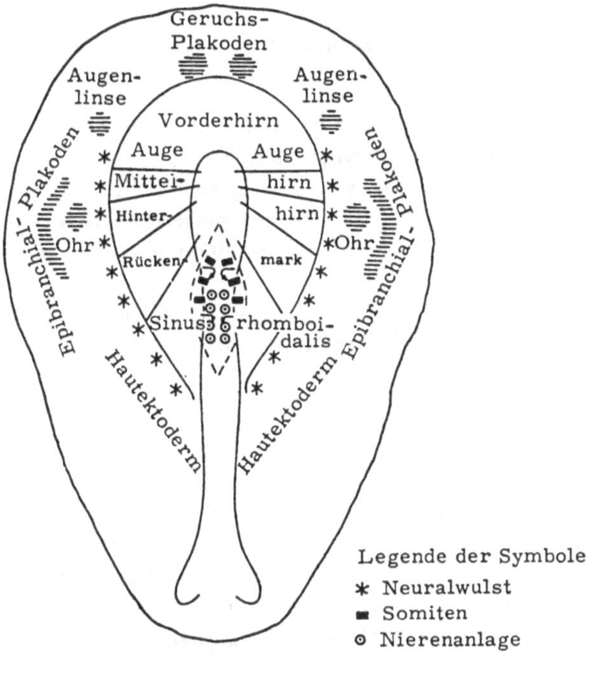

Abb. 12—24. Der Anlageplan der äußeren Schicht des Hühnerembryos im Primitivstreifen-Stadium. (Nach D. Rudnick. Mit Erlaubnis von B. M. Patten: Early Embryology of the Chick. McGraw-Hill, New York 1951.)

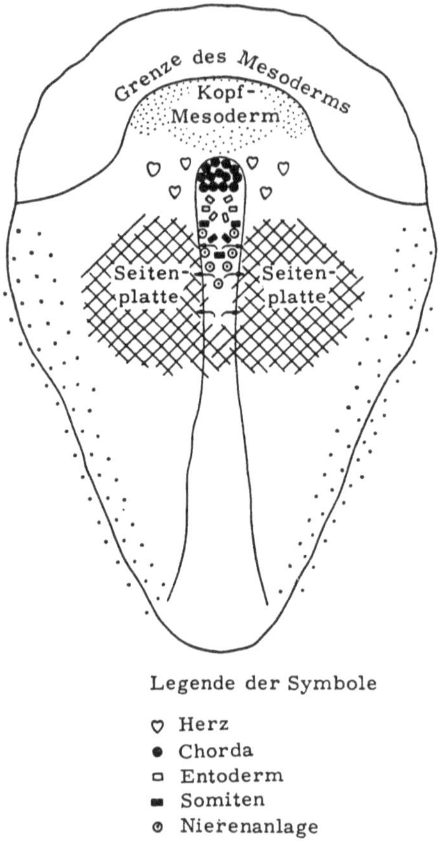

Abb. 12—25. Anlageplan der während des Primitivstreifen-Stadiums des Hühnerembryos nach unten gewanderten Gewebeschichten. (Nach D. Rudnick. Mit Erlaubnis von B. M. Patten, Early Embryology of the Chick. McGraw-Hill, New York 1951.)

12—24 und Abb. 12—25). Wir haben die Gastrulationsbewegungen der oberen Schichten des Hühnerembryos schon in den Abbildungen 12—19 c und 12—19 d dargestellt. Der Anlageplan der Abb. 12—24 entspricht dabei der Schicht A (Abb. 12—19), während derjenige der Abb. 12—25 den eingewanderten Schichten auf der Höhe von B (Abb. 12—19) entspricht. Diese Anlagepläne enthalten die Gewebezonen des Embryos, dessen Primitivstreifen sich schon verlängert und wieder zurückgezogen hat. Aus der oberen Schicht wird sich das Nervengewebe und das Ektoderm entwickeln, während die untere Schicht Chorda, Muskelsegmente und andere Organe bilden wird.

12.6. Experimentelle Embryologie

Seit dem Zeitpunkt, in dem die Anlagepläne bekannt wurden, haben die experimentierenden Embryologen oft versucht, den natürlichen Entwicklungsverlauf zu verändern; z. B. untersuchten sie, ob sich das präsumptive Ektodermgewebe in Nervengewebe umwandeln ließ. Wir können in diesem Buch aber nur wenige dieser Experimente beschreiben. Eines der einfachsten ist in Abb. 12—26 dargestellt. Dabei wird ein Amphibienembryo in eine Lösung gelegt, deren Salzkonzentration höher als die physiologische

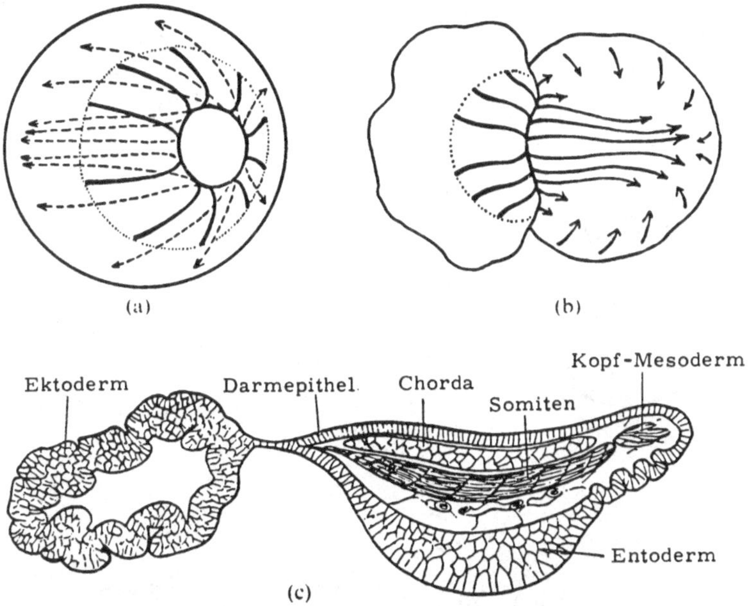

Abb. 12—26. Die Wirkung eines hypertonischen Mediums auf den Gastrulations-Vorgang. (a) Normale Gastrulation; (b) Exogastrulation; (c) Gewebe-Differenzierungen in einer Exogastrula. [Nach J. Holtfreter und V. Hamburger. Mit Erlaubnis von B. H. Willier, P. A. Weiss und V. Hamburger (Verl.): Analysis of Development. W. B. Saunders Co., Philadelphia 1955.]

Salzkonzentration ist. In einer derartigen Umgebung kann die Gastrulation nicht normal verlaufen, da sich die Blastula, wahrscheinlich durch die hohen Salzkonzentrationen, zu stark kontrahiert. Da die Gastrulationsbewegungen aber trotzdem stattfinden, wird das Ektoderm jetzt nach außen verdrängt, wo es eine hohle Masse bildet (Abb. 12—26). Durch dieses einfache Experiment verändert man einzig die Lagebeziehungen des Ektoderms, des Entoderms und des Mesoderms, wobei sich kein Nervengewebe ausbildet. Weitreichende Veränderungen können hingegen durch Transplantationsexperimente hervorgerufen werden.

Auf diesem Gebiet sind die grundlegenden Arbeiten von Spemann und seiner Schule an Amphibienembryonen durchgeführt worden (Abb. 12—27 a). Spemann schnitt zum Beispiel aus einer jungen Molch-Gastrula ein Stück präsumptiven *Neuralplatten*gewebes heraus, um dieses in einen zweiten, gleichaltrigen Embryo wieder einzupflanzen. Der Wirtsembryo entwickelte sich zu einer normalen Larve, da das eingepflanzte Stück des präsumptiven Neuralplattengewebes seiner neuen Umgebung gemäß Ektoderm gebildet hatte. Dieses Experiment zeigte deutlich, daß sich das transplantierte zukünftige Neuralplattengewebe noch verändern konnte, da offensichtlich in diesem Stadium das Schicksal der Zellen noch nicht unwiderruflich festgelegt war und sie sich deshalb nicht nur in Nerven-, sondern auch in andere Gewebezellen differenzieren konnten; derartige Zellen nennt man pluripotent.

Stammt aber das Stück zukünftigen Neuralplattengewebes nicht aus einer jungen, sondern aus einer älteren Gastrula, so entwickelt es sich *nicht* seiner neuen Umgebung gemäß. Es bildet statt dessen im Neurulastadium eine zweite Neuralplatte aus (Abb. 12—27 b), d. h. seine Entwicklung ist bereits fest determiniert. Diese allmähliche Abnahme des Pluripotenz-Grades eines bestimmten Gewebes während der Entwicklung eines Embryos ist eine ganz allgemeine Eigenschaft der embryonalen Gewebe.

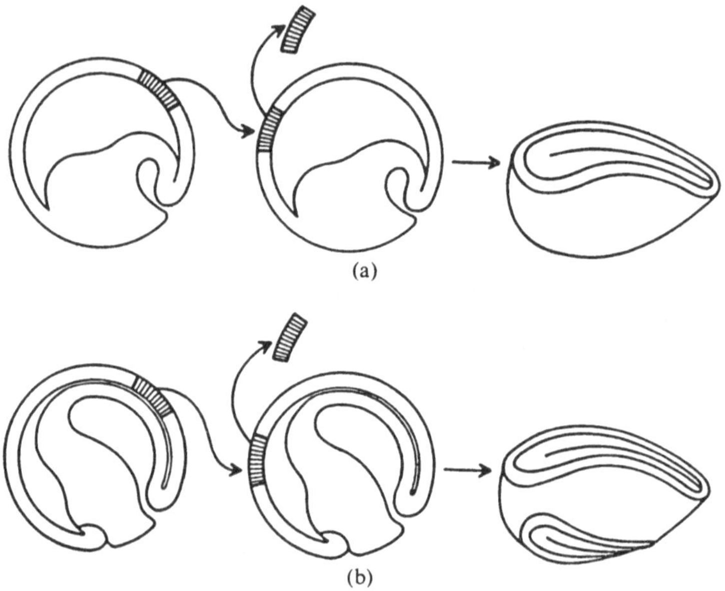

Abb. 12—27. (a) Ein Stück präsumptiven Neuralplattengewebes wird aus einer frühen Gastrula herausgeschnitten und in die Bauchseite eines zweiten, gleichaltrigen Embryos eingepflanzt; es findet keine Induktion statt, und das präsumptive Neutralplatten-Stück entwickelt sich seiner neuen Umgebung gemäß. (b) Das gleiche Experiment wie bei (a), bei dem aber das Neuralplatten-Stück aus einer späten Gastrula stammt. In diesem Fall entwickelt sich das Gewebe seiner Herkunft gemäß zu einer Neuralplatte. (Aus L. Saxén und S. Toivonen: Primary Embryonic Induction. Logos Press, London 1962.)

Wir fragen uns jetzt, bis zu welchem Ausmaß bei den verschiedenen Arten die Zellen der unterschiedlichen Entwicklungsstadien pluripotent bleiben. Die einfachsten Experimente, die eine Antwort auf diese Frage geben können, bestehen darin, die Zellen des Embryos in seinen unterschiedlichen Entwicklungsstadien voneinander zu trennen. Derartige Experimente sind von Driesch an Seeigelembryonen ausgeführt worden. Die Zellen dieser Embryonen lassen sich verhältnismäßig leicht in einem Calciumfreien Medium voneinander trennen, da die Calcium-Ionen für das Aneinanderhaften der Zellen mit verantwortlich sind. Werden die Zellen in den 2-Zell- und 4-Zell-Stadien voneinander getrennt, so entwickelt sich jede von ihnen zu einer vollständigen, aber verkleinerten Larve (Abb. 12—28). Diese Größenabnahme weist darauf hin, daß der Seeigel während seiner Entwicklung wenig neue Substanzen bildet. Die embryonalen Zellen können sich aber nach ihrer Trennung immer noch in alle Zellarten des Seeigels entwickeln, da sie totipotent geblieben sind.

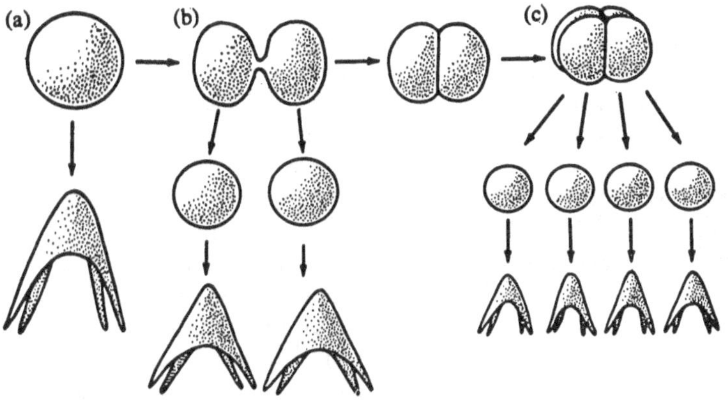

Abb. 12—28. Die Entwicklung einzelner Zellen, die in verschiedenen Embryonal-Stadien des Seeigels voneinander getrennt wurden. (a) Normale Entwicklung über das Zweizellen-Stadium. (b) Die Trennung der Zellen des Zweizell-Stadiums durch einen senkrechten Schnitt führt zur Entwicklung von zwei normalen Embryonen von halber Größe. (c) Die 4 getrennten Zellen des Vierzell-Stadiums entwickeln sich zu 4 normalen, aber nur ein Viertel großen Embryonen.

Die gleichen Ergebnisse zeigen sich auch, wenn ein älterer Seeigelembryo in einer senkrechten Ebene zerschnitten wird. Liegt die Schnittebene aber waagrecht, so entwickeln sich aus den einzelnen Teilen keine normalen Larven mehr. Dies hat Horstadius in einigen sorgfältig ausgeführten Experimenten gezeigt, in denen er einzelne, waagrecht liegende Zellschichten voneinander trennte. Im 32- und im 64-Zell-Stadium des Seeigels kann man fünf waagrechte Zonen voneinander unterscheiden; man nennt sie kurz animal 1, animal 2, vegetativ 2 und die Mikromeren (s. Abb. 12—12 e, f und g). Werden diese Zonen durch waagerecht liegende Schnitte voneinander getrennt und einzeln kultiviert, so entwickelt sich jede von ihnen zu einem besonderen Teil des Embryos. Diese einzelnen Teile verhalten sich aber, wenn sie nachträglich wieder zusammengesetzt werden, nicht genau additiv. Die animalen und vegetativen Eigenschaften sind in den verschiedenen Teilen unterschiedlich stark ausgeprägt, aber die zusammengefügten Teile suchen dann das normale Gleichgewicht wieder herzustellen, selbst wenn dieses in den einzelnen Teilen nicht ausgewogen ist (Lehmann). Die Art dieser eingebauten, ausgleichenden Faktoren kennt man noch nicht.

H. V. Wilson von der Universität von North Carolina befaßte sich schon 1907 mit dieser Frage, als er Schwämme durch ein feines Sieb preßte, wodurch diese in einzelne Zellen zerfielen. Er beobachtete anschließend das interessante Verhalten dieser einzelnen Zellen, die über die Oberfläche der Kulturschale wanderten, bis sie aufeinander stießen, um sich zu vielzelligen Verbänden zu vereinigen. Diese Zellverbände entwickelten sich zu vollständigen, neuen Schwämmen, die den für ihre Art kennzeichnenden Aufbau zeigten.

Bei den Wirbeltieren findet man zwar keinen Aufbau von ganzen Organismen aus einzelnen wiedervereinigten Zellen, aber die ausgewachsenen Amphibien besitzen eine sehr große Regenerationsfähigkeit; dabei wächst ein neues Gewebe aus einem organisierten Körperrest aus, der nach einer Verletzung übriggeblieben ist.

Wir wenden uns jetzt wieder der wichtigen Frage nach den Wechselwirkungen zwischen den Geweben während der Embryonalentwicklung oder der *embryonalen Induktion* zu. Abb. 12—29 a zeigt ein klassisches Experiment, das im Jahre 1921 Hilde Mangold, eine Schülerin Spemanns, ausgeführt hat. Sie transplantierte ein Gewebestück aus der oberen Urmundlippe einer jungen Amphibien-Gastrula in das Bauchgebiet einer zweiten, gleichaltrigen Gastrula. Das Ergebnis war sehr überraschend, denn im Bauch des Wirtes hatte sich eine zweite Neuralplatte gebildet! Das Experiment wurde dann später mit zwei unterschiedlichen Molcharten wiederholt, nämlich mit *Triturus cristatus*, der helle Eier besitzt, und mit *T. vulgaris*, dessen Eier dunkler sind. Dabei konnte man erkennen, daß nur ein kleiner Teil der zweiten Neuralplatte aus dem Gewebe des *Implantats* gebildet wurde, während der Hauptteil aus dem Wirtsgewebe bestand, das sich unter dem Einfluß des Implantats auf eine neue Weise differenziert hatte. Das Gewebe der Urmundlippe hatte folglich hier die Bildung des Neuralplattengewebes induziert (es ist ein Induktor der Neuralplatte). Auch bei der normalen Entwicklung ist dies der Fall, wo die Urmundlippe der Blastula während der Gastrulationsbewegungen unmittelbar unter die zukünftige Neuralplatte wandert.

Mehrere Jahre lang schien die Frage nach der embryonalen Induktion gelöst zu sein: man erklärte sie dadurch, daß ein bestimmtes Gewebe die spezifische Entwicklung eines zweiten Gewebes auslöst. Aber wie es in der Biologie oft geschieht, mußte diese einfache Erklärung auf Grund von neuen experimentellen Ergebnissen verlassen werden. Man hatte nämlich zehn Jahre später entdeckt, daß auch das tote Gewebe der Urmundlippe, das durch Zerquetschen, Einfrieren, Erhitzen oder durch die Behandlung mit Alkohol, Äther und Chloroform abgetötet worden war, noch als Induktor wirkte. Man hat seither erfolglos versucht, die Molekularstruktur der induzierenden Substanz aufzuklären.

Stammt das dorsale Urmundlippenstück, das in die Blastulahöhle eines Embryos eingepflanzt wird, aus einer älteren Gastrula, so induziert es im Wirt einen zweiten Rumpf und Schwanz (Abb. 12—29 b). Das dorsale Urmundlippenstück, das einer jungen Gastrula entnommen wurde, entwickelt hingegen im Wirt einen sekundären Kopf. Die Ergebnisse aus diesen zwei Versuchen unterscheiden sich insofern (s. Abb. 12—15 e und f), als die Urmundlippe im Stadium e aus dem Gewebe besteht, das im Urdarmdach in der Nähe des oberen Teils der Hohlkugel liegen wird, d. h. unter dem zukünftigen Nervengewebe, das sich später zum Kopfgewebe entwickeln wird. Im Stadium der Abb. 12—15 f besteht die Urmundlippe hingegen aus dem Gewebe, das im unteren Teil der Blastulakugel unter dem Schwanzgebiet der Neuralplatte liegen wird. Die Urmundlippe der Frühgastrula besteht folglich aus dem Kopfinduktor, während diejenige der Spätgastrula den Schwanzinduktor enthält.

Aus den Experimenten, die auch mit anderen Entwicklungsstadien und den verschiedenartigsten Geweben ausgeführt worden sind, geht hervor, daß ein bestimmtes Gewebe nur in einem eng begrenzten Stadium der Embryonalentwicklung durch ein anderes (seinen Induktor) induziert werden kann. Waddington hat den Zustand eines bestimmten embryonalen Gewebes, in dem es auf den Reiz seines Induktors reagieren kann, Kompetenz-Zustand genannt; z. B. ist das präsumptive Neuralplattengewebe in der jungen Blastula in einem reaktionsfähigen Zustand, während sein Schicksal in der Spätblastula als zukünftiges Nervengewebe festgelegt worden ist.

Man hat die Induktion des Neuralplattengewebes durch die dorsale Urmundlippe

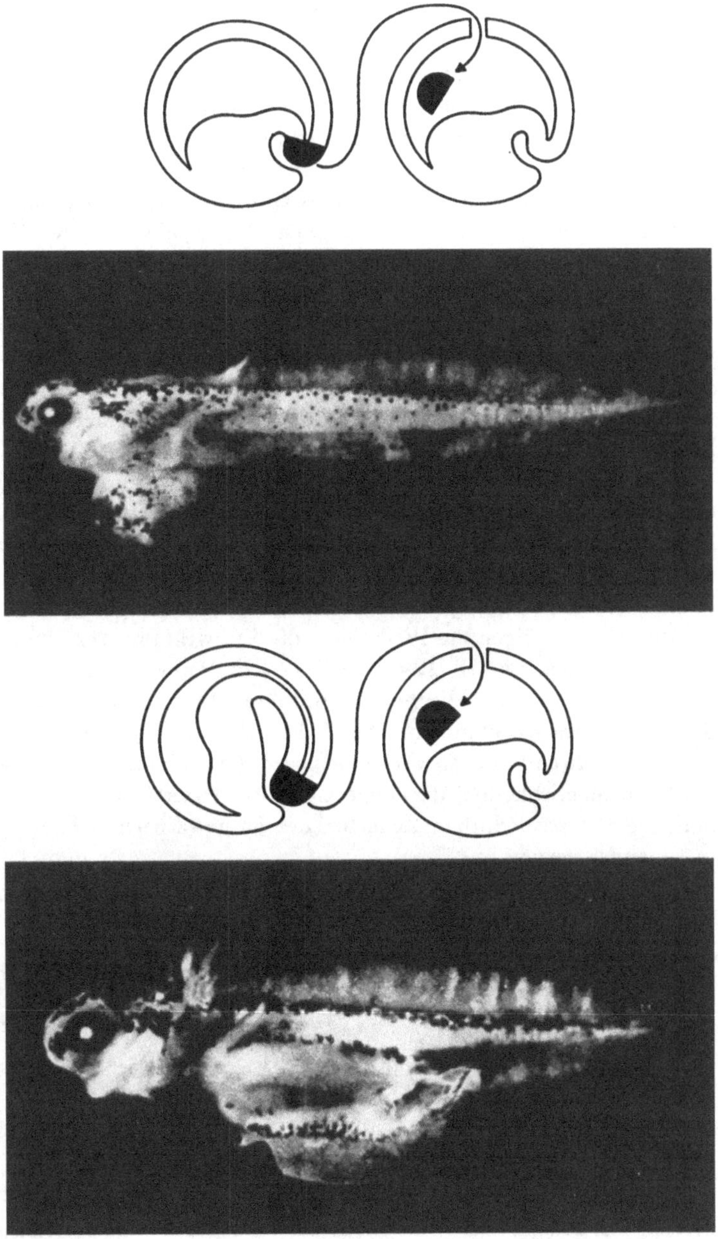

Abb. 12—29. (a) Implantiert man die obere Urmundlippe einer jungen Molch-Gastrula (Kopfinduktor) in einen zweiten, gleichaltrigen Embryo, so entsteht durch die Wechselwirkungen mit der Wirts-Neuralplatten-Zone ein sekundärer Kopf. (b) Durch die Implantation der oberen Urmundlippe einer Spät-Gastrula (Rumpfinduktor) werden in der jungen Gastrula ein sekundärer Rumpf und Schwanz induziert. (Aus L. Saxén und S. Toivonen, Primary Embryonic Induction. Logos Press, London 1962.)

die *primäre embryonale Induktion* genannt. Von diesem Vorgang hängt nämlich die ganze weitere Entwicklung des Embryos ab. Spemann zerschnitt beispielsweise die Molchembryonen auf die verschiedensten Arten, wobei die Entwicklung jedesmal dann normal verlief, wenn er die Urmundlippe unversehrt ließ. Auf diese allgemeine primäre Induktion folgen weitere Induktionen, worunter wir diejenigen des Kopf- und des Schwanzgebietes der Neuralplatte schon erwähnt haben. Diese sekundären Induktionen führen zu schrittweisen Veränderungen, durch die sich die verschiedenen Gewebe immer stärker spezialisieren.

Wir haben in diesem Embryologie-Kapitel vor allem die Bildung ganzer Gewebe, die Formgestaltung und die Gewebedifferenzierung beschrieben, während wir in den vorhergehenden Kapiteln die Eigenschaften der einzelnen Zellen in den Vordergrund gestellt hatten. Die Entwicklung eines Gewebes hängt aber natürlich auch mit der Differenzierung einzelner Zellen zusammen. Alle Zellkerne eines Embryos besitzen, da sie von der befruchteten Eizelle abstammen, den vollständigen, doppelten Chromosomensatz, der alle Gene enthält. Die ursprünglich totipotenten Zellen wandeln sich dann im Verlaufe der Entwicklung in Zellen um, deren Potenz eingeschränkt ist. Diese Einschränkung wird hauptsächlich durch die Kontrollmechanismen des Zellkerns bewirkt, durch die die Funktionen bestimmter Gene aktiviert oder unterdrückt werden. Wir werden die Zelldifferenzierung und die verschiedenen extrazellulären und intrazellulären Kontrollmechanismen in Kap. 13 besprechen.

In Abb. 12—30 sind einige der Wechselwirkungen dargestellt, durch die sich die Zellen der embryonalen Gewebe während der Entwicklung differenzieren. Die Embryonalentwicklung betrifft aber nicht nur die Zelldifferenzierung, sondern vor allem auch die Formgestaltung und die Organdifferenzierung. Diese allgemeineren Gesichtspunkte der Entwicklungslehre sind in den Embryologiebüchern eingehend beschrieben. In Abb. 12—30 zeigen die Pfeile nicht die Entwicklungswege an, die in den Anlageplänen der Abbildungen 12—23, 12—24 und 12—25 dargestellt sind, sondern sie geben ähnliche Wechselwirkungen an, die bei der primären Induktion zwischen der Urmundlippe und dem Ektoderm vorkommen. Die Zellen, die aus einer befruchteten Eizelle entstehen, verlieren während der Entwicklung durch die Differenzierung nach und nach bestimmte Reaktionsmöglichkeiten, da einige Gene inaktiviert und andere hingegen aktiviert werden; die unterschiedlichen Zellarten des ausgewachsenen Körpers gehen so schrittweise auseinander hervor.

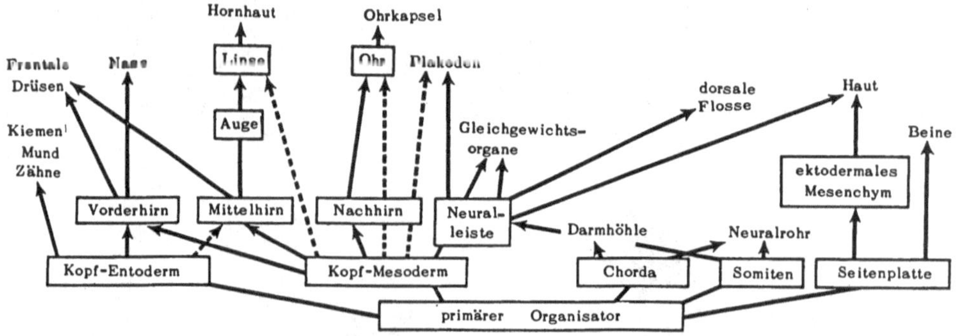

Abb. 12—30. Schematische Darstellung der sekundären Organisatoren des Molches. (Nach Holtfreter.)

Die Entwicklung der Pflanzen schließt die gleichen Grunderscheinungen wie diejenigen der Tiere ein. Abb. 1—7 stellt die Hauptstadien des Entwicklungsganges der Grünalge *Chlamydomonas* dar, die auch für viele andere einzellige und mehrzellige Pflanzen gelten, die im Wasser oder in einer feuchten Umgebung leben.

Viele dieser Pflanzen verbringen den größten Teil ihres Lebenszyklus im haploiden Zustand. Zum Beispiel wachsen die haploiden Generationen (die Gametophyten) der Bryophyten (Moose und Lebermoose) und der Pteridophyten (Farne und Schachtelhalme) gewöhnlich als unabhängige Pflanzen heran. Die Fortpflanzung kann bei diesen Pflanzengruppen ungeschlechtlich durch Knospung, oder geschlechtlich durch Verschmelzung von männlichen und weiblichen Gameten erfolgen, die in den Fortpflanzungsorganen (*Antheridien* und *Archegonien*) gebildet werden. Dabei werden die männlichen und die weiblichen Gameten entweder ausgeschüttet, so daß ihre Verschmelzung im Wasser stattfindet, oder der männliche Gamet schwimmt auf einer Wasserschicht, die den Thallus bedeckt, zum Archegonium, wo er die Oocyte befruchtet. Das Verschmelzungsprodukt oder die Zygote entwickelt sich dann zur *diploiden Generation* (*Sporophyt*), die bei vielen Pflanzenarten Chlorophyll enthält und völlig unabhängig vom Gametophyten lebt. Schließlich entstehen im Sporophyten durch die Reduktionsteilung die haploiden Sporen, die ausgeschüttet werden und sich nach der Keimung zu dem haploiden Gametophyten entwickeln.

Bei den meisten Pflanzen sehen der haploide Gametophyt und der diploide Sporophyt nicht gleich aus. Zum Beispiel ist die assimilierende Hauptpflanze des Lebermooses *Marchantia* der haploide Gametophyten-Thallus, während sich die Zygote zu einem Sporophyten entwickelt, der mit dem elterlichen Gametophyten verbunden bleibt und von diesem Nährstoffe bezieht. Im Gegensatz dazu ist bei den Farnen die grüne, kompliziert gebaute Pflanze der diploide Sporophyt, während der Gametophyten-Thallus recht klein und einfach gebaut ist.

Bei den Gymnospermen (Nadelhölzer) und den Angiospermen (Blütenpflanzen) findet man dagegen keine unabhängige haploide Generation mehr, da der Gametophyt dem Sporophyten vollständig untergeordnet ist. Die Gymnospermen bilden dabei zwei Arten von Sporen, nämlich die *Mikrosporen* und die *Makrosporen* aus, die sich nach der Keimung zu stark reduzierten männlichen und weiblichen Gametophyten entwickeln: Die Mikrosporen reifen zu den Pollenkörnern heran, die durch den Wind zur Oocyte getragen werden; der einzige Rest des weiblichen Gametophyten ist der Embryosack. Nach der Befruchtung entwickelt sich die Zygote innerhalb des weiblichen Gametophytengewebes, das jetzt das Endosperm (Nährstoffvorrat) bildet, zum Embryo.

Die Blütenpflanzen verdanken ihren Erfolg zum Teil der Entwicklung von empfindlichen Mechanismen, die die Befruchtung sicherstellen, sowie dem Schutz und der Verbreitung der befruchteten Eizellen durch die Samen und Früchte. Die Entwicklung der Angiospermen-Embryonen unterscheidet sich von derjenigen der Tiere durch folgende Hauptmerkmale:

1. Sie schließt verhältnismäßig wenige Zellbewegungen ein.

2. Die Zellen teilen sich sehr oft inäquat; als Beispiele sei die Teilung des Zygotenkerns angeführt, sowie die Teilung der Zelle, aus der eine Phloem- und ihre Begleitzelle entsteht.

Die interessanten Fragen der Embryonalentwicklung von Pflanzen können in den entsprechenden Fachmonographien eingehend studiert werden.

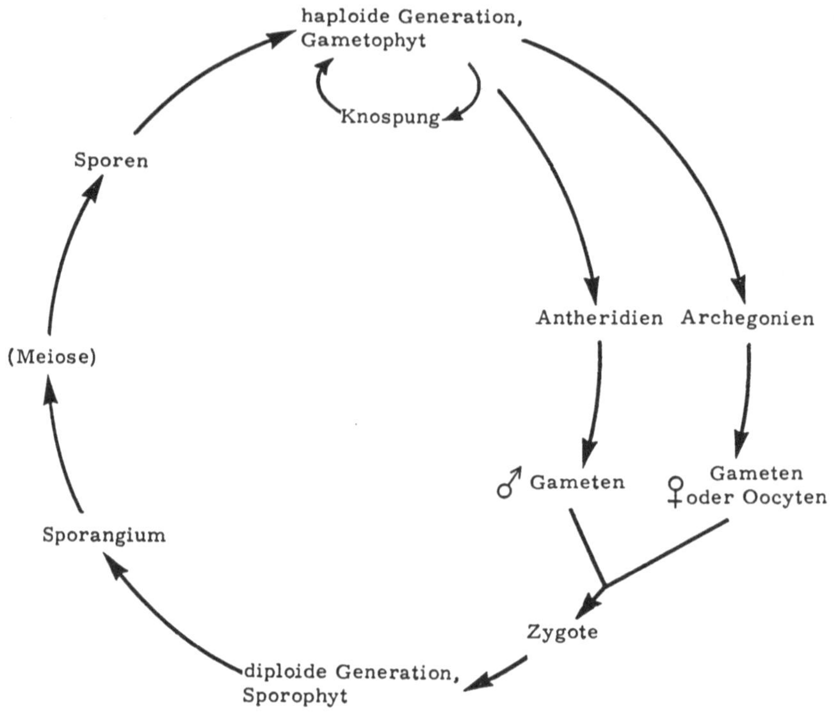

Abb. 12—31. Verallgemeinerter Lebenszyklus der Pflanzen.

Literatur

Danzer, A.: Fortpflanzung, Entwicklung, Entwicklungsphysiologie. Quelle u. Meyer, Heidelberg 1966.

Houillon, C.: Sexualität. F. Vieweg, Braunschweig 1969.

Mohr, H., u. P. Sitte: Molekulare Grundlagen der Entwicklung. BLV, München, Bern, Wien 1971.

Nitschmann: Entwicklung bei Mensch und Tier (Embryologie). Akademie-Verlag, Berlin 1973.

Olenov, J. M.: Zelluläre Vererbung, Differenzierung der Zellen und Kanzerogenese als Probleme der Evolutionsgenetik. Izd. Nauka, Leningrad 1967.

Seidel, F.: Entwicklungsphysiologie der Tiere. Bd. I., W. de Gruyter, Berlin 1972.

Stark, D.: Embryologie. Ein Lehrbuch auf allgemein biologischer Grundlage. G. Thieme, Stuttgart 1955.

13. Zelluläre Mechanismen bei der Entwicklung und Differenzierung

In Kap. 12 haben wir die frühembryonalen Entwicklungsstadien der Echinodermen, Amphibien und Vögel ganz allgemein beschrieben, ohne das Hauptgewicht auf das Verhalten der einzelnen Zellen gelegt zu haben. Die Zusammenhänge zwischen den Zellfunktionen und der Embryonalentwicklung werden, je weiter die Entwicklung nach der Befruchtung und den ersten Furchungsteilungen fortschreitet, immer komplizierter, wobei die Wechselwirkungen zwischen den Zellen sicher eine sehr wichtige Rolle spielen. Die Faktoren, die in den verschiedenen Stadien die Entwicklungsrichtung mitbestimmen, sind unter anderen die Kontakte, die sich zwischen den einzelnen Zellen oder zwischen den Zellen und Substraten (z. B. den interzellulären Substanzen) ausbilden, ferner die Zellbewegungen und die Übertragung der Informationen von einer Zelle zur anderen. Wir versuchen in diesem Kapitel, die Reaktionen der einzelnen Zellen zu deuten, durch die die Embryonalentwicklung in bestimmten Bahnen verläuft. Für eine vertiefte Betrachtung der allgemeinen Gesichtspunkte dieser Vorgänge verweisen wir wieder auf die ausgezeichneten Fachmonographien zu diesem Thema.

Wie werden in diesem Kapitel die folgenden vier Hauptpunkte berücksichtigen:
Funktionen des Zellkerns.
Funktionen des Cytoplasmas.
Wechselwirkungen zwischen Zellkern und Cytoplasma.
Wechselwirkungen zwischen einer Zelle und ihrer Umgebung.

Wir werden dabei auch kurz auf die Kontrollmechanismen eingehen, die in den verschiedenen Entwicklungsstadien wirksam sind.

13.1. Funktion des Zellkerns

Der Zellkern hat bei den Entwicklungs- und Differenzierungsvorgängen eine äußerst wichtige Aufgabe zu erfüllen. In den vielen unterschiedlich differenzierten Zellen (die Keimzellen ausgenommen), die einen vielzelligen Organismus aufbauen, bleibt der Genotyp, der in der Zygote durch die Verschmelzung der männlichen und weiblichen Keimzellen festgelegt wird, unverändert bestehen. Während der Entwicklung ändert sich nur die *Funktion* der Gene, so daß durch die Bildung von unterschiedlichen Zellarten und durch die Wechselwirkungen zwischen den Zellen die Gewebe und Organe entstehen, die ganz spezielle Funktionen ausführen können. Folglich stellen die unterschiedlichen Gewebe in einem Organismus verschiedene Aktivitätszustände des gleichen Genotyps dar, oder mit den Worten von Jacob und Monod ausgedrückt (1963): „Eine Differenzierung zeigt sich dann, wenn die Zellen des gleichen Genotyps unterschiedliche Proteine herstellen.“

Während der Entwicklung hängt die Aktivierung oder Reprimierung von verschiedenen Abschnitten des genetischen Materials ab (s. späteren Abschnitt dieses Kapitels), teilweise von den intrazellulären Wechselwirkungen zwischen dem Cytoplasma und dem

Kern und teilweise von den Reaktionen zwischen den einzelnen Zellen. Auch bestimmte Umwelt-Faktoren können auf die vollständig differenzierten Zellen einwirken; d. h. gewisse Abschnitte des genetischen Materials sind aktiviert, aber das Ausmaß dieser Aktivität hängt von Kontrollbotschaften aus der Umgebung ab.

13.2. Cytoplasmatische Faktoren

Ende des 19. Jahrhunderts betrachtete man das Cytoplasma einer Eizelle als eine einheitliche Masse, in der die Rohmaterialien für die Biosynthesen in einer unspezifischen Weise angeordnet waren. Später entdeckte man, daß im Gegensatz zu der früheren Annahme das Ei-Cytoplasma in unterschiedliche Zonen mit charakteristischen Eigenschaften unterteilt war. Zum Beispiel sind die Substanzen, die sich im Cytoplasma des Seeigeleies befinden, in mehreren Schichten angeordnet (Abb. 12—12); die weniger dichten Substanzen befinden sich dabei in dem oberen, die dichteren Granula in dem unteren Teil der Eizelle. Da die erste Furchungsteilung in einer senkrechten Ebene abläuft, werden die Cytoplasma-Substanzen gleichmäßig auf die zwei Furchungszellen aufgeteilt. Liegen bei den späteren Furchungsteilungen die Teilungsebenen waagrecht (z. B. bei der Bildung des 8-Zell-Stadiums), so enthalten die oberen (animalen) Zellen die weniger dichten Substanzen und die unteren (vegetativen) die dichten Granula (vgl. Abb. 12—12).

Einen extremen Fall der Auftrennung von Cytoplasma-Substanzen durch die Furchungsteilungen stellen die befruchteten Eizellen einiger Meeresschnecken und Muscheln dar. Abb. 13—1 zeigt die verschiedenen Stadien der ersten Furchungsteilung einer derartigen Eizelle. Dabei tritt zuerst in der Nähe des vegetativen Pols ein Teil des Cytoplasmas aus der Eimasse hervor, um den sog. Pollappen zu bilden. Bei der ersten Furchungsteilung wird dann der Pollappen einer der zwei Blastomeren zugeteilt, wo er später in diese zurückgezogen wird, um erst bei der nächstfolgenden Teilung wieder zu erscheinen. Schneidet man diesen Pollappen weg, so kann sich der Embryo nicht normal entwickeln, da seine Mesodermstrukturen fehlen. Folglich enthält der Pollappen die Substanzen, aus denen das Mesoderm gebildet wird. Derartige Eier, bei denen das Cytoplasma deutlich in unterschiedliche Zonen eingeteilt ist, die für die Entwicklung bestimmter Teile des Embryos unersetzlich sind, nennt man Mosaikeier.

Im Gegensatz dazu entsteht bei einem Amphibienembryo, den man im 2-Zell-Stadium durchschnürt (s. Spemanns Experiment in Abb. 12—2), aus jeder der zwei ge-

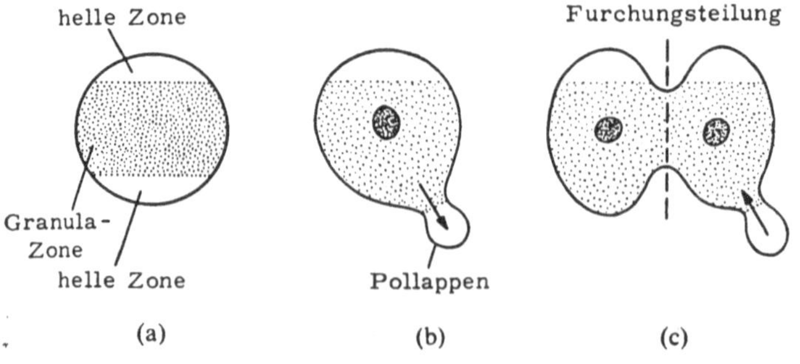

Abb. 13—1. Die Bildung des Pollappens während der ersten Entwicklungsstadien eines Mollusken. (a) Die befruchtete Eizelle besitzt eine Granula-Zone und zwei helle Pol-Zonen. (b) Die Ausbildung des Pollappens. (c) Die erste Furchungsteilung, bei der die helle Zone in die rechte Zelle zurückfließt.

trennten Zellen ein zwar verkleinerter, aber vollständiger Embryo. Die zwei Zellen müssen daher äquipotent sein. Derartige Eier, die sich trotz eines äußeren Eingriffs normal entwickeln, werden Regulationseier genannt.

Man kann aber zwischen den Mosaik- und den Regulationseiern keine scharfe Grenze ziehen. Durchschneidet man beispielsweise ein Seeigelei in der senkrechten Ebene, so entstehen daraus zwei äquipotente Zellen; liegt der Schnitt aber in der waagrechten Ebene, so entwickelt jede der beiden Zellen nur Teilstrukturen des ganzen Embryos (Abb. 13—2). In ähnlicher Weise entwickeln sich aus den zwei getrennten Hälften eines durchschnittenen Amphibieneies nur dann zwei normale Embryonen, wenn jede Hälfte einen Teil des grauen Halbmondes enthält. Der graue Halbmond ist die Zone, von der später die Bildung der Urmundlippen abhängt.

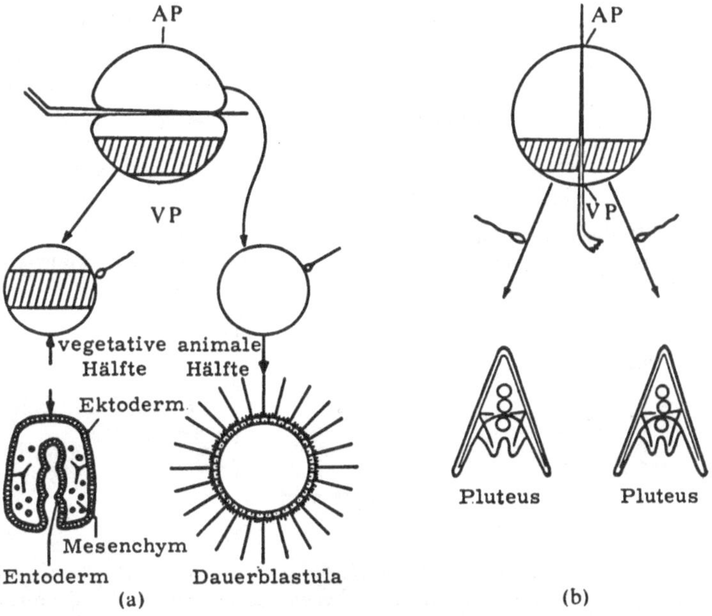

Abb. 13—2. Der Entwicklungsverlauf von halbierten Seeigeleiern. (a) Das Ei wird in der Äquator-Ebene durchgeschnitten und dann befruchtet. Aus der animalen Hälfte entsteht eine Blastula ohne Entoderm. Aus der vegetativen Hälfte entwickelt sich ein unvollständiger Embryo. (b) Das Ei wird longitudinal halbiert und dann befruchtet. Jede Hälfte entwickelt sich zu einem normalen Embryo von halber Größe. AP animaler Pol; VP vegetativer Pol. (Aus Embryology von L. G. Barth. Copyright © 1953 von Holt, Rinehart und Winston, Inc. Wiedergabe mit Erlaubnis von Holt, Rinehart und Winston, Inc., New York.)

Curtis transplantierte in einem seiner Experimente den grauen Halbmond aus einer Amphibien-Eizelle in eine zweite ungefurchte, befruchtete Eizelle, wodurch in der letzteren eine zweite Urmundlippe und schließlich ein ganzer Zwillings-Embryo entstand (Abb. 13—3). Weitere Experimente, bei denen die Embryonen am Anfang der Gastrulation auf verschiedene Arten entzweigeschnitten wurden, veranschaulichen ebenfalls die wichtige Funktion, die der graue Halbmond und die Urmundlippe für die spätere

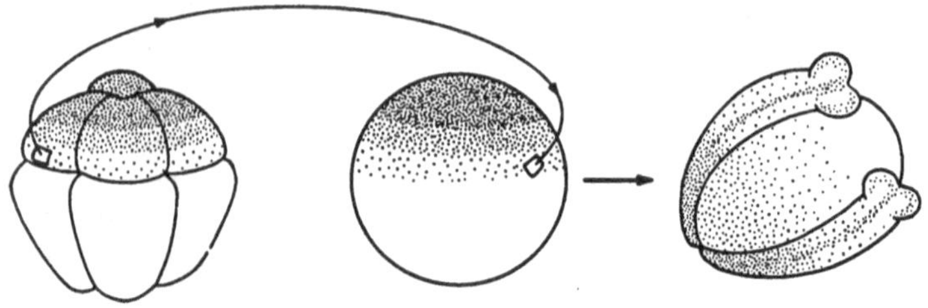

Abb. 13—3. Der graue Halbmond eines jungen Amphibien-Embryos (1- bis 8-Zell-Stadium) wird in eine ungefurchte, befruchtete Eizelle transplantiert. Es entsteht ein Zwillingsembryo. (Nach A. S. G. Curtis.)

Entwicklung der Embryonen haben (Abb. 13—4). Liegt der Schnitt derartig, daß die eine der beiden Hälften die ganze Urmundlippe enthält (wie bei (a) oder (b) der Abb. 13—4), so entwickelt sich nur aus dieser Hälfte ein vollständiger Embryo. Wird die Urmundlippe aber durch den Schnitt gleichmäßig auf beide Hälften aufgeteilt, so entsteht aus jedem Stück ein vollständiger Embryo.

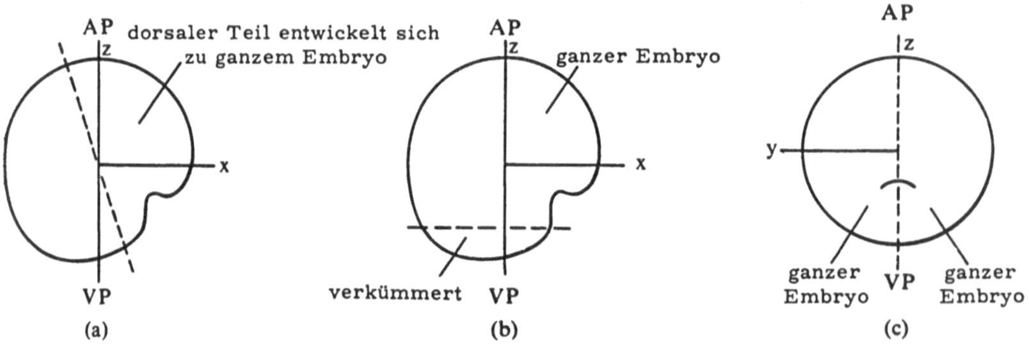

Abb. 13—4. Die weitere Entwicklung einer jungen Amphibien-Gastrula, die auf verschiedene Arten geteilt wurde. Die unterbrochenen Linien zeigen die Schnittlinien an. (a) Der Schnitt wird so geführt, daß ein Gastrula-Stück die ganze Urmundlippe enthält. Dieses Stück entwickelt sich normal, während der Rest verkümmert. (b) Bei einem waagerecht geführten Schnitt ist das Ergebnis ähnlich wie bei (a). (c) Ein senkrechter Schnitt, der mitten durch die Urmundlippe geht; in diesem Fall entwickeln sich zwei ganze Embryonen.

Bei der Embryonalentwicklung einer bestimmten Rippenquallenart hat die Rindenschicht oder das Plasma-Gel des Ei-Cytoplasmas, die unmittelbar unter der Plasmamembran liegt, eine sehr wichtige Funktion. Abb. 13—5 zeigt, daß diese Embryonen nach der vierten Furchungsteilung aus acht Makromeren und acht Mikromeren bestehen. Die Mikromeren entstehen dabei, wie direkte Beobachtungen gezeigt haben, aus den Substanzen der Plasma-Gelzone der befruchteten Eizellen. Zerschneidet man den Embryo im 16-Zell-Stadium in zwei ungleich große Teile, von denen der eine z. B. fünf und der andere nur drei Mikromeren enthält, so entwickelt sich jeder dieser Teile zu einer Larve, die so viele Reihen von Cilienplättchen enthält, wie ursprünglich Mikromeren

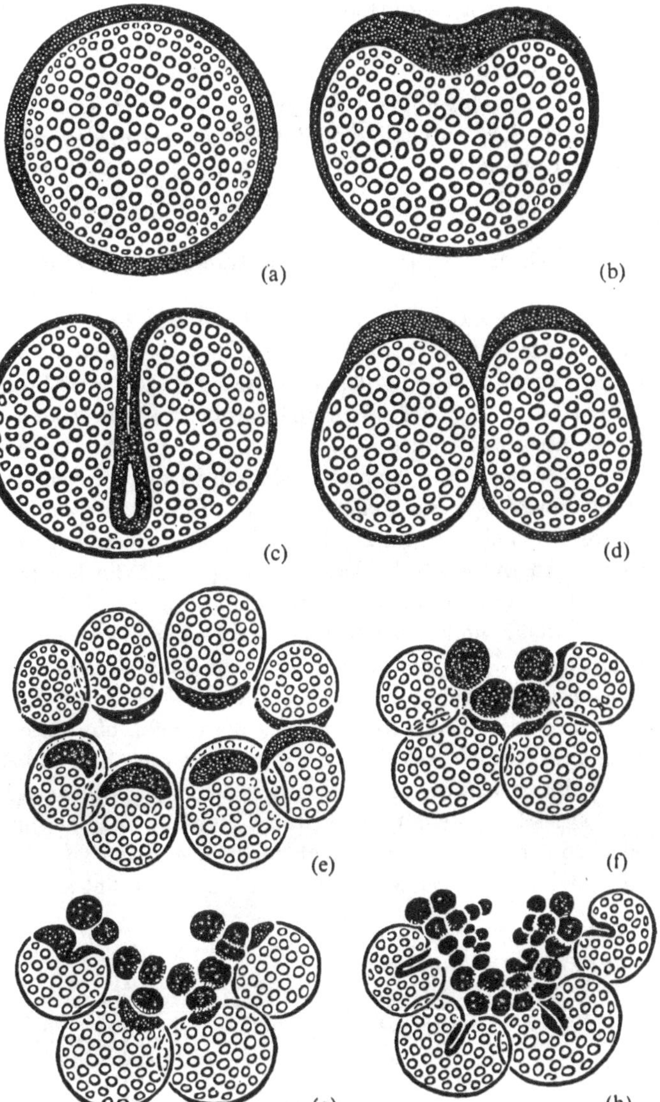

Abb. 13—5. Die Herkunft der Cilien-Plättchen bei der Rippenqualle *Beroë ovata*. (a—d) Die ersten Furchungteilungen. (e) Das 8-Zell-Stadium; in der Nähe des oberen Pols häuft sich die Mikromeren-Substanz an. (f) Ablösung der ersten Mikromeren (es ist nur der halbe Embryo dargestellt). (g—h) Trennt man den Embryo im 16-Zell-Stadium in zwei ungleiche Teile auf, so daß der eine fünf und der andere drei Mikromeren enthält, so entwickelt sich jeder Bruchteil zu einer Larve, die genau so viele Cilien-Plättchen besitzt, wie ursprünglich Mikromeren vorhanden waren. Folglich leiten sich alle Plättchen von den Mikromeren ab, die aus dem Plasma-Gel-Material stammen. (Aus Interacting Systems in Development von James D. Ebert. Copyright © 1965 von Holt, Rinehart und Winston, Inc. Wiedergabe mit Erlaubnis von Holt, Rinehart und Winston, Inc., New York.)

vorhanden waren. Die Mikromeren-Substanzen, die aus der Plasma-Gelzone der Eizelle hervorgegangen sind, sind demnach für die Bildung der Cilienplättchen-Strukturen verantwortlich.

Alle hier angeführten Beispiele zeigen sehr deutlich, daß für den normalen Entwicklungsverlauf auch die Anordnung der verschiedenen Cytoplasmafaktoren eine sehr wichtige Rolle spielt.

13.3. Wechselwirkungen zwischen Zellkern und Cytoplasma

Die Ergebnisse aus den Experimenten mit den zerteilten Embryonen (z. B. die Seeigel-Experimente; s. Abb. 13—2) zeigen, daß die Kerne der ersten Furchungszellen bei gleichmäßiger Verteilung der spezifischen Cytoplasma-Bestandteile die Fähigkeit beibehalten, sich wie der ursprüngliche befruchtete Eikern zu einem ausgewachsenen Organismus zu entwickeln.

Spemann führte dann erstmalig ein wichtiges Experiment durch, das dieses Verhalten der Furchungskerne weiter bestätigte. Er schnürte ein Molchei entlang der ersten Teilungsfurche so ein, daß im 2-Zell-Stadium beide Kerne zusammen in einer der Furchungszellen lagen (Abb. 13—6). Die kernhaltige und die kernlose Hälfte standen nur durch eine schmale Cytoplasmabrücke miteinander in Verbindung. Die kernhaltige Hälfte fuhr dann fort, sich normal zu furchen, während der kernlose Teil unverändert blieb. Später (oft im 16-Zell-Stadium) wanderte schließlich doch ein Kern aus dem sich furchenden Teil über die schmale Cytoplasmabrücke in die kernlose Cytoplasma-Masse. Jetzt begann auch dieser Teil, sich normal zu entwickeln, obwohl er zeitlich oft weit hinter dem ersten zurückstand. Aus diesem Ergebnis konnte man schließen, daß die Kerne des 16-Zell-Stadiums dem ursprünglichen Eizellkern gleichwertig gebildet waren.

Driesch führte mit dem dritten Furchungsstadium von Frosch- und Seeigelembryonen ein interessantes Experiment durch. Die ersten zwei Furchungsebenen stehen senkrecht zueinander, wie wir in Kap. 12 erwähnt haben, während die dritte waagrecht

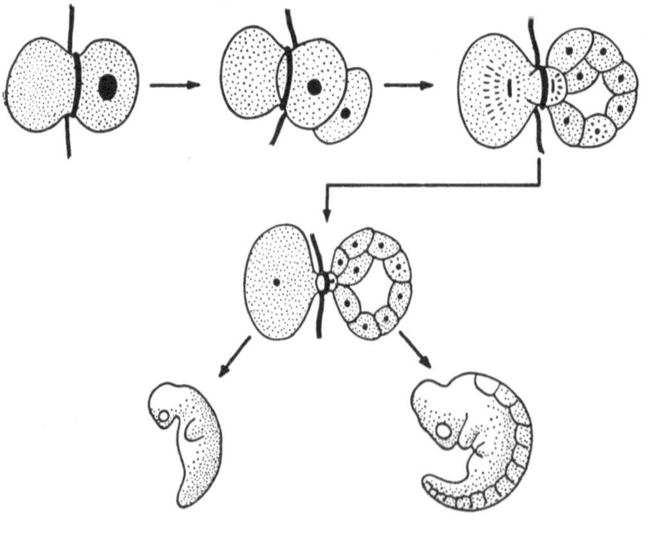

Abb. 13—6. Spemanns Experiment mit befruchteten Molcheiern. Das Ei wird im 2-Zell-Stadium entlang der Furchungsrinne eingeschnürt, so daß beide Kerne in der einen Furchungszelle liegen. Nach einer gewissen Zeit wandert ein Kern aus der wachsenden Hälfte durch die schmale Cytoplasmabrücke in den kernlosen Teil; jetzt beginnt sich auch dieser Teil normal zu entwickeln.

liegt. Drückt man jedoch einen Embryo nach der zweiten Furchungsteilung leicht zwischen zwei Glasplatten zusammen, so steht dessen dritte Furchungsebene ebenfalls senkrecht (Abb. 13—7). Wird darauf der Druck vermindert, so liegt die vierte Furchungsteilung in einer waagrechten Ebene. Dieser Druck bewirkt eine Umgruppierung der Kerne (und wahrscheinlich auch gewisse Verschiebungen im Cytoplasma), wodurch deren Lagen in Beziehung zueinander und zum Cytoplasma nicht mehr normal sind. Am Schluß entwickelt sich aber trotzdem ein normaler Embryo. Folglich haben in diesem Stadium noch keine Wechselwirkungen zwischen den Kernen und dem Cytoplasma stattgefunden, durch die die Kerne irreversibel verändert worden wären.

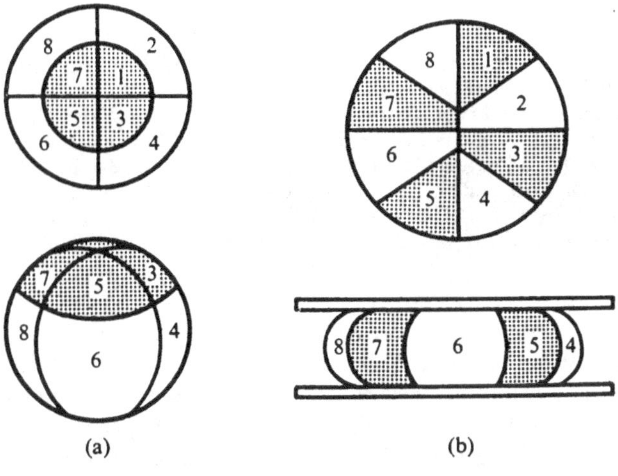

Abb. 13—7. Verschiebungen der Kerne, die durch das Zusammendrücken eines wachsenden Embryos bewirkt werden. (a) Die normale Entwicklung eines Embryos, der keinem Druck ausgesetzt ist. (b) Der Embryo wird zwischen zwei Glasplatten zusammengedrückt; dabei verschieben sich die Kerne (nicht dargestellt) in neue Cytoplasma-Zonen. (Aus J. S. Huxley und G. de Beer: The Elements of Experimental Embryology. Cambridge University Press, London 1934.)

Häufig wurde die Frage gestellt, wie und wann der Kern während der Embryonalentwicklung und der Differenzierung verändert wird und wie lange er in einer geeigneten Umgebung seine volle Entwicklungsfähigkeit beibehält. Briggs und King (1955) haben eine experimentelle Methode entwickelt, durch die diese Fragen zum Teil beantwortet werden konnten. Sie transplantierten die Kerne aus verschiedenen Embryonalstadien des Frosches in entkernte Eizellen; die schwierige Transplantations-Methode ist in Abb. 13—8 dargestellt. In diesen Experimenten konnten die Kerne, die aus den späten Blastulastadien oder aus jüngeren Embryonen stammten und unbeschädigt in die entkernten Eizellen transplantiert wurden, immer noch eine normale Entwicklung hervorrufen. Fischberg und Blackler erzielten mit der gleichen experimentellen Methode bei Krötenembryonen ähnliche Ergebnisse. Stammten die transplantierten Kerne aber aus älteren Embryonen, z. B. aus Ektodermzellen, so entwickelten sich nicht alle Kerntransplantate normal.

Gurdon und Uehlinger (1966) übertrugen sogar Kerne aus vollständig ausdifferenzierten Darmzellen von erwachsenen Fröschen in entkernte Eizellen. Ein kleiner Teil der Kerntransplantat-Embryonen entwickelte sich zu ausgewachsenen Fröschen, von denen einige sogar fortpflanzungsfähig waren. Dieses sehr wichtige Ergebnis zeigt, daß die während der Differenzierung erfolgte Aktivierung der einen und die Reprimierung

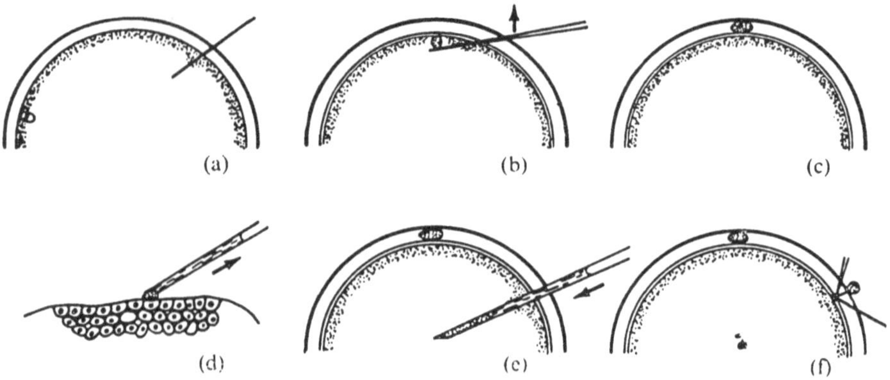

Abb. 13—8. Die Methode der Kern-Transplantation (*Rana pipiens*). (a—c) Eine Eizelle wird mit Hilfe einer sauberen Glasnadel erst aktiviert und darauf entkernt. (d) Die Spenderzelle, die aus einer unversehrten Blastula stammt, wird in eine Mikropipette aufgesogen. Da die Pipette kleiner als die Zelle ist, zerbricht diese beim Aufsaugen. (e) Der freie Kern der Spenderzelle wird jetzt in die entkernte Eizelle injiziert. (f) Beim Zurückziehen der Pipette ensteht ein dünner Kanal nach außen, der versiegelt werden muß, um ein Auslaufen von Substanzen zu verhindern. [Aus R. Briggs und T. J. King, in G. Butler (Verl.): Biological Specificity and Growth. Princeton University Press 1955. Wiedergabe mit Erlaubnis von Princeton University Press.]

der anderen Gene nicht zu einem irreversiblen Verlust der Reaktionsfähigkeit der Kerne führt; das Vermögen der Kerne, eine normale Entwicklung zu steuern (d. h. ihre Potenz) scheint aber während der Differenzierung abzunehmen. Einige Forscher schreiben diese Erscheinung allerdings den Schädigungen zu, die die Kerne während der Transplantation erleiden. Wahrscheinlich sind dabei die Kerne, die aus den älteren Zellen stammen, für derartige Schädigungen anfälliger.

Harris (1965) hat die Aktivierung von Genen beschrieben, die durch die Wechselwirkungen zwischen dem Kern eines ausgewachsenen, differenzierten Zelltyps und dem Cytoplasma einer von der ersten verschiedenen, ebenfalls ausgewachsenen Zelle hervor-

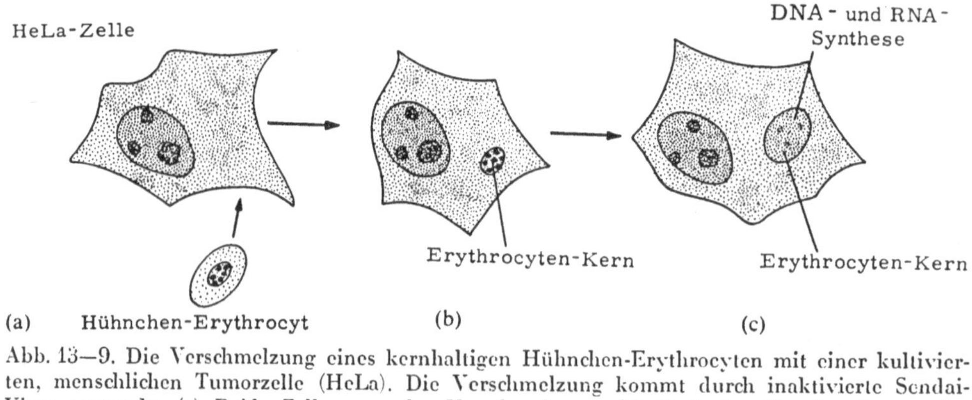

Abb. 13—9. Die Verschmelzung eines kernhaltigen Hühnchen-Erythrocyten mit einer kultivierten, menschlichen Tumorzelle (HeLa). Die Verschmelzung kommt durch inaktivierte Sendai-Viren zustande. (a) Beide Zellen vor der Verschmelzung. (b) Nach der Verschmelzung; der Erythrocyten-Kern ist noch stark kondensiert. (c) Später vergrößert sich der Erythrocyten-Kern und beginnt, DNA und RNA zu synthetisieren.

gerufen wurde. Mit Hilfe eines Virus gelang es ihm, zwei oder mehr verschiedene Zellarten zu einer Hybridzelle zu verschmelzen (Abb. 14—11). Eines seiner Systeme bestand aus menschlichen Tumorzellen (HeLa), die mit Hühnererythrocyten verschmolzen waren. Die Vogelerythrocyten besitzen, im Gegensatz zu den Erythrocyten der Säugetiere, noch einen Kern, der aber nicht mehr funktionsfähig ist. Nach der Verschmelzung mit der menschlichen Tumorzelle beginnt jedoch der Erythrocytenkern erneut, DNA und RNA herzustellen (Abb. 13—9). Zwischen dem Cytoplasma der menschlichen Zelle und dem Kern der Hühnchenzelle hat also eine Wechselwirkung stattgefunden, durch die die Gene des Erythrocytenkerns aktiviert worden sind.

13.4. Biochemische Veränderungen während der frühen Entwicklung

In diesem Abschnitt besprechen wir die wichtigeren biochemischen Veränderungen, die unmittelbar nach der Befruchtung in der Eizelle stattfinden, um dann in den folgenden Abschnitten auf die verschiedenen Kontrollmechanismen einzugehen, die die Entwicklung und Differenzierung überwachen. Die Menge und Art der Substanzen, die während der ersten Entwicklungsstadien neu gebildet werden, sind hauptsächlich bei den Amphibien und Seeigeln genau untersucht worden. Einige sehr wichtige Arbeiten auf diesem Gebiet stammen von Brachet und von Monroy.

DNA-Synthese. Wir haben in Kap. 3 den hochaktiven Zustand des Oocytenkerns und die Ausbildung der seitlichen Lampenbürstenchromosomen-Schleifen der Amphibien-Oocyten beschrieben. Während der Reifung der Oocyte wird in den meisten Fällen keine Kern-DNA synthetisiert; Amphibieneier inkorporieren aber immer noch kleine Mengen von Thymidin in ihr Cytoplasma.

Nach der Befruchtung setzt die Synthese der DNA sehr rasch ein. Beim Seeigelei beginnt die DNA-Synthese innerhalb von 15 Minuten nach dem Spermieneintritt; sie wird dabei sowohl im Kern der Eizelle als auch im Spermiumkern vor ihrer Fusion gebildet. Wahrscheinlich spielt sich in den Amphibieneiern der gleiche Vorgang ab. Während der Furchungsteilungen, bei denen die G_1-Phase der Mitose praktisch fehlt, dauert die ununterbrochene Bildung der DNA an. Dabei wird cytoplasmatische DNA nach und nach abgebaut und dient vermutlich als Vorstufen für Kern-DNA-Synthese. Abb. 13—10 zeigt, daß DNA auch während der Blastula- und der Gastrulastadien gebildet wird.

RNA-Synthese. In der wachsenden Oocyte werden große Mengen an RNA gebildet. Die Seeigel- und Amphibieneier stellen dabei hauptsächlich ribosomale RNA her, wodurch ein Ribosomen-Vorrat bereitgestellt wird, der nach der Befruchtung für die dann einsetzende Biosynthese der Proteine benötigt wird. Neben der ribosomalen RNA entstehen auch kleinere Mengen von Transfer-RNA und verhältnismäßig große Mengen von Messenger-RNA.

Die Synthese der RNA endet mit der Oocytenreifung, wenn die Kernmembran abgebaut wird und der Nucleolus verschwindet. Brachet hat gezeigt, daß die Seeigeleier kurz nach ihrer Befruchtung keine RNA bilden (im Gegensatz zu der sehr aktiven DNA-Synthese). RNA entsteht erst wieder von dem 2- oder 4-Zell-Stadium an (Abb. 13—10).

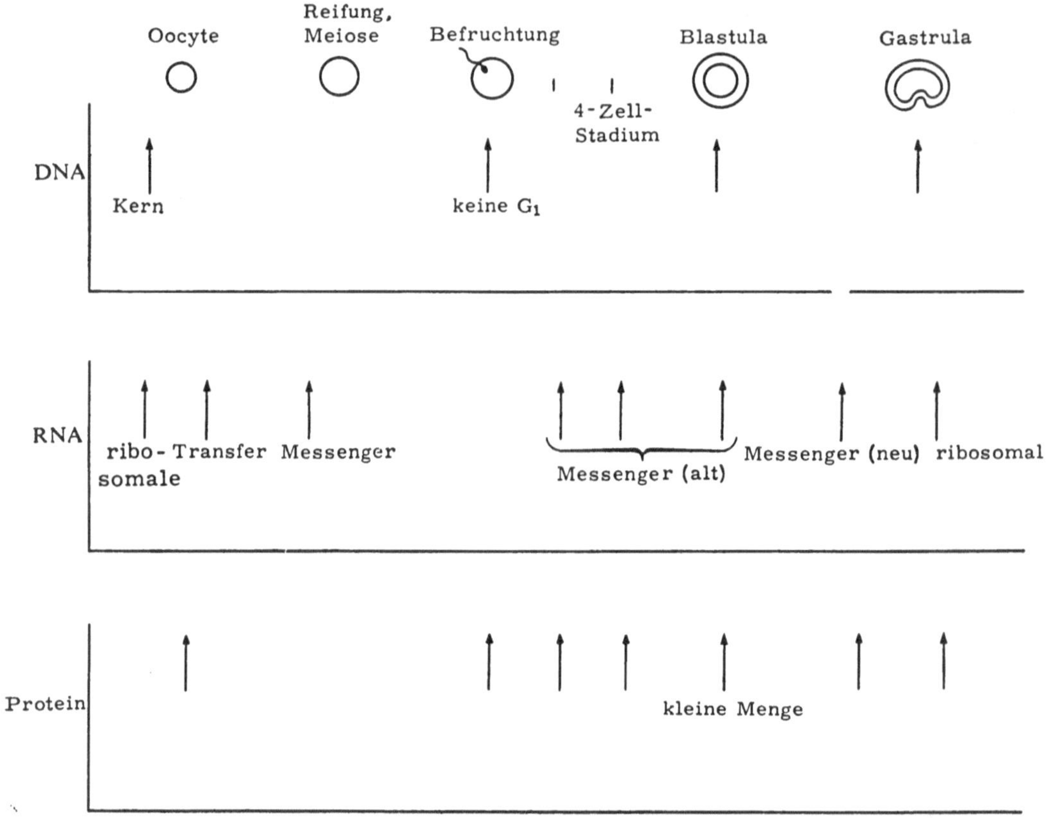

Abb. 13—10. DNA-, RNA- und Proteinsynthese während der Entwicklung eines Seeigels.

Whiteley, McCarthy und Whiteley (1966) gelang es, durch molekulare Hybridisierungsexperimente spezifische Messenger-RNA-Moleküle zu identifizieren. Sie fanden dabei bestimmte Arten von mRNA in allen Entwicklungsstadien, sowie in der befruchteten Eizelle. Diese Moleküle übertragen folglich diejenige Informationen aus der DNA, die für das Leben einer jeden Zelle unerläßlich sind. Diese Folgerung ist sinnvoll, da bestimmte Strukturen und Funktionen allen lebenden Zellen gemeinsam sind. Die Hybridisierungsexperimente zeigten zudem, daß gewisse mRNA-Moleküle nur während ganz bestimmter Entwicklungsstadien gebildet wurden; diese Beobachtung stimmt mit der Vorstellung überein, nach der zu verschiedenen Zeitpunkten der Entwicklung unterschiedliche Abschnitte des genetischen Materials aktiv sind. Glišin, Glišin und Doty (1966) führten ebenfalls derartige Hybridisierungsexperimente durch und fanden dabei, daß die mRNA, die während der Furchungsteilungen gebildet wurde, mit der ursprünglich in der unbefruchteten Eizelle vorhandenen übereinstimmte. Erst während der späten Blastula- und Gastrulastadien wurde ein Teil dieser mRNA durch neue Arten ersetzt. Wie man erwartet, haben Inhibitoren der RNA-Synthese auf die Furchungsteilungen keine hemmende Wirkung, sondern erst auf die Gastrulation.

Proteinsynthese. Die unbefruchteten Eizellen enthalten schon alle wichtigen Atmungs- und Hydrolyse-Enzyme. Monroy (1960) konnte bei den Seeigeleiern nach deren Reifeteilungen praktisch keine Synthese an Proteinen feststellen. Nach der Befruchtung nahm die Biosynthese der Proteine wieder stark zu (Abb. 13—10). Da aber während der ersten Furchungsstadien keine neue mRNA entsteht, wird die Bildung dieser ersten Proteine wahrscheinlich nicht durch die mRNA, sondern eher durch die Ribosomen (also auf der Translationsebene) kontrolliert.

Die Ribosomen, die in den unbefruchteten Eiern in großen Mengen vorhanden sind, werden bei Seeigeln und bei Amphibien im Oocytenstadium synthetisiert. Nach Monroy, Maggio und Rinaldi (1965) befinden sich die Ribosomen in Seeigeleiern in einem inaktiven Zustand, vermutlich durch die Kombination mit einem Proteinmolekül, da sie nach Trypsin-Behandlung aktiv werden. Nach der Befruchtung der Seeigeleier wird tatsächlich ein proteolytisches Enzym aktiviert, das unter anderem auch die Ribosomenfunktion herstellen könnte.

Die Furchungsteilungen der Seeigel- und Amphibieneier werden erwartungsgemäß durch Inhibitoren der Proteinsynthese unterdrückt. Ein wenig später entsteht dann auch keine neue DNA mehr, da wahrscheinlich die notwendigen Enzyme fehlen.

Bei den Seeigelembryonen nimmt bis zu den letzten Furchungsstadien die Bildung der Proteine ununterbrochen zu. Während des frühen Blastulastadiums entstehen wenige, aber später in der Zeitspanne bis zu der Gastrulation wieder sehr viele Proteine. Die Art der Proteine, die während der ersten Embryonalstadien gebildet werden, ist noch nicht genau bekannt. Wahrscheinlich sind es neben den Enzymen, die für die Bildung der DNA und der RNA notwendig sind, auch alle anderen Enzyme, die für den Grundstoffwechsel erforderlich sind (man hat beispielsweise die Atmungsenzyme nachweisen können). In den späteren Entwicklungsstadien stellen die spezialisierten Zellen überdies ihre spezifischen Proteine her. Beispiele hierfür sind die Erythroblasten, die Hämoglobin bilden, und die embryonalen Muskelzellen, in denen Actin und Myosin entstehen. Clayton konnte in den Blastulazellen des Molchembryos sechs unterschiedliche Arten von Antigenen nachweisen. In den späteren Stadien treten auch die gewebespezifischen Antigene auf.

Zusammensetzung der Membranen. Die Biochemie der Membranen der verschiedenen Embryonalstadien ist noch kaum bekannt. Dies ist den großen Schwierigkeiten zuzuschreiben, auf die man bei der Isolierung von reinen Membranfraktionen stößt (s. Kap. 8). Einige Ergebnisse weisen darauf hin, daß sich bei den Membranen des endoplasmatischen Reticulums während der Embryonalentwicklung sowohl die Lipid- als auch die Proteinbestandteile verändern (Palade und Mitarbeiter, 1966). Vermutlich kommen derartige Veränderungen bei allen Membranen der embryonalen Zellen vor.

Sauerstoffverbrauch. Die unbefruchteten Seeigeleier haben einen ungewöhnlich niedrigen Sauerstoffverbrauch, weshalb sie wahrscheinlich fast keine Energie erzeugen. Diese Erscheinung ist weniger im Vorhandensein eines Atmungshemmers, als vielmehr in einer begrenzten Menge von oxidierbaren Substanzen begründet. Nach der Befruchtung nimmt der Sauerstoffverbrauch sofort sehr stark zu. Der NADP-Gehalt der Eizelle vergrößert sich dabei innerhalb weniger Sekunden. Im Gegensatz dazu verändert sich bei den Froscheiern nach der Befruchtung der Sauerstoffverbrauch nicht. Er bleibt während der Furchungsteilungen, die auch ohne Sauerstoff ablaufen können, niedrig und nimmt erst später allmählich zu. Vom Gastrulastadium an ist aber auch bei den Amphibienembryonen der Sauerstoff unentbehrlich.

Man hat in den späteren Amphibien-Blastula- und Gastrulastadien die Glykogenverteilung gemessen. Dabei ist am animalen Pol ein größerer Glykogengehalt als am vegetativen festgestellt worden (Abb. 13—11). Eine derartige Verteilung des Glykogens ist auch in den Blastulastadien von mehreren anderen Arten beobachtet worden. Bei den Amphibien hat man den örtlichen Sauerstoffverbrauch dieser Embryonalstadien gemessen und ihn mit der Glykogenverteilung verglichen. Die Verteilung der Sauerstoffaufnahme entsprach dabei derjenigen des Glykogengehalts, so daß man hier auf eine oxidative Glykolyse schließen konnte. Sobald der Embryo mehr Sauerstoff verbraucht, nimmt auch die Menge der Atmungsenzyme, vor allem diejenige der Cytochromoxidasen, entsprechend zu.

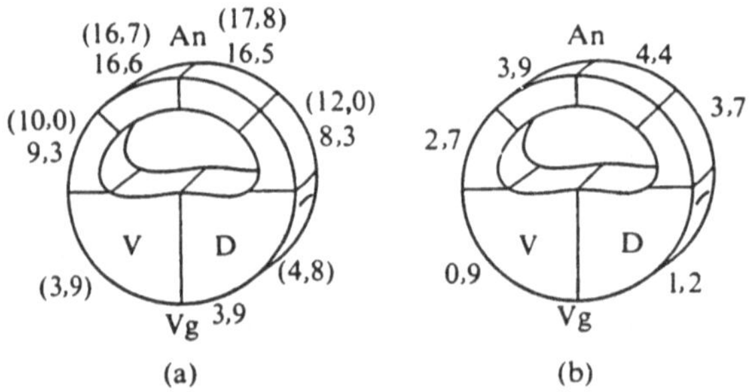

Abb. 13—11. (a) Die Verteilung des Glykogens in der jungen Gastrula und Blastula (eingeklammerte Zahlen). (Nach Heatley und Lindahl.) (b) Der Sauerstoff-Verbrauch in verschiedenen Zonen einer jungen Amphibien-Gastrula. (Nach Sze.) An animaler Pol; Vg vegetativer Pol; V ventrale Region; D dorsale Region.

13.5. Kern — Cytoplasma — Rückkopplung

Die Vorgänge der Zelldifferenzierung lassen sich mit den Begriffen der Genfunktion ziemlich einfach ausdrücken. Jede Zelle eines Lebewesens ist durch den Mitose-Vorgang letztlich aus der befruchteten Eizelle oder Zygote, die den vollständigen diploiden Chromosomensatz enthält, hervorgegangen. Aus diesem Grund besitzt jede Körperzelle eines ausgewachsenen Individuums ebenfalls den diploiden Chromosomensatz, der in den mitotischen Metaphasen beobachtet werden kann. Die genetische Substanz enthält viele tausend Gene, von denen aber in einer ausgewachsenen differenzierten Zelle, wie die molekularen Hybridisierungsexperimente gezeigt haben, zu einem bestimmten Zeitpunkt nur 5 bis 10% funktionstüchtig sind, und überdies sind in den unterschiedlichen Zellarten unterschiedliche Gene aktiv.

Bei der Differenzierung der Zellen spielen vor allem die Kontrollmechanismen, die zwischen dem Kern und dem Cytoplasma wirken, eine sehr wichtige Rolle. Wir haben in Kap. 3 die Experimente über die Genregulierung *in vitro* bei höheren Organismen von Bonner und Huang, Paul und anderen Forschern beschrieben; dabei hat es sich gezeigt, daß an der Genregulierung wahrscheinlich auch die Histone mit beteiligt sind, da die DNA, die bei der Bildung der RNA *in vitro* als Matrize wirkt, durch die Zufuhr von Histonen unwirksam gemacht werden kann. Johns hat dazu das Modell der Super-Helix vorgeschlagen, die sich nach der Ansicht von Wilkins und anderen Forschern zwischen der DNA und den Histonen ausbildet (Abb. 13—12). In Abb. 13—12 ist das Modell der DNA und des im richtigen Maßstab dazu gezeichneten RNA-Poly-

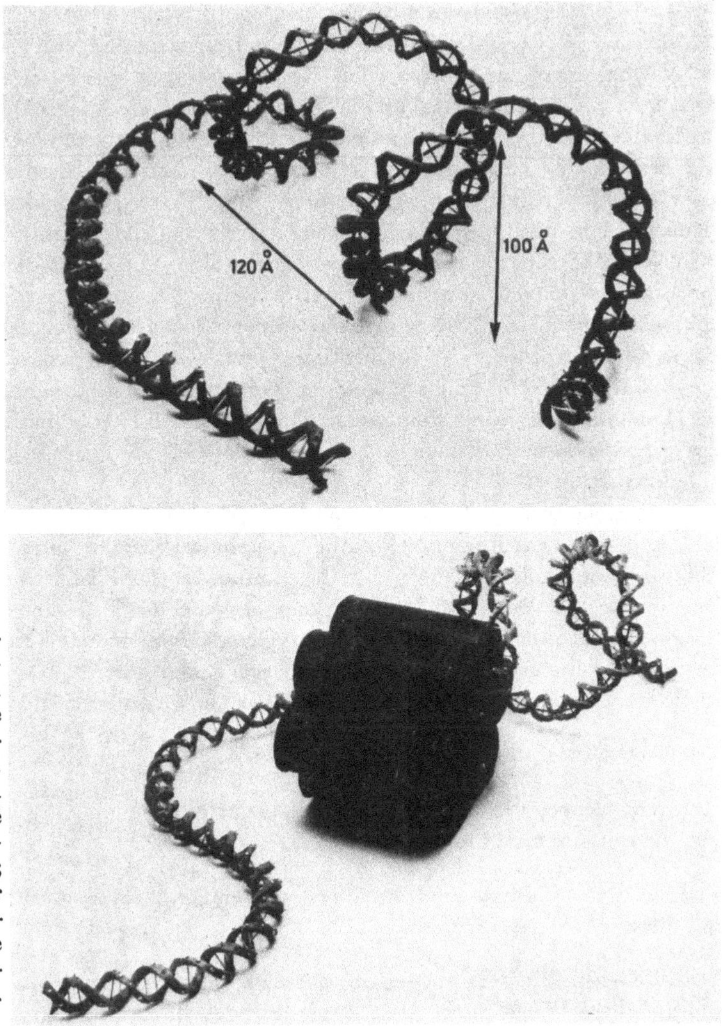

Abb. 13—12. *Oben.* Ein Modell der DNA-Doppelhelix und der angenäherten Abmessungen der „Super-Helix", die in Gegenwart von Histonen entstehen könnte. *Unten.* Modell der DNA und RNA-Polymerase im richtigen Größenverhältnis (1 mm = 1 Å); die Polymerase, die der DNA-Kette entlang wandert, wird durch die Super-Helix sterisch gehindert. (Aus E. W. Johns.)

merase-Enzyms dargestellt, das während der Bildung der RNA am DNA-Molekül entlang wandert. Aus diesem Modell geht deutlich hervor, daß das große Polymerase-Molekül aus räumlichen Gründen nicht der Super-Helix aus DNA und Histonen entlang wandern kann. Wenn sich die Histone mit den einzelnen Genen in einer spezifischen Weise verbänden, so müßten sehr viele unterschiedliche und hoch spezifische Histonmoleküle vorkommen. Die Zusammensetzung der Histone ist aber, wie wir in Kap. 3 schon erwähnt haben, bei den pflanzlichen und tierischen Zellen erstaunlich einheitlich; vermutlich verbinden sich deshalb die Histone in einer unspezifischen Weise mit den DNA-Molekülen, während die notwendige Spezifität durch die sauren Kernproteine hergestellt werden könnte.

Die biochemischen Reaktionen laufen in allen lebenden Zellen grundsätzlich in der gleichen Weise ab; wir können deshalb annehmen, daß diese Vorgänge in allen Zellen von ungefähr gleich vielen funktionsfähigen Genen gesteuert werden. Überraschenderweise enthalten aber die Säugetierzellen oft bis zu 1000mal mehr DNA als die Bakterienzellen. Dieser Unterschied ist viel zu groß, um allein durch die Bildung von besonderen Proteinen und anderen Substanzen (z. B. von Hämoglobin in den roten Blutkörperchen, von γ-Globulin in den Plasmazellen oder von Melanin in den Pigmentzellen) erklärt werden zu können. Britten und Waring zeigten 1964, daß die DNA von Mäusekernen nicht nur aus einer großen Anzahl verschiedener Gene in Einzelkopien (single copies) besteht, sondern daß etwa ein Drittel der DNA aus Familien aus sich wiederholenden DNA-Sequenzen (repeated DNA sequences) aufgebaut wird, die jeweils einige Hundert Nucleotide lang sind. Derartige, sich wiederholende DNA-Sequenzen sind auch in anderen höheren Organismen nachgewiesen worden, wobei aber die Häufigkeit der Wiederholungen (von 100- bis 1 000 000mal) und die Übereinstimmung der repetierten Sequenzen untereinander bei den verschiedenen Arten sehr unterschiedlich ist.

Man hat sich jetzt gefragt, wie das Vorkommen dieser repetierten Sequenzen mit der „ein Gen — ein Enzym"-Hypothese vereinbart werden kann. Nach Walkers Ansicht (1969) könnte bei den Mäusen eine bestimmte Art der sich wiederholenden DNA, nämlich die sog. ‚Satelliten'-DNA, die Erkennung und die Funktionen von einzelnen Chromosomen kontrollieren. Britten und Davidson (1969) nahmen weiter an, daß die repetierten DNA-Sequenzen der höheren Organismen die Hauptfaktoren sein könnten, durch die Gene an- und abgeschaltet würden. Sie postulierten das Vorkommen von:

‚*Producer*'-Genen, die die Proteine herstellen.

‚*Receptor*'-Genen, die die producer-Gene kontrollieren und aus DNA-Sequenzen bestehen, die mit ihnen verbunden sind.

‚*Activator*-RNA' (durch ein *Integrator*-Gen gebildet), die sterisch zum Rezeptorgen paßt und dieses aktiviert.

‚*Sensor*'-Genen, die sich mit einem Boten, z. B. mit einem Hormon, verbinden können und auf diese Weise durch die Aktivierung des Integrator-Gens (oder -Gene) den ganzen Vorgang induzieren.

Der Gedanke, der diesem System zugrunde liegt, stimmt deutlich mit der Theorie von Jacob und Monod über die Genkontrolle bei den Bakterien überein. Sollte diese Hypothese der Wirklichkeit entsprechen, so würde eine ganze Reihe von Metazoengenen nicht die Proteinbildung, sondern die koordinierte Kontrolle der Genfunktionen steuern. Diese Vorstellung ist deshalb sehr interessant, weil wir wissen, daß sich die Gene während der Organentwicklung gegenseitig beeinflussen müssen. Waddington zeigte 1940 am Beispiel der *Drosophila,* daß dort ungefähr 30—40 mutierte Gene Mißbildungen der Flügelstrktur hervorrufen. Da deshalb alle diese Gene auf die verschiedenen Stadien der Flügelbildung einwirken, müssen zwischen diesen Genen sicher kooperative Wechselwirkungen stattfinden. Auf dieser Stufe könnten aber nun die repetierten DNA-Sequenzen eine bestimmte, noch unbekannte Rolle spielen. Daneben ist die Vorstellung, daß an diesen Wechselwirkungen zwischen den Genen auch die Kern-RNA mit beteiligt sein könnte, ebenfalls interessant, da ein großer Teil der RNA nie in das Cytoplasma wandert, sondern im Kern zurückbleibt.

Alle Hypothesen über die Kontrolle der Genfunktionen in den Säugetierzellen schließen die Mitwirkung von bestimmten Cytoplasma-Bestandteilen ein. Es ist an dieser Stelle angebracht, die Kerntransplantate von Gurdon und die Zellhybride von Harris vom Gesichtspunkt der Kontrollmechanismen aus zu betrachten. In beiden Fällen wird ein zunächst nicht aktiver Kern in ein fremdes Cytoplasma übertragen, wo er dann rasch anschwillt und DNA zu bilden beginnt. Überdies regen ebenfalls in beiden Fällen gewisse Cytoplasma-Bestandteile die Bildung von RNA an. Diese Bestandteile haben sich aber in keinem der Experimente als artspezifisch erwiesen, was deshalb interessant ist, weil die Histone bei unterschiedlichen Arten ganz ähnlich zusammengesetzt und deshalb nicht spezifisch sind. Nach Gurdons Schlußfolgerungen (1968) zeigt der Kern, wenn er in das Cytoplasma einer artfremden Zelle übertragen wird, sehr schnell und in fast jeder Beziehung die kennzeichnende Kernaktivität der Wirtszelle. Auch Harris beobachtete bei seinen Experimenten, daß die Hühnererythrocytenkerne, die sich im Cytoplasma von Kaninchenmakrophagen (die normalerweise RNA, aber keine DNA bilden) befanden, keine DNA, sondern nur RNA herstellten. Da Transplantationen von Kernen in unbefruchtete Oocyten zu normalen Embryonen führten, nahm Gurdon an, daß die transplantierten Kerne durch das Cytoplasma eine „normale" Veränderung erfuhren, vergleichbar der in der Normalentwicklung.

Bell entdeckte 1969 im Cytoplasma von embryonalen Muskelzellen eine neue Gruppe von kurzkettigen DNA-Molekülen, die er Informations-DNA oder kurz I-DNA nannte, die Teilchen, in denen diese DNA vorkam, wurden als I-Somen bezeichnet. Bell vermutete, daß diese DNA-Stücke Abschnitte der Kern-DNA seien, die in das Cytoplasma übertragen wurden. Es war aber nicht bekannt, ob dieser Vorgang nur in den Zellen stattfand, die viele Kopien einer beschränkten Zahl von Proteinarten (in diesem Fall Muskelproteine) herstellten. Später ging aus den Experimenten von anderen Forschern hervor, daß diese cytoplasmatischen DNA-Stücke Artefakte sein könnten, die bei der Aufbrechung der Zellen aus dem Kern in das Cytoplasma gelangt sind.

Die verschiedenen intrazellulären Kontrollmechanismen müssen zeitlich sehr genau aufeinander abgestimmt sein, damit jeder im richtigen Stadium wirken kann. Zum Beispiel werden in der reifen unbefruchteten Eizelle fast keine Proteine gebildet, so daß sie sich in einer Art gleichbleibenden Zustandes befindet, da sie schon alle Bestandteile enthält, die in den ersten Entwicklungsstadien benötigt werden. Bell und McKintosh (1967) nahmen an, daß dabei die Bildung der Proteine zunächst durch die kontrollierte Einschränkung der Energiezufuhr gehemmt wird und später die Hemmung durch die Wirkung des Kohlendioxids andauern könnte, das mit Hilfe von Enzymen im Zellinnern gebildet wird. Die Energieeinschränkung würde dann bei der Befruchtung aufgehoben, wodurch die Proteine sehr rasch wieder gebildet werden könnten.

Birnstiel hat eine Mutante von *Xenopus* (Krallenfrosch) untersucht, die homozygot für das Fehlen des Nucleolus-Organisators ist. Die befruchtete Eizelle dieser Mutante entwickelte sich nur so weit, bis die Ribosomen, die schon in der reifen Eizelle vorhanden waren, nicht mehr genügten, um alle notwendigen Proteine herzustellen. Da der Embryo selbst keine neuen Ribosomen-Bestandteile bilden konnte, starb er in diesem Stadium ab.

Gustafson und Wolpert (1962) studierten mit Hilfe der Zeitrafferfilm-Methode die zellulären Mechanismen, die an der Formbildung der Seeigellarven beteiligt sind. Sie untersuchten dabei besonders die folgenden Grundvorgänge: Veränderung der Blastulawand-Dicke, Verlängerung der Blastula und Anheftung der Zellen an die Hyalinschicht. Bevor wir aber näher auf diese Arbeiten und die Deutung der Ergebnisse eingehen, müssen wir hier die Forschung über die Bewegungen und die Haftfähigkeit von Zellen der Gewebekulturen besprechen.

Abercrombie und Heaysman, sowie Abercrombie, Ambrose, Easty und Heaysman haben die Bewegungen von kultivierten Fibroblasten und Epithelzellen studiert und dabei in beiden Fällen beobachtet, daß die Bewegung einer einzelnen Zelle durch die Bewegungen von anderen gleichartigen Zellen kontrolliert wird. Dieser Vorgang ist in Abb. 13—13 schematisch dargestellt. Hier bewegt sich der obere Fibroblast zunächst nach unten (die Bewegungsrichtung kann an den Pseudopodien seiner Vorderseite erkannt werden). Sobald der obere Fibroblast den unteren berührt, bleiben die Membranen der beiden Zellen aneinander haften. Da sich beide Zellen immer noch unabhängig voneinander bewegen, können sie versuchen, in entgegengesetzte Richtungen zu kriechen, wodurch an der Haftstelle natürlich eine große Spannung entsteht. Gelegentlich brechen beide Zellen wieder auseinander und bewegen sich frei fort. Nimmt aber in der Kultur durch häufige Mitosen der Zellen deren Dichte zu, so vergrößert sich auch die Zahl der zufälligen Kontakte zwischen den Zellen. Durch diese Kontakte wird die Kultur stabilisiert, da die Bewegungen der einzelnen Zellen nicht mehr frei sind. Abercrombie hat diese Erscheinung als *Kontaktinhibition* der Bewegung bezeichnet. In ähnlicher Weise werden die Epithelzellen unter Kontrolle gehalten: bei ihnen bilden sich zunächst abgeflachte Zellschichten aus, in denen die einzelnen Zellen durch ununterbrochene Kontakte, die sich ihren Rändern entlang ausbilden, sehr eng aneinandergeheftet bleiben.

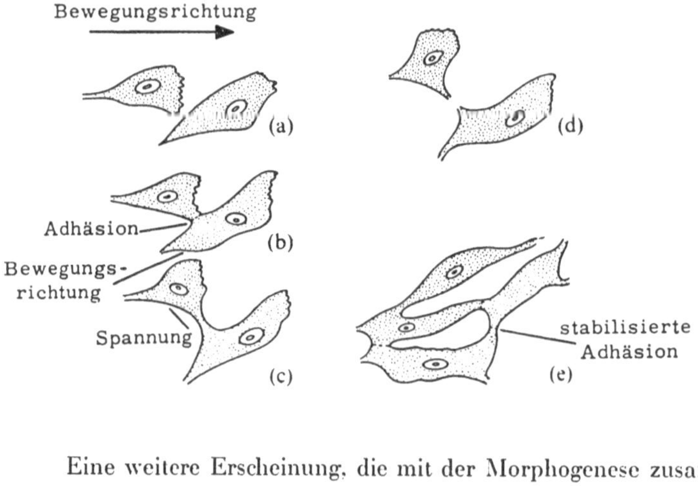

Abb. 13—13. Die aufeinanderfolgenden Stadien bei der Bildung und der Auflösung eines Kontaktes zwischen einzelnen Fibroblasten; nach einem Zeitrafferfilm gezeichnet. (Aus M. Abercrombie und E. J. Ambrose.)

Eine weitere Erscheinung, die mit der Morphogenese zusammenhängt, betrifft die Haftfähigkeit der Zellen an der Unterlage, auf der sie sich bewegen. Zur Aufklärung dieser Frage sind Gewebekultur-Experimente durchgeführt worden, in denen man die Zellen auf Glas, Plastik, Kollagen oder Agar-Gel wachsen ließ. Dabei haftete eine bestimmte Zellart auf den verschiedenen Substraten sehr unterschiedlich stark an. Die

Unterlage spielt auch bei der Kontrolle der Bewegungsrichtung eine wichtige Rolle. Diese Erscheinung hat als erster 1926 Weiss beobachtet, als er Fibroblasten auf einer Glasunterlage mit feinen Oberflächenrillen (oder auf Fischschuppen, die ebenfalls gerillt sind) kultivierte und dabei entdeckte, daß sich die Zellen darauf verlängerten und dazu neigten, entlang den Rillen zu wandern. Eine derartige Kontrolle der Bewegungsrichtung wird *Kontaktführung* genannt. Weiter hat man in den Monolayer-Kulturen von normalen diploiden Fibroblasten eine Abnahme der Mitoschäufigkeit gefunden, die mit der Zunahme der Zellzahl in der Kultur verbunden war. Wuchsen die Zellen dann zu einer einzigen Schicht zusammen, so hörte die Mitose-Tätigkeit ganz auf. Dieses Verhalten ist wahrscheinlich weniger auf einen Nährstoffmangel im Medium, als vielmehr einerseits auf die Kontakte zwischen den einzelnen Zellen und anderseits auf die Ausscheidung einer Hemmsubstanz zurückzuführen (Stoker, Clarke und andere). Diese Erscheinung wird als *Dichteabhängigkeit der Mitose* bezeichnet.

Gustafson und Wolpert nahmen auf Grund ihrer Beobachtungen an den Seeigelembryonen an, daß die Zell- und Gewebeformen einerseits durch das Vermögen der Zellen, sich entweder an andere Zellen oder an ihr Substrat anzuheften, und andererseits durch die unterschiedlichen Spannungen zwischen den verschiedenen Haftpunkten bestimmt werden. Steht beispielsweise eine Gruppe von Zellen, die untereinander verbunden sind, gleichzeitig mit einer Membranoberfläche in Verbindung, so bewirkt eine Zunahme der Haftstärke zwischen den Zellen — sofern dabei diejenige zwischen den Zellen und der Membran unverändert bleibt— eine Wölbung der ganzen Struktur, bei der die Membran an der Außenseite liegt. Gustafson und Wolpert nahmen an, daß die wichtigsten Formveränderungen der Seeigellarven vom Blastulastadium bis zu dem Stadium, in dem die Arme ausgestreckt werden, durch diesen Mechanismus zustande kämen. Zum Beispiel entstünden durch die Umordnungen und die örtlich beschränkten Verdickungen des Ektoderms Zwischenräume, die ihrerseits in den benachbarten Zonen die Haftstärke zwischen den Zellen erniedrigten (während diejenige zwischen den Zellen und der Membran unverändert bliebe) und dadurch Streckungen hervorriefen. Diese Zwischenräume würden dann oft durch kurze Pseudopodien von aktiveren Ektodermzellen betastet und ausgefüllt. Die Autoren schlossen zuletzt, daß bei der frühen Morphogenese des Seeigels eine Reihe von unterschiedlichen Haftfähigkeits-Eigenschaften und Pseudopodien-Aktivitäten eine grundsätzliche Rolle spielen muß.

Wessels beobachtete 1964 in einem seiner Experimente, daß die Art eines bestimmten Substrats das Verhalten der Zellen beeinflussen kann. Er züchtete das Epidermisgewebe eines Hühnerembryos auf einem durchlöcherten Millipore-Filter (das ist eine künstliche, durchlässige Membran) und fügte dem Gewebe Embryoextrakt zu. Dadurch wurden in den Basalzellen der Epidermis die Bildung der DNA und die Orientierungsbewegungen der Zellen ausgelöst. Diese Aktivitäten ließen sich aber nur an den Stellen beobachten, an denen die Epidermis mit der Millipore-Substanz in Berührung stand, während die Zellen, die über den Löchern des Filters lagen, weder DNA bildeten, noch sich im Raum ausrichteten. Ambrose beobachtete außerdem, daß die Fibroblasten auf einem Millipore-Filter nicht, wie auf einer glatten Glasplatte, in einer Schicht (Abb. 13—14 a), sondern in einer dichten, kugelförmigen Masse von eng aneinanderhaftenden Zellen wuchsen (Abb. 13—14 b), da sie sich offensichtlich nicht genügend stark an die Millipore-Substanz anzuheften vermochten.

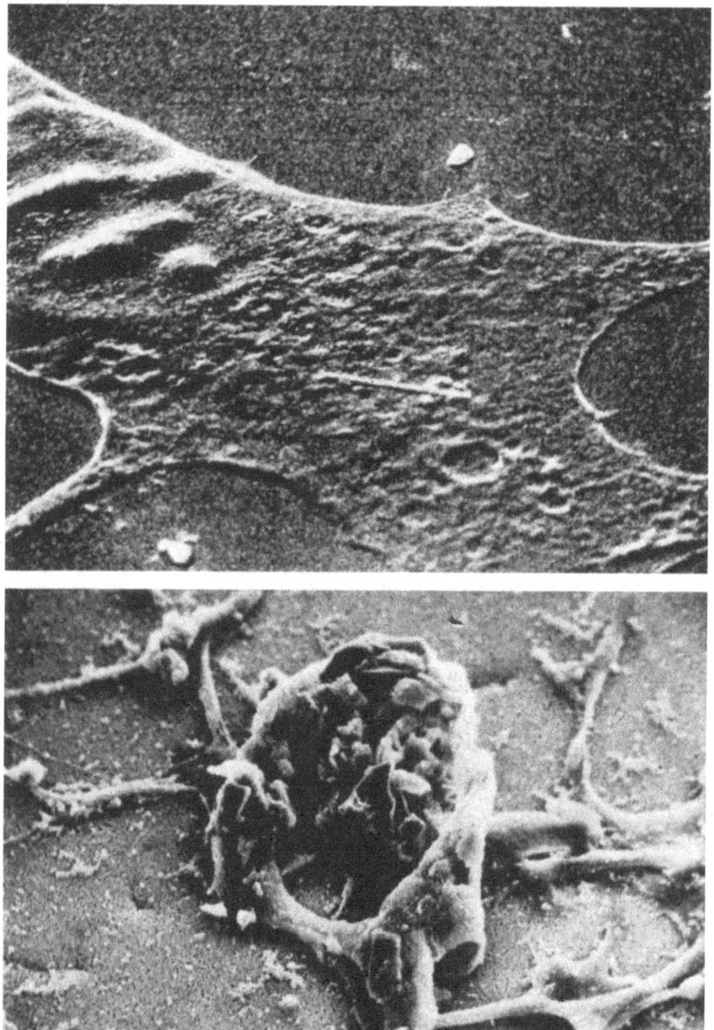

Abb. 13—14. (a) Stereoscan-elektronenmikroskopische Aufnahme eines Fibroblasten, der auf einer Glasoberfläche wächst [vergleiche Abb. 13—13 (a)]. 1500fache Vergrößerung; (b) derselbe Fibroblast wie bei (a), der aber auf einer unregelmäßigen Millipore-Oberfläche gezüchtet wurde. Hier verbinden sich die Zellen zu einer kompakten, dreidimensionalen Kolonie. 300fache Vergrößerung. (Aus E. J. Ambrose und M. Ellison.)

Bangham und Pethica (1960) beobachteten an Zellen, die kurz vor der Berührung standen, zunächst die Ausbildung von freien Oberflächenfortsätzen, die wahrscheinlich Mikrovilli waren (vgl. Kap. 8). Durch diese Fortsätze stellten die Zellen den ersten Kontakt untereinander her (s. die stereorastermikroskopische Aufnahme in Abb. 13—15). Nach Banghams und Pethicas Ansicht überwindet ein dünner Fortsatz die geringen Abstoßungskräfte, auf die er stößt, viel leichter als ein großer Abschnitt der Zelloberfläche eine entsprechend größere Kraft. Sind die ersten Haftstellen zwischen den

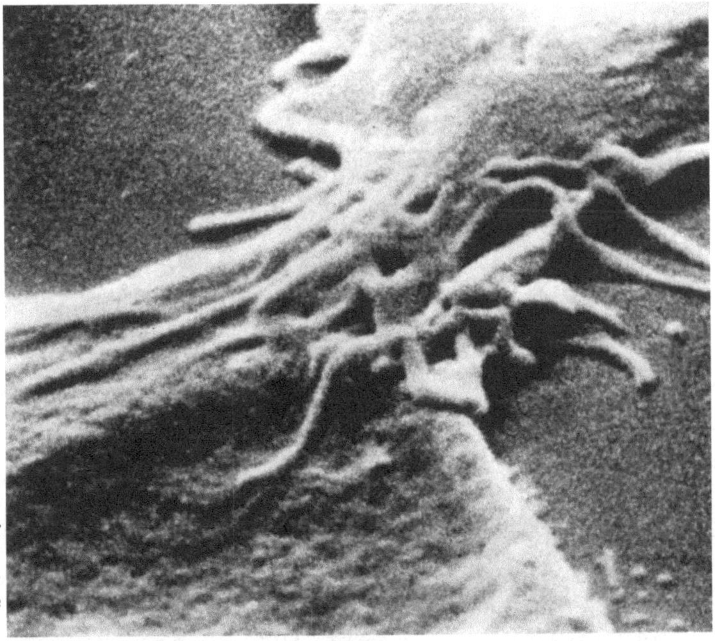

Abb. 13—15. Stereoscan-Aufnahme zweier sich berührender Fibroblasten; die Mikrovilli stehen miteinander in Verbindung. 15 000fache Vergrößerung.

Mikrovilli hergestellt worden, so bilden sich anschließend die stabilen Verbindungen zwischen größeren Abschnitten der Zellmembran.

Die Experimente von Holtfreter, Weiß, Moscona und anderen Forschern über die Wiedervereinigung von Zellen, die aus verschiedenartigen Geweben stammten und voneinander getrennt worden waren, haben interessante Auskünfte über die Haftfähigkeit von bestimmten Zellarten untereinander gegeben. Abb. 13—16 zeigt die Ergebnisse aus derartigen Experimenten, die von Townes und Holtfreter ausgeführt worden sind. Die Forscher trennten dabei zuerst die Zellen der Keimblätter des Ektoderms, des Mesoderms und des Entoderms voneinander und ließen darauf mehrere Kombinationen von je zwei Zellarten, und zuletzt alle drei Zellarten zusammen, wachsen. Die verschiedenen Strukturen, die aus den unterschiedlichen Zellkombinationen entstanden, sind in der Abb. 13—16 dargestellt. Bei ihrer Entstehung, die unmittelbar beobachtet werden konnte, hefteten sich die Zellen zunächst ziemlich wahllos aneinander und lösten diese Verbindungen wieder auf, um sie mit anderen Zellen erneut zu bilden; stießen auf diese Weise gleiche Zellarten zufällig aufeinander, so verbanden sich diese stabil und dauerhaft miteinander. Nach Steinbergs Ansicht wurden dabei die Zellen auf Grund quantitativer Unterschiede in ihren Haftfähigkeiten aussortiert. Curtis (1960) hat dagegen vermutet, daß zunächst alle Zellen frei beweglich wären, wobei aber jede Zellart während einer begrenzten, für diese Art spezifische, Zeitspanne die Fähigkeit erlangte, stabile Zellverbindungen auszubilden; auf diese Weise würden sich die einzelnen Zellarten zu unterschiedlichen Zeitpunkten wieder miteinander vereinigen.

An der Morphogenese ist außerdem in gewissen Fällen ein kontrollierter Zelltod beteiligt. Wie Saunders zeigte, werden beispielsweise die Formbildung der Hühner-

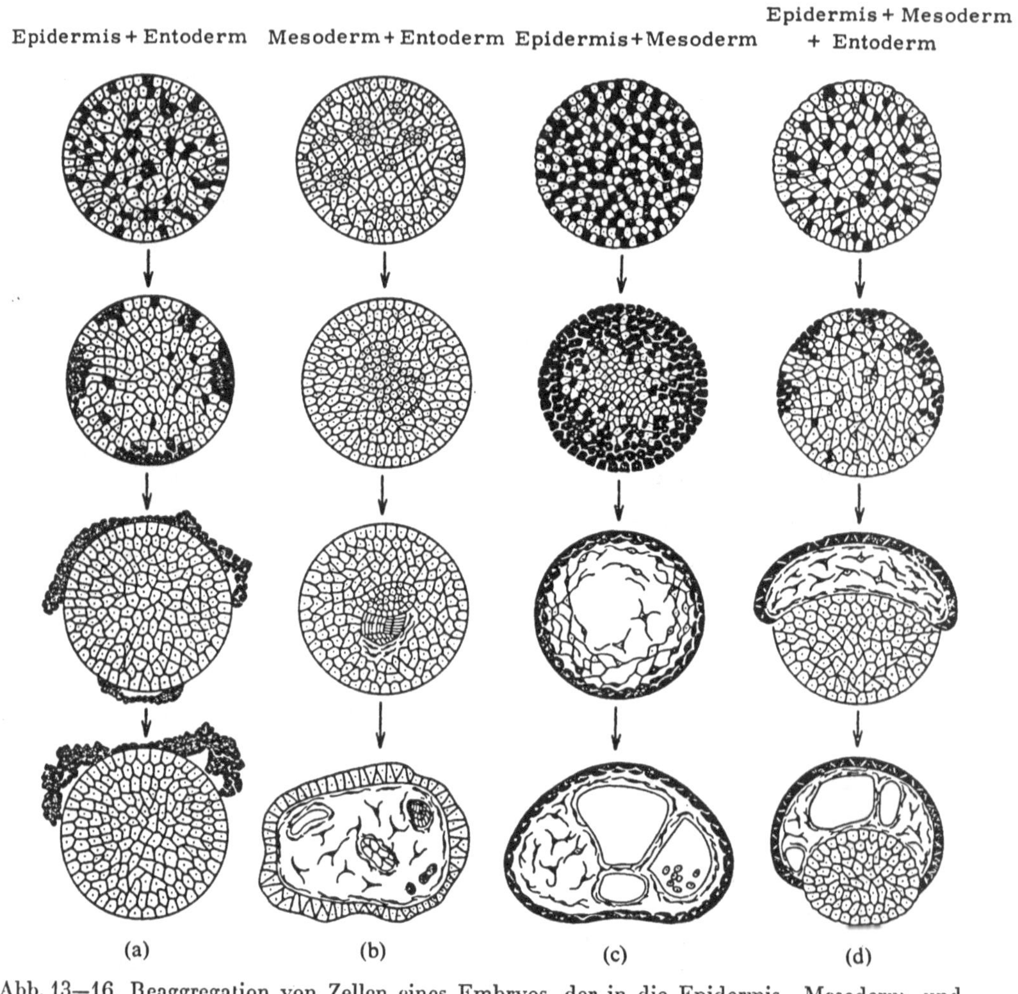

Abb. 13—16. Reaggregation von Zellen eines Embryos, der in die Epidermis-, Mesoderm- und Ektodermzellen aufgetrennt wurde. (a) Bei der Vereinigung der Epidermis- und Entoderm-Zellen sondern sich später homologe Zellen von selbst voneinander ab (die Epidermis ist dunkel und das Entoderm hell dargestellt). (b) Die Vereinigung des Mesoderms mit dem Entoderm; die Mesoderm-Zellen wandern in das Innere und werden von den Entoderm-Zellen umgeben. (c) Die Vereinigung der Epidermis mit dem Mesoderm; die Epidermis liegt außen, das Mesoderm entwickelt das Mesenchym, eine Coelomhöhle und Blutkörperchen. (d) Die Vereinigung von Epidermis-, Mesoderm- und Entoderm-Zellen; die einzelnen Zell-Arten trennen sich voneinander und bilden Gewebe. (Nach Townes und Holtfreter, mit Erlaubnis von L. Saxén und S. Toivonen: Primary Embryonic Induction. Logos Press, London 1962.)

flügel (insbesondere der Ober- und Unterarme), sowie die Entfernung des Gewebes zwischen den Zehen, teilweise durch das örtlich beschränkte Absterben von bestimmten Zellen hervorgerufen. Die Faktoren, die an derartigen Vorgängen beteiligt sind, sind noch nicht bekannt, aber in einigen Fällen (z. B. bei der Rückbildung des Kaulquappenschwanzes; s. Kap. 5) spielt wahrscheinlich die Freisetzung von Lysosomen-Enzymen eine Rolle.

Sind die Gewebe und Organe ausgebildet, so müssen deren Strukturen und Funktionen durch wirksame Kontrollmechanismen überwacht und stabilisiert werden. Man kennt aber diese Mechanismen erst in sehr wenigen Fällen. Zum Beispiel werden die Funktionen und Größen von bestimmten Organen durch bestimmte Hormone gesteuert. Dabei ist wahrscheinlich eine besondere Verhaltensweise von differenzierten Zellen beteiligt, die Weiß als ‚Modulation' bezeichnet hat. Werden nämlich derartige Zellen in eine neue Umgebung gebracht, so verändern sich ihre Eigenschaften, wobei aber die Veränderung rückgängig gemacht wird, sobald man die Zellen wieder in ihre ursprüngliche Umgebung zurückversetzt. Modulation konnte *in vitro* in mehreren Experimenten nachgewiesen werden. Eines davon stammt von Coon und Cahn (1966), die die Pigment-Epithelzellen zuerst zusammen mit den niedermolekularen und danach mit den hochmolekularen Bestandteilen des Embryoextraktes kultivierten und dabei feststellten, daß sich die Zellen im ersten Medium vermehrten und Melanin bildeten, während sie sich im zweiten wohl noch vermehrten, aber kein Melanin mehr herstellten.

Nach Szent-Györgyis Vermutung (1967) könnten bestimmte Gewebeextrakte eine wachstumsfördernde (Promin) und eine wachstumshemmende Substanz (Retin) enthalten. Dabei würden jeweils die relativen Mengen dieser zwei Substanzen den Wachstumsverlauf bestimmen, den man beispielsweise in der regenerierenden Leber der Säugetiere beobachtet. Dieses Organ wächst nämlich, nachdem mehr als die Hälfte davon entfernt worden ist, wieder zu seiner ursprünglichen Größe heran und stellt dann das Wachstum ein.

Der Regenerations-Vorgang in den Gliedmaßen und den Schwänzen der Amphibien unterscheidet sich von denjenigen in der Leber dadurch, daß beim ersteren eine Dedifferenzierung von Muskel-, Bindegewebe-, Knorpel- und Knochenzellen stattfindet, wodurch Zellen entstehen, die den ursprünglichen embryonalen Mesenchymzellen gleichen. Aus diesen entdifferenzierten Zellen entsteht das neue Bein oder der Schwanz durch Wachstum, Differenzierung und Morphogenese der Gewebe.

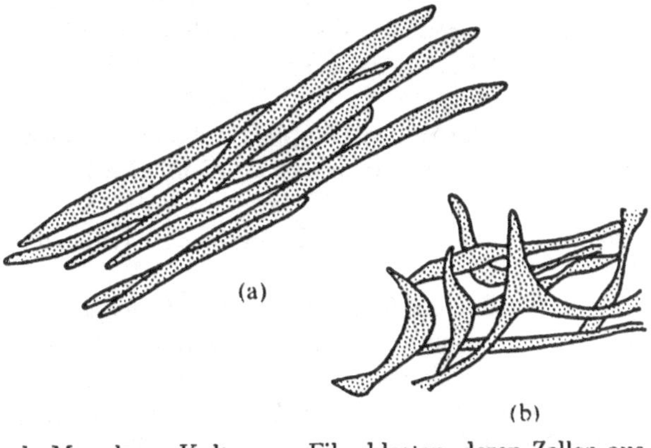

Abb. 13—17. (a) Eine zusammenfließende Monolayer-Kultur aus Fibroblasten, deren Zellen ausgerichtet und dicht gepackt sind. (b) Eine Monolayer-Kultur wie bei (a), nachdem die Zellen durch das Polyoma-Virus zu malignen Zellen umgewandelt worden sind. Wegen der fehlenden Kontaktinhibition überlagern sich die einzelnen Zellen und sind nicht mehr in einer bestimmten Richtung angeordnet.

Die Tumorzellen gehorchen den Mechanismen, die das Wachstum, die Funktionen und Bewegungen von normalen Zellen kontrollieren, nicht mehr vollständig. Bestimmte bösartige Tumorzellen gleichen oberflächlich den embryonalen Zellen, aber es ist nicht bekannt, ob sie durch einen Dedifferenzierungs-Vorgang entstanden sind. Bei den Tumorzellarten, die in Monolayer-Kulturen wachsen, sind meistens die Kontaktinhibition der Zellbewegungen und die Dichteabhängigkeit der Mitose in unterschiedlichen Graden gestört (Abb. 13—17). Außerdem weisen die Zellen veränderte Oberflächeneigenschaften auf und haften schwächer aneinander als normale Zellen (s. Abschn. 8.7). Die Umwandlung von einer normalen in eine bösartige Zelle hängt also sicher mit dem Verlust der Kontrollmechanismen und dem Fehlen der Wechselwirkungen zwischen den Zelloberflächen zusammen.

13.8. Zusammenfassung der Faktoren, die bei der Zelldifferenzierung eine Rolle spielen

Wir wollen in diesem Abschnitt aus unseren früheren Ausführungen einige Schlußfolgerungen über die Zelldifferenzierung während der Entwicklung der Organismen ziehen.

1. Die Oocyte bildet sowohl im Kern als auch im Cytoplasma aktiv neue Substanzen. Es handelt sich vor allem um die notwendigen Enzyme sowie die Reserve-Substanzen, die später vom Embryo aufgebraucht werden. Der Kern steuert die Bildung dieser Substanzen.

2. Befruchtung und erste Entwicklungsstadien. Jetzt steuert der Kern praktisch keine Bildung neuer Substanzen mehr, sondern seine Chromosomen werden bei jeder Furchungsteilung verdoppelt. Dabei wird die Cytoplasmamasse vor allem in der Zone des Plasma-Gels und der Plasmamembran in abgegrenzte Gebiete aufgeteilt.

3. Als Folge dieser Aufteilung enthalten die Furchungszellen unterschiedliche Cytoplasma-Substanzen. Dies ist wahrscheinlich bis zur Gastrulation der einzige Mechanismus der Zelldifferenzierung.

4. Die unterschiedlichen Cytoplasma-Arten beginnen ungefähr zum Zeitpunkt der Gastrulation auf den Kern einzuwirken. Wenn sich in diesem Stadium ganz bestimmte Zellen berühren, so werden sie dadurch angeregt, ‚Botschafter'-Substanzen auszuscheiden, die durch das Cytoplasma zum Kern gelangen (embryonale Induktion).

5. Jetzt beginnt ein feines Wechselspiel zwischen dem Kern und dem Cytoplasma, bei dem in einer bestimmten zeitlichen Aufeinanderfolge auch Botschaften vom Kern in das Cytoplasma zurückgesandt werden. Gleichzeitig verändert sich die Umgebung der Zellen (chemische und physikalische Wechselwirkungen mit der Zellmembran), wodurch schließlich bestimmte Substanzen auf die Sensor-Gene im Kern einwirken.

6. Innerhalb bestimmter Zellgruppen finden Wechselwirkungen statt, die einen einmal von den Zellen eingeschlagenen Differenzierungsweg stabilisieren.

Das Gebiet, das wir in Kap. 12 und 13 behandelt haben, wurde bis heute vor allem von den Embryologen und Zellbiologen untersucht, die an der Embryonalentwicklung interessiert sind. Wir glauben aber, daß weitere Fortschritte auf diesem Gebiet eine große praktische Bedeutung haben werden. Unserer Ansicht nach würden vor allem die genauen Kenntnisse der intrazellulären und der zwischen den Zellen und ihrer Umgebung wirkenden Kontrollmechanismen helfen, die Hauptprobleme, die das menschliche Wohlergehen betreffen (nämlich die Kontrolle der Krebskrankheiten, der genetisch bedingten Mißbildungen, der anomalen Entwicklungen und der altersbedingten Krankheiten), wenigstens teilweise zu lösen.

Literatur

Ebert, J. D.: Entwicklungsphysiologie. BLV, München 1967.
Hadorn, E.: Experimentelle Entwicklungsforschung an Amphibien. Springer, Berlin-Heidelberg-New York 1961.
Kössel, H.: Molekulare Genetik. 2. Aufl., Klett, Stuttgart 1970.
Kühn, A.: Entwicklungsphysiologie. 2. Aufl., Springer, Berlin-Heidelberg-New York 1965.
Sussmann, M.: Physiologie der Entwicklung. Franckh, Stuttgart 1965.
Zavarzin, A. A.: DNS-Synthese und Kinetik der Zellenpopulation in der Ontogenese der Säugetiere. Izd. Nauka, Leningrad 1967.

TEIL 5. Frühe und einfache Lebensformen

Im letzten Teil dieses Buches beschreiben wir die Entstehung biologischer Strukturen aus biochemischen Bausteinen und diskutieren deren Herkunft.

Wir beginnen in Kap. 14 mit der Beschreibung der Strukturen und der äußeren Formen der Viren. Obwohl die Viren verhältnismäßig einfache Lebensformen sind, die nur aus wenigen biochemischen Bausteinen bestehen, können ihre Formen ziemlich kompliziert sein. Nach den Viren beschreiben wir die Strukturen der Bakterien. Die Bakterien stellen eine der ersten Lebensformen dar, die auf der Erde erschienen sind; gewisse Spuren dieser ältesten Bakterienformen haben sich bis in die heutige Zeit erhalten.

In Kap. 15 diskutieren wir dann die chemische Evolution, in deren Verlauf aus sehr einfachen Molekülen die komplizierten organischen Moleküle der Biochemie und schließlich die ersten lebenden Zellen entstanden waren. Bestimmte Vorgänge der biochemischen Evolution müssen sich schon vor der biologischen Evolution abgespielt haben; man versucht seit einiger Zeit, in äußerst interessanten Experimenten derartige Vorgänge, die vor vielen Millionen Jahren stattgefunden haben müssen, im Laboratorium nachzuvollziehen.

14. Struktur und Organisation von Viren und Bakterien

14.1. Viren

Die Viren können nicht als echte Zellen bezeichnet werden, da sie weder einen Kern, noch Cytoplasma noch — mit Ausnahme der Myxoviren — eine begrenzte Plasmamembran besitzen und sich überdies nur in lebenden Zellen vermehren können. Sie sind aber die einfachsten bekannten Teilchen, die alle grundlegenden Merkmale eines lebenden Systems besitzen; d. h. ihre Strukturen und Funktionen werden durch ihr genetisches Material gesteuert, und sie können Kopien von sich selbst herstellen (durch Infektion geeigneter Wirtszellen und unter Benutzung des wirtseigenen Rohmaterials und der metabolischen Maschinerie für ihre eigene Reproduktion).

Gegen Ende des 19. Jahrhunderts waren viele Krankheiten bekannt, die durch Mikroorganismen hervorgerufen wurden. 1892 untersuchte Iwanowsky die Mosaikkrankheit der Tabakpflanzen und entdeckte dabei, daß das krankheitserregende Agens im extrahierten Saft der kranken Pflanzen enthalten war. Seiner Ansicht nach war der Wirktsoff ein Bakterium, das er aus der Flüssigkeit ausfiltrieren wollte. Der Krankheitserreger wurde aber nicht einmal von den feinsten Bakterienfiltern zurückgehalten. Iwanowsky folgerte aus diesem Ergebnis, daß der Erreger kleiner als alle damals bekannten Bakterienarten sein mußte. Später wurden weitere ansteckende Pflanzen- und Tierkrankheiten entdeckt, deren Erreger sehr feinporige Filter durchdrangen und selbst bei der stärksten Vergrößerung des Lichtmikroskops unsichtbar blieben. Diese Erreger wurden dann als *filtrierbare Viren* oder einfach *Viren* bezeichnet und immer noch als sehr kleine Bakterien angesehen. Sie wuchsen aber nicht in den gewöhnlichen, für die Bakterienkultivierung geeigneten Medien und waren, im Gegensatz zu den Bakterien, nach dem Ausfällen aus einer Alkohollösung immer noch krankheitserregend. 1935 gelang es Stanley, das Tabakmosaik-Virus zu kristallisieren und dadurch zu beweisen, daß das Virus keine Zelle ist und sich deshalb wesentlich von einem Bakterium unterscheidet. Die Viren verloren durch die Kristallisierung ihre Ansteckungskraft nicht, sondern riefen, wenn sie in die Pflanzen eingespritzt wurden, alle Anzeichen der Mosaikkrankheit hervor.

Zu dieser Zeit war man der Ansicht, daß die Viren ausschließlich aus Proteinen bestünden, aber heute wissen wir, daß sie im wesentlichen aus einem *Nucleinsäurezentrum* und einer Proteinhülle zusammengesetzt sind. In der modernen Fachsprache nennt man ein unversehrtes Virus-Teilchen ein *Virion* und dessen Proteinhülle ein *Capsid.* Das Capsid selbst ist aus einer Anzahl von Untereinheiten, den Capsomeren, zusammengesetzt, deren Formen charakteristisch sind (Abb. 14—1). Das Capsid schützt den Nucleinsäurekern vor dem Angriff von Nuclease. Bestimmte Viren infizieren Bakterien (sie werden Bakteriophagen genannt; s. Abschn. 10.7), andere aber Pflanzen und Tiere. Die Nucleinsäure der Viren, die Pflanzen infizieren, ist RNA, während die meisten Bakteriophagen und Tier-Viren DNA enthalten (Ausnahmen davon sind die Poliomyelitis- und die Grippe-Viren, die RNA enthalten).

Die meisten Viren sind zwischen 100 Å und 3000 Å groß; die größten sind ungefähr ebenso groß wie kleine Bakterien. Heute sind schon viele Virengruppen bekannt, die im Elektronenmikroskop untersucht worden sind. Die einzelnen Virengrup-

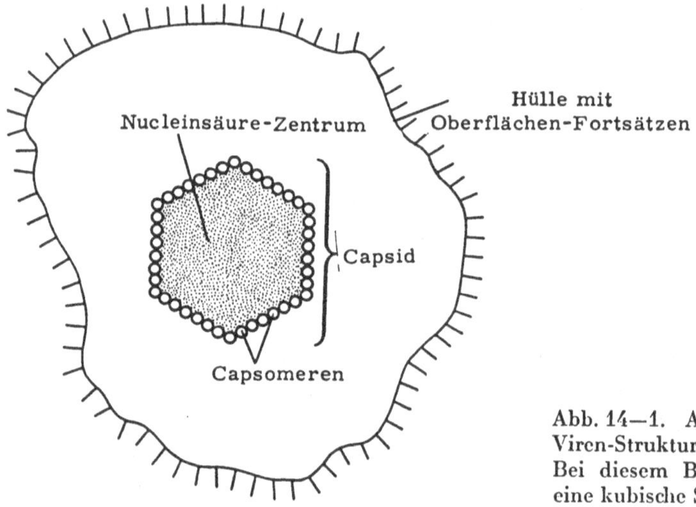

Abb. 14–1. Allgemeine Merkmale der Viren-Struktur und der äußeren Hülle. Bei diesem Beispiel besitzt das Capsid eine kubische Symmetrie.

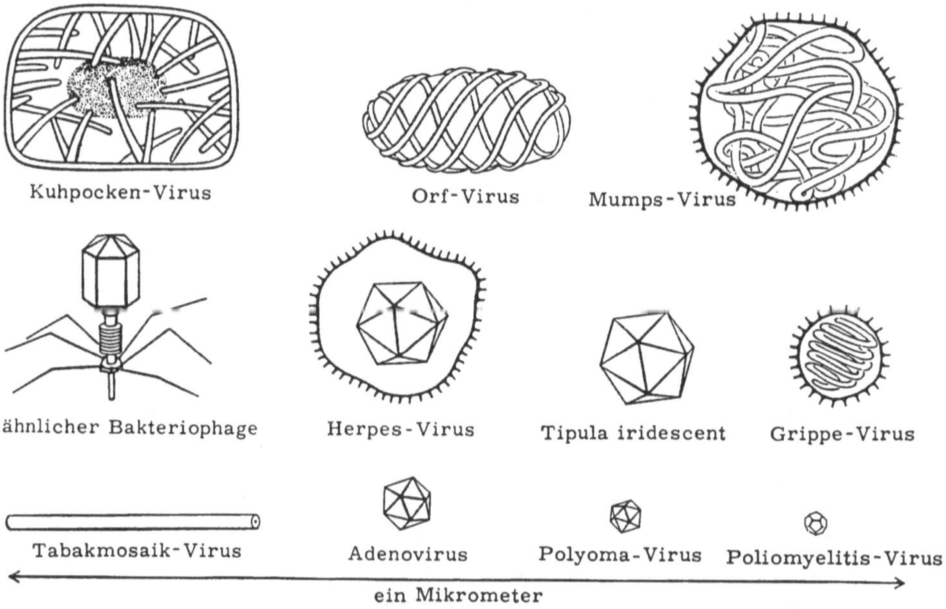

Abb. 14–2. Relative Virengrößen bezogen auf die 1 μm-Skala am unteren Ende des Schemas. Es kommen folgende Symmetrie-Arten vor: *kubische* Symmetrie bei den fünf vielflächigen Viren Herpes, Tipula iridescent, Adenovirus, Polyoma und Poliomyelitis; *helicale* oder Schraubenachsen-Symmetrie beim Tabakmosaik-Virus und bei den inneren Bestandteilen der Mumps- und Grippe-Viren; *komplexe Symmetrie* bei den Kuhpocken- und Orf-Viren sowie bei den T-ähnlichen Bakteriophagen. (Aus R. W. Horne: The structure of viruses. Copyright © 1963 von Scientific American, Inc. Alle Rechte vorbehalten.)

pen weisen erhebliche Unterschiede in Form und Größe auf (s. Abb. 14—2). Die Strukturen der Pflanzen- und Tier-Viren sind im allgemeinen einfacher als diejenigen der Bakteriophagen. Zum Beispiel fehlt den Vertretern der ersten Gruppe, die stäbchenförmig (Tabakmosaik-Virus) oder vielflächig (Adenovirus) sind, der Schwanz, der bei den Bakteriophagen vorhanden ist (s. Abb. 10—19). Sie können deshalb ihren Nucleinsäurekern nicht in die Wirtszellen einimpfen. Die Myxoviren, zu denen die Grippe- und Mumps-Viren gehören, besitzen eine äußere Membran aus Lipiden und Proteinen, die als *Hülle* bezeichnet wird und das Capsid umgibt (Abb. 14—1 und Abb. 14—2). Auch das Herpes-Virus weist gelegentlich eine derartige Hülle auf. 1969 wurde ein Pflanzen-Virus, das Kartoffel ‚spindle tuber' Virus, beschrieben, das keine Proteinhülle besitzt, sondern nur aus der bloßen RNA besteht. Obwohl man neben ihm andere Viren kennt, die ihre eigenen Hüllproteine nicht herstellen können (z. B. das Rous-Virus, das in den Vögeln die Bildung von Tumoren hervorruft), ist es das erste bekannte Virus, das ohne Hüllproteine übertragbar und infektiös ist.

14.2. Wirkungsweise der Viren

Die verschiedenen Virengruppen zeigen unterschiedliche Spezifitäten: einige können nur eine ganz bestimmte Zellart angreifen, andere eine Reihe von unterschiedlichen Zellarten befallen. Keine dieser Gruppen kann aber auf nicht-lebendem Material kultiviert werden. Viren, die im Laboratorium kultiviert werden (z. B. für die Impfstoff-Gewinnung oder für wissenschaftliche Verwendungszwecke), werden deshalb meistens in befruchteten Hühnereiern oder in Gewebekultur-Zellen gezüchtet. Steht den Viren keine lebende Substanz zur Verfügung, so können sie während langer Zeitspannen inaktiv sein, wobei sie aber die Fähigkeit, ihre geeignete Zellart zu infizieren, nicht verlieren. Viren sind im Grunde nichts anderes als genetische Substanz, die auf der Suche nach einer Zelle ist, in der sie sich vermehren kann.

Wir haben in Abschn. 10.7 und in Abb. 10—20 den Bakteriophagen T4 beschrieben, der sich an eine Bakterienzellwand anheftet, dort mit Hilfe eines Enzyms, das sich in seinem Schwanz befindet, ein kleines Loch in die Wand löst und seine DNA in die Zelle injiziert, die sich dann im Innern der Wirtszelle vervielfacht. Die Infektionsweise der einfacher gebauten Viren, die die Pflanzen- und Tierzellen anfallen, ist hingegen noch nicht bekannt. Die elektronenmikroskopischen Bilder, die davon seit dem Ende der vierziger Jahre bis in die Gegenwart aufgenommen worden sind, lassen — von wenigen Ausnahmen abgesehen — einen Phagocytose-Vorgang vermuten, durch den die unversehrten Viren in das Innere der Wirtszellen aufgenommen werden. Councilman Morgan (1968) konnte aber zeigen, daß das Herpes-Virus, das eine Hülle besitzt, nur selten durch Phagocytose in seine Wirtszelle gelangt. Dieses Virus dringt meistens dadurch ein, daß seine Hülle mit der Wirts-Zellmembran verschmilzt und es dann die Membran an diesem Punkt verdaut, worauf das Capsid und der Nucleinsäurekern durch das Loch der Zellwand in das Cytoplasma übertreten. Dort wird die Nucleinsäure aus der Capsid-Hülle befreit. Morgan beobachtete bei Influenza-Viren einen ähnlichen Vorgang. Die Hüllen dieser Viren-Gruppe besitzen regelmäßig über ihre Oberflächen verteilte Fortsätze (Abb. 14—2 und Abb. 14—3), die wahrscheinlich mit der Anheftung der

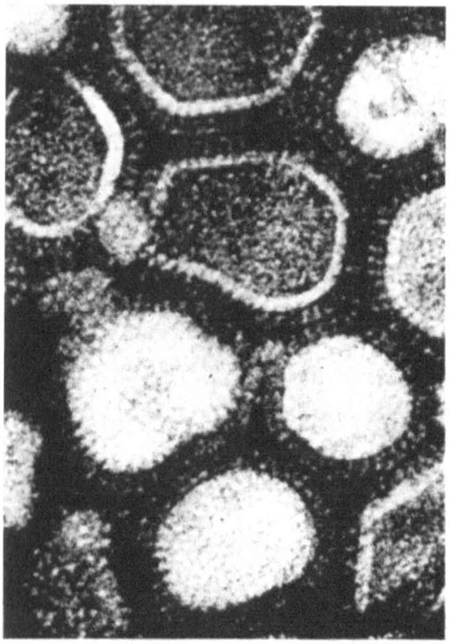

Abb. 14—3. (a) Elektronenmikroskopische Aufnahme des Grippe-Virus, das zur Myxovirus-Gruppe gehört. Die einzelnen Virus-Teilchen besitzen unregelmäßige Größen und Formen, aber alle erscheinen wegen der regelmäßig verteilten Oberflächenfortsätze stachelig. 260000fache Vergrößerung. (Aus R. W. Horne.) (b) Modell eines charakteristischen Myxovirus. (Aus R. W. Horne.)

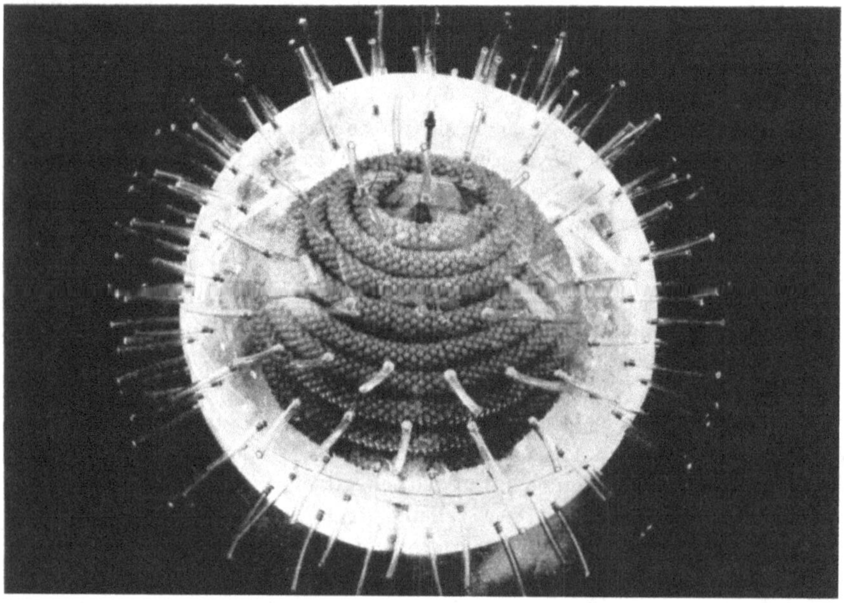

Viren an die Wirtszellen und dem Eintritt in die Zellen zusammenhängen; vielleicht wirken dabei bestimmte Enzyme auf Oberflächen-Strukturen der Wirtszellen ein.

Man hat bis heute noch nicht feststellen können, ob Viren, die keine Hülle besitzen, als ganze Teilchen in die Zelle eindringen, um erst im Zellinneren den Nucleinsäurekern freizulassen, oder ob ihre Proteinhülle an der Zelloberfläche zurückbleibt, während die Nucleinsäure allein in das Cytoplasma eintritt. Die Klärung dieser Frage ist zum Teil deshalb schwierig, weil der Vorgang sehr rasch abläuft (er dauert bei 37 °C nur wenige Minuten).

Nachdem die Viren-Nucleinsäure in die Wirtszelle eingedrungen ist, übernimmt sie sowohl die Bausteine als auch die Stoffwechselmechanismen (wobei die energieliefernden Systeme mit eingeschlossen sind) der Wirtszelle, um einerseits Kopien ihrer eigenen Moleküle und anderseits die Viren-Hüllproteine herzustellen. Da einige Viren nur DNA und andere nur RNA (aber nie beide Nucleinsäuren nebeneinander) enthalten, kann folglich RNA ebensogut wie DNA genetische Informationen tragen. Die meisten DNA-Viren, wozu unter anderen die Pockenviren, Polyoma-Viren und die T-ähnlichen Phagen gehören, besitzen eine doppelsträngige, helicale DNA, während die RNA der meisten RNA-Viren (Tabakmosaik-, Grippe- und Poliomyelitis-Viren) einsträngig ist; derartige Verhältnisse liegen auch in den Zellen vor. Man kennt aber auch gewisse Bakterien-Viren, deren DNA einsträngig ist, und anderseits enthalten die Viren der Reo-Gruppe (RNA-Viren) doppelsträngige helicale RNA. Es ist nicht bekannt, warum bei einigen Viren die genetische Substanz einsträngig ist, aber dieser Zustand scheint nicht wichtig zu sein, da das Virus bald nach seinem Eintritt in die Wirtszelle einen komplementären Strang bildet.

Tritt ein *Doppelstrang-DNA-Virus* in die Wirtszelle ein, so trennen sich die beiden Stränge seiner DNA, um sich auf die übliche Weise zu replizieren; dabei werden die neuen komplementären Stränge aus den Nucleotid-Bausteinen der Wirtszelle zusammengesetzt. Dieser Replikations-Vorgang wird wahrscheinlich durch ein Enzym der Wirtszelle katalysiert (Abb. 14—4 a), da die Viren selbst außer den Enzymen, die gelegentlich die Anheftung und das Eindringen in die Wirtszelle erleichtern, meistens keine anderen Enzym-Proteine enthalten. Nach der Replikation werden an einem Strang der Viren-DNA auf die übliche Weise virenspezifische mRNA-Moleküle gebildet. Auch dieser Vorgang muß durch ein Enzym des Wirtes, nämlich durch dessen RNA-Polymerase, katalysiert werden. Diese mRNA-Moleküle verbinden sich dann mit den Wirts-Ribosomen, wo mit Hilfe der Wirts-tRNA-Aminosäure-Komplexe die virusspezifischen Proteine gebildet werden. Am Schluß entstehen die vollständigen Viren-Teilchen dadurch, daß sich die Hüllproteine um die neugebildeten DNA-Stränge gruppieren. Bei den wenigsten (vielleicht bei keinen) Viren sind für die Zusammensetzung eines reifen Virus Enzyme erforderlich, da nirgends kovalente Bindungen vorkommen; die Hüllproteine werden nur durch schwache van der Waals-Kräfte oder Wasserstoffbrücken an den Nucleinsäurekern gebunden (s. Abschn. 14.3, Tabakmosaik-Virus).

Dringen Bakteriophagen, deren *DNA einsträngig* ist, in ihre Wirtszellen ein, so bilden sie zuerst einen zu ihrem Einzelstrang komplementären DNA-Strang. Dieser neue Strang wird als (—) Strang bezeichnet, während der ursprüngliche DNA-Strang der (+) Strang ist (Abb. 14—4 b). Hierauf entstehen weitere Kopien der Doppelhelix-Form, aber es ist schließlich der (+) Strang allein, der in der üblichen Weise als Matrize zur Bildung der virenspezifischen mRNA und der Hüllproteine, sowie zur Zusammensetzung der neuen Viren-Teilchen dient. Wahrscheinlich sorgt hier ein spezifischer Mechanismus dafür, daß nur der (+) Strang diese Funktionen ausführt.

Bei einigen RNA-Viren kann die RNA selbst als Matrize für die Bildung der DNA wirken. Zum Beispiel wird in den Zellen, die vom Rous-Sarkoma-Virus infiziert

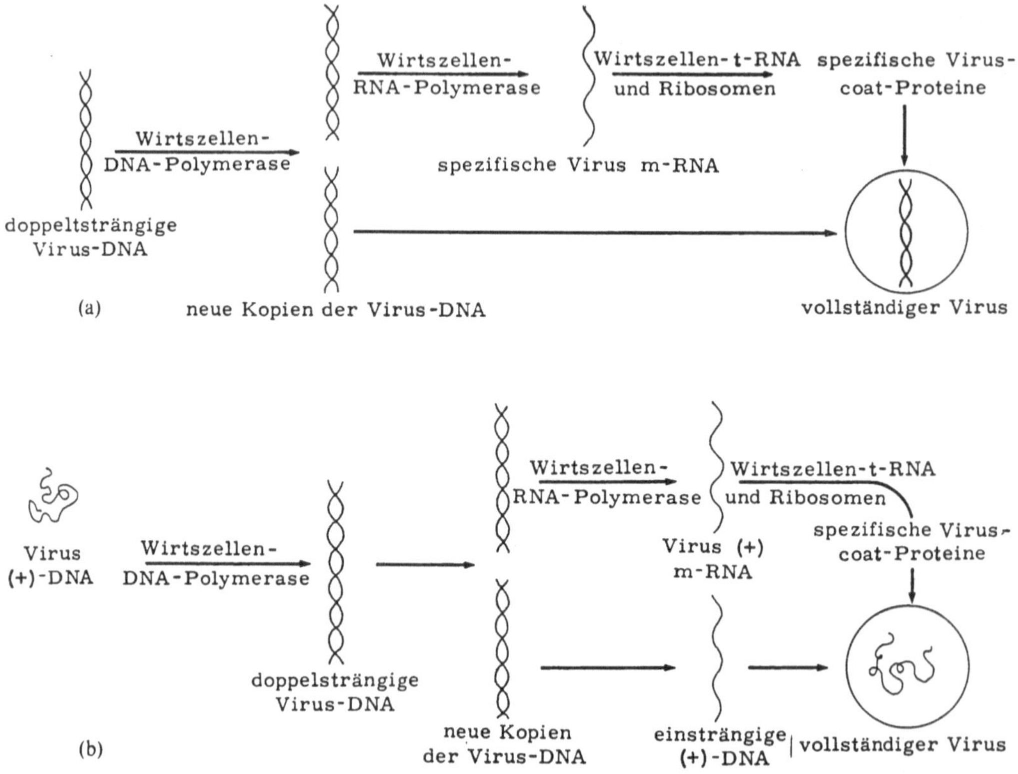

Abb. 14—4. Replikation der DNA-Viren im Innern von Wirtszellen. (a) Die DNA des Virus ist doppelsträngig. (b) Die DNA des Virus ist einzelsträngig.

sind, ein zur RNA komplementärer DNA-Strang hergestellt. In anderen Fällen wirkt wahrscheinlich die Viren-RNA als ein selbstreplizierendes Modell. In nicht infizierten Zellen wird die gesamte RNA mit Hilfe des Enzyms RNA-Polymerase an der DNA-Matrize gebildet. Die einsträngigen RNA-Viren dagegen bilden, nachdem ihre RNA in eine Zelle eingedrungen ist, an den Wirts-Ribosomen ein neues Enzym, die *RNA-Synthetase*; der RNA-Einzelstrang wirkt dabei direkt als mRNA (Abb. 14—5 a). Die RNA-Synthetase katalysiert die Bildung eines komplementären RNA-Stranges, der sich mit dem ursprünglichen Strang zusammen zu einer Doppelhelix verbindet, die jetzt als Matrize für die Bildung weiterer RNA-Moleküle wirkt. Darauf entstehen die spezifischen Viren-mRNA-Moleküle des (+) Typs; andere (+) RNA-Stränge dienen als Nucleinsäurezentren der neuen Virus-Teilchen.

Bei der Infektion durch ein *doppelsträngiges RNA-Virus* spielen sich im wesentlichen die gleichen Vorgänge ab: Zuerst wird mit Hilfe eines Stranges der Viren-RNA, die als mRNA wirkt, an den Wirts-Ribosomen die RNA-Synthetase gebildet (Abb. 14—5 b).

Die Mechanismen, durch die die Nucleinsäuren der Viren den gesamten Stoffwechsel der Wirtszelle beherrschen können, sind noch nicht genau geklärt. In einigen

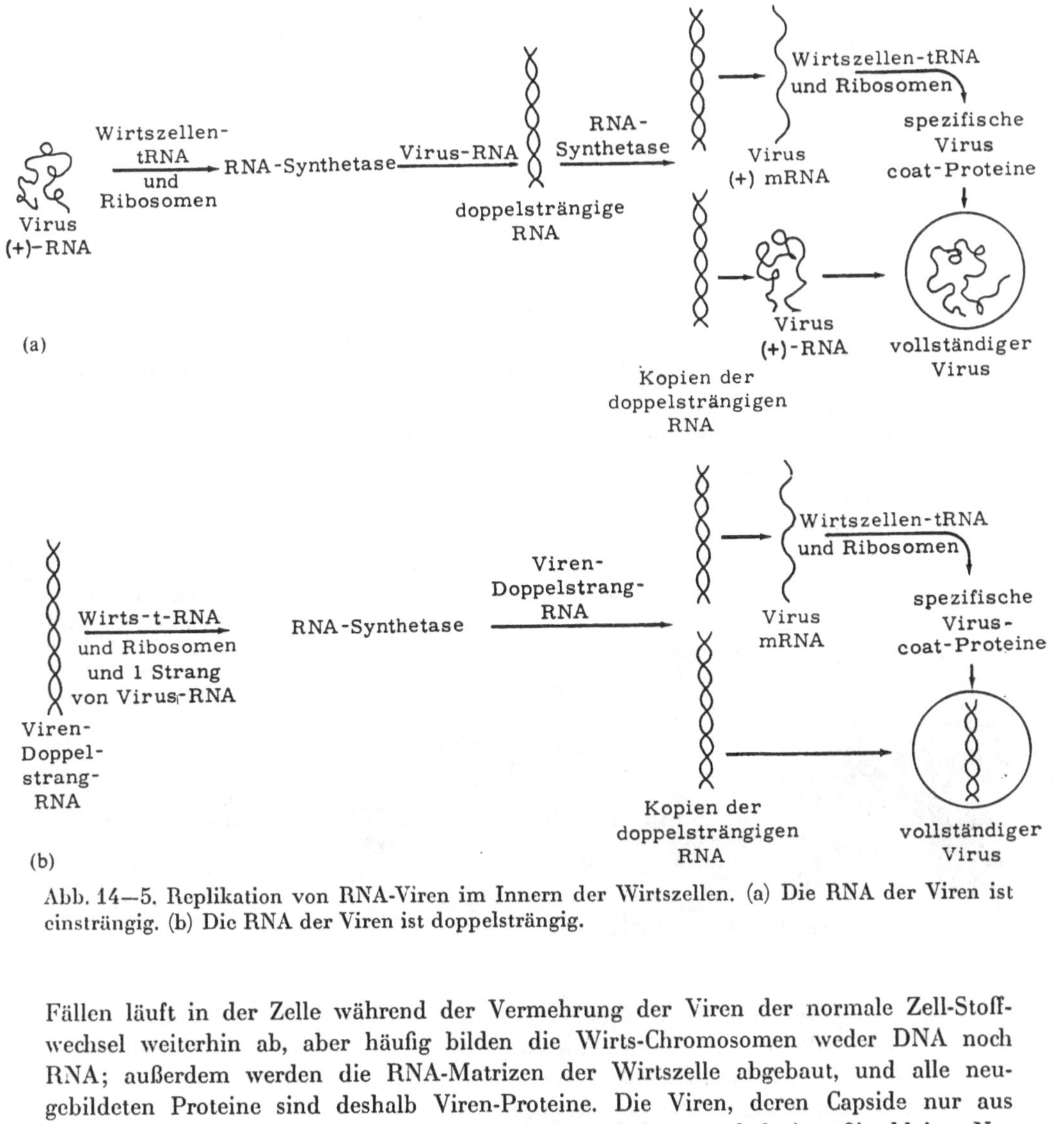

Abb. 14—5. Replikation von RNA-Viren im Innern der Wirtszellen. (a) Die RNA der Viren ist einsträngig. (b) Die RNA der Viren ist doppelsträngig.

Fällen läuft in der Zelle während der Vermehrung der Viren der normale Zell-Stoffwechsel weiterhin ab, aber häufig bilden die Wirts-Chromosomen weder DNA noch RNA; außerdem werden die RNA-Matrizen der Wirtszelle abgebaut, und alle neugebildeten Proteine sind deshalb Viren-Proteine. Die Viren, deren Capside nur aus wenigen Protein-Arten zusammengesetzt sind, enthalten verhältnismäßig kleine Nucleinsäurekerne. Die komplizierter gebauten Viren-Hüllen bestehen aus einer größeren Zahl von unterschiedlichen Proteinen, deren Bildung von einer entsprechend größeren Menge genetischer Substanz gesteuert wird. Gelegentlich finden bei der Bildung der Virus-Teilchen in der Wirtszelle komplizierte Wechselwirkungen statt, die durch mehrere Enzyme katalysiert werden müssen; diese Viren enthalten deshalb zusätzliche Nucleinsäuremengen. Die Viren, die eine Hülle aus Proteinen und Lipiden besitzen, benutzen zu deren Bildung wahrscheinlich die Membransubstanzen der Wirtszelle.

Bei einer Viren-Infektion wird die Wirtszelle meistens zerstört, wobei die vielen neugebildeten Viren-Teilchen freigelassen werden. Viele Bakteriophagen besitzen in ihrer

DNA einen Abschnitt, der die Information für die Bildung des Enzyms Lysozym (das im Phagenschwanz untergebracht ist) enthält. Dieses Enzym dient vor allem dazu, die starre Bakterienwand aufzulösen. Der Mechanismus, durch den die Viren aus den tierischen Zellen ausbrechen, ist noch nicht bekannt; wahrscheinlich spielt dabei die Ausschüttung von Lysosomen-Enzymen der Zelle eine Rolle.

14.3. Viren-Formen

Da die Viren einfach gebaut sind und trotzdem genau bestimmte und kennzeichnende Formen aufweisen (s. Abb. 14—2), stellen sie natürliche Modelle dar, an denen man den Vorgang der Zusammensetzung biologischen Materials besonders leicht studieren kann.

Das Tabakmosaik-Virus, das als erstes Virus im Reagensglas in seine Bestandteile zerlegt und wieder zusammengesetzt worden ist, hat eine verhältnismäßig einfache Struktur. Dieses stäbchenförmige Virus ist ungefähr 3000 Å lang und besitzt einen Durchmesser von 180 Å. Es besteht aus einem langen RNA-Molekül und einem zylinderförmigen Capsid (Abb. 14—6 a), dessen Capsomeren wie in einer Schraube angeordnet sind.

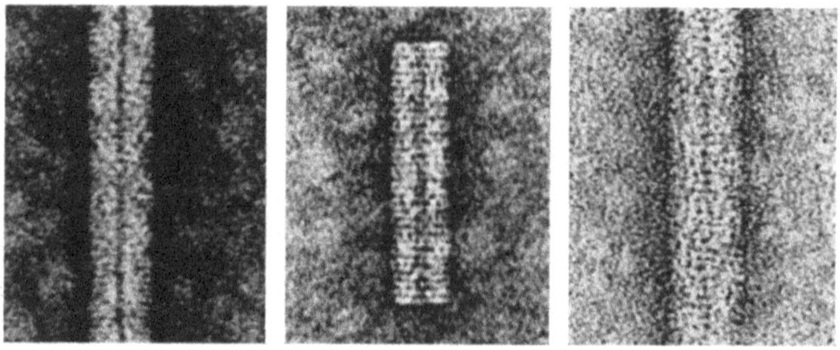

Abb. 14—6. Elektronenmikroskopische Aufnahme eines Tabakmosaik-Virus. (a) Unversehrtes TMV; (b) Repolymerisiertes TMV-Protein — der Stab besteht aus einzelnen Scheiben; (c) Repolymerisiertes TMV-Protein — helicaler Stab. 400 000fache Vergrößerung. (Aus J. T. Finch und R. Leberman.)

Mit Hilfe zahlreicher Substanzen kann das Virus leicht in seine Nucleinsäuren- und Protein-Bestandteile zerlegt werden. Fraenkel-Conrat (1957) trennte die Nucleinsäuren der Viren durch eine milde Behandlung ihrer Proteinhüllen und isolierte aus den letzteren jeweils ungefähr 2000 Untereinheiten oder Capsomeren pro Virion, die alle aus der gleichen Protein-Art bestanden. Die Capsomeren ließen sich bei geeigneten Temperatur- und Ionenstärke-Bedingungen wieder zu den Stäbchen vereinigen, die sich äußerlich von den Capsiden der unversehrten Viren nicht unterschieden. Diese Stäbchen waren aber nicht krankheitserregend, da sie keine RNA enthielten. Fügte man nun die Protein-Untereinheiten in Gegenwart von Viren-Nucleinsäure wieder zusammen, so entstanden Stäbchen, die nicht nur äußerlich mit den unversehrten Viren genau übereinstimmen, sondern auch die Mosaik-Krankheit in den Tabakpflanzen hervorriefen.

Da sich die Protein-Untereinheiten spontan wieder zu Stäbchen zusammenfügen können, müssen folglich die Informationen, die für diesen Vorgang benötigt werden, in den Untereinheiten selbst enthalten sein. Man hat im Elektronenmikroskop (mit Hilfe der Negativkontrast-Phosphorwolframsäure-Methode, bei der die Teilchen gegen einen elektronendichten Hintergrund untersucht werden) die asymmetrischen Proteinmoleküle beobachtet, die als längliche Untereinheiten vorliegen und sich an bestimmten Anheftungsstellen seitlich miteinander verbinden, wodurch Scheiben entstehen, die in der Mitte ein Loch aufweisen. Diese Capsomeren bilden bei geeigneten Bedingungen größere Verbände, von denen der eine ein einfacher Stapel aus Scheiben ist (Abb. 14—6 b), während der andere, der nur bei sorgfältig kontrollierten Bedingungen entsteht, einen helicalen Stab darstellt, dessen Untereinheiten in der gleichen Weise wie bei den Viren zusammengesetzt sind (Abb. 14—6 c und Abb. 14—7). In diesen zwei Strukturen sind die Untereinheiten nicht in der gleichen Weise miteinander verbunden, aber die zwei Bindungsarten sind sich wahrscheinlich sehr ähnlich, vor allem was die seitlichen Bindungen betrifft.

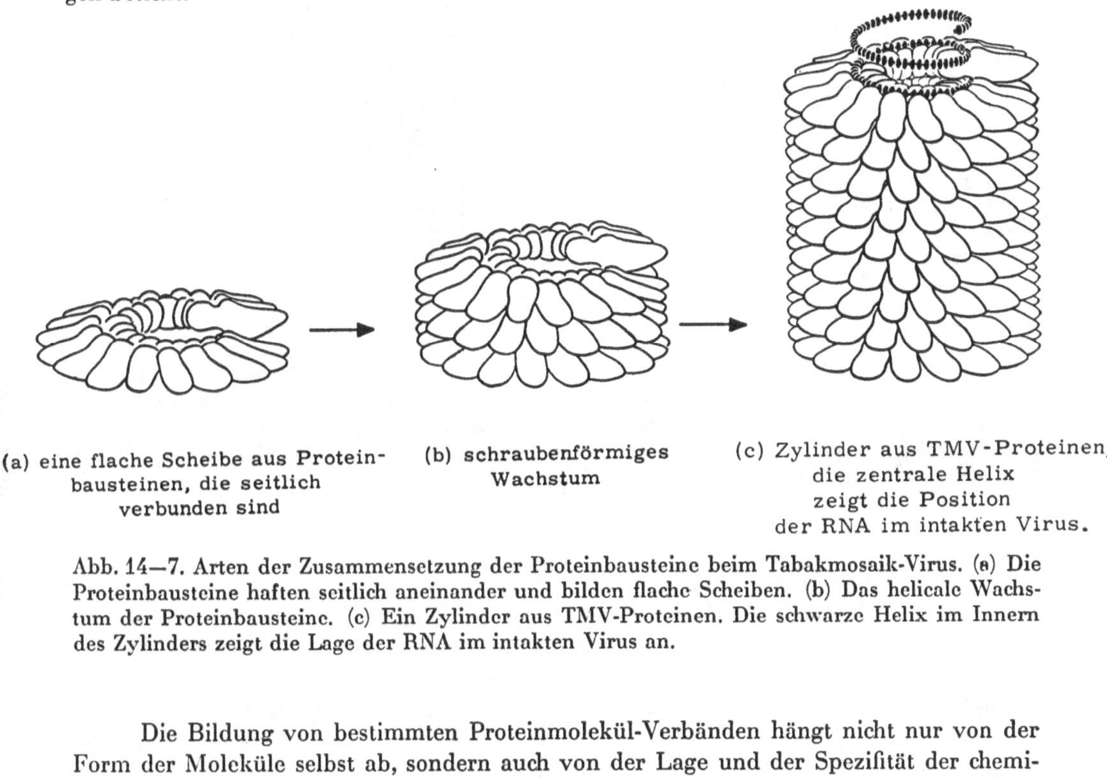

Abb. 14—7. Arten der Zusammensetzung der Proteinbausteine beim Tabakmosaik-Virus. (a) Die Proteinbausteine haften seitlich aneinander und bilden flache Scheiben. (b) Das helicale Wachstum der Proteinbausteine. (c) Ein Zylinder aus TMV-Proteinen. Die schwarze Helix im Innern des Zylinders zeigt die Lage der RNA im intakten Virus an.

Die Bildung von bestimmten Proteinmolekül-Verbänden hängt nicht nur von der Form der Moleküle selbst ab, sondern auch von der Lage und der Spezifität der chemischen Bindungen. Bei der eben beschriebenen Entstehung der Verbände aus nur einer Art von Protein-Untereinheiten (die folglich von einem einzigen Gen bestimmt werden) spricht man von einer Morphogenese erster Ordnung.

Die meisten tierpathogenen Viren sind aber nicht stäbchen-, sondern nahezu kugelförmig. Crick und Watson (1956) vermuteten, in den Capsiden der kleinen kugelförmigen Viren nur eine Art von Bausteinen zu finden, die an spezifischen Stellen miteinander verbunden waren. Auf diese Weise würde nämlich die kleine Menge genetischer Information ihres Nucleinsäurekerns am wirksamsten ausgenutzt. Gleichartige Untereinheiten, die an spezifischen Stellen miteinander verbunden sind, müssen aus geometrischen

Gründen in einem regelmäßigen Muster, das als Oberflächenkristall bezeichnet wird, angeordnet sein. Röntgendiffraktions-Analysen der annähernd kugelförmigen Viren weisen darauf hin, daß diese jeweils drei senkrecht aufeinanderstehenden Achsen entlang symmetrisch sind (Raumsymmetrie), wobei das Capsid meistens ein Ikosaeder ist. (Nach Berechnungen von Caspar und Kluge (1962) ist diese Form auch aus energetischen Gründen die wahrscheinlichste). Der Ikosaeder (Abb. 14—8 a) ist ein Polyeder, der aus 20 Flächen (gleichseitige Dreiecke), 30 Kanten und 12 Ecken besteht. Er besitzt drei axiale Symmetrien — eine fünffache, eine dreifache und eine zweifache.

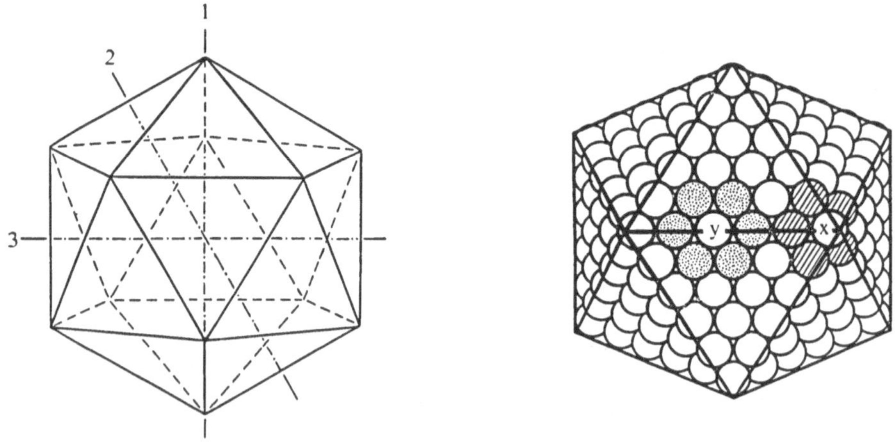

Abb. 14—8. (a) Die Symmetrieachsen eines Ikosaeders: (1) fünffache, (2) dreifache, (3) zweifache Symmetrie. (b) Schematische Darstellung eines Adenovirus, in der die Anordnung der einzelnen Capsomeren bei der Ikosaeder-Symmetrie gezeigt ist: pentagonale Packung in der Ecke um das Capsomer (x) herum; hexagonale Packung in den Kanten oder in den Flächen (um das Capsomer (y) herum). (Nach R. W. Horne.)

Beim Virus ,tipula iridescent' konnte die regelmäßige Ikosaeder-Struktur mit Hilfe der Metallbeschattung nachgewiesen werden. Bei dieser Methode werden schwere Metallatome in eine Vakuumkammer verdamft, die unter einem bestimmten Winkel auf die dort befindlichen Virus-Teilchen auftreffen. Die Elektronen werden dann an den Virus-Teilchen von den dort abgelagerten Metallatomen blockiert, während sie an den „Schatten" der Teilchen, wo keine Metallatome sitzen, frei hindurchtreten, so daß die Gesamtform der Viren erkannt werden kann (Abb. 14—9).

Auch das Capsid des Adenovirus ist ein regelmäßiges Ikosaeder. Die einzelnen Capsomeren sind dabei, wie man auf den elektronenmikroskopischen Bildern der Viren erkennen kann, in der Weise angeordnet, die in Abb. 14—8 b dargestellt ist. Hier muß jedes der 252 kugelförmigen Capsomeren, die dieses Capsid aufbauen, entweder in einer Ecke, in einer Kante oder in einer Fläche des Ikosaeders liegen. Die Capsomeren, die sich in einer Ecke befinden, sind von fünf Nachbar-Capsomeren umringt (pentagonale Packung), während diejenigen der Flächen und der Kanten je von sechs Nachbarn umgeben sind (hexagonale Packung) (Abb. 14—8 b). Man kann aus identischen Einheiten. die man in allen möglichen hexogonalen und pentagonalen Anordnungen kombiniert,

Abb. 14—9. Elektronenmikroskopische Aufnahme des Tipula iridescent-Virus. Die Ikosaeder-Struktur dieses Virus wird durch die Schwermetallbeschattung nachgewiesen. 75 000fache Vergrößerung. (Aus Robley C. Williams.)

viele unterschiedliche, regelmäßige und unregelmäßige Festkörper aufbauen. Die unterschiedlichen Formen der symmetrischen Viren-Capside, die aus gleichartigen Capsomeren aufgebaut sind, können deshalb theoretisch alle durch die Morphogenese erster Ordnung entstehen. Sehr große Viren-Capside sind aber nicht immer genau symmetrisch, sondern ihre regelmäßigen Formen können etwas verzogen und die Bindungswinkel zwischen den Protein-Bausteinen voneinander verschieden sein. Diese großen Capside werden wahrscheinlich mit Hilfe eines „Baugerüstes" zusammengesetzt, wobei erst die vollständig aufgebauten Strukturen stabil sind.

Einige Viren besitzen Capside, die aus mehreren Arten von Protein-Bausteinen zusammengesetzt sind. Einzelne Bausteine dieser Capside reagieren mit einem bestimmten Antiserum in unterschiedlicher Weise und bewegen sich im elektrischen Feld nicht gleich schnell wie andere. Ein Virus enthält, je komplizierter seine Struktur und seine Form ist, entsprechend mehr genetische Informationen. Eines der komplexesten Viren ist der Bakteriophage T4 (einer der T-ähnlichen Phagen der Abb. 14—2), dessen Capsid aus verschiedenartigen Protein-Bausteinen besteht. Die Gene, die die Bildung der Bestandteile und die Zusammensetzung dieser Viren kontrollieren, sind von Edgar und dessen Mitarbeitern (seit 1965) sowie von anderen Forschern eingehend untersucht worden. Kellenberger und Moody (1966) zeigten, daß das Kopf-Capsid einem Ikosaeder gleicht, dem aber die Dreifach-Symmetrieachse fehlt. In Wirklichkeit besteht dieses Capsid aus den zwei Pyramiden eines Ikosaeders, die durch zwei zentrale Banden voneinander getrennt sind (Abb. 14—10). In diesem Fall muß also ein „Verlängerungsfaktor" vorhanden sein, durch den anstelle des einen Bandes des Ikosaeders deren zwei eingeschoben werden und überdies eine bestimmte Ecke als die Oberseite der Pyramide festgelegt wird. Dieser Faktor könnte ein Bestandteil des Viren-Capsids selbst sein, oder aber eine formgebende innere Struktur, die aus spezifisch angeordneten Untereinheiten bestehen würde, könnte zuerst ein Gerüst bilden, das dem Capsid bei dessen Aufbau die richtige Form gäbe. Man bevorzugt heute die zweite Annahme, da im Innern des Bakteriophagen T4-Kopfes Proteine nachgewiesen worden sind, die derartige Gerüstproteine sein könnten.

Die Nucleinsäure des Phagen T4 muß alle Informationen enthalten, die für die Bildung der verschiedenen Viren-Bestandteile notwendig sind. Zum Beispiel werden bei

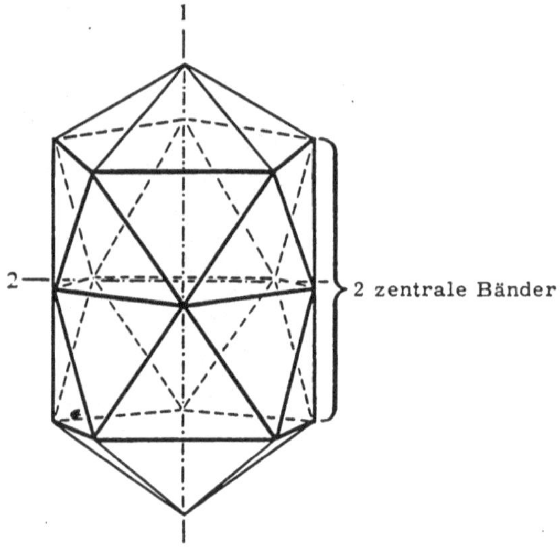

Abb. 14—10. Schematische Darstellung des Bakteriophagen T4-Kopfes, der eine fünffache (1) und eine zweifache (2) Symmetrieachse besitzt. (Nach E. Kellenberger.)

der Zusammensetzung eines vollständigen stabilen Virus-Kopfes sieben Genprodukte benötigt. Die meisten dieser Produkte, sowie die Gene, durch die sie codiert werden, sind heute genau bekannt; eines dieser Gene steuert die Bildung des oben erwähnten „Verlängerungsfaktors". Eine weitere spezifische Information ist für den Abschluß der Ikosaeder-Form verantwortlich, denn wenn sie fehlt, entstehen lange röhrenförmige Köpfe (Polyheads), und es scheint, als wirke der Verlängerungsfaktor in unkontrollierter Weise. Ein anderes Gen kontrolliert die Bildung des Hauptproteins des Capsids und ein weiteres den ‚solubility factor', ohne den die Protein-Einheiten unlösliche Aggregate bilden, die nicht in das Capsid eingebaut werden können. Die Gesetzmäßigkeiten, die sich beim Zusammenfügen einzelner Viren-Bestandteile zeigen, gelten wahrscheinlich ganz allgemein für alle Proteinstrukturen. Die Aufklärung der Mechanismen, die an derartigen Vorgängen beteiligt sind, könnten dazu beitragen, die Entstehung der Zellmembranen aus den Lipid- und Protein-Bestandteilen zu verstehen.

Die Viren besitzen in den Kristallverbänden intakter Teilchen eine weitere Anordnungs-Stufe. Die Pflanzen-Viren neigen nämlich dazu, echte dreidimensionale Kristalle, oder gelegentlich zweidimensionale Anordnungen zu bilden, die man Parakristalle nennt. Auch das Poliomyelitis-Virus kann derartige Parakristalle bilden. Die Art des Kristallverbandes, den eine bestimmte Virengruppe bildet, wird durch die Form der einzelnen Teilchen bestimmt.

14.4. Viren und Krebs

1910 entdeckte Rous eine besondere Viren-Art, die in wachsenden Hühnerembryonen Tumoren erzeugte. Diese Viren, deren Nucleinsäure die RNA ist, sind später als die Rous-Sarkoma-Viren bezeichnet worden. Seit ihrer Entdeckung sind weitere Viren mit den unterschiedlichsten Tumor-Arten der Säugetiere (vor allem der Mäuse) in Beziehung gebracht worden. Während der letzten 20 Jahre sind diese tumorbildenden oder karzinogenen Viren (darunter vor allem der Polyoma-Virus, Abb. 14—2, der in Nagetieren Tumoren erzeugt) eingehend studiert worden. Stoker (1964) und andere Forscher haben beispielsweise die Wirkungen der Polyoma-Viren auf kultivierte Zellen *in vitro* untersucht. Diese Viren wandeln die normalen Zellen in bösartige Tumorzellen um. Dabei werden in den befallenen Zellen neben den Funktionen der DNA auch die Zelleigenschaften (z. B. die Oberflächeneigenschaften und das Verhalten der Zellen) tiefgreifend gestört. *In vivo* beginnen derartige Zellen ungehemmt zu wuchern, weil sie nicht mehr den normalen Regulierungs- und Kontrollmechanismen gehorchen.

Obwohl aus einigen menschlichen Tumoren Viren isoliert worden sind, kennt man keinen sicher bewiesenen Fall, bei dem eine menschliche Krebs-Erkrankung durch ein Virus hervorgerufen worden wäre. Es ist natürlich nicht möglich, ein Virus, das aus einem menschlichen Tumor stammt, auf seine karzinogene Wirkung beim Menschen zu prüfen; einige davon rufen aber bei den Tieren Tumoren hervor.

14.5. Viren und die Hybridisierung von Zellen

Man kann bestimmte Zellfunktionen, vor allem die Übertragung der genetischen Information vom Kern in das Cytoplasma und die Kontrolle der Bildung von RNA, mit Hilfe von bestimmten Viren aufklären. Im 19. Jahrhundert waren einige Krankheiten bekannt, bei denen Wunden entstanden, die vielkernige Zellen enthielten. In jüngerer Zeit sind derartige Zellen in den Wunden entdeckt worden, die durch krankheitserregende Viren entstanden waren, und gegen Ende der fünfziger Jahre hat man beobachtet, daß einige dieser vielkernigen Zellen aus zwei Einzelzellen entstanden, die unter der Wirkung von Viren miteinander verschmolzen waren.

Harris und Mitarbeiter (seit 1965) haben bestimmte tierpathogene Viren, die sie durch ultraviolette Strahlen inaktiviert hatten (um eine Infektion der Zellen durch die lebenden Viren zu verhindern) dazu benutzt, um die verschiedenartigsten Zellen miteinander zu künstlichen Hybrid-Zellen zu verschmelzen. Die Forscher verwendeten bei ihren Hybridisierungs-Experimenten Sendai-Viren, die zu der Para-Influenza-Gruppe der Myxoviren gehören (Abb. 14—3). Es sind daneben auch andere Viren dieser Gruppe benutzt worden, aber die Sendai-Viren bewirken die schnellste Verschmelzung der unterschiedlichen tierischen Zellen. Der erste Schritt besteht in der Ausbildung von Cytoplasma-Brücken an den Berührungspunkten der zwei Zellen. Allmählich entstehen immer mehr derartige Brücken, die sich zudem verbreitern, bis die Cytoplasma-Massen der zwei Zellen schließlich zusammenfließen. Harris hat auf diese Weise unter anderen auch Hybride oder *Heterokaryone* (Zellen, die Kerne verschiedener Arten enthalten) aus menschlichen Tumorzellen und Hühner-Erythrocyten hergestellt (Abb. 14—11). Wir haben die Eigenschaften und das Verhalten von derartigen Hybridzellen in Kap. 13 beschrieben.

Die Viren stellen die einfachsten Lebensformen dar. Die Kenntnis ihrer verhältnismäßig einfachen Zusammensetzung und Struktur hilft uns deshalb, die Anordnung, Funktion sowie die vielen Interaktionen der viel komplexeren pflanzlichen und tierischen Zellstrukturen besser zu verstehen.

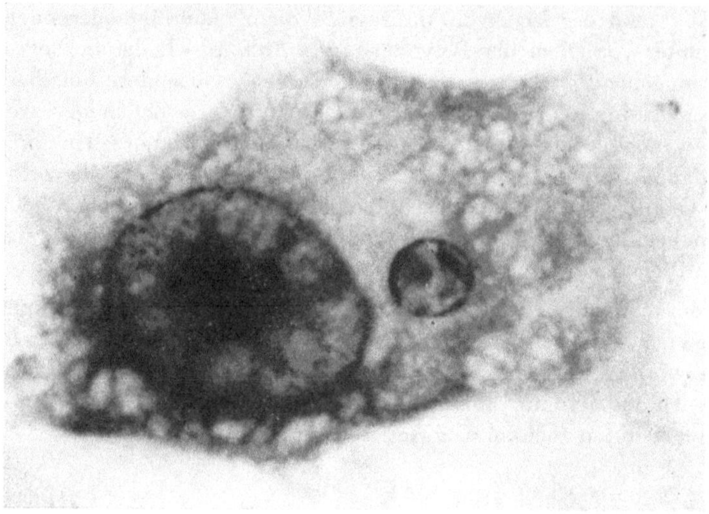

Abb. 14—11. Ein Dikaryon, das unter der Wirkung von inaktivierten Sendai-Viren aus der Verschmelzung eines Hühner-Erythrocyten mit einer HeLa-Zelle entstanden ist. Der Hühner-Erythrocytenkern hat sich zu vergrößern begonnen, und die Kernkörperchen sind im Vergleich zum Normalzustand schwächer angefärbt und diffuser. Etwa 2500fache Vergrößerung. (Aus H. Harris: Nucleus and Cytoplasm. Clarendon Press, Oxford 1968.)

14.6. Bakterien

Bakterien sind, wie auch die Pilze, ubiquitär; sie leben im Süßwasser, im Meer, im Boden, sowie in Pflanzen und Tieren. Ebenso wie ihre Lebensräume unterscheiden sich auch die biochemischen Funktionen der Bakteriengruppen sehr stark voneinander: z. B. vermögen gewisse Bodenbakterien, den Luftstickstoff zu binden, während andere Bakterien die Milch zu Käse umwandeln, indem sie aus Milchzucker Milchsäure herstellen. Viele Mikroorganismen, die in Tieren leben, sind harmlos oder tragen sogar zum Wohlergehen des Wirtes bei; andere rufen dagegen Krankheiten hervor.

Zu Beginn des 18. Jahrhunderts beobachtete van Leeuwenhoek erstmalig Bakterien im Tümpelwasser und im Zahnstein, den er von den Zähnen abgekratzt hatte und unter dem Mikroskop betrachtete. Danach wurden auf diesem Gebiet sehr wenige Fortschritte gemacht, bis Ende des 19. Jahrhunderts dank der hervorragenden Forschungsarbeiten von Pasteur die Mikrobiologie als ein selbständiger Zweig der Wissenschaft entstand.

Pasteur bewies mit seinen Experimenten über die Gärung, daß *anaerobe* Mikroorganismen nur unter Luftabschluß leben konnten (bis zu diesem Zeitpunkt hatte man geglaubt, Luft sei für alle Lebewesen unentbehrlich). Er entwickelte Methoden für die Kultivierung von Bakterien und erfand Verfahren, durch die ungewünschte Mikroorganismen mit Hilfe von Hitze oder Filter unschädlich gemacht werden konnten. Diese Entdeckung hatte vor allem auf die damalige Chirurgie eine tiefgreifende Wirkung; Lister war der erste, der sie in der chirurgischen Praxis, in der die keimfreien Methoden noch unbekannt gewesen waren, anwendete.

Koch färbte die verschiedenen Mikroorganismen an, um sie in ihren Wirten wiederzuerkennen, und konnte auf diese Weise eine Bakterienart nachweisen, die bei den Haustieren den Milzbrand (Anthrax, eine Infektionskrankheit, die auch auf den Menschen übertragbar ist) hervorrief. Pasteur, der unabhängig von Koch über den Milzbrand arbeitete, gelangte zu den gleichen Ergebnissen. Er ging bei seinen Untersuchungen aber noch einen bedeutenden Schritt weiter, denn es gelang ihm, aus toter oder durch verschiedene Behandlungen abgeschwächten Mikroorganismen Impfstoffe herzustellen, die die Tiere vor manchen Infektionskrankheiten (z. B. vor Milzbrand oder Tollwut) schützten.

Im Laufe der darauffolgenden Jahrzehnte konzentrierten sich die Mikrobiologen allein auf die Suche nach brauchbaren Impfstoffen. Als Ehrlich 1909 an mikroskopischen Präparaten beobachtete, daß sich Bakterien im Wirtsgewebe selektiv anfärben ließen, begann er, nach chemischen Verbindungen zu suchen, die Bakterien vergifteten, ohne den Wirt zu schädigen. Es gelang ihm nach mehr als 600 Versuchen, eine organische Arsenverbindung herzustellen, durch die der Krankheitserreger der Syphilis (ein Spirochaet) getötet wurde, ohne daß dabei der Wirt einen Schaden erlitt.

In der Mitte der dreißiger Jahre wurden mit der Entdeckung der Sulfonamide und 1939 des Penicillins weitere große Fortschritte in der Bakterienbekämpfung erzielt. Die bakterizide Wirkung des Penicillins hatte Fleming schon 1929 beobachtet, aber erst zehn Jahre später gelang es Florey und Chain, das Antibiotikum zu isolieren, zu reinigen und seine praktische Anwendung zu prüfen. Die medizinische Praxis ist durch die weit verbreiteten Anwendungsmöglichkeiten des Penicillins und anderer Antibiotika gänzlich umgestaltet worden. (Ein Antibiotikum ist eine chemische Verbindung, die von bestimmten Mikroorganismen gebildet wird und das Wachstum anderer Mikroorganismen hemmt). Man kann heute die Antibiotika auch im Laboratorium künstlich herstellen, aber dies ist viel mühsamer und teurer als ihre Gewinnung aus umfangreichen Kulturen der betreffenden Mikroorganismen.

Seit den dreißiger Jahren sind die chemischen Zusammensetzungen sowie die Strukturen und Funktionen der Bakterien immer besser aufgeklärt worden. 1937 konnte man mit Hilfe des Lichtmikroskops bei den Bakterien eine Art von Kernorganisation in einer ganz oder beinahe strukturlosen Cytoplasmamasse beobachten. Als dann später das Elektronenmikroskop zur Verfügung stand und die biochemischen Methoden für die Isolierung und die Analyse von Zellbestandteilen immer mehr verfeinert wurden, konnten die Strukturen und Funktionen der Bakterien immer genauer analysiert werden.

14.7. Allgemeine Struktur der Bakterien

Aus der Abb. 1—2 kann man entnehmen, daß die meisten Bakterien in der Größenordnung von 0,5—10 μm liegen. Bakterien enthalten — im Gegensatz zu Viren — alle Substanzen und Strukturen, die für ein unabhängiges Leben notwendig sind. Viren besitzen DNA oder RNA (aber nie beide Nucleinsäuren gleichzeitig). Dagegen können alle Bakterien, vorausgesetzt, daß ihnen die geeigneten Nährstoffquellen zur Verfügung stehen, sowohl beide Nucleinsäure-Arten als auch alle Proteine, Lipide, Polysaccharide und andere Substanzen herstellen, die für eine unabhängige Vermehrung erforderlich sind. Die Bakterien unterscheiden sich aber von den charakteristischen Tier- und Pflanzenzellen (Abb. 14—12; Abb. 1—3) dadurch, daß ihre genetische Substanz nicht durch eine Membran von der Cytoplasma-Masse getrennt ist und sie im Cytoplasma weder ein endoplasmatisches Reticulum, noch einen Golgi-Apparat, noch Mitochondrien enthalten. Die Atmungsenzyme der Bakterien sind an membranartige Cytoplasma-Strukturen, die als *Mesosomen* bezeichnet werden, gebunden (Fitz-James, 1960); diese ersetzen folglich in den Bakterien die Mitochondrien der tierischen und pflanzlichen Zellen. Man hat mit dem Elektronenmikroskop im Bakterien-Cytoplasma Ribosomen entdeckt, die bisweilen durch feine fibrilläre Strukturen verbunden waren. Bei den Photosynthese-Bakterien finden die photochemischen Reaktionen in den *Chromatophoren* statt; das sind Vesikel, die von einer Einzelmembran umgeben und einfacher als die Chloroplasten der grünen Pflanzen aufgebaut sind.

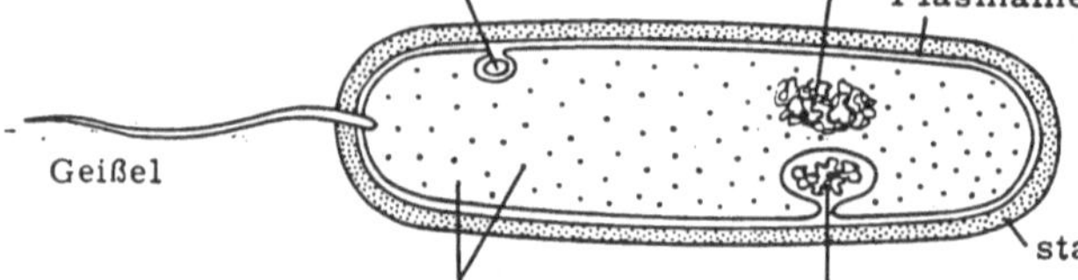

Abb. 14—12. Allgemeine schematische Darstellung einer Eubakterien-Zelle.

Eine der drei Hauptgruppen der Bakterien bilden die *Eubacteria*, mit denen wir uns in diesem Abschnitt vor allem befassen werden; ihre Plasmamembran ist von einer dicken, starren äußeren Wand umgeben, die den Zellen eine bestimmte Form verleiht. Im Gegensatz dazu besitzen die Vertreter der anderen zwei Bakteriengruppen, die Myxobacteria und die Spirochaeten, eine dünne, biegsame Wand, weshalb sie beweglich sind und ihre Formen stark verändern können. Die chemische Zusammensetzung der starren Eubacteria-Wand ist aber von derjenigen der Pflanzenzellwand verschieden. Gewisse Eubacteria sind unbeweglich, während sich andere mit Hilfe von Geißeln fortbewegen können.

Man hat die Eubacteria auf Grund ihrer Formen in drei Gruppen eingeteilt. Die erste Gruppe besteht aus den *Kokken*, die kugel- oder eiförmige Zellen von ungefähr 1 μm Durchmesser sind — ein Vertreter der Kokken sind die Staphylokokken. Die zweite Gruppe umfaßt die *Bazillen*, deren Zellen zylinder- oder stäbchenförmig erscheinen; der Durchmesser dieser 5—8 μm langen Zylinder beträgt ungefähr 1 μm; zu dieser Gruppe gehören unter anderen die Coli-Bazillen. In der dritten Gruppe sind die schraubenförmig gedrehten Bakterien zusammengefaßt, die man *Spirillen* nennt und die um ein Mehrfaches länger als die Bazillen sein können — ein Vertreter dieser Gruppe ist das im Süßwasser lebende *Spirillum volutans.*

Eine zweite Einteilung der Eubacteria beruht auf einer Färbung, die nach Christian Gram, der sie 1884 in Dänemark entwickelt hatte, die Gram-Methode genannt wird. Sie besteht darin, ein hitzefixiertes Bakterienpräparat erst mit einem basischen Farbstoff, z. B. mit Kristallviolett, und mit Jod anzufärben, um es dann mit einem organischen Lösungsmittel zu behandeln. Die Zellen, die man als *Gram-negative* Bakterien bezeichnet, werden durch das organische Lösungsmittel rasch entfärbt, während die *Gram-positiven* Zellen nach dieser Behandlung gefärbt bleiben. Man vermutete, daß dieser Unterschied durch einen grundsätzlichen chemischen Unterschied in den zwei Zellarten bewirkt wurde, aber man konnte ihn erst gegen Ende der fünfziger Jahre näher bestimmen. Als man die Bakterienzellwände sehr sorgfältig zu untersuchen begann, fand man in den Wänden der Gram-negativen Bakterien einen viel höheren Lipidgehalt als in den Wänden der Gram-positiven Bakterien. Die organischen Lösungsmittel, die die Lipid-Substanzen rasch lösen, dringen deshalb in die Zellen der Gram-negativen Bakterien ein und waschen dort den Farbstoff aus. Im Gegensatz dazu bilden die lipidarmen Wände der Gram-positiven Bakterien eine Schranke, die das Eindringen der organischen Lösungsmittel verhindert.

Die meisten Eubacteria vermehren sich durch einfache Zellteilungen, einige Formen pflanzen sich allerdings durch Knospung fort. Wir haben bereits in Kap. 10 die Konjugation der E. coli-Bakterien beschrieben, bei der genetische Substanz von einem Bakterium in ein zweites übertragen wird.

14.8. Bakterien-Kern

Man sollte eigentlich nicht von einem Bakterien-Kern sprechen, da die genetische Substanz der Bakterien nicht durch eine begrenzende Membran vom übrigen Cytoplasma abgetrennt ist. Das Bakteriengenom, dessen Struktur gelegentlich als *Nucleoid* bezeichnet wird, übt aber sicherlich eine Kernfunktion aus. Die genetische Substanz der Bakterien ist wesentlich einfacher als die Chromosomen der höheren Organismen organisiert, weshalb es nicht richtig wäre, von einem Bakterien-Chromosom zu sprechen. Wir werden aber aus Bequemlichkeitsgründen neben dem Ausdruck „Nucleoid" auch die Wörter „Kernsubstanz" und „Kernzone" anwenden.

Vor der Erfindung der Feulgen-Färbung in den dreißiger Jahren konnte man mit Hilfe der damals üblichen Färbungs-Methoden die DNA in den Bakterienzellen kaum eindeutig nachweisen, da das Bakterien-Cytoplasma große Mengen an RNA enthält. RNA verbindet sich sehr stark mit basischen Farbstoffen, so daß die eigentliche Kernsubstanz nur sehr undeutlich angefärbt wird. Mit Hilfe der Feulgen-Reaktion, bei der nur die DNA gefärbt wird, oder mit anderen modernen Methoden, worunter der Abbau der RNA durch Ribonuclease oder durch eine saure Hydrolyse besonders wirksam war, konnte die Kernzone der Bakterien deutlich nachgewiesen werden.

Ende der fünfziger Jahre hat man begonnen, die Nucleoide des Gram-positiven Bakteriums *Bacillus subtilis* und des Gram-negativen *Escherichia coli*-Bakteriums mit Hilfe der Elektronenmikroskopie und Ultradünnschnittechnik zu untersuchen. Man hat dabei in der Nucleoid-Zone einzelne, zusammenhängende Strukturen von feinen Fäden entdeckt (Abb. 14—13). Die Formen und Größen der Nucleoide sind bei den verschiedenen Bakteriengruppen sehr unterschiedlich. Diese Zonen enthalten neben der DNA keine anderen Makromoleküle. Eine Ausnahme bilden die schnell wachsenden Bakterien, in deren Kernzone auch RNA vorkommt. Man hat aber bis jetzt in keinem der untersuchten Bakterien Proteine gefunden, die mit den Histonen oder den sauren Kernproteinen der tierischen und pflanzlichen Zellen verglichen werden könnten. Die *E. coli*-Bakterien der langsam wachsenden Stämme enthalten nur ein oder zwei Nucleoide, während die Zellen der schnell wachsenden Stämme zwei bis vier besitzen (Zellen mit vier Nucleoiden haben wahrscheinlich eine vollständige „Kern"-, aber keine Zellteilung durchlaufen).

Genetische Untersuchungen an Bakterien zeigen, daß deren DNA die Merkmale einer linearen, in sich geschlossenen Struktur, die ein einfacher Ring sein könnte, besitzt.

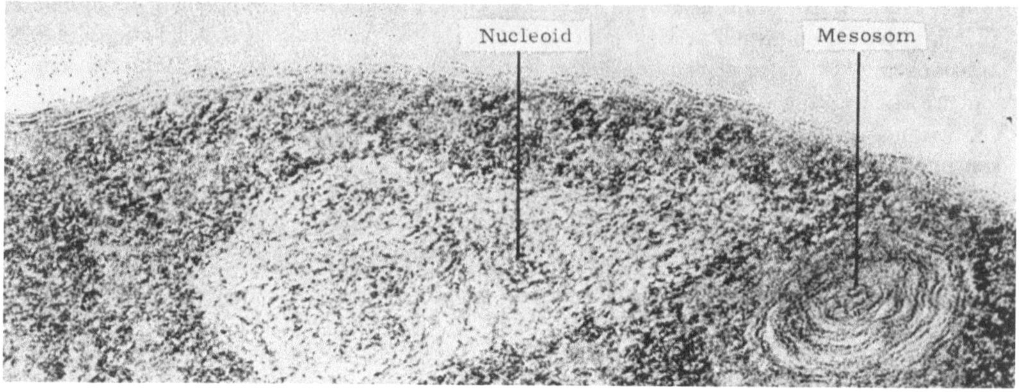

Abb. 14—13. Elektronenmikroskopische Aufnahme des Schnitts durch eine mutierte Form von *E. coli.* Die Kernzone scheint an die Basis eines Mesosoms angeheftet zu sein. 112 000fache Vergrößerung. (Aus A. Ryter.)

Diese Schlußfolgerungen wurden später durch elektronenmikroskopische Untersuchungen unterstützt, die Kleinschmidt (1961) an isolierter Bakterien-DNA durchgeführt hatte; er konnte im Elektronenmikroskop weder freie Enden noch plötzliche Unregelmäßigkeiten dieser Moleküle entdecken. Die autoradiographischen Untersuchungen von Cairns (1963) bewiesen ebenfalls die Ringstruktur der genetischen Substanz von *E. coli,* dessen einziges großes DNA-Molekül ungefähr 1 000 μm lang ist. Dieser lange DNA-Faden ist natürlich im Innern der Bakterienzellen sehr eng gefaltet oder aufgewickelt, da das Volumen der Kernzone nur ungefähr 1 μm^3 groß ist. Auf den elektronenmikroskopischen Bildern von Serienschnitten durch die Nucleoide von *B. subtilis* und *E. coli* kann man geordnete Strukturen erkennen, in denen die parallel angeordneten DNA-Fibrillen zu Bündeln aufgefaltet sind, die gelegentlich bis zu 500 DNA-Helices enthalten (Kellenberger, 1960; Finks, 1965; und andere). Diese Bündel sind außerdem meistens parallel zur Längsachse der Bakterienzelle angeordnet (Abb. 14—14). Manchmal beobachtet man zwei umeinandergewickelte DNA-Bündel. Obwohl diese Fibrillen gesetzmäßig angeordnet sind, ist ihr Muster in keiner Zelle wie in einer anderen, weshalb die genaue Aufklärung dieser Strukturen schwierig durchzuführen ist. Der Grad an Regelmäßigkeit dieser Bakterienstrukturen ist wahrscheinlich niedriger als derjenige der Chromosomen-Strukturen höherer Organismen.

Vor der Teilung eines Nucleoids und der Trennung der Tochter-Nucleoide muß sich das DNA-Molekül verdoppeln (s. Abschn. 3.1 und Abb. 3—8). Die Replikation beginnt an einem bestimmten Punkt der DNA und schreitet immer in der gleichen Richtung entlang dem ringförmigen Molekül fort, bis wieder der Ausgangspunkt erreicht wird, worauf ein neuer Replikationszyklus beginnt. Auf welche Weise kann sich aber die genetische Substanz, die stark gefaltet und aufgewunden ist, ihrer ganzen Länge nach entwinden? Bei der Erklärung dieses Vorganges müssen wir, wie in den Chromosomen der tierischen und pflanzlichen Zellen, eine (oder mehrere) Bruch- und Wiedervereinigungs-Stelle(n) annehmen, um die sich einzelne Abschnitte des DNA-Moleküls frei drehen können, so daß sich die Helix dort aufdreht. In den frühen Stadien der Nucleoid-Teilung verändert sich, wie man im Phasenkontrastmikroskop beobachten

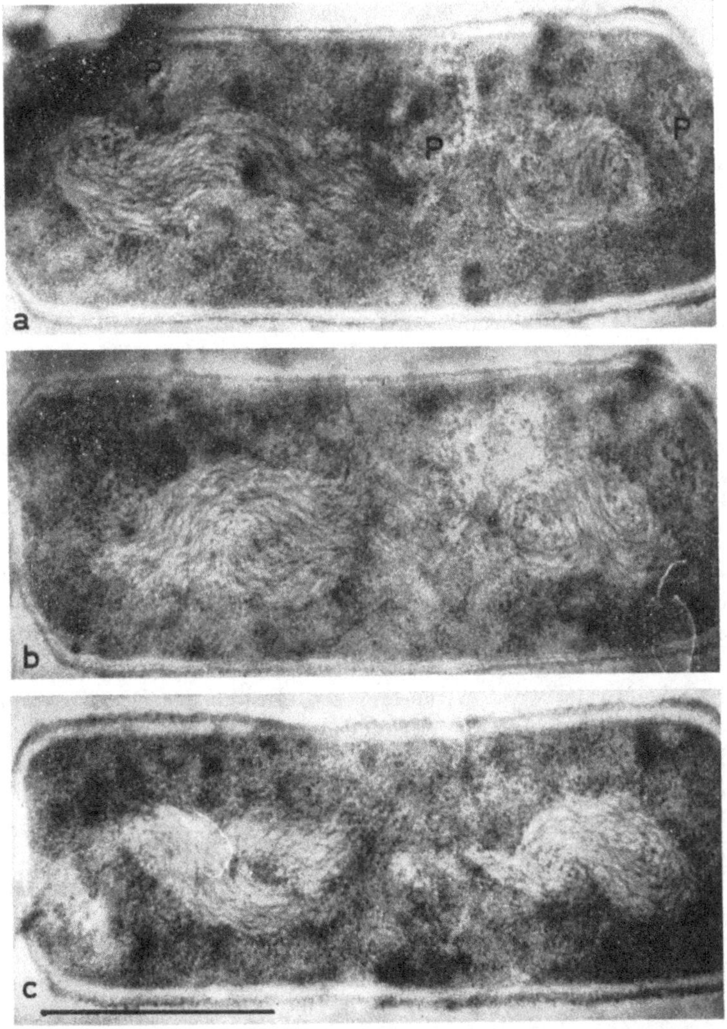

Abb. 14—14. Elektronenmikroskopische Aufnahmen des *Bacillus subtilis;* die kurze Schnittserie zeigt die Nucleoide. Das Nucleoid auf der linken Seite besteht aus einem Faser-Bündel, das in der Nähe der Zellmitte entspringt und sich gegen den linken Pol der Zelle fortsetzt; dann kehrt es zurück und scheint wieder in der Nähe der Zellmitte aufzuhören. Das Nucleoid auf der rechten Seite ist in einer ähnlichen Weise angeordnet. P möglicher Anheftungspunkt an die Plasmamembran. 61 000fache Vergrößerung. (Wiedergabe mit Erlaubnis von G. W. Fuhs aus Genetics Today. Copyright © 1965, Pergamon Press Ltd.)

kann, die Nucleoid-Form sehr rasch. Gelegentlich kann man dabei Systeme dreier Ringe erkennen, die sich in zwei Punkten berühren und dem Bild der bakteriellen Replikation auffällig gleichen, die Cairns mit Hilfe der Autoradiographie erhalten hat (Abb. 3—8). Eine genauere Analyse dieser Strukturen ist wegen der Überlappung der Fibrillenbündel aber kaum möglich.

Ein weiterer Gesichtspunkt der Nucleoid-Teilung, der noch nicht geklärt ist, betrifft die Trennung der verdoppelten Gensubstanz und deren gleichmäßige Aufteilung auf die Tochterzellen. Die Bakterien besitzen nämlich keine sichtbare Struktur, die dem Mitose-Apparat der höheren Zellen entsprechen könnte. Jacob, Brenner und Cuzin schlugen 1964 einen Teilungsmechanismus vor, bei dem das Bakterien-Nucleoid an die Plasmamembran angeheftet wäre und die zwei Tochter-Nucleoide an deren Anheftungspunkten durch die Bildung der neuen Membransubstanz während der Zellteilung getrennt würden. Eine derartige Beziehung zwischen dem Nucleoid und der Plasmamembran ist nicht nur bei vielen morphologischen Untersuchungen, sondern auch bei den experimentellen Studien an isolierten Membran-Stücken festgestellt worden. Vielleicht besteht aber diese Verbindung nicht unmittelbar zwischen dem Nucleoid und der Plasmamembran, sondern zwischen dem Nucleoid und einem Mesosom, das in die Plasmamembran übergeht. Die Mesosomen sind Membranstrukturen, die in den cytoplasmatischen Regionen von Gram-positiven Bakterien sehr gut zu sehen sind, während ihre Formen in den Gram-negativen Zellen weniger deutlich hervortreten. Cytochemische Untersuchungen haben ergeben, daß die Mesosomen das Elektronentransportsystem der Bakterien enthalten. Sehr oft steht eines der Mesosomen mit der Kernzone in Berührung (Abb. 14—13), so daß wahrscheinlich entweder zwischen der Plasmamembran und der DNA, oder zwischen der Mesosomenmembran und der DNA eine Verbindung besteht, durch die nach der Replikation der DNA die genaue Trennung der zwei Tochter-Nucleoiden zustandekommen könnte.

Dieser Vorgang ist tatächlich mit Hilfe von Serienschnitten im Elektronenmikroskop beobachtet worden. Dabei war zu Beginn der DNA-Replikation das Nucleoid mit einem einzelnen Mesosom verbunden, das sich dann aber während der Neubildung der DNA in zwei Strukturen aufspaltete. Nach der DNA-Replikation wanderten die zwei Mesosomen, von denen ein jedes ein Tochter-Nucleoid mit sich trug, in entgegengesetzte Richtungen. Während der Bildung der DNA entstand demnach auch neue Mesosomen-Membransubstanz. Obwohl man die neue Membransubstanz nicht leicht von der alten unterscheiden kann, weisen einige Beobachtungen darauf hin, daß sie in der Nähe derjenigen Stelle gebildet wird, an dem das Nucleoid an die Membran angeheftet ist. Man hat auch Mesosomen beobachtet, die sich während der Zellteilung an die neue Quer- oder Scheidewand anheften und dort deren Bildung überwachen (Abb. 14—17).

14.9. Cytoplasma und Plasmamembran

Das Cytoplasma der Bakterienzellen, die sich sehr oft teilen, enthält erwartungsgemäß viele Ribosomen. Zum Beispiel besteht 30% des Trockengewichts von *E. coli*-Zellen, die sich alle 30 Minuten teilen, aus Ribonucleoproteinen und 25% aus RNA. Das Cytoplasma derartiger, sich schnell vermehrender Zellen zeigt eine feingranuläre Struktur, die auf das Vorhandensein vieler Ribosomen zurückzuführen ist (Abb. 14—15). Diese Ribosomen sind aber keine freien runden Einheiten, sondern Teile eines komplizierten Netzwerks aus untereinander verbundenen Strukturen. Diese feinen elektronendichten Fibrillen, durch die die einzelnen Ribosomen miteinander verknüpft sind, weisen unterschiedliche Dicken auf, die häufig an der unteren Sichtbarkeitsgrenze liegen (10 Å). Die Fibrillen, die sich gelegentlich von der Plasmamembran bis zu dem Nucleoid hinziehen,

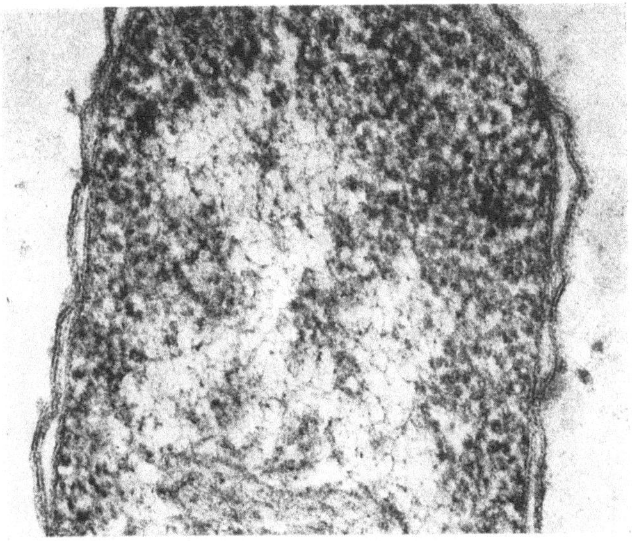

Abb. 14—15. Elektronenmikroskopische Aufnahme eines *E. coli*-Bakteriums in der exponentiellen Wachstumsphase. Hier sind keine unabhängigen, abgerundeten Ribosomen zu erkennen, sondern dichtere, untereinander verbundene Bezirke. Das Cytoplasma scheint eine Polyribosomen-Struktur zu besitzen. 130 000fache Vergrößerung. (Aus W. van Iterson.)

sind in einigen Zonen deutlich schraubenförmig aufgerollt. Die Bakterien-Ribosomen sind daher vermutlich Polyribosomen, deren einzelne Teilchen durch feine RNA-Stränge untereinander verbunden sind.

Die wichtigste Struktur des Bakterien-Cytoplasmas, die an die Plasmamembran gebunden bleibt, ist das Mesosom (Abb. 14—16). Die Mesosomen der Gram-positiven Bakterien sind, im Gegensatz zu den unbestimmten Gebilden der Gram-negativen Zellen, deutliche und gut entwickelte Strukturen. Die Mesosomen besitzen eine kennzeichnende dreischichtige Membran, die in die Plasmamembran übergeht; es scheint deshalb,

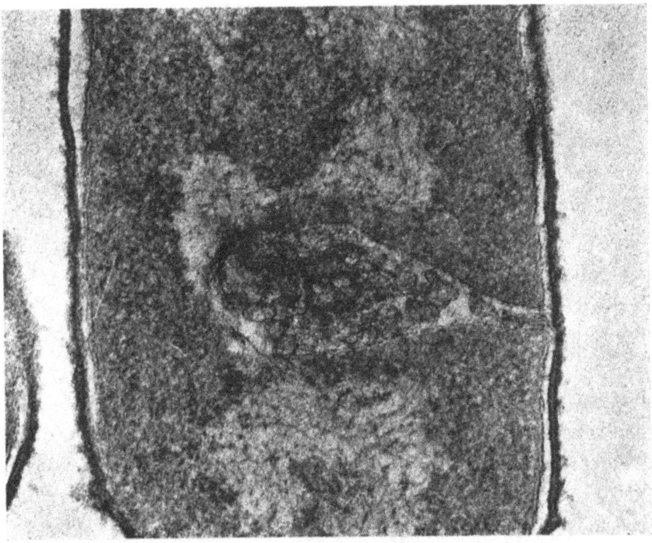

Abb. 14—16. Elektronenmikroskopische Aufnahme des *Bacillus subtilis,* der mit Tellurit behandelt worden ist (die reduzierte Form des Tellurits ist sehr elektronendicht); das Mesosom (Chondrioid) ist von einer Einstülpung der Plasmamembran umgeben, so daß der Mesosomenraum mit dem Raum zwischen der Plasmamembran und der Zellwand in Verbindung steht. 97 000fache Vergrößerung. (Aus W. van Iterson.)

als ob sie aus eingestülpten Plasmamembran-Taschen entstanden wären. Die inneren Strukturen der Mesosomen, die sich bei den verschiedenen Arten der Gram-positiven Bakterien voneinander unterscheiden, weisen manchmal Kanälchen auf oder gleichen einer Perlenkette.

Das Elektronentransportsystem, das die Cytochrome und Succinat-dehydrogenase enthält, ist wahrscheinlich bei allen Bakterien nicht an die Plasmamembran, sondern an die Mesosomen gebunden. Die Mesosomen, die gelegentlich auch als Chondrioide bezeichnet werden, würden in diesem Fall den Mitochondrien der höheren Zellen entsprechen. Sie sind aber, im Gegensatz zu den Mitochondrien, keine in sich geschlossenen freien Strukturen, sondern lediglich Erweiterungen der Plasmamembran. Da sie auch mit der Kernsubstanz eng verbunden sind, spielen sie möglicherweise beim intrazellulären Transportmechanismus eine Rolle und versorgen zugleich das Nucleoid mit der notwendigen Energie. Sie enthalten wahrscheinlich — dank ihrer engen Verbindung mit der Kernsubstanz — keine DNA wie die Mitochondrien der tierischen und der pflanzlichen Zellen.

Die Photosynthese-Bakterien (z. B. *Rhodospirillum rubrum*) besitzen neben den Mesosomen eine zweite Membran-Struktur, die als *Chromatophor* bezeichnet wird, da in ihr die Photosynthese abläuft. Jedes Chromatophor ist, wie das Mesosom, von einer Einzelmembran umgeben, die in die Plasmamembran übergeht. Die Chromatophoren, deren Durchmesser 100 Å betragen kann, füllen einen großen Teil des Cytoplasmas dieser Bakterien aus und verdecken oft auch die Ribosomen. Ihre Hauptbestandteile sind Proteine und Lipide. Sie enthalten neben den Chlorophyll- und den Carotinoid-Farbstoffen auch das System der Enzyme und Elektronenüberträger, das bei der photosynthetischen Phosphorylierung benötigt wird.

Reservematerial der Bakterienzellen wird entweder in fein zerteilten, oder in größeren, deutlich abgegrenzten Granula gespeichert. Unter diesen Substanzen befinden sich organische Polymere, die entweder als Kohlenstoff-Vorrat (z. B. Poly-β-hydroxybuttersäure) oder als Energiequelle (z. B. ein Polymer der Glucose) dienen. Darüber hinaus besitzen viele Bakterien große Vorräte anorganischer Phosphorsäure, die als Granula aus Metaphosphat-Polymeren oder Volutin vorkommen. Da diese Granula einen hohen Brechungsindex besitzen, können sie im Lichtmikroskop deutlich gesehen werden. Ein dritter Vorratsstoff der Bakterien ist elementarer Schwefel, der bei der Oxidation des Schwefelwasserstoffs entsteht. Er kommt bei bestimmten Schwefelbakterien, die ihn als Energiequelle benutzen, als kugelförmige Tröpfchen vor.

Die Plasmamembran der Bakterienzellen besteht aus den gleichen drei Lipoproteinschichten wie diejenige der pflanzlichen und der tierischen Zellen. Da viele Bakterien eine ganz besondere Ernährungsbiologie aufweisen, ist es wichtig zu wissen, auf welche Weise die Substanzen durch die Membran transportiert werden. Die Aufnahme und Ausnutzung der spezifischen Nährstoffe dieser Bakterien verlangt nicht nur das Vorhandensein der passenden intrazellulären Enzyme, sondern auch geeignete und hochspezifische Transportmechanismen. Die Enzyme, durch die einige Substanzen gegen deren Konzentrationsgefälle aktiv durch eine Membran hindurchbefördert werden, sind die Permeasen. Die Plasmamembran pumpt dabei die Metaboliten in einer äußerst wirksamen Weise in die Zellen hinein, so daß der osmotische Druck im Zellinnern 20 Atmosphären erreichen kann.

14.10. Bakterien-Zellwände

Die Plasmamembran allein könnte dem hohen inneren osmotischen Druck nicht widerstehen, aber das Zerplatzen der Zellen wird durch eine kräftige und starre äußere Wand verhindert. Diese Wand übt wahrscheinlich nur schützende und mechanische Funktionen aus, da sie für die Durchlässigkeit und den Stoffwechsel der Zellen ohne Bedeutung ist. Wird die Wand entfernt oder beschädigt, so platzt die Bakterienzelle. Man kann aber ein Bakterium, dessen Wand beispielsweise durch eine Lysozym-Behandlung entfernt worden ist, dadurch vor dem Zerplatzen schützen, daß man den Protoplasten in ein Medium mit gleichem osmotischen Druck wie das Cytoplasma bringt. Da die Protoplasten in diesem Fall immer eine Kugelform annehmen, ist es die Wand, die einem Bakterium die kennzeichnende Form verleiht.

Die Zellwände können rein gewonnen werden, indem man die Bakterien aufbricht und die intrazelluläre Substanz durch Waschen entfernt. Derartige isolierte Wände behalten ihre charakteristischen Formen immer bei. Die Gram-positiven Bakterien besitzen eine 150—200 Å dicke Wand, die der ganzen Länge nach an der Plasmamembran anhaftet (Abb. 14—17). Im Gegensatz dazu berührt die Wand der Gram-negativen Zellen, die 75—120 Å dick ist, die Plasmamembran nur in bestimmten Abschnitten (Abb. 14—18). Der größte Teil dieser Wand bildet deshalb einen wellenförmigen, von der Plasmamembran deutlich abgetrennten Überzug.

Die ersten chemischen Analysen der Bakterienwände sind in den fünfziger Jahren von Salton durchgeführt worden. In den sechziger Jahren bestimmten dann Sharon, Perkins und andere Forscher weitere Einzelheiten dieser Wandstrukturen. Die Bakterienwände sind viel komplizierter als die Cellulosewände der Pflanzen aufgebaut. Zudem unterscheiden sich nicht nur die Wände der Gram-positiven von denjenigen der Gram-negativen Bakterien durch wichtige Merkmale, sondern man findet auch Unterschiede zwischen unterschiedlichen Bakterien-Arten innerhalb der zwei Gruppen.

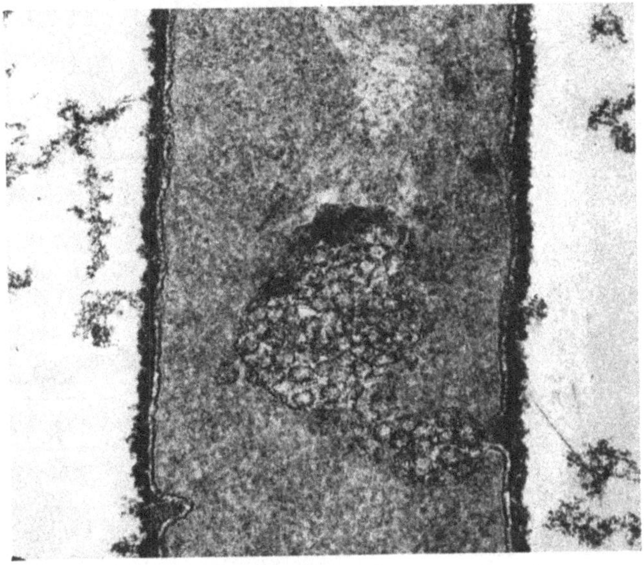

Abb. 14—17. Elektronenmikroskopische Aufnahme des Gram-positiven Bakteriums *Bacillus subtilis;* die Plasmamembran haftet lückenlos an der dicken Wand an. Man kann auf dem Bild außerdem den Beginn einer Querwand-Bildung sehen. 94 000fache Vergrößerung. (Aus W. van Iterson.)

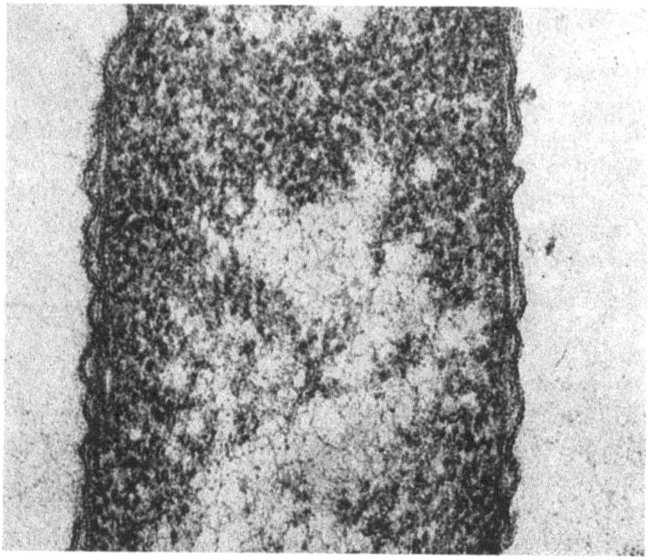

Abb. 14—18. Elektronenmikroskopische Aufnahme des Gram-negativen Bakteriums *E. coli,* dessen dünne Wand nicht parallel, sondern wellenförmig zu der Plasmamembran verläuft. 110 000fache Vergrößerung. (Aus W. van Iterson.)

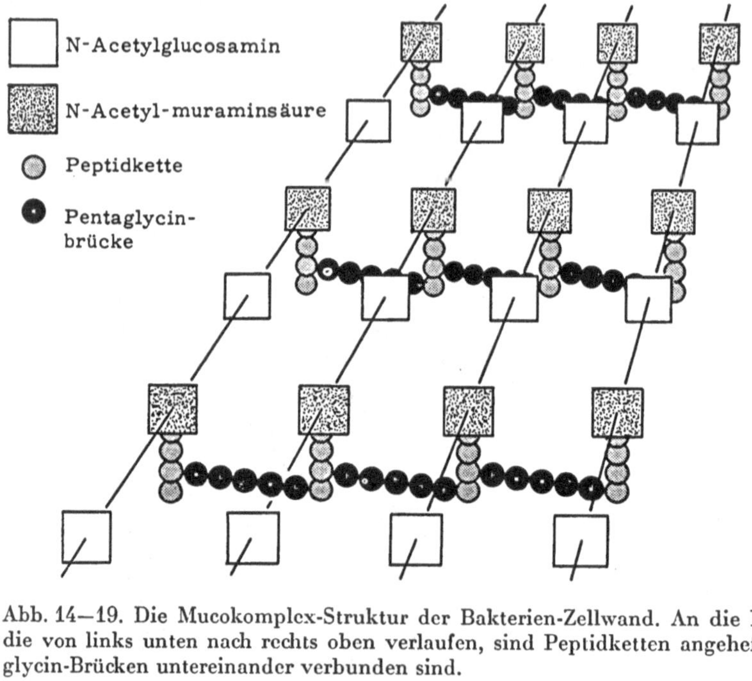

Abb. 14—19. Die Mucokomplex-Struktur der Bakterien-Zellwand. An die Polysaccharid-Ketten, die von links unten nach rechts oben verlaufen, sind Peptidketten angeheftet, die durch Pentaglycin-Brücken untereinander verbunden sind.

Alle Bakterien-Zellwände besitzen einen gemeinsamen, makromolekularen Bestandteil, der aus zwei einfachen Zuckern und drei oder vier Aminosäuren zusammengesetzt ist. Diese Makromoleküle bauen die Grundstruktur oder den Mucokomplex der Wand auf, der nur bei den Bakterien vorkommt und der Struktur Festigkeit verleiht. Die zwei Zucker sind N-Acetyl-glucosamin und N-Acetyl-muraminsäure (Abb. 7—25 und Abb. 7—31). Diese beiden Aminozucker kommen im Mucokomplex der Wand alternierend vor — durch glykosidische Bindungen vereint (Abb. 14—19). Die Aminosäuren der Bakterien-Wände sind Glutaminsäure, Alanin, Glycin und gelegentlich Lysin, das aber bei vielen Bakterien durch ein ähnliches Molekül, Diaminopimelinsäure, ersetzt ist:

$$\begin{array}{l} HOOC-\underset{\displaystyle NH_2}{\underset{|}{CH}}-CH_2-CH_2-CH_2-\underset{\displaystyle NH_2}{\underset{|}{CH}}-COOH \end{array}$$

Glutaminsäure und das Alanin liegen zu einem großen Teil in der Form ihrer D-Stereoisomeren vor, die in den Proteinen nie gefunden werden. Im Mucokomplex bilden diese wenigen Aminosäuren kurze Peptidketten, die sowohl untereinander als auch mit den Polysaccharidketten verbunden sind (Abb. 14—19). Auf diese Weise entsteht ein dreidimensionales Netzwerk von beachtlicher Widerstandsfähigkeit und mechanischer Festigkeit.

Dieser Mucokomplex ist in den Wänden der Gram-positiven Bakterien in großen Mengen vorhanden, und in einigen Fällen ist er sogar der einzige makromolekulare Bestandteil der Wand. Andere Gram-positive Bakterienwände enthalten daneben auch einfache Polysaccharide und gelegentlich Teichonsäuren, Polymere aus Glucose, Alanin, und Glycerin oder Ribitol (ein C_5-Alkohol).

In den Gram-negativen Bakterienwänden kommen dagegen nur sehr kleine Mengen des Mucokomplexes und, soviel wir wissen, nie Teichonsäuren vor. Diese Wände enthalten sehr viele Proteine, Lipide und Polysaccharide. Ihr Lipidgehalt beträgt gelegentlich 20—30% der gesamten Wandsubstanz. Die elektronenmikroskopischen Bilder zeigen, daß die Wände von Gram-negativen Bakterien aus mehreren unterschiedlichen Schichten bestehen können. Zum Beispiel enthält die *E. coli*-Wand einen äußeren Lipoprotein-Polysaccharid-Komplex.

Der Wachstum-Mechanismus der Bakterienwände ist noch nicht genau bekannt. Cole und May wendeten in den sechziger Jahren die Immunofluoreszenz-Methoden an, durch die sie die alten von den neuen Wandsubstanzen unterscheiden konnten. Dabei entdeckten sie bei den verschiedenen Bakterien-Arten sehr unterschiedliche Mechanismen der Wandbildung. Zum Beispiel bauten die einen Bakterien die neuen Zellwand-Substanzen gleichmäßig verteilt in die alte Wand ein, während bei anderen eine bipolare Wandausdehnung beobachtet wurde durch die Bildung von Kappen aus neuem Material an entgegengesetzten Enden.

Die Bakterienzellen werden durch die Lysozyme zerstört, indem diese die Bindungen zwischen den Aminozucker-Einheiten der Zellwände spalten (s. Kap. 4). Dagegen tötet Penicillin die Bakterien dadurch ab, daß es die Bildung der Zellwände verhindert (Park und Strominger, seit 1957). Es wirkt deshalb bei Tieren nicht toxisch, da es lediglich die Synthese von Substanzen hemmt, die in Tieren nicht vorkommen; insbesondere hemmt Penicillin die Endstufe der Mucokomplexbildung, indem es die Reaktion verhindert, durch die die Peptidseitenketten von benachbarten Polysaccharid-ketten diese miteinander verbinden. Aus diesem Grund ist Penicillin für die meisten Gram-positiven Bakterien sehr toxisch, während es bei den meisten Gram-negativen Zellen erst in sehr hohen Konzentrationen giftig wirkt.

Clarke, O'Grady und deren Mitarbeiter (1969) haben die Oberflächen von mehreren Bakterien-Arten im Rasterelektronenmikroskop untersucht, nachdem diese mit dem Antibiotikum Ampicillin behandelt worden sind. Dabei beobachteten sie bei den Staphylokokken viele zerstörte Stellen, die willkürlich über die ganze Oberfläche verteilt waren; bei den Streptokokken lag die Hauptwirkung dagegen in der Teilungszone, wo die Zellwand oft vollständig zusammengebrochen war, so daß sie wie das Kerngehäuse eines Apfels aussah. Diese unterschiedlichen Wirkungen eines bestimmten Antibiotikums lassen sich mit den in diesem Abschnitt schon erwähnten Beobachtungen über die verschiedenen Wandbildungsmechanismen gut vereinbaren. Andere Antibiotika greifen die Bakterien in einer anderen Weise an.

Cline und Lehrer (1969) haben den Vorgang aufgeklärt, durch den die weißen Blutkörperchen der Säugetiere die phagocytierten Mikroorganismen in ihrem Cytoplasma töten. Diese Zellen bilden das Enzym D-Aminosäureoxidase, das die D-Aminosäuren der Bakterien-Zellwände in die entsprechenden Ketosäuren umwandelt. Dabei entsteht Wasserstoffperoxid, das vermutlich für die bakterientötende Wirkung der weißen Blutkörperchen verantwortlich ist.

Die Bakterien (auch die nahe miteinander verwandten) können durch ihre spezifischen Antigeneigenschaften voneinander unterschieden werden. Da eine wichtige Gruppe von Antigenen auf der Zellwand sitzt, wird diese Spezifität zu einem großen Teil von den qualitativen und quantitativen Unterschieden in den Wandzusammensetzungen bestimmt.

14.11. Bakteriengeißeln

Die meisten Eubacteria sind unbeweglich. Die wenigen anderen Arten bewegen sich immer mit Hilfe von einer oder mehreren Geißeln fort. Bei den beweglichen Eubacteria unterscheidet man die peritrichen Arten (Abb. 14—20 a), die an ihren Zellseiten entlang viele Geißeln besitzen, von den polaren Formen, deren Geißeln (oder Geißel) immer an einem oder an beiden Enden der Zellen angeheftet sind (Abb. 14—20 b). Die Bakteriengeißeln lassen sich mechanisch an oder in der Nähe der Zellwandoberfläche abbrechen. Man hat bei derartigen isolierten Geißeln Antigen-Spezifitäten gefunden: jede Bakterien-Art, und manchmal sogar jeder Stamm innerhalb einer Art enthält ihr kennzeichnendes Geißelprotein. Die Geißeln entstehen im Cytoplasma, denn entfernt man mit Hilfe des Lysozyms die Zellwand, so bleiben sie mit dem Protoplasten verbunden. Ein derartiger geißeltragender Protoplast kann sich aber nicht bewegen, da die starre Wand als fester Stützpunkt für die Bewegung wirken muß.

Abb. 14—20. (a) Elektronenmikroskopische Aufnahme des peritrichen Bakteriums *Proteus mirabilis.* 9700fache Vergrößerung. (Aus J. F. M. Hoeniger.) (b) Elektronenmikroskopische Aufnahme des Bakteriums *Pseudomonas fluorescens* mit polarer Begeißelung nach Metallbeschattung. 22 000fache Vergrößerung. (Aus A. L. Houwink.)

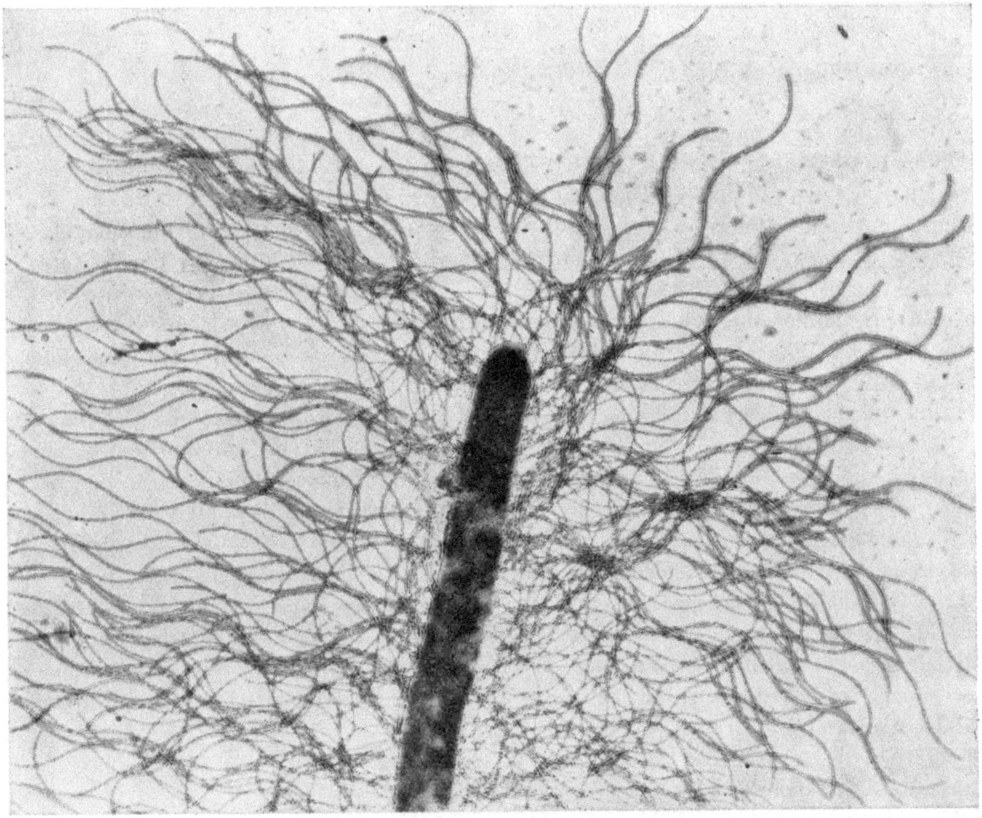
a

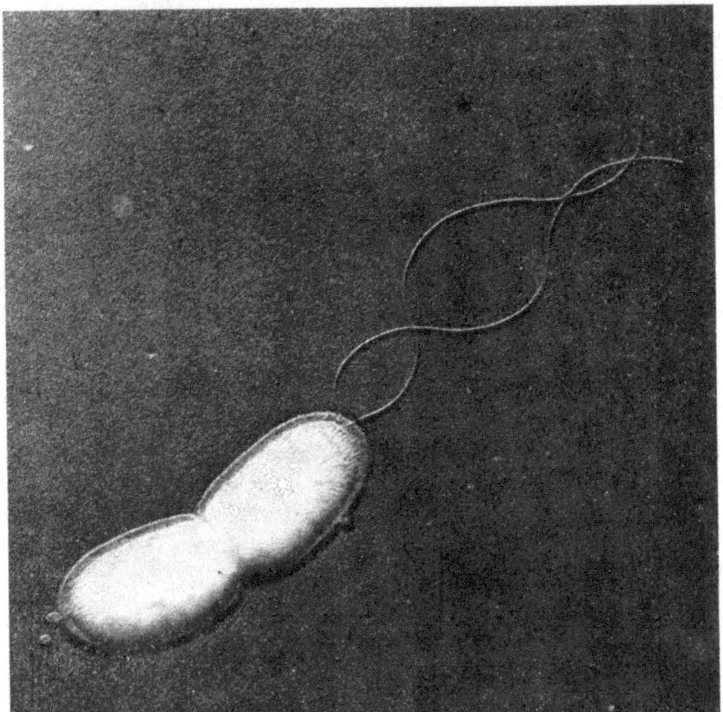
b

14.12. Bakterien-Kolonien

Die Nachkommen eines Bakteriums, das sich in oder auf der Oberfläche eines festen Mediums vermehrt, bilden eine örtlich begrenzte Kolonie. Wächst die Kolonie im Innern eines festen Mediums (z. B. in einem Agarmedium), so hängt ihre Form hauptsächlich vom freien Raum ab, der der wachsenden Masse dort zur Verfügung steht. Im Gegensatz dazu weisen die Kolonien auf der Oberfläche des Mediums oft Formen auf, die für eine bestimmte Art kennzeichnend sind; man kann deshalb diese Formen als ein erstes Erkennungsmerkmal der Art benutzen. Dabei werden vor allem die Größe, Form und Farbe einer bestimmten Kolonie berücksichtigt. So können die Kolonien eine glatte, körnige oder faserige Struktur aufweisen; ihre Ränder können glatt oder zackig sein, und sie erscheinen entweder durchsichtig oder undurchsichtig, trübe oder glänzend.

Das Aussehen einer Kolonie wird durch die Struktur der sie aufbauenden Zellen und durch das Verhalten der Zellen während des Wachstums bestimmt. Zum Beispiel bilden stäbchenförmige Zellen, die meistens nach der Zellteilung in Ketten aneinandergeheftet bleiben, faserige Kolonien, deren Ränder gekrümmte, haarförmige Fortsätze aufweisen. Die Fortsätze sind deshalb gekrümmt, weil sich die Zellen in bezug auf ihre Längsachsen leicht asymmetrisch teilen, wodurch eine regelmäßig gebogene Zellkette entsteht. Die kapseltragenden Bakterien (s. unten) bilden hingegen schleimige Kolonien, und bei den beweglichen Formen sind die Geißeln manchmal so orientiert und ihre Bewegungen so koordiniert, daß die ganze Kolonie über die Agar-Oberfläche wandert und dabei auch noch rotiert!

14.13. Überlebens-Mechanismen

Wir fragen uns in diesem Abschnitt, wie die Bakterienzellen überleben können. Als wichtigste Struktur ist die Zellwand zu erwähnen, die die Zelle nicht nur gegen mechanische Verletzungen schützt, sondern es ihr auch ermöglicht, in ihrer im Vergleich zum Cytoplasma vorwiegend hypotonischen Umgebung zu überleben. Zellen, deren Wände z. B. durch eine Penicillinbehandlung defekt sind, können in einem Medium überleben, dessen osmotischer Druck durch die Zugabe von Salzen oder Serum demjenigen des Cytoplasmas entspricht.

1935 wurde aus einer Ratte ein Bakterium isoliert, das keine Zellwand besaß. Es war offensichtlich zufällig in einem Bazillen-Stamm entstanden. Dieses Bakterium wurde nach dem Lister Institut in London als L-Form bezeichnet. Später entdeckte man, daß sich die meisten Bakterien bei ungünstigen Umweltbedingungen in die L-Formen umwandeln können, wobei sie aber, wenn sie wieder in ihre ursprüngliche Umgebung zurückversetzt werden, meistens erneut ihre Ausgangsformen annehmen. L-Formen gleichen wegen der fehlenden Zellwand, des Aussehens ihrer Kolonien und gewisser Merkmale ihres Stoffwechsels sehr stark den Mycoplasmen. Man hat deshalb vermutet, die Mycoplasmen könnten L-Formen von Bakterien sein, die sich nicht mehr in ihre Ausgangsformen zurückverwandeln könnten. Die L-Formen der Bakterien sind aber nie ohne ihre parentalen Formen aus kranken Tieren isoliert worden und entstanden grundsätzlich im Laboratorium als Reaktion auf unnatürliche Bedingungen, so daß dieser Zusammenhang mit den Mycoplasmen nicht überzeugend ist.

Viele Bakterien scheiden gallertartige Schleime aus, die sich als Kapseln oder Schleimschichten um die Wand herum ablagern. Die Zusammensetzung der Kapselsubstanzen ist bei den verschiedenen Bakterienarten nicht übereinstimmend; die meisten Kapseln enthalten Polysaccharide, aber einige auch Polypeptide. Diese Kapseln sind für die Zellfunktionen sicher nicht wichtig, denn die Zellen werden weder durch die Entfernung der Kapseln mit spezifischen Enzymen, noch durch eine Mutation geschädigt, die zum Verlust der Fähigkeit führt, die Kapseln herzustellen. Dagegen tragen die Kapseln zu einer erhöhten Überlebenschance der Bakterien bei, da sie durch die phagocytierenden Zellen des Wirts nicht eingeschlossen werden können. Diese Zellen können sich wegen der schleimigen Oberfläche der Kapseln nicht an die Bakterien anheften, um sie in sich aufzunehmen.

Einige Bakterien scheiden Substanzen aus, durch die sie leichter in ihren Wirt eindringen können. Diese Substanzen, die man Agressine nennt, sind häufig Enzyme. Zum Beispiel sind die Hyaluronidase und die Kollagenase zwei Agressine, von denen jedes einen wichtigen Bestandteil des Wirtsbindegewebes abbaut, wodurch sicher die Ausbreitung der Bakterien erleichtert wird. Auch die Streptokinase ist ein Bakterienenzym, das die rasche Ausbreitung der Bakterien im Wirt fördert, denn das Enzym, das von den Streptokokken gebildet wird, löst die Blutgerinnsel auf, die oft an den Infektionsstellen entstehen. Bestimmte Bakterien sind nicht nur widerstandsfähig gegen die Phagocytose, sondern sie stellen zudem die sog. Leucocidine her, die die Phagocyten töten, während andere Bakterien Giftstoffe bilden, durch die die Wirtszellen ebenfalls geschädigt oder getötet werden. Einige Bakterien-Arten stellen das Enzym Penicillinase her, das das Penicillin abbaut.

Die Vertreter einiger weniger Bakteriengruppen besitzen einen weiteren sehr wirksamen Überlebensmechanismus, da sie in eine Ruheform, Spore, übergehen können. Eine der auffälligsten Eigenschaften der Sporen ist ihre große Widerstandsfähigkeit gegen Hitze: einige Sporen leben noch, nachdem sie 2 Stunden auf eine Temperatur von 100 °C erhitzt wurden. Außerdem sind Sporen, im Gegensatz zu normalen wachsenden Bakterienzellen, auch sehr widerstandsfähig gegen Wasserentzug, Bestrahlung, mechanische Verletzungen und Giftstoffe. Da die Sporen keinen Stoffwechsel haben, bleiben sie im getrockneten Zustand bei normalen Temperaturen während vieler Jahre lebensfähig.

Bakterien wandeln sich jeweils dann in die Sporenform um, wenn in ihrer Umgebung ein Nährstoffmangel herrscht. Die Sporenbildung, die im Innern der normalen Bakterienzelle stattfindet, ist insofern ein besonderer Vorgang, als sich die chemische Struktur und die physiologische Funktion der Spore von der Struktur und Funktion der normalen Bakterienzelle sehr stark unterscheiden. Unter geeigneten Bedingungen kann die Spore wieder zu einer normalen wachsenden Bakterienzelle auskeimen. Die Sporenbildung oder Sporulation, die eine Reihe von geordnet ablaufenden Vorgängen umfaßt, kann als einfaches Modellsystem der Differenzierung angesehen werden.

Am Anfang der Sporulation trennt sich ein Teil der genetischen Substanz in der Bakterienzelle ab, um später den Sporenkern zu bilden. Darauf entwickelt sich in der Zelle eine dünne Querwand, die den Teil mit der Kernsubstanz vom übrigen Cytoplasma abtrennt. Die Querwand wächst dann um das Cytoplasma und den Kern der zukünftigen Spore herum, so daß der Sporen-Protoplast oder das Sporeninnere entsteht. Schließlich löst sich die Mutterzelle von der gereiften Spore ab und läßt diese frei.

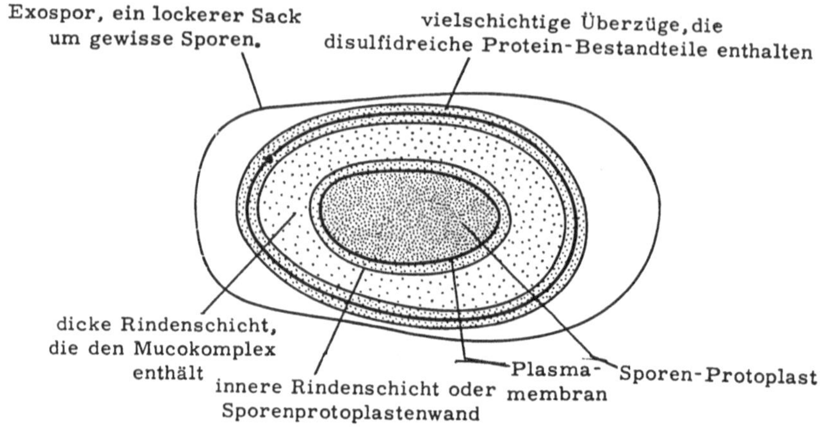

Abb. 14—21. Schematische Darstellung der Struktur einer Bakterien-Spore; die Spore wird von speziellen Material-Schichten umgeben und geschützt. (Nach G. Gould.)

Während des Vorgangs der Sporenreifung lagern sich mehrere Schichten um die Sporenwand herum ab (Abb. 14—21). Unmittelbar über der Protoplasten-Wand entsteht eine dicke Rindenschicht, die zum größten Teil aus dem Polysaccharid-Peptid-Mucokomplex der normalen Bakterien-Zellwand besteht. Darüber werden vielschichtige Proteinüberzüge abgelagert, die ein disulfidreiches Protein enthalten, das dem Keratin ähnlich ist. Die Sporen einiger Bakteriengruppen besitzen eine lose dünne Schicht, Exosporium genannt. Während des Reifungs-Vorganges geben die Sporen ununterbrochen Wasser ab. Der Mechanismus dieser Dehydration ist noch nicht bekannt; wahrscheinlich ist aber die Synthese der Dipicolinsäure

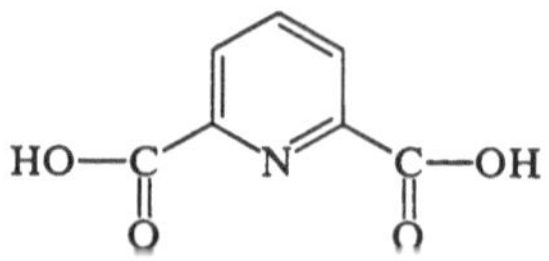

damit verbunden, die in Form ihres Calciumsalzes ein charakteristischer Bestandteil aller Sporen ist.

Der umgekehrte Vorgang, die Keimung der Sporen, kann durch die Zugabe eines einfachen Nährstoffes, z. B. des L-Alanins, eingeleitet werden. Die Sporenrinde wird dabei rasch depolymerisiert, so daß Dipicolinsäure, Calcium und der Mucokomplex aus der Spore austreten. Auf diese Weise verliert sie in 30 Sekunden bis zu 30% ihres Gewichts. Anschließend wächst der Sporen-Protoplast aus den Sporenhüllen und Rinde aus, um sich zu teilen. Die Keimung der Sporen schließt, wie deren Bildung, eine wohlgeordnete Folge von Vorgängen und Reaktionen ein; einige dieser Veränderungen gleichen denjenigen, die beim Wachstumsbeginn von embryonalen oder regenierenden Geweben höherer Organismen beobachtet werden.

Literatur

Smith, K. M.: Biologie der Viren, Parey, Berlin-Hamburg 1967.
Weidel, W.: Virus und Molekularbiologie. Springer, Berlin-Heidelberg-New York 1964.

15. Der Ursprung des Lebens

Die Menschheit hat sich seit den frühesten Zeiten mit der Frage nach dem Ursprung des Lebens beschäftigt, aber der Gedanke, den Virchow in seinem Satz „Omnis cellula e cellula" ausgedrückt hatte, daß alle Lebewesen aus schon bestehenden Lebensformen hervorgingen, wurde sicher erst in der Mitte des 19. Jahrhunderts allgemein angenommen. Aristoteles behauptete z. B., aus jedem trockenen Körper, der befeuchtet würde, oder umgekehrt aus jedem feuchten Körper, der getrocknet würde, könnten Tiere entstehen. Als van Leeuwenhoek mit Hilfe seines Mikroskops in faulenden Substanzen winzige Organismen entdeckte, die er „sehr kleine Tiere" nannte, glaubten viele Forscher an die Urzeugung des Lebens in verderbenden Stoffen, die warm gehalten wurden. Pasteur zeigte mit seinen sorgfältig durchgeführten Sterilisierungsexperimenten, daß bei entsprechender Behandlung alle Mikroben aus organischer Substanz entfernt werden konnten und die sterilisierte Substanz beliebig lange frei von lebenden Organismen blieb. Als allgemein akzeptiert worden war, daß alle Lebensformen aus schon bestehendem Leben entstehen mußten, begann man, sich nach der Entstehung des ersten Lebens auf der Erde zu fragen.

Aus astronomischen Daten kann man schließen, daß die Erde wahrscheinlich vor ungefähr 5000×10^6 Jahren als eine große, aus äußerst heißen glühenden Gasen zusammengesetzte Wolke entstanden war. Einige Forscher glauben, die Erde sei aus der Sonne hervorgegangen, andere nehmen an, daß sie erst später, nachdem sie aus einer Gaswolke oder aus einem anderen Stern entstanden war, in das Sonnensystem einbezogen wurde. Die Untersuchungen des Gesteins, das die Astronauten von *Apollo 11* vom Mond zurückgebracht haben, weisen auf eine Herkunft des Mondes hin (O'Hare und Briggar), die von derjenigen der Erde verschieden ist. Folglich können gewisse Körper des Sonnensystems (vielleicht auch die Erde selbst) eine andere Herkunft als die Sonne haben. Die anfängliche Temperatur auf der Erde war so hoch, daß selbst Schwermetalle wie Eisen in Dampfform vorlagen; bei diesen Temperaturen konnten sicher keine Lebensformen vorkommen. Richter erklärte die Entstehung des Lebens auf der Erde mit der Theorie der Panspermie, nach der überall im Weltall kleine Teilchen aus fester Substanz (die Kosmozoen) vorkommen, die von Himmelskörpern abstammen und durch die Keime der Mikroorganismen verbreitet werden. Nach dieser Theorie wäre folglich das Leben auf anderen Planeten entstanden und durch die Kosmozoen, die möglicherweise im Mittelpunkt von Meteoriten eingeschlossen waren, auf die Erde getragen worden (die äußere Oberfläche der Meteoriten erreicht, wenn diese in die Erdatmosphäre eintreten, eine ungeheuer hohe Temperatur, durch die alles Leben zerstört würde). Helmholtz mußte die Theorie der Panspermie deshalb annehmen, weil es ihm, wie er betonte, auf keine andere Weise gelang, die Herkunft des Lebens auf der Erde wissenschaftlich zu erklären. Heute herrscht aber allgemein die Ansicht, daß das Leben auf der Erde selbst, nachdem sich diese im Laufe von vielen Tausenden von Jahren abgekühlt hatte, entstanden war.

Damit sich das Leben auf der Erde bilden konnte, mußte sie in einem bestimmten Zeitpunkt ihrer Geschichte auf der Oberfläche und der Atmosphäre die geologischen

Voraussetzungen besessen haben, durch die alle Bestandteile, die von den einfachsten lebenden Organismen benötigt wurden, zur Verfügung gestellt werden konnten. Wir müssen bei unserer Betrachtung die wichtige Tatsache berücksichtigen, daß heute fast alle lebenden Systeme der Erde hinsichtlich ihrer Biochemie gegenseitig voneinander abhängen. Zum Beispiel erzeugen die grünen Pflanzen molekularen Sauerstoff aus Kohlendioxid und stellen Glucose her, die sowohl ihnen selbst als auch den Tieren als Energiequelle dient. Weiter können bestimmte Bakterien, die ihre Energie von den grünen Pflanzen beziehen, den Luftstickstoff in Form von Ammoniak und Proteinen binden. Da diese Bakterien den Stickstoff-Kreislauf aufrechterhalten, sind ihrerseits die grünen Pflanzen und auch die Tiere von ihnen abhängig. Bei der Suche nach den Hypothesen über die Bedingungen, die für die Entstehung der ersten Lebensformen erforderlich gewesen sind, müssen deshalb alle diese Faktoren mit berücksichtigt werden. Wir sind sicher, nichts Besseres tun zu können, als den Leser auf die ausgezeichneten und weitsichtigen Abhandlungen von Oparin (1925) und Haldane (1929) und auf das Buch von Bernal (1967) aufmerksam zu machen. Wir bringen deshalb in diesem Kapitel nur eine kurze Zusammenfassung der wichtigsten Schlußfolgerungen und Hypothesen dieser Forscher, wobei wir aber auch die neuen Kenntnisse, zu denen man seit der Veröffentlichung der oben erwähnten Arbeiten gelangt ist, mit berücksichtigt haben.

Die Lösung der Frage nach der Entstehung des Lebens auf der Erde kann auf drei Arten erfolgen:

1. Durch das Studium der Spuren, die die ersten lebenden Organismen in den geologischen Schichten hinterlassen haben. Diese ist die direkte Methode, die von den Paläontologen durchgeführt wird.

2. Durch die Ausführung von Laborexperimenten, bei denen man die Bedingungen nachzuahmen versucht, die während der Entstehung des ersten Lebens auf der Erde geherrscht haben könnten, und die organischen Substanzen prüft, die dabei entstehen. Derartige Experimente können aber nie Auskunft darüber geben, wie oder wann das Leben auf der Erde entstanden ist — sie könnnen nur zu der Formulierung von glaubwürdigen Hypothesen fuhren.

3. Durch das allgemeine Studium der molekularen Eigenschaften heute lebender Organismen; man zieht dann auf Grund von bekannten physikalischen und chemischen Erscheinungen Rückschlüsse auf deren Entstehung. Auch bei dieser Methode gelangt man lediglich zu glaubwürdigen Hypothesen.

15.1. Geologische Funde

In diesem Abschnitt beschreiben wir zuerst zwei der neuesten geologischen Funde, die in den Abb. 15—1 und 15—2 dargestellt sind. Diese Versteinerungen, die Cloud und Barghoorn untersucht haben, sind mehr als $1\,000 \times 10^6$ Jahre älter als die ältesten Spuren von anderen Organismen-Arten (diese sind ungefähr 800×10^6 bis 900×10^6 Jahre alt). Sie sind unter recht ungewöhnlichen Bedingungen im Gestein der kanadischen Präkambrium-Schicht erhalten geblieben. Zu dem Zeitpunkt nämlich, als diese Organis-

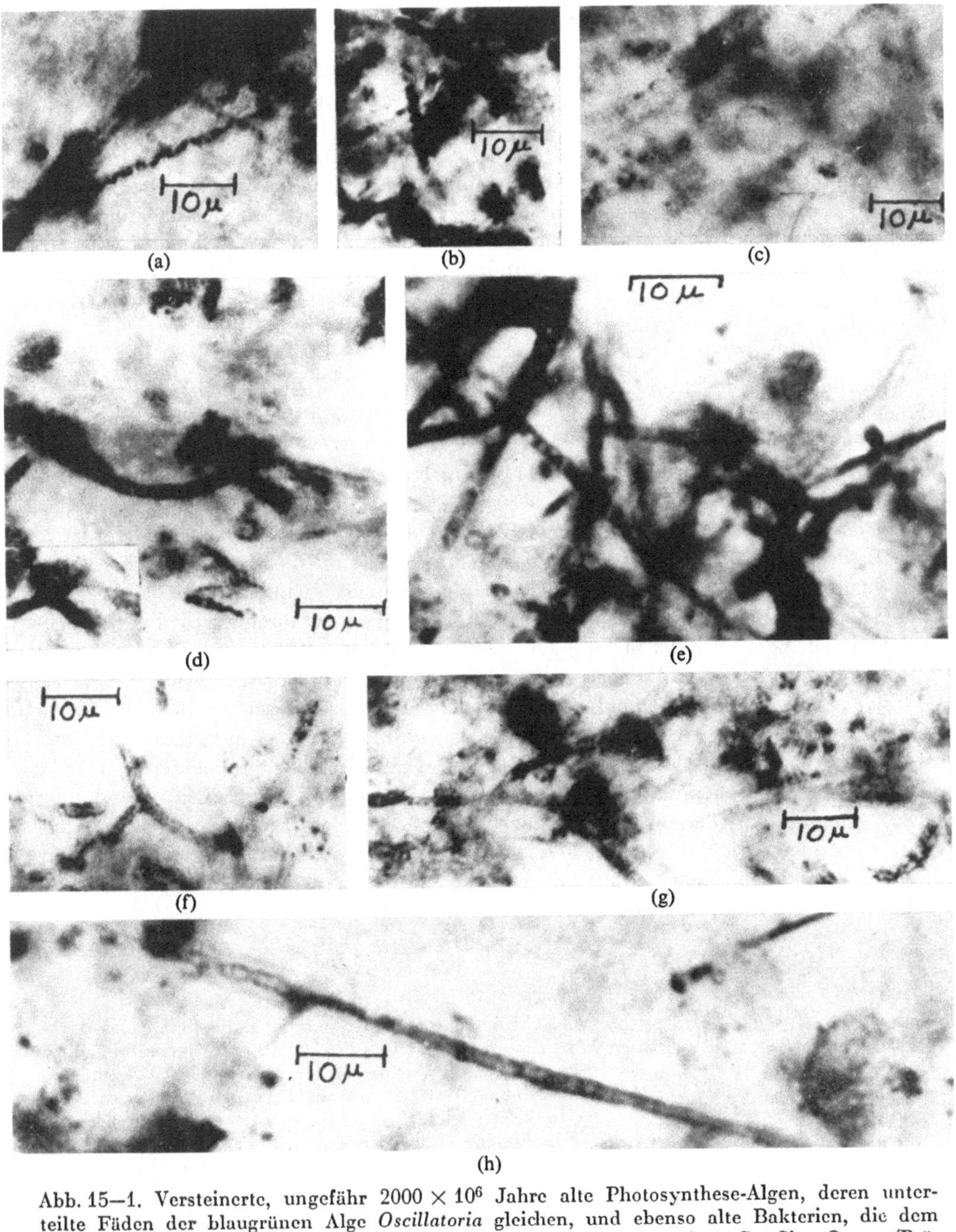

Abb. 15–1. Versteinerte, ungefähr 2000×10^6 Jahre alte Photosynthese-Algen, deren unterteilte Fäden der blaugrünen Alge *Oscillatoria* gleichen, und ebenso alte Bakterien, die dem eisenpräzipitierenden Bakterium *Sphaerotilus* ähnlich sehen. Aus dem Gunflint Quarz (Präkambrium). (a) und (b) Schraubenförmige Fäden, die degradierten Filamenten von *Oscillatoria* und *Sphaerotilus* gleichen. (c) Kleine Kugel in der Mitte; *Oscillatoria*-ähnliche Struktur an der oberen, linken Seite. (d) Eine Schleifenstruktur, die in den Fäden vorkommt; auf dem kleinen Bild sind die Trennwände der Fäden erkennbar. (e) Am rechten Faden ist eine Knollen-Struktur angeheftet, wahrscheinlich eine reproduktive Struktur. (f) Mögliche Verzweigungsstelle der Fäden? (g) Mögliche reproduktive Strukturen, die an die Fäden angeheftet sind; diese sind entweder Teile eines Netzwerks, oder sie überlappen sich. (h) Ein Dünnschnitt durch einen Faden. (Aus P. E. Cloud, jr.)

men lebten, waren große Mengen Silicat im Wasser gelöst, so daß Kieselsäure die gallertartigen Überzüge der Zellwände ersetzte. Nachträglich wurden alle präkambrischen Gesteinsschichten unzähligen Erdbewegungen unterworfen, die bei großen Drücken und starker Hitze stattfanden. Die Zellstrukturen, die schon mit Kieselsäure durchtränkt waren (ähnlich wie die Elektronenmikroskopiker ihre Präparate mit Kunststoff durchtränken), hatten aber diesen Beanspruchungen standgehalten und sind über die große Zeitspanne hinweg bis heute erhalten geblieben. Das Alter dieser präkambrischen Gesteine ist mit Hilfe von radioaktiven Isotopen durch die Kalium-Argon-Methode bestimmt worden. In Abb. 15—1 sind die beiden wichtigsten Organismen-Arten dargestellt:

1. Fadenförmige, blaugrüne Algen, deren Fäden 6 μm Durchmesser haben und durch Scheidewände unterteilt sind. Die Formen dieser Zellen sind denjenigen der modernen, blaugrünen Süßwasseralge *Oscillatoria* sehr ähnlich.
2. Fadenförmige Bakterien von 1,5—2 μm Durchmesser und mehr als 100 μm Länge, die durch Scheidewände unterteilt sind. Die Fäden bestehen aus einzelnen, zylinderförmigen Einheiten von 1—2 μm Länge. Sie sehen den fadenförmigen, eisenpräzipitierenden Bakterien (z. B. *Sphaerotilus*) ähnlich. Tatsächlich sind in einigen präkambrischen Schichten große Ablagerungen oxidierten Eisens gefunden worden, die möglicherweise durch derartige Bakterien entstanden sein können. Diese Strukturen gleichen aber äußerlich auch den Vertretern der blaugrünen Nostoc-Algengruppe.

Jüngere Funde als die eben erwähnten stammen aus den schwarzen Quarzen der Fig Tree-Gruppe von Swaziland, Ost-Transvaal. Sie müssen nach den durchgeführten Bestimmungen $3\,100 \times 10^6$ Jahre alt sein. Nachdem man die Gesteine abgeschliffen und deren Oberfläche geätzt hatte, wurden sie mit Platin-Kohlenstoff bedampft und die Replikas im Elektronenmikroskop untersucht (s. Abb. 8—14). Die äußere Erscheinung der Fossilien gleicht derjenigen von Einzelzellen, modernen Bazillen (Abb. 15—2); bei besonders gut erhaltenen Stücken kann man sogar eine zweischichtige, 0,015 μm dicke Zellwand erkennen. Neben diesen Einzel-Zellen findet man in den gleichen Gesteinsschichten auch fadenförmige Strukturen, die Pflanzenbruchstücken ähnlich sehen.

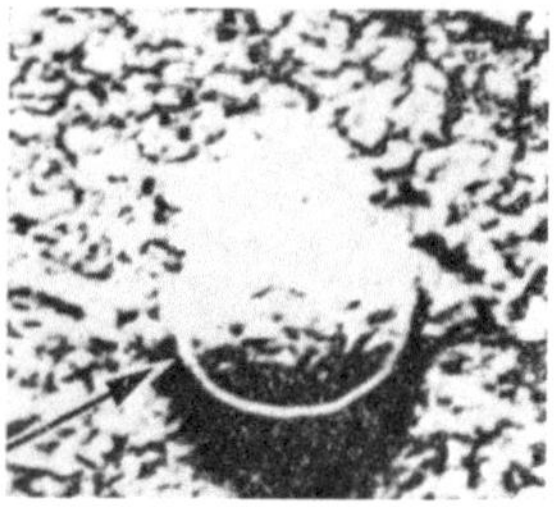

Abb. 15—2. Versteinerte, ungefähr 3000×10^6 Jahre alte Bakterien. Die ringförmige Struktur wird als ein Querschnitt durch ein Bakterium angesehen, dessen zweischichtige, 0,015 μm dicke Zellwand in bezug auf Größe und Dicke den Wänden der modernen Bakterien gleicht. Platin-Kohle Replika und Negativdruck. Die Fossilien stammen aus den Fig Tree-Schichten von Süd-Afrika. 50 000fache Vergrößerung. (Aus E. S. Barghoorn.)

Eine weitere Methode zur Beantwortung der Frage nach dem Ursprung des Lebens auf der Erde besteht darin, die Kohlenstoffablagerungen eingehend zu untersuchen. Der größte Teil des Petroleums auf der Erde ist von lebenden Organismen gebildet worden. Abelson und Calvin, die diese Erdöle sehr genau studiert haben, fanden darin oft Einschlüsse von komplizierten Kohlenwasserstoff-Molekülen, worunter wir vor allem Phytan (C_{20}) und Pristan (C_{19}) erwähnen wollen. Diese beiden Moleküle, Abkömmlinge des

Isoprens, sind auch in den Chlorophyll-Molekülen enthalten. Derartige komplizierte Moleküle sind in einer ganzen Reihe von geologischen Schichten gefunden worden (u. a. auch in den oben erwähnten Fig Tree-Schichten), die alle $3\,000 \times 10^6$ Jahre alt sind.

Bei diesen Untersuchungen ist es wichtig, die chemische Zusammensetzung der Erdkruste und der Atmosphäre zu kennen, die vor dem Zeitalter der ersten lebenden Organismen vorhanden war. Für einen Zellbiologen ist es von besonderem Interesse, sich Gedanken über die Ereignisse zu machen, durch die während vieler Millionen von Jahren die chemischen Substanzen, die bei der Entstehung der Erde vorhanden waren, verändert wurden, bis schließlich daraus die erste lebende Zelle entstehen konnte. Wahrscheinlich begann sich während der Abkühlung der Erde, die viele tausend Jahre gedauert hatte, eine gewisse Ordnung der Moleküle festzulegen. Aus den Untersuchungen der Physiker über die Substanzen im Dampfzustand und die Spektralanalyse der Sonne und anderer Sterne geht hervor, daß in einer Gaswolke während des Abkühlens die schwereren Atome infolge der Schwerkraft gegen die Mitte der Wolke zu sinken, während die leichteren in der Nähe der Oberfläche bleiben. Bei der Bildung der Erde nahm während der weiteren Abkühlung die Dichte der Substanzen immer stärker zu, bis sie im Zentrum der Wolke so groß wurde, daß dort die gasförmigen Moleküle in den flüssigen Zustand übergingen. Die Flüssigkeit, die jetzt im Mittelpunkt einer riesigen, glühenden Gasmasse lag, war aber selbst immer noch glühend heiß. Wahrscheinlich waren die ersten stabilen Kohlenstoffverbindungen Carbide der Schwermetalle, die auch bei größter Hitze stabil sind. Nach einer weiteren Zeitspanne der Abkühlung entstand schließlich eine feste Kruste, die von einer Atmosphäre aus mehreren Gasen eingehüllt war.

Die Vermutungen über die mögliche Zusammensetzung dieser ersten Erdatmosphäre beruhen zum Teil auf den Untersuchungen der Atmosphären anderer Planeten des Sonnensystems. Die Erdatmosphäre muß vor allem sehr viel Wasserdampf enthalten haben, da alles Wasser, das heute in unseren Meeren, Flüssen und Seen vorkommt, gasförmig gewesen sein mußte. Ein Teil dieses Wasserdampfes wurde später wahrscheinlich als Wasser im Innern der Erdkruste eingefangen, da die Vulkane bei ihren Ausbrüchen große Mengen von Wasserdampf (bis zu 70 % der gesamten ausgeworfenen Masse) ausstoßen. In der ersten Erdatmosphäre kam wahrscheinlich kein freier Sauerstoff vor; nach Haldanes Berechnungen reicht die heutige freie Sauerstoffmenge gerade dazu aus, um sich mit der gesamten Kohle und anderen organischen Überresten, die an und unter der Erdoberfläche liegen, zu verbinden. Vielleicht lag damals der gesamte organische Kohlenstoff (und ein großer Teil des Kohlenstoffs, der z. B. in der Kreide und im Kalkstein vorkommt) als Kohlendioxid vor, aus dem dann teilweise der Sauerstoff durch die Photosynthese der Pflanzen freigesetzt wurde.

Auf der Erde waren vermutlich drei der vier wichtigsten Bestandteile der biologischen Moleküle — Kohlenstoff, Wasserstoff und Sauerstoff — vorhanden. Das vierte wichtige Elemente ist der Stickstoff, der wahrscheinlich in der Erdkruste in Form von metallischen Nitriden vorlag, aus denen unter der Wirkung des Wassers Ammoniak entstand. Seit 1951 werden empfindliche Spektralanalysen der interplanetaren Staub- und Gaswolken durchgeführt; diese Analysen haben gezeigt, daß derartige Zonen neben Wasserstoff-Molekülen und Hydroxyl-Radikalen auch Wasser und Ammoniak enthalten. 1969 konnte man darin auch Formaldehyd H—CHO nachweisen; Formaldehyd wandelt sich unter reduzierenden Bedingungen leicht in Methan, CH_4, um.

Die lebenden Organismen benötigen aber nicht nur Kohlenstoff, Wasserstoff, Sauerstoff und Stickstoff, sondern auch die folgenden lebenswichtigen Elemente: Natrium, Kalium, Chlor, Calcium, Magnesium, Phosphor und Schwefel, sowie Spuren von ungefähr 20 weiteren Elementen. Heute findet man alle diese Elemente als anorganische Ionen (als Phosphate, Sulfate, usw.) im Meerwasser. Ursprünglich lagen sie in der harten Erdkruste als einfache Silicate (sauer), Basalte (basisch) und andere Eruptivgesteine vor. Als dann die Temperatur der Erdoberfläche unter 100 °C gesunken war, wandelten sich die atmosphärischen Dämpfe nach und nach in Flüssigkeiten um, die als heißer Regen auf die Erdoberfläche fielen und sich dort ansammelten. Damit begann der Verwitterungsvorgang in den Eruptivgesteinen der Bergketten, wobei Natrium, Kalium und alle anderen Elemente, die heute im Meerwasser vorkommen, allmählich gelöst wurden; das ursprüngliche Wasser auf der Erde hatte keine anorganischen Salze enthalten.

Dieser Erosionsprozeß der anorganischen Salze aus den Eruptivgesteinen mußte viele tausend (vielleicht sogar viele Millionen) Jahre gedauert haben, bevor die Konzentrationen dieser Salze genügend groß waren, um Leben auf der Erde zu ermöglichen. Das Zeitalter, in dem sich der Wasserdampf der Atmosphäre verflüssigte und als Wasser auf die Erde niederschlug, konnte von den Geologen auf Grund des Alters der Sedimentgesteine geschätzt werden, denn die Sande und Tone dieser Gesteine entstanden erst, als das Wasser in die Seen und Meere floß. Dieses Ereignis mußte vor ungefähr $3\,000 \times 10^6$ Jahre stattgefunden haben. Damals waren auch alle anderen Voraussetzungen für die Entstehung des Lebens erfüllt, da die notwendigen Elemente (Kohlenstoff, Sauerstoff, Stickstoff, Phosphor usw.) entweder als Gase in der Atmosphäre oder als gelöste Ionen im Wasser vorkamen.

15.2. Experimentelle Untersuchungen

Die moderne Forschung hat gezeigt, daß selbst bei den einfachsten Lebensformen auf molekularer und biologischer Ebene ein hoch komplizierter Aufbau und bis ins Letzte aufeinander abgestimmte Funktionen vorkommen. Heute würde deshalb kein Protozoenforscher mehr eine neue Amöben-Art *Chaos chaos* nennen. Mit den Experimenten, durch die man die Entstehung des Lebens auf der Erde im Laboratorium nachzuahmen versucht, muß man zeigen können, daß auch bei einfacheren molekularen Anordnungen die wenigen grundlegenden Funktionen der lebenden Zellen ablaufen können.

Wir beschreiben in diesem Abschnitt zuerst die Experimente, bei denen man die atmosphärischen Bedingungen, die während der Entstehung des Lebens auf der Erde geherrscht haben könnten, nachahmt. Als die Temperatur auf der Erde allmählich sank, begannen die verschiedenen chemischen Verbindungen der Erdatmosphäre miteinander zu reagieren. Heute kann das ultraviolette Licht der Sonne die Erdatmosphäre nicht mehr durchdringen, vor allem auf Grund des Ozongehalts der oberen Atmosphärenschicht und durch den Sauerstoff. Im Zeitalter der ersten Lebensformen befand sich aber wahrscheinlich in der Atmosphäre kein Sauerstoff (es sind jedoch nicht alle Geologen mit der Annahme einverstanden, daß damals die Atmosphäre einen reduzierenden Charakter hatte). Aus diesem Grunde konnte der ultraviolette Teil des Sonnenlichts auf das Gemisch aus Wasser, Kohlendioxid, Ammoniak und Methan, das in der Erdatmosphäre vorhanden war, einwirken.

Unter derartigen Bedingungen wird, wie man zeigen konnte, eine ganze Reihe einfacher organischer Moleküle (unter anderen auch Zucker und Aminosäuren) gebildet. Im Jahre 1953 stellten Urey und Miller solche Moleküle her, indem sie Gemische aus Wasser, Methan und Ammoniak den verschiedenartigsten elektrischen Entladungen aussetzten. Einige Jahre später führten andere Forscher mit festen Substanzen ähnliche Experimente durch. Dabei entstanden jeweils bestimmte Moleküle häufiger als andere; unter den ersteren befanden sich Aminosäuren, Lipide, die Base Adenin, sowie der Pentosezucker Ribose und dessen Phosphate (Phosphor und Schwefel sind zwei der am häufigsten auf der Erde vorkommenden Elemente). Wahrscheinlich waren diese besonderen Verbindungen, als sie aus ihren Bausteinen zusammengesetzt wurden, sehr stabil im Vergleich zu den anderen, die daneben sicher auch entstanden.

Diese monomeren Moleküle mußten beim darauffolgenden Schritt zusammenkommen, um sich zu den großen polymeren Molekülen der lebenden Zellen (Nucleinsäuren und Proteine) verbinden zu können.

Es ist schwierig zu erklären, wie die ersten einfachen, biochemischen Moleküle genügend stark konzentriert werden konnten, damit sie wirksam miteinander reagierten. Nach Oparins Vorschlag waren diese Konzentrationen durch die Koazervat-Bildung erreicht worden. Wenn zwei entgegengesetzt geladene hydrophile Sole miteinander gemischt werden, entstehen oft viskose Tropfen („Koazervate") anstelle einer kontinuierlichen flüssigen Phase (Bungenburg de Jong, 1929). Man nimmt an, daß diese Koazervat-Tropfen aus mehreren, entgegengesetzt geladenen Teilchen bestehen, die durch elektrostatische Anziehungskräfte zusammengehalten werden, sich aber wegen ihrer Hüllen aus fest gebundenen Wassermolekülen nicht miteinander verbinden können. Folglich sind die Koazervate Zonen, in denen entgegengesetzt geladene Teilchen hoch konzentriert vorliegen. Oparin fand außerdem 1968 eine erhöhte photosynthetische Tätigkeit des Porphyrins, das in Koazervate eingebaut wurde. Die Sonnenenergie wäre deshalb sehr wirksam ausgenutzt worden, wenn die Makromoleküle tatsächlich aus den Koazervaten entstanden wären.

Nach Bernals interessantem Vorschlag hätten jedoch auch die monomeren Moleküle die notwendigen Konzentrationen an bestimmten Grenzflächen erreichen können. Es ist bekannt, daß Oberflächen als Katalysatoren wirken, da Kräfte an den Grenzflächen die Aktivierungsenergien der reagierenden Moleküle erniedrigen können. Zum Beispiel besitzen Montmorillonit und Kaolinit-Ton eine Schichtenstruktur, an der organische Moleküle adsorbiert werden. Derartige Tone hätten am Grunde von seichten Tümpeln die geeigneten Bedingungen für weitere biochemische Synthesestadien schaffen können. Bei einer zweiten Hypothese, die Bernal vorschlug, waren die kleinen Moleküle an der Meeresoberfläche selbst adsorbiert und dann an die Ufer geblasen und in Form von Schaum konzentriert worden. Da Schaum pro Volumeneinheit eine sehr große Oberfläche besitzt, vermag er sehr viele Moleküle, die sich dort adsorbieren, zu konzentrieren. Diese unterschiedlichen Hypothesen über die Konzentrierung der monomeren Moleküle sind bis heute weder bewiesen noch widerlegt worden.

Im Laboratorium wurden mehrere denkbare Mechanismen geprüft, durch die biologische Polymere entstehen könnten. Zum Beispiel ist es Fox (seit 1960) gelungen, durch die Kondensierung von festen Aminosäuren bei über 100 °C proteinähnliche Polymere, die er Proteinoide nannte, herzustellen. Das wichtigste Merkmal der Proteinoide betrifft deren Aminosäurensequenzen, die nicht zufällig sind, sondern eine bestimmte

Ordnung aufweisen, die sich in verhältnismäßig gleichförmigen, einander ähnlichen Bruchstücken ausdrückt. Im Wasser oder in Salzlösungen bilden stark konzentrierte Proteinoide kugelförmige Mikroeinheiten, deren Durchmesser ungefähr 0,5—3 μm beträgt. Diese verhältnismäßig stabilen Kugeln besitzen osmotische und katalytische Eigenschaften. Bei der Bildung der Proteinoid-Kugeln entsteht — nach Fox — eine neue Art von Ordnung. Während zuvor nur zufällig angeordnete Moleküle in einer Lösung vorhanden waren, stellen die Proteinoide ein System mit ganz neuen Eigenschaften dar. Um Proteinoide mit morphogenetischen und katalytischen Eigenschaften zu bilden, müssen die sie aufbauenden Aminosäuren in ihrer Struktur und den geladenen Gruppen genügend potentielle Informationen darüber besessen haben. Die Proteinoid-Kugeln können sich zudem „fortpflanzen", da sie Knospen bilden, die sich ablösen und durch die Anlagerung von neuen Substanzen zu Mikro-Kugeln auswachsen (Abb. 15—3). Fox betrachtet eine Zelle als ein System, das aus hoch organisierten Mikro-Systemen, die sich gegenseitig beeinflussen, zusammengesetzt ist und dessen geordnete Strukturen aus einer Matrix von geordneten Molekülen entstehen.

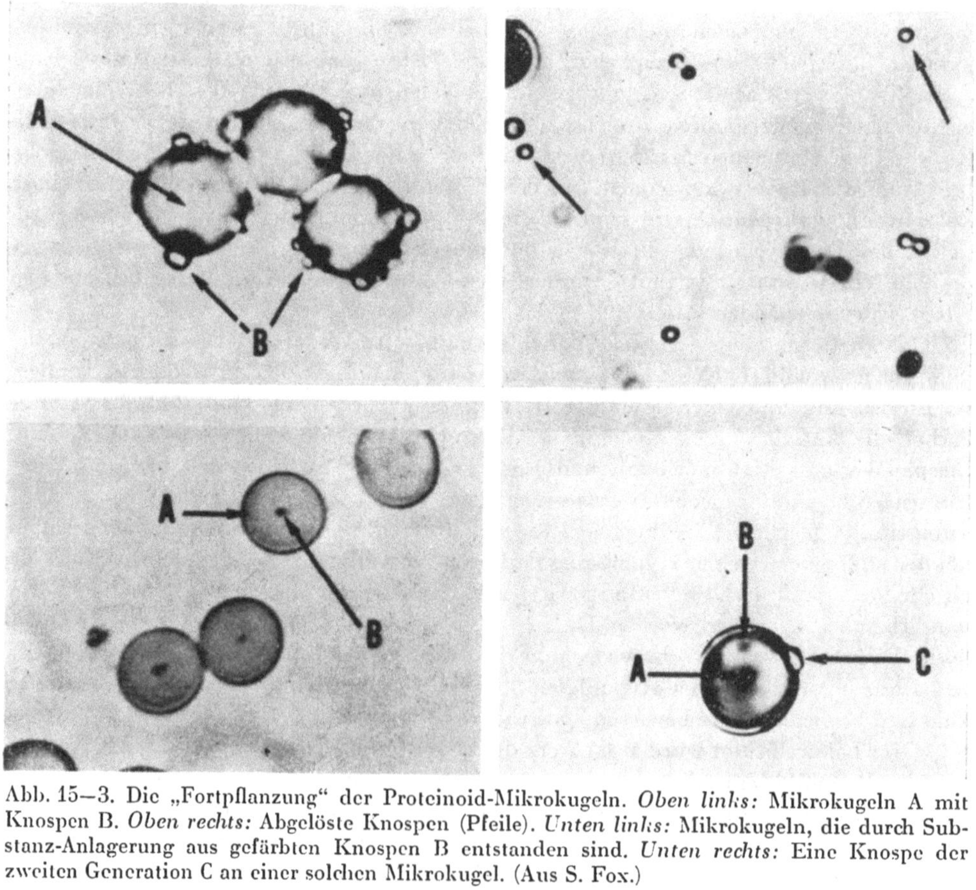

Abb. 15—3. Die „Fortpflanzung" der Proteinoid-Mikrokugeln. *Oben links:* Mikrokugeln A mit Knospen B. *Oben rechts:* Abgelöste Knospen (Pfeile). *Unten links:* Mikrokugeln, die durch Substanz-Anlagerung aus gefärbten Knospen B entstanden sind. *Unten rechts:* Eine Knospe der zweiten Generation C an einer solchen Mikrokugel. (Aus S. Fox.)

15.3. Nucleinsäuren und Proteine

Die Frage nach der Entstehung der Nucleinsäuren und Proteine ist sehr schwer zu beantworten, da diese zwei wichtigen Gruppen biologischer Polymere voneinander abhängen. Einerseits bestimmen die Nucleinsäuren die Art der Proteinmoleküle, andererseits sind die Protein-Enzyme bei der Bildung der Nucleinsäuren erforderlich, deren exakte Replikation erst den Fortbestand aller Lebensformen zusichert. Da die zwei Polymer-Arten auf diese Weise voneinander abhängig sind, müssen wir uns fragen, welche der beiden zuerst entstanden war und wie sich die eine ohne die andere erhalten konnte.

Sowohl Crick als auch Orgel wiesen 1969 darauf hin, daß vermutlich eher die Nucleinsäuren als die Proteine als Katalysatoren für die Bildung identischer Kopien von ihnen selbst gewirkt haben könnten. Es gelingt tatsächlich, wenn man im Laboratorium die Bedingungen nachahmt, die während der ersten Biosynthese-Stadien geherrscht haben könnten, aus einzelnen Nucleotiden kurze Nucleinsäureketten herzustellen. Zwar entstehen derartige Nucleinsäureketten weniger leicht als Proteine aus Aminosäuren. Orgel wies darauf hin, daß einzelne unter diesen kurzen Nucleinsäureketten sich zu spezifischen Strukturen mit katalytischen Eigenschaften aufgefaltet haben könnten.

Auch nach Cricks Ansicht entstanden zuerst die Nucleinsäuren, die dann die Bildung der Proteine bestimmten. Dabei wären wahrscheinlich, wie Crick annimmt, zuerst nur wenige Aminosäuren in einer ziemlich unbestimmten Weise festgelegt worden. Allmählich hätte sich dann der ganze Mechanismus durch die Einführung neuer Aminosäuren und eines eindeutigeren Codes immer besser entwickelt. Die Strukturen der ersten rohen Proteine wären deshalb nur ungenau bestimmt gewesen, aber im Laufe der Zeit wären sie immer komplizierter geworden. Schließlich müßte ein Stadium erreicht worden sein, in dem die Einführung weiterer Aminosäuren zur Spaltung der Proteinketten geführt hätte; aus diesem Grund wäre der Code „eingefroren" worden, da weitere Veränderungen dem entstehenden Leben geschadet hätten. Jede neue Aminosäure mußte mit Hilfe einer neuen tRNA, die wahrscheinlich aus einer schon bestehenden hervorging, in die Proteine eingeführt werden. Dabei wären dann jeweils die wenigsten Kettenbrüche entstanden, wenn die neue Aminosäure derjenigen geglichen hätte, die durch die ursprüngliche tRNA übertragen wurde. Die tRNA-Moleküle mit ähnlichen Anti-Codons übertragen tatsächlich meistens einander ähnliche Aminosäuren.

Crick nimmt an, daß der Code immer ein Triplett gewesen ist, denn in jedem anderen Fall wären durch eine nachträgliche Veränderung zum Triplett-Code alle vorherigen Botschaften zu Unsinn-Botschaften umgewandelt worden, was höchstwahrscheinlich zum Tode dieser ersten Lebensformen geführt hätte.

Lacy und Pruitt (1969) unterstützen hingegen die Theorie, nach der der genetische Code durch die spezifischen Wechselwirkungen zwischen helicalen Polypeptid-Ketten und einzelnen Mononucleotiden entstanden wäre. Nach dieser Theorie hätten sich also die Proteine vor den Nucleinsäuren gebildet. Laag und Pruitt wiesen mit Hilfe von Molekülmodellen stereospezifische Wechselwirkungen nach, die jeweils zwischen drei Nucleotid-Einheiten und einem Aminosäure-Rest stattfanden. Anschließend sollen sich dann diese angehefteten Mononucleotide miteinander zu einer Polynucleotid-Kette verbunden haben, die sich von der Polypeptid-Kette ablöste, um selbst als Matrize für die Bildung ihrer komplementären Polynucleotid-Kette zu dienen.

Neben den eben erwähnten Unsicherheiten ist es auch schwierig zu erklären, warum alle biochemischen strukturellen Moleküle asymmetrisch sind. Diese Asymmetrie der Moleküle zeigt sich in ihrer optischen Drehung. Zum Beispiel werden in die Proteine ausschließlich die L-Aminosäuren eingebaut, so daß alle Proteinstrukturen „linksgängig" sind. Als nämlich die ersten lebenden Strukturen auftauchten und erfolgreich funktionierten, paßte ein neues Molekül mit umgekehrter „Gängigkeit" bei den Stoffwechselvorgängen nicht an die entsprechende Stelle. Aus diesem Grund blieb die Asymmetrie für immer erhalten. Man weiß aber nicht, ob die ersten asymmetrischen Moleküle zufällig entstanden sind oder ob zwischen den freien Energien der rechtsgängigen und der linksgängigen Formen ein geringfügiger Unterschied besteht.

15.4. Entstehung der Zellen und Ausnutzung der Energie

Bei der Bildung der ersten Zellen war sicher die Entwicklung der Lipidmembranen einer der entscheidenden Schritte. Es ist für das wirksame Funktionieren eines biologischen Systems sehr wichtig, daß alle Enzyme, die die aufeinanderfolgenden Reaktionsschritte eines biochemischen Weges katalysieren, an einer bestimmten Stelle der Zelle nahe beisammenliegen. Die notwendigen Bedingungen dafür werden in Zellen durch Lipidmembranen geschaffen, die lokale hohe Konzentrationen der Reaktanden aufrecht erhalten können. Wir haben in diesem Kapitel schon erwähnt, daß die Kohlenwasserstoffe in einem sehr frühen Stadium der Erdgeschichte entstanden waren. Einige Zellbiologen nehmen an, daß sich die Lipidmembranen vor den Nucleinsäuren und Proteinen gebildet haben, da die monomeren Moleküle erst an den polaren Lipidschichten genügend stark konzentriert werden mußten, um miteinander reagieren zu können. Wahrscheinlich hatte es einige Millionen Jahre gedauert, bis sich schließlich eine elementare Zelleinheit zusammensetzen konnte. Diese erste erfolgreiche Zelle, der sehr viele Nährstoffe zur Verfügung standen, war besser als ihre Konkurrenten ausgerüstet und deshalb erfolgreicher als diese.

Der Fortbestand des Lebens hing aber schon damals von einer ununterbrochenen Energiezufuhr ab. Diese konnte aus dem ultravioletten oder sichtbaren Sonnenlicht gestammt haben und vielleicht zum Teil auch aus dem Abbau von unstabilen, freien Radikalen, die in der Erdatmosphäre durch ultraviolettes Licht erzeugt wurden. Vor der Bildung der wichtigen energieübertragenden Verbindung ATP lag der Phosphat-Teil des ATP-Moleküls wahrscheinlich in Form von anorganischen Phosphaten vor. Diese Phosphate hätten, wie Laborexperimente zeigten, ursprünglich Elektronen übertragen können; später wurde diese Eigenschaft durch die Anlagerungen der Base Adenin und des Ribose-Zuckers modifiziert. Wahrscheinlich hatte schon sehr früh in der Geschichte der Lebewesen auch die photosynthetische Tätigkeit begonnen, denn die geologischen Befunde weisen darauf hin, daß einige der ältesten Organismen chlorophyllähnliche Moleküle besessen haben. Molekularer Sauerstoff wurde aber möglicherweise erst viel später aus CO_2 freigesetzt. Zum Beispiel vermögen die eisenoxidierenden Bakterien leichter, Fe^{2+} zu Fe^{3+} zu oxidieren, als molekularen Sauerstoff aus Wasser freizusetzen.

15.5. Evolution und Proteinstruktur

Die modernen biochemischen Methoden werden auch bei der Bestimmung von stammesgeschichtlichen Zusammenhängen sehr erfolgreich angewendet. Zum Beispiel vergleicht man die Aminosäurenzusammensetzungen und die Strukturen der Proteinmoleküle, die bei den verschiedenartigsten Lebewesen ähnliche Funktionen ausüben, miteinander. So haben wir in Kap. 3 erwähnt, daß alle bisher untersuchten Zellen auffallend ähnliche Histon-Strukturen besitzen. Dies weist aber darauf hin, daß die Zusammensetzung der Histone während der stammesgeschichtlichen Veränderungen äußerst stabil gewesen sein muß. Ein zweites, sehr gut bekanntes Protein ist das Atmungs-Enzym Cytochrom c. Dieses verhältnismäßig kleine Proteinmolekül, das in der Natur weit verbreitet ist und zudem leicht aus den Zellen gewonnen werden kann, besteht aus ungefähr 110 Aminosäure-Einheiten. Wir kennen heute die genauen Aminosäurensequenzen von mehr als 30 Cytochrom c-Molekülen, die aus den verschiedenartigsten Organismen isoliert worden sind. Mit Hilfe dieser Sequenzen ist dann ein Stammbaum aufgestellt worden, der die stammesgeschichtliche Verwandtschaft zwischen den meisten dieser Arten zeigt (Abb. 15—4). Die Verzweigungspunkte dieses Stammbaumes wurden dadurch festgelegt,

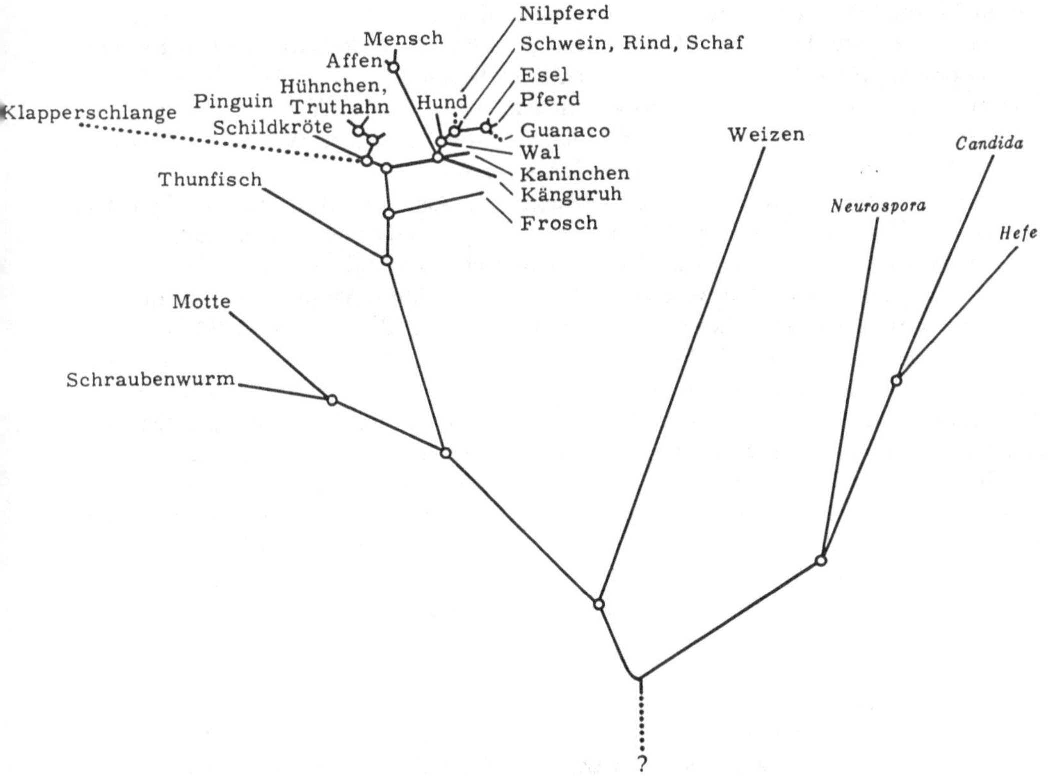

Abb. 15—4. Der Stammbaum des Cytochroms c; man kann aus ihm ersehen, in welcher Reihenfolge die verschiedenen Arten auf Grund der Struktur-Ähnlichkeiten ihrer Cytochrom c-Moleküle aus gemeinsamen Vorfahren entstanden sind. [Aus New Scientist, abgezeichnet aus: Atlas of Protein Sequence and Structure. Dayhoff and Eck (Hrsg.), National Biochemical Research Foundation 1967—68.]

daß man die Zahl der Aminosäuren, die sich im Cytochrom c zweier Arten voneinander unterschieden, berechnete; wenn man eine gleichbleibende Mutations-Rate voraussetzt, ist diese Zahl ein Maß für die Zeit, die seit der stammesgeschichtlichen Trennung dieser Arten vergangen ist. Dus und seine Mitarbeiter bestimmten 1968 auch die Aminosäurensequenz des Cytochroms c, das aus einem primitiven Organismus, dem Photosynthese-Bakterium *Rhodospirillum rubrum,* stammte. Sie fanden in der Sequenz dieses Bakterienmoleküls deutliche Übereinstimmungen mit den Sequenzen des Cytochrom c von Mensch und Säugetier, obwohl die Bakterien auf der stammesgeschichtlichen Stufenleiter viel weiter unten stehen. Der untere Teil dieses Stammbaumes wird durch die Aufklärung der Aminosäurensequenzen von weiteren Cytochrom c-Molekülen in Zukunft bestimmt werden.

15.6. Leben auf anderen Planeten

Im letzten Abschnitt dieses Buches wollen wir uns einige Gedanken über das mögliche Vorkommen von Lebensformen auf anderen Planeten des Sonnensystems machen. Die beiden wichtigsten Voraussetzungen für Leben sind Temperatur und Verfügbarkeit von Wasser. Ein Planet, der lebende Formen tragen könnte, muß deshalb zwischen 150 und 300 Millionen Kilometer von der Sonne entfernt liegen. Läge er näher, so würde das Wasser verdampfen, und wäre er weiter entfernt, so würde das Wasser gefrieren. Auch die Größe des Planeten ist wichtig, da nur ein größerer Planet Wasser zurückhalten kann, während es von einem kleineren verdunstet und entweicht.

Berücksichtigt man diese Voraussetzungen, so stellt man fest, daß die Planeten der äußeren Zone des Sonnensystems für die Lebensformen viel zu kalt sind. Im Gegensatz dazu ist der Merkur zu heiß und zu trocken, und auch die Venus ist zu heiß. Der Mars ist hingegen zu kalt und zu trocken, und der Mond zu klein und zu trocken. Die Gesteinsproben, die die Astronauten von *Apollo 11* 1969 vom Mond zurückgebracht haben, weisen darauf hin, daß die großen flachen Gebiete der sog. Mond„meere" sicher nie von Wasser bedeckt waren, sondern wahrscheinlich die Reste riesiger Lava-Ausflüsse sind. Diese Mondgesteine enthalten Spuren der Kohlenstoffverbindungen CH_4, CO und CO_2. Es ist dabei unwahrscheinlich, daß diese Verbindungen Verunreinigungen von der Erde sind oder durch Sonnenwinde herbeigetragen worden sind. Neben diesen einfachen sind auch einige wenige, höhermolekulare Kohlenstoffverbindungen gefunden worden, die vielleicht Aminosäuren sind (1970). Die Gesteinsproben des Mondes weisen auf ein riesiges Katastrophen-Ereignis hin, das vor 2000 bis 3000 Millionen Jahren auf dem Mond stattgefunden haben könnte. Vielleicht wurde der Mond damals von einem Riesen-Meteoriten getroffen. Wir können heute nur feststellen, daß auf dem Mond wegen des fehlenden Wassers und der fehlenden Atmosphäre keine geeigneten Lebensbedingungen herrschen.

In diesem Kapitel haben wir einige der neuesten Entdeckungen und Hypothesen beschrieben, die mit der Entstehung des Lebens auf der Erde in Zusammenhang stehen. Wir zitieren an dieser Stelle einen Satz Bernals: „— wenn auch die meisten Geheimnisse des Lebens gelüftet worden sind, so ist dadurch in den Augen der Biologen dessen Kompliziertheit und Schönheit nicht weniger bewundernswürdig. —". Das Studium der Zellbiologie hebt wahrscheinlich die notwendige Einheit der Lebensformen am deutlichsten hervor. Die Naturwissenschaften haben nur die Aufgabe, die Natur getreulich widerzuspiegeln; sie sollten jedoch nicht danach fragen, ob das Leben auf der Erde zufällig oder beabsichtigt entstanden ist. Diese Frage gehört in den Bereich der Philosophie und des Glaubens einer jeden Einzelperson.

In der Zukunft können weitreichende Entdeckungen in der Zellbiologie sowohl zum Guten, als auch zum Bösen ausgewertet werden. Derartige Entdeckungen werden im nächsten Jahrhundert mit größter Wahrscheinlichkeit dazu führen, daß die hauptsächlichsten Geißeln der Menschheit, Krebserkrankungen und bestimmte genetische Krankheiten, vollständig verschwinden werden. Diese Möglichkeiten sind für das zukünftige Wohlergehen der Menschheit vielversprechend; ob die neuen Entdeckungen aber in diesem Sinn ausgenutzt werden, hängt zu einem großen Teil von der Voraussicht und dem Einsatz derjenigen ab, die für ihre Kontrolle verantwortlich sind.

Literatur

Bernal, J. D.: The Origin of Life. Weidenfeld and Nicholson, London 1967.
Fox, S. W., u. Dose, K.: Molecular Evolution and the Origin of Live. W. H. Freeman and Co., San Franzisko 1972.
Kaplan, R. W.: Der Ursprung des Lebens. G. Thieme, Stuttgart 1972.
Oparin, A. J.: Das Leben. Seine Natur, Herkunft und Entwicklung. G. Fischer, Stuttgart 1963.
Serebrovskaja, K. B.: Koazervate und Protoplasma. Izd. Nauka, Moskau 1971.
Volkenstein, H. V.: „Molekulyi žizn", Moskau 1965. Dtsch. Übersetzung: Moleküle und Leben. Thieme-Verlag, Leipzig 1969.

Register

α-Amino-β-ketoadipinsäure 241
α-Aminoadipinsäure 239
α-Glycerinphosphorsäure 267
α-Helix von Polypeptiden 150, 151
α-Ketoadipinsäure 239
α-Ketoglutarsäure 234, 239
– -dehydrogenase 199
– im Citronensäure-Zyklus 199
α-Ketosäuren 234
α-Phosphatidsäure 267
Abercrombie, M. 466
ABO-Antigene (Blutgruppensubstanzen) 291
Acetaldehyd, bei der anaeroben Atmung 194
Acetat-thiokinase 232
Acetyl-Coenzym A (siehe Coenzym A)
Aconitat, Aconitsäure, im Citronensäure-Zyklus 199
Acridinfarbstoffe 170
– als Mutagene 372
Acrosom 413, 417
Acrylamid-Gel, Elektrophorese 85
ACTH 332
Actin 382, 394, 405
– -filamente, Struktur 406
Actomyosin 149, 382, 394, 407
Acyl-dehydrogenase, bei der β-Oxidation 195
Adenin
– Desaminierung 371
– in der Nucleotid-Struktur 99, 243
Adenosin 243
Adenosin-diphosphat (ADP) (siehe ATP)
Adenosin-monophosphat (siehe AMP)
Adenosinphosphat-sulfatphosphat 240
Adenosin-triphosphat (siehe ATP)
Adenovirus 479
– -Capsid 486
5'-Adenylsäure 244
Adenylatcyclase 332
Adrenalin, Wirkung auf den Blutzuckerspiegel 332
Adrenocorticotropes Hormon (ACTH) 332
Äpfelsäure (siehe Malat)
Äthylen-Glykol, Zelldurchlässigkeit für das 288
Äußere Befruchtung 22
Agar, Medium für Bakterienkulturen 504
Agassiz, Louis 409
Agressin 505
Aglykon 256
Aktionspotential 284
Aktiver Transport 280
– bei den Bakterien 498
(siehe auch Membran)
Alanin 53, 234, 501
– bei der Aminosäure-Biosynthese (Mikroorganismen) 238
Albumin 417
Aldohexosen 255
Algen
–, blaugrüne 6, 168
–, Chloroplasten 209
–, fossile 510
–, J_2-Anhäufung in den 280
Alkohol, Lipid-Biosynthese 58
Alkylierende Substanzen, als Mutagene 372
Allantoissack 434
Allele 349
Allelomorphe 349
Alterungsvorgang 29
Ameisensäure, Purin-Biosynthese 248
Aminoacyl-tRNA-Synthetase 137
6-Aminopurin (siehe Adenin)
Aminosäuren 129
– -Adaptorenzym-Bindung 137
–, amphoterisch 53
–, Biosynthese 218
–, – bei Pflanzen und Mikroorganismen 238
– in den Blutgruppensubstanzen 291
–, dicarboxylische 120
–, Durchlässigkeit der Zellmembranen für die 280
– als Energiequelle 196
–, essentielle 233
–, experimentelle Herstellung 513
–, genetischer Code für die 133
–, mit Isotopen markierte, Anwendung 92
–, Kettenwachstum an den Ribosomen 143
–, Kohlendioxid aus den 233
– -oxidase 236
–, physikalische und chemische Eigenschaften 53
–, schwefelhaltige 53
– -Seitenketten, in den Polypeptiden 149
–, Struktur 52
–, Triplett-Codons, alternative 139
– -tRNA-Komplex 142
–, Aufnahme in die Tumorzellen 283
Aminozucker 255, 263
Ammoniak 512
– bei der Asparagin-Biosynthese 238
– bei der Biosynthese 235

Amnion 417, 434
Amnionhöhle 436
Amoeba dubia 157
Amoeba proteus 8, 381
Amöben
–, Actin in den 383
–, Isolierung der Zelloberfläche 287
–, Membranüberzug 274
–, Plasma-Sol 155
–, Polarität der 392
Amöboide Bewegung 392, 402
–, elektrische Potentialunterschiede 403
–, Mechanismus 407
AMP 67, 232, 244, 249
–, Resonanzstrukturen 68
–, cyclisches 332
Amphibien
– -Blastula, Trennung der Blastomeren 451
– -ei, Kartierung 437
– -Entwicklung 425 f.
–, Regeneration bei den 443
Amphidinium elegans, Chloroplast 209
Ampicillin 502
Amygdalin 256
Amylase 174, 257
Amylomaltase 264
Amylopektin 256
Amyloplast 182
Amylose 256, 264
Amytal, Atmungshemmer 205
Anabolischer Stoffwechsel, Definition 60
Anämie, Sichelzell- 370
Anaphase
–, Meiose- 344
–, Mitose- 307, 316
Angiospermen 447
Animaler Pol 421
Anneliden ei
–, Befruchtung 417
–, Furchung 436
Antheridium 447
Anthrax 490
– -Bazillus 53
Antibiotika 491, 502
Anticodon 137, 138
Antigene
–, Bakterien- 502
– der Geisseln 502
–, Histokompatibilitäts- (H-2) 291
– der Plasmamembran 291
(siehe auch Blutgruppen-Antigene)
Antikörper 173
Antimycin A, Cytochrom-Hemmer 205
Arabinose 258
Arbacia punctulata, Untersuchung der Permeabilität des Eis 276
Archegonium 447
Archenteron 424
–, Dach 429, 444
Area opaca 430
Area pellucida 430
Arginin 120, 226
–, radioaktives, als Markierung 322
–, Struktur 237
Aristoteles 131, 409, 411, 506
Ascorbinsäure 254
Ascospore 360
Ascus 360
Asparagin 238
Asparaginsäure 237
–, Biosynthese (Mikroorganismen) 238
–, Biosynthese durch Transaminierung 236
–, Purin-Biosynthese 248
Aspergillus nidulans 374
Aster
– bei der Befruchtung 419
– bei der Mitose 311
Atmosphäre 511
Atmung, Respiration 191, 201
– der Embryonen 459
–, Rate, Messung 92
Atmungskette, aerobe 201
ATP 18, 57, 67, 244, 252
–, ‚aktiver Transport‘ 280
– Bildung, während der oxidativen Phosphorylierung 205
–, Biosynthese der Polypeptide 143
– in Cilien und Geisseln 395
–, Cofaktor, bei der Biosynthese der Fettsäuren 267
–, DNA-Bildung 106
–, gespeicherte Energie im 67, 218
Gewinn
– – bei der Glykolyse 191
– – aus der ‚Lichtreaktion‘ 218
– –, Rein-, bei der aeroben Atmung 205
–, Herkunft 516
– bei der Muskelkontraktion 406
–, Resonanzstrukturen 68
– bei der Schwefel-Fixierung 240
– in den Spermatozoen 400, 413
– -Struktur, Funktion 67
–, tRNA-Aminosäure-Verbindung 137
– bei der Zellbewegung 392
ATPase
– in Cilien und Geisseln 395
– bei der Ionenpumpe 281
– bei der Muskelkontraktion 406
– an der Zelloberfläche 289
Aussalzen 83
Autophagie 178
Autoradiographie

–, Bestimmung der DNA-Struktur 107, 108
– von Chromosomen-Puffs, Erkennen der RNA 113
– der Chromosomen-Replikation 122
–, Methode 92
– des Mitose-Kerns 321
–, mRNA, Untersuchung der 135
Autosomen 348
Auxine 331
Axon, ‚Riesen-' 280, 284

β-Galactosidase 145, 226
β-Glucosidase 226
β-Hydroxyacyl-dehydrogenase 195
β-Ketothiolase, bei der β-Oxidation 196
β-Oxidation, der Fettsäuren 195, 246, 266
Bacillus subtilis 109, 493
Bakterien 132, 168, 172, 490 f.
–, ‚abgeschwächte' Form 491
–, ansteckende 490
–, Antigene und 502
–, Atmung 491
–, Bewegung 403
–, Boden- 490
–, Cytoplasma, Fibrillen im 496
–, Dextran in den 260
–, Eindringungsvermögen 505
–, eisenoxidierende 516
–, Enzyme der Zellmembran 289
–, Fettsäure-Biosynthese 266
– -filter 477
–, fossile 510
– -geisseln 398
–, genetische Substanz der 361, 493
– –, Biosynthese während der Mitose 322
– –, Replikation 326, 494
–, genetische Transduktion 365
–, genetische Transformation 366
–, genetische Untersuchungen 359
–, Gram-Färbung 492
–, Größe 6
–, Impfstoffe gegen 491
–, Kapsel, Schleimschicht 505
– -‚kern' 493 f.
– -kolonie 504
–, Konjugation 362
–, L-Form 504
–, Lactobacilli 272
–, Lyse der 228
–, Milch- 490
–, mRNA der 135
–, oxidierende 218
–, Phagocytose der 502
–, Photosynthese- 11, 207, 498
–, Polypeptid-Synthese in den 143
–, Polysaccharid-Synthese in den 264
–, Proteinsynthese 145
– –, Regulierung der 145 f.
– -protoplast 287, 290, 502
–, Schwefel- 498
–, Spore 505, 506
–, stickstoffixierende 490
–, Struktur 491
– -Toxine (Giftstoffe) 505
–, Vermehrung 19, 493
–, virulente Infektion der 368
– -zellwand 260, 274, 499 f.
–, Zucker-Durchlässigkeit 282
Bakteriophagen 146, 479
–, lysogene 368
–, Mutanten 368
–, Qβ 144
–, R 17 144
–, T-ähnliche 481
–, T 4 366, 479
– –, genetische Untersuchungen 133
– –, Genkarte 369
– –, Mutanten, komplementäre 374
– –, r II-Mutante 374
– –, Struktur 366, 487
– –, Transduktion 365
Balbiani 111
– -Ringe 112
Basalkörper
–, Centriolen 310
–, der Cilien 395
Basen 132
– der Nucleoside, Nucleotide 99
– der tRNA 139
–, tRNA-mRNA-Verbindung 138
(siehe auch Adenin, Guanin, Cytosin, Thymin, Uracil)
Basenpaare 376
Begleitzelle 447
Befruchtung 417
–, biochemische Veränderungen nach der 457
–, künstliche 436
–, innere und äußere 22
Befruchtungsmembran 418
Bellevalia, bei Chromosomen-Untersuchungen 325
Benzol, Struktur 48
Bernal, J. D. 152, 508, 513, 518
Bernard, Claude 46, 196
Bernsteinsäure (siehe Succinat)
‚Beschattungs'-Methode 486
Berthelot, Marcellin 46
Bewegung
– von Zellen 23, 381
– – während der Gastrulation 424, 465
– – in der Gewebekultur 466

– –, Mechanismen 403
(siehe auch Fortbewegung)
Bindegewebe
–, Dedifferenzierung 471
–, Entwicklung 429
Biotin 266, 374
Bivalente 343
Blastocoel 424
Blastocyste 434
Blastoderm 430, 436
Blastopore 424, 428
–, Urmundlippe (dorsale Lippe) 428, 439, 444, 451
Blastula 424
–, Amphibien- 428
–, DNA-Synthese 457
–, Proteinsynthese 459
–, Vitalfärbung 438
–, Zelltrennungs-Experimente 442
Bleisalze, Enzymhemmer 231
Blütenpflanzen 447
Blutgruppen-Antigene 291
Bösartige Zellen (siehe Tumorzellen)
Brachet, J. 132, 457
Brenztraubensäure (siehe Pyruvat)
5-Bromuracil, als Mutagen 372
Brown, Robert 5, 97
Brownsche Bewegung 155, 381, 391
Bryophyten 447
Buchner, Hans und Eduard 46

Calcium
– in der Gelstruktur 382
– bei der Membran-Struktur 164
– bei der Muskelkontraktion 395, 406
Calciumbrücken, in der Chromosomenstruktur 123
Calciumion, als Enzymaktivator 222
Calciumoxalat 181
Capsid 477, 484
–, Adenovirus 486
–, Morphogenese 484
Capsomeren 477, 484
Carbamylphosphat 233, 237
Carbonsäuren, Biosynthese 218
Carboxypeptidasen 226
Carotin im Chromatophor 498
Carotinoide 182, 213
Caspersson 132
CDP-Cholin 268
Cellobiose 52
–, Bildung durch Hydrolyse 256
Cellulose 11
Centriolen 395
–, bei der Befruchtung 419
–, Struktur 310
–, Vermehrung 310
Centromer 313, 320
– -fasern 320
– von homologen Chromosomen 344
–, Meiose 344
–, Mitose 313
Chaos chaos 381
Chara 384
–, Hydrolyse der 256, 258
–, – – Pflanzenzellwand 175, 298, 299
–, Vorkommen, Struktur 70, 258
Chelatbildende Substanzen 296
Chiasma 344, 353
Chironomus-Larve, Riesenchromosomen 124
Chitin 258
Chlamydomonas, Entwicklungsgang 446
Chlorella pyrenoidosa 216
Chlorophyll 210
– im Chromatophor 498
–, Porphyrin im 241
–, Struktur, Funktion 211
Chloroplasten 11, 206 f.
– von *Chara* 385
–, Cyclosis 384
–, DNA im 328
–, Struktur 206
Cholesterin
–, Biosynthese von 269 f.
– bei der Lipid-Bildung 58
– in der Membranstruktur 160, 162, 287
– -Phospholipid-Bindung 163
–, Struktur 161
Cholin 268
Cholinesterase 231
Chondrioide 498
Chondroitin 259
Chorda 429
Chorion 417, 434
Chromatiden 309, 324
– -brüche 347
– in der Meiose 344
Chromatin 109, 307
Chromatophoren 11, 213, 492, 498
Chromomeren 122, 325, 342, 415
– als Gene 125
–, Replikations-Einheit 326
Chromoplast 182
Chromosom(en)
–, Aufschrauben von 309
– -bewegung 318, 319
–, bivalente 343
–, Deletion 370
–, Doppelhelix in den 325
–, Geschichtliches 97
–, Geschlechts- 348
– –, von Drosophila 353

–, homologe 343
– -inversion 370
– -Kartierung bei Drosophila 353
–, Kondensation 307
–, ‚Lampenbürsten'- 113, 114, 120, 122, 126, 325, 413
– –, DNA in den 457
– -Modelle 325
– in der Mitose 307 f.
–, Neuverteilung in der Meiose 348
–, polytäne Riesen- 111, 120, 122, 325, 359
– -Puffs 112
–, ‚Riesen'- (siehe polytäne)
–, RNA im Kern 123, 321
– -Schleifen im Nucleolus 120
–, ‚Speicheldrüsen'- (siehe polytäne)
–, Struktur 122 f.
– -Translokation 370
–, Verdopplung der 323
Chymotrypsin 174, 224, 226
Chymotrypsinogen 224
Ciliaten
–, Fortpflanzung der 20
–, Größe 8
Cilien 23, 395 f.
–, DNA in den 328
–, Mikrotubuli in den 382
– auf Mollusken-Kiemen 398
– auf Seeigel-Blastula 424
Cilienplättchen 452
Cis-Trans-Effekt 375
Cistron 135, 144, 375, 376
Citronensäure 76
– -Zyklus 198
Clostridium kluyverii 266
CMP 269
CoA (siehe Coenzym A)
Co-Carcinogen 179
Codon, Code 133, 515
–, ‚Ablösungs'- (‚Unsinn'-) 144
–, ‚Großbuchstaben'- 143
Coenzym 222, 231
Coenzym A
–, Acetyl- 232, 263, 266
– –, bei der β-Oxidation 195
– –, bei der Cholesterin-Biosynthese 269
– –, im Citronensäure-Zyklus 198
–, Acyl- 266
–, β-Hydroxy-β-methylglutaryl- 269
–, Biosynthese 253
–, Butyryl- 266
–, Malonyl- 266
– -Ribonucleotid-Kombinierung 252
–, Struktur 245
–, Succinyl- 241
– –, im Citronensäure-Zyklus 199
Coenzym-Nucleotide, Biosynthese 252
Coenzym Q, in der Atmungskette 203
Cofaktor(en) 222, 267
(siehe auch Coenzyme, Metallaktivatoren, prosthetische Gruppen)
– in der Atmungskette 203
– bei der β-Oxidation 195
– bei der Glykolyse 188, 191
– bei der Photophosphorylierung 205
– im Citronensäure-Zyklus 198
Colchicin 324
Cortisol 180
Cortison 179
Couette-Viskometer 88
Crick, F. H. C. 133, 139, 515
Cristae 11, 197
Crossing over 344, 353, 363
Croton-Öl 179
Cyanid 231
–, Cytochrom-Hemmer 205, 280
Cyclosis 384, 405
–, Mechanismus 408
– bei den Schleimpilzen 386
Cystein 53, 237, 239
Cytidin-diphosphocholin (siehe CDPC)
Cytidin-monophosphat (siehe CMP)
Cytidin-Nucleotid, Biosynthese 248
Cytochrom
– in der Atmungskette 203
–, Kontrolle durch die Mitochondrien-DNA 329
– -Oxidasen, in Embryonen 460
– bei der Photosynthese 215
–, Porphyrin im 241
–, Struktur 204
Cytochrom c, Evolution 517
Cytoplasma
–, Bakterien- 496
–, Eizellen- 450
– –, DNA im 457
–, elektrische Leitfähigkeit 157
– -Kern-Wechselwirkungen bei der Differenzierung 454, 460
– bei der Mitose 310
–, Sol-Gel-Transformation 382
–, Strömungs-Doppelbrechung des 387
–, Struktur 382 f.
–, Teilung des 19, 328
–, Tubuli, Fasern im 383, 386, 387
Cytoplasma-Organellen 155 f.
–, Aufteilung der 328
–, Membranen der 157
Cytoplasma-Strömung
– bei Amöben 392
–, Gewebekultur-Zellen 392
–, Ionenkonzentration während der 389

– in den Pflanzenzellen 316, 384 f.
–, treibende Kraft 392
–, Umkehrung der 386
Cytoplasmatische DNA 328
–, Vererbung 329
Cytosin 99

δ-Aminolävulinsäure 241
D-Aminosäure-oxidase 502
D-Galactosamin 255
D-Galactose 291
D-Glucosamin 255
D-Glutaminsäure (siehe Glutaminsäure)
D-Glycerinaldehyd 51, 53
D-Ribulose-1,5-diphosphat 216
D-Xylose 258
Danielli, J. 160
Darm-Entwicklung (siehe Verdauungstrakt)
Darmzellen
–, Mitose in den 323
–, Glucose-Anhäufung in den 283
Darwin, Charles 335
De Vries 341
Debye-Hückel-Faktor 292
Decarboxylasen 232
Dedifferenzierung 471
Dehydrogenasen 232
Denaturierung von Proteinen 153
Derepression der DNA 121
Desaminierung 196, 235
Desoxyribonucleinsäure (siehe DNA)
Desoxyribose 98
Dextrane 260
Dextrin, Grenz- 258
Diakinese 344
Dialyse 83
Diaminopimelinsäure 501
Diatomeen, Größe 8
Dichteabhängigkeit der Mitose 467
Dichtegradienten in biochemischen Trennungen 82
Dictyosomen 172
Dictyostelium 12
Differenzierung, Zell- 499 f.
–, Gene, Rolle der 462
–, Kern-Cytoplasma-Wechselwirkungen 454
–, Umweltfaktoren 450
–, Wechselwirkungen während der 464
–, Zusammenfassung 472
Differenzierung, Gewebe-
– in den Embryonen 441
Digitalis 256
Dihydroxyaceton-phosphat 191, 267
Dinitrophenol als Stoffwechsel-Hemmer 280
Dipeptide 54
1,3-Diphosphoglycerinsäure 191
Dipicolinsäure 506
Diploide Generation, Pflanzen 447
Diploide Zellen 21
Diploider Satz 342
Diplotän 343
Dipolmoment 70
Dipteren-Larven, ‚Riesen'chromosomen (siehe Chromosomen, polytäne)
Disaccharide
–, Biosynthese 263
–, Hetero- 255
–, Struktur 52
Disulfidbrücke
– im Insulin 153
– in den Polypeptiden 152
DNA 10
–, Ausbesserung 107
–, Bakterien- 491, 493
–, in den Chloroplasten 328
–, in den Cilien 328
–, Derepression der 121
– -Histon-Komplex 121
–, I- 463
– -Ligase 107, 232
–, Mitochondrien- 198, 328
– -Modell 460
– -Polymerase 105
– -Replikation 98 f., 326
– – bei der Differenzierung 463
– –, semi-konservative 103
– -RNA-Hybridisierung 116
– von RNA-Matrize 481
–, ‚Satelliten'- 462
–, Strahlenschädigung der 107
–, Struktur 98 f.
– -Synthese, während der Meiose 347
– – während der Mitose 306, 322
– – in der Oocyte 415, 457
–, wiederholende Sequenzen 462
–, Viren- 481
DNAse 328
‚Dominantes' Merkmal 336
Donnan-Gleichgewicht 79, 284
Doppelbrechung 74
Dorsale Urmundlippe 428, 444, 452
– bei der embryonalen Induktion 444
Dotter
– im Amphibienei 425
–, embryonaler Bedarf 416
– -pfropfen 428
Down's Syndrom 370
Driesch, Hans 410, 454
Drosophila 462
–, Chromosomen 97, 111
–, genetische Untersuchungen 344, 353
–, Genkartierung 353 f.

–, Mutationen 371
Dutrochet 4

Ehrlich, Paul 491
Ehrlich-Ascites-Zellen
–, Isolierung der Plasmamembran 286
–, Neuraminidase-Behandlung 293
‚Einheits'membran (siehe Membran)
Eizelle 417 (siehe auch Oocyte)
–, biochemische Veränderungen in der 457
–, Cytoplasma 450
– –, Plasma-Gel des 454
–, Reduktionsteilung während der Bildung 342
–, schützende Membranen 416, 430
Ektoderm 424, 440
Ektoplasma 26, 171
Elektrode
–, Glas- 93
–, Kalomel- 93
–, Standardelektroden-Potential 64
–, Wasserstoff- 64
Elektronen
–, in der kovalenten und Ionen-Bindung 47
– -Übertragung
– – in der Atmungskette 201
– – in den Chromatophoren 213
Elektronenmikroskopie
–, Durchstrahlung- 38
–, Negativkontrast-Phosphorwolframsäure-Methode 485
–, Raster- 39
Elektronenvolt 218
Elektroosmose
– bei der Chromosomenbewegung 320
– bei der Cyclosis 408
Elektrophorese
– bei der Chromosomenbewegung 320
–, Gel- 84
–, Papier- 83
–, Zell- 84, 291 f.
Elenin 290
Elodea, Cyclosis 385
Embden-Meyerhof-Weg 188 f., 258, 262, 267
Embryo
–, Anlagepläne 436
–, Antigene im 459
–, Atmung 459
– -Extrakt 464, 467, 471
–, Implantate (eingepflanzte Stücke) 441, 444
–, Koordinaten 421
– -sack 342, 447
–, Wirbeltier-, verallgemeinerte Struktur 429
–, Zerschneiden des 451
– –, Wirkung auf die Entwicklung 445
Embryologie
–, Amphibien 425 f.
–, beschreibende 420 f.
–, experimentelle 437, 440
–, Pflanzen 447
–, Säugetiere 434 f.
–, Seeigel 421
–, Vögel 429 f.
Embryonale Felder 465
Embryonale Induktion 412, 445, 464
Embryonale Zellen, Kernmembran 170
Endergonische Reaktion 61, 225
Endoplasma 25, 170
Endoplasmatisches Reticulum 10, 167, 170 f., 177, 382
– der Blastulazellen 459
–, Funktion 172
–, glattes (nicht granuläres) 172
– – der Leberzellen 175
– –, Lipid-Stoffwechsel auf dem 175
–, der Pflanzenzellen 175, 180
–, rauhes (granuläres) 172
–, Sphärosomen, entstanden aus dem 184
Endosperm 447
–, Mitose 306, 319
Endzelle, Staubfadenhaare der *Tradescantia* 386
Energie
–, Änderung der freien 60, 91
–, ‚aktiver Transport' 280
– im ATP 218
–, Ausnutzung in der Zelle, Ursprung der 516
– -barriere bei enzymkatalysierten Reaktionen 225
– -gewinn (siehe auch ATP)
– bei der Glykolyse 219
– bei der Membran-Durchlässigkeit 283
– bei der Muskelkontraktion 407
– bei der oxidativen Phosphorylierung 219
–, Photosynthese, Umsatz während der 218
–, Polymerisierungs- 219
– -quellen 18, 60
– aus dem Sonnenlicht 187
– bei der Zellbewegung (ATP-abhängig) 392
Enoyl-hydratase bei der β-Oxidation 195
Entelechie 410
Entoderm 424, 439
Entwicklungsmechanik 410
Enzym(e) 67, 221 f.
– -aktivator (siehe auch Cofaktor) 231
– –, Metall- 222
–, aktive Stellen 226
–, Atmung in der Gastrula 460

– -β-Ketoacyl-Komplex 266
–, Cofaktor 222
–, D-, L-Isomere 226
–, erste Isolierung der 46
–, Funktion 225
–, genetische Kontrolle der 361
– -hemmung 227, 231
–, inaktive Formen 175
– -Kette, Selbstregulierung 330
–, Lokalisierung 222
–, Nomenklatur 232
–, optimaler pH-Wert 231
–, Plasmamembran, Wirkung auf die 293
–, Reaktionsgeschwindigkeiten 228
–, „Schlüssel-Schloß"-Theorie 226
–, Spezifität 225
–, Struktur und Funktion 69
–, Substrat 222
–, Temperatur 230
–, Ursprung 515
–, Verzweigungs- 264
–, Viren- 479
–, Zelloberflächen- 289
Epiblast 430
Epigenetiker 410
Epimerasen 232, 262
Episom 363
Epithel, embryonales 464
Epithelzellen
–, Bewegung der 402
–, cilientragende 395
–, kultivierte 466, 467
–, Mitose in den 323
Erbfaktoren (siehe Gene)
Erde, Herkunft 507
Ernährungsänderung
–, Wirkung auf die Zellmembran 160
Erythroblasten 459
Erythrocyten
–, Adsorption von Serum-Bestandteilen 296
–, Elektrophorese der 293
– -,Ghost' 285
– –, Glykolipide im 288
– –, Proteine im 290
– -membran 157, 160
–, Mucoprotein, Adsorptionsstelle 293
–, Oberflächen-Antigene 291
–, Vogel-, Hybridisierung 457, 463
Escherichia coli
–, Amylose-Bildung 264
–, Bakteriophagen 366
–, DNA-Replikation 323, 326
– –, Untersuchungen der 103, 106, 109
–, genetische Untersuchungen 361
– Genkarte 362
–, geschlechtlicher Vorgang 362
–, Lysin-Synthese 239
–, Nucleoide 493
–, Regulierung der Proteinsynthese 145
–, RNA-Untersuchungen 116, 136
–, Tryptophan-Synthese 240
–, Zellwand 501
Essigsäure, Baustein bei der Fettsynthese 265
Esterbindungen 58
– in der DNA-Struktur 99
– bei der Lipidbildung 266
Eubacteria 502
–, Einteilung 492
Euchromatin 109, 307
Euglena gracilis, Chloroplast 209
Exergonische Reaktion 61, 225
Exokrine Zellen 175
Exosporium 506
Explantationsmethode 43
Extrazelluläre Flüssigkeit 279

F-(„fertility"-) Faktor der Bakterien 363
F_1-Hybride (erste Filial- oder Tochter-Generation) 336
FAD 236
– in der Atmungskette 203
– bei der β-Oxidation 195
–, Reduktion, Änderung der Energie 218
– bei der cyclischen Phosphorylierung 213
Faraday-Konstante 91
Farbstoffe, Anfärbbarkeit 33, 109
Farne, Entwicklungsgang 447
Feed back (Rückkoppelung)
– bei der Homöostase 329
–, Kern-Cytoplasma 460
Fenestrae, in den Mitochondrien 197
Fernandez-Moran, Humberto 198
Ferredoxin 215
Ferritin 173
Fertilitäts-Faktor 363
Fette
–, Biosynthese 218
–, neutrale 58, 265
Fettgewebe 265
Fettsäuren
–, β-Oxidation der 195, 265
–, Biosynthese 265 f.
– als Energiequelle 195
–, Formeln 58
– bei der Lipid-Biosynthese 265
Fettzellen, Membran-Permeabilität 282
Feulgen 98
Feulgen-Färbung(-Reaktion) 322
– von Bakterien 493
–, Heterochromatin 307, 309
– der Mitochondrien 329

– der Riesenchromosomen 111
Fibroblasten 173
–, Cytoplasma-Bewegung in den 389
–, Fortbewegung der 391, 400
–, geriffelte Membran 400
– der Hamsternieren 293
–, kultivierte 466, 467
–, umgewandelte 293
Fibroin 149, 154
Fische, Eizellen 160
Fischer, Emil 226
Fixierung 33
Flagellaten, Größe 395
Flagellen (siehe Geisseln)
Flagellin 398, 407
Flavin-adenin-dinucleotid (siehe FAD)
Flavoprotein-Enzyme 203, 222, 236 (siehe auch FAD)
Fleming, Sir Alexander 491
Fluoreszenzmikroskopie 37
Follikelzellen 417
Fontana 97
Foraminiferen, Pseudopodien 402
Formaldehyd 511
Formylmethionin 143
Fortbewegung
– der Amoeben 392
– einer Epithelschicht 402
– der Fibroblasten 389, 400, 466
– der Säuger-Zellen 381, 389
– von Zellen 395 f.
–, Mechanismus 403
Fortpflanzung
– der Blütenpflanzen 22
– der Moose 22
– der einzelligen Organismen 19
– sexuelle 20, 22, 342, 447
–, Unterschied zwischen Pflanzen und Tieren 22
–, vegetative (ungeschlechtliche) 19, 22, 342, 447
Fossilien, Spuren zum Ursprung des Lebens 510
Fraktionensammler 86
Fructose
– in den Blutgruppen-Antigenen 291
–, Struktur 51
Fructose-6-phosphat 191, 218, 260
Früchte 447
Fumarat, im Citronensäure-Zyklus 199
Furanose-Ring 50, 51
Furchung
–, Amphibien 428
–, Atmung während der 459
–, Cytoplasma- 450
–, experimentelle Eingriffe während der 454
– des Hühnereis 430
–, Mechanismus 421
– bei Mollusken, Anneliden 436
– des Säugetiereis 434
–, Spiral- 436
–, Verhinderung der 459

γ-Globulin 173, 462
γ-Strahlen, als Mutagene 371
Gärung, alkoholische 194
Galactosamin im Chondroitin 259
Galactose 258, 262
Galacturonsäure 258
Gameten 20
Gametogenese (Gametenbildung) 342, 347, 412
Gametophyt 447
Ganglion, Spinal-, Entstehung aus der Neuralleiste 428
Ganglioside 259
Gartenwicke, bei Vererbungsversuchen 351
Gastrula
–, DNA-Bildung in der 457
–, Proteinsynthese in der 459
Gastrulation 424, 439
–, Amphibien 428
–, Vögel 430
–, Zellbewegungen während der 424, 465
GDP, im Citronensäure-Zyklus 199
Gebärmutter (siehe Uterus)
Gefrier-Ätzung 298
Gehirn
–, aktiver Transport 280
–, Entwicklung 429
–, ‚Verzweigungs'-Enzym im 264
Geigerzähler 92
Geisseln 23, 395 f.
–, Bakterien- 398
–, Mikrotubuli in den 382
‚Geriffelte Membran' 400
Gel 71
– -Elektrophorese 83
– -Filtration 85
Gel-Sol-Transformation, im Cytoplasma 382
Gelatine, als Kolloid 72
Gelbkörper 331
Gelenkschleimflüssigkeit 259
Gen(e) 126
–, An- und Abschalten der 146, 332
–, Definition 372, 377
– bei der Differenzierung 412, 449, 460, 462
– -Gen-Wechselwirkungen 462
–, Geschichtliches 97, 341
–, geschlechtsgekoppelt 355
–, Integrator- 462
–, Interferenz 358

– -Kartierung
– –, Deletion 376
– – bei *Drosophila* 353 f.
– – bei Mikroorganismen 359 f.
–, Kontrolle 462
– – der Enzyme 361
–, Kopplung 353
– -Loci 112
– -Mutation 353
–, Operator- 146
–, Producer- 462
–, Receptor- 462
–, Regulator- 146
–, Replikation 128
–, Sensor- 462
–, Struktur- 146
– bei der Vererbung 348
–, Viren- 488
Generationen
–, haploide 447
–, diploide 447
Genetischer Code 129 f., 132
–, Anfang und Ende einer Botschaft 139, 143
–, degenerierter 139
–, Herkunft 515
–, Triplett- 133
Genom, genetische Substanz 361
–, Bakterien- 361, 462, 493
–, Wirkung auf Altern 30
Genotyp 341, 449
Geologie
–, radioaktive Altersbestimmung der Gesteine 510
–, Funde, bei der Entstehung des Lebens 508
Geschlechtschromosomen 348, 353
Gestreifte Muskulatur 27, 394
Glaselektrode 93, 94
Glatte Muskeln 27, 109, 394
Gleichgewichtskonstante von biochemischen Reaktionen 61
Gliedmaßen 429, 471
Glucosamin 263
Glucose 50, 254
–, anaerober Abbau 267
–, Bildungsenergie 219
–, Energie aus einem Molekül 65
–, Glykolyse 188
–, Oxidierung 65
–, Phosphorylierung 260
– bei der Photosynthese 218
–, Reduktion der 254
–, UDP- 262
–, Veresterung, Änderung der Energie 219
–, Zellaufnahme 282
Glucose-6-phosphat 191, 258, 260
Glutamin 233
–, Purin-Synthese aus 248
–, Struktur 236
Glutaminsäure 233, 234, 501
–, Biosynthese 235
– als D-Aminosäure 53
–, als Vorstufe für Biosynthesen 236
Glutaminsäure-dehydrogenase 235
Glycerin 254
–, Bildung 267
– -behandlung, bei der Isolierung der Zelloberfläche 287
–, bei der Lipid-Bildung 58
Glycerinaldehyd 50
Glycerinaldehyd-3-phosphat 191
Glycerinphosphat 218
Glycerinphosphat-dehydrogenase 267
Glycin 501
–, Bildung 237
–, Porphyrin-Biosynthese aus 241
–, Purin-Biosynthese aus 248
–, Struktur 52
Glykogen 11, 175, 179, 256, 258, 264
– -Abbau unter Hormon-Einwirkung 332
– im Cytoplasma 382
– im Embden-Meyerhof-Weg 219
– in den Embryonen 460
Glykogen-synthetase 264
Glykolipide 259
–, Blutgruppen-Aktivität 288
– in der Plasmamembran 288
Glykolyse 188 f., 260
– in den Embryonen 460
–, Enzyme 262
Glykosidasen 176
Glykoside 256
Glykosidische Bindung 52, 256
Golgi, Camillo 155
Golgiapparat 155, 167, 172
– bei der Zellwandbildung 299, 318
Gramicidin in künstlichen Membranen 277
Gram-Färbung 492
‚Grana' in den Chloroplasten 207, 210
Granula, Speicher-, in der Mitose 328
Grauer Halbmond 428
Gray, Sir James 381, 402
Grenzschichten
–, Luft-Wasser 157, 162
–, Öl-Meerwasser 160
–, Öl-Wasser 160
Grippe-Virus 489, 489
Größen von verschiedenen Zellen 6
GTP (Guanosintriphosphat) 199, 249, 383
– im Citronensäure-Zyklus 199
Guanin 134

- in der Nucleotid-Struktur 99
- in tRNA 137, 139
Guanosin-diphosphat (siehe GDP)
Guanosin-triphosphat (siehe GTP)
Guanylsäure 251
Gymnospermen 447

H-Blutgruppensubstanz 291
Haare 129
Haeckel, Ernst 129, 410
Hämoglobin 129, 153, 459
- in der Erythrocytenmembran 287
-, Porphyrin im 241
-, Pufferkapazität des 55
- bei der Sichelzellanämie 370
Hämolyse 275
Haftfähigkeit
-, Zelle an Substrat 466
-, Zelle an Zelle 467
Haldane, J. B. S. 508, 511
Haploider Satz 21, 342
Haploide Generation, Pflanzen 447
Haworth-Ringstruktur der Zucker 50
Hefe 140
-, alkoholische Gärung 194
-, ‚Knospung' 20
-, Dextran 260
-, Fett-Biosynthese 265
-, Lysin-Biosynthese 239
-, Mitochondrien-DNA 329
HeLa-Zellen 457
-, Membran, Mucopolysaccharide 294
-, Neuraminidase-Behandlung 293
Hemicellulose in der Pflanzenzellwand 299
Hensen'scher Knoten 433
Heparin 259
Herpes-Virus 479
Heterochromatin 109, 307
Heterokaryon 489
Heterosom 348
Heterozygot 338
Hexosamin 288
Hexosen 50
-, Biosynthese 260
Hill-Reaktion 213
Histidin 234
Histologie-Methoden 34
Histone 120 f., 321, 460
-, Biosynthese während der Mitose 321
-, Evolution 517
-, Leber- 323
Hofmeister, Wilhelm 97
Holz 258
Homöostase 329
Homocystein 240
Homogenisieren von Zellen 80
Homolecithale Eizellen 416
Homoserin 240
Homozygot 338
Hooke, Robert 2
Hopkins, Sir Frederick Gowland 46
Hormon(e)
- bei der Genwirkung 462
- bei der Morphogenese 471
-, Pflanzen- 331
-, Steroid- 331
-, Wachstums- 331, 332
Hühnerembryo-Gewebekultur 170
Hyaluronidase 417, 505
Hyaluronsäure 259
Hybridisierung
-, DNA 146
-, DNA-RNA 116, 460
-, Zelle-Zelle 457, 463, 489 f.
Hydra 16
-, Knospung 20
-, Zell-Organisation in der 16
Hydrocharis 157
Hydrocortison 180
Hydrolasen 232
Hydroxyprolin 236
Hypoblast 430
Hypophyse, Wachstumshormon aus der 331
Hypoxanthin 371

IES (Indolyl-3-Essigsäure) 331
I-Somen 463
Iatrochemie 46
Imino-Gruppe, Wirkung auf die α-Helix 152
Immunität
- gegen Bakterien 491
-, Transplantations- 291
Impfstoffe 491
Indican 256
Indigo 256
Indoxyl 256
Induktion, embryonale 412, 444, 464
Induktor 444, 465
-, Kontroll-System der Genwirkung 146
‚Induzierbares Enzymsystem' 145
Infektion
-, Bakterien- 505
-, Viren- 477
Infrarotspektroskopie 90, 150
Innere Befruchtung 22
Inosin 139
Inosin-5'-phosphat 249
Inosinsäure (siehe Inosin-5'-phosphat)
Insekten
-, Chitin 258
-, Mitochondrien in den Flugmuskeln der 197

Insulin 129
–, Disulfidbrücke im 153
–, Primärstruktur 148
Interferenzmikroskopie 35
Interphase 306, 307, 345
– -kern 97
– –, Aussehen 109
Interzelluläre Substanzen (Pektine) in Pflanzen 258
Inulin 258
Ionenbindung (Elektrovalenz-) 47
Ionenprodukt 59
Ionenpumpe 280
Isoelektrische Fokussierung 85
Isoelektrischer Punkt 55
Isoleucin 234
Isomaltose 256
Isomer, optisches (siehe Optische Isomere)
Isomerasen 232
Isotop(e)
–, Bestimmung der DNA-Replikation 103
–, Anwendung (siehe auch Autoradiographie) 91
Isocitrat im Citronensäure-Zyklus 199
Isocitrat-dehydrogenase 199
Iwanowsky 477

Jacob, F. 134, 146, 449
Jod
–, Anhäufung in Meeresalgen 280
– in der Schilddrüse 283, 331

Käse, Herstellung durch Bakterien 490
Kalium
–, Konzentration in den Zellen 279
– -ionenpumpe, Rolle bei der Aminosäure-Aufnahme 282
Kalium-Argon-Methode 510
Kaliumion, als Enzymaktivator 222
Kalomel-Elektrode 93
Kapillar-Viskometer 87
Kappa-Teilchen 328
Kartoffel-„spindle tuber"-Virus 479
Katabolischer Stoffwechsel 60
Katalase 236
Katalysatoren
–, biologische (siehe auch Enzyme) 69
– bei Oxidations-Reduktions-Reaktionen 67
Kaulquappe, Schwanzrückbildung 178
Kendrew 153
Keratin 149, 323
Kernmembran (siehe Membran)
Kernsaft 109
–, DNA im 457
Ketogruppe in Zuckern 50
Kinetochor (siehe Zentromer)
Knochen, Dedifferenzierung 471
Knochenmark, Mitose im 323
Knorpel
–, Chondroitin im 259
–, Dedifferenzierung 471
– aus der Neuralleiste 428
‚Knospung'
–, Bakterien- 493
– bei der Hefe 20
– bei Pflanzen 447
Koazervat 513
Kobaltion als Enzymaktivator 222
Kohlendioxid
–, Cofaktor, beim Fettsäure-Abbau 267
–, Herkunft auf der Erde 511
Kohlenhydrate 11, 253 f.
–, Biosynthese 260
– in der Membranstruktur 160
–, Nahrungs-Polysaccharide bei Pflanzen, Tieren 258
–, Struktur 49
Kohlenstoff-Chemie 47
Kokken 492
Kolbe, Hermann 46
Koleoptile, Auxine in der 331
Kollagen 129, 173, 297, 464
Kollagenase 505
Kolloidale Eigenschaften 71
Kompetenz, embryologische 444
Komplementations-Test 374
Konjugation 20
Kontaktführung 467
Kontakt-Inhibition 330, 466
‚Kopffortsatz' 433
Kopplung 341, 350, 351
Kornberg 105
Kosmozoen 507
Kossel 98
Kovalenzbindung 47
Krebse, Chitin 258
Krebskrankheit 29, 473, 519 (siehe auch Krebsentstehung, Tumorzellen)
–, Viren 488
Krebsentstehung 177 (siehe auch Krebskrankheit, Co-Karzinogene, Tumorzellen)
–, Kohlenhydratverbindungen 179
–, Lysosomen-Enzyme 179
– durch Viren 488
Krebs-Zyklus 198, 241

Lac-Operon 146
Lactone 254
Lactose (Milchzucker) 145
– als Bakteriensubstrat 490
–, Hydrolyse der 256

‚Lampenbürstenchromosomen'
(siehe Chromosomen)
Landlebende Tiere, zelluläre Organisation der 17
Langkettige Moleküle 70, 71
Lanosterin 269
Larve, Seeigel 424
Lavoisier, Antoine 196
Le-(Lewis-) Blutgruppensubstanz 291
Leben
–, essentielle Elemente für das 511
–, geologische Voraussetzungen 507/8
–, auf anderen Planeten 518
–, Ursprung 507
Lebensdauer
– von Zellen 28, 305
– von mRNA-Molekülen 135
Leber
–, Cholesterin-Biosynthese in der 269
–, Glykogen 258
–, regenerierende 323, 471
–, ‚Verzweigungsenzym' in der 264
– -zellen
– –, Isolierung der Plasmamembran 286
– –, Lysosomen 176
– –, Mitochondrien 198
Lebermoose, Entwicklungsgang 447
Lecithin
–, Biosynthese 268
– in der Membranstruktur 160, 287
–, Micellen 162
–, Struktur 58, 76, 161
– -Wasser-Gemisch 160
Leptotän 342
Leucin 134, 234
Leucocidin 505
Leukämie, Zelloberflächenladung 293
Leukocyten, neutrophile 109
Leukoplasten 182
Lewis- (Le-) Blutgruppensubstanz 291
Ligasen 232
Lignin, in der Pflanzenzellwand 298
Lipase 174
Lipide 10
– in der Bakterienzellwand 501
–, Doppelschicht (bimolekulare) 77, 160
– -Granula 382
–, hydrophobe 76
– in den Membranen 77, 155, 157, 158, 160, 287, 296, 516
– -membran-Wasser-Grenzflächen 77
–, Micellenbildung 77
– in den Mitochondrien 203
–, Oligosaccharid-Bestandteile 259
– in den Plastiden 183
– in den Sphaerosomen 184
–, Struktur und Eigenschaften 58
–, Vorkommen 264
Lipoprotein, in der Plasmamembran 289
Lyasen 232
Lysin 120, 226, 234, 239, 501
Lysosomen 167, 176 f., 382
–, Befruchtung 176, 178
–, Bildung der 177
–, Enzyme in den 176, 178, 471
–, Kaulquappenschwanz-Rückbildung 178
–, Schädigung von Zellen 178
– in den Spermatozoen 413
–, Zelltod 469
Lysozyme 228
–, Bakterienzellwand-Abbau 501
– in den Bakteriophagen 366
–, Struktur 221

M-Blutgruppenantigen 291
Magnesium
– im Chlorophyll 211
–, Glykolyse 191
– bei der Muskelkontraktion 406
Magnesiumion, als Enzymaktivator 222
Makromeren 423, 452
Makromoleküle
–, Größe und Form 86
–, Reinigung 83
Makrophagen 176
–, Fortbewegung 403
–, Hybridisierungsexperimente 463
Makrosporen 447
Malat (Äpfelsäure) 199, 227
Maltose, Bildung durch Hydrolyse 255
Manganion, als Cofaktor 267
Mangold, Hilde 444
Marchantia, Entwicklungsgang 447
Mars 518
Massenwirkungsgesetz 58
Meckel, Johann 410
Meeresschneckenei, Furchung 450
Meiose (siehe auch Vererbung) 342 f.
–, Chromosomen-Neuverteilung 348
–, Crossing over 344, 353
–, DNA-Bildung 347
– bei der Gametenbildung (Gametogenese) 416
–, Spindelbildung 344
– -Stadien 342
–, Theorien über die Mechanismen 346
–, Zygotänpaarung 343
Melanin 462, 471
Membranen 10, 157 f.
(siehe auch Endoplasmatisches Reticulum)
–, Bakterien- 496, 499
–, Befruchtungs- 418

–, Calcium, Einfluß auf die 164
–, Chloroplasten 210
–, Chromatophoren 492
–, Ei- 417, 430, 459
–, Einheits- 164, 168, 182
–, Erythrocyten- 157, 160
–, geriffelte 400
–, Kern- 120, 168
– – bei der Meiose 344
– – bei der Mitose 311
– –, Poren 168
– – bei der Zellteilung 170
–, Kohlenhydrate in der 160
–, Lipide in den 77, 157, 160, 287 f.
– –, Herkunft 516
– –, Struktur und Eigenschaften 155
–, Lysosomen- 180
–, Mesosomen- 497
–, Mitochondrien- 197
–, Pflanzenzell- 175, 297, 318
–, Protein-Lipid-Wechselwirkungen 163
–, Proteine in den 160, 289 f.
–, „Tight junctions“ 465
–, Vesikel 170
–, Viren-Hüllen 483
–, Vitellin- 416, 430
Membran-Wasser-Grenzschichten 77
Mendel, Gregor 336
–, erstes Gesetz 338
–, zweites Gesetz 341
Mendel'sche Vererbungsexperimente 336 f.
Mesenchymzellen 471
– während der Entwicklung 464
–, Pseudopodien 424
– der Seeigel-Blastula 424
Mesoderm 424, 439
Mesolecithale Eizelle 416
Mesosomen 491, 496, 497
Messenger-RNA (siehe mRNA)
Metallaktivatoren 222, 231
Metaphase
–, meiotische 344
–, mitotische 307, 313
– -Platte 315
–, Stillstand der 315
Meteoriten 507, 518
Methan 511
Methinbrücken 241
Methionin 53, 233, 234, 237, 239
Micellen (siehe auch Lecithin) 77, 162, 166
– der künstlichen Membranen 277
–, Phospholipid- 166, 277
Michaelis-Konstante (K_m) 288
Mikrofibrillen in der Pflanzenzellmembran 298
Mikromeren 424, 436, 452
Mikroskop(ie)
–, Elektronen- 38
–, Erfindung und Geschichte 2
–, Fluoreszenz- 37
–, Interferenz- 35, 306
–, Mikrozentrifuge, Befestigung am 382
–, Phasenkontrast 34
–, Polarisations- 40, 74
–, Ultra- 36, 155
–, zusammengesetztes 31
Mikroskopie, Platin-Kohlenstoff-Kopien 510
Mikrosomen 172
Mikrosporen 447
Mikrotubuli 274
– in Cilien, Geisseln, Struktur 382
–, Mitosespindel 311, 320
Microvilli 402, 468
– an der Zelloberfläche 296
Milch 256
Milchdrüse, hormonale Kontrolle der 331
Milchsäure 260
Milchsäurebakterien (Lactobacilli) 272
Milchsäure im Muskel 194
Millipore-Filter, Zellwachstum auf dem 467
‚Mischungs‘-Theorie 335
Mitochondrien 11, 155, 196 f., 382
–, Ähnlichkeit mit Plastiden 183
– -DNA 328
–, Elektronentransport-Enzyme 201
–, Fettsäure-Abbau 267
–, ‚gestielte Partikel‘ 198
–, Porphyrin-Biosynthese 241
–, Protein-Phospholipid-Wechselwirkungen 164
– im Spermienschwanz 400
–, Struktur 197
–, Verteilung in der Mitose 328
Mitose 305
– bei der vegetativen Fortpflanzung 342
–, Centromer 313
–, Cytoplasma, Veränderungen 310
–, Dichteabhängigkeit der 467
–, DNA-Bildung 322
–, Kernmembran während der 311
–, Pflanzenzellen 316
–, Proteinsynthese während der 322
– -Rate, Kontrolle der 333
–, SH-Gruppen 328
– -spindel, während der Furchung 421
– –, Bildung 310
–, Stadien der 306 f.
–, Theorien über die 318 f.
–, ‚Verdopplungszeit‘ 322
–, ‚Zugfasern‘ 319
Modulation 471
Molchei, Experimente am 454

Molekulargewicht, Bestimmung 86
Molluskenei, Furchung 436
Mond
–, Herkunft 507
– -gesteine 518
Mongoloide Idiotie 370
Monod 145
Monod und Jacob 134, 146, 449
Monolayer-Kultur 43
Monosaccharide 50
Montmorillonite 513
Moose
–, Entwicklungsgang 447
–, Fortpflanzung 22
Morphogenese (Formbildung) 464
–, Hormone 471
–, Pseudopodien-Aktivität 467
–, Seeigel-Gastrula 424
– der Viren 485
–, Zell-Haftfähigkeit 466
–, Zellbewegungen und Adhäsion 465
–, Zelltod 469
–, Zusammenwirkung von Zellen 466
Mosaikei 410, 450
Mosaikkrankheit, Tabakpflanzen (siehe Tabakmosaik-Virus)
mRNA, Messenger-RNA 118
–, Basen 132
–, langlebige 135, 145
– der Oocyte 457
–, polycistronische 135, 144
– bei der Proteinsynthese 132
–, Struktur und Aufgabe 134
–, Triplett-Code 134
– -tRNA-Verbindung 138
–, virenspezifische 481
–, Wiederverwendung der 145
Mucopolysaccharide 259
– der Plasmamembran 295
–, Trennung 86
Mucoproteine 259, 293
Mund, Entwicklung 429
Muscheln, Furchung 450
Muskel
–, Dedifferenzierung 471
– -entwicklung 429
– -fibrillen, Doppelbrechung 318
–, Glykogen im 258
–, Insekten- 407
– -kontraktion 394 f., 405 f.
–, Milchsäure im 194
–, Mitochondrien der Insekten 197
–, ‚Verzweigungs'-Enzym im 264
Muskelproteine (siehe Actin, Myosin)
Muskelzellen 174
–, embryonale 459
–, gestreifte 27
– –, Struktur 394
–, glatte 27, 394
– –, Kerne 109
–, Membranpotential 284
Mutagene Agentien 371
Mutanten, komplementäre 374
Mutasen 232, 262
Mutation (siehe Vererbung)
Muton 377
Mycoplasmen 6, 504
–, DNA der 98
–, Fortpflanzung 19
Myelin der Nervenzellen 290, 428
–, Plasmamembran, Isolierung 286
Myelinscheide 164
Myofibrillen 394
Myoglobin 153
Myosin 383, 394, 405
Myxobacteria 492
Myxoviren 479, 489

N-Acetyl-D-glucosamin 259, 501
N-Acetylmuraminsäure 260, 501
N-Acetylneuraminsäure (siehe Sialinsäure)
N-Blutgruppenantigen 291
NAD$^+$-Coenzym 222
– bei der β-Oxidation 195
–, Biosynthese 245
– im Embryo 459
– bei der Glykolyse 191, 194
–, Oxidations-Reduktions-System 65
– -Ribonucleotid-Kombination 252
– im Citronensäure-Zyklus 199
Nadelhölzer 447
NADH in der Atmungskette 201
NADP$^+$ 245
– bei der Glykolyse 191
– im Citronensäure-Zyklus 199
–, Redox-System 218
NADPH, Cofaktor bei der Fettsäure-Biosynthese 267
Naegleria gruberi, Fortbewegung 403
Nährstoffe
–, essentielle Aminosäuren 234, 272
–, Pantothensäure 253
Nährzellen 415
Nahrungsvakuole 177
Natrium
– bei der Glucose- und der Jodaufnahme 283
– -konzentration in den Zellen 279
Natriumion, als Enzymaktivator 222
Neoplastische Zellen (siehe Tumorzellen)
Nervenaxon 165
–, Na-, K-Pumpe 280

–, Riesen- (Tintenfisch), Membranpotential 284
Nervengase 231
Nervenmembran (Krabbe), ATPase in der 281
Nervengewebe 428
Nervenzellen 172, 383
–, Fasern in den 383
Netzhaut, Stäbchenzellen 25
Neuralfalte 434
Neuralgrube 428
Neuralleiste 428
Neuralplatte 428, 434, 441
–, Induktion der 444
Neuralrohr 428
Neuraminidase, Behandlung der Zellen mit 293
Neurospora
–, Genkartierung 360
–, Lysin-Biosynthese 239
–, Mutanten 360
Neurula
–, Amphibien- 428
–, Vogel- 434
Niacin 245
Nicotinamid 245
Nicotinamid-adenin-dinucleotid (siehe NAD)
Nicotinmononucleotid 253
Nicotinsäure 222, 253
(siehe auch NAD, Pyridin)
Nieren
–, aktiver Transport 280
– -anlage 429
– -glomerulus, Mitochondrien im 198
Nitella
–, Cyclosis 384, 407
–, Plasma-Gel-Filamente 407
Novikoff 176
Nucleasen 176
Nuclein 97
Nucleinsäuren 10
– der Bakterien 491
–, Entdeckung der 98
–, Evolution 515
–, Struktur 70, 88
– der Viren 477, 487
–, Viskosität der 73
Nucleoide 493
Nucleolus 97
–, Histon-Bildung 121
– bei der Meiose 344
– bei der Mitose 309, 316
–, Struktur und Funktion 119
Nucleolus-Organisator 119, 122, 127, 463
Nucleoprotein 120
Nucleoside
–, Basen der 98
–, Definition 243
–, Phosphatester der 56
–, Struktur 56
Nucleotide 99
–, Biosynthese 243 f.
–, Coenzym- 252
– Decarboxylierung 246
–, Definition 242
–, Pyrimidin-, Biosynthese 246
–, radioaktiv markierte, Anwendung 92
–, Struktur 56

Oktoploider Kern 324
Oligosaccharide 255
–, Struktur 52
Oocyte (siehe auch Eizelle) 348, 415
–, DNA-, RNA-Synthese in der 457
–, O_2-Verbrauch 459
–, Pflanzen- 447
–, Proteinsynthese in der 459
–, Reifung 416
–, Ribosomen der 459
–, RNA-, DNA-Synthese in der 457
–, zusätzliche Membranen 417, 430
Oogenese (Eireifung) 347, 413
Oogonien 330
Oparin 508
Operatorgen 146
Operon 146
Optik, Schlieren- (siehe auch Mikroskop) 87
Optische Isomere 48, 52
Organellen, cytoplasmatische
–, Aufteilung 328
–, Funktionen, Zusammenfassung 180
– der Pflanzen 180
Organisator, in der Embryologie 446
‚Organ'kultur 43
Organogenese (Organbildung) 464
Ornithin 236
Orotidin-5'-phosphat 246
Orotsäure 246
Oscillatoria 403, 510
Osmose, osmotischer Druck 77, 275
–, Bakterienzelle 499
–, Bestimmung der Molekulargewichte 86
– als Energiequelle bei der Membranpermeabilität 283
– in Pflanzenzellen 180
Ovum (siehe Oocyte)
Oxalsuccinat, im Citronensäure-Zyklus 199
Oxalessigsäure (Oxalacetat) 234, 236
–, im Citronensäure-Zyklus 198
Oxidasen 232
Oxidation, Definition 63
Oxidations-Reduktions-Reaktionen 232

–, enzymkatalysierte 222
(siehe auch Redox-Reaktionen)
Oxidationsmittel 63
Oxidoreduktasen 232
Ozon 512

Pachytän 343
Paläontologie 508
Pankreas
–, exokrine Zellen 175
–, Morphogenese ‚in vitro' 465
Panspermie 507
Pantothein 245, 253
Pantothensäure 246, 253
Papain 228
Papierelektrophorese 83, 92
Paracelsus 46
Paraffinöl 75
Parakristalle, Viren 488
Paramaecium, Kappa-Teilchen 328
Parascaris equorum 306, 342
Parenchymzellen der Leber 175
‚Passiver Transport' (siehe auch Membranen) 282
Pasteur, Louis 46, 490, 507
Pauling, L. 100, 149
Pektin 258
– in der Pflanzenzellwand 298
Penicillamin 53
Penicillin 491, 501
Penicillinase 505
Pentosezucker 50, 56
Pepsin 224
Pepsinogen 225
Peptid
– -bildung 54, 129, 143, 226
– -struktur 54
– -synthetase 143
Peptidasen 232
Peristaltik 27, 109
Permeasen 498
–, Bakterienzell-Durchlässigkeit 283
Peroxidasen 232
Perutz, M. 150
Pflanzen
–, Entwicklung 446
–, Fortpflanzung, Entwicklungsgang 446
–, fossile 510
–, Hormone 331
Pflanzenzelle
–, Membran (siehe Membran)
–, Mitose 316
–, Vakuole 387
–, Wand 274, 297
pH-Wert 59, 93
Phänotyp 341
Phagen (siehe Bakteriophagen)
Phagocytose 177, 479, 502
Phasenkontrast-Mikroskopie 34
Phenylalanin 53, 226, 234
–, Biosynthese bei Mikroorganismen und Pflanzen 240
–, Hydroxylierung 237/8
–, Triplett-Code für das 134
Phenylbrenztraubensäure 238
Phenylketonurie 238
Phosphatase 281
Phosphatbindung 68
Phosphatester 176, 219 (siehe auch ATP)
Phosphatgruppe 99
– im ATP, ADP 67
– in den Nucleinsäuren 57
– in den Phospholipiden 76
Phosphatide (siehe Phospholipide)
Phosphatidsäure 281
Phosphatidylcholin (siehe Lecithin)
Phosphatidylserin 161
Phosphoenol-brenztraubensäure(-pyruvat) 68, 191, 240
Phosphoglucose-isomerase 260
3-Phosphoglycerinsäure 191, 237
– bei der Dunkelreaktion 216
Phospholipid-Cholesterin-Bindung 163
Phospholipide 265
–, Biosynthese 267
– in künstlichen Membranen 277
–, Struktur 58, 76
– in den Zellmembranen 76, 160
Phospho-pantothein 253
Phosphoprotein 281
Phosphorylase 258
Phosphorylierung 262
–, cyclische 213
–, glykolytische 191
– bei der Ionenpumpe 280
–, oxidative 205 f.
Photolyse des Wassers 215
Photon 218
Photophosphorylierung
–, cyclische 207, 213
–, acyclische 207, 215
Photosynthese 11, 18, 206 f.
–, ‚Dunkelreaktion' 207, 215
–, Entstehung 516
–, ‚Lichtreaktion' (Hill-Reaktion) 207, 213
Phragmoplast 318
Physarum polycephalum 392
–, Cytoplasma-Strömung 388
Phytan 510
Pigmente, Farbstoffe
– der Pflanzenzell-Vakuole 180

– der Zellen 428, 471
(siehe auch Chlorophyll)
Pinocytose 177, 391
Pinocytose-Vesikel 177
Placenta 434
Planarien (Plattwürmer) 20, 28
Planeten, Leben auf den 518
‚Plaque'-Methode 368
Plasma-Gel 382
–, Bedeutung während der Entwicklung 454
–, Cyclose 385
–, Doppelbrechung 423
–, Zell-Fortbewegung 393
Plasmamembran 273 f.
–, Absorption durch die 177
–, ‚aktiver Transport' 280
–, Antigene an der 291
–, Benetzbarkeit 157
–, bimolekulare Lipidschicht, Modell 273
– der Cilien 395
–, dreischichtiges Membran-Modell 164, 273
–, elektrische Impedanz 157
–, elektrisches Potential 79, 175
–, Elektronenmikroskopie 164, 295
–, Enzyme 289
–, Fasern in Verbindung mit der 383
–, bei der Furchung 423
–, Haftfähigkeit zwischen den Zellen 296
–, Isolierung und Analyse 285 f.
–, Micellen-Anordnung 166, 278
–, Oberflächenladungs-Messungen (Zellelektrophorese) 291
–, Oberflächenspannungen in der 160, 289
–, Oberflächen-Überzug 296
–, ‚passiver Transport' 282
–, Permeabilität 157, 275
– der Pflanzen 207
–, Poren 276
–, Potential 284 f.
–, semipermeable 284
–, Sialinsäure in der 293
–, Teilungsfurche, Mitose 316
–, Trägersubstanz 281
– -Turnover 296
–, bei Viren 479
–, Zeitrafferfilm-Aufnahmen 274
Plasmalemma 273
Plasmazellen 173, 462
Plasmodesmen 176
Plasmodium 407
Plasmolyse 275
Plastiden 175, 182
(siehe auch Chloroplasten)
Plastochinon 215
Pluteus-Larve 425
Pneumokokken 366
Pocken-Virus 481
Polarisationsmikroskop 40
Poliomyelitis-Virus 481, 488
Polkörperchen 348
Pollappen, bei Molluskeneier 450
Pollen 342, 447
Poly-β-hydroxybuttersäure 498
„Polyheads", der Viren 488
Polymerase 105, 115, 460, 461
Polynucleotide 99
Polynucleotidketten, Wasserstoffbrücken in den 71
Polyole 260
Polyomavirus 293, 481, 489
Polypeptid(e)
–, α-Helix der 150
–, Aminosäure-Seitenketten der 149
– -Anfang 143
–, Kettenstruktur, Beispiele 129–131
–, Kettenwachstum 142, 144
Polyribosomen 497
Polysaccharide 256
– der Bakterienzellwand 501
–, Biosynthese 264
– –, ‚Starter' bei der 264
–, Hetero- 264
–, Struktur der 52, 258
Polysomen 141
Polytäne Chromosomen (siehe Chromosomen)
Porphobilinogen 241
Porphyrin 513
–, Biosynthese 241
– im Chlorophyll 211
– im Cytochrom 204
–, Struktur 204
Potentiometrische Titrationen 65
PPLO 6
Präformisten 409
Präsumtive Karte 412, 439
Primitivstreifen 430, 434
Pristan 510
Proenzym 224
Proflavin 133, 372
Progesteron 331
Prolin 152, 236
Promin 471
Prophagen 368
Prophase
–, Meiose- 342
–, Mitose- 307, 311
Proplastiden 182
Prospektive Karte (siehe präsumtive Karte)
Prosthetische Gruppen 222, 236
Protamin 122, 412
Proteasen 176
Protein(e)

–, α-Form 150, 153
–, Auftrennung und Reinigung 83
–, β-Form 149, 154
– der Bakterienzellwand 501
–, basische 120
–, Denaturierung 153
–, globuläre 152
–, Herkunft und Evolution 515
–, isoelektrischer Punkt 55
–, Kern- 120
– als Kolloide 72
–, konstitutive 145
–, Molekulargewichte 86, 131
– -moleküle, van der Waals-Kräfte in den 71
–, Muco- 259
– des Nucleolus 119
– der Plasmamembran 287, 289, 296
–, Polymere, experimentelle Herstellung 513
–, saure 120, 121, 461
–, Struktur 54, 71
– –, Bestimmung durch Röntgenstrukturanalyse 88
– –, Primär- 148
– –, Sekundär- 148
– –, Tertiär- 148, 150
– -synthese 129 f.
– – in der Blastula, Gastrula 459
– –, Fehler während der 145
– –, hormonale Kontrolle 332
– – während der Mitose 321
– – in der Oocyte 459
– –, Regulierung 145 f.
– –, rRNA bei der 141
– –, tRNA bei der 137
–, Transport, interzellulärer 174
–, Viren-Überzugs- 483
–, viskose -lösungen 74
–, Vorkommen 129
Proteinoide, ‚Fortpflanzung' 513–4
Protoplast, der Bakterien 287, 290
Protozoen
–, kontraktile Vakuole 181
–, Phagocytose 177
Pseudocentrotus depressus 319
Pseudopodien 402
– bei der amöbenartigen Bewegung 25
– der Mesenchymzellen 424
– bei der Morphogenese 467
Pseudouracil 139
Pteridophyten 447
Puffer 54
Purin(e)
–, Biosynthese 248 f.
–, Entdeckung 98
–, mehrfache Verwendung 221
– -Nucleotide, -Ribonucleotide 249
– -ring 56
–, Struktur 49
Purkinje 4
Pyranose-Ring 50
Pyridin 49
Pyridoxalphosphat 236, 241
Pyrimidin(e)
–, Biosynthese 246
–, Entdeckung 98
–, mehrfache Verwendung 221
– -ring 56
–, Struktur 49
Pyrophosphorylierung 262
Pyruvat 68, 234
– bei der Glykolyse 191
–, Reduktion zu Milchsäure 191
– im Citronensäure-Zyklus 198

Quantosomen 210
Quarz, schwarz, fossile Bakterien im 510
Quecksilbersalze, als Enzymhemmer 231

Racemasen 232
Radioaktive Isotope (siehe Autoradiographie)
Radiolarien, Pseudopodien 402
Recon 377
Redox-Potential 64, 66, 91
– in der Atmungskette 205
Redox-Reaktionen 63, 64, 232
– in der Atmungskette 188, 203
– bei der Glykolyse 188
(siehe auch Oxidations-Reduktions-Reaktionen)
Reduktionsmittel 63
Reduktionsteilung (siehe auch Meiose) 342
Regeneration 20
– bei Amphibien 443, 471
–, Leber- 471
Regulationsei 451
Regulatorgen 146
Rekapitulations-Theorie 410
Rekombinanten 340, 353, 376
Reo-Viren 481
Replicon 128, 326
Repressor, Kontrolle der Genwirkung 146
Reprimierbares Enzymsystem 146
Reptilienei 417
Resonanzhybrid 49, 68
Restkörper 177
Reticulocyten 174
–, mRNA in den 135
Reticulo-endotheliale Zellen 177
Retin 471
Rezessives Merkmal 337

Rhizoidzellen, Cyclosis 385
Rhodospirillum rubrum 213, 498, 518
Ribonucleinsäure (siehe RNA)
Ribonucleotid-Einheiten bei der RNA-Bildung 115
Ribose
–, Biosynthese 262
– in der DNA, RNA 56
– in den Nucleinsäuren, Entdeckung 98
– in den Nucleosiden, Nucleotiden 56, 243
–, Struktur 50, 57
Ribose-5-phosphat 262
Ribosomen 10, 135, 136, 170, 172, 382, 496
–, Bakterien- 492
– bei der Mitose 321, 328
–, Oocyte, Biosynthese 459
– -Untereinheiten 120, 141 (siehe auch Polyribosomen)
Ribosomenähnliche Partikel 120
Ribulose-5-phosphat 218, 262
Riesenchromosomen (siehe Chromosomen, polytäne)
Rippenquallen 452
RNA 10
–, „Aktivator"- 462
–, Bakterien- 491
–, Bewegung, vom Kern in das Cytoplasma 168
–, Biosynthese
– – in der Oocyte 415, 457
–, chromosomale 123
– in den Chromosomen-Puffs 113
–, Herkunft und Evolution 515
–, Kern- 321, 462
–, lösliche (siehe tRNA)
– Messenger- (siehe mRNA)
– im Nucleolus 110
– -Polymerase 115, 460, 461
–, ribosomale (siehe rRNA)
–, Struktur, primäre 148
–, Synthese der 115 f., 118
– -Synthetase 482
–, Transfer- (siehe tRNA)
–, Viren- 481, 482
Röntgenbeugung (siehe Röntgenbeugungs-Kristallografie)
Röntgenbeugungs-Kristallografie
–, DNA-Untersuchungen 99
– der globulären Proteine 152
– von Lecithin-Wasser-Gemischen 160
– des Lysozym-Enzyms 228
– der Myelinscheide 165, 290
–, Nucleohistone, Untersuchung der 124
– bei der Proteinstruktur-Bestimmung 88, 131, 148, 221
– der rRNA 141
– der tRNA 140
Röntgenbestrahlung
–, Chromosomenschädigungen durch 122
–, als Mutagene 361, 371
Röntgendiffraktions-Analyse, von Viren 486
Rose-Kammer 45
Rote Blutzellen (siehe Erythrocyten)
Rous-Sarkoma-Virus 479, 488
Roux, Wilhelm 410
rRNA
– als Matrize 141
– bei der Proteinsynthese 132
–, Struktur und Funktion 141
Rückenmark 434

Saccharomyces cerevisiae 329
Saccharose 255, 263
Säugetier-Entwicklung 434 f.
Säugetierei
–, Befruchtung 417
–, Entwicklung 434
Sagittalebene 421, 424
Salpetrige Säure, als Mutagen 371
Salzdrüse 281
Samen 447
Samenflüssigkeit 417
Saponin 166
Sarcolemm 395
Sarcoplasmatisches Reticulum 175
Sauerstoff
– in der Atmungskette 205
–, Herkunft auf der Erde 511
Saure Phosphatase 176
Saure Proteine 321
Scenedesmus obliquus 216
Schaum 513
Scheele, Wilhelm 46
Schicksals-Karte (siehe präsumtive Karte)
Schilddrüse 331
– stimulierendes Hormon 331
Schilddrüsengewebe
–, Jodanhäufung im 283
Schimmelpilze
–, genetische Untersuchungen 359
–, Mutanten 360
Schistocerca gregaria 345
Schleiden, M. J. 4
Schleimpilze 12
–, Actin in den 383
–, Strömung bei 386
Schlieren-Optik 87
‚Schlüssel-Schloß-'Theorie 226
Schwämme 16, 443
Schwann, Theodor 4
Schwannsche Scheidezellen 164
–, Neuralleiste, Herkunft aus der 428

Schwefel
– -bakterien 498
– -fixierung 239
Schwefelwasserstoff 240
–, bakterielle Oxidation 498
– als Enzymhemmer 231
Sedimentations-Koeffizient 135, 136
Seeigel
– -Blastula, Trennung der Zellen 442
– -ei
– –, Befruchtung 417
– –, Cytoplasma 450
– –, Entwicklung 421
– –, Mitose-Untersuchungen 319
– –, Mitose-Spindel 311
– –, Zentrifugierung 382
– –, Zusammendrücken, Wirkung 455
– -larve, Gastrulation 466
Segregierende Merkmale 337
Sehnen, Chondroitin in den 259
Selbstverdauung (siehe Autophagie)
Semipermeable Membran 77
Sendai-Virus 489
‚Sephadex' 85
Serin 134, 236
– bei Biosynthesen 237
– in der Plasmamembran 281
–, Struktur 53, 237
–, Triplett-Code 138
Serumalbumin 175
SH-Gruppen, bei der Mitose 328
Shikimisäure 240
Sialinsäure 259
– im Glykolipid 288
– in der Zellplasmamembran 286, 293
‚Sigma'-Faktor 116
Silicate 512
Silicose 178
Sol 71
– -Gel-Transformation im Cytoplasma 382
–, Koazervat-Bildung 513
Somiten 429, 434, 439
Sorbit 254
Spannung, beim Zellkontakt 467
Speicheldrüsenchromosomen
(siehe Chromosomen, polytäne)
Speiseröhre 429
Spektroskopie
–, Infrarot- 90
–, Ultraviolett- 90
Spemann, Hans 411, 441, 454
–, Schnürungsexperiment 450
Spermatiden 412
Spermatocyten 347, 412
–, Reduktionsteilung 342
Spermatogonien 347
Spermatozoen (Spermien) 178, 412
– -Aktivierung 417
–, ATP in den 400, 413
– -Bildung 412
–, DNA in den 457
–, Entstehung der 347
–, Hemmfaktor 417
–, Histone in den 122
– -schwänze 396
Spezifische Zellverbindungen 469
Sphärosom 184
Sphaerotilus 510
Sphingomyeline 288
Spindel (siehe Mitose)
Spirillum volutans 492
Spirochaeten 491, 492
Spore 447, 505
Sporophyt 447
Sproßspitze, Auxine in der 331
Stäbchenzellen der Netzhaut 25
Stärke 256 f.
– in den Amyloplasten 182
– -bildung in den Pflanzen 264
–, Hydrolyse 256, 258
– -körner 257
–, Struktur 52
Staphylokokken 492
Stearinsäure 265
Stemmkörper 319
Stentor polymorphus 398
Stereoisomere 48, 516
Sterilisierungsexperimente 507
Stickstoff
– -fixierung 490
–, Reduktion 233
Stoffwechselwege, Wechselwirkungen
zwischen den einzelnen 271
Stomata (Spaltöffnungen) 15
Strahlen (siehe Röntgen-, Ultraviolett-, γ-)
Streptokinase 505
Streptokokken 505
Stroma 207, 210
Stromatin 290
Strömungs-Doppelbrechung 74
Strukturgen 146
Substrat 231
– bei Enzymreaktionen 222
Succinat (Bernsteinsäure) 227
– -Dehydrogenase 199, 227
– -Thiokinase 199
Sulfonamide 491
Svedberg-Einheit (S) 135
Symmetrie, der Embryonen 421
Synapse, Meiose 343
Synchrone Kulturen 322
Synthetase 264

Syphilis 491
Szent-Györgyi, Albert 471
Szintillationszähler 92

T4-Phagen (siehe Bakteriophagen)
Tabakmosaik-Virus 477, 484
Teichonsäuren 260, 501
Telolecithale Eizelle 416
Telophase
–, Meiose- 344
–, Mitose- 307, 316
Testosteron 331
Tetrajodthyronin 233
Tetraploidie 324
Thallus 447
Thermodynamik, bei biochemischen Reaktionen 61
Thioäther 240
Thioester 246, 266
Thiokinase 195
Thixotrop 73
Threonin 53, 234, 238
Thymidin 246
Thymidin-5-phosphat 246
Thymin 99, 372
Thyroxin 233
Tipula iridescent, Virus 486
Todd, Lord Alexander 98
Tollwut 491
Ton 513
Tonofilamente 383
Tonoplast 180
– bei der Plasmolyse 385
Tradescantia
–, Mitose-Untersuchungen 306, 318
–, Staubfadenhaare, Cyclosis in den 386
Transaldolase 203
Transaminasen 232
Transaminierung 233, 236
Transkription
–, Operon, Einheit der 146
– bei der Proteinsynthese 132, 148
Transduktion 365
Transfer-RNA (siehe tRNA)
Transferasen 232, 262
Transformation
–, genetische, bei Bakterien 366
Transglykosidase 264
Transketolase 263
Translation, bei der Proteinsynthese 132, 148
Transmethylierung 231
Transplantationsexperimente 441
Transplantations-Immunität 291
Triglyceride 161, 265
–, Biosynthese 267
– in der Plasmamembran 288
–, Struktur 58
Trihydroxy-N-methylindol, Mitosehemmer 329
Triosephosphat, bei der „Dunkel"-reaktion 216
Tripeptide der Photosynthese 54
Trisomie 370
Tritiumhaltiges (^{3}H-) Thymidin 107
Triturus cristatus 444
Triturus vulgaris 444
tRNA, Transfer-RNA 118
– -Aminosäure-Komplex 137, 142
– -Formylmethionin-Komplex 144
– in der Hefe 140
– bei der Proteinsynthese 132, 137
–, Ribose in der 140
–, Struktur 139
–, Wiederverwendung der 145
Trophoblast 434
Trypsin 174, 224, 226
Trypsinogen 224
Tryptophan 53, 146, 226, 234
– -Biosynthese bei *E. coli* 240
– -synthetase 146
TSH 331
Tumorzellen
–, Aminosäure-Aufnahme in die 283
–, Kernmembran 177
–, Mitose in den 323
–, Oberflächenladung 293
–, Verlust der Kontrollmechanismen 472, 489
–, Viren 479, 488
Turgor (Festigkeit) von Pflanzenzellen 180
Tyrosin 226, 237

Ubichinon 203
Ultraviolett-Absorption, Untersuchung der Proteine 132
Ultraviolett-Mikroskopie 36
Ultraviolett-Spektroskopie 90
Ultraviolettes Licht 512
Ultrazentrifuge 83, 87, 131, 172, 176
Uracil 115, 132
Urdarm (siehe Archenteron)
Uridin-diphosphoglucose (UDP-Glucose) 263
Uridin-5'-phosphat 249
Uridintriphosphat 249
Uridylsäure 249
Urmund (siehe Blastopore)
Uronsäuren 254, 259, 263
Ursegmente (siehe Somiten)
Ursprung des Lebens 507
Uterus 417, 434
UV-Strahlen, als Mutagene 361

Vakuolen
–, Calciumoxalat in 181
–, kontraktile, der Protozoen 181
– in tierischen Zellen 175
–, Verdauungs- 177
– der Pflanzenzellen 180, 386
Valin 234
–, Tiplett-Code für das 134
Van Leeuwenhoek, Anton 2, 97, 381, 490, 507
Van der Waals-Kräfte 71
–, Lipid-Bindungen 288, 290
– in Polypeptiden 152
– in Viren 481
Vegetativer Pol 421
Verdauungstrakt 429
Verdopplungszeit, mittlere 322
Vererbung (siehe auch Meiose) 335
–, Chromosomen-Neuverteilung 348
–, Chromosomenverhalten 348 f.
–, Crossing over 344, 353
– – bei Bakterien 361
– –, doppeltes 355
– – bei Viren 366
–, cytoplasmatische 329
–, ‚dominantes' Merkmal 337
–, ‚Kopplung' 341, 350
– –, partielle 351
–, Mendels Arbeit 336
–, ‚Mischungs'-Theorie 335
–, Mutation 353
– –, Rück- 361, 371
– –, spontane 370
–, Rekombinanten 340, 353
– – -Häufigkeit 376
–, ‚rezessives' Merkmal 336
–, Segregation (Aufspaltung) 337
Verteilungskoeffizient 76
Vicia faba, Chromosomen-Untersuchungen 324
Vielzellige Organismen 12
Virchow, Rudolf 2, 4, 507
Viren (siehe auch Bakteriophagen) 145, 477 f.
–, Adsorption an Erythrocyten 293
–, Anheftung an die Plasmamembran 297
–, Bildung 483
–, ‚Crossing over' bei den 370
– -Enzyme 479
– als experimentelles Hilfsmittel 489
–, genetische Untersuchungen 359
–, Grippe 479
– -Hülle 477
– -infektion, virulente 368, 477
– karzinogene 489
– -kristalle 488
– -kultur 479
–, Mumps- 479
–, Para-Influenza- 489
–, Pflanzen- 488
–, Pocken- 481
–, Polyoma- 293, 481, 489
–, Reo- 481
–, Replikation bei 481 f.
–, RNA-Replikation 116
–, Rous-Sarcoma- 479, 488
–, Sendai- 489
–, Spezifität 479
–, Struktur 477
–, Tabakmosaik- 477
–, tierpathogene 485
–, Tipula iridescent- 486
Virion 477
Viskosimeter 87
Viskosität 73, 87
Vitalfärbung 33
Vitamin(e)
– A, Wirkung auf Lysosomen 179
– B_{12}, bei der Ribose-desoxygenierung 248
– C 254
– K, als Cofaktor 213
– in Coenzymen 222
–, Entdeckung 46
Vitellinmembran 416, 430
Vogel-Entwicklung 429 f.
Vogel-Viren 479, 488
Vogelei 417
–, Befruchtung 417
–, Entwicklung 429
Vogt, W. 437
Volutin 498
Volvox 14
Von Baer 410
Von Hohenheim, Bombastus (Paracelsus) 46

Wachstum
–, fördernde Substanzen 471
–, hemmende Substanzen 471
–, Regulation 329 f.
Wachstumshormon 331, 332
Waddington, C. H. 412, 439
Walden-Umkehr 262
Wallace, Alfred Russel 335
Warburg 262
Warburg-Apparat 92
Wärmemessung 91
Wasser
–, Herkunft, auf der Erde 511
–, Ionisierung 59
–, Photolyse 215
Wasserstoffbrücken 152
–, Bildung und Eigenschaften 71

– in der DNA-Struktur 100, 116
– im Lysozym-Molekül 228
– in den Polypeptiden 150
Wasserstoffelektrode 64
Wasserstoffionenkonzentration (pH) 58, 93
Wasserstoffperoxid (H_2O_2) 236
–, bakterientötende Wirkung 502
Watson, J. D. 101
Weismann, August 342, 410
Weiss, P. 467
Weiße Blutzellen (Leukocyten) 109, 403
–, bakterientötende Wirkung 502
–, Tod durch Bakterien 505
Wilkins, M. H. F. 101, 124
‚Wobble'-Hypothese 139
Wöhler, Friedrich 46
Wolff, Caspar Friedrich 409
Wundheilung, Kontrolle der 331
Wurzelhaarzellen 157

X-Chromosom (Geschlechts-) 348, 353
Xanthinoxidase 221
Xanthylsäure 251
Xenopus-Embryo 463
Xylan 258

Y-Chromosom 348

Zahnstein, als Bakterienquelle 490
Zeitrafferfilm-Methode 41
Zell(en)
–, Altern 29
–, Bewegung (siehe Fortbewegung)
–, Differenzierung 449 f.
–, bei niederen Organismen 12
–, elektrische Impedanz der 157
–, Entstehung der 516
–, Größe 6
–, Kolonien 14
–, Kontakte zwischen 466
–, Kulturmethoden 42
–, Lebensdauer 28
– -linie, etablierte 30
– -membran (siehe Membran)
– -organellen 155 f.
–, Organisierung bei landlebenden Tieren 17
– -platte 316
–, pluripotente 412
–, Potenz 446
–, Spezifität 469
–, Stoffwechseltätigkeit 28
–, Strukturen 8 f.
– -teilung (siehe auch Meiose, Mitose) 4
– -tod, bei der Morphogenese 469
–, unipotente 412
–, Unterschiede zwischen Pflanzen- und Tier- 11
–, Wechselwirkungen untereinander, bei der Differenzierung 449, 464
–, Zusammenwirken untereinander 465, 466
– -zyklus 321 f.
Zellhybride 463
Zellkern 5
–, Acridinfarbstoffe 170
–, Differenzierung, Rolle des 449 f., 460
–, Furchung, Potenz 456
–, Interphase- 97, 307
– –, Aussehen 109
– -membran (siehe Membran)
– Transplantationsexperimente 455, 463
Zellkultur 42
–, Medien 42
–, Viren in 479
–, Zellzahl, Zunahme 467
Zellteilung 19
Zentrifugieren 80
Zetapotential 292
Zinkion, als Enzymaktivator 222
Zisternen des endoplasmatischen Reticulums 171, 174
Zucker
– -alkohole, Bildung 254
–, Amino- 255, 263
–, Blut-, Wirkung des Adrenalins auf den 332
– als Energiespeicher 219
–, experimentelle Herstellung 513
– in Oberflächen-Antigenen 291
– -säuren (s. auch Uronsäuren) 254, 259
‚Zugfaser', Mitose 319
Zusammenwirken, Zellen untereinander 465
Zwitterion 53
Zwölffingerdarm 175
Zygotän 342
Zygote 20, 342
–, Chromosomensatz in der 460
–, Pflanzen- 447
Zymase 46
Zymogen 175, 224

FSC
www.fsc.org
MIX
Papier | Fördert gute Waldnutzung
FSC® C083411

Kolibri 360 GmbH
Ferdinand-Jühlke-Straße 7
99095 Erfurt, Deutschland
produktsicherheit@kolibri360.de